本书部分实例

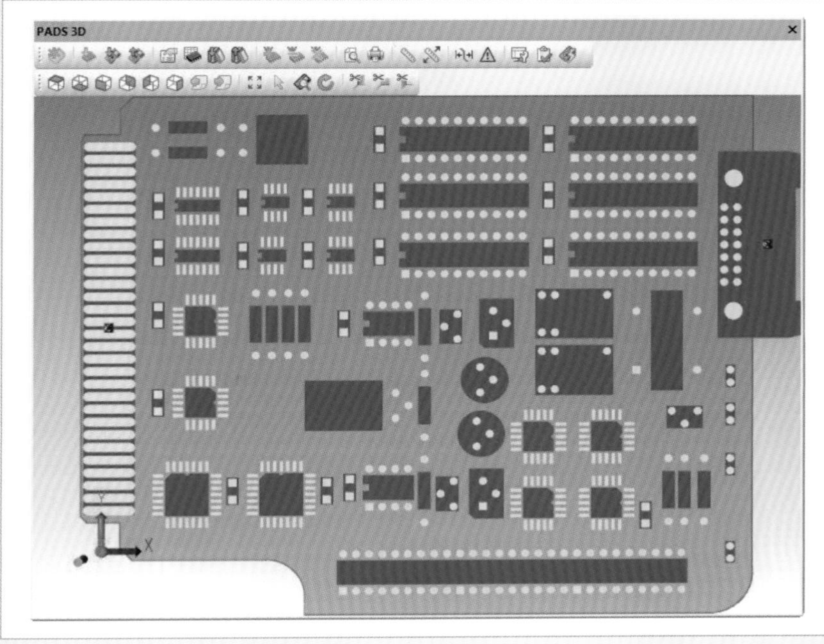

“PADS 3D”面板

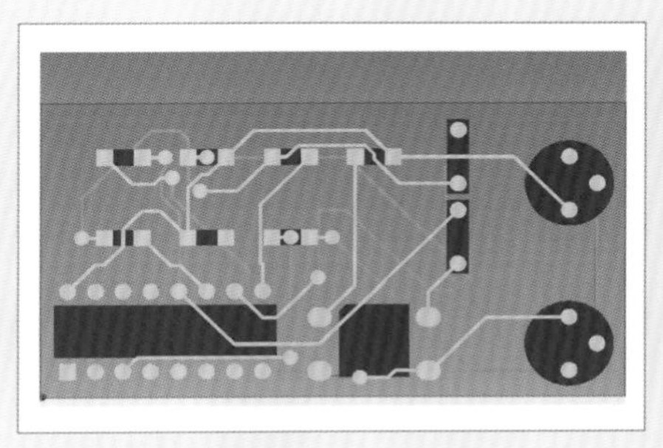

bmp 文件

极坐标移动

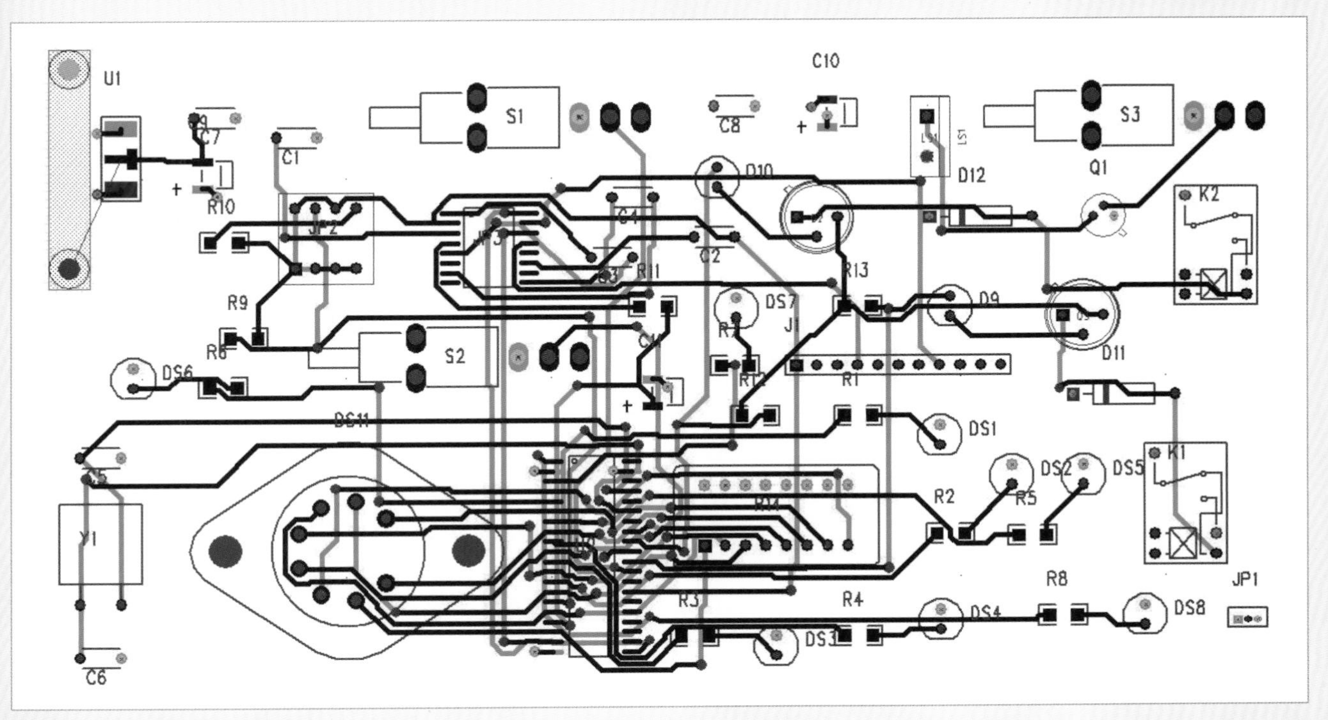

布线完成的电路板图

本书部分实例

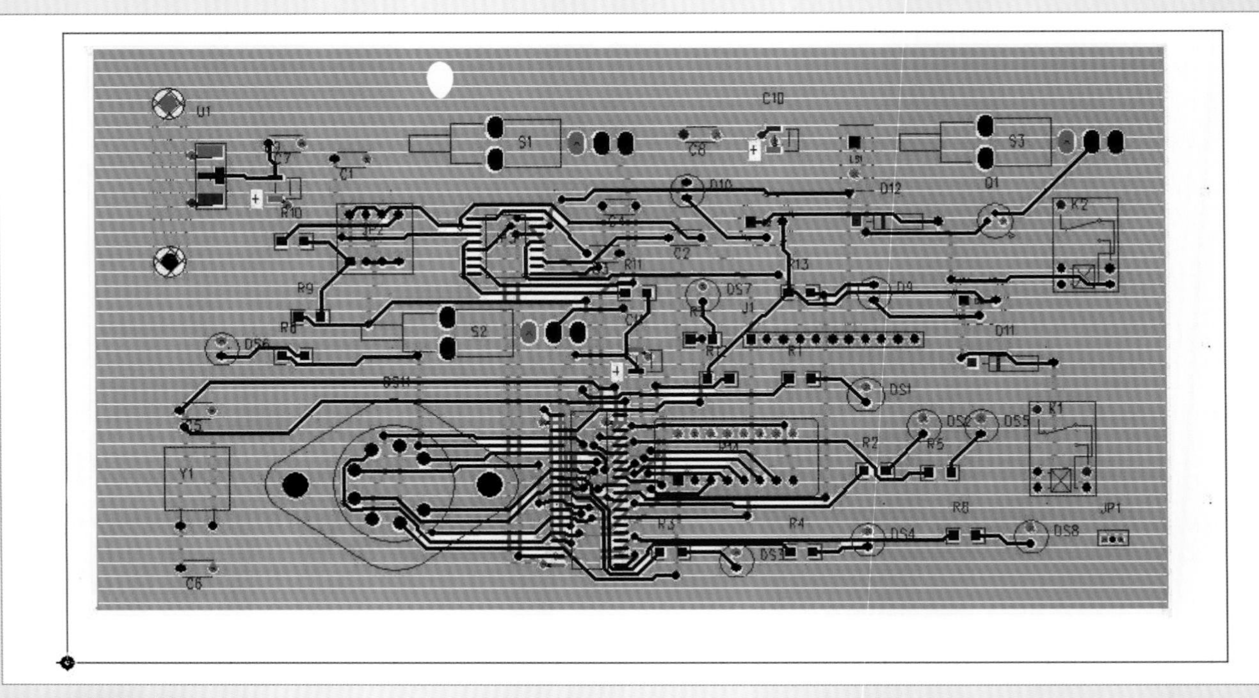

底层覆铜结果

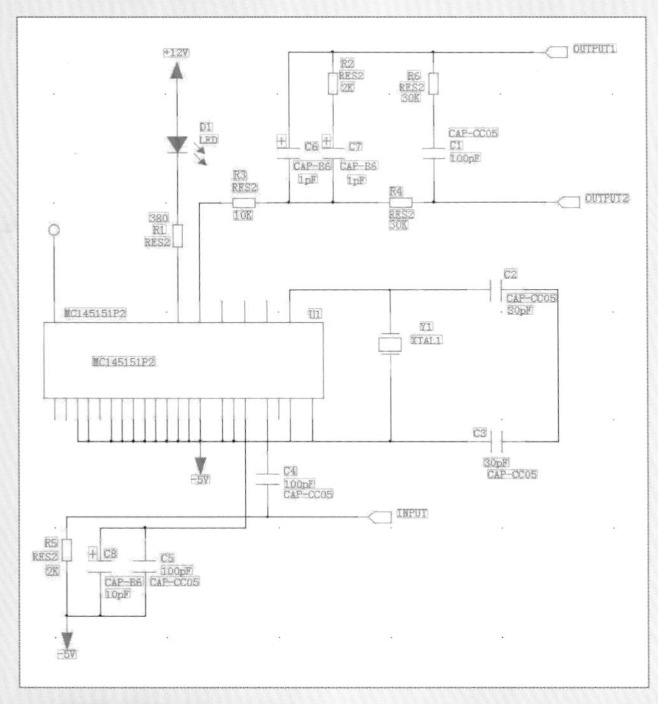

子原理图 PD.sch

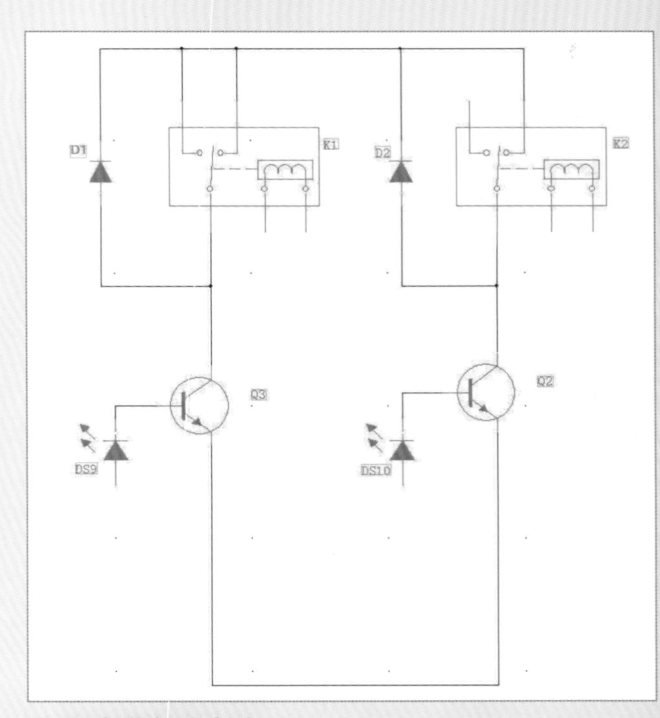

继电器部分电路

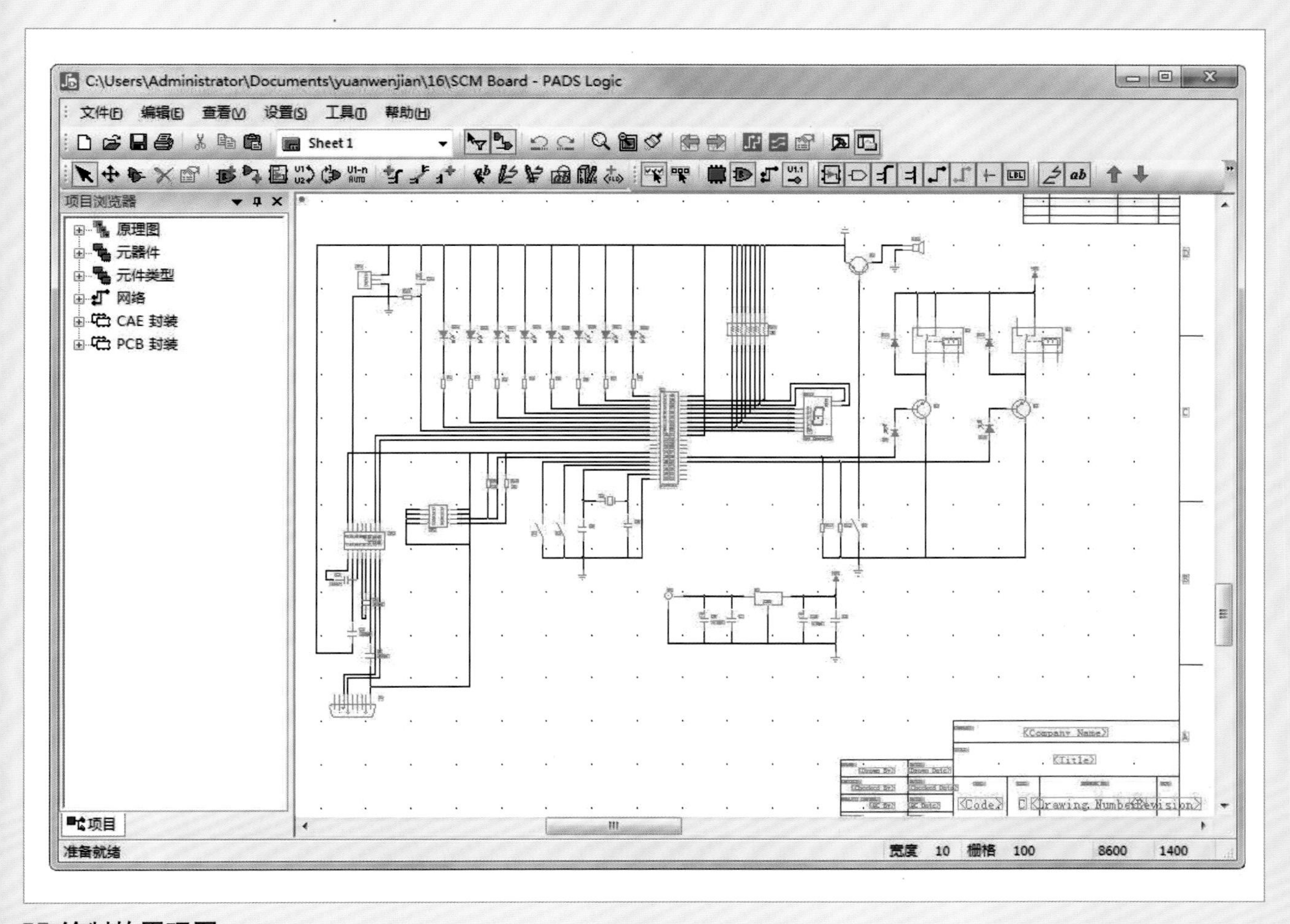

绘制的原理图

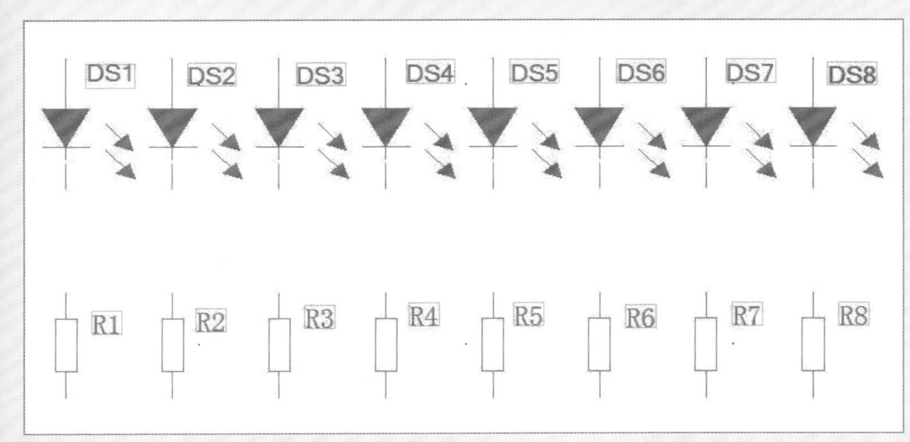

发光二极管部分的电路

极坐标元件

本书部分实例

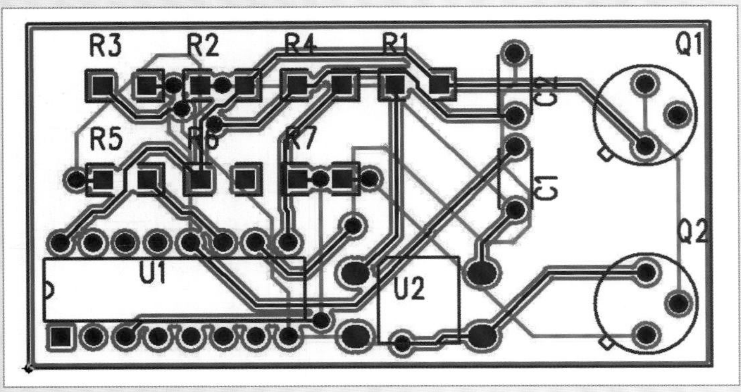

看门狗电路电路板

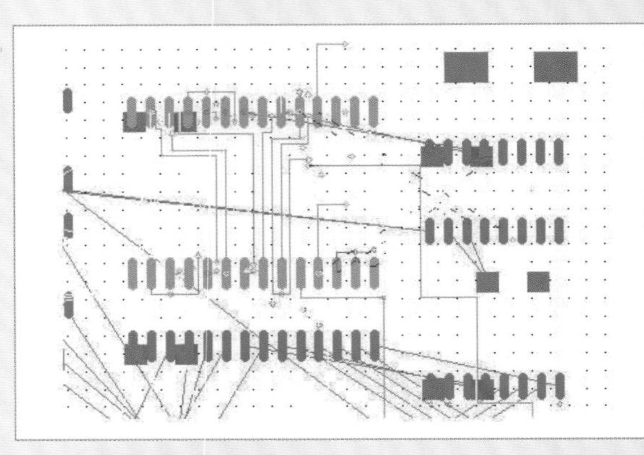

总线布线

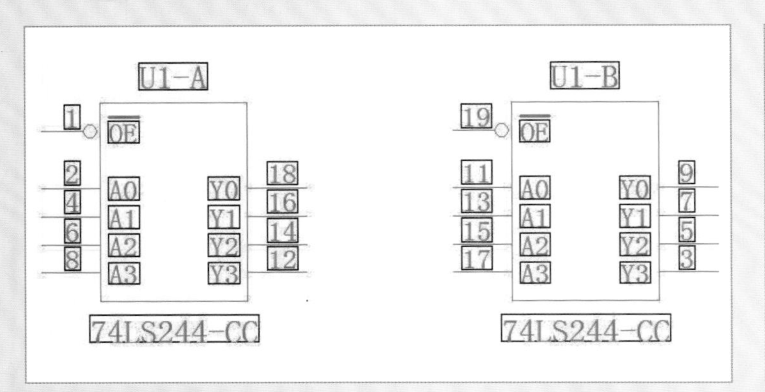

放置元件模块

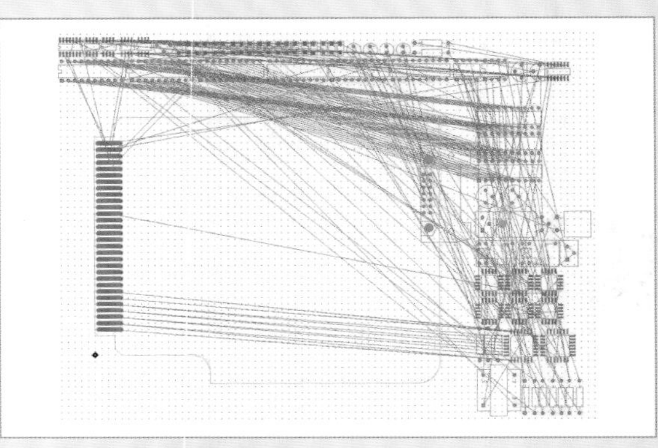

散开元件后的结果

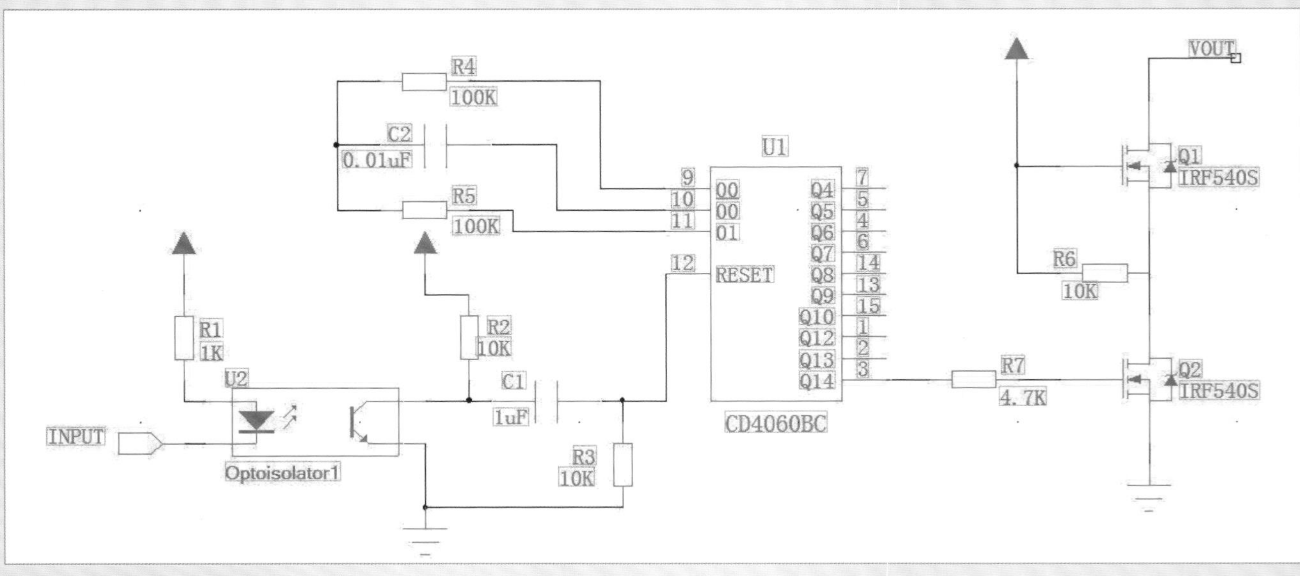

看门狗电路原理图

PADS VX.2.4 中文版
从入门到精通

CAD/CAM/CAE技术联盟　编著

清华大学出版社
北　京

内 容 简 介

本书通过大量实例，全面讲解了 PADS VX.2.4 软件的基础知识和工程应用，内容包括 PADS VX.2.4 概述、PADS Logic VX.2.4 的图形用户界面、PADS Logic 元件设计、PADS Logic 原理图设计基础、PADS Logic 原理图的电气连接、PADS Logic 原理图的后续操作、PADS Designer 原理图设计、PADS 印制电路板设计、电路板布线、电路板的后期操作、封装库设计、音乐闪光灯电路综合实例、HyperLynx 仿真、单片机实验板电路设计综合实例，以及游戏机电路设计综合实例等。本书通过实例来介绍参数的含义，内容安排由浅入深，步骤详细，便于用户掌握参数的设置方法。

为了配合各学校师生利用此书进行教学，随书配送了电子资料包，包含全书操作实例过程录屏讲解 MP4 文件和实例源文件。为了增强教学的效果，更进一步方便读者的学习，作者亲自对实例动画进行了配音讲解，通过扫描二维码，下载本书实例的操作过程视频 MP4 文件，读者可以随心所欲，像看电影一样轻松愉悦地学习本书内容。

本书适合广大工程技术人员和相关专业的学生使用，也可以作为大、中专院校和职业培训中心的教材或教学参考书。

图书在版编目（CIP）数据

PADS VX.2.4 中文版从入门到精通 / CAD/CAM/CAE 技术联盟编著. —北京：清华大学出版社，2022.5
（清华社“视频大讲堂”大系 CAD/CAM/CAE 技术视频大讲堂）
ISBN 978-7-302-57243-5

Ⅰ. ①A… Ⅱ. ①C… Ⅲ. ①印刷电路－计算机辅助设计－应用软件 Ⅳ. ①TN410.2

中国版本图书馆 CIP 数据核字（2020）第 260563 号

责任编辑： 贾小红
封面设计： 鑫途文化
版式设计： 文森时代
责任校对： 马军令
责任印制： 曹婉颖

出版发行： 清华大学出版社
网　址：http://www.tup.com.cn，http://www.wqbook.com
地　址：北京清华大学学研大厦 A 座　　邮　编：100084
社 总 机：010-83470000　　邮　购：010-62786544
投稿与读者服务：010-62776969，c-service@tup.tsinghua.edu.cn
质量反馈：010-62772015，zhiliang@tup.tsinghua.edu.cn
印 装 者： 小森印刷霸州有限公司
经　销： 全国新华书店
开　本： 203mm×260mm　　**印　张：** 30　　**插　页：** 2　　**字　数：** 887 千字
版　次： 2022 年 6 月第 1 版　　**印　次：** 2022 年 6 月第 1 次印刷
定　价： 108.00 元

产品编号：082457-01

前　言

Preface

自 20 世纪 80 年代中期以来，计算机已进入各个领域并发挥着越来越大的作用。EDA 技术是现代电子工业中不可缺少的一项技术，EDA 技术的发展和推广极大地推动了电子工业的发展。电路及 PCB 设计是 EDA 技术中的一个重要内容，PADS 是其中比较杰出的一个软件。在国内流行最早、应用面最宽。在这种背景下，由美国 Mentor Graphics 公司推出 PADS 软件的最新版本 PADS VX.2.4，软件是基于 PC 平台开发的，完全符合 Windows 操作习惯，具有高效率的布局、布线功能，是解决电路中复杂的高速、高密度互连问题的理想平台。

PADS VX.2.4 较以前版本的 PADS 功能更加强大，它是桌面环境下以产品数据管理（PDM）为核心的一个优秀的印刷电路板设计系统。

一、编写目的

鉴于 PADS 强大的功能和深厚的工程应用底蕴，我们力图开发一本全方位介绍 PADS 在工程中实际应用情况的书籍。我们不求将 PADS 知识点全面讲解清楚，而是根据工程设计的需要，利用 PADS 大体知识脉络作为线索，以实例作为“抓手”，帮助读者掌握利用 PADS 进行电路设计与仿真的基本技能和技巧。

本书以 PADS 的最新版本 PADS VX.2.4 为基础，对该软件的基本思路、操作步骤、应用技巧进行了详细介绍，并结合典型工程应用实例详细讲述了 PADS VX.2.4 的具体工程应用方法。

二、本书特点

☑ **循序渐进**

内容的讲解由浅入深，从易到难，以必要的基础知识作为铺垫，结合实例来逐步引导读者掌握软件的功能与操作技巧，让读者潜移默化地进入顺畅学习的轨道，逐步提高软件应用能力。

☑ **覆盖全面**

本书在立足基本软件功能应用的基础上，全面介绍了软件的各个功能模块，使读者全面掌握软件的强大功能，提高电路设计与仿真工程应用能力。

☑ **画龙点睛**

本书在讲解基础知识和相应实例的过程中，及时对某些技巧进行总结，对知识的关键点给出提示，这样就使读者能够少走弯路，能力得到快速提高。

☑ **突出技能提升**

本书中有很多实例本身就是工程设计项目案例，经过作者精心提炼和改编，不仅保证读者能够学好知识点，更重要的是能帮助读者掌握实际的操作技能。全书结合实例详细讲解了 PADS 知识要点，让读者在学习案例的过程中潜移默化地掌握 PADS 软件的操作技巧，同时也培养读者的电路设计与仿真实践应用能力。

Note

三、本书的配套资源

本书配套资源可通过二维码扫码下载，提供了极为丰富的学习配套资源，以便读者朋友在最短的时间学会并精通这门技术。

1. 18集大型高清多媒体教学视频（视频演示）

为了方便读者学习，本书对大多数实例，专门制作了18集教学视频，读者可以先看视频，像看电影一样轻松愉悦地学习本书内容。

2. 全书实例的源文件

本书附带了很多实例，电子资料中包含实例的源文件和个别用到的素材，读者可以安装PADS VX.2.4软件，打开并使用它们。

四、关于本书的服务

1. PADS VX.2.4安装软件的获取

按照本书上的实例进行操作练习，以及使用PADS VX.2.4进行设计和仿真，需要事先在计算机上安装PADS VX.2.4软件。读者可以登录其官方网站联系购买正版软件，或者使用其试用版。另外，当地电脑城、软件经销商一般有售。

2. 关于本书的技术问题或有关本书信息的发布

读者朋友遇到有关本书的技术问题，可以扫描封底“文泉云盘”二维码查看是否已发布相关勘误/解疑文档，如果没有，可在下方找到加入学习群的方式，与我们联系，我们将尽快回复。

3. 关于手机在线学习

扫描书中二维码，可在手机中观看对应教学视频。充分利用碎片化时间，提升学习效果。需要强调的是，书中给出的只是实例的重点步骤，实例详细操作过程还得通过视频来仔细领会。

五、关于作者

本书由CAD/CAM/CAE技术联盟组织编写，王敏、刘昌丽、解江坤参与了具体的编写工作。CAD/CAM/CAE技术联盟是一个CAD/CAM/CAE技术研讨、工程开发、培训咨询和图书创作的工程技术人员协作联盟，包含20多位专职和众多兼职CAD/CAM/CAE工程技术专家。其创作的很多教材成为国内具有引导性的旗帜作品，在国内相关专业方向图书创作领域具有举足轻重的地位。

六、致谢

在本书的写作过程中，编辑贾小红和艾子琪女士给予了很大的支持和帮助，提出了很多中肯的建议，在此表示感谢。同时，还要感谢清华大学出版社的所有编审人员为本书的出版所付出的辛勤劳动。本书的成功出版是大家共同努力的结果，谢谢所有给予支持和帮助的人们。

编　者

文泉云盘

目　录

Contents

Note

Note

Note

Note

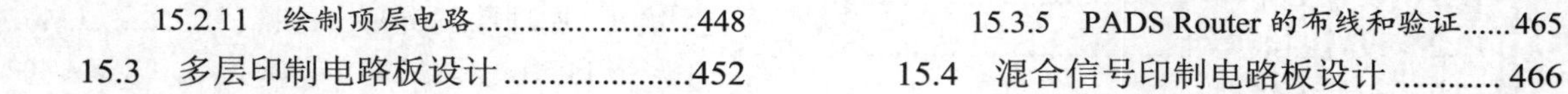

第1章 PADS VX.2.4 概述

本章主要介绍PADS的基本概念及特点，介绍了PADS VX.2.4的发展过程以及它的系统简介。PADS VX.2.4是一款非常优秀的PCB设计软件，它具有完整强大的PCB绘制工具，界面和操作十分简洁，希望用户好好学习本书，以便更加方便地使用PADS VX.2.4软件。

学习重点

☑ PCB的基本概念及设计工具
☑ PADS VX.2.4简介
☑ PADS VX.2.4的集成开发环境

任务驱动&项目案例

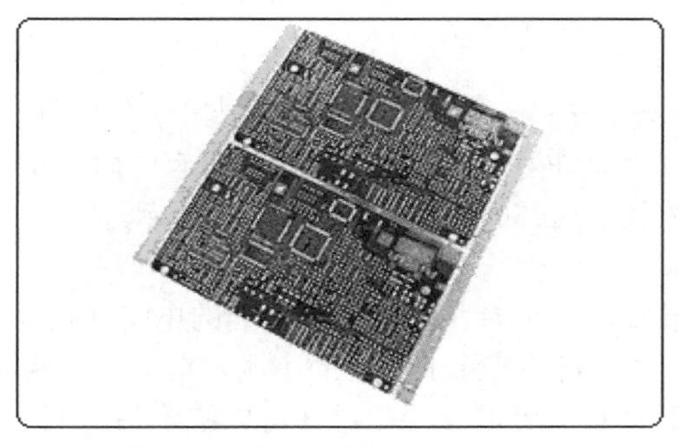

（1）

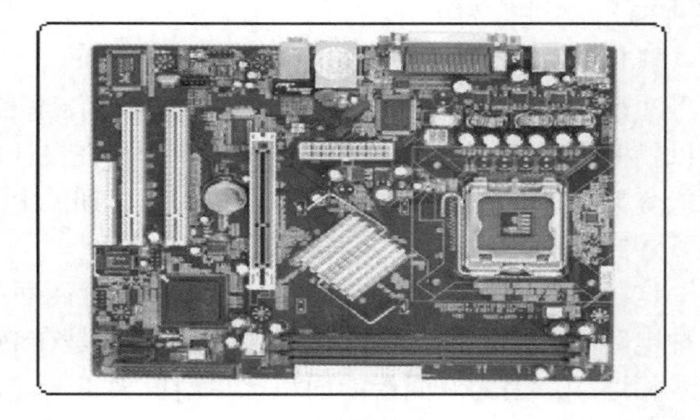

（2）

1.1 PCB的基本概念及设计工具

Note

能见到的电子设备几乎都离不开PCB，小到电子手表、计算器、通用计算机，大到计算机、通信电子设备、军用武器系统，只要有集成电路等电子元器件，它们之间电气互连就要用到PCB。

1.1.1 PCB技术的概念

1. PCB概念及应用

PCB是印制电路板（printed circuit board）的英文缩写。通常把在绝缘基材上，按预定设计，制成印制电路、印制元件或二者组合而成的导电图形称为印制电路。而在绝缘基材上提供元器件之间电气连接的导电图形，称为印制电路。这样就把印制电路或印制电路的成品板称为印制电路板，亦称为印制板。

PCB 提供集成电路等各种电子元器件固定装配的机械支撑、实现集成电路等各种电子元器件之间的布线和电气连接或电绝缘、提供所要求的电气特性，如特性阻抗等。同时为自动锡焊提供阻焊图形；为元器件插装、检查、维修提供识别字符和图形。

2. PCB发展及演变

印制电路基本概念在20世纪初已有人在专利中提出过，早在1903年Mr.Albert Hanson便首先将“电路”（circuit）概念应用于电话交换机系统。它将金属箔切割成电路导体，将之粘贴于石蜡纸上，上面同样贴上一层石蜡纸，就成了现今PCB的机构雏形，如图1-1所示。

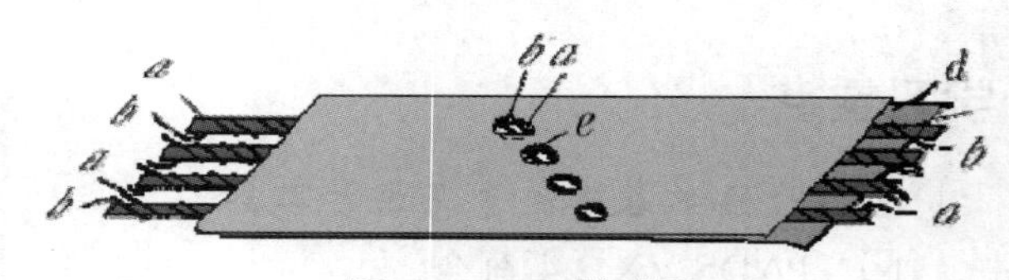

图1-1 PCB雏形图

3. PCB分类及制造

根据PCB材质、结构、用途的不同，可以对PCB进行多种分类，下面仅就PCB层数的不同，对PCB分类进行简单介绍。

（1）单面板（single-sided board）

在最基本的PCB上，零件集中在其中一面，导线则集中在另一面上。因为导线只出现在其中一面，所以就把这种PCB叫作单面板。因为单面板在设计电路上有许多严格的限制（因为只有一面，布线间不能交叉而必须绕独自的路径），所以只有早期的电路才使用这类的电路板，如图1-2所示。

（2）双面板（double-sided board）

这种电路板的两面都有布线。不过要用上两面的导线，必须要在两面间有适当的电路连接才行。这种电路间的“桥梁”叫作导孔（via）。导孔是在PCB上，充满或涂上金属的小洞，它可以与两面的导线相连接。因为双面板的面积比单面板大了一倍，而且布线可以互相交错（可以绕到另一面），所以它更适合用在比单面板更复杂的电路上，如图1-3所示。

（3）多层板（multi-layer board）

为了增加可以布线的面积，多层板用上了更多单或双面的布线板。多层板使用数片双面板，并在每层板间放进一层绝缘层后黏牢（压合）。电路板的层数就代表了有几层独立的布线层，通常层数都是偶数，并且包含最外侧的两层。大部分的主机板都是4～8层的结构，技术上可以做到近100层的

PCB 板。大型的超级计算机大多使用相当多层的主机板，不过因为这类计算机已经可以用许多普通计算机的集群代替，所以超多层板已经渐渐不被使用了。因为 PCB 中的各层都紧密结合，一般不太容易看出实际数目，如果仔细观察主机板，也许可以看出来。

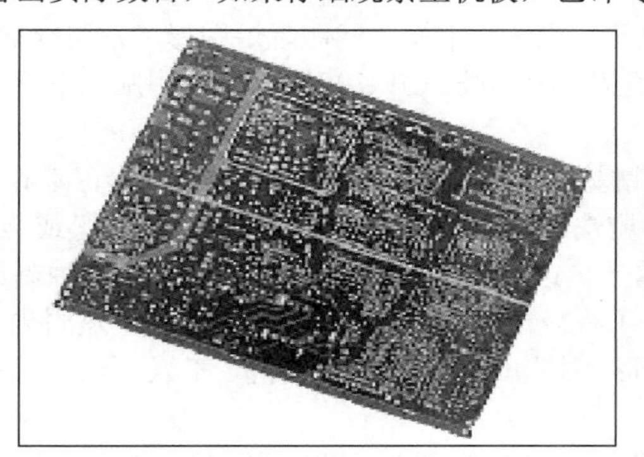

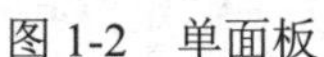

图 1-2　单面板

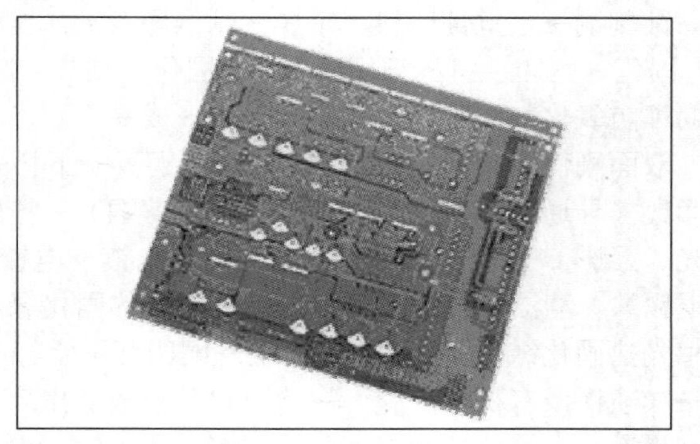

图 1-3　双面板

前面提到的导孔，如果应用在双面板上，那么一定都是打穿整个电路板。不过在多层板中，如果只想连接其中一些电路，那么导孔可能会浪费一些其他层的电路空间。埋孔（buried via）和盲孔（blind via）技术可以避免这个问题，因为它们只穿透其中几层。盲孔是将几层内部 PCB 与表面 PCB 连接，不需穿透整个电路板。埋孔则只连接内部的 PCB，所以仅从表面是看不出来的。

在多层板 PCB 中，整层都直接连接上地线与电源。所以我们将各层分类为信号（signal）层、电源（power）层或是地线（ground）层。如果 PCB 上的零件需要由不同的电源供应，那么通常这类 PCB 会有两层以上的电源与电线层，如图 1-4 所示。

PCB 是如何被制造出来的呢？打开通用计算机的键盘就能看到一张软性薄膜（挠性的绝缘基材），印有银白色（银浆）的导电图形与键位图形。因为使用通用丝网漏印方法得到这种图形，所以称这种印制电路板为挠性银浆印制电路板。

而各种计算机主机板、显卡、网卡、调制解调器、声卡及家用电器上的印制电路板就不同了，如图 1-5 所示。它所用的基材是纸基（常用于单面）或玻璃布基（常用于双面及多层），预浸酚醛或环氧树脂，表层一面或两面粘上覆铜簿再层压固化而成。这种电路板覆铜簿板材，就称它为刚性板。再制成印制电路板，就称它为刚性印制电路板。单面有印制电路图形称单面印制电路板，双面有印制电路图形，再通过孔的金属化进行双面互连形成的印制电路板，就称其为双面板。如果用一块双面作内层、两块单面作外层或两块双面作内层、两块单面作外层的印制电路板，通过定位系统及绝缘粘结材料交替在一起且导电图形按设计要求进行互连的印制电路板就成为四层、六层印制电路板了，也称为多层印制电路板。

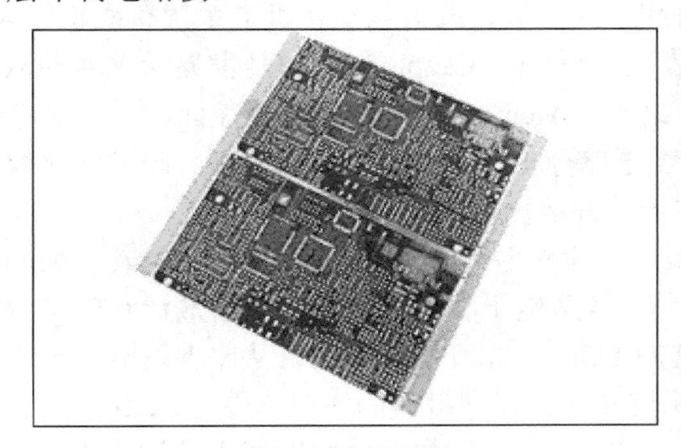

图 1-4　多层板

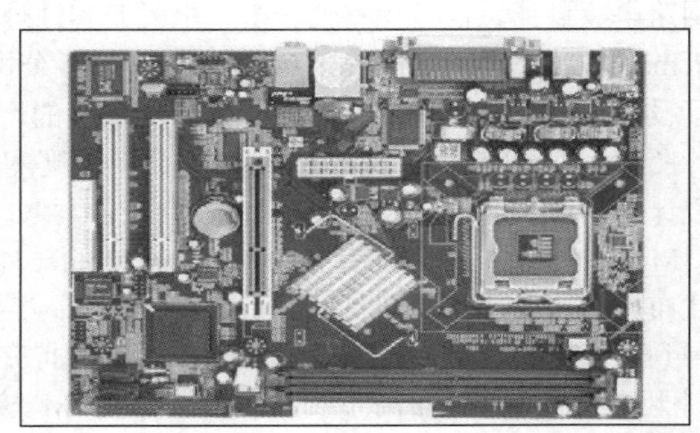

图 1-5　集成电路板

Note

为进一步认识PCB，有必要了解一下单面、双面印制电路板及普通多层板的制作工艺，以加深对它的了解。

单面刚性印制板制作工艺：单面覆铜板→下料→刷洗、干燥→网印电路抗蚀刻图形→固化检查修板→蚀刻铜→去抗蚀印料、干燥→钻网印及冲压定位孔→刷洗、干燥→网印阻焊图形（常用绿油）、UV固化→网印字符标记图形、UV固化→预热、冲孔及外形→电气开、短路测试→刷洗、干燥→预涂助焊防氧化剂（干燥）→检验包装→成品出厂。

双面刚性印制板制作工艺：双面覆铜板→下料→钻基准孔→数控钻导通孔→检验、去毛刺刷洗→化学镀（导通孔金属化）→（全板电镀薄铜）→检验刷洗→网印负性电路图形、固化（干膜或湿膜、曝光、显影）→检验、修板→电路图形电镀→电镀锡（抗蚀镍/金）→去印料（感光膜）→蚀刻铜→（退锡）→清洁刷洗→网印阻焊图形常用热固化绿油（贴感光干膜或湿膜、曝光、显影、热固化，常用感光热固化绿油）→清洗、干燥→网印标记字符图形、固化→外形加工→清洗、干燥→电气通断检测→（喷锡或有机保焊膜）→检验包装→成品出厂。

贯通孔金属化法制造多层板工艺流程：内层覆铜板双面开料→刷洗→钻定位孔→贴光致抗蚀干膜或涂覆光致抗蚀剂→曝光→显影→蚀刻与去膜→内层粗化、去氧化→内层检查→（外层单面覆铜板电路制作、B阶粘结片、板材粘结片检查、钻定位孔）→层压→数控制钻孔→孔检查→孔前处理与化学镀铜→全板镀薄铜→镀层检查→贴光致耐电镀干膜或涂覆光致耐电镀剂→面层底板曝光→显影、修板→电路图形电镀→电镀锡铅合金或镍/金镀→去膜与蚀刻→检查→网印阻焊图形或光致阻焊图形→印制字符图形→（热风整平或有机保焊膜）→数控洗外形→成品检查→包装出厂。

从工艺流程可以看出多层板工艺是从双面孔金属化工艺基础上发展起来的。它除继承双面工艺外，还有几个独特内容，即金属化孔内层互连、钻孔与去环氧钻污、定位系统、层压和专用材料。

1.1.2 PCB设计的常用工具

PCB设计软件种类很多，如PADS、Cadence PSD、PSpice、PCB Studio、TANGO、Altium（Protel）、OrCAD、Vie wlogic Multisim等。目前，国内流行的主要有PADS、PSpice、Altium、OrCAD和Multisim，下面就对它们进行简单介绍。

1. PADS

Innoveda公司曾是美国著名的电子设计自动化软件（EDA）及系统供应厂家，它由ViewLogic、Summit和PADS三家公司合并而成。Innoveda公司主要致力于电子设计自动化领域的研究和开发，特别是在高速设计领域，其产品具有很高的知名度，被众多用户采用。

Innoveda的软件产品范围广泛，包括从设计输入、数字和模拟电路仿真、可编程逻辑器件设计、印制路电板设计、信号完整性分析、电磁兼容性分析和串扰分析、汽车电子和机电系统布线软件等。

Innoveda公司现在被美国Mentor Graphics公司收购，Mentor Graphics公司是世界最著名的从事电子设计自动化系统设计、制造、销售和服务的厂家之一。Mentor软件及系统覆盖面广，产品包括设计图输入、数字电路分析、模拟电路分析、数模混合电路分析、故障模拟测试分析、印制电路板自动设计与制造、全定制及半定制IC设计软件与IC校验软件等一体化产品。

Mentor Graphics公司的PADS Layout/Router环境作为业界主流的PCB设计平台，以其强大的交互式布局布线功能和易学易用等特点，在通信、半导体、消费电子和医疗电子等当前最活跃的工业领域得到了广泛的应用。PADS Layout/Router支持完整的PCB设计流程，涵盖了从原理图网表导入，规则驱动下的交互式布局布线，DRC/DFT/DFM校验与分析，直到最后的生产文件（Gerber）、装配文件及物料清单（BOM）输出等全方位的功能需求，确保PCB工程师高效率地完成设计任务。

2. PSpice

PSpice 是功能强大的模拟电路和数字电路混合仿真 EDA 软件，它可以进行各种电路仿真、激励建立、温度与噪声分析、模拟控制、波形输出和数据输出，并在同一个窗口内同时显示模拟与数字的仿真结果。

3. Altium

Altium 是 Protel 的升级版本。早期的 Protel 主要作为印制板自动布线工具使用，只有电原理图绘制和印制板设计功能，后发展到 Protel99se，最近在并购后改名为 Altium 公司，推出的最新版本 Altium Designer 是个庞大的 EDA 软件，包含电原理图绘制、模拟电路与数字电路混合信号仿真、多层印制电路板设计（包含印制电路板自动布线）、可编程逻辑器件设计、图表和电子表格生成、支持宏操作等功能，是个完整的板级全方位电子设计系统。

4. OrCAD

由 OrCAD 公司于 20 世纪 80 年代末推出电子设计自动化（EDA）软件，OrCAD 界面友好直观，集成了电原理图绘制、印制电路板设计、模拟与数字电路混合仿真、可编程逻辑器件设计等功能，其元器件库是所有 EDA 软件中最丰富的，达 8500 个，收入了几乎所有通用电子元器件模块。

5. Multisim

NI Multisim 是美国国家仪器（NI）有限公司推出的以 Windows 为基础的仿真工具，适用于板级的模拟/数字电路板的设计工作。它包含了电路原理图的图形输入、电路硬件描述语言输入方式，具有丰富的仿真分析能力。

1.2　PADS VX.2.4 简介

PADS（personal automated design system）以 PCB 为主导产品，最著名的软件为 PADS。PADS 系列软件最初由 PADS Software Inc.公司推出，后来几经易手，从 Innoveda 公司到现在的 Mentor Graphics 公司，目前已经成为 Mentor Graphics 旗下最犀利的电路设计与制板工具之一。

1.2.1　PADS 的发展

作为世界顶级 EDA 厂商，Mentor Graphics 公司最新推出的 PADS VX.2.4 电路设计与制板软件，秉承了 PADS 系列软件功能强劲、操作简单的一贯传统，在电子工程设计领域得到了广泛应用，已经成为当今最优秀的 EDA 软件之一。

PADS 软件是 Mentor Graphics 公司的电路原理图和 PCB 设计工具软件。目前，该软件是国内从事电路设计的工程师和技术人员主要使用的电路设计软件之一，是 PCB 设计高端用户最常用的工具软件。

Mentor Graphics 公司的 PADS Layout/Router 环境作为业界主流的 PCB 设计平台，以其强大的交互式布局布线功能和易学易用等特点，在通信、半导体、消费电子、医疗电子等当前最活跃的工业领域得到了广泛的应用。PADS Layout/Router 支持完整的 PCB 设计流程，涵盖了从原理图网表导入，规则驱动下的交互式布局布线，DRC/DFT/DFM 校验与分析，直到最后的生产文件（Gerber）、装配文件及物料清单（BOM）输出等全方位的功能需求，确保 PCB 工程师高效率地完成设计任务。下面对各版本进行简单介绍。

Note

1. PADS 2005sp2

稳定性比较好，但是缺少很多后续版本的新功能。

2. PADS 2007

相比 PADS 2005 增加了一些功能，比如能够在 PCB 中显示器件的管脚号，操作习惯也发生了一些变化，而且 PADS 2007 套装软体目前共有 3 个版本，分别为 PADSPE、PADSXE 及 PADSSE，随着不同的版本而有更强大的功能，可适应各种不同的设计需求。

PADSPE 的功能包括了设计定义、版本配置及自动电路设计能力。PADSXE 套装软体则增加了类比模拟及信号整合分析功能。如果使用者需要的是最高级及高速的功能，PADSSE 则是最佳选择。PADS 套装软体也包括了一个参数资料的资料库，让使用者可以安装该产品，并且快速开始设计，而不需要花时间及成本在资料库的开发上。Mentor Graphics 正和事业伙伴共同努力，以确定该资料库的高品质，并且能有大量的支援元件，并且实时更新。

3. PADS 9.1

基于 Windows 平台的 PCB 设计环境，操作界面（GUI）简便直观、容易上手；兼容 Protel/P-CAD/CADStar/Expedition 设计；支持设计复用；RF 设计功能优秀；基于形状的无网格布线器，支持人机交互式布线功能；支持层次式规则及高速设计规则定义；规则驱动布线与 DRC 检验；智能自动布线；支持生产、装配及物料清单文件输出。

4. PADS 9.2

相比以前的版本增加了一些比较重要的功能，比如能在 PCB 中显示 Pad、Trace 和 Via 的网络名，能够在 Layout 和 Router 之间快速切换等，非常好用。还有，最重要的一点是支持 Windows 7 系统。目前大多工程师使用的是 PADS 2007，同时 PADS 实现了从高版本向低版本的兼容，例如 PADS 2005 能打开 PADS 2007 的工程文件。

5. PADS 9.5

提供了与其他 PCB 设计软件、CAM 加工软件、机械设计软件的接口，方便了不同设计环境下的数据转换和传递工作。

目前，PADS 系列软件最新版本为 PADS VX.2.4，发布于 2018 年 5 月。主要包括 PADS Logic VX.2.4、PADS Layout VX.2.4 和 PADS Router VX.2.4、DxDesignr、IO Designer、HyperLynx 等软件，可进行原理图设计、PCB 板设计、电路仿真等任务。

PADS Logic 是一个功能强大、多页的原理图设计输入工具，为 PADS Layout VX.2.4 提供了一个高效、简单的设计环境。PADLayout/Router 是复杂的、高速印制电路板的最终选择的设计环境。它是一个强有力的基于形状化、规则驱动的布局布线设计解决方案，它采用自动和交互式的布线方法，采用先进的目标链接与嵌入自动化功能，有机地集成了前后端的设计工具，包括最终的测试、准备和生产制造过程。PADLayout 支持 Microsoft 标准的编程界面，结合了自动化的方式，采用了一个 Visual Basic 程序和目标链接与嵌入功能。这些标准的接口界面使得与其他基于 Windows 的补充设计工具链接更加方便有效。它还能够很容易地客户化定制用户的设计工具和过程。

1.2.2 PADS VX.2.4 的特性

PADS VX.2.4 主要致力于自动或批处理方式的高速电路布线约束。作为高速电路的 PCB 设计的解决方案，其物理设计环境将成为一个“明确的高速电路设计”解决方案。

1. PADS Standard Plus

如果需要仿真和分析以及先进的 Layout 实现快速创建高质量 PCB，PADS Standard Plus 将是上乘

之选，它具备 PADS Standard 的所有功能，以及以下方面。

☑　集成式约束管理。

☑　高速约束和布线。

☑　使用 HyperLynx®处理带串扰的信号完整性问题。

☑　热仿真和模拟仿真。

☑　中心库。

2. 原理图设计

直观的项目和设计导航、完整的层次化设计支持，以及先进的规则和属性管理工具，均可帮助实现 PCB 设计目标。

3. 元器件信息管理

通过单个电子表格来访问所有元器件信息，而无须担心数据冗余、多个库或耗时费力的工具开销，并可维护最新且方便易用的元件数据库。

4. Layout

利用 PADS 强大的 3D Layout 功能，可以轻松地设计各种从简单到复杂的印刷电路板，类型涵盖高速、高密度、模拟和/或数字，以及射频电路。PADS 提供了帮助轻松、高效地完成布局和布线工作所需的全部要素，同时还能确保 PCB 符合的设计目标。

5. 约束管理

如果在所设计的电路板上，高速信号所占比例较高，那么应该很清楚采用约束驱动型设计的重要性。PADS 拥有功能强大且简单易用的约束管理系统，适用于创建、评审和验证 PCB 设计约束。

6. 分析

PADS PCB 设计分析和验证采用的是 HyperLynx®技术，该技术以其高精度和简单易用的特点享誉全球。从设计到制造，PADS 内置的分析工具均可帮助实现最佳的效率。

7. 库管理

通过单个电子表格来访问所有元器件信息，而无须担心数据冗余、多个库或耗时费力的工具开销。PADS 还附带经过验证的启动库、免费的库转换器，以及用于生成符合 IPC 标准的封装的向导。

8. 归档管理

在整个设计流程中使用 PADS 归档管理可节省时间，提高设计质量以及存储信息。生成用于设计评审的报告，并对归档进行比较，以确定设计差别。

9. Standard Plus 模块

还可以在 PADS Standard Plus 中增加高速布线、DFT、MCAD 协同设计以及更多的模块。

PADS 解决方案可为每一位 PCB 设计人员和工程师提供支持。创建满足设计需要的工具集。

（1）新增高级 PCB Layout：最受欢迎的捆绑软件。

如果任务是 PCB Layout，则可以考虑“高级 PCB 模块”。此捆绑软件仅在 PADS Standard Plus 中可用，其中增加了一流的高速自动布线功能，可节省大量时间的 DFT 审核功能，以及用于裸片元器件设计的高级封装工具套件。

（2）提高制造良率：100 项常用的制造和装配分析。

确保设计已准备好交付制造。此模块包含了超过 100 项最常用的制造和装配分析，因而可以轻松地找到导致生产延迟的问题，如阻焊细丝、意外覆铜、测试点间距不当等。

（3）减少样机数量：适用于 MCAD 协作的便利工具。

PADS MCAD Collaborator 模块仅可在 PADS Standard Plus 中使用，而使用这一模块可在电气和机械 CAD 系统之间沟通设计意图。

Note

1.3 PADS VX.2.4 的集成开发环境

PADS 软件在设计原理图、印制电路板、仿真分析等不同操作时，需要打开不同的软件界面，不再是在单一的软件界面中设计所有的操作。

下面来简单了解 PADS VX.2.4 的几种具体的开发环境。

1.3.1 PADS VX.2.4 的原理图开发环境

图 1-6 为 PADS VX.2.4 的原理图开发环境 PADS Logic。

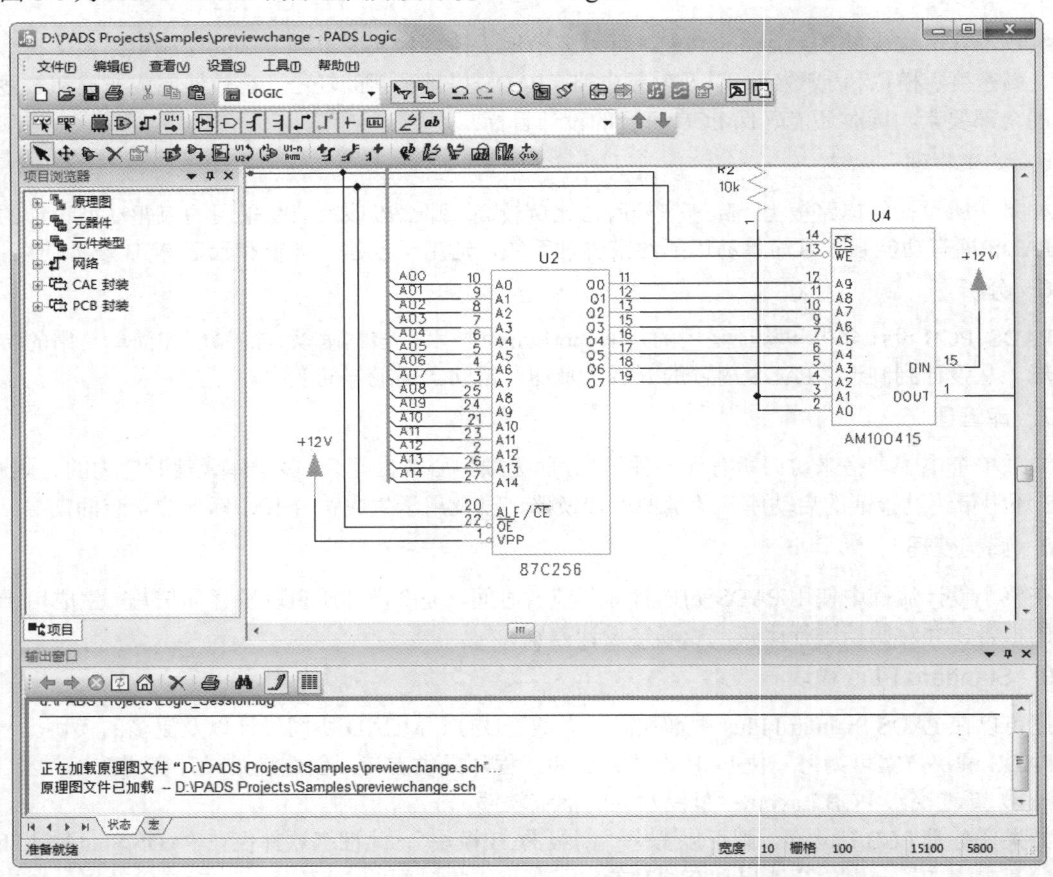

图 1-6　PADS VX.2.4 的原理图开发环境

1.3.2 PADS VX.2.4 的印制板电路的开发环境

图 1-7 为 PADS VX.2.4 的印制板电路的开发环境 PADS Layout。

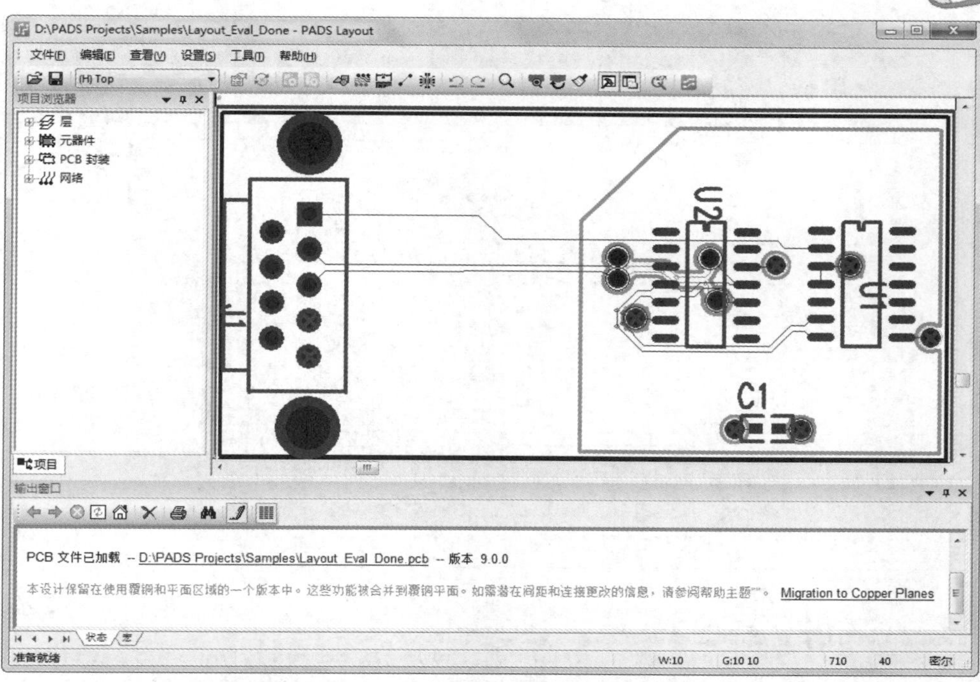

图 1-7　PADS VX.2.4 的印制板电路的开发环境

1.3.3　PADS VX.2.4 仿真编辑环境

图 1-8 为 PADS VX.2.4 仿真编辑环境 PADS HyperLynx。

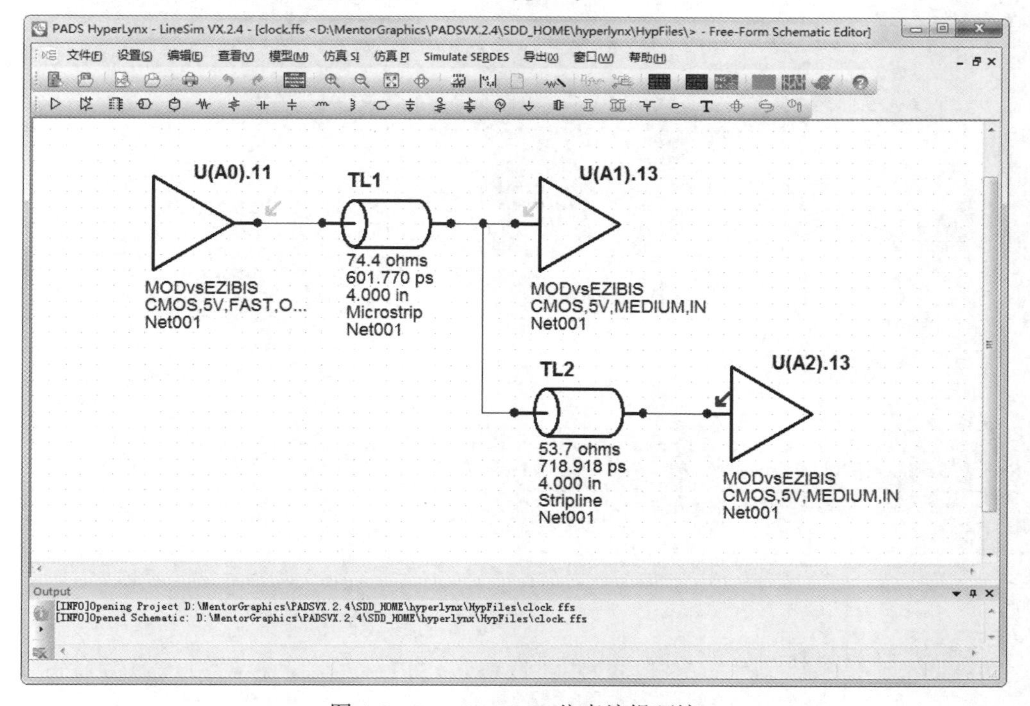

图 1-8　PADS VX.2.4 仿真编辑环境

Note

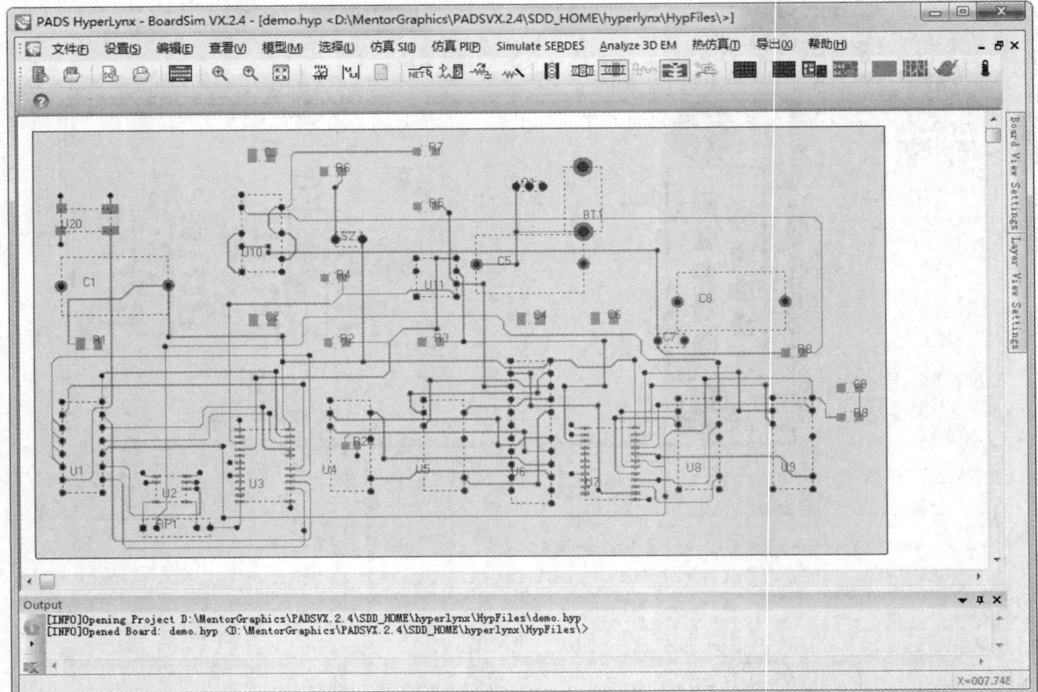

图 1-8　PADS VX.2.4 仿真编辑环境（续）

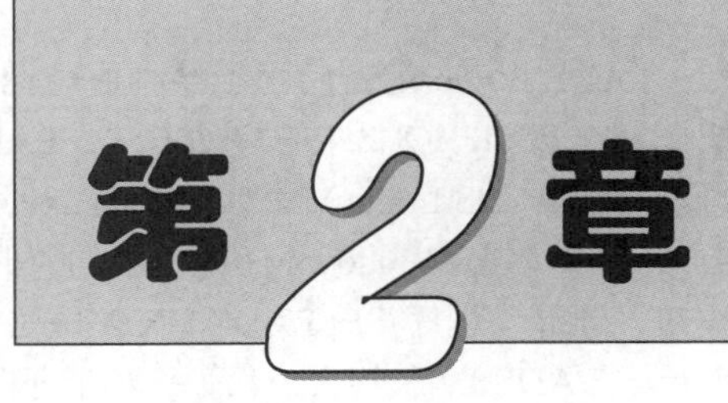

PADS Logic VX.2.4 的图形用户界面

本章主要介绍PADS 原理图设计软件的图形用户界面PADS Logic VX.2.4。包括PADS Logic VX.2.4的启动界面、整体工作界面状态、窗口界面和文件管理系统。对PADS Logic VX.2.4的菜单系统进行了介绍，包括文件、编辑、查看、设置、工具和帮助菜单，对PADS Logic VX.2.4的工具也进行了简要的介绍。

学习重点

- ☑ PADS Logic VX.2.4 的启动
- ☑ PADS Logic VX.2.4 整体图形界面
- ☑ PADS Logic VX.2.4 界面简介
- ☑ 项目浏览器
- ☑ 菜单栏
- ☑ 工具栏
- ☑ PADS Logic 参数设置
- ☑ 视图操作
- ☑ 文件管理

任务驱动&项目案例

2.1 PADS Logic VX.2.4 的启动

Note

PADS Logic 是专门用于绘制原理图的 EDA 工具，它的易用性和实用性都深受用户好评。首先介绍 PADS Logic VX.2.4 的启动方法，PADS Logic VX.2.4 通常有以下 3 种基本启动方式，任意一种都可以启动 PADS Logic VX.2.4，如图 2-1 所示。

（1）单击 Windows 任务栏中的“开始”按钮，选择“程序”→PADS VX.2.4→Design Entry→PADS Logic VX.2.4 命令，启动 PADS Logic VX.2.4。

（2）在 Windows 桌面上直接双击 PADS Logic VX.2.4 图标，这是安装程序自动生成的快捷方式。

（3）直接单击以前保存过的 PADS Logic 文件（扩展名为.SCH），通过程序关联启动 PADS Logic VX.2.4。

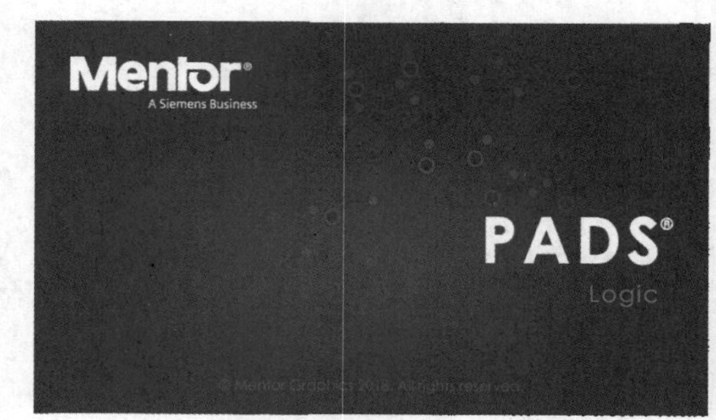

图 2-1　PADS Logic VX.2.4 的启动界面

2.2 PADS Logic VX.2.4 整体图形界面

PADS Logic 采用图形用户界面（graphical user interface），简称为 GUI，这种图形用户界面同标准的 Windows 软件的风格一致，包括从层叠式菜单结构到快捷键的使用，还有系统在线帮助等。PADS Logic VX.2.4 的用户界面设计得非常易于使用，在努力满足高级用户需要的同时还考虑到许多初次使用 PADS 软件的工程人员。其 GUI 界面如图 2-2 所示。

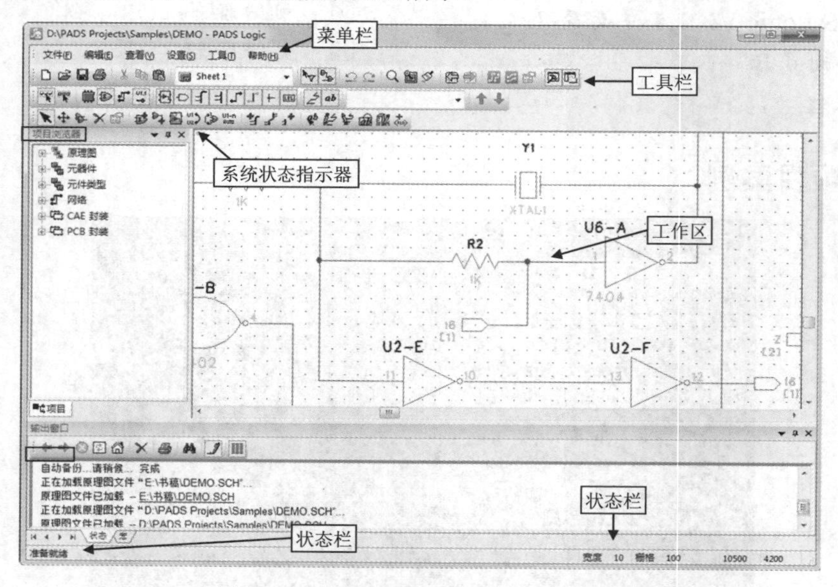

图 2-2　PADS Logic VX.2.4 图形界面图

2.3 PADS Logic VX.2.4 界面简介

PADS Logic VX.2.4 不但具有标准的 Windows 用户界面，而且在这些标准的各个图标上都带有非常形象化的功能图形，使用户一接触到就可以根据这些功能图标上的图形判断出此功能图标的大概功能。这将会使用户对 PADS Logic VX.2.4 有一个整体的系统概念。本章将介绍 PADS Logic 的整体界面。

由图 2-2 可知，PADS Logic 图形界面有 8 个部分，分别如下。

☑ 项目浏览器：此窗口可以根据需要打开和关闭，是一个动态信息的显示窗口。

☑ 状态栏：在进行各种操作时状态栏都会实时显示一些相关信息，所以在设计过程中应养成查看状态栏的习惯。

  ➢ 默认的宽度：显示默认线宽设置。

  ➢ 默认的工作栅格：显示当前的设计栅格的设置大小，注意区分设计栅格与显示栅格的不同。

  ➢ 光标的 x 和 y 坐标：显示了一些比较常用功能，将它们图标化以方便用户操作使用。

☑ 菜单栏：同所有的标准 Windows 应用软件一样，PADS Logic VX.2.4 采用的是标准的下拉式菜单。

☑ 工具栏：同标准 Windows 应用软件一样。

☑ 输出窗口：从中可以实时显示文件运行阶段消息。

☑ 系统状态指示器：这个系统状态指示器位于工作区的左上角，对于大多数的用户，它可以说是一个被遗忘的角落。其实它很多时候同样很有用。它同日常生活中公路交通十字路口的指示灯一样，当没有进入任何的操作工具盒时，呈现绿色，这代表用户可以选择或打开任何一个工具盒；但当打开一个工具盒而且选择了其中的一个功能图标之后，这个指示器将变成红色，这表示当前所有的操作都仅局限于这个选择的功能图标之内。

☑ 工作区：电路图编辑区域。

☑ 状态窗口：显示动态信息的活动窗口，按快捷键 Ctrl+Alt+S 可打开如图 2-3 所示的对话框。

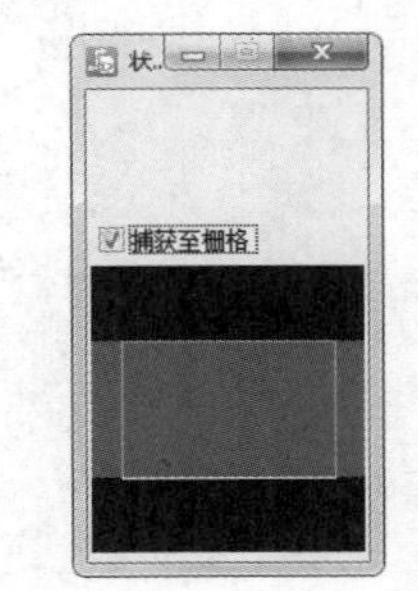

图 2-3 状态窗口

上述 PADS Logic 图形界面中，除工作区域和系统状态指示器外，其余的各部分可以根据需要进行打开或关闭。比如需要关闭状态拦，单击 PADS Logic 主菜单中的 Window 菜单，在弹出的下拉菜单的子菜单“状态栏”前有一个“√”符号，这表示当前的状态栏处于打开状态，单击此子菜单，则变为关闭状态。同理其他各部分的关闭与打开操作完全相同。除通过主菜单 Window 下的各个子菜单来改变 PADS Logic 图形界面的风格外，也可以根据自己的爱好和习惯，选择菜单中的“设置”→“显示颜色”命令，设置界面与设计显示颜色。

总之，PADS Logic 的图形用户界面变化多样，图形化的各种图标及工具盒简易而直观，正是基于这种特色。PADS Logic 的易用性和实用性才被广大的电子工程师们所接受与青睐。

2.4 项目浏览器

项目浏览器是一个汇集了有用信息的浮动窗口，如图 2-4 所示。该窗口一般显示在工作区域的左

上方，用于标示当前选中元件的详细信息，包括元件标号、元件类型等。

（1）项目浏览器的显示方式有 3 种，即自动隐藏、锁定显示和浮动显示。

❶ 自动隐藏：单击如图 2-4 所示的右上角的按钮，自动隐藏“项目浏览器”面板，右上角变为按钮，在左侧固定添加“项目浏览器”面板，隐藏面板时，可将光标放置在“项目浏览器”图标上，显示“项目浏览器”，如图 2-5 所示，移开鼠标，则自动隐藏面板，只显示图标。

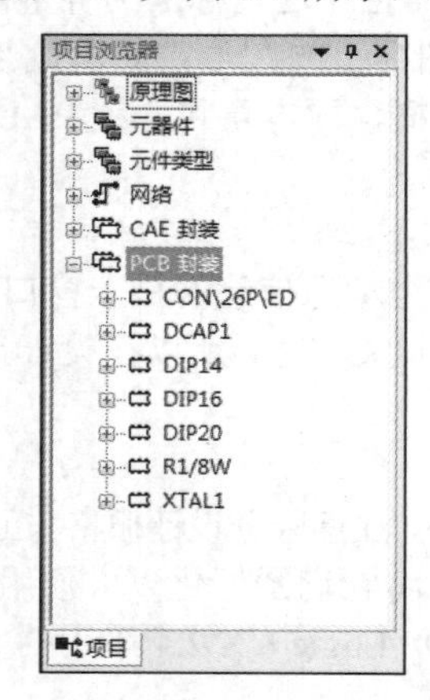

图 2-4　项目浏览器

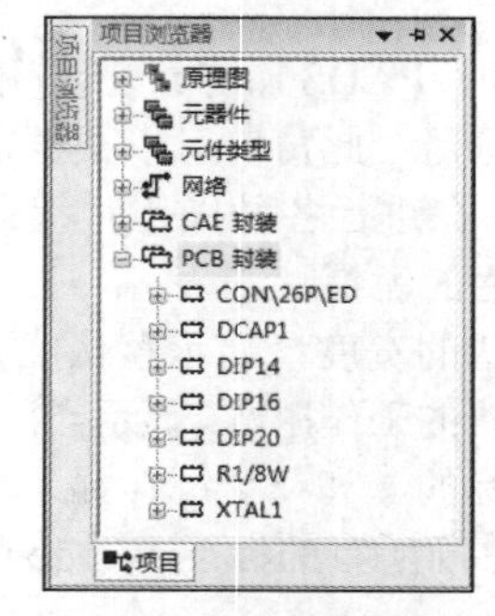

图 2-5　自动隐藏“项目浏览器”

❷ 锁定显示：单击右上角的按钮，锁定项目浏览器，将面板打开固定在左侧。

❸ 浮动显示，在如图 2-6 所示界面中，单击右上角的按钮，在下拉菜单中选择 Floating（浮动）命令，则面板从左侧脱离出来，成为独立的窗口，如图 2-7 所示。

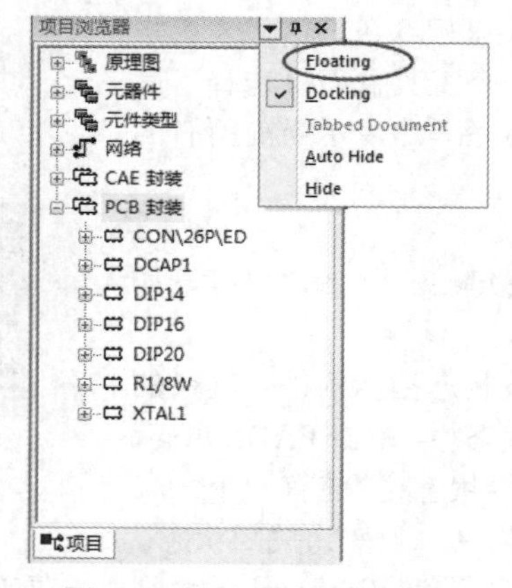

图 2-6　切换窗口显示方式

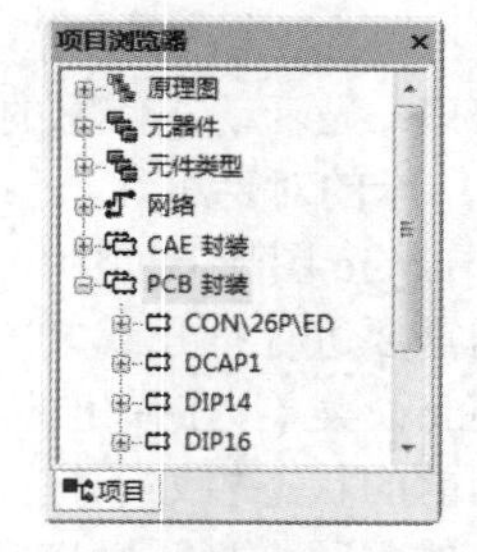

图 2-7　浮动显示窗口

（2）打开“项目浏览器”有 3 种方法。

❶ 在原理图设计环境下执行“查看”→“项目浏览器”命令。

❷ 在原理图设计环境下按快捷键 Ctrl+Alt+S。

❸ 在原理图设计环境下单击“标准工具栏”中的“项目浏览器”按钮。

（3）关闭项目浏览器有 4 种方法。

❶ 在状态窗口为激活窗口的情况下，按 Esc 键。

❷ 在打开“项目浏览器”的情况下，执行“查看”→“项目浏览器”命令。

❸ 单击状态窗口上的“关闭”按钮。

❹ 在原理图设计环境下取消选中“标准工具栏”中的“项目浏览器”按钮。

（4）项目浏览器汇集的系统信息介绍如下。

❶ 原理图。

❷ 元器件。

❸ 元件类型。

❹ 网络。

❺ CAE 封装。

❻ PCB 封装。

Note

2.5　菜　单　栏

为了使读者能更快地掌握 PADS Logic 的使用方法和功能，本节将首先对 PADS Logic 菜单栏做详细介绍。

菜单栏同所有的标准 Windows 应用软件一样，PADS Logic 采用的是标准的下拉式菜单。主菜单共包括“文件”“编辑”“查看”“设置”“工具”“帮助”7 种，下面对各菜单进行简要说明。

2.5.1　“文件”菜单

“文件”菜单主要聚集了一些跟文件输入、输出方面有关的功能菜单，这些功能包括对文件的保存、打开和打印输出等。另外还包括了“库”和“报告”等。在 PADS 系统中选择菜单栏中的“文件”则将其子菜单打开，如图 2-8 所示。

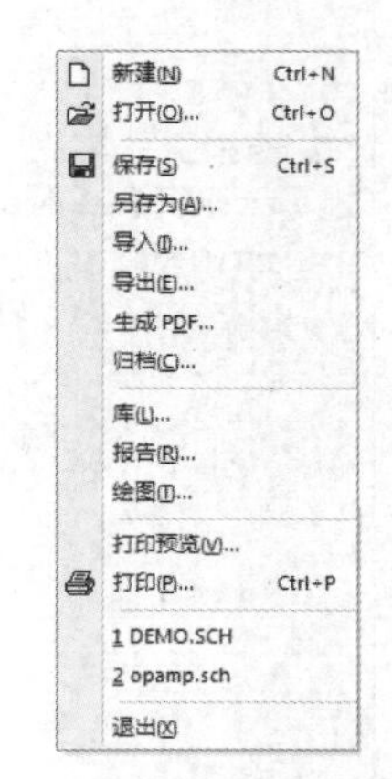

图 2-8　“文件”菜单

☑ 新建：在新建另一个设计时，如果当前设计存在，那么这个操作将会清除当前设计数据，并且将会出现警告窗口。

☑ 打开：打开一个设计文件，也可以直接在“标准工具栏”中单击“打开”按钮，系统会弹出一个对话窗口，从窗口中选择一个文件后单击“打开”按钮或直接双击窗口中文件名。

☑ 保存：保存改变过的数据或当前的设计。如果是新的设计，则存盘时将会弹出一个对话框，要求对当前的设计输入一个文件名和选择保存路径。也可以直接在“标准工具栏”中单击“保存”按钮来代替这个菜单功能。

☑ 另存为：当希望将当前的更改或设计保存为另一个文件名或改变存盘路径时，可以在弹出的对话框中输入想保存的新文件名或重新选择新的存盘路径。

☑ 导入：为导入原理图文件命令。执行该命令后可以导入文本文件、目标链接嵌入文件、工程设计更改文件以及 PADS 布局规则文件。

☑ 导出：同“导入”一样，可以选择输出不同格式的文件。

☑ 生成 PDF：用来创建 PDF 文档。执行该命令后，弹出如图 2-9 所示的“文件创建 PDF”对话框，在选定的目录文件中输入文件名称。

☑ 归档：将编辑的文件分类放置在对应的文件夹中，如图 2-10 所示。

图 2-9 “文件创建 PDF”对话框

☑ 库：打开“库管理器”对话框，可以对元件库和库中元件进行统一管理，如图 2-11 所示。如查看元件、建造新的元件库和复制编辑元件等。

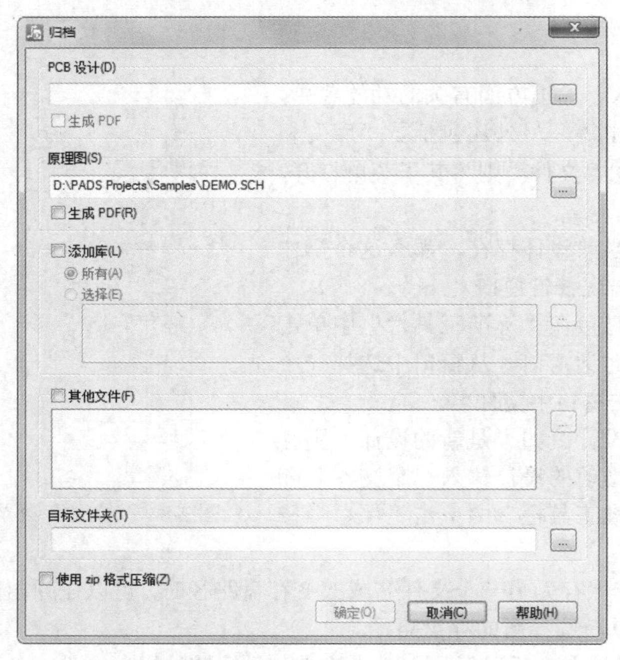

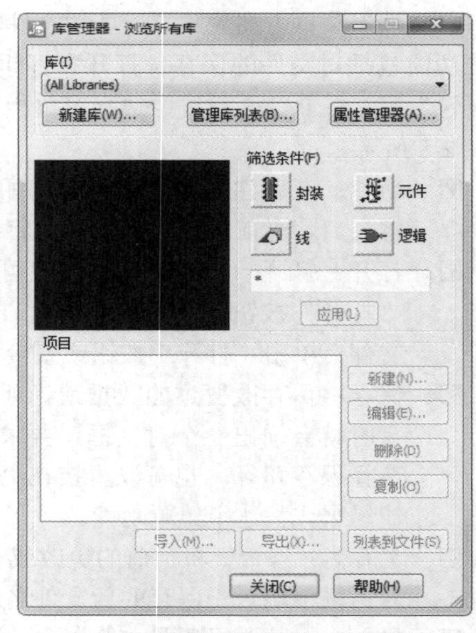

图 2-10 “归档”对话框

图 2-11 “库管理器”对话框

☑ 报告：打开“报告”对话框可以创建各种报告，诸如元件统计数据、网络统计数据和材料清单等，如图 2-12 所示。

☑ 绘图：打开“绘图”对话框可以设置绘图属性，如图 2-13 所示。

☑ 打印预览：选择此命令，弹出如图 2-14 所示的“选择预览”对话框，设置输出打印机及各种打印参数，显示打印结果。特别注意的是，在 PADS Logic 中的输出打印机是借用 Windows

系统的打印驱动程序，所以只需在 Windows 中设置好即可。单击“选择预览”对话框中的“选项”按钮，弹出“选项”对话框，在对话框中设置打印参数，如图 2-15 所示。

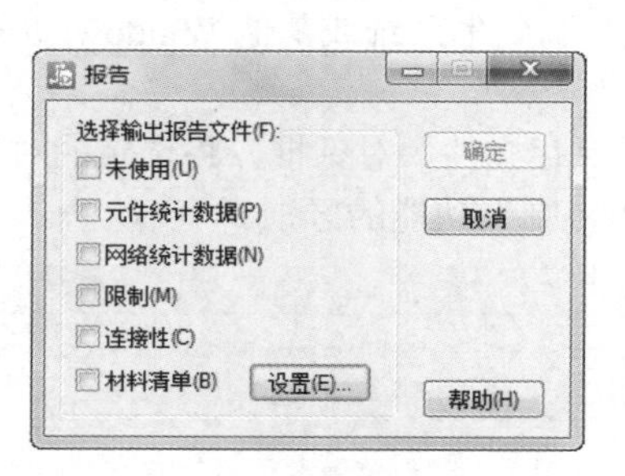

图 2-12　“报告”对话框

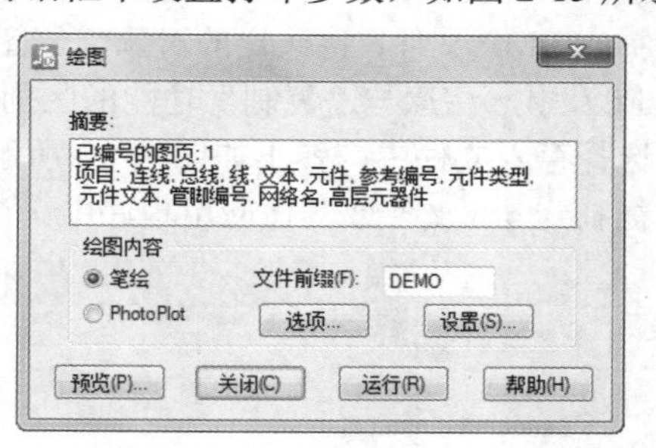

图 2-13　“绘图”对话框

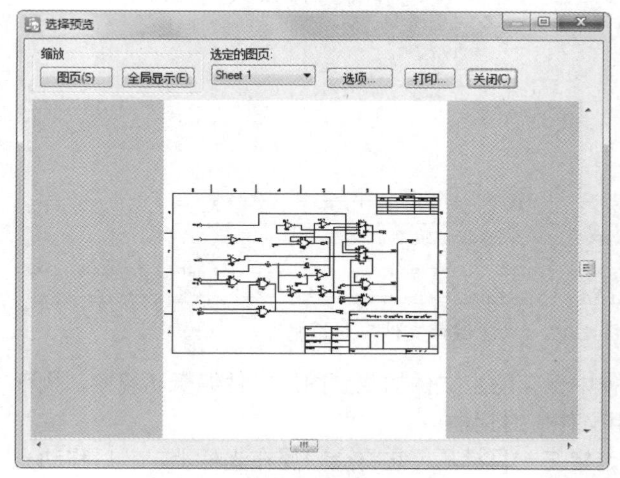

图 2-14　“选择预览”对话框

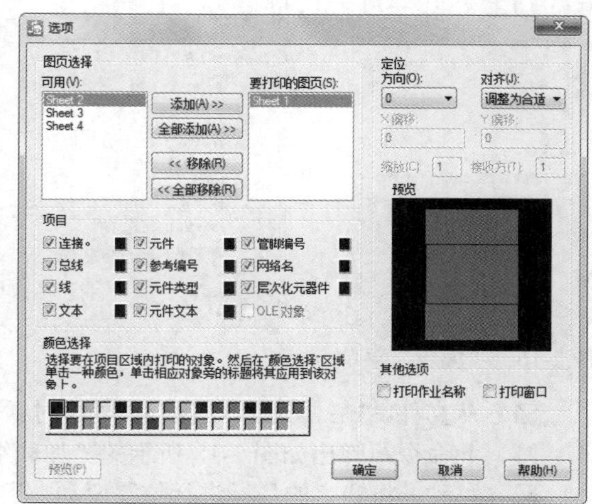

图 2-15　“选项”对话框

☑　打印：选择此命令，连接打印机，直接打印图纸输出。

☑　退出：退出 PADS Logic VX.2.4。

2.5.2　“编辑”菜单

“编辑”菜单主要是一些对设计对象进行编辑或操作相关的功能菜单，如图 2-16 所示。“编辑”菜单的各个子菜单的功能大部分可以直接通过工具栏中的功能图标或快捷命令来完成，所以建议在熟练的程度上为了提高设计效率应尽量使用快捷键和工具栏图标来代替这些功能。下面就各子菜单分别介绍如下。

☑　撤销①：取消先前的操作，返回先前的某一动作。也可以在工具栏中直接单击“撤销”图标来完成。

☑　重做：同“撤销”相反。用来恢复取消的操作。也可以在工具栏中直接单击“重做”图标来完成。

☑　剪切：从当前的设计中选择某一目标后，移植到另一个目的地或其他 Windows 应用程序。

☑　复制：复制设计中某一选定的对象。

① “撤销”与图 2-16 中的“撤消”为同一内容，后文不再赘述。

Note

Note

☑ 粘贴：将“剪切”或“复制”的对象放到目的地，这个对象允许从其他 Windows 应用程序中获得。详情请参考有关章节。

☑ 复制为 BMP 文件：将选定的对象以位图的形式复制到本系统或其他 Windows 应用程序（如 Word）中。注意与“复制”功能的区别。

☑ 将选择存入文件中：弹出如图 2-17 所示的“组保存文件”对话框，将选定的对象以组的形式复制到.grp 文件或其他应用程序中。注意与“复制”功能的区别。

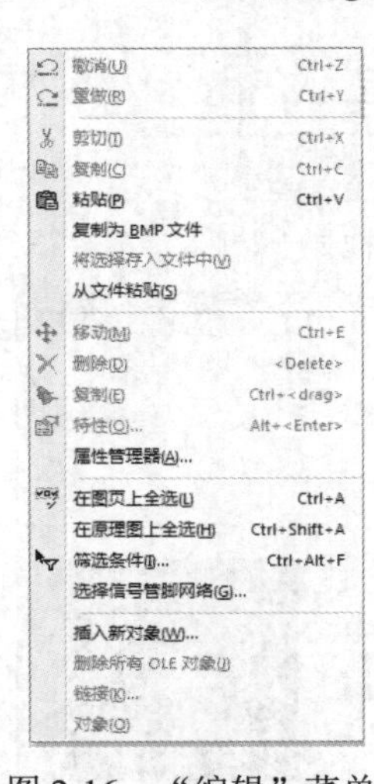

图 2-16 “编辑”菜单

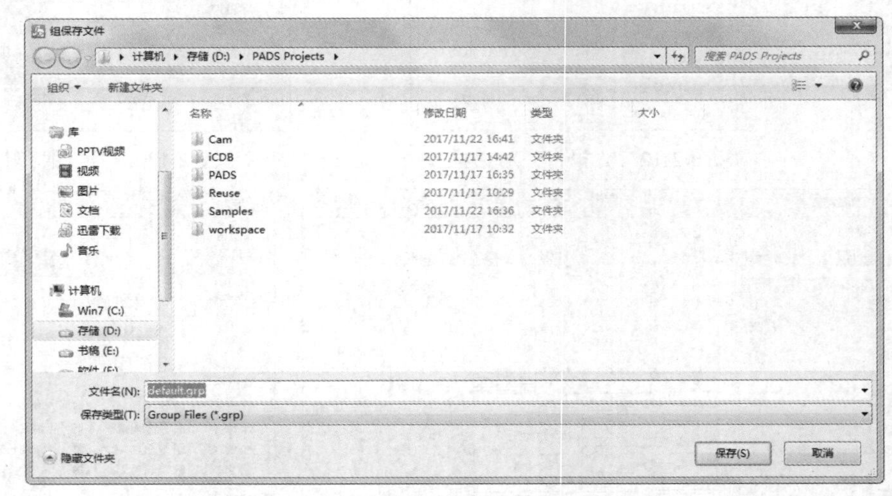

图 2-17 “组保存文件”对话框

☑ 从文件粘贴：将在“组保存文件”对话框中保存的组文件加载到图形文件编辑环境中，执行此命令，弹出如图 2-18 所示的“加载组文件”对话框。

☑ 移动：将选定的目标进行位置变动，当选定某一目标后，它将会附属在光标上，然后移动光标到所希望的位置，单击鼠标即可。

☑ 删除：从当前的设计中删除选择的对象。

☑ 复制：不需要执行“粘贴”命令，直接复制选中对象。对比与“复制”命令的区别。

☑ 特性：打开“元件特性”对话框，如图 2-19 所示，对所选择的对象进行一些信息查询和修改。

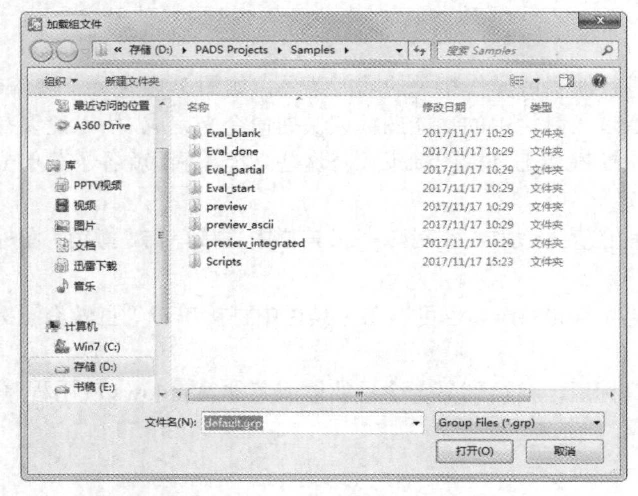

图 2-18 “加载组文件”对话框

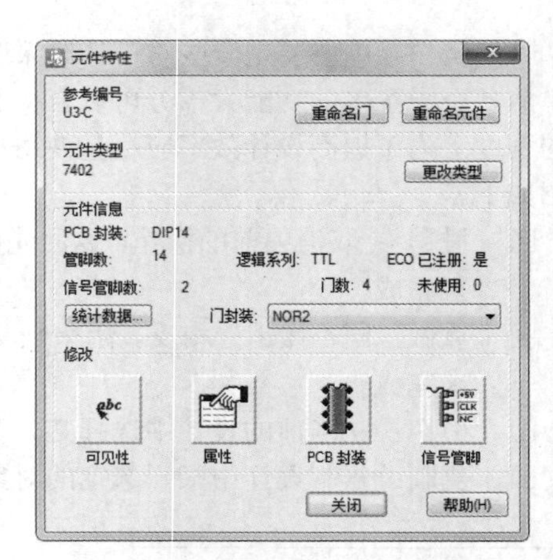

图 2-19 “元件特性”对话框

☑　属性管理器：激活此功能后，弹出如图 2-20 所示的对话框，可以在其对话框里对当前的设计按其对话框中的分类进行属性列表编辑，也可按照要求来列出一张属性报告来。

☑　在图页上全选：选中图页上显示的所有对象。

☑　在原理图上全选：选中原理图上显示的所有对象。

☑　筛选条件：打开如图 2-21 所示的对话框，选择所希望查找的对象类型，从“设计项目”“绘图项”选项组中选中希望被选择对象的表现形式。

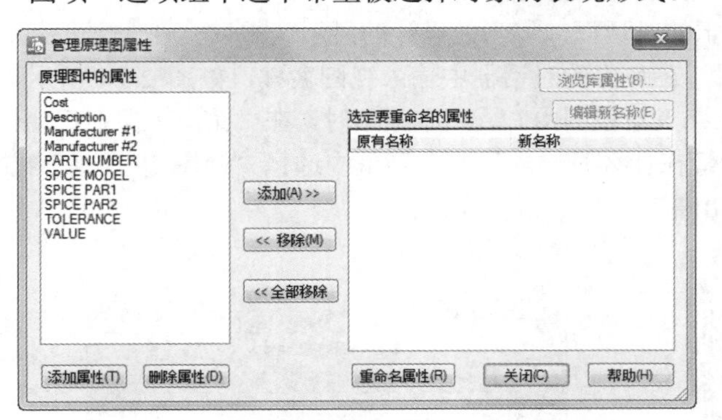

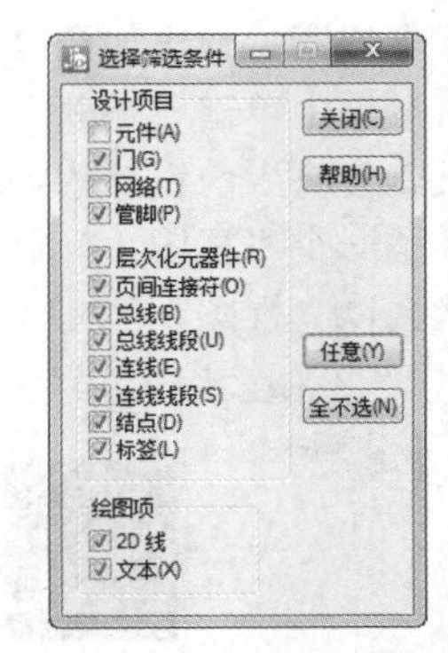

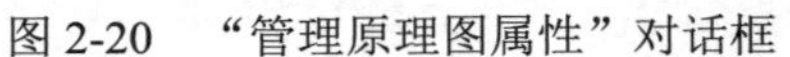
图 2-20　“管理原理图属性”对话框　　　　图 2-21　“选择筛选条件”对话框

☑　选择信号管脚网络：在弹出的对话框中显示原理图中的信号管脚网络。

☑　插入新对象：将文件内容、多媒体程序和各种图片以对象的形式插入用户当前的设计中，并可直接在设计中单击插入的对象而启动对象的应用程序来打开或编辑它。

☑　删除所有 OLE 对象：利用此功能可以删除当前所有的 OLE 目标（例如用 Insert New Object 插入的对象）。详情可参考本书第 7 章相关章节。此功能只有在 PADS 3.0V 以上版本才具有。

☑　链接：当打开此对话框后，可以对当前设计的嵌入对象进行编辑。

☑　对象：这个功能菜单只有在当前的设计中用鼠标去激活某一 OLE 对象时才会有效，然后就可以对所选中的对象进行编辑和转换成不同的格式。

2.5.3　“查看”菜单

“查看”菜单主要用于对当前设计以不同的方式显示，如图 2-22 所示。

☑　缩放：当选择此命令时，光标将变成一个放大镜。单击时，整个设计画面将以单击点为中心进行放大，反之亦然；当右击时，整个设计画面将以右击点为中心进行缩小。在键盘上按数字键 9 或 3 也可以进行缩放，同时需要在小键盘处按 NumLock 键使键盘这时处于非数字状态，否则操作将无效。直接单击“标准工具栏”中的“缩放模式”按钮也可进行缩放功能。

☑　图页：将当前设计以图框为最边沿进行整体显示，注意它跟“全局显示”的区别，在板框外如果还有元件，“图页”不一定能显示出来，而“全局显示”却能全部显示出来。

☑　全局显示：将当前的设计以满屏显示出来，它以画面的对象为准而跟边界显示不一样。

☑　选择：选择对象。

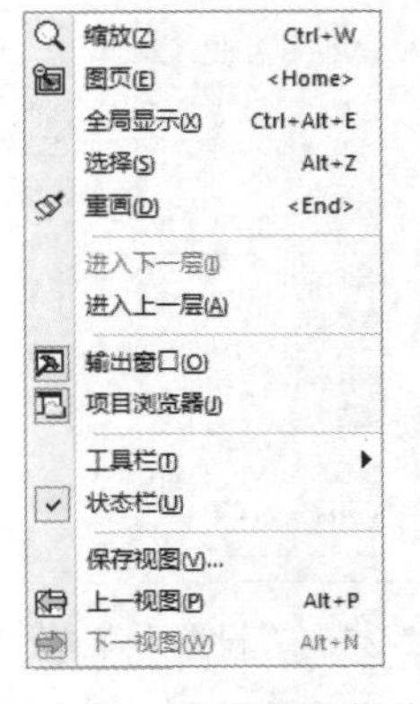

图 2-22　“查看”菜单

Note

☑ 重画：将计算机内存清理之后，重新将存在于内存之中的文件数据显示出来，当设计因修改或其他操作而使设计画面混乱时，可用此功能进行画面重整。

☑ 进入上一层：在层次化电路中切换层，进入当前所在层的上一层。

☑ 进入下一层：在层次化电路中切换层，进入当前所在层的下一层。

☑ 输出窗口：激活此功能，打开“输出窗口”。

☑ 项目浏览器：激活此功能，打开“项目浏览器”。

☑ 保存视图：弹出如图 2-23 所示的对话框，将当前设计的显示状态以文件的方式存盘。在其对话框中单击“捕获”按钮后，在弹出的对话框中输入视图名称，如图 2-24 所示，则计算机就会将当前设计的显示状态存入新视图中。返回主菜单时，在主菜单“保存视图”的下面多了一个“视图 1”命令，不管在什么时候，只要在菜单中选择“视图 1”，则当前的设计就会以“视图 1”的形式显示出来。

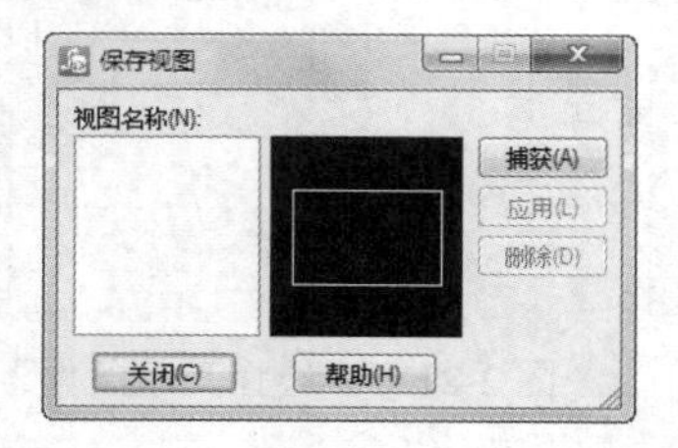

图 2-23 “保存视图”对话框

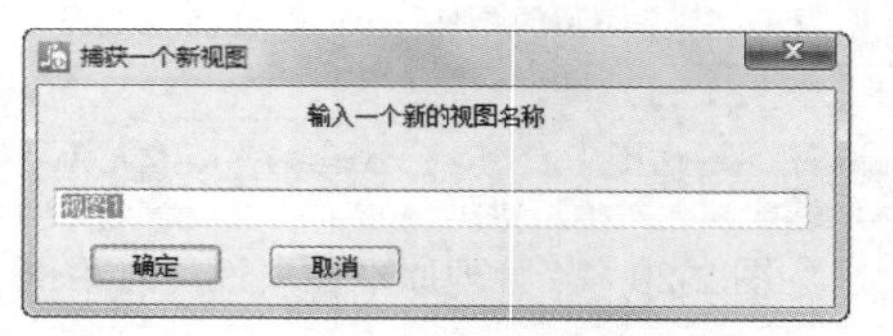

图 2-24 “捕获一个新视图”对话框

☑ 上一视图：选择此命令可以返回到当前设计画面的前一个画面。

☑ 下一视图：选择此命令可以返回到当前设计画面的后一个画面。

2.5.4 “设置”菜单

“设置”菜单主要用来对系统设计中各种参数的设置和定义，如图 2-25 所示。

☑ 图页：设置编辑图纸编号。执行此命令弹出如图 2-26 所示的“图页”对话框，可添加、删除、编辑已编号的图页。

☑ 字体：设置原理图中字体大小、样式，如图 2-27 所示。可在“默认字体”下拉列表框中选择所需字体；同时可设置字体加粗、斜体、加下画线操作。

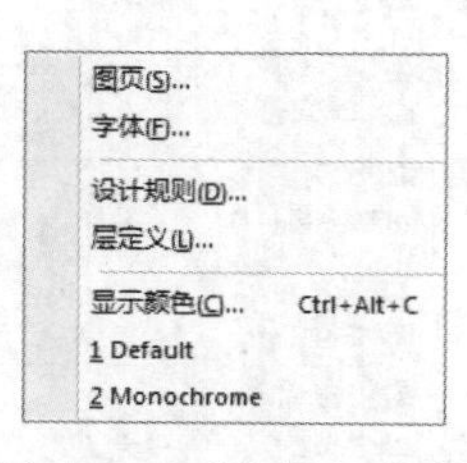

图 2-25 “设置”菜单

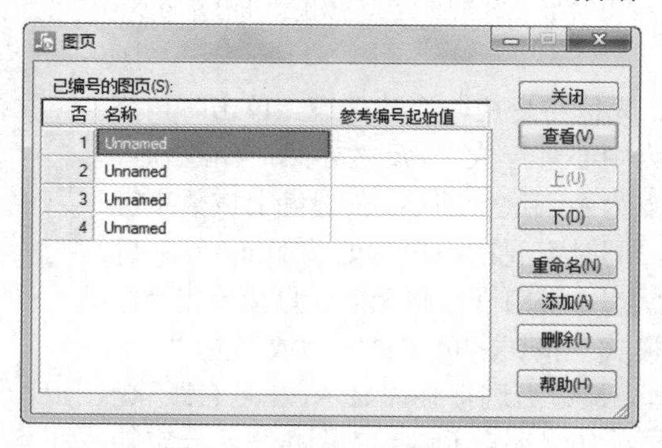

图 2-26 “图页”对话框

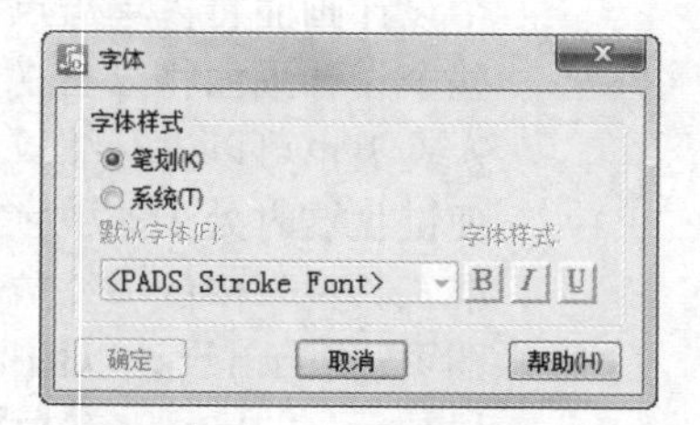

图 2-27 “字体”对话框

☑ 设计规则：编辑设计过程中的规则。这是一个很重要的设置，在此对话框中可以对所设计的 PCB 板进行规则约束的定义。如线宽、线距，对高频电路可以定义任何一个网络的延时、阻抗、电容等。详情请参考有关章节。

☑　层定义：定义电路图中的层，弹出如图 2-28 所示的“层设置”对话框。

☑　显示颜色：激活此功能菜单，可以对当前设计的各种目标进行颜色设置，如图 2-29 所示，单击某一颜色块，然后单击所希望使用此颜色的目标即可。也可以用“调色板”调配自己喜欢的颜色，并可将当前的颜色设置在对话框的“配置”中保存为一个文件，供以后需要时调用。

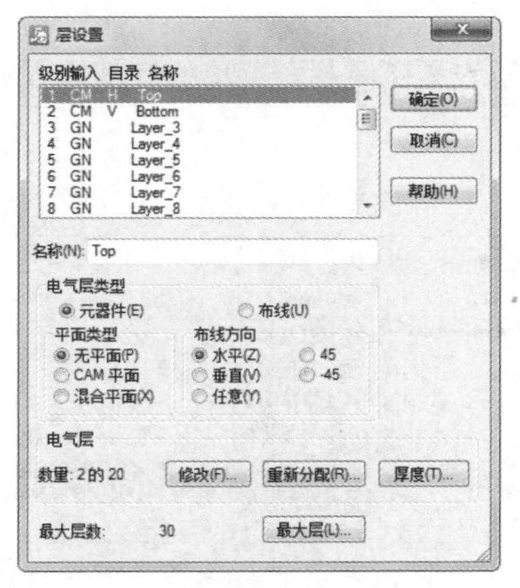

图 2-28　“层设置”对话框

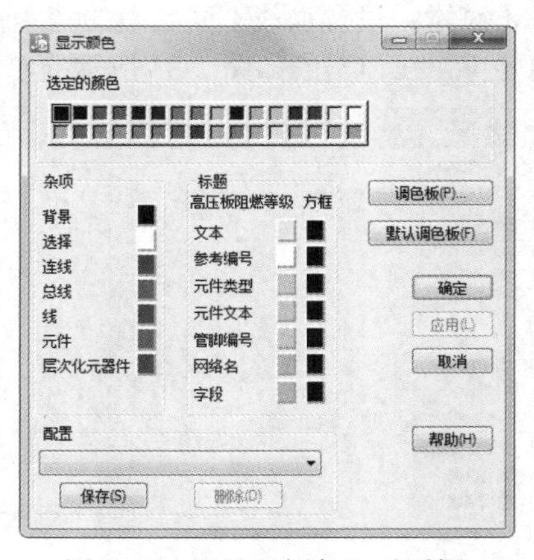

图 2-29　“显示颜色”对话框

2.5.5　“工具”菜单

“工具”菜单为设计者提供了各种各样的设计工具，如图 2-30 所示。

☑　元件编辑器：进入元件编辑环境，用来建立一个新的元件或修改旧的元件的一个编辑器。

☑　从库中更新：弹出如图 2-31 所示的“从库中更新”对话框，从元件库中自动更新，同时可即刻生成对比报告。

图 2-30　“工具”菜单

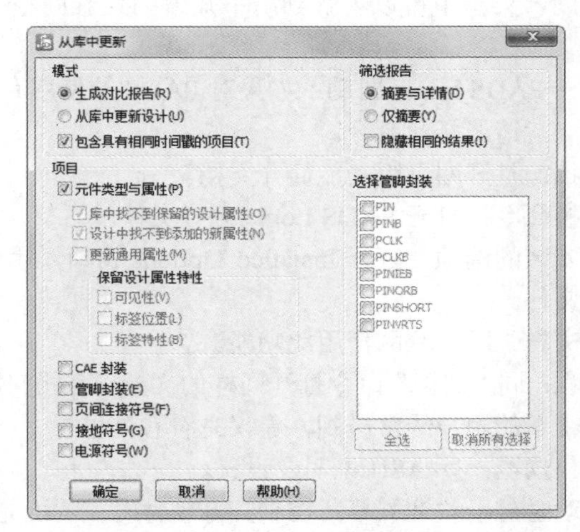

图 2-31　“从库中更新”对话框

☑　将页间连接符保存到库中：将原理图中存在的项目，包括电源、接地、页间连接符保存到库中。

☑　对比：将原理图中的各选项依次进行对比。

- ☑ Layout 网表：联系原理图与 PCB 的桥梁，将前者导出到后者中，弹出如图 2-32 所示的对话框。
- ☑ SPICE 网表：完成原理图的导出，建立与另一种 SPICE 文件的对应键接。
- ☑ PADS Layout：打开 PADS Layout，进行印制电路板设计。
- ☑ PADS Router：打开 PADS Router，进行电路板布线设计。
- ☑ 宏：进行宏设计，根据自己的需求建立快捷宏键。
- ☑ 基本脚本：设置加载不同版本的基本脚本文件。
- ☑ 自定义：在弹出的如图 2-33 所示的对话框中可以设置工具栏、菜单栏等基本界面显示操作。

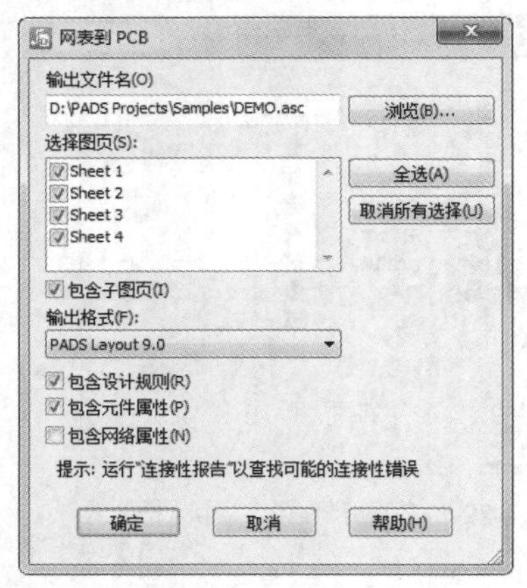

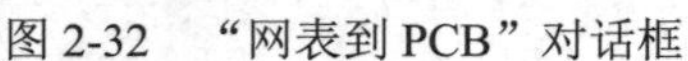

图 2-32 “网表到 PCB”对话框

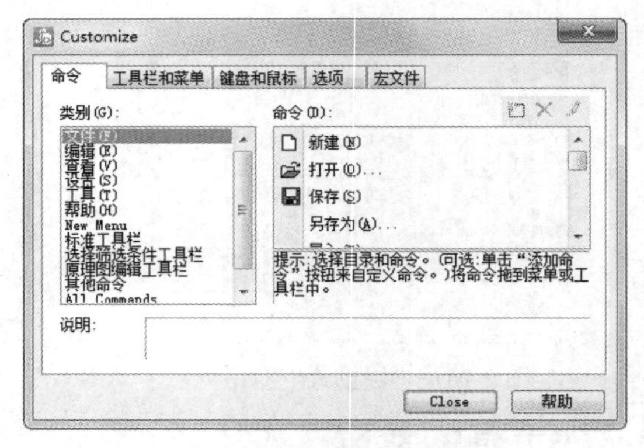

图 2-33 自定义对话框

- ☑ 选项：分别有“常规”“设计”“文本”“线宽”四大类基本设置，详情请参考相关章节。

2.5.6 “帮助”菜单

从“帮助”菜单中可以了解到所不知道的疑难问题答案，如图 2-34 所示。

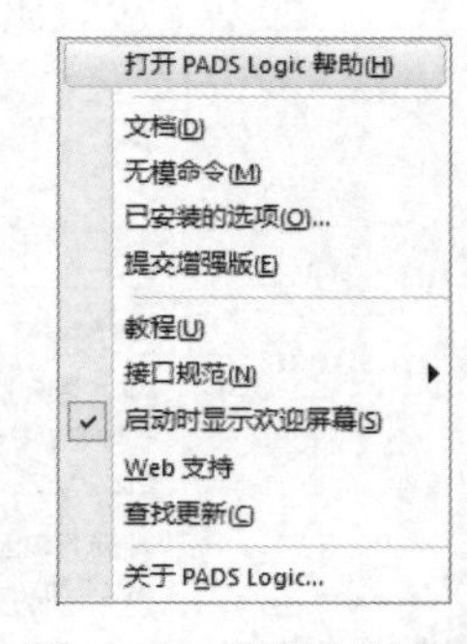

图 2-34 “帮助”菜单

- ☑ 打开 PADS Logic 帮助：如果对 PADS 的使用有什么疑难问题，那么就请选择此命令。
- ☑ 文档：打开网页版功能简介文档。
- ☑ 无模命令：打开 PADS Logic 向导文件。
- ☑ 已安装的选项：打开 Installed Options 窗口，用于显示安装的配置文件。
- ☑ 提交增强版：联网使用此功能。
- ☑ 教程：同“文档”命令打开同样的文档。有些问题很多的用户特别是新的用户经常碰到，建议先看看这里。
- ☑ 接口规范：库 ASII 说明及设置。
- ☑ 启动时显示欢迎屏幕：控制打开软件时主界面是否显示欢迎屏幕。
- ☑ Web 支持：联网寻求技术支持。
- ☑ 查找更新：联网搜索确认是否有新版本。
- ☑ 关于 PADS Logic：软件版本说明及一些合法使用的象征。

Note

2.6 工 具 栏

在工具栏中收集了一些比较常用功能的图标以方便用户操作使用。工具同所有的标准 Windows 应用软件一样，PADS Logic 采用的是标准的按钮式工具。但有别于其他软件的是，本软件基础工具栏只有"标准工具栏"，在"标准工具栏"中又衍生出两个子工具栏"原理图编辑工具栏"和"选择筛选条件工具栏"。

下面就对各工具栏进行一一说明。

2.6.1 标准工具栏

启动软件，默认情况下打开"标准工具栏"，如图 2-35 所示。"标准工具栏"中包含基本操作命令，下面进行简单说明。

图 2-35 标准工具栏

☑ "新建"按钮：新建一个原理图文件。
☑ "打开"按钮：打开一个原理图文件。
☑ "保存"按钮：保存原理图文件。
☑ "打印"按钮：打印原理图文件。
☑ "剪切"按钮：剪切原理图中的对象，包括元器件、导线等。
☑ "复制"按钮：复制原理图中的对象，包括元器件、导线等。
☑ "粘贴"按钮：粘贴原理图中的对象，包括元器件、导线等。
☑ "图页选择"按钮 Sheet 1：在下拉列表中显示图纸名称。
☑ "选择工具栏"按钮：单击此按钮，打开"选择筛选工具栏"，可利用此工具栏中的按钮进行原理图编辑。
☑ "原理图编辑工具栏"按钮：单击此按钮，打开"原理图编辑工具栏"，可利用此工具栏中的按钮进行原理图绘制。
☑ "撤销"按钮：撤销上一步操作。
☑ "重做"按钮：重复撤销的操作。
☑ "缩放模式"按钮：单击此按钮，光标变成形状，在空白处单击，适当缩放图纸。
☑ "图页"按钮：全部显示图纸。
☑ "刷新"按钮：刷新视图。
☑ "上一个视图"按钮：快捷查看当前的视图或上一个视图。
☑ "下一个视图"按钮：快捷查看当前的视图或下一个视图。
☑ PADS Layout 按钮：单击此按钮打开 PADS Layout，进行印制电路板设计。
☑ PADS Router 按钮：单击此按钮打开 PADS Router，进行电路板布线设计。PADS Router 与 PADS Layout 工具类似，也是进行电路板设计的工具。
☑ "Layout/Router Link 特性"按钮：连接 PADS Layout 和 PADS Router。

☑ “输出窗口”按钮：单击此按钮，打开“输出窗口”。

☑ “项目浏览器”按钮：单击此按钮，打开“项目浏览器”。

Note

2.6.2 原理图编辑工具栏

单击“标准工具栏”中的“原理图编辑工具栏”按钮，打开如图2-36所示的“原理图编辑工具栏”，将浮动的工具栏拖动添加到菜单栏下方，以方便原理图设计。

原理图编辑工具栏

选择 移动 复制 删除 特性 添加元件 添加连线 新建层次化符号 交换参考编号 交换管脚 自动重新编号元件 添加总线 分割总线 延伸总线 创建文本 创建2D线 修改2D线 合并/取消合并 从库中添加2D线 添加字段

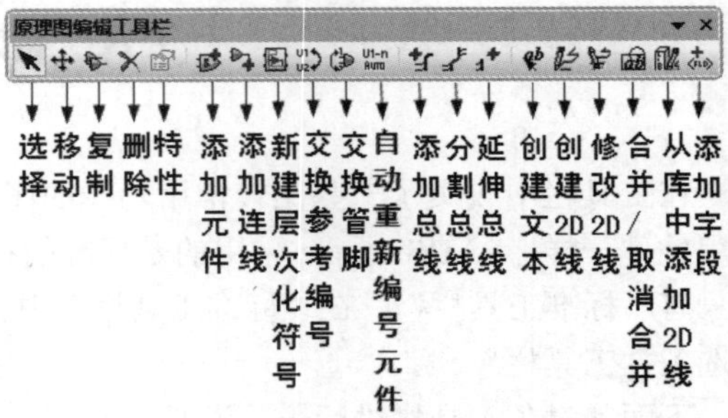

图2-36 原理图编辑工具栏

2.6.3 选择筛选条件工具栏

单击“标准工具栏”中的“选择工具栏”按钮，打开如图2-37所示的工具栏，将浮动的工具栏拖动添加到菜单栏下方，以方便原理图设计。

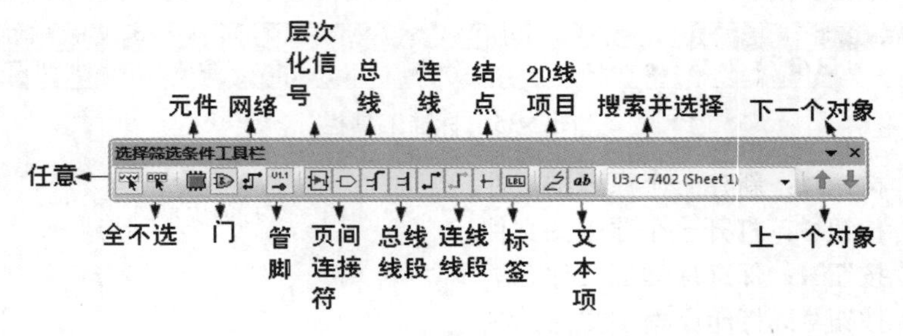

图2-37 选择筛选条件工具栏

各按钮选项功能介绍如下。

☑ 任意：单击此按钮，可在原理图中选择任意对象。

☑ 全不选：单击此按钮，禁止在原理图中选择对象。

☑ 元件：单击此按钮，选择原理图存在的元器件。

☑ 门：单击此按钮，选择原理图存在的门单元。

☑ 网络：单击此按钮，选择原理图存在的网络标签。

☑ 管脚：单击此按钮，选择原理图存在的管脚单元。

☑ 层次化信号：单击此按钮，选择原理图中层次化信号，本按钮只适用于层次电路。

☑ 页间连接符：单击此按钮，选择原理图存在的页间连接符。

☑ 总线：单击此按钮，选择原理图存在的总线符号。

☑ 总线线段：单击此按钮，选择原理图存在的总线线段符号。

☑ 连线：单击此按钮，选择原理图存在的电气连接。

☑ 连线线段：单击此按钮，选择原理图存在的电气连线线段。

☑ 结点：单击此按钮，选择原理图存在的电气结点。

☑ 标签：单击此按钮，选择原理图存在的标签符号。

☑ 2D线项目：单击此按钮，选择原理图存在的2D线。

☑ 文本项：单击此按钮，选择原理图存在的文本符号。

☑ 搜索并选择：单击此按钮，输入关键词在原理图中搜索对象选中。

☑　下一个对象：单击此按钮，选择下一个对象。
☑　上一个对象：单击此按钮，选择上一个对象。

2.7　PADS Logic 参数设置

Note

对于应用任何一个软件，重新设置环境参数都是很有必要的。一般来讲，一个软件安装在系统中，系统都会按照此软件编译时的设置为准，我们称软件原有的设置为默认值，有时习惯也称默认值。

对于一个应用软件，在众多的使用者之间会因为习惯不同而需要设置不同的环境参数，同时也会因为设计的要求各异而改变原有的设置。不管是哪一种情况，PADS Logic 的环境参数设置与设计参数设置均为用户提供了一个广阔的设置空间。本节针对实用性，主要详细介绍的参数设置如下所示。

☑　栅格设置。
☑　图页设置。
☑　整体参数设置。
☑　显示颜色设置。

2.7.1　图页设置

对于一个大的工程设计，往往需要很多的工程图纸才能绘制完全部的工程设计图。鉴于这种情况，一般会采用以下两种方法。

（1）采用以下层次结构。

这种方法就是将整个设计在总图中划分为多个模块，这些模块与总图之间并不是孤立的，而是采用一定的设计手段使它们保持一定的逻辑关系，然后分别对每一个模块进行绘制。

（2）分页法。

将整个设计分成多张图纸进行绘制，而每张图纸的逻辑关系主要靠网络标号来连接。总之，不管采用哪一种方式，都难免要进行对图纸的增加与减少等方面的管理，这就需要对其进行设置。

在主菜单中选择“设置”→“图页”命令，则弹出如图 2-38 所示的“图页”设置窗口。

从图 2-38 中可知，整个“图页”设置窗口可分为两大部分。

（1）图纸的命名。

在窗口中的“已编号的图页”下可以对图纸进行排序，“否”为固定排序，不可以更改。同时可以对每一张图纸进行命名，图纸的命名部分为可编辑区，可任意改动内容和交换命名。

（2）功能键部分。

在窗口的右边一共提供了 8 个功能键，用来对图纸的命名进行编辑，分别如下。

☑　查看：当从窗口左边的命名区选择某一张图纸时，可以利用此功能键进行查看该张图纸上的电路图情况。
☑　上：当有了多张图之后，有时需要重新排列图纸的顺序，这种要求可能是为了查看方便或打印需要。使用其功能或以下的功能就可以自由地交换每一张图纸的相对顺序。
☑　下：其功能参照“上”。
☑　重命名：可以对每张图纸的名称进行修改。
☑　添加：当现有图纸不能完成整个设计的需求时，使用此功能添加新的图纸。PADS Logic 允许用户为一个原理图设置多达 1024 张图纸。

☑ 删除：对当前多余的图纸进行删除。

☑ 帮助：如果有不明白的地方，单击此按钮寻找所需答案。

☑ 关闭：单击此按钮，关闭对话框。完成添加图后，在“项目浏览器”中会显示新添加的图纸，如图 2-39 所示。即当前为原理图新添加的“Sheet 2”后的项目浏览器状态。单击“标准工具栏”中的选择图纸按钮，切换图纸，如图 2-40 所示。

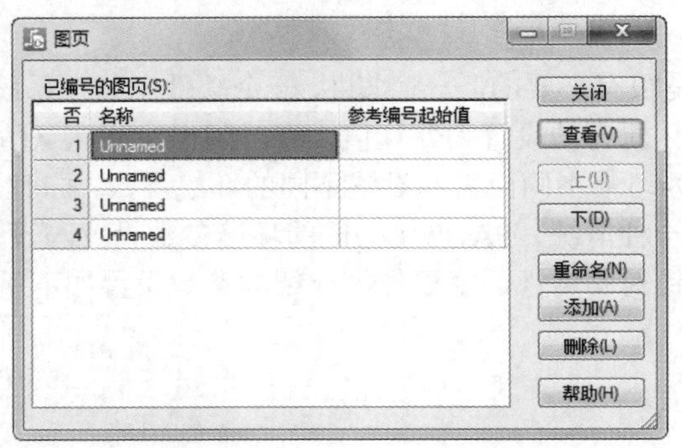

图 2-38 “图页”设置

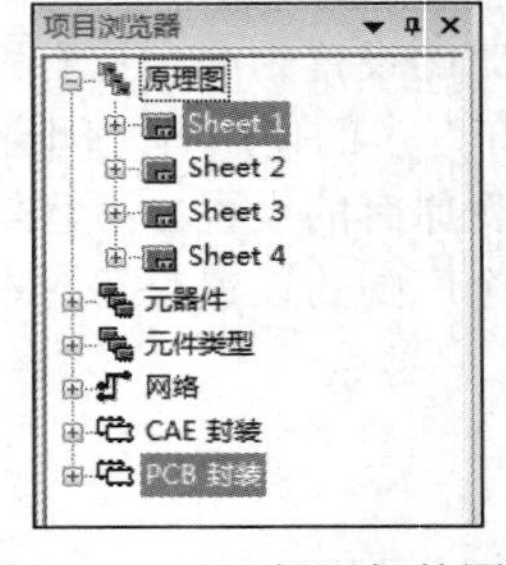

图 2-39 显示新添加的图纸

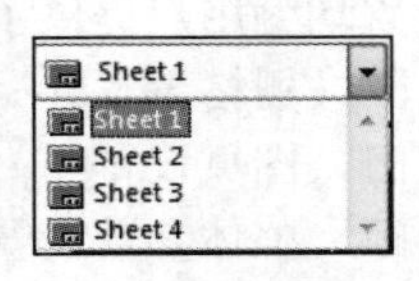

图 2-40 切换图纸

2.7.2 颜色设置

PADS Logic 提供了一个多功能的环境颜色设置器，选择菜单栏中的“设置”→“显示颜色”命令，弹出如图 2-41 所示的颜色设置窗口。

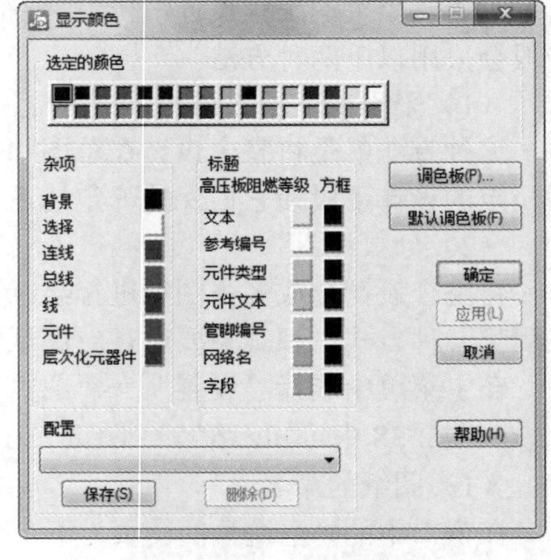

图 2-41 显示颜色设置

在此窗口中可以对下列各项进行设置。

☑ 背景。

☑ 选择。

☑ 连线。

☑ 总线。

☑ 线。

☑ 元件。

☑ 层次化元器件。

☑ 文本。

☑ 参考编号。

☑ 元件类型。

☑ 元件文本。

☑ 管脚编号。

☑ 网络名。

☑ 字段。

在进行颜色设置时，首先从窗口的最上面“选定的颜色”下选择一种颜色，然后单击所需设置项后的颜色块即可将其设置成所选颜色。PADS Logic 一共提供了 32 种颜色供选择设置，但这并一定可以满足所有用户的需求，这时可以选择窗口右边的“调色板”来自己调配所需颜色。

假如希望调用系统默认颜色配置，在“配置”下拉列表框中选择其中一个即可。

选择菜单栏中的“工具”→“选项”命令，进入优先参数设置。这项设置针对设计整体而言，在它里面设置的参数拥有极高的优先权。而这些设置参数几乎都与设计环境有关，有时也可称它为环境

Note

参数设置，在“选项”设置中总共有四大部分设置。

1. 常规参数设置

选择菜单栏中的“工具”→“选项”命令，则弹出优先参数设置窗口。单击“常规”选项，则系统进入“常规”参数设置界面，如图 2-42 所示。

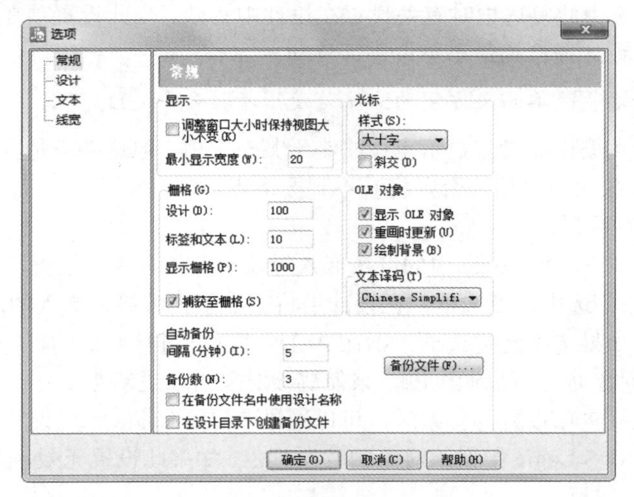

图 2-42 “常规”参数设置界面

从图 2-42 中可知“常规”参数设置共有 6 个部分，分别如下。

（1）“显示”设置。

☑ 调整窗口大小时保持视图大小不变：选中此复选框，当调整查看窗口设置时，系统维持在窗口中的屏幕比例。

☑ 最小显示宽度：默认设置为 20。

（2）“光标”设置。

在这类设置中，可以对光标的风格进行设置，光标风格有 4 种可选择。

☑ 正常。

☑ 小十字光标。

☑ 大十字光标。

☑ 全屏。

一般情况下系统默认的设置光标都是大十字型，但可以通过选中“斜交”复选框使光标改变为倾斜十字光标显示。

（3）“栅格”设置。

在 PADS Logic 中有两类栅格，即设计栅格和显示栅格。

在这类设置中一共有 4 项设置，如下所示。

☑ 设计：设计栅格主要用于控制设计过程中，比如放置元件和连线时所能移动的最小单位间隔；用于绘制项目，如多边形、不封闭图形、圆和矩形。如果最小的栅格设置是 2 密耳。那么所绘制图形各边之距离一定是 2 密耳的整数倍。可以在任何模式下通过直接命令来设置设计栅格，也可选择“工具”→“选项”命令，并且选择设计表可以观察到当前的设计栅格设置情况。默认设置为 100。

☑ 标签和文本：标签和文本大小。

置得太小（显示栅格值设置范围为 10～9998）。显示栅格在设计中只具有辅助参考作用。它并不能真正地去控制操作中移动的最小单位。鉴于显示栅格的可见性，可以设置显示点栅格与设计栅格相同或可以设置它为设计栅格的倍数，这样就可以通过显示栅格将设计栅格体现出来。

Note

☑ 捕获至栅格：选中此复选框时有关设置在设计中有效。当此设置项在设计有效时，任何对象的移动都将以设计栅格为最小单位进行移动。

✍ 技巧：设置显示栅格最简单而又方便的方法是使用直接命令 GD。

有时为了关闭显示点栅格而设置显示点栅格小于某一个值。但这并不是真正地取消，除非用缩放（zoom）将一个小区域放大很多倍，否则将看不到栅格点。

（4）“OLE 对象”设置。

这项设置主要是针对 PADS Logic 中的链接嵌入对象，一共有 3 项设置，如下所示。

☑ 显示 OLE 对象：选中此复选框，在设计中将会显示出链接与嵌入的对象。

☑ 重画时更新：如果选中此复选框，则在 PADS Logic 链接对象的目标应用程序中编辑 PADS Logic 的链接对象时，可以通过刷新来使链接对象自动更新数据。

☑ 绘制背景：此设置项设置为有效时，可以通过 PADS Logic 中“设置”→“显示颜色”菜单命令来设置 PADS Logic 中嵌入对象的背景颜色。如果此设置无效，嵌入对象将变为透明状。

（5）“文本译码”设置。

默认选择 Chinese Simplifise。

（6）“自动备份”设置。

PADS Logic 软件自从进入 Windows 版之后，在设计文件自动备份功能上采用了更为保险和灵活的办法。下面就来看看与它有关的设置。

☑ 间隔（分钟）：当设置好自动备份文件个数后，系统将允许设置每个自动备份文件之间的时间距离（设置范围为 1 min～30 min）。在设置时并不是时间间隔越小越好，当然间隔越小，自动备份文件的数据就越接近当前的设计，但是这样系统就会频繁地进行自动存盘备份，从而大大地影响了设计速度，导致在设计过程中出现暂时宕机状态。

☑ 备份数：PADS Logic 的自动备份文件的个数可以人为地设置，允许的设置个数范围是 1～9。这比早期的 PADS 软件只有一个自动备份文件要保险得多。在设置自动备份文件个数时并非越多越好，正确的设置应配合以下的 Interval（间隔）时间来进行。

☑ 备份文件：默认的自动备份文件名是 LogicX.sch，可以通过此项设置来改变这个默认的自动备份文件名。单击此按钮，则弹出如图 2-43 所示的对话框，窗口中 PADS Logic（0～3）为默认的自动备份文件名。

2. “设计”参数设置

单击如图 2-42 中“设计”选项便可进入“设计”参数设置，如图 2-44 所示。

“设计”参数设置主要是针对在设计过程中用到的一些相关的设置，比如绘制原理图纸张的大小、粘贴块中元件的命名等。从图 2-44 所示可知，有关设置一共有 6 部分，介绍如下。

（1）“参数”设置。

☑ 结点直径：在绘制原理图中有很多相交线，两个网络线相交，如果在相交处没有结点，这表示它们并没有任何链接关系，但如果有结点，则表示这两个相交网络实际上是同一网络，这个相交结点直径的大小就是设置项 Tie Dot（结点）后的数值。

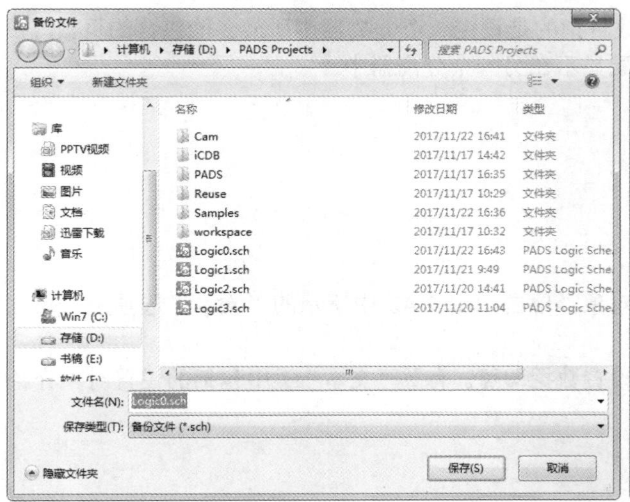

图 2-43　改变默认的自动备份文件名

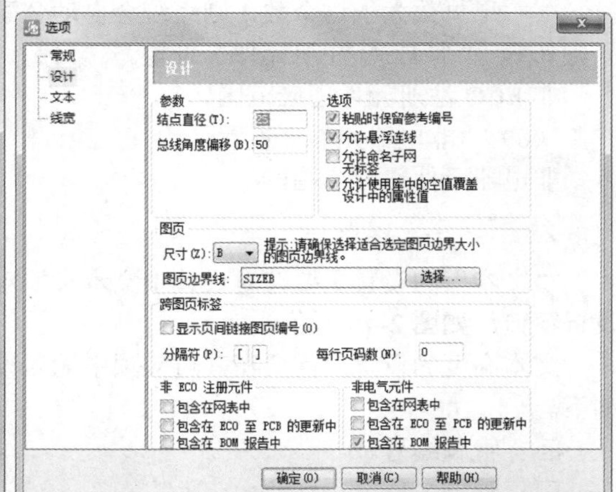

图 2-44　“设计”参数设置

☑　总线角度偏移：设置总线拐角处的角度，其值范围是 0～250。

（2）“选项”设置。

☑　粘贴时保留参考编号：如果选中此复选框，则当粘贴一个对象到设计中时，PADS Logic 将维持对象中原有的元件参考符（如元件名），但如果跟当前设计中的元件名有冲突时，系统将自动重新命名并将这个重新命名的信息在默认的编辑器中显示出来。当关闭此设置项时，如果粘贴一个对象到一个新的设计中，PADS Logic 将重新以第一个数字为顺序来命名，如 U1。

☑　允许悬浮连线：如果选中此复选框，则在设计过程中导线为连线呈现悬浮状态也可以实现连接。

☑　允许命名子网无标签：如果选中此复选框，可以在设计中重新命名网络标签。

☑　允许使用库中的空值覆盖设计中的属性值：如果选中此复选框，则元件属性在设置过程中可以为空值。

（3）“图页”设置。

图纸大小尺寸一共有 A、B、C、D、E、A4、A3、A2、A1、A0 和 F 这 11 种可供选择，根据需要选择其中之一即可。

☑　尺寸：在其下拉列表框中选择图纸大小。

☑　图页边界线：单击右侧的“选择”按钮，弹出如图 2-45 所示的“从库中获取绘图项目”对话框，在“绘图项”中选择边界线类型。

（4）“跨图页标签”设置。

可以用来设置不同页间的连接符。

☑　显示页间链接图页编号：在原理图绘制中，如果绘制的原理图页数大于 2，则经常会出现分别位于两张不同图纸上的元件之间的逻辑连接关系。这就需要靠页间链接符来进行连接。但是页间链接符只能连接不同页间的同一网络的元件脚，当我们看到一个页间链接符但并不知道在其他各页图纸中是有同一网络，为了做到这一点就需要用到页间分离符。

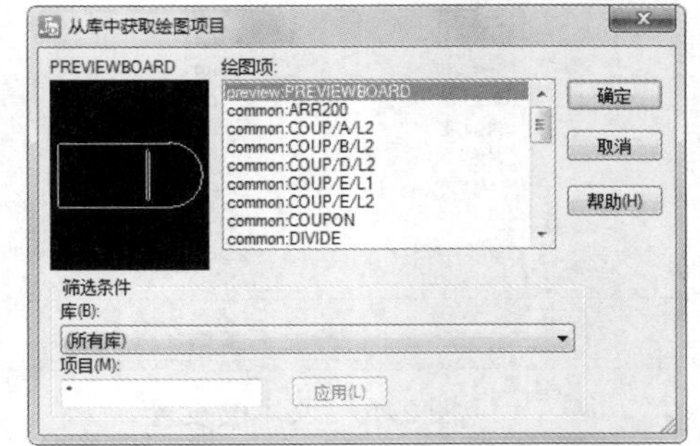

图 2-45　“从库中获取绘图项目”对话框

☑　分隔符：如果设置此选项无效时，分隔符将不显示在设计中。

☑ 每行页码数：同行显示页间分离符的数目指的是设定一个分离器中所最多能包含的页数，如果页数大于这个数，则系统会自动分配显示在另一个分离器中。

（5）“非 ECO 注册元件”设置。

非 ECO 注册元件适应范围。

（6）“非电器元件”设置。

非电器元件适应范围。

3. “文本”设置

“文本”的设置主要针对设计中文本类型对象。单击如图 2-42 中所示的“文本”选项进入尺寸设置窗口，如图 2-46 所示。

文本高度的设置只需要在其对应项中输入设置数据即可。有关“文本”类中包括的设置对象介绍如下。

☑ 管脚编号。

☑ 管脚名称。

☑ 参考编号。

☑ 元件类型。

☑ 属性标签。

☑ 其他文本。

如果需要改变上述设置中的各个设置项的设置，可以先选择欲设置项，然后单击“编辑”按钮进行编辑，更快捷的方式是双击欲编辑对象进入编辑状态。

4. “线宽”设置

“线宽”的设置主要针对设计中线性类型对象。单击如图 2-42 中所示的“线宽”选项进入宽度设置窗口，如图 2-47 所示。

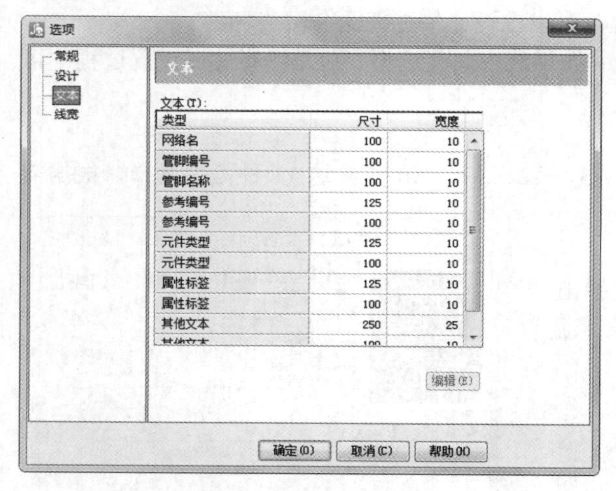

图 2-46 文本的设置

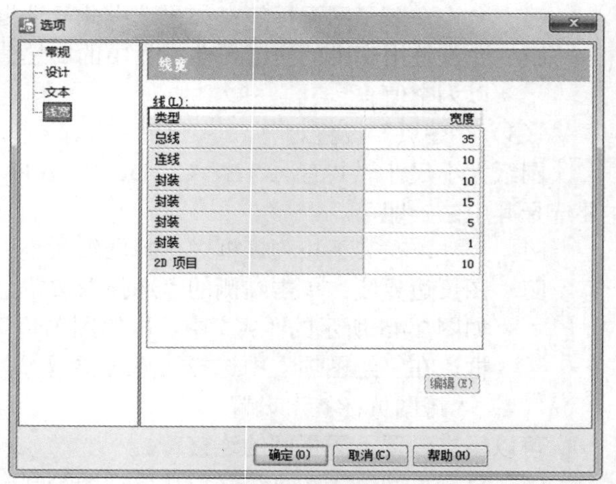

图 2-47 线形宽度的设置

宽度的设置只需要在其对应项中输入设置数据即可。有关线形中所包括的设置对象介绍如下。

☑ 总线。

☑ 连线。

☑ 封装。

☑ 2D 项目。

如果需要改变上述设置中的各个设置项的设置，可以先选择欲设置项，然后单击“编辑”按钮进行编辑，更快捷的方式是双击欲编辑对象进入编辑状态。

2.8　视图操作

在设计原理图时，常常需要进行视图操作，如对视图进行缩放和移动等操作。PADS Logic 为用户提供了很方便的视图操作功能，设计人员可根据自己的习惯选择相应的方式。

2.8.1　PADS Logic 的交互操作过程

PADS Logic 使用标准 Windows 风格的菜单命令方式，如用弹出菜单、快捷键、工具栏和工具盒执行命令等。在 PADS Logic 中，使用下拉菜单的命令格式是“菜单/命令”。例如，使用“文件”菜单中的“打开”，即“文件”→“打开”的形式打开文件。

2.8.2　使用弹出菜单执行命令

PADS Logic 除使用菜单来执行某个命令外，也可以通过右击，从弹出的菜单中选择子菜单来执行某个命令。PADS Logic 最大的特点就是不管是工具栏还是菜单，均采用层叠式结构，这种层叠的结构方式非常方便直观，易学易用。在设计过程中不管处于哪一个操作模式下，都可以右击，系统会弹出与当前操作有关的菜单供选择。也就是说，在具体操作某一功能时右击就可以激活与此功能相关的菜单。使用弹出菜单执行命令的具体操作步骤如下。

（1）在 PADS Logic 窗口内的任何地方单击，激活这个窗口。

（2）如果需要对设计中的某个对象进行操作，必须先激活此对象。

（3）右击，则系统会弹出与此有关的弹出菜单。

（4）从弹出菜单中选择所需的菜单来执行命令。

2.8.3　直接命令和快捷键

直接命令亦称无模式命令，它的应用能够大大提高工作效率。因为在设计过程中有各种各样的设置，但是有的设置经常会随着设计的需要而变动，甚至在某一个具体的操作过程中也会多次改变。无模式命令通常用于那些在设计过程中经常需要改变的设置。

直接命令窗口是自动激活的，当从键盘上输入的字母是一个有效的直接命令的第一个字母时，直接命令窗口自动激活弹出，而且不受任何操作模式限制。输入完直接命令后按 Enter 键即可执行直接命令。

直接按键盘中的 M，弹出如图 2-48 所示的快捷菜单，可直接选择菜单上的命令进行操作。

直接按键盘中的“S R1”，弹出“无模命令”对话框，如图 2-49 所示，按 Enter 键，在原理图中查找元器件 R1，并局部放大显示该元器件。

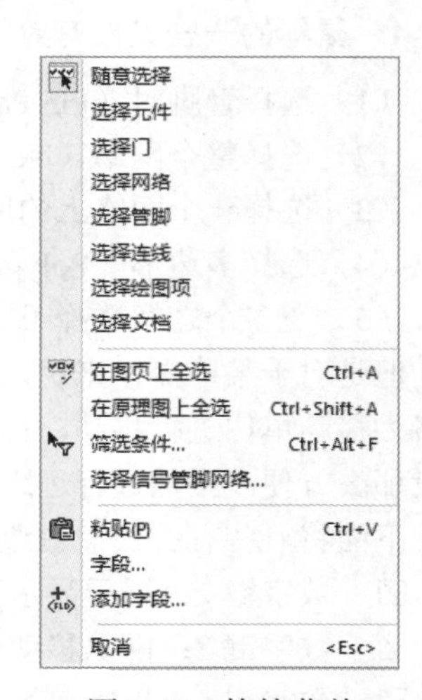

图 2-48　快捷菜单

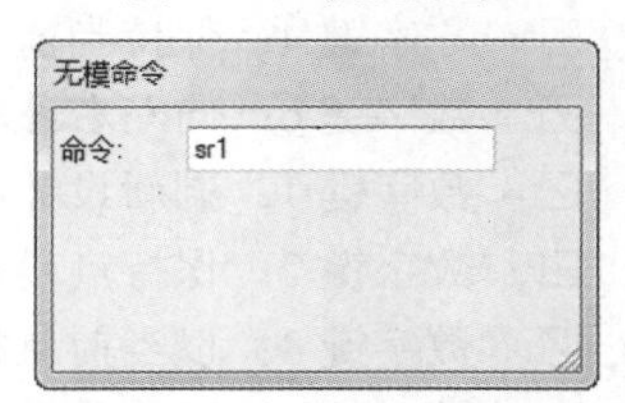

图 2-49　“无模命令”对话框

注意：对话框中输入的命令中“R1”为元器件名称，与前面的无模命令间有无空格均可。

Note

快捷键允许通过键盘直接输入命令及其选项。PADS Logic 应用了大量的标准 Windows 快捷键，下面介绍几个常用的快捷键的功能。

☑ Alt+F 快捷键：用于显示文件菜单等命令。

☑ Esc 键：都可取消当前的命令和命令序列。

有关 PADS Logic 中所有快捷键的介绍请参考在线帮助，记住一些常用的快捷键能使设计变得快捷而又方便。

2.8.4 键盘与鼠标使用技巧

PADS Logic 除了使用菜单、工具栏及鼠标右键快捷命令等使用方法，还有一些可以使用鼠标与键盘来执行的快捷方法，下面一一介绍给读者。

1. 利用鼠标进行选择或高亮设计对象

（1）单击取消已经被选择的目标。

（2）利用右键打开当前可选择的操作。

（3）在设计空白处单击可取消已选择的目标。

2. 添加方式选择

按住 Ctrl 键不放同时用鼠标左键选择另外的对象，并可进行重复选择。

3. 不选择项目

将鼠标光标放在被选择目标上，按住 Ctrl 键的同时单击，被选择目标将变为不被选择状态。

4. 鼠标的一些其他有效的选择方式

（1）选择管脚对（Pin Pairs）=Shift+选择连线。

（2）选择整个网络（Nets）=Click+F6。

（3）选择一个网络上的所有管脚（Pine）=Shift+选择管脚（Pin）。

（4）选择多边形（Polygon）所有的边=Shift+选择多边形一条边。

（5）在多个之间选择=选择第一个之后按 Shift。

但是对于某些操作来讲，鼠标就可能不如键盘那么方便，比如在移动元件或走线时希望按照设计栅格为移动单位进行移动，利用键盘每按一下就移动一个设计栅格，所以定位非常准确，而鼠标可能就没那么方便。当然进行远距离移动或无精度坐标移动，键盘就不能与鼠标相比。

下面将一些有关键盘右边数字小键盘的一些相关操作介绍如下。

☑ 数字键 7：用于显示当前设计全部。

☑ 数字键 8：向上移动一个设计栅格。

☑ 数字键 9：以当前鼠标位置为中心进行放大设计。

☑ 数字键 4：保持当前设计的画面比例，将设计向左移动一个设计栅格。

☑ 数字键 6：向左右移动一个设计栅格。

☑ 数字键 1：刷新设计画面。

☑ 数字键 2：保持当前设计的画面比例，将设计向下移动一个设计栅格。

☑ 数字键 3：以当前鼠标位置为中心缩小当前设计。

☑ 数字键 0：以当前鼠标的位置为中心保持比例重显设计画面。

- ☑ Delete 键：删除被选择的目标。
- ☑ Esc 键：取消当前的操作。
- ☑ Tab 键：对被激活的目标或者激活范围内的目标进行选择。
- ☑ 键盘上的其他键与数字小键盘上的同名键功能相同。Page Up 键等同于数字小键盘中的 PgUp 键，Page Down 键等同于数字小键盘中的 PgDn 键，Home 键等同于数字小键盘中的 Home 键，End 键等同于数字小键盘中的 End 键，Insert 键等同于数字小键盘中的 Ins 键，Delete 键等同于数字小键盘中的 Del 键。

Note

2.8.5　缩放命令

有几种方法可以控制设计图形的放大和缩小。

使用两键鼠标可以打开和关闭“缩放”图标。在缩放方式下，光标的移动将改变缩放的比例。使用三键鼠标时，中间键的缩放方式始终有效。

放大和缩小是通过将光标放在区域的中心，然后拖出一个区域进行的。

为了进行缩放，可按如下步骤操作。

（1）在工具栏上单击“缩放模式”按钮。如果使用三键鼠标，则直接跳到第 2 步，使用中间键替代第 2 步和第 3 步中的鼠标左键。

（2）放大：在希望观察的区域中心按住鼠标左键，向上拖动光标，即远离你的方向，随着光标的移动，将出现一个动态的矩形，当这个矩形包含了希望观察的区域后，松开鼠标即可。

（3）缩小：重复第 2 步的内容，但是拖动的方向向下或向着你的方向。一个虚线构成的矩形就是当前要观察的区域。

（4）按缩放方式图标结束缩放方式。

2.8.6　状态窗口

使用状态窗口进行缩放或取景。状态窗口显示了当前观察区域和原理图绘图区域的相对位置。

（1）使用状态窗口取景，具体步骤如下。

❶ 如果状态窗口现在没有打开或不可见，则可以按 Ctrl+Alt+S 快捷键打开状态窗口。

❷ 在状态窗口内，可以看到一个绿色的区域，为当前观察区域，PADS Logic 窗口内的动作会在这里体现。取景会在状态窗口内进行相应匹配。

❸ 为了使用状态窗口进行取景，可以按住鼠标左键，平滑地在状态窗口内移动光标，就可以平移视图，从而实现所需要的取景操作。

（2）使用状态窗口缩放，具体步骤如下。

❶ 如果状态窗口现在没有打开或不可见，则可以按 Ctrl+Alt+S 快捷键打开状态窗口。

❷ 在状态窗口内，可以看到一个绿色的区域，为当前观察区域，PADS Logic 窗口内的动作会在这里体现。取景会在状态窗口内进行相应匹配。

❸ 为了使用状态窗口进行缩放操作，可以按住鼠标右键，在状态窗口内用光标拖出一个视窗矩形（绿色区域）就可以对光标拖出的窗口视图实现缩放操作，注意观察这个区域是怎样代表所定义的区域的。

在使用状态窗口时，选择菜单栏中的“工具”→“选项”命令，设置缓冲大小，从而调节视图的放大缩小操作的速度。

Note

2.9 文件管理

PADS Logic VX.2.4 为用户提供了一个十分友好且宜用的设计环境，它延续传统的 EDA 设计模式，各个文件之间互不干扰又互有关联。因此，要进行一个 PCB 电路板的整体设计，就要在进行电路原理图设计时，创建一个新的原理图文件。

本节将介绍有关文件管理的一些基本操作方法，包括新建文件、保存文件、打开文件等，这些都是进行 PADS Logic VX.2.4 操作基础的知识。

2.9.1 新建文件

1. 执行方式

（1）菜单栏：“文件”→“新建”。

（2）工具栏：“标准工具栏”→“新建”。

（3）快捷键：Ctrl+N。

2. 操作步骤

（1）执行该命令，系统创建一个新的原理图设计文件，如图 2-50 所示。

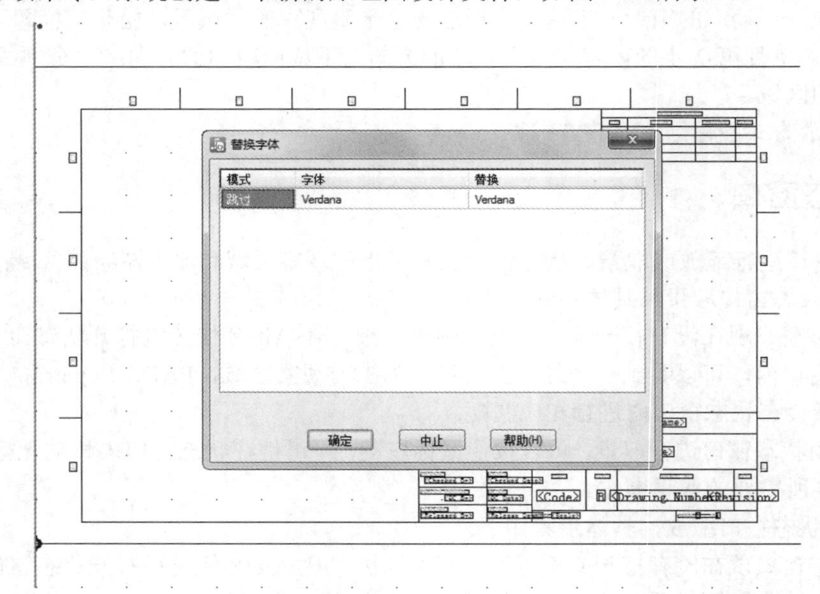

图 2-50 新建原理图文件

（2）随着原理图文件的创建弹出“替换字体”对话框，如无特殊要求，单击“中止”按钮，关闭对话框，默认字体。

2.9.2 保存文件

1. 执行方式

（1）菜单栏：“文件”→“保存”。

Note

（2）工具栏：“标准工具栏”→“保存”。

（3）快捷键：Ctrl+S。

2. 操作步骤

（1）执行上述命令后，若文件已命名，则 PADS 自动保存为“.sch”为后缀的文件；若文件未命名（即为默认名 default.sch），则系统打开“文件另存为”对话框（见图 2-51），用户可以命名保存。在“保存在”下拉列表框中可以指定保存文件的路径；在“保存类型”下拉列表框中可以指定保存文件的类型。

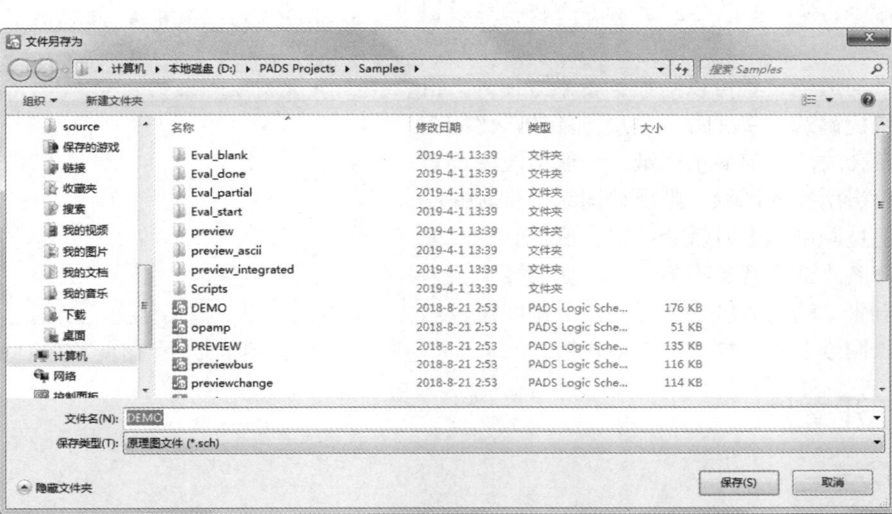

图 2-51 “文件另存为”对话框

（2）为了防止因意外操作或计算机系统故障导致正在绘制的图形文件丢失，可以对当前图形文件设置自动保存。

2.9.3 备份文件

1. 执行方式

菜单栏：“工具”→“选项”。

2. 操作步骤

（1）选择该命令，弹出优先参数设置窗口。单击“常规”选项，则系统进入“常规”参数设置界面，如图 2-52 所示。

（2）在“间隔（分钟）”文本框中输入保存间隔，在“备份数”文本框中输入保存数。单击“备份文件”按钮，弹出的窗口中 PADS Logic(0～3)为默认的自动备份文件名。

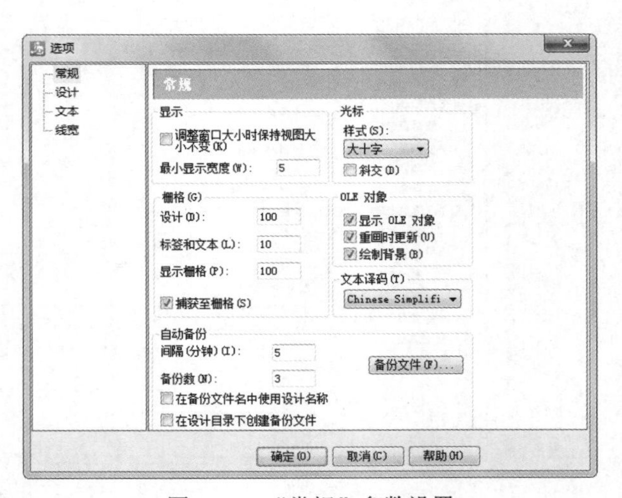

图 2-52 “常规”参数设置

2.9.4 新建图页

图页文件是指实际包含原理图的文件，内

容上独立于工程文件之外的文件，又不能单独保存成独立的文件。在 PADS VX.2.4 中，通常这些图页文件显示在工程文件下一个级别上。

图页文件的存在方便了设计的进行，将文件从工程文件夹中删除时，文件将会彻底被删除。

1. 执行方式

菜单栏："设置"→"图页"。

2. 操作步骤

执行该命令，弹出如图 2-53 所示的"图页"设置窗口。

除对图纸的适当设置可以给设计带来方便外，很多时候使用快捷键或者快捷命令是最方便的。比如在设计中，经常会改变当前显示图纸，一般情况下都是在工具栏中单击所需的图纸，当设计图纸少量时并没多大不便，但是图纸太多时就会显得太麻烦。这时如果使用快捷命名"Sh"就省事多了，比如需要交换当前图纸到第五张，输入"Sh 5"按 Enter 键即可，当然也可以输入图纸名称，如"Sh PADS"。

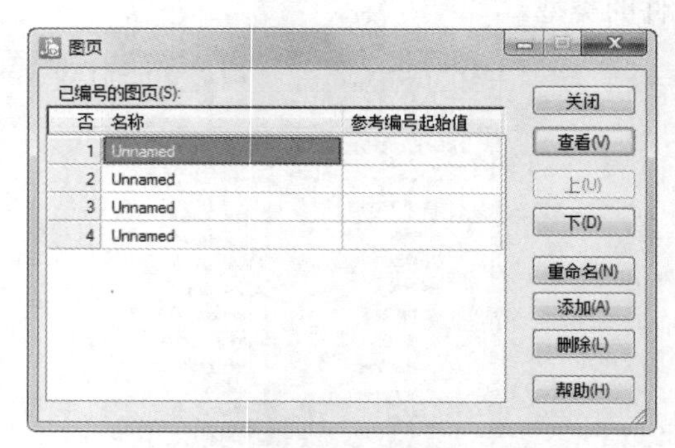

图 2-53 "图页"设置窗口

2.9.5 打开文件

1. 执行方式

（1）菜单栏："文件"→"新建"。

（2）工具栏："标准工具栏"→"新建"。

（3）快捷键：Ctrl+O。

2. 操作步骤

执行该命令，系统弹出"文件打开"对话框，打开已存在的设计文件，如图 2-54 所示。

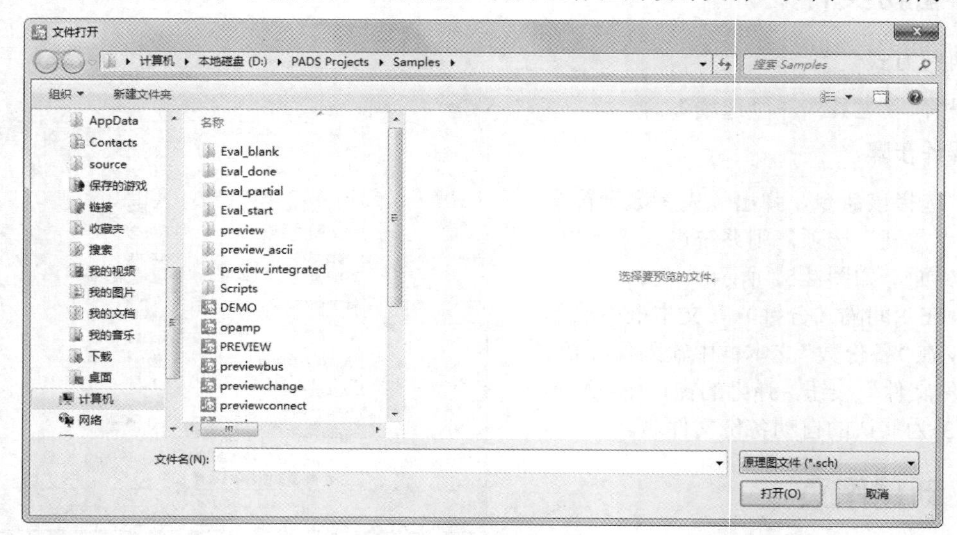

图 2-54 打开原理图文件

PADS Logic 元件设计

本章主要介绍在 PADS Logic 图形界面中进行图形绘制，在原理图中绘制各种标注信息，使电路原理图更清晰，数据更完整，可读性更强。各种图元均不具有电气连接特性，所以系统在做 ERC 检查及转换成网络表时，它们不会产生任何影响，也不会附加在网络表数据中。

学习重点

- ☑ 元件定义
- ☑ 元件编辑器
- ☑ 绘图工具
- ☑ 元件信息设置
- ☑ 操作实例

任务驱动&项目案例

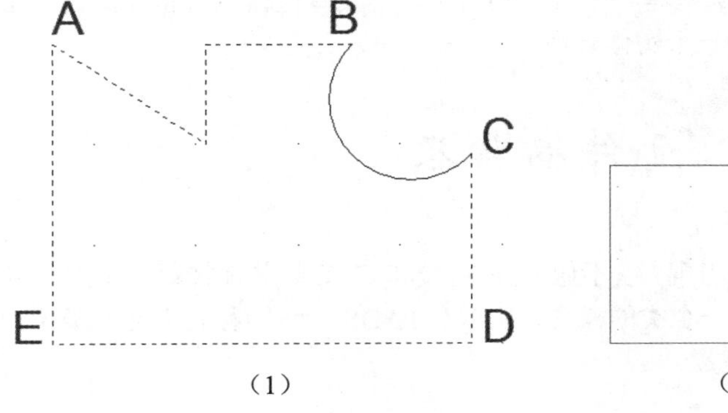

（1）

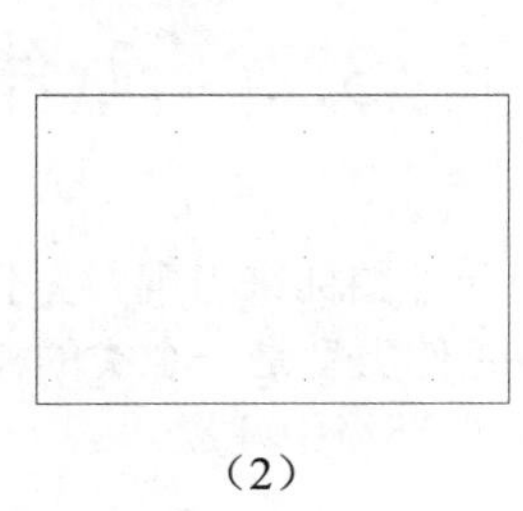

（2）

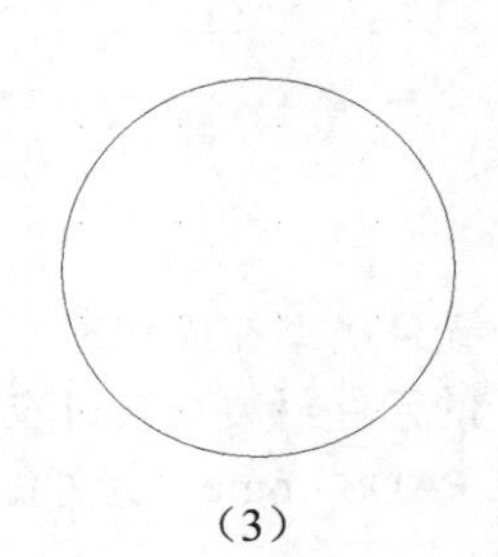

（3）

3.1 元件定义

在设计电路之前，我们必须保证所用到的元件都在 PADS Logic 和 PADS Layout 中存在，其中包括 PCB 封装、CAE 封装和元件类型。

很多的 PADS 用户，特别是新的用户对 PCB 封装、CAE 封装和元件类型三者特别容易搞混，总之，只要记住 PCB 封装和 CAE（逻辑封装）只是一个具体的封装，不具有任何电气特性，它是元件类型的一个组成部分，是元件类型在设计中的一个实体表现。所以当建好一个 PCB 封装或 CAE 封装时，千万别忘了将该封装指明所属元件类。元件既可以在 PADS Logic 中建立，也可以在 PADS Layout 中建立。

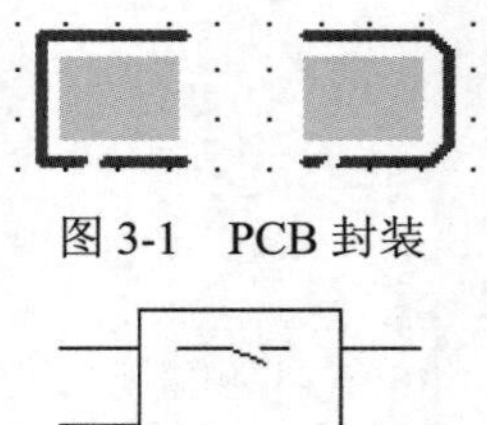

图 3-1　PCB 封装

图 3-2　CAE 封装

PCB 封装是一个实际零件在 PCB 板上的脚印图形，如图 3-1 所示，有关这个脚印图形的相关资料都存放在库文件 XXX.pd3 中，它包含各个管脚之间的间距及每个脚在 PCB 板各层的参数、元件外框图形、元件的基准点等信息。所有的 PCB 封装只能在 PADS 的封装编辑中建立。

CAE 封装是零件在原理图中的一个电子符号，如图 3-2 所示。有关它的资料都存放在库文件 XXX.ld9 中，这些资料描述了这个电子符号各个引脚的电气特性及外形等。CAE 封装只能在 PADS Logic 中建立。

元件类型在库管理器中用元件图标来表现，它不像 PCB 封装和 CAE 封装那样每一个封装名都有惟一的元件封装与其对应，而元件类型是一个类的概念，所以在 PADS 系统中称它为元件类型。

对于元件封装，PADS 巧妙地使用了这种类的管理方法来管理同一个类型的元件有多种封装的情况。在 PADS 中，一个元件类型（也就是一个类）中可以最多包含 4 种不同的 CAE 封装和 16 种不同的 PCB 封装，当然这些众多的封装中每一个的优先权都不同。

当用“添加元件”命令或快捷图标增加一个元件到当前的设计中时，输入对话框或从库中去寻找的不是 PCB 封装名，也不是 CAE 封装名，而是包含有这个元件封装的元件类型名，元件类型的资料存放在库文件 XXX.pt9 中。当调用某元件时，系统一定会先从 XXX.pt9 库中按照输入的元件类型名寻找该元件的元件类型名称，然后依据这个元件类型中包含的资料里所指示的 PCB 封装名称或 CAE 封装名称到库 XXX.pd9 或 XXX..ld9 中去找出这个元件类型的具体封装，进而将该封装调入当前的设计中。

总之，只要记住 PCB 封装和 CAE 封装只是一个具体的封装，不具有任何电气特性，它是元件的一个组成部分，也是元件类型在设计中的一个实体表现。

3.2 元件编辑器

元件类型在库管理器中用元件图标来表现，它不像 PCB 封装和 CAE 封装那样每一个封装名都有唯一的元件封装与其对应，而元件类型是一个类的概念，所以在 PADS 系统中称它为元件类型，一般都在 PADS Logic“元件编辑器”环境中建立。

3.2.1 启动编辑器

选择菜单栏中的“工具”→“元件编辑器”命令，弹出如图 3-3 所示的窗口，进入元件封装编辑

环境。

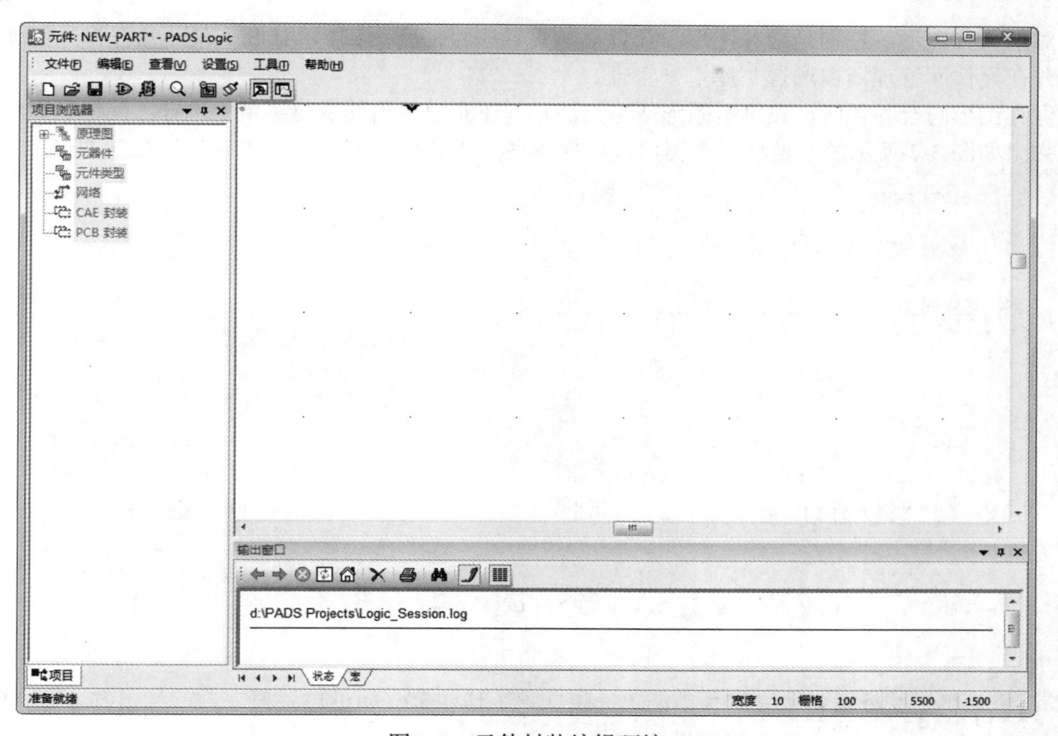

图 3-3　元件封装编辑环境

3.2.2　文件管理

1. 新建文件

单击“标准工具栏”中的“新建”按钮，弹出“选择编辑项目的类型”对话框，选中“元件类型”单选按钮，如图 3-4 所示，单击“确定”按钮，退出对话框，进入元件编辑环境。

2. 保存库文件

在“选择编辑项目的类型”对话框中选中“CAE 封装”单选按钮，单击“符号编辑器工具栏”中的“保存”按钮，弹出“将 CAE 封装保存到库中”对话框，如图 3-5 所示。

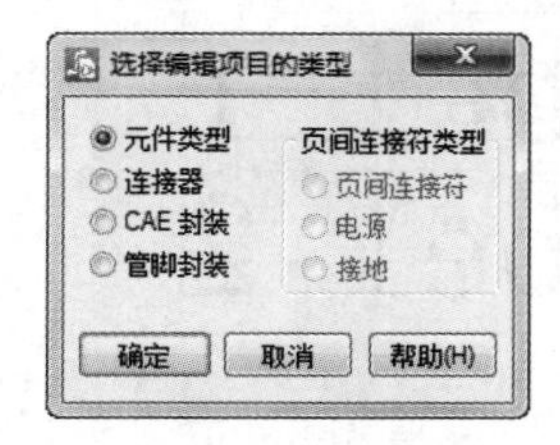

图 3-4　新建元件类型

图 3-5　“将 CAE 封装保存到库中”对话框

3. 文件的另存为

在“选择编辑项目的类型”对话框中，选中“元件类型”单选按钮，选择菜单栏中的“文件”→“另存为”命令，弹出如图 3-6 所示的“将元件和门封装另存为”对话框，在“库”下拉列表框中选择新建的库文件 PADS，在“元件名”文本框中输入要创建的元件名称。单击“确定”按钮，退出对话框。

Note

4. 保存图形

对于一些图形，特别是合并图形，在以后的设计中可能会用到，PADS Logic 允许将其保存在库中，并在元件库管理器中通过“库”来管理。

保存图形与合并体时，先单击图形或冻结图形，在右击弹出的快捷菜单中选择“保存到库中”命令，弹出如图 3-7 所示的对话框。在窗口选择保存图形库和图形名，单击“确定”按钮即可。

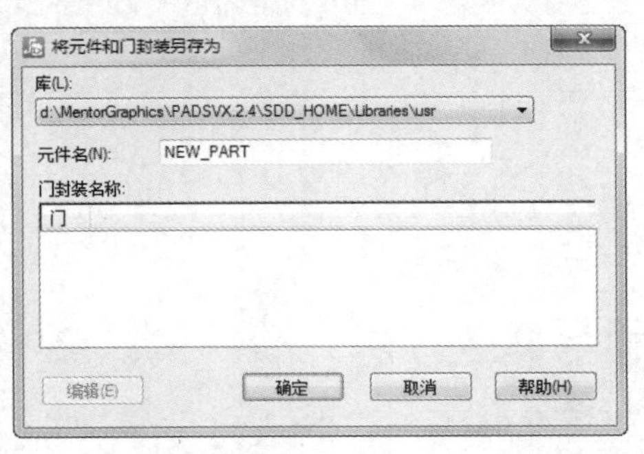

图 3-6 “将元件和门封装另存为”对话框

图 3-7 保存图形

3.3 绘图工具

（1）单击“元件编辑工具栏”中的“编辑图形”按钮，弹出提示对话框，单击“确定”按钮，默认创建 NEW_PART，进入图形编辑环境，如图 3-8 所示。

图 3-8 编辑元件 NEW_PART

（2）完成绘制之后，选择菜单栏中的“文件”→“返回至元件”命令，返回图 3-8 所示的编辑环境。

（3）单击“元件编辑工具栏”中的“封装编辑”按钮，弹出“符号编辑工具栏”，如图 3-9 所示。

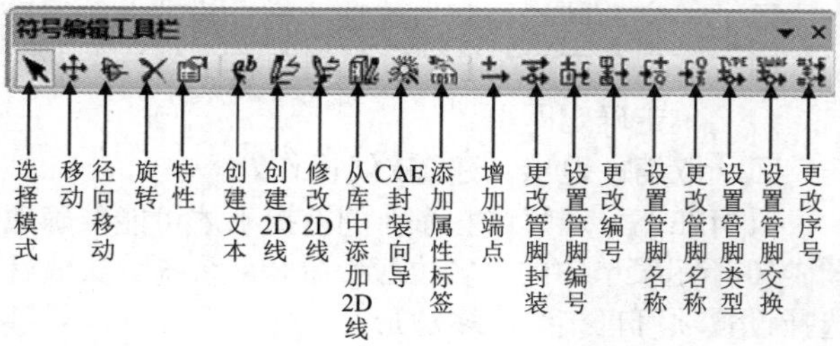

符号编辑工具栏

选择模式　移动　径向移动　旋转　特性　创建文本　创建2D线　修改2D线　从库中添加2D线　CAE封装向导　添加属性标签　增加端点　更改管脚封装　设置管脚编号　更改编号　设置管脚名称　更改管脚名称　设置管脚类型　设置管脚交换　更改序号

图 3-9　符号编辑工具栏

3.3.1　多边形

多边形图形泛指一种不定形图形，这种不定形表现在它的边数可以根据需要来决定，而在图形的形状上也是人为的。

1. 绘制多边形

绘制多边形首先必须进入绘图模式。单击“原理图编辑工具栏”中的“创建 2D 线”按钮，然后将十字光标移动到设计环境画面中的空白处，右击，则会弹出如图 3-10 所示的菜单，各选项介绍如下。

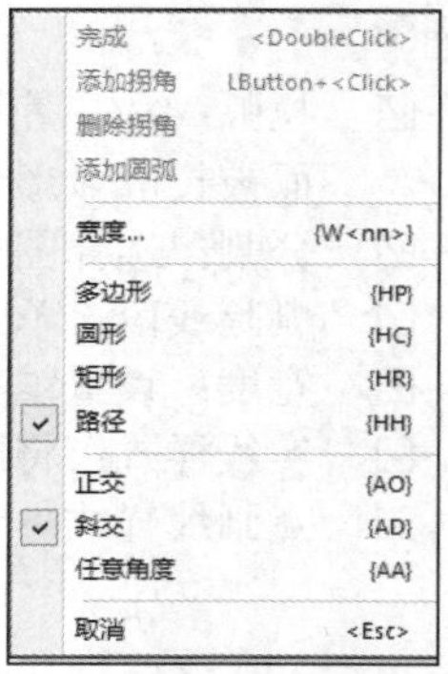

完成	<DoubleClick>
添加拐角	LButton+<Click>
删除拐角	
添加圆弧	
宽度...	{W<nn>}
多边形	{HP}
圆形	{HC}
矩形	{HR}
✓ 路径	{HH}
正交	{AO}
✓ 斜交	{AD}
任意角度	{AA}
取消	<Esc>

图 3-10　选择绘制图形快捷菜单

- ☑ 完成：只有在绘图过程中上面 4 个选项才有效，因为它们只在绘图过程中才可以用到。在绘制图形时，不管是 4 种基本图形中哪一种，只要单击此菜单中的此项选择都可以完成图形绘制。但是在绘制多边形时，如果在没有完成一个多边形的绘制而中途单击此项选择，那么系统将以此点和起点的正交线来完成所绘制的多边形。可以使用快捷键完成此菜单选项功能，即双击鼠标。
- ☑ 添加拐角：在当前图形操作点上通过选择此项来增加一个拐角，而角度由菜单中的设置项“正交”“斜交”“任意角度”来决定。如果使用快捷键，则在需要拐角处单击即可。该功能只在绘制多边形和路径时有效。
- ☑ 删除拐角：在绘制图形过程中，当需要删除当前操作线上的拐角时可使用此选项来完成。该功能同样只是针对多边形和路径有效，而且它不具有快捷键操作。
- ☑ 添加圆弧：在绘制图形时如果希望某个部分绘制成弧度形状，选择此选项，当前的走线马上会变成一个可变性弧度，移动鼠标来任意调整弧度直到适合要求之后单击确定。该功能只是绘制多边形和非封闭图形时才具有。
- ☑ 宽度：该选项用来设置绘制图形所用的线宽，设置线宽有两种方式：一种是在绘制图形以前设置；另一种是在线设置，也就是在绘制图形过程中进行设置，这样设置比较方便，可以随时改变图形绘制中的当前走线宽度。快捷键为 W，如图 3-11 所示。

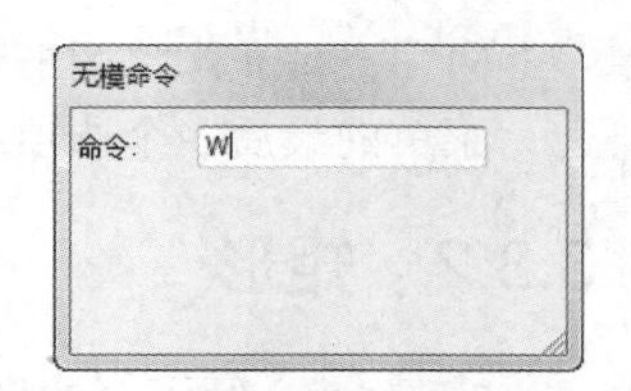

图 3-11　设置线宽

注意： 需要设置线宽为 15mil 时，在图 3-11 所示窗口中输入“W 15”即可。

- ☑ 多边形：选择此命令进入多边形图形绘制模式。
- ☑ 圆形：用来绘制圆形图形。
- ☑ 矩形：选择此命令进行绘制矩形图形。
- ☑ 路径：绘制非封闭图形。
- ☑ 正交：在绘制多边形和非封闭图形时，如果选择此命令，那拐角将呈现 90° 角。

☑ 斜交：同“正交”选项一样，设置此项时在绘画过程中拐角将为斜交。

☑ 任意角度：在绘图时其拐角将由设计者确定。可以移动鼠标改变拐角的角度，当满足要求时单击确定即可。

☑ 取消：退出创建 2D 线操作。

只有在充分理解这些命令的前提下才可能准确地绘制出所需的图形。当需要绘制多边形时，选择图 3-10 所示菜单中的“多边形”命令。系统默认值就是多边形，所以当刚进入绘制图形模式时，无须选择设置项可直接绘制多边形。

Note

2. 编辑多边形

在实际中有时往往需要对完成的图形进行编辑使之符合设计要求。

编辑图形首先必须进入编辑模式状态。单击“原理图编辑工具栏”中的“修改 2D 线”按钮，然后选择所需要编辑的图形。选中所编辑图形之后右击，弹出如图 3-12 所示的菜单。

在图 3-12 所示的菜单中选择编辑图形所需要的命令，在编辑图形之前将各个选项的内容分别介绍如下。

☑ 拉弧：编辑图形时选择图形中某一线段后移动鼠标，这时被选择的线段将会随着鼠标的移动而被拉成弧形。

☑ 分割：选择图形某一线段或圆弧，系统将以当前十字光标所在位置对线段进行分割。

☑ 删除线段：单击图形某线段或圆弧，系统将会删除单击处相邻的拐角而使之成为一条线段。

☑ 宽度：设置线宽，本小节前面已经介绍过，不再重复。

☑ 实线样式：将图形线条设置成连续点的组合。

☑ 点画线样式[1]：如果设置成这种风格，图形中的二维线将变成点状连线，如图 3-13 所示。

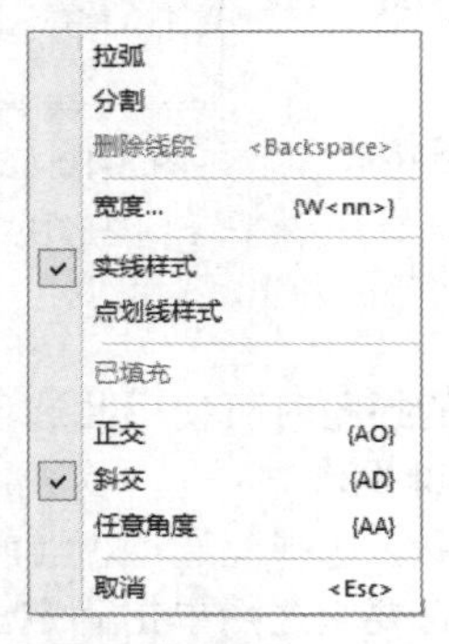

图 3-12　编辑图形选项快捷菜单

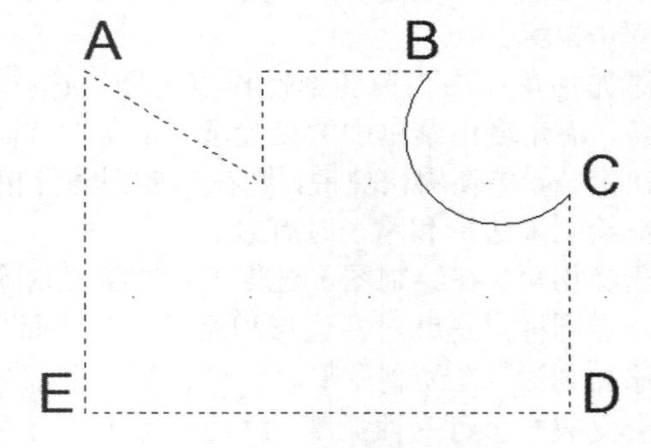

图 3-13　点画线样式

☑ 已填充：将图形变成实心状态。

菜单的最后 3 个选项：正交、斜交和任意角度，本小节前面已介绍过，不再重复。

3.3.2 矩形

3.3.1 节介绍了多边形的绘制与编辑，实际完全可以通过绘制多边形的模式和操作绘制出一个矩形。但是系统增加了一个矩形绘制功能，这是否是多此一举？

答案是否定的，使用绘制矩形功能只需要确定两点就可以完成一个矩形的绘制，而使用绘制多边形功能绘制矩形需要确定 4 个点才能完成一个矩形的绘制，矩形绘制功能大大提高了绘图效率。下面介绍绘制矩形图形的基本操作步骤。

[1] “点画线样式”与图 3-12 中的“点划线样式”为同一内容，后文不再赘述。

（1）单击“原理图编辑工具栏”中的“创建 2D 线”按钮，进入绘图模式，在设计环境空白处单击，然后再右击，弹出如图 3-10 所示的菜单，选择“矩形”命令。

（2）在起点处单击然后移动鼠标，如图 3-14 所示，这时会有一个可变化的矩形，决定这个矩形大小的是起点和起点对角线另一端的点。

（3）确定终点，可变化的矩形满足要求后单击确定，这就完成了一个矩形的绘制，如图 3-15 所示。

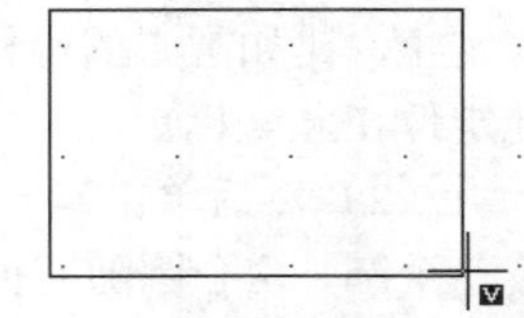

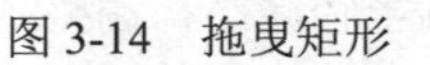

图 3-14　拖曳矩形

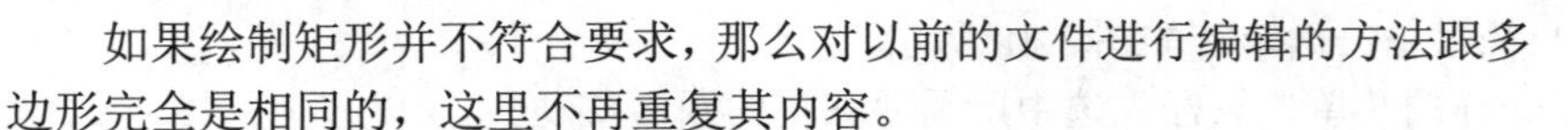

如果绘制矩形并不符合要求，那么对以前的文件进行编辑的方法跟多边形完全是相同的，这里不再重复其内容。

除使用“原理图编辑工具栏”中的“修改 2D 线”按钮可以编辑矩形和多边形外，这里将介绍另外一种编辑方法。

首先退出绘图模式，然后单击矩形或多边形，使矩形或多边形处于高亮状态，右击，则弹出如图 3-16 所示菜单。

在如图 3-16 所示的菜单中选择“特性”命令，则弹出如图 3-17 所示对话框。

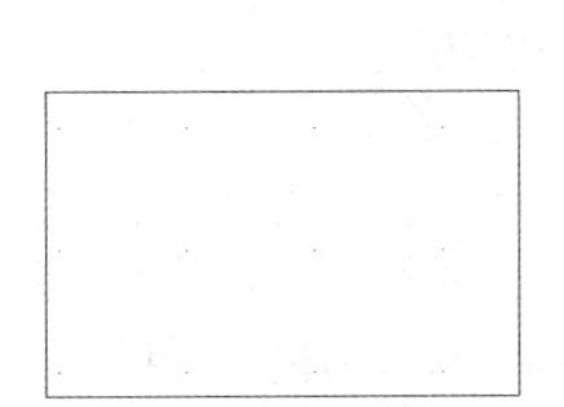

图 3-15　绘制矩形

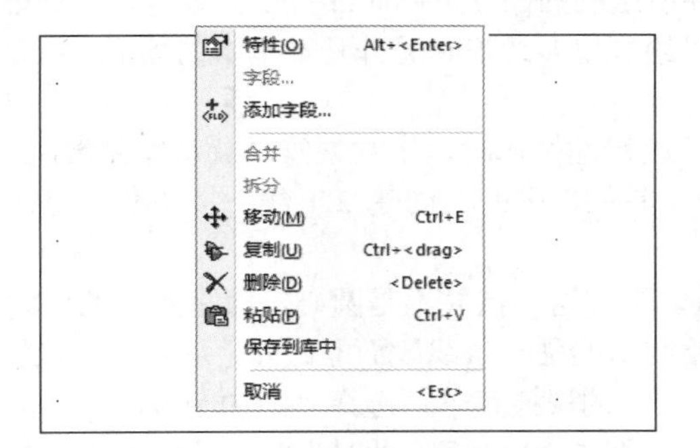

图 3-16　选择编辑功能

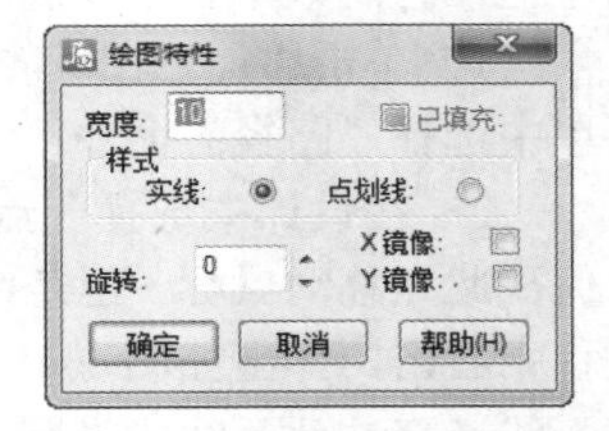

图 3-17　“绘图特性”对话框

注意：直接双击矩形或多边形也可弹出“绘图特性”对话框。

在图 3-17 中有 5 种可修改选项，分别介绍如下。

☑　宽度：改变图形的轮廓线宽度，在文本框中输入新的线宽值。

☑　已填充：如果选中此复选框，被激活的图形将被填充成实心图形。

☑　样式：在该选项组中有两种选择：实线和点画线[①]。

☑　旋转：将图形进行旋转，旋转角度只能是 0°或 90°。

☑　镜像：将图形进行镜像处理，可选择 X 镜像（沿 X 轴镜像）或 Y 镜像（沿 Y 轴镜像）。

技巧：由图 3-17 可知，这种编辑方式与 3.3.1 节中介绍的编辑方式在操作方式上完全不一样。这种编辑方式是将所有编辑项目设置好之后，系统一次性统一完成。但这种编辑方式同 3.3.1 节中介绍的使用“原理图编辑工具栏”中的“修改 2D 线”按钮进行编辑图形相比，最明显的区别就是不可以改变图形的形状。

对于图形的编辑，一般来讲基本就这两种编辑方法。

3.3.3　圆

圆是最简单的一种绘图，因为在整个绘制过程中只需确定圆的圆心和半径两个参数。

---

① “点画线”与图 3-17 中的“点划线”为同一内容，后文不再赘述。

（1）单击“原理图编辑工具栏”中的“修改 2D 线”按钮，进入绘图模式，右击选择弹出菜单中的“圆形”命令。在当前设计中首先确定圆心，如果要求圆心位置非常准确，可以通过快捷命令来定位，比如圆心的坐标如果是 X:500mil 和 Y:600mil，则输入快捷命令“S　500　600”就可以准确地定位在此坐标上。

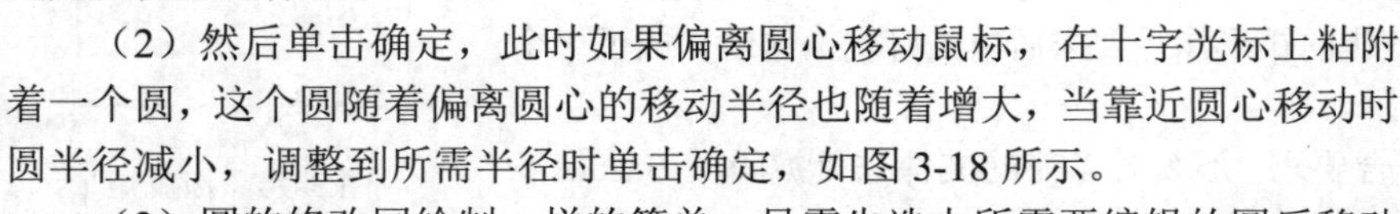

（2）然后单击确定，此时如果偏离圆心移动鼠标，在十字光标上粘附着一个圆，这个圆随着偏离圆心的移动半径也随着增大，当靠近圆心移动时圆半径减小，调整到所需半径时单击确定，如图 3-18 所示。

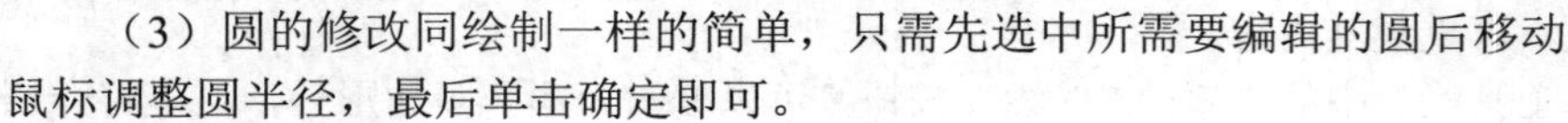

（3）圆的修改同绘制一样的简单，只需先选中所需要编辑的圆后移动鼠标调整圆半径，最后单击确定即可。

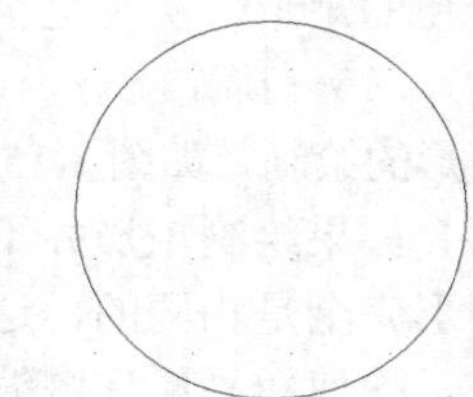

图 3-18　绘制圆形

3.3.4　路径

路径绘图是一种万能的绘图方式，因为它可以绘出上述 3 种方式所绘制出的所有图形。

在操作上，多边形一定要所绘制的图形封闭时才可以完成操作，而路径可以在图形的任何一个点完成操作。当然利用路径可以绘制出多边形和另外几种基本的图形，所以从这个角度来讲，路径是一种万能绘图法。

但在绘制效率上，绘制一些标准图形时，用它来绘制就可能显得比较落后。

（1）单击“原理图编辑工具栏”中的“创建 2D 线”按钮，进入绘图模式，再右击，从弹出菜单中选择“路径”命令。

（2）在设计中选择一点，不过这一点并不是圆心，而是圆上的任意一个点。单击确定这一点之后偏离此点移动鼠标，但是绘制出的是一条线段而非圆弧，这是默认设置，如需绘制圆，只需在绘制过程中右击，弹出如图 3-19 所示的快捷菜单，选择“添加圆弧”命令，此时刚绘制出的线段就变成了弧线，移动此弧线成半圆，如图 3-20 所示。此时保持弧线的终点与起点在一条水平垂直线上，移动鼠标调整好半径之后单击确定。

（3）至此画出了一个圆的一半，“添加圆弧”命令只能执行一段圆弧的绘制，因此需要绘制另一半圆弧时，还需要选择“添加圆弧”命令，如图 3-21 所示，重复步骤（2）的操作画出另一个半圆。到起点位置后单击确定，这样一个圆就绘制完成，结果如图 3-22 所示。

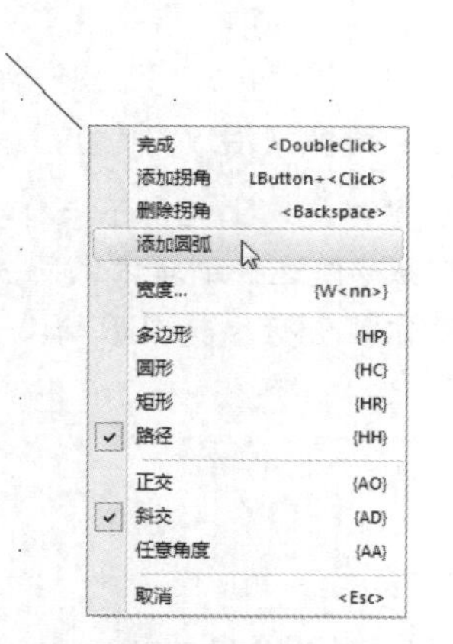

图 3-19　利用“路径”方式绘图

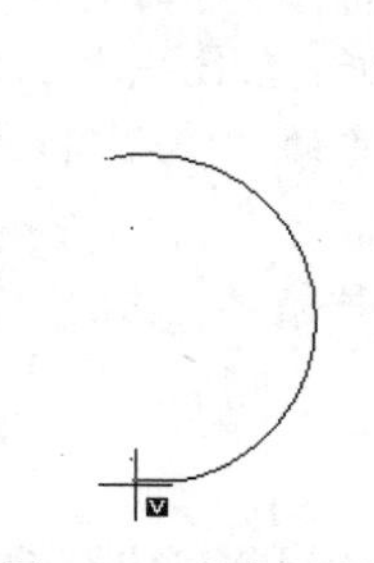

图 3-20　绘制半圆

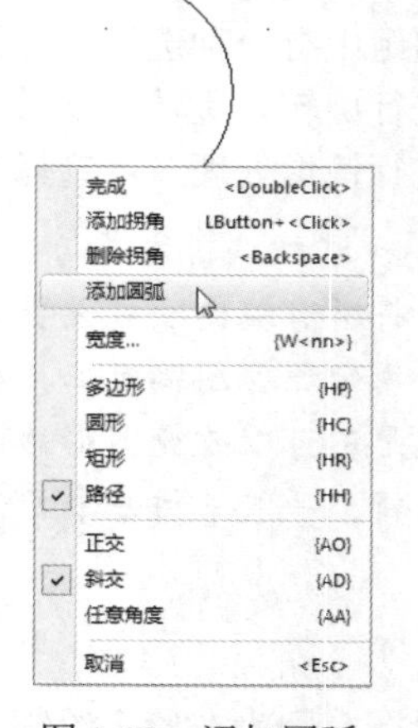

图 3-21　添加圆弧

图 3-22　绘制另一半圆

按以上步骤完成了一个圆的绘制，同理可以利用“路径”绘图方式绘出多种图形。利用 “路径”

方式绘出的图形与其他绘图方式的不同点在于它所绘制的图形的组成单位一定是线段和弧线，这就是为什么在编辑用“路径”方式绘制的图形圆时，移动圆圈时可能并不是整个圆圈都随着移动，而是圆圈一部分弧线。因此，在绘制图形时要根据所绘图形选择适当的绘制方式，以免给绘制和编辑带来不必要的麻烦，从而提高设计效率。

3.3.5　从库中添加 2D 线

（1）单击“原理图编辑工具栏”中的“从库中添加 2D 线”按钮，系统会弹出如图 3-23 所示的对话框。

（2）在“库”下拉列表框中找到保存图形的库，这时在这个库中所有的图形都会显示在“绘图项”下，选择所需图形名，单击“确定”按钮即可将图形增加到设计中。

图 3-23　“从库中获取绘图项目”对话框

3.3.6　元件管脚

元件的外形只是一种简单的图形符号，真正起到电气连接特性的对象是管脚，它是一个元件的灵魂，是不可或缺的，如图 3-24 所示。

0　NETNAME　#16:TYP=S SWP=0

图 3-24　元件管脚

1. 添加端点

单击“符号编辑工具栏”中的“添加端点”按钮，弹出如图 3-25 所示的“管脚封装浏览”对话框，选择添加管脚的类型。

2. 更改管脚类型

单击“符号编辑工具栏”中的“更改管脚封装”按钮，弹出如图 3-26 所示的“管脚封装浏览”对话框，选择要更改的管脚的类型，结果如图 3-27 所示。

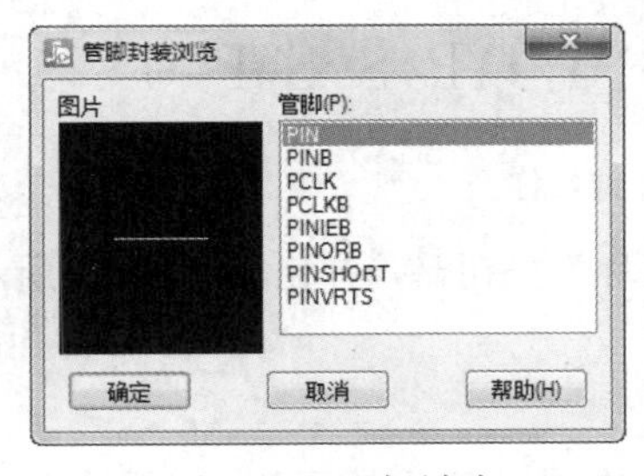

图 3-25　添加端点

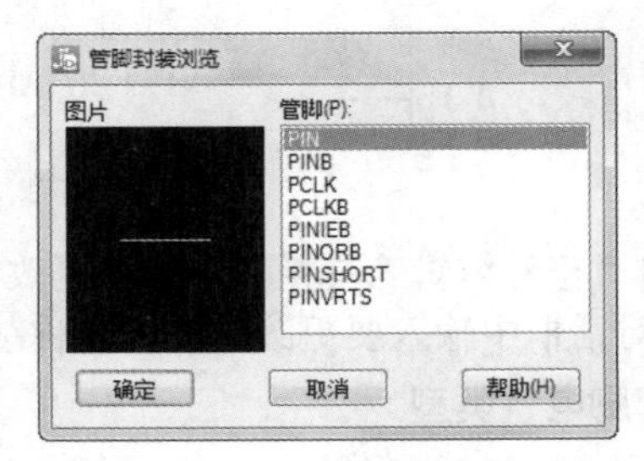

图 3-26　更改管脚类型

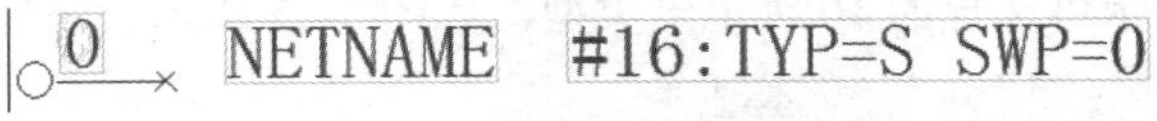

0　NETNAME　#16:TYP=S SWP=0

图 3-27　更改管脚类型结果

3. 设置管脚编号

（1）单击“符号编辑工具栏”中的“设置管脚编号”按钮，弹出如图 3-28 所示的“设置管脚编号”对话框。

❶ 在“起始管脚编号”选项组下设置“前缀”“后缀”名称。

Note

❷ 在“增量选项”选项组下可选中“前缀递增”和“后缀递增”单选按钮。

❸ 在“步长”微调框中设置编号间隔。

（2）单击“符号编辑工具栏”中的“更改编号”按钮，单击需要更改的编号，弹出如图 3-29 所示的 Pin Number 对话框，输入要更改的编号，结果如图 3-30 所示。

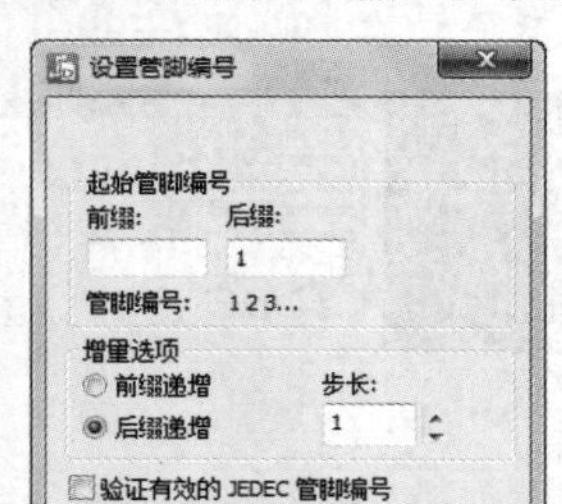

图 3-28 “设置管脚编号”对话框

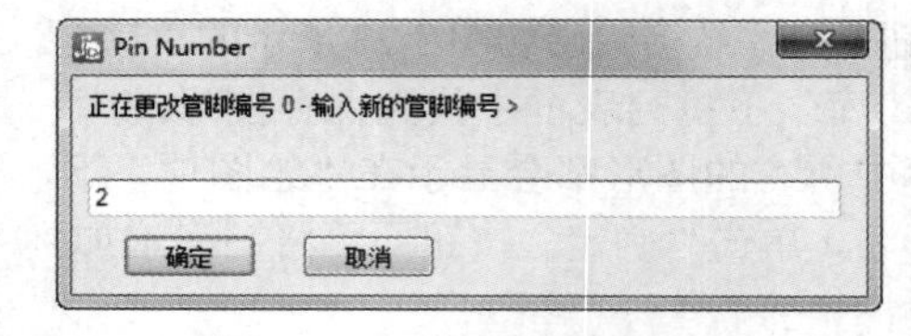

图 3-29 Pin Number 对话框

2 NETNAME #16:TYP=S SWP=0

图 3-30 更改编号

4. 设置管脚名称

（1）单击“符号编辑工具栏”中的“设置管脚名称”按钮，弹出如图 3-31 所示的“端点起始名称”对话框，在该对话框中输入管脚名称，结果如图 3-32 所示，继续单击管脚，管脚名称自动按照数字依次递增，显示 A2、A3、A4。

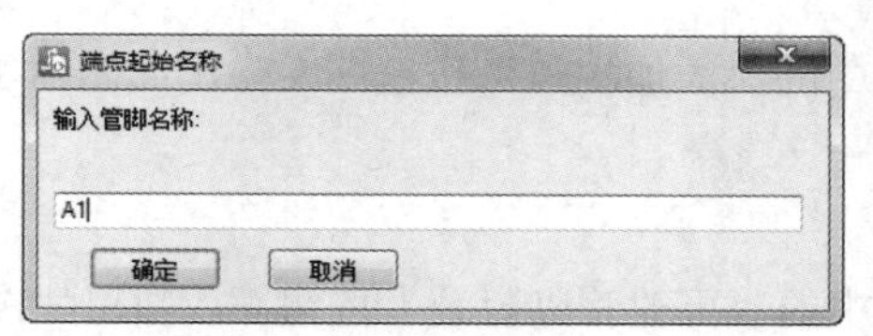

图 3-31 “端点起始名称”对话框

A1 0 NETNAME #16:TYP=S SWP=0

图 3-32 设置管脚名称

（2）单击“符号编辑工具栏”中的“更改管脚名称”按钮，弹出如图 3-33 所示的 Pin Name 对话框，在该对话框中输入要更改的管脚名称。

5. 设置管脚电气类型

单击“符号编辑工具栏”中的“设置管脚类型”按钮，弹出如图 3-34 所示的“管脚类型”对话框，在下拉列表框中显示可选择的 10 种电气类型，如图 3-35 所示。

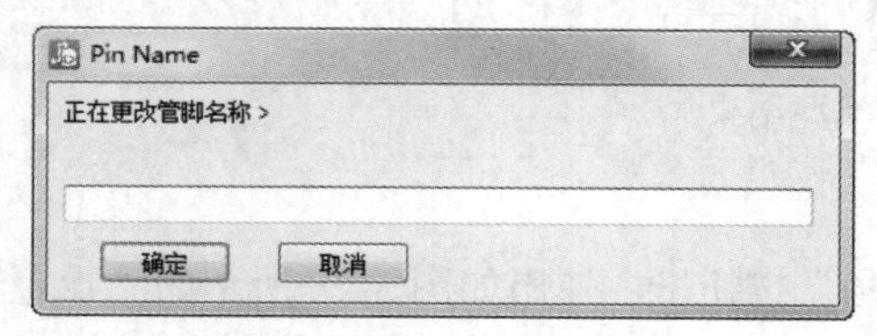

图 3-33 Pin Name 对话框

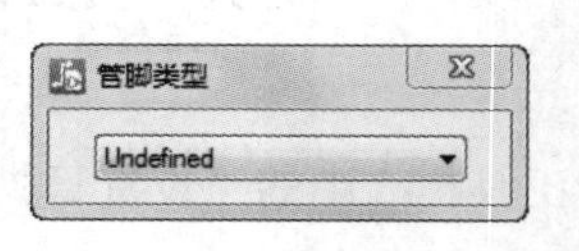

图 3-34 “管脚类型”对话框

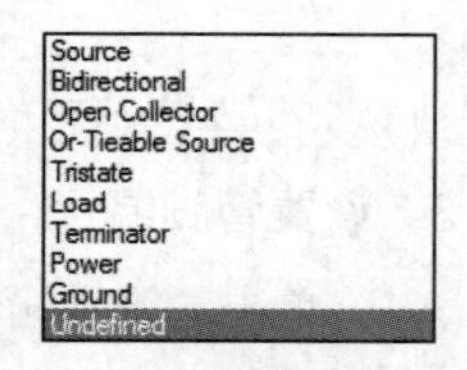

图 3-35 电气类型

6. 交换管脚

单击“符号编辑工具栏”中的“设置管脚交换”按钮，弹出如图 3-36 所示的“分配管脚交换类”对话框，交换两个管脚，包括其编号、名称、属性等，全部进行交换。

7. 更改管脚

单击“符号编辑工具栏”中的“更改序号”按钮，弹出如图 3-37 所示的“端点序号”对话框，输入新的管脚序号，结果如图 3-38 所示。

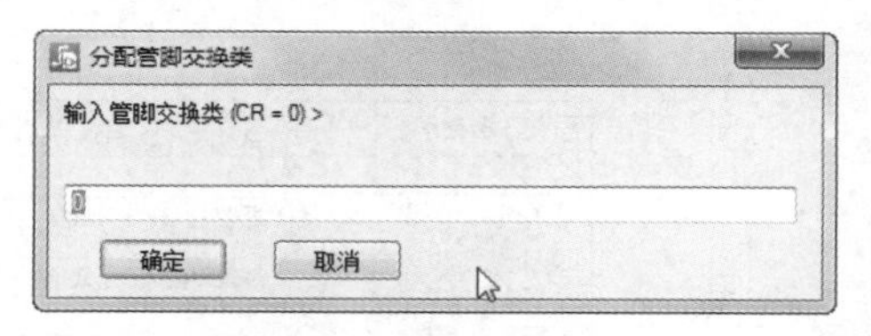

图 3-36　“分配管脚交换类”对话框

图 3-37　“端点序号”对话框

0　NETNAME　#1:TYP=S SWP=0

图 3-38　更改序号

3.3.7　元件特性

直接选中图形对象，单击“原理图编辑工具栏”中的“特性”按钮，弹出图形的“绘图特性”对话框，如图 3-39 所示。

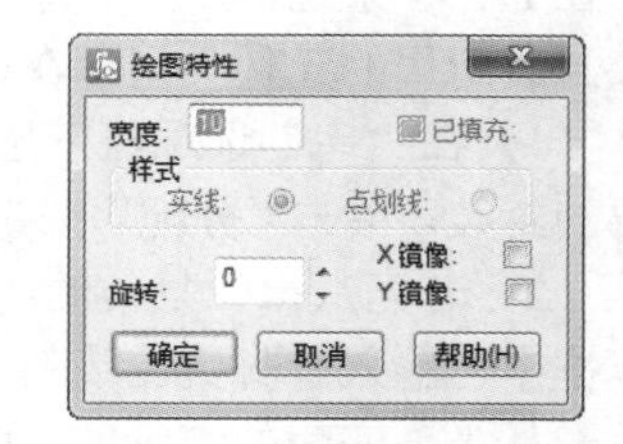

图 3-39　“绘图特性”对话框

绘图特性的修改非常简单，从图 3-39 可知，可以对图形进行以下 5 个方面的修改。

☑　宽度：如果需要改变图形的线宽，按 W 键后输入新的线宽值。

☑　已填充：该选项只有当查询与修改的对象是矩形和圆时才有效。选中该复选框时，矩形和圆将会变成实心图形。

☑　样式：图形的线条有两种风格可选，即实线和点画线。

☑　旋转：利用旋转设置一次可将选择图形的位置状态改变 90°。

☑　镜像：选中“X 镜像”复选框，可将图形以 X 轴作镜像操作；选中“Y 镜像”复选框，则图形以 Y 轴作镜像操作。

3.4　元件信息设置

单击“元件编辑工具栏”中的“编辑电参数”按钮，弹出“元件的元件信息”对话框。

1. “常规”选项卡（见图 3-40）

在该选项卡中包括 3 个选项组。

（1）元件统计数据：在该选项组下显示元件的基本信息，即管脚数、封装、门数及信号管脚数。

（2）选项：在该选项组下设置图形与信息的关系。

（3）逻辑系列：在该下拉列表框中显示逻辑系列类型，不同的逻辑系列对应不同的参考前缀，

Note

单击“系列”按钮，弹出“逻辑系列”对话框，如图 3-41 所示。在该对话框中可对现有的逻辑系列进行编辑、删除，同时可以添加新的逻辑系列。

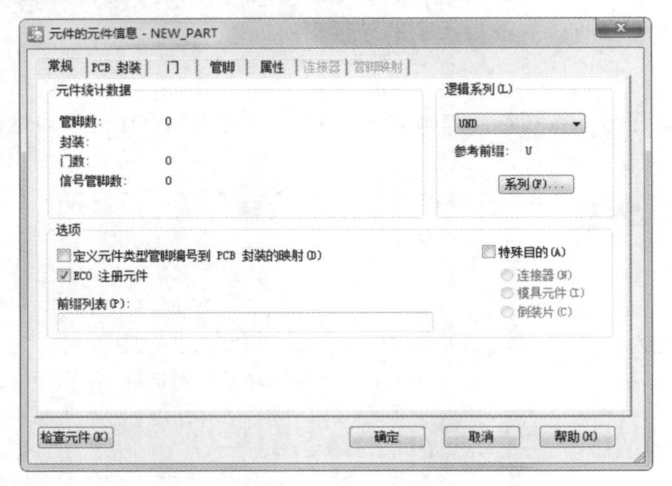

图 3-40　“元件的元件信息”对话框

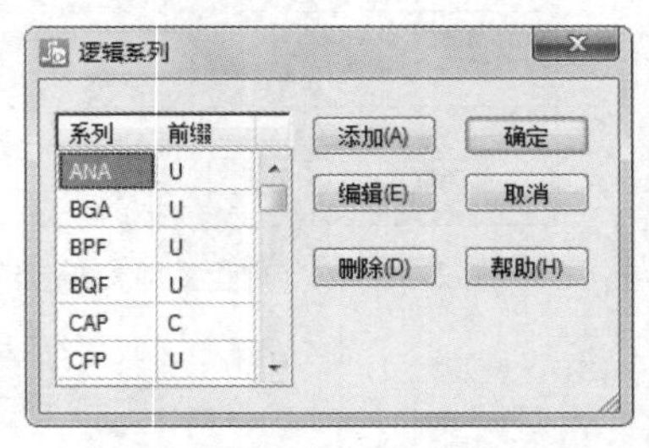

图 3-41　“逻辑系列”对话框

2. “PCB 封装”选项卡（见图 3-42）

在 PADS 系统中，一个完整的元件一定包含两方面的内容，即元件封装（CAE 封装和 PCB 封装）和该封装所属的元件类型。在该选项卡中添加元件对应的封装。

（1）在“库”选项组下选择封装库，在“未分配的封装”列表框中显示封装库中的封装，选中需要的封装，单击“分配”按钮，将选中封装添加到右侧“已分配的封装”列表框中，对应到元件中。

（2）若无法得知封装的所在位置，可在“筛选条件”文本框中输入筛选关键词，在“管脚数”文本框中可输入管脚数，精确筛选条件，完成条件设置后，单击“应用”按钮，同时选中“仅显示具有与元件类型匹配的管脚编号的封装”复选框，也可简化搜索步骤。

3. “门”选项卡（见图 3-43）

由于元件过于复杂，为了清楚显示，将该元件分成几个部分，各部分元件外形相同，管脚编号及属性不同，门即元件的部件。在该选项卡下主要添加或编辑部件个数、名称和管脚。

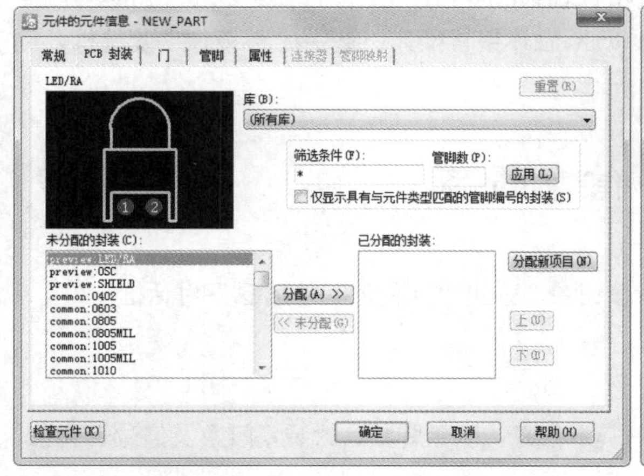

图 3-42　“PCB 封装”选项卡

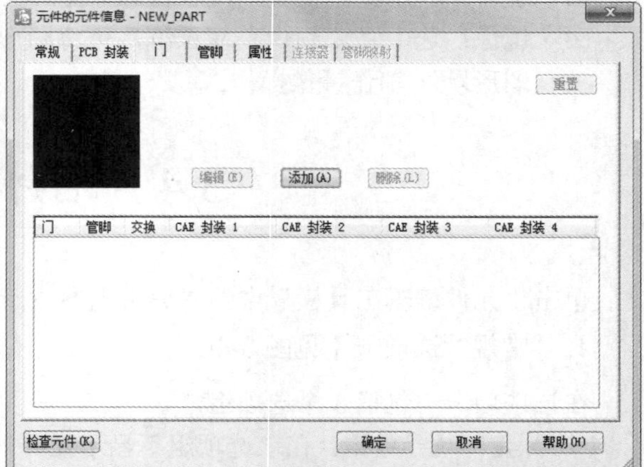

图 3-43　“门”选项卡

4. “管脚”选项卡（见图 3-44）

在此选项卡中显示了元件管脚信息，同时可在该对话框中对管脚进行修改、添加、重新编号等。

5. “属性”选项卡（见图 3-45）

在此选项卡中显示了元件添加的属性。

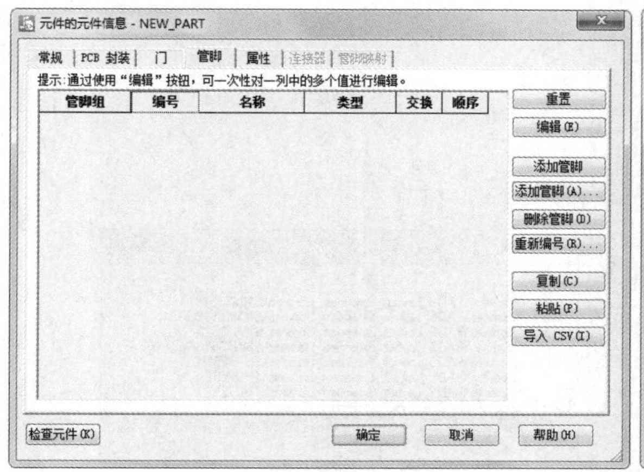

图 3-44　“管脚”选项卡

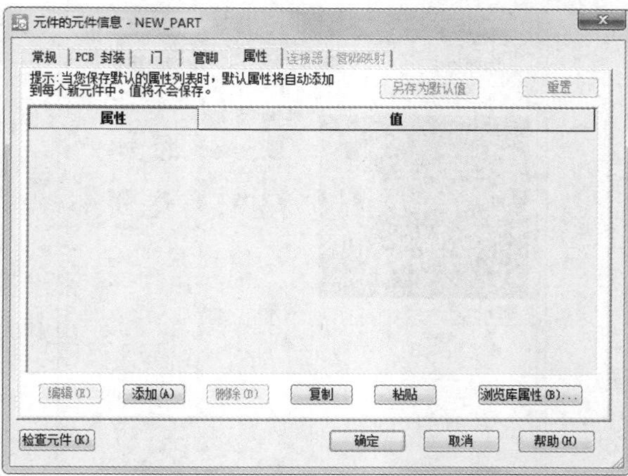

图 3-45　“属性”选项卡

3.5　操作实例

通过前面章节的学习，用户对 PADS Logic VX.2.4 原理图库文件的创建、库元件的绘制、绘图编辑工具的使用有了初步的了解，而且能够完成演示库元件的创建。本节通过具体的实例来说明怎样使用绘图工具来完成元件的设计工作。

3.5.1　元件库设计

通过本例的学习，读者将了解在元件编辑环境下新建原理图库、绘制元件原理图符号的方法，同时练习绘图工具的使用方法。

1. 创建工作环境

（1）单击 PADS Logic 图标，打开 PADS Logic VX.2.4。

（2）单击“标准工具栏”中的“新建”按钮，新建一个原理图文件。

2. 创建库文件

（1）选择菜单栏中的“文件”→“库”命令，弹出如图 3-46 所示的“库管理器”对话框，单击“新建库”按钮，弹出“新建库”对话框，选择新建的库文件路径，设置为\yuanwenjian\3\3.5，单击“保存”按钮，生成 4 个库文件，即 CPU.ld9、CPU.ln9、CPU.pd9 和 CPU.pt9。

（2）单击“管理库列表”按钮，弹出如图 3-47 所示的“库列表”对话框，显示自动加载到库列表中的新建的库文件。

3. 元件编辑环境

（1）选择菜单栏中的“工具”→“元件编辑器”命令，进入元件封装编辑环境。默认创建名称为NEW_PART的元件，在该界面中可以对该元件进行编辑，如图3-48所示。

图3-46 “库管理器”对话框

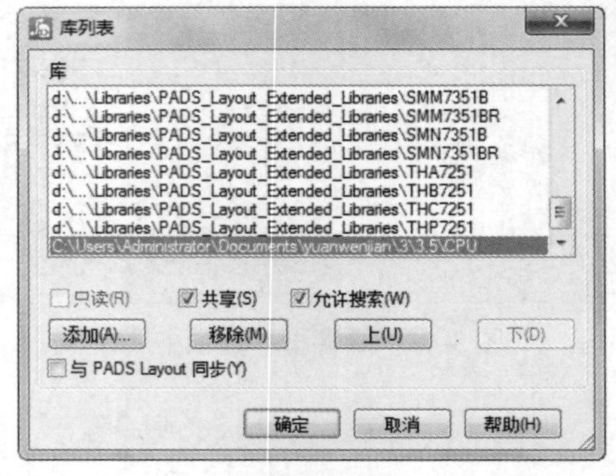

图3-47 “库列表”对话框

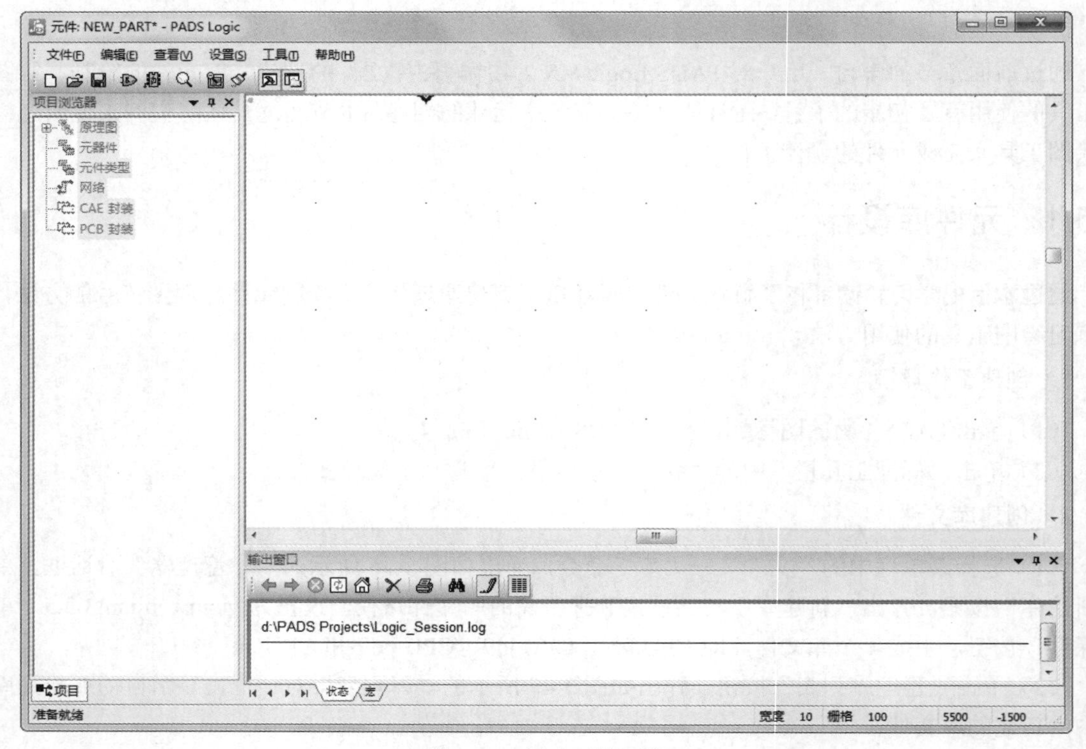

图3-48 新建元件环境

（2）选择菜单栏中的“文件”→“另存为”命令，弹出如图 3-49 所示的“将元件和门封装另存为”对话框，在“库”下拉列表框中选择新建的库文件 CPU，在“元件名”文本框中输入要创建的元件名称 P89C51RC2HFBD。单击“确定”按钮，退出对话框。

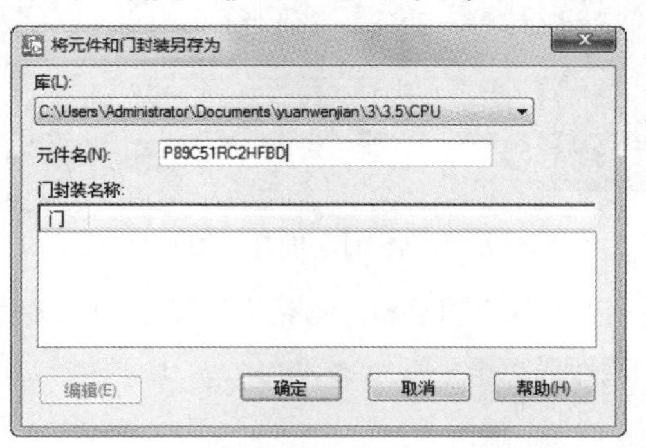

图 3-49 “将元件和门封装另存为”对话框（1）

4. 元件绘制环境

单击“元件编辑工具栏”中的“编辑图形”按钮，弹出提示对话框，单击“确定”按钮，进入绘制环境，如图 3-50 所示。

图 3-50 元件绘制环境

5. 绘制元件符号

（1）单击“元件编辑工具栏”中的“封装编辑工具栏”按钮，弹出“符号编辑工具栏”。

（2）单击“符号编辑工具栏”中的“CAE 封装向导”按钮，弹出“CAE 封装向导”对话框，按照图 3-51 设置管脚数，单击“确定”按钮，在编辑区显示设置完成的元件如图 3-52 所示。

Note

图 3-51 “CAE 封装向导”对话框（1）

（3）双击管脚，弹出“端点特性”对话框，按照芯片要求输入编号及名称，如图 3-53 所示。

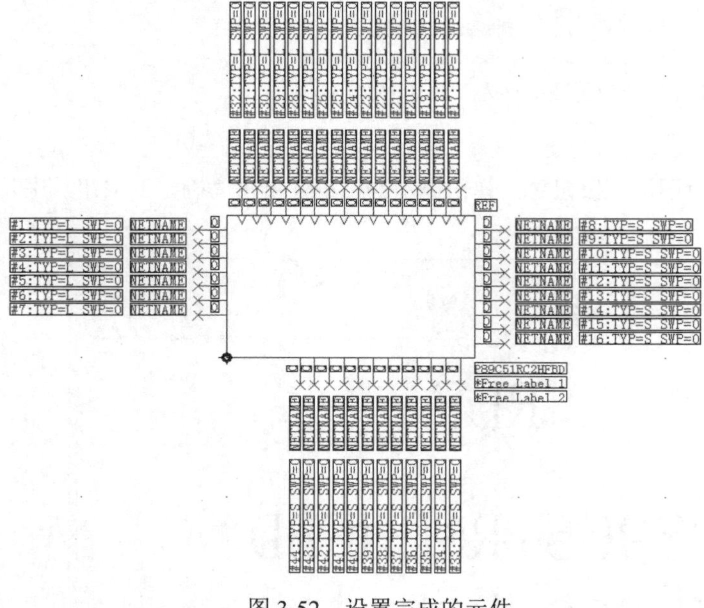

图 3-52 设置完成的元件

图 3-53 “端点特性”对话框（1）

（4）单击“更改封装”按钮，弹出如图 3-54 所示的“管脚封装浏览”对话框，选择管脚类型为 PCLKB，单击“确定”按钮，完成封装修改，关闭对话框。

（5）返回“端点特性”对话框中，如图 3-53 所示。显示修改结果，单击“确定”按钮，关闭对话框。

（6）单击“符号编辑工具栏”中的“更改编号”按钮，在管脚编号上单击，弹出 Pin Number 对话框，如图 3-55 所示，按照芯片修改元件编号，结果如图 3-56 所示。

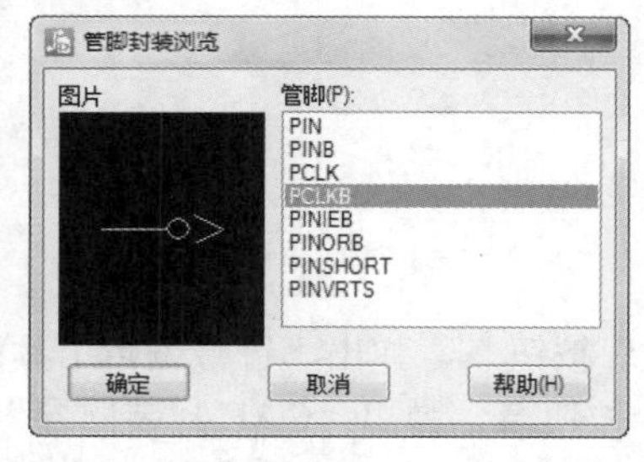

图 3-54 “管脚封装浏览”对话框（1）

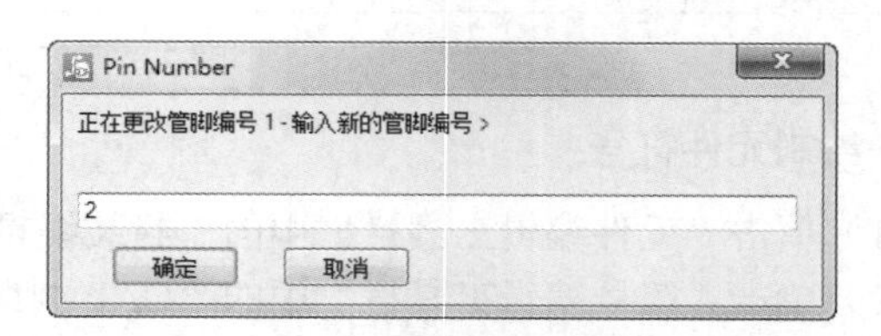

图 3-55 Pin Number 对话框（1）

（7）单击“符号编辑工具栏”中的“设置管脚名称”按钮，弹出如图 3-57 所示的“端点起始名称”对话框，在该对话框中输入管脚名称，单击管脚，完成管脚名称设置，继续单击其余管脚，结果如图 3-58 所示。

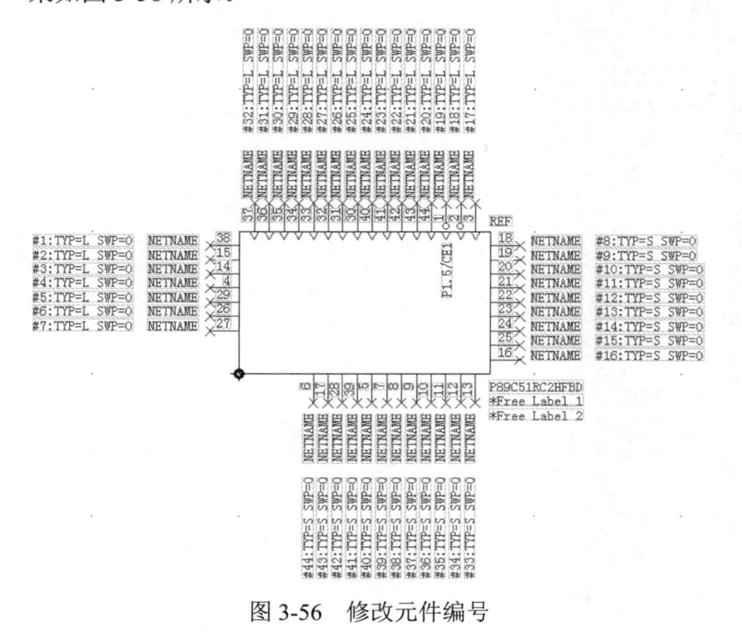

图 3-56　修改元件编号

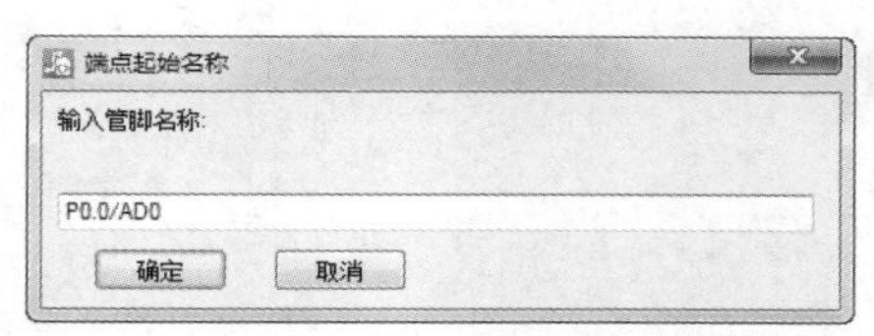

图 3-57　“端点起始名称”对话框

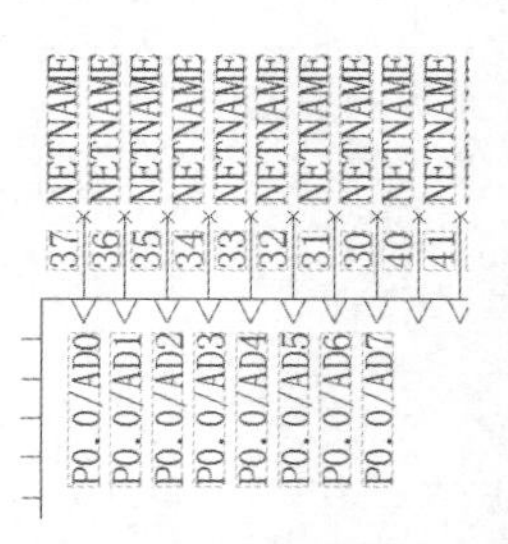

图 3-58　设置管脚名称结果

（8）单击“符号编辑工具栏”中的“更改管脚名称”按钮，弹出如图 3-59 所示的 Pin Name 对话框，在该对话框中输入要更改的管脚名称，完成更改后，继续单击管脚，更改其余管脚，结果如图 3-60 所示。

（9）同样的方法，更改所有管脚名称，结果如图 3-61 所示。

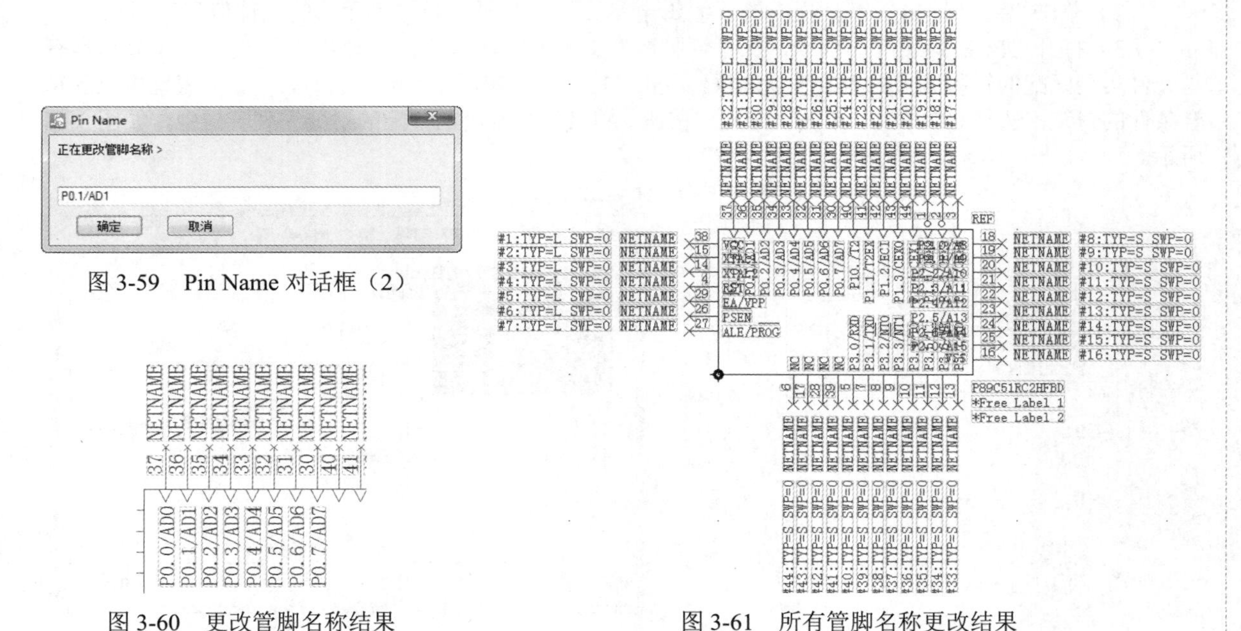

图 3-59　Pin Name 对话框（2）

图 3-60　更改管脚名称结果

图 3-61　所有管脚名称更改结果

Note

（10）由于元件分布不均，出现叠加现象，单击“符号编辑工具栏”中的“修改2D线”按钮，在矩形框上单击，向右拖曳矩形，调整结果如图3-62所示。

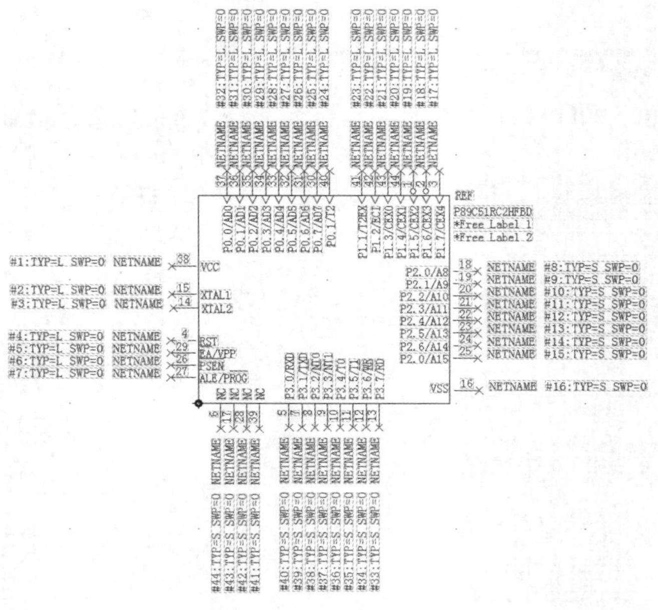

图3-62　调整结果

（11）单击“符号编辑工具栏”中的“更改管脚封装”按钮，弹出“管脚封装浏览”对话框，选择要更改的管脚的类型，结果如图3-63所示。

6. 设置元件信息

（1）选择菜单栏中的“文件”→“返回至元件”命令，退出元件绘制环境，返回元件编辑环境。

（2）单击“元件编辑”工具栏中的“编辑电参数”按钮，弹出“元件的元件信息”对话框。

（3）打开“PCB封装”选项卡，在“管脚数”文本框中输入元件管脚数44，选中“仅显示具有与元件类型匹配的管脚编号的封装”复选框，单击“应用”按钮，在“未分配的封装”列表框中显示符合条件的封装，选择CQFP44，单击“分配”按钮，将其添加到“已分配的封装”列表框中，如图3-64所示。

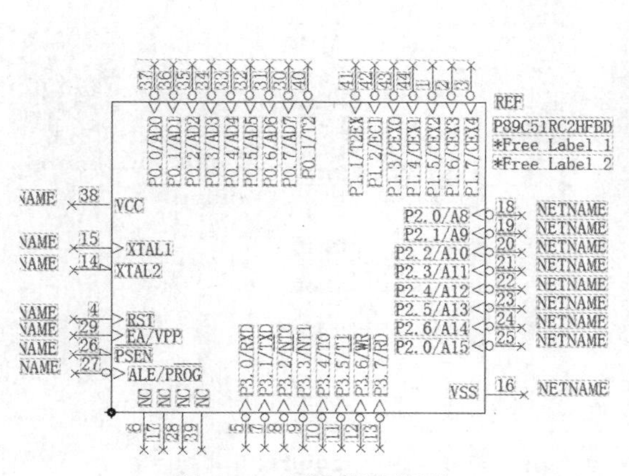

图3-63　更改管脚类型

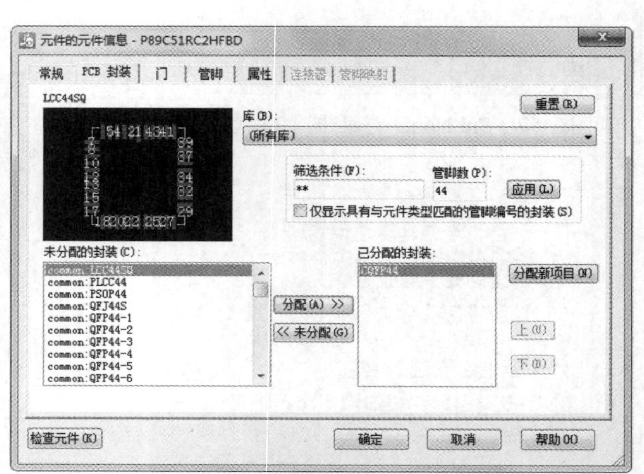

图3-64　分配封装

（4）单击“分配新项目”按钮，弹出“分配新的PCB封装”对话框，在文本框中输入封装名称“CQFP44”，如图3-65所示。

（5）单击“确定”按钮，弹出如图3-66所示的提示对话框，关闭该对话框，完成封装的分配。

（6）单击“确定”按钮，完成封装的添加，自动弹出如图3-67所示的警告文本，若为空白，表示元件分配正确，无错误；若显示错误，则需要根据文本文件，修改元件图形。

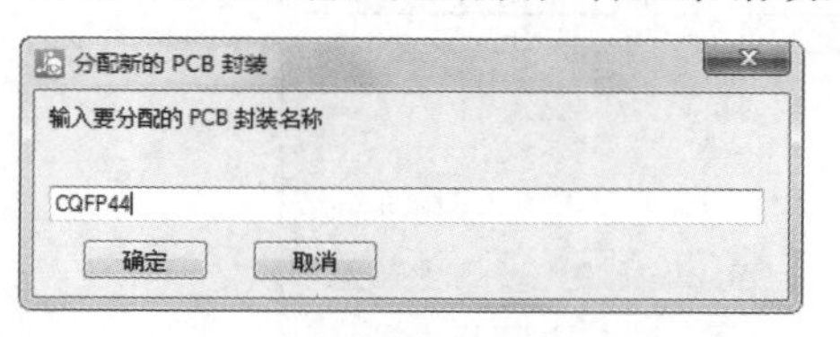

图3-65 “分配新的PCB封装”对话框（1）

图3-66 提示对话框（1）

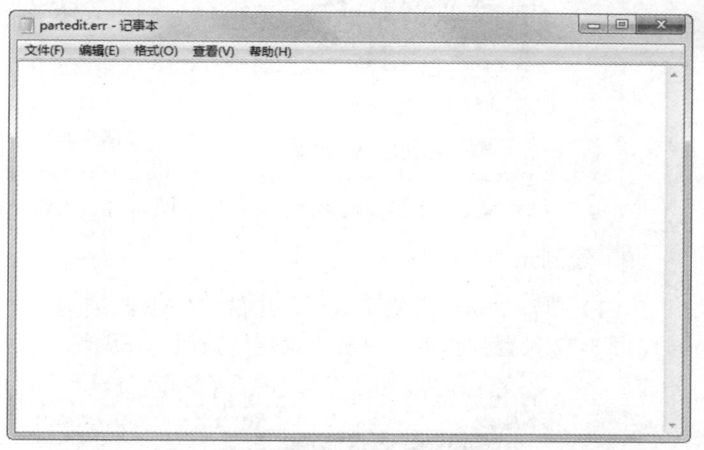

图3-67 警告文本

7. 修改元件图形

（1）单击“元件编辑工具栏”中的“编辑图形”按钮，弹出“选择门封装”对话框，如图3-68所示，单击“确定”按钮，进入元件图形编辑环境。

（2）单击“符号编辑工具栏”中的“更改管脚名称”按钮，弹出Pin Name对话框，按照警告文件的要求，更改重复的管脚名称，结果如图3-69所示。

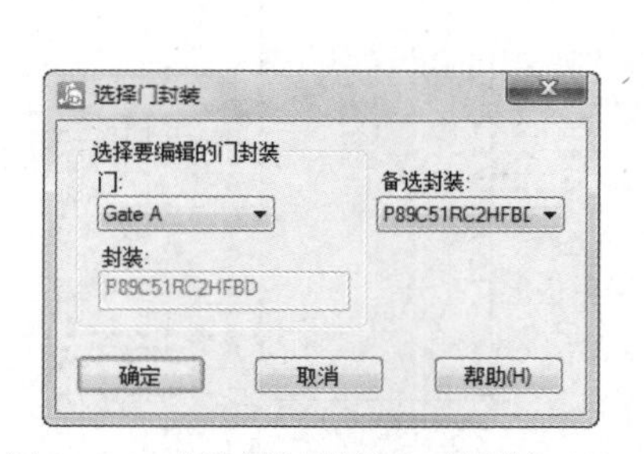

图3-68 “选择门封装”对话框（1）

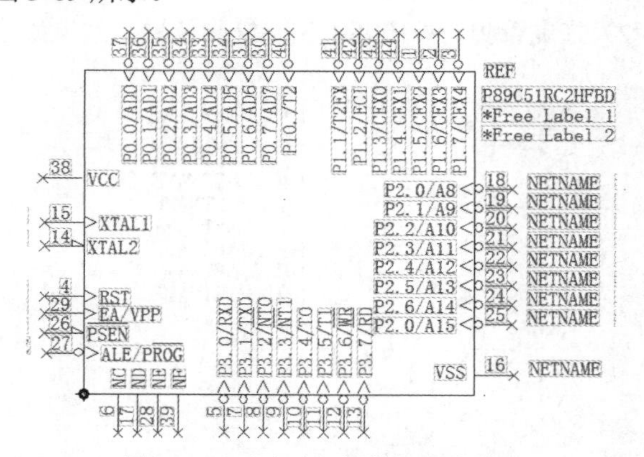

图3-69 更改重复的管脚名称结果

8. 新建元件

（1）单击“标准工具栏”中的“新建”按钮，弹出“选择编辑项目的类型”对话框，如图3-70所示，选中“元件类型”单选按钮，单击“确定”按钮，退出对话框，进入元件编辑环境。

（2）选择菜单栏中的“文件”→“另存为”命令，弹出如图3-71所示的“将元件和门封装另存为”对话框，在“库”下拉列表框中选择新建的库文件，在“元件名”文本框中输入要创建的元件名

Note

称。单击“确定”按钮，退出对话框。

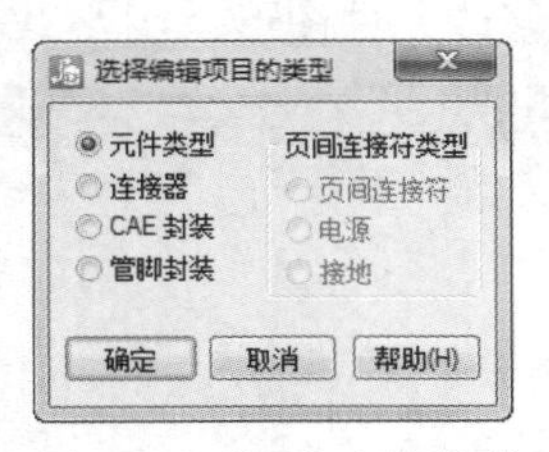

图 3-70 新建元件类型

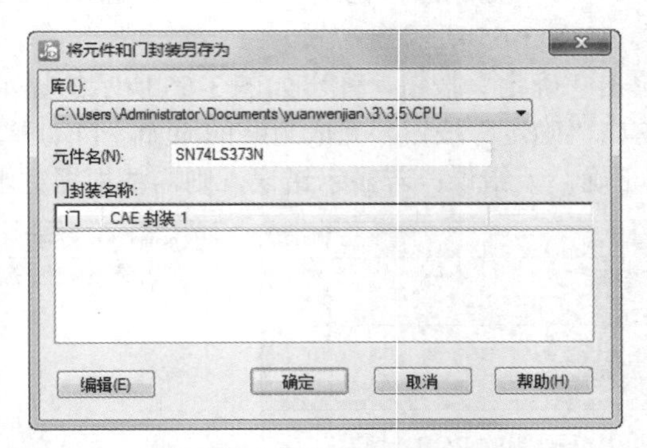

图 3-71 “将元件和门封装另存为”对话框（2）

9．绘制元件图形符号

（1）单击“符号编辑工具栏”中的“CAE 封装向导”按钮，弹出“CAE 封装向导”对话框，按照图 3-72 设置管脚数，单击“确定”按钮，在编辑区显示设置完成的元件，如图 3-73 所示。

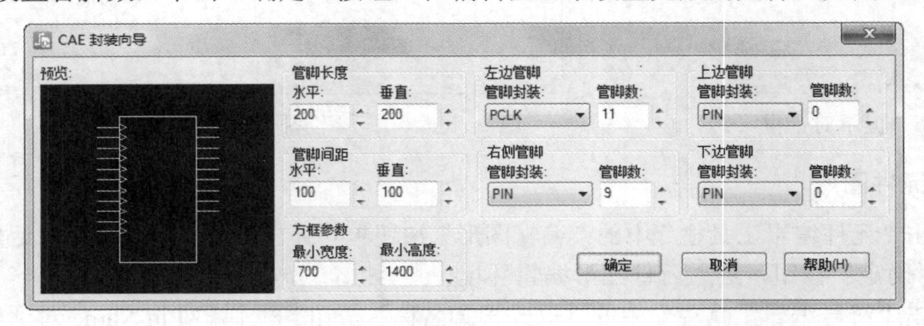

图 3-72 “CAE 封装向导”对话框（2）

（2）拖曳管脚，按照要求调整管脚位置，结果如图 3-74 所示。

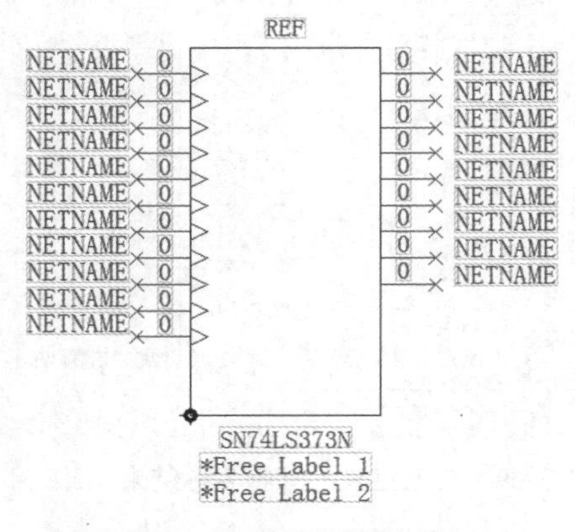

图 3-73 管脚设置结果

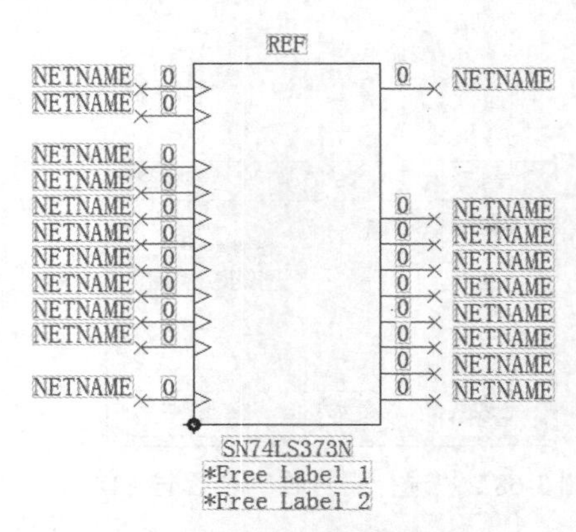

图 3-74 管脚调整结果

（3）单击“符号编辑工具栏”中的“设置管脚名称”按钮，弹出“端点起始名称”对话框，在该对话框中输入管脚名称 D1，继续单击管脚，管脚名称自动按照数字依次递增，结果如图 3-75 所示。

（4）单击“符号编辑工具栏”中的“设置管脚编号”按钮，弹出如图 3-76 所示的“设置管脚编号”对话框。单击“确定”按钮，关闭对话框，依次单击管脚，按顺序修改编号，结果如图 3-77

所示。

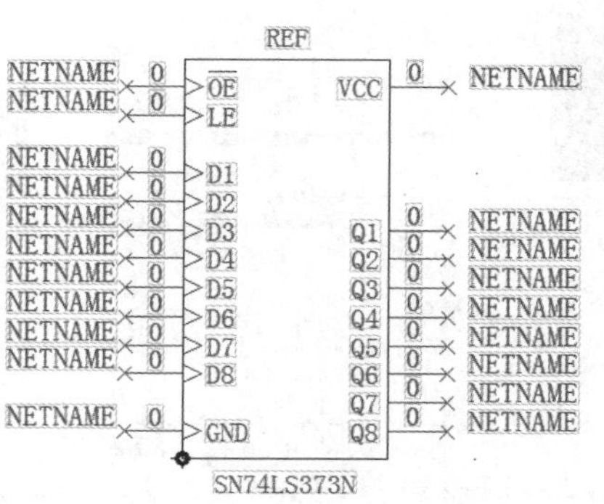

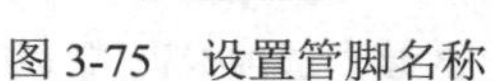

图3-75　设置管脚名称

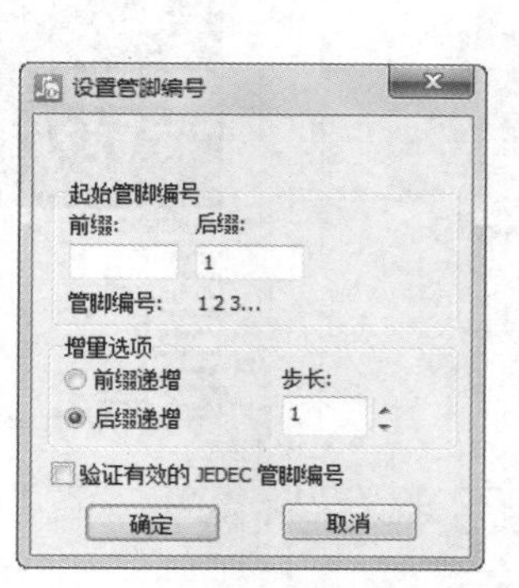

图3-76　“设置管脚编号”对话框（2）

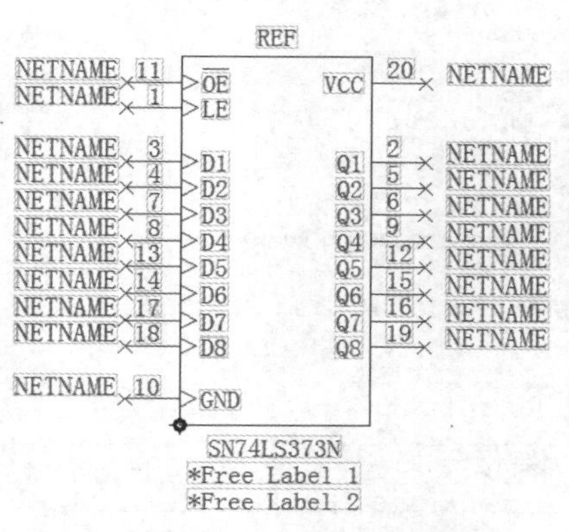

图3-77　编号修改结果

（5）选择菜单栏中的“文件”→“返回至元件”命令，返回原理图编辑环境。

10. 设置元件信息

（1）单击“元件编辑工具栏”中的“编辑电参数”按钮，弹出“元件的元件信息”对话框，如图3-78所示。

（2）单击“系列”按钮，弹出“逻辑系列”对话框，单击“添加”按钮，添加新的逻辑系列“SN”和前缀“IC”，如图3-79所示。

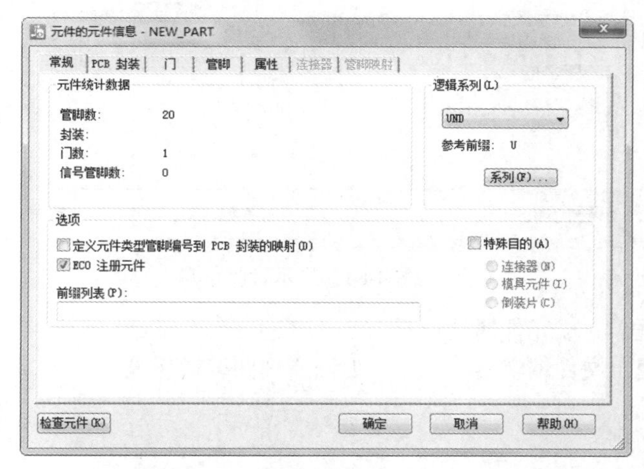

图3-78　“元件的元件信息”对话框“常规”选项卡

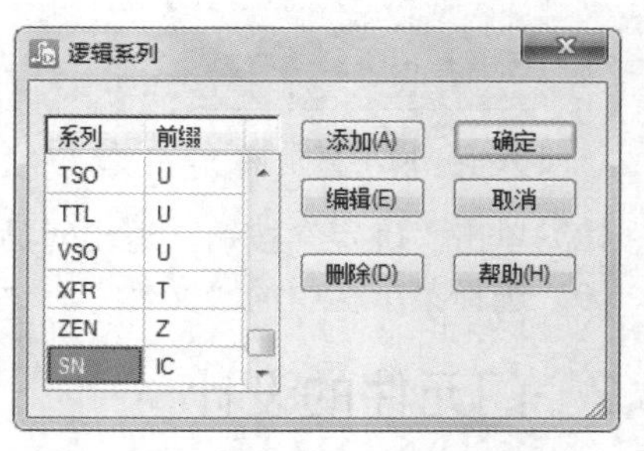

图3-79　“逻辑系列”对话框

（3）单击“确定”按钮，退出对话框，返回“常规”选项卡，在“逻辑系列”下拉列表框中选择新建的SN系列，参考前缀为IC，如图3-80所示。

（4）打开“PCB封装”选项卡，在“未分配的封装”中选择DIP20，单击“分配”按钮，完成封装选择后将其添加到“已分配的封装”栏中，如图3-81所示。

（5）单击“分配新项目”按钮，弹出“分配新的PCB封装”对话框，在文本框中输入封装名称DIP20，如图3-82所示。

（6）单击“确定”按钮，弹出如图3-83所示的提示对话框，关闭该对话框，完成封装的分配。

Note

图 3-80 “常规”选项卡

图 3-81 “PCB 封装”选项卡设置（1）

（7）打开“常规”选项卡，在“元件统计数据”选项组下显示管脚信息，如图 3-84 所示。

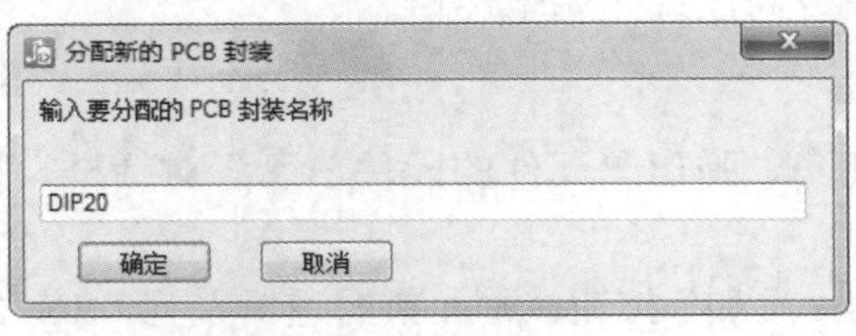

图 3-82 “分配新的 PCB 封装”对话框（2）

图 3-83 提示对话框（2）

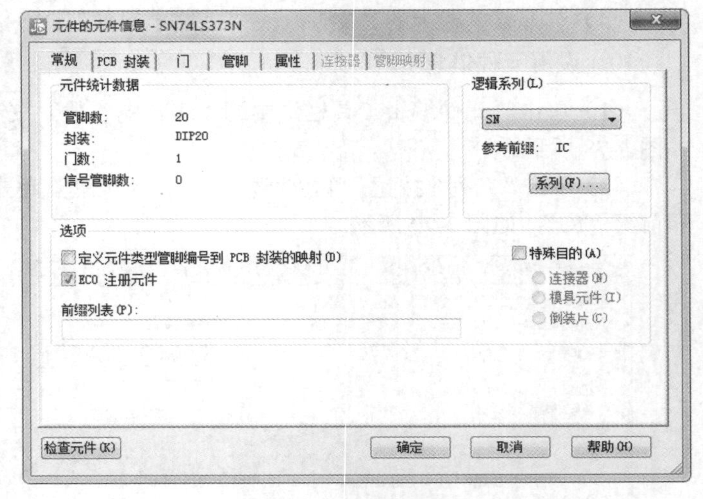

图 3-84 显示管脚信息

（8）单击“确定”按钮，退出对话框，完成元件属性设置。

（9）选择菜单栏中的“文件”→“退出文件编辑器”命令，返回原理图编辑环境。

视频讲解

3.5.2 门元件的设计

在本例中，用绘图工具创建包含多部件的元件，对比单部件元件的绘制方法，比较有何异同。

1. 创建工作环境

（1）单击 PADS Logic 图标，打开 PADS Logic VX.2.4。

（2）单击“标准工具栏”中的“新建”按钮，新建一个原理图文件。

2. 元件编辑环境

选择菜单栏中的“工具”→“元件编辑器”命令，系统会进入元件封装编辑环境。默认创建名称为 NEW_PART 的元件，在该界面中可以对该元件进行编辑。

3．添加部件

（1）单击“元件编辑工具栏”中的“编辑电参数”按钮，弹出“元件的元件信息”对话框。

（2）打开“门”选项卡，单击“添加”按钮，添加两个门部件 A、B，如图 3-85 所示。

（3）打开“PCB 封装”选项卡，在“管脚数”文本框中输入管脚数 14，选中“仅显示具有元件类型匹配的管脚编号的封装”复选框，单击“应用”按钮，在“未分配的封装”列表框中显示封装库中的封装，选中需要的封装 SOJ14，单击“分配”按钮，将选中封装添加到右侧的“已分配的封装”列表框中，如图 3-86 所示。

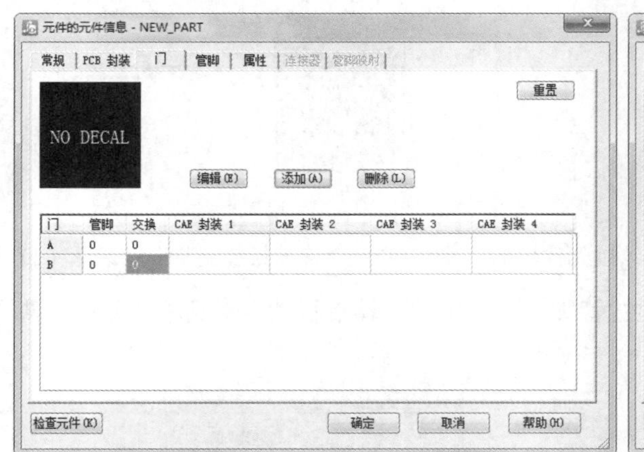

图 3-85　“门”选项卡设置

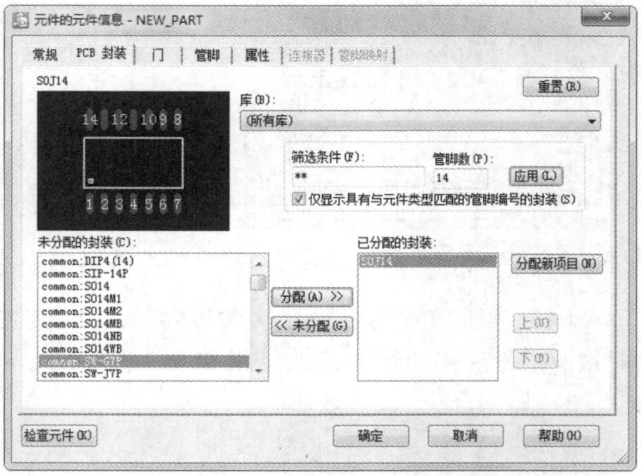

图 3-86　“PCB 封装”选项卡设置（2）

（4）单击“分配新项目”按钮，弹出“分配新的 PCB 封装”对话框，在文本框中输入封装名称 SOJ14，如图 3-87 所示。

（5）单击“确定”按钮，弹出如图 3-88 所示的提示对话框，关闭该对话框，完成封装的分配。

（6）打开“常规”选项卡，在“元件统计数据”选项组下显示元件的管脚数、封装及门数，如图 3-89 所示。

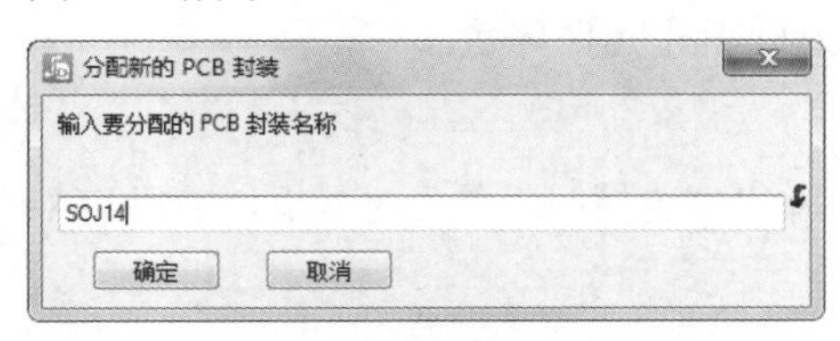

图 3-87　“分配新的 PCB 封装”对话框（3）

图 3-88　提示对话框（3）

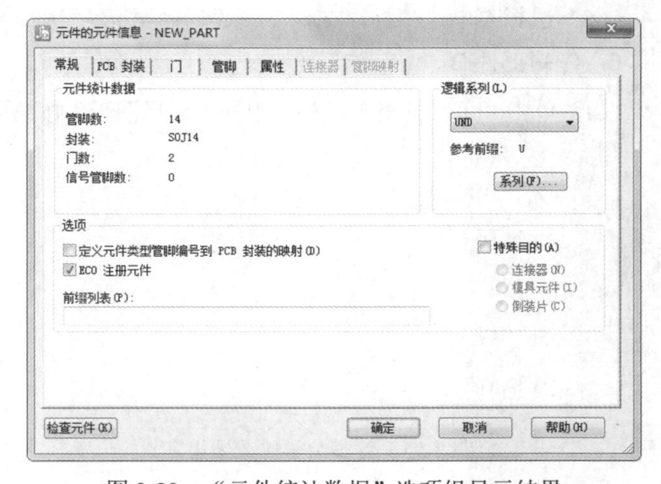

图 3-89　“元件统计数据”选项组显示结果

4．编辑部件 A

单击“元件编辑工具栏”中的“编辑图形”按钮，弹出“选择门封装”对话框，选择 Gate A，

如图 3-90 所示，单击“确定”按钮，进入编辑环境。

5. 绘制元件符号

（1）单击“元件编辑工具栏”中的“封装编辑工具栏”按钮，弹出“符号编辑工具栏”。

（2）单击“原理图编辑工具栏”中的“创建 2D 线”按钮，绘制元件轮廓，结果如图 3-91 所示。

（3）单击“符号编辑工具栏”中的“添加端点”按钮，弹出如图 3-92 所示的“管脚封装浏览”对话框，选择添加管脚的类型，依次在元件轮廓上单击，放置元件管脚，结果如图 3-93 所示。

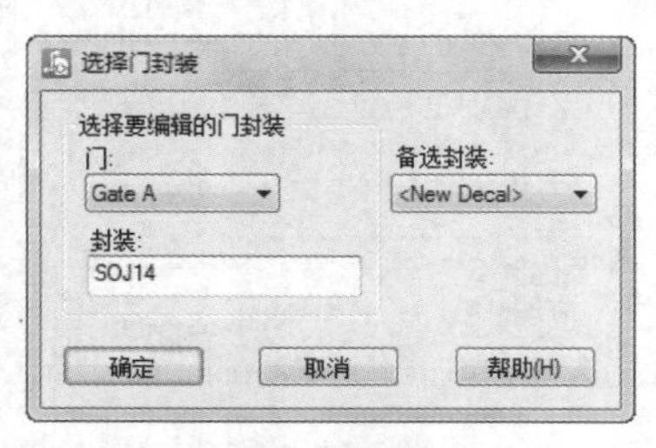

图 3-90 “选择门封装”对话框（2）

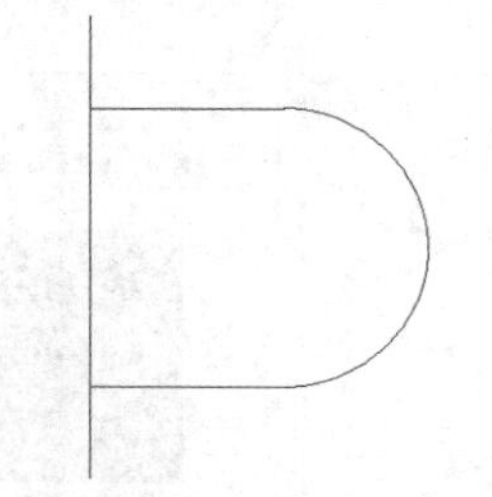

图 3-91 绘制元件轮廓

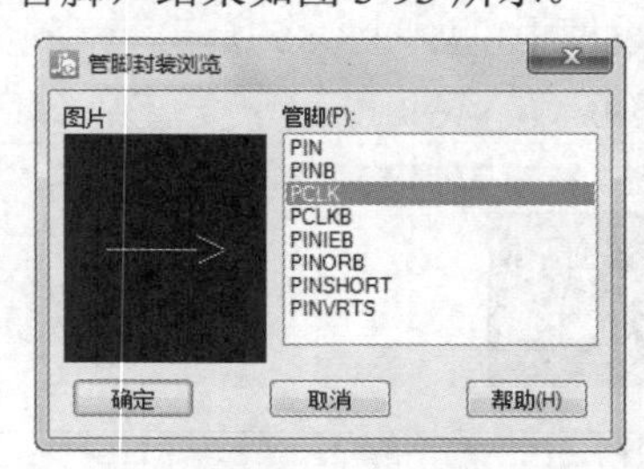

图 3-92 “管脚封装浏览”对话框（2）

（4）由于放置的管脚默认编号为 0，双击放置管脚，在弹出的“端点特性”对话框中修改管脚编号，如图 3-94 所示，修改结果如图 3-95 所示。

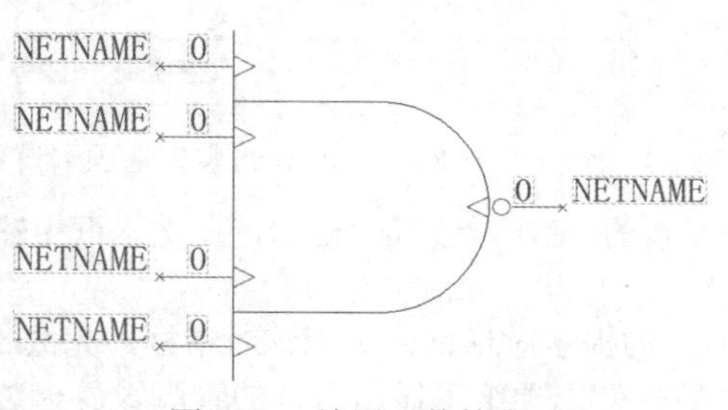

图 3-93 放置元件管脚

图 3-94 “端点特性”对话框（2）

（5）选择菜单栏中的“文件”→“返回至元件”命令，返回新建元件环境。

6. 编辑部件 B

（1）单击“元件编辑工具栏”中的“编辑图形”按钮，弹出“选择门封装”对话框，选择 Gate B，如图 3-96 所示。

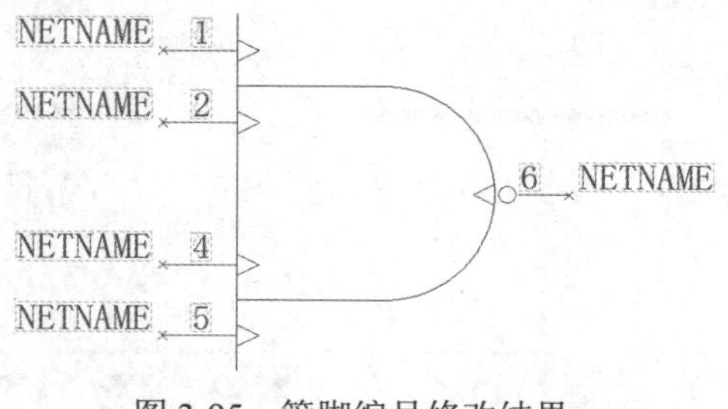

图 3-95 管脚编号修改结果

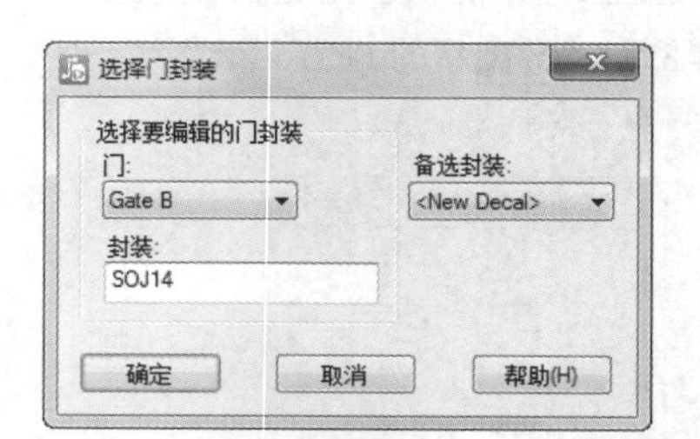

图 3-96 “选择门封装”对话框（3）

（2）单击“确定”按钮，进入编辑环境，默认显示与部件 A 相同的轮廓与管脚，如图 3-97 所示。

（3）单击“符号编辑工具栏”中的“更改编号”按钮，单击需要更改的编号，弹出 Pin Number 对话框，输入要更改的编号，结果如图 3-98 所示。

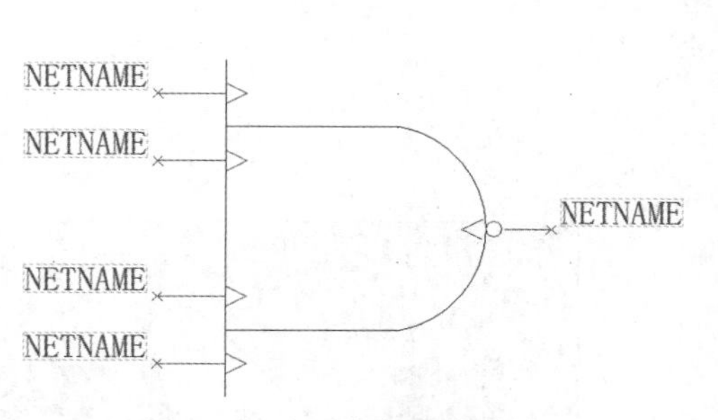

图 3-97　自动加载元件轮廓

图 3-98　编号更改结果

（4）选择菜单栏中的“文件”→“返回至元件”命令，返回元件编辑环境，在编辑区显示编辑完成的两个部件 A、B，如图 3-99 所示。

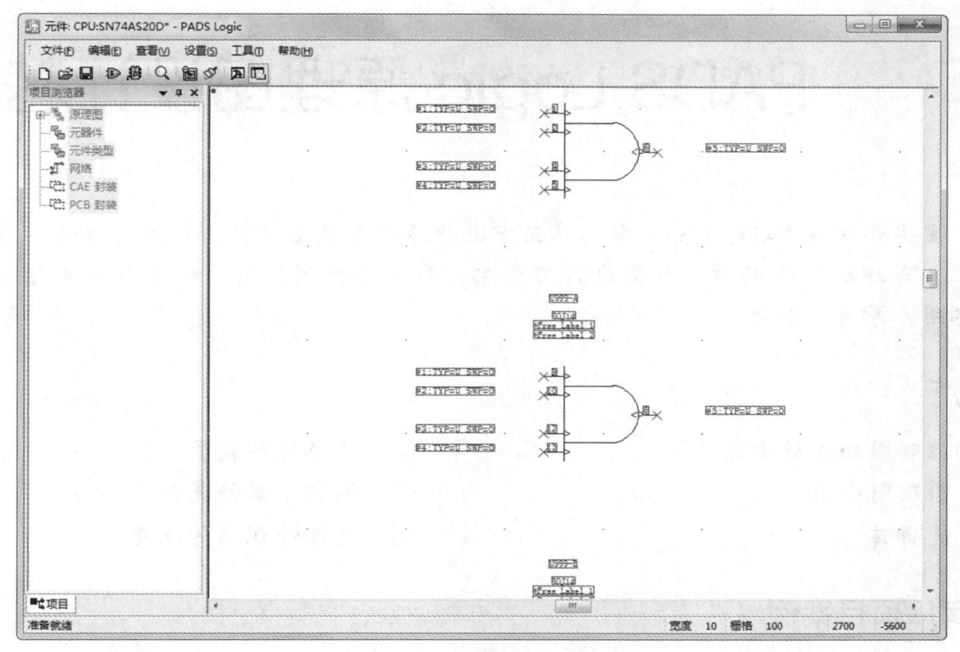

图 3-99　编辑部件结果

7. 保存结果

单击“符号编辑器工具栏”中的“保存”按钮，弹出“将元件和门封装另存为”对话框，如图 3-100 所示。

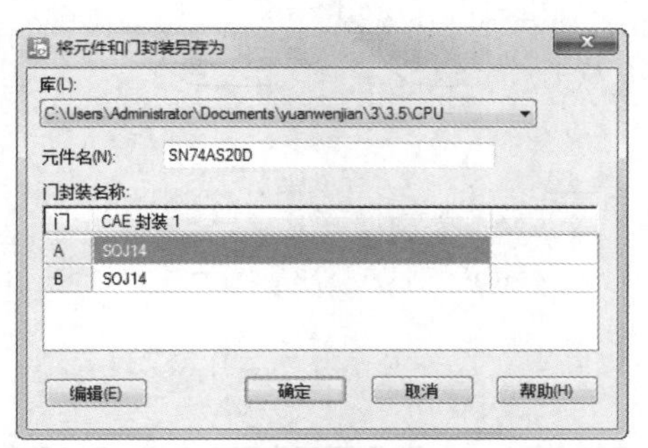

图 3-100　“将元件和门封装另存为”对话框（3）

PADS Logic 原理图设计基础

本章主要介绍在PADS Logic图形界面中进行原理图基础设计，将元件符号放置在原理图图纸上，原理图的布局对原理图设计有着至关重要的作用，对后续讲解的电气连接做铺垫，需要用户学习、练习。

学习重点

- ☑ 原理图的设计步骤
- ☑ 原理图分类
- ☑ 元件库
- ☑ 元器件的放置
- ☑ 编辑元器件属性
- ☑ 元器件位置的调整

任务驱动&项目案例

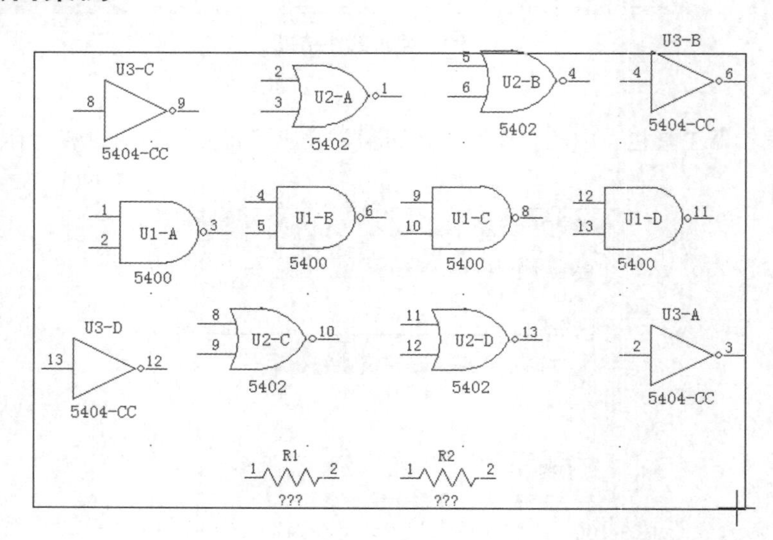

4.1　原理图的设计步骤

电路原理图的设计大致可以分为创建工程，设置工作环境，放置元器件，原理图布线，建立网络报告，原理图的电气规则检查，编译和调整等几个步骤，其流程如图 4-1 所示。

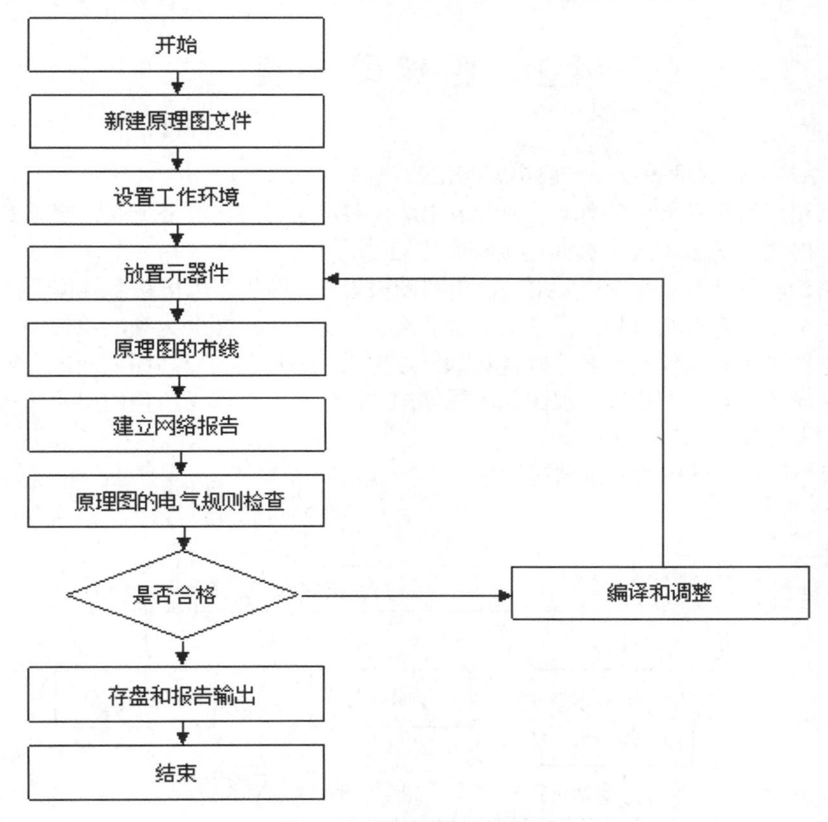

图 4-1　原理图设计流程图

电路原理图具体设计步骤如下。

（1）新建原理图文件。在进入电路图设计系统之前，首先要创建新的原理图文件，在工程中建立原理图文件和 PCB 文件。

（2）设置工作环境。根据实际电路的复杂程度来设置图纸的大小。在电路设计的整个过程中，图纸的大小都可以不断地调整，设置合适的图纸大小是完成原理图设计的第一步。

（3）放置元器件。从元器件库中选取元器件，放置到图纸的合适位置，并对元器件的名称、封装进行定义和设定，根据元器件之间的连线等联系对元器件在工作平面上的位置进行调整和修改，使原理图美观且易懂。

（4）原理图的布线。根据实际电路的需要，利用原理图提供的各种工具、指令进行布线，将工作平面上的元器件用具有电气意义的导线、符号连接起来，构成一幅完整的电路原理图。

（5）建立网络报告。完成上面的步骤后，可以看到一张完整的电路原理图，但是要完成电路板的设计，还需要生成一个网络报告文件。网络报告是印制电路板和电路原理图之间的桥梁。

Note

（6）原理图的电气规则检查。当完成原理图布线后，需要设置项目编译选项来编译当前项目，利用 PADS Logic VX.2.4 提供的错误检查报告修改原理图。

（7）编译和调整。如果原理图已通过电气检查，那么原理图的设计就完成了。这是对于一般电路设计而言，但是对于较大的项目，通常需要对电路的多次修改才能够通过电气规则检查。

（8）存盘和报告输出。PADS Logic VX.2.4 提供了利用各种报告工具生成的报告，同时可以对设计好的原理图和各种报告进行存盘和输出打印，为印刷板电路的设计做好准备。

4.2 原理图分类

（1）按照结构分，原理图分为一般电路与层次电路。

层次电路采用层次化符号，有别于其他一般电路，主要区别是它将整个设计分成多张图纸进行绘制，而每张图纸的逻辑关系主要靠页间连接符来连接。

当一个电路比较复杂时，就应该采用层次电路图来设计，即将整个电路系统按功能划分成若干个功能模块，每一个模块都有相对独立的功能。按功能分，层次原理图分为顶层原理图、子原理图，然后在不同的原理图纸上分别绘制出各个功能模块。接下来，在这些子原理图之间建立连接关系，从而完成整个电路系统的设计。由顶层原理图和子原理图共同组成，这就是所谓的层次化结构。而层次化符号就是各原理图连接的纽带。

图 4-2 为一个层次原理图的基本结构图。

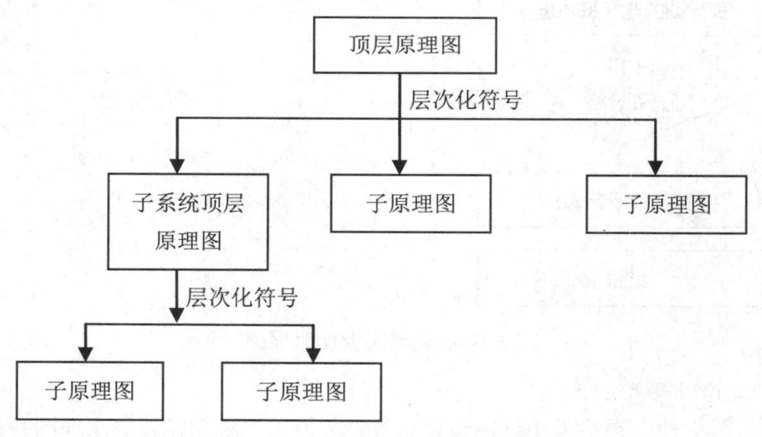

图 4-2　层次原理图的基本结构图

针对每一个具体的电路模块，可以分别绘制相应的电路原理图，该原理图一般称为子原理图，而各个电路模块之间的连接关系则采用一个顶层原理图来表示。顶层原理图主要由若干个原理图符号即层次化纸符号组成，用来表示各个电路模块之间的系统连接关系，描述了整体电路的功能结构。这样，把整个系统电路分解成顶层原理图和若干个子原理图以分别进行设计。

其中，子原理图用来描述某一电路模块具体功能的普通电路原理图，只不过增加了一些页间连接符，作为与顶层原理图进行电气连接的接口。

（2）按照功能分，原理图又可分为一般电路与仿真电路。

仿真电路指使用 LineSim 对输入的原理图进行信号完整性仿真，信号完整性原理图和我们通常所提到的逻辑原理图或 PCB 原理图不同，它既包含电学信息，又包含物理结构信息。

Note

4.3 元　件　库

在绘制电路原理图的过程中，首先要在图纸上放置需要的元器件符号。PADS Logic VX.2.4 作为一个专业的电子电路计算机辅助设计软件，一般常用的电子元器件符号都可以在它的元件库中找到，用户只需在元件库中查找所需的元器件符号，并将其放置在图纸适当的位置即可。

4.3.1 元件库管理器

选择菜单栏中的“文件”→“库”命令，弹出如图 4-3 所示的“库管理器”对话框，在该对话框中，用户可以进行加载或创建新的元件库等操作。

下面详细介绍该对话框中各功能选项。

1. “库”选项组

在此下拉列表框中，选择库文件路径，下面的各项操作将在路径中的元件库文件中执行。

（1）新建库：单击此按钮，新建库文件。

（2）管理库列表：单击此按钮，弹出“库列表”对话框，如图 4-4 所示，可以看到此时系统已经装入的元件库。

图 4-3 “库管理器”对话框

（3）属性管理器：单击此按钮，弹出“管理库属性”对话框，如图 4-5 所示。在该对话框中，设置管理元件库中元件属性。“添加属性”“删除属性”等按钮设置元件库中的元件在添加到原理图中后需要设置的属性种类。

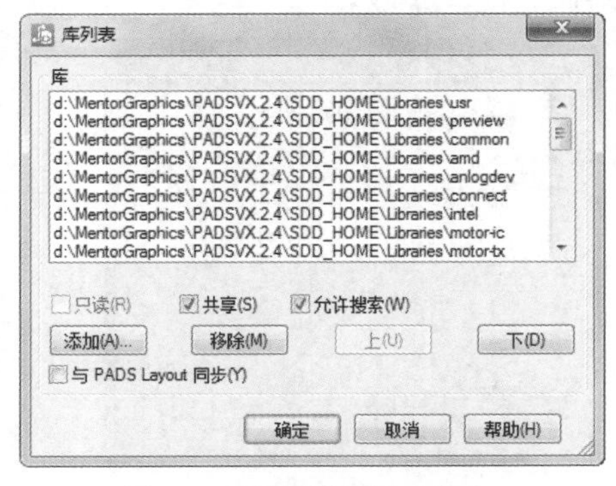

图 4-4 已经装入的元件库

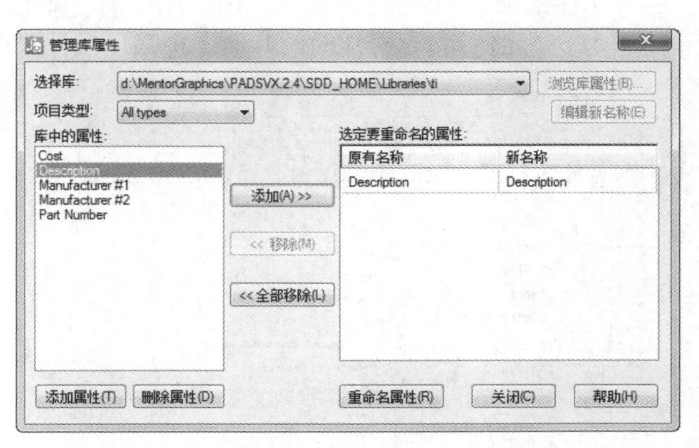

图 4-5 “管理库属性”对话框

在 PADS Layout 中的每一个元件都可以具有属性这个参数，简单地讲，元件的属性就是对元件的一种描述（如元件的型号、价格、生产厂商等）。对库属性的管理就是对元件属性的间接管理，在这个库属性管理器中可以进行增加、减少或重命名属性等操作。可以参考本章最后在建一个新元件时怎样去增加元件的属性，以便对元件属性有更深的了解。

另外，还可以在库管理器中选择某个库中的某一个元件（在选择某个元件时用户可以使用库管理器下面的“过滤器”，比如可以输入“R*”表示只希望显示以 R 开头的元件），然后对这个元件进行复制、删除和编辑等，以此来改变它原来的状态。

Note

库管理器不仅是对元件库，而且对于元件库中的每一个元件同样具有管理和编辑功能。

2. “筛选条件”选项组

在 PADS Logic VX.2.4 中，按内容分为以下 4 种库。

☑ 封装：元件的 PCB 封装图形。

☑ 元件：元件在原理图中的图形显示，包含元件的相关属性，如引脚、门、逻辑属性等。

☑ 线：库中存储通用图形数据。

☑ 逻辑：元件的原理图形表示，如与门、与非门等。

在左侧的矩形框中显示库元件缩略图。

3. “元件类型”选项组

在左侧列表框中显示筛选后符合条件的库元件，在上方的矩形框中显示选中元件的缩略图。

☑ 新建：单击此按钮，新建库元件并进入编辑环境，绘制新的库元件。在后面的章节具体讲解如何绘制库元件。

☑ 编辑：进入当前选中元件的编辑环境，对库元件进行修改。

☑ 删除：删除库中选中的元件。

☑ 复制：复制库中选中的元件。单击此按钮，弹出如图 4-6 所示的对话框，可以输入新的名称，然后单击“确定”按钮，完成复制命令。

图 4-6 复制元件

☑ 导入：创建了一个元件库后，还需要创建元件库的 PCB 封装，单击此按钮，弹出如图 4-7 所示的“库导入文件”对话框，可导入其他文件，然后在元件库中利用导入文件进行设置。通常导入文件为二进制文件，有 4 种类型，其中，d 表示 PCB 封装库，p 表示元件库，l 表示图形库，c 表示 Logic 库。由于选中的“筛选条件”为“元件”，因此，导入的二进制文件为 p（元件库）。同样的，其他 3 种筛选条件对应其他 3 种二进制文件。

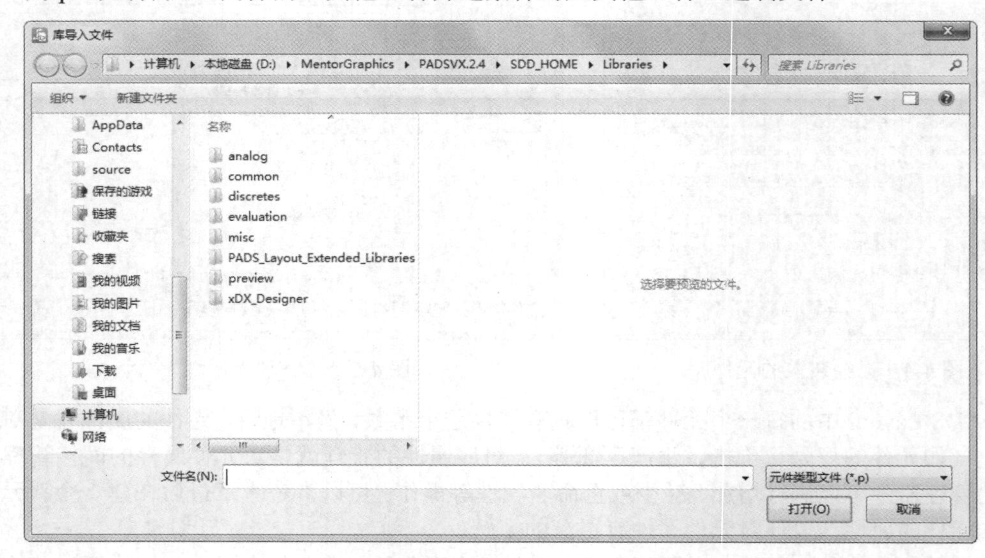

图 4-7 “库导入文件”对话框

☑　导出：单击此按钮，弹出如图 4-8 所示的“库导出文件”对话框，将元件库或其他库数据导出为一个文本文件，同“导入”一样，4 种不同的筛选条件对应导出 4 种不同的二进制文件。

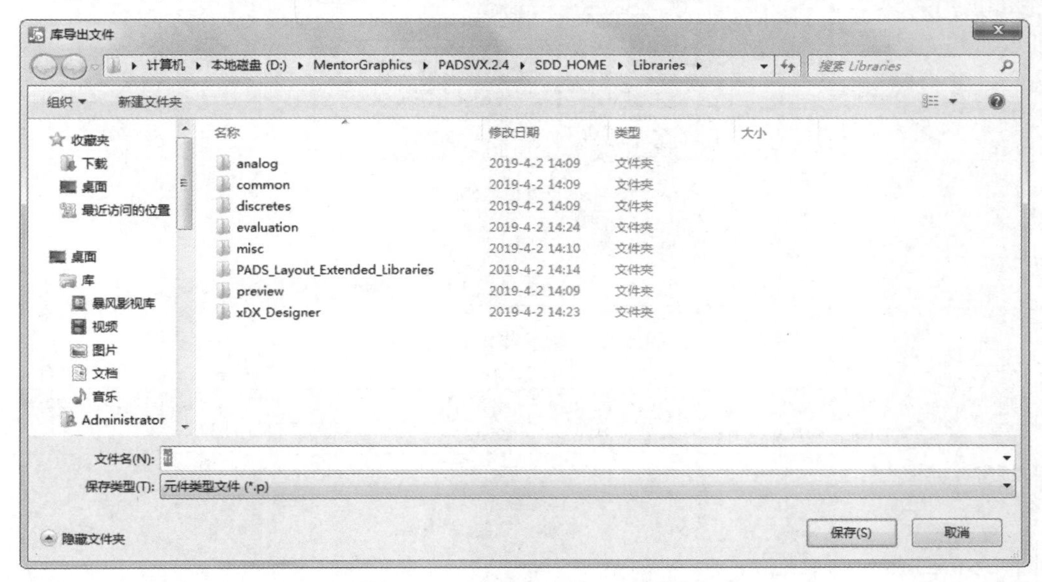

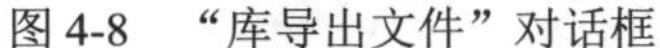
图 4-8　“库导出文件”对话框

如果要使用 PADS Logic 的转换工具从其他软件所提供的库转换了 PCB 的封装库和元件库，则可以执行上述的导入、导出操作，经 PCB 的封装库和元件库都连接在一个库上，从而可以更方便后面的原理图设置和 PCB 设计。

4.3.2　元器件的查找

当用户不知道元器件在哪个库中时，就要查找需要的元器件。查找元器件的操作步骤如下。

选择菜单栏中的“文件”→“库”命令，弹出“库管理器”对话框，在“库”下拉列表框中选择 All Libraries（所有库）选项，在“筛选条件”选项组下单击“元件”，在“应用”按钮上方的过滤栏中输入关键词“*54”，然后单击“应用”按钮即可开始查找，在“元件类型”列表框中选择符合条件的元件，如图 4-9 所示。

图 4-9　查找元器件

4.3.3　加载和卸载元件库

装入所需的元件库的具体操作步骤如下。

选择菜单栏中的“文件”→“库”命令，弹出“库管理器”对话框，单击“管理库列表”按钮，弹出“库列表”对话框，如图 4-10 所示，可以看到此时系统已经装入的元件库。

下面简单介绍对话框中各选项。

☑　添加/移除：用来设置元件库的种类；单击“添加”按钮，弹出“添加库”对话框，如图 4-11 所示。可以在 Libraries 文件夹下选择所需元件库文件。同样的方法，若需要卸载某个元件库文件，只需要单击

Note

选中对应的元件库文件，单击“删除”按钮，即可卸载选中的元件库文件。

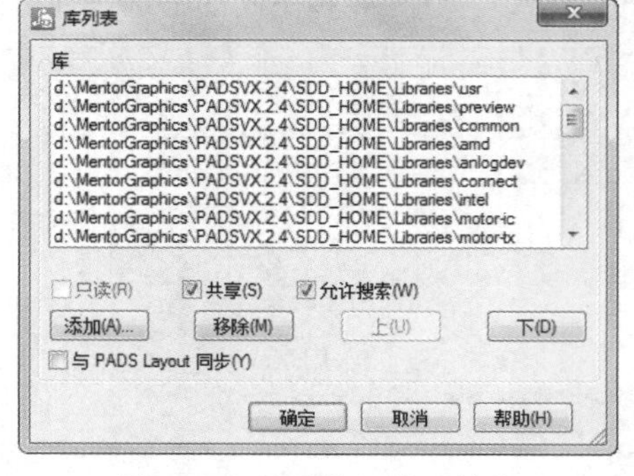

图 4-10　显示装入的元件库

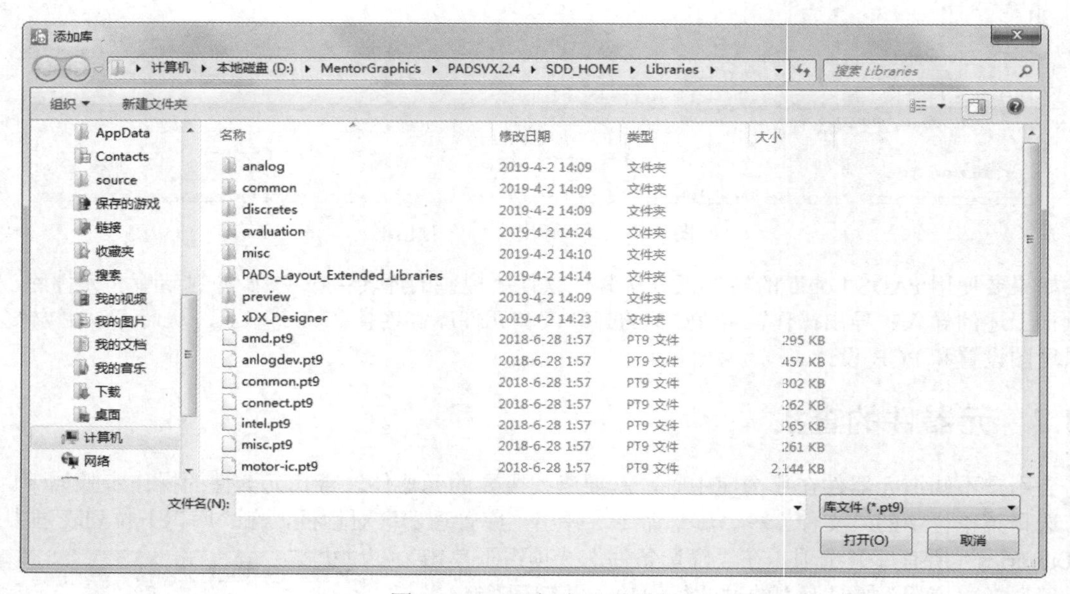

图 4-11　“添加库”对话框

☑　上/下：用来改变元件库排列顺序。

☑　共享：选中此复选框，则可设置所加载的为其他设计文件共享。设置为共享后，如果打开新的设计项目，该库也存在于库列表中，用户可直接从该库中选择元件。

☑　允许搜索：选中此复选框，设置已加载的或已存在的元件库可以进行元件搜索。

重复操作可以把所需要的各种库文件添加到系统中，称为当前可用的库文件。加载完毕后，关闭对话框。这时所有加载的元件库都出现在元件库面板中，用户可以选择使用。

4.3.4　创建元件库文件

通过元件库管理器，用户可以创建新的元件库文件。创建元件库的操作步骤如下。

选择菜单栏中的“文件”→“库”命令，弹出“库管理器”对话框，单击“新建库”按钮，弹出“新建库”对话框，如图 4-12 所示，在弹出的对话框中设置文件路径，输入库文件名称，新建库文件，其中，PADS Logic VX.2.4 的库后缀名为.pt9。

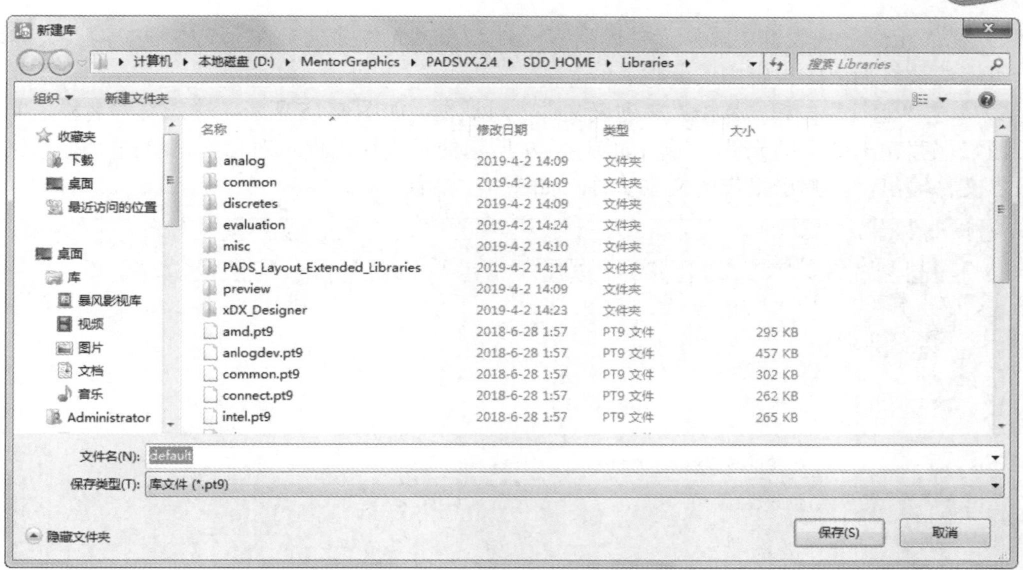

图 4-12　新建库文件

4.3.5　生成元件库元件报告文件

PADS Logic VX.2.4 允许生成元件库中的所有图元的报告文件，如元件、PCB 封装、图形库或 CAE 图元。

（1）选择菜单栏中的“文件”→“库”命令，弹出“库管理器”对话框，单击“列表到文件”按钮，弹出“报告管理器”对话框，如图 4-13 所示。

（2）双击左侧“可用属性”列表框中的选项，如双击 Cost，可将其添加到右侧“选定的属性”列表框中，如图 4-14 所示。

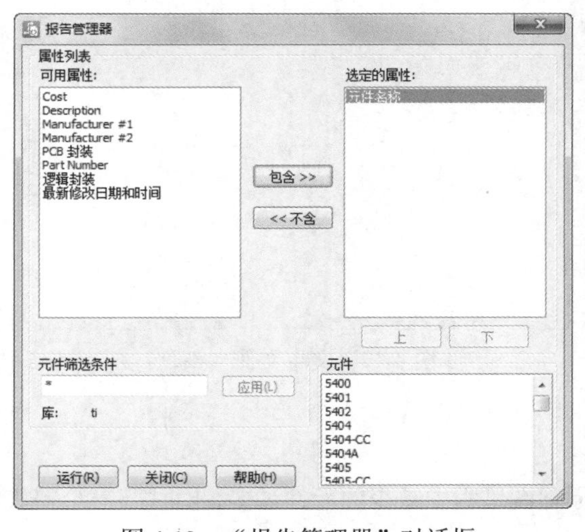

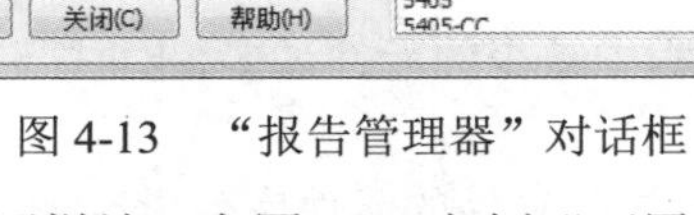

图 4-13　“报告管理器”对话框

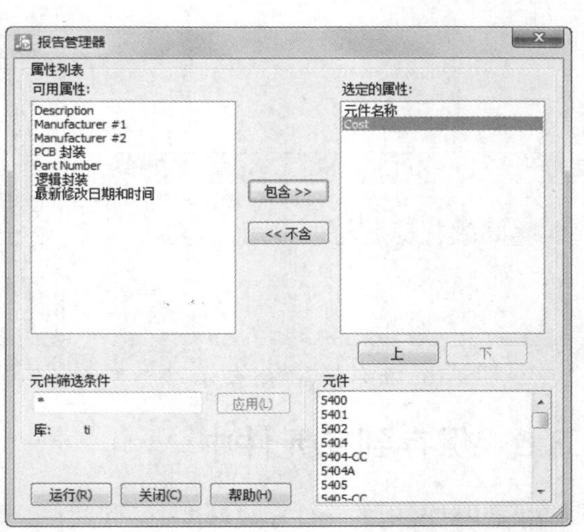

图 4-14　交换选项

（3）同样地，在图 4-13 左侧“可用属性”列表框中选中 Cost，单击“包含”按钮，也可将 Cost 添加到右侧“选定的属性”列表框中，如图 4-14 所示。选中右侧 Cost，单击“不含”按钮，将 Cost 返回到左侧。

（4）在“元件”列表框中显示元件库所有元件，在“元件筛选条件”文本框中输入关键词筛选元件，可筛选最终输出的报告中的元件。

（5）单击“运行”按钮，弹出“库列表文件”对话框，如图 4-15 所示，输入文件名称，单击“保存”按钮，保存输出库中的元件，弹出如图 4-16 所示的报告输出提示对话框，单击“确定”按钮，完成报告文件输出，并弹出报告的文本文件，如图 4-17 所示。

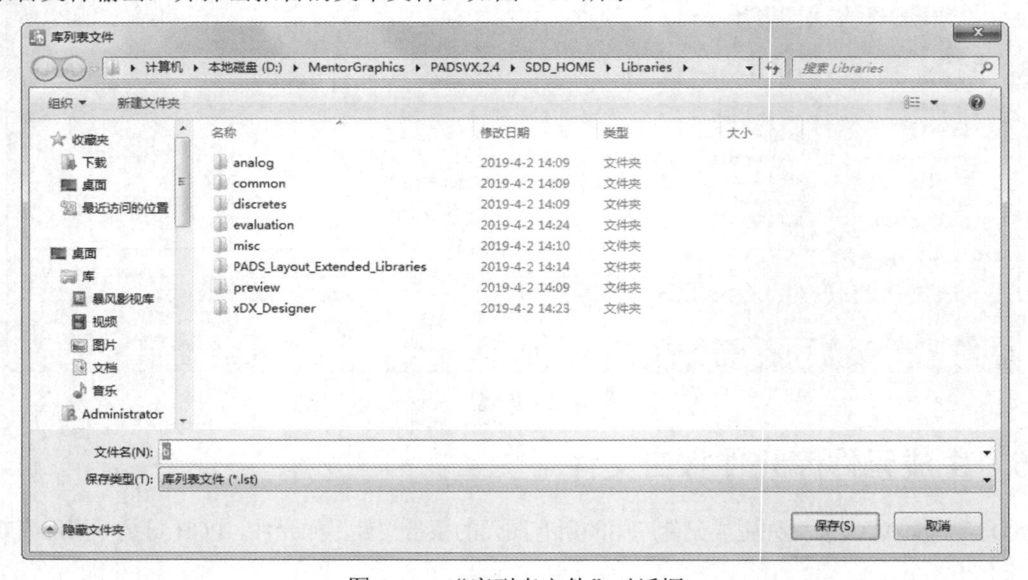

图 4-15 “库列表文件”对话框

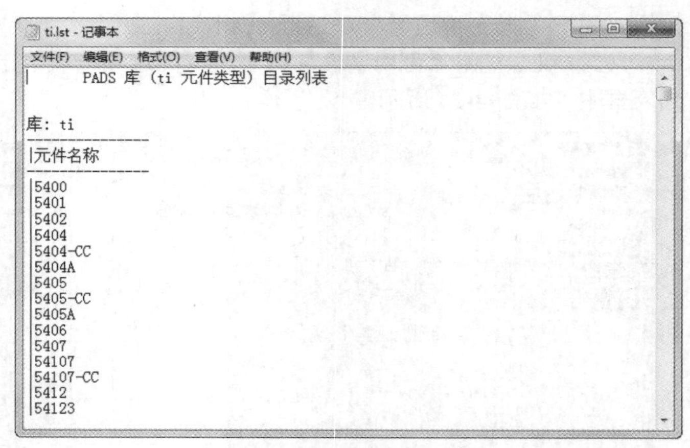

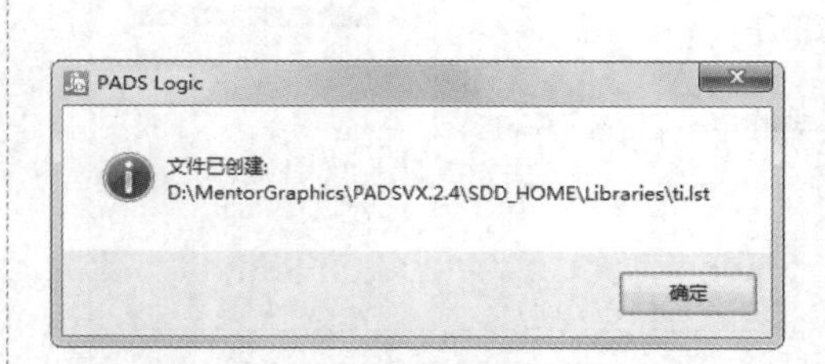

图 4-16 元件报告输出提示

图 4-17 文本文件

4.3.6 保存到库元件中

由于 PADS 中的元件库数量过少，因此在绘制原理图过程中缺少的元件过多，同时一一绘制缺失的元件过于烦琐。因此可采用资源共享的方法。

与 PADS 齐名的电路设计软件包括 Altium、Cadence 等，这些软件的元件库数量庞大，种类繁多，还可在线下载，将这些软件中的元件转换成 PADS 中可用的类型，可大大缩短操作时间。

（1）选择菜单栏中的“文件”→“导入”命令，弹出“文件导入”对话框，在“文件类型”下

Note

拉列表框下选择文件类型，如图 4-18 所示。

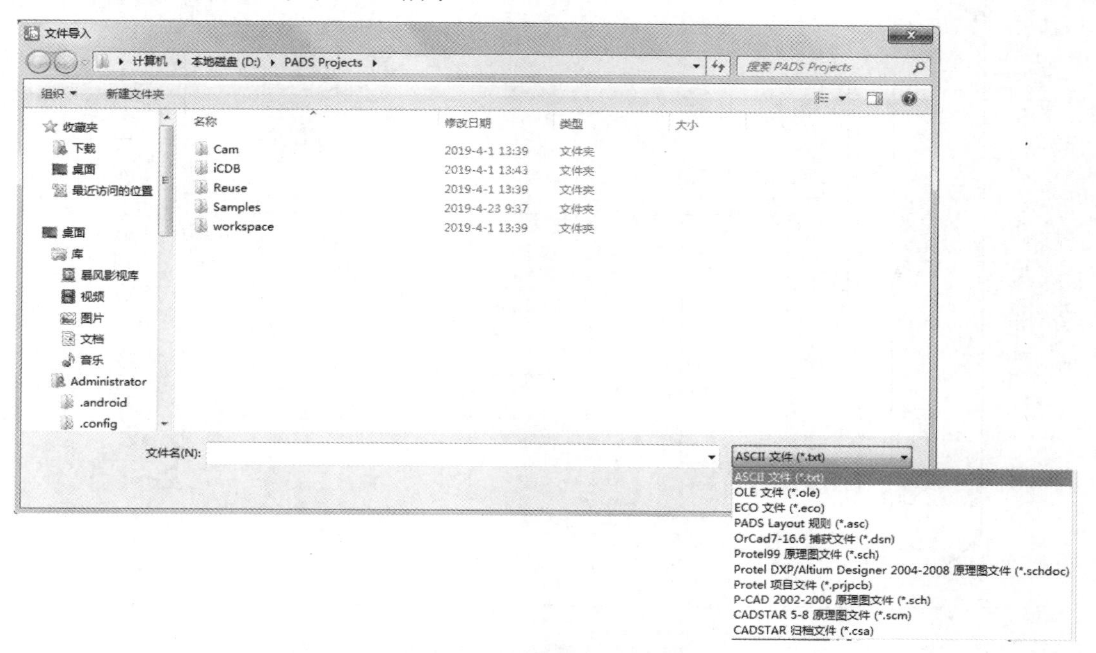

图 4-18　“文件导入”对话框

（2）选择图 4-19 所示的“Protel DXP/Altium Designer 2004-2008 原理图文件（.Schdoc）”类型的原理图，单击“打开”按钮，在 PADS 中打开 Altium 原理图文件，如图 4-20 所示。

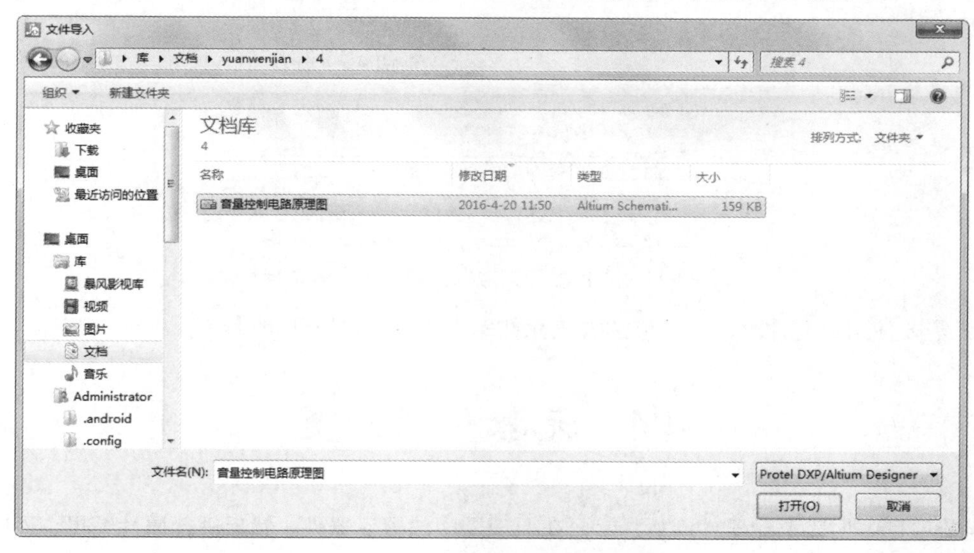

图 4-19　选择 Altium 原理图文件

该原理图文件经过转换后，显示在编辑区，可进行任何原理图编辑操作。

（3）选中原理图中任意元件，右击弹出快捷菜单，选择“保存到库中”命令，弹出“将元件类型保存到库中”对话框，在“库”下拉列表框中选择要保存元件所在库，如图 4-21 所示，单击“确定”按钮，完成保存。

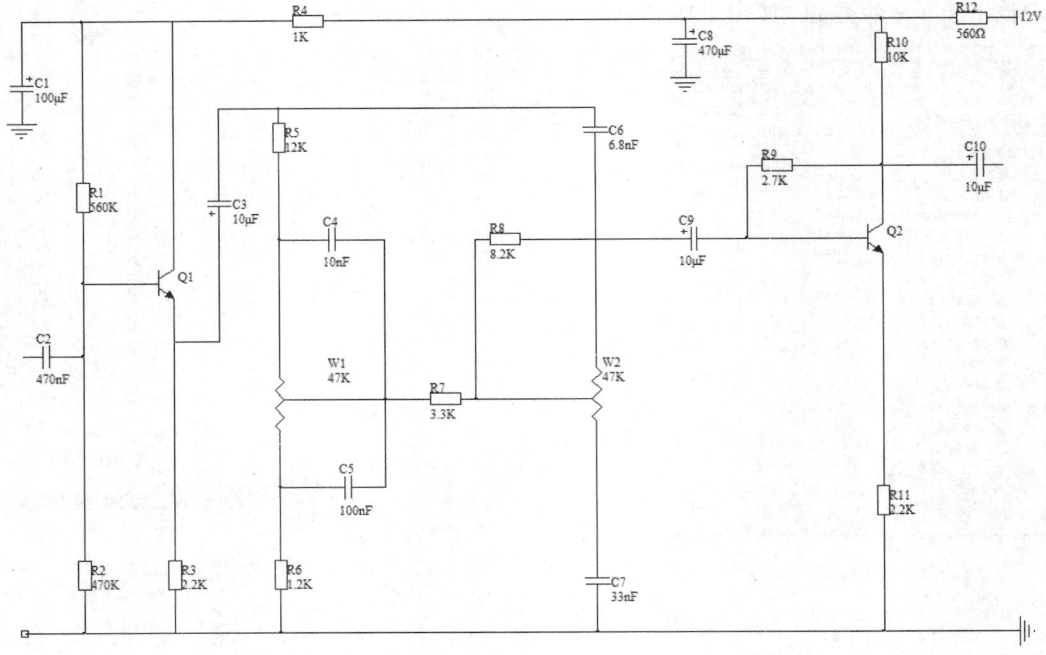

图 4-20　打开的原理图文件

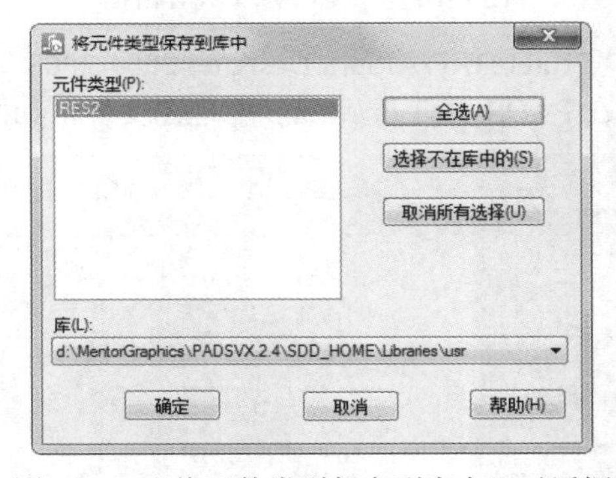

图 4-21　“将元件类型保存到库中”对话框

（4）需要使用该元件时，可直接加载该元件库，在库中选取即可。

4.4　元器件的放置

在当前项目中加载了元器件库后，就要在原理图中放置元器件，然后进行属性编辑，最后才能进行后期的连线、仿真或生成网络表等操作。

4.4.1　放置元器件

在放置元件符号前，需要知道元件符号在哪一个元件库中，并需要载入该元件库。

下面以放置库 lb 中的 74LS244-CC 为例，说明放置元器件的具体步骤。

（1）单击“标准工具栏”中的“原理图编辑工具栏”按钮，或选择菜单栏中的“查看”→“工具栏”→“原理图编辑工具栏”命令，打开“原理图编辑工具栏”。

（2）单击“原理图编辑工具栏”中的“添加元件”按钮，弹出“从库中添加元件”对话框，在左上方显示元器件的缩略图，更为直观地显示元器件，如图 4-22 所示。

Note

（3）在“库”下拉列表框中选择 ti 文件，在“项目”文本框中输入关键词“*74LS244*”。其中，在起始与结尾均输入“*”，表示关键词前可以是任意一个字符的通用符，也可用“?”表示单个字符的通用符。使用过滤器中的通配符在元件库中搜索元件可以方便地定位所需要的元器件，从而提高设计效率。

（4）单击“应用”按钮，在“项目”列表框中显示符合条件的筛选结果，如图 4-23 所示。

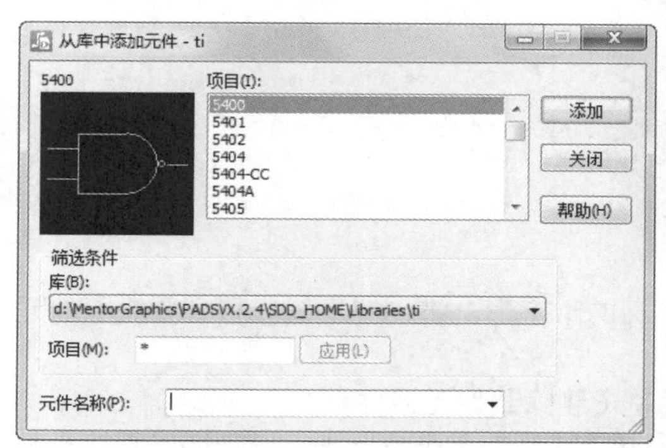

图 4-22　“从库中添加元件”对话框

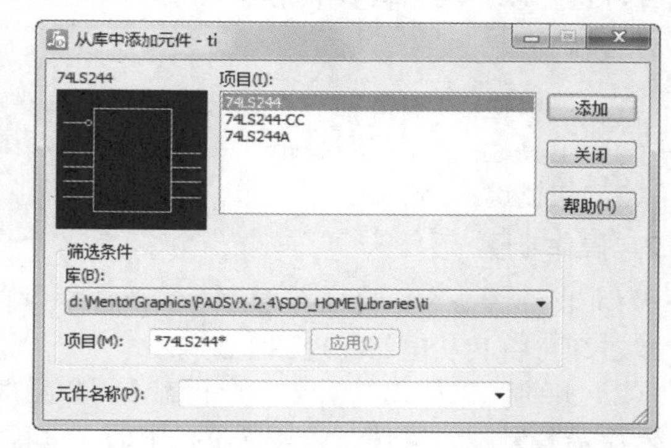

图 4-23　筛选元件

（5）选中元件 74LS244-CC，双击，或单击右侧的“添加”按钮，此时元件的映像附着在鼠标上，如图 4-24（a）所示，移动鼠标到适当的位置处，单击，将元件放置在当前鼠标的位置上，如图 4-24（b）所示。

下面介绍图 4-24（b）放置元件各部分含义。

- ☑ U1：由图 4-24（b）可以看出，添加到原理图中的元件自动分配到 U1 这个流水编号。PADS Logic 分配元件的流水编号是以没有使用的最小编号来分配的，由于图 4-24 放置的是原理图中的第一个元件，因此分配了 U1，若继续放置元件（不包括同个元件的子模块），则顺序分配元件流水编号，U2、U3…
- ☑ -A：如果选择的是由多个子模块集成的元件，如图 4-24 中选择的 74LS244-CC，若继续放置，则系统自动顺序增加的编号是 U4-B、U4-C、U4-D…，如图 4-25 所示。

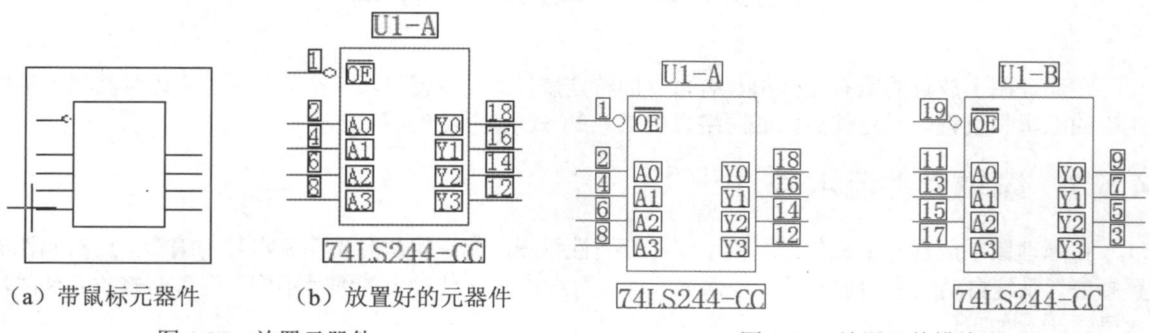

（a）带鼠标元器件　（b）放置好的元器件

图 4-24　放置元器件

图 4-25　放置元件模块

无论是多张还是单张图纸，在同一个设计文件中，不允许存在任何两个元器件拥有完全相同的编号。

（6）放置完一个元件后，继续移动鼠标，浮动的元件映像继续附着在鼠标上，依照上面放置元件的方法，继续增加元件，PADS Logic 自动分配元件的流水编号，若不符合电路要求，可在放置完后进行属性编辑修改编号；若确定不需要放置某元件后，右击选择菜单中的“取消”命令或按 Esc 键结束放置。

Note

4.4.2 元器件的删除

当在电路原理图上放置了错误的元器件时，就要将其删除。在原理图上，我们可以一次删除一个元器件，也可以一次删除多个元器件。

1. 执行方式

（1）菜单栏：“编辑”→“删除”。

（2）工具栏：“原理图编辑”→“删除”。

（3）快捷键：Delete。

2. 操作步骤

（1）执行该命令，鼠标会变成右下角带 V 字图标的十字形。将十字形鼠标移到要删除的元器件上，单击即可将其从电路原理图上删除。

（2）此时，鼠标仍处于十字形状态，可以继续单击删除其他元器件。

若不需要删除元器件，选择菜单栏中的“查看”→“重画”命令或单击“原理图编辑工具栏”中的“刷新”按钮，刷新视图。

（3）也可以单击选取要删除的元器件，然后按 Delete 键将其删除。

（4）若需要一次性删除多个元器件，用鼠标选取要删除的多个元器件，元器件显示高亮后，选择菜单栏中的“编辑”→“删除”命令或按 Delete 键，即可以将选取的多个元器件删除。

上面的删除操作除了可以用于选取的元器件，还包括总线、连线等。

4.4.3 元器件的放大

从键盘上输入直接命令“S *”，将设计画面定位在元件“*”处并以该元件为中心将画面放大到适当的倍数。

4.5 编辑元器件属性

在原理图上放置的所有元件都具有自身的特定属性，在放置好每一个元件后，应该对其属性进行正确的编辑和设置，以免使后面的网络表生成及 PCB 的制作产生错误。

4.5.1 编辑元件流水号

在原理图中放置完成元件后，就可以进行属性编辑。首先就是对元件流水号的编辑，根据元件放置顺序，系统自动顺序添加元件的流水号，若放置顺序与元件设定的编号不同，则需要修改元件的流水号。步骤如下。

双击要编辑的元件编号 U4-A 或在元件编号上右击，弹出如图 4-26 所示的快捷菜单，选择“特性”命令，弹出“参考编号特性”对话框，如图 4-27 所示。

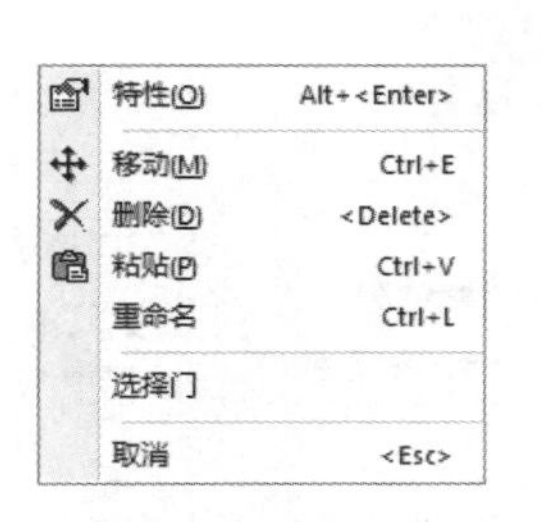

图 4-26　快捷菜单

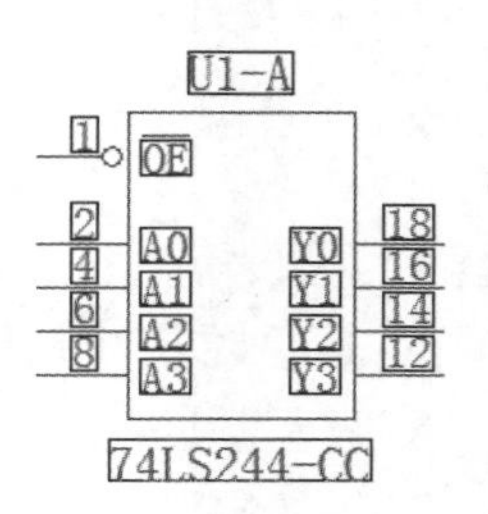

图 4-27　“参考编号特性”对话框

对话框中各参数选项如下。

☑　“参考编号”文本框：输入元器件名称。

☑　“重命名”选项组：单个元件则选中“元件”单选按钮，多个子模块元器件则选中“门”单选按钮。

☑　“标签特性”选项组：设置标签属性，在“旋转”下拉列表框中设置元件旋转角度，在“尺寸”文本框中输入元件外形尺寸；在“字体”下拉列表框中选择字体样式；在“字体样式”中设置字体样式，包含 3 种样式 B I U，即加粗、斜体、下画线。

☑　“对齐”选项组：包含“水平”“垂直”两个选项，“水平”选项包括右、中心、左，“垂直”选项包括上、中心、下。

4.5.2　设置元件类型

在绘制原理图过程中，如果元件库中没有需要的元件，但有与所需元器件外形相似或相同的元件，则只需在其基础上进行修改即可。这里先介绍如何修改元器件类型，即元器件名称，步骤如下。

双击元件名称 74LS244-CC 或选的对象右击，弹出如图 4-26 所示的快捷菜单，选择“特性”命令，弹出“元件类型标签特性”对话框，如图 4-28 所示。

对话框中各选项介绍如下。

☑　“元件类型”选项组：在下方的“名称”栏下显示元器件名称 74LS244-CC，单击下方的“更改类型”按钮，弹出“更改元件类型”对话框，如图 4-29 所示。在此对话框中更改元器件，其中，在“属性”选项组的两个复选框中设置更新的属性范围，在“应用更新到”选项组的 3 个单选按钮（此门、此元件、所有此类型的元件）中设置应用对象，“筛选条件”与前面相同，这里不再赘述。在替换旧元件类型时有 3 种选择，默认设置是“此门”，表示在替换时只替换选择的逻辑门；“此元件”表示将替换整个元件，但是只针对被选择的元件；“所有此类型的元件”表示将替换当前设计中所有这种元件类型的元件。所以在进行改变元件类型时千万要注意这项设置。

☑　“标签特性”选项组：包括“旋转”“尺寸”“线宽”“字体”“字体样式”5 个选项，设置标签特性。

对上面章节已经介绍过的选项，后面的章节不再赘述。

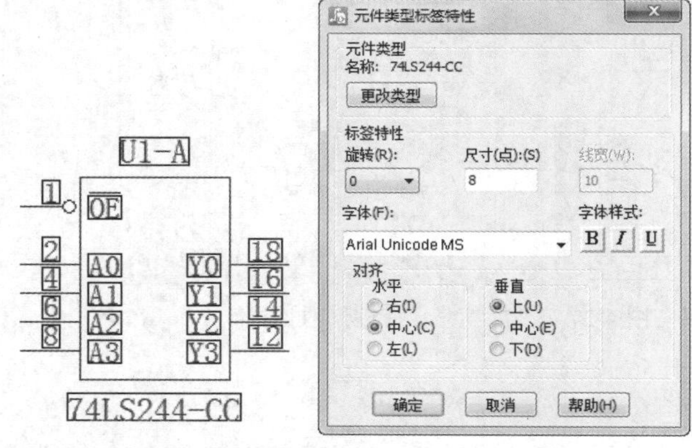

图 4-28 “元件类型标签特性”对话框

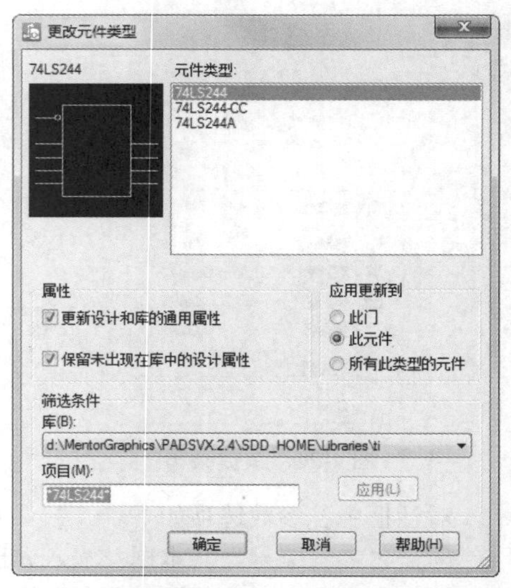

图 4-29 “更改元件类型”对话框

4.5.3 设置元件管脚

双击图 4-30 中元器件 RES-1/2W 上的管脚 1 或选中对象右击，在弹出的快捷菜单中选择“特性”命令，弹出“管脚特性”对话框，如图 4-30 所示。

对话框中各选项介绍如下。

☑ “管脚”选项组：此选项组中显示的信息包括管脚、名称、交换、类型、网络。

☑ “元件”选项组：显示元件参考编号 R1 及门编号 R1。

☑ “修改”选项组：分别可以设置修改元件/门、网络、字体。单击“字体”按钮，弹出“管脚标签字体”对话框，如图 4-31 所示，在该对话框中设置管脚字体。

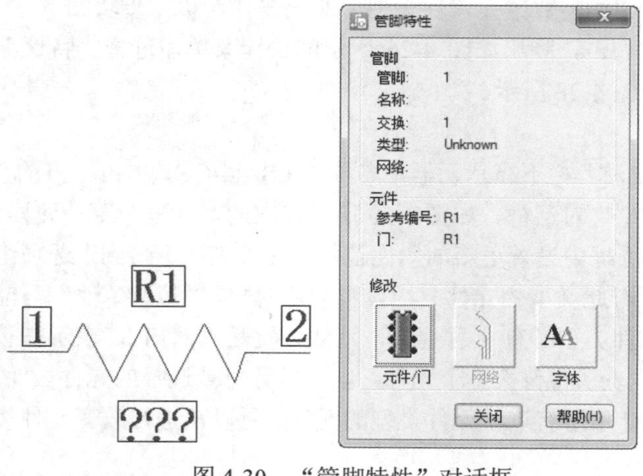

图 4-30 “管脚特性”对话框

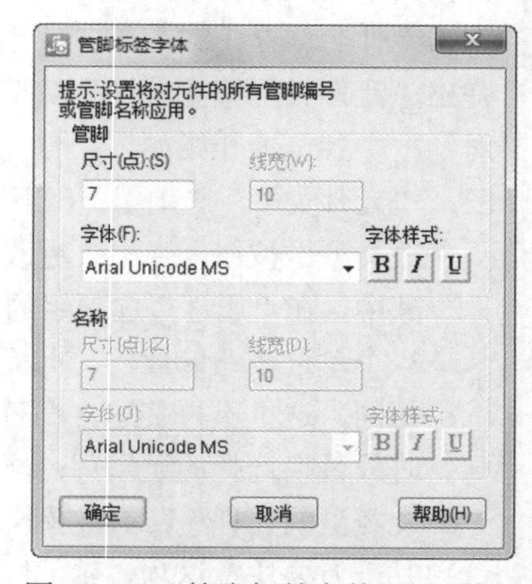

图 4-31 “管脚标签字体”对话框

知识延伸：

单击“标准工具栏”中的“选择工具栏”按钮，打开“选择筛选条件工具栏”，默认显示在菜单栏下方，该工具栏用于选择原理图中的对象，单击某类型的按钮，激活该类型选中命令，可以选择该类型对象，没选中该按钮，则无法选中该对象。

单击“选择筛选条件工具栏”中的“管脚”按钮，激活管脚选择命令，在元件管脚 1 处单击，选中管脚，如图 4-32 所示；若未激活“管脚”按钮，无法选中管脚 1，如图 4-33 所示。单击“选择筛选条件工具栏”中的“元件”按钮，激活元件选择命令，在元件管脚 1 处单击，选中整个元件，无法选中单个管脚，如图 4-34 所示。

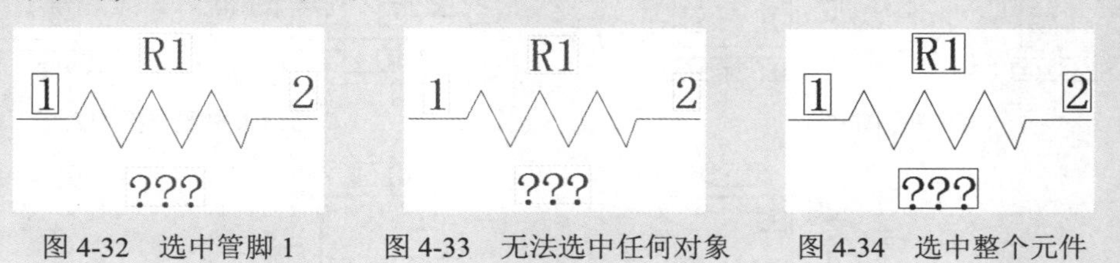

图 4-32　选中管脚 1　　图 4-33　无法选中任何对象　　图 4-34　选中整个元件

4.5.4　设置元件参数值

在绘制原理图过程中，如果元件库中没有需要的元件，但有与所需元器件外形相似或相同的元件，则只需在其基础上进行修改即可。这里先介绍如何修改元器件类型，即元器件名称，步骤如下。

双击图 4-35 中元器件 RES-1/2W 下方的参数值“???”，或在参数值上右击弹出如图 4-26 所示的快捷菜单，选择“特性”命令，弹出“属性特性”对话框，如图 4-35 所示。

对话框中各选项介绍如下。

☑　“属性”选项：设置元器件属性值。在“名称”栏显示要设置的参数名称为“Value”，参数对应的值为“???”，参数值可随意修改，结果如图 4-36 所示。

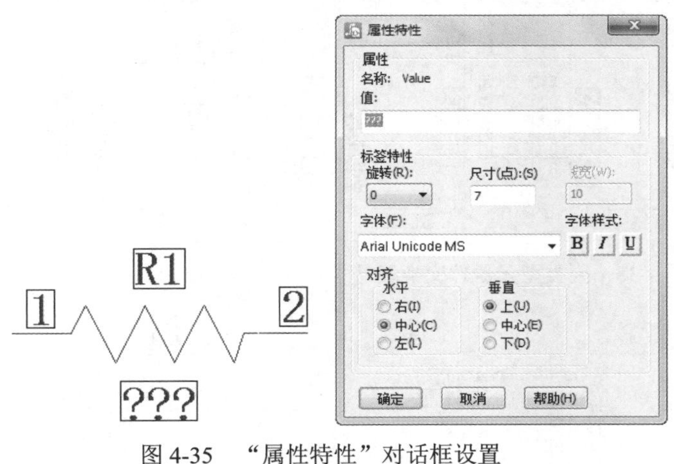

图 4-35　“属性特性”对话框设置

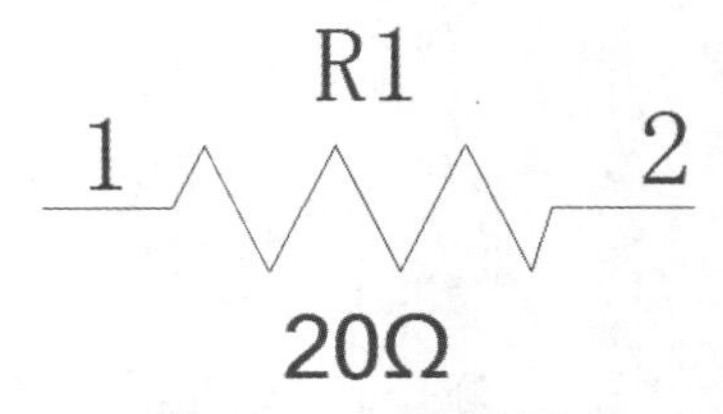

图 4-36　设置参数值

☑　此前已经介绍过的选项，这里不再赘述。

4.5.5　交换参考编号

单击“原理图编辑工具栏”中的“交换参考编号”按钮，单击图 4-37（a）中左侧的元器件 U1-A，元器件外侧添加矩形框，选中元器件，如图 4-37（b）所示，继续单击右侧的元器件 U1-B，交换两元器件编号，如图 4-37（c）所示。

图 4-37 为同一元器件中的两个子模块交换编号，图 4-38 显示同类型的元器件交换编号，图 4-39 显示为不同类型的元器件交换编号。可以看出，无论两个元器件类型如何，均可交换编号，步骤完全相同。

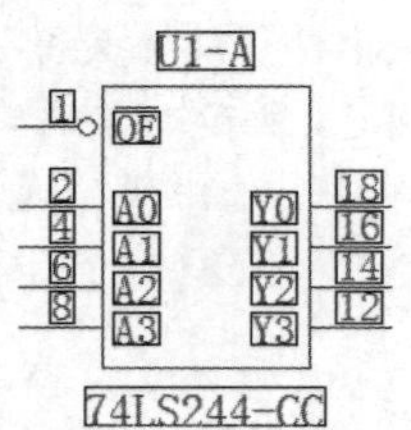

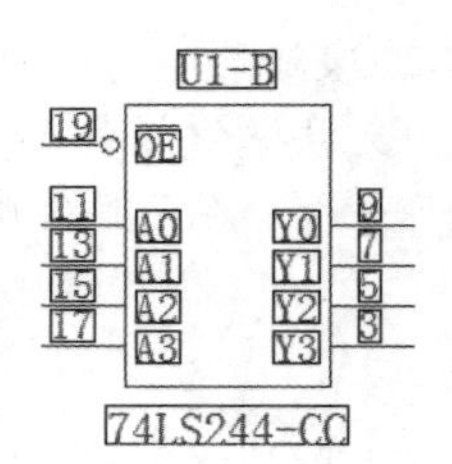

（a）原图

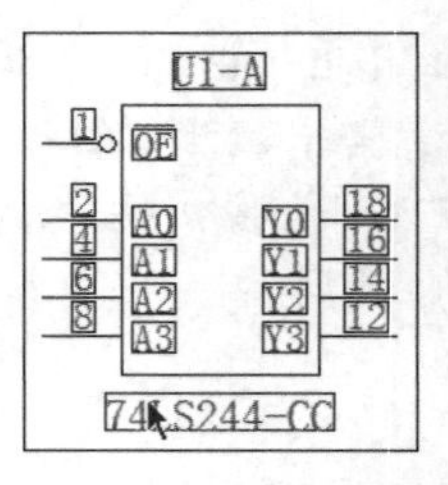

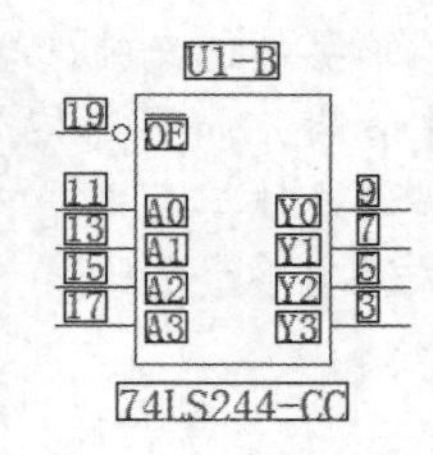

（b）选中要交换的对象

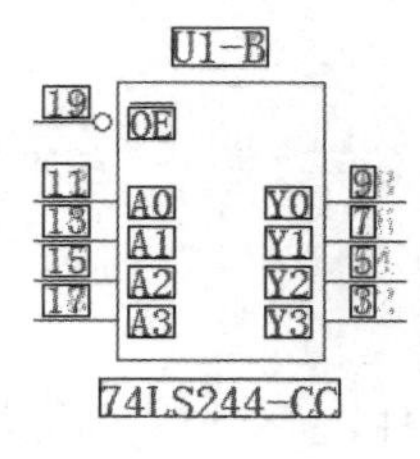

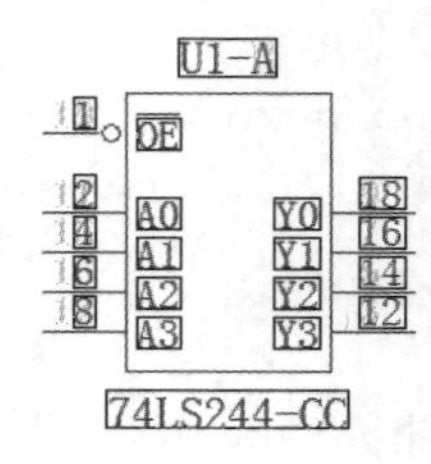

（c）结果

图 4-37　元器件交换编号

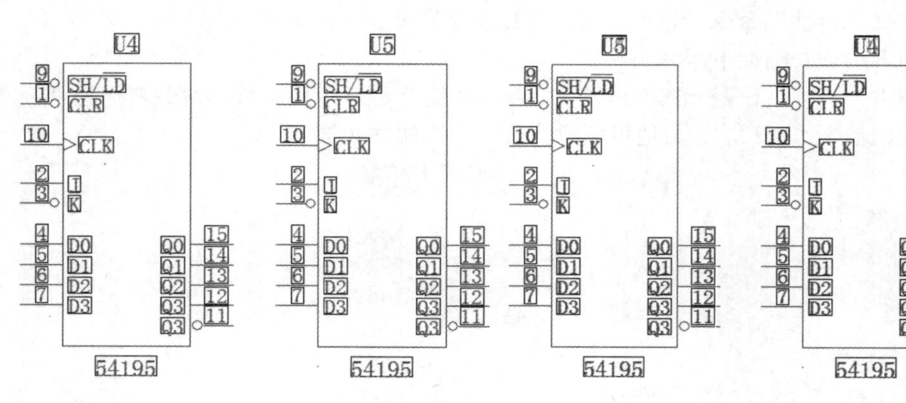

图 4-38　同类型元器件交换编号

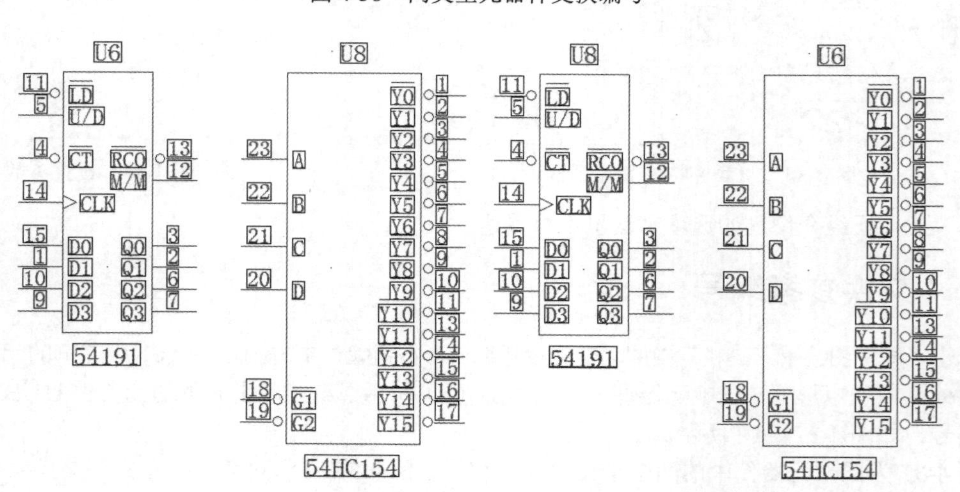

图 4-39　不同类型元器件交换编号

4.5.6　交换管脚

在绘制原理图过程中，如果元件库中没有需要的元件，但有与所需元器件外形相似的元件，进行编辑即可使用。

原理图中的元器件符号外形一般包括边框、管脚。若元器件边框相同，只是管脚排布有所不同。这里先介绍如何调整元器件管脚，操作步骤如下。

1．交换同属性管脚

单击“原理图编辑工具栏”中的“交换管脚”按钮，鼠标由原来的十字形，变为右下角带 V 字的图标，单击图 4-40（a）中的管脚 1，管脚 1 上矩形框变为白色，显示选中对象，继续单击同属性的管脚 2，如图 4-40（b）所示，完成管脚交换，结果如图 4-40（c）所示。

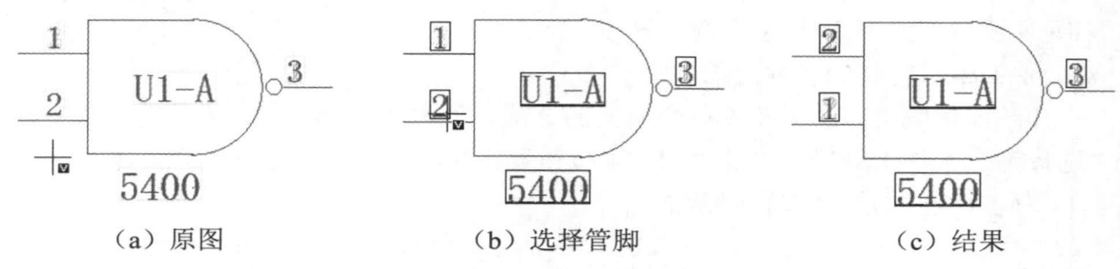

（a）原图　　（b）选择管脚　　（c）结果

图 4-40　交换同属性管脚

2．交换不同属性管脚

单击“原理图编辑工具栏”中的“交换管脚”按钮，单击图 4-41（a）中的管脚 1，管脚 1 上矩形框变为白色，显示选中对象，继续单击不同属性的管脚 3，弹出如图 4-42 所示的警告对话框，单击“是”按钮，完成管脚交换，结果如图 4-41（b）所示。

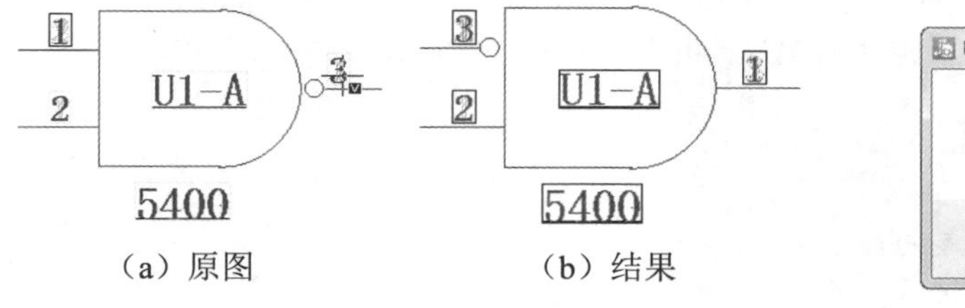

（a）原图　　（b）结果

图 4-41　交换不同属性管脚

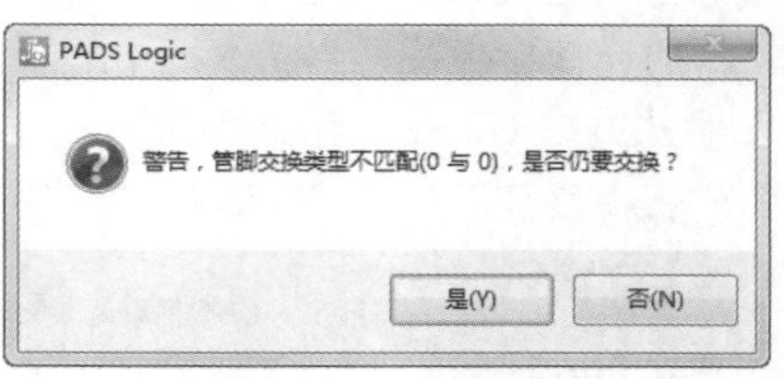

图 4-42　警告对话框

4.5.7　元器件属性查询与修改

在设计过程中，随时都有可能对设计的任何一个对象进行属性查询和进行某一方面的改动。比如对于原理图中某个元件，如果希望看看其对应的 PCB 封装，可以通过库管理器找到这个元件，然后再到元件编辑器中去查看，这样做相当费时费力。较简单的方法是先激活这个元件，然后右击，从弹出的快捷菜单中选择“特性”命令。

第二种方法显然比第一种有效得多，但在 PADS Logic 中激活任何一个对象时右击都会发现，在弹出菜单的第一子菜单是“特性”，这就表明在 PADS Logic 中，任何被选中的对象都可以对其属性进行查询与修改。

在设计中如果只是对某个别少数对象进行查询与修改，将其选中后右击，再从弹出的快捷菜单中选择“特性”命令来完成这个目的好象并不太费事。但如果在检查设计时需要对大量的对象查询时，再使用这种方法就会变得麻烦。而实际选择希望操作的对象，单击“原理图编辑工具栏”中的“特性”按钮，当激活某对象后就直接进入了查询与修改状态。

Note

利用 PADS Logic 提供的专用查询工具可以非常方便地对设计中的任何对象实时进行查询了解及在线查询修改，通过查询可以对该对象的电气特性、网络连接关系、所属类型和属性等非常地清楚。

查询可以针对任何对象，在本小节中将介绍如何对元件进行查询与修改。其内容包括以下方面。

（1）对元件逻辑门的查询及修改。

（2）对元件名的查询及修改。

（3）对元件统计表查询。

（4）对元件逻辑门封装的查询及修改。

（5）对元件属性可显示性的查询及修改。

（6）对元件属性的查询及修改。

（7）对元件所对应的 PCB 封装查询及修改。

（8）对元件的信号管脚的查询及修改。

上面一一介绍如何编辑修改元器件单个属性的方法，下面详细介绍如何设置元器件其他属性。

单击“选择筛选条件工具栏”中的“元件”按钮，双击要编辑的元器件，打开“元件特性”对话框，图 4-43 为 87C256 的属性编辑对话框。

从图 4-43 中可知，对元件的编辑与修改窗口中分为 4 个部分，从表面看只有最下面一类“修改”中才可以进行修改，其实前三部分都具有修改功能，下面分别介绍窗口中的这 4 个部分。

1. “参考编号”选项组

这里的“参考编号”指的是设计中的逻辑门名和元件名，所以在这一类中可以查询和修改逻辑门名和元件名。

在选项组下显示元器件编号，如 U1、R1 等。在对话框中的编辑栏保持着旧的逻辑门名，如显示的编号不符合要求，单击右侧的“重命名元件”按钮，弹出如图 4-44 所示的“重命名元件”对话框，在“新的元件参考编号”文本框中显示元件旧编号，可在文本框中删除 U1，输入正确的编号，如 U2，则元器件编号 U2 会出现在原理图上。

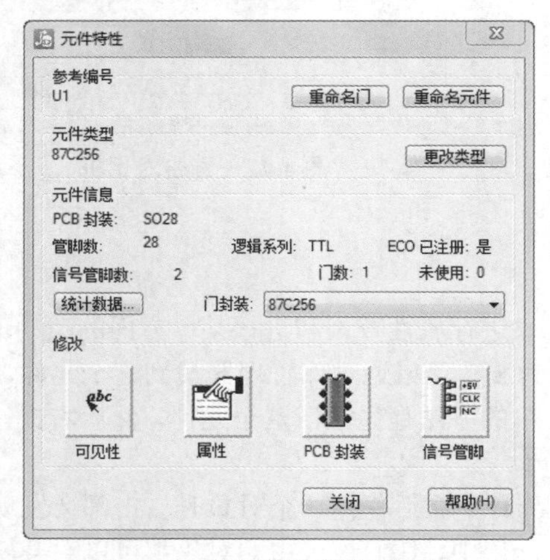

图 4-43 “元件特性”对话框

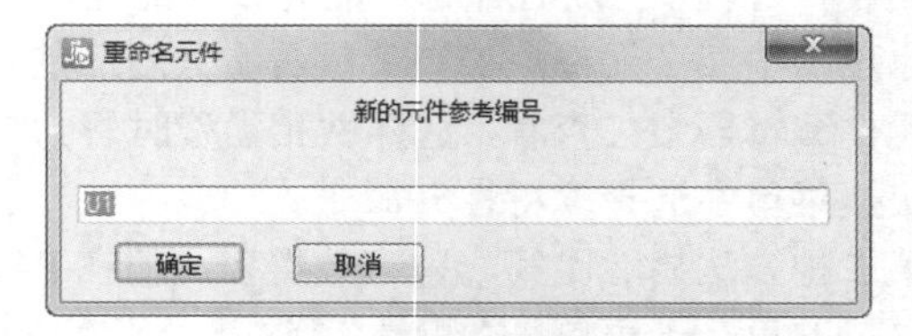

图 4-44 “重命名元件”对话框

2. “元件类型”选项组

该选项组主要用来修改元器件类型。单击“更改类型”按钮，弹出如图 4-29 所示的“更改元件

类型”对话框，在这个对话框中可以从元件库重新选择一种元件类型去替换被查询修改的元件，前面已经详细介绍过对话框中的选项，这里不再赘述。

另外在改变元件类型时可以不必进入“元件特性”对话框里来进行，只需直接单击元件的类型名进行特性编辑即可进行元件类型替换。

3. “元件信息”选项组

这个类型主要显示了一些关于被查询对象的相关信息，如对应的 PCB 封装、管脚数、逻辑系列、ECO 已注册、信号管脚数、门数、未使用及门封装等。在这里不单单是信息的显示，同样可以改变某些对象，比如在“门封装”设置项中如果被选择的逻辑门有多种封装形式，可以在这里进行替换。

在这一类中还有一个“统计数据”按钮，单击此按钮，弹出文本文件，在文件中显示上述元器件管脚统计信息，如图 4-45 所示，直观地描述元件情况。

这个窗口实际上是一个记事本，它显示这个元件每一个管脚的相关信息。比如第一项“U1.1[U-1] +12V”表示元件 U2 的第一脚所属网络为+12V，且为负载输出端。

4. “修改”选项组

在这个修改类型中有 4 个按钮，即可见性、属性、PCB 封装、信号管脚。

下面分别介绍这 4 种可修改项。

（1）可见性。

可见性主要是针对被查询修改对象的属性而言，就是让某个属性在设计画面中显示出来。选中选项前面的复选框，则选项在原理图中显示；反之，则隐藏选项。单击此按钮，弹出“元件文本可见性”对话框，如图 4-46 所示。

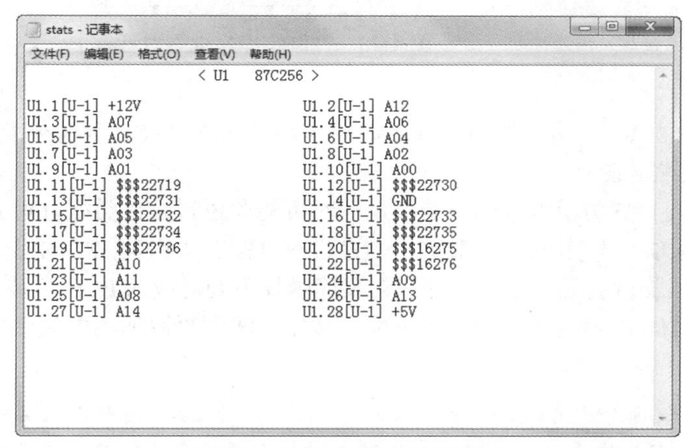

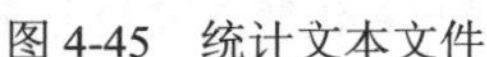
图 4-45　统计文本文件

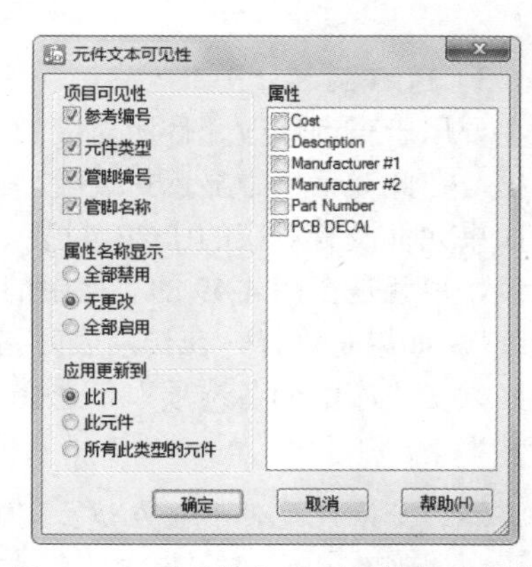

图 4-46　“元件文本可见性”对话框

在“属性”列表框中有 6 种属性，但这并不表明被修改对象只有这 6 种属性，因为 PADS Logic 系统属性字典中提供了各种各样的属性，这需要靠自己去设置，增加和删除某对象属性的方法很多，其中一个就是下一步将介绍的方法。

- ☑ “属性”选项组：显示了被查询修改对象所有已经设置的属性，如果希望哪一个属性内容在设计中显示，将其选中即可。
- ☑ “项目可见性”选项组：包含 4 项跟元件关系很密切的显示选择项，即参考编号、元件类型、管脚编号、管脚名称。所以将它们单独放在此处来设置。
- ☑ “属性名称显示”选项组：设置希望关闭所有的属性或打开所有的属性。选中“全部禁用”

单选按钮关闭所有属性显示；反之，“全部启用”打开所有的属性显示，而“无更改”只显示没有改变的属性。

（2）属性。

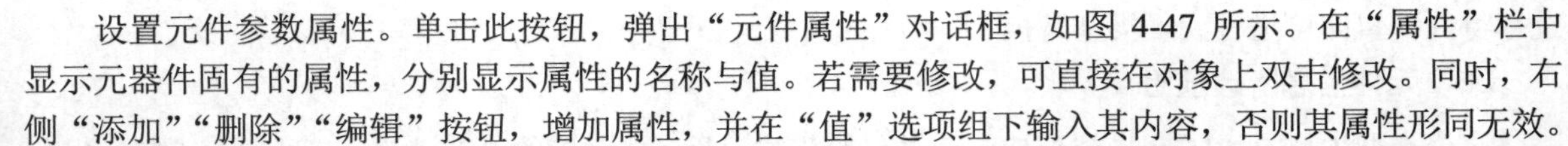

设置元件参数属性。单击此按钮，弹出“元件属性”对话框，如图 4-47 所示。在“属性”栏中显示元器件固有的属性，分别显示属性的名称与值。若需要修改，可直接在对象上双击修改。同时，右侧“添加”“删除”“编辑”按钮，增加属性，并在“值”选项组下输入其内容，否则其属性形同无效。

如图中 Cost，如不太清楚各种属性可以通过单击右上角的“浏览库属性”按钮，弹出“浏览库属性”对话框，如图 4-48 所示。在此对话框中打开属性字典选择元件库中的属性，将其添加到元器件属性中。

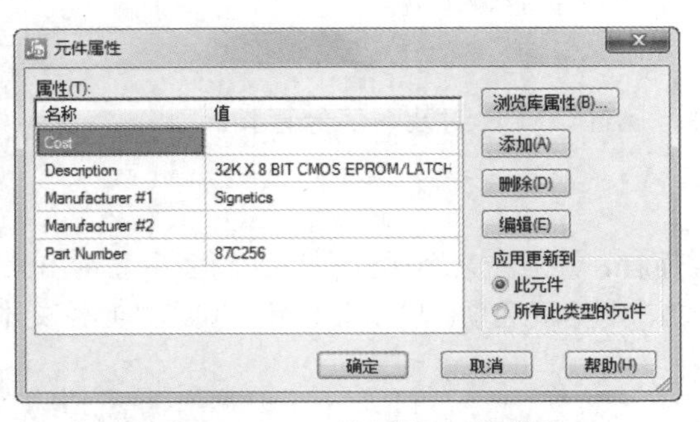

图 4-47 “元件属性”对话框

图 4-48 “浏览库属性”对话框

（3）PCB 封装。

主要用于查询修改元件所对应的 PCB 封装，单击此按钮，弹出如图 4-49 所示的“PCB 封装分配”对话框，在此对话框中显示封装类型及其缩略图。

如果元件没有对应的 PCB 封装，此窗口内将没有任何封装名，有时可能此逻辑元件类型有对应的封装，也就是在图 4-49 的“库中的备选项”下有 PCB 封装名，但是没有分配在“原理图中的已分配封装”。如果是这样，在传网表时错误报告就会显示这个元件在封装库中找不到对应的 PCB 封装。所以必须在“库中的备选项”下选择一个 PCB 封装名，通过“分配”按钮分配到“原理图中的已分配封装”下。

注意： 如果此元件类型在建立时本身就没分配 PCB 封装，即使通过“浏览”按钮强行调入某个 PCB 封装在“库中的备选项”下也是无效的，因此在传网表时如发现某个元件报告说没对应的 PCB 封装时，先查询这个元件是否分配了 PCB 封装，如果这里没有分配或根本就没有对应的 PCB 封装，那么打开元件库修改其元件的类型增加其对应 PCB 封装内容。

（4）信号管脚。

主要设置元器件管脚属性的编辑、添加与移除。

单击此按钮，弹出如图 4-50 所示的“元件信号管脚”对话框，在右侧显示元器件管脚名称，可利用左侧的“添加”“移除”“编辑”按钮编辑管脚。

在该对话框中可知被查询修改元件的第 14 管脚接地，第 28 管脚为电源管脚，可以对这两个管脚进行编辑改变其电气特性。如果在“未使用的管脚”下有任何管脚时，表明这些管脚没有被使用，可以通过“添加”按钮分配到“信号管脚”下定义其电气特性，反之可以用“移除”按钮移出其“信号

管脚”下已定义的管脚到“未使用的管脚”下变为未使用管脚。

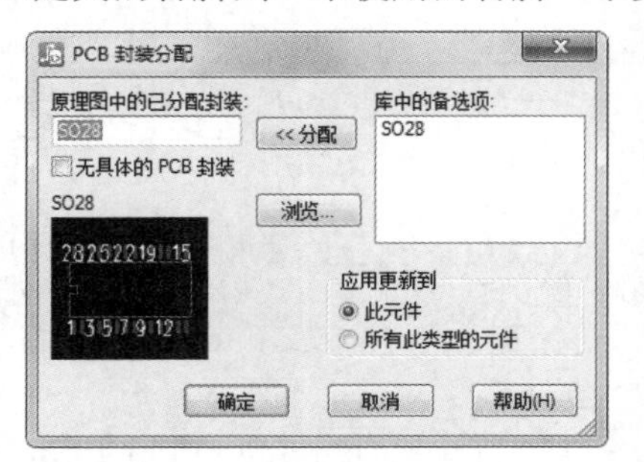

图 4-49　“PCB 封装分配”对话框

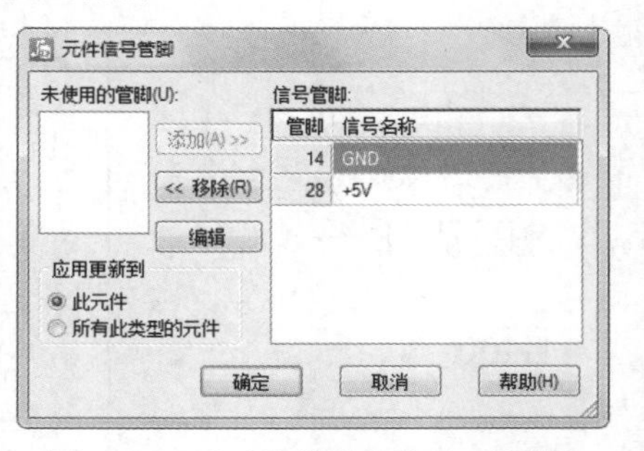

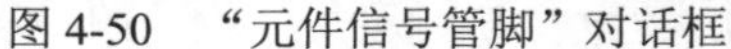
图 4-50　“元件信号管脚”对话框

在“应用更新到”选项组下可以设定其修改将只仅仅对被选择元件有效“此元件”或对当前设计中“所有此类型的元件”类型都有效。

至此完成有关元件的查询与修改的介绍，值得注意的是，对于在这个元件查询与修改中的某些项目并不一定要通过这种方式来完成，比如在前面介绍的对话框中第一部分“元件特性”下的“重命名元件”项和“更改类型”项，其实直接单击元件的元件名和元件类型名即可进行查询与修改。

一般情况下，对元器件属性设置只需设置元器件编号，其他采用默认设置即可。

4.6　元器件位置的调整

元器件位置的调整就是利用各种命令将元器件移动到合适的位置以及实现元器件的旋转、复制与粘贴、排列与对齐等。

4.6.1　元器件的选取和取消选取

1. 元器件的选取

要实现元器件位置的调整，首先要选取元器件。选取的方法很多，下面介绍几种常用的方法。

（1）用鼠标直接选取单个或多个元器件。

对于单个元器件的情况，将鼠标移到要选取的元器件上单击即可。选中的元器件高亮显示，表明该元器件已经被选取，如图 4-51 所示。

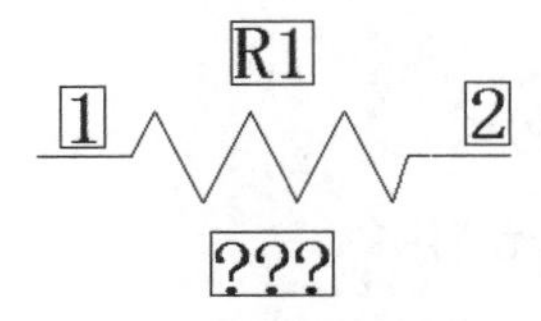

图 4-51　选取单个元器件

对于多个元器件的情况，将鼠标移到要选取的元器件上单击即可，按住 Ctrl 键选择元件，选中的多个元件高亮显示，表明该元器件已经被选取，如图 4-52 所示。

（2）利用矩形框选取。

对于单个或多个元器件的情况，按住并拖曳鼠标，拖出一个矩形框，将要选取的元器件包含在该矩形框中，如图 4-53 所示，释放鼠标后即可选取单个或多个元器件。选中的元件高亮显示，表明该

元器件已经被选取，如图 4-54 所示。

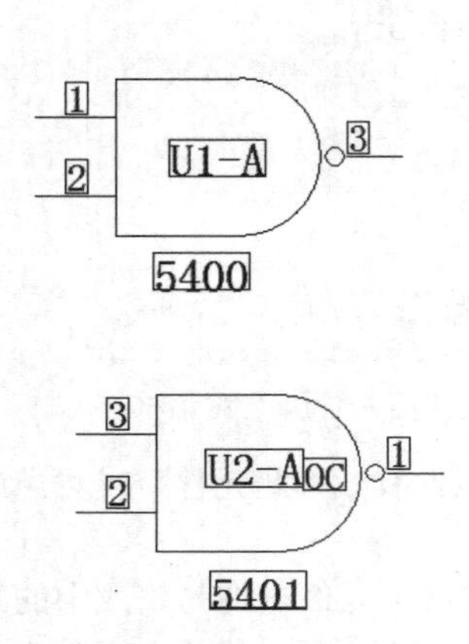

图 4-52　选取多个元器件

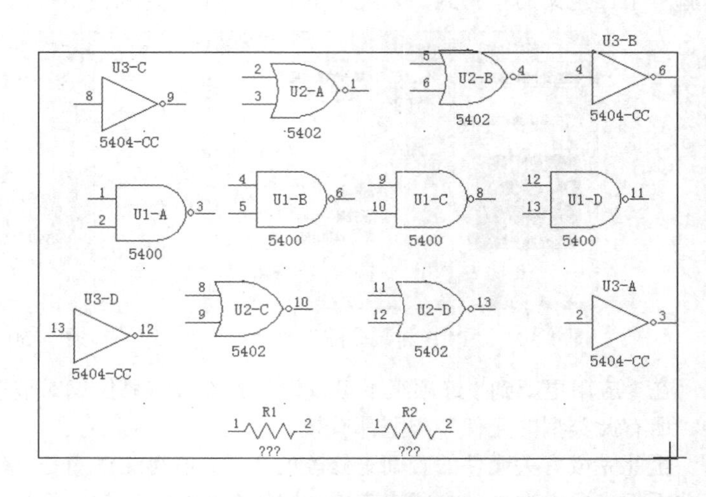

图 4-53　矩形框选取

在图 4-53 中，只要元器件的一部分在矩形框内，则显示选中对象，与矩形框从上到下框选、从下到上框选无关。

（3）利用右键快捷菜单选取。

右击弹出如图 4-55 所示的快捷菜单，选择“选择元件”命令，在原理图中选择元器件，选中包含子模块的元器件时，在其中一个子模块上单击，则自动选中所有子模块。选择“随意选择”命令，在原理图中选择单个元器件。

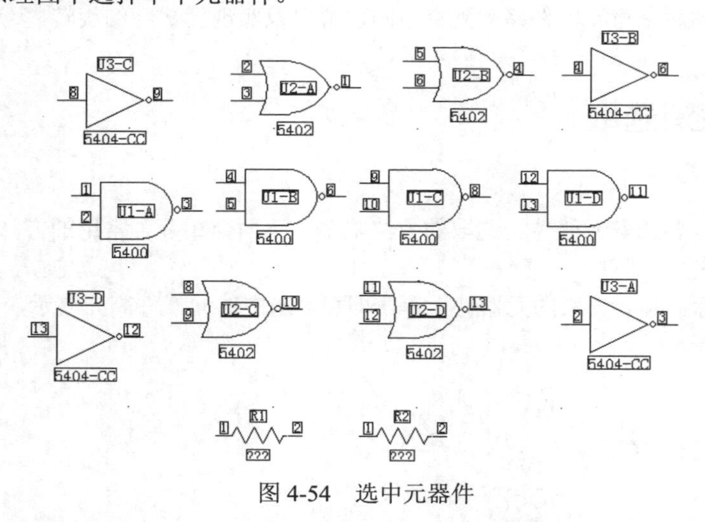

图 4-54　选中元器件

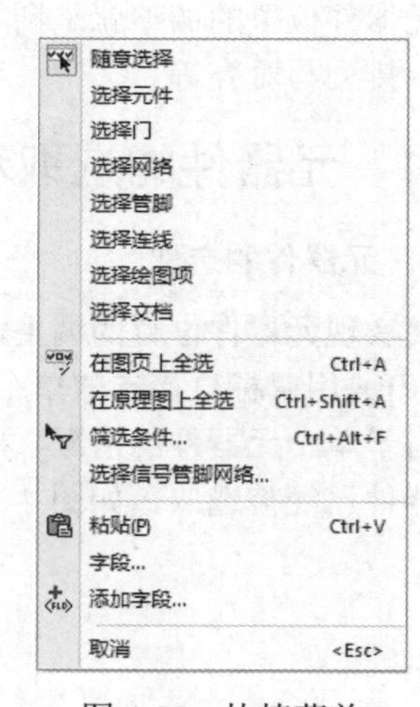

图 4-55　快捷菜单

“选择元件”与“随意选择”命令对一般元器件没有差别，但对于包含子模块的元器件，执行“随意选择”命令时，选中的对象仅是单击的单一模块。用户可根据不同的需求选择对应命令。同时，“随意选择”命令还可以选择任何对象，“选择元件”命令只能针对整个元器件。下面分别讲解整个元器件外的对象的选择方法。

如果想选择元器件的逻辑门单元，则右击在弹出的快捷菜单中选择“选择门”命令，再在原理图中所需门单元上单击，门单元高亮显示，此时，单击元件其余单元不显示选中，只能选中门单元；如

果想选择管脚单元，以此类推。

（4）利用工具栏选取。

PADS Logic 还提供了“选择筛选条件工具栏”，用于选择元器件或元器件的图形单元，如门、网络、管脚及元器件连接工具，如连线、连线线段、结点、标签等选项，如图 4-56 所示。功能同图 4-55 所示快捷菜单中命令相同。

单击“选择筛选条件工具栏”中的“任意”按钮，工具栏默认显示打开门、管脚等按钮功能，记载选择对应的对象时，可执行命令，如图 4-56 所示；在图 4-56 中没有选中“网络”按钮，则需要单击“网络”按钮，即可选中网络单元，单击“全不选”按钮，工具栏显示如图 4-57 所示，此时在原理图中无法选择任何对象。

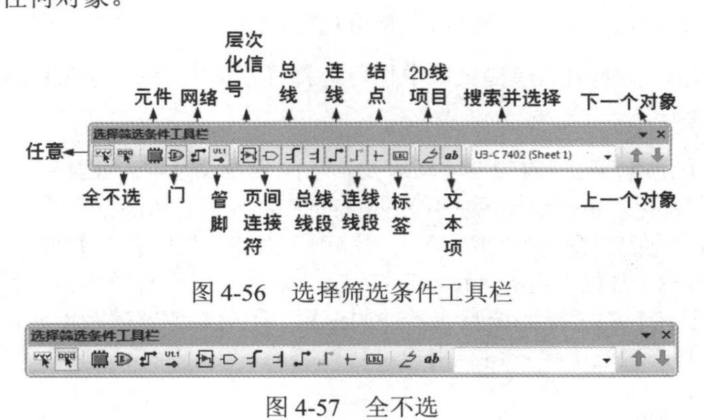

图 4-56　选择筛选条件工具栏

图 4-57　全不选

2. 取消选取

取消选取也有多种方法，这里也介绍两种常用的方法。

（1）直接用鼠标单击电路原理图的空白区域，即可取消选取。

（2）按住 Shift 键或 Alt 键，单击某一已被选取的元器件，可以将其他未单击的对象取消选取。

4.6.2　元器件的移动

一般在放置元器件时，每个元器件的位置都是估计的，在进行原理图布线之前还需要进行布局，即对于元器件位置的调整。

要改变元器件在电路原理图上的位置，就要移动元器件。包括移动单个元器件和同时移动多个元器件。

1. 移动单个元器件

分为移动单个未选取的元器件和移动单个已选取的元器件两种。

（1）移动单个未选取的元器件。

将鼠标移到需要移动的元器件上（不需要选取），如图 4-58（a）所示，按住左键不放，拖曳鼠标，元器件将会随鼠标一起移动，如图 4-58（b）所示，此时鼠标可松开，元器件随鼠标的移动而移动，到达指定位置后再次单击或按空格键，即可完成移动，如图 4-58（c）所示。元器件显示选中状态，在空白处单击，取消元器件选中。

（2）移动单个已选取的元器件。

将鼠标移到需要移动的元器件上（该元器件已被选取），同样按住左键拖动，元器件按图 4-58（b）显示移动状态，至指定位置后单击或按空格键；或选择菜单栏中的“编辑”→“移动”命令，元器件

Note

显示图 4-58（b）所示状态，将选中的元器件移动到指定位置后单击或按空格键；或单击“原理图编辑工具栏”中的“移动”按钮，元器件显示图 4-58（b）所示状态，元器件将随鼠标一起移动，到达指定位置后再次单击或按空格键，完成移动。

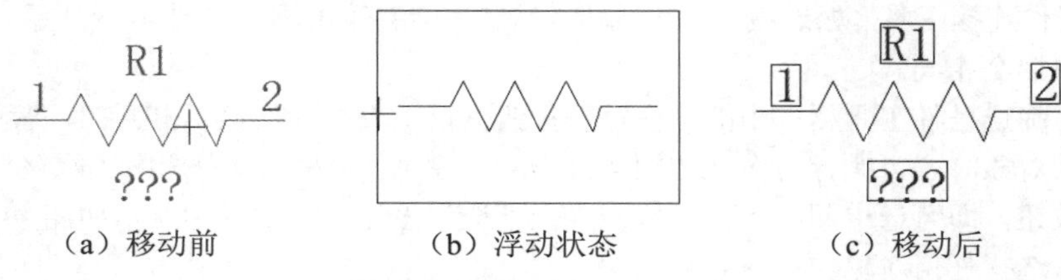

（a）移动前　　（b）浮动状态　　（c）移动后

图 4-58　移动未选取元器件

选中元器件后右击，在弹出的快捷菜单中也可选择“移动”命令，完成对元器件的移动。

2. 移动多个元器件

需要同时移动多个元器件时，首先要将所有要移动的元器件选中。在其中任意一个元器件上单击，拖曳鼠标（可一直按住鼠标，也可拖曳后放开），所有选中的元器件将随鼠标整体移动，到达指定位置后单击或按空格键；或选择菜单栏中的“编辑”→“移动”命令，将所有选中的元器件整体移动到指定位置；或单击“原理图编辑工具栏”中的“移动”按钮，将所有元器件整体移动到指定位置，完成移动。

在原理图布局过程中，除了需要调整元器件的位置，还需要调整其余单元，如门、网络、连线等，方法与移动元器件形同，这里不再赘述，用户可自行练习。

4.6.3　元器件的旋转

在绘制原理图过程中，为了方便布线，往往要对元器件进行旋转操作，在元器件放置过程中，放置方法除了上述的快捷键外还可右击弹出如图 4-59 所示的快捷菜单，选择对应命令。

下面介绍几种常用的旋转方法。

1. 90° 旋转

在元器件放置过程中，元器件变成浮动状态，直接使用快捷键 Ctrl+R 或右击在图 4-59 中选择“90 度旋转”命令，可以对元器件进行旋转操作，图 4-60 中的 R1、R2 分别为旋转前与旋转后的状态。

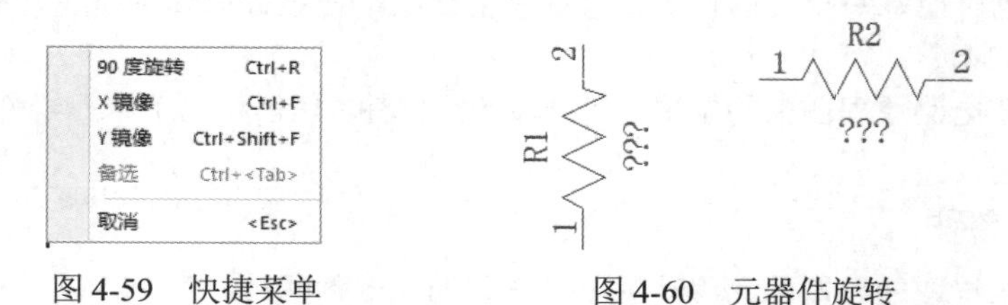

图 4-59　快捷菜单　　图 4-60　元器件旋转

2. 实现元器件左右对调

在元器件放置过程中，元器件变为浮动状态，直接使用快捷键 Ctrl+F 或在快捷菜单中选择“X 镜像”命令，可以对元器件进行左右对调操作，如图 4-61 所示。

3. 实现元器件上下对调

在元器件放置过程中，元器件变为浮动状态后，直接使用快捷键 Shift+Ctrl+F，或在快捷菜单中选择“Y 镜像”命令，可以对元器件进行上下对调操作，如图 4-62 所示。

元器件的旋转操作也可以在放置后进行，单击选中对象，直接使用快捷键或右击弹出如图 4-63

所示的快捷菜单选择命令。

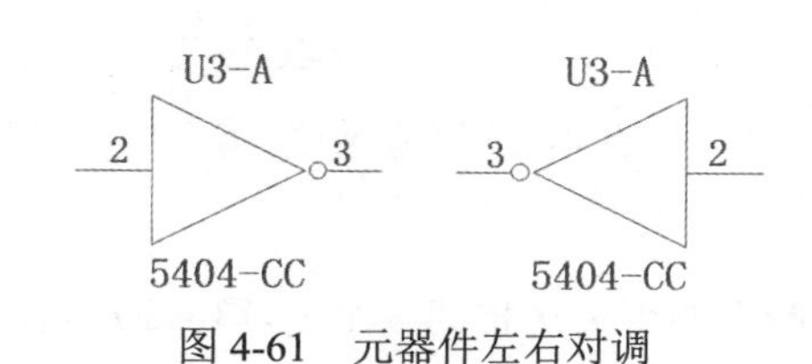

图 4-61　元器件左右对调

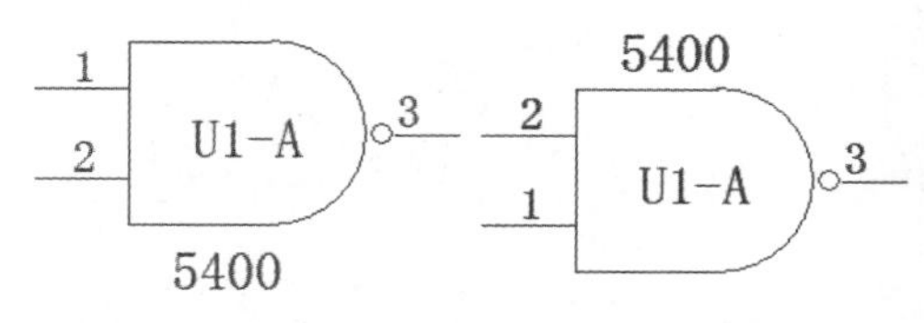

图 4-62　元器件上下对调

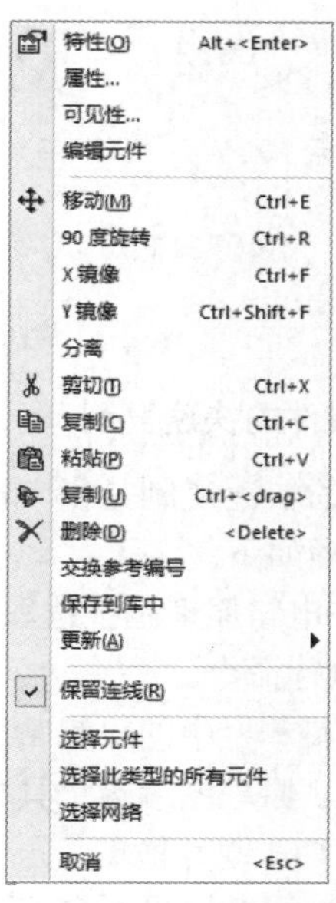

图 4-63　快捷菜单

4.6.4　元器件的复制与粘贴

PADS Logic 同样有复制、粘贴的操作，操作对象同样不止包括元器件，还包括单个单元及相关电器符号，方法相同，因此这里只简单介绍元器件的复制与粘贴操作。

1. 元器件的复制

元器件的复制是指将元器件复制到剪贴板中，具体步骤如下。

（1）在电路原理图上选取需要复制的元器件或元器件组。

（2）执行命令。

❶ 选择菜单栏中的“编辑”→“复制”命令。

❷ 单击“标准工具栏”中的“复制”按钮。

❸ 使用快捷键 Ctrl+C。

即可将元器件复制到剪贴板中，完成复制操作。

2. 元器件的粘贴

元器件的粘贴就是把剪贴板中的元器件放置到编辑区里，有以下 3 种方法。

（1）选择菜单栏中的“编辑”→“粘贴”命令。

（2）单击“标准工具栏”上的“粘贴”按钮。

（3）使用快捷键 Ctrl+V。

执行粘贴后，鼠标变成十字形状并带有欲粘贴元器件的虚影，在如图 4-64 所示的指定位置上单击即可完成粘贴操作。

粘贴结果中元器件流水编号与复制对象不完全相同，自动顺序排布。图 4-65 所示为图 4-64 放置了元器件后的结果，复制 U4-A，由于原理图中已有 U4-B、U4-C、U4-D，因此粘贴对象编号顺延成

Note

为U4-A。

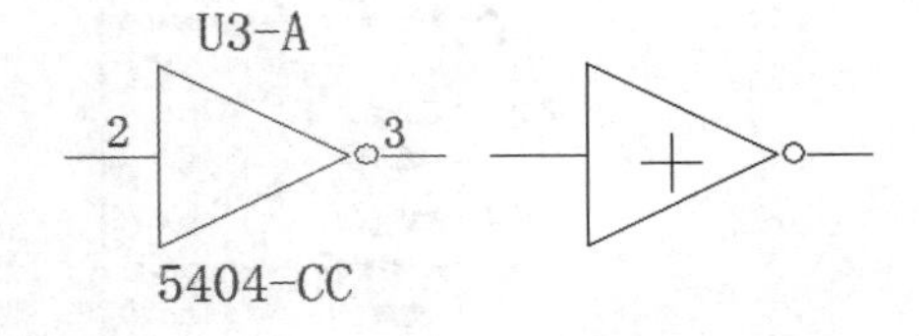

图 4-64　粘贴对象

图 4-65　放置粘贴对象

3. 元器件的快速复制

元器件的快速复制是指一次性复制无须执行粘贴命令即可多次将同一个元器件重复粘贴到图纸上。具体步骤如下。

（1）在电路原理图上选取需要复制的元器件或元器件组。

（2）执行命令。

❶ 选择菜单栏中的“编辑”→“复制”命令。

❷ 单击“原理图编辑工具栏”中的“复制”按钮。

❸ 按住 Ctrl 键并拖曳。

快速复制结果如图 4-66 所示。

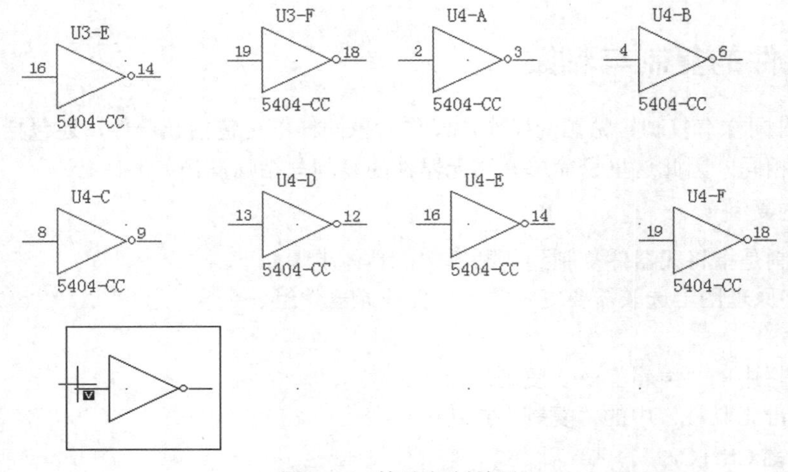

图 4-66　快速复制结果

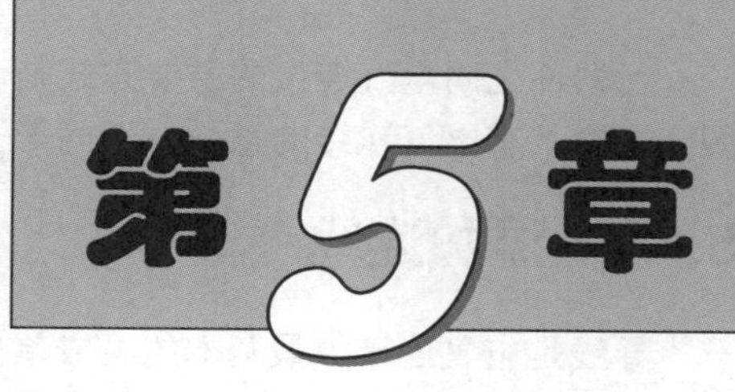

PADS Logic 原理图的电气连接

本章主要介绍在PADS Logic中进行原理图设计，PADS Logic VX.2.4为原理图编辑提供了一些高级操作，掌握了这些高级操作，将大大提高电路设计的工作效率。原理图中有两个基本要素：元件符号和线路连接。绘制原理图的主要操作就是将元件符号放置在原理图图纸上，然后用线将元件符号中的引脚连接起来，建立正确的电气连接，学习如何将二者有机联系。

学习重点

- ☑ 电气连接
- ☑ 编辑原理图
- ☑ 层次化电路设计
- ☑ 操作实例

任务驱动&项目案例

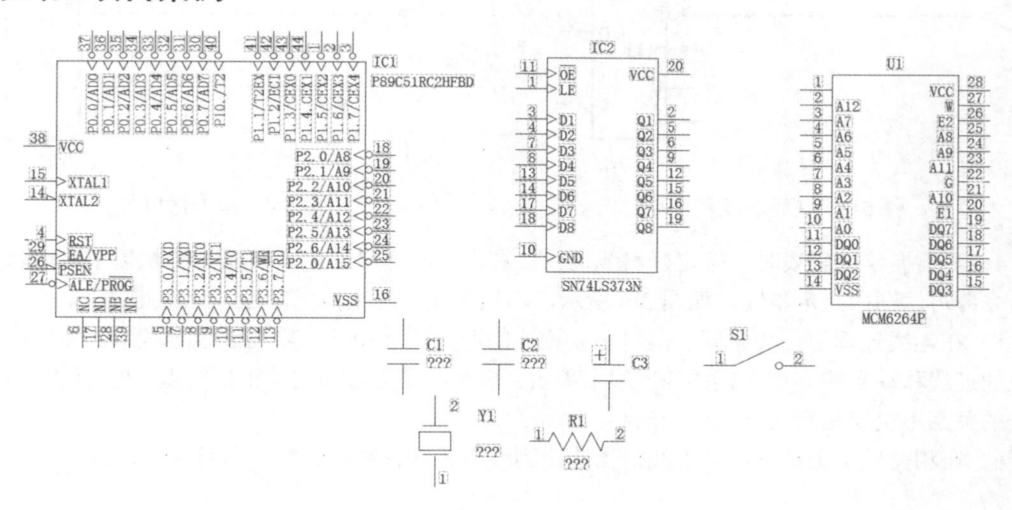

5.1 电 气 连 接

Note

元器件之间电气连接的主要方式是通过导线来连接。导线是电路原理图中最重要也是用得最多的图元，它具有电气连接的意义，不同于一般的绘图工具，绘图工具没有电气连接的意义。

5.1.1 添加连线

导线是电气连接中最基本的组成单位，连接线路是电气设计中的重要步骤，当将所有元器件放置在原理图中时，按照设计要求进行布线，建立网络的实际连通性成为首要解决的问题。

在“标准工具栏”中单击“原理图编辑工具栏”按钮，在打开的“原理图编辑工具栏”中单击“添加连线”按钮，激活连线命令。

（1）选择连线的起点，在选中管脚上单击，如图 5-1 所示。

（2）选中连线起点后，在十字光标上会粘附着连线，移动鼠标，粘附连线会一起移动，如图 5-2 所示。当连线到终点元件管脚时，双击即可完成连线，结果如图 5-3 所示。

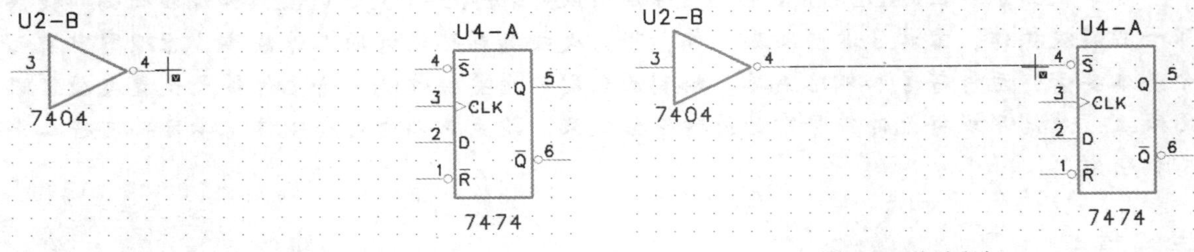

图 5-1　捕捉起点　　　　图 5-2　移动鼠标

（3）当需要拐角时，确定好拐角位置后单击即可，添加拐角后继续拖曳鼠标，绘制连线，如图 5-4 所示；当不需要拐角时，右击弹出快捷菜单，如图 5-5 所示，选择“删除拐角”命令即可。

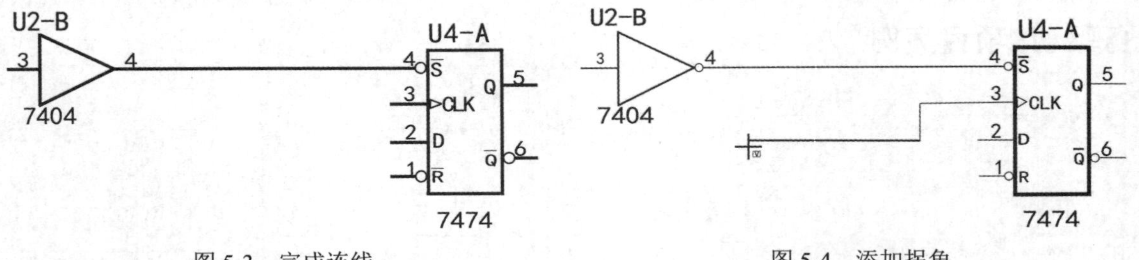

图 5-3　完成连线　　　　图 5-4　添加拐角

（4）当需要绘制斜线时，确定好斜线位置后右击，在弹出如图 5-5 所示的快捷菜单中选择“角度”命令即可，图中显示斜线，如图 5-6 所示，添加斜线后继续拖曳鼠标，绘制连线。

（5）在连线过程中，如果同一网络需要相连的两条连线相交，则在连线过程中，将粘附在十字光标上的连线移动到需要相交连接的连线上单击，这时系统会自动增加相交结点，相交结点标志着这两条线的关系不仅仅相交而且是同一网络。

（6）在相交结点上单击继续连线，当连线到终点元件管脚时，双击即可完成连线。

图5-5 “删除拐角”命令

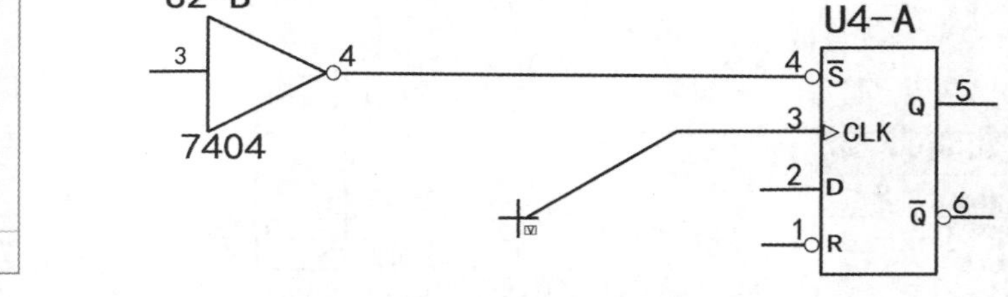

图5-6 添加斜线

5.1.2 添加总线

大规模的原理图设计，尤其是数字电路的设计中，如果只用导线来完成各元件之间的电气连接，那么整个原理图的连线就会显得杂乱而烦琐。在原理图中使用较粗的线条代表总线。而总线的运用可以大大简化原理图的连线操作，使原理图更加整洁、美观。

通常总线总会有网络定义，会将多个信号定义为一个网络，而以总线名称开头，后面连接想用的数字，及总线各分支子信号的网络名，如图5-7所示。

（1）单击“选择筛选条件工具栏”中的“总线”按钮。再单击“原理图编辑工具栏”中的“添加总线”按钮，进入总线设计模式。

（2）首先确定总线起点，在起点处单击。

（3）移动鼠标，十字光标上粘附着可以随着鼠标移动方向不同而做相应变化的总线，将鼠标朝着自己所需总线形式的方向移动，这时可右击，弹出如图5-8所示的快捷菜单。

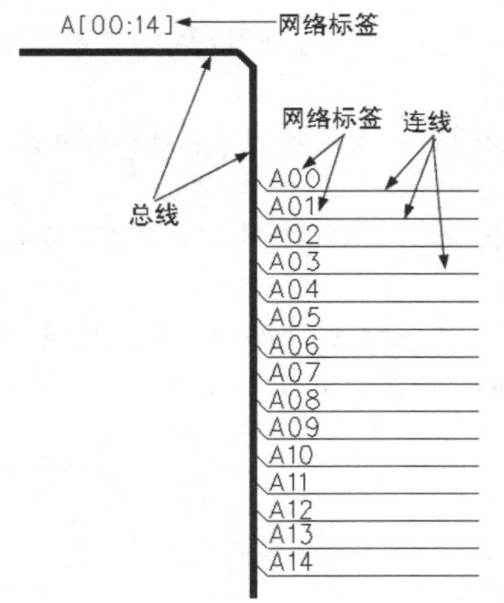

图5-7 总线示意图

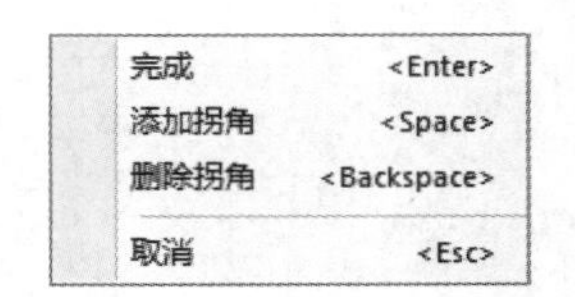

图5-8 快捷菜单

从图5-8中可知，利用快捷菜单可以对总线增加和删除一个拐角的操作，但实际设计中，在增加或删除一个拐角时靠快捷菜单来完成比较麻烦，只需在前一个拐角确定后单击就可以增加第二个拐角，将总线沿原路返回当拐角消失后单击即可删除拐角。完成总线时双击。

（4）当完成总线时，系统会自动弹出如图5-9所示的对话框。在弹出对话框中要求输入总线名称，而且在窗口后面还有格式提示，如果总线名称格式输入错误，系统会弹出提示窗口。

（5）当输入总线名称正确后总线名称粘附于十字光标上，移动到适当的位置后单击确定，结果如图5-10所示。

Note

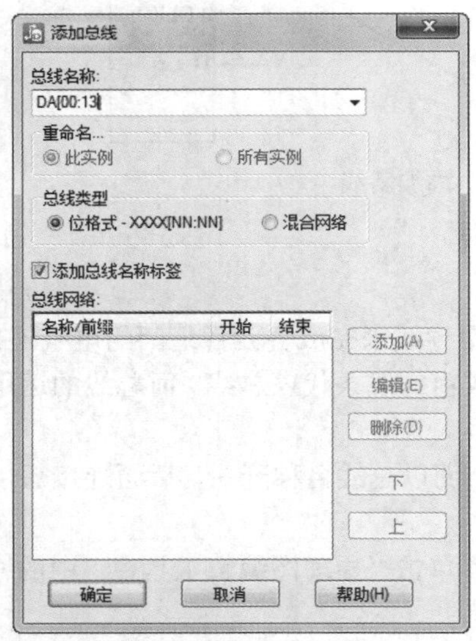

图 5-9 “添加总线”对话框

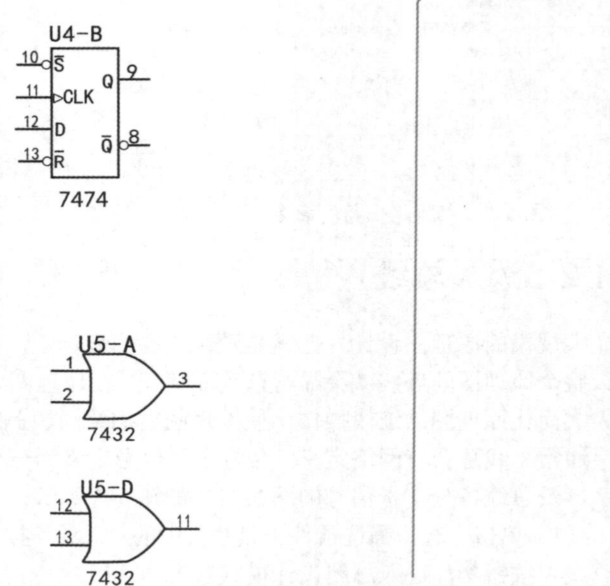

图 5-10 添加总线

5.1.3 添加总线分支

完成总线的绘制后，下一步还要将各信号线连接在总线上，在连线过程中，如果需要与总线相交，则相交处为一段斜线段。

从“标准工具栏”中单击“原理图编辑工具栏”按钮，在打开的“原理图编辑工具栏”中单击“添加连线”按钮，激活连线命令。

（1）单击总线连接处，弹出“添加总线网络名”对话框，在对话框中输入名称“DA00”，如图 5-11 所示。

（2）此时，从管脚 10 引出的连线自动分配给总线，相交处自动添加一小段斜线，自动附着输入的网络名，标志着这两条线的关系不仅仅相交而且是同一网络，如图 5-12 所示。

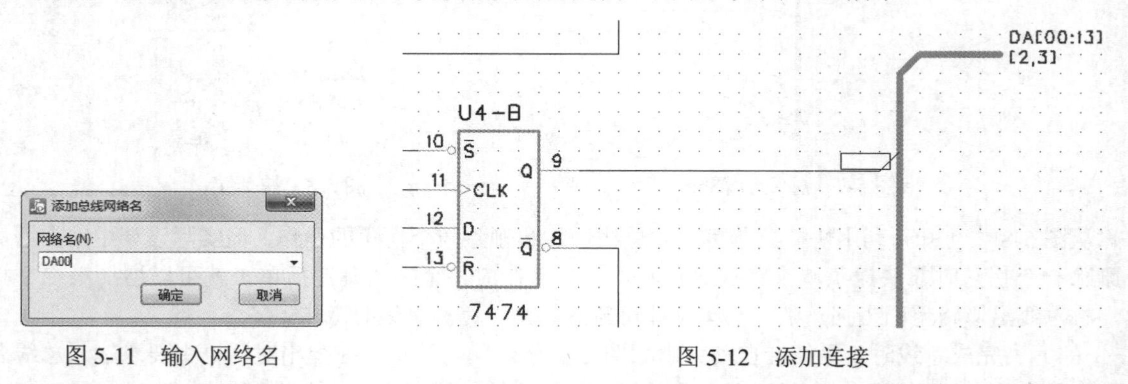

图 5-11 输入网络名

图 5-12 添加连接

（3）单击“添加总线网络名”对话框中的“确定”按钮，完成连线，结果如图 5-13 所示。

（4）按照上述步骤可以完成总线连接。

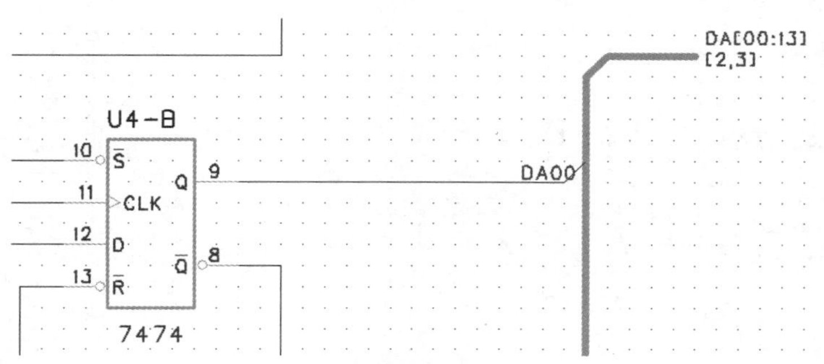

图 5-13　完成连线

5.1.4　添加页间连接符

在原理图设计过程中，页间连接符号用于在相同的页面或不同的页面之间进行元件管脚同一网络的连接。一个大的项目分成若干个小的项目文件进行设计，需要页间连接符进行连通，不管在同一页还是在不同的页，只要网络名相同，那么就是同一网络。通过页间连接符就可以将不同页面的同一网络连接在一起。

当生成网表文件时，PADS Logic 自动地将具有相同页间连接符号的网络连接在一起。

（1）单击“原理图编辑工具栏”中的“添加连线”按钮，执行连线操作。

（2）移动鼠标，右击弹出如图 5-14 所示的快捷菜单，选择“页间连接符”命令。

（3）当一个页间连接符粘附在十字光标上时，可使用快捷键旋转（Ctrl+R）或镜像（Ctrl+F）页间连接符。

（4）单击放置页间连接符号，这时系统又会弹出对话框，如图 5-15 所示，输入网络名，单击“确定”按钮，退出对话框，完成页间连接符的插入，结果如图 5-16 所示。

图 5-14　快捷菜单

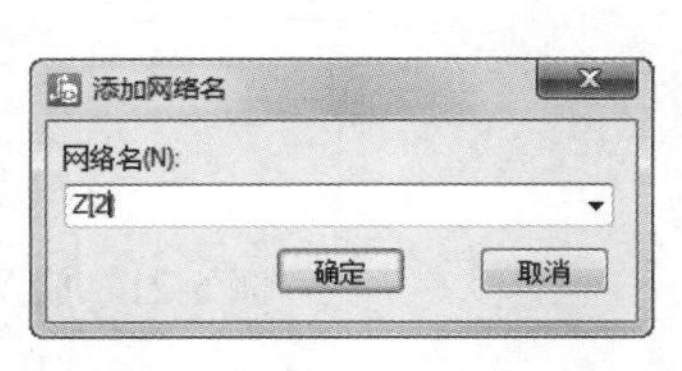

图 5-15　“添加网络名”对话框

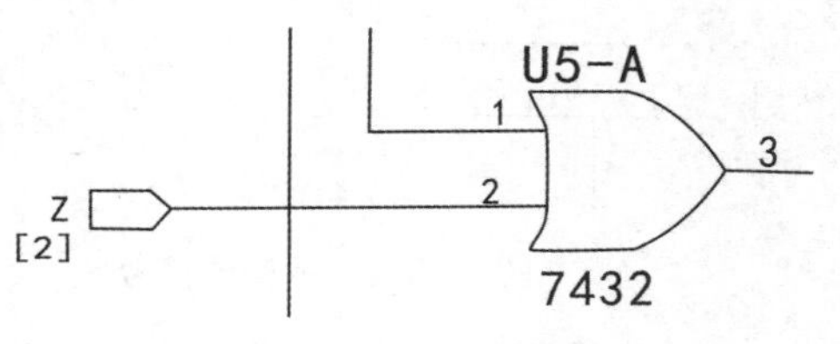

图 5-16　插入页间连接符

5.1.5　添加电源符号

电源和接地符号是电路原理图中必不可少的组成部分。为了使所绘制的原理图简洁明了，在连接线完成连接到电源或地线时使用一个特殊的符号（地线和电源符号）结束，这样就可以使用地线符号将元件的管脚连接到地线网络，电源符号可以连接元件的管脚到电源网络。

（1）单击“原理图编辑工具栏”中的“添加连线”按钮，选择 U2 的 15 脚。

（2）当走出一段线后右击，弹出如图 5-17 所示的快捷菜单，选择“电源”命令，一个电源符号就粘附在光标上。

（3）右击，从弹出的快捷菜单中选择“备选”命令，如图 5-18 所示。切换出现的电源符号。可以在键盘上使用快捷键 Ctrl+Tab 循环各种各样的电源符号。单击确定，放置电源符号。同时在左侧的“项目浏览器”中显示该电源网络，如图 5-19 所示。

Note

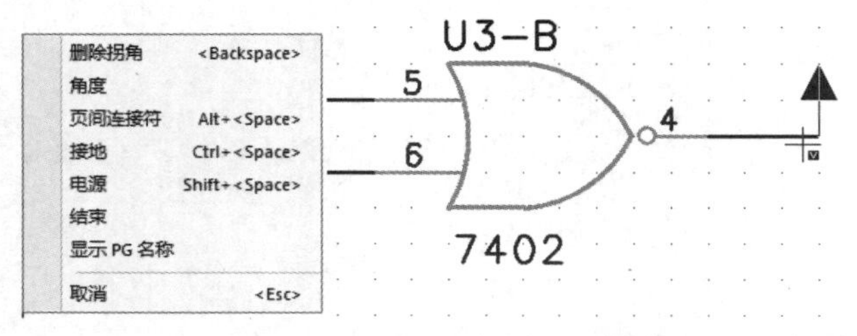

图 5-17 选择“电源”命令

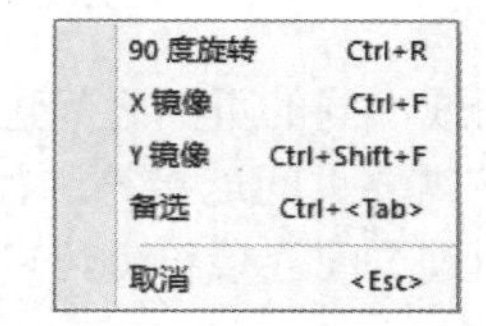

图 5-18 选择“备选”命令

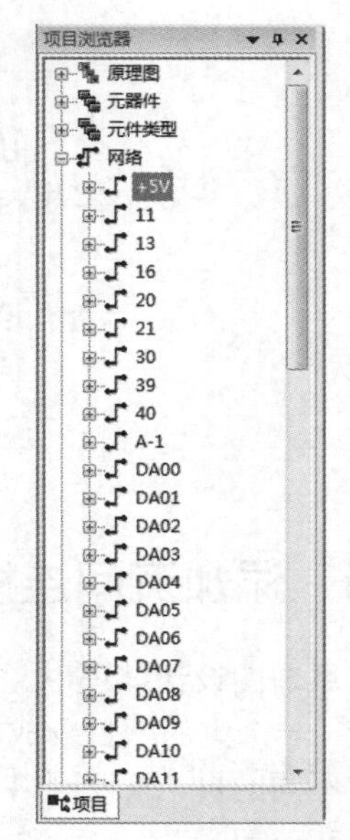

图 5-19 显示网络名称

5.1.6 添加接地符号

下面介绍怎样放置接地符号连接。

（1）单击“原理图编辑工具栏”中的“添加连线”按钮，选择 R5 的 2 脚。

（2）当走出一段线后右击，弹出如图 5-17 所示的快捷菜单，选择“接地”命令，一个接地符号就粘附在光标上，如图 5-20 所示。单击，放置接地符号，如图 5-21 所示。

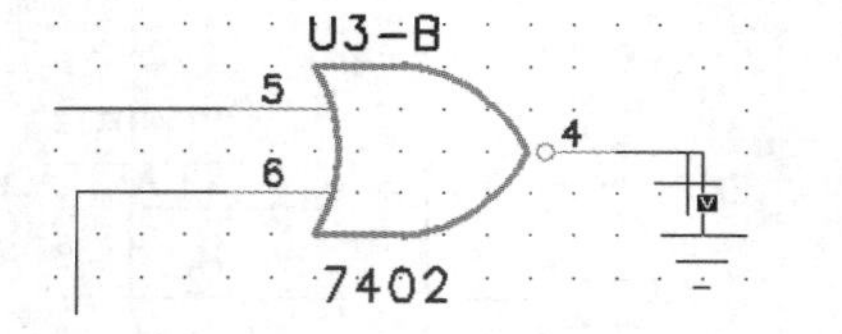

图 5-20 显示接地符号

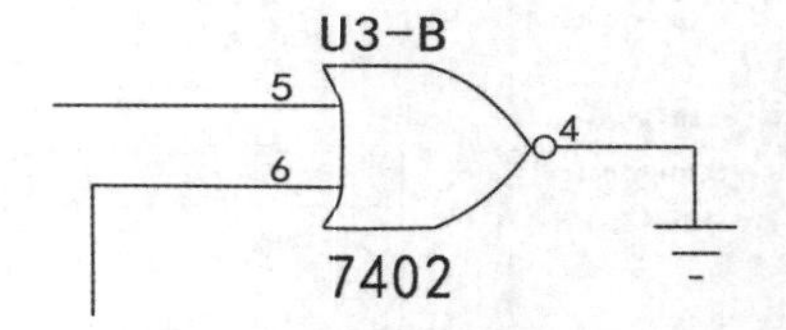

图 5-21 放置接地符号

（3）如果需要将网络名显示出来，在图 5-17 中先选择“显示 PG 名称”命令，然后选择接地符号进行放置，这时在接地符号旁边将显示网络字符 GND，如图 5-22 所示。

（4）为了连接 R5 的 2 脚到 GND，这时粘附在十字光标上的接地符号并不一定是所需接地符号，所以必须右击弹出如图 5-23 所示的快捷菜单，从中选择“备选”命令。这时出现的接地符号如图 5-24 所示。

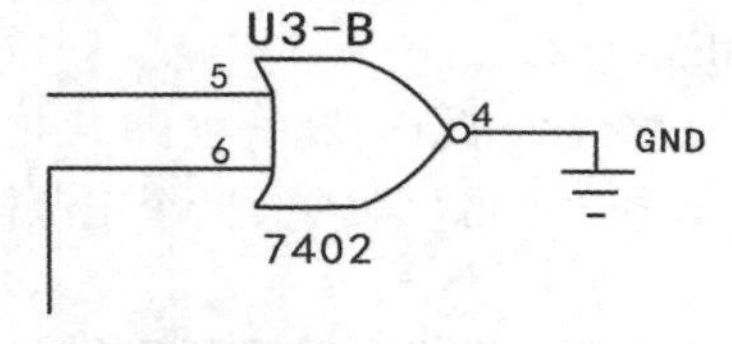

图 5-22 显示网络名称

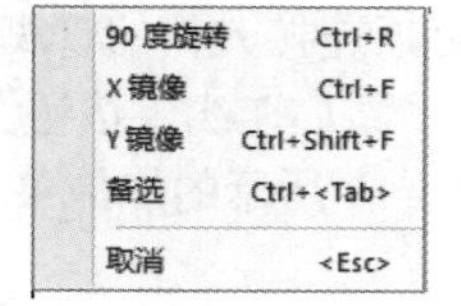

图 5-23 快捷菜单

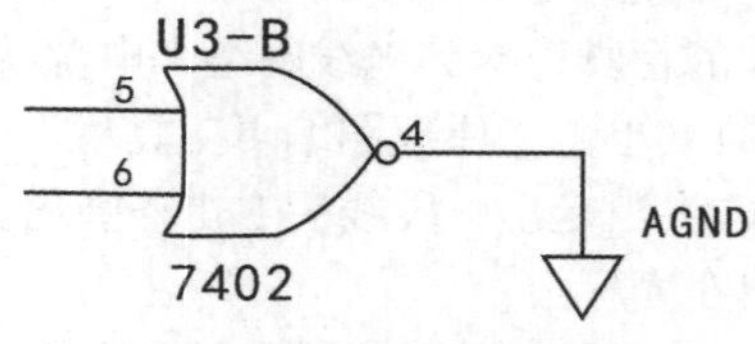

图 5-24 切换接地符号

（5）可能同样不是所需的接地符号，可继续选择“备选”命令，也可按快捷键 Alt+Tab 循环各

种各样的接地符号，直到所需符号出现为止。单击确定，放置接地符号，这时连接到地的网络名称将出现在状态栏的左侧。

5.1.7　添加网络符号

在原理图绘制过程中，元器件之间的电气连接除使用导线外，还可以通过设置网络标签的方法来实现。所有连线都会被赋予一个固定的网络名称。

网络标签具有实际的电气连接意义，具有相同网络标签的导线或元件引脚不管在图上是否连接在一起，其电气关系都是连接在一起的。特别是在连接的线路比较远，或线路过于复杂，而使走线比较困难时，使用网络标签代替实际走线可以大大简化原理图。

选择菜单栏中的“工具”→“选项”命令，弹出“选项”对话框，如图 5-25 所示，打开“设计”选项，在右侧的“选项”选项组下选中“允许悬浮连线”复选框，单击“确定”按钮，退出对话框。完成此设置后，在原理图中可以绘制悬浮连线。

（1）单击“原理图编辑工具栏”中的“添加连线”按钮，激活连线操作。

（2）选中连线起点后，十字光标会粘附着连线，移动鼠标，粘附连线会一起移动，双击或按 Enter 键完成绘制，这些连线是浮动的，结果如图 5-26 所示。

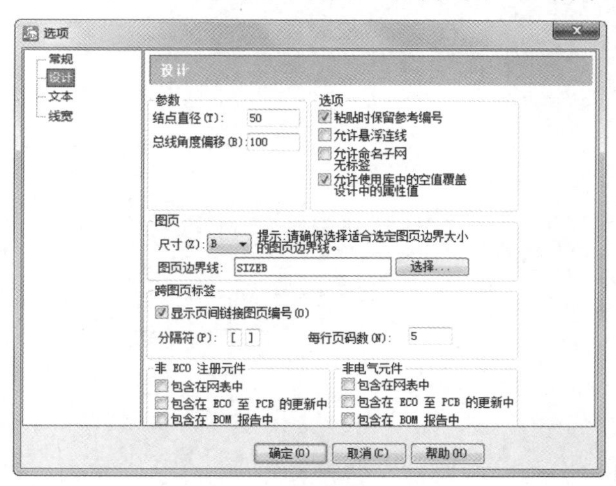

图 5-25　“选项”对话框

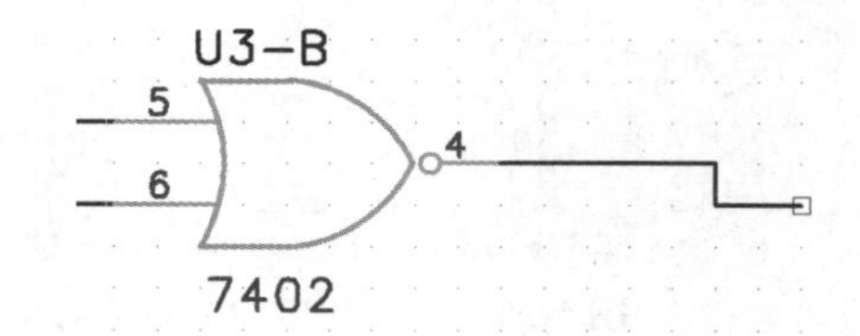

图 5-26　绘制悬浮连线

（3）双击连线，弹出如图 5-27 所示的“网络特性”对话框，选中“网络名标签”复选框，连线被赋予一个默认的名称，如图 5-28 所示。

图 5-27　“网络特性”对话框

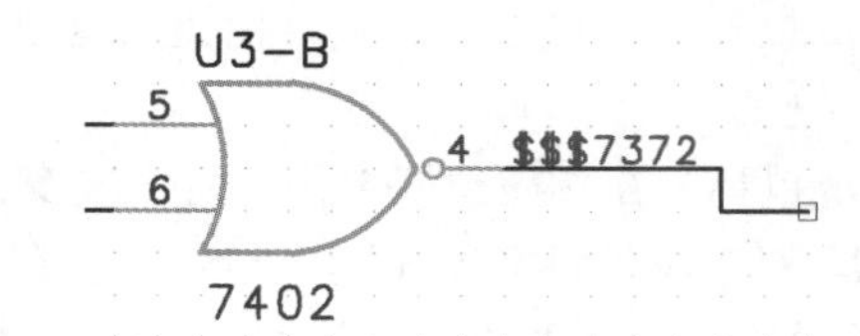

图 5-28　显示网络名

Note

5.1.8 添加文本符号

在绘制电路原理图时，为了增加原理图的可读性，设计者会在原理图的关键位置添加文字说明，即添加文本符号。

（1）单击“原理图编辑工具栏”中的“创建文本”按钮，弹出如图 5-29 所示的“添加自由文本”对话框。

（2）在该对话框中输入要添加的文本内容，还可以在下面的选项中设置文本的字体、样式、对齐方式等。

（3）完成设置后，单击“确定”按钮，退出对话框，进入文本放置状态，鼠标上附着一个浮动的文本符号。

（4）拖曳鼠标，在相应位置单击，将文本放置在原理图中，如图 5-30 所示。同时继续弹出“添加自由文本”对话框，如需放置，可继续在对话框中输入文本内容；若无须放置，则单击“取消”按钮，或单击右上角的“关闭”按钮，关闭对话框即可。

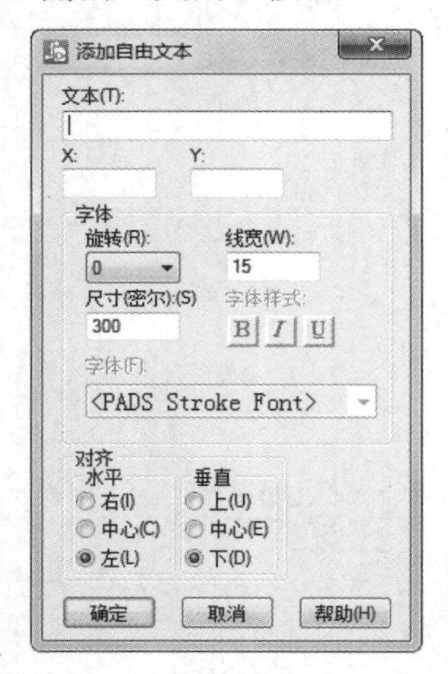

图 5-29 “添加自由文本”对话框

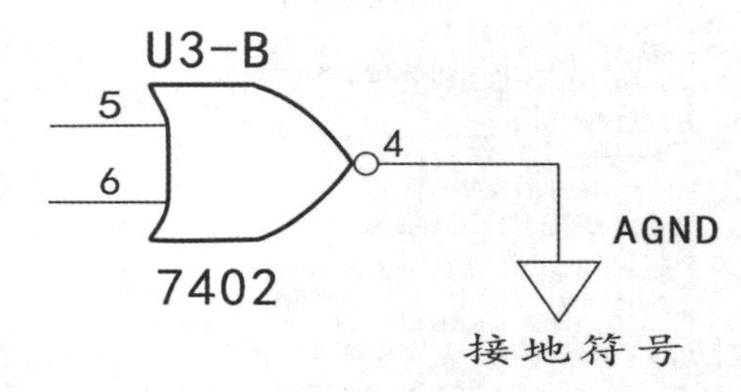

图 5-30 放置文本符号

5.1.9 添加字段

在绘制电路原理图时，为了简化文本的修改，将文本设置成一个变量，无须重复修改文本，只需修改变量值即可，这种变量文本被称之为“字段”。下面将讲解具体的操作方法。

（1）单击“原理图编辑工具栏”中的“添加字段”按钮，弹出“添加字段”对话框。

（2）在该对话框中，可以在“名称”下拉列表框中选择已有的变量，也可自己设置变量名，输入变量值，如图 5-31 所示，在下面的选项组中设置变量的字体、样式、对齐方式等。

（3）完成设置后，单击“确定”按钮，退出对话框，进入字段放置状态，鼠标上附着一个浮动的字段符号。

（4）拖曳鼠标，在相应位置单击，将字段变量值放置在原理图中，如图 5-32 所示。同时继续弹出“添加字段”对话框，如需放置，可继续在对话框中输入变量名及变量值；若无须放置，则单击“取消”按钮，或单击右上角的“关闭”按钮，关闭对话框即可。

Note

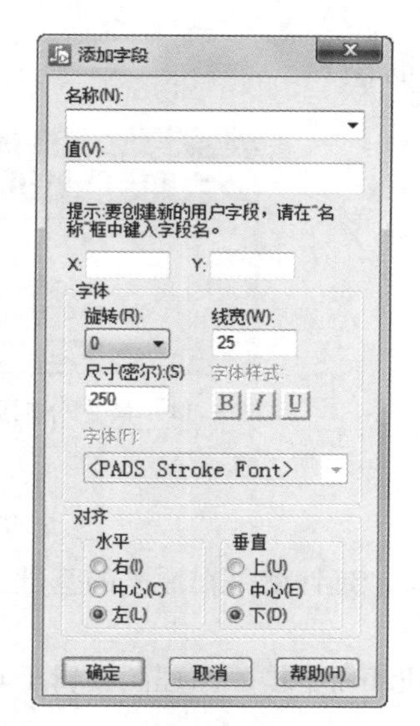

图 5-31 “添加字段”对话框

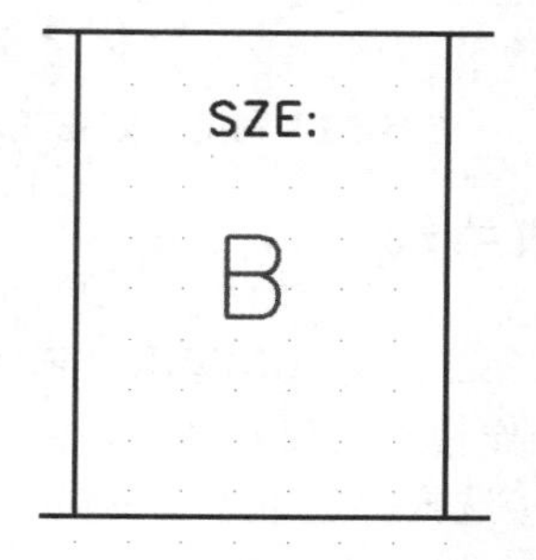

图 5-32 放置字段变量值

5.2 编辑原理图

对于建立好的连线或由于原理上的需要而对原理图进行改动是司空见惯的，下面简单介绍各种电器连接方式的编辑方法。

5.2.1 编辑连线

在修改连线时，一定要先在工具栏中单击“选择”按钮后再选择连线进行移动，否则无法执行移动操作。要对元件重新连接有两种方法。

☑ 单击“选择筛选条件工具栏”中的“删除”按钮，单击需要删除的连线，删除此连线后重新建立连接线。

☑ 单击“原理图编辑工具栏”中的“选择”按钮，用鼠标单击需要修改连线的末端，则连线末端粘附在十字光标上，移动鼠标，最后在与新连接处双击完成连线。

5.2.2 分割总线

绘制完成的总线并不是固定不变的，新绘一条总线时并非一次性绘好，有时需要对原理图进行修改等，这时往往是直接在原来总线的基础上进行修改。PADS Logic 在总线工具盒中提供了分割总线和延伸总线两种修改总线的工具。

（1）单击“选择筛选条件工具栏”中的“总线”按钮，单击“原理图编辑工具栏”中的“分割总线”按钮。

（2）在总线上单击，移动鼠标，这时被分割部分的总线会随着鼠标的移动而变化，调整分割部分总线到适当的位置，单击鼠标完成分割修改过程，如图 5-33 所示。

（3）分割总线的操作只有当单击总线的非连接处主体时，分割功能才有效，当单击总线与各网络线连接部分时，系统在“输出窗口”中显示如图 5-34 所示的警告信息。

Note

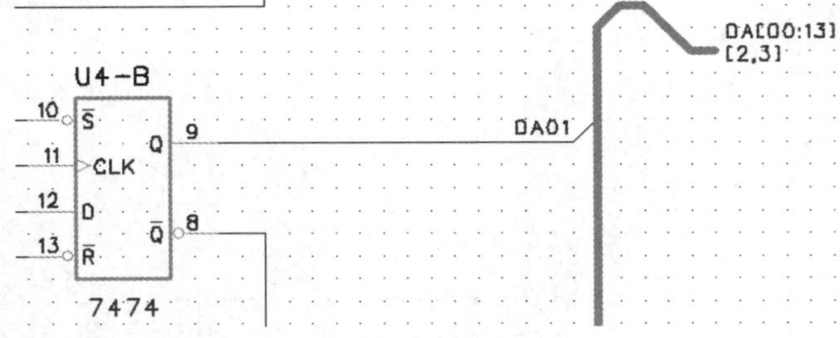

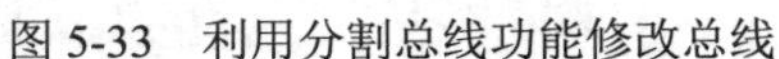

图 5-33　利用分割总线功能修改总线

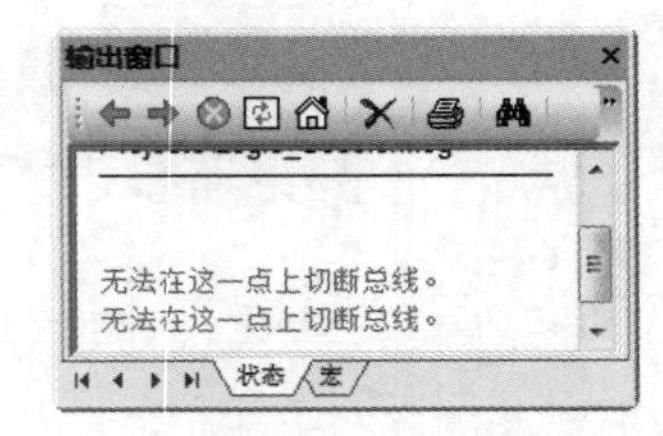

图 5-34　禁止分割总线提示

5.2.3　延伸总线

修改总线的第二种方式是运用“延伸总线”，顾名思义，延伸就是在原来的基础上进行一定的扩展，所以这个操作相对比较简单。

（1）单击“选择筛选条件工具栏”中的“总线”按钮，单击“原理图编辑工具栏”中的“延伸总线”图标，如图 5-35 所示。

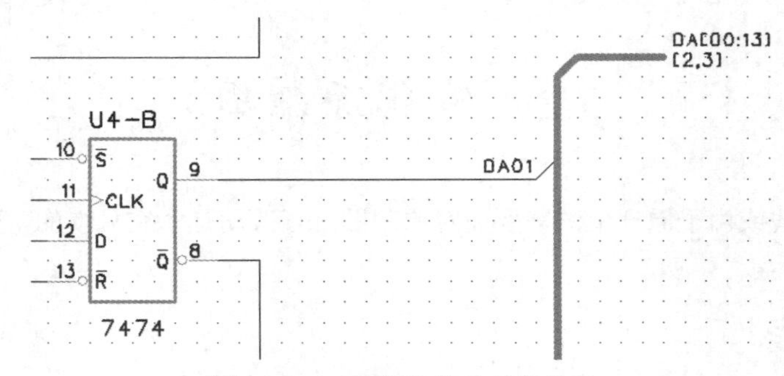

图 5-35　延伸总线修改前的总线

（2）在图中单击总线的端部，这时总线的端部会随着鼠标的移动而进行延伸变化，在总线延伸变化中可以增加总线拐角，当其延伸到适当位置后单击确定即可，如图 5-36 所示。

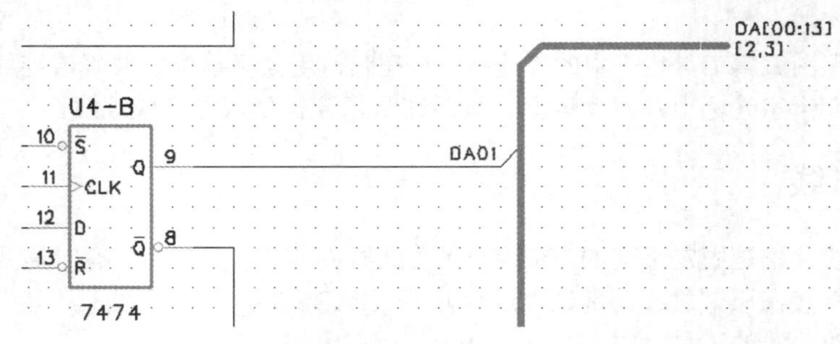

图 5-36　延伸总线修改后的总线

（3）在运用延伸总线功能时要注意，延伸总线只是针对总线的两个端部。如果在延伸总线功能模式下单击总线非端部的部分，则操作无效。

5.2.4　编辑网络符号

所有连线都会被赋予一个固定的网络名称，也可通过相同的方式显示名称，图 5-37 显示了几种

网络名称显示方法。

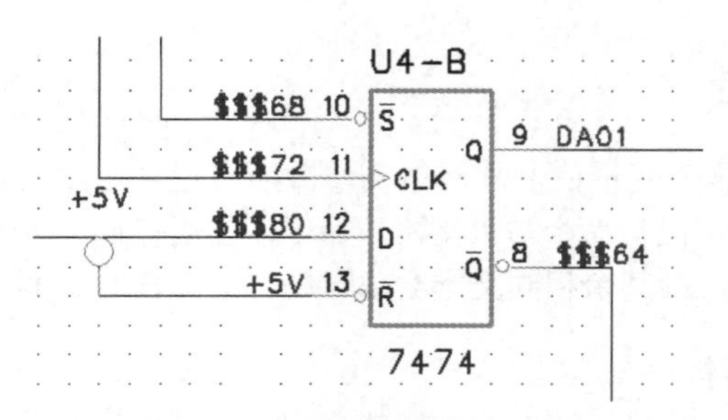

图 5-37　显示网络名称的电气图

（1）双击连线，弹出“网络特性”对话框，单击“统计数据”按钮，系统将被选择网络的有关信息记录在 PADS Logic 设置的编辑器记事本中并弹出，如图 5-38 所示。

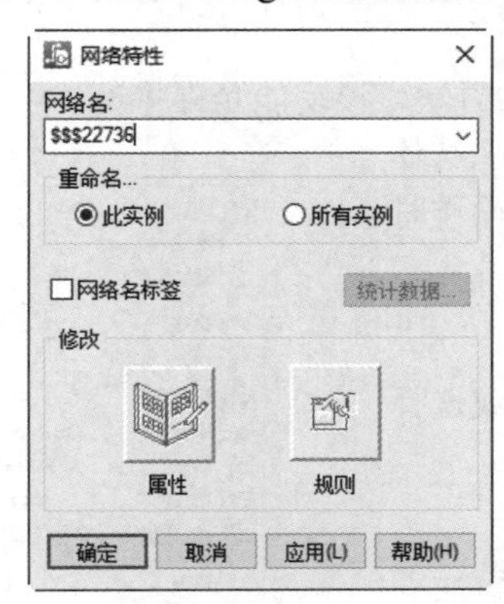

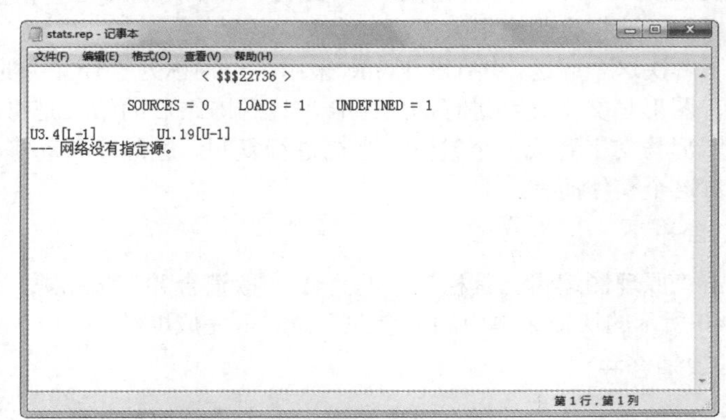

图 5-38　“网络特性”对话框和编辑器记事本

（2）单击“属性”和“规则”按钮，改变网络的属性和被选网络的设计规则。查询修改完之后，单击“确定”按钮即可完成网络的查询与修改。

5.2.5　编辑文本符号

相对于元器件的查询与修改来讲，对文本的操作就简单得多。

选中文本文字，单击“原理图编辑工具栏”中的“特性”按钮，弹出如图 5-39 所示的“文本特性”对话框。

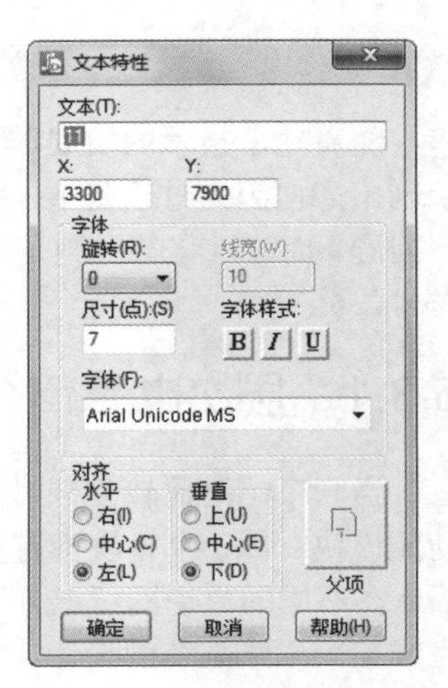

图 5-39　“文本特性”对话框

通过“文本特性”对话框中的“文本”编辑框可以改变被选择文本文字的内容。

文本文字坐标(X,Y)的值如果不是在对文本文字有严格的坐标控制下，一般不在这里设置，而是通过直接在设计中移动文本文字到适当的位置处来设置。

除此之外，还可以通过对话框中的设置项“线宽”和“尺寸”来改变被选择项文本文字的字体高度和文体线宽。

假如所选择的文本文字是一个与图形冻结而成的冻结体中的文本文字，则可以单击“父项”按钮而直接对这个冻结体中的图形进行查询与修改操作。而对于文本文字的方位正当化，一般都是通过

直接移动文本文字来改变。

5.2.6　编辑字段符号

Note

在任何时候都可以直接修改变量值，从而达到修改所有已使用字段的目的。

在原理图中放置文本，“字段”命令与“文本”命令，使用任何一种均可；若放置相同文本，在需要修改时，“字段”修改一次，则其余相同文本全部自动修改；普通文本则无此功能，需要逐个修改。

5.2.7　合并/取消合并

在设计过程中根据需要有时可能会设计一些组合图形，比如由一个圆、矩形和多边形组成的一个组合图形，另外可能在组合图形中还会有一些文本文字。由于这些组合体是由不同的绘制方式得来的，因此它们是彼此独立的，如果需要对其复制、删除和移动等，则希望把这个组合图形看成一个整体来一次性操作，这样会带来很大方便。

为了解决这个问题，PADS Logic 采用了一种称为“合并”的方法，该功能允许将设计中的图形与图形、图形与文本文字进行冻结组合，这种冻结后的结果是将冻结体中比如图形与文字看成一个整体，当在进行复制、删除和移动等操作时都是针对这个整体而言。

1. 合并

单击“原理图编辑工具栏”中的“合并/取消合并”按钮，或选择如图 5-40 所示的快捷菜单中的“合并”命令，完成冻结。

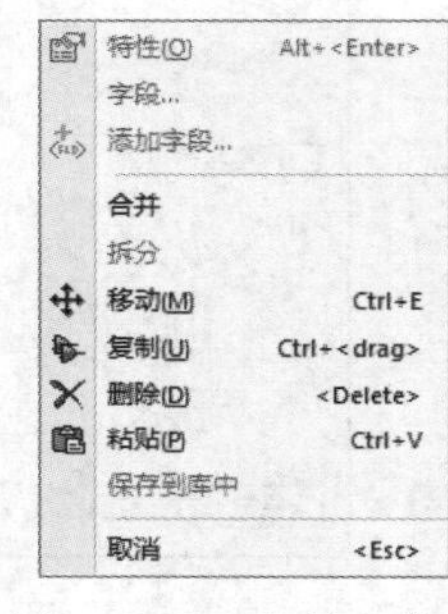

图 5-40　“合并”菜单

2. 取消合并

完成冻结后，选中的所有对象都成为一个整体而一起移动。下面介绍解除冻结的方法。

选中冻结体后右击，在弹出的快捷菜单中选择“拆分”命令，即可完成解冻。

5.3　层次化电路设计

随着电子技术的发展，所要绘制的电路也越来越复杂，在一张图纸上很难完整地绘制出来，即使绘制出来但因为过于复杂，不利于用户的阅读分析与检测，也容易出错。层次化电路的出现解决了这一问题，而层次化符号则是层次化电路有别于其他一般电路的主要区别，本节将介绍如何放置层次化符号。

5.3.1　层次电路简介

当一个电路比较复杂时，就应该采用层次原理图来设计，即将整个电路系统按功能划分成若干个功能模块，每一个模块都有相对独立的功能。按功能分，层次原理图分为顶层原理图、子原理图，然后，在不同的原理图纸上分别绘制出各个功能模块。最后，在这些子原理图之间建立连接关系，从而完成整个电路系统的设计。由顶层原理图和子原理图共同组成，这就是所谓的层次化结构，而层次化符号就是各原理图连接的纽带。图 5-41 为一个层次原理图的基本结构图。

Note

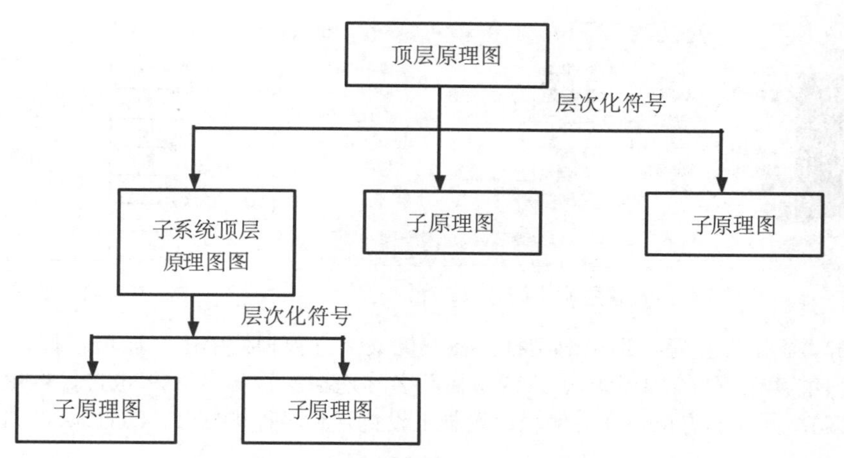

图 5-41　层次原理图的基本结构图

针对每一个具体的电路模块，可以分别绘制相应的电路原理图，该原理图一般被称为子原理图，而各个电路模块之间的连接关系则采用一个顶层原理图来表示。顶层原理图主要由若干个原理图符号即层次化符号组成，用来表示各个电路模块之间的系统连接关系，描述了整体电路的功能结构。这样，把整个系统电路分解成顶层原理图和若干个子原理图以分别进行设计。

子原理图用来描述某一电路模块具体功能的普通电路原理图，只不过增加了一些页间连接符，作为与顶层原理图进行电气连接的接口。

5.3.2　绘制层次化符号

层次化符号外轮廓包含方框、管脚（输入、输出），每一个层次化符号代表一张原理图。放置层次化符号的具体步骤如下。

（1）单击“原理图编辑工具栏”中的“新建层次化符号”按钮，弹出如图 5-42 所示的“层次化符号向导”对话框。

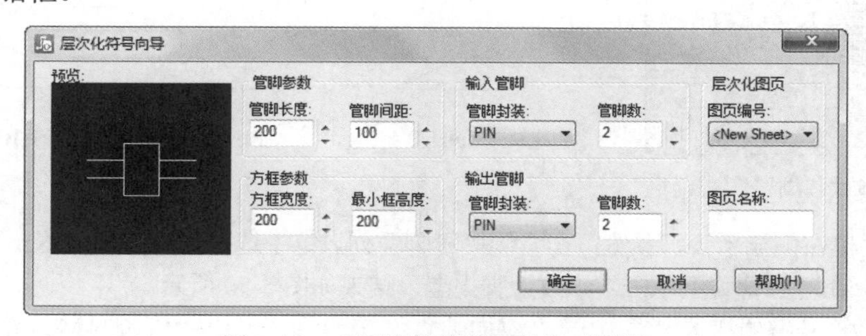

图 5-42　“层次化符号向导”对话框

（2）在该对话框中左侧显示层次化符号预览，右侧显示各选项设置参数，包括管脚参数（左侧为输入管脚，右侧为输出管脚）、方框参数、输入管脚和输出管脚，用户可按照所需进行设置。在“图页名称”文本框中输入层次化符号名称，即层次化符号所对应的子原理图名称。

（3）按照如图 5-43 所示设置完对话框后，单击“确定”按钮，退出对话框，进入 Hierchical symbol: CPU（层次化符号）编辑状态，编辑窗口显示预览显示的层次化符号，如图 5-44 所示。

（4）单击“符号编辑工具栏”中的“设置管脚名称”按钮，弹出“端点起始名称”对话框，输入管脚名称“PORT1”，如图 5-45 所示。

Note

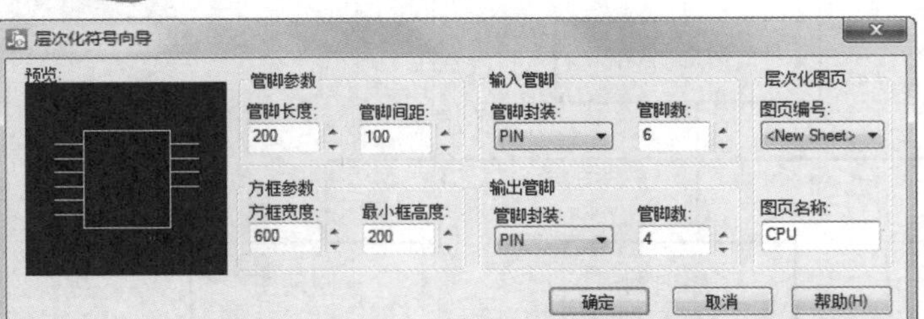

图 5-43　设置层次化符号

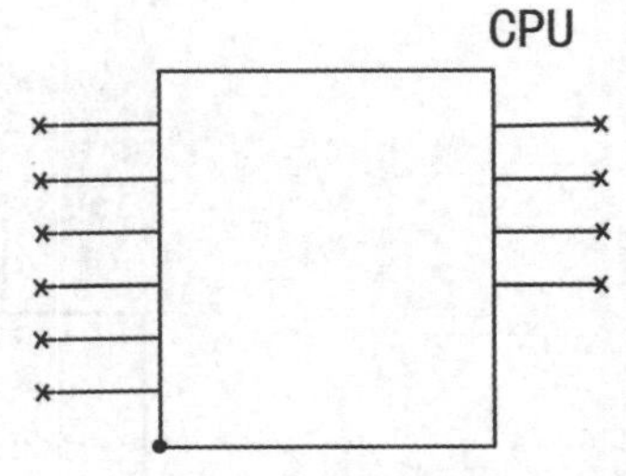

图 5-44　编辑层次化符号

（5）单击“确定”按钮，退出对话框，在左侧最上方管脚处单击，显示管脚名称 PORT1，如图 5-46 所示，继续在下方管脚上单击，依次显示名称递增的管脚名称 PORT2、PORT3、PORT4、PORT5、PORT6；同样的方法，在右侧输出管脚上设置管脚名称 OUT1、OUT2、OUT3、OUT4，如图 5-47 所示。

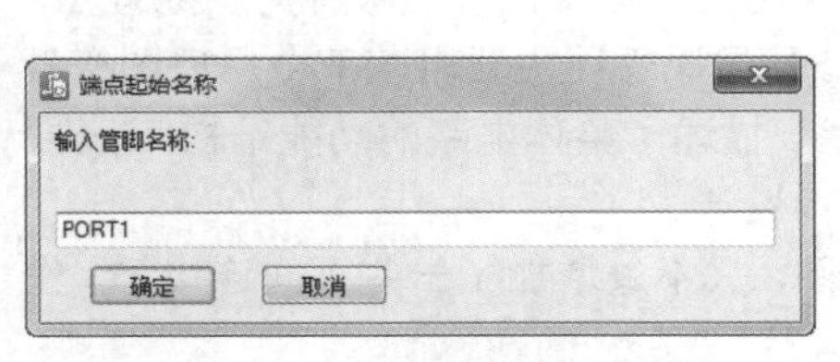

图 5-45　“端点起始名称”对话框

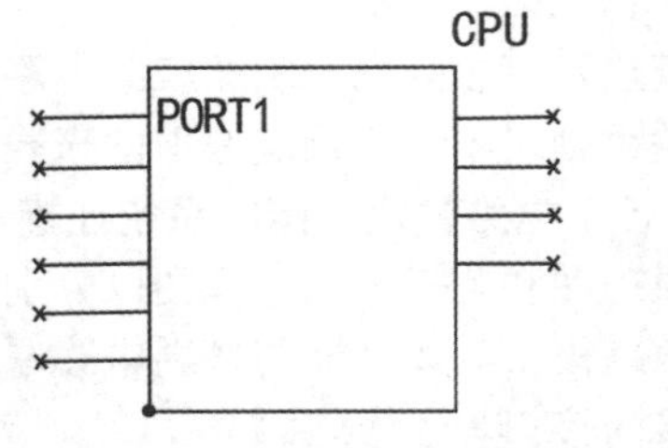

图 5-46　放置管脚名称

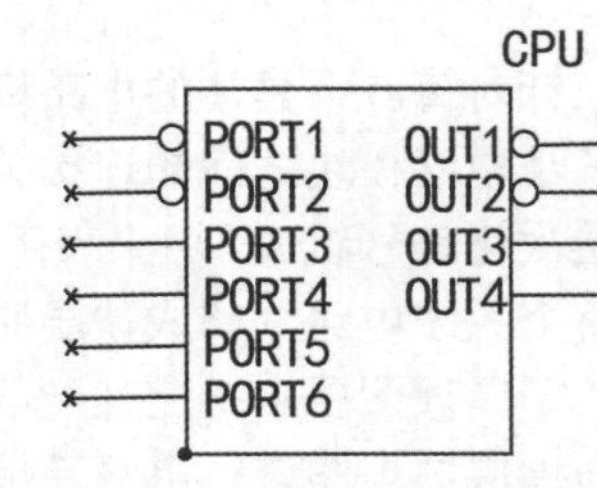

图 5-47　设置管脚名称

（6）单击“符号编辑工具栏”中的“更改管脚封装”按钮，弹出“管脚封装浏览”对话框，如图 5-48 所示。管脚类型有 7 种类型，如图 5-49 所示。

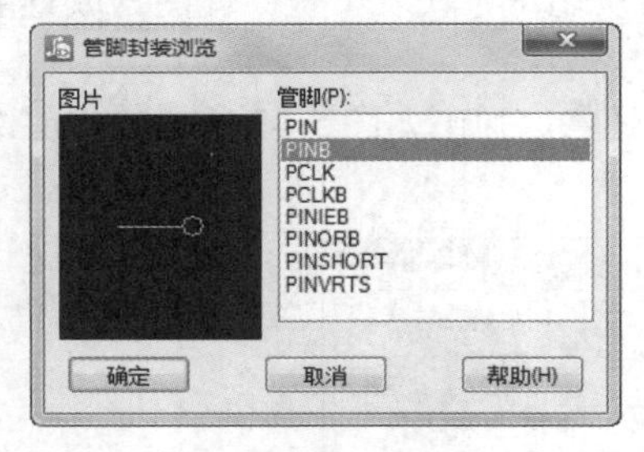

图 5-48　“管脚封装浏览”对话框

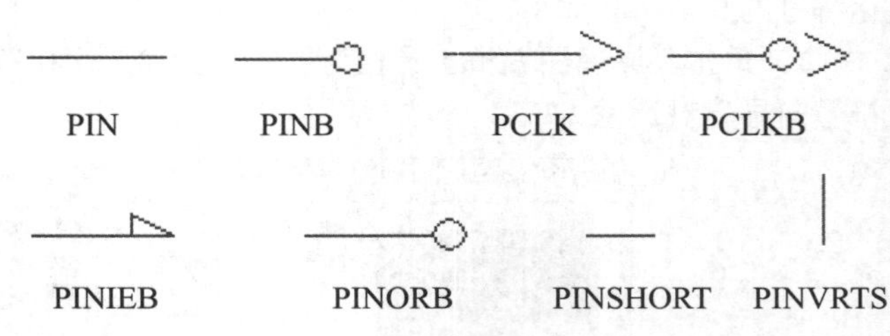

图 5-49　管脚类型

（7）在对话框左侧显示管脚预览，在右侧“管脚”列表框中选择管脚类型 PINB，单击“确定”按钮，退出对话框，在对应管脚上单击，修改管脚类型，结果如图 5-50 所示。

（8）单击“符号编辑工具栏”中的“添加端点”按钮，弹出“管脚封装浏览”对话框，选择要新增加的管脚类型，选择默认类型 PIN，单击“确定”按钮，退出对话框，光标上附着浮动的管脚符号，如图 5-50 所示。

（9）右击，在弹出的快捷菜单中选择“X 镜像”命令或直接使用快捷键 Ctrl+F，镜像浮动的管脚符号，结果如图 5-51 所示。

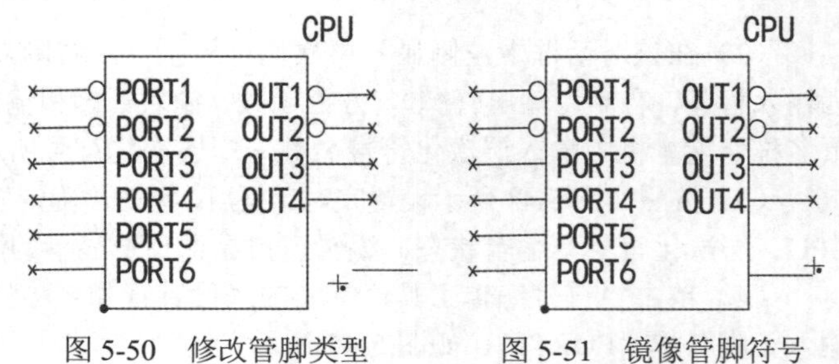

图 5-50　修改管脚类型　　图 5-51　镜像管脚符号

（10）在方块外侧单击，放置新增管脚符号，结果如图 5-52 所示。“新增|端点”命令与“新建层次化符号”中设置输入/输出管脚个数作用相同，进入层次化符号编辑器中后，层次化符号中的管脚位置也可调整，直接拖曳鼠标即可。

（11）双击管脚，弹出“端点特性”对话框，在“名称”文本框中输入“GND”，如图 5-53 所示。单击“更改封装”按钮，可弹出“管脚封装浏览”对话框，修改管脚类型。单击“确定”按钮，退出对话框，完成管脚名称修改，结果如图 5-54 所示。

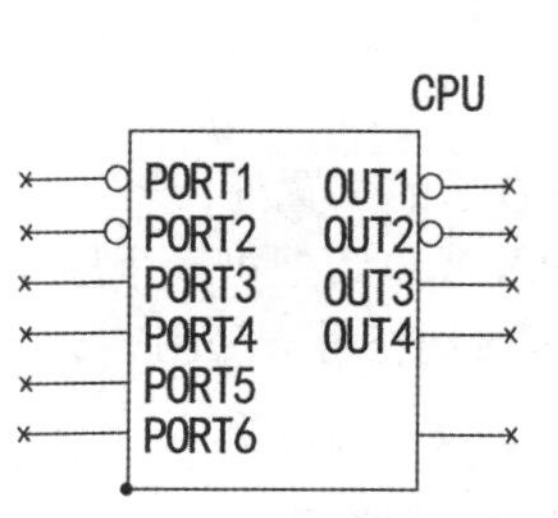

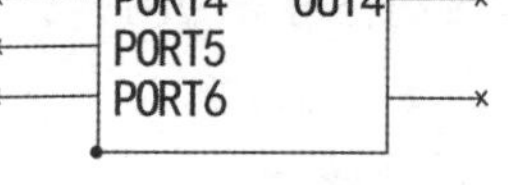

图 5-52　放置管脚符号

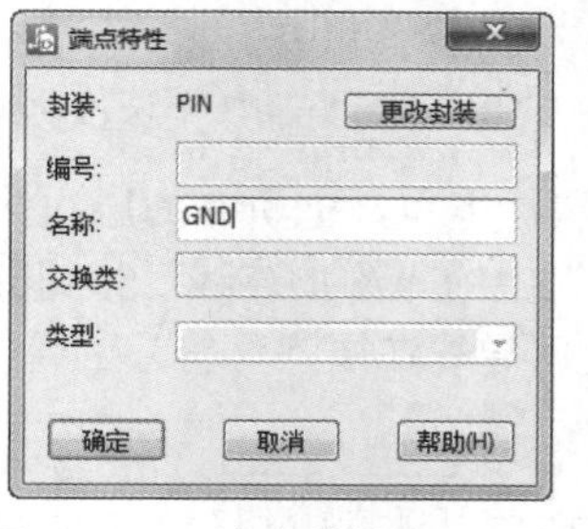

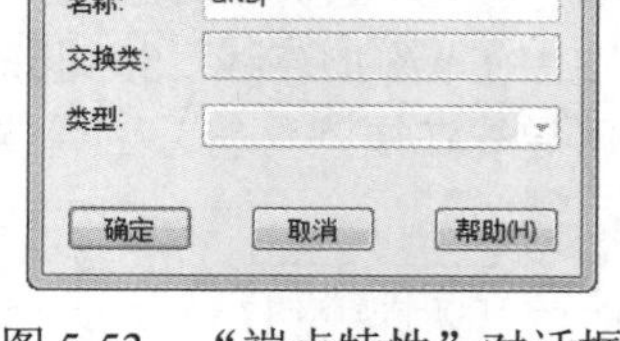

图 5-53　“端点特性”对话框

图 5-54　修改管脚名称

设置管脚名称可采用以下几种方法。

☑　单击“符号编辑工具栏”中的“设置管脚名称”按钮，弹出“端点起始名称”对话框，输入名称，单击添加名称的管脚。

☑　单击“符号编辑工具栏”中的“更改管脚名称”按钮，单击需要修改的管脚，弹出 Pin Name（管脚名称）对话框，如图 5-55 所示。

☑　双击管脚，弹出“端点属性”对话框。

（12）选择菜单栏中的“文件”→“完成”命令，退出层次化符号编辑器，返回原理图编辑环境，十字光标上附着浮动的层次化符号，如图 5-56 所示，在原理图空白处单击，放置绘制完成的层次化符号，如图 5-57 所示。

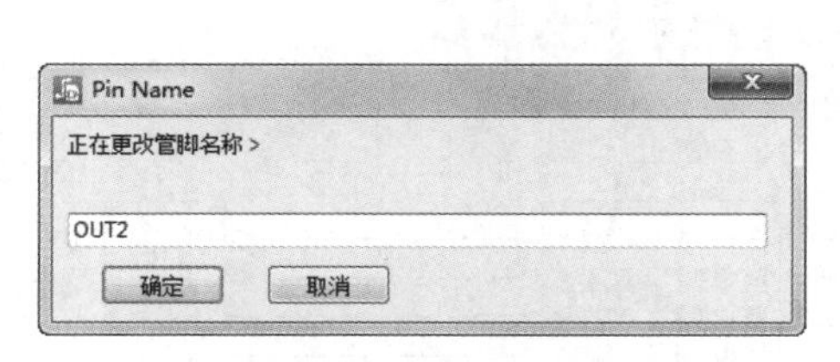

图 5-55　Pin Name（管脚名称）对话框

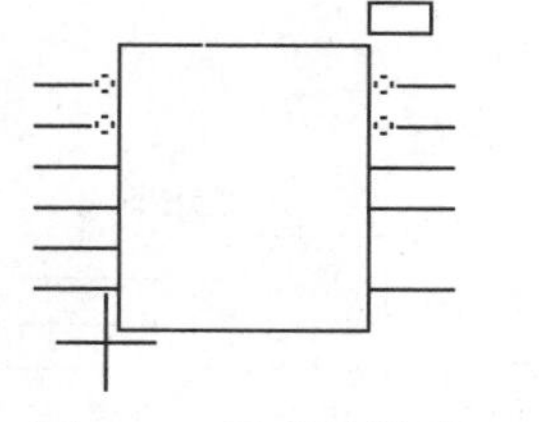

图 5-56　浮动的符号

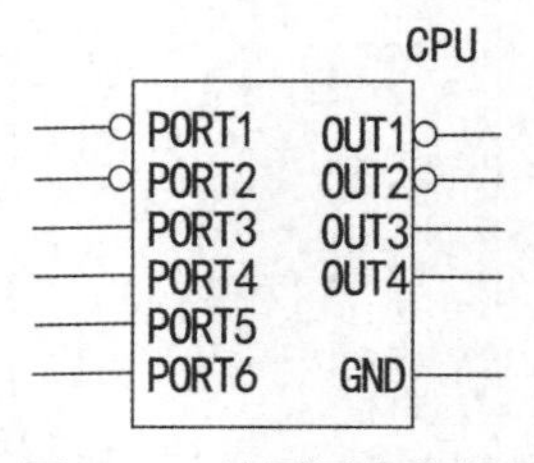

图 5-57　放置层次化符号

5.3.3　绘制层次化电路

层次化符号之间除了借助管脚进行连接，也可以使用导线或总线完成连接。此外，同一个项目的所有电路原理图（包括顶层原理图和子原理图）中，相同名称的输入、输出管脚和页间连接符之间，在电气意义上都是相互连通的。

顶层原理图主要由层次化符号组成，每一个层次化符号都代表一个相应的子原理图文件。具体的绘制步骤如下。

（1）按照 5.3.2 节同样的方法放置另外 3 个层次化符号 SENSOR1、SENSOR2 和 SENSOR3，并设置好相应的管脚，如图 5-58 所示。

Note

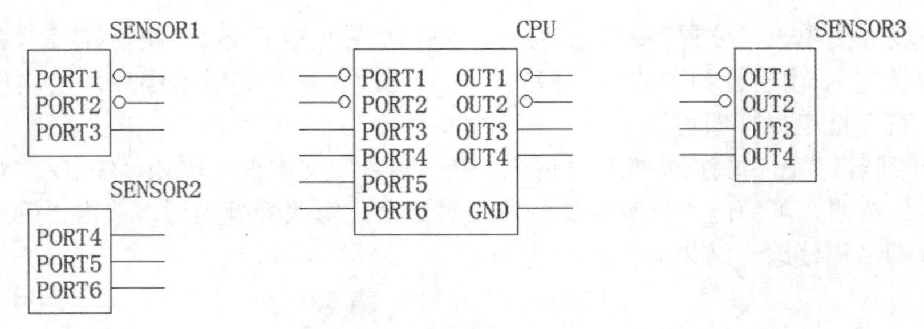

图 5-58　设置好的 3 个层次化符号

（2）与元器件布局相同，利用鼠标拖曳，把所有的层次化符号放在合适的位置处。

（3）单击“原理图编辑工具栏”中的“添加连线”按钮，使用导线或总线把每一个层次化符号上的相应管脚连接起来。同时，使用导线在层次化符号的管脚上放置好接地符号，如图 5-59 所示。

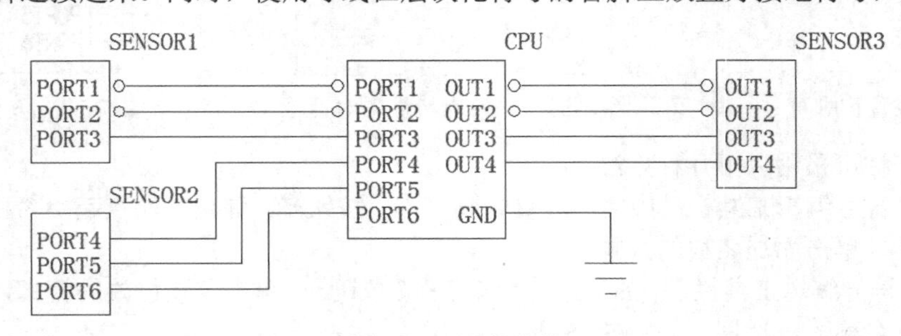

图 5-59　添加连线

（4）单击“原理图编辑工具栏”中的“创建文本”按钮，弹出如图 5-60 所示的“添加自由文本”对话框，在该对话框中输入要添加的文本内容，按照图 5-61 所示设置文本的字体和样式。

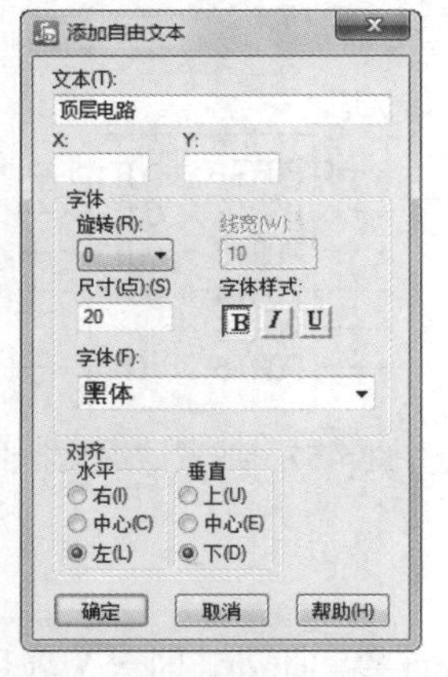

图 5-60　“添加自由文本”对话框

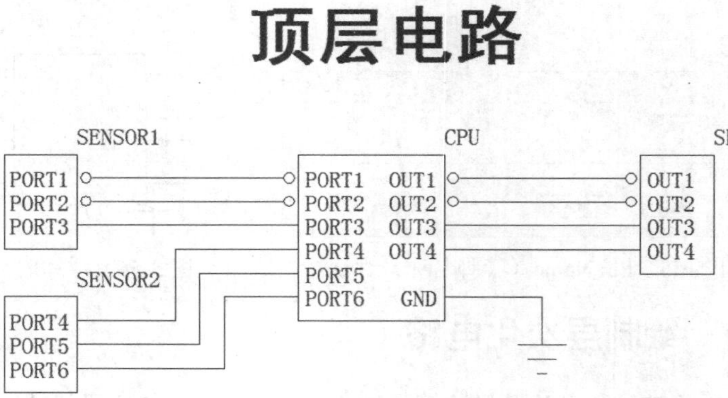

顶层电路

图 5-61　添加标题

（5）完成设置后，单击“确定”按钮，退出对话框，进入文本放置状态，十字光标上附着一个浮动的文本符号，将文本放置到电路图中上方，完成顶层原理图的绘制。

在层次化符号的内部给出了一个或多个表示连接关系的管脚，对于这些管脚，在子原理图中都有相同名称的输入、输出页间连接符与之相对应，以便建立起不同层次间的信号通道。子原理图的绘制方法与普通电路原理图的绘制方法相同，在前面已经学习过，主要由各种具体的元件、导线等构成，这里不再赘述。

5.4　操 作 实 例

通过前面章节的学习，用户对 PADS Logic VX.2.4 原理图编辑环境、原理图编辑器的使用有了初步的了解，而且能够完成简单电路原理图的绘制。本节从实际操作的角度出发，通过具体的实例来说明怎样使用原理图编辑器来完成电路的设计工作。

Note

视频讲解

5.4.1　电脑麦克风电路

电脑麦克风是一种非常实用的多媒体电脑外设。本实例设计一个电脑麦克风电路原理图，并对其进行查错和编译操作。

电脑麦克风是一种具有录音功能的输入设备。使用电脑录入声音时，先由麦克风采集外界的声波信号，并将这些声波转换成电子模拟信号，经过电缆传输到声卡的麦克风输入端口，由声卡将模拟信号转换成数字信号再转由 CPU 进行相应处理。

1. 设置工作环境

（1）单击 PADS Logic 图标，打开 PADS Logic VX.2.4。

（2）选择菜单栏中的“文件”→“新建”命令或单击“标准工具栏”中的“新建”按钮，新建一个原理图文件。

（3）单击“标准工具栏”中的“保存”按钮，输入原理图名称“Computer Microphone”，保存新建的原理图文件。

2. 库文件管理

（1）选择菜单栏中的“文件”→“库”命令，弹出图 5-62 所示的“库管理器”对话框。

（2）单击“管理库列表”按钮，弹出如图 5-63 所示的“库列表”对话框，显示在源文件路径下加载的库文件。

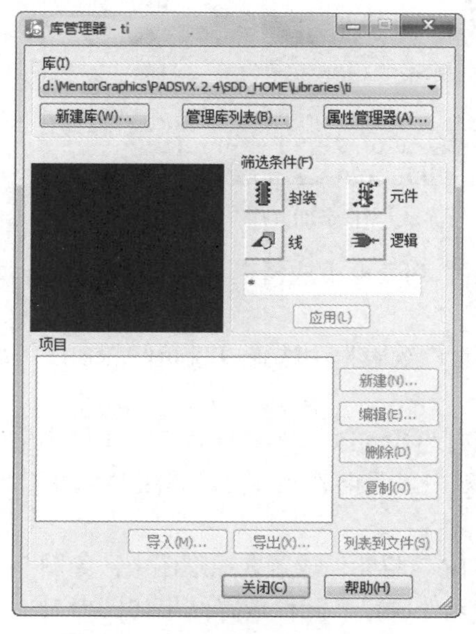

图 5-62　“库管理器”对话框

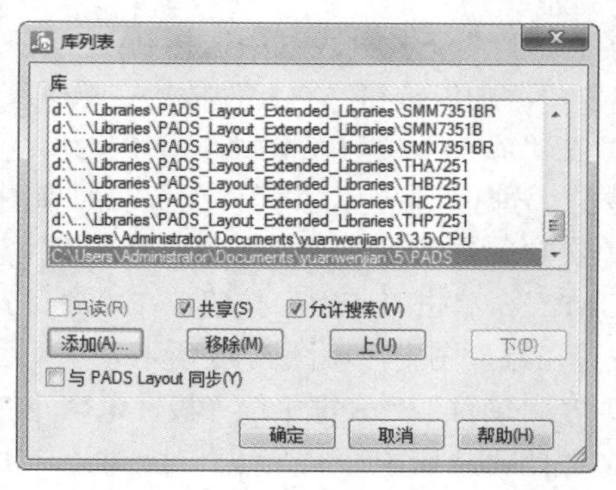

图 5-63　“库列表”对话框

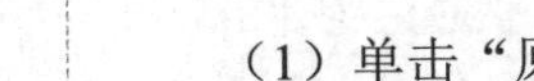

Note

3. 增加元件A

（1）单击“原理图编辑工具栏”中的“添加元件”按钮，弹出“从库中添加元件”对话框，在“筛选条件”选项组的“库”下拉列表框中选择PADS，选择三极管元件2N3904，如图5-64所示。

（2）单击“添加”按钮，弹出如图5-65所示的Question对话框，输入元件前缀“Q”，单击“确定”按钮，关闭对话框。

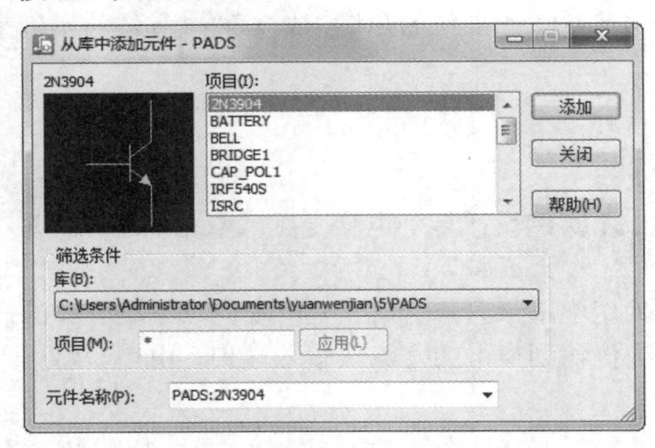

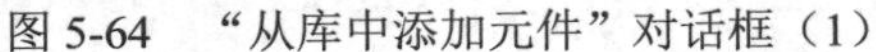

图5-64 “从库中添加元件”对话框（1）

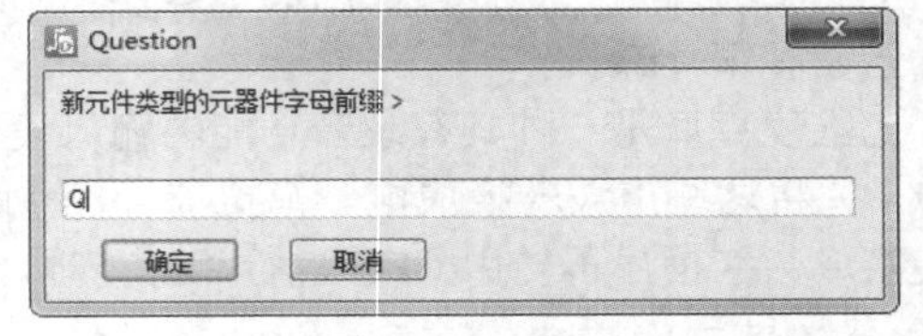

图5-65 Question对话框

此时元件的映像附着在十字光标上，移动十字光标到适当的位置单击，将元件放置在当前十字光标的位置上，如图5-66所示。

（3）在“库”下拉列表框中选择PADS，在“项目”列表框中选择电源元件BATTERY，如图5-67所示。单击“添加”按钮，将元件放置在原理图中。

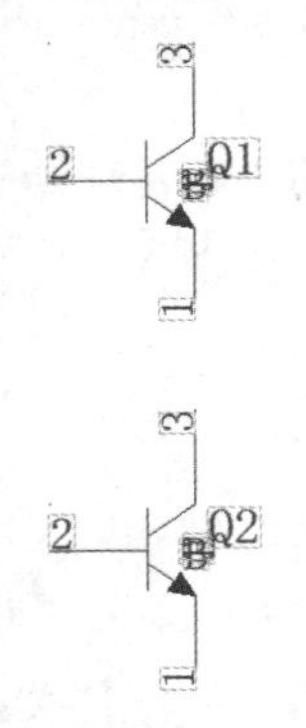

图5-66 放置三级管元件

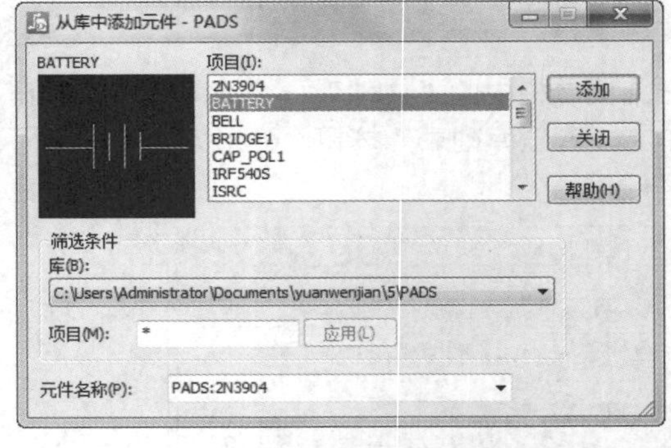

图5-67 “从库中添加元件”对话框（2）

（4）在“库”下拉列表框中选择PADS，在“项目”列表框中选择麦克风元件MIC2，如图5-68所示。单击“添加”按钮，将元件放置在原理图中。

（5）在“库”下拉列表框中选择PADS，在“项目”列表框中选择电阻元件RES2，如图5-69所示。单击“添加”按钮，将元件放置在原理图中。

（6）在“筛选条件”选项组的“库”下拉列表框中选择misc，在“项目”文本框中输入关键词元件“*CAP*”，单击“应用”按钮，在“项目”列表框中显示电容元件，选择电容元件CAP-CC05，将元件放置在原理图中，如图5-70所示。

（7）在“项目”列表框中选择极性电容元件CAP-B6，将元件放置在原理图中，如图5-71所示。

（8）关闭“从库中添加元件”对话框，完成所有元件放置，元件放置结果如图5-72所示。

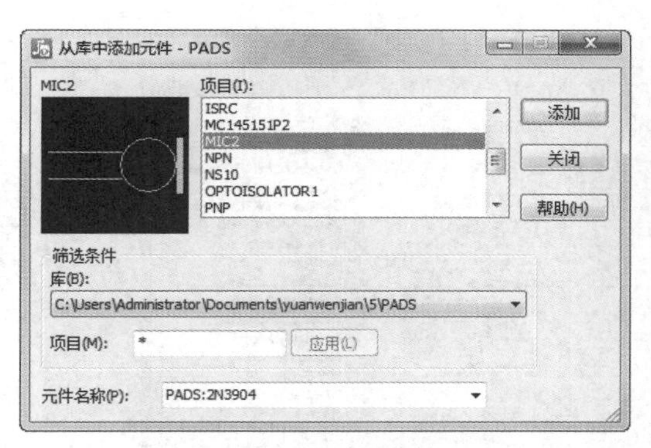

图 5-68 “从库中添加元件”对话框（3）

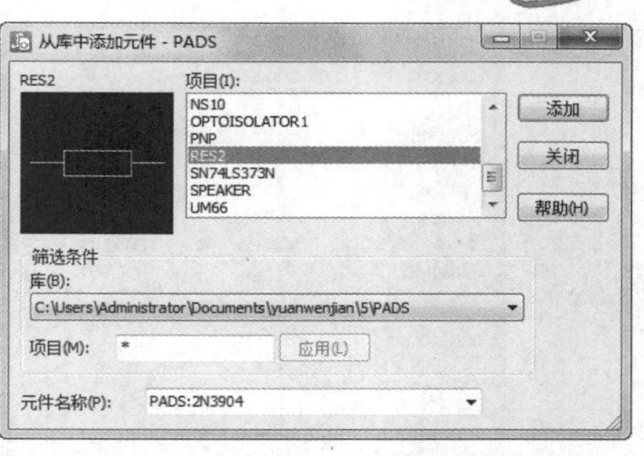

图 5-69 “从库中添加元件”对话框（4）

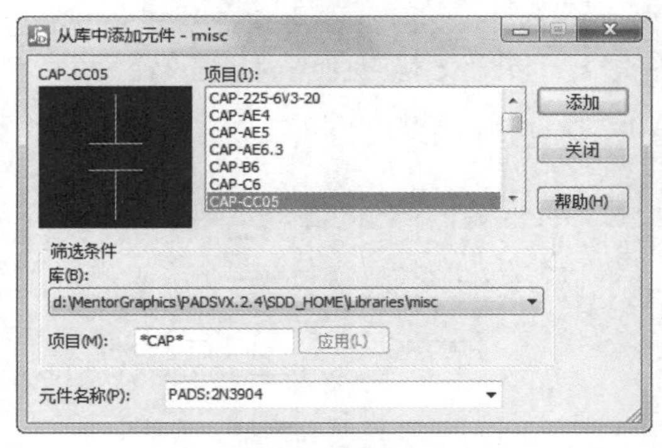

图 5-70 “从库中添加元件”对话框（5）

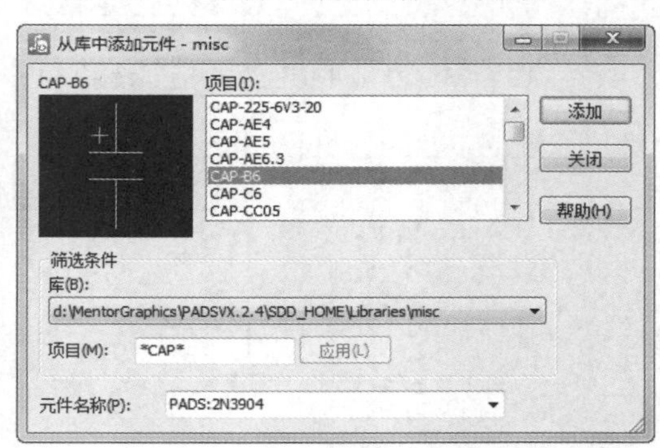

图 5-71 “从库中添加元件”对话框（6）

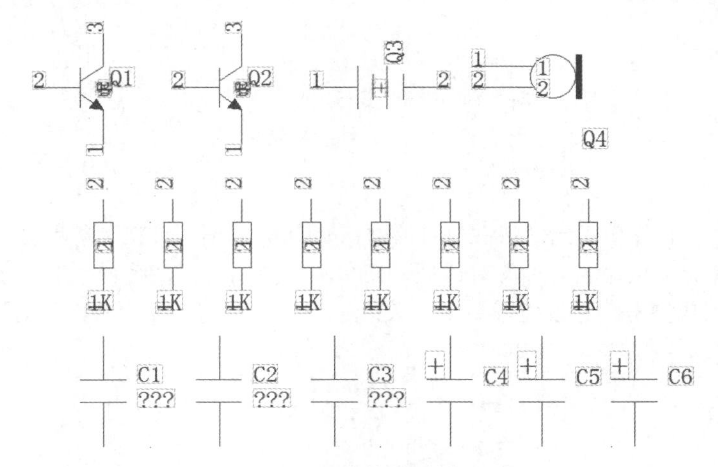

图 5-72 元件放置结果

（9）由于元件参数出现叠加，无法看清元件，需要进行简单修改。选中所有元件，右击，在弹出的快捷菜单中选择“特性”命令，弹出“元件特性”对话框，如图 5-73 所示。

（10）单击“可见性”按钮，弹出“元件文本可见性”对话框，在“项目可见性”选项组中选中“参考编号”与“元件类型”复选框，如图 5-74 所示。单击“确定”按钮，退出该对话框。单击“关闭”按钮，关闭“元件特性”对话框。

（11）按照电路要求，对元件进行布局，方便后期进行布线、放置原理图符号，除对元件进行移动操作外，必要时，对元件进行翻转、X 镜像、Y 镜像，布局结果如图 5-75 所示。

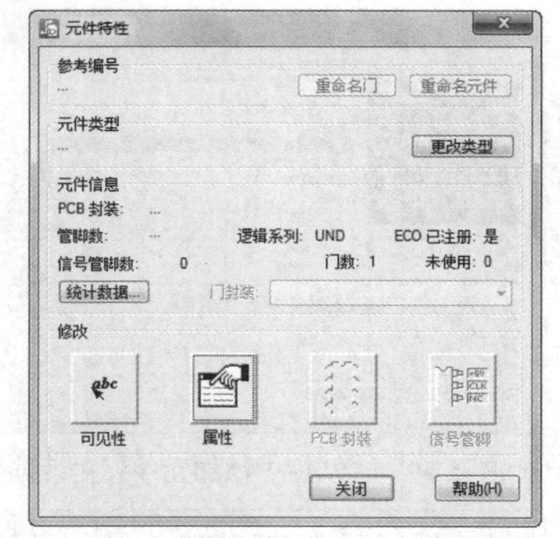

图 5-73 “元件特性”对话框设置（1）

图 5-74 “元件文本可见性”对话框设置（1）

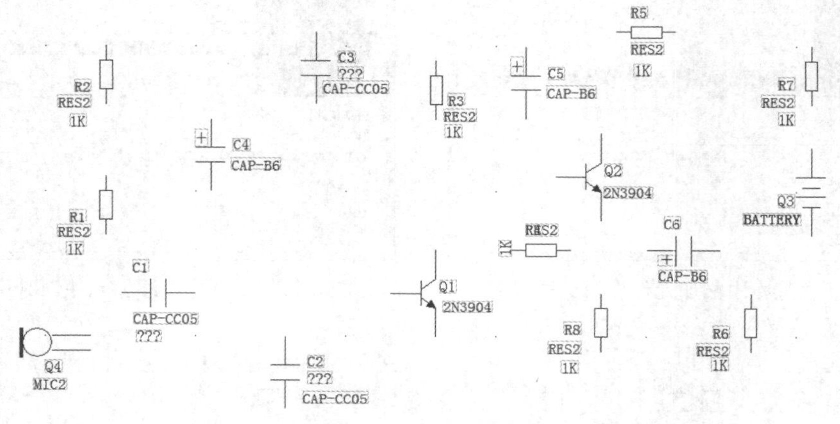

图 5-75 元件布局结果

4．编辑元件属性

（1）双击元件 Q3，弹出“元件特性”对话框，如图 5-76 所示，在“参考编号”栏右侧单击“重命名元件”按钮，弹出“重命名元件”对话框，在文本框中输入元件编号“B1”，如图 5-77 所示。单击“确定”按钮，完成参考编号设置，单击“关闭”按钮，关闭“元件特性”对话框。

图 5-76 “元件特性”对话框设置（2）

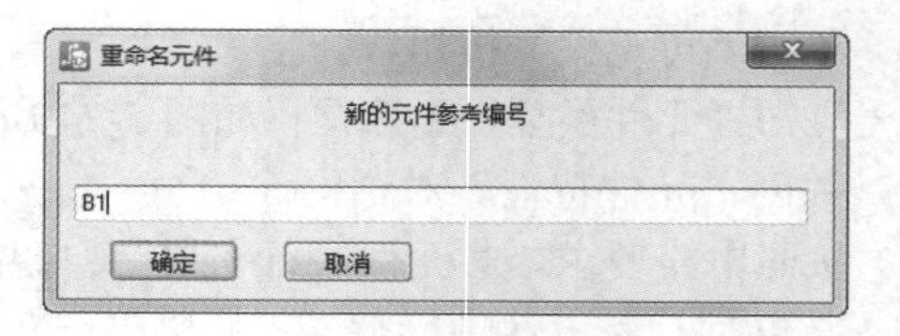

图 5-77 “重命名元件”对话框

Note

（2）双击元件 Q1，弹出“元件特性”对话框，如图 5-78 所示，单击“可见性”按钮，弹出“元件文本可见性”对话框，在“项目可见性”选项组中取消选中“元件类型”复选框，在“属性”列表框中选中 Comment 复选框，如图 5-79 所示，单击“确定”按钮，关闭该对话框，返回“元件特性”对话框中。

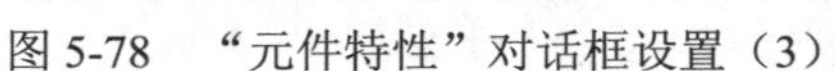

图 5-78　“元件特性”对话框设置（3）

图 5-79　“元件文本可见性”对话框设置（2）

（3）单击“属性”按钮，弹出“元件属性”对话框，在“属性”列表中修改 Comment 值为 BC413B，如图 5-80 所示。

图 5-80　“元件属性”对话框设置（1）

（4）单击“确定”按钮，关闭该对话框，完成属性设置。单击“关闭”按钮，关闭“元件特性”对话框。

（5）双击元件 R1，弹出“元件特性”对话框，单击“可见性”按钮，弹出“元件文本可见性”对话框，在“项目可见性”选项组中取消选中“元件类型”复选框，在“属性”列表框中选中 Value 复选框，如图 5-81 所示，单击“确定”按钮，关闭该对话框，返回“元件特性”对话框中。

（6）单击“属性”按钮，弹出“元件属性”对话框，在 Value（值）选项中修改参数值为 4.7K，如图 5-82 所示。单击“确定”按钮，退出对话框。

图 5-81　“元件文本可见性”对话框设置（3）

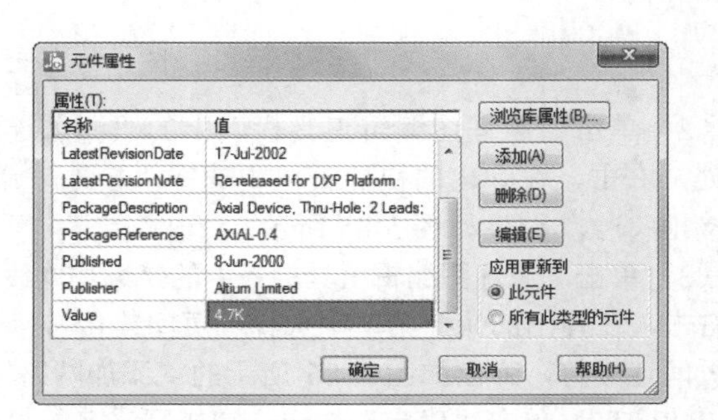

图 5-82　“元件属性”对话框设置（2）

Note

（7）同样的方法设置其余元件，完成元器件显示设置，编辑结果如图 5-83 所示。

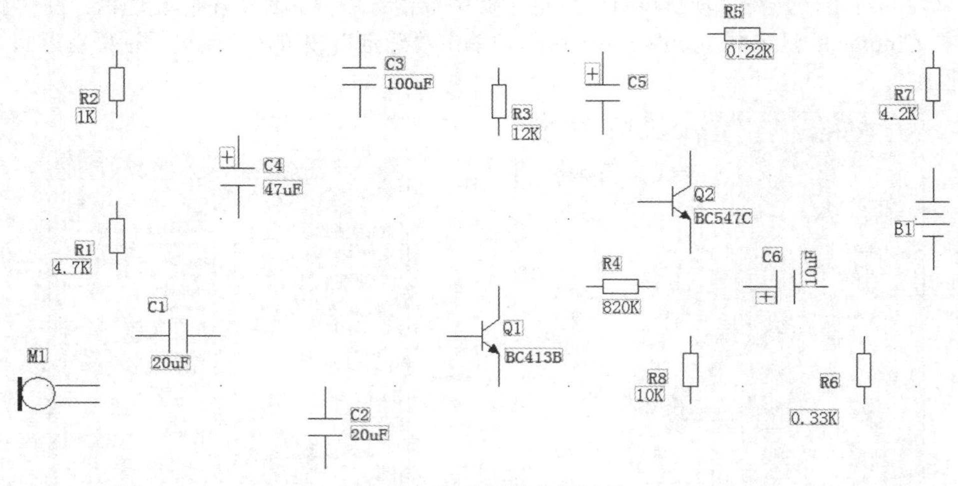

图 5-83　元件属性编辑结果

5. 布线操作

（1）单击“原理图编辑工具栏”中的“添加连线”按钮，进入连线模式，进行连线操作，在交叉处若有电气连接，则需要在相交处单击，显示结点，表示有电气连接，若不在交叉处单击，则不显示结点，表示无电气连接，布线结果如图 5-84 所示。

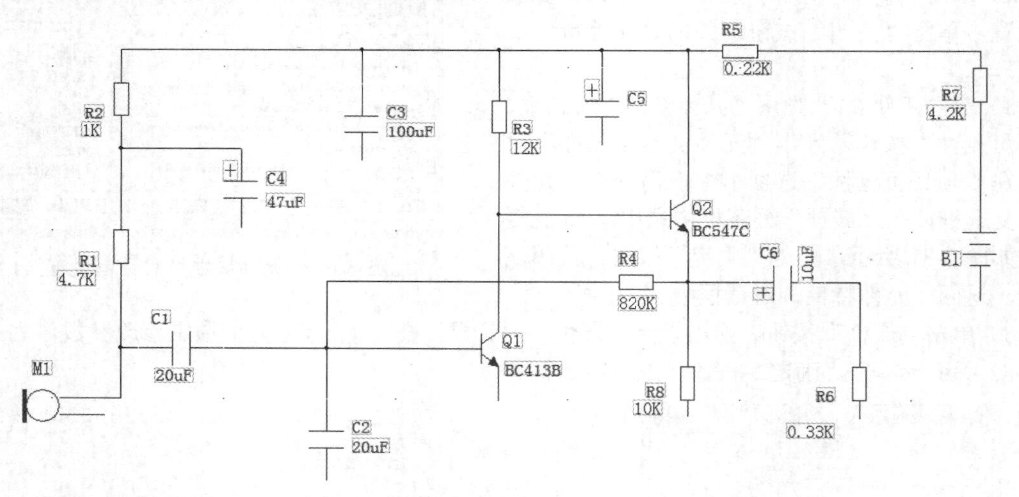

图 5-84　布线结果

（2）单击“原理图编辑工具栏”中的“添加连线”按钮，进入连线模式，拖曳鼠标到适当位置处，右击，在弹出的快捷菜单中选择“接地”命令，十字光标上显示浮动的接地符号，单击，放置接地符号，结果如图 5-85 所示。

（3）单击“原理图编辑工具栏”中的“添加连线”按钮，进入连线模式，拖曳鼠标到适当位置处，右击，在弹出的快捷菜单中选择“页间连接符”命令，十字光标上显示浮动的接地符号，单击，放置页间连接符，弹出如图 5-86 所示的“添加网络名”对话框，在“网络名”文本框中输入网络名“NIFINPUT”，单击“确定”按钮，完成网络名的设置，添加结果如图 5-87 所示。

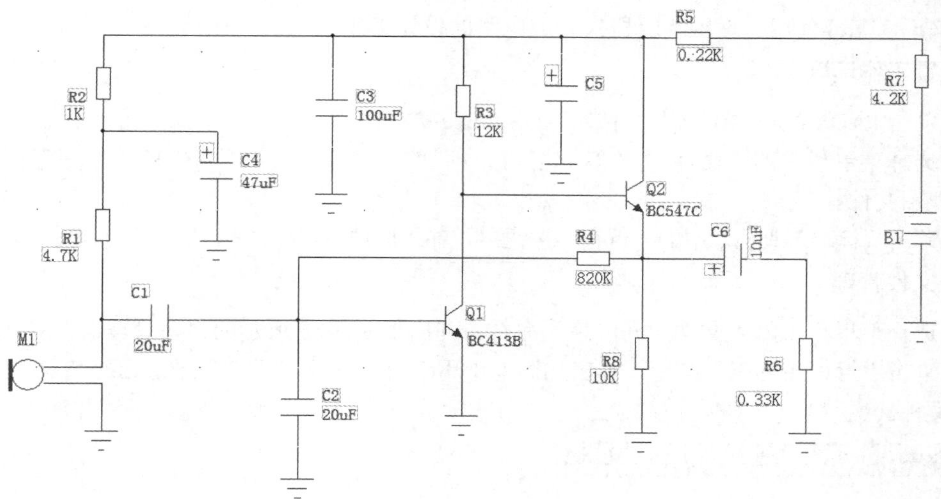

图 5-85　添加连线结果

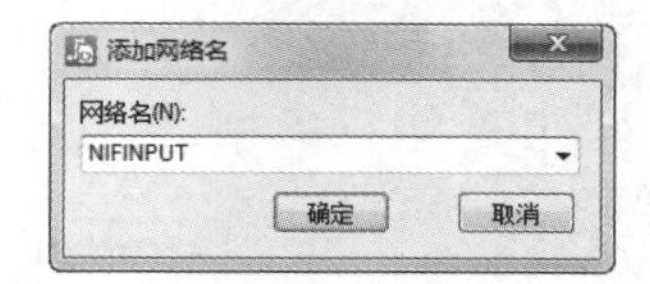

图 5-86　“添加网络名”对话框

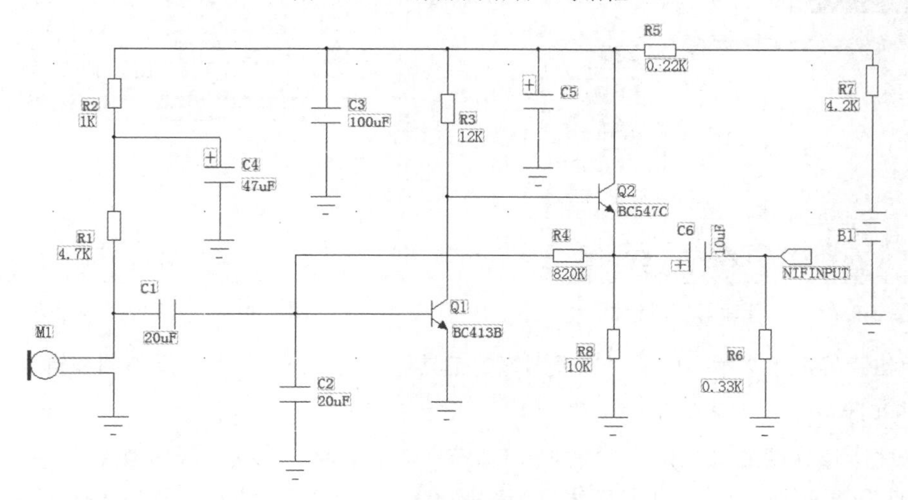

图 5-87　网络名添加结果

原理图绘制完成后，单击“标准工具栏”中的“保存”按钮，保存绘制好的原理图文件。

选择菜单栏中的“文件”→“退出”命令，退出 PADS Logic。

本实例主要介绍原理图设计中经常遇到的一些知识点。包括查找元件及其对应元件库的载入和卸载、基本元件的编辑和原理图的布局和布线。

5.4.2　单片机最小应用系统电路

目前绝大多数的电子应用设计脱离不了单片机系统。本节将从实际操作的角度出发，通过一个具

体的实例来说明怎样使用原理图编辑器来完成电路的设计工作。

1. 设置工作环境

（1）单击 PADS Logic 图标，打开 PADS Logic VX.2.4。

Note

（2）选择菜单栏中的“文件”→“新建”命令或单击“标准工具栏”中的“新建”按钮，新建一个原理图文件。

（3）单击“标准工具栏”中的“保存”按钮，输入原理图名称“PIC”，保存新建的原理图文件。

2. 库文件管理

（1）选择菜单栏中的“文件”→“库”命令，弹出如图 5-88 所示的“库管理器”对话框。

（2）单击“管理库列表”按钮，弹出如图 5-89 所示的“库列表”对话框，显示在源文件路径下加载的库文件。

图 5-88 “库管理器”对话框

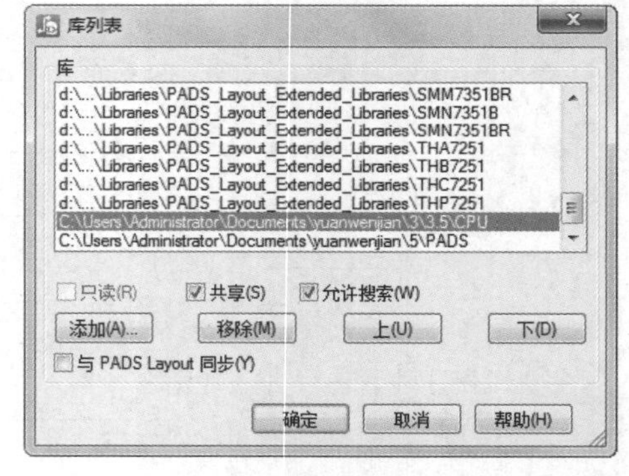

图 5-89 “库列表”对话框

（3）单击“标准工具栏”中的“原理图编辑工具栏”按钮，打开“原理图编辑工具栏”。

3. 增加元件

（1）单击“原理图编辑工具栏”中的“添加元件”按钮，弹出“从库中添加元件”对话框，在“筛选条件”选项组的“库”下拉列表框中选择 CPU，在“项目”列表框中选择元件单片机芯片 P89C51RC2HFBD，如图 5-90 所示。

（2）单击“添加”按钮，元件的映像附着在十字光标上，移动十字光标到适当的位置处，单击，将元件放置在当前十字光标的位置上。

（3）在“库”下拉列表框中选择 CPU，在“项目”列表框中选择地址锁存器元件 SN74LS373N，如图 5-91 所示。单击“添加”按钮，将元件放置在原理图中。

（4）在“筛选条件”选项组的“库”下拉列表框中选择“所有库”，在“项目”文本框中输入关键词“*MCM6264*”，单击“应用”按钮，在“项目”列表框中显示符合条件的元件，如图 5-92 所示。选择数据存储器元件 MCM6264P，单击“添加”按钮，将元件放置在原理图中。

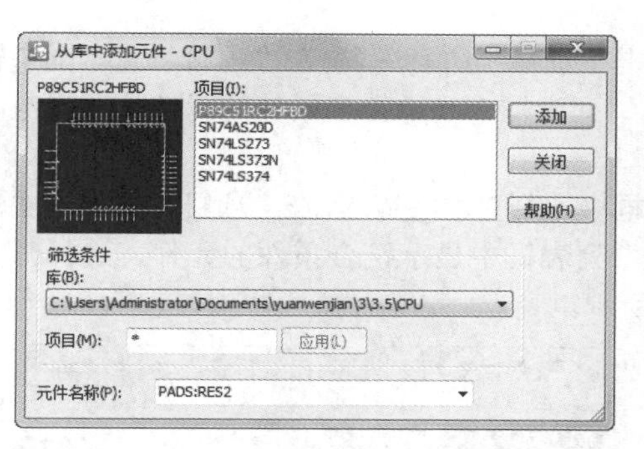

图 5-90　“从库中添加元件”对话框设置（1）

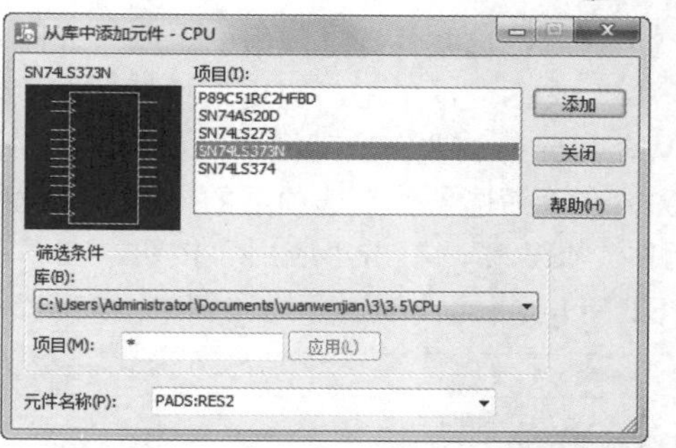

图 5-91　“从库中添加元件”对话框设置（2）

Note

注意：在单片机的应用系统中，时钟电路和复位电路是必不可少的。在本例中，我们采用一个石英晶振和两个匹配电容构成单片机的时钟电路，晶振频率是 20MHz。复位电路采用上电复位加手动复位的方式，由一个 RC 延迟电路构成上电复位电路，在延迟电路的两端跨接一个开关构成手动复位电路。因此，需要放置的外围元件包括 2 个电容、2 个电阻、1 个极性电容、1 个晶振、1 个复位键。

（5）在“筛选条件”选项组的“库”下拉列表框中选择“所有库”，在“项目”文本框中输入关键词元件“*CAP*”，单击“应用”按钮，在“项目”列表框中显示电容元件，选择电容元件 CAP-CC05，将元件放置在原理图中，如图 5-93 所示。

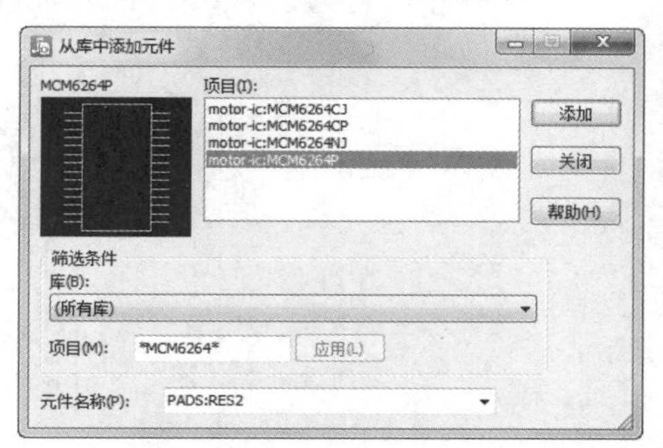

图 5-92　“从库中添加元件”对话框设置（3）

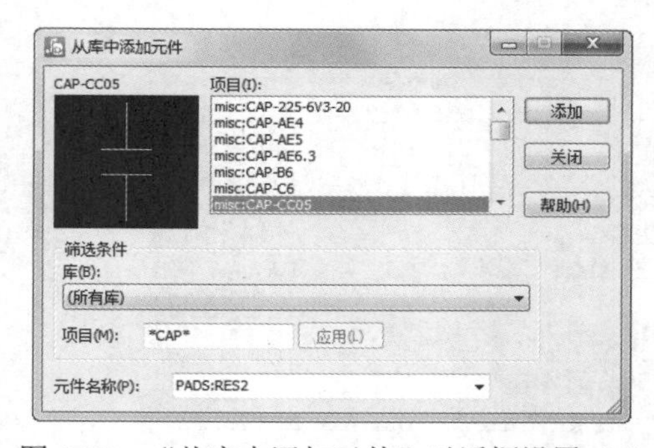

图 5-93　“从库中添加元件”对话框设置（4）

（6）选择极性电容元件 CAP-C6，将元件放置在原理图中，如图 5-94 所示。

（7）在“筛选条件”选项组的“库”下拉列表框中选择“所有库”，在“项目”文本框中输入关键词元件“*XTAL*”，单击“应用”按钮，在“项目”列表框中显示元件，选择晶振体元件 XTAL1，将元件放置在原理图中，如图 5-95 所示。

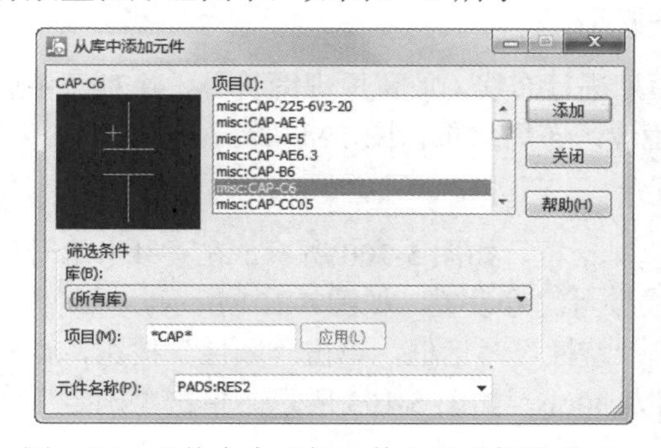

图 5-94　“从库中添加元件”对话框设置（5）

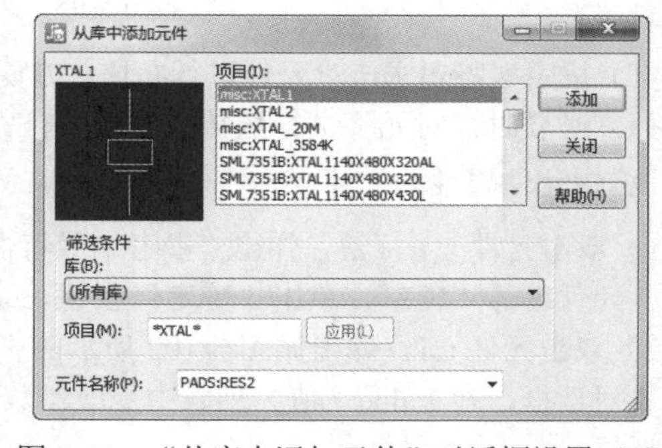

图 5-95　“从库中添加元件”对话框设置（6）

（8）在“筛选条件”选项组的“库”下拉列表框中选择“所有库”，在“项目”文本框中输入关键词元件“*RES*”，单击“应用”按钮，在“项目”列表框中显示符合条件的元件，选择电阻元件RES-1W，将元件放置在原理图中，如图5-96所示。

Note

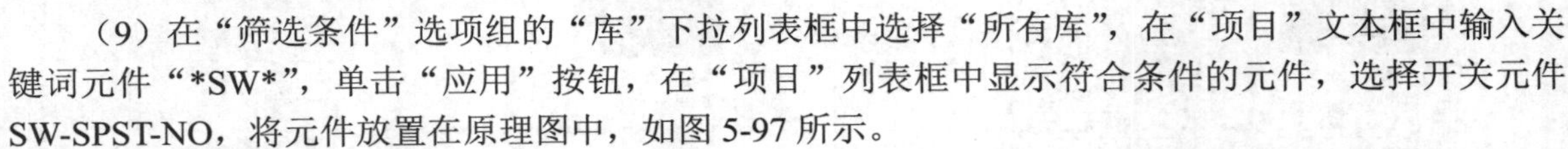

（9）在“筛选条件”选项组的“库”下拉列表框中选择“所有库”，在“项目”文本框中输入关键词元件“*SW*”，单击“应用”按钮，在“项目”列表框中显示符合条件的元件，选择开关元件SW-SPST-NO，将元件放置在原理图中，如图5-97所示。

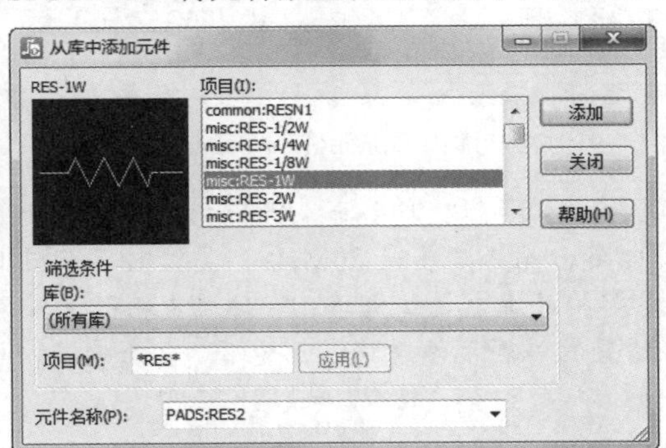

图5-96 “从库中添加元件”对话框设置（7）

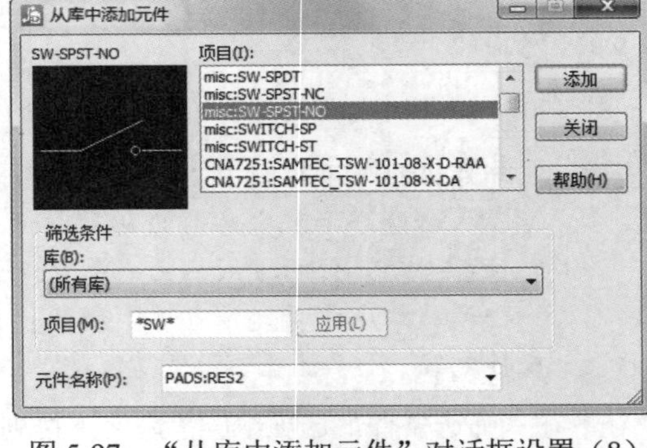

图5-97 “从库中添加元件”对话框设置（8）

（10）关闭“从库中添加元件”对话框，完成所有元件放置，如图5-98所示。

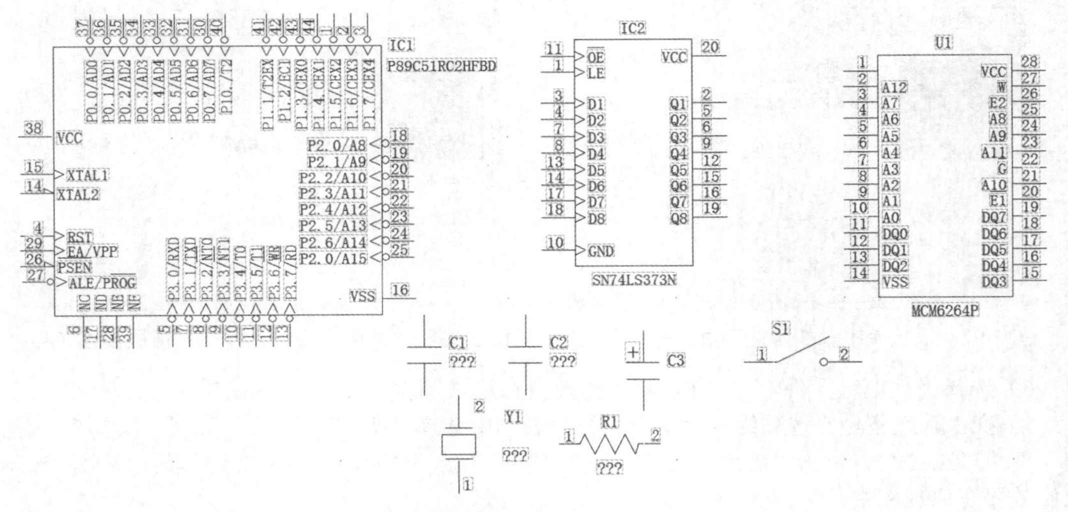

图5-98 元件放置结果

（11）按照电路要求，对元件进行布局，方便后期进行布线，放置原理图符号，除对元件进行移动操作外，必要时，对元件进行翻转、X镜像、Y镜像，布局结果如图5-99所示。

4. 编辑元件属性

（1）双击元件U1标签，弹出“参考编号特性”对话框，如图5-100所示。在“参考编号”文本框中输入元件编号“IC3”，单击“确定”按钮，完成参考编号设置，如图5-101所示。

（2）双击元件C1，弹出如图5-102所示的“元件特性”对话框，单击“属性”按钮，弹出“元件属性”对话框，在Value（值）列表中修改参数值为30pF，如图5-103所示。单击“确定”按钮，退出对话框。

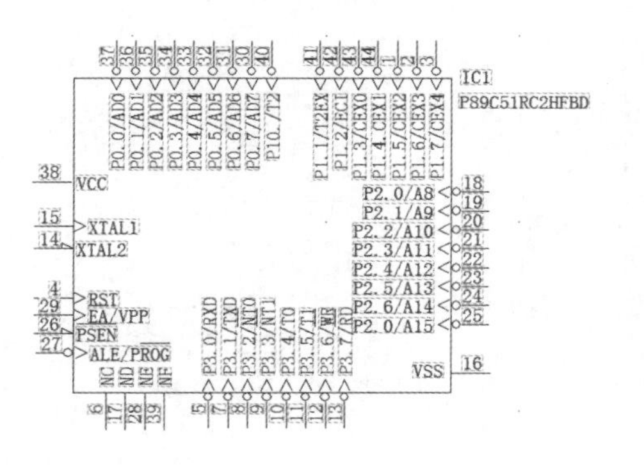

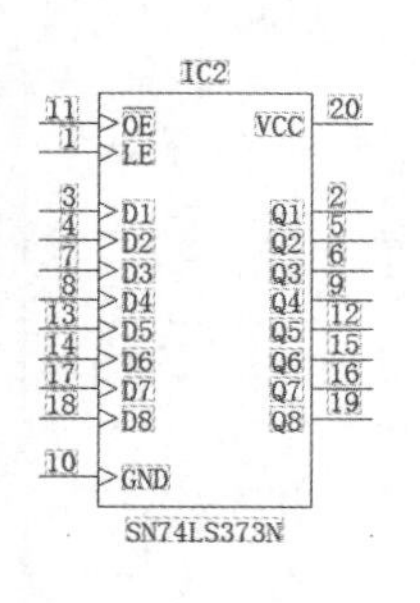

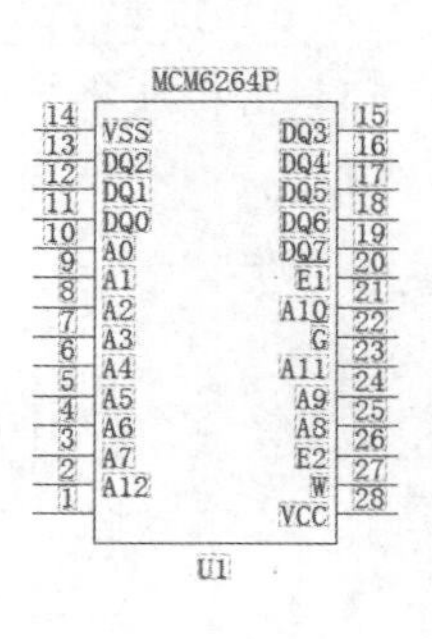

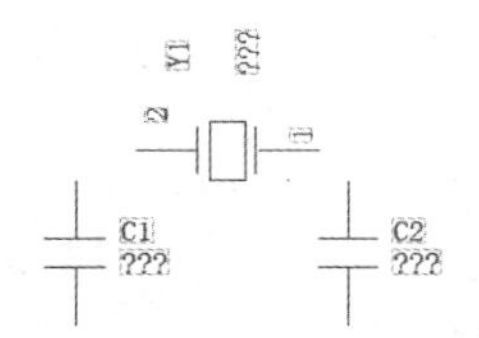

图 5-99　元件布局结果

图 5-100　“参考编号特性”对话框

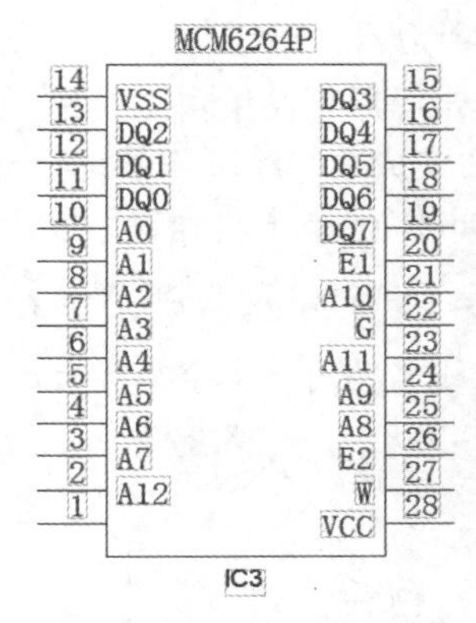

图 5-101　编辑编号结果

图 5-102　“元件特性”对话框

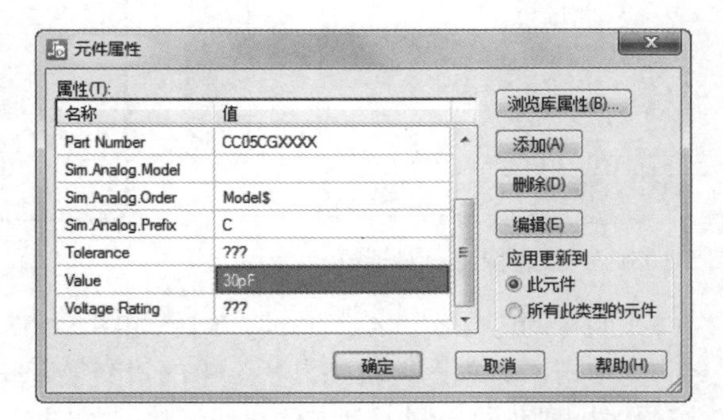

图 5-103　“元件属性”对话框

（3）同样的方法设置其余元件，完成元器件显示设置。结果如图 5-104 所示。

Note

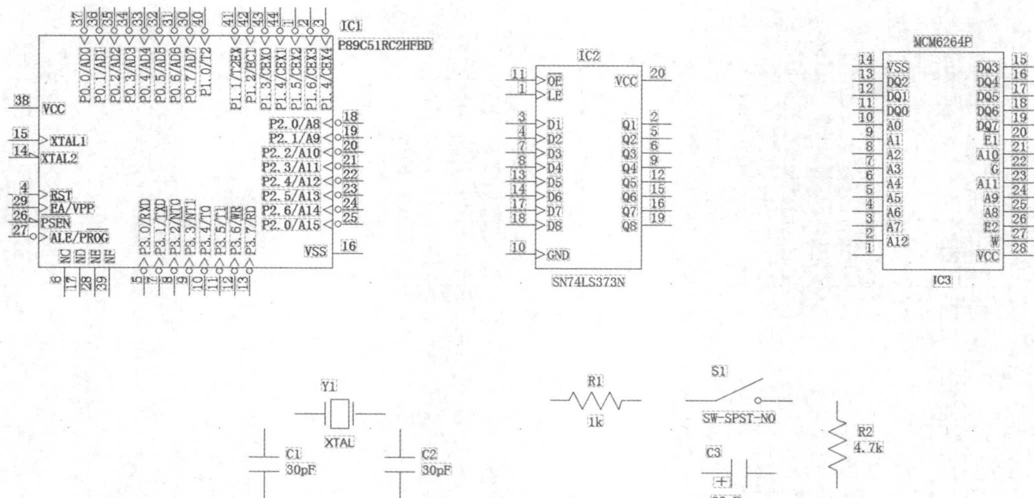

图 5-104　元件属性编辑结果

5. 布线操作

（1）单击“原理图编辑工具栏”中的“添加总线”按钮，进入总线设计模式，拖曳鼠标绘制总线。双击，完成总线绘制。系统会自动弹出如图 5-105 所示的对话框。在弹出对话框中要求输入总线名“PA[00:04]”，单击“确定”按钮，关闭对话框。

注意： 由于网络名是从 00 开始，因此 5 个网络结束名为 04。

（2）总线名粘附于十字光标上，移动到适当的位置后单击确定，结果如图 5-106 所示。

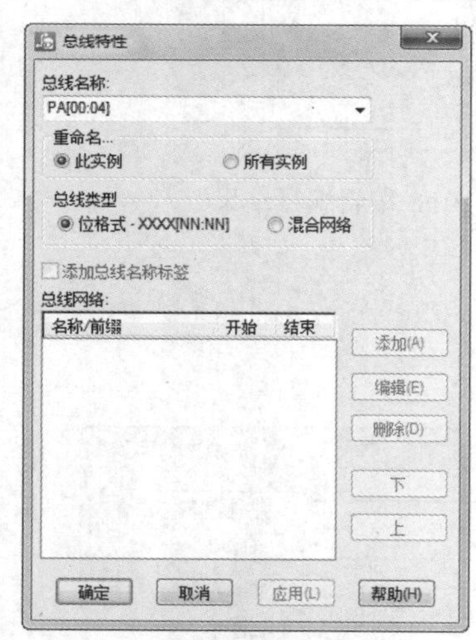

图 5-105　“总线特性”对话框

图 5-106　添加总线

（3）同样的方法继续绘制总线，结果如图 5-107 所示。

（4）单击“原理图编辑工具栏”中的“交换管脚”按钮，交换元件 IC3 中的管脚，将 A8～A12 按顺序排列在同一侧，以方便总线连接，如图 5-108 所示。

（5）单击“原理图编辑工具栏”中的“添加连线”按钮，进入连线模式，拖动鼠标，在总线 PA[00:04]位置上单击，在总线与导线间自动添加总线分支，同时弹出“添加总线网络名”对话框，自

动显示网络名 PA0，如图 5-109 所示。

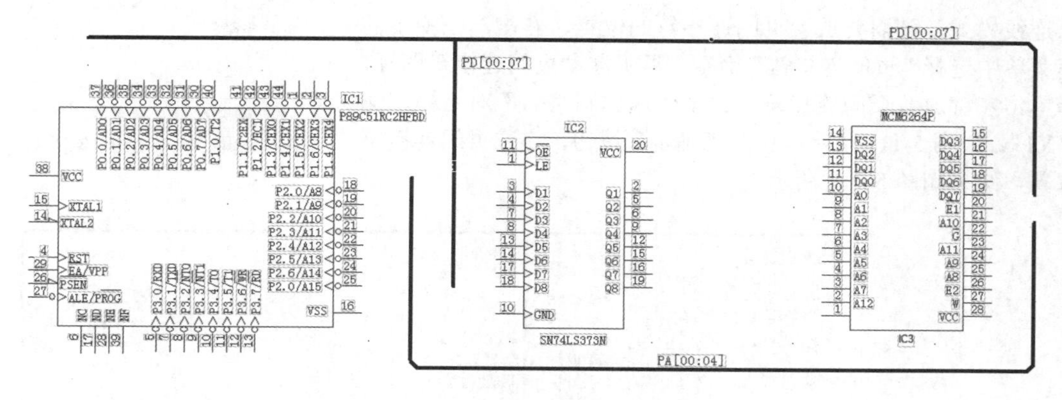

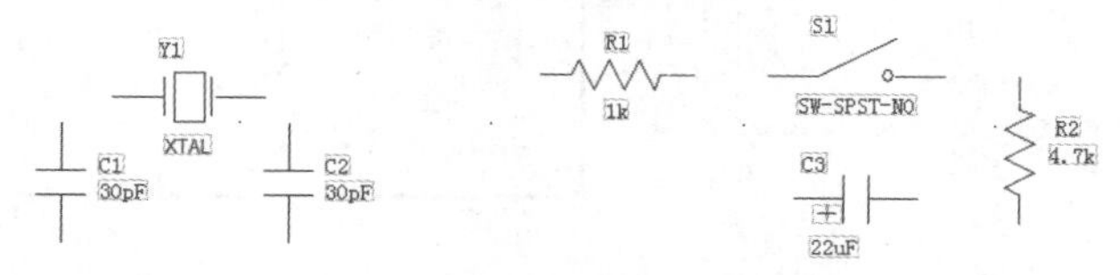

图 5-107　绘制总线

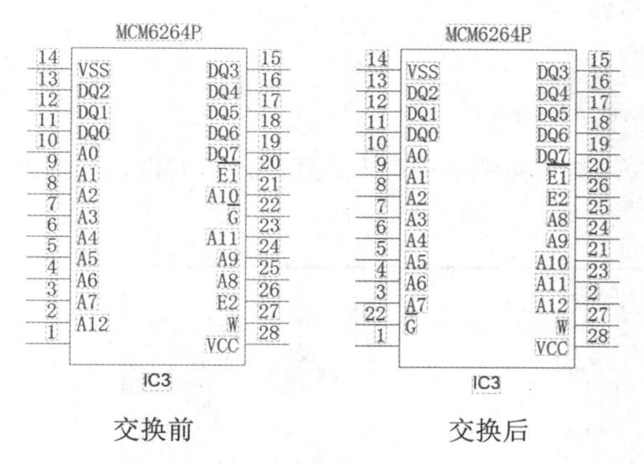

图 5-108　交换管脚

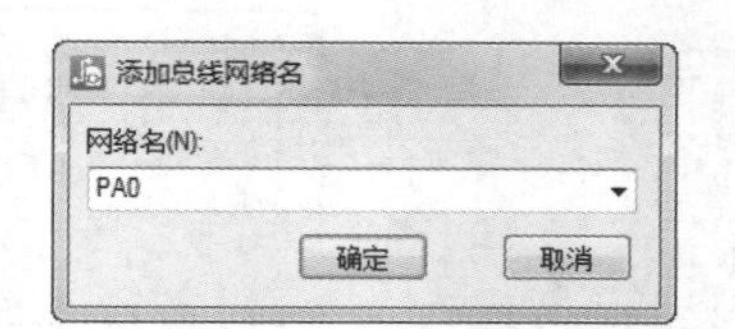

图 5-109　“添加总线网络名”对话框

继续连接其余总线，结果如图 5-110 所示。

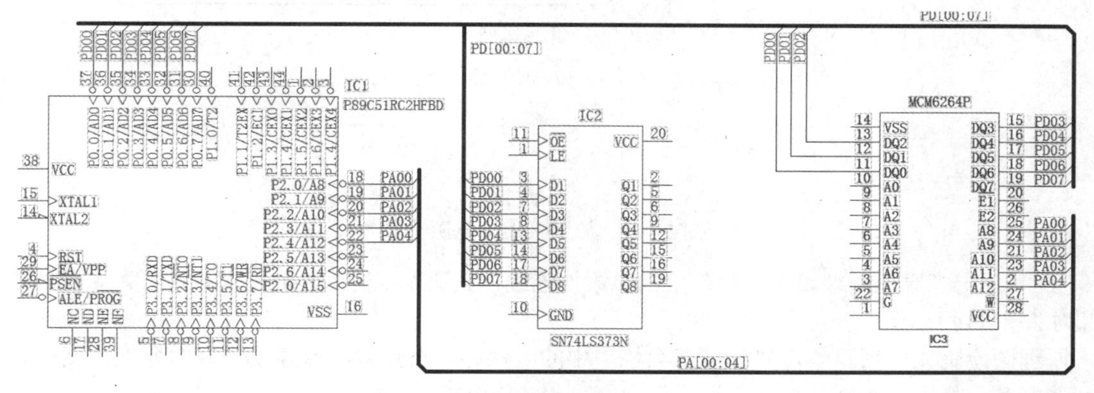

图 5-110　放置总线分支

Note

（6）单击“原理图编辑工具栏”中的“添加连线”按钮，进入连线模式，到需要放置页间连接符的位置，右击，在弹出的快捷菜单中选择“页间连接符”命令，显示浮动页间连接符图标，选择单击左键放置页间连接符，弹出“添加网络名”对话框，输入“X1”，如图 5-111 所示，单击“确定”按钮，完成页间连接符的放置，结果如图 5-112 所示。

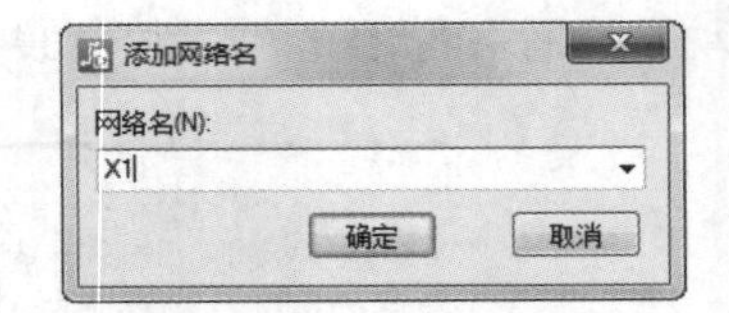

图 5-111　“添加网络名”对话框

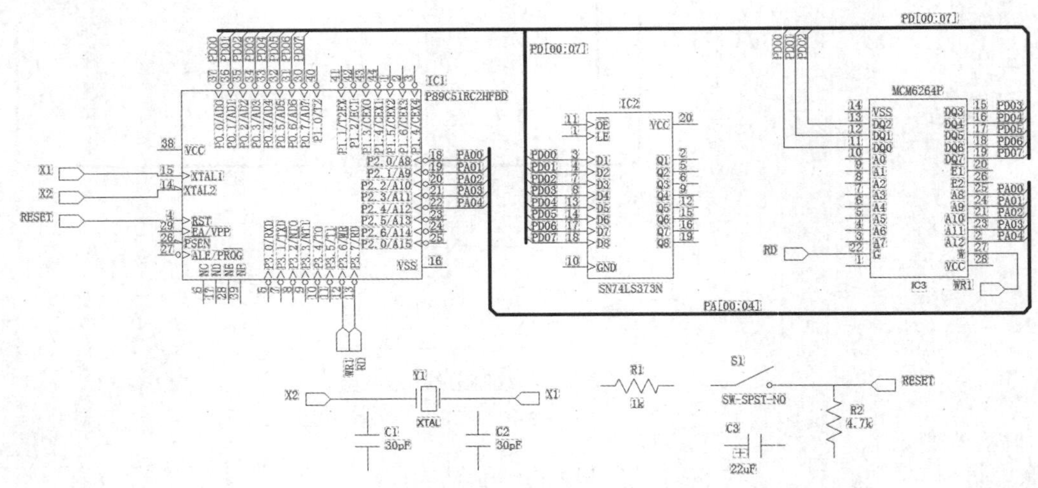

图 5-112　放置页间连接符

（7）单击“原理图编辑工具栏”中的“添加连线”按钮，进入连线模式，右击，在弹出的快捷菜单中选择“接地”命令，放置接地、电源符号，结果如图 5-113 所示。

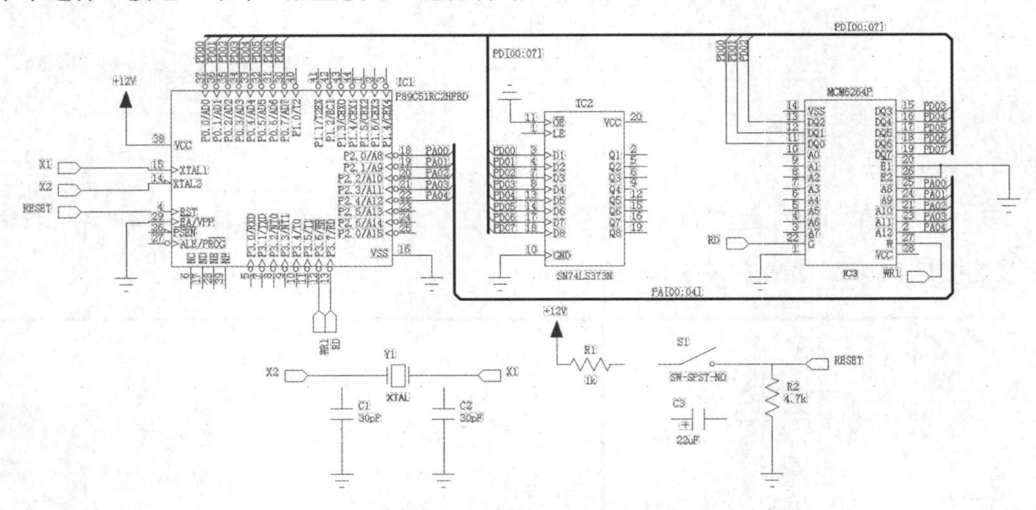

图 5-113　放置接地、电源符号

（8）单击“原理图编辑工具栏”中的“添加连线”按钮，进入连线模式，进行剩余连线操作，结果如图 5-114 所示。

原理图绘制完成后，单击“标准工具栏”中的“保存”按钮，保存绘制好的原理图文件。

选择菜单栏中的“文件”→“退出”命令，退出 PADS Logic。

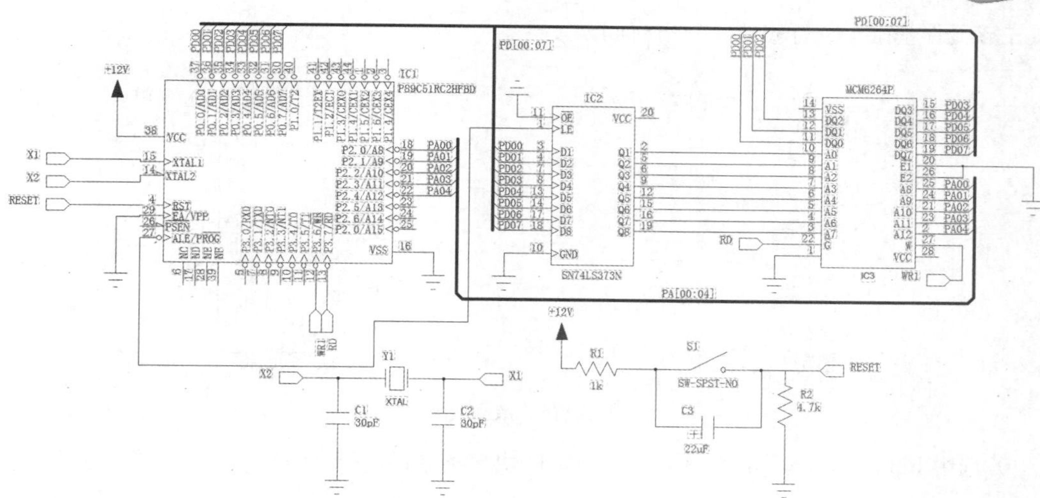

图 5-114　连线操作

Note

在本例中，重点介绍了总线的绘制方法。总线需要有总线分支和网络标签来配合使用。总线的适当使用，可以使原理图更规范、整洁和美观。

5.4.3　触发器电路

视频讲解

触发器电路由逻辑门元件组合而成，控制时钟信号。本例通过对触发器电路的绘制详细介绍如何快速地得到所需元件，在电路图设计过程中节省更多的时间。

1. 设置工作环境

（1）单击 PADS Logic 图标，打开 PADS Logic VX.2.4。

（2）单击“标准工具栏”中的“新建”按钮，新建一个原理图文件。

（3）单击“标准工具栏”中的“保存”按钮，输入原理图名称“TTL.sch”，保存新建的原理图文件。

（4）选择菜单栏中的“文件”→“库”命令，弹出“库管理器”对话框，单击“管理库列表”按钮，弹出“库列表”窗口，单击“添加”按钮在源文件路径下选择库文件 PADS.pt9，将加载到库列表中。

2. 增加元件

（1）单击“原理图编辑工具栏”中的“添加元件”按钮，弹出“从库中添加元件”对话框，在元件库 CPU.pt9 中选择 SN74LS373N，如图 5-115 所示。

（2）单击“添加”按钮，此时元件的映像附着在十字光标上，移动十字光标到适当的位置，单击，将元件放置在当前光标的位置上，按 Esc 键结束放置，元件标号默认为 IC1、IC2，如图 5-116 所示。

图 5-115　“从库中添加元件”对话框设置

3. 编辑元件

由于元件库中没有所需元件 SN74LS273、SN74LS374，这两个元件外形与 SN74LS373N 相似，

可直接在该元件基础上进行修改，节省时间。

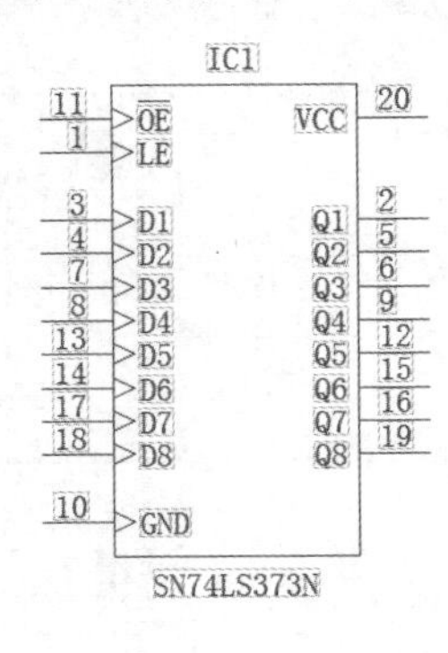

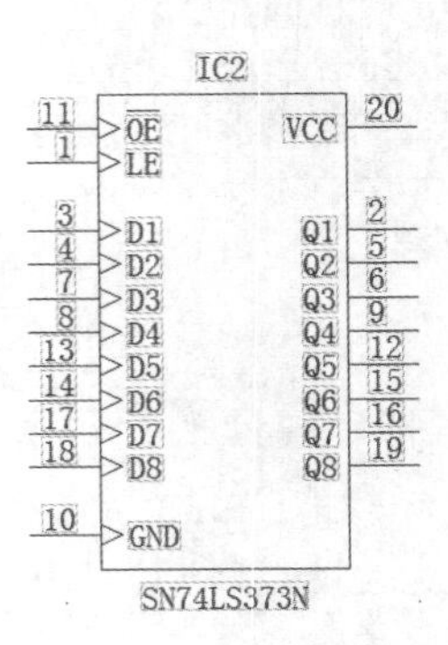

图 5-116　放置元件

（1）选中 IC1，右击，弹出如图 5-117 所示的快捷菜单，选择“编辑元件”命令，进入元件编辑环境，如图 5-118 所示。

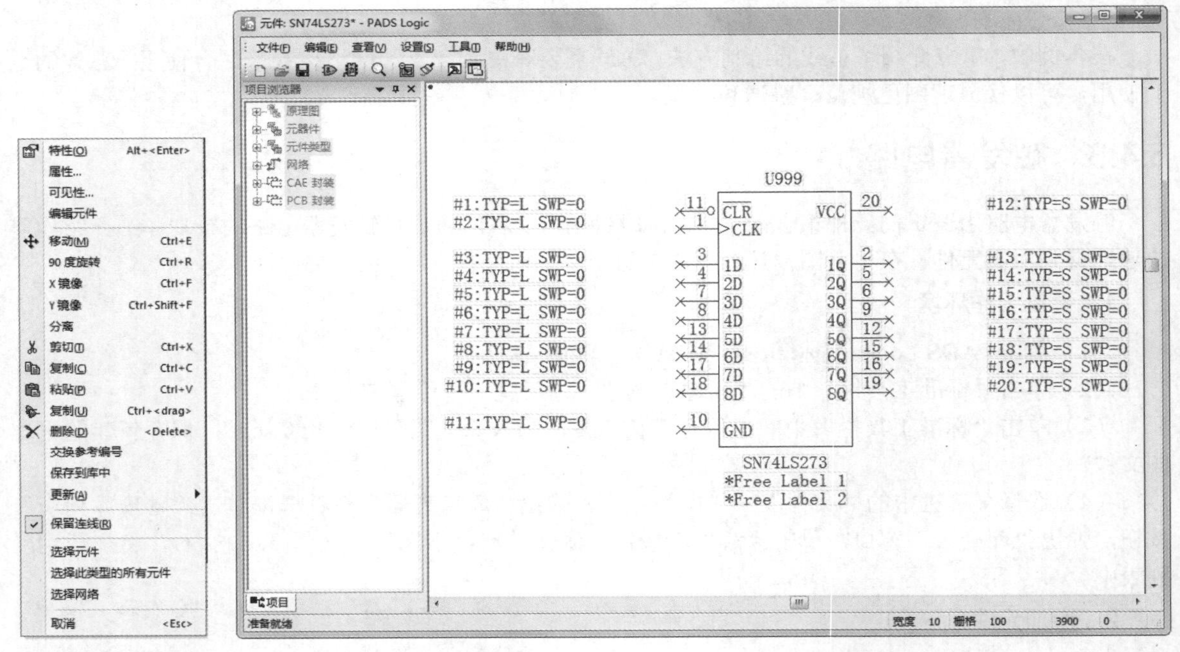

图 5-117　快捷菜单　　　　图 5-118　元件编辑环境

（2）单击“元件编辑工具栏”中的“编辑图形”按钮，弹出提示对话框，单击“确定”按钮，进入绘制环境。

（3）单击“符号编辑工具栏”中的“更改管脚名称”按钮，弹出 Pin Name 对话框，在该对话框中输入要修改的管脚名称，继续单击管脚，结果如图 5-119 所示，

（4）单击“符号编辑工具栏”中的“更改管脚封装”按钮，弹出“管脚封装浏览”对话框，选择要修改的管脚的类型，结果如图 5-120 所示。

（5）选择菜单栏中的“文件”→“返回至元件”命令，退出元件绘制环境，返回元件编辑环境。

（6）单击“元件编辑工具栏”中的“编辑电参数”按钮，弹出“元件的元件信息”对话框，在“逻辑系列”下拉列表框中选择新建的 TTL 系列，参考前缀为 U，如图 5-121 所示。

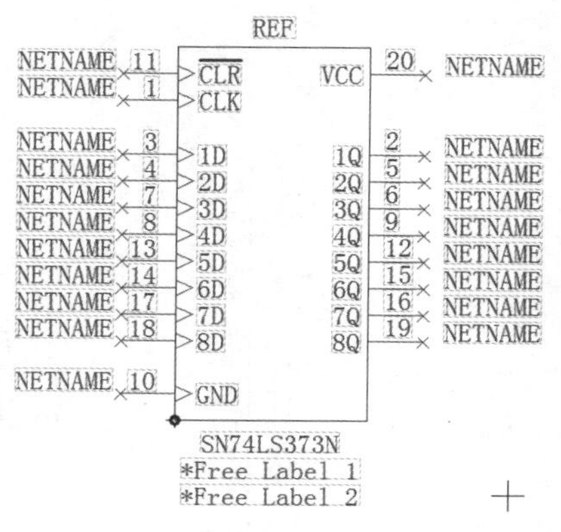

图 5-119　设置管脚名称

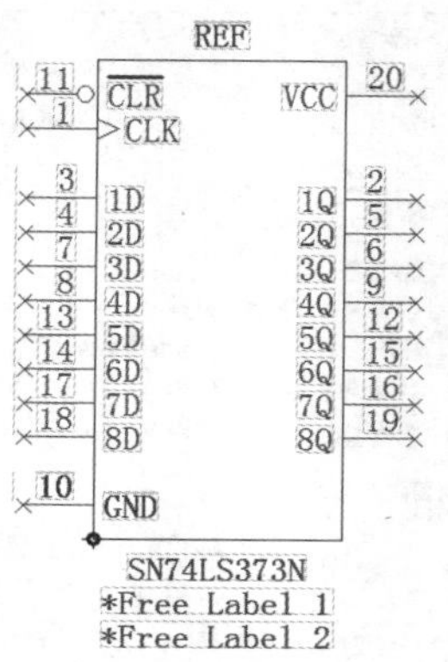

图 5-120　修改管脚类型

单击“确定”按钮，关闭对话框。

（7）选择菜单栏中的“文件”→“另存为”命令，弹出如图 5-122 所示的对话框，输入文件名称为 SN74LS273。

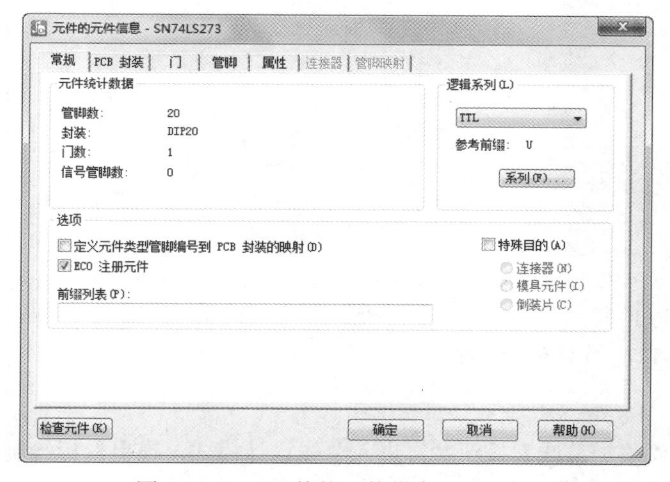

图 5-121　“元件的元件信息”对话框

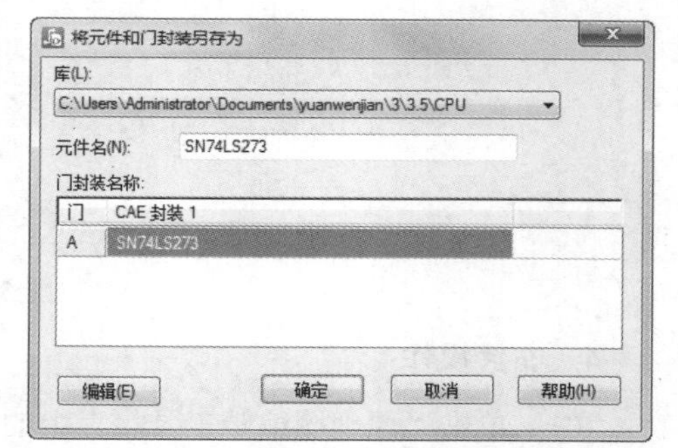

图 5-122　“将元件和门封装另存为”对话框

（8）单击“确定”按钮，关闭对话框，返回原理图编辑环境。自动弹出提示对话框，如图 5-123 所示，提示是否将元件替换成修改后的元件，单击“是”按钮，完成替换。

（9）双击替换后的元件 IC1，弹出“元件特性”对话框，单击“重命名元件”按钮，弹出如图 5-124 所示的“重命名元件”对话框，输入新元件名称 U1。

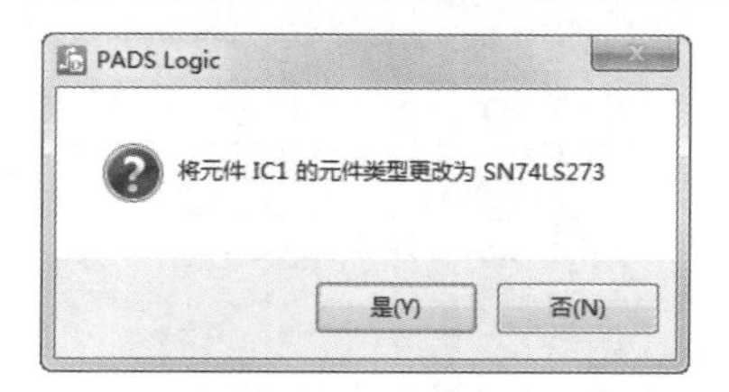

图 5-123　提示对话框

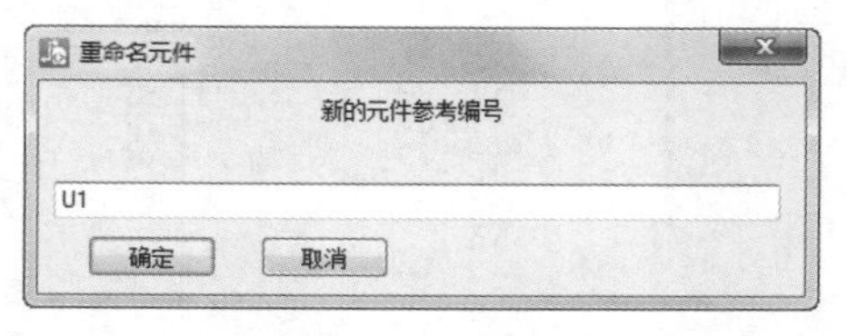

图 5-124　“重命名元件”对话框

（10）单击“确定”按钮，完成元件编号的修改，返回“元件特性”对话框，如图 5-125 所示。单击“确定”按钮，关闭对话框，修改结果如图 5-126 所示。

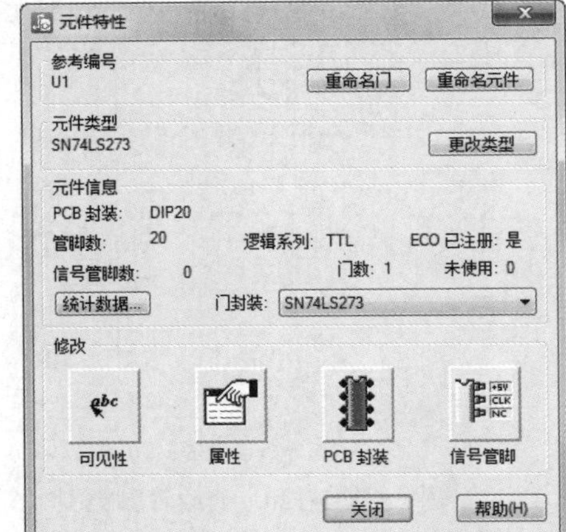

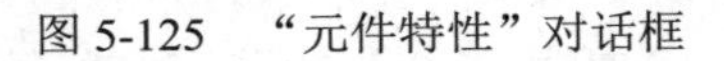

图 5-125 “元件特性”对话框

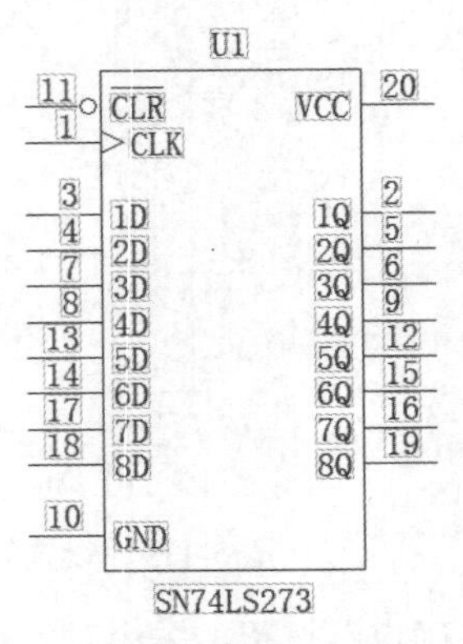

图 5-126 元件修改结果

（11）同样的方法设置 IC2 元件为 U2，修改结果如图 5-127 所示。

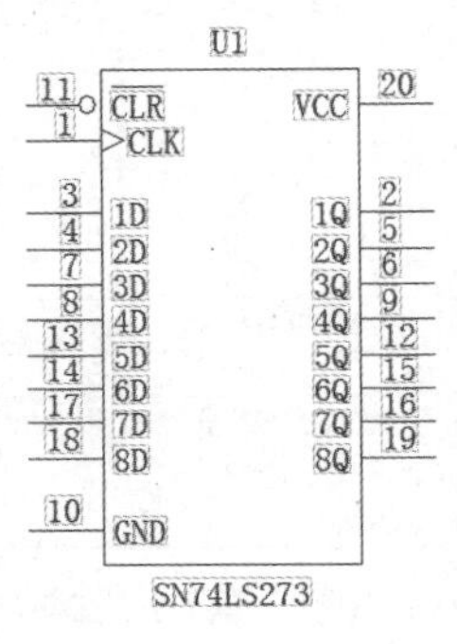

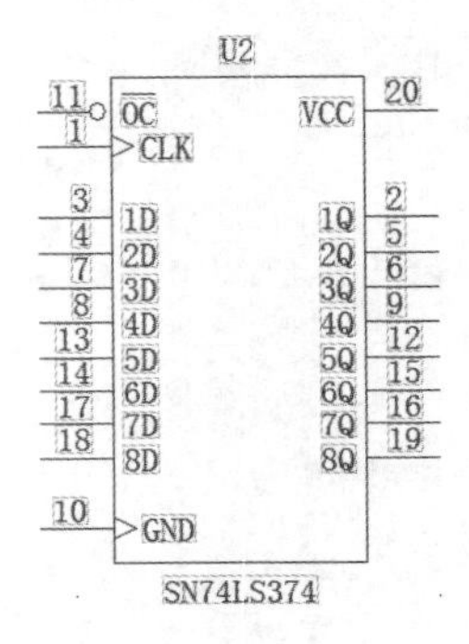

图 5-127 元件布局结果

4．布线操作

（1）单击“原理图编辑工具栏”中的“添加总线”按钮，进入总线设计模式，拖曳鼠标绘制总线，输入总线名“D[01:08]”，结果如图 5-128 所示。

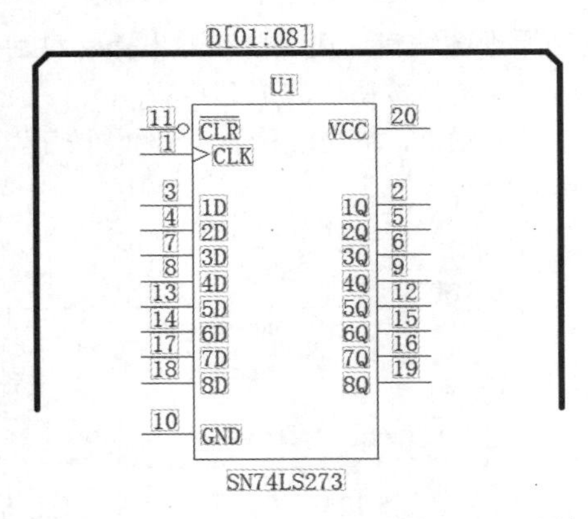

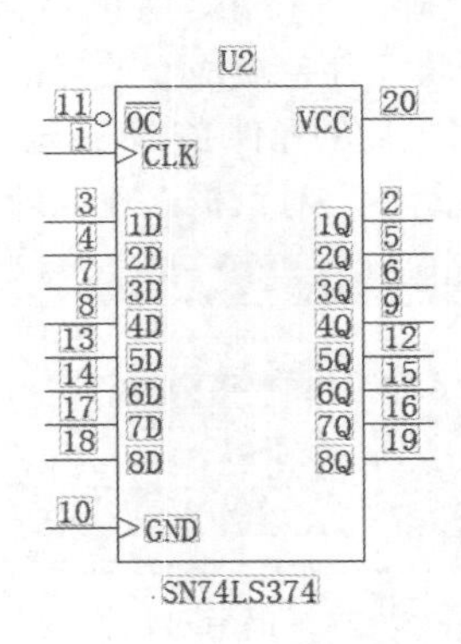

图 5-128 添加总线

（2）单击“原理图编辑工具栏”中的“添加连线”按钮，进入连线模式，拖曳鼠标，在总线

D[01:08]位置上单击，在总线与导线间自动添加总线分支，同时弹出“添加总线网络名”对话框，自动显示网络名 D01，继续连接其余总线，结果如图 5-129 所示。

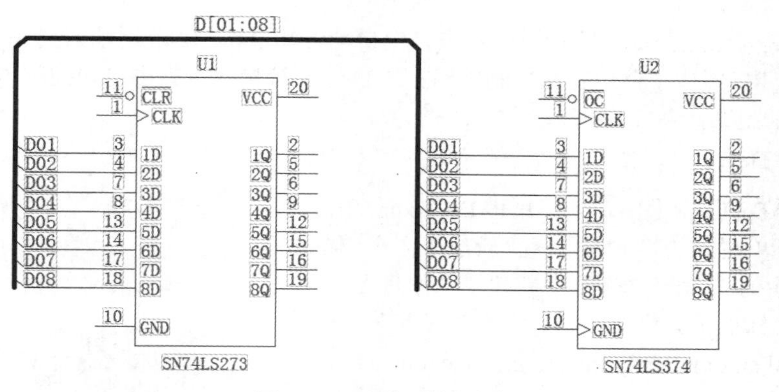

图 5-129　添加总线分支

（3）单击“原理图编辑工具栏”中的“添加连线”按钮，进入连线模式，在管脚处单击，向右拖曳鼠标，在适当位置双击或按 Enter 键，绘制悬浮线，结果如图 5-130 所示。

（4）双击悬浮线，弹出“网络特性”对话框，在“网络名”栏输入网络新的名，选中“网络名标签”复选框，如图 5-131 所示，单击“确定”按钮，关闭对话框，继续修改其余悬浮线的网络名。

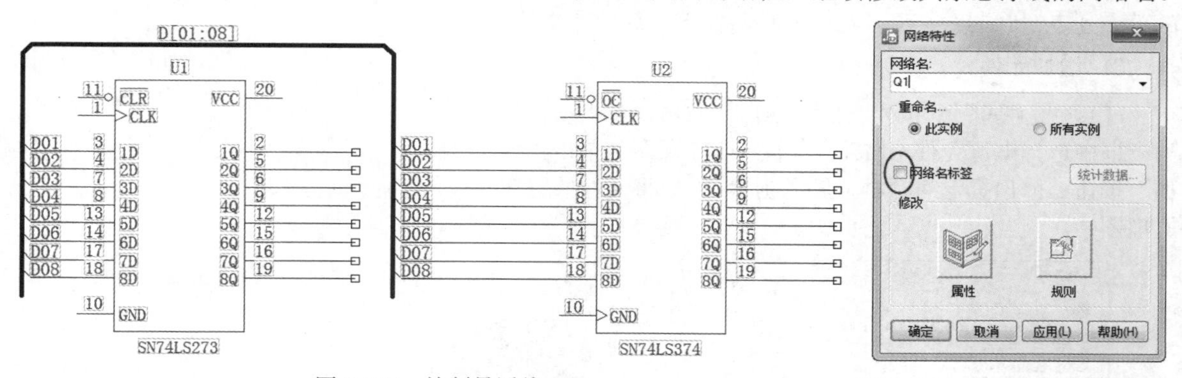

图 5-130　绘制悬浮线

图 5-131　“网络特性”对话框

注意： 在输入相同网络名时，弹出如图 5-132 所示的对话框，提示是否合并网络，单击“是”按钮，合并两个不相连的导线，相同网络名的导线完成实际意义上的“电气连接”，作用与连接的导线、页间连接符等相同。

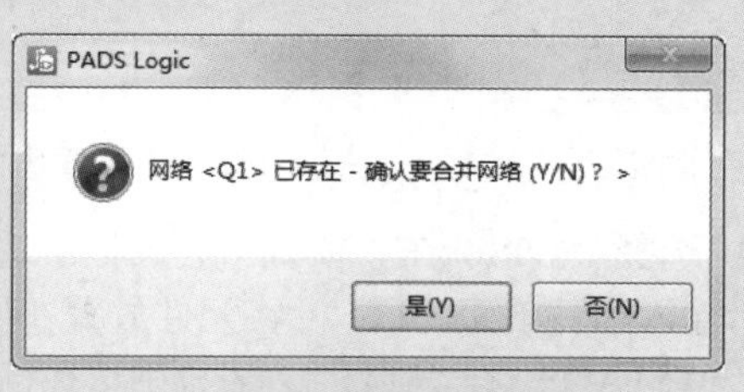

图 5-132　提示对话框

（5）原理图绘制完成后，单击“标准工具栏”中的“保存”按钮，保存绘制好的原理图文件。

（6）选择菜单栏中的“文件”→“退出”命令，退出 PADS Logic。

视频讲解

Note

5.4.4 停电来电自动告知电路

本例设计的是一个由集成电路构成的停电来电自动告知电路图。适用于需要提示停电、来电的场合。VT1、VT5、R3 组成了停电告知控制电路；IC1、D1 等构成了来电告知控制电路；IC2、VT2、LS2 为报警声驱动电路。

1. 设置工作环境

（1）单击 PADS Logic 图标，打开 PADS Logic VX.2.4。

（2）选择菜单栏中的“文件”→“新建”命令或单击“标准工具栏”中的“新建”按钮，新建一个原理图文件。

（3）单击“标准工具栏”中的“保存”按钮，输入原理图名称“Call automatically inform the blackout.sch”，保存新建的原理图文件。

2. 库文件管理

（1）选择菜单栏中的“文件”→“库”命令，弹出如图 5-133 所示的“库管理器”对话框。

（2）单击“管理库列表”按钮，弹出如图 5-134 所示的“库列表”对话框，显示在源文件路径下加载的库文件。

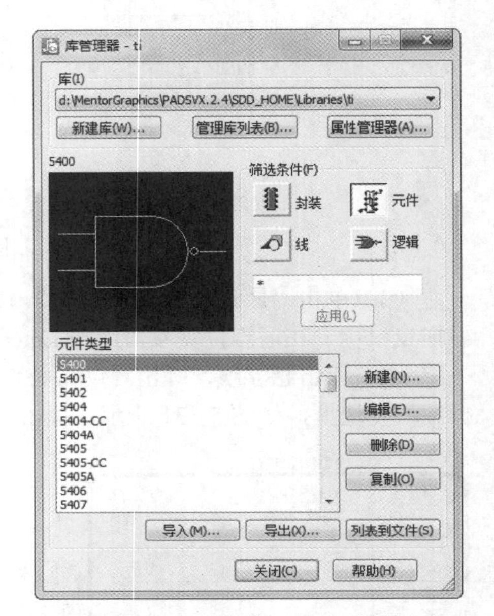

图 5-133　“库管理器”对话框

3. 增加元件

（1）在“库”下拉列表框中选择 PADS，在“项目”列表框中选择电源元件 UM66，如图 5-135 所示。单击“添加”按钮，弹出提示对话框，输入前缀 IC，将元件放置在原理图中。

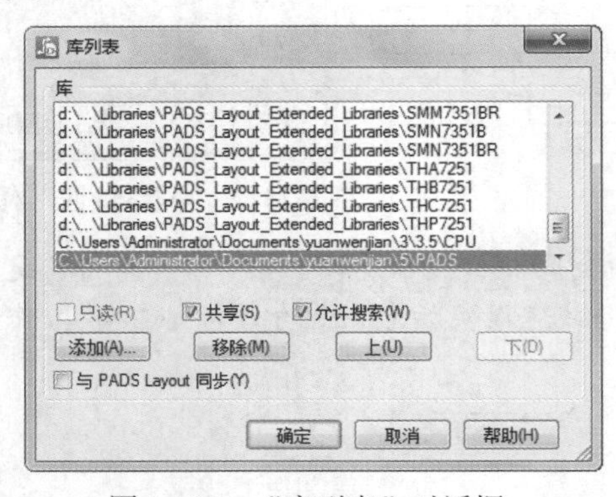

图 5-134　“库列表”对话框

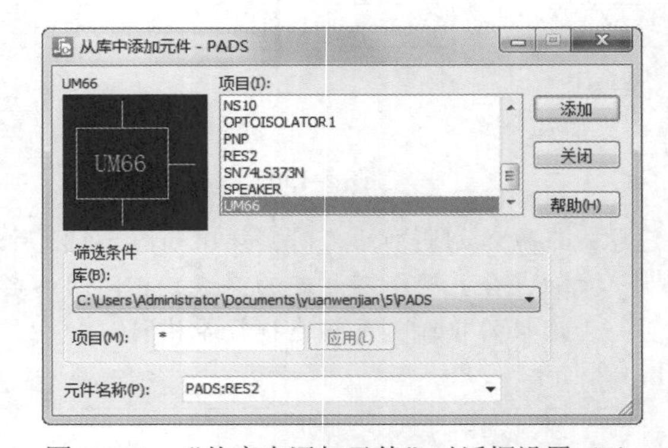

图 5-135　“从库中添加元件”对话框设置（1）

（2）在“库”下拉列表框中选择 PADS，在“项目”列表框中选择门铃元件 BELL，如图 5-136 所示。单击“添加”按钮，提示输入元件前缀“LS”，将元件放置在原理图中。

（3）在“库”下拉列表框中选择 PADS，在“项目”列表框中选择扬声器元件 SPEAKER，如图 5-137 所示。单击“添加”按钮，将元件放置在原理图中。

（4）在“库”下拉列表框中选择 PADS，在“项目”列表框中选择电源元件 BATTERY，如图 5-138 所示。单击“添加”按钮，将元件放置在原理图中。

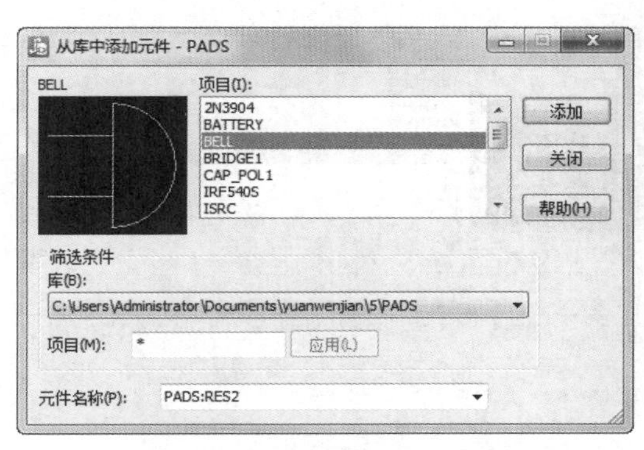

图 5-136　“从库中添加元件”对话框设置（2）

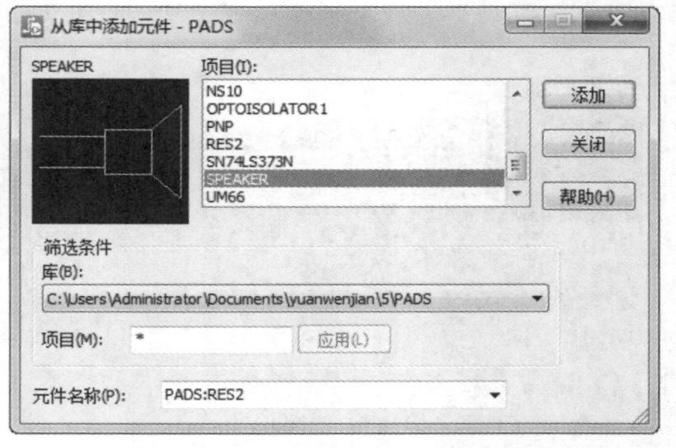

图 5-137　“从库中添加元件”对话框设置（3）

（5）在“库”下拉列表框中选择 PADS，在“项目”列表框中选择光隔离器元件 OPTOISOLATOR1，如图 5-139 所示。单击“添加”按钮，将元件放置在原理图中。

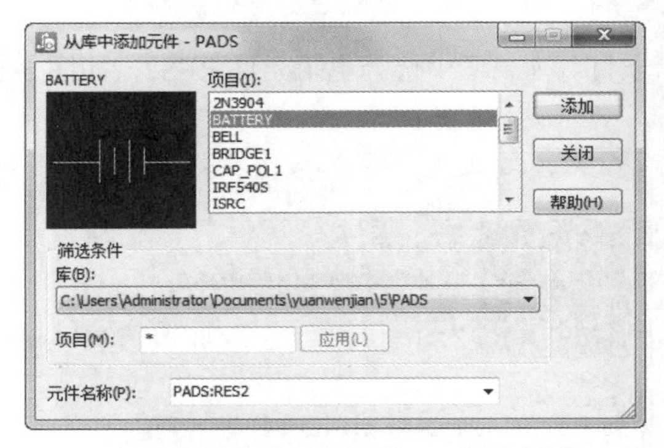

图 5-138　“从库中添加元件”对话框设置（4）

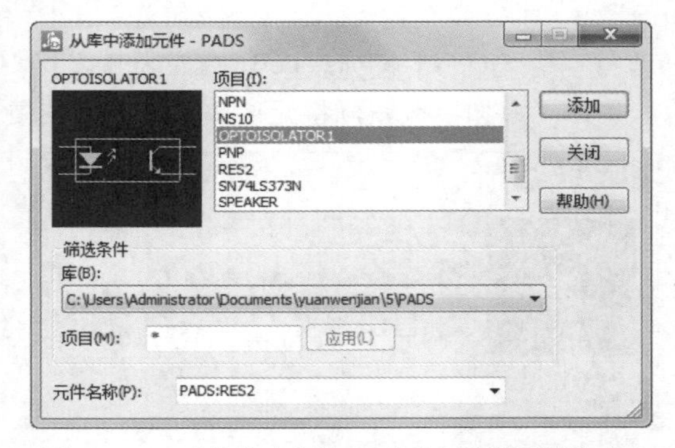

图 5-139　“从库中添加元件”对话框设置（5）

（6）在“筛选条件”选项组的“库”下拉列表框中选择“所有库”，在“项目”文本框中输入关键词元件“*2N*”，单击“应用”按钮，在“项目”列表框中显示三极管元件，选择 2N3904 和 2N3906，如图 5-140 和图 5-141 所示，将元件放置在原理图中。

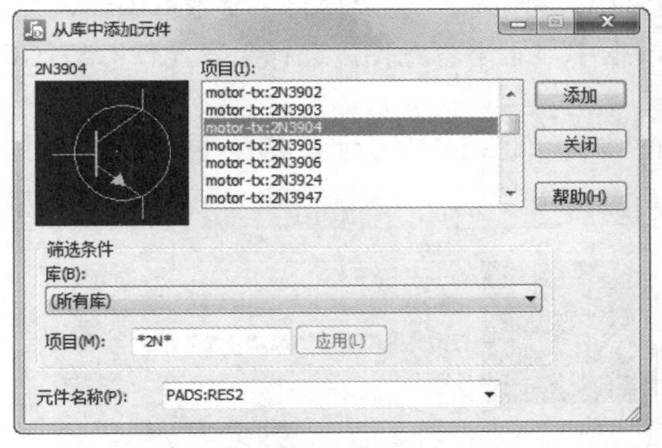

图 5-140　“从库中添加元件”对话框设置（6）

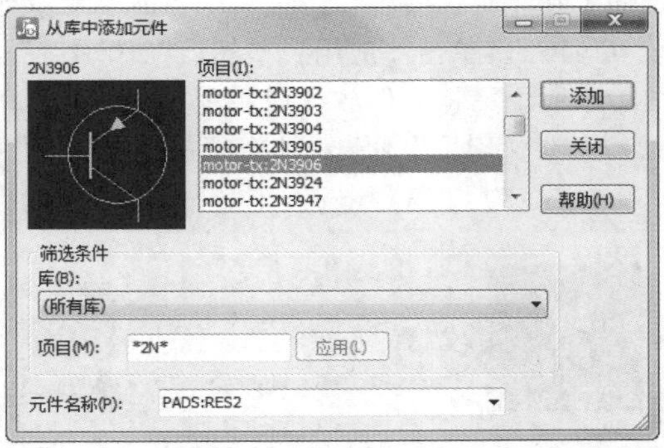

图 5-141　“从库中添加元件”对话框设置（7）

（7）在“库”下拉列表框中选择 misc，在“项目”文本框中输入关键词元件“*SW*”，单击“应用”按钮，选择开关元件 SW-SPDT，如图 5-142 所示。单击“添加”按钮，将元件放置在原理图中。

（8）在“库”下拉列表框中选择 PADS，在“项目”列表框中选择电桥元件 BRIDGE1，如图 5-143 所示。单击“添加”按钮，将元件放置在原理图中。

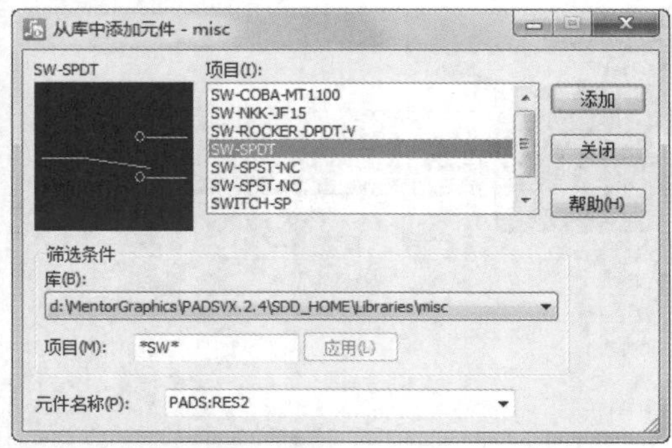

图 5-142 “从库中添加元件”对话框设置（8）

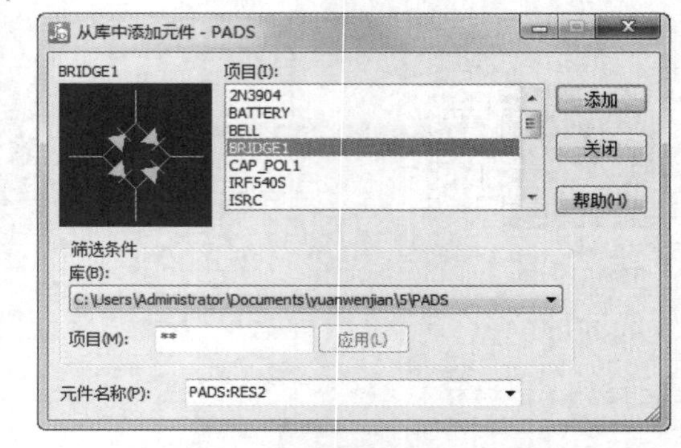

图 5-143 “从库中添加元件”对话框设置（9）

（9）在“库”下拉列表框中选择“所有库”，在“项目”文本框中输入关键词元件“*DIO*”，单击“应用”按钮，选择开关元件 DIODE，如图 5-144 所示。单击“添加”按钮，将元件放置在原理图中。

（10）在“库”下拉列表框中选择 PADS，在“项目”列表框中选择电阻元件 RES2，如图 5-145 所示。单击“添加”按钮，将元件放置在原理图中。

图 5-144 “从库中添加元件”对话框设置（10）

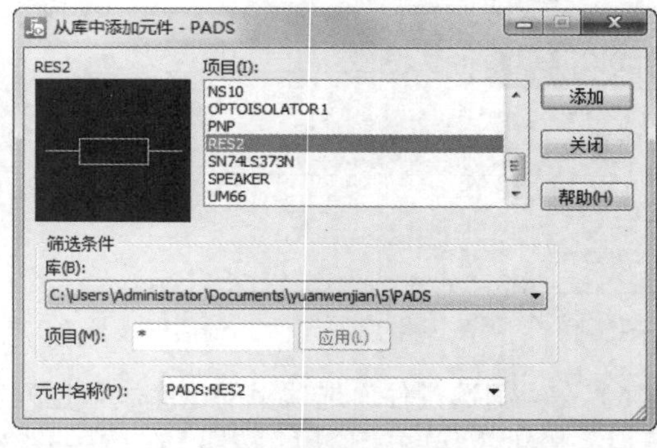

图 5-145 “从库中添加元件”对话框设置（11）

（11）在“筛选条件”选项组的“库”下拉列表框中选择 misc，在“项目”文本框中输入关键词元件“*CAP*”，单击“应用”按钮，在“项目”列表框中显示电容元件，选择电容元件 CAP-CC05，如图 5-146 所示，将元件放置在原理图中。

（12）在“项目”列表框中选择极性电容元件 CAP-B6，如图 5-147 所示，将元件放置在原理图中。

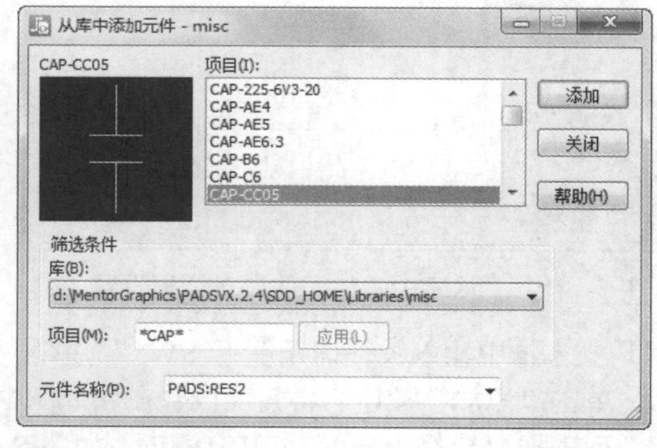

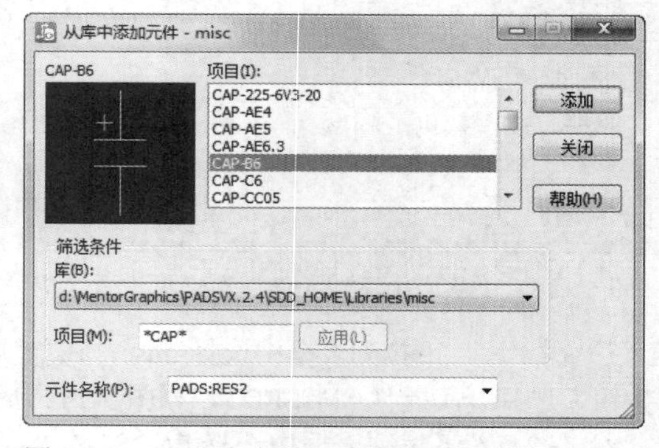

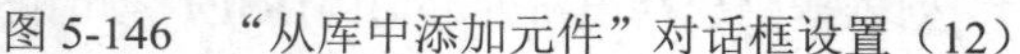

图 5-146 “从库中添加元件”对话框设置（12）　　图 5-147 “从库中添加元件”对话框设置（13）

（13）关闭“从库中添加元件”对话框，完成所有元件放置，元件放置结果如图 5-148 所示。

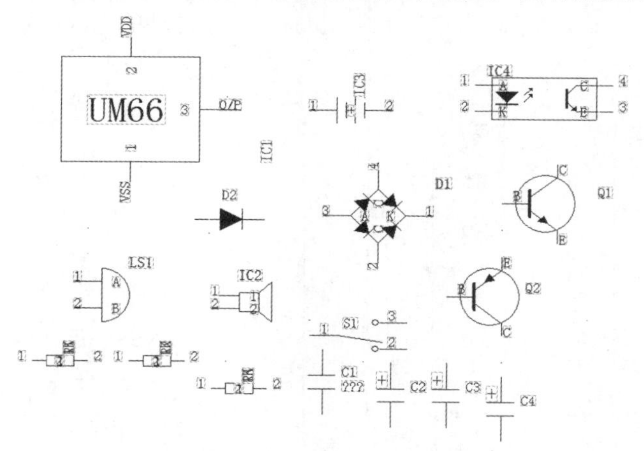

图 5-148　元件放置结果

（14）按照电路要求，对元件进行布局并编辑元件属性，方便后期操作，结果如图 5-149 所示。

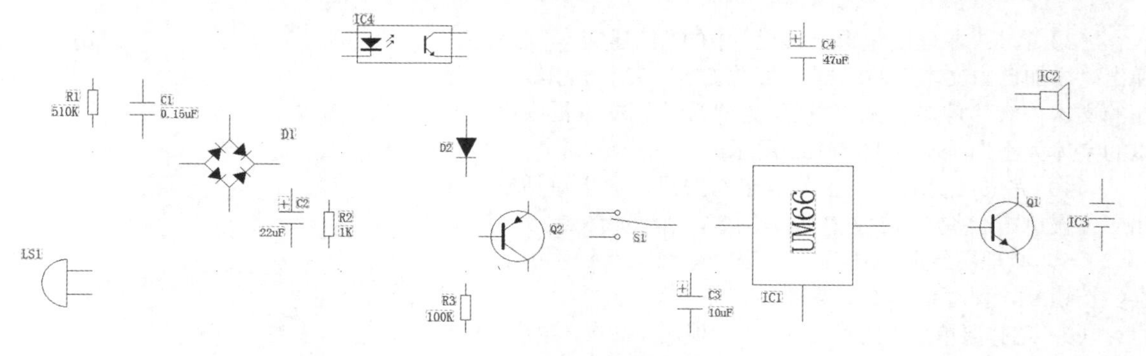

图 5-149　元件布局结果

4. 布线操作

（1）单击“原理图编辑工具栏”中的“添加连线”按钮，进入连线模式，进行连线操作，在交叉处若有电气连接，则需在相交处单击，显示结点，表示有电气连接，若不在交叉处单击，则不显示结点，表示无电气连接，布线结果如图 5-150 所示。

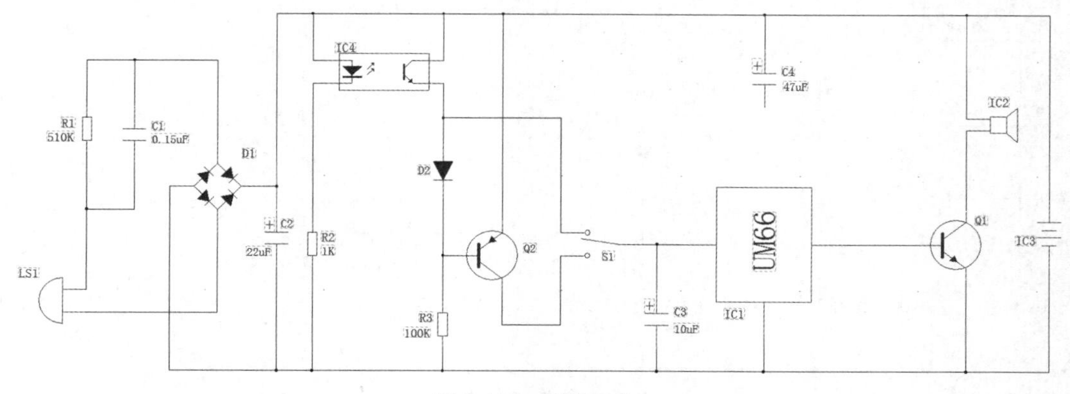

图 5-150　连线操作

（2）单击“原理图编辑工具栏”中的“添加连线”按钮，进入连线模式，拖曳鼠标到适当位置处，右击，在弹出的快捷菜单中选择“电源”命令，鼠标上显示浮动的电源符号，单击，放置接地符号，结果如图 5-151 所示。

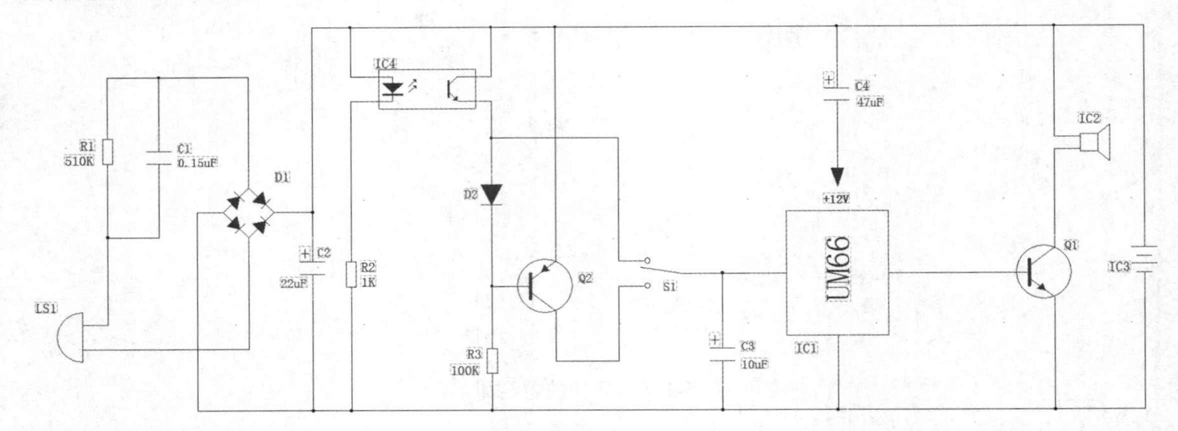

图 5-151　放置电源符号

（3）单击“原理图编辑工具栏”中的“创建文本”按钮，弹出“添加自由文本”对话框。在“文本”文本框中输入要添加的文本内容“停电告知”，在下方“尺寸”文本框中设置文本的字体大小为 15，如图 5-152 所示。

（4）完成设置后，单击“确定”按钮，退出对话框，在相应位置单击，将文本放置在原理图中，结果如图 5-153 所示。

（5）原理图绘制完成后，单击“标准工具栏”中的“保存”按钮，保存绘制好的原理图文件。

（6）选择菜单栏中的“文件”→“退出”命令，退出 PADS Logic。

本例主要介绍了文本的放置，在电路的设计中，利用原理图编辑器所带的绘图工具，还可以在原理图上创建并放置各种各样的图形、图片。这些注释的添加，使用户更容易理解复杂电路。

图 5-152　“添加自由文本”对话框

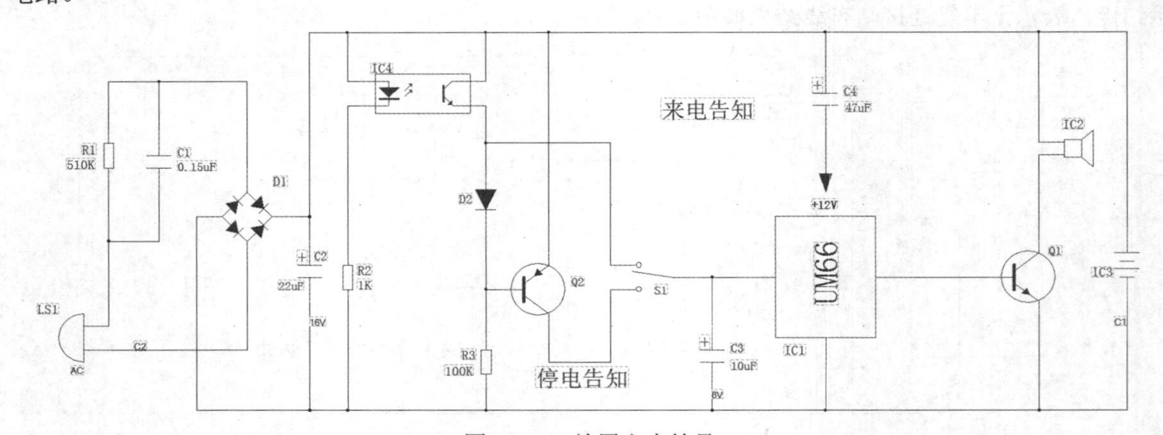

图 5-153　放置文本符号

5.4.5　锁相环路电路

层次原理图设计分为自上而下与自下而上两种方法。下面以系统提供的锁相环路电路图为例，介绍自上而下的层次原理图设计的具体步骤。

1. 自上而下

自上而下的层次电路原理图设计指先绘制出顶层原理图，然后将顶层原理图中的各个方块图对应的子原理图分别绘制出来。采用这种方法设计时，首先要根据电路的功能把整个电路划分为若干个功能模块，然后把它们正确地连接起来。

1）设置工作环境

（1）单击 PADS Logic 图标，打开 PADS Logic VX.2.4。

（2）选择菜单栏中的“文件”→“新建”命令或单击“标准工具栏”中的“新建”按钮，新建一个原理图文件。

（3）单击“标准工具栏”中的“保存”按钮，输入原理图名称“PLI”，保存新建的原理图文件。

2）图纸管理

（1）选择菜单栏中的“设置”→“图页”命令，弹出如图 5-154 所示的“图页”对话框。

（2）在“已编号的图页”选项组下显示当前图页默认名称，单击“重命名”按钮，修改当前图纸的名称为 TOP，如图 5-155 所示。

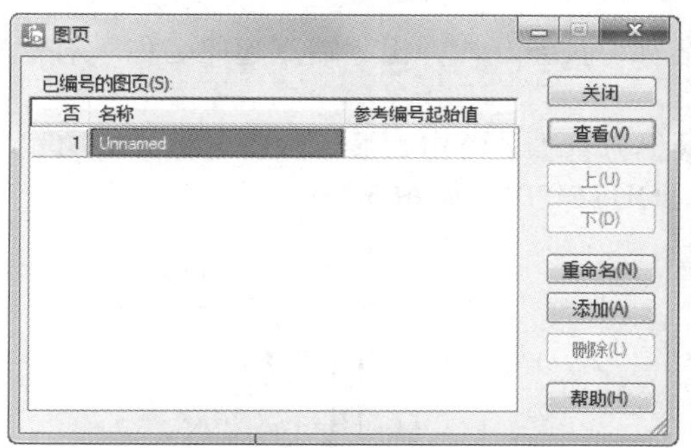

图 5-154　“图页”对话框

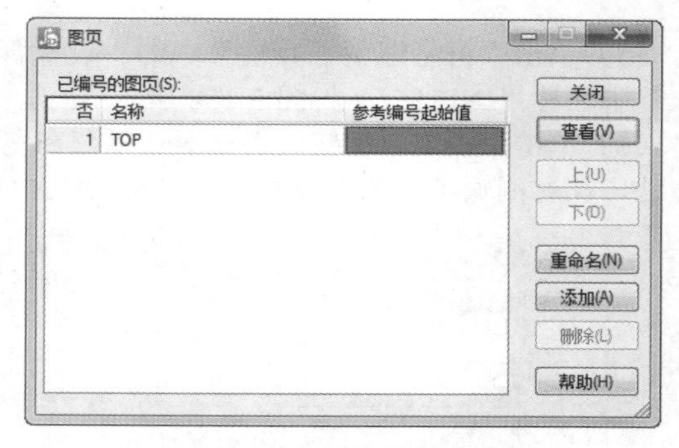

图 5-155　修改图页名称

（3）单击“原理图编辑工具栏”中的“新建层次化符号”按钮，弹出“层次化符号向导”对话框，在左侧显示层次化符号预览，右侧设置管脚个数，如图 5-156 所示，在右下角的“图页名称”文本框中输入层次化符号名称 PO，及该符号所代表的子原理图名称。

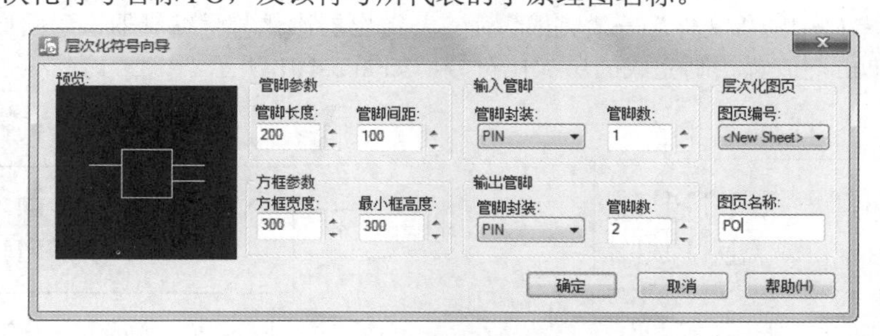

图 5-156　设置层次化符号

（4）单击“确定”按钮，退出对话框，进入 Hierarchical symbol：PO（层次化符号）编辑状态，编辑窗口显示预览显示的层次化符号，如图 5-157 所示。

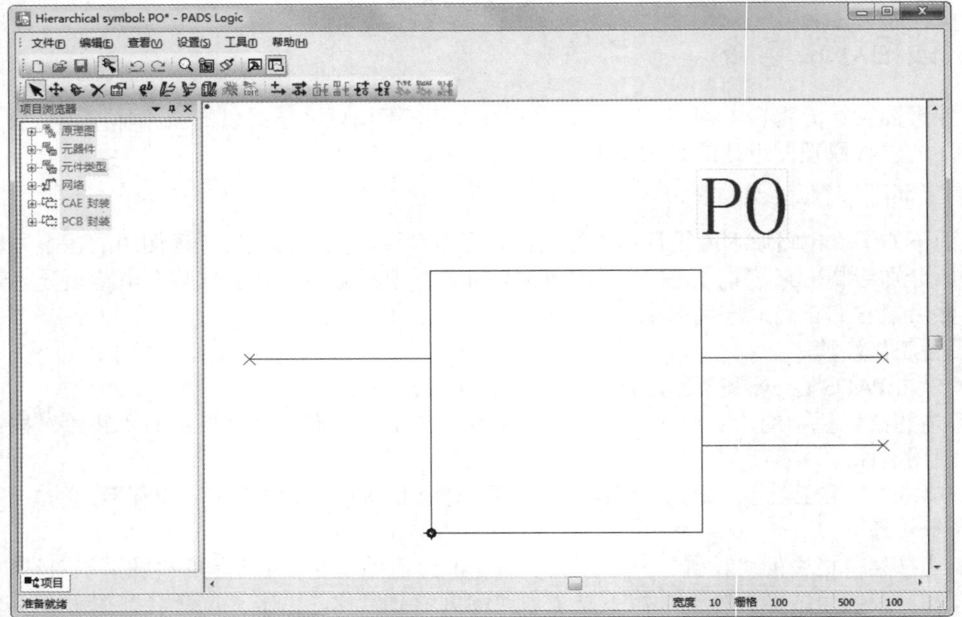

图 5-157 层次化符号编辑环境

（5）单击“符号编辑工具栏”中的“设置管脚名称”按钮，弹出“端点起始名称”对话框，输入管脚名称“INPUT”，如图 5-158 所示。

（6）单击“确定”按钮，退出对话框，在左侧最上方管脚处单击，显示管脚名称 INPUT；同样的方法，在右侧输出管脚上设置管脚名称 OUTPUT1、OUTPUT2，如图 5-159 所示。

图 5-158 “端点起始名称”对话框　　图 5-159 设置管脚名称

（7）由于元件分布不均，出现叠加现象，单击“符号编辑工具栏”中的“修改 2D 线”按钮，在矩形框上单击，向右拖动矩形，调整结果如图 5-160 所示。

（8）选择菜单栏中的“文件”→“完成”命令，退出层次化符号编辑器，返回原理图编辑环境，在原理图空白处单击，放置绘制完成的层次化符号，如图 5-161 所示。

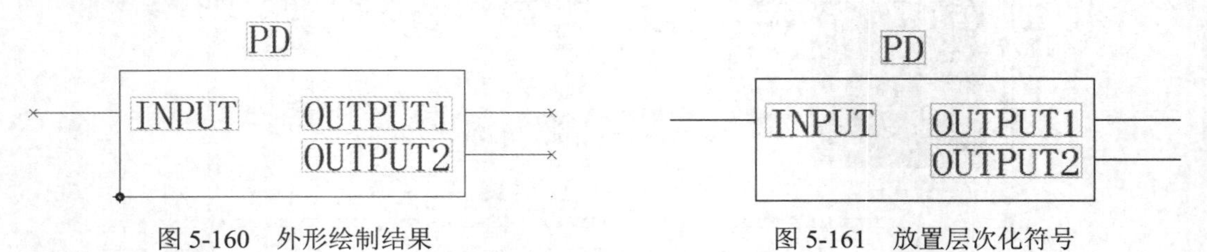

图 5-160 外形绘制结果　　图 5-161 放置层次化符号

（9）同样的方法放置另外两个层次化符号 VCO、LF，并设置好相应的管脚，如图 5-162 所示。

（10）单击“原理图编辑工具栏”中的“添加连线”按钮，使用导线把每一个层次化符号上的

相应管脚连接起来，如图 5-163 所示。

至此，完成顶层原理图的绘制。

在绘制原理图符号的过程中，在“项目浏览器”中会显示新添加的同名图纸，如图 5-164 所示。

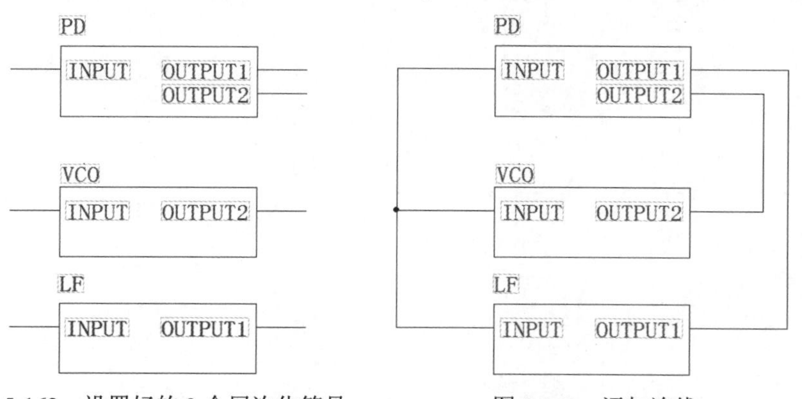

图 5-162　设置好的 3 个层次化符号　　图 5-163　添加连线　　图 5-164　项目浏览器

3）绘制子原理

双击项目管理器中的图页 PD，打开该原理图，进入原理图编辑环境。

（1）单击“原理图编辑工具栏”中的“添加元件”按钮，弹出“从库中添加元件”对话框，在该对话框中选择所需元件，并进行属性编辑与布局，结果如图 5-165 所示。

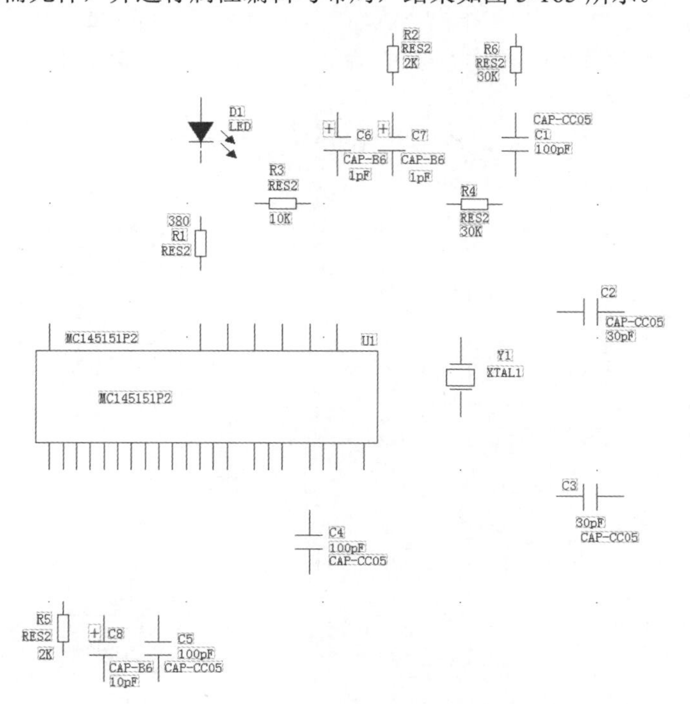

图 5-165　布局结果

（2）单击“原理图编辑工具栏”中的“添加连线”按钮，进入连线模式，进行连线操作，在交叉处若有电气连接，则需要在相交处单击，显示结点，表示有电气连接，若不在交叉处单击，则不显示结点，表示无电气连接，布线结果如图 5-166 所示。

Note

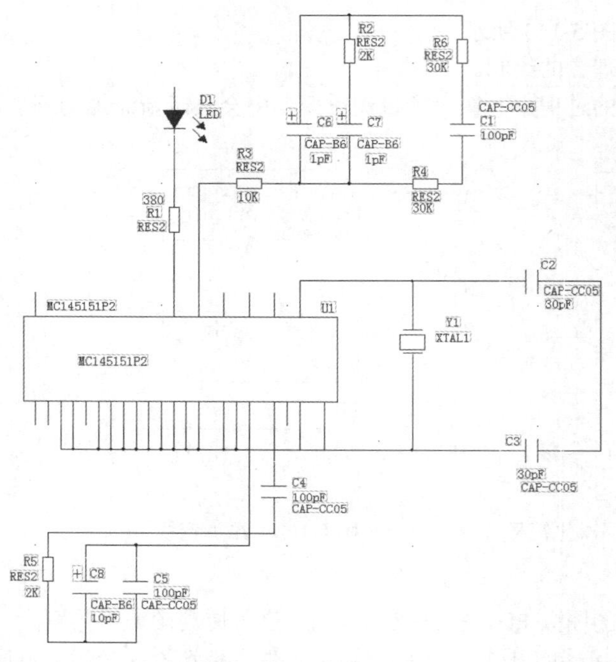

图 5-166　连线操作

（3）单击“原理图编辑工具栏”中的“添加连线”按钮，进入连线模式，拖曳鼠标到适当位置处，右击，在弹出的快捷菜单中选择“电源”命令，鼠标上显示浮动的电源符号，单击，放置接地符号，结果如图 5-167 所示。

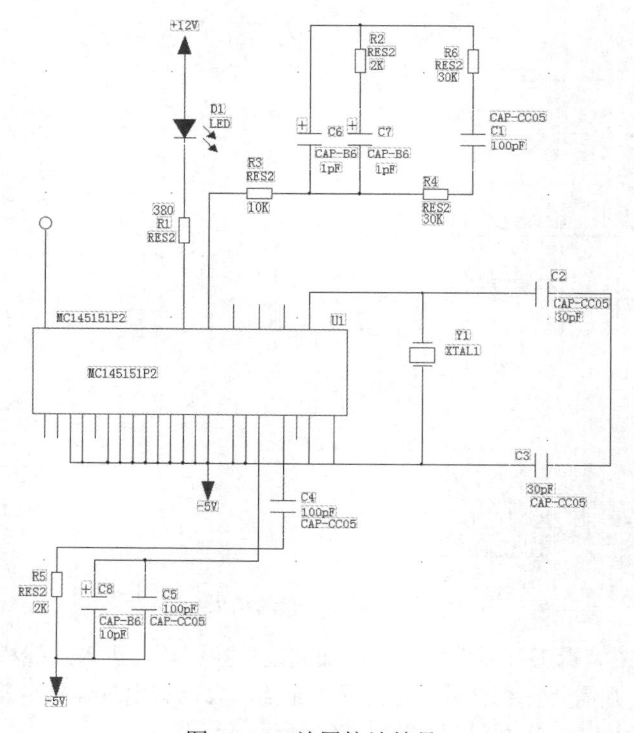

图 5-167　放置接地符号

Note

（4）单击“原理图编辑工具栏”中的“添加连线”按钮，进入连线模式，拖曳鼠标到适当位置处，右击，在弹出的快捷菜单中选择“页间连接符”命令，鼠标上显示浮动的接地符号，单击，放置页间连接符，弹出如图 5-168 所示的“添加网络名”对话框，在“网络名”文本框中输入网络名“OUTPUT1”，单击“确定”按钮，完成网络名的设置，添加结果如图 5-169 所示。

图 5-168　“添加网络名”对话框

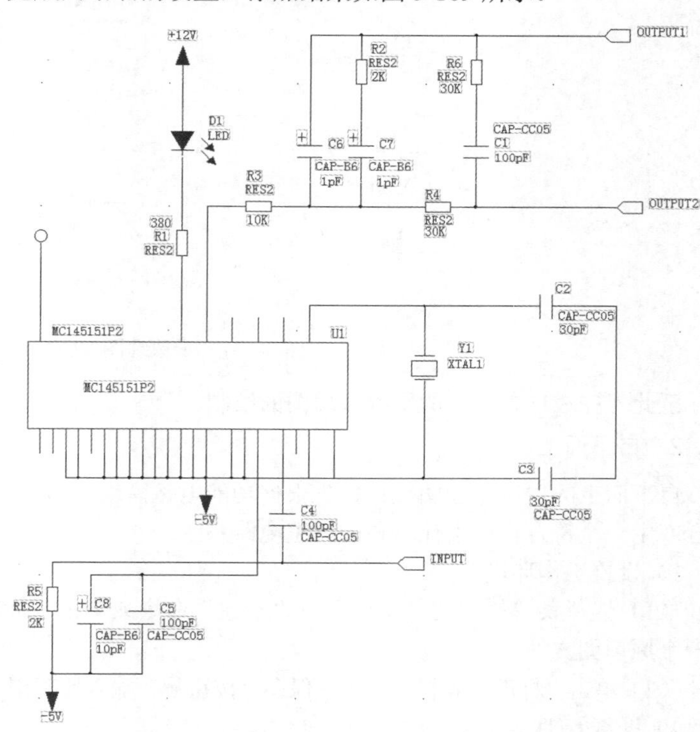

图 5-169　子原理图 PD.sch

同样的方法绘制子原理图 LF.sch，绘制完成的原理图如图 5-170 所示。

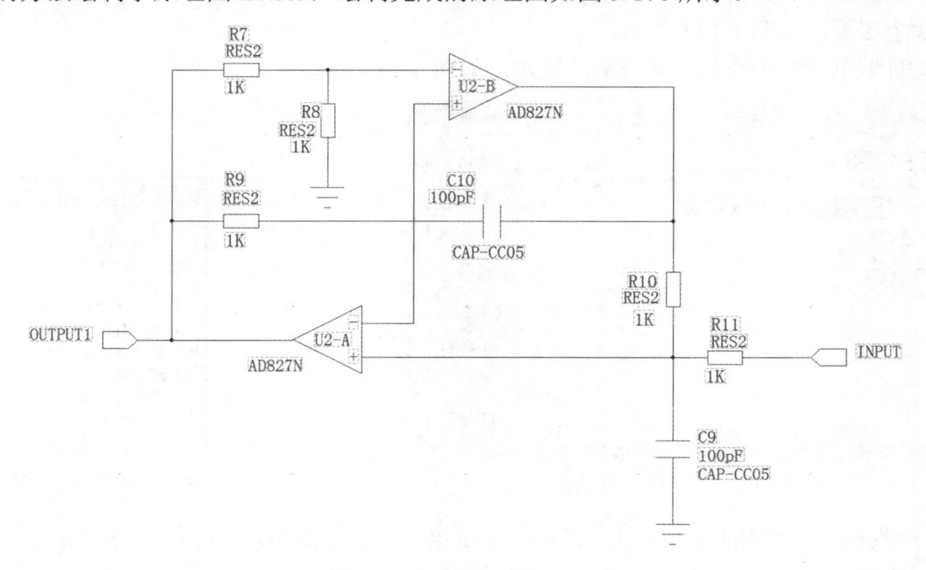

图 5-170　子原理图 LF.sch

（5）采用同样的方法绘制另一张子原理图 VCO.sch，绘制完成的原理图如图 5-171 所示。

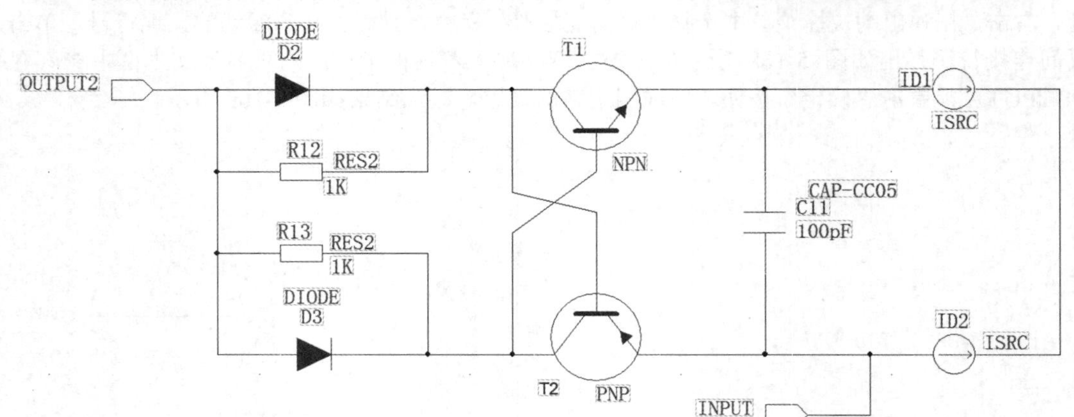

图 5-171　子原理图 VCO.sch

至此，完成自上而下的层次原理图的绘制。

2. 自下而上

自下而上的层次原理图设计指先根据功能电路模块绘制出子原理图，然后由子图生成方块电路，组合产生一个符合自己设计需要的完整电路系统。

1）设置工作环境

（1）选择菜单栏中的“文件”→“新建”命令或单击“标准工具栏”中的“新建”按钮，新建一个原理图文件。

（2）单击“标准工具栏”中的“保存”按钮，输入原理图名称“PLI1”，保存新建的原理图文件。

2）图纸管理

（1）选择菜单栏中的“设置”→“图页”命令，弹出“图页”对话框，在“已编号的图页”选项组下显示当前图页名称，单击“重命名”按钮，修改当前图纸的名称为 TOP，单击“添加”按钮，分别添加 3 个图页，如图 5-172 所示。

在“项目浏览器”中会显示新添加的图纸，如图 5-173 所示。

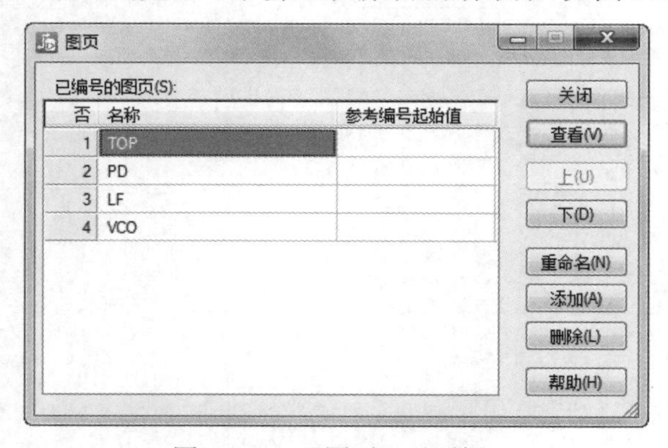

图 5-172　“图页”对话框

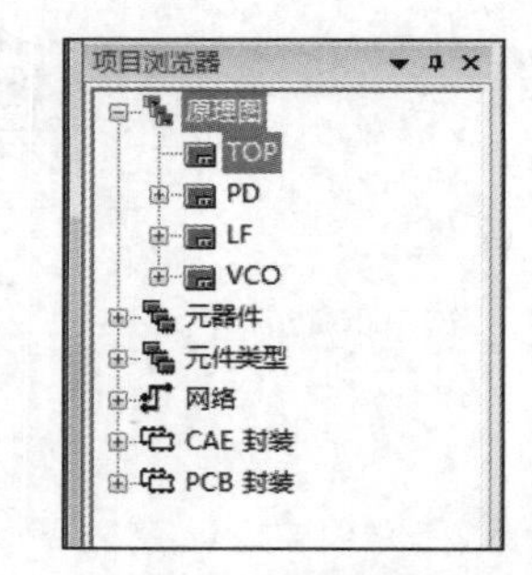

图 5-173　项目浏览器

（2）按照一般原理图的绘制方法，绘制 3 个子原理图，如图 5-174～图 5-176 所示。

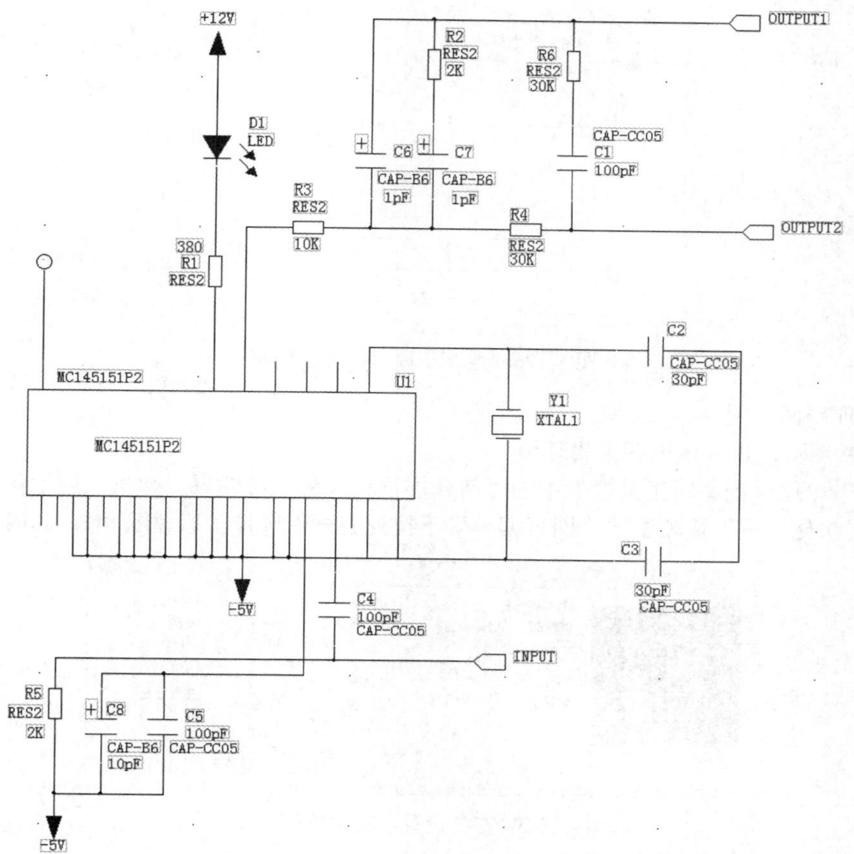

图 5-174　绘制子原理图 PD.sch

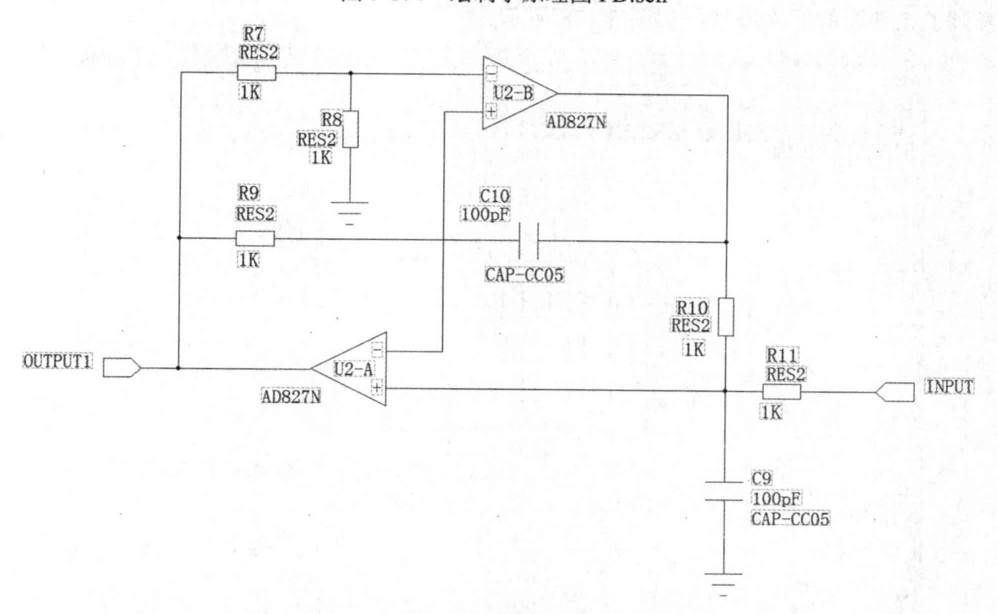

图 5-175　绘制子原理图 LF.sch

Note

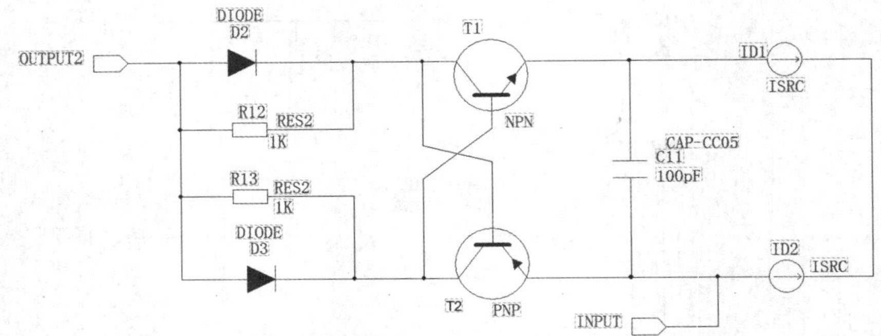

图 5-176　绘制子原理图 VCO.sch

3）绘制顶层原理图

打开 TOP 图页，进入原理图编辑环境。

（1）单击“原理图编辑工具栏”中的“新建层次化符号”按钮，弹出“层次化符号向导”对话框，在“层次化图页”选项组的“图页编号”下拉列表框中选择子原理图 PD，如图 5-177 所示。

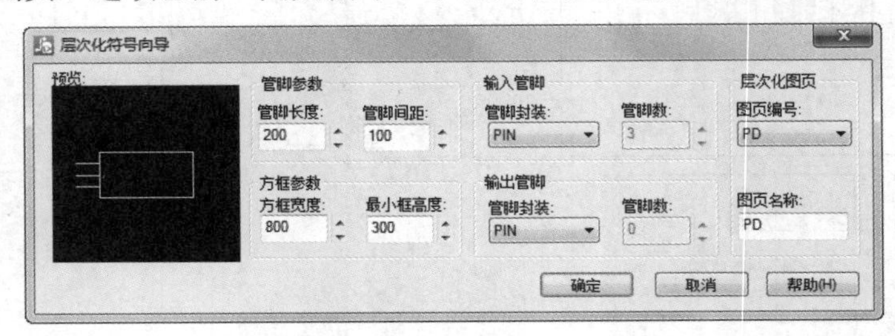

图 5-177　设置层次化符号

（2）单击“确定”按钮，退出对话框，进入 Hierachical symbol：PD（层次化符号）编辑状态，显示代表该子原理图的层次符号，如图 5-178 所示。

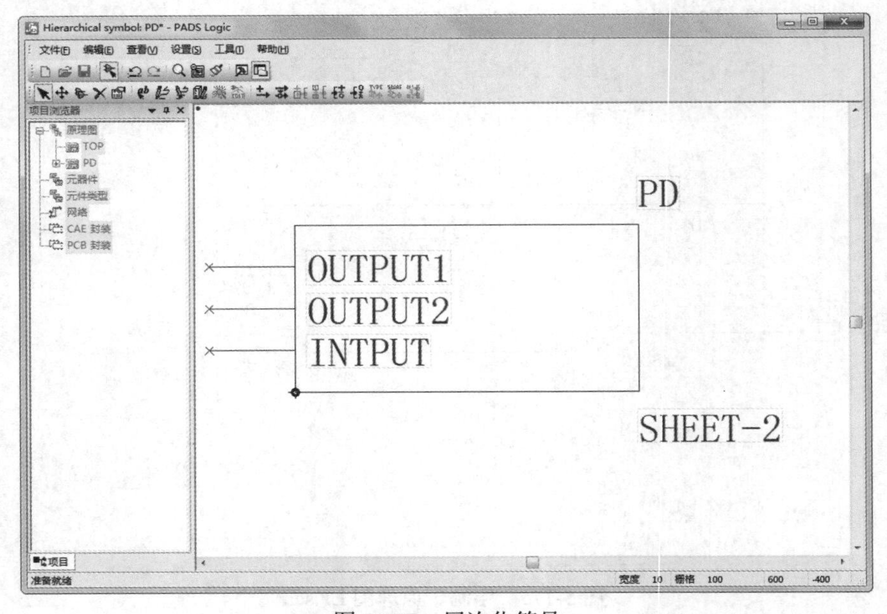

图 5-178　层次化符号

（3）选择菜单栏中的“文件”→“完成”命令，退出编辑环境，将该符号放置到原理图的空白处。

（4）同样的方法放置另外两个层次化符号 LF、VCO，如图 5-179 所示。

（5）单击“原理图编辑工具栏”中的“添加连线”按钮，使用导线把每一个层次化符号上的相应管脚连接起来，如图 5-180 所示。

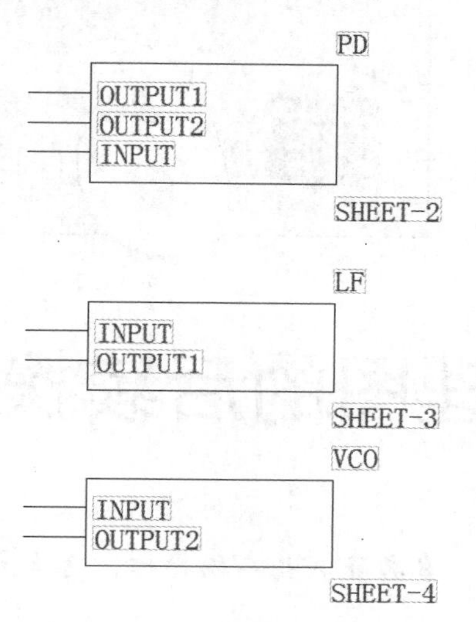

图 5-179　3 个层次化符号

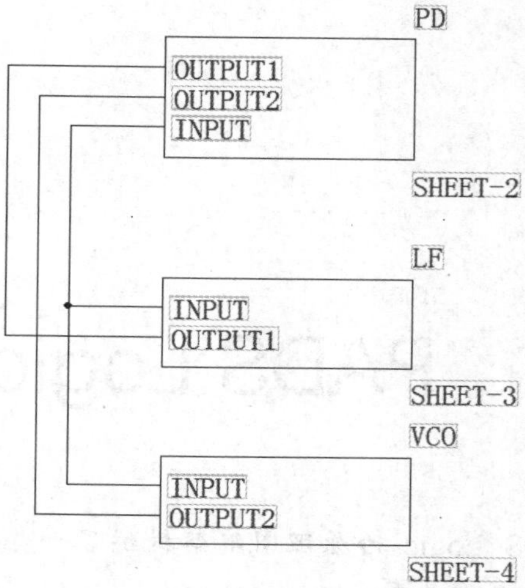

图 5-180　添加连线连接管脚

至此，完成自下而上的层次原理图的绘制。

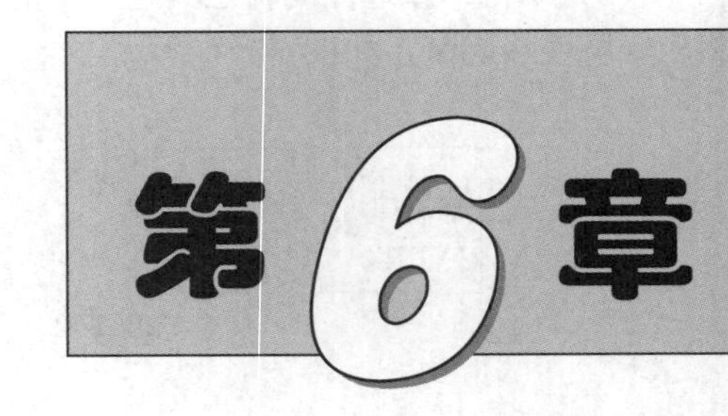

PADS Logic 原理图的后续操作

PADS Logic 为原理图编辑提供了一些高级操作，掌握了这些高级操作，将大大提高电路设计的工作效率。

本章将详细介绍这些高级操作，包括工具的使用、基本操作、层次电路的设计和报告文件的生成等。

学习重点

- ☑ 视图操作
- ☑ 元件编号管理
- ☑ 报告输出
- ☑ 打印输出
- ☑ 生成网络表
- ☑ 原理图的转换
- ☑ 操作实例

任务驱动&项目案例

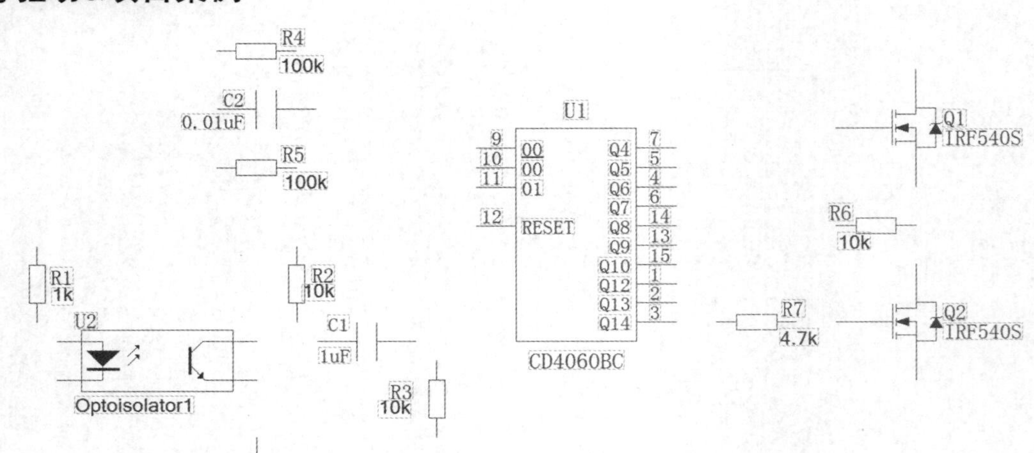

6.1　视 图 操 作

在设计原理图时，常常需要进行视图操作，如对视图进行缩放和移动等操作。PADS Logic 为用户提供了很方便的视图操作功能，设计人员可根据自己的习惯选择相应的方式。

6.1.1　直接命令和快捷键

直接命令亦称无模式命令，它的应用能够大大提高工作效率。因为在设计过程中有各种各样的设置，但是有的设置经常会随着设计的需要而变动，甚至在某一个具体的操作过程中也会多次改变。无模式命令通常用于那些在设计过程中经常需要改变的设置。

直接命令窗口是自动激活的，当在键盘上输入的字母是一个有效的直接命令的第一个字母时，直接命令窗口自动激活弹出，而且不受任何操作模式限制。输入完直接命令后按 Enter 键即可执行直接命令。

直接按键盘上的 M 键，弹出如图 6-1 所示的快捷菜单，可直接选择菜单上的命令进行操作。

直接按键盘上的“S R1”，弹出“无模命令”对话框，如图 6-2 所示，按 Enter 键，在原理图中查找元器件 R1，并局部放大显示该元器件。

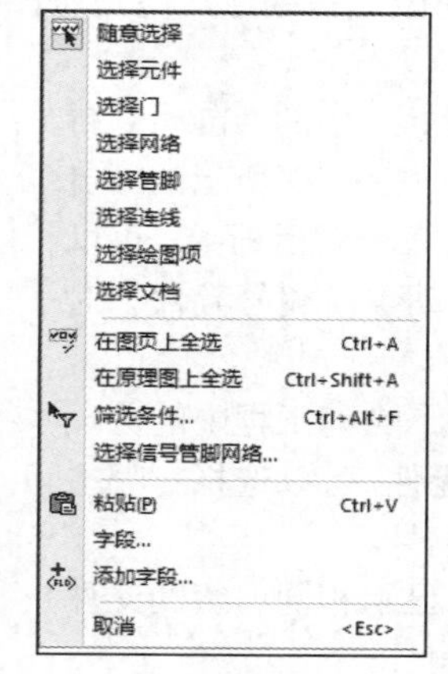

图 6-1　快捷菜单

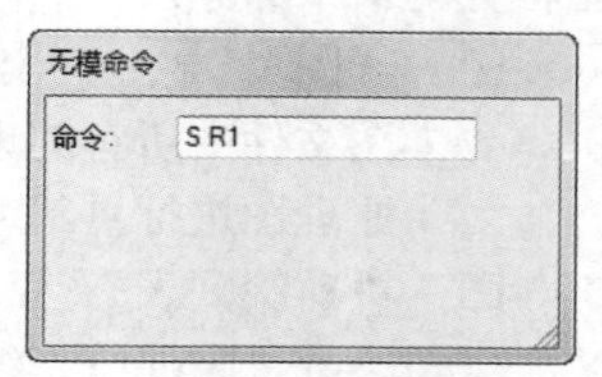

图 6-2　“无模命令”对话框

注意： 对话框所输入的命令中，R1 为元器件名称，与前面的无模命令间有无空格均可。

快捷键允许通过键盘直接输入命令及其选项。PADS Logic 应用了大量的标准 Windows 快捷键，下面介绍几个常用的快捷键的功能。

☑　Alt+F：用于显示文件菜单等命令。

☑　Esc：取消当前的命令和命令序列。

有关 PADS Logic 中所有快捷键的介绍请参考在线帮助，记住一些常用的快捷键能使设计变得快捷而又方便。

6.1.2　缩放命令

有几种方法可以控制设计图形的放大和缩小。

使用两键鼠标可以打开和关闭“缩放”图标。在缩放方式下，光标的移动将改变缩放的比例。使用三键鼠标时，中间键的缩放方式始终有效。

放大和缩小是通过将光标放在区域的中心，然后拖出一个区域进行的。

为了进行缩放，可按如下步骤操作。

（1）在工具栏上单击“缩放”按钮。如果使用三键鼠标，则直接跳到步骤（2），使用中间键替代步骤（2）和步骤（3）中的鼠标左键。

（2）放大：在希望观察的区域中心按住鼠标左键，向上拖动鼠标，即远离读者的方向，随着光标的移动，将出现一个动态的矩形，当这个矩形包含了希望观察的区域后，松开鼠标即可。

（3）缩小：重复步骤（2）的内容，但是拖动的方向向下或向着显示器的方向。一个虚线构成的矩形就是当前要观察的区域。

（4）按缩放方式图标结束缩放方式。

6.2 元件编号管理

对于元件较多的原理图，当设计完成后，往往会发现元件的编号变得很混乱或有些元件还没有编号。用户可以逐个地手动更改这些编号，但是这样比较烦琐，而且容易出现错误。PADS Logic 提供了元件编号管理的功能。

单击“原理图编辑工具栏”中的“自动重新编号元件”，系统将弹出如图 6-3 所示的“自动重新编号元件”对话框。在该对话框中，可以对元件进行重新编号。“自动重新编号元件”对话框分为 4 个部分。

☑ “图页”栏：列出了当前工程中的原理图文件中所有的元件，可以选择对哪些原理图进行重新编号。

☑ “前缀列表”栏：显示相同前缀的元件个数，方便统一编号。

☑ “单元尺寸”栏：显示原理图单元尺寸。

☑ “重新编号”栏：显示编号的“起始值”与“增量”。

☑ “优先权”栏：列出了 8 种编号顺序。

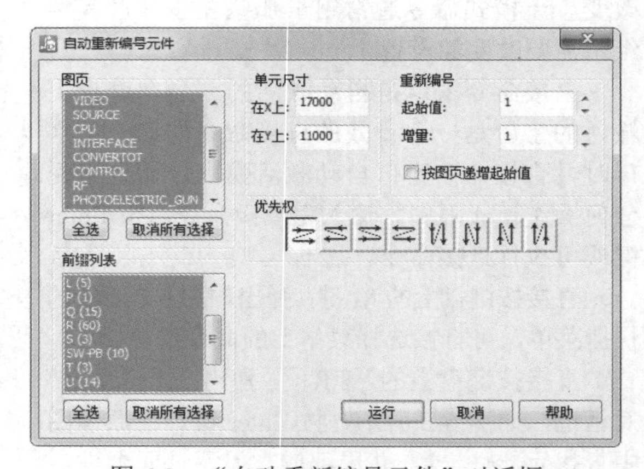

图 6-3 “自动重新编号元件”对话框

6.3 报 告 输 出

在设计过程中，人为的错误在所难免（例如逻辑连线连接错误或漏掉了某个逻辑连线的连接），而这些错误如果靠肉眼去寻找有时是不太可能的事，但可以从产生的设计报告中去发现。

当完成了原理图的绘制后，这时需要当前设计的各类报告以便对此设计进行统计分析。诸如此类的工作都需要用到报告的输出。打开 PADS Logic 软件，选择“文件”→“报告”命令，则弹出如图 6-4 所示的“报告”对话框。

从图 6-4 中可知，在 PADS Logic 中可以输出 6 种不同类型的报告，即未使用、元件统计数据、网络统计数据、限制、连接性、材料清单。

（1）单击图 6-4 中的“设置”按钮，弹出“材料清单设置”对话框，打开“属性”选项卡，显示原理图元器件属性，如图 6-5 所示。

对话框中各选项意义如下。

☑ 上：将选中的元器件属性上移。

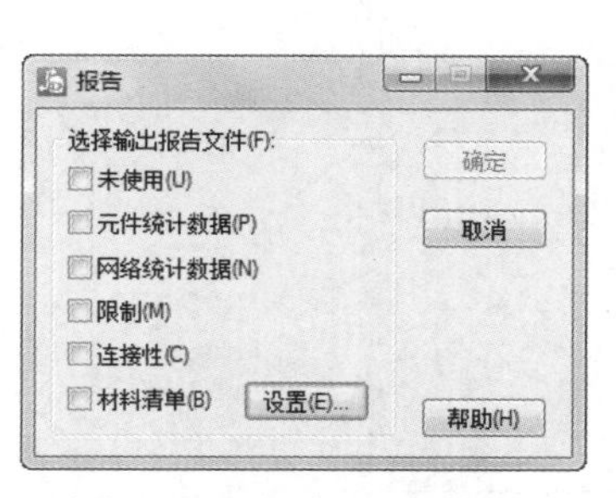

图 6-4　“报告”对话框

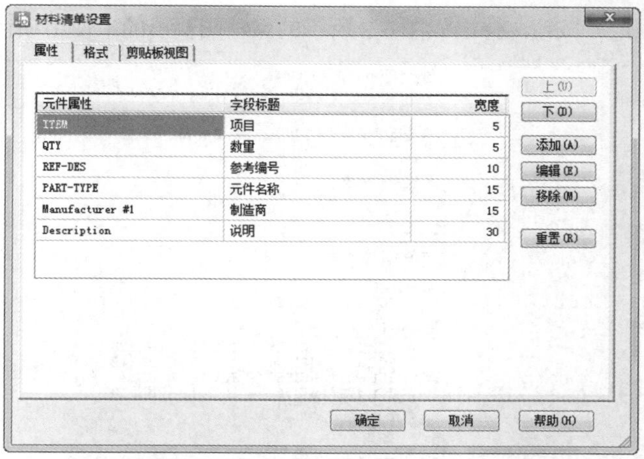

图 6-5　“属性”选项卡

☑　下：将选中的元器件属性下移。

☑　添加：添加元器件属性。

☑　编辑：编辑元器件属性。

☑　移除：移除元器件属性。

☑　重置：恢复默认设置。

（2）打开“格式”选项卡，设置原理图分隔符、文件格式等设置，如图 6-6 所示。

（3）打开“剪贴板视图”选项卡，显示元器件详细信息，选择可进行复制操作的元器件，如图 6-7 所示。

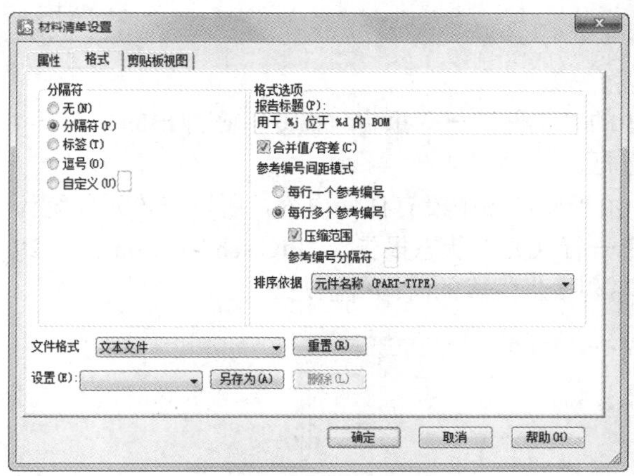

图 6-6　“格式”选项卡

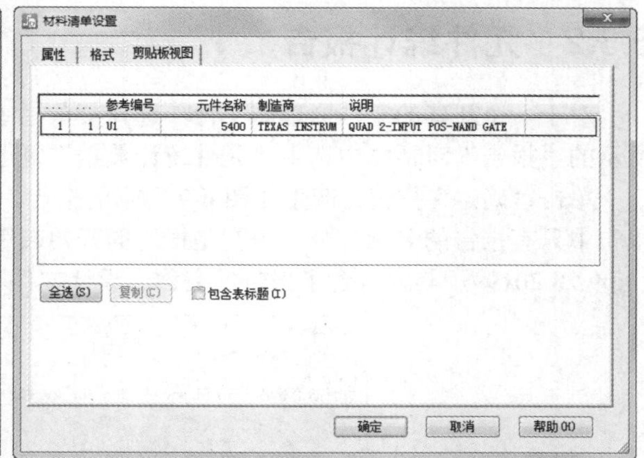

图 6-7　“剪贴板视图”选项卡

了解了如何进行元器件设置后，下面详细介绍 6 个不同类型的报告文件。

6.3.1　未使用情况报告

在生成报告时必须打开设计文件，否则生成的将是一张没有任何数据的空白报告，因为报告的数据来自于当前的设计。

选择菜单栏中的“文件”→“报告”命令，在弹出的“报告”对话框中选中“未使用”复选框，单

击“确定”按钮，弹出如图 6-8 所示的原理图输出的未使用项目报告。可以看到在该报告中包含 3 部分。

```
UnusedGatesPins - 记事本
文件(F) 编辑(E) 格式(O) 查看(V) 帮助(H)

未使用项报告 -- PIC.sch -- Mon Apr 29 14:09:27 2019

未使用门列表



未使用管脚列表

MCM6264P
     IC3.14    IC3.28

P89C51RC2HFBD
     IC1.26    IC1.23    IC1.24    IC1.25    IC1.3     IC1.2
     IC1.1     IC1.44    IC1.43    IC1.42    IC1.41    IC1.40
     IC1.9     IC1.8     IC1.7     IC1.5     IC1.39    IC1.28
     IC1.17    IC1.6     IC1.11    IC1.10

RES-1W,4.7k
     R2.2
```

图 6-8　未使用项目报告格式

在报告的始端第一行（未使用项报告 -- PIC.sch -- Mon Apr 29 14:09:27 2019）中包含了报告的名称、设计文件名和报告生成的时间等信息。

在报告的第二个信息栏（未使用门列表）下分别列出了当前设计中未使用的逻辑门，由于当前是空白原理图，所以没有内容。

在报告的第三个信息栏（未使用管脚列表）下列出了当前设计中各元件未使用的元件脚，由于当前是空白原理图，所以没有内容。

产生报告的目的是从中发现当前设计中未利用的资源，以便能充分地利用。同时发现那些隐藏的错误，及时加以纠正。

6.3.2　元件统计报告

对于一个新建的空白原理图文件，选择菜单栏中的“文件”→“报告”命令，在弹出的如图 6-4 所示的“报告”对话框中选中“元件统计数据”复选框。

单击“确定”按钮，产生如图 6-9 所示的报告。由于原理图中没有任何内容，所以在该元件统计报告中只有报告的名称部分，也就是报告的开始端第一行（元件状态报告 -- PIC.sch -- Mon Apr 29 14:09:28 2019），其中包含了报告的名称、设计文件名和报告生成的时间等信息。

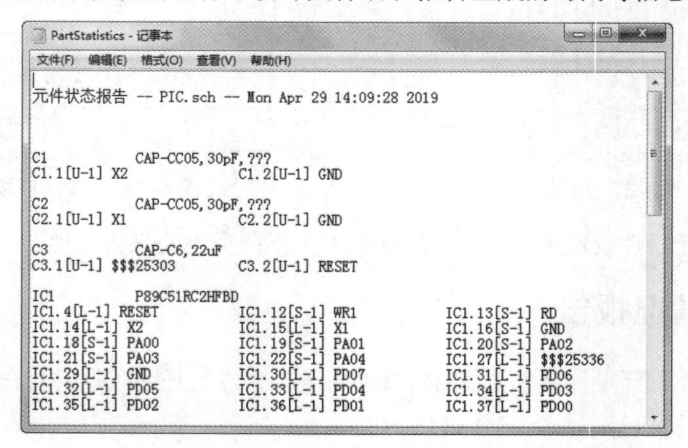

```
PartStatistics - 记事本
文件(F) 编辑(E) 格式(O) 查看(V) 帮助(H)

元件状态报告 -- PIC.sch -- Mon Apr 29 14:09:28 2019


C1              CAP-CC05,30pF,???
C1.1[U-1] X2                C1.2[U-1] GND

C2              CAP-CC05,30pF,???
C2.1[U-1] X1                C1.2[U-1] GND

C3              CAP-C6,22uF
C3.1[U-1] $$$25303          C3.2[U-1] RESET

IC1             P89C51RC2HFBD
IC1.4[L-1] RESET            IC1.12[S-1] WR1             IC1.13[S-1] RD
IC1.14[L-1] X2              IC1.15[L-1] X1              IC1.16[S-1] GND
IC1.18[S-1] PA00            IC1.19[S-1] PA01            IC1.20[S-1] PA02
IC1.21[S-1] PA03            IC1.22[S-1] PA04            IC1.27[L-1] $$$25336
IC1.29[L-1] GND             IC1.30[L-1] PD07            IC1.31[L-1] PD06
IC1.32[L-1] PD05            IC1.33[L-1] PD04            IC1.34[L-1] PD03
IC1.35[L-1] PD02            IC1.36[L-1] PD01            IC1.37[L-1] PD00
```

图 6-9　元件统计报告格式

元件统计报告的作用是通过有序的汇总方式总结当前设计中的所有远见的信息。

6.3.3 网络统计报告

对于一个新建的空白原理图文件，选择菜单栏中的“文件”→“报告”命令，在弹出的如图 6-4 所示的“报告”对话框中选中“网络统计数据”复选框。

单击“确定”按钮，则产生如图 6-10 所示的报告。由于原理图中没有任何内容，所以在该报告中只有报告的名称部分，也就是报告的开始端第一行（网络状态报告 --PIC.sch -- Mon Apr 29 14:09:28 2019），其中包含了报告的名称、设计文件名和报告生成的时间等信息。

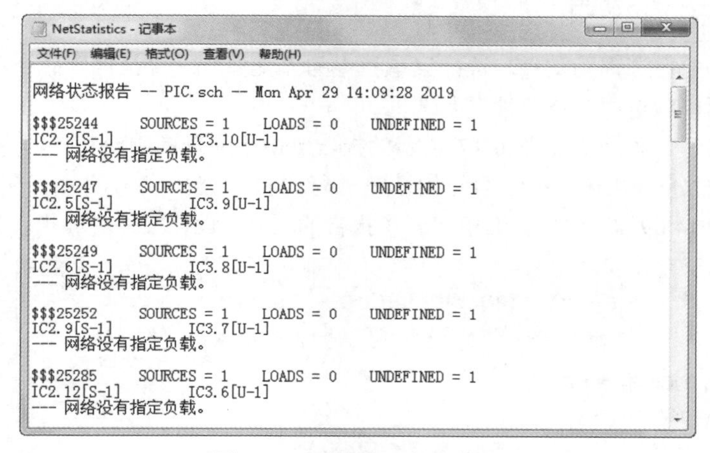

图 6-10 网络统计报告格式

网络统计报告的作用是对当前设计中所有网络的属性及相互间的关系进行有序的统计。

6.3.4 限制报告

对于一个新建的空白原理图文件，选择菜单栏中的“文件”→“报告”命令，在弹出的如图 6-4 所示的“报告”对话框中选中“限制”复选框。

单击“确定”按钮，则产生如图 6-11 所示的报告。

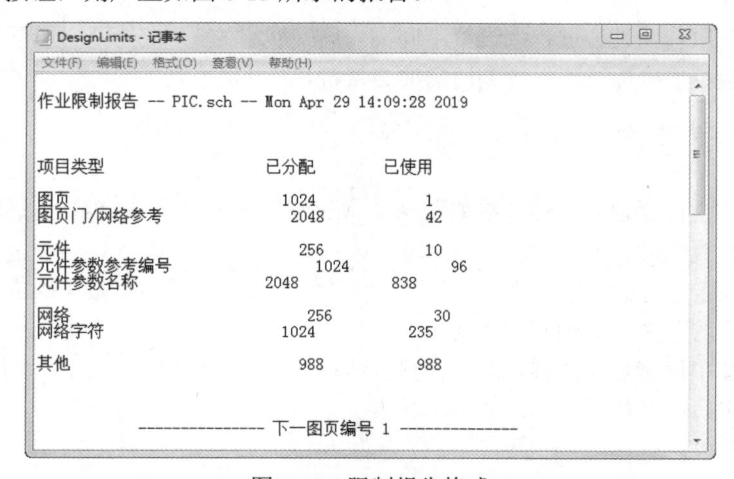

图 6-11 限制报告格式

限制报告主要显示的是当前 PADS Logic 设计文件的各个项目（元件、网络和文本文字等）在系统中所能允许的最大数目和已经利用了的数目，这个最大的极限数目不但跟当前设计的每一个项目数量有关，而且也决定于电脑系统本身的内存资源。

从输出的报告中可以知道，报告的第一部分显示了本系统可利用资源的极限值，但同时紧接着又显示了目前资源被利用的情况，这样使设计者对当前系统资源情况一目了然。在报告第一部分第一列分别为各个项目对象，在报告的第二列中列出了系统允许的极限值，与此相对应的第三列中列出了目前设计已经应用了的资源。

6.3.5 页间连接符报告

对于一个新建的空白原理图文件，选择菜单栏中的“文件”→“报告”命令，在弹出的如图 6-4 所示的“报告”对话框中选中“连接性”复选框。

单击“确定”按钮，则产生如图 6-12 所示的报告。由于原理图中没有任何内容，所以在该报告中只有报告的名称部分，也就是报告的开始端第一行（页间连接参考编号表和连接性错误报告 - PIC.sch - Mon Apr 29 14:09:28 2019），其中包含了报告的名称、设计文件名和报告生成的时间等信息。

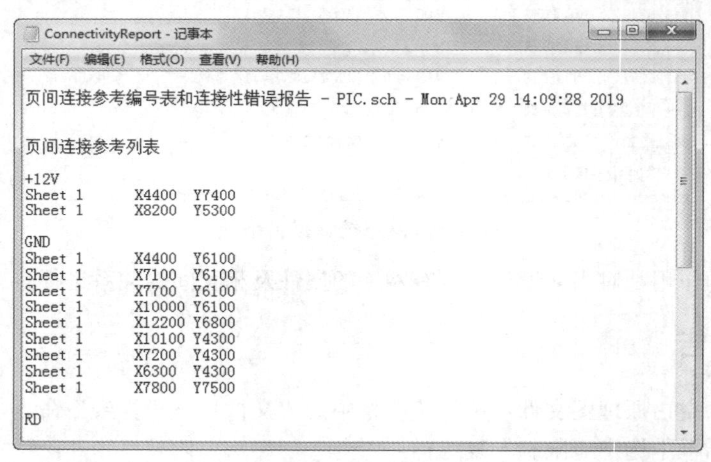

图 6-12 页间连接符报告格式

页间连接符是在原理图设计过程中设置不同页为同一网络的一种连接方法，页间连接符报告能使我们通过报告中连接符的坐标迅速地找到所需的连接符。

6.3.6 材料清单报告

对于一个新建的空白原理图文件，在如图 6-4 所示的对话框中单击 设置(E)... 按钮，弹出如图 6-13 所示的“材料清单设置”对话框。

然后只选中“报告”对话框中的“材料清单”复选框后单击“确定”按钮确定，则产生一个当前原理图的材料清单报告文件，如图 6-14 所示。

由于当前原理图中没有任何内容，所以在材料清单报告中只包含了以下两部分内容。

☑ 材料清单报告的名称部分。

☑ 材料清单部分。

图 6-13 “材料清单设置”对话框

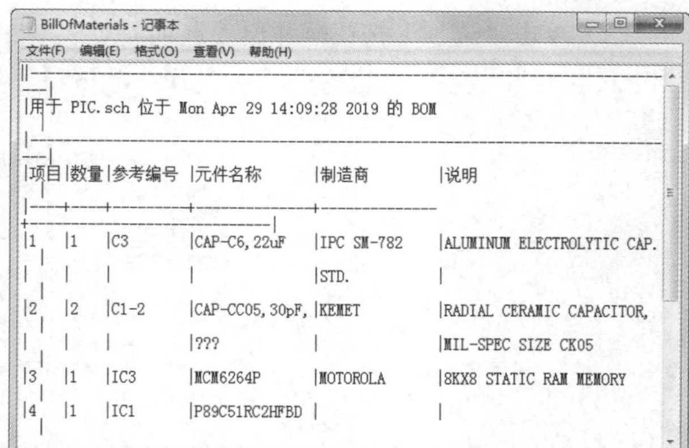

图 6-14 材料清单报告格式

6.4 打 印 输 出

原理图设计完成后，经常需要输出一些数据或图纸。本节将介绍原理图报告的打印输出。

PADS Logic VX.2.4 具有丰富的报告功能，可以方便地生成各种不同类型的报告。当电路原理图设计完成并且经过报告输出检查之后，应该充分利用系统所提供的这种功能来创建各种原理图的报告文件。借助于这些报告，用户能够从不同的角度，更好地掌握整个项目的设计信息，以便为下一步的设计工作做好充足的准备。

为方便原理图的浏览和交流，经常需要将原理图打印到图纸上。PADS Logic VX.2.4 提供了直接将原理图打印输出的功能。

在打印之前首先进行打印设置。选择菜单栏中的“文件”→“打印预览”命令，弹出“选择预览”对话框，如图 6-15 所示。

（1）单击“图页”按钮，预览显示为整个页面显示，如图 6-16 所示。单击“全局显示”按钮，显示如图 6-15 所示的预览效果。

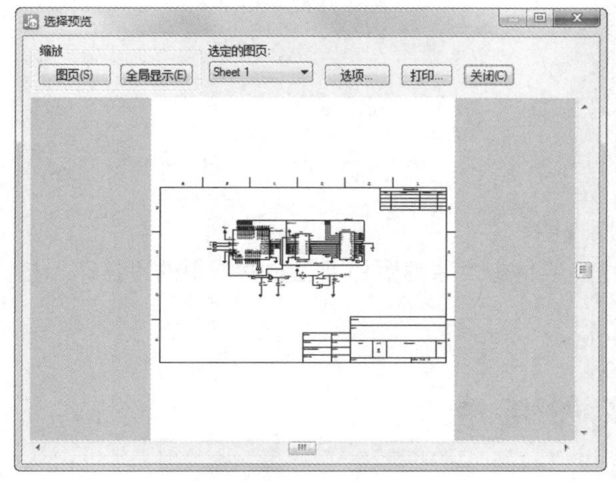

图 6-15 “选择预览”对话框

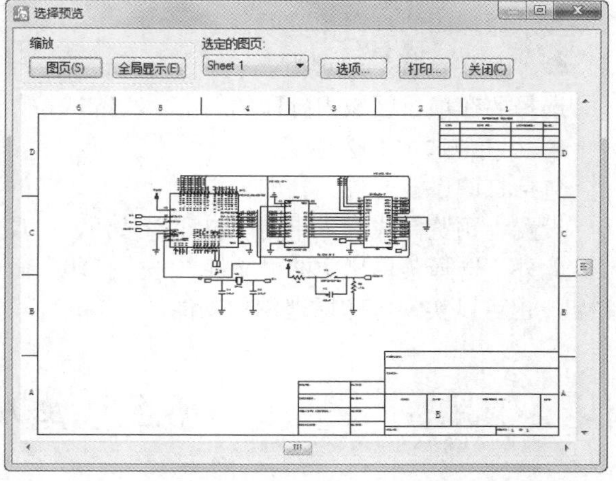

图 6-16 图页显示

（2）在“选定的图页”下拉列表框中选择需要打印设置的图页。

Note

（3）单击“选项”按钮，弹出“选项”对话框，如图 6-17 所示。该对话框中各选项介绍如下。

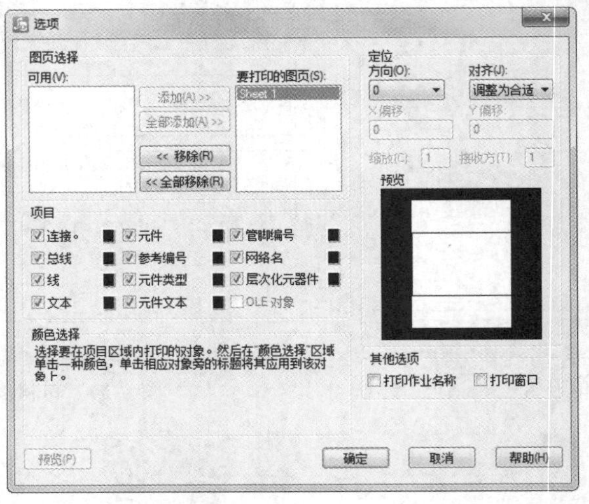

图 6-17　“选项”对话框

❶“图页选择”选项组。

包含“可用”“要打印的图页”两个选项，其中“要打印的图页”选项栏下为正在设置、预览的图页，“可用”选项栏下为还没有设置的图页。

☑　添加：可将左侧选中的单个图页添加到右侧（一次只能选中一个选项）。

☑　全部添加：可一次性将左侧所有选项添加到右侧。

☑　移除：可将右侧选中的单个图页添加到左侧（一次只能选中一个选项）。

☑　全部移除：可一次性将右侧所有选项添加到左侧。

注意： 双击两侧选项组下图页选项，也可添加、移除到另一侧。

❷“定位”选项组。

调整图纸在整个编辑环境中的位置。主要包括方向、对齐、X 偏移、Y 偏移、缩放、接收方、预览。

❸“项目”选项组。

显示原理图的打印预览项目。

❹“颜色选择”选项组。

选择要在项目区域内打印的对象。

❺“其他选项”选项组。

包括打印作业名称、打印窗口。

设置、预览完成后，单击“打印”按钮，打印原理图。

此外，选择菜单栏中的“文件”→“打印”命令，或单击“原理图标准工具栏”中的“打印”按钮，也可以实现打印原理图的功能。

6.5　生成网络表

网络表主要是原理图中元件之间的链接。在进行 PCB 设计或仿真时，需要元件之间的链接，在 PADS Logic 中，可以为 PCB 生成网络表。

6.5.1　生成 SPICE 网络表

SPICE 网络表主要用于电路的仿真，具体步骤如下。

（1）选择菜单栏中的“工具”→“SPICE 网络表”命令，弹出如图 6-18 所示的 SPICEnet 对话框。

☑　选择图页：可以在该列表中选择需要输出网络表的原理图纸。

☑　包含子图页：选中此复选框，则输出原理图所包含的子页面的网络表。

☑　输出格式：在该下拉列表框中，可以设置输出的 SPICE 网络表格式，包括 intusoft ICAP/4 格式、Berkeley SPICE 3 格式、PSpice 格式。

（2）单击“模拟设置”按钮，弹出“模拟设置”对话框，如图 6-19 所示。通过该对话框可以设置 AC 分析（交流分析）、直流扫描分析和瞬态分析等。

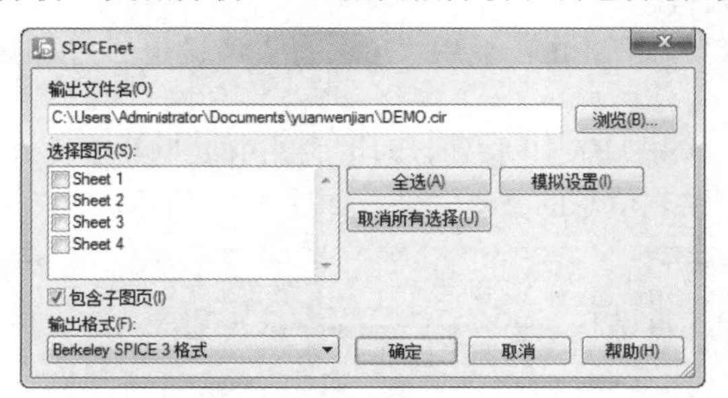

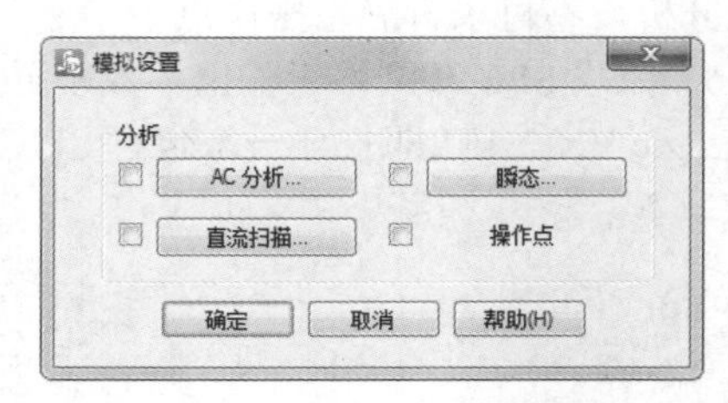

图 6-18　SPICEnet 对话框　　　　图 6-19　“模拟设置”对话框

☑　AC 分析：交流分析，使 SPICE 仿真器执行频域分析。

☑　直流扫描分析：使 SPICE 仿真器在指定频率下执行操作点分析。

☑　瞬态分析：使 SPICE 仿真器执行时域分析。

在该对话框中还可以设置操作点选项，设置 SPICE 仿真器确定电路的直流操作点。

（3）单击“AC 分析”按钮，弹出如图 6-20 所示的“AC 分析”对话框。

❶“间隔”选项组。

☑　点数：可以输入间隔的点数。

☑　依据：包括 3 种变量，即十年、Octave（八进制）、线性。

❷“频率”选项组。

☑　正在启动：输入仿真分析的起始频率。

☑　结束：输入仿真分析的结束频率。

（4）单击“直流扫描”按钮，弹出如图 6-21 所示的“直流源扫描分析”对话框。

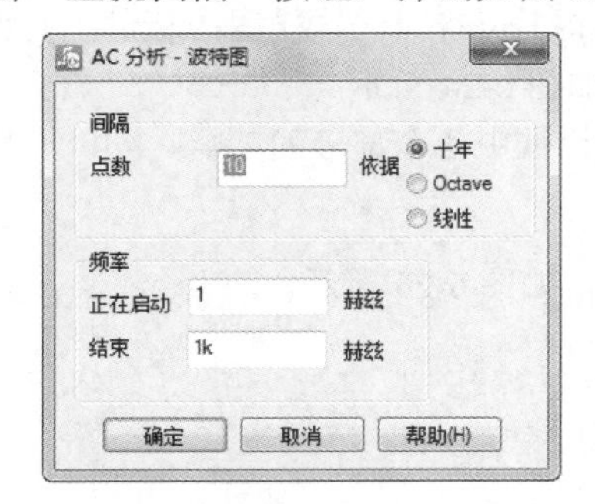

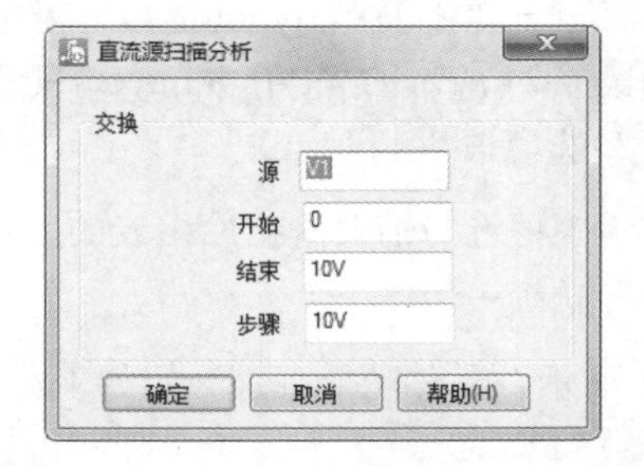

图 6-20　“AC 分析”对话框　　　　图 6-21　“直流源扫描分析”对话框

☑ 源：可以输入电压或电流源的名称。
☑ 开始：可以输入扫描起始电压值。
☑ 结束：可以输入扫描终止电压值。
☑ 步骤：可以输入扫描的增量值。

Note

（5）单击“瞬态”按钮，弹出如图 6-22 所示的“瞬态分析”对话框。

❶“次数”选项组。

☑ 数据步骤时间：可以输入分析的增量值。
☑ 总分析次数：可以分析结束的时间。
☑ 启动时间录制数据：可以输入分析开始记录数据的时间，如果仿真文件过大，且数据不是很重要，可以进行设置。
☑ 最大时间步长：可以输入最大时间步长值。

❷“使用初始条件”复选框：选中此复选框，则 SPICE 使用“IC=。。。”所设定的初始瞬态值进行瞬态分析，不再求解静态操作点。

（6）完成 SPICE 网络表输出参数设置后，单击“确定”按钮，即生成 SPICE 网络表文件“.cir”，PADS Logic VX.2.4 随即打开一个包含 SPICE 网络表信息的文本文件，如图 6-23 所示。

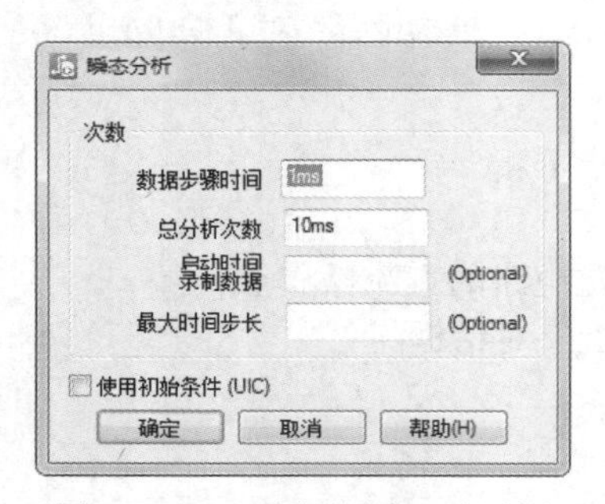

图 6-22 “瞬态分析”对话框

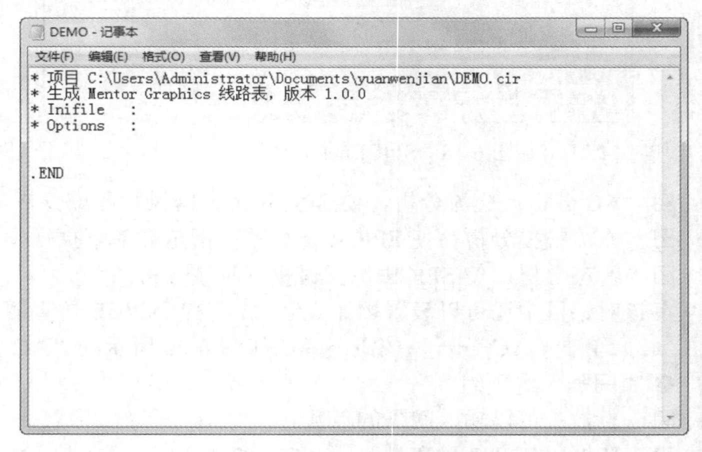


```
* 项目 C:\Users\Administrator\Documents\yuanwenjian\DEMO.cir
* 生成 Mentor Graphics 线路表, 版本 1.0.0
* Inifile   :
* Options   :


.END
```

图 6-23 网络表文件

6.5.2 生成 PCB 网络表

在设计 PCB 时，可以在 PADS Logic 中生成网络表，然后将其导入 PADS Layout 中进行布局布线。

在 PADS Logic 中，选择菜单栏中的“工具”→PADS Layout 命令或单击“标准工具栏”中的 PADS Layout 按钮，打开“PADS Layout 链接”对话框，如图 6-24 所示。

下面介绍图 6-24 所示的“PADS Layout 链接”对话框中各个部分的功能。

1. “选择”选项卡

在此选项卡中可选择需要输出网络表的原理图纸，如图 6-24 所示。

2. “设计”选项卡

如图 6-25 所示，具体功能分别介绍如下。

（1）发送网表。

通过它可以将原理图自动传送入 PADS Layout 中，在传输网络表前可以在“文档”和“首选项”

模式下进行一些相关的设置，这两个设置模式下面再介绍。

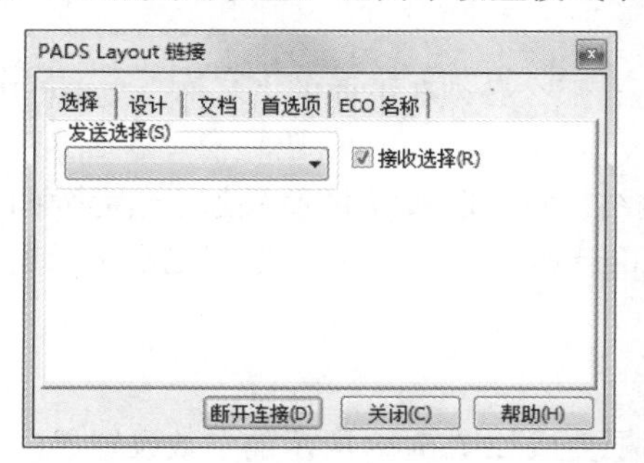

图 6-24　“PADS Layout 链接”对话框

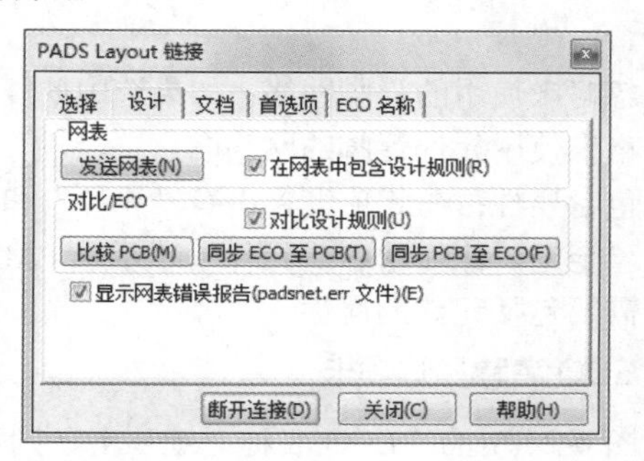

图 6-25　“设计”选项卡

（2）比较 PCB。

在设计的过程中可以实时通过“比较 PCB”来观察当前的 PCB 设计是否与原理图设计保持一致，如果不一致，系统将会把那些不一致的信息记录在记事本中，然后弹出以供查阅。

（3）同步 ECO 至 PCB。

如果在原理图设计中定义了 PCB 设计过程中所必须遵守的规则（如线宽、线距等），那么可以通过“同步 ECO 至 PCB”按钮将这些规则传送到当前的 PCB 设计中。在进行 PCB 设计时，如果将 DRC（设计规则在线检查）打开，那么设计操作将受这些规则所控制。

（4）同步 PCB 至 ECO。

这个按钮的功能同以上介绍的“同步 ECO 至 PCB”按钮的功能刚好相反，因为可能会在 PADS Layout 设计环境中去定义某些规则或修改在 PADS Logic 中定义的规则，那么可以通过“同步 PCB 至 ECO”（将规则从 PCB 反传回 ECO 中）按钮将这些规则反传送回当前的原理图设计中，使原理图具有同 PCB 相同的规则设置。

PADS Layout 与 PADS Logic 在进行数据传输时是双向的，任何一方的数据都可以实时传给对方，这有力地保证了设计的正确性，真正做到了设计即正确的最新设计概念。这在 EDA 领域实属一大领先创举，为 EDA 领域的板级设计树立了一个划时代的里程牌。

3. “文档”选项卡

选择图 6-24 中的“文档”选项卡，则对话框变为如图 6-26 所示的形式。

“文档”设置模式主要用来设置跟 PADS Logic 中当前设计 OLE 所链接的 PCB 设计对象的路径和文件名，单击按钮可以在 PADS Layout 中重新建立一个新的链接对象。

4. “首选项”选项卡

选择图 6-24 中的“首选项”选项卡，则对话框变成如图 6-27 所示的参数设置界面。

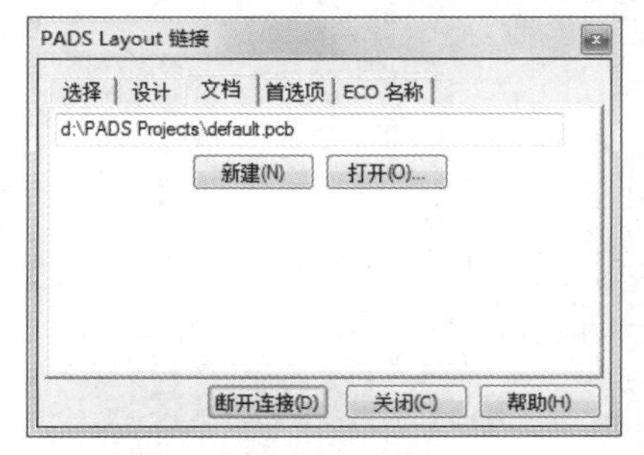

图 6-26　OLE 文件路径设置

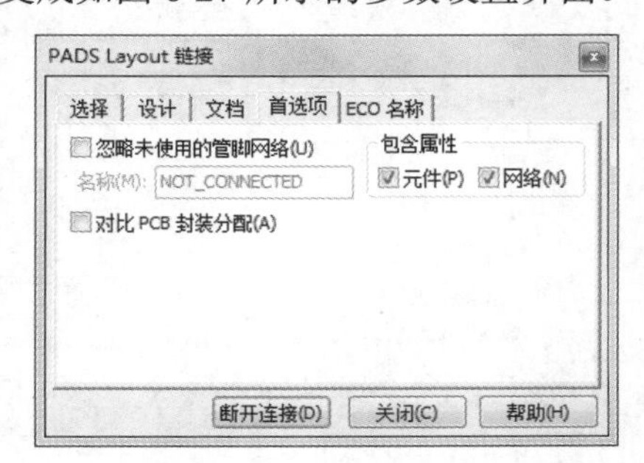

图 6-27　“首选项”选项卡设置

Note

在图 6-27 中有两项参数可以设置，这些参数设置控制了在进行双向数据传输时所传输的数据，介绍如下。

☑ 忽略未使用的管脚网络：如果选中此复选框，那么必须在下面的“名称”文本框中输入此忽略未使用元件管脚的网络名。

☑ 包含属性：在此项设置中有“元件”和“网络”两个选项可供选择使用。两者可以选其一也可全选，比如选中“元件”表示当 PADS Logic 跟 PADS Layout 进行数据同步或其他操作时需要包括元件的属性。

5. “ECO 名称”选项卡

选择图 6-24 中的“ECO 名称”选项卡，则对话框变成如图 6-28 所示的参数设置界面。

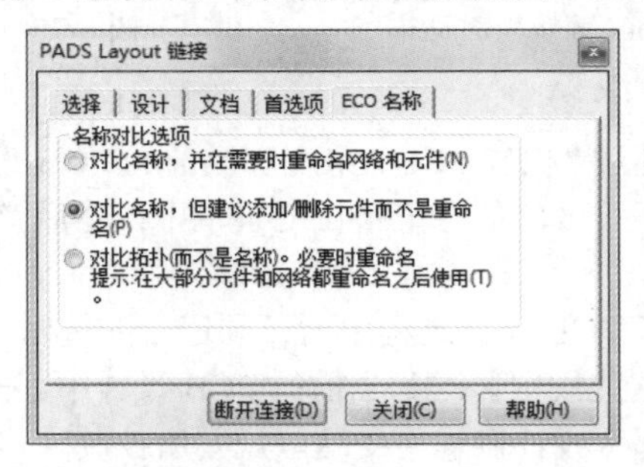

图 6-28 “ECO 名称”选项卡设置

6.5.3 网络表导入 PADS Layout

按照上述步骤生成网络表后，即可打开 PADS Layout 进入网络表的导入。PADS Layout 生成的.asc 文件显示元件摆放结果，将在后面的章节中讲述如何布局和布线。

6.5.4 产生智能 PDF 文档

选择菜单栏中的“文件”→“生成 PDF”命令，弹出如图 6-29 所示的“文件创建 PDF”对话框，输出电路板的原理图 PDF 文件，单击“保存”按钮，弹出“生成 PDF”对话框。

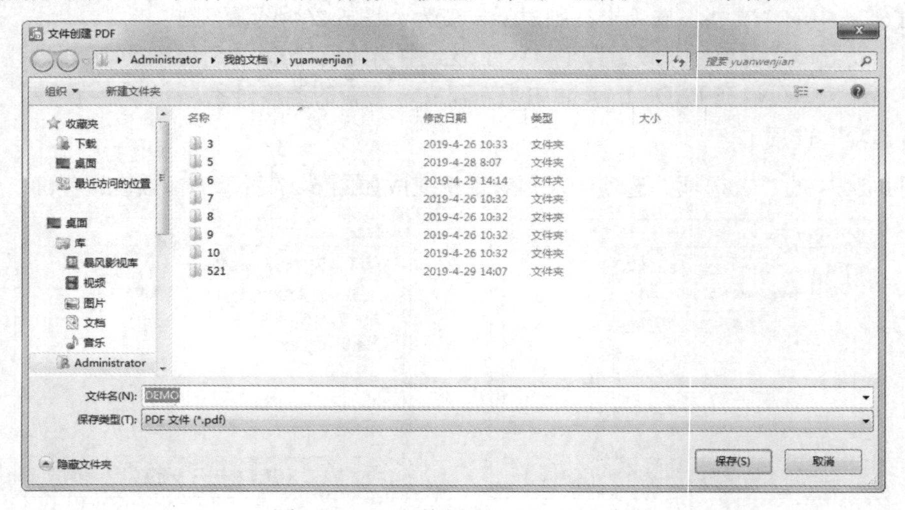

图 6-29 “文件创建 PDF”对话框

在该对话框中还可以选择 PDF 文件中显示的视图，进行页面设置，设置输出文件中的对象如图 6-30 所示，单击“确定”按钮，输出 PDF 文件，如图 6-31 所示。

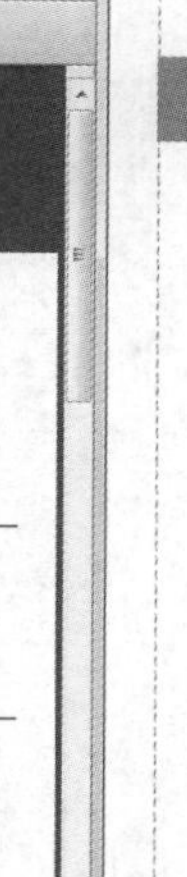

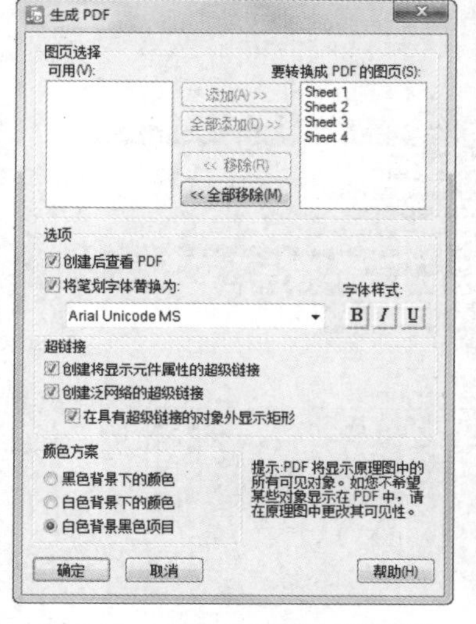

图 6-30　“生成 PDF”对话框

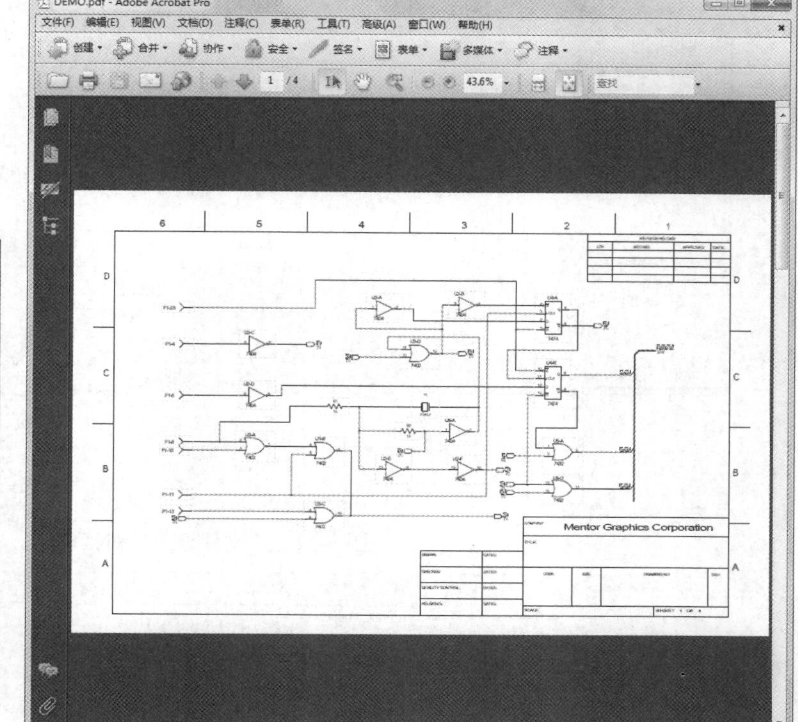

图 6-31　输出 PDF 文件

6.6　原理图的转换

PCB 设计软件种类很多，原理图可以与 PADS 转换的有 Cadence、Altium（Protel）、OrCAD 等。

6.6.1　导入原理图

选择菜单栏中的“文件”→“导入”命令，弹出“文件导入”对话框，可以打开其他 PCB 格式文件，如图 6-32 所示。

在“保存类型”下拉列表中显示 Protel（.sch）、Altium（.schdoc、.prjpcb）、P-CAD、OrCAD（.dsn）格式的文件，将不同格式的文件导入软件中，即可显示打开原理图，完整显示原理图信息，完成不同软件的信息同步。

6.6.2　导出原理图

选择菜单栏中的“文件”→“导出”命令，弹出“文件导出”对话框，可以将原理图保存为其他格式文件，如图 6-33 所示。

Note

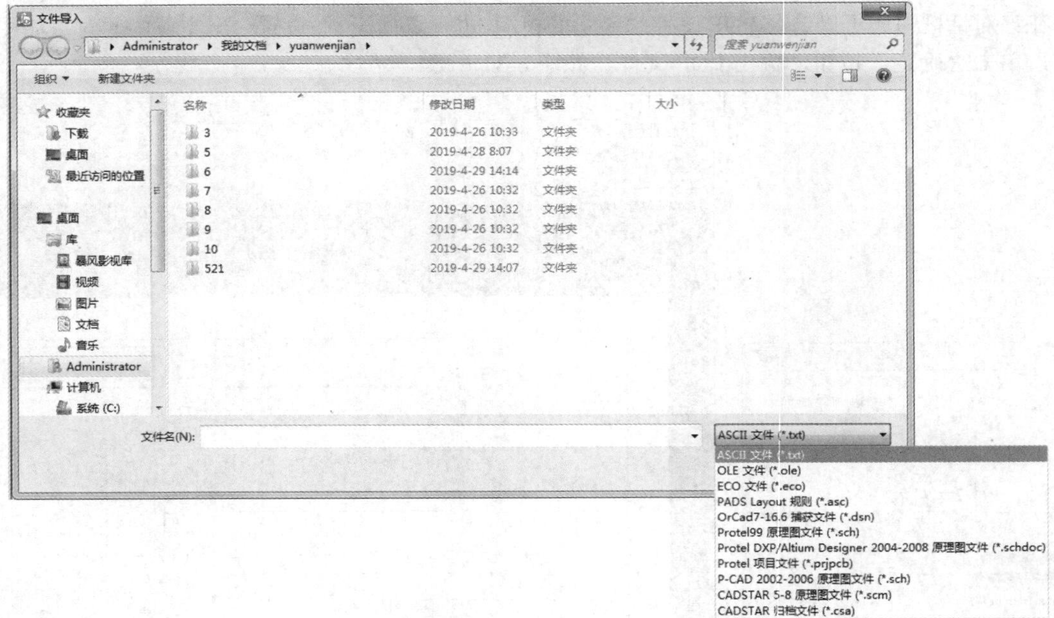

图 6-32 “文件导入”对话框

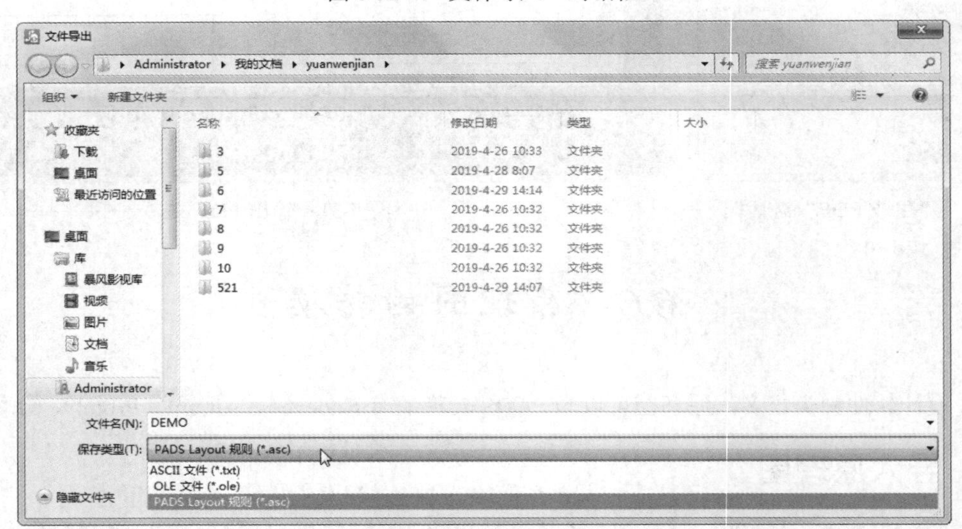

图 6-33 “文件导出”对话框

在“保存类型”下拉列表框中选择.asc 格式的文件，可以直接在 Altium 中打开，完成不同软件的信息同步。

6.6.3 归档

文件的归档是指将不同类型的原理图、PCB 文件、库文件等归档在一个文件里或压缩包里。

选择菜单栏中的“文件”→“归档”命令，弹出“归档”对话框，可以添加要归档的原理图、PCB 文件，如图 6-34 所示。

若需要在归档文件中添加库文件，选中“添加库”复选框，激活“所有”和“选择”单选按钮，

若选中“选择”单选按钮，单击...按钮，弹出“归档:库”对话框，在“可用库”列表框中选择要添加的库文件，如图 6-35 所示，添加 BGA7351B，单击“关闭”按钮，返回“归档”对话框中，显示添加的库文件，如图 6-36 所示。

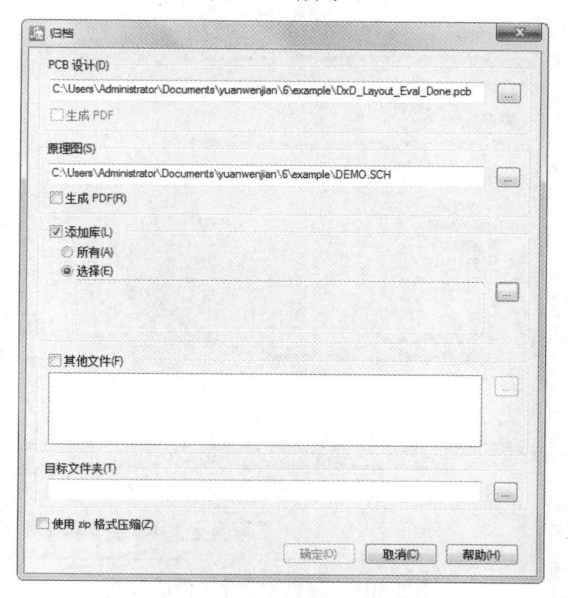

图 6-34　“归档”对话框

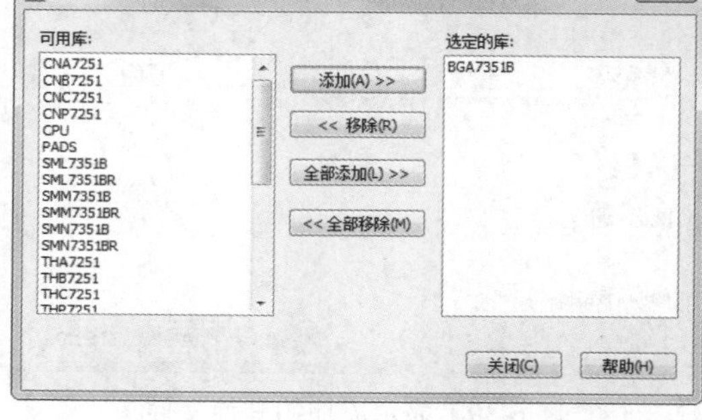

图 6-35　“归档:库”对话框

若需要在归档文件中添加其他文件，选中“其他文件”复选框，单击...按钮，弹出“归档:其他文件”对话框，单击添加文件(A)或添加文件夹(F)按钮，选择要添加的文件，如图 6-37 所示，添加文件后结果如图 6-38 所示，单击“关闭”按钮，返回“归档”对话框中，显示添加的其他文件，如图 6-39 所示。

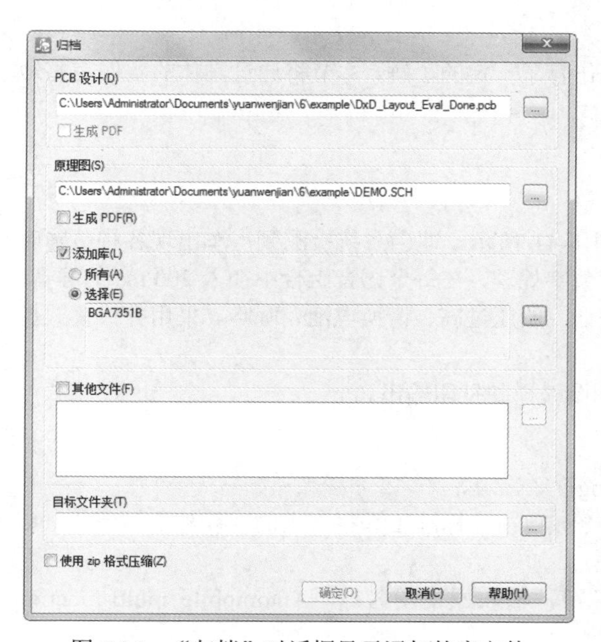

图 6-36　“归档”对话框显示添加的库文件

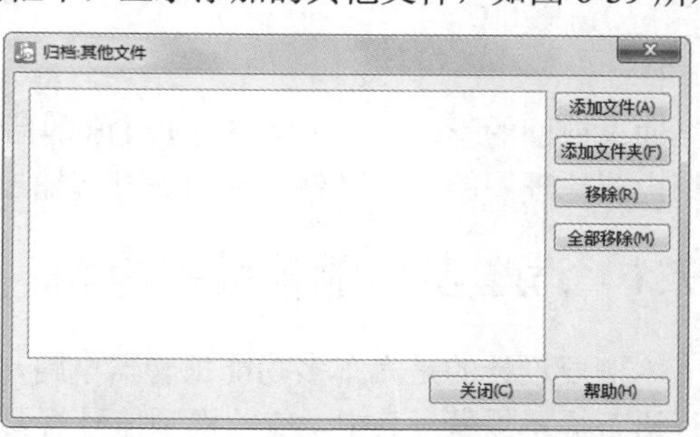

图 6-37　“归档:其他文件”对话框

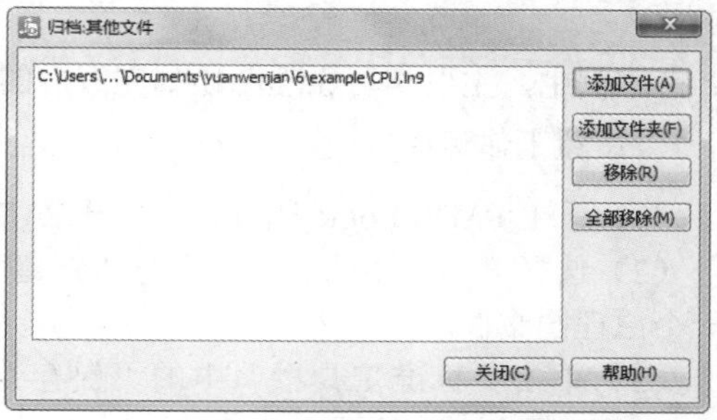

归档:其他文件
C:\Users\...\Documents\yuanwenjian\6\example\CPU.ln9
添加文件(A)
添加文件夹(F)
移除(R)
全部移除(M)
关闭(C)
帮助(H)

图 6-38　添加文件

Note

若需要在归档文件中将文件压缩，选中“使用 zip 格式压缩”复选框，压缩文件。在“目标文件夹”选项组中单击按钮，选择归档后文件的位置，如图 6-40 所示。

图 6-39　显示添加的其他文件

图 6-40　选择归档后文件的位置

单击“确定”按钮，显示在目标文件夹下的压缩文件，demo20190429163006 以压缩时间命名。

6.7　操作实例

通过前面的学习，相信用户对 PADS 的后续操作有了一定的了解，本节将通过具体的实例完整地介绍电路原理图的报告文件的输出、打印输出等。

视频讲解

6.7.1　汽车多功能报警器电路

本例要设计的是汽车多功能报警器电路，如图 6-41 所示。即当系统检测到汽车出现各种故障时进行语音提示报警。其中，前轮视频信号需要进行数字处理，在每个语音组合中加入 200 ms 的静音。过程为左前轮、右前轮、左后轮、右后轮、胎压过低、胎压过高、请换电池、叮咚。采用并口模式控制电路。

在本例中，主要学习原理图绘制完成后的原理图编译和打印输出。

1. 设置工作环境

（1）单击 PADS Logic 图标，打开 PADS Logic VX.2.4。

（2）选择菜单栏中的“文件”→“新建”命令或单击“标准工具栏”中的“新建”按钮，新建一个原理图文件。

（3）单击“标准工具栏”中的“保存”按钮，输入原理图名称“Automobile multi-function alarm.sch”，保存新建的原理图文件。

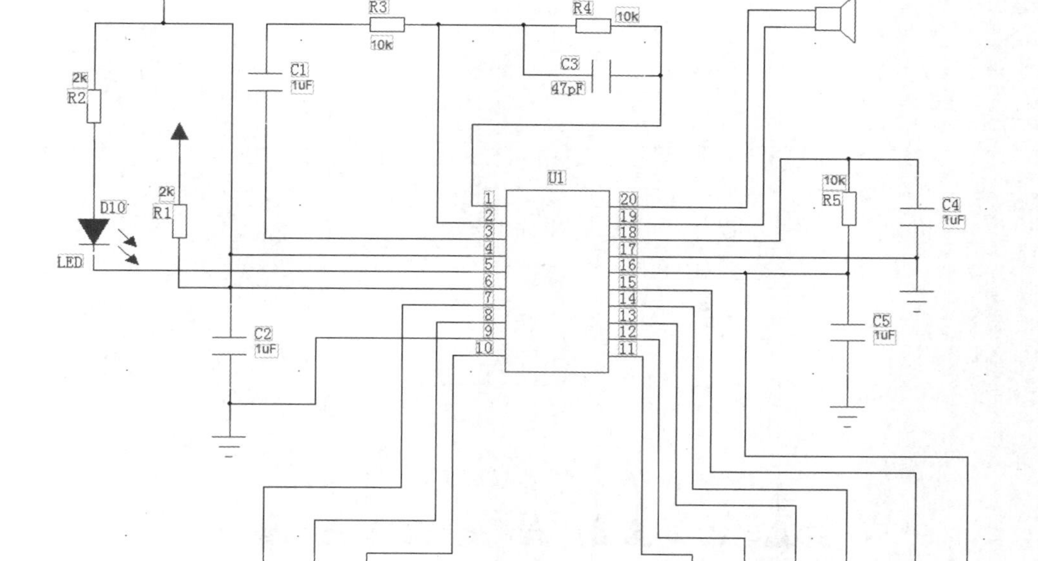

图 6-41　汽车多功能报警器电路

2. 库文件管理

选择菜单栏中的“文件”→“库”命令，弹出“库管理器”对话框。单击“管理库列表”按钮，弹出如图 6-42 所示的“库列表”对话框，显示在源文件路径下加载的库文件。

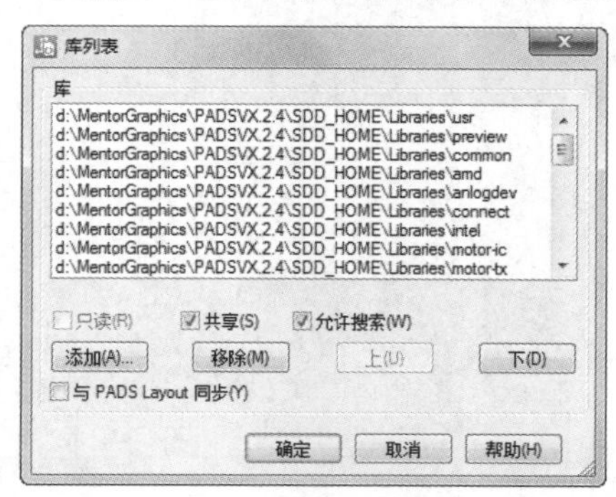

图 6-42　“库列表”对话框（1）

3. 增加元件

单击“原理图编辑工具栏”中的“添加元件”按钮，弹出“从库中添加元件”对话框，在 common.Pt9 元件库找到 SO20MM 芯片，在 ti.Pt9 元件库找到 54AS759 芯片，在 PADS.pt9 元件库找到电阻 RES2、扬声器元件 SPESKER，在 misc.pt9 元件库找到二极管、电容等元件，放置在原理图中，如

Note

图 6-43 所示。

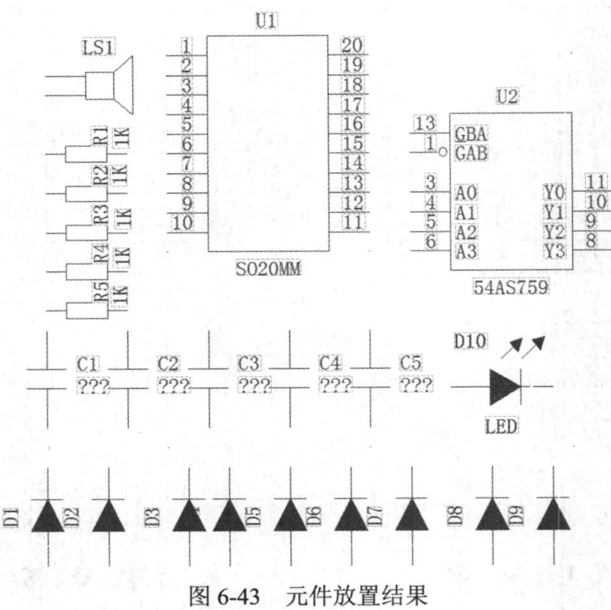

图 6-43　元件放置结果

按照电路要求，对元件进行布局、属性编辑，布局结果如图 6-44 所示。

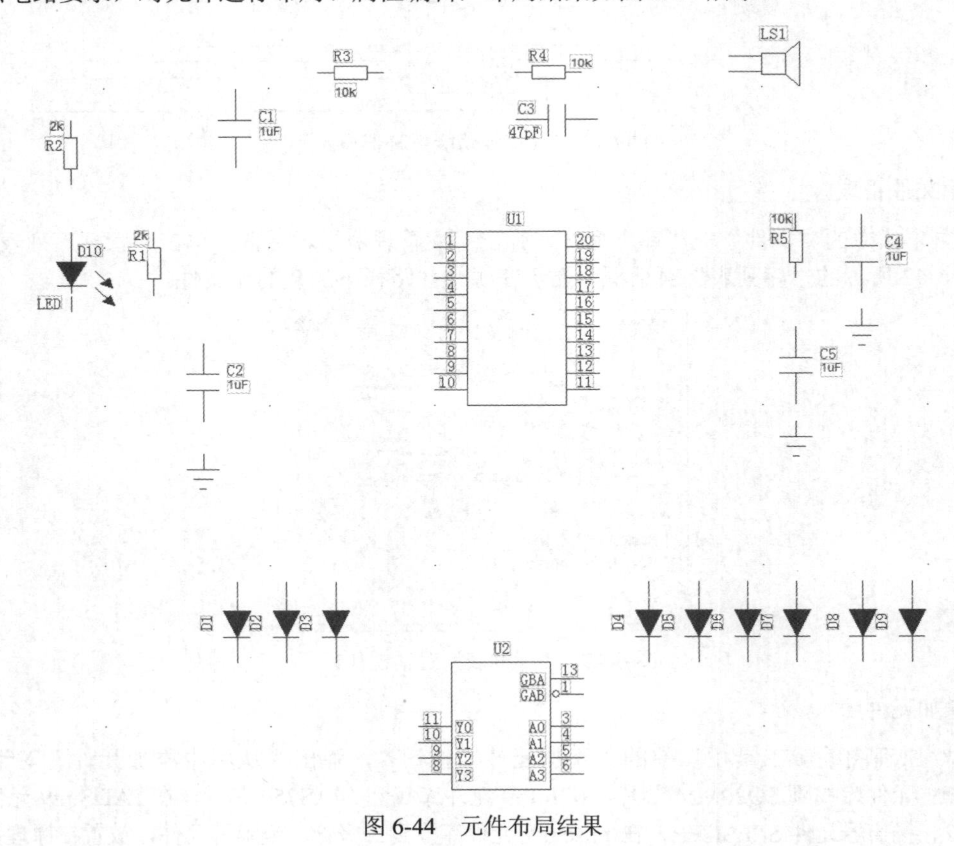

图 6-44　元件布局结果

4. 布线操作

（1）单击“原理图编辑工具栏”中的“添加连线”按钮，进入连线模式，进行连线操作，在交叉处若有电气连接，则需要在相交处单击，显示结点，表示有电气连接，若不在交叉处单击，则不显示结点，表示无电气连接，布线结果如图 6-45 所示。

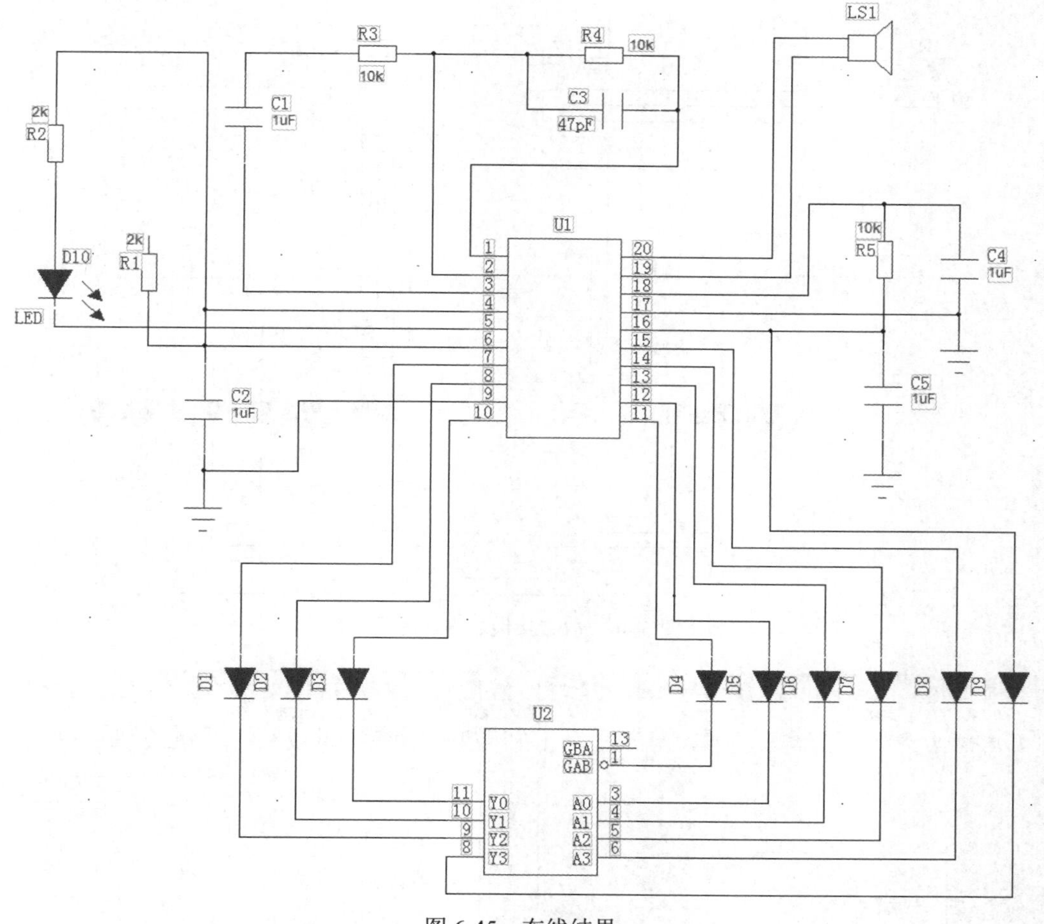

图 6-45　布线结果

（2）单击“原理图编辑工具栏”中的“添加连线”按钮，进入连线模式，拖动鼠标到适当位置，右击，在弹出的快捷菜单中选择“接地”“电源”命令，单击，放置接地、电源符号，结果如图 6-46 所示。

原理图绘制完成后，单击“标准工具栏”中的“保存”按钮，保存绘制好的原理图文件。

5. 打印预览

（1）选择菜单栏中的“文件”→“打印预览”命令，弹出“选择预览”对话框，如图 6-47 所示。

（2）单击“图页”按钮，预览显示为整个页面显示，如图 6-48 所示。单击“全局显示”按钮，显示如图 6-47 所示的预览效果。

连接好打印机后，单击“打印”按钮，即可打印原理图。

Note

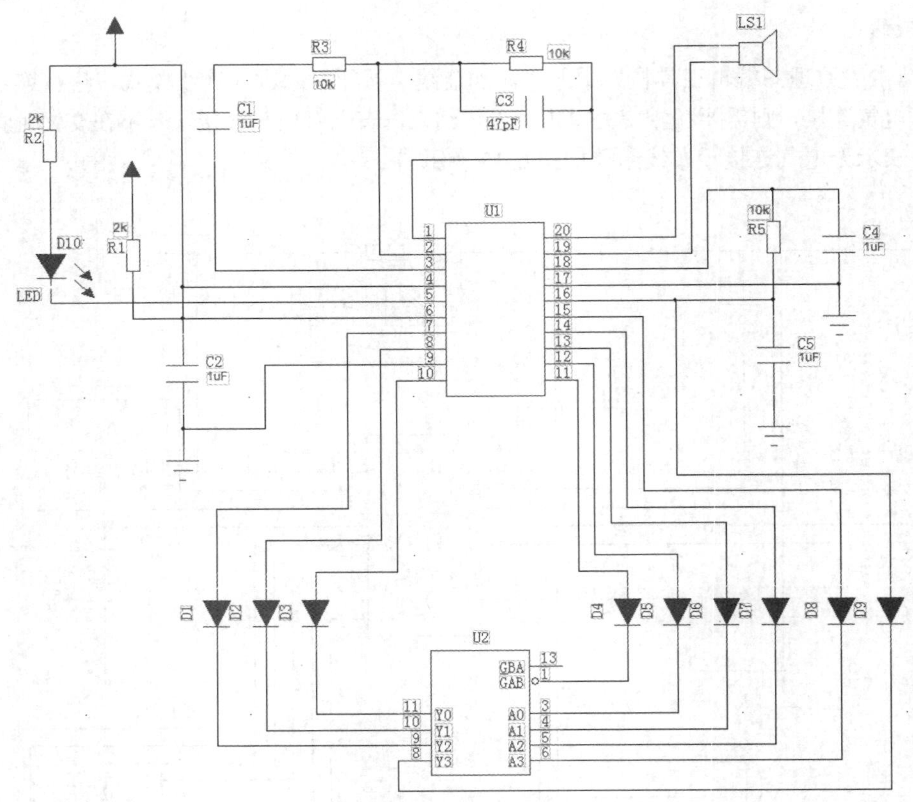

图 6-46　放置接地、电源符号

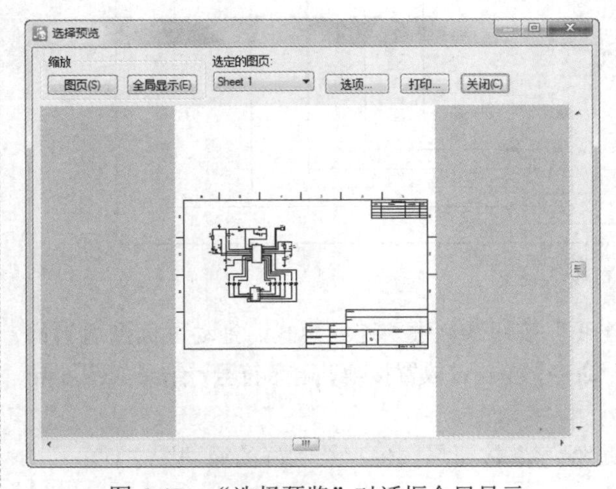

图 6-47　“选择预览”对话框全局显示

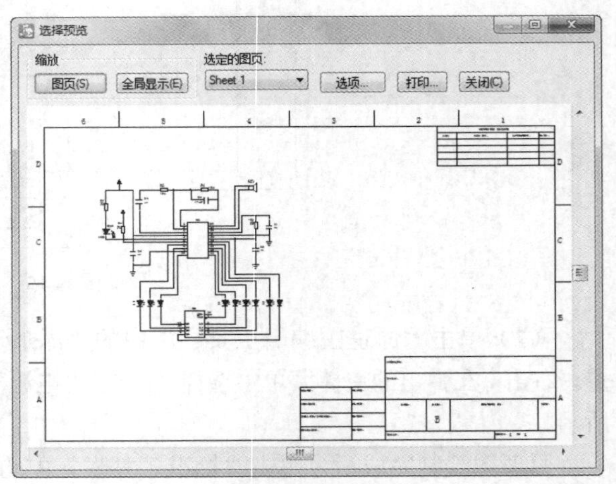

图 6-48　图页显示

6. 文档输出

（1）选择菜单栏中的“文件”→“生成 PDF”命令，弹出“文件创建 PDF”对话框，如图 6-49 所示。

（2）单击“保存”按钮，弹出“生成 PDF”对话框，如图 6-50 所示。选择默认设置，单击“确定”按钮，自动显示如图 6-51 所示的 PDF 文件。

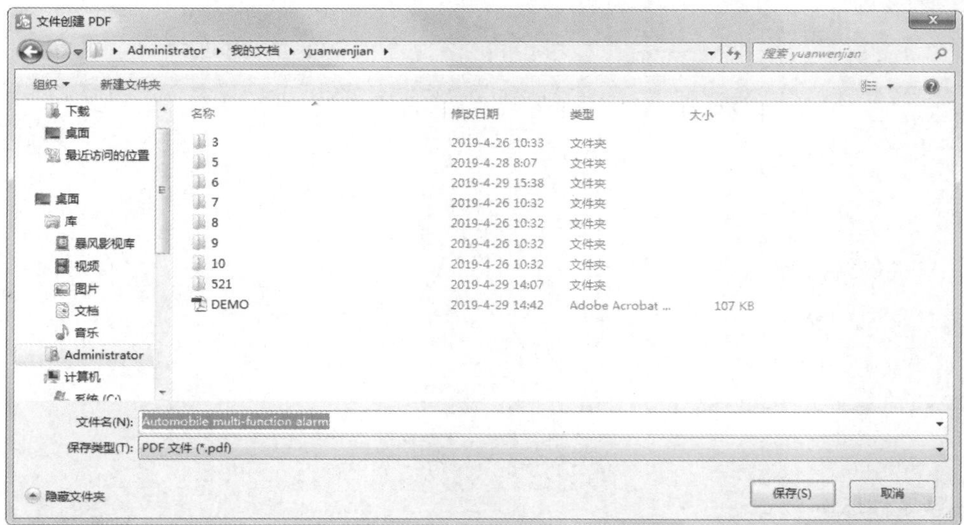

图 6-49　“文件创建 PDF”对话框

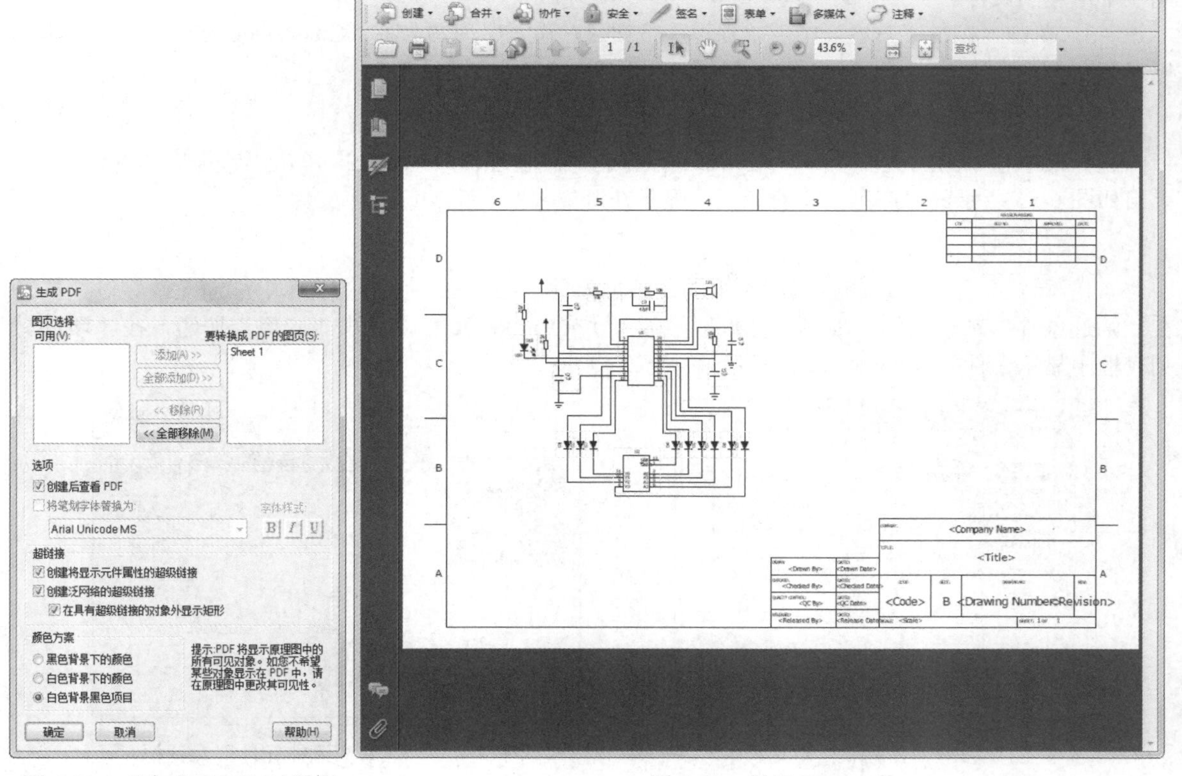

图 6-50　“生成 PDF”对话框　　　　图 6-51　显示 PDF 文件

6.7.2　看门狗电路

本例要设计的是看门狗电路，如图 6-52 所示。即当系统检测到有外来者闯入时进行语音提示报警。

Note

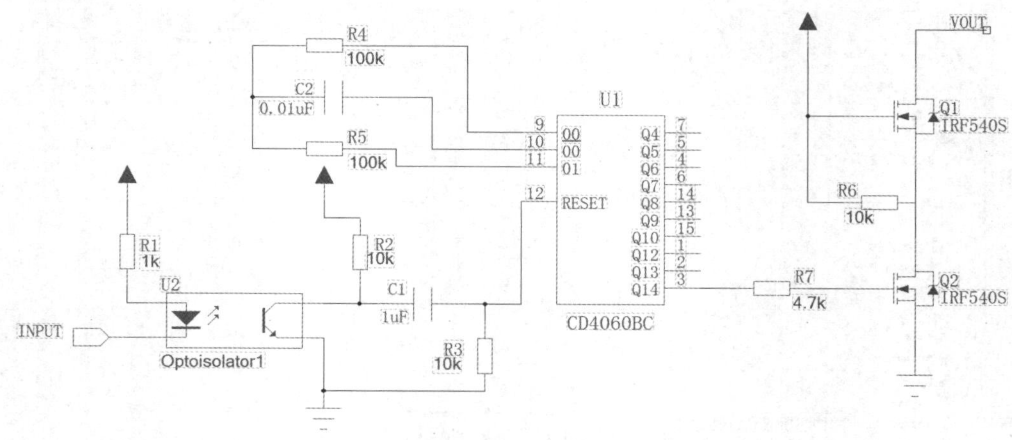

图 6-52　看门狗电路

1. 设置工作环境

（1）单击 PADS Logic 图标，打开 PADS Logic VX.2.4。

（2）选择菜单栏中的“文件”→“新建”命令或单击“标准工具栏”中的“新建”按钮，新建一个原理图文件。

（3）单击“标准工具栏”中的“保存”按钮，输入原理图名称“Guard Dog.sch”，保存新建的原理图文件。

2. 库文件管理

选择菜单栏中的“文件”→“库”命令，弹出“库管理器”对话框。单击“管理库列表”按钮，弹出如图 6-53 所示的“库列表”对话框，显示在源文件路径下加载的库文件。

3. 增加元件

（1）单击“原理图编辑工具栏”中的“添加元件”按钮，弹出“从库中添加元件”对话框，在“筛选条件”选项组的“项目”文本框中输入“*CD4060BC*”，单击“应用”按钮，在“项目”列表框中显示元件 CD4060BC，如图 6-54 所示。

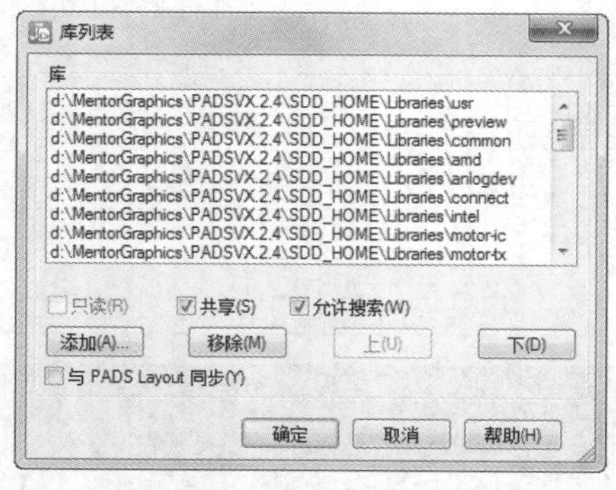

图 6-53　“库列表”对话框

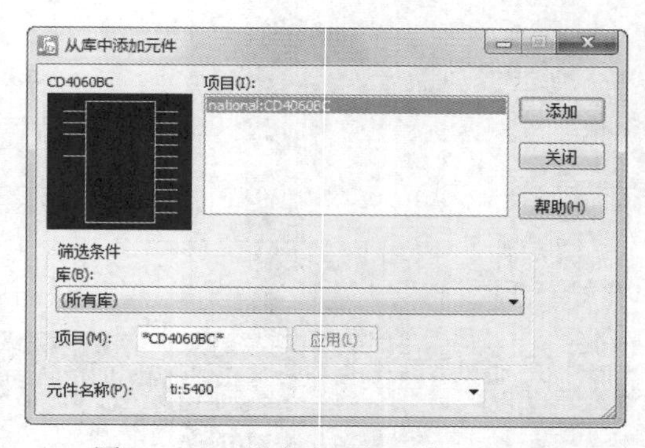

图 6-54　“从库中添加元件”对话框

（2）单击“添加”按钮，元件的映像附着在光标上，移动光标到适当的位置，单击，将元件放置在当前光标的位置上。

（3）在 PADS 库中选择电桥元件 Optoisolator1、电阻元件 RES2、芯片 IRF540S，在 misc 库中选择电容元件 CAP-0005，完成所有元件放置，元件放置结果如图 6-55 所示。

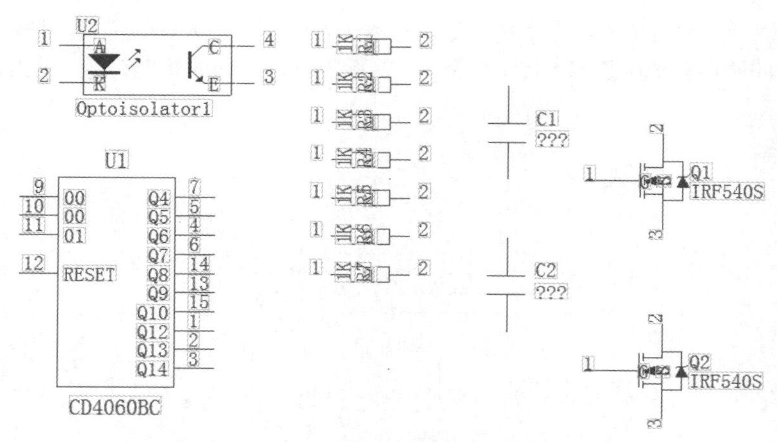

图 6-55 看门狗电路元件放置结果

按照电路要求，对元件进行布局、编辑属性，结果如图 6-56 所示。

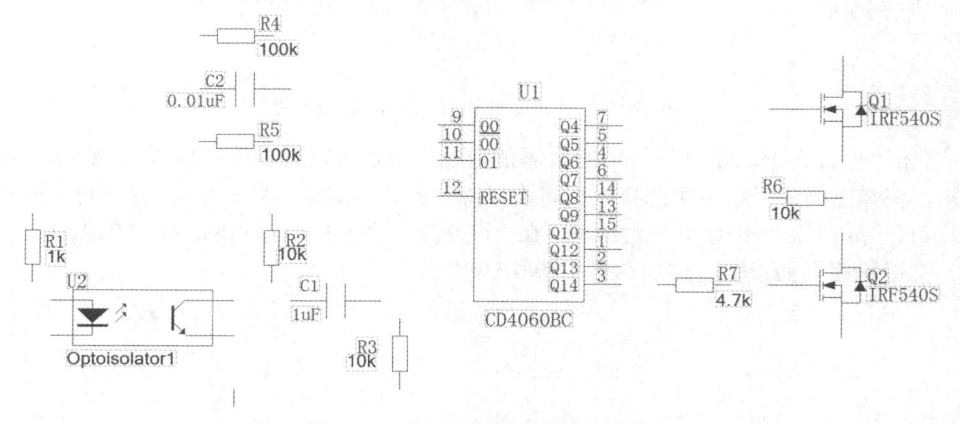

图 6-56 看门狗电路元件布局结果

4. 布线操作

（1）单击“原理图编辑工具栏”中的“添加连线”按钮，进入连线模式，进行连线操作，布线结果如图 6-57 所示。

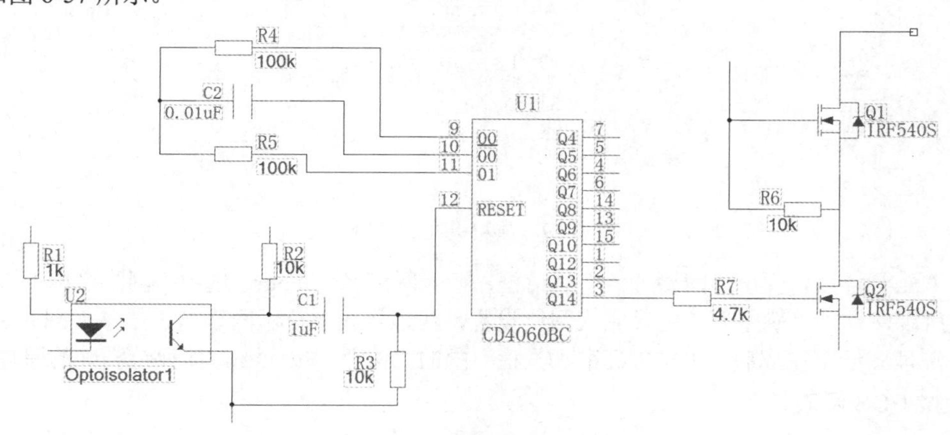

图 6-57 看门狗电路布线结果

（2）单击“原理图编辑工具栏”中的“添加连线”按钮，进入连线模式，拖动鼠标到适当位置处，右击，在弹出的快捷菜单中选择“接地”命令，鼠标上显示浮动的接地符号，单击，放置接地符号，结果如图 6-58 所示。

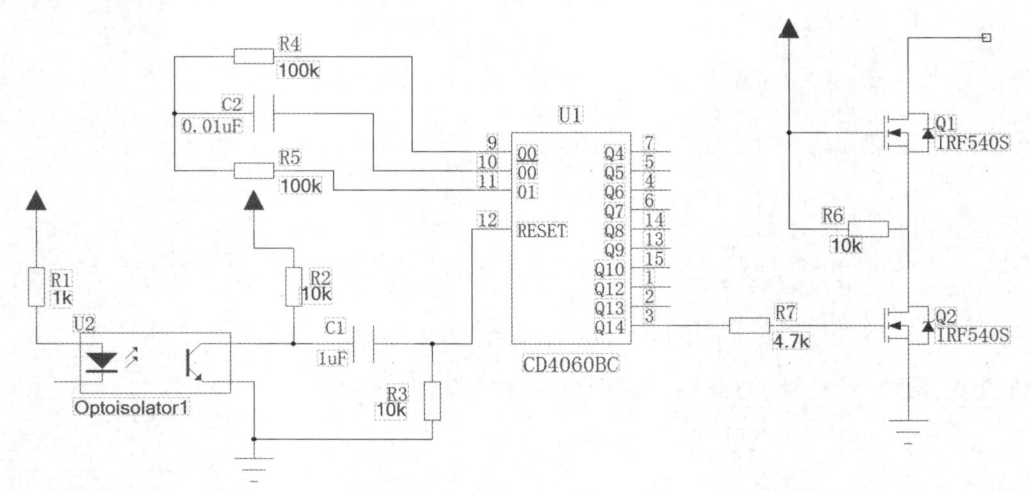

图 6-58　看门狗电路放置接地、电源符号

（3）单击“原理图编辑工具栏”中的“添加连线”按钮，进入连线模式，拖动鼠标到适当位置处，右击，在弹出的快捷菜单中选择“页间连接符”命令，鼠标上显示浮动的接地符号，单击，放置页间连接符，弹出“添加网络名”对话框，在“网络名”文本框中输入网络名“INPUT”，单击“确定”按钮，完成网络名的设置，添加结果如图 6-59 所示。

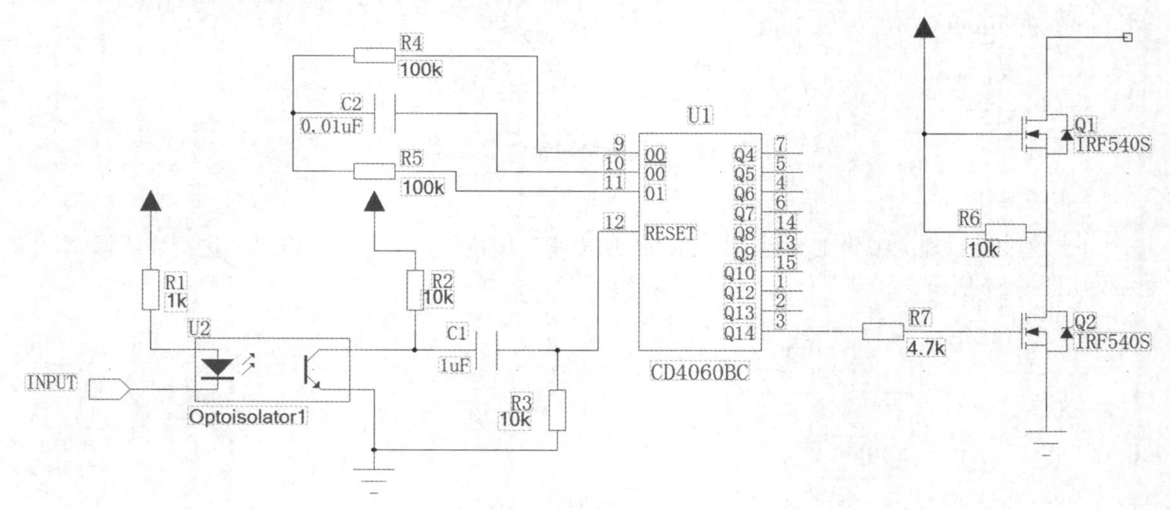

图 6-59　放置页间连接符

（4）双击悬浮线，弹出“网络特性”对话框，输入网络名为 Vout，选中“网络名标签”复选框，如图 6-60 所示，单击“确定”按钮，完成网络设置，在该导线上显示网络名，结果如图 6-61 所示。

（5）原理图绘制完成后，单击“标准工具栏”中的“保存”按钮，保存绘制好的原理图文件。

5. 生成 PCB 网表

（1）选择菜单栏中的“工具”→“Layout 网表”命令，弹出如图 6-62 所示的“网表到 PCB”对

Note

话框。

图 6-60　“网络特性”对话框设置

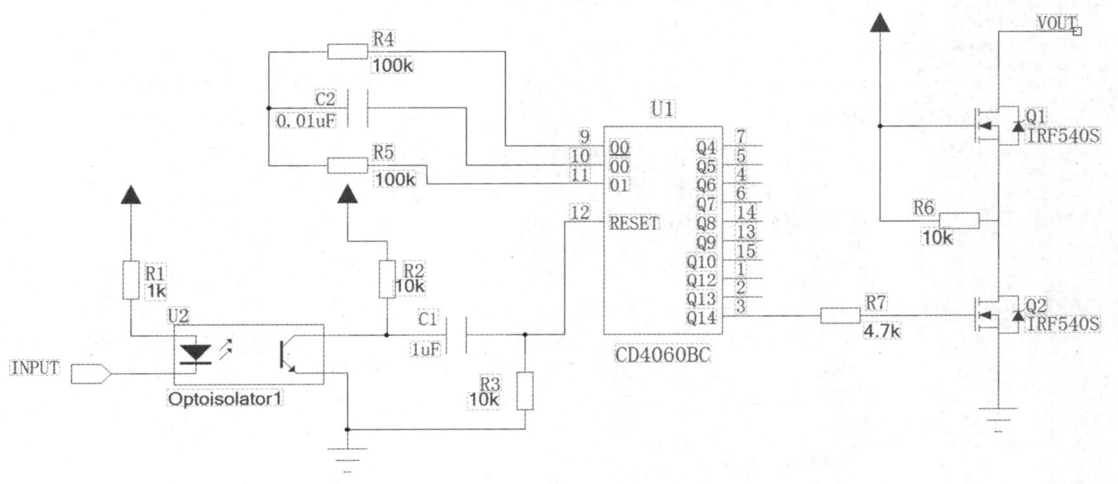

图 6-61　添加网络结果

（2）单击“确定”按钮，弹出生成网表文本文件，如图 6-63 所示。

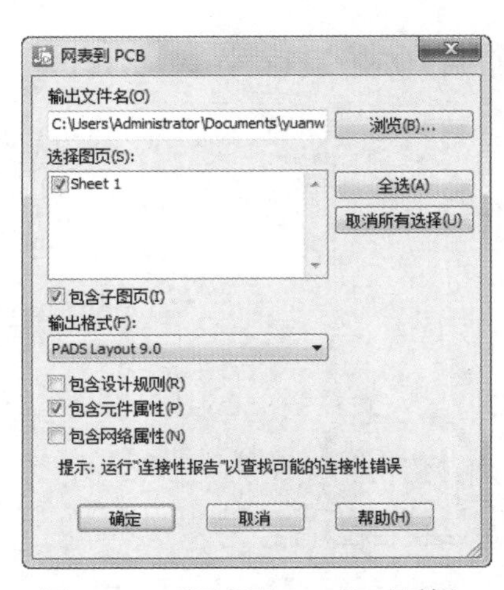

图 6-62　“网表到 PCB”对话框

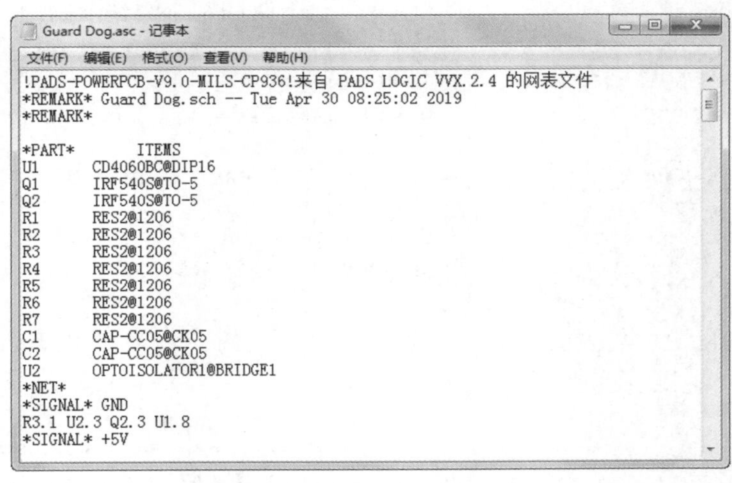

Guard Dog.asc - 记事本

文件(F)　编辑(E)　格式(O)　查看(V)　帮助(H)

```
!PADS-POWERPCB-V9.0-MILS-CP936!来自 PADS LOGIC VVX.2.4 的网表文件
*REMARK* Guard Dog.sch -- Tue Apr 30 08:25:02 2019
*REMARK*

*PART*       ITEMS
U1       CD4060BC@DIP16
Q1       IRF540S@TO-5
Q2       IRF540S@TO-5
R1       RES2@1206
R2       RES2@1206
R3       RES2@1206
R4       RES2@1206
R5       RES2@1206
R6       RES2@1206
R7       RES2@1206
C1       CAP-CC05@CK05
C2       CAP-CC05@CK05
U2       OPTOISOLATOR1@BRIDGE1
*NET*
*SIGNAL* GND
R3.1 U2.3 Q2.3 U1.8
*SIGNAL* +5V
```

图 6-63　生成网表文本文件

6. 生成报告文件

Note

选择菜单栏中的“文件”→“报告”命令，弹出报告生成窗口，选中“元件统计数据”“网络统计数据”“限制”复选框，如图 6-64 所示，单击“确定”按钮，产生如图 6-65～图 6-67 所示的报告。

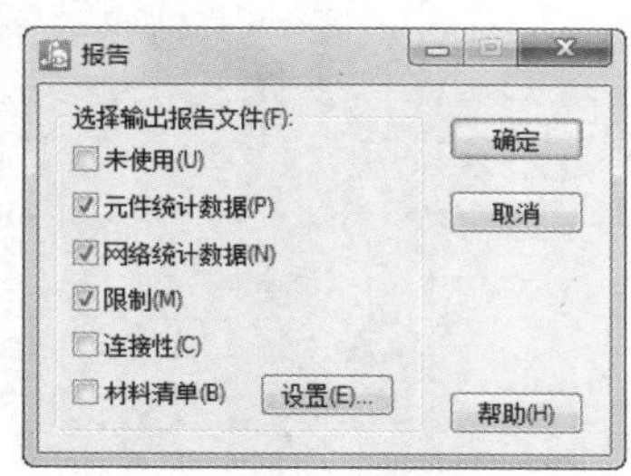

图 6-64　报告输出

PartStatistics - 记事本

文件(F) 编辑(E) 格式(O) 查看(V) 帮助(H)

```
元件状态报告 -- Guard Dog.sch -- Tue Apr 30 08:26:04 2019

C1              CAP-CC05,1uF,???
C1.1[U-1] $$$3516          C1.2[U-1] $$$3503

C2              CAP-CC05,0.01uF,???
C2.1[U-1] $$$3553          C2.2[U-1] $$$3546

Q1              IRF540S
Q1.1[L-1] +5V              Q1.2[L-1] VOUT             Q1.3[L-1] $$$3568

Q2              IRF540S
Q2.1[L-1] $$$3565          Q2.2[L-1] $$$3568          Q2.3[L-1] GND

R1              RES2,1k
R1.1[L-1] $$$3522          R1.2[L-1] +5V
```

图 6-65　元件统计报告

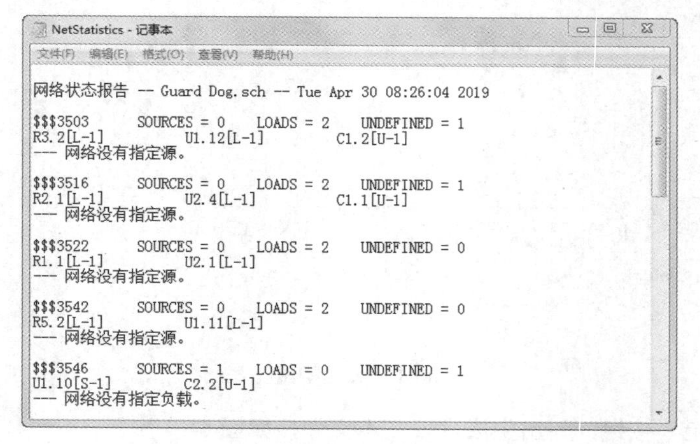

NetStatistics - 记事本

文件(F) 编辑(E) 格式(O) 查看(V) 帮助(H)

```
网络状态报告 -- Guard Dog.sch -- Tue Apr 30 08:26:04 2019

$$$3503        SOURCES = 0    LOADS = 2    UNDEFINED = 1
R3.2[L-1]           U1.12[L-1]          C1.2[U-1]
--- 网络没有指定源。

$$$3516        SOURCES = 0    LOADS = 2    UNDEFINED = 1
R2.1[L-1]           U2.4[L-1]           C1.1[U-1]
--- 网络没有指定源。

$$$3522        SOURCES = 0    LOADS = 2    UNDEFINED = 0
R1.1[L-1]           U2.1[L-1]
--- 网络没有指定源。

$$$3542        SOURCES = 0    LOADS = 2    UNDEFINED = 0
R5.2[L-1]           U1.11[L-1]
--- 网络没有指定源。

$$$3546        SOURCES = 1    LOADS = 0    UNDEFINED = 1
U1.10[S-1]          C2.2[U-1]
--- 网络没有指定负载。
```

图 6-66　网络统计报告

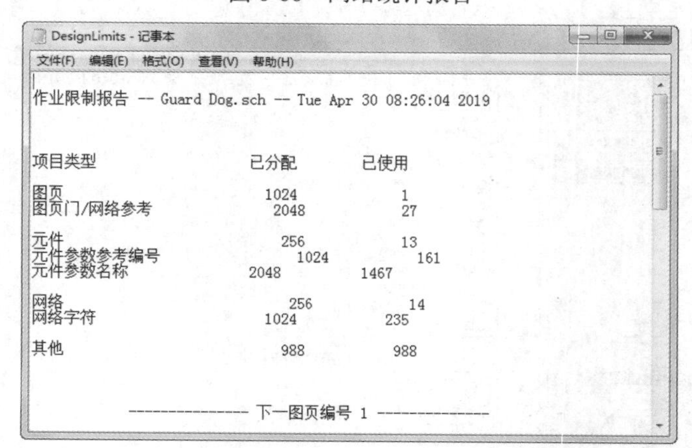

DesignLimits - 记事本

文件(F) 编辑(E) 格式(O) 查看(V) 帮助(H)

```
作业限制报告 -- Guard Dog.sch -- Tue Apr 30 08:26:04 2019

项目类型                已分配        已使用

图页                     1024            1
图页门/网络参考           2048           27

元件                       256           13
元件参数参考编号              1024          161
元件参数名称              2048         1467

网络                        256           14
网络字符                  1024          235

其他                       988          988

          ------------- 下一图页编号 1 -------------
```

图 6-67　限制报告

PADS Designer 原理图设计

本章主要介绍在 PADS Designer 图形界面中进行原理图设计，Designer 主要用于设计原理图和原理图符号，同时根据需要可以生成元件清单和不同类型对应的网表，调用 Expedition 文件模板来设计 PCB 的板框大小、布局、布线、后期处理、输出相关文件及归档等。

学习重点

- ☑ PADS Designer 概述
- ☑ PADS Designer VX.2.4 工作环境
- ☑ PADS Designer VX.2.4 文件管理
- ☑ 原理图图纸设置
- ☑ 设置原理图工作环境
- ☑ 加载元件库
- ☑ 放置元件
- ☑ 元件的电气连接
- ☑ 使用绘图工具绘图
- ☑ 综合实例——绘制最小系统电路

任务驱动&项目案例

7.1 PADS Designer 概述

Note

PADS Designer 是一个功能强大的项目创建与管理环境，可以在一个项目中开展多个原理图/PCB 设计，支持团队工作模式，并具备元器件属性管理、电路复用、Top-Down/Bottom-Up 结构的创建、原理图仿真、关键信号的布线规则定义、统计物料清单（BOM）及设计归档等全面的功能。

7.1.1 PADS Designer 原理图设计特点

PADS Designer 作为原理图设计软件，具有如下特点。

（1）广泛的层次化支持，使设计复用成为可能。

（2）设计浏览器提供完整的设计视图，包括真正的层次化结构和层次化原理图设计。

（3）设计导向器允许基于参考标志符、数值、器件号或其他属性的器件搜索。

（4）设计导向器显示所有网络、网络对等和连接。

（5）属性编辑器提供对多个器件属性或跨越所有数据表和层次模块的网络进行同时编辑功能。

（6）约束编辑器允许在设计创建过程中将物理的和电的约束定义到设计中。

（7）自动的网络标号减少错误产生并节省时间。

（8）支持完整的数字、模拟和数模混合信号仿真。

（9）集成的库浏览器，可以搜索、添加和特征化器件。

（10）集成的变量管理器创建原材料的变量清单（BOMs）。

（11）综合的数据管理能通过文档的锁定和版本更新实现团队设计 。

（12）支持大多数流行的 PCB 版图设计软件。

简单的原理图/PCB 双向设计流程已不能满足大型高端电子产品开发的需要。产品的可靠性、研发成本、设计周期通常受以下因素的影响。

（1）能否保证被采用的元器件性价比最高、供应最及时。

（2）经典电路和通用电路模块能否在不同的设计里快速复用。

（3）产品的逻辑功能会不会受到材料物理特性的影响。

（4）电路中的关键信号能否在画原理图的同时定义其布线规则约束。

（5）对于大型电子产品的设计，能否采用团队工作模式以缩短研发周期。

（6）分发到采购、生产等各个部门的设计数据是否一致。

7.1.2 PADS Designer 功能

1. DxDataBook 设计库管理工具

PADS Designer 中的 DxDataBook 模块为设计工作提供了高效率的元器件信息系统管理功能。它可以让研发（包括原理图设计和 PCB 设计）、采购、生产等各个职能部门在统一的 ERP 数据平台上共享元器件信息、协同工作，保证了设计中采用的元器件均符合企业标准。研发、采购及生产等各部门掌握的最新元器件信息可以通过 DxDataBook 进行快速反馈，有效地避免了因产品无法备料或生产而延误开发周期，同时有助于元器件的最优化选型。DxDataBook 还可以根据 ERP 系统中的元器件价格信息，对原理图设计进行成本核算。

DxDataBook 是一座搭建在原理图符号库和元器件属性信息库之间的桥梁，可以节省大量的原理

图符号建库时间，用户只需为每种元器件创建一个简单的符号即可，符号的所有属性都可在设计时从 DxDataBook 中调用。

DxDataBook 具备属性校验功能，可根据 ERP 系统中标准的元器件属性信息对设计进行检验，找出设计中不规范的器件并提出警告，为产品备料、生产等流程的顺利实施提供了保证。

Note

2. DxPDF 智能 PDF 归档

PADS Designer 可以将原理图及元器件属性信息等所有设计内容输出为字符型 PDF 文档，无须 PADS 软件便可以打开原理图。在 Acrobat 软件中，可以通过书签窗口浏览原理图的层次结构，通过右击弹出的快捷菜单查看元器件属性信息；同时支持元器件和网络检索功能，只需提供要查找的元器件位号或网络名称，Acrobat 即可将其选中并放大显示。

3. DxVariantManager 设计派生管理

PADS DxVariantManager 支持物料清单（BOM）的派生管理，可以基于一个原理图，为不同规格的产品配置相应的物料清单（BOM），并根据每个产品规格的需求定义元器件的使用状态，包括安装与否、替代型号等信息。DxVariantManager 还可为每一份派生出的物料清单（BOM）创建与其一致的原理图档案。

PADS Designer 中的 DxDataManager 模块为团队设计提供了充分的支持，可以确保多位工程师同时用 Designer 合作完成大规模的设计工作。项目主管可以通过 DxDataManager 实现团队组建、任务分配、进度查询及权限管理等操作，而设计团队的每位成员都能使用 DxDataManager 的并行设计、数据同步及设计数据版本管理等功能。在团队并行设计过程中，DxDataManager 可以确保所有团队成员各司其职，互不冲突，并随时进行数据的交流与共享。每位成员都可以根据需要锁定自己的设计数据，或查看当前各部分数据的设计者，共享自己的设计成果，或了解他人的最新进度，团队协作可以有条不紊地进行，切实提高了工作效率，缩短了产品研发周期。

4. 数字/模拟混合电路仿真功能

PADS Designer 中的 DxAnalog 模块提供了数模混合电路仿真的功能。DxAnalog 具备改进的 SPICE 内核，可对开关电源、放大电路、射频电路、变压器等多种电路进行精确仿真；DxAnalog 还具备静态工作点、时域、频域等多种分析手段，可以对 Designer 原理图中各点的静态特性、工作波形及频域特性进行仿真计算，及时发现设计中的不合理的拓扑及工作不稳定的频段；DxAnalog 还可以通过蒙特卡罗（Monte Carlo）或参数扫描（ParameterSweep）分析，测试电路中元器件的参数在一定范围内的变化对输出波形的影响，为电路参数的优化提供参考。

DxAnalog 还支持对仿真波形的处理，如对峰值、周期/频率、升降延时等多种参数进行测量，以及傅里叶变化、波形叠加比较等运算。

DxAnalog 提供了庞大的 SPICE 仿真模型库，包括功率器件、变压器、PWM、补偿电路等模型共 15000 个，为仿真电路的搭建提供了充分的支持；DxAnalog 还为常用的无源器件提供了大量的仿真模板，设计者只需在模板中输入元器件的标准参数即可生成精确的仿真模型，并用于仿真电路中。

7.2　PADS Designer VX.2.4 工作环境

本节通过介绍 PADS Designer VX.2.4 的工作环境界面，使读者初步认识 PADS Designer VX.2.4 的主要窗口，并掌握其操作方法。

Note

7.2.1 启动 PADS Designer

PADS Designer VX.2.4 通常有以下3种基本启动方式，任意一种都可以启动PADS Designer VX.2.4，如图7-1所示。

（1）单击 Windows 任务栏中的“开始”按钮，选择“程序”→PADS VX.2.4→Design Entry→PADS Designer VX.2.4 命令，启动 PADS Designer VX.2.4。

（2）在 Windows 桌面上直接双击 PADS Designer VX.2.4 图标，这是安装程序自动生成的快捷方式。

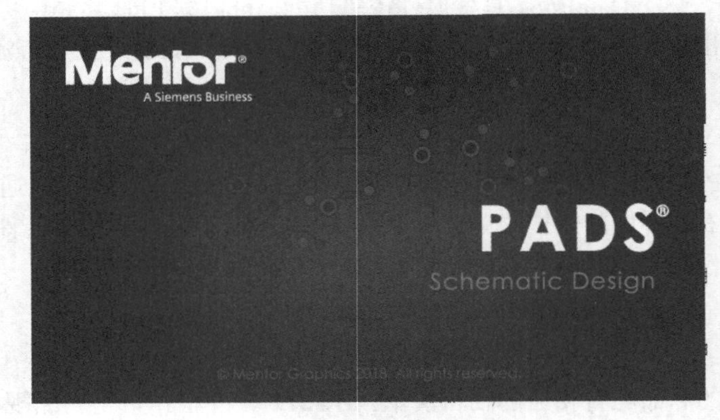

图 7-1　PADS Designer VX.2.4 的启动

（3）直接双击以前保存过的 PADS Designer 文件（扩展名为.SCH），通过程序关联启动 PADS Designer VX.2.4。

第一次使用 PADS Designer VX.2.4，将进入其默认设置的工作界面，其界面如图7-2所示。PADS Designer 专门用于绘制原理图的EDA工具，它的易用性和实用性都深受用户好评。

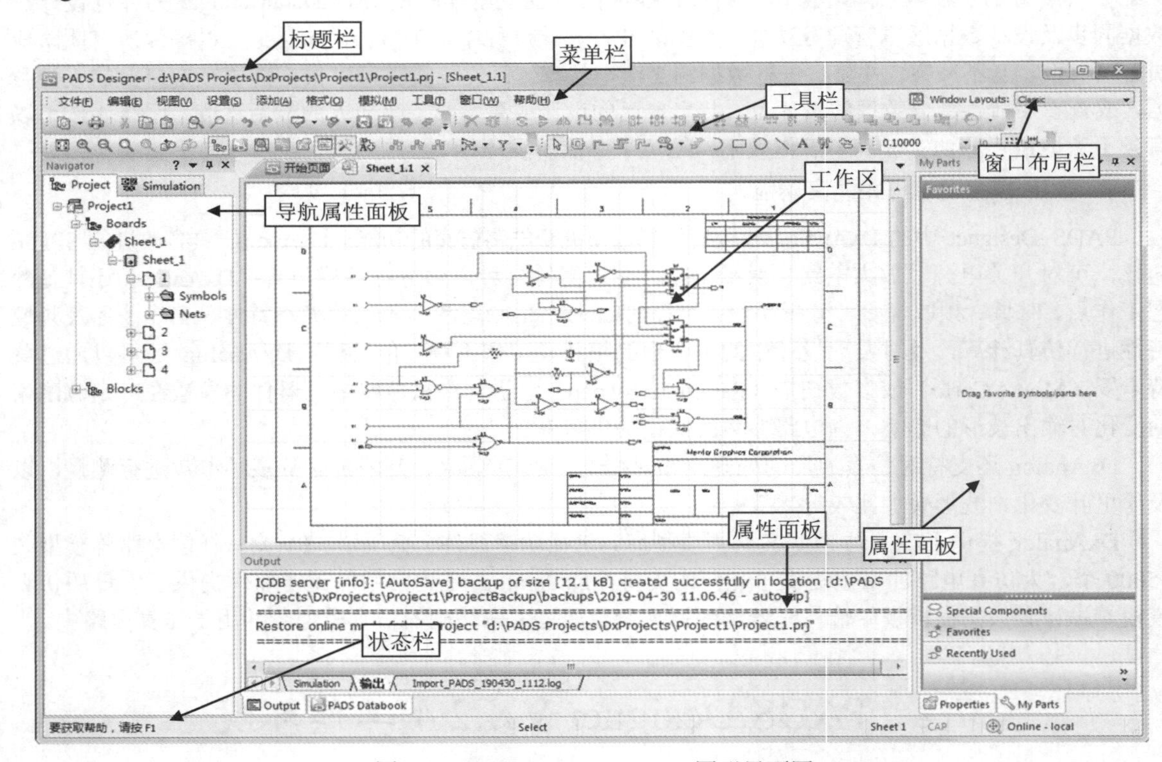

图 7-2　PADS Designer VX.2.4 图形界面图

从图7-2所示可知，PADS Designer 图形界面主要有7个部分，与 PADS Logic 的整体界面类似，略有不同。

7.2.2　PADS Designer 图形窗口

Note

PADS Designer 图形窗口主要由标题栏、菜单栏、工具栏、窗口布局栏、工作区、状态栏和属性面板等组成。

1. 标题栏

操作界面的最上端是标题栏。在标题栏中，显示了系统当前正在运行的应用程序和用户正在使用的文件。在第一次启动 PADS Designer VX.2.4 时，标题栏中将显示 PADS Designer VX.2.4 在启动时创建并打开的文件 Project1.prj。

2. 菜单栏

菜单栏同其他 Windows 程序一样，PADS Designer VX.2.4 的菜单也是下拉形式的，并在菜单中包含子菜单。这些菜单几乎包含了 PADS Designer VX.2.4 的所有命令，后面的章节将对这些菜单功能进行详细讲解。

3. 工具栏

工具栏是一组按钮工具的组合，PADS Designer VX.2.4 提供了几十种工具栏，常用工具栏如图 7-3 所示。

图 7-3　常用工具栏

4. 窗口布局栏

位于工作区的右上角，根据下拉列表中的选择项不同，在窗口界面中显示不同对象的编辑环境，如图 7-4 所示。

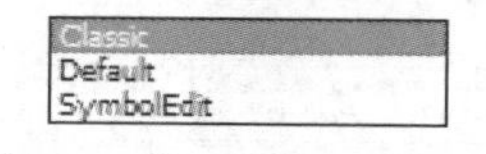

图 7-4　窗口布局下拉选项

- ☑ Classic：选择该项，根据创建的文件类型来决定进行原理图设计或原理图符号设计，如图 7-2 所示。
- ☑ Default：选择该项，在界面中直接进行原理图设计，如图 7-5 所示。
- ☑ SymbolEdit：选择该项，在界面中直接进行原理图符号设计，如图 7-6 所示。

5. 工作区

位于图形界面的中间，在该区域中编辑原理图与图纸符号。

Note

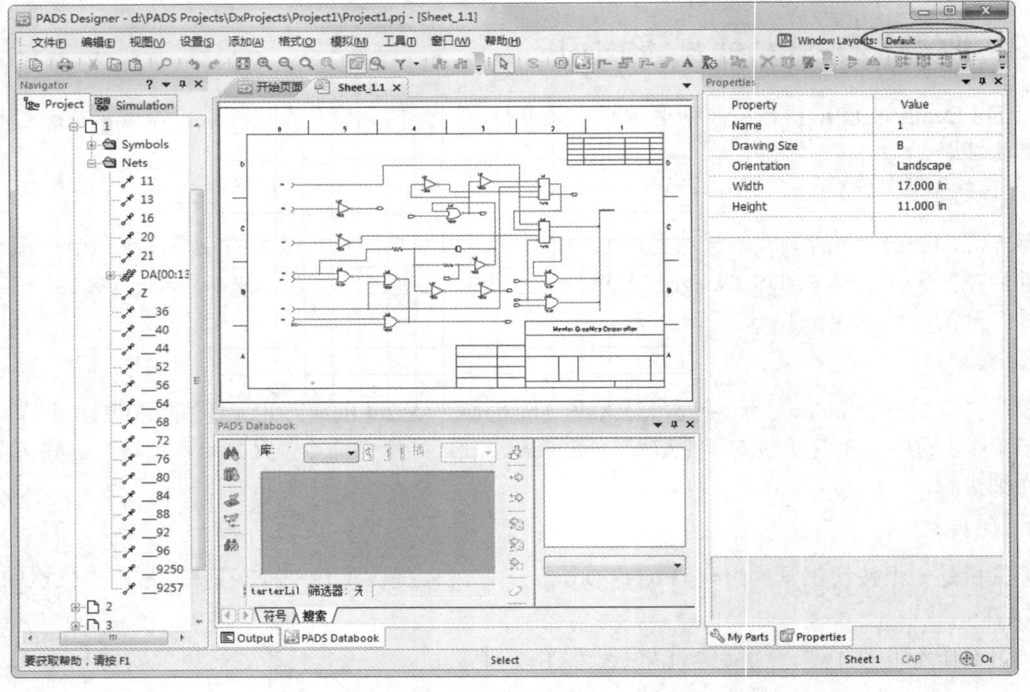

图 7-5　原理图设计界面

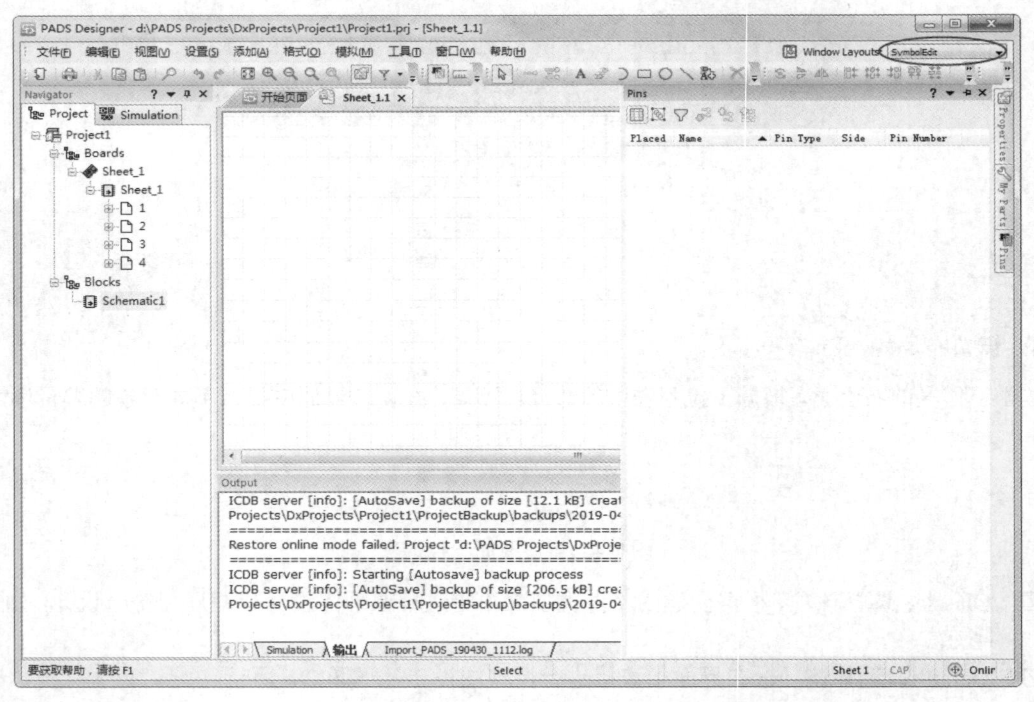

图 7-6　原理图符号设计界面

6. 状态栏

状态栏显示在屏幕的底部，对设计工程十分有用，通过它可以方便地操作文件和查看信息，还可

以提高编辑的效率。单击屏幕右下角的标签，显示导航视图，如图 7-7 所示。

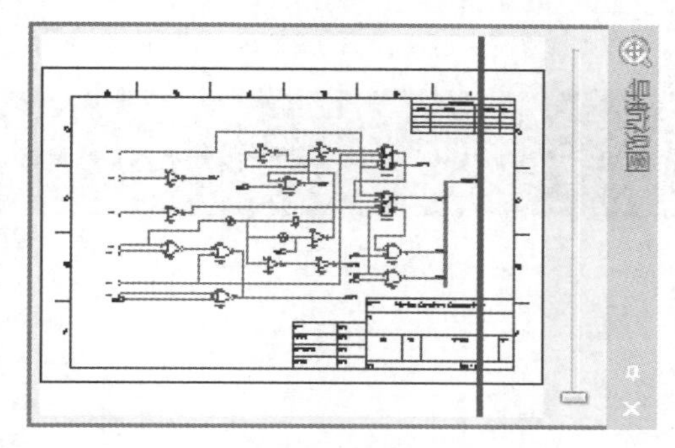

图 7-7　导航视图

7. 属性面板

在 PADS Designer VX.2.4 中使用大量的属性面板，也包括工作窗口面板，可以通过属性面板方便地实现打开文件、访问库文件、浏览每个设计文件和编辑对象等各种功能。属性面板可以分为两类：一类是在任何编辑环境中都有的面板，如 Navigator（导航）面板和 Output（输出）面板；另一类是在特定的编辑环境下才会出现的面板，如原理图编辑环境中的 Properties（属性）面板和 PADS Databook（清单库）面板等。

面板的显示方式有 3 种。

（1）自动隐藏方式。面板处于自动隐藏方式，如图 7-8（a）所示。要显示某一工作窗口面板，可以单击相应的标签，工作窗口面板会自动弹出，如图 7-8（b）所示，当光标移开该面板一定时间或者在工作区单击，面板会自动隐藏。

（a）自动隐藏

图 7-8　工作窗口面板自动隐藏与自动弹出

Note

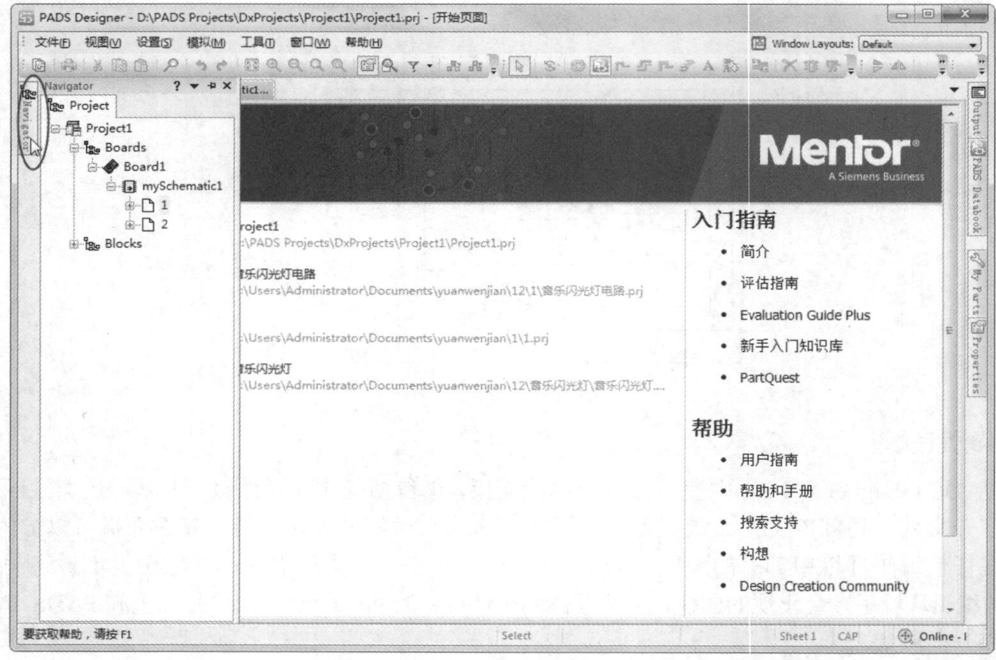

（b）自动弹出

图 7-8　工作窗口面板自动隐藏与自动弹出（续）

（2）锁定显示方式。左侧的 Navigator 面板处于锁定显示状态，如图 7-9 所示。

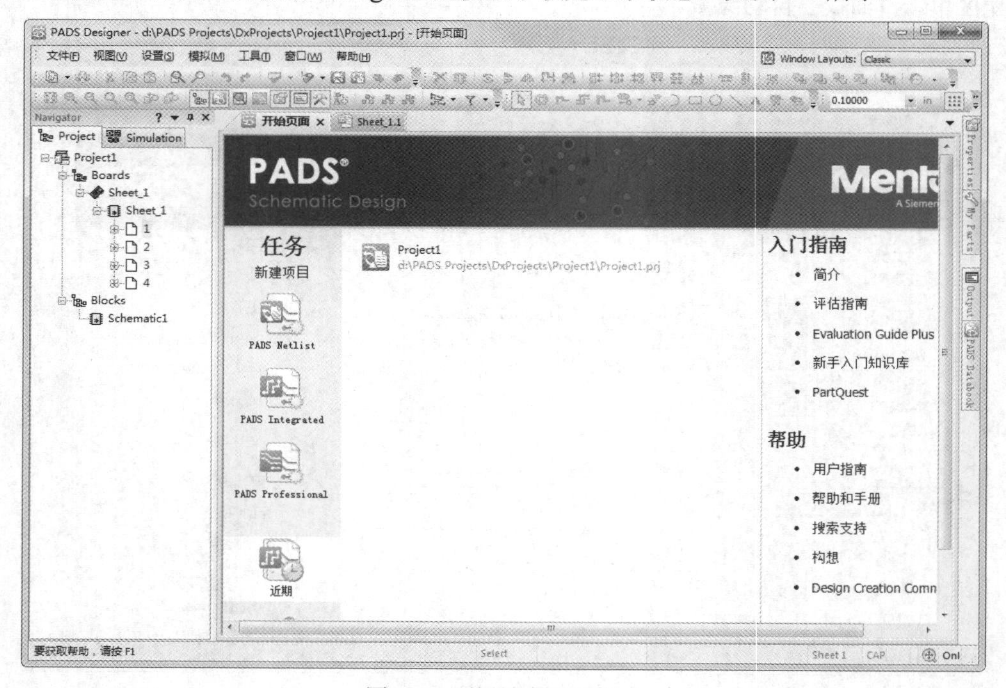

图 7-9　面板锁定显示方式

（3）浮动显示方式。Navigator 面板处于浮动显示状态，如图 7-10 所示。

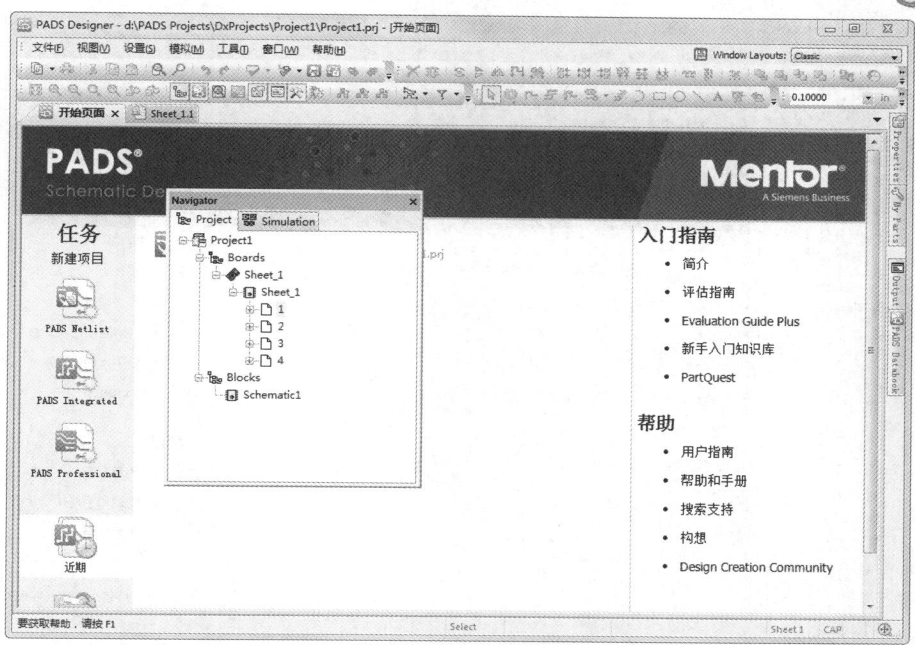

图 7-10　浮动显示方式

8. 3 种面板显示之间的转换

（1）在工作窗口面板的上边框右击，将弹出面板命令，如图 7-11 所示，选中“浮动”选项，将光标放在面板的上边框，拖动光标至窗口左边或右边合适位置处。松开鼠标，即可使所移动的面板自动隐藏或锁定。

图 7-11　面板命令

（2）要使所移动的面板为自动隐藏方式或锁定显示方式，可以选取图标（锁定状态）和图标（自动隐藏状态），然后单击，进行相互转换。

（3）要使工作窗口面板由自动隐藏方式或者锁定显示方式转变到浮动显示方式，只需要鼠标将工作窗口面板向外拖动到希望的位置即可。

7.3　PADS Designer VX.2.4 文件管理

本节将介绍原理图设计项目的一些基本操作方法，包括新建文件、保存文件和打开文件等，这些都是 PADS Designer VX.2.4 操作最基础的知识。

7.3.1　创建新的项目文件

在进行工程设计时，通常要先创建一个项目文件，每一份原理图都是以项目的形式组织的，将原理图所使用的库、具体的原理图页面都保存在原理图项目中。这样有利于对文件的管理。创建项目文件有 3 种方法。

1. 开始页面创建

软件启动后，在图形窗口中显示“开始页面”选项卡，用于项目文件的创建与打开，如图 7-12 所示，在“新建项目”选项下显示了 3 种类型的项目文件。

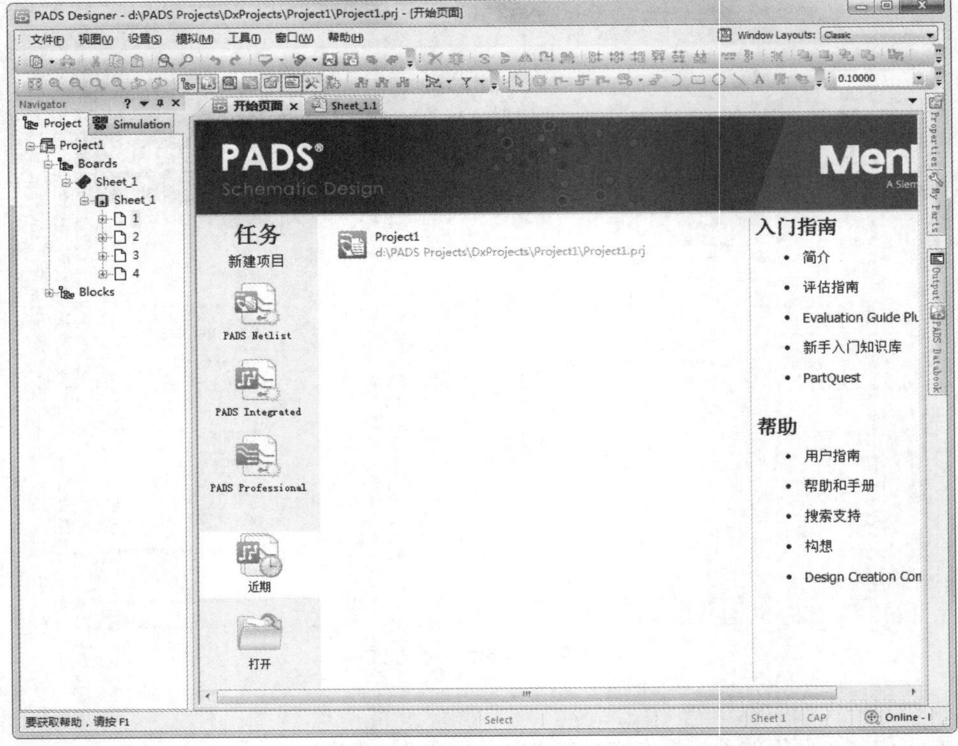

图 7-12　开始页面

（1）PADS Netlist 项目。

该类型的工程文件是指用于产生 PCB 板一系列的文件，文件类型如图 7-13 所示。

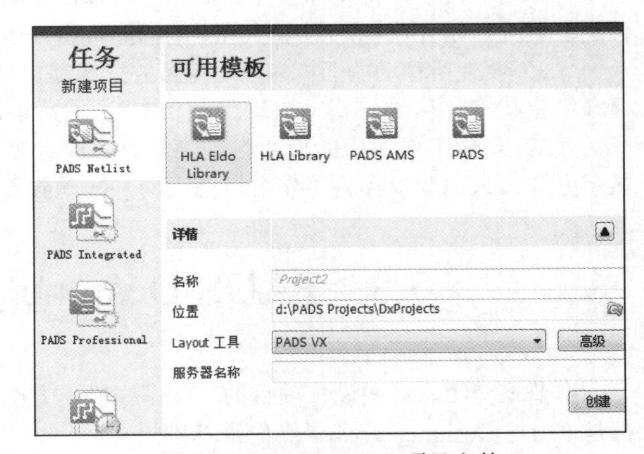

图 7-13　PADS Netlist 项目文件

将电子电路绘制成原理图文件，在器件库中找到并放置元器件，然后把它们用导线连接起来。当设计传递到 PCB 编辑器中，每个元器件转变为封装，器件之间连线转变为点到点的连接。定义好 PCB 板的外形以及内部半层结构，设计规则根据需要被设定，如布线宽度和安全间距。所有器件被放置在板外框里面，所有的连接被手动或者自动完成的走线替换。当完成设计，我们可以导出标准格式的输出文件，用于生产 PCB 板和设定贴片机等。

（2）PADS Integrated 项目文件。

该类型的项目文件用于设计集成库文件，文件类型如图 7-14 所示。

原理图设计（包括元器件数据管理、约束定义和派生设计功能）、模拟电路仿真以及 PADS HyperLynx 布局前分析都集成在一个单一环境中。

其中，PADS AMS 是一个基于网络的电路设计和仿真环境，在 PADS AMS 云中创建的电路设计可传输到 PADS AMS 设计套件桌面环境，因此无须手动重新创建电路来进行高级分析以及驱动 PCB 设计流程；PADS 是默认的电路设计和仿真环境。

焊盘是封装的基础，因此一般先建焊盘，焊盘堆编辑器中提供的焊盘种类很丰富，能满足各种需求，除非特殊需要，一般情况下都选用通孔和表贴焊盘，只是孔径有所区别。封装建立时有导航器，可以根据需要选择不同的封装种类，然后选择引脚间距，确定焊盘，较快地生成封装。符号部分可以由符号编辑器完成，由于大部分符号在画原理图时已经建好，因此可以直接导入。

（3）PADS Professional 项目文件。

该类型的项目文件用于生成 FPGA 设计文件，可以对电气符号进行全板 DRC 筛选、电源完整性分析，方便使用原理图进行约束和布局，如图 7-15 所示。

图 7-14 PADS Integrated 项目文件

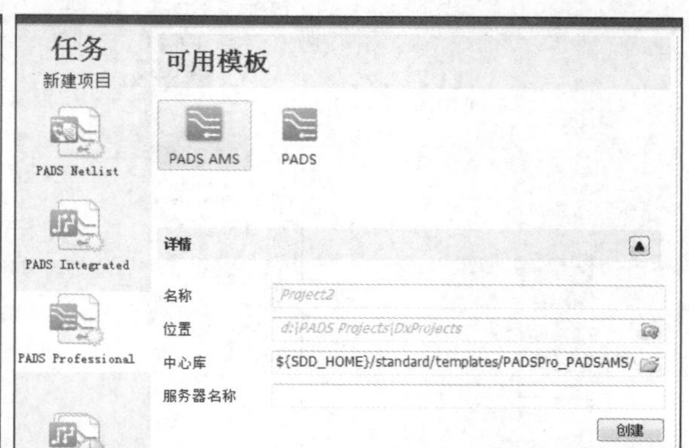

图 7-15 PADS Professional 项目文件

2. 菜单创建

选择“文件”→“新建”→“项目”命令，在弹出对话框中选择要创建的工程类型即可，如图 7-16 所示。

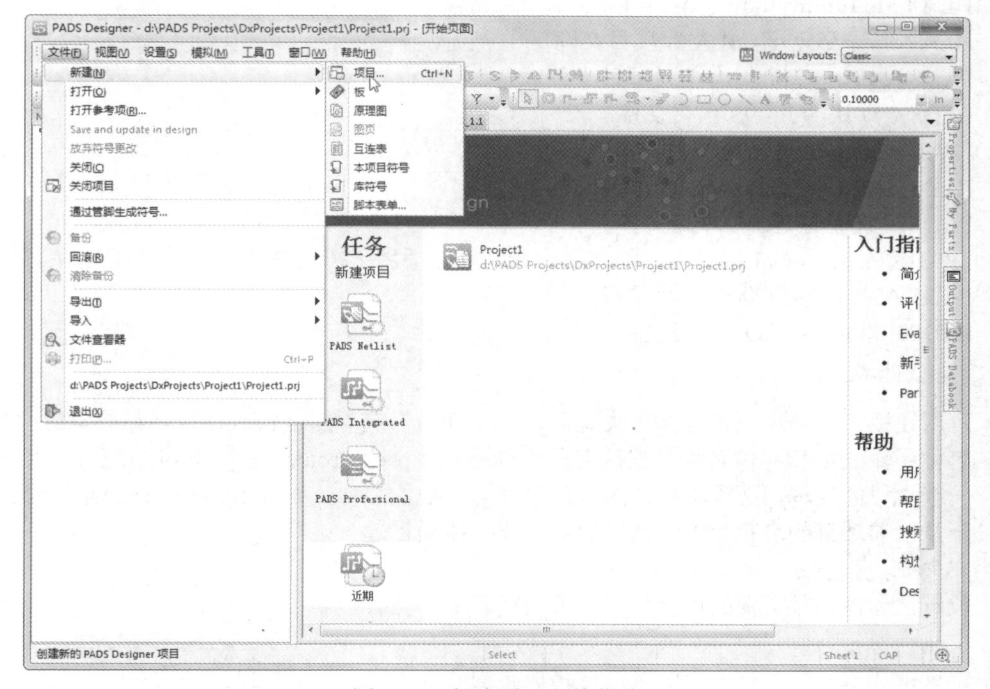

图 7-16 创建项目文件菜单

3. 工具栏创建

打开 Main（主）工具栏，在“新建项目”按钮下拉列表中列出了各种文件类型创建命令，选择“项目”命令，即可创建项目文件，如图 7-17 所示。

4. 项目文件的分类

选择“文件”→“新建”→“项目”命令，弹出如图 7-18 所示的“新项目”对话框，在 Project Templates（项目模板）下显示创建的项目类型。

项目...
板
原理图
图页
互连表
本项目符号
库符号
脚本表单...

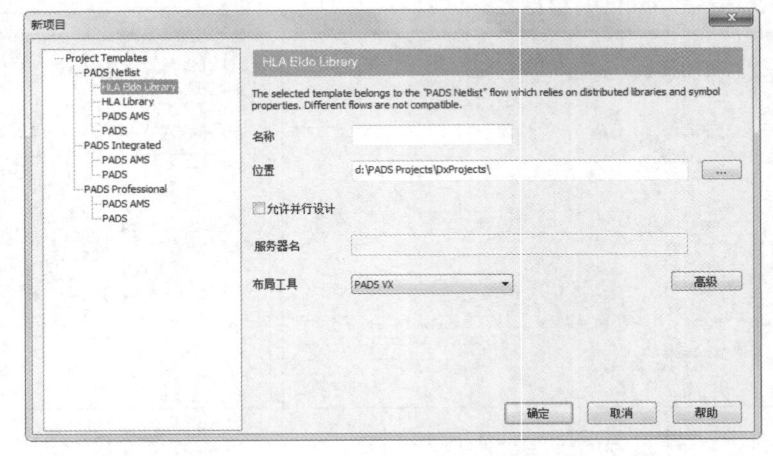

图 7-17　快捷菜单命令　　图 7-18　“新项目”对话框

（1）PADS Netlist（网络表文件）：选择创建新的网络表项目，在 Projects 面板显示一个新的 Project1.prj 项目文件。

☑ HLA Eldo Library：创建 HLA Eldo 库项目文件。
☑ HLA Library：创建 HLA 库项目文件。
☑ PADS AMS：模拟/混合信号项目文件。
☑ PADS：默认的 PADS 项目文件。

（2）PADS Integrated 项目文件：集成文件。

☑ PADS AMS：模拟/混合信号项目文件。
☑ PADS：默认的 PADS 项目文件。

（3）PADS Professional 项目文件：高级设计文件，适用于需要完成所有设计任务的工程师。

☑ PADS AMS：模拟/混合信号项目文件。
☑ PADS：默认的 PADS 项目文件。

5. 项目文件的创建

在“可用模板”选项组下选择文件类型后，在“详情”选项组下输入项目名和放置的位置。

☑ 名称：输入项目文件名称，默认名称为 Project1.prj、Project2.prj、Project3.prj，用户要新建一个自己的工程，必须将默认的工程另存为其他的名称，如 MyProject.prj。输入的名称最好不是以前项目的名称，因为这样的话可能会使项目建立失败。
☑ 位置：选择项目文件的保存位置，英文状态下不能有空格。
☑ Layout 工具：在下拉列表中选择电路板布局软件版本类型，如图 7-19 所示，默认选择 PADS VX。

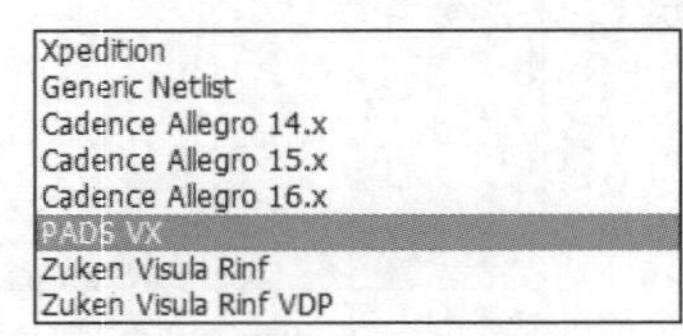

图 7-19　电路板布局软件版本类型

☑　中心库：中心库文件路径，选择前面所建的中心库 LMC 文件，D:\PADS Projects\Samples\preview_integrated\CentralLibrary_preview。

☑　服务器名称：输入软件使用服务器名称。

单击“创建”按钮，进入原理图编辑环境，自动在位置路径下创建项目文件及该项目文件下的原理图等文件。

Note

7.3.2　原理图编辑器的启动

PADS Designer 中每一份原理图都是以项目的形成组织的，将原理图所使用的库、具体的原理图页面都保存在原理图项目中，选择 PADS Netlist→PADS，创建默认标准项目文件，打开原理图编辑器，如图 7-20 所示。

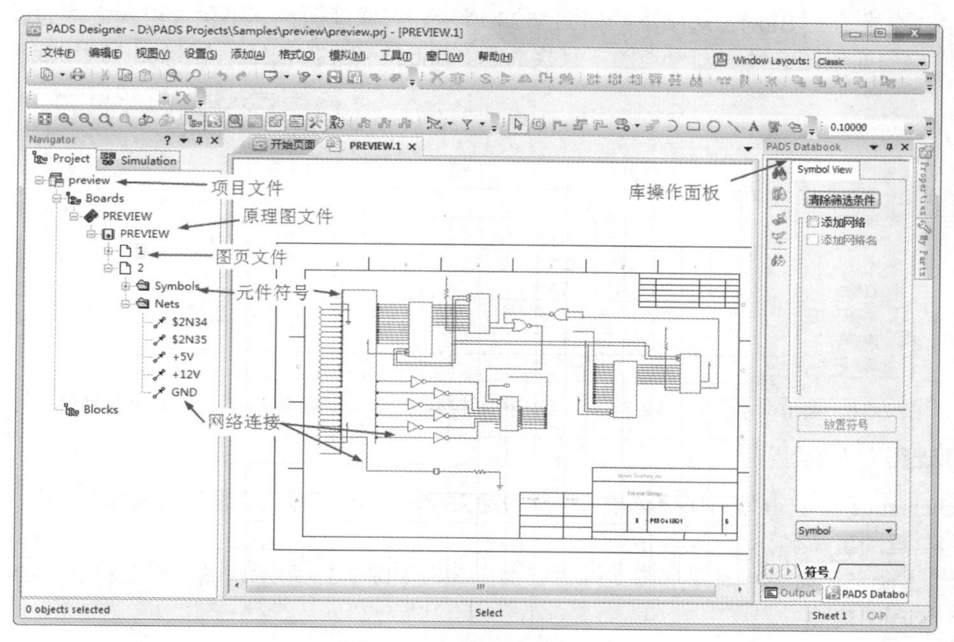

图 7-20　原理图编辑环境

1. 原理图的组成

可以看到，一份原理图的基本组成部分包括原理图项目、库、原理图页、元件符号（Symbols）、网络连接（Nets）。

☑　库：在 PADS Databook 属性面板中显示整个原理图应用的库以及新建的 Symbols。

☑　原理图页面：即具体的设计图纸，一个项目中，可以包含一页到多页原理图页面。在原理图页面，包含原理图具体使用的 Symbols 和网络连接关系。

☑　Symbols（元件符号）：Symbols 是元器件在原理图中的具体表示符号，要求与实际的元器件一一对应。

☑　Nets（网络连接）：表示整个原理图中的连接关系，网络连接与 PCB 上实际的连接对应，也就是常说的电气连接。

在图 7-20 中，Navigator 面板中 Project（项目）选项卡下显示项目文件 preview，该文件下显示 Boards 和 Blocks 两个选项。

Note

2. 原理图创建

（1）菜单创建。

选择“文件”→“新建”→“原理图”命令，如图 7-21 所示。Projects（项目）面板中将出现一个新的原理图文件，新建文件的默认名字为 Schematic1，系统自动将其保存在已打开的项目文件中，自动进入原理图编辑环境，同时整个窗口添加了许多菜单项和工具项。

（2）工具栏面板创建。

单击 Main（主）工具栏中的“新建”按钮，打开下拉菜单，如图 7-22 所示，选择“原理图”命令，在 Boards 选项下自动添加 Board1→Schematic1，创建原理图文件。

3. 创建多个原理图文件

创建第一个原理图 Schematic1，显示在 Boards 选项下，若继续创建原理图 Schematic2、Schematic3、Schematic4，均显示在 Blocks 选项下，如图 7-23 所示。若原理图设计不包含层次文件的设计，只包含单独或同层的原理图文件，则原理图下直接显示 Symbols（元件符号）与 Nets（网络连接）选项。

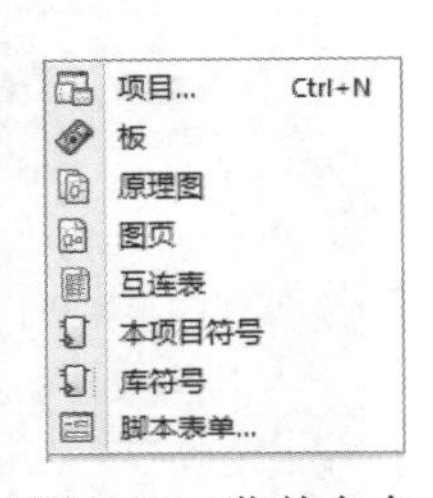

图 7-21　菜单命令

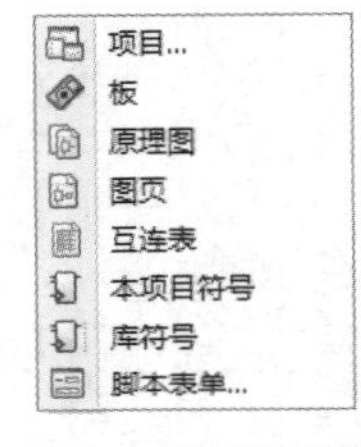

图 7-22　工具栏下拉列表

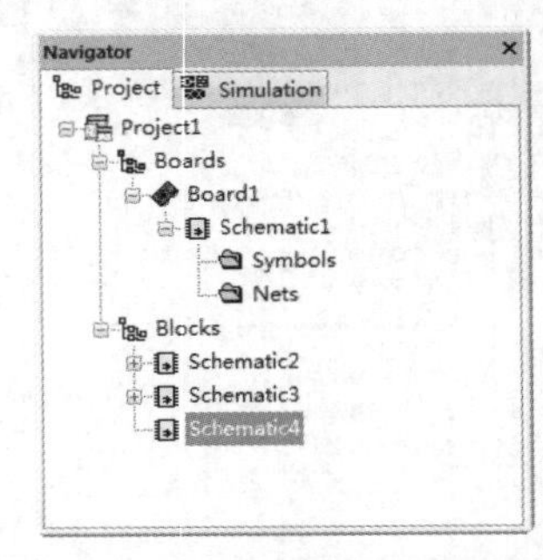

图 7-23　创建多个原理图

4. 原理图文件设计

在 Schematic1 上右击弹出快捷菜单，选择快捷菜单命令对原理图文件进行操作，如图 7-24 所示。

（1）原理图重命名。

选择“重命名”命令，对原理图文件进行重命名，如图 7-25 所示，输入新名称 mySchematic1。

（2）原理图删除。

选择“删除”命令，删除该原理图文件。

（3）原理图排序。

选择“排序”命令，对原理图文件及图页文件进行排序，可以按照 Name（名称）、View（视图）、升序、降序排列，如图 7-26 所示。

图 7-24　快捷菜单

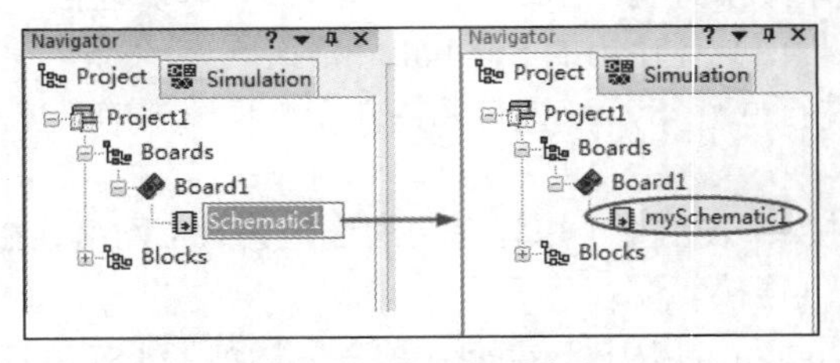

图 7-25　原理图重命名

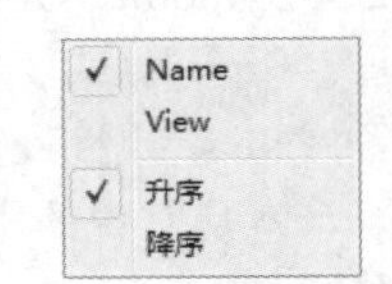

图 7-26　排序方式

（4）原理图搜索。

选择“筛选器”命令，对原理图文件中的元件与符号进行搜索，弹出如图 7-27 所示的“筛选器 blocks”对话框，选择按照“通配符”或“位号”进行搜索。

单击“添加”按钮，添加搜索特性 Name（名称）和 View（视图），如图 7-28 所示，在特性对应的“样式”栏输入要搜索的元件或符号特性名称。

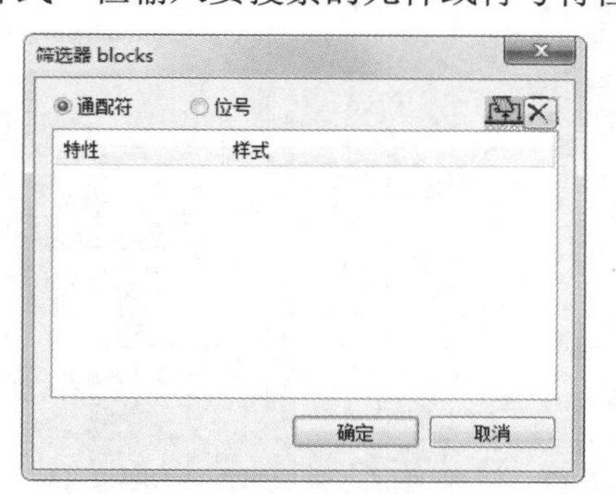

图 7-27　“筛选器 blocks”对话框

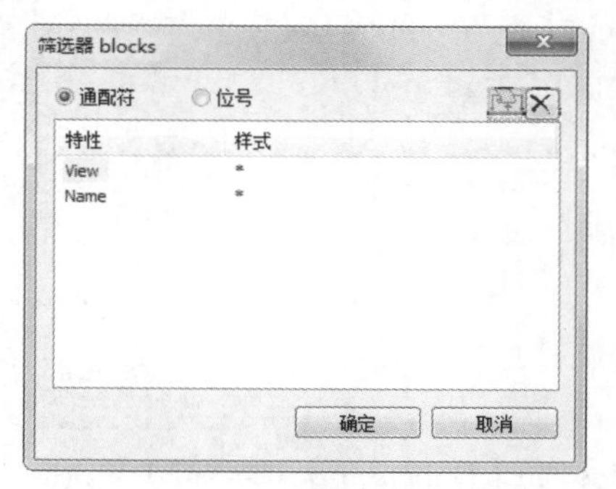

图 7-28　添加特性

单击“删除”按钮，删除添加的特性。

（5）原理图特性。

选择“特性”命令，弹出 Properties 面板，显示原理图文件的属性，新建的原理图文件只显示原理图名称信息，如图 7-29 所示。

（6）创建 HDL 文件。

默认创建的原理图下显示 Symbols（元件符号）与 Nets（网络连接）选项，选择“创建 HDL 设计”命令，在原理图下级添加 HDL Design:mySchematic1 选项，如图 7-30 所示。

选择“删除 HDL 设计”命令，在原理图下级删除 HDL Design:mySchematic1 选项，如图 7-31 所示。

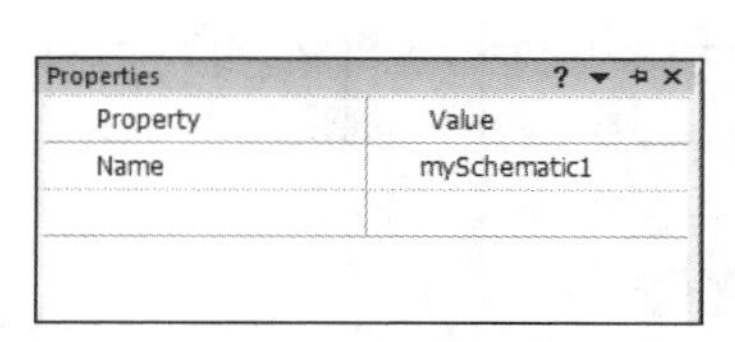

图 7-29　Properties 面板

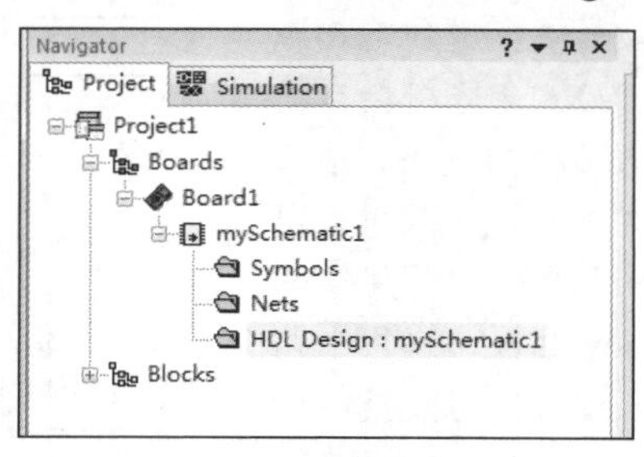

图 7-30　添加 HDL 设计

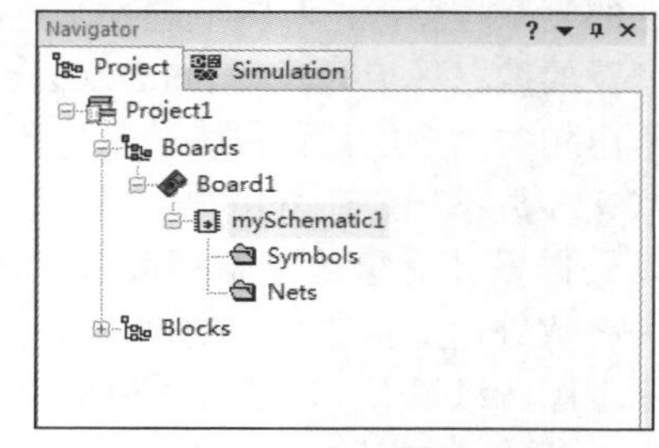

图 7-31　删除 HDL 设计

（7）原理图仿真

选择 Simulate Design:mySchematic1 命令，弹出如图 7-32 所示的 Testbench Options: mySchematic1 对话框，在该对话框中显示原理图文件仿真设计的参数。

5. 图页设计

选择“文件”→“新建”→“图页”命令或选择 Main（主）工具栏中“新建项目”按钮下拉列表中的“图页”命令，在原理图下创建图页文件，如图 7-33 所示，显示原理图 mySchematic1 下的图页文件 mySchematic1.1、mySchematic1.2。

在图页文件上右击弹出快捷菜单，如图 7-34 所示，可以进行图页文件的展开与折叠等操作。

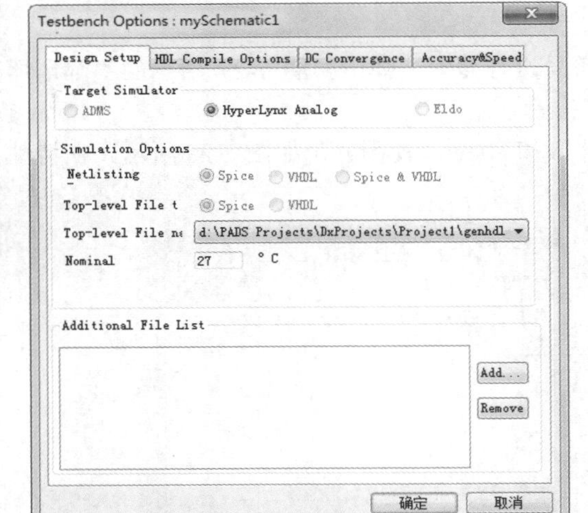

图 7-32　Testbench Options: mySchematic1 对话框

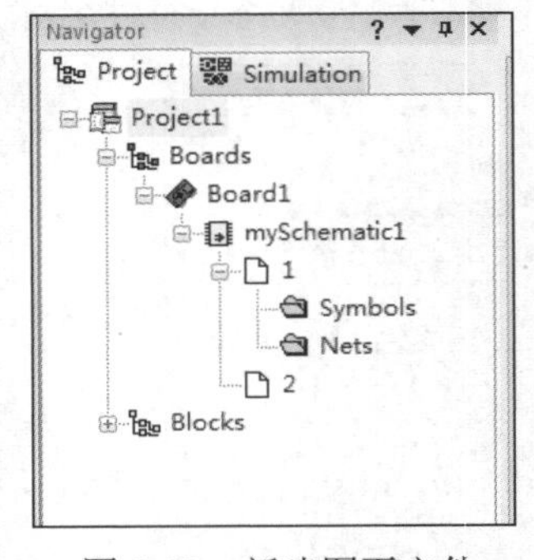

图 7-33　新建图页文件

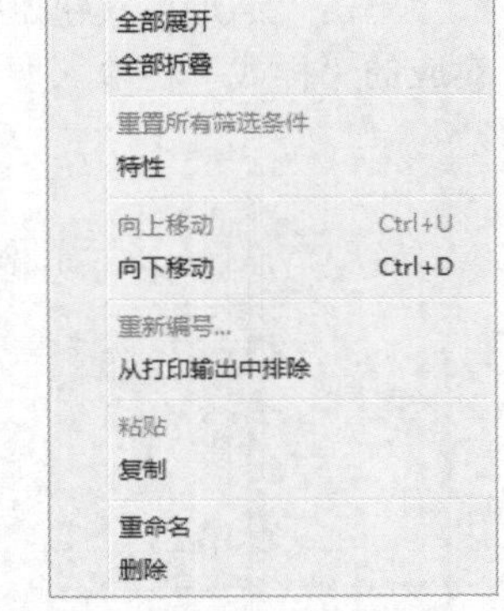

图 7-34　快捷菜单

7.4　原理图图纸设置

原理图设计是电路设计的第一步，是制板、仿真等后续步骤的基础。因此，一幅原理图正确与否，直接关系到整个设计的成功与失败。

PADS Designer VX.2.4 的原理图设计大致可分为 9 个步骤，如图 7-35 所示。

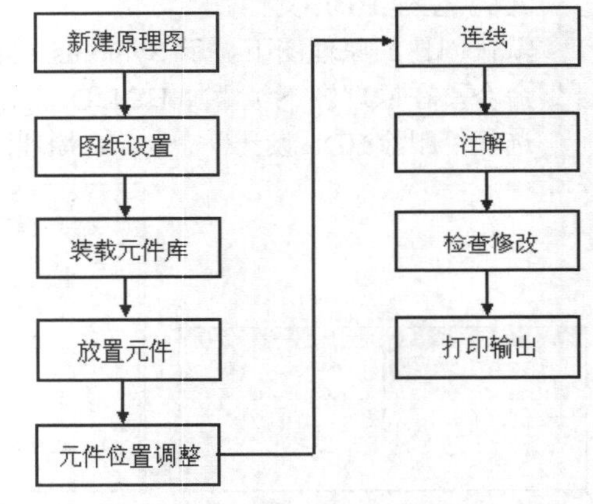

图 7-35　原理图设计的步骤

在原理图的绘制过程中，可以根据所要设计的电路图的复杂程度，先对图纸进行设置。虽然在进入电路原理图的编辑环境时，PADS Designer VX.2.4 系统会自动给出相关的图纸默认参数，但是在大多数情况下，这些默认参数不一定适合用户的需求，尤其是图纸尺寸。可以根据设计对象的复杂程度来对图纸的尺寸及其他相关参数进行重新定义，通过 Properties 面板，进行电路原理图图纸设置，读者可以根据里面相关信息设置图纸有关参数，如图 7-36 所示。

选择“视图”→“特性”命令，如图 7-37 所示，打开 Properties 面板，并自动固定在右侧边界上。

Properties 面板包含与当前工作区中所选择的条目相关的信息和控件。如果在当前工作空间中没有选择任何对象，从 PCB 文档访问时，面板显示电路板选项。从原理图中访问时，显示文档选项。

1. 设置图纸名称

在 Name（图纸名称）选项中显示当前打开的原理图或图页名称编号。

2. 设置图纸尺寸

在 Drawing Size（绘图尺寸）选项中选择图纸尺寸，PADS Designer VX.2.4 给出了图纸尺寸的设置方式，在下拉列表框中可以选择已定义好的图纸标准尺寸，包括公制图纸尺寸（A0～A4）、英制

Note

图纸尺寸（A～F）及其他格式 Custom 的尺寸，如图 7-38 所示。

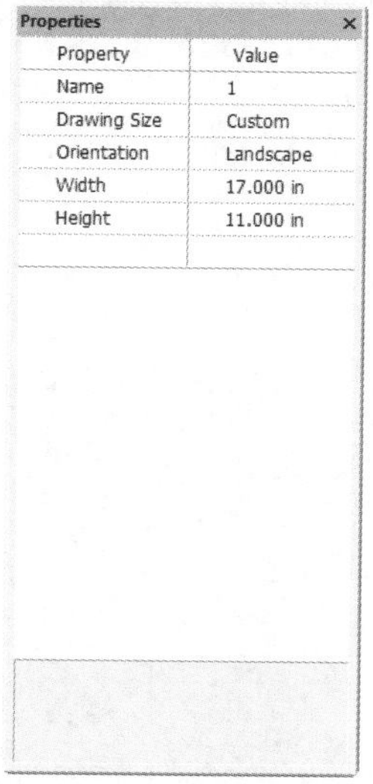

Property	Value
Name	1
Drawing Size	Custom
Orientation	Landscape
Width	17.000 in
Height	11.000 in

图 7-36　Properties 面板

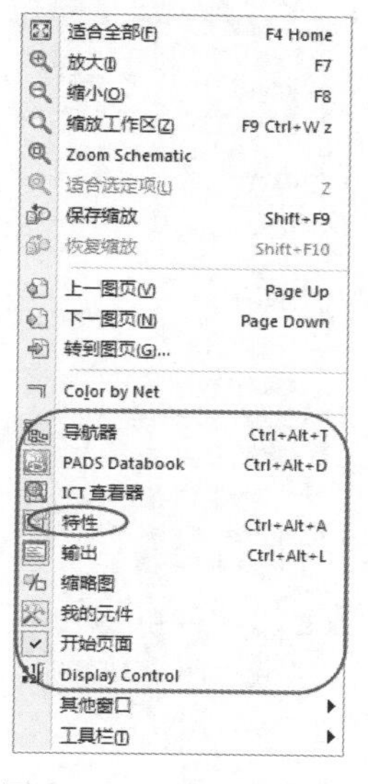

图 7-37　“视图”菜单

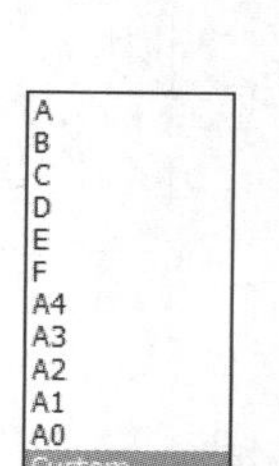

图 7-38　图纸尺寸选项

当一个模板设置为默认模板后，每次创建一个新文件时，系统会自动套用该模板，适用于固定使用某个模板的情况。若不需要模板文件，则 Drawing Size（绘图尺寸）文本框中选择 Custom。

3. 设置图纸方向

图纸方向可通过 Orientation（定位）下拉列表框设置，可以设置为水平方向（Landscape），即横向，也可以设置为垂直方向（Portrait），即纵向。一般在绘制和显示时设为横向，在打印输出时可根据需要设为横向或纵向。

4. 设置图纸尺寸

Drawing Size（绘图尺寸）文本框中选择 Custum（自定义）选项，图纸宽度与高度可通过 Width 和 Height 文本框设置。

7.5　设置原理图工作环境

在原理图的绘制过程中，其效率和正确性往往与环境参数的设置有着密切的关系。在 PADS Designer VX.2.4 电路设计软件中，选择菜单栏中的“设置”→“设置”命令，系统将弹出 Settings（设置）对话框，设置原理图编辑器工作环境。

在 Settings 对话框中主要有 16 个选项组，本节主要介绍项目环境参数设置、原理图编辑环境参数设置、图形参数设置、导航器参数和显示对象参数。

7.5.1　设置原理图的项目环境参数

原理图常规环境参数设置通过“项目”选项组来实现，可以设置板、符号库、特殊元件、总线内容、边界和区域、交叉引用、网络名称分隔符、PADS Databook、图页编号、导出 HDL，如图 7-39 所示。

Note

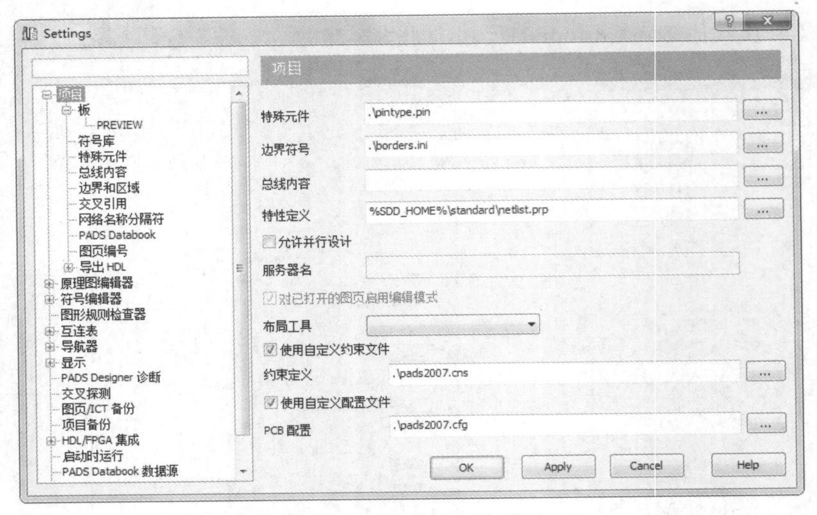

图 7-39 “项目”选项组

1. 设置自建库

（1）打开“符号库”选项，显示如图 7-40 所示的界面，显示系统中的库文件与对应的路径，在该界面中可以添加、删除新建的库文件。

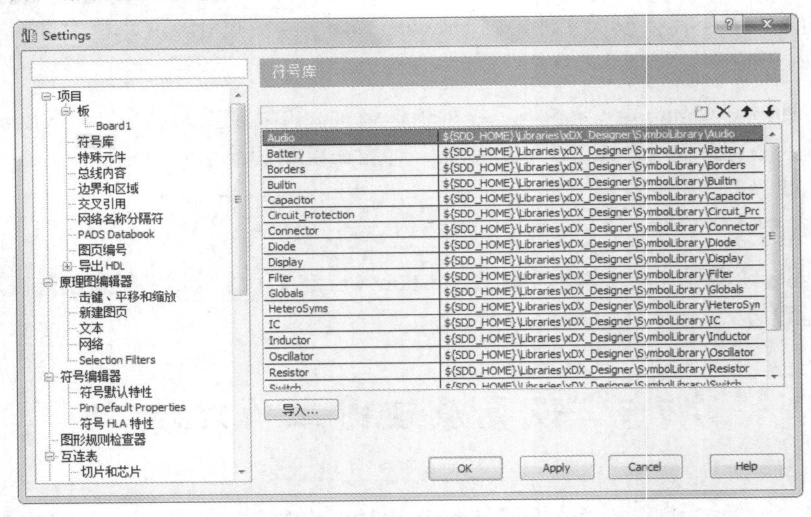

图 7-40 显示系统库文件

（2）单击“添加”按钮，弹出如图 7-41 所示的“库”对话框，输入新库的名称、路径与类型，新建库设置类型为“可写”，单击“确定”按钮，在列表框中添加新库，如图 7-42 所示。

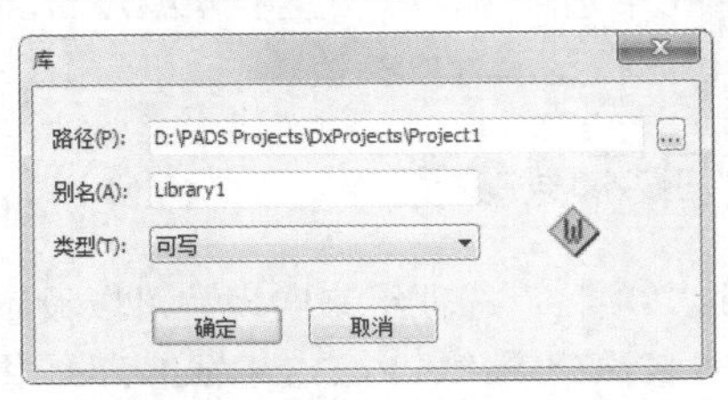

图 7-41 “库”对话框

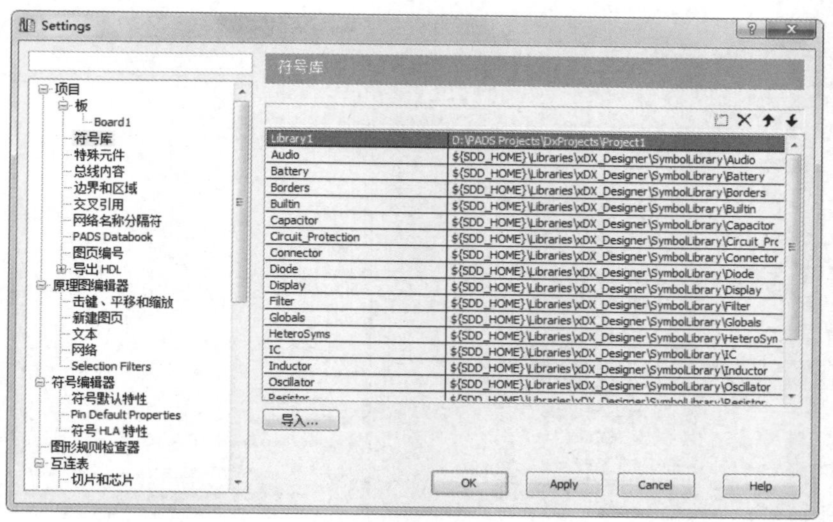

图 7-42　添加新库

2. 设置图纸边界

打开“边界和区域”选项，显示如图 7-43 所示的界面，设置图纸边界与区域设置。

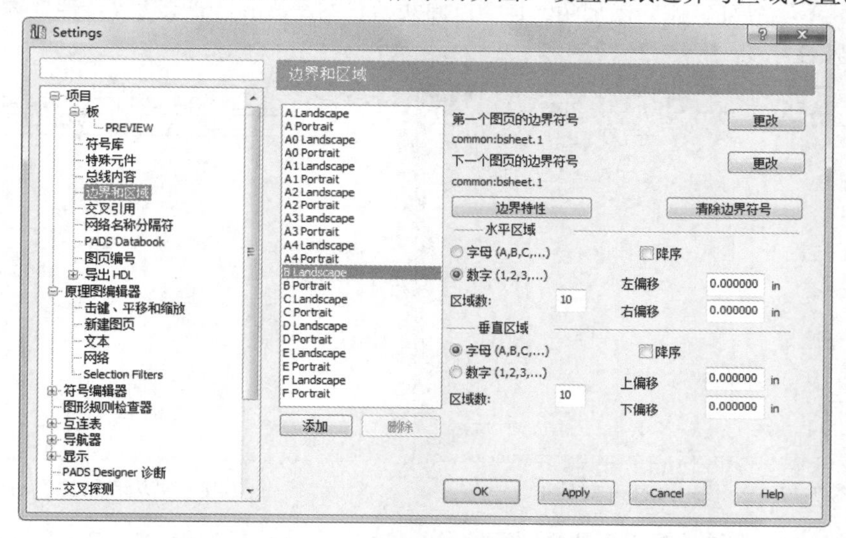

图 7-43　“边界和区域”界面

（1）在左侧列表框中显示当前边界类型与可选边界类型，单击“添加”按钮，弹出“新尺寸”对话框，如图 7-44 所示，自定义图纸的尺寸，添加新定义的图纸大小格式。在原理图编辑环境中，右击，弹出如图 7-45 所示的快捷菜单，选择“插入边界”命令，同样显示该界面，选择要插入的边界。

（2）选择“更改边界”命令，弹出如图 7-46 所示的 Change Border Symbol（更改边界符号）对话框，在原有图纸边界的基础上进行修改，只可以修改图纸范围、图纸大小与图纸方向。

（3）第一个图页的边界符号：显示当前图页的边界符号，单击“更改”按钮，弹出 Border Symbol（边界符号）对话框，如图 7-47 所示，修改当前图页的边界符号。

（4）下一个图页的边界符号：显示下一个图页的边界符号，单击“更改”按钮，弹出 Border Symbol（边界符号）对话框，修改下一个图页的边界符号。

Note

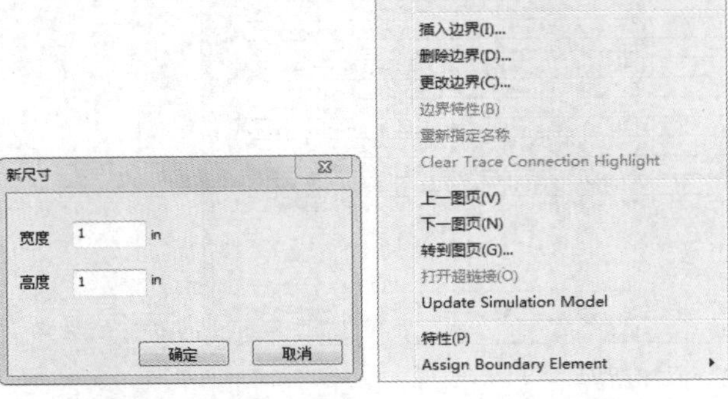

图 7-44 “新尺寸”对话框　　图 7-45 快捷菜单

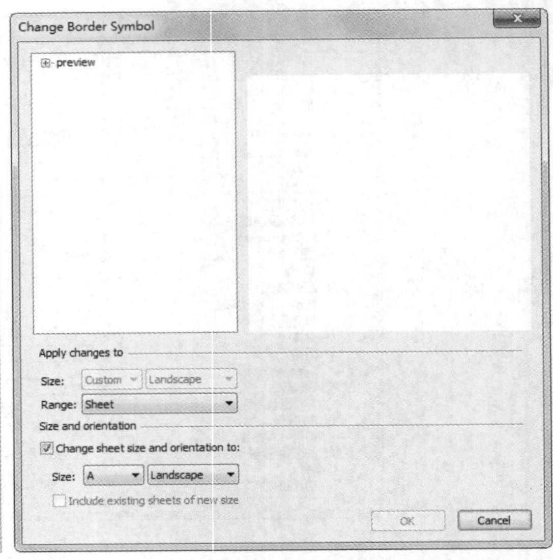

图 7-46 Change Border Symbol 对话框

（5）边界特性：单击该按钮，弹出“边界特性”对话框，如图 7-48 所示，在该对话框中添加边界特性，单击 Reset 按钮，删除添加的特性，返回初始状态。单击“清除边界特性”按钮，清除添加或原有的边界特性。

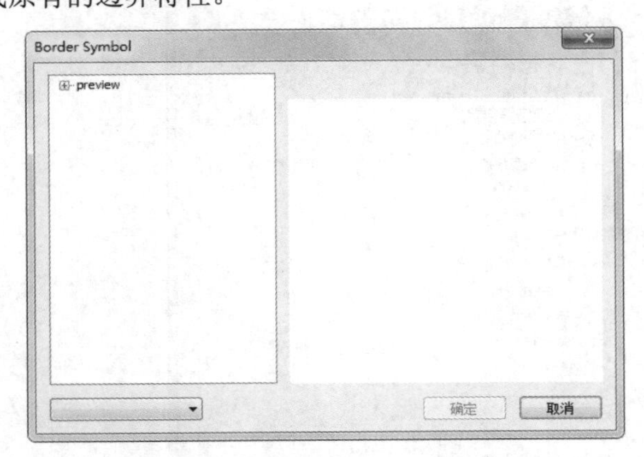

图 7-47 Border Symbol 对话框

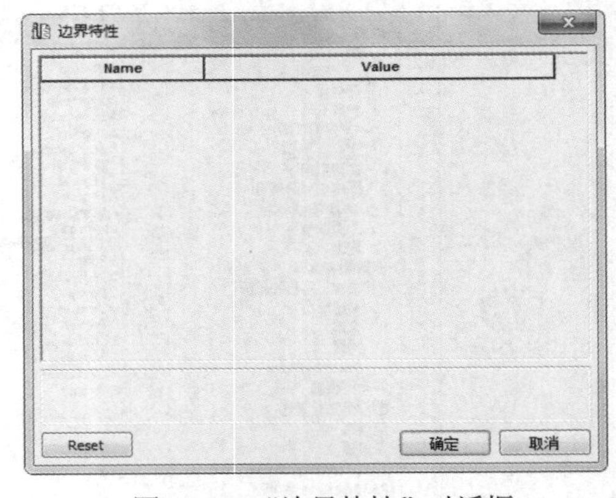

图 7-48 “边界特性”对话框

（6）水平区域：在该选项组下选择图页编号的排列方式，包括字母（A、B、C、…）、数字（1、2、3、…）；选中“降序”复选框，图页按照降序排序，不选中该复选框，则默认按照升序排列。在 Navigator 面板 Project（项目）选项卡下显示的树形结构中，排序默认按照数字升序 1、2、3 排列，在图页上右击，在弹出的快捷菜单中选择“向上移动”或“向下移动”命令，可以向上、向下调整图页位置，如图 7-49 所示。在“区域数”文本框中输入图页中的区域数；在“左偏移”“右偏移”文本框中显示水平区域偏移尺寸。

（7）垂直区域参数设置与水平相似，这里不再赘述。

3．设置网络名称分隔符

选择“网络名称分隔符”选项，弹出如图 7-50 所示的界面，选择分隔符样式，包括“无”“圆括号‘()’”“方括号‘[]’”。

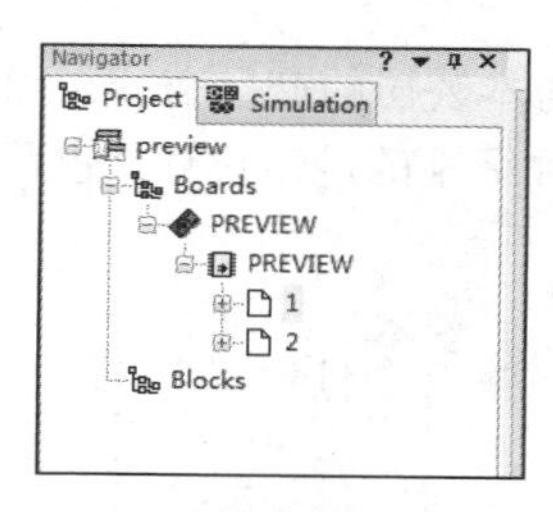

移动前

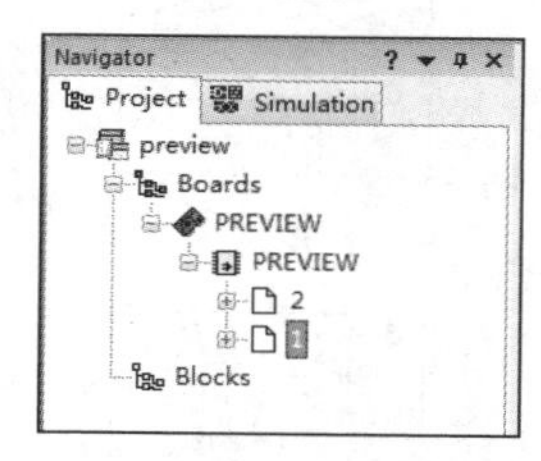

移动后

图 7-49　调整图页位置

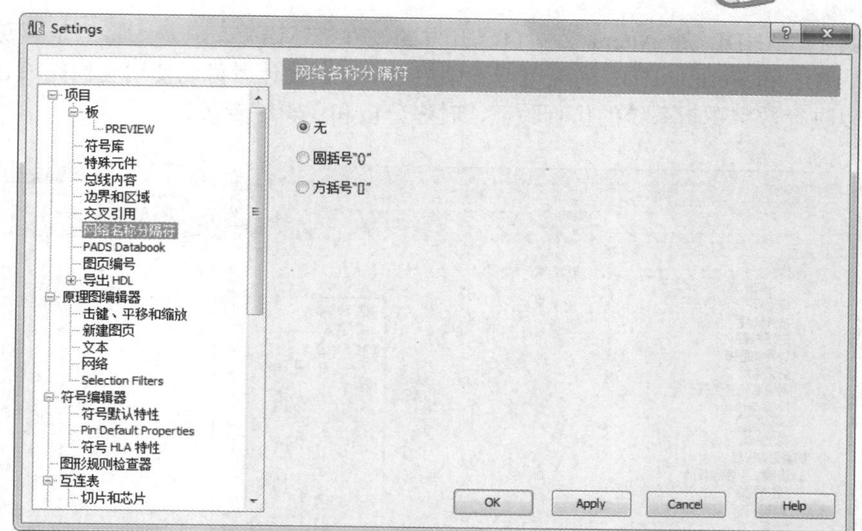

图 7-50　“网络名称分隔符”界面

4．PADS Databook

选择 PADS Databook 选项，弹出如图 7-51 所示的界面，选择 PADS Databook 搜索路径，单击 ... 按钮，弹出文件选择对话框，选择该项目文件所需库文件路径。

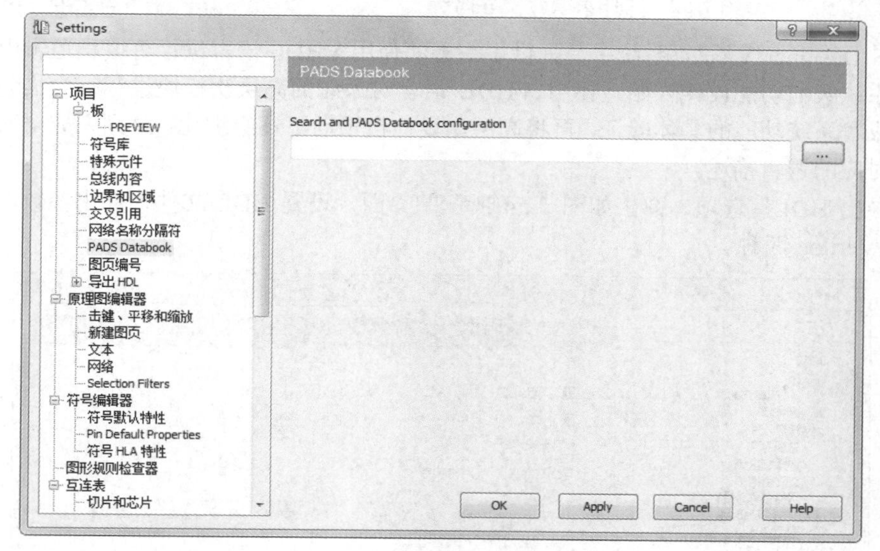

图 7-51　PADS Databook 界面

5．图页编号样式设置

选择“图页编号”选项，弹出如图 7-52 所示的界面，选择图页编号方案，包括“深入”与“垂直”两种，如图 7-53 所示。

6．导出 HDL（硬件描述语言）

所谓硬件描述语言，就是可以描述硬件电路的功能、信号连接关系及时序关系的语言，现已广泛应用于各种数字电路系统，包括 FPGA 的设计，如 VHDL 语言、Verilog HDL 语言、AHDL 语言等。

其中，AHDL 是 Altera 公司自己开发的硬件描述语言，其最大特点是容易与本公司的产品兼容。而 VHDL 和 Verilog HDL 的应用范围则更为广泛，设计者可以使用它们完成各种级别的逻辑设计，也可以进行数字逻辑系统的仿真验证、时序分析和逻辑综合等。

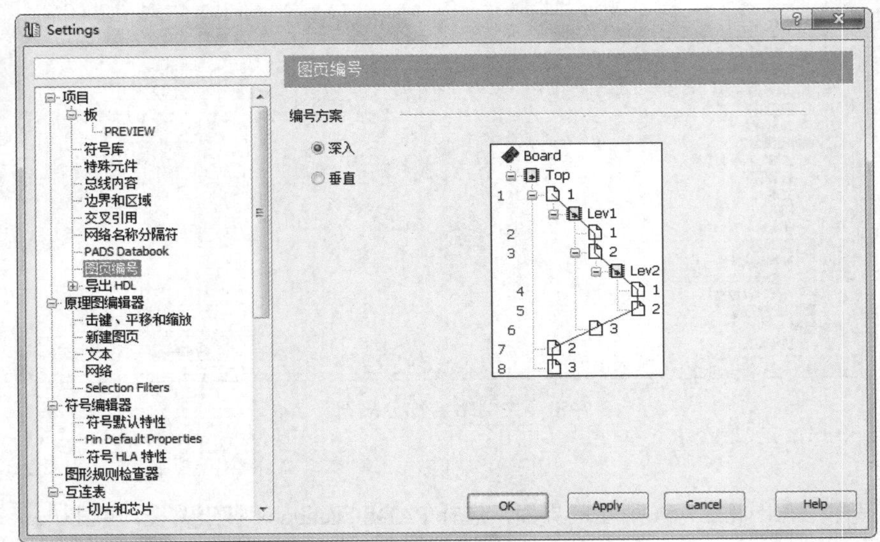

图 7-52 “图页编号”界面

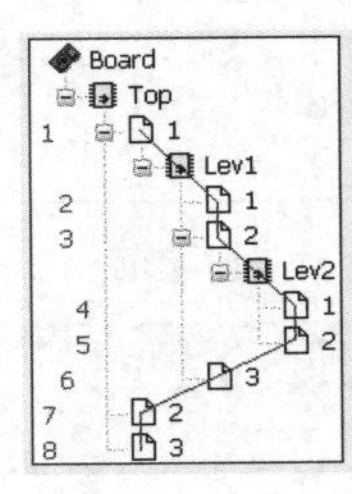

深入

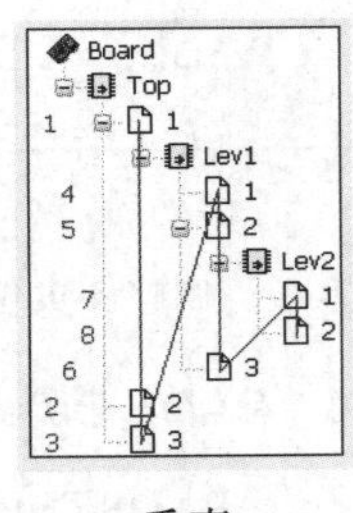

垂直

图 7-53 图页编号方案

在 PADS Designer VX.2.4 系统中，提供了完善的使用 VHDL 语言进行可编程逻辑电路设计的环境。首先从系统级的功能设计开始，使用 VHDL 语言对系统的高层次模块进行行为描述，之后通过功能仿真完成对系统功能的具体验证，再将高层次设计自顶向下逐级细化，直到完成与所用的可编程逻辑器件相对应的逻辑描述。

选择“导出 HDL”选项，弹出如图 7-54 所示的界面，设置 HDL 文件的导出参数，包括导出语言 VHDL 和 Verilog 两种。

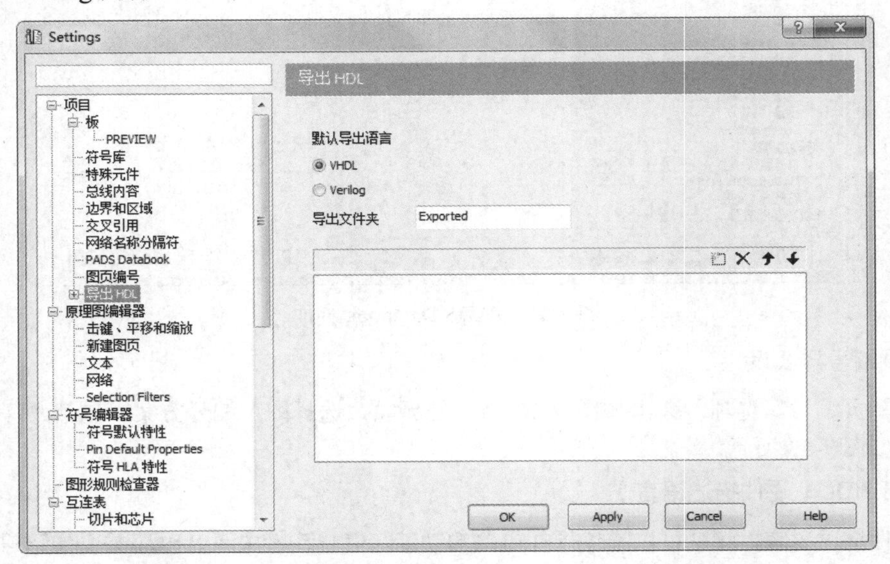

图 7-54 “导出 HDL”界面

Note

7.5.2 设置原理图编辑环境参数

“原理图编辑器”选项组用来设置原理图相关参数，如图 7-55 所示。

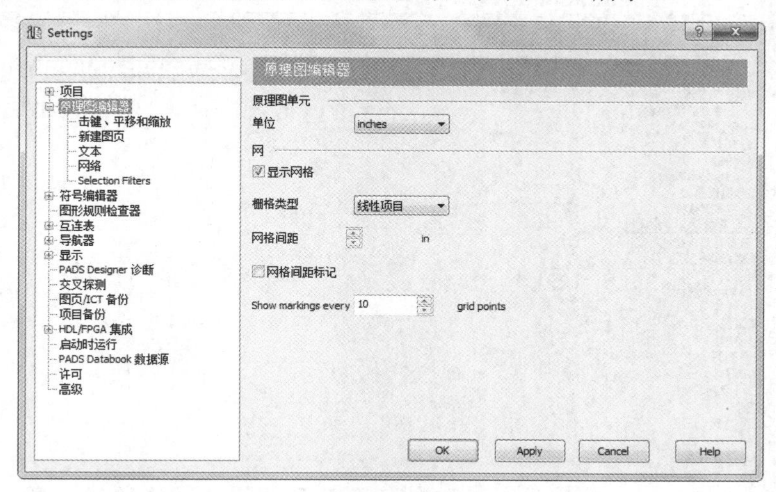

图 7-55 “原理图编辑器”界面

☑ 设置原理图单位：原理图单位可通过“单位”下拉列表框设置，包括 inches（英制）、millimeters（公制）和 centimeters（米制），一般在绘制和显示时设为 inches。

☑ 设置图纸网格点：进入原理图编辑环境后，编辑窗口的背景是网格型的，这种网格就是可视网格，是可以改变的。网格为元件的放置和线路的连接带来了极大的方便，使用户可以轻松地排列元件、整齐地走线。PADS Designer VX.2.4 提供了“线性项目”和“点画线”两种网格，对网格间距进行具体设置。选中“网格间距标记”复选框后，可以对图纸上网格间的距离进行设置，系统默认值为 10 个像素点。若不选中该复选框，则表示在图纸上将不显示网格。

1. 符号默认特性

选择“符号默认特性”选项，弹出如图 7-56 所示的界面，设置 Name（名称）和 Value（值）与符号的位置关系，包含 Above Symbol（在符号上方）和 Below Symbol（在符号下方）。

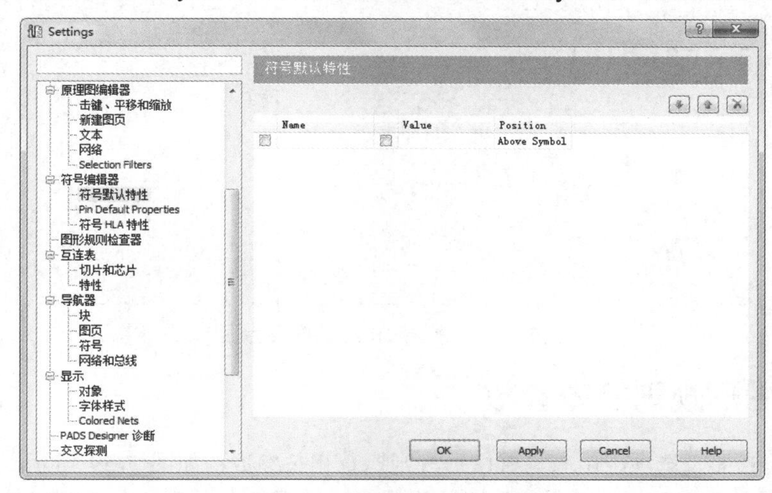

图 7-56 “符号默认特性”界面

2. Pin Default Properties

选择 Pin Default Properties（引脚默认特性）选项，弹出如图 7-57 所示的界面，设置 Name（名称）和 Value（值）与引脚的位置关系，包含 Above Pin（在引脚上方）和 Below Pin（在引脚下方）。

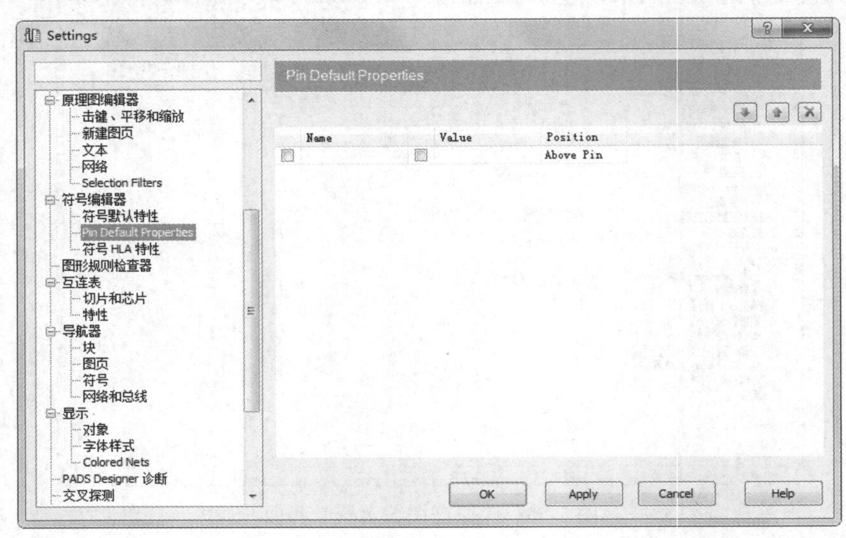

图 7-57　Pin Default Properties 界面

3. 符号 HLA 特性

选择“符号 HLA 特性”选项，弹出如图 7-58 所示的界面，设置 Name（HLA 名称）和 Value（HLA 值）与符号的位置关系，包含 Above Symbol（在符号上方）和 Below Symbol（在符号下方）。

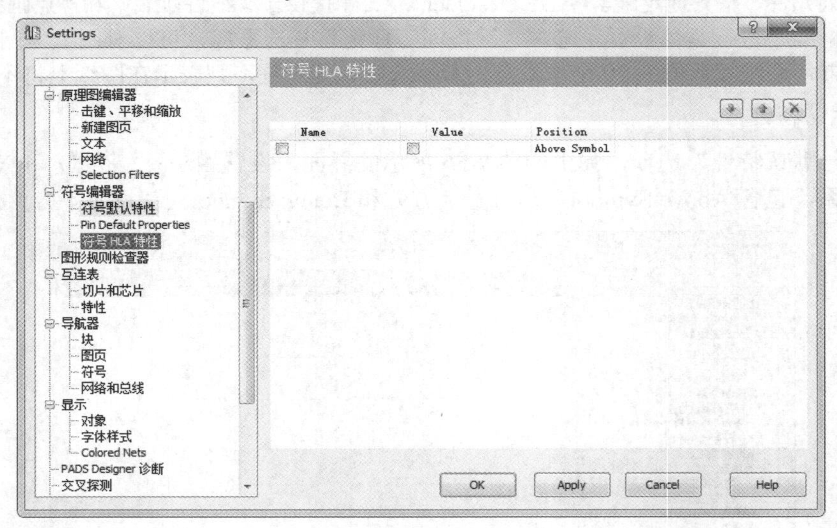

图 7-58　“符号 HLA 特性”界面

7.5.3　设置图形规则检查参数

“图形规则检查器”选项组用来设置图形规则检查相关参数，如图 7-59 所示。显示要检查的规则，包括“网络/导线重叠”“对象重叠”“位于栅格外的网络/导线”“位于栅格外的管脚”“文本

所有者”“文本对齐”，若进行这些规则检查，原理图出现违反规则的情况，在“描述”栏下显示。

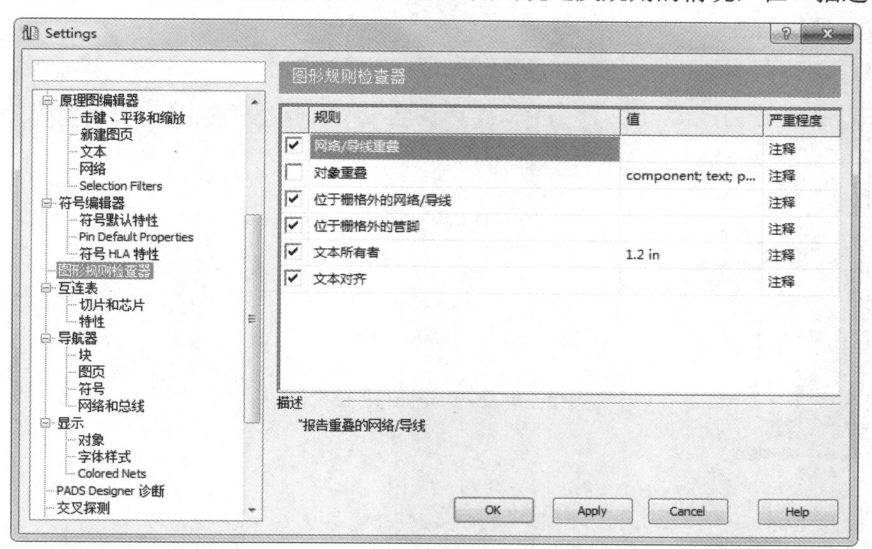

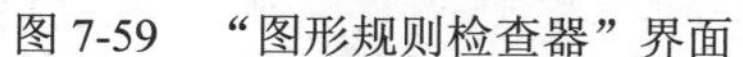

图 7-59　“图形规则检查器”界面

7.5.4　设置导航器参数

“导航器”选项组用来设置块、图页、符号、网络和总线的相关参数。

1. 块

选择“块”选项，弹出如图 7-60 所示的界面，显示块的视图显示方式，包括“分层视图”“平面视图”；显示标签格式与信息提示格式，格式特性包括 Name（名称）和 Value（值）。

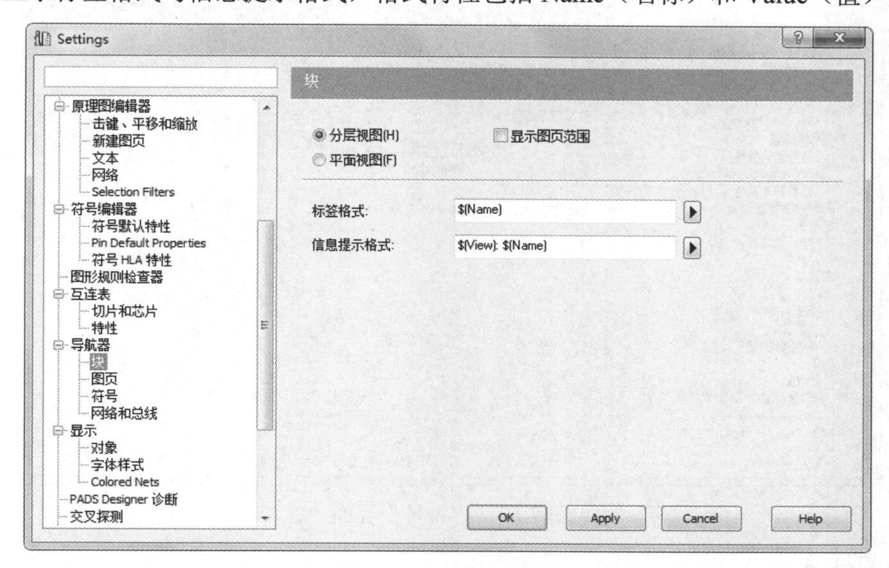

图 7-60　“块”界面

2. 图页

选择“图页”选项，弹出如图 7-61 所示的界面，设置图页显示方式，包括“始终”“仅当超过

Note

一个时”“永不”。选中“复制过程中替换选定的图页时发出警告”复选框，则复制图页过程中需要进行替换时发出警告信息。

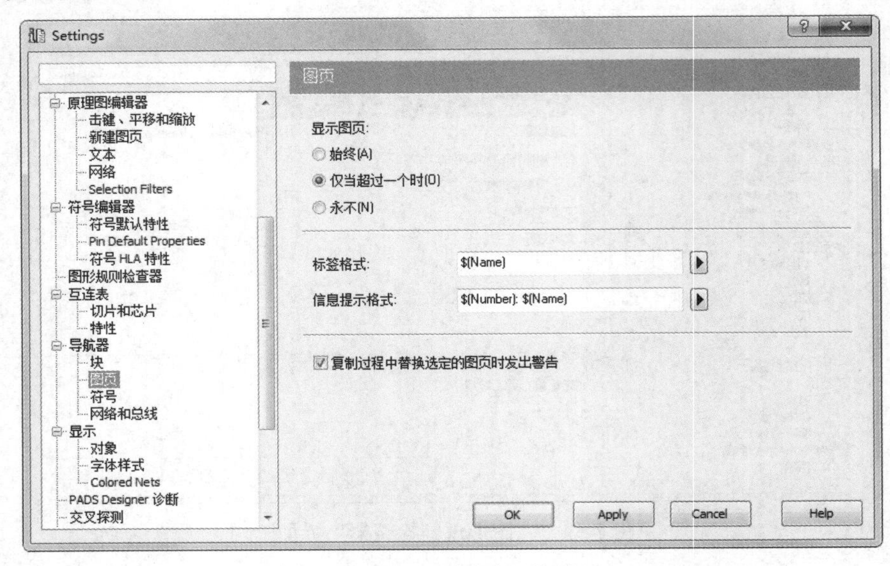

图 7-61 “图页”界面

3. 符号

选择“符号”选项，弹出如图 7-62 所示的界面，设置符号显示方式，包括“显示所有元件”“仅显示分层元件”“不显示元件”。

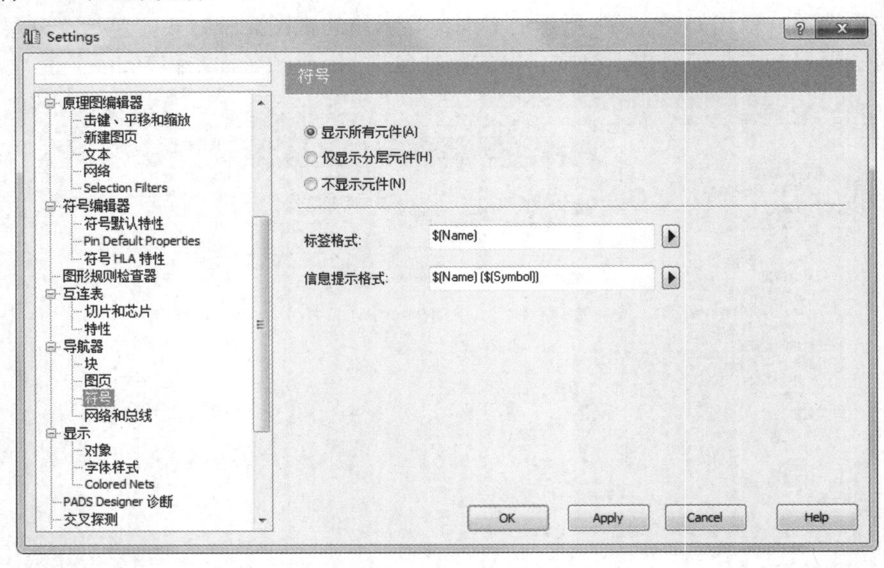

图 7-62 “符号”界面

4. 网络和总线

选择“网络和总线”选项，弹出如图 7-63 所示的界面，设置网络和总线的显示与否，并设置网络和总线的标签格式特性。

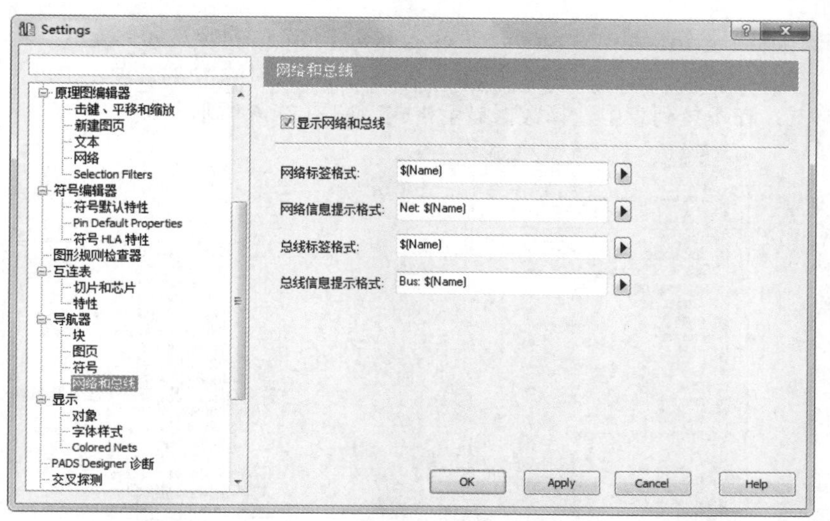

图 7-63　“网络和总线”界面

7.5.5　设置显示对象参数

1．显示

“显示”选项组用来设置对象、字体样式、Colored Nets（网络颜色）的相关参数，弹出如图 7-64 所示的界面。

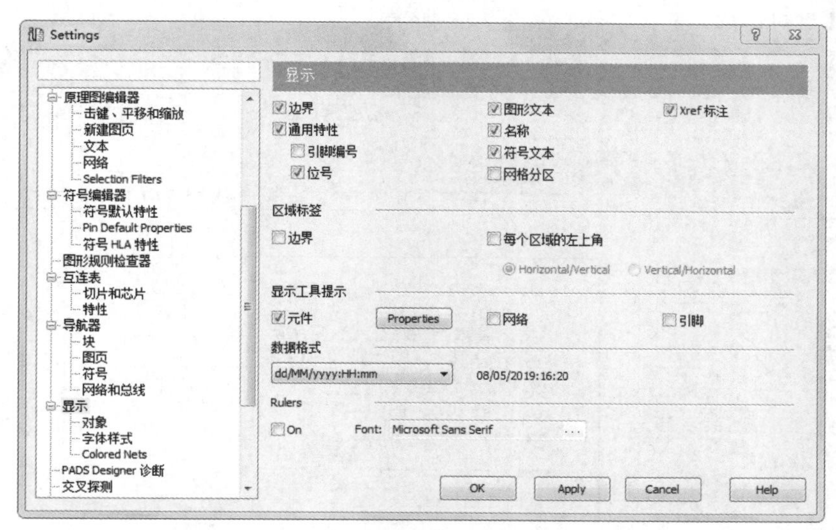

图 7-64　“显示”界面

☑　在“显示”选项中显示在原理图中选择的对象，选中所有类别的对象。其中包括边界、图形文本、Xref 标注、通用特性（引脚编号、位号）、名称、符号文本、网络分区，可单独选中其中的复选框，也可全部选中。

☑　在“区域标签”选项组显示标签的放置位置，可显示在“边界”或“每个区域的左上角”，若选中“每个区域的左上角”，可选择 Horizontal/Vertical 或 Vertical/Horizontal。

☑　在“显示工具提示”选项组中设置元件要显示提示的参数，可选择 Properties、网络或引脚。

单击 Properties 按钮，弹出 Customize Component Tooltip（自定义元件提示）对话框，如图 7-65 所示，在该对话框中显示属性类型，根据需要可单独选中其中的选项，也可全部选中。

☑ 数据格式：在下拉列表中选择数据显示格式，如图 7-66 所示。

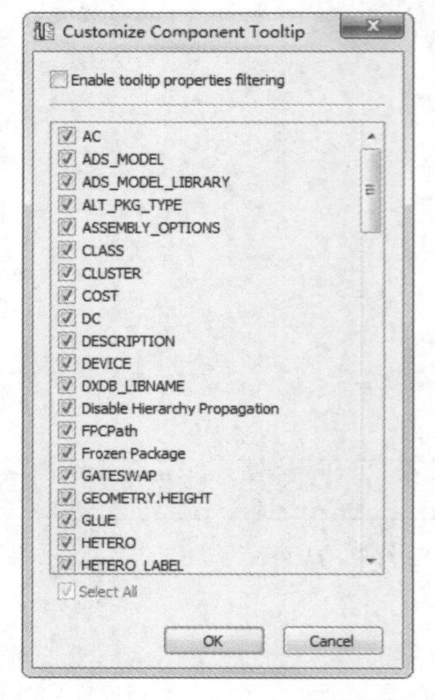

图 7-65　Customize Component Tooltip 对话框

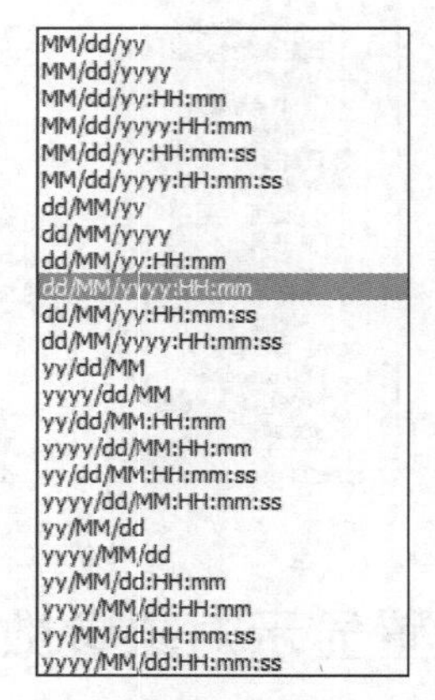

图 7-66　数据格式下拉列表

☑ Rulers：设置刻度尺的显示与否，选中 On 复选框，在原理图工作区边界上显示刻度尺，如图 7-67 所示。在 Font（字体）文本框中输入刻度尺上刻度的字体类型，单击⋯按钮，弹出“字体”对话框，选择字体，如图 7-68 所示。

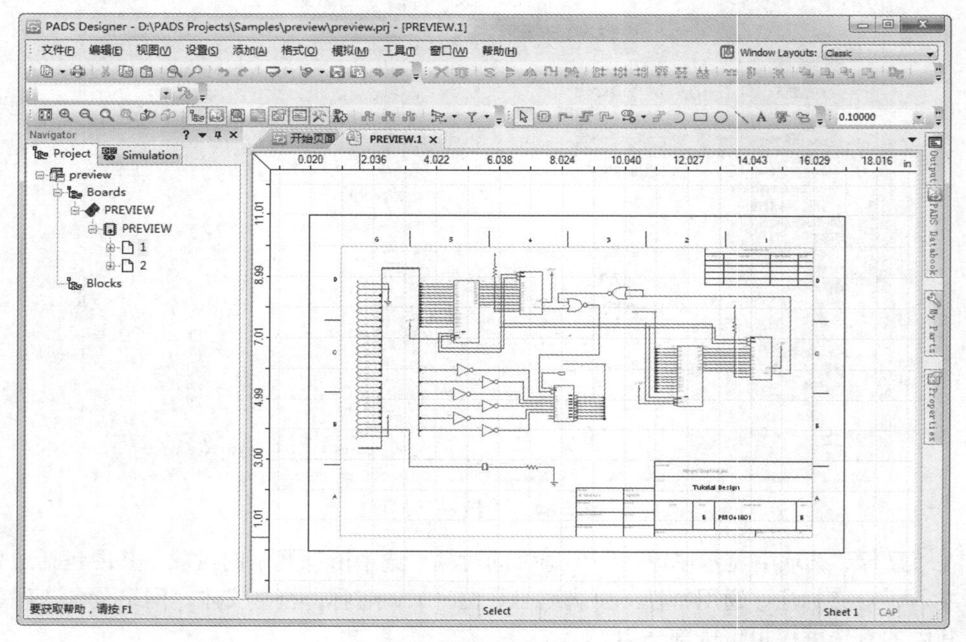

图 7-67　显示刻度尺

2. 对象

选择“对象”选项，弹出如图 7-69 所示的界面，显示原理图对象的显示颜色与样式。

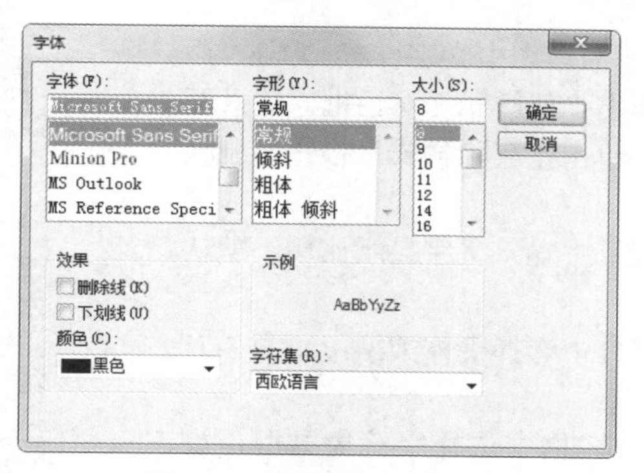

图 7-68　“字体”对话框

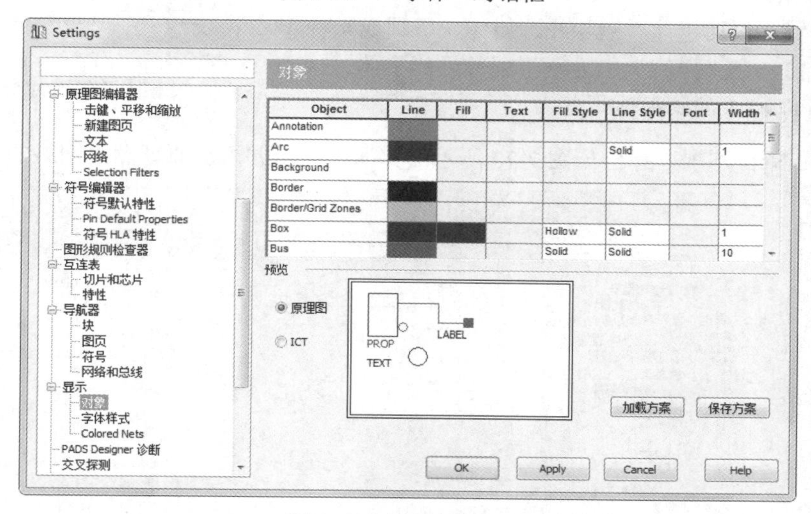

图 7-69　“对象”界面

3. 字体样式

选择“字体样式”选项，弹出如图 7-70 所示的界面，显示原理图字体的设置。

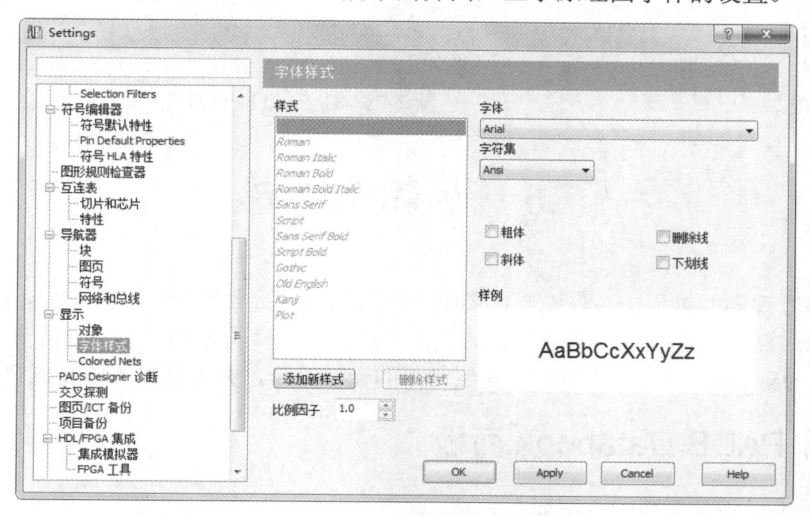

图 7-70　“字体样式”界面

☑ 在“样式”列表下显示原理图中文字样式。单击“添加新样式”按钮，弹出“新样式”对话框，输入要添加的新样式名称。单击“删除样式”按钮，删除选中的样式。

☑ 在“比例因子”数值框中输入文字显示比例，默认比例显示为1.0。

☑ 在“字体”下拉列表框中选择字体类型，如图7-71所示。

☑ 在“字符集”下拉列表框中选择字符集类型，如图7-72所示。

☑ 字体设置：包括粗体、删除线、斜体、下画线4种字体设置，在“样例”中显示不同效果的字体。

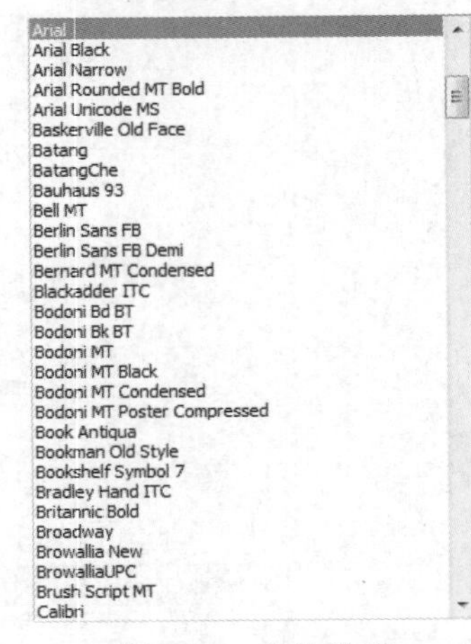

图7-71　字体类型

4. Colored Nets（网络颜色）

选择Colored Nets选项，弹出如图7-73所示的界面，显示并添加原理图中网络的名称与颜色。

Ansi
Arabic
Baltic
Cyrillic
Eastern European
Greek
Hebrew
Turkish
Vietnamese

图7-72　字符集类型

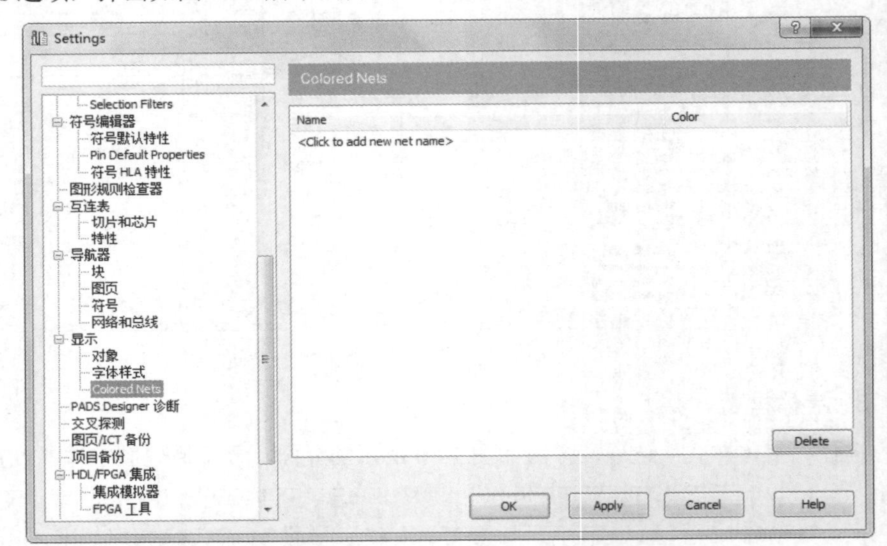

图7-73　Colored Nets界面

7.6　加载元件库

在绘制电路原理图的过程中，首先要在图纸上放置需要的元件符号。PADS Designer VX.2.4作为一个专业的电子电路计算机辅助设计软件，一般常用的电子元件符号都可以在它的元件库中找到，用户只需在PADS Designer VX.2.4元件库中查找所需的元件符号，并将其放置在图纸适当的位置即可。

7.6.1　打开PADS Databook面板

打开PADS Databook面板的方法如下。

（1）将光标放置在工作窗口右侧的 PADS Databook 标签上，此时会自动弹出 PADS Databook 面板，如图 7-74 所示。

图 7-74　PADS Databook 面板

（2）如果在工作窗口右侧没有 PADS Databook 标签，选择菜单栏中的“视图”→PADS Databook 命令，自动打开 PADS Databook 面板，显示在软件的不同位置，这里为方便操作，统一将所有属性面板放置在界面右侧，用户也可根据习惯进行任意放置。

7.6.2　PADS Databook 面板组成

PADS Databook 面板包括“符号”与“搜索”选项卡，分别用于显示中心库与参数化数据库中的元件，如图 7-75 所示。

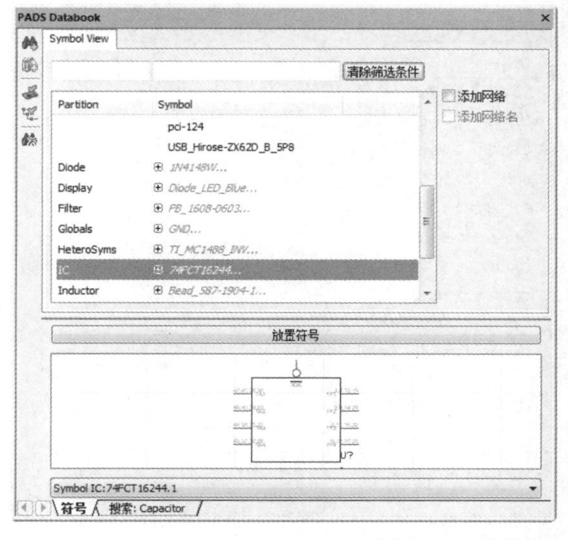

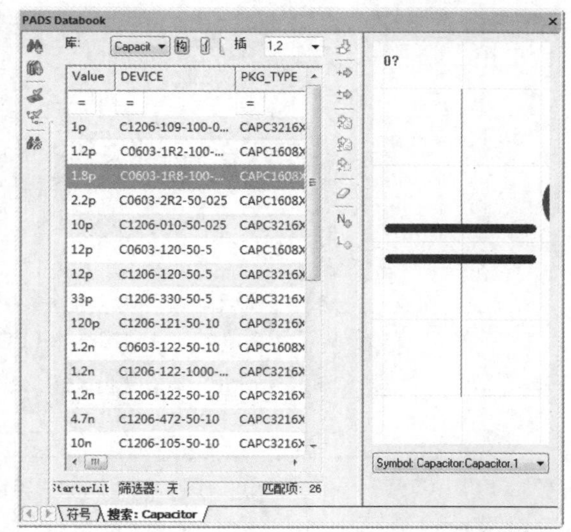

图 7-75　“符号”与“搜索”选项卡

Note

☑ 新搜索窗口：单击该按钮，在面板下方添加新的“搜索”选项卡，如图 7-76 所示。新选项卡可以进行停驻、浮动、隐藏、属性设置等操作。

☑ 显示库符号视图：在“搜索”选项卡显示激活的按钮，单击该按钮，切换到“符号”选项卡显示符号视图。

☑ 新的当前验证窗口：单击该按钮，在面板下方添加新的“验证”选项卡，如图 7-77 所示。

图 7-76　添加“搜索”选项卡

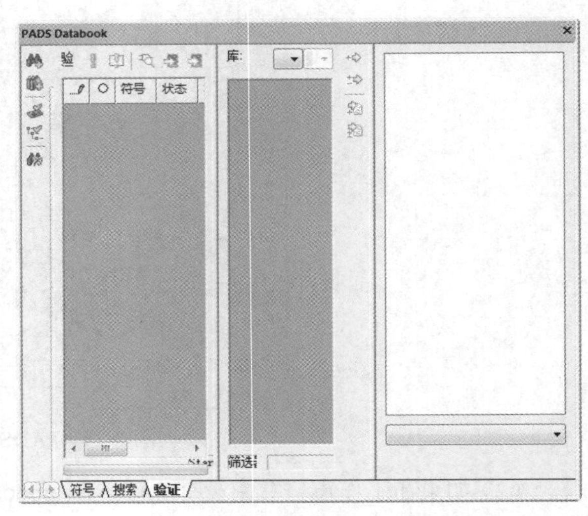

图 7-77　添加“验证”选项卡

☑ 新的分层验证窗口：单击该按钮，在面板下方添加新的“验证分层结构”选项卡，如图 7-78 所示。

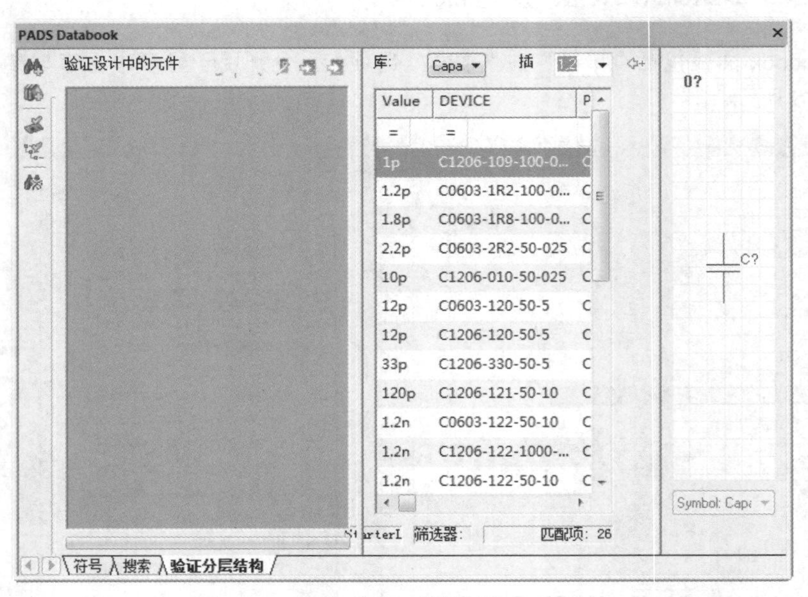

图 7-78　添加“验证分层结构”选项卡

☑ ：关闭当前搜索。关闭当前打开的任一类型的选项卡。

Note

7.6.3　元件库的转换

PADS Databook 面板中的元件库过少，无法完成复杂电路的绘制，为弥补这一缺点，PADS Designer 可以导入不同类型的电路文件，可以转换为 PADS Designer 可用类型。

选择菜单栏中的“文件”→“导入”→Altium 命令，弹出如图 7-79 所示的 Symbol & Schematic Translator 对话框，可以将 Altium 文件转换为 PADS 文件。

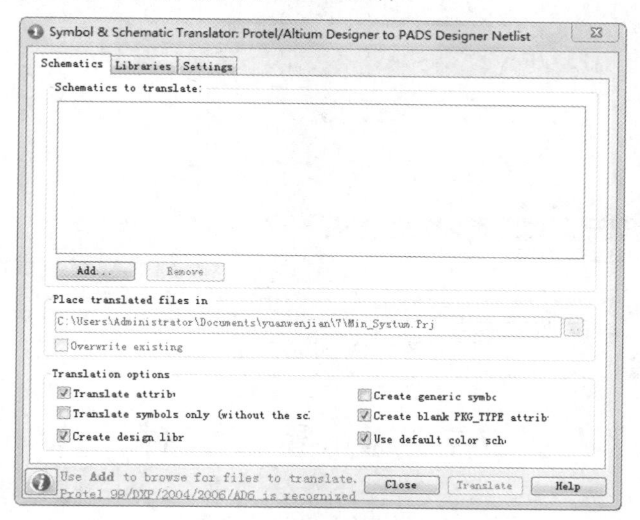

图 7-79　Symbol & Schematic Translator 对话框

在 Schematics 选项卡中添加需要转换的原理图文件；在 Libraries 选项卡下设置需要转换的库文件，如图 7-80 所示；在 Settings 选项卡下设置转换的参数，如图 7-81 所示。

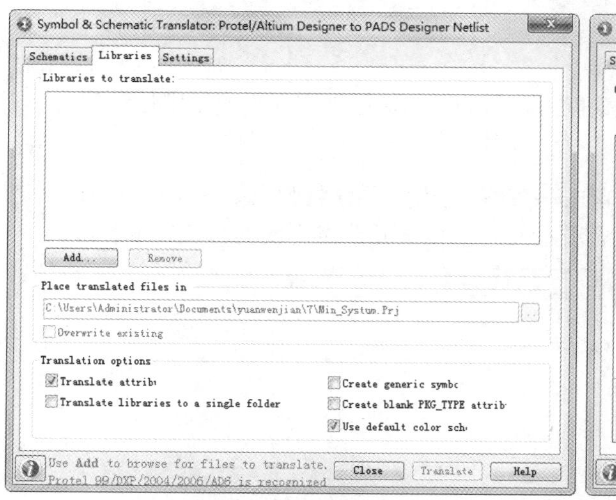

图 7-80　Libraries 选项卡

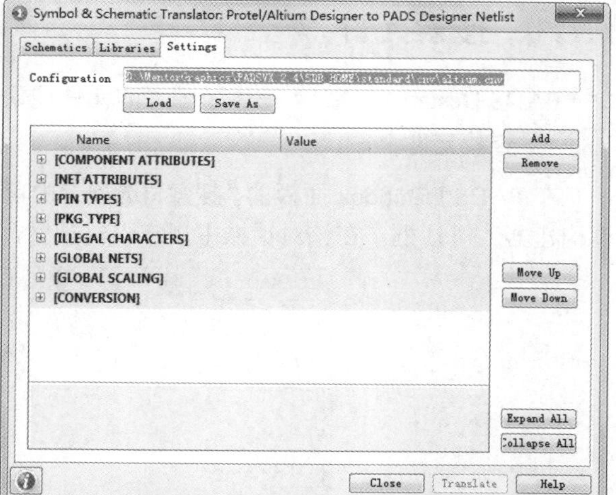

图 7-81　Settings 选项卡

完成转换后的库文件自动加载到 PADS Databook 面板的“符号”选项卡中，显示中心库元件，如图 7-82 所示。

Note

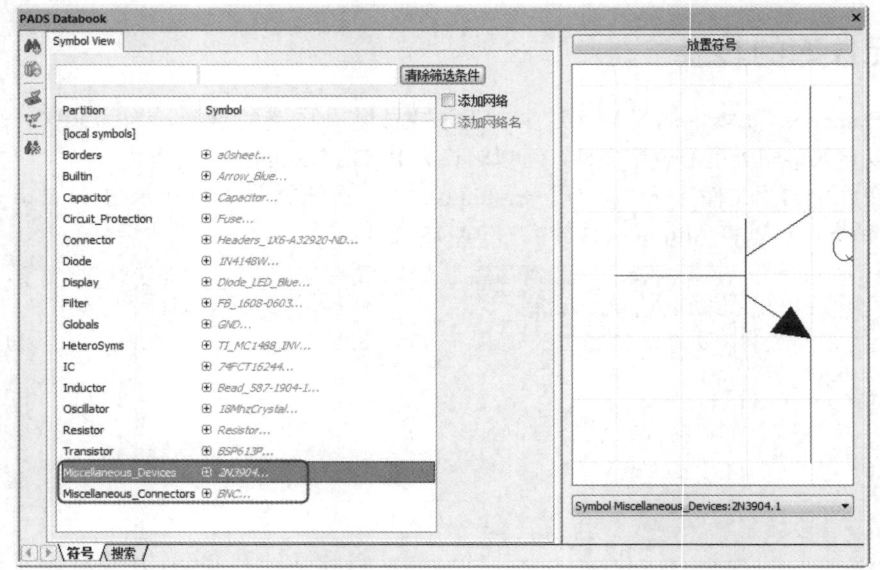

图 7-82　中心库元件

7.7　放置元件

原理图有两个基本要素，即元件符号和网络连接。绘制原理图的主要操作就是将元件符号放置在原理图图纸上，然后用线将元件符号中的引脚连接起来，建立正确的电气连接。在放置元件符号前，需要知道元件符号在哪一个元件库中，并载入该元件库。

7.7.1　搜索元件

PADS Designer VX.2.4 提供了强大的元件搜索能力，帮助用户轻松地在元件库中定位元件。

1. 查找元件

在 PADS Databook 面板的“搜索”选项卡中单击 查询构建器 按钮，系统将弹出如图 7-83 所示的“查询构建器”对话框，在该对话框中用户可以搜索需要的元件，搜索元件需要设置的参数如下。

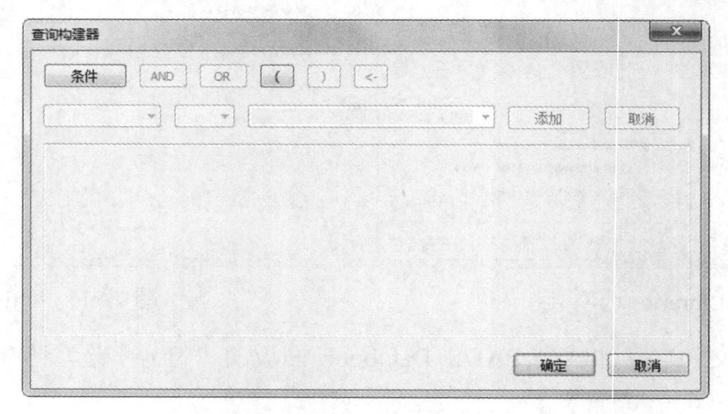

图 7-83　“查询构建器”对话框

（1）单击条件按钮，激活其余参数，在下方的列表框中选择搜索条件，完成的添加能显示在最下方的列表中。

（2）在第二行第一个下拉列表框中选择查找类型，有 Value（参数值）、DEVICE（元件）、PKG_TYPE（封装）、Description（元件描述）等查找类型，如图 7-84 所示。在第二个下拉列表框中选择条件符号，如图 7-85 所示。在第三个下拉列表框中选择查找类型对应参数，这里选择通过 DEVICE 查找，下拉列表中显示对应的元件名称，如图 7-86 所示。

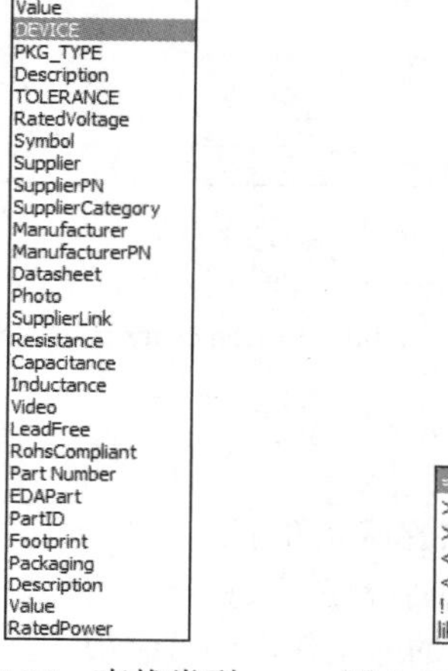

图 7-84　查找类型

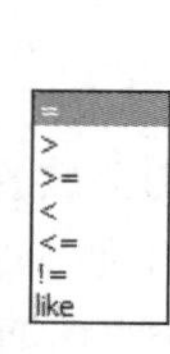

图 7-85　条件符号

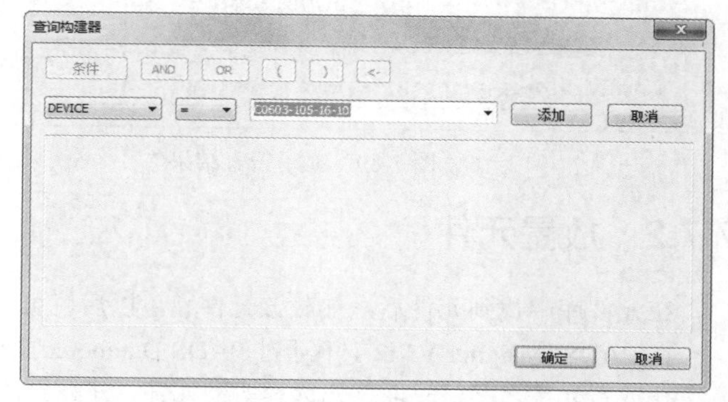

图 7-86　设置搜索条件

（3）单击添加按钮，将设置的搜索条件添加到显示区域，如图 7-87 所示。若只搜索单个条件，图 7-87 所示已完成条件设置，完成设置后，单击“确定”按钮，关闭“查询构建器”对话框。若搜索对象还需要设置其余条件，单击AND或OR按钮，根据需要添加其余条件，添加的条件设置方法与单条件相同，多条件设置结果如图 7-88 所示，表示搜索元件名称为 C0603-105-16-10 或 C0603-122-50-10 的结果，单击<-按钮，删除显示区域的元件搜索条件。

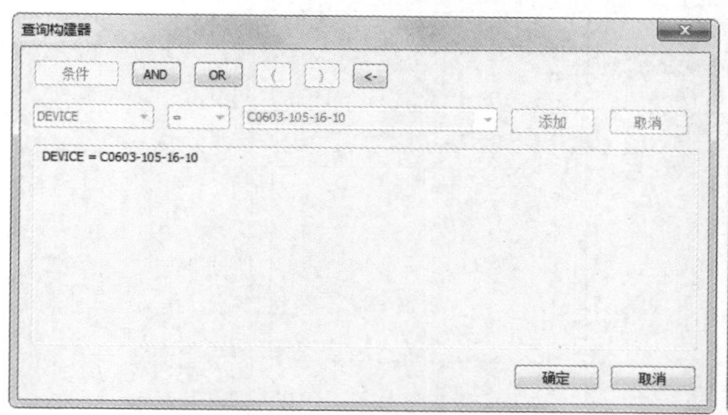

图 7-87　添加搜索条件

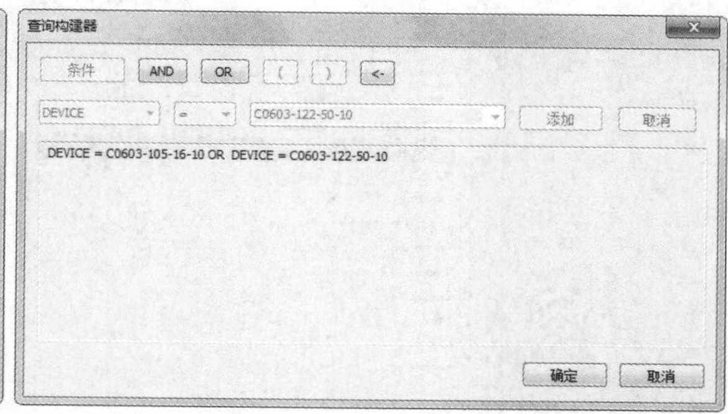

图 7-88　设置多条件搜索

完成条件设置后，单击“确定”按钮，显示符合条件的元件列表，如图 7-89 所示。

（4）单击条件按钮，弹出如图 7-90 所示的 Search criteria（搜索条件）对话框，显示设置的搜索条件信息。

2. 显示找到的元件及其所属元件库

查找到 C0603-105-16-10 或 C0603-122-50-10 后的 PADS Databook 面板中，在该面板上列出符合搜索条件的元件名、描述、值、极限偏差、所属库文件及封装形式，供用户浏览参考。

Note

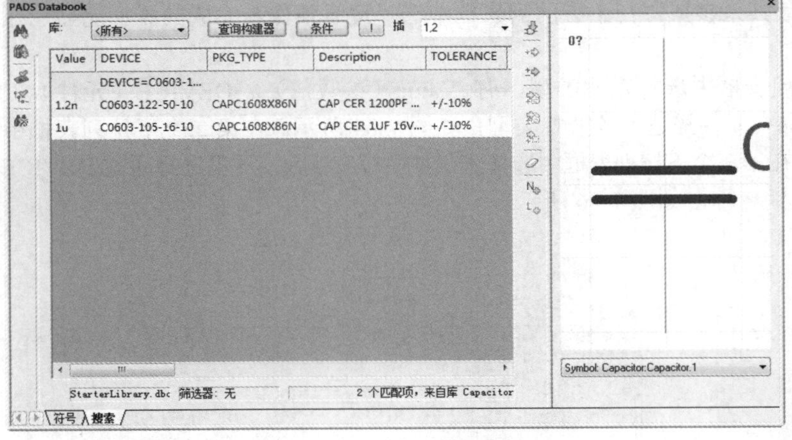

图 7-89　显示搜索结果

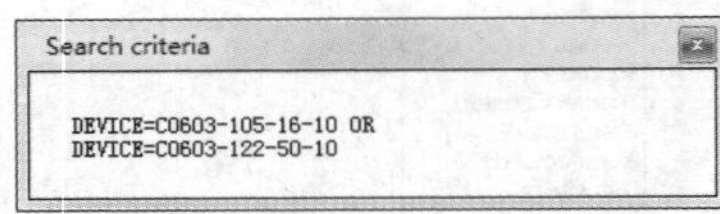

图 7-90　Search criteria 对话框

7.7.2　放置元件

在元件库中找到元件后，加载该元件库，以后就可以在原理图上放置该元件了。

在 PADS Designer VX.2.4 中通过 PADS Databook 面板放置，下面对放置过程进行详细说明。

在放置元件之前，应该首先选择所需元件，并且验证所需元件所在的库文件已经被装载。若没有装载库文件，请先按照前面介绍的方法进行装载，否则系统会提示所需要的元件不存在。

1. 从中心库添加元件

通过“符号”选项卡放置元件的操作步骤如下。

（1）打开 PADS Databook 面板，打开“符号”选项卡，在 Symbol View（符号视图）下显示中心库中的元件库列表，显示“元件”过滤栏与“元件库”过滤栏，如图 7-91 所示。

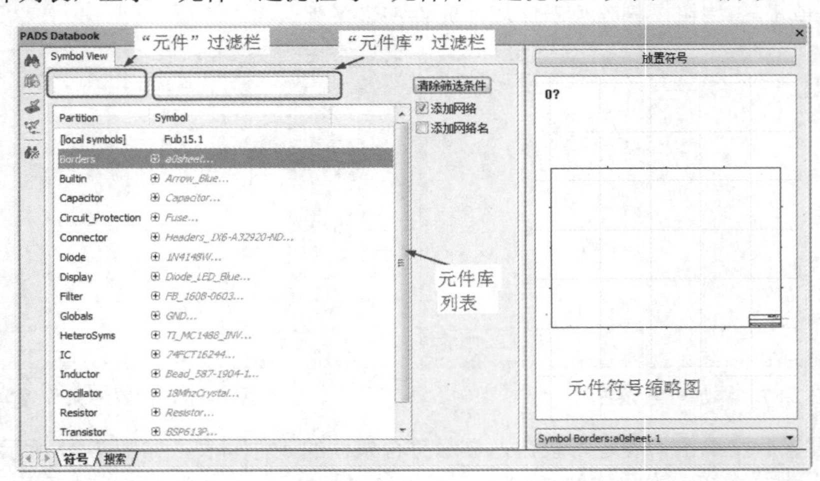

图 7-91　PADS Databook 面板

（2）在元件列表栏左侧 Partition（分类）栏显示所有类型的元件库，在 Symbol（符号）栏显示元件库中的元件，单击“+”按钮，展开元件库显示所有元件，如图 7-92 所示。

（3）在“元件”过滤栏输入要放置的元件名称的关键词，如 d，元件列表中显示符合条件的元件，如图 7-93 所示；在“元件库”过滤栏输入要放置的元件所在元件库名称的关键词，如 d，元件列

表中显示符合条件的元件库中的元件，如图 7-94 所示。

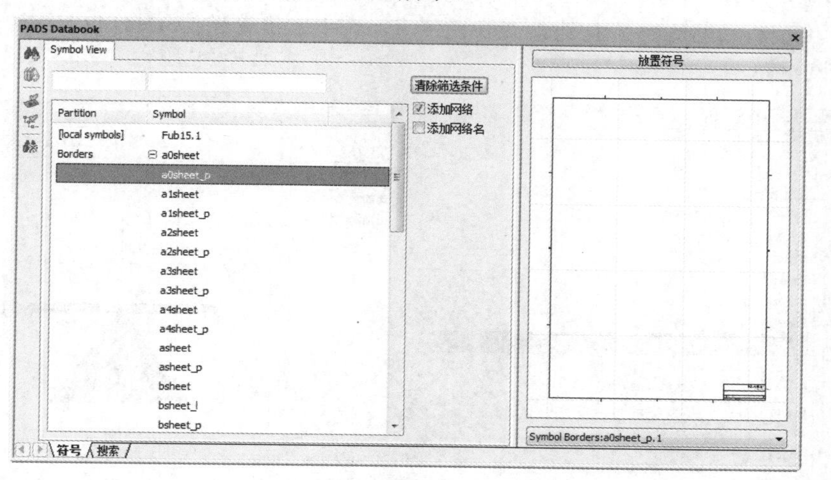

图 7-92　展开元件列表

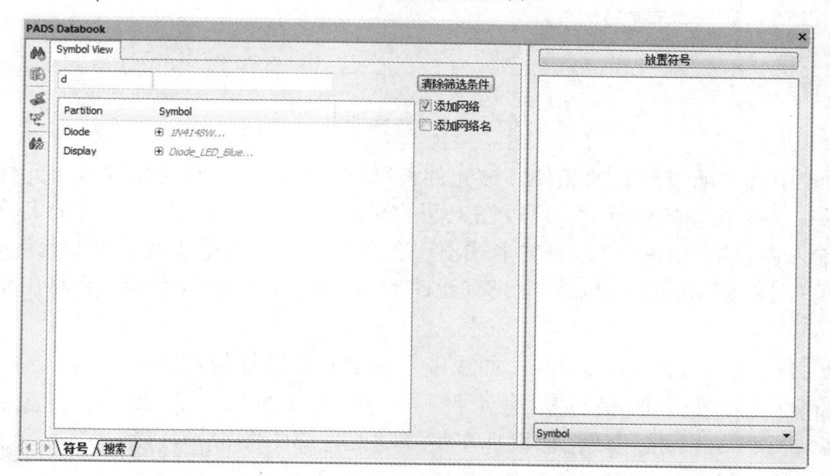

图 7-93　显示元件

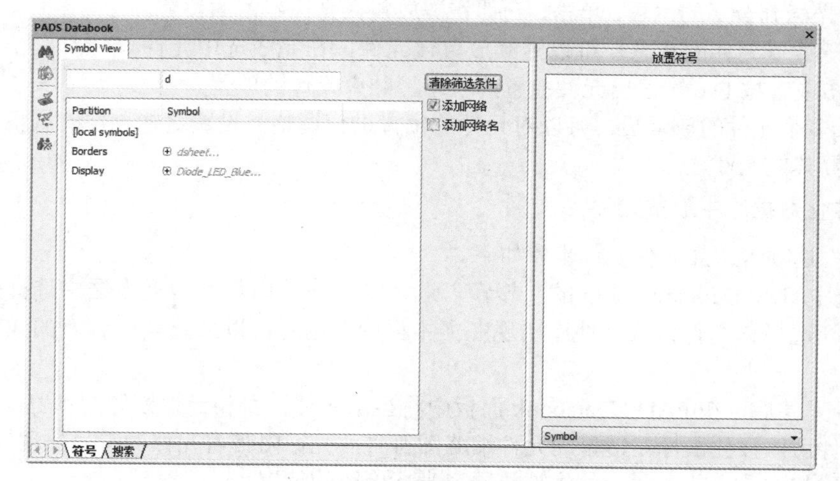

图 7-94　显示元件库

Note

（4）选择想要放置元件所在的元件库，所要放置的二极管元件 1N4148W 在元件库 Diode 中。在列表框中选择该文件，单击“+”按钮，展开元件库，选中二极管元件 1N4148W，如图 7-95 所示，这时可以放置该元件。

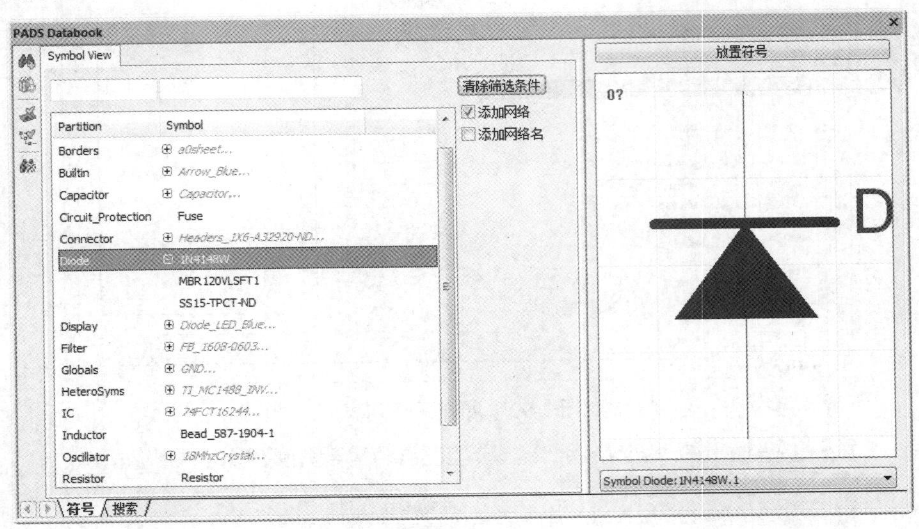

图 7-95　选择元件

（5）在列表中选中所要放置的元件，该元件将以高亮显示，此时可以放置该元件的符号。元件库中的元件很多，为了快速定位元件，可以在上面的文本框中输入所要放置元件的名称或元件名称的一部分，包含输入内容的元件会以列表的形式出现在浏览器中。这里所要放置的元件为 1N4148W，因此输入“1N”字样。在元件库 Diode 中只有元件 1N4148W 包含输入字样，它将出现在列表中，单击选中该元件。

（6）选中元件后，在 PADS Databook 面板中将显示元件符号和元件模型的预览。确定该元件是所要放置的元件后，单击该面板上方的 放置符号 按钮或按住鼠标左键拖动元件缩略图符号，光标附带着元件 1N4148W 的符号出现在工作窗口中，如图 7-96 所示。

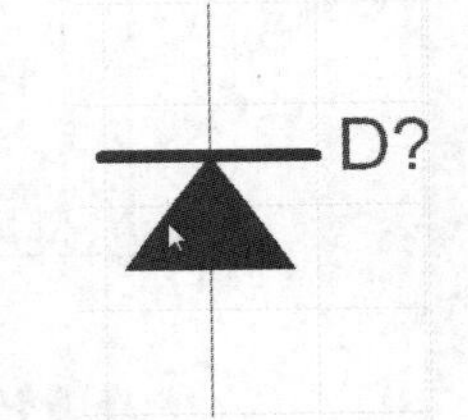

图 7-96　放置元件

（7）移动光标到合适的位置，单击，元件将被放置在光标停留的位置。此时系统仍处于放置元件的状态，可以继续放置该元件。在完成选中元件的放置后，右击或者按 Esc 键退出元件放置的状态，结束元件的放置。

（8）完成多个元件的放置后，可以对元件的位置进行调整，设置这些元件的属性。然后重复刚才的步骤，放置其他元件。

2. 从参数化数据库中放置元件

从“搜索”选项卡添加元件操作步骤如下。

（1）打开 PADS Databook 面板的“搜索”选项卡，在“库”下拉列表框中选择想要放置元件所在的元件库。选择该文件，该元件库出现在文本框中，这时可以放置其中含有的元件，如图 7-97 所示。

（2）选中元件后，在 PADS Databook 面板中将显示元件符号和元件模型的预览。确定该元件是所要放置的元件后，按住鼠标左键拖动元件缩略图符号，光标附带着元件的符号出现在工作窗口中，移动光标到合适的位置，单击，元件将被放置在光标停留的位置。

Note

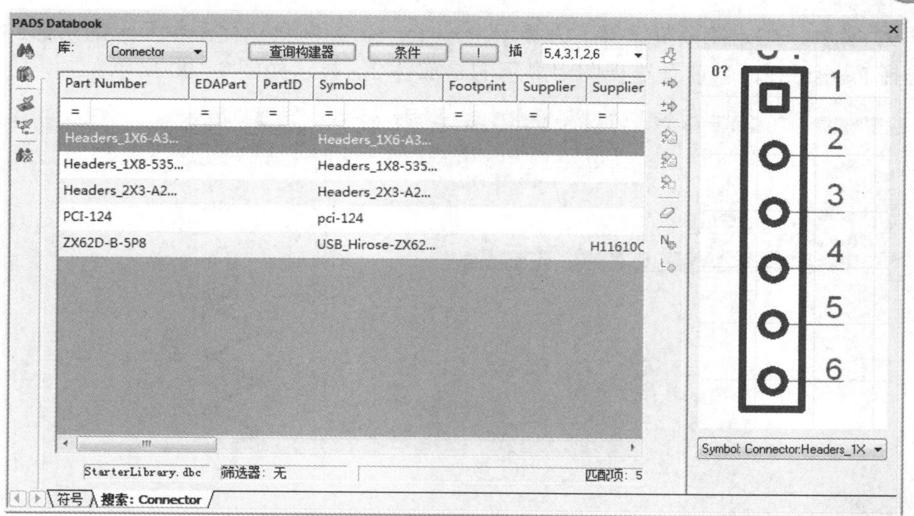

图 7-97　PADS Databook 面板

3. 验证元件与 Databook 是否匹配

在 PADS Databook 面板中单击“新的当前验证窗口”按钮，在面板下方添加新的“验证”选项卡，如图 7-98 所示。在该窗口中罗列当前原理图页中的元件与 Databook 的匹配状况。

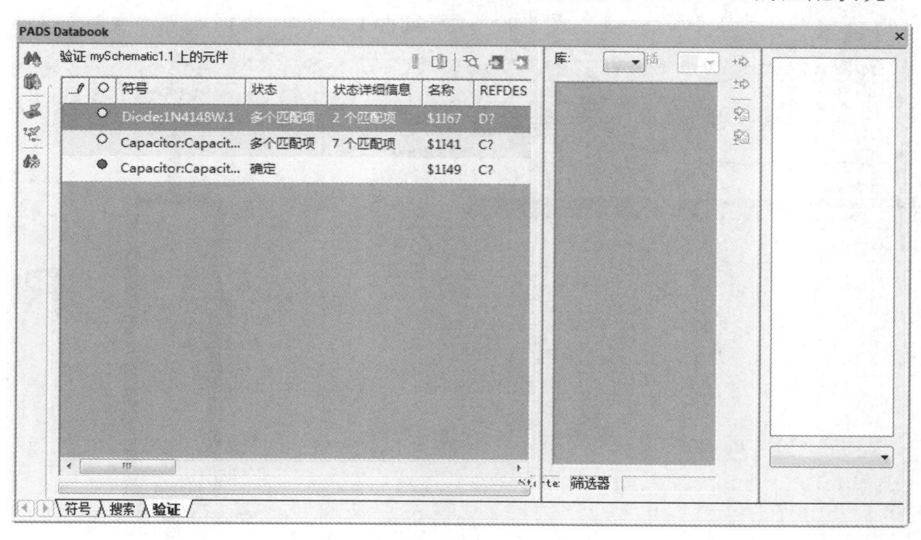

图 7-98　验证元件

其中，面板中红色标注表示该元件与 Databook 不匹配；绿色标注表示该元件与 Databook 匹配；黄色标注表示该元件在 Databook 中找不到。

4. 设置多个部件的元件

一个元件可能包含多个部件，这些部件可能外观相似，引脚不同，也可能外观与引脚均不同，下面介绍如何放置元件的不同部件

打开 PADS Databook 面板，打开“符号”选项卡，从中心库添加元件。在“元件库”过滤栏输入关键词“res”，搜索电阻元件库，显示元件库中的元件，单击“+”按钮，展开元件库显示所有元

Note

件，如图 7-99 所示。在元件预览结果下方显示 Resistor.1，当前预览视图中显示的是部件 1，打开下拉列表，选择 Resistor.2，当前预览视图中显示的是部件 2，显示如图 7-100 所示。

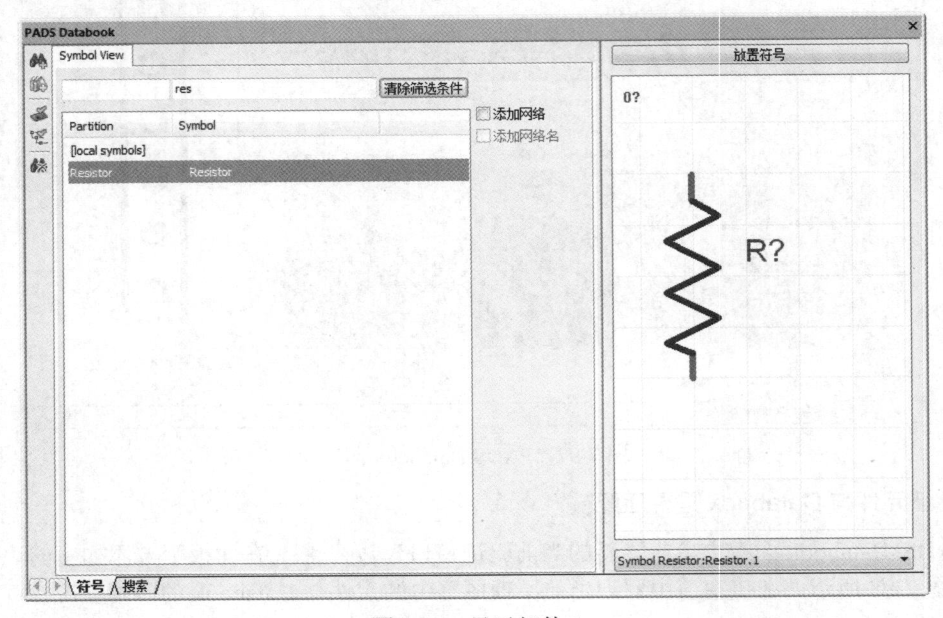

图 7-99　显示部件 1

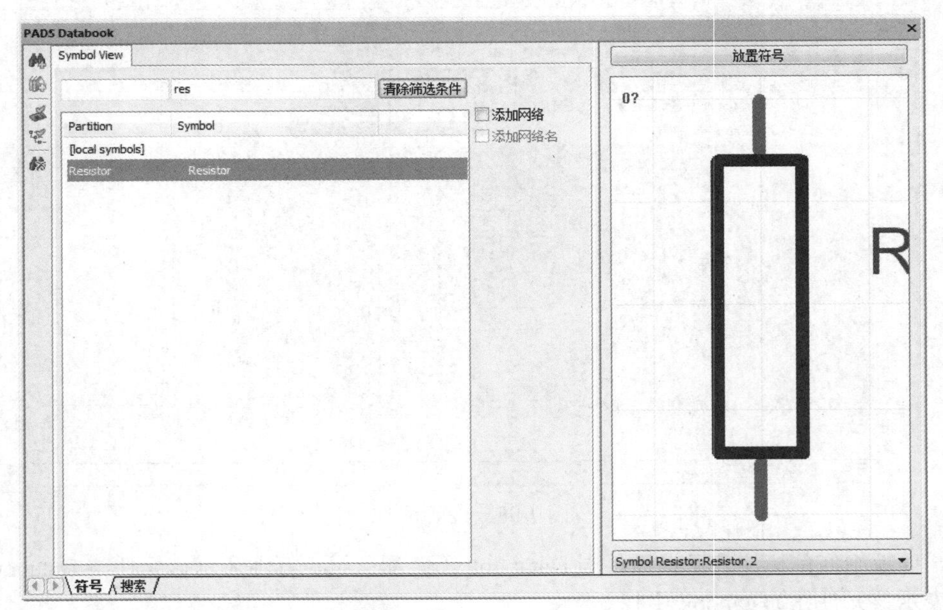

图 7-100　显示部件 2

5. 删除多余的元件

（1）选中元件，按 Delete 键即可删除该元件。

（2）选择菜单栏中的“编辑”→“删除”命令，或者按 E+D 快捷键进入删除操作状态，即可删除该元件。

7.7.3　调整元件位置

每个元件被放置时，其初始位置并不是很准确。在进行连线前，需要根据原理图的整体布局对元件的位置进行调整。这样不仅便于布线，也使所绘制的电路原理图更清晰、美观。

元件位置的调整实际上就是利用各种命令将元件移动到图纸上指定的位置，并将元件旋转为指定的方向。框选需要调整的元件，选择菜单栏中的“格式”命令，激活子菜单，如图 7-101 所示；或单击 Transform（调整）工具栏中的按钮，同样可以调整元件位置，如图 7-102 所示。

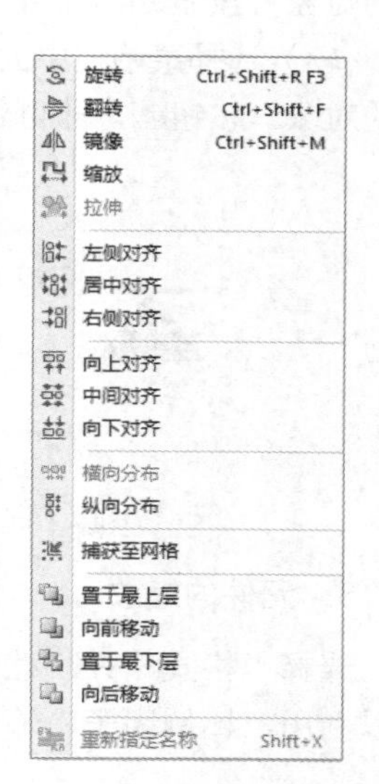

图 7-101　“格式”子菜单

1. 元件的移动

在 PADS Designer VX.2.4 中，对于元件的移动，在实际原理图的绘制过程中，最常用的方法是直接使用鼠标来实现元件的移动。

（1）使用鼠标移动未选中的单个元件：将光标指向需要移动的元件（不需要选中），按住鼠标左键不放，此时光标会自动滑到元件的电气节点上。拖动鼠标，元件会随之一起移动。到达合适的位置后，释放鼠标左键，元件即被移动到当前光标的位置。

（2）使用鼠标移动已选中的单个元件：如果需要移动的元件已经处于选中状态，则将光标指向该元件，同时按住鼠标左键不放，拖动元件到指定位置后，释放鼠标左键，元件即被移动到当前光标的位置。

（3）使用鼠标移动多个元件：需要同时移动多个元件时，首先应将要移动的元件全部选中，然后在其中任意一个元件上按住鼠标左键并拖动，到达合适的位置后，释放鼠标左键，则所有选中的元件都移动到了当前光标所在的位置。

2. 元件的旋转、翻转与镜像

（1）选择菜单栏中的“格式”→“旋转”命令或单击 Transform 工具栏中的“旋转 90°”按钮，即可实现旋转。每执行一次，被选中的元件逆时针旋转 90°。

☑　单个元件的旋转：单击要旋转的元件并按住鼠标左键不放，将出现十字光标，旋转至合适的位置后放开鼠标左键，即可完成元件的旋转，如图 7-103 所示。

图 7-102　Transform 工具栏

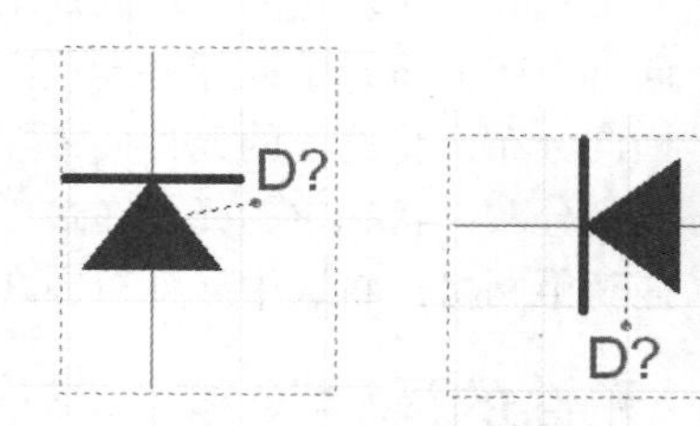

图 7-103　元件的旋转

☑　多个元件的旋转：在 PADS Designer VX.2.4 中，还可以将多个元件同时旋转。其方法是：先选定要旋转的元件，然后单击其中任何一个元件并按住鼠标左键不放，再按功能键，即可将选定的元件旋转，放开鼠标左键完成操作。

（2）选择菜单栏中的“格式”→“翻转”命令或单击 Transform 工具栏中的“围绕 X 轴翻转选定的对象”按钮，即可实现翻转。每执行一次，被选中的元件上下对调，如图 7-104 所示。

（3）选择菜单栏中的“格式”→“镜像”命令或单击 Transform 工具栏中的“围绕 Y 轴镜像选定的对象”按钮，即可实现镜像。每执行一次，被选中的元件左右对调，如图 7-105 所示。

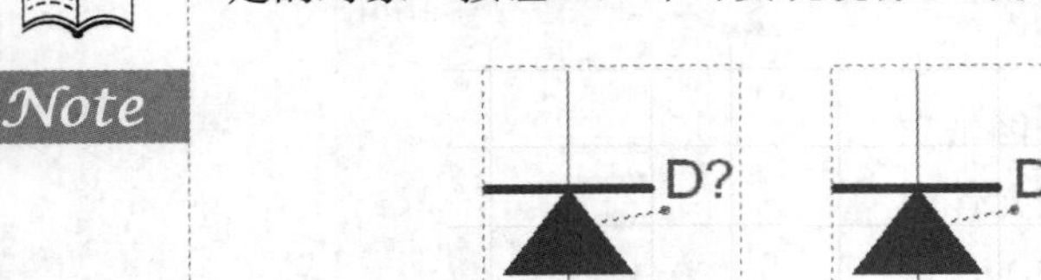

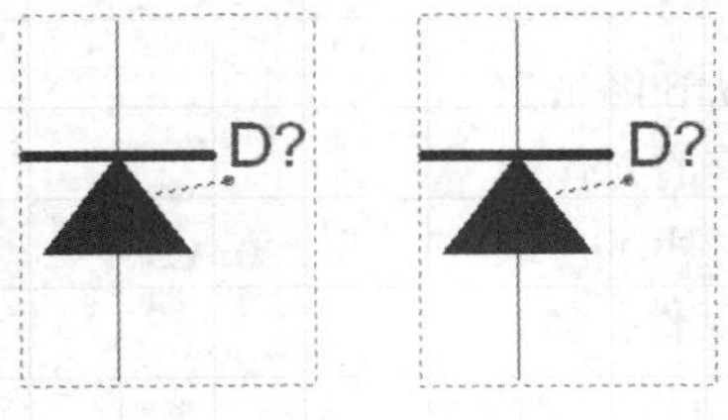

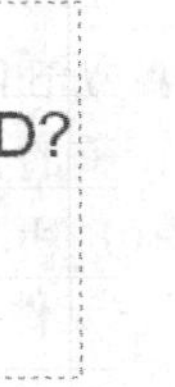

图 7-104　元件的翻转

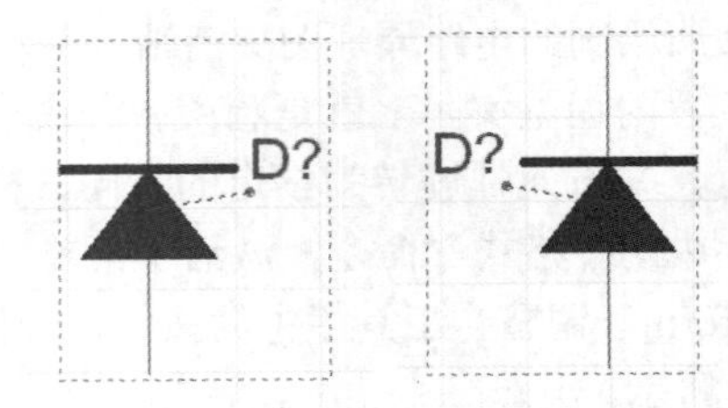

图 7-105　元件的镜像

3. 元件的缩放

选择“格式”→“缩放”命令，系统将弹出如图 7-106 所示的“缩放”对话框。在该对话框中可以利用“比例因子”输入缩放比例，右侧二极管元件缩放前后显示结果如图 7-107 所示。

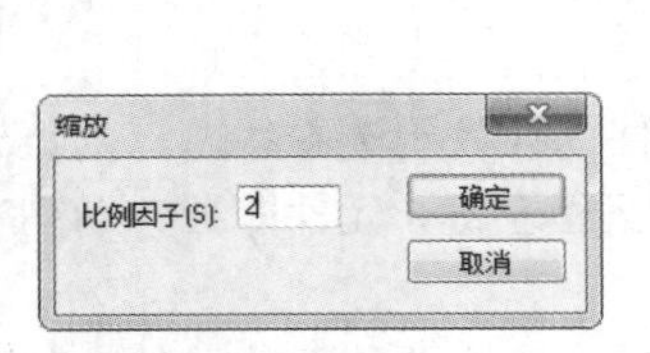

图 7-106　“缩放”对话框

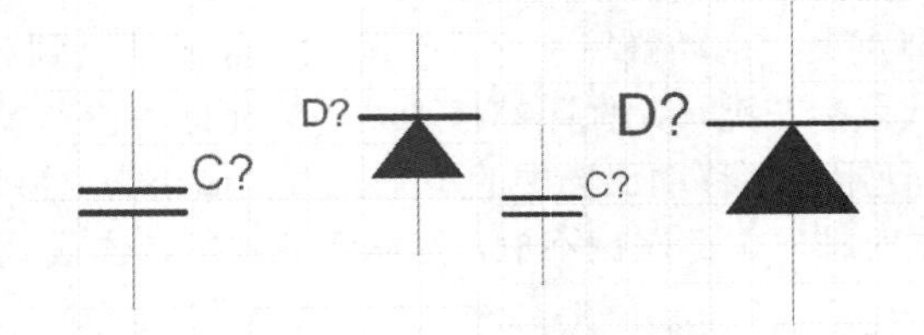

图 7-107　右侧二极管元件缩放前后

4. 元件的对齐

关于元件的排列各命令说明如下。

☑ 左侧对齐：将选定的元件向左边的元件对齐。
☑ 右侧对齐：将选定的元件向右边的元件对齐。
☑ 居中对齐：将选定的元件向最左边元件和最右边元件的中间位置对齐。
☑ 中间对齐：将选定的元件向最上边元件和最下边元件之间等间距对齐。
☑ 向上对齐：将选定的元件向最上面的元件对齐。
☑ 向下对齐：将选定的元件向最下面的元件对齐。
☑ 横向分布：将选定的元件向最左面元件和最右面元件的中间位置对齐。
☑ 纵向分布：将选定的元件在最上面元件和最下面元件之间等间距对齐。
☑ 捕获至网格：将选中元件对齐在网格点上，便于电路连接。

7.7.4　元件的属性设置

在原理图上放置的所有元件都具有自身的特定属性，在放置每一个元件前后，应该对其属性进行正确的编辑和设置，以免使后面的网络表生成及 PCB 的制作产生错误。

通过对元件的属性进行设置，一方面可以确定后面生成的网络报告的部分内容；另一方面也可以设置元件在图纸上的摆放效果。此外，在 PADS Designer VX.2.4 中还可以设置部分布线规则，编辑元

件的所有引脚。

1. 放置前添加

Note

打开 PADS Databook 面板的“搜索”选项卡，在“库”下拉列表框中选择想要放置元件所在的元件库，该元件库出现在文本框中，在下拉列表中选择所要放置的元件，这时可以放置其中含有的元件。

在“电阻”元件库 Resistor 中选择电阻元件 R0603-100-5-025，如图 7-108 所示。

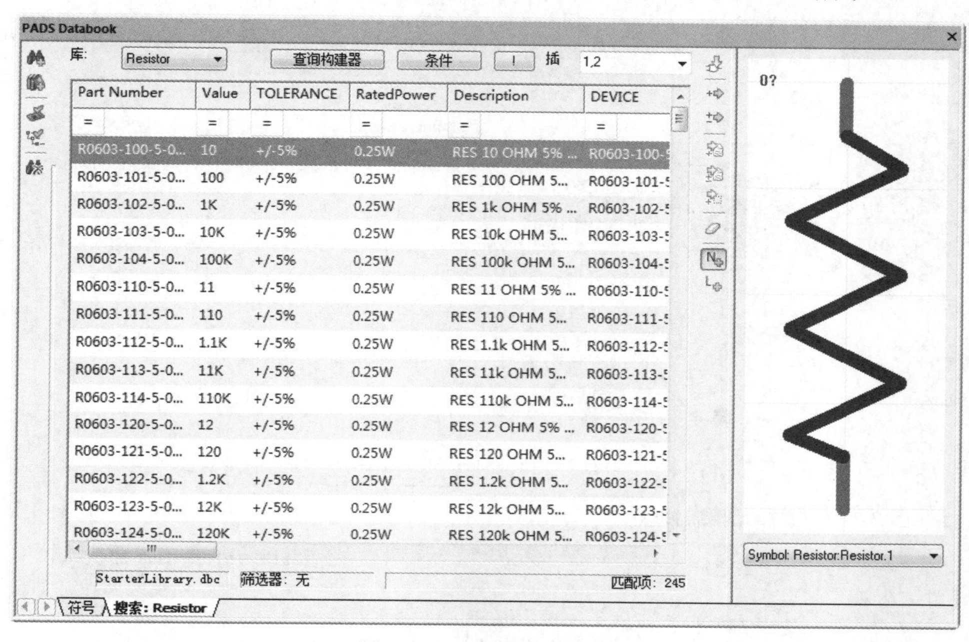

图 7-108　选择电阻元件

直接在缩略图中拖动元件到原理图中放置默认的元件，如图 7-109（a）所示。

单击“为元件添加所有特性”按钮，在原理图中放置默认的元件，如图 7-109（b）所示。

单击“仅对新元件添加通用特性”按钮，在原理图中放置默认的元件，如图 7-109（c）所示。

单击“为元件添加网络末梢”按钮，在原理图中放置默认的元件，如图 7-109（d）所示。

单击“添加引脚标签到网络”按钮，在原理图中放置默认的元件，如图 7-109（e）所示。

用户可以根据自己的实际情况进行设置。

2. 放置后添加

在电路原理图比较复杂，存在很多元件的情况下，如果设置元件的标识，容易出现标识遗漏、跳号等现象。此时，可以使用 PADS Designer VX.2.4 系统所提供的标识功能来轻松地完成对设置后的元件进行属性设置。

双击原理图中的元件，或在原件上右击，在弹出的快捷菜单中选择“特性”命令，系统会弹出相应的 Properties 面板。图 7-110（a）是图 7-109（c）中的元件属性，图 7-110（b）是图 7-109（a）中的元件属性，与图 7-110（a）相比，图 7-110（b）添加了元件 VALUE（值）特性。

双击图 7-111 中的元件，系统会弹出相应的 Properties 面板，选中复选框，为选中元件添加属性，如图 7-112 所示，添加了属性的元件结果如图 7-113 所示。

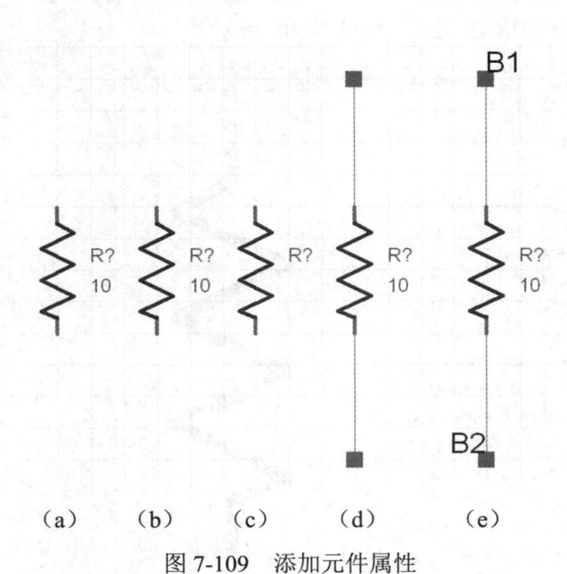

图 7-109　添加元件属性

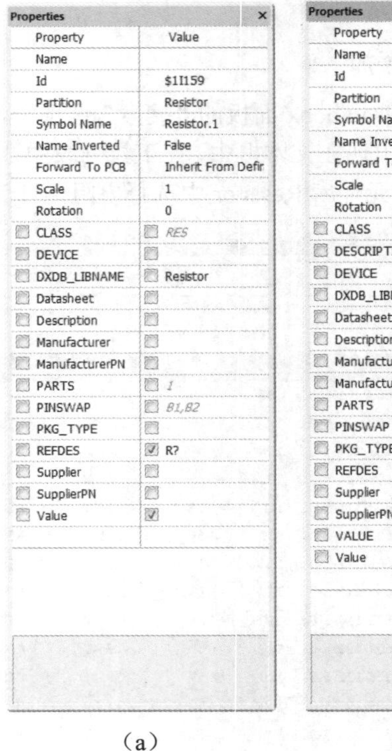

Property	Value
Name	
Id	$1I139
Partition	Resistor
Symbol Name	Resistor.1
Name Inverted	False
Forward To PCB	Inherit From De
Scale	1
Rotation	0
CLASS	RES
DESCRIPTION	RES 10 OHM 5%
DEVICE	R0603-100-5-02
DXDB_LIBNAME	Resistor
Datasheet	
Description	
Manufacturer	
ManufacturerPN	ESR03EZPJ100
PARTS	1
PINSWAP	B1,B2
PKG_TYPE	RESC1608X50A
REFDES	R?
Supplier	
SupplierPN	
VALUE	10
Value	

（a）　　（b）

图 7-110　Properties 面板比较

R?

图 7-111　原始元件

Property	Value
Name	
Id	$1I159
Partition	Resistor
Symbol Name	Resistor.1
Name Inverted	False
Forward To PCB	Inherit From D
Scale	1
Rotation	0
CLASS	RES
DEVICE	
DXDB_LIBNAME	Resistor
Datasheet	
Description	
Manufacturer	
ManufacturerPN	
PARTS	1
PINSWAP	B1,B2
PKG_TYPE	
REFDES	R?
Supplier	
SupplierPN	
Value	

图 7-112　添加属性

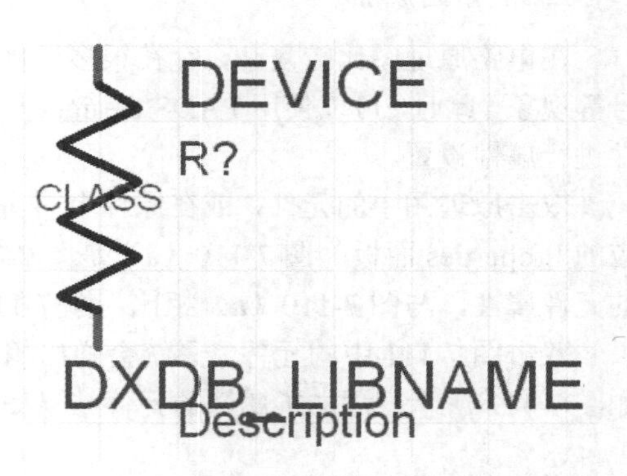

图 7-113　添加属性的元件

7.8　元件的电气连接

元器件之间电气连接的主要方式是通过导线来连接。导线是电路原理图中最重要也是用的最多的图元，它具有电气连接的意义，不同于一般的绘图工具，绘图工具没有电气连接的意义。

7.8.1　用导线连接元件

导线是电气连接中最基本的组成单位，放置导线的操作步骤如下。

（1）选择菜单栏中的“添加”→“网络”命令，或单击 Add（添加）工具栏中的（添加网络）按钮，或按 N 键，此时光标变成十字形状并附加一个十字交叉符号。

（2）将光标移动到想要完成电气连接的元件的引脚上，放置导线的起点。由于启用了自动捕捉电气节点（Electrical Snap）的功能，因此，电气连接很容易完成。按住左键移动光标，右击或按空格键可以确定转折点，最后放置导线的终点，完成两个元件之间的电气连接。此时光标仍处于放置导线的状态，重复上述操作可以继续放置其他导线，单击或松开鼠标左键，结束网络连接。

（3）设置导线的属性。任何一个建立起来的电气连接都被称为一个网络（Net），每个网络都有自己唯一的名称。系统为每一个网络设置默认的名称，用户也可以自行设置，在导航栏中即可看到各种网络的名称，如图 7-114 所示，可以在树形结构中直接修改网络名称。双击导线，弹出如图 7-115 所示的 Properties 面板，在该面板中可以对导线的颜色、线宽参数进行设置。

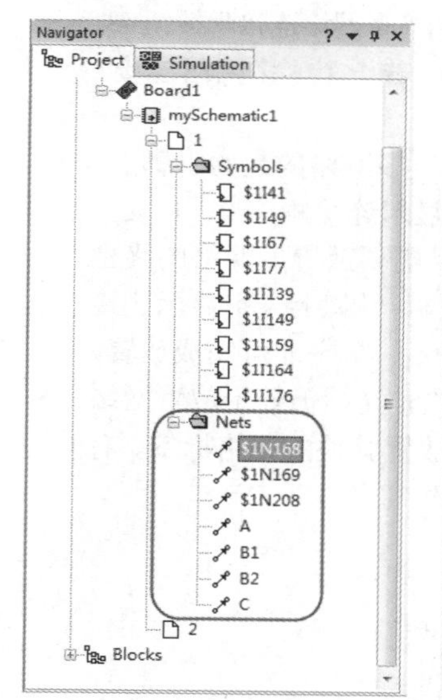

图 7-114　显示网络名称

Property	Value
Name	
Id	$1N208
Name Inverted	False
Diff Pair	
Color	Automatic
Line Style	Solid (Automa
Line Width	1 (Automatic)

图 7-115　Properties 面板

☑　Name（名称）：显示当前网络名称，可在文本框中输入网络名称。

☑　Id（地址）：显示当前网络地址，默认为“$数字”形式，可在文本框中修改网络地址。

☑　Name Inverted：名称倒置。

☑　Diff Pair：差分对。

☑　Color（颜色设置）：单击该颜色显示框，系统将弹出如图 7-116 所示的颜色下拉对话框。在该对话框中可以选择并设置需要的导线颜色，系统默认为 Automatic（自动）。

☑　Line Style（线型）：在该下拉列表框中有 9 种线型，如图 7-117 所示。

☑　Line Width（线宽）：在该下拉列表框中有 Automatic、1～10 线宽类型，如图 7-118 所示。在实际中应该参照与其相连的元件引脚线的宽度进行选择。

Note

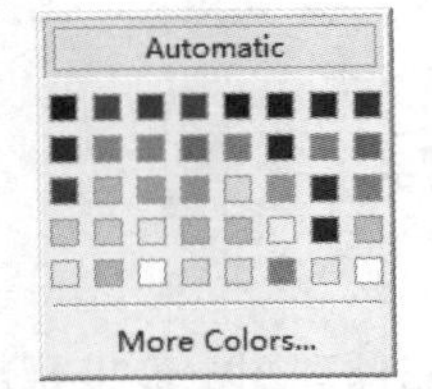

图 7-116　选择颜色

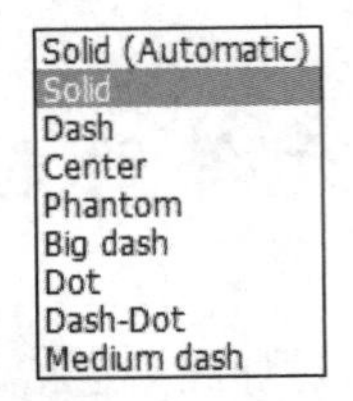

图 7-117　选择线型

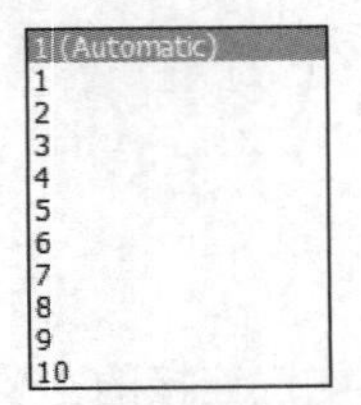

图 7-118　选择线宽

7.8.2　多网络连接

在原理图的绘制过程中，元件之间的网络连接除单网络外，还可以设置多网络连接。使用多网络连接加快了网络连接速度，但需要多网络连接的情况特殊，必须同时有相同个数的开始端与结束端。

下面介绍多网络连接的操作步骤。

（1）选择菜单栏中的“添加”→“多网络连接”命令，或单击 Add 工具栏中的“多网络连接”按钮，此时光标变成十字形状，并附着一个“多网络连接”符号。

（2）移动光标到需要放置多网络的起始引脚上，框选多个引脚，引脚上分别显示连接顺序 0、1、2，如图 7-119 所示，移动光标到需要放置多网络的终止引脚上，框选同样个数的引脚，引脚上分别显示连接顺序 0、1、2，如图 7-120 所示，右击即可完成放置，最终结果如图 7-121 所示。此时光标仍处于放置网络标签的状态，重复操作即可放置其他的网络标签。右击或者按 Esc 键即可退出操作。

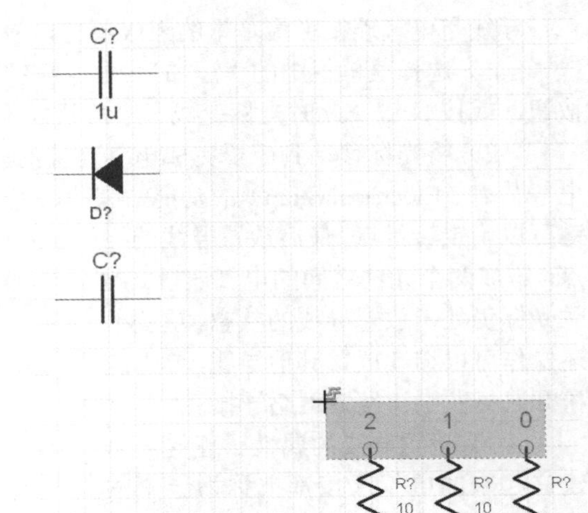

图 7-119　选择起始引脚

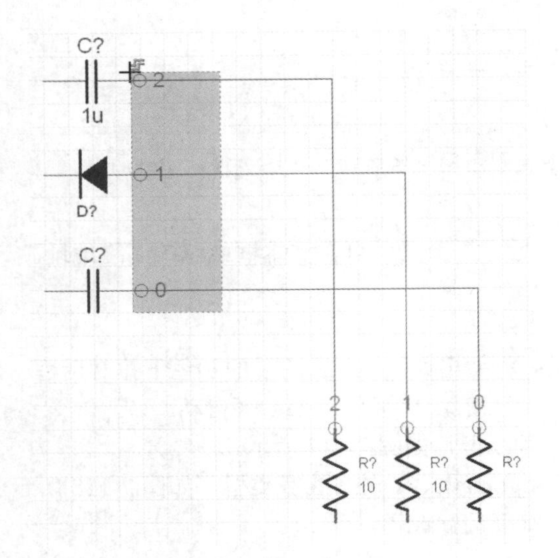

图 7-120　选择终止引脚

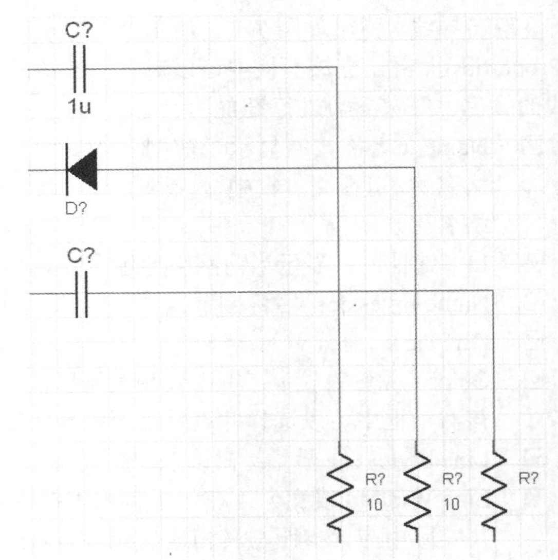

图 7-121　完成多网络连接

7.8.3　剪切网络

导线与总线进行网络连接后，若连接错误可删除导线或总线，删除的是整条水平或垂直网络。若需要将网络中间打断，显示两条分开的网络，直接绘制两条在水平线上或处置线上的分开网络步骤过于烦琐，这里引入剪切网络或总线命令，可以使电路原理图绘制更简单。

剪切网络或总线的操作步骤如下。

（1）单击 Add 工具栏中的“剪切网络或总线”按钮，此时光标变成十字形状，并带有一个剪刀符号。

（2）移动光标到需要放置剪切的网络上，框选网络，如图 7-122 所示，切割绘制的完整网络，将网络分为两段，并添加间隔，过程如图 7-123 所示。

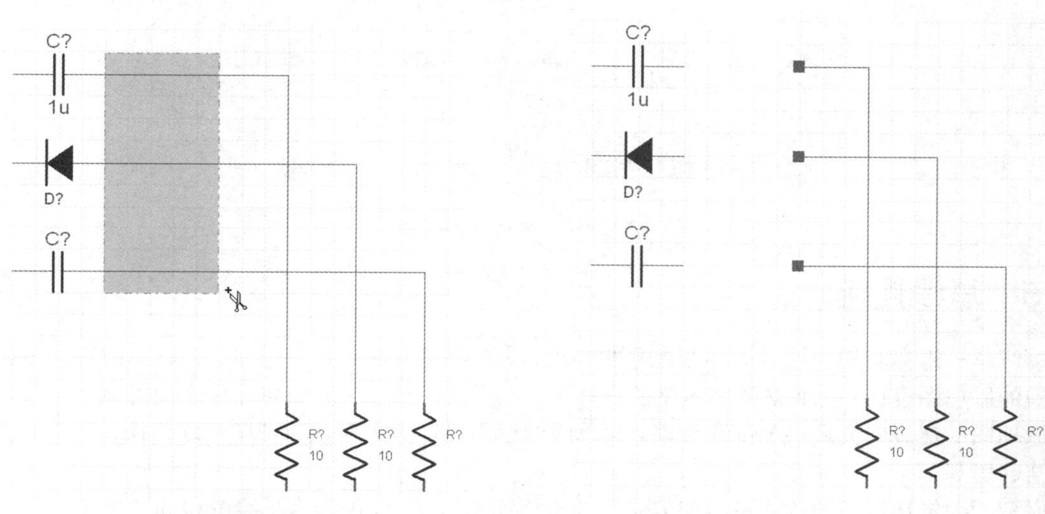

图 7-122　网络剪切前　　　　图 7-123　网络剪切后

7.8.4　阵列

在原理图中，某些同类型元件可能有很多个，如电阻、电容等，它们具有大致相同的属性。如果一个个地放置它们，设置它们的属性，工作量大且烦琐。PADS Designer VX.2.4 提供了阵列功能，大大方便了粘贴操作，可以通过“编辑”菜单中的 Smart Paste…（智能粘贴）命令完成。其具体操作步骤如下。

（1）选择某个对象，单击 Add 工具栏中的“添加阵列”按钮，系统将弹出如图 7-124 所示的“阵列”对话框。

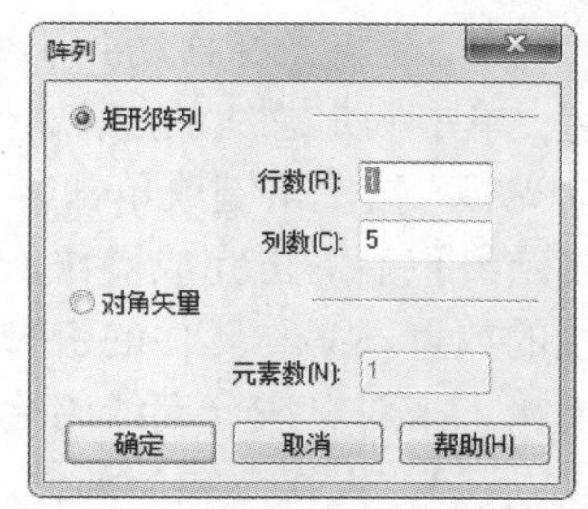

图 7-124　“阵列”对话框

（2）在“阵列”对话框中，可以对要阵列的对象进行设置，设置参数包括行数、列数及元素数，然后再执行阵列操作。阵列粘贴是一种特殊的粘贴方式，能够一次性地按照指定间距将同一个元件或元件组重复地粘贴到原理图图纸上。当原理图中需要放置多个相同对象时，该操作会很有用，向外拖动元件调整间距，确定调整的间距后单击确定，完成阵列，如图 7-125 所示。

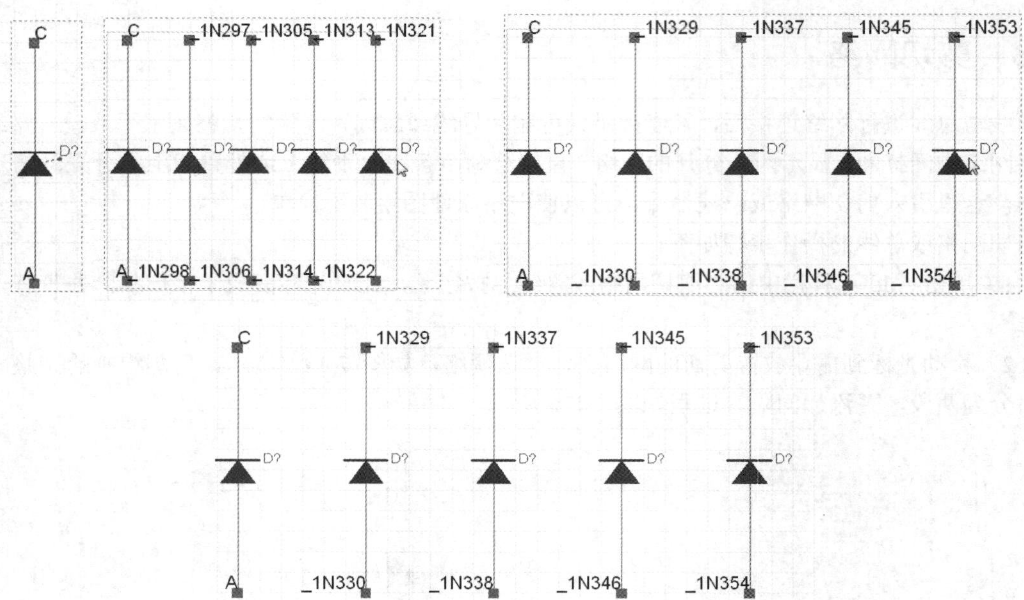

图 7-125　阵列元件结果

7.8.5　总线连接

总线是一组具有相同性质的并行信号线的组合，如数据总线、地址总线、控制总线等的组合。在大规模的原理图设计，尤其是数字电路的设计中，如果只用导线来完成各元件之间的电气连接，那么整个原理图的连线就会显得杂乱而烦琐。而总线的运用可以大大简化原理图的连线操作，使原理图更加整洁、美观。

原理图编辑环境下的总线没有任何实质的电气连接意义，仅仅是为了绘图和读图方便而采取的一种简化连线的表现形式。

总线的放置与导线的放置基本相同，其操作步骤如下。

（1）选择菜单栏中的“添加”→“总线”命令，或单击 Add 工具栏中的“添加总线”按钮，或按 B 键，此时光标变成十字形状，并附着一个总线符号。

（2）将光标移动到想要放置总线的起点位置，单击确定总线的起点。然后按住鼠标左键拖动光标，按空格键或单击确定多个固定点，最后确定终点后右击完成操作，如图 7-126 所示。总线的放置不必与元件的引脚相连，它只是为了方便接下来对总线分支线的绘制而设定的。

（3）设置总线的属性。双击总线，弹出如图 7-127 所示的 Properties 面板，在该面板中可以对总线的属性进行设置。

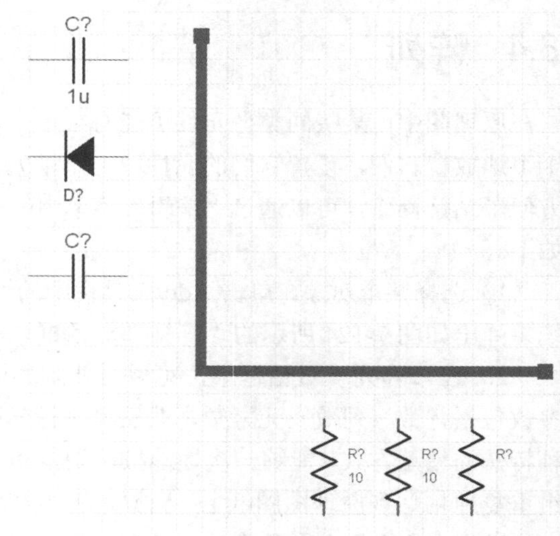

图 7-126　放置总线

（4）总线的命名。

❶ 在导航栏树形结构中直接修改总线网络名称，如图 7-128 所示。

❷ 双击总线，弹出如图 7-129 所示的 Properties 面板，在该面板中可以对总线命名，命名规则如图 7-130 所示，结果如图 7-131 所示。

图 7-127　Properties 面板

图 7-128　修改总线名称

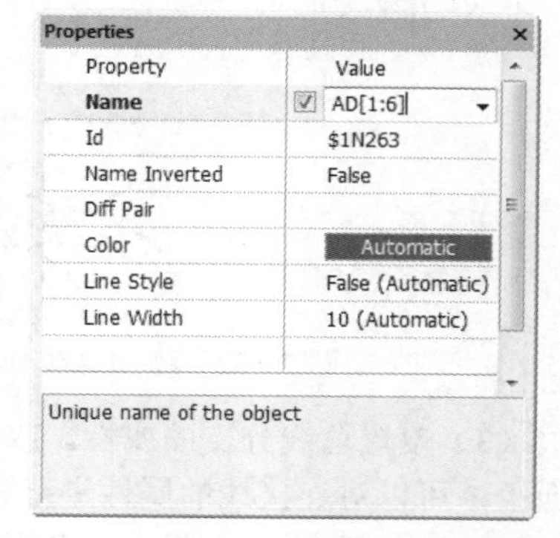

图 7-129　Properties 面板对总线命名

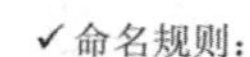

✓ 命名规则：
- name[first_bit:last_bit:interval]
- name[first_bit:last_bit]
- bit1, bit2, bit3, ... bitn
- name[first_bit:last_bit]suffix

例如：ADDR[17:0]
DATA[15:0:2]
CONTROL[3:0], CLOCK, RESET_N

图 7-130　命名规则

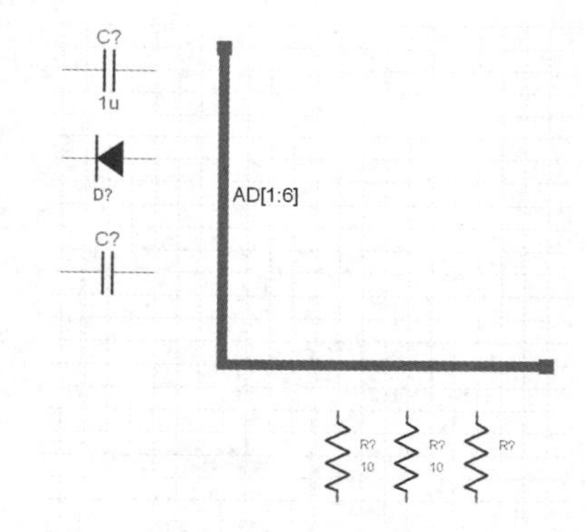

图 7-131　总线命名结果

7.8.6　总线分支

总线分支是单一导线与总线的连接线。使用总线分支把总线和具有电气特性的导线连接起来，可以使电路原理图更为美观、清晰，且具有专业水准。与总线一样，总线分支也不具有任何电气连接的意义，而且它的存在也不是必需的。

放置总线分支的操作步骤如下。

（1）选择菜单栏中的“添加”→“网络”命令，或单击 Add 工具栏中的 （添加网络）按钮，或按 N 键，此时光标变成十字形状并附加一个十字交叉符号，按住鼠标左键移动光标绘制导线，最后放置到总线上，导线与总线连接处自动添加总线分支 AD1，如图 7-132 所示，完成两个导线与总线之间的电气连接。

（2）选择菜单栏中的“添加”→“总线”命令，或单击 Add 工具栏中的“添加总线”按钮，或按 B 键，此时光标变成十字形状，并附着一个总线符号，按住鼠标左键移动光标绘制总线，最后连接到总线上，在总线与总线之间放置一段总线分支，如图 7-133 所示。

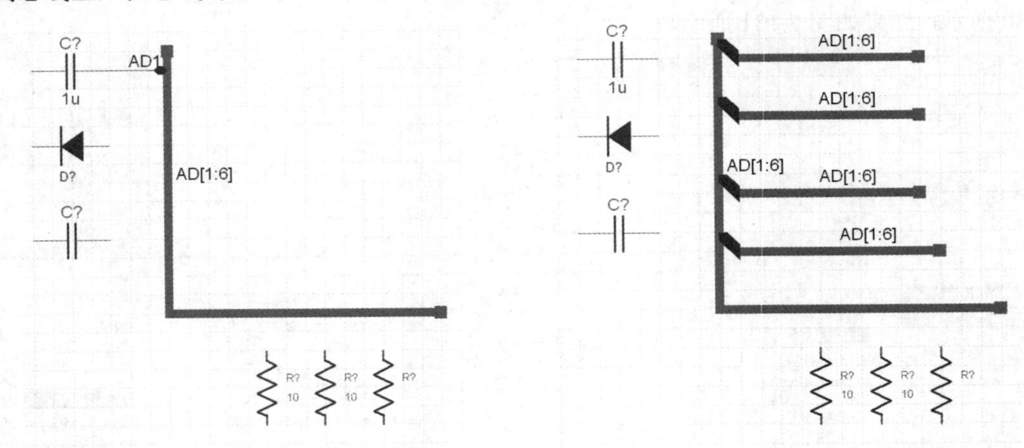

图 7-132　添加总线分支　　　　图 7-133　总线与总线之间放置总线分支

（3）设置总线分支的属性。双击与总线连接的导线，弹出如图 7-134 所示的 Properties 面板，在该面板中可以对连接线的属性进行设置。双击总线与导线连接的分支，弹出如图 7-135 所示的 Net is being connected to bus:面板，在该面板中可以显示分支网络的映射关系。

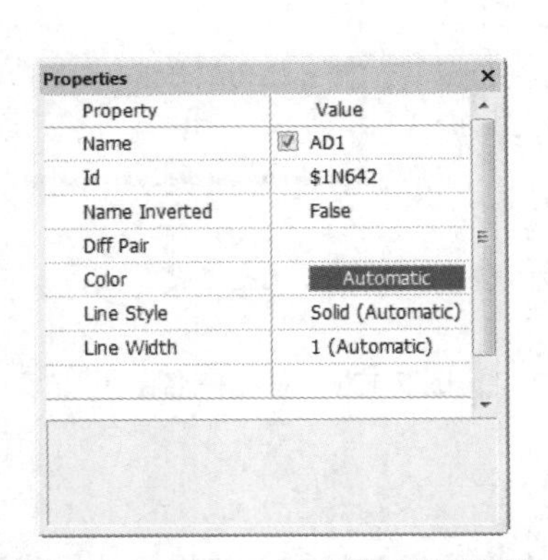

图 7-134　Properties 面板属性设置

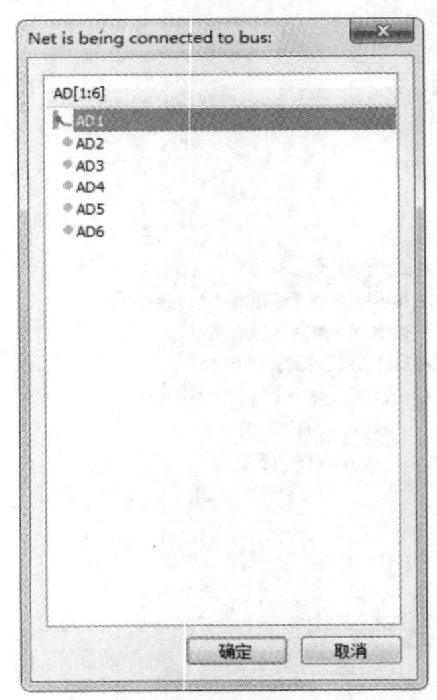

图 7-135　调整总线分支

7.8.7　特殊元件符号

特殊元件是原理图中不具备封装等物理信息的特殊符号，包括电源和接地符号。电源端口、页间连接符等，是电路原理图中必不可少的组成部分。

1. 特殊元件符号类型

选择菜单栏中的“添加”→“特殊元件”命令，或单击 Add 工具栏中的（添加特殊元件）下

拉列表，弹出如图 7-136 所示的子菜单，显示特殊元件类型，此时光标变成十字形状，并带有特殊元件符号。

2. 电源和接地符号

电源和接地符号是电路原理图中必不可少的组成部分。放置电源和接地符号的操作步骤如下。

放置电源符号的操作步骤如下。

（1）选择 POWER 命令，放置电源符号，选择电源类型，如图 7-137 所示，此时光标变成十字形状，并带有电源符号。

IN : Builtin:in_hier.1
OUT : Builtin:out_hier.1
BI : Builtin:bi_hier.1
TRI
ANALOG
OCL
OEM
LINKS
无连接符号 : Builtin:No_Connect.1
POWER
GROUND

图 7-136　特殊元件子菜单

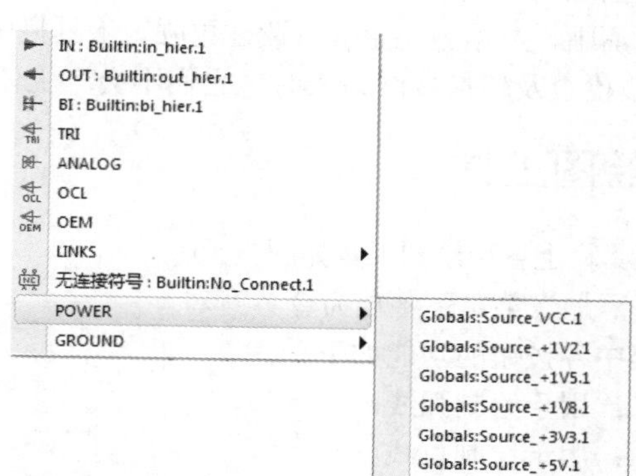

图 7-137　选择电源类型

（2）移动光标到需要放置电源符号的地方，单击即可完成放置，如图 7-138 所示。此时光标仍处于放置电源的状态，重复操作即可放置其他的电源符号。

（3）设置电源符号的属性。双击电源符号，弹出如图 7-139 所示的 Properties 面板，在该面板中可以对电源或接地符号的名称、比例、旋转角度等属性进行设置。

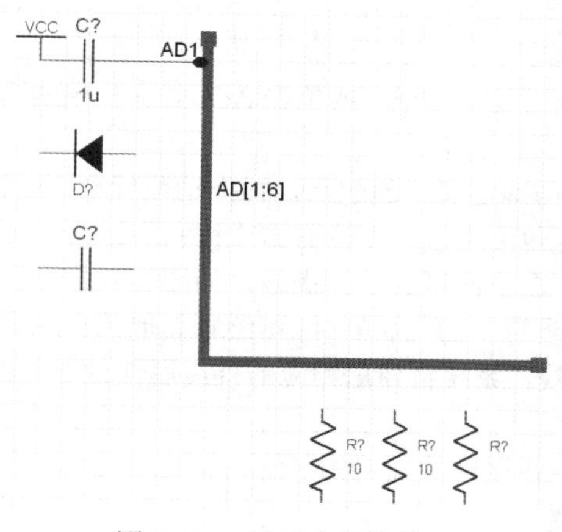

图 7-138　放置电源符号

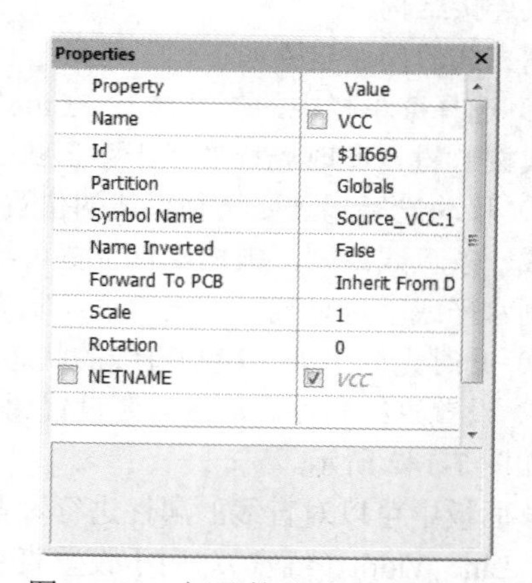

图 7-139　电源/接地符号属性设置

其中各选项的说明如下。

☑　Rotation（旋转）：用于设置端口放置的角度。

☑　Name（电源名称）：用于设置电源名称。

☑ Scale（比例）：用于设置电源符号的显示比例。

其余特殊符号的放置方法与电源类似，这里不再赘述。

Note

7.9 使用绘图工具绘图

在原理图编辑环境中，Add 工具栏上还有一部分按钮，用于在原理图中绘制各种标注信息，使电路原理图更清晰，数据更完整，可读性更强。工具栏中的各种图元均不具有电气连接特性，所以系统在进行 ERC 检查及转换成网络表时，它们不会产生任何影响，也不会被添加到网络表数据中。

7.9.1 绘图工具

Add 工具栏上各种绘图工具如图 7-140 所示，与“添加”菜单下各项命令具有对应关系。其中各按钮的功能如下。

☑ ◗：用于绘制弧线。

☑ ⧄：用于绘制直线。

☑ A：用于添加说明文字。

☑ ▭：用于绘制矩形。

☑ ○：用于绘制圆。

☑ ▤：用于插入对象。

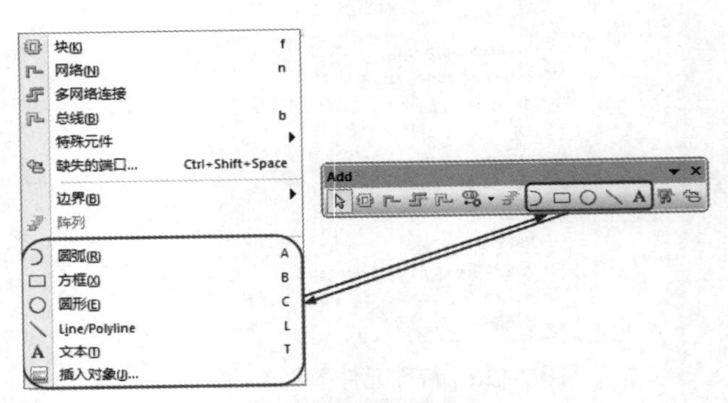

图 7-140　绘图工具

7.9.2 绘制直线

在原理图中，可以用直线来绘制一些注释性的图形，如表格、箭头、虚线等，或者在编辑元件时绘制元件的外形。直线在功能上完全不同于前面介绍的导线，它不具有电气连接特性，不会影响到电路的电气连接结构。

绘制直线的操作步骤如下。

（1）选择菜单栏中的“添加”→Line/Polyline（线）命令，或单击 Add 工具栏中的⧄（放置线）按钮，或按 L 键，此时光标变成十字形状✛。

（2）移动光标到需要绘制直线的位置处，单击确定直线的起点，再拖动鼠标到下一点处松开左键，完成一条直线绘制，根据鼠标位置可绘制任意角度直线。多次右击或按空格键确定多个固定点，同时绘制水平或垂直直线。一条直线绘制完毕后，右击即可退出该操作，如图 7-141 所示。

（3）此时光标仍处于绘制直线的状态，重复步骤（2）的操作即可绘制其他的直线。

（4）设置直线属性。双击需要设置属性的直线，系统将弹出相应的直线属性设置面板 Properties 面板，如图 7-142 所示。

在该面板中可以对直线的属性进行设置，其中各属性的说明如下。

☑ Line Width（线宽）：用于设置直线的线宽。

☑ 颜色设置：单击该颜色显示框■，用于设置直线的颜色。

☑ Line Style（线种类）：用于设置直线的线型。有 Solid（实线）、Dashed（虚线）和 Dotted（点画线）等多种线型可供选择。

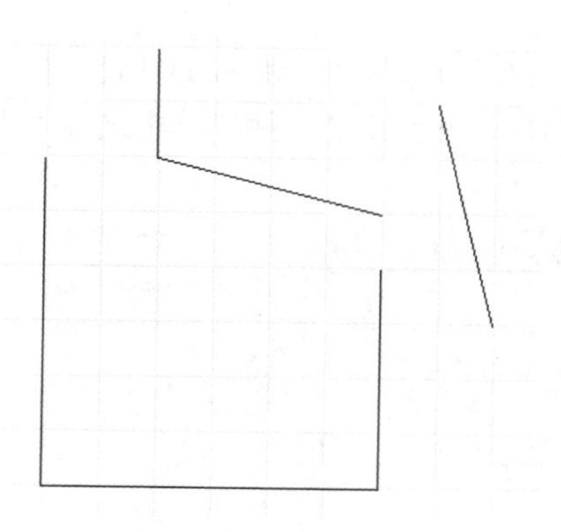

图 7-141　绘制直线

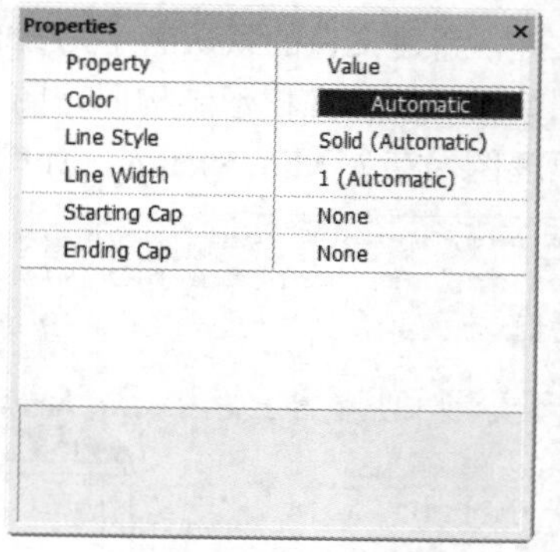

图 7-142　设置直线属性

☑　Starting Cap（开始块外形）：用于设置直线起始端的线型。

☑　Ending Cap（结束块外形）：用于设置直线截止端的线型。

其他图形工具的使用方法与绘制线工具类似，这里不再赘述。

7.10　操作实例——绘制最小系统电路

视频讲解

本例绘制一个电路器件少、布局简单的电路，同时练习各种简单技巧，不仅节省时间，还为后期绘制复杂电路打下坚实基础。

1. 准备工作

（1）选择菜单栏中的“文件”→“新建”→“项目”命令，在弹出的对话框中选择 PADS Netlist→PADS，创建默认标准项目文件，在弹出的保存文件对话框中输入项目文件名 Min_Systum.Prj，并保存在指定位置，如图 7-143 所示。

（2）在 Navigator（导航）→Project（项目）选项面板中显示工程文件，如图 7-144 所示。

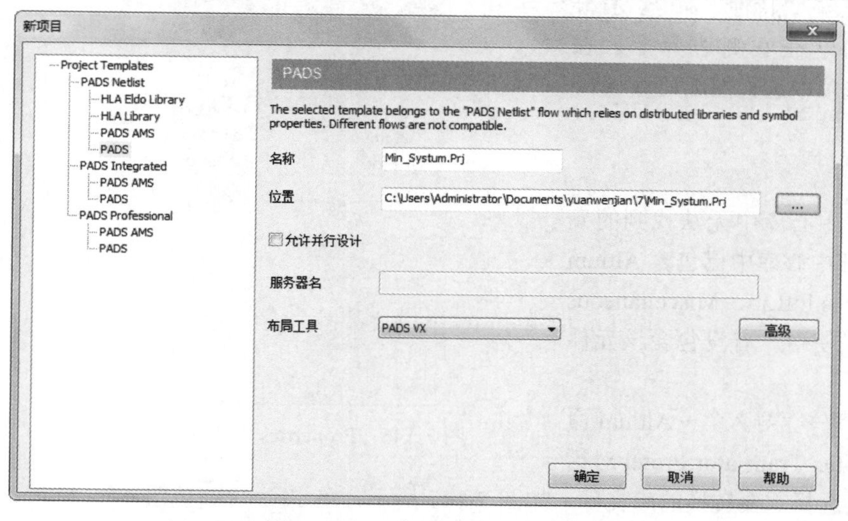

图 7-143　“新项目”对话框

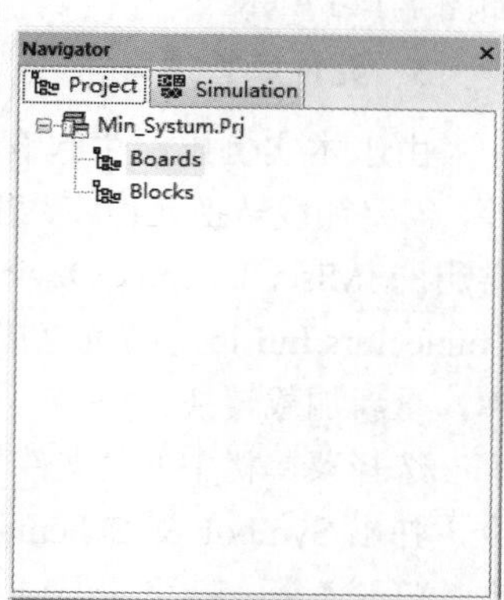

图 7-144　创建项目文件

（3）选择菜单栏中的“文件”→“新建”→“原理图”命令，在 Project 面板中将出现一个新的

Note

原理图文件，新建文件的默认名字为Schematic1，系统自动将其保存在已打开的项目文件中，自动进入原理图编辑环境。在树形结构原理图 Schematic1 上右击，在弹出的快捷菜单中选择“重命名”命令，将原理图保存为Min_Systum，如图7-145所示。

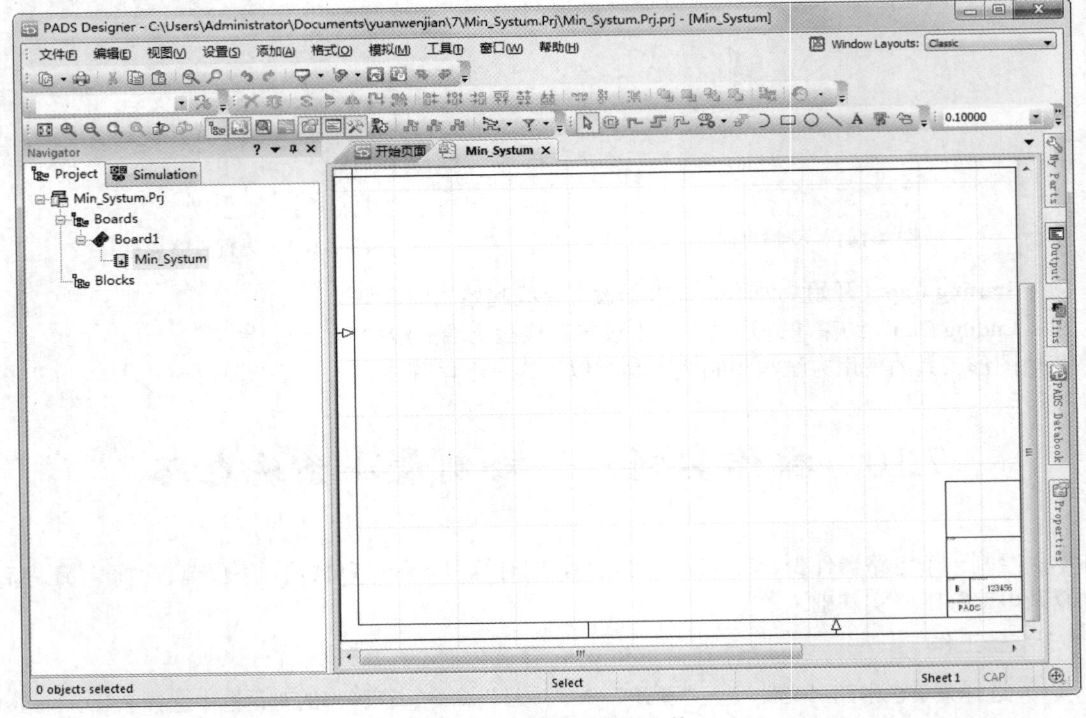

图7-145 新建原理图文件

2. 设置图纸属性

选择菜单栏中的“视图”→“特性”命令，打开Properties面板，并自动固定在右侧边界上。在Drawing Size（绘图尺寸）选项中选择图纸尺寸A4，如图7-146所示。

Properties

Property	Value
Name	1
Drawing Size	A4
Orientation	Landscape
Width	11.693 in
Height	8.268 in

图7-146 Properties面板选择图纸尺寸

3. 元件库管理

由于本实例电路中包含中心库中无法找到的元件，需要加载转换元件库，若中心库中已包含Altium常用的 Miscellaneous Devices.IntLib、Miscellaneous Connectors.IntLib，则可直接使用，若没包含该元件库，重新加载转换。

选择菜单栏中的“文件”→“导入”→Altium命令，弹出Symbol & Schematic Translator:Protel对话框，打开Libraries选项卡，选择需要转换的库文件，如图7-147所示，单击Translate按钮，将Altium文件转换为PADS文件。

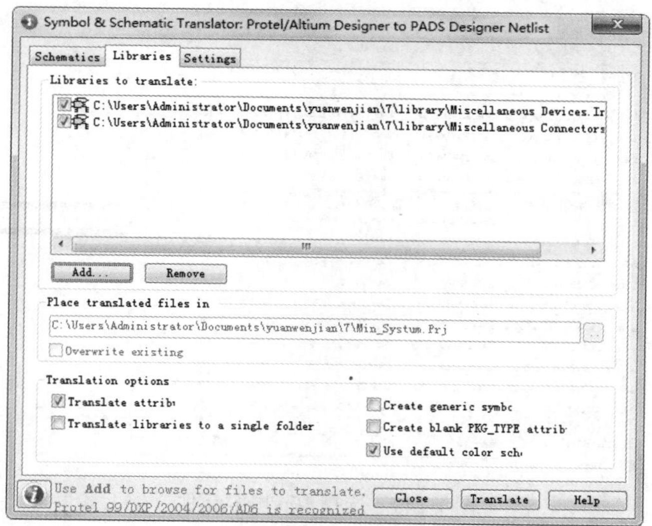

图 7-147　Libraries 选项卡

完成转换后的库文件自动加载到 PADS Databook 面板的“符号”选项卡中，显示中心库元件，如图 7-148 所示。

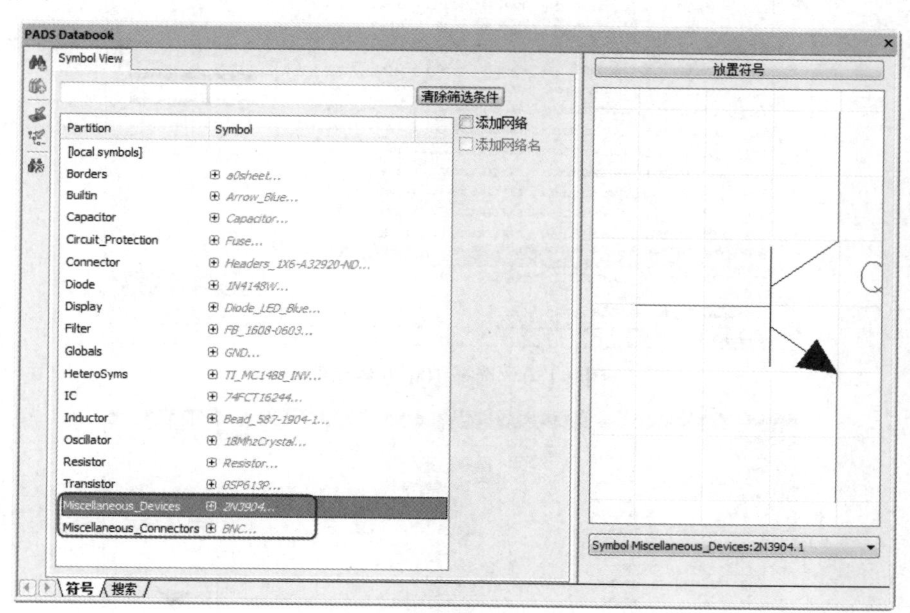

图 7-148　显示中心库元件

4．原理图设计

（1）放置元件。

❶ 打开 PADS Databook 面板，在当前元件库下拉列表中选择 Capacitor 元件库，在元件列表中选择 10p、10n 的电容元件（见图 7-149 和图 7-150），并将选中的元件放入原理图中。

❷ 打开 PADS Databook 面板，在当前元件库下拉列表中选择 Miscellaneous Devices 元件库，在元件列表中选择 CAP_VAR 的可调电容元件（见图 7-151），并将选中的元件放入原理图中。

Note

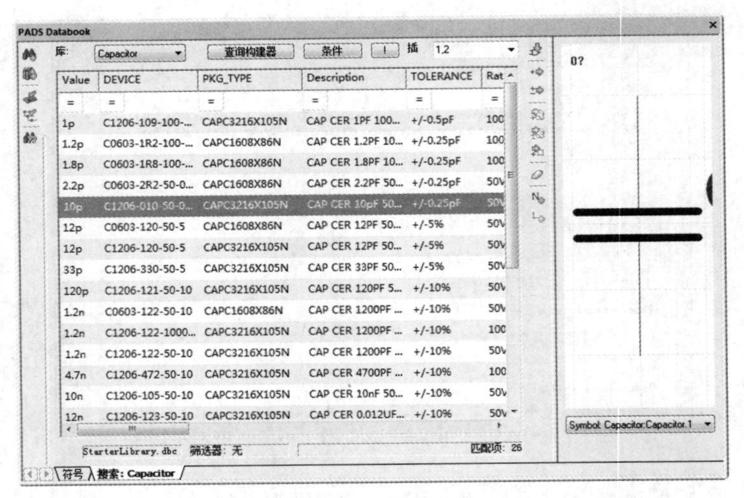

图 7-149 选择 10p 电容元件

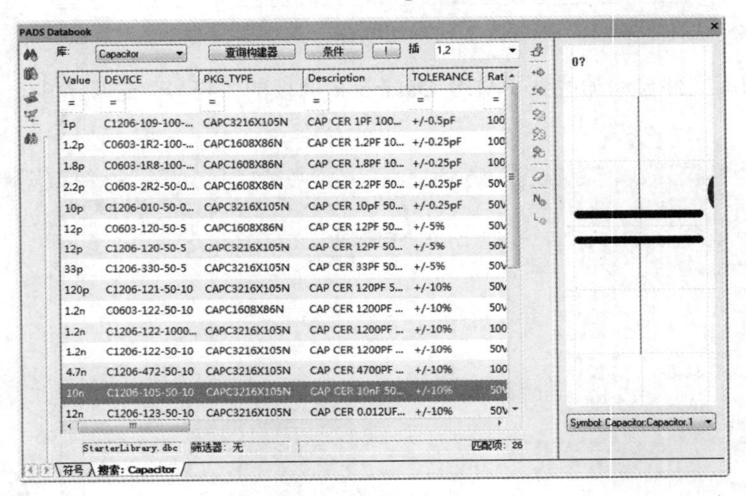

图 7-150 选择 10n 电容元件

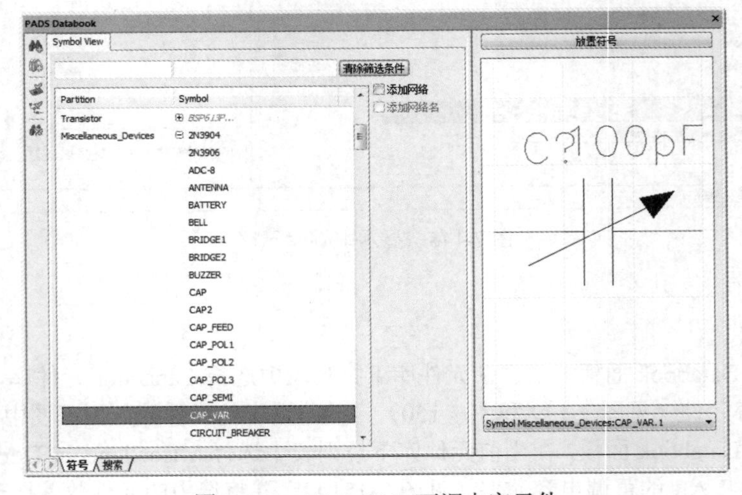

图 7-151 CAP_VAR 可调电容元件

❸ 打开 PADS Databook 面板，在当前元件库下拉列表中选择 Miscellaneous Devices 元件库，在元件列表中选择 NPN 的晶体管元件（见图 7-152），并将选中的元件放入原理图中。

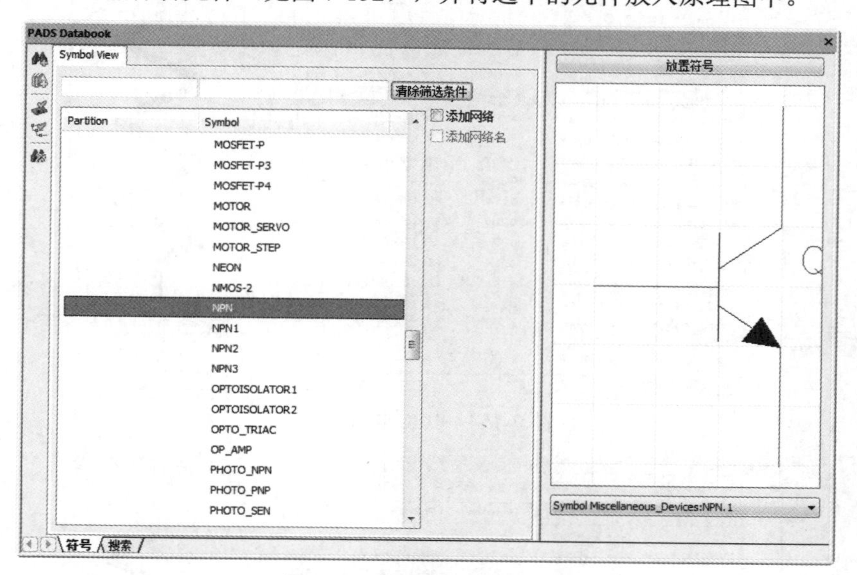

图 7-152　NPN 晶体管元件

❹ 打开 PADS Databook 面板，在当前元件库下拉列表中选择 Inductor 元件库，在元件列表中选择电感的电容元件（见图 7-153），并将选中的元件放入原理图中。

图 7-153　电感电容元件

❺ 打开 PADS Databook 面板，在当前元件库下拉列表中选择 Resistor 元件库，在元件列表中选择 10K、100K、39K、47K 的电阻元件（见图 7-154～图 7-157），并将选中的元件放入原理图中，结果如图 7-158 所示。

Note

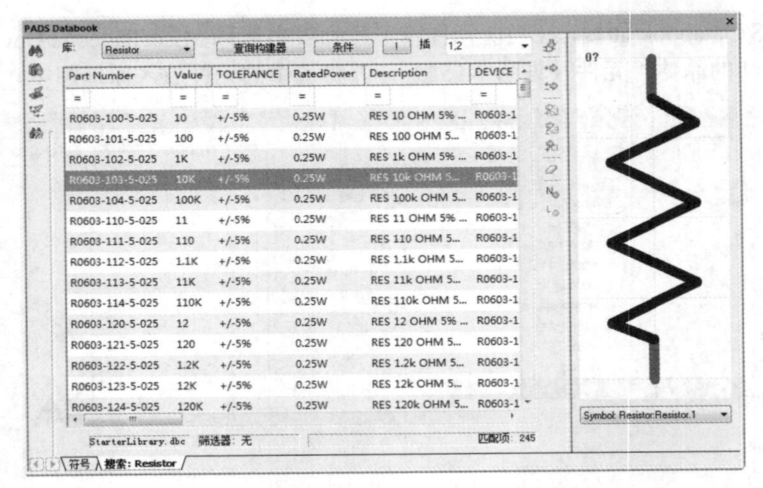

图 7-154　10K 电阻元件

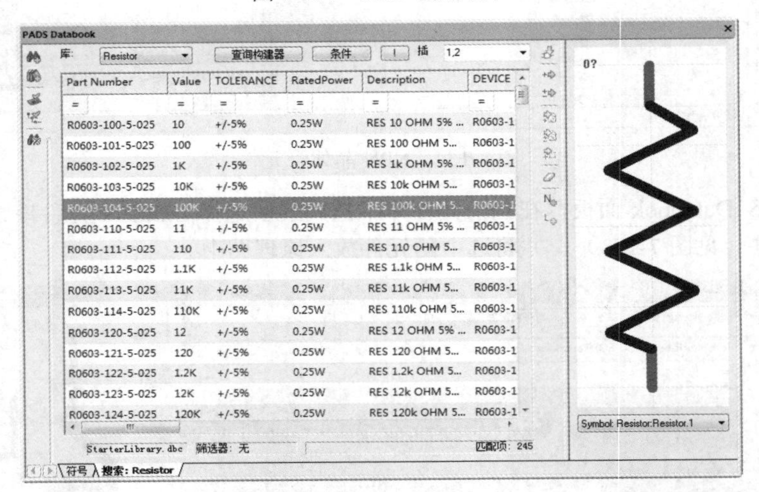

图 7-155　100K 电阻元件

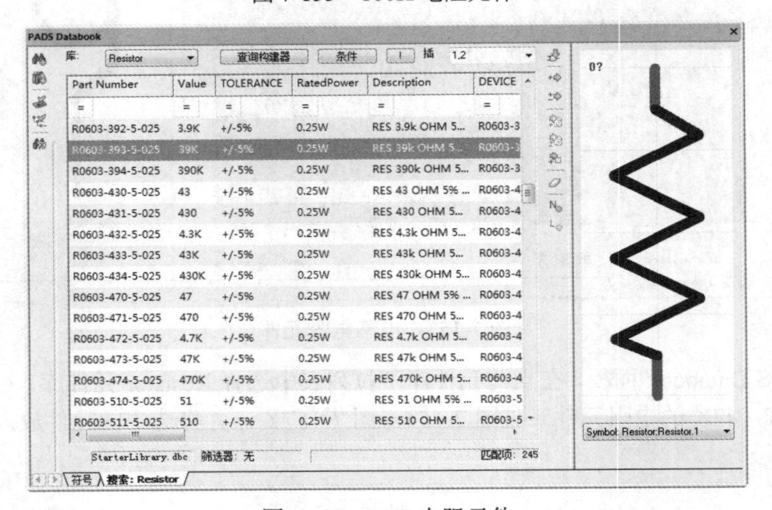

图 7-156　39K 电阻元件

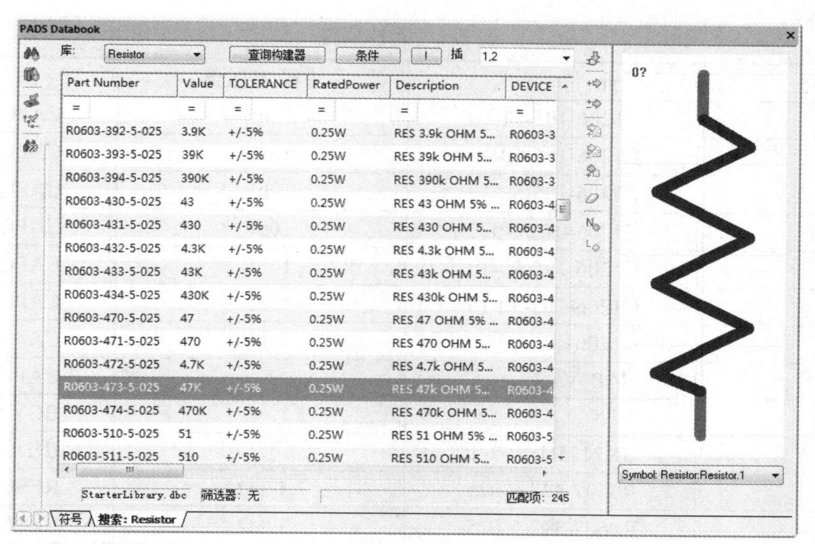

图 7-157　47K 电阻元件

（2）元件属性设置及元件布局。双击元件 NPN，弹出 Properties 面板，设置元件编号，如图 7-159 所示。

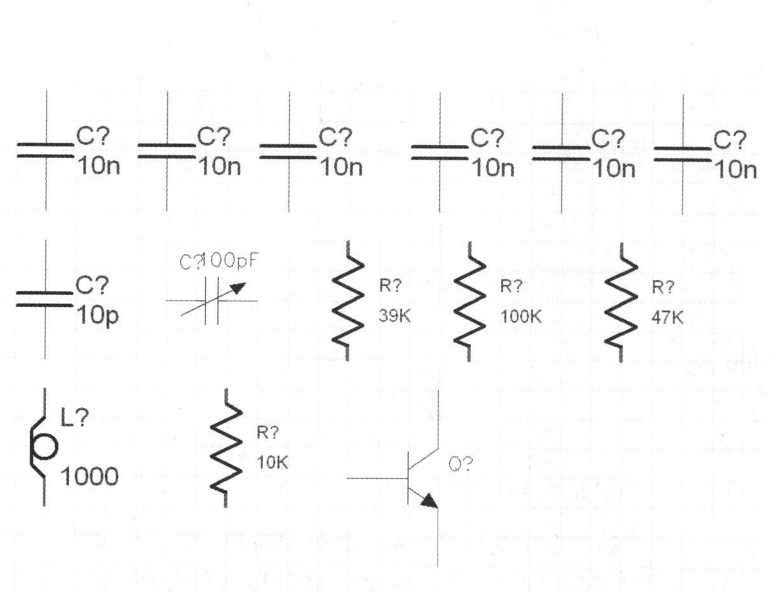

图 7-158　放置元件后的图纸

Properties

Property	Value
Name	
Id	$1I112
Partition	Miscellaneous_Devi
Symbol Name	NPN.1
Name Inverted	False
Forward To PCB	Inherit From Definit
Scale	1
Rotation	0
Code_JEDEC	TO-226-AA
Comment	
DESCRIPTION	NPN Bipolar Transis
DEVICE	NPN
LatestRevisionDate	17-Jul-2002
LatestRevisionNote	Re-released for DX.
PARTS	1
PKG_TYPE	BCY-W3
PackageReference	TO-226
Pin Order	C B E
Published	8-Jun-2000
Publisher	Altium Limited
REFDES	Q1

图 7-159　设置元件编号

同样的方法可以对电容、电感和电阻编号的设置，设置好的元件属性如表 7-1 所示。

提示：一般来说，在设计电路图时，需要设置的元件参数只有元件序号、元件的注释和一些有值元件的值等。其他参数不需要专门去设置，也不要随便修改。

Note

表 7-1　元件属性

编　号	元件符号	注释/参数值	封装形式
C1	C1206-105-50-10	10nF	CAPC3216X105N
C2	C1206-105-50-10	10nF	CAPC3216X105N
C3	C1206-105-50-10	10nF	CAPC3216X105N
C4	C1206-07-50-025	10pF	CAPC3216X105N
C5	C1206-105-50-10	10nF	CAPC3216X105N
C6	C1206-105-50-10	10nF	CAPC3216X105N
C7	C1206-105-50-10	10nF	CAPC3216X105N
C8	CAP_VAR		CAPC3225N
Q1	NPN		BCY-W3
L1	BK2125HS107-T		INDC2013X130N
R1	R0607-477-5-025	47kΩ	RESC1608X50AN
R2	R0607-397-5-025	39kΩ	RESC1608X50AN
R3	R0607-107-5-025	100kΩ	RESC1608X50AN
R4	R0607-107-5-025	10kΩ	RESC1608X50AN

（3）元件布局。根据电路图合理地放置元件，以达到美观地绘制电路原理图的效果。设置好元件属性后的电路原理图图纸如图 7-160 所示。

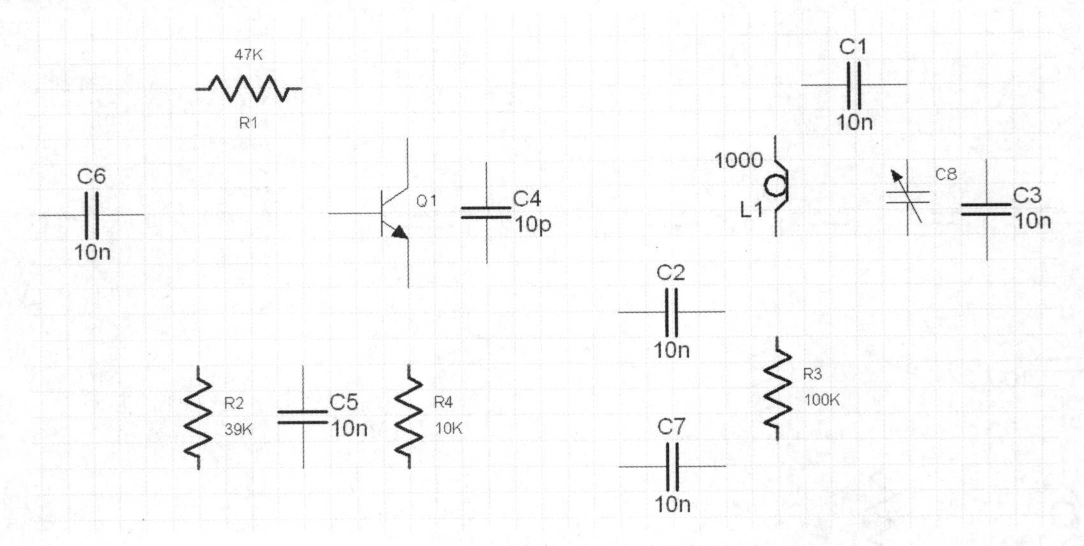

图 7-160　布局元件后的电路原理图

（4）连接线路。布局好元件后，下一步的工作就是连接线路。选择菜单栏中的“添加”→“网络”命令，或单击 Add 工具栏中的（添加网络）按钮，或按 N 键，此时光标变成十字形状并附加一个十字交叉符号，执行连线操作。连接好的电路原理图如图 7-161 所示。

（5）放置电源和接地符号。

❶ 选择菜单栏中的“添加”→“特殊元件”命令，或单击 Add 工具栏中的（添加特殊元件）下拉列表，选择 GROUND 命令，选择接地符号 Globals:GND_Earth.1，如图 7-162 所示，此时光标变成十字形状，并带有接地符号。

Note

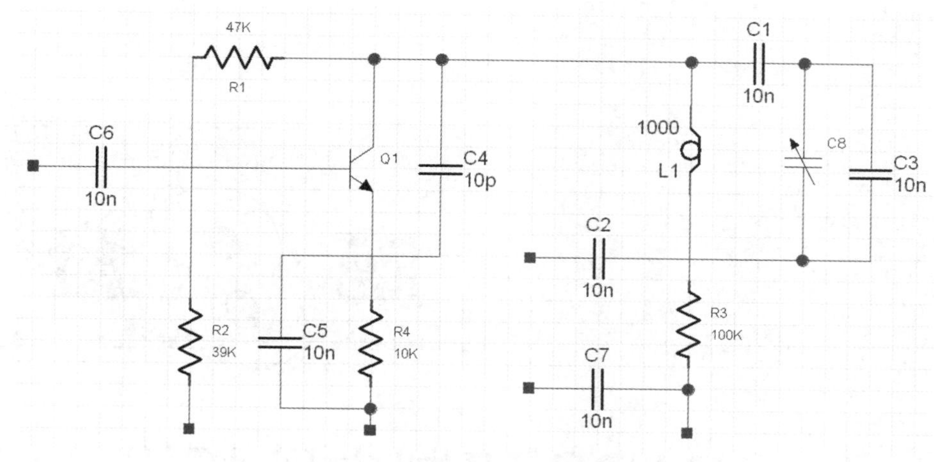

图 7-161　布线结果

- Globals:GND.1
- Globals:GND_General_1.1
- Globals:GND_Digital.1
- Globals:GND_Analog.1
- Globals:GND_Chassis.1
- Globals:GND_Earth.1

图 7-162　选择接地类型

❷ 移动光标到需要放置接地符号的地方，本例共需要 5 个接地，单击即可完成放置，如图 7-163 所示。此时光标仍处于放置电源的状态，重复操作即可放置其他的电源符号。

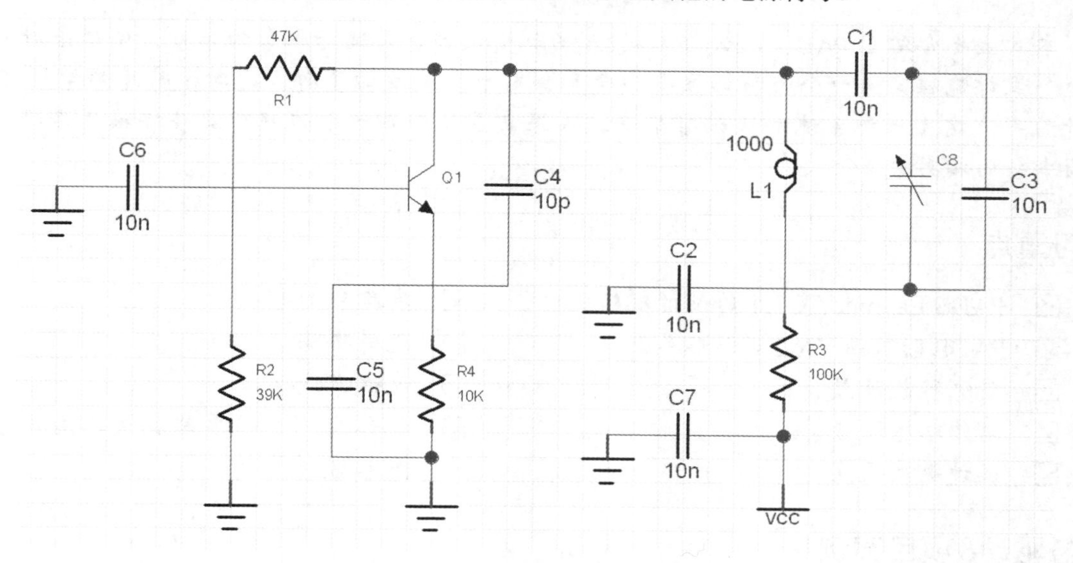

图 7-163　最小系统电路原理图

❸ 选择菜单栏中的“添加”→“特殊元件”命令，或单击 Add 工具栏中的（添加特殊元件）下拉列表，选择 POWER→Globals:Sourse_VCC.1 命令，放置电源，本例共需要 1 个电源。

❹ 完成电路原理图的设计后，保存原理图文件，结果如图 7-163 所示。

在本章中，介绍了创建项目文件，主要将学习原理图中元件参数进行详细设置与编辑，每一个元件都有一些不同的属性需要进行设置。

PADS 印制电路板设计

本章主要介绍了 PADS Layout VX.2.4 的初步设计。通过对本章的学习，使读者对 PCB 的整个设计流程及每一个流程的主要功能都会有一个大概的了解，这对于刚开始学习 PCB 设计的用户建立一种系统的认识有帮助。如果需要了解每一个流程中更多详细的情况，请参阅本书的相关章节。

学习重点

- ☑ PADS Layout VX.2.4 的设计规范
- ☑ PADS Layout VX.2.4 图形界面
- ☑ 系统参数设置
- ☑ 工作环境设置
- ☑ 设计规则设置
- ☑ 网络表的导入
- ☑ 元件布局
- ☑ 元件布线
- ☑ 操作实例——单片机最小应用系统 PCB 设计

任务驱动&项目案例

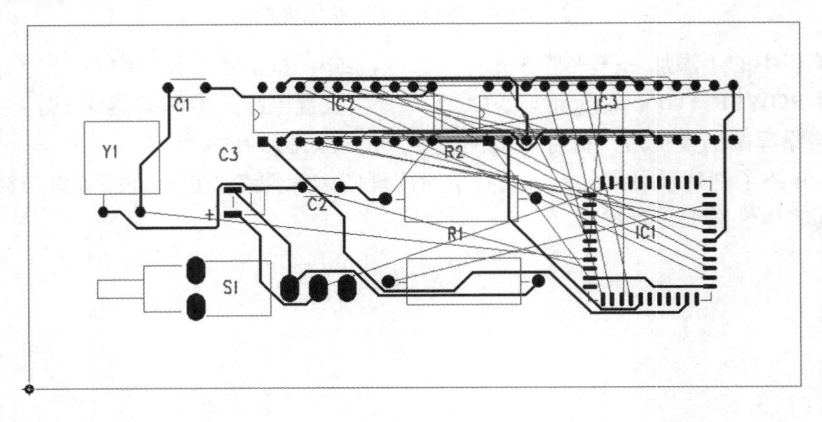

8.1 PADS Layout VX.2.4 的设计规范

8.1.1 概述

设计规范是为了防止出废品而制定的一套设计规则。

为了防止不懂制造工艺的设计者设计出不合理的 PADS Layout 板子，最有效的方法就是结合工艺、方法制定一套有章可循的设计标准。

8.1.2 设计流程

PADS Layout 的设计流程分为网表输入、规则设置、元器件布局、布线、复查、输出 6 个步骤。

1. 网表输入

网表输入有两种方法：一种是使用 PADS Logic 的 OLE 连接功能，选择“Layout 网表”，应用 OLE 功能，可以随时保持原理图和 PCB 图的一致，尽量减少出错的可能；另一种方法是直接在 PADS Layout 中装载网表，选择菜单栏中的“文件”→“导出”命令，将原理图生成的网表输入进来。

2. 规则设置

如果在原理图设计阶段就已经把 PCB 的设计规则设置好的话，就不用再设置这些规则了，因为输入网表时，设计规则已随网表输入 PADS Layout。如果修改了设计规则，必须同步原理图，保证原理图和 PCB 的一致。除设计规则和层定义外，还有一些规则需要设置，如焊盘堆栈，需要修改标准过孔的大小。如果设计者新建了一个焊盘或过孔，一定要加上 Layer25。

注意： PCB 设计规则、层定义、过孔设置、CAM 输出设置已经做成默认启动文件，名称为 Default.stp。网表输入进来后，按照设计的实际情况，把电源网络和地分配给电源层和地层，并设置其他高级规则。在所有规则都设置好后，在 PADS Logic 中，使用 OLEPADS Layout 链接的功能，更新原理图中的规则设置，保证原理图和 PCB 图的规则一致。

3. 元器件布局

网表输入以后，所有的元器件都会放在工作区的零点，重叠在一起，下一步的工作就是把这些元器件分开，按照一些规则摆放整齐，即元器件布局。PADS Layout 提供了两种方法：手工布局和自动布局。

（1）手工布局。

❶ 工具印制板的结构尺寸画出板边。

❷ 将元器件分散，元器件会排列在板边的周围。

❸ 把元器件一个一个地移动、旋转，放到板边以内，按照一定的规则摆放整齐。

（2）自动布局。

PADS Layout 提供了自动布局和自动的局部簇布局，但对大多数的设计来说，效果并不理想，不推荐使用。

Note

注意：

（1）布局的首要原则是保证布线的布通率，移动器件时注意飞线的连接，把有连线关系的器件放在一起。

（2）数字器件和模拟器件要分开，尽量远离。

（3）去耦电容尽量靠近器件的VCC。

（4）放置器件时要考虑以后的焊接，不要太密集。

（5）多使用软件提供的“排列”和“组合”功能，提高布局的效率。

4. 布线

布线的方式也有两种，即手工布线和自动布线。PADS Router提供的手工布线功能十分强大，包括自动推挤、在线设计规则检查（DRC设置），自动布线由Specctra的布线引擎进行，通常这两种方法配合使用，常用的步骤是手工→自动→手工。

（1）手工布线。

❶ 自动布线前，先用手工布一些重要的网络，如高频时钟、主电源等，这些网络往往对走线距离、线宽、线间距、屏蔽等有特殊的要求；另外一些特殊封装，如BGA。

❷ 自动布线很难布得有规则，也要用手工布线。

❸ 自动布线以后，还要用手工布线对PCB的走线进行调整。

（2）自动布线。

手工布线结束以后，剩下的网络就交给自动布线器来自动布。选择菜单栏中的“工具”→“自动布线”，启动布线器的接口，设置好DO文件，按“继续”就启动了Specctra布线器自动布线，结束后，如果布通率为100%，那么就可以进行手工调整布线了；如果不到100%，那么就说明布局或手工布线有问题，需要调整布局或手工布线，直至全部布通为止。

注意：有些错误可以忽略，例如有些接插件的Outline的一部分放在了板框外，检查间距时会出错；另外每次修改过走线和过孔之后，都要重新覆铜一次。

5. 复查

复查根据“PCB检查表”，内容包括设计规则，层定义、线宽、间距、焊盘、过孔设置；还要重点复查器件布局的合理性，电源、地线网络的走线，高速时钟网络的走线与屏蔽，去耦电容的摆放和连接等。复查不合格，设计者要修改布局和布线，合格之后，复查者和设计者分别签字。

6. 输出

PCB设计可以输出到打印机或输出光绘文件。打印机可以把PCB分层打印，便于设计者和复查者检查；光绘文件交给制板厂家，生产印制板。光绘文件的输出十分重要，关系到这次设计的成败，下面将着重说明输出光绘文件的注意事项。

（1）需要输出的层有布线层（包括顶层、底层、中间布线层）、电源层（包括VCC层和GND层）、丝印层（包括顶层丝印、底层丝印）、阻焊层（包括顶层阻焊和底层阻焊），另外还要生成钻孔文件（NCDrill）。

（2）如果电源层设置为Split/Mixed，那么在“添加文档”窗口的“文档类型”项选择Routing，并且每次输出光绘文件之前，都要对PCB图使用覆铜管理器的连接面进行覆铜；如果设置为CAM平面，则选择平面，在设置“层”项时，要把Layer25加上，在Layer25层中选择焊盘和过孔。

（3）在“输出设置”窗口，将“光绘”的值改为199。

（4）在设置每层的Layer时，将“板框”选上。

（5）设置丝印层的 Layer 时，不要选择“元件类型”，选择顶层（底层）和丝印层的边框、文本、2D 线。

（6）设置阻焊层的“层”时，选择过孔表示过孔上不加阻焊，不选过孔表示加阻焊，视具体情况确定。

（7）生成钻孔文件时，使用 PADS Layout 的默认设置，不要做任何改动。

（8）所有光绘文件输出以后，用 CAM350 打开并打印，由设计者和复查者根据“PCB 检查表”检查。

8.2　PADS Layout VX.2.4 图形界面

PADS Layout VX.2.4 不但具有标准的 Windows 用户介面，而且在这些标准的各个图标上都带有非常形象化的功能图形，使用户一接触到就可以根据这些功能图标上的图形判断出此功能图标的大概功能。

选择“程序”→PADS VX.2.4→Layout&Router→PADS Layout VX.2.4，启动 PADS Layout VX.2.4，立即进入 PADS Layout VX.2.4 的欢迎界面，如图 8-1 所示。同样的，PADS Layout 采用的是完全标准的 Windows 风格。

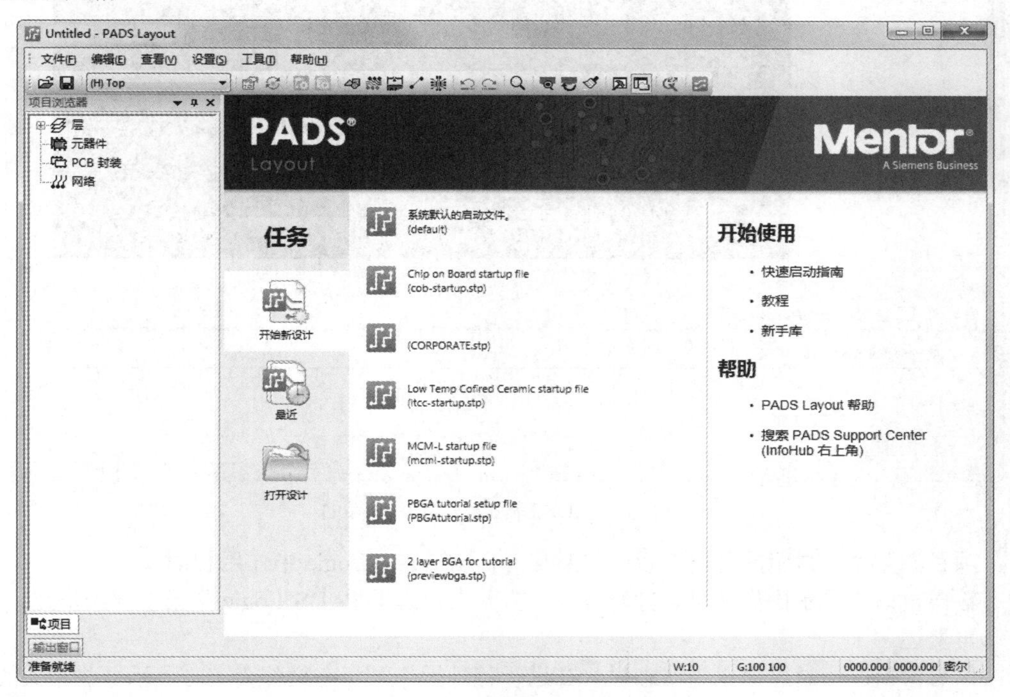

图 8-1　PADS Layout 欢迎界面

欢迎界面不是印制电路板设计界面，因此需要进行后期电路板操作还需要新建或打开新的设计文件。

8.2.1　窗口管理

选择欢迎界面内的“开始新设计”选项卡，包含不同类型的设计文件，在没有特殊说明的情况下，

选择“系统默认的启动文件”，立即新建新的设计文件，进入PADS的整体界面，进入印制电路板电路编辑环境。

选择菜单栏中的“文件”→“新建”命令，弹出“设置启动文件”对话框，如图8-2所示。在“起始设计”列表框中选择默认的启动文件，单击“确定”按钮，退出对话框，新建空白印制电路板电路。

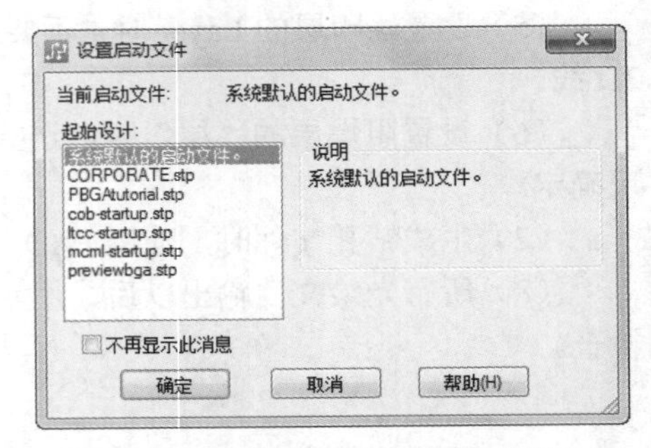

图8-2 “设置启动文件”对话框

印制电路板示意图包括下拉菜单界面、弹出清单、快捷键、工具栏等，这使得用户非常容易掌握其操作。PADS的这种易于使用和操作的特点在EDA软件领域中可以说是独树一帜的，从而使PADS成为PCB设计和分析领域的绝对领导者。

由图8-3可知，PADS Layout整体用户界面包括以下7个部分。

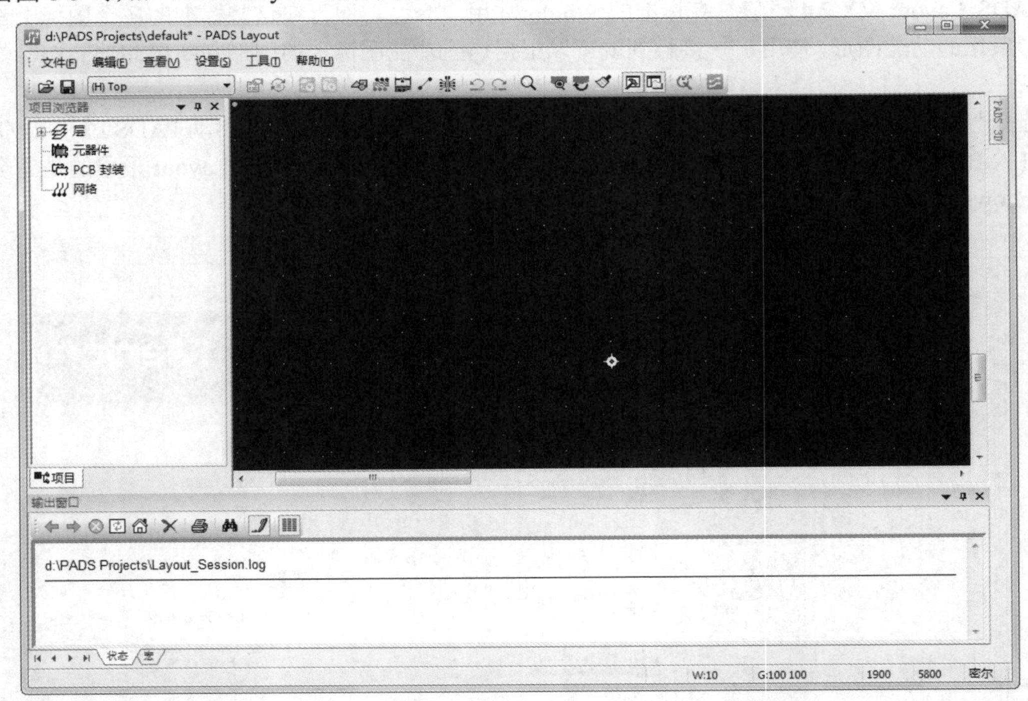

图8-3 PADS Layout整体用户界面

☑ 项目浏览器：显示的是电路板中封装信息，与PADS Logic中作用相同。

☑ 输出窗口：显示操作信息。打开、关闭方式在原理图PADS Logic中已将详细讲述，这里不再赘述。

☑ 信息窗口：信息窗口也叫状态栏，在进行各种操作时状态栏都会实时显示一些相关的信息，所以在设计过程中应养成查看状态栏的习惯。

- ➢ 默认的宽度：显示默认线宽设置。
- ➢ 默认的工作栅格：显示当前的设计栅格的设置大小，注意区分设计栅格与显示栅格的不同。
- ➢ 光标的X和Y坐标：显示十字光标的当前坐标。
- ➢ 单位：本图中显示的是“密尔”。

☑　工作区：用于 PCB 板设计及其他资料的应用区域。
☑　工具栏：在工具栏中收集了一些比较常用功能，将它们图标化以方便用户操作使用。
☑　菜单栏：同所有的标准 Windows 应用软件一样，PADS 采用的是标准的下拉式菜单。
☑　活动层：从中可以激活任何一个板层使其成为当前操作层。

Note

图 8-4 为电路板的示意图，读者可按照上面的界面介绍对比各部分在实际电路中的显示。

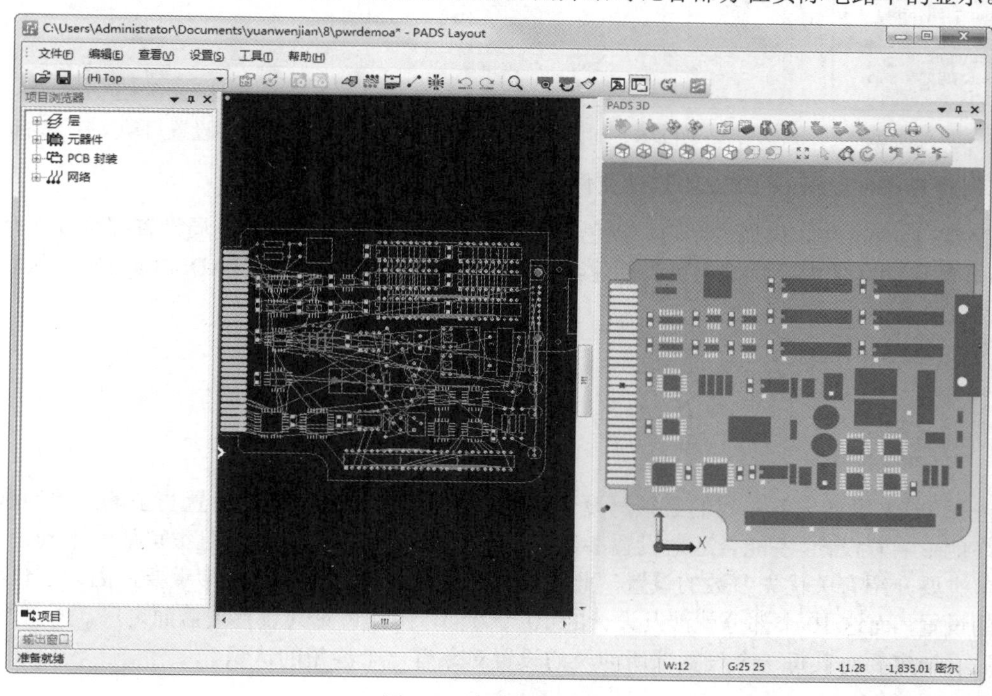

图 8-4　电路板示意图

8.2.2　文件管理

1. PADS Layout VX.2.4 的文件格式

PADS Layout VX.2.4 可以打开两种格式的文件：一种是扩展名为.pcb 的文件；另一种是扩展名为.reu 的文件（物理可重用文件）。选择菜单栏中的“文件”→“打开”命令，弹出文件打开对话框，在“文件类型”下拉列表中显示如图 8-5 所示的文件类型。

它不能打开扩展名为.job 的文件。job 文件是 PADS Layout 的前身 PADSPERFORM 的档案格式，可以在 Windows 98 和 DOS 环境下运行。

当打开一个文件时，PADS Layout VX.2.4 就会把数据格式转换为当前格式。

2. 新建 PADS Layout VX.2.4 文件

（1）选择菜单栏中的“文件”→“新建”命令，系统弹出如图 8-6 所示的询问对话框。

（2）如果单击对话框中的 是(Y) 按钮，则可以完成对旧文件的保存；若单击对话框中的 否(N) 按钮，则直接弹出“设置启动文件”对话框，如图 8-7 所示，当前设计的改动将不被保存。

（3）在图 8-7 所示的对话框中，“起始设计”列表框用来选择需要使用的启动文件。图 8-7 显示的启动文件是 PADS Layout 系统自带的启动文件，以后如果需要为新的设计文件改变启动文件，则可以执行“文件”→“设置启动文件”命令，通过弹出的“设置启动文件”对话框进行设置。

Note

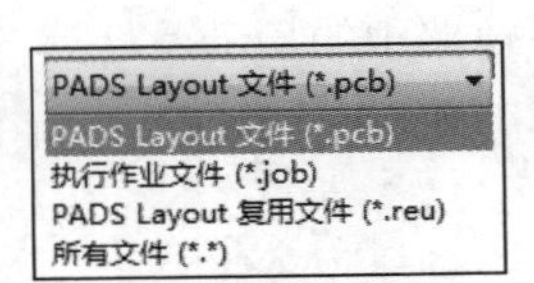

图 8-5　文件类型

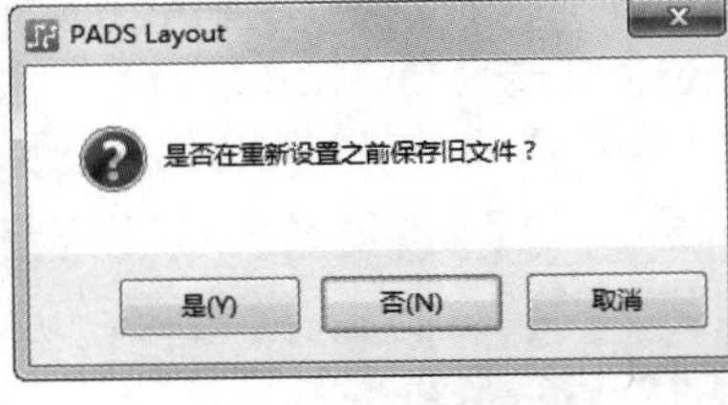

图 8-6　询问对话框

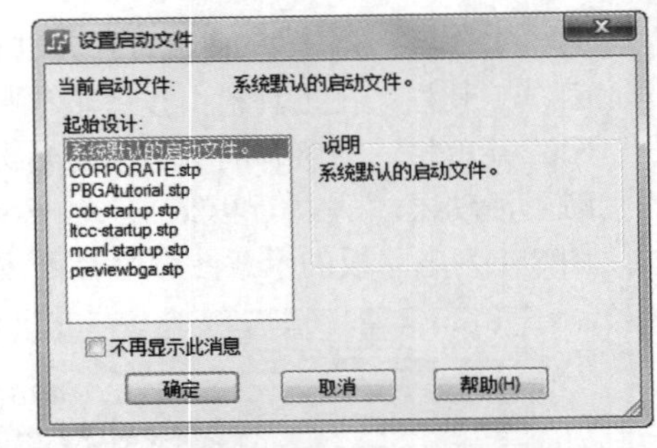

图 8-7　“设置启动文件”对话框

3. 创建 PADS Layout VX.2.4 启动文件

在 PADS Layout 中，像属性字典、颜色设置、线宽、间距规则之类的全局设置都可以保存在名为 default.asc 的启动文件中。我们也可以创建其他的启动文件。在启动时，PADS Layout 会从启动文件中读取默认的设置。

8.3　系统参数设置

在进行 PCB 设计之前，我们必须对设计环境和设计参数进行一定的设置与了解，因为这些参数自始至终地影响着设计。不能合适地设置参数不仅会大大降低工作效率，而且很可能达不到设计要求。

本节主要介绍有关优先参数的设置，此项设置在整个设计过程中都非常重要，因为它包含了 10 个部分的设置，而这 10 个部分就涉及设计的 10 个方面，由此可见其设置覆盖面之广，所以通过本节的阅读后，一定要对其每一个设置项所涉及的设置对象有一个清楚的认识。

8.3.1　全局参数设置

选择菜单栏中的“工具”→“选项”命令，弹出“选项”对话框，选择“全局”选项，如图 8-8 所示。

顾名思义，“全局”参数的设置是对整体设计而言，并不专门针对哪一方面或功能。全局设置下有 4 个选项卡。

1. “常规”选项卡

（1）“光标”选项组。

☑　样式：在该下拉列表框中，PADS Layout 共提供了 4 种不同的光标风格，即“正常”风格、“小十字”风格、“大十字”风格和“全屏”风格。

注意：使用全屏光标显示风格在某种情况下（如布局）会使设计变得更轻松。

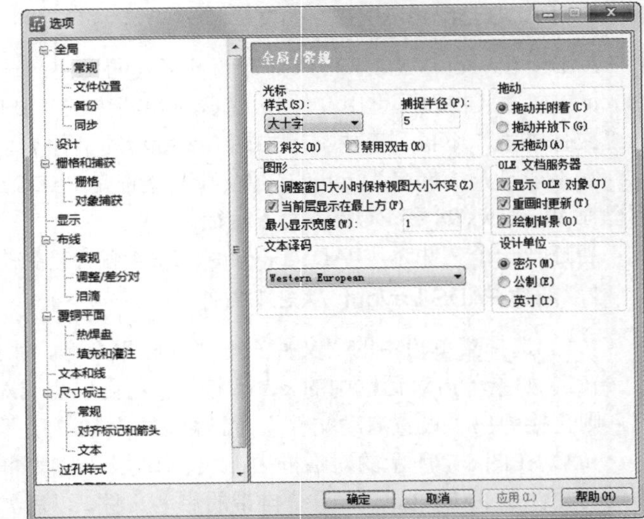

图 8-8　全局参数设置

Note

☑ 捕捉半径：该选项表示在选择或点亮某一个对象时，十字光标距离该捕捉对象多远时单击才可以有效地选择对象或者点亮对象，即单击选择一个对象时允许的离对象最远的距离。一般默认值是 5mil，特别注意此值设大设小既有好的一面，又有坏的一面，比如太大时虽然增加了捕捉度，但可能因为捕捉度太大而容易误选无关的对象，而捕捉半径太小时，选择对象就需要更准确地单击，所以建议用户使用默认值。

☑ 斜交：选中此复选框，光标将以对角线的形式（“×”）显示，否则光标以正十字显示。

☑ 禁用双击：如果选中此复选框，则在设计中双击时都将视为无效的操作。双击在很多操作中都能用到，如添加过孔、完成走线、对某对象查询等，所以推荐不要选中此复选框。

（2）“图形”选项组。

☑ 调整窗口大小时保持视图大小不变：设计环境窗口变化是否保持同一视图选项。当 PCB 设计环境窗口变化时，选中该复选框可以保持工作画面视图与其的比例。

☑ 当前层显示在最上方：激活的层显示在最上面层选项，选中此复选框表示当前进行操作的层（激活层）拥有最高显示权，显示在所有层的前面，一般默认为选中状态。

☑ 最小显示宽度：该选项用于设置最小显示宽度，其单位为当前设计的单位。可以人为地设定一个最小的显示线宽值，如果当前 PCB 板中有小于这个值的线宽时，则此线不以其真实线宽显示而只显示其中心线；对于大于该设定值的线，按实际线宽度显示。如果该选项的值被设置为 0，则所有线都以实际宽度显示。这个值越大，刷新速度越快。设计文件太大，显示刷新太慢时可以这么做。

（3）“文本译码”选项组。

该选项用于设置文本字体，在下拉列表中设置类型如图 8-9 所示。

（4）“拖动”选项组。

该选项组用来设置对象的拖动方式，共有 3 个选项。

☑ 拖动并附着：可以拖动被选择的对象。选中该单选按钮后，选中对象时按住鼠标左键直接拖曳对象而使其移动，对象移动后可松开左键，移动到所需位置时单击将对象放下即可。选中此单选按钮有助于提高设计效率。

☑ 拖动并放下：可以拖动被选择的对象。选中该单选按钮后，在移动选中对象时，不能松开左键。松开左键时，拖动完成，即松开的位置就是对象的新位置。

☑ 无拖动：此选择不允许拖动对象，而必须激活一个对象之后使用移动命令（如右击选择“移动”命令）才能移动选择对象。

（5）“OLE 文档服务器”选项组。

该选项组包括 3 个选项。

☑ 显示 OLE 对象：该选项用于设置是否显示已插入的 OLE 对象。如果当前设计中存在 OLE 对象，那么打开太多的 OLE 链接目标会严重影响系统的运行速度。

☑ 重画时更新：该设置仅仅应用于 PADS Layout 被嵌入其他应用程序中的情况。在满足以下两个条件时，系统更新其他应用程序中的 PADS Layout 连接嵌入对象。

  ➢ 在分割的窗口中编辑 PADS Layout 对象。
  ➢ 在分割的窗口中单击（重画）按钮。

☑ 绘制背景：该设置仅仅应用于 PADS Layout 被嵌入其他应用程序中的情况。应用同上，可以为被嵌入的 PADS Layout 目标设置背景颜色，当此选项关闭时，背景呈透明状态。

（6）“设计单位”选项组。

设计单位有 3 种：密尔、公制和英寸，三者只能选择其中之一使用。系统默认单位为“密尔”。

2. “文件位置”选项卡

选择“文件位置”选项卡，如图 8-10 所示。其中显示文件类型及对应位置，双击即可修改文件路径。

Note

Western European
Arabic
Baltic
Central European
Chinese Simplified
Chinese Traditional
Cyrillic
Greek
Hebrew
Japanese
Korean (Johab)
Korean (Wansung)
Thai
Turkish
Western European

图 8-9　下拉列表设置类型

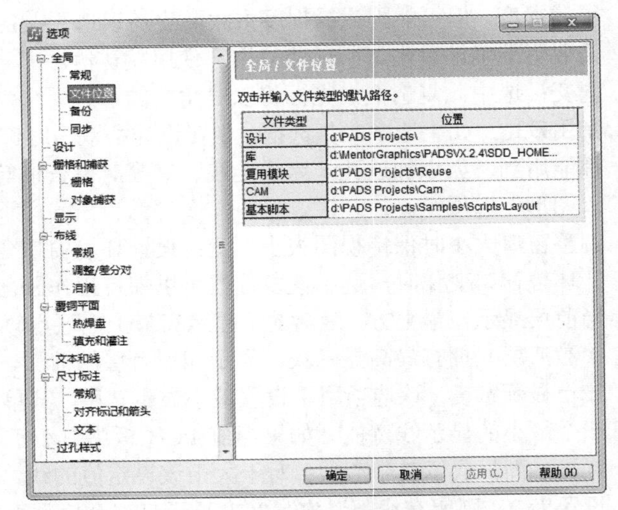

图 8-10　“文件位置”选项卡

3. “备份”选项卡

选择“备份”选项卡，如图 8-11 所示。

☑　间隔（分钟）：自动存盘时每个自动备份文件之间的时间间隔。此间隔值要适当，如果太小会因为系统总是在进行自动存盘而降低了系统对设计操作的反应。用户可以通过单击“备份文件”按钮来指定自动存盘的文件名和存放路径。

☑　备份数：可以设定所需的自动备份文件个数，但此数范围只能是 1～9，系统默认 3 个。文件命名方式为 PADS Layout1.pcb、PADS Layout2.pcb 和 PADS Layout3.pcb。

4. “同步”选项卡

选择“同步”选项卡，如图 8-12 所示。

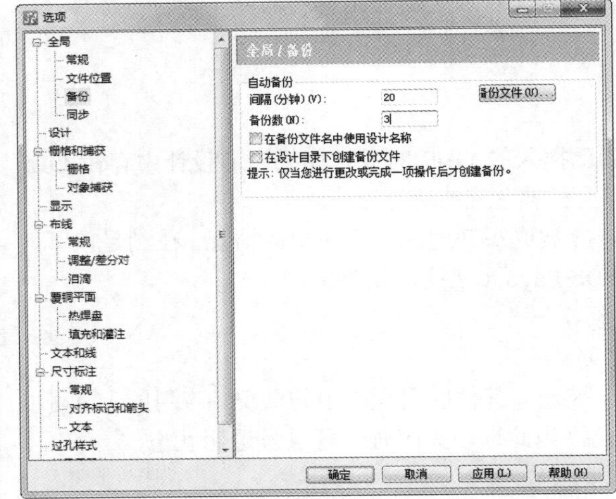

图 8-11　“备份”选项卡

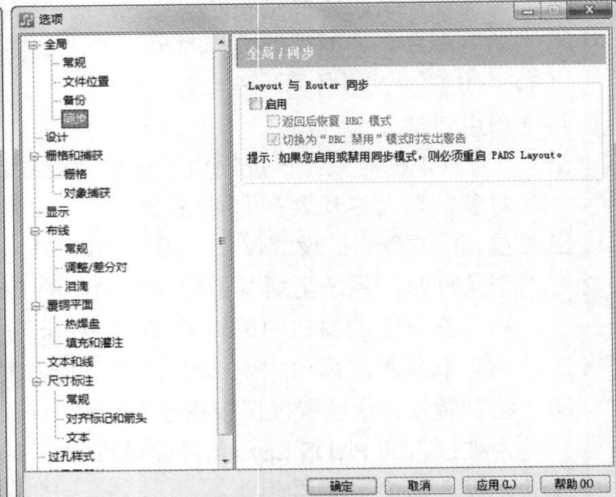

图 8-12　“同步”选项卡

选中“启用”复选框，则 PADS Layout 与 PADS Router 同步。

8.3.2　“设计”参数设置

选择菜单栏中的“工具”→“选项”命令，弹出“选项”对话框，选择其中的“设计”选项，如图 8-13 所示。

此项设置主要针对在设计中一些有关的诸如元件移动、走线方式等方面的设置，总共包括以下 9 部分。

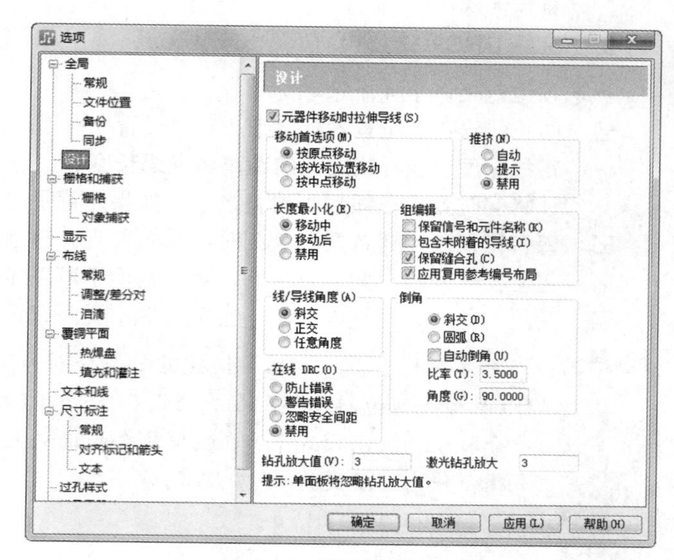

图 8-13　设计参数设置

1．“元器件移动时拉伸导线”复选框

当此复选框被选中时，表示移动元件时，跟此元件管脚直接相连的布好了的走线在移动完成后仍然保持走线连接关系，反之则跟此元件管脚直接相连的走线移动的那一部分在元件移动后将变为鼠线连接状态。

2．“移动首选项”选项组

该选项组用于设置移动一个元件时鼠标的捕捉点，共包含 3 个选项，每次仅允许选择一个选项。

☑　按原点移动：选中此单选按钮后，当选择元件移动时，系统会自动将十字光标定位在元件的原点上，以原点为参考点来移动。这个原点是在编辑元件时设定的位置，而不一定是元件本身的某个位置。

☑　按光标位置移动：此项表示移动元件时，单击元件任意点，则元件移动定位时就以此点为参考点来进行移动。

☑　按中点移动：该选项表示在移动元件时，系统自动把光标定位在元件的中心上，以元件中心为参考来移动元件或定位。

3．“长度最小化”选项组

该选项组包括以下 3 个选项。

☑　移动中：在移动一个元件时，系统会实时比较与此移动元件管脚直接相连的同一网络连接点，并将其与最短距离点相连接。此项设置在有效状态下有助于布局设计，但对于某些特殊的 PCB 设计需要关闭这种最短化连接方式。

☑　移动后：选中该单选按钮后，则在移动元件的过程中不计算鼠线长度；只有当元件移动固定后，系统才会进行鼠线最短距离计算。

☑　禁用：此选项禁止系统进行鼠线长度最短化计算。

4．“线/导线角度”选项组

该选项组包括以下 3 个选项。

☑　斜交：选中此单选按钮后，则系统在绘图或布线设计中走线时采用 45°的整数倍改变线的方向。可以使用快捷命令 AD 直接切换到此状态下。

☑ 正交：与“斜交”不同，选中此单选按钮后，则系统在绘图或布线设计中走线时采用 90°的整数倍改变线的方向。可用快捷命令 AO 取代此设置。

☑ 任意角度：选中该单选按钮后，系统可以采用任意角度来改变线的方向。可用快捷命令 AA 直接关闭。

Note

5. “在线 DRC”选项组

该选项组包括以下 4 个选项。

☑ 防止错误：在进行设计之前，在“设置”→“设计规则”中定义了各种各样的设计规则，如走线宽度、线与线之间的距离、走线长度等。如果在进行设计的过程中将此项打开，那么设计将实时处于在线规则检查之下，如果违背了定义的规则，系统将会阻止继续操作。

☑ 警告错误：当违背间距规则时，系统警告并输出错误报告，但不允许布交叉走线。

☑ 忽略安全间距：此项可忽略间距规则但不可以布交叉走线。

☑ 禁用：关闭一切规则控制，自由发挥不受所有设计规则约束。

技巧： 以上 4 种状态模式的切换快捷键命令分别如下：DRP 命令可直接切换到阻止错误状态；DRW 命令可直接切换到警告错误状态；DRI 命令可直接切换到忽略安全间距状态；DRO 命令转化到关闭模式下，在快捷命令的记忆上应该讲究技巧：把烦琐、多杂的记忆内容分成很多份来记不失为一种有效的方法。

6. “推挤”选项组

该选项组包括以下 3 个选项。

☑ 自动：当将一个元件不小心放在另一个元件之上时，如果选中此单选按钮，那么系统会自动按照设计规则来将这两个元件分开放置。

☑ 提示：同上面选项不同，系统首先不会自动去调整元件位置，而是弹出一个“推挤元件和组合”对话框进行询问，如图 8-14 所示，可以从此对话框中选择任何一种推挤方向：自动、左、右、上和下，然后单击“运行”按钮，系统将按所选择的方式自动调整元件位置来放置。

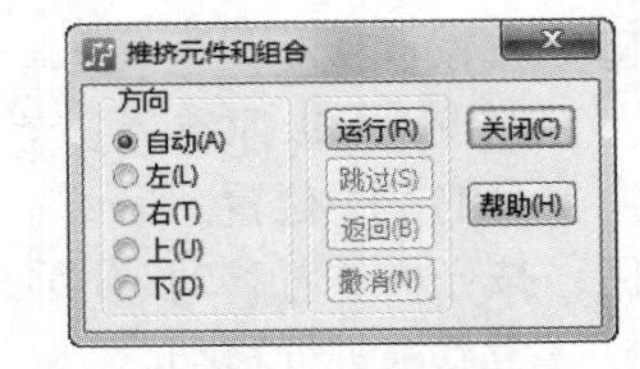

图 8-14 “推挤元件和组合”对话框

☑ 禁用：关闭自动调整元件放置功能。

7. “组编辑”选项组

这个功能主要针对块操作而言，组操作是 Windows 操作系统一大特色，所以一般都具有此项功能。块的概念就是定义一个区域，在这个区域内所有的对象就组合成了一个整体，对这个整体的操作就好像对某一单个对象操作一样。

☑ 保留信号和元件名称：如果选中此复选框，那么在进行组操作时（如复制、粘贴），将会保持信号的连接性和元件名。

☑ 包含未附着的导线：当进行组操作时，比如复制一个组，在选中的块范围内的走线不管是否在组内有无与其他元件相连，均被同等对待，但复制的块并不与原块保持信号线连接。

☑ 保留缝合孔：选中该复选框后，在进行编辑时禁止删除缝合孔。

☑ 应用复用参考编号布局：选中该复选框后，进行组操作时，对编号进行布局。

8. “倒角”选项组

当在进行画图设计时，如果对所画图形的拐角长度要求一定（这个拐角可以是斜角和圆弧），则

可以设定一种模式，然后在画图时将按此模式来拐角处理。系统提供了 3 种方式：斜交、圆弧和自动倒角，只有在选定自动模式时，需要设定拐角圆弧的比率（半径）和角度范围。

9. “钻孔放大值”选项

“钻孔放大值”表示实际上相当于一个钻孔镀金补偿值，比如实际板中过孔直径为 30mil，但在设计中如果不考虑补偿值，那么加工 PCB 板时先钻孔，过孔按设定值 30mil 钻孔，但此过孔还需要沉铜加工来使过孔导通，这样实际的过孔一定小于 30mil，所以一定需要这个补偿值，其默认值为 3。

Note

技巧： 如果不希望使用这项设置，可以在设置“选项”→“过孔样式”项中不选择其设置窗口最下面的选择项“Plated（电镀）”。

8.3.3　“栅格和捕获”参数设置

选择菜单栏中的“工具”→“选项”命令，弹出“选项”对话框，选择其中的“栅格和捕获”选项，主要分为“栅格”和“对象捕获”两个选项卡。

首先介绍“栅格”选项卡，如图 8-15 所示。

注意： 栅格也就是平常说的格子，建立这种网状格子主要是利用这些格子来控制需要的距离或者在空间上做一个参考。能够在设计中控制移动操作或者对象放置时最小间隔单位的栅格叫作设计栅格，这个设计栅格是不可以显示的。而能够显示在设计画面中仅供设计参考之用的那些可见阵列格子为显示栅格。

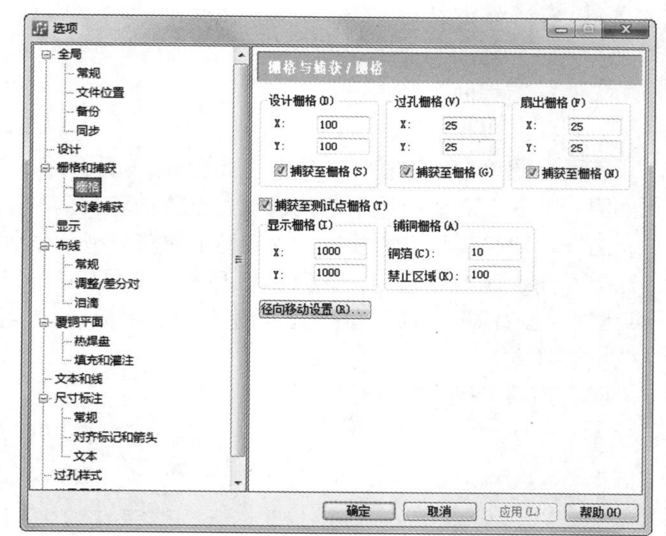

图 8-15　“栅格”选项卡

有关栅格的设置有以下 6 个部分。

☑ “设计栅格”选项组：栅格是由 X 和 Y 两个参数来决定格子的大小，多数情况下 X 和 Y 值相等，也就是说栅格的每一个格子为正方形。以下各项栅格设置也一样，其实在实际设计中，设置设计栅格最好的方法是直接使用命令 G，如输入 G25。

技巧： 尽管设置了栅格参数值，但是可以不受其控制，只要不选中 X 和 Y 值下面的“捕获至栅格”复选框即可。

☑ “过孔栅格”选项组：这项设置主要控制过孔在设计中的放置条件，设置方法和“设计栅格”一样。

☑ “扇出栅格”选项组：这项设置主要是为自动布器 PAD SRouter 扇出功能进行设置，其设置方法和“设计栅格”一样。

☑ “显示栅格”选项组：在设计画面中有很多点阵，如果没有，是因为 X 和 Y 值设置得太小，不妨将其值变大试试。这些点阵格子就是设计参考栅格，也是唯一能真正显示出来的栅格，所以称为显示栅格。这种栅格主要用于设计中做参考用。当然可以将其设置为与其他几个中

任何一种栅格设置具有相同的 X 值和 Y 值，那么那种栅格也得到了显示。显示栅格的设置方法同上述几种一样，只是没有选中“捕获至栅格”复选框，这是因为它只能看不可以用。

技巧： 使用直接命令 GD 设置显示栅格会更方便快捷。

Note

☑ “铺铜栅格”选项组。

- 铜箔：实际上铺设的铜皮都是由若干平行正交或斜交的 Hatch 线构成的，当将这些 Hatch 线设置小于某值时，就会看见它的网状结构，把线宽设置到一定大时，看见的就是一整片铜皮。此项设置用来设置铜皮中这些 Hatch 线中心线距离。
- 禁止区域：在铜皮中有时会保留一定的面积，此面积不允许铺铜。将这部分面积就称为“禁止区域”。此项就是对这部分面积进行栅格设置。

☑ “径向移动设置”按钮：单击该按钮，则弹出如图 8-16 所示的“径向移动设置”对话框。该对话框主要有以下 5 部分设置。

- 极坐标栅格原点。
- 角度参数。
- 移动选项。
- 方向。
- 极坐标方向。

下面介绍“对象捕获”选项卡，如图 8-17 所示。

☑ 捕获至对象：选中此复选框，设置捕获类型。

☑ “对象类型”选项组：主要显示捕获类型，分别是拐角、中心、交叉点、中点、四分之一圆周、元器件原点、管脚/过孔原点。

☑ 显示标记：在捕捉点显示对应的捕捉标记，“对象类型”选项组下对象右侧符号即是标记样式。

☑ 捕获半径：默认数值为 8.33。

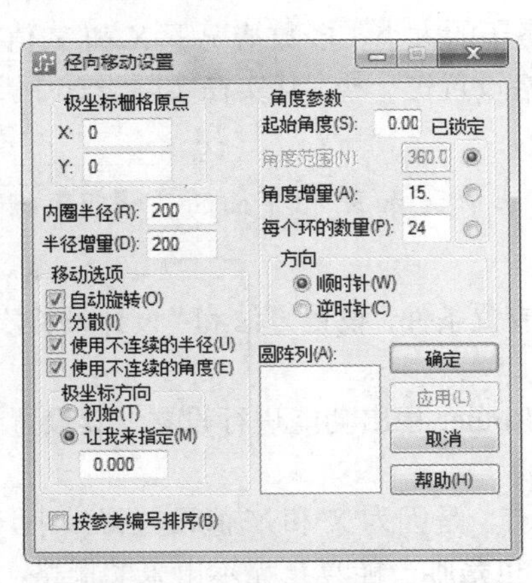

图 8-16 “径向移动设置”对话框

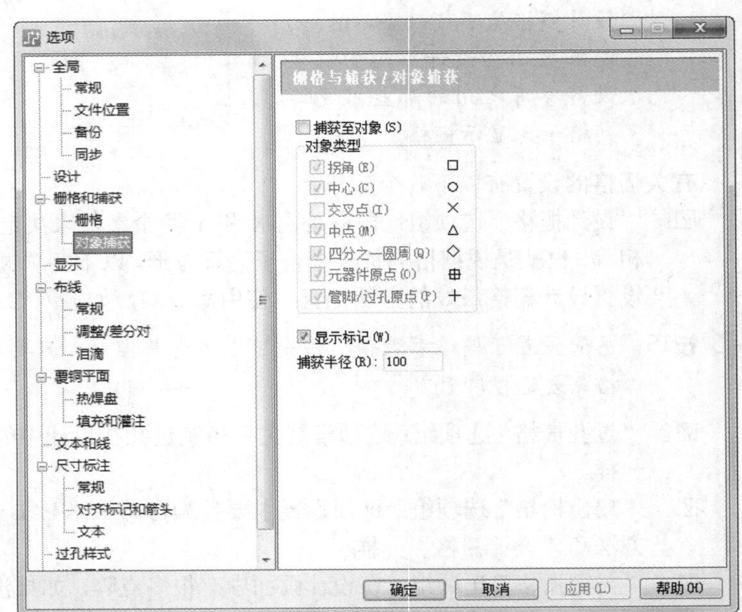

图 8-17 “对象捕获”选项卡

8.3.4　“显示”参数设置

选择菜单栏中的“工具”→“选项”命令，弹出“选项”对话框，选择“显示”选项，则弹出如图 8-18 所示的设置窗口。

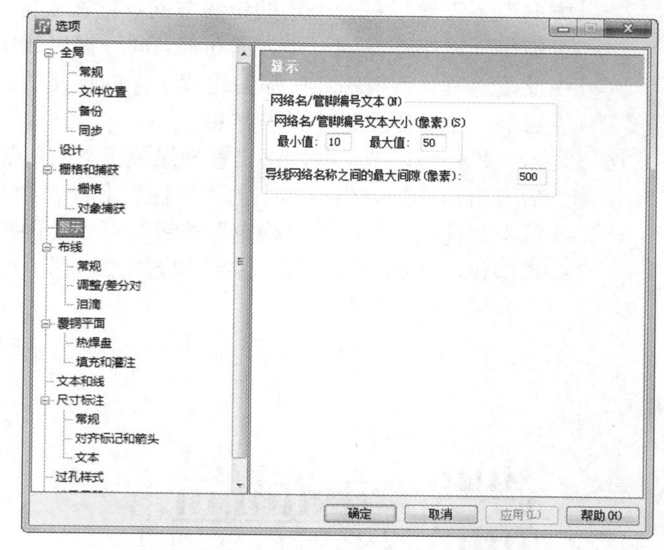

图 8-18　“显示”参数设置

显示设置主要用于设置导线、过孔及引脚上显示网络名的相关显示参数。

☑　网络名/管脚编号文本大小（像素）：可以设置文本的最大值、最小值，默认的最大值、最小值分别为 50、10。

☑　导线网络名称之间的最大间隙(像素)：默认参数值为 500。

8.3.5　“布线”参数设置

选择菜单栏中的“工具”→“选项”命令，弹出“选项”对话框，“布线”选项下有“常规”“调整/差分对”“泪滴”选项卡。

1. “常规”选项卡（见图 8-19）

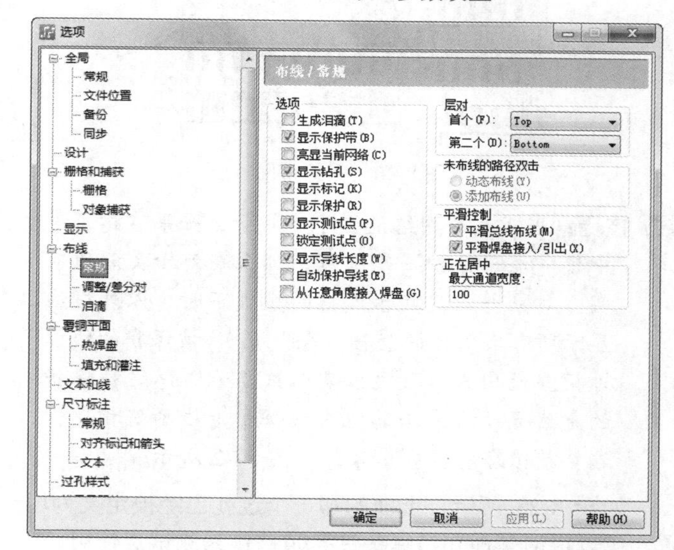

图 8-19　“常规”选项卡

布线设置主要针对走线设计中的需求设置，可以使设计变得更加方便和可靠，所以在走线过程中发现走线不符合需求时，请检查布线设置。“常规”选项卡共有以下 5 个选项组。

（1）“选项”选项组。

该选项组中共有如下 11 个选项。

☑　生成泪滴：选中此复选框可以使在布线设计过程中，布线时在焊盘和走线之间或过孔与走线连接处自动产生泪滴。

注意：泪滴可以使走线与焊盘得到圆滑的过渡，推荐使用。对于一些高精高密度板，系统还允许对泪滴进行编辑。

☑　显示保护带：当在 DRC（在线规则检查）打开模式下布线时，一切操作都受在“设置”→“设计规则”中定义好的设计规则所控制，违背定义规则时，则会出现保护带。保护带的半径是规则中的最小安全距离值，如图 8-20 所示。

☑　亮显当前网络：选中此复选框表示激活某网络时，则此网络颜色呈高亮状态。

技巧：高亮显示颜色在“设置”→“显示颜色”中设置。

Note

☑ 显示钻孔：选中此复选框，可以显示所有钻孔焊盘内径，否则均为实心圆显示状态。

☑ 显示标记：在菜单栏中选择“设置”→“层定义”命令，弹出“层设置”对话框，在“布线方向”下设置了每一个层的走线方向，但在实际走线时，除非设置成“任意”，否则根本不可能每一网络均在同一个方向布线。同一根走线中的某些线段可能会违背这个规则，如果选中此复选框，系统就会在那些违背了方向定义的线段拐角处做上一个方形标记。这对于设计无影响，推荐不要选中此复选框。

☑ 显示保护：可以把某些网络设置为保护状态，先点亮需要设置的网络或网络中某部分连线等，然后右击，选择弹出菜单中的“特性”命令，则弹出如图 8-21 所示的对话框，选中“保护布线”复选框，再单击“确定”按钮即可。被保护的走线将会处于一种保护模式下，对其的编辑操作，比如修改走线、移动和删除都将视为无效。

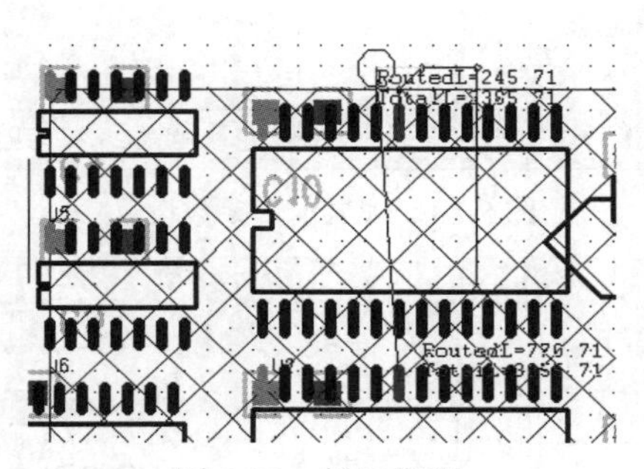

图 8-20　保护带图

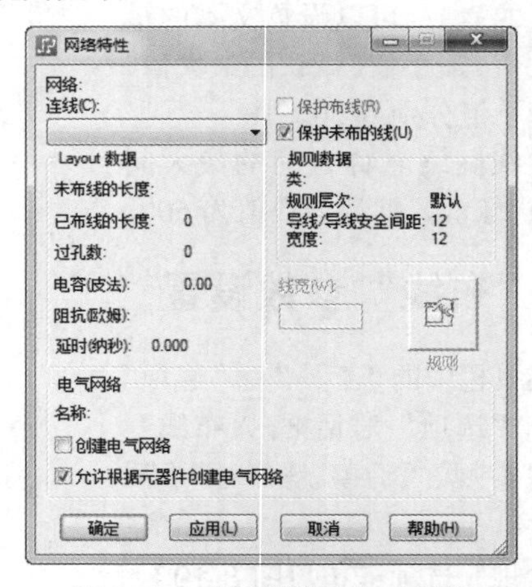

图 8-21　“网络特性”对话框

✍ **技巧：**当对某个网络设置了保护后，如果在这里选中了“显示保护”复选框，那么在处于关闭所有实心对象并以只显示外框的模式下时（以外框线显示所有实心体的直接命令是 O），被保护的线以外框显示出来，反之以实心线显示，总之被保护的走线显示方式与其他未被保护走线刚好相反，这样就很容易区分出来，如图 8-22 所示。

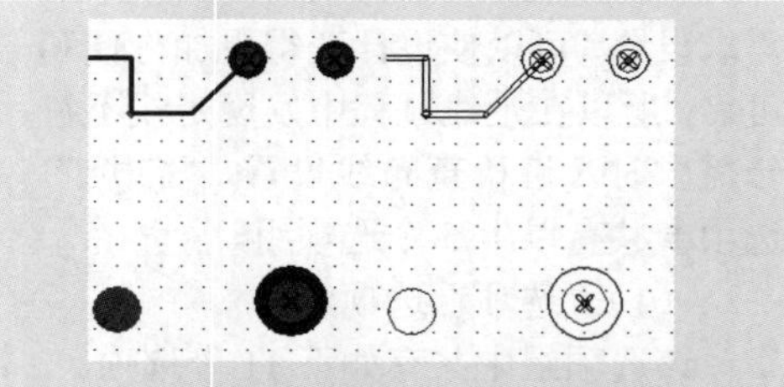

图 8-22　保护线的两种显示模式显示测试点

如图 8-23 所示，上面的那一个过孔已经被定义为用于测试点，通过打开此项测试点标记显示设置，可以很清楚地知道哪些过孔是被作为测试点使用。

☑ 锁定测试点：选中此复选框表示在移动元件时不能移动测试点。

☑ 显示导线长度：选中该复选框后，布线时在光标处显示已布线的长度和总长度。

☑ 自动保护导线：该选项用于设置是否自动保护走线不被拉伸、移动、推挤、圆滑处理。

☑ 从任意角度接入焊盘：选中该复选框后，布线可以以任意角度进出焊盘而无须考虑“焊盘角度”的设置参数。

（2）“层对”选项组。

这个选项组用于定义板层对，共有两个选项。

☑ 首个：设置板层对的第 1 层。

☑ 第二个：设置板层对的第 2 层。

Note

✍ **技巧**：当设计多层板时，例如只希望在第 2 层和第 3 层之间操作，就可以将“首个”设置为 InnerLayer2，而将“第二个”设置为 InnerLayer3，这样在走线或者其他操作时，系统将自动仅仅在第 2 层和第 3 层之间切换。也可用快捷命令 PL 来代替该设置，因为在多层板设计中，同一根走线有时可能要交换两次以上的层对，使用快捷命令可以大大提高操作效率。

（3）“未布线的路径双击”选项组。

☑　动态布线：设置此项表示在动态走线模式下，只需双击即可完成一个动态布线操作。

☑　添加布线：双击即可完成一个手工走线操作。

注意：这个设置一般默认为“添加布线”，如果需要设置成“动态布线”，则必须处于在线检查 DRC 模式下（打开在线检查用直接命令 DRP）。

（4）“平滑控制”选项组。

☑　平滑总线布线：保护一个网络的走线（包括长度受控的网络）和走线末端的过孔。

☑　平滑焊盘接入/引出：在完成一个总线布线后，进行一个圆滑操作。

（5）“正在居中”选项组。

该选项组中的“最大通道宽度”选项用于设置最大通道宽度。

2. “调整/差分对”选项卡（见图 8-24）

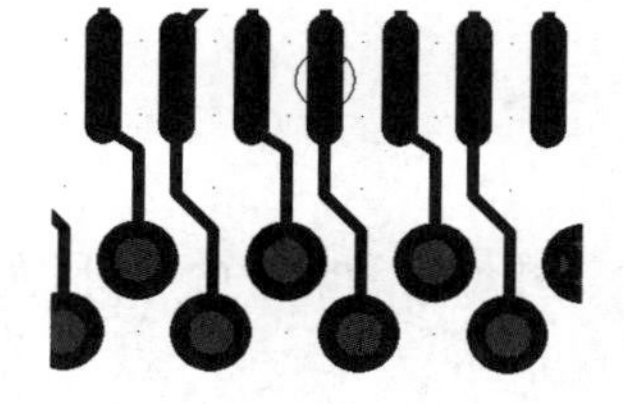

图 8-23　测试点

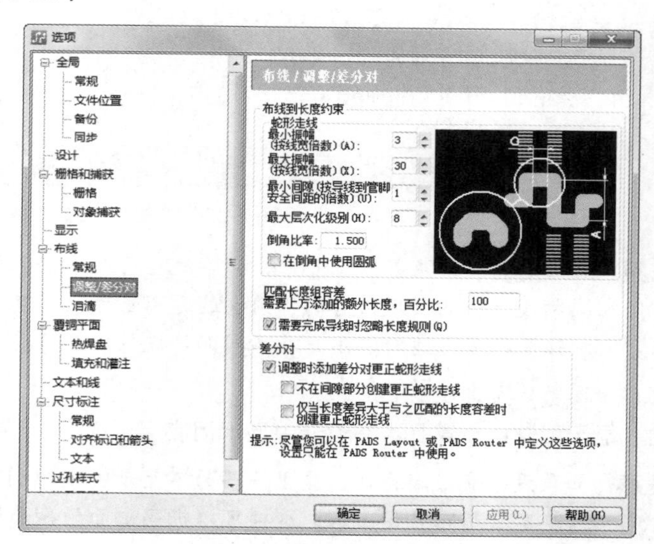

图 8-24　“调整/差分对”选项卡

该选项卡用于设置在 PADS Router 中使用的蛇形走线与差分对走线的参数。

（1）“布线到长度约束”选项组。

在长度规则下布线时，表示为了满足长度规则的要求蛇形走线，以达到所需要的布线长度。

☑　蛇形走线。

- ➢　最小振幅：蛇形布线区域最小振幅的实际值，是布线宽度乘以该文本框中的数值。
- ➢　最大振幅：蛇形布线区域最大振幅的实际值，是布线宽度乘以该文本框中的数值。
- ➢　最小间隙：蛇形布线区域最小间隙的实际值，是布线宽度乘以该文本框中的数值。
- ➢　最大层次化级别：默认值为 8。
- ➢　倒角比率：默认值为 1.5。

➢ 在倒角中使用圆弧：选中此复选框，布线时遇到拐角时直线用圆弧代替。

☑ 匹配长度组容差：需要上方添加的额外长度、宽度比。

☑ 需要完成导线时忽略长度规则：选中此复选框，当需要完成布线时，忽略此长度规则。

（2）“差分对”选项组。

Note

差分对走线是一种常用于高速电路 PCB 设计中差分信号的走线方法，将差分信号同时从源管脚引出，并同时进行走线，最终将差分信号连接到目标管脚位置，即差分走线的终点。

3. “泪滴”选项卡（见图 8-25）

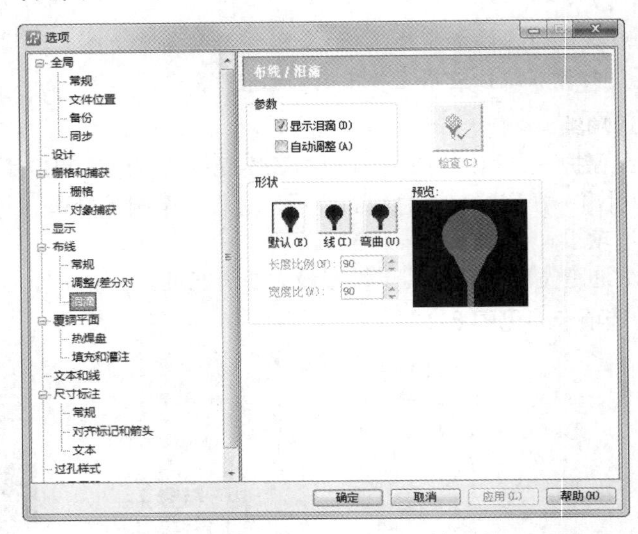

图 8-25　“泪滴”选项卡

注意： 泪滴是用来加强走线与元件管脚焊盘之间连接趋于平稳过程化的一种手段，目前随着大量高频设计板的出现，它的作用也远远不止于此，直至今日，PADS 公司在泪滴功能方面又加强了很多，适应了用户在不同领域设计中的需要。

（1）“参数”选项组。

☑ 显示泪滴：设置是否在设计中显示泪滴。

注意： 如果设计有泪滴存在，这里设置为不显示并不影响泪滴的设计检查和最终的 CAM 输出，只是不希望它显示出来，这样可以提高画面的刷新速度。

☑ 自动调整：设置是否允许在设计过程中根据不同的要求来自动调整泪滴。

（2）“形状”选项组。

该选项组用来设置滴泪的形状，并可以通过预览窗口观察。它主要包括以下 5 个选项。

☑ 默认：表示在设计中使用系统默认的泪滴形状。

☑ 线：这种模式下泪滴的过渡外形线为直线，可以编辑其长度与宽度。

☑ 弯曲：设置此种模式时，泪滴的外形线为弧形线，可以对其长度和宽度进行编辑。这种泪滴在高频和高精密集度 PCB 板中非常适用。比如在高密度板中，由于泪滴外形轮廓线为弧形，所以可以节省大量的空间。

☑ 长度比例：设置滴泪长度与其连接的焊盘直径的比例，其值为百分数。如该项的值为 200，而其连接的焊盘直径为 60mil，则滴泪的长度为 120mil。

☑ 宽度比：设置滴泪宽度与其连接的焊盘直径的比例，其值为百分数。

8.3.6　“覆铜平面”参数设置

选择菜单栏中的“工具”→“选项”命令，弹出“选项”对话框，选择其中的“覆铜平面”选项，主要分为“热焊盘”和“填充和灌注”两个选项卡。

热焊盘在电源或地层中也称为花孔，在表层铺设大片的铜皮并希望这些铜皮毫无连接关系地独立放在那里，这时一般都会将它们与地或电源网络连接起来，铜皮与这些网络中链接的焊盘或过孔称其为热焊盘，如图 8-26 所示。

1．“热焊盘”选项卡（见图 8-27）

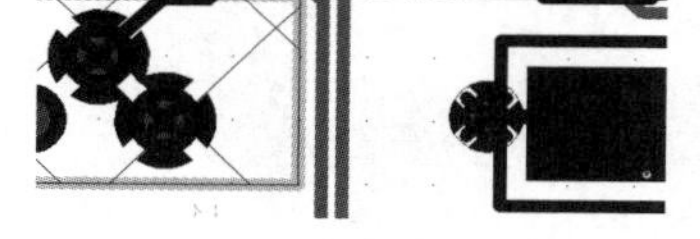

图 8-26　热焊盘

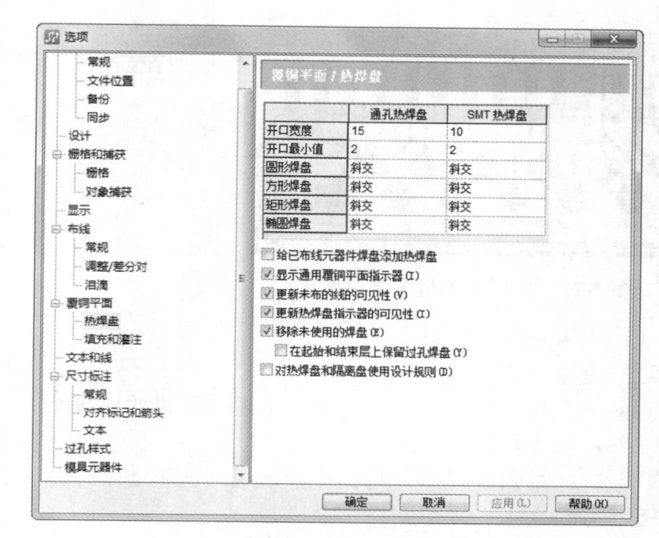

图 8-27　“热焊盘”选项卡

☑　“热焊盘”选项组。

➢　开口宽度：用来设置花孔连接线的宽度。

➢　开口最小值：用来设置与铜皮连接的最少线条数，默认值是 2，最大值不能超过 4。

➢　圆形焊盘：显示圆形焊盘在通孔热焊盘与 SMT 热焊盘中的设置，一共有 4 种形状供选择，即圆形、方形、矩形和椭圆形。

➢　方形焊盘：显示方形焊盘在通孔热焊盘与 SMT 热焊盘中的设置。

➢　矩形焊盘：显示矩形焊盘在通孔热焊盘与 SMT 热焊盘中的设置。

➢　椭圆焊盘：显示椭圆焊盘在通孔热焊盘与 SMT 热焊盘中的设置。

☑　给已布线元器件焊盘添加热焊盘：如果选中了此复选框，系统会将元件的元件脚焊盘也形成热焊盘。

☑　显示通用覆铜平面指示器：只有在 CAM 功能里出 Gerber 文件阅览时可以看到内层电源或地层的花孔，平时的设计是看不见的，但是如果选中此复选框，系统会自动在内层热焊盘通孔的表层上标注一个 X 形标记，使工程人员从通孔的表层就可以知道此通孔在内层有花孔存在，便于识别，如图 8-28 所示。

☑　移除未使用的焊盘：该选项用于在铺铜操作过程中自动移走孤立的铜皮。

☑　对热焊盘和隔离盘使用设计规则：此项可以保证当在形成热焊盘时，如果热焊盘中有某一条连接线违背了定义好的设计规则，系统自动将其移出去。

Note

2. “填充和灌注”选项卡（见图 8-29）

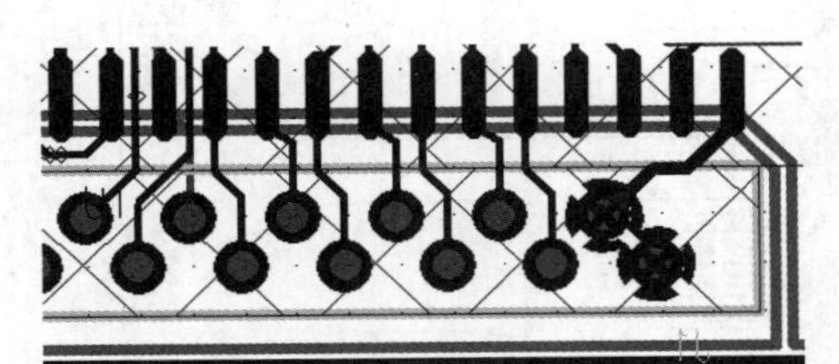

图 8-28　内层热焊盘在表层标记

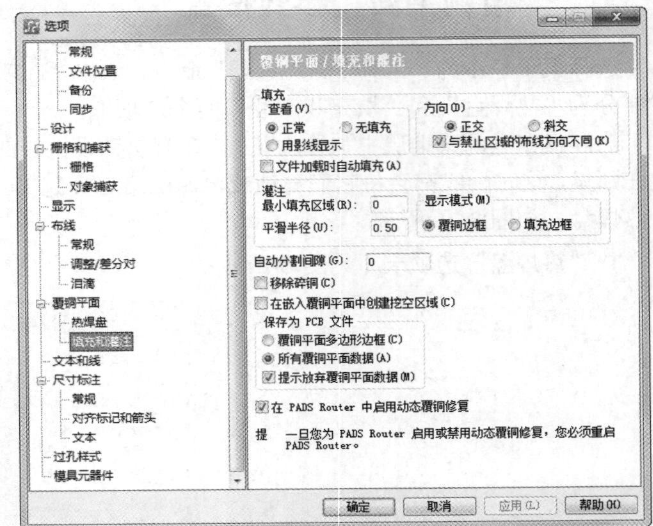

图 8-29　“填充和灌注”选项卡

（1）“填充”选项组。

☑ 查看。

➢ 正常：一般情况完全显示板中铺设的铜皮。

➢ 无填充：不显示铜皮。

➢ 用影线显示：将铜皮显示成一些影线平行线。

☑ 方向。

➢ 正交：将铺设铜皮中的影线组合线呈正交显示。

➢ 斜交：将铺设铜皮中的影线组合线以斜交状显示。

➢ 与禁止区域的布线方向不同：在禁止区域使用相反的影线方向。

（2）“灌注”选项组。

☑ 最小填充区域：设置一个最小铜皮面积，当铺铜时如果小于这个面积的铜皮，系统将自动删除。

☑ 平滑半径：设置铜皮在拐角处的平滑度。

☑ 显示模式。

➢ 覆铜边框：注意影线包含于覆铜，是覆铜中的一部分，影线不可能脱离覆铜而独立存在，它的集合就构成了覆铜，所以只有建立了覆铜才能谈影线。选中此单选按钮表示显示这一块铜箔中每一个影线的外框。

➢ 填充边框：只显示整块铜皮的外框，也就是不显示为实心状况。

☑ 自动分割间隙：当混合分割层进行平面自动分割时（例如在这个层上有两个电源，则必须将它们分开，划分为两个互不相连的独立铜皮）所自动分割出来的各部分之间的保持距离值。

➢ 移除碎铜：覆铜时，系统将自动删除那些没有任何网络连接的孤立铜皮。

➢ 在嵌入覆铜平面中创建挖空区域：使用该项创建铜箔挖空区域嵌入平面层。

☑ 保存为 PCB 文件。

➢ 覆铜平面多边形边框：PADS Layout 提供了一种巧妙存储大数据文件的一种方法。如果在设计中存在混合分割层，当存盘保存为文件时，系统只是将混合分割层的铜皮外框数

据保存，而不是将整块铜皮数据保存，这样保存文件就会大大减少磁盘存储空间。但这一点并不影响设计，下次调入该文件时，使用铜箔管理器中“影线”功能恢复铜箔即可。推荐选择使用。

➢ 所有覆铜平面数据：选中此单选按钮，系统将会完整保存平面层所有的数据，这与上述设置项相反，此时文件字节数比使用上述设置要大得多。推荐一般情况下不要选用。

Note

➢ 提示放弃覆铜平面数据：选中此复选框，当放弃平面数据时，弹出提示对话框。

➢ 在 PADS Router 中启用动态覆铜修复：选中此复选框，在 PADS Router 中保存 PADS Layout 中平面覆铜数据。

8.3.7　“文本和线”参数设置

选择菜单栏中的“工具”→“选项”命令，弹出“选项”对话框，选择“文本和线”选项，文本和线设置窗口主要是对工具栏中绘图工具按钮中的功能所产生的结果进行控制，如图 8-30 所示。

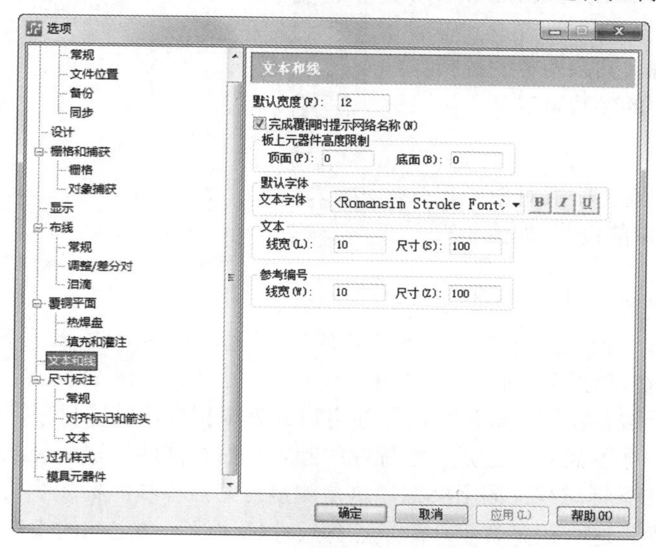

图 8-30　“文本和线”参数设置

☑ 默认宽度：在绘制图形及各种外框时所使用的默认线宽值，可重新输入一个新的默认值。

☑ 完成覆铜时提示网络名称：该选项用于设置 PADS 是否弹出对话框，提示为新铜箔分配网络。

☑ “板上元器件高度限制”选项组。

  ➢ 顶面：设置限制 PCB 板表面层所有元件在表层所能容许的最高高度值，在框中输入元件限制最高高度值。

  ➢ 底面：限制板底层元件所允许的最高高度。

☑ “默认字体”选项组：在此选择文本字体类型，设置字体样式。字体样式按钮为 B I U，分别对应加粗、倾斜、加下画线。

☑ “文本”选项组。

  ➢ 线宽：设置文字笔划宽度。

  ➢ 尺寸：限制文字高度。

☑ “参考编号”选项组。

  ➢ 线宽：对元件参考标识符（如元件名）的文字线宽控制。特别注意的是，设置只是针对

在设计中附增加的元件名，而不能对设置以前的起作用，当设置好这个值后，以后增加的元件或元件类名都将以设置的为准。比如需要为元件增加双丝印等。

➢ 尺寸：设置元件参考标识符高。

Note

8.3.8 “尺寸标注”参数设置

选择菜单栏中的“工具”→“选项”命令，弹出“选项”对话框，选择“尺寸标注”选项，则弹出如图8-31所示的设置面板。

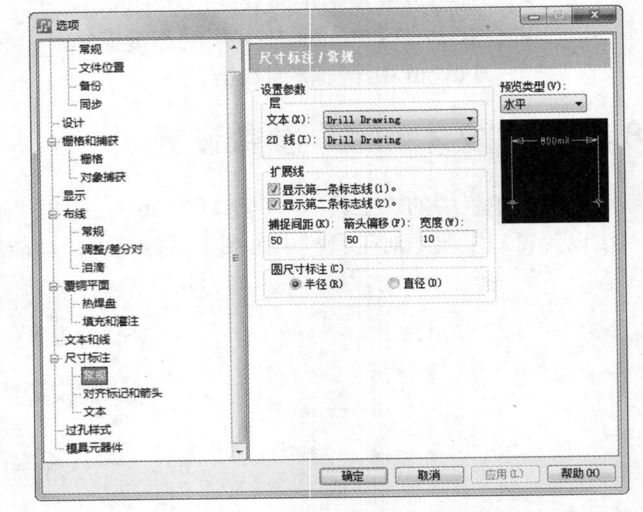

图8-31 “尺寸标注”设置面板

尺寸标注对电子设计非常重要，主要是对标注尺寸时的标注线和文字的有关方面设置，其设置共包括三大类，即常规设置，对齐标记和箭头，文本设置。

系统默认的是常规，其余两类的选择可以通过对应选择项中的参数来选择。

1．“常规”选项卡

（1）设置参数：该选项组对应了尺寸标注的一些通用、基本的设置，如图8-31所示。

☑ 层：这部分设置很简单，主要是对“文本”和“2D线”进行层设置，从对应的下拉列表框中选择一个层，就表示将“文本”和“2D线”在尺寸标注时放在该层上。

☑ 扩展线：扩展线是指尺寸标注线的一端可以人为根据自己的需要来控制，而基本部分不变。

➢ 显示第一条标志线：这是尺寸标注的起点界线标注线，选择表示需要。

➢ 显示第二条标志线：同上类似，这是测量点终点界线的标注线。

➢ 捕捉间距：这个距离表示从测量点到尺寸标注线一端之间的距离，如果为0，则表示尺寸标注线从测量点开始出发。

➢ 箭头偏移：设置尺寸标注线超出箭头的延伸线长度。

➢ 宽度：尺寸标注线的宽度。

技巧：在进行这部分设置时，最好的方法是参考窗口右侧的预览小窗口，因为每一个参数不同的设置都会在预览小窗口中体现出来。

☑ 圆尺寸标注：在这个设置中只有两种选择，表示当标注圆弧时是用半径来标注还是用直径来标注。

（2）预览类型：该选项的设置不会对尺寸标注产生影响，只是便于用户查看当前设置。如果在“对齐标记和箭头”设置面板中改变箭头或者对齐标记的形状，便可立即在预览窗口看到改变结果。该选项的下拉列表中有“水平”“垂直”“对齐”“角度”“圆”5个选项。

2．“对齐标记和箭头”选项卡（见图8-32）

☑ 对齐工具：同上述第一类设置一样，在设置此类设置时如果对某项设置不太明白，最好的方法是看看改变某设置项后在窗口的预览小窗口中示范有何变化，如果看不出变化，可将参数

值改大些。在这一类设置中一共有、、、、、6 个按钮，这 6 个中可以任选来组合成校准直线，从本窗口中最下面的预览窗口中可以看到尺寸标注线的标注起点和终点上都有一个由上面“对齐工具”中 6 个按钮所组成的图形。当选择标注起点和终点时它就会出现在选择点上，供对齐标注线。其参数上的设置有两个：“尺寸”表示标注线的一端距离校直点多远，如果设为 0，则表示标注线从对齐点也就是测量点开始；“线宽”表示对齐线的线宽值。

Note

☑ 箭头：此项设置主要针对标注箭头，有 3 个小按钮、、，分别用来设置箭头的 3 种形状，需要哪种就按下哪一种。

- ➢ 文本间隔：此项用来设置尺寸标注值与标注线的一端之间保持多远的距离。
- ➢ 箭头长度：尺寸标注箭头的长度值。
- ➢ 箭头尺寸：尺寸标注箭头的宽度值。
- ➢ 末尾长度：箭尾就是箭头标注线长度减去箭头长度的值。
- ➢ 线宽：箭头线的宽度。

☑ 预览类型：改变上面各参数都可以在此窗口中看到改变后的结果。

3. “文本”选项卡

尺寸标注除了一般性设置和箭头设置，还有一些有关文字设置。选择“文本”，则窗口变为对标注尺寸值文字的设置窗口，如图 8-33 所示。

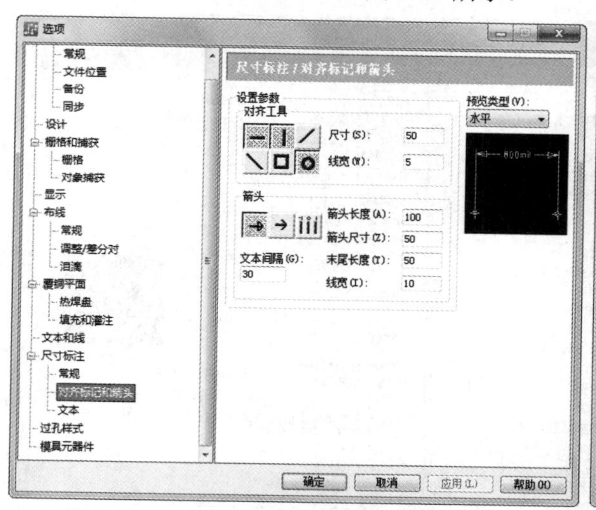

图 8-32 “对齐标记和箭头”选项卡

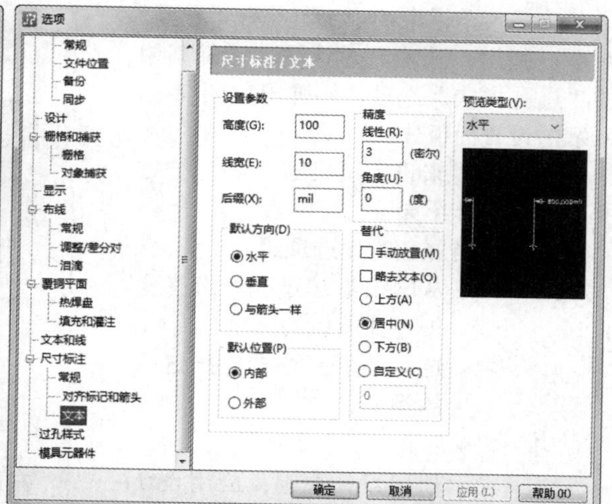

图 8-33 “文本”选项卡

在此项设置中共有 8 项参数值设置。

☑ 设置参数。

- ➢ 高度：表示尺寸数值文字的高度。
- ➢ 线宽：表示文字线宽。
- ➢ 后缀：表数值后所跟单位。

☑ 默认方向。

- ➢ 水平：使尺寸标注文字水平放置。
- ➢ 垂直：使尺寸标注文字处于垂直放置状态。
- ➢ 与箭头一样：使尺寸标注文字跟标注箭头方向一致。

☑ 默认位置。

➤ 内部：尺寸标注文字处于测量起点和终点标注线的里面。

➤ 外部：尺寸标注文字在测量起点和终点标注线外面。从预览窗口中可以清楚地看到这种设置变化。

☑ 精度。

➤ 线性：线性标注精度。如果设置为1，表示精确到小数点后一位数。

➤ 角度：角度标注精度值设置。

☑ 替代。

➤ 手动放置：标注尺寸时，人为手工来放置尺寸标注文字。

➤ 略去文本：标注尺寸时，不需要尺寸标注文字。

➤ 上方：将尺寸标注文字放在箭头标注线上面。

➤ 居中：将尺寸标注文字放在与箭头同一直线上并在其箭头线中间位置。

➤ 下方：尺寸标注文字放在箭头线下面。

➤ 自定义：让用户自己定义尺寸标注文字位置。

☑ 预览类型：参数设置同“常规”面板中的“预览类型”设置。

8.3.9 “过孔样式”参数设置

选择菜单栏中的“工具”→“选项”命令，弹出“选项”对话框，选择其中的“过孔样式”选项，则弹出如图 8-34 所示的设置面板。

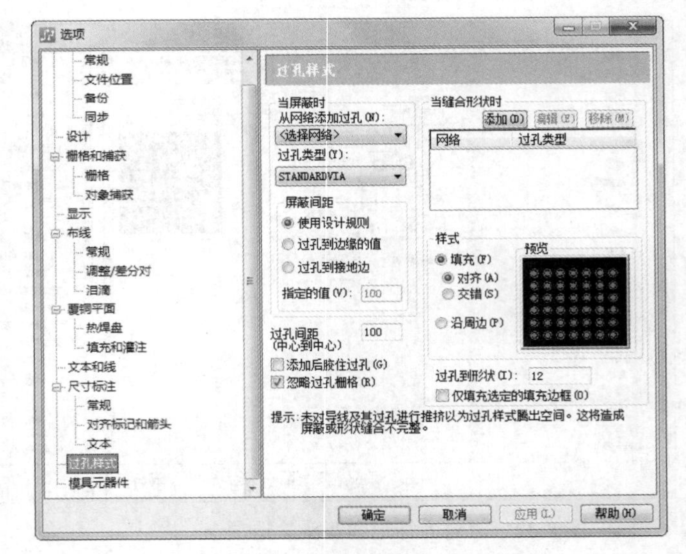

图 8-34 “过孔样式”设置面板

该选项用来设置缝纫过孔和保护过孔的参数，介绍如下。

☑ “当屏蔽时”选项组。

➤ 从网络添加过孔：选择保护过孔所属的网络。

➤ 过孔类型：选择保护过孔的类型。

☑ 屏蔽间距。

➤ 使用设计规则：应用设计谷泽中关于过孔到保护对象之间的距离规定。

➤ 过孔到边缘的值：定义不同于设计规则中的过孔到布线或铜箔的最小间距。

➤ 过孔到接地边：可以激活“指定的值”文本框。

➤ 指定的值：设定过孔到铜箔的距离，激活后默认值为 100。

☑ 过孔间距：过孔中心距，默认值为 100。

☑ 添加后胶住过孔：选中此复选框，过孔胶住。

☑ 忽略过孔栅格：选中此复选框忽略孔栅格，否则过孔附着在过孔栅格上。

☑ 当缝合形状时：在下面的列表中添加、编辑、移除网络类型，将制定的网络通过指定的过孔类型缝纫到铜箔上。

☑ 样式：在右侧显示过孔类型预览，左侧显示两种过孔类型。
  ➢ 填充：将过孔布满区域，包含“对齐”“交错”两种类型。
  ➢ 沿周边：在区域四周一圈放置过孔，其余中间部分空置。
☑ 过孔到形状：制定过孔到边界的距离，取值范围为 0～100mil。
☑ 仅填充选定的填充边框：选中此复选框后，按照绘制的图形填充边框。

Note

8.3.10　“模具元器件”参数设置

选择菜单栏中的“工具”→“选项”命令，弹出“选项”对话框，选择其中的“模具元器件”选项，则弹出如图 8-35 所示的设置面板。

该选项用来设置创建模具元件时所需数据的参数，共分为两个部分。

1. 在层上创建模具数据

☑ 模具边框和焊盘：设置模具轮廓和焊盘出现的板层。
☑ 打线：设置 Wire 连接出现的板层。
☑ SBP 参考：设置 SBP 引导出现的板层。

2. 打线编辑器

☑ 捕获 SBP 至参考。
☑ 捕获阈值。
☑ 保持 SBP 焦点位置。
☑ 显示 SBP 安全间距。
☑ 显示打线长度和角度。

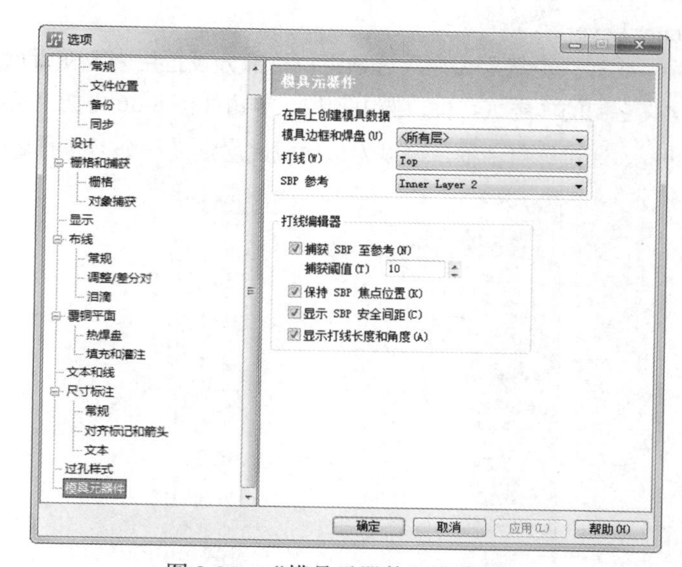

图 8-35　“模具元器件”设置面板

8.4　工作环境设置

8.4.1　层叠设置

在设计 PCB 板时，由于电路的复杂程度以及考虑 PCB 板的密度，往往需要采用多层板（多于两层）。如果设计的 PCB 板是多层板（4 层以上，包括 4 层），那么“层定义”设置是必须要做的。因为 PADS Layout 提供的默认值是两层板设置。选择菜单栏中的“设置”→“层定义”命令，则弹出如图 8-36 所示的“层设置”对话框。

从图 8-36 可知，该对话框有 5 个部分，现分别介绍如下。

（1）“层”列表框：图 8-36 中最上部的列表框中列出了可以使用的所有的层，每一个层都显示出有关的 4 种信息，其分别介绍如下。

☑ 级别：指 PCB 板层，层用数字来表示（如第一层用 1）。
☑ 输入：层所属的类型，层类型包括 CM 元件面、RX 混合分割层、GN 普通层（也可叫自定义层）、SS 丝印层等，层的类型不需要人为地定义，一但定义好该层的其他属性，则层类型会自动更新默认设置。

☑ 目录：该板层的走线方向，在对话框中布线方向栏来定义。H 表示水平，V 表示垂直，A 表示任意方向。

☑ 名称：板层的名字，可以对板层名修改，修改时只需在“名称”文本框后输入一个新的层名，则系统将自动更新其默认板层名。

（2）“名称”文本框：用来编辑用户选中板层的名称。除了顶层和底层，其他层的名字都默认为 Inner Layer。

（3）“电气层类型”选项组：这部分设置用来改变板层的电气特性。对于顶层和底层，我们可以定义它们的非电气特性。选中顶层，单击如图 8-36 中的“关联”按钮，会弹出如图 8-37 所示的对话框。通过该对话框，可以为顶层或底层定义一个不同的文档层，包括丝印、助焊层、阻焊层和装配。

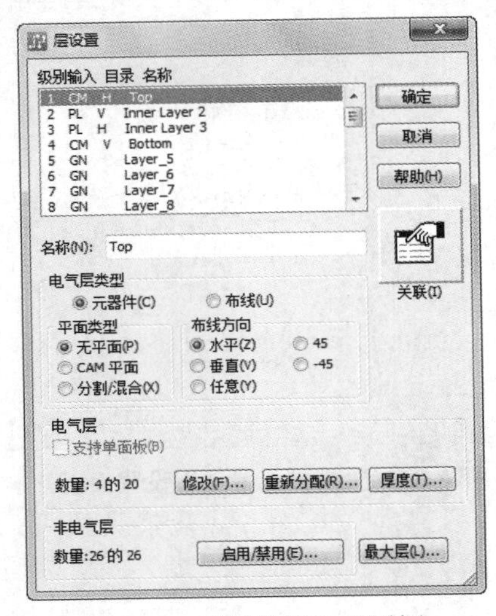

图 8-36 “层设置”对话框

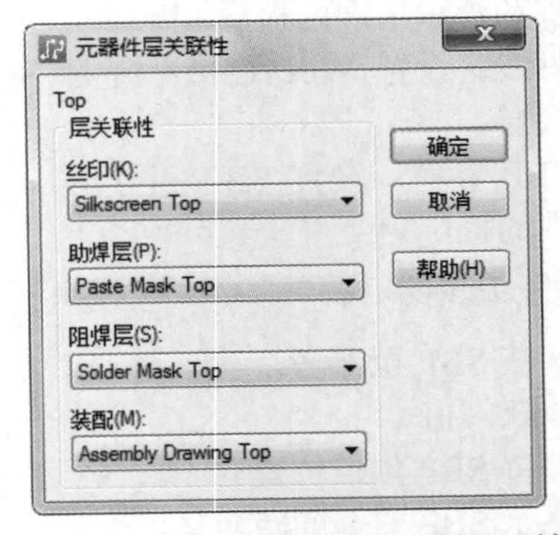

图 8-37 “元器件层关联性”对话框

☑ 平面类型：在所有的平面层中一共分为两种层（特殊和非特殊），非特殊层指非平面层，特殊层包括“CAM 平面”和“分割/混合”两种层。

➢ 无平面：非平面层。所以“无平面”层一般指的是除 CAM 平面层和 Split/Mixed 这两个特殊层以外的一切层。通常指的是走线层，如 Top（表层）和 Bottom（底层），但是如果在多层板中有纯走线层，也要设置成非平面层。

➢ CAM 平面：CAM 平面层。这个特殊平面层之所以特殊，是因为它在输出菲林文件时是以负片的形式输出 Gerber 文件，在设计中我们常常将电源和底层的平面层类型设置成“CAM 平面”层，因为电源和底层都是一大块铜皮，如果输出正片，其数据量很大，不但不方便交流，而且对设计也不利。当将电源或底层设置为“CAM 平面”时，我们只需要将电源或地网络分配到该层（关于如何分配，本小节下面有详解），则在此层的分配网络会自动在此层产生花孔，不需要再去通过其他手段（如走线或铺铜）来将它们连接。

➢ 分割/混合：分割混合层。它同“CAM 平面”一样，一般也是用来处理电源或地平面层，只是它输出菲林文件时不是以负片的形式输出，而是输出正片。所以分配到该层的电源或地网络都必须靠铺铜来连接，但是在铺铜时，系统可以自动地将两个网络（电源或地）分割开来，形成没有任何连接关系的两个部分。在这个层中可允许存在走线，但是一般除非

比较特殊的板采用这种层类型外，通常电源或地层都会选择“CAM 平面”类型。推荐一般不要轻易使用“分割/混合”类型，除非对其与“CAM 平面”的区别和用途非常清楚。

☑ 布线方向：可以设置选中层的走线方向。所有的电气层都要定义走线方向，非电气层可以不设置走线方向。走线方向会影响手动和自动布线的效果。包括以下 5 个方向。
- ➢ 水平。
- ➢ 垂直。
- ➢ 任意。
- ➢ 45。
- ➢ −45。

（4）“电气层”选项组：用来改变板层数、重新定义板层序号、改变层的厚度及电介质信息。

☑ “修改”按钮：可以改变设计中电气层的数目。

☑ “重新分配”按钮：可以把一个电气层的数据转移到另一个电气层。

☑ “厚度”按钮：可以改变层的厚度及电介质信息。

（5）“非电气层”选项组：单击其中的“启用/禁用”按钮，会弹出“启用/禁用”对话框，通过对话框可以使特定的非电气层有效。

8.4.2 颜色设置

显示颜色的设置直接关系到设计工作的效率。选择菜单栏中的“设置”→“显示颜色”，则系统弹出如图 8-38 所示的“显示颜色设置”对话框。

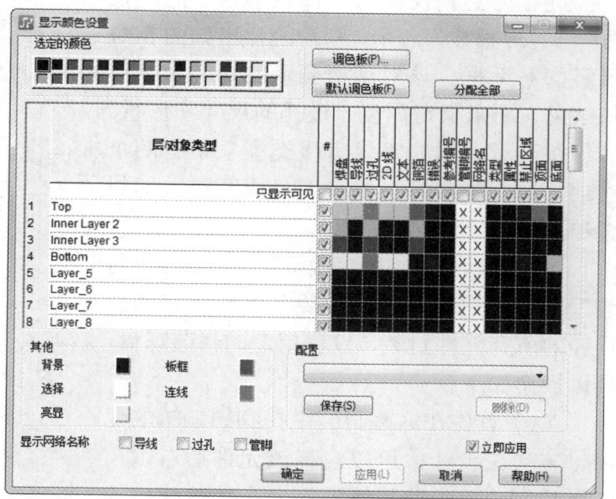

图 8-38 “显示颜色设置”对话框

该对话框用于设置当前设计中的各种对象的颜色及可见性。该设置不仅为设计者提供适合自己习惯的工作背景，还方便选择性查看设计中的各种对象效果。

☑ 选定的颜色：在该选项组下选择颜色，然后单击想要改变成改颜色的对象即可。
- ➢ 调色板：单击此按钮，系统弹出如图 8-39 所示的“颜色”对话框，读者可以从中调配颜色。
- ➢ 分配全部：单击此按钮，弹出如图 8-40 所示的对话框，统一分配颜色。

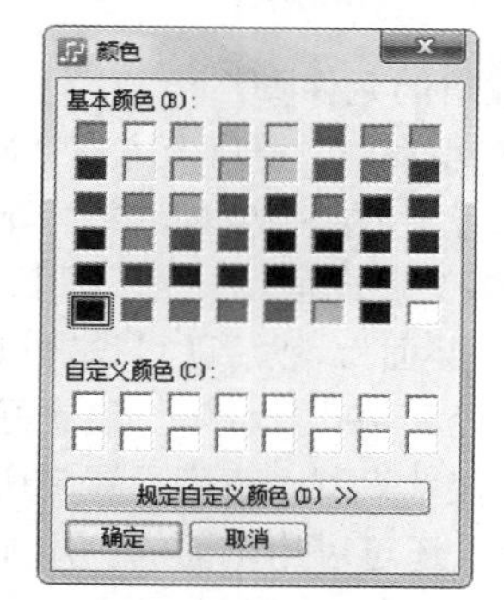

图 8-39 “颜色”对话框

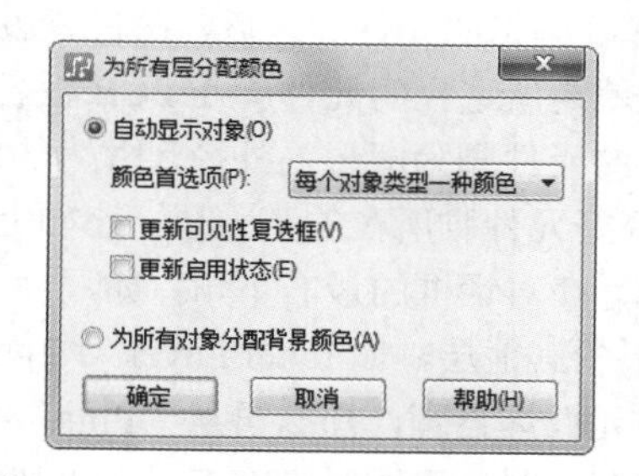

图 8-40 “为所有层分配颜色”对话框

“颜色首选项”下拉列表框中包含“每个对象类型一种颜色”“每层一种颜色”“选定的颜色”3种，前两种所设置的颜色为系统自动选择，最后一种使用的前提是在“显示颜色设置”对话框中选定想要设置的颜色。

Note

☑ 层/对象类型：此列表作为一个以层为行，以对象为列的矩阵，每一个小方块所在的行说明它所在PCB的层数，所在的列说明它代表的是何种对象。

☑ 只显示可见：只要选中某一层（对象）复选框可以实现该层的可见性的切换。

☑ 其他：在此选项组下可以设置背景、板框、选择、连线、亮显的颜色。

☑ 配置：选择配置类型 default、monochrome。单击“保存”按钮，保存新的设置作为配置类型，以供后期使用。

☑ 显示网络名称：选中“导线”“过孔”“管脚”复选框后，则在PCB中显示元器件的导线、过孔、管脚。

8.4.3　焊盘设置

进行焊盘叠设置，选择菜单栏中的“设置”→“焊盘栈”命令，则系统弹出如图8-41所示的对话框。该对话框显示的是当前设计的信息，用来指定焊盘、过孔的尺寸和形状。

在该对话框的“焊盘栈类型”下有两个选项，这就说明焊盘栈设置分成两类，即封装和过孔。

在该对话框的“焊盘栈类型”下选中“封装”单选按钮，这时“封装名称”下有当前设计的所有元件封装，设置指定的封装焊盘，具体操作如下。

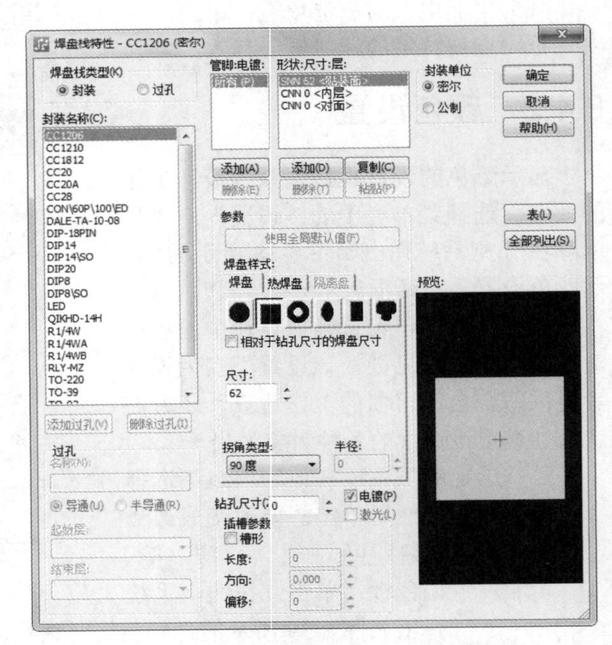

图8-41　“焊盘栈特性”对话框设置

（1）首先在这些封装中找到想编辑的元件封装（在设计中可以点亮该元件后右击，选择弹出菜单中的“特性”命令，从弹出的“元器件特性”对话框中可以知道该被点亮元件的封装名），在“封装名称”下找到所需编辑封装后单击，选择其封装名。

（2）从“管脚：电镀”下找到所需要对该元件封装的那些元件焊盘脚，进行编辑，单击选择所需编辑的元件脚。

（3）当选择好编辑的元件脚之后，在它旁边有一个并列小窗口，窗口上方有“形状：尺寸：层”，这里面的选择项就是所选择的元件脚在PCB板各层的形状、大小的参数，如选择“CNN 50 <贴装面>”层，这表示选择的元件脚为圆形，外径尺寸为50，所属层是“贴装面”。

（4）当选择好元件脚所在的某一层，比如上述中的“贴装面”，然后就可设置该元件脚在这个层的尺寸，尺寸设置在对话框的最右下角，如尺寸、长度、半径和钻孔尺寸等。设置好该层之后再选该元件脚在PCB板的其他层，如Inner Layer（中间层），进行尺寸设置，直到设置完所有的层。如果还需要设置其他的元件焊盘脚，那么再从“Pin:”下选择，而且还可以用下面的“添加”按钮增加新的元件脚类型，使同一封装可同时拥有多种元件脚焊盘类型。

✍ **技巧**：如果没有打开任何设计，则该对话框没有元件信息，如图 8-42 所示。

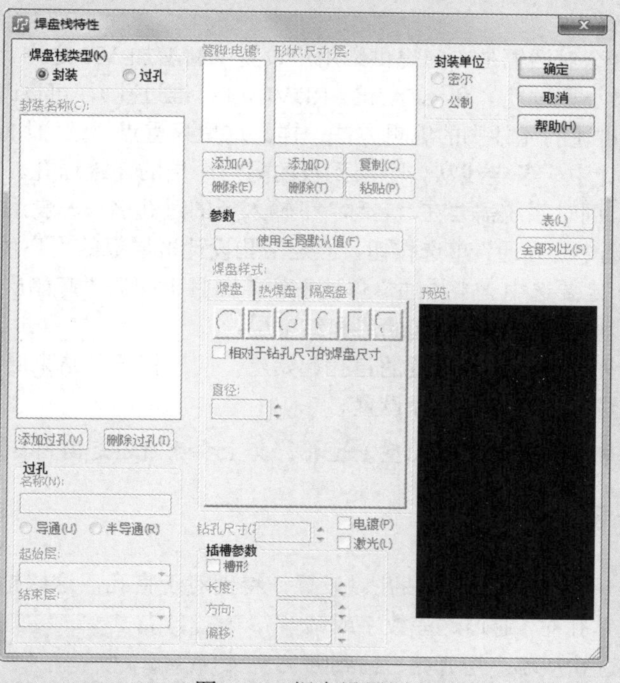

图 8-42　焊盘设置图

焊盘的另一种设置是对过孔进行设置，在如图 8-41 所示对话框的“焊盘栈类型”下选中“过孔”单选按钮，则将变成如图 8-43 所示的对话框。

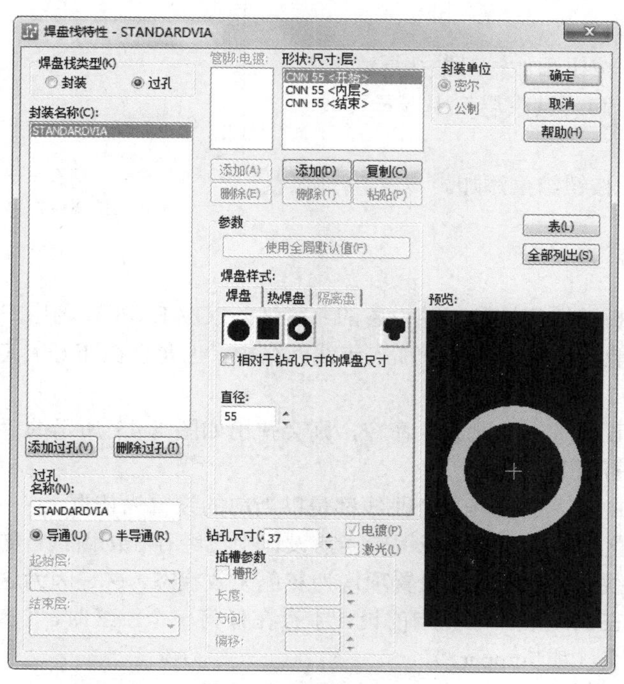

图 8-43　过孔设置

在 PCB 设计中除使用系统默认的过孔设置外，很多时候我们都会根据设计的需要来增加新的过孔类型以满足设计的需要。

如图 8-43 所示，这个对话框是专门提供给用户设置或新增加 Via 之用，当前的设置只有两种过孔，即 MICROVIA（微小型过孔）和 STANDARDVIA（标准过孔），可以改变它们的孔径和外径大小，编辑方式同前面刚讲述的元件脚的编辑方法一样。这里只重点介绍增加新过孔类型。

过孔就是在布线设计中一条走线从一个层到板的另一个层的连接通孔。增加新过孔单击图 8-43 中的“添加过孔”按钮，同时系统需要在“名称”下输入新的过孔名，一般系统默认的过孔是通孔型，所以在“名称”下默认选中“导通”单选按钮，但是某些设计多层板的用户可能要用到 PartialVia（埋入过孔或盲孔）。这时一定要选中“半导通”单选按钮，而且下面的“起始层”和“结束层”被激活，这表示还必须设置这个埋入孔或盲孔的起始层和结束层。

在“起始层”下拉列表框中选择设置的盲孔起始层，同理打开“结束层”，选择盲孔的终止层，最后同样需要对新过孔进行各个层的孔径设置。

注意：建议用户一般不要使用（盲孔型）过孔，其主要原因还是国内目前的工艺水平问题。

8.4.4 钻孔对设置

在定义过孔之前，用户必须先进行钻孔对设置。特别对于盲孔，这些钻孔层对在 PADS Layout 中被定义为一对数字或钻孔对，通过这些数字或钻孔对，系统才知道这些过孔从哪个层开始，钻到哪个层结束，从而检查出那些非法的盲孔。

选择菜单栏中的“设置”→“钻孔对”命令，系统弹出“钻孔对设置”对话框，如图 8-44 所示。

建立钻孔层对的步骤如下。

（1）单击“添加”按钮添加一对钻孔层。

（2）在“起始层”和“结束层”中选择要成对的层。

（3）单击“确定”按钮结束添加。

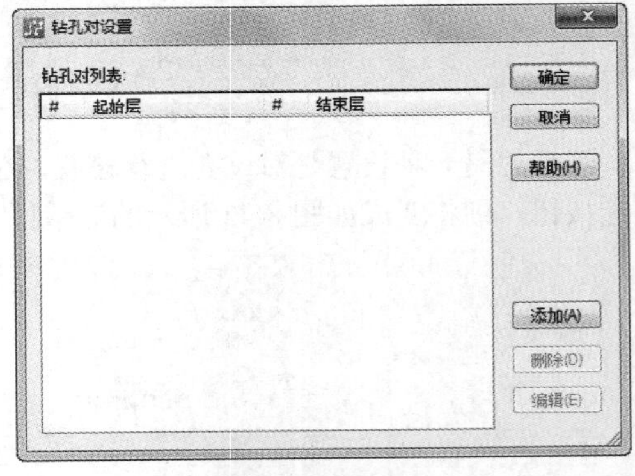

图 8-44　设置钻孔对

8.4.5 跳线设置

跳线可以提高电路板的适应性和其他设备的兼容性，POWERPCB 为用户提供了一个方便实用的跳线功能。这个跳线功能允许在布线时就加入走线网络中，也允许在布好的走线网络中加入，而且可以实时在线修改。

选择菜单栏中的“设置”→“跳线”命令，则会弹出如图 8-45 所示的“跳线”对话框。在“应用到”下可知跳线设置有以下两种。

☑ 默认：在设计中加入的任何一个跳线都是以当前的设置为依据。

☑ 设计：此项设置用于统一管理或编辑当前设计中已经存在的跳线。如果当前的设计中还没有加入任何一个跳线，则所有的设置项均为灰色无效状态，这是因为这项设置的对象只能针对设计中已经存在的跳线。一旦当前设计中存在任何一个跳线时，“参考名称”下就会出现存在的跳线参考名（如 Jumper1），

可以通过选择参考名来对此设计中对应的跳线进行设置。

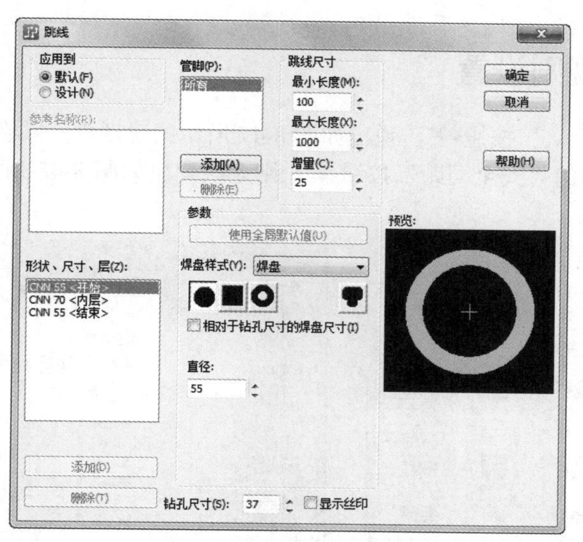

图 8-45　“跳线”对话框

8.5　设计规则设置

PADS Layout 自一开始就提出了“设计即正确”的概念，即保证一次性设计正确。PADS Layout 的自信来自它有一个实时监控器（设计规则约束驱动器），实时监控用户的设计是否违反设计规则。这些规则除来自设计经验外，更准确的是可以通过使用 PADS EDA 系统的仿真软件 HyperLynx 来对原理图进行门特性、传输性特性、信号完整性以及电磁兼容性等方面的仿真分析。这样就可得出在 PCB 设计时，为了避免这类现象的发生而必须遵守的规则。本节将详细介绍在 PADS Layout 中设置设计规则。

选择菜单栏中的“设置”→“设计规则”命令，则系统弹出如图 8-46 所示的对话框。

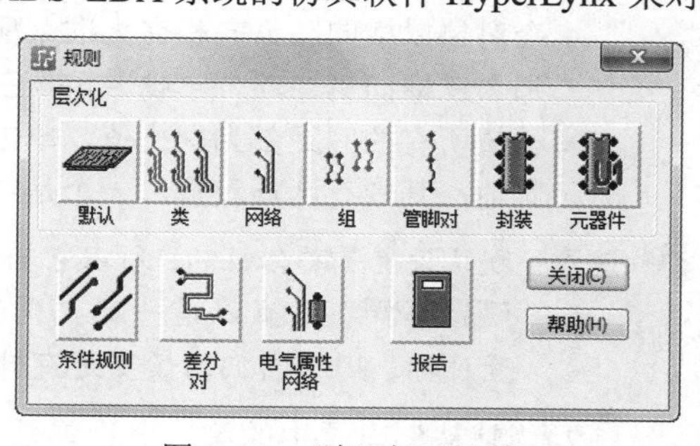

图 8-46　“规则”对话框

从图 8-46 中可知，PADS Layout 的设计规则设置共有以下 11 类。

- ☑　“默认”设置。
- ☑　“类”设置。
- ☑　“网络”设置。
- ☑　“组”设置。
- ☑　“管脚对”设置。
- ☑　“封装”设置。
- ☑　“元器件”设置。
- ☑　“条件规则”设置。
- ☑　“差分对”设置。
- ☑　“电气属性网络”设置。
- ☑　“报告”设置。

8.5.1 “默认”规则设置

单击图 8-46 中的“默认”按钮，弹出如图 8-47 所示的对话框。共有 6 个设置按钮。

（1）单击图 8-47 中的“安全间距”按钮，则系统弹出如图 8-48 所示的“安全间距规则：默认规则”设置对话框。

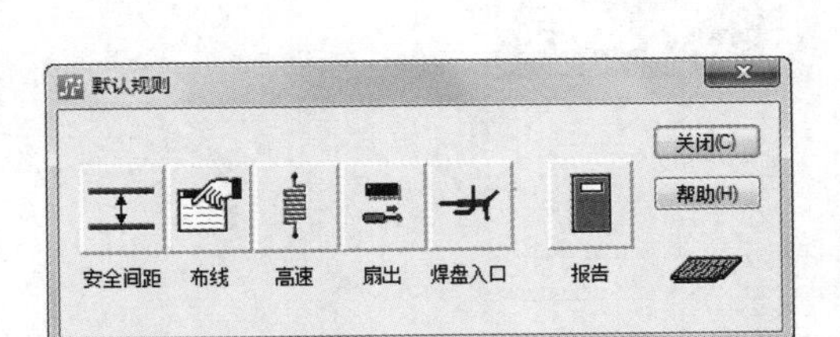

图 8-47 默认设计规则设置

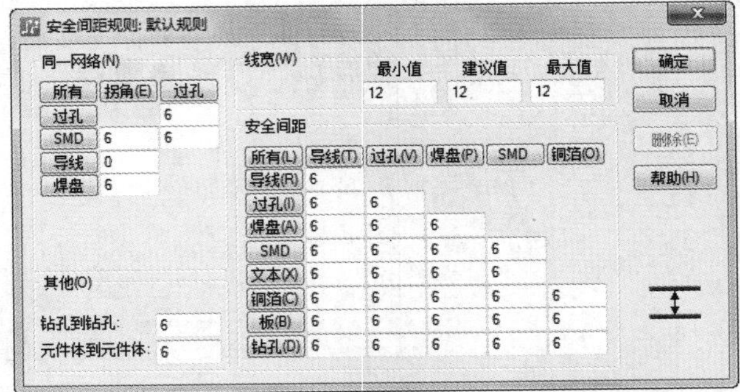

图 8-48 安全间距规则设置

“安全间距规则：默认规则”设置对话框一共分成 4 个部分，分别介绍如下。

☑ 同一网络：该选项用来设置同一网络中两个对象之间边缘到边缘的安全距离。

☑ 线宽：这项设置用来设置在设计中的布线宽度，这个布线宽度值是以“建议值”为准，如设置是 8mil，那么在布线时的走线宽就为 8mil。而“最大值”和“最小值”是用来限制在修改线宽时的极限值。

☑ 安全间距：设置设计中各个对象之间的安全间距值，每两个对象设置一个安全间距值，这两个对象以横向和纵向相交为准来配对，例如横向第二项是“导线”，纵向第三项是“焊盘”，那么在横向第二项“导线”下第三个框中的值就表示走线与元件脚焊盘的安全距离值。如果希望所有的间距都为同一值，单击“所有”按钮，在弹出的对话框中输入一个值即可。

☑ 其他：其中有两项设置，一个是“钻孔到钻孔”，另一个是“元件体到元件体”。

> **注意：** 默认设置是整体性的，所以它不像其他 6 类设置那样在设置以前一定要先选择某一设置目标，因为它们的设置是有针对性的。

（2）“默认”设置中的第二个设置是布线规则设置。布线规则设置主要针对鼠线网络和自动布线设计中的一些相关设置，单击图 8-47 中的“布线”按钮，则会弹出如图 8-49 所示的布线设置对话框。从图 8-49 中可知，布线设置有 4 部分，分别介绍如下。

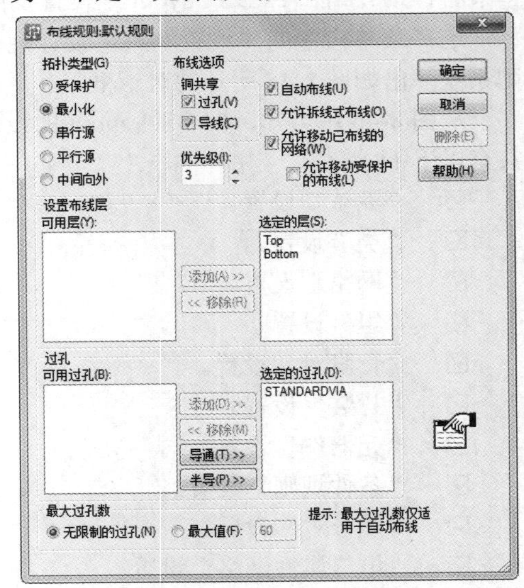

图 8-49 布线规则设置

☑ “拓扑类型”选项组。

- ➢ 受保护：设置保护类型。
- ➢ 最小化：设置长度最小化。
- ➢ 串行源：以串行方式放置最多的管脚（ECL）。
- ➢ 平行源：以并行方式放置多个管脚。
- ➢ 中间向外：以指定的网络顺序最短化和

组织连接。

☑ “布线选项”选项组。

- ➢ 铜共享：布线允许连接到铜皮上。
- ➢ 自动布线：允许在布好的线上布线。
- ➢ 允许拆线式布线：允许重新布线。
- ➢ 允许移动已布线的网络：允许交互布线时推挤被固定和保护的网络。
- ➢ 优先级：设置自动布线时网络布线的优先级。
- ➢ 允许移动受保护的布线：允许移动受保护的走线。

Note

☑ “设置布线层”选项组：这项设置表示在布线时可以限制某些网络或网络中某两元件管脚之间的连线不能在某个层上布线。在图 8-49 中的“设置布线层”下有两个小窗口，如果左边的“可用层”中没有任何层选项，则表示对所有网络没有进行层布线限制。如果希望进行层布线约束设置，可将右边“选定的层”中的禁止层通过“移除”按钮移到左边窗口中。

☑ “过孔”选项组：同上述的布线约束一样，如果希望某种过孔不被使用，可以同上述方法一样设置，这里不再重复。

注意： 一般在处理高速数字设计的相互连接时主要存在两个问题：一是在计算互联信号路径引入的传播延迟时要满足时序的要求，即控制建立和保持时间、关键的时序路径和时钟偏移，同时考虑通过互联信号路径引入的传播延时；二是保持信号完整性。信号完整性一般受到阻抗不匹配影响的损害，即噪声、瞬时扰动、过冲、欠冲和串扰等都会破坏电路的设计。因此我们面临着对高速 PCB 设计的挑战。

（3）“默认”设置中第 3 个设置是“高速”设置，单击图 8-47 中的“高速”按钮，则弹出“高速规则”对话框，如图 8-50 所示。

图 8-50　“高速规则”对话框设置

从图 8-50 中可以知道，高速规则设置分成 4 类，每一类分别介绍如下。

☑ 平行：平行度就是不同的网络在布线时保持平行走线的长度。在此设置中主要控制“长度”和“间隙”两个参数值。

- ➢ 横向平行：在 PCB 板同一个信号层中不同网络平行走线长度。
- ➢ 纵向平行：在 PCB 板中不同信号层上的纵向平行网络的平行走线长度。
- ➢ 入侵网络：确定所定义的网络是否为干扰源。

☑ 规则。

- ➢ 长度：走线长度值，单位以系统设置为准。
- ➢ 支线长度：T 型分支走线是指在主信号干线上由分支线与其他管脚相连或导线相连，如果分支线长度过长将会引起信号衰减或混乱。
- ➢ 延时：延时以纳秒（ns）为单位。
- ➢ 电容：设置电容最大值和最小值，以皮法（pF）为单位。
- ➢ 阻抗：设置阻抗最大值和最小值，以欧姆（Ω）为单位。

☑ 匹配：“匹配长度”复选框用于设置匹配长度值。

☑ 屏蔽：在设计中，某些网络借助于一些特殊网络在自己走线两边进行布线，从而达到屏蔽效果。值得注意的是，用作屏蔽的网络一定要是定义在平面层上的网络。

- ➢ 屏蔽：确定是否使用屏蔽，如果使用，则选中此复选框。
- ➢ 间隙：网络同屏蔽网络之间的间距值。
- ➢ 使用网络：选择屏蔽网络。

Note

（4）“默认”设置中第 4 项设置是“扇出”规则设置，单击图 8-47 中的“扇出”按钮，弹出如图 8-51 所示的对话框。

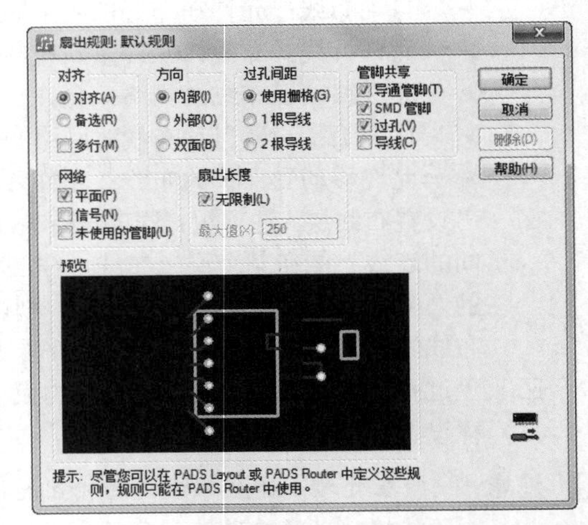

图 8-51 “扇出规则：默认规则”对话框

所谓扇出就是将焊盘上的网络以走线的形式走出去。扇出的形式比较多样，从设计的可靠性考虑，需要对扇出的网络进行约束。扇出定义的规则主要是在自动布线器中使用。

扇出的设置共分 6 个部分。

- ☑ 对齐：指扇出的过孔的对齐方式。
  - ➢ 对齐：过孔排成一列对齐。
  - ➢ 备选：过孔呈交替对齐。
  - ➢ 多行：过孔可以多行排列，是前两项的可选项。
- ☑ 方向：指扇出走线的方向，分别为内部、外部和双面。
- ☑ 过孔间距：指扇出过孔之间的距离。
  - ➢ 使用栅格：过孔在栅格上。
  - ➢ 1 根导线：过孔之间可以走线 1 根。
  - ➢ 2 根导线：过孔之间可以走线 2 根。
- ☑ 管脚共享：指焊盘扇出共享过孔的方式。
  - ➢ 导通管脚。
  - ➢ SMD 管脚。
  - ➢ 过孔。
  - ➢ 导线。
- ☑ 网络：指扇出的网络类型
  - ➢ 平面：平面层网络。
  - ➢ 信号：信号网络。
  - ➢ 未使用的管脚：无用的管脚。
- ☑ 扇出长度。
  - ➢ 无限制：设置扇出的长度是否需要限制。
  - ➢ 最大值：最大扇出的长度。

（5）在默认设置中第 5 项设置是“焊盘入口”，单击图 8-47 中的“焊盘入口”按钮，弹出如图 8-52 所示的对话框。

- ☑ 焊盘接入质量：焊盘接入的质量控制，在 BlazeRouter 中有效，分为 4 个选项。
  - ➢ 允许从边引出：允许走线从焊盘的侧面引出。
  - ➢ 运行从拐角引出：允许走线从焊盘的拐角中引出。
  - ➢ 允许从任意角度引出：允许走线以任何角度从焊盘中引出。

➢ 柔和首个拐角规则：走线以小于 90° 的角离开焊盘。

☑ SMD 上打过孔：选中表示可以在焊盘下放置过孔。

➢ 适合内部：过孔的大小应小于焊盘的大小。

➢ 中心：在焊盘的中间放置过孔。

➢ 结束：在焊盘的两端放置过孔。

（6）在默认设置中最后一项设置是报告，主要用来产生安全间距、布线和高速等设置的报告，单击图 8-47 中的“报告”按钮，弹出如图 8-53 所示的“规则报告”对话框。

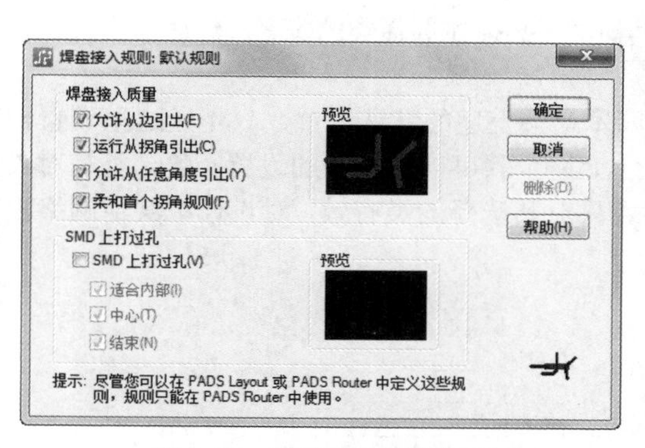

图 8-52 焊盘接入规则设置

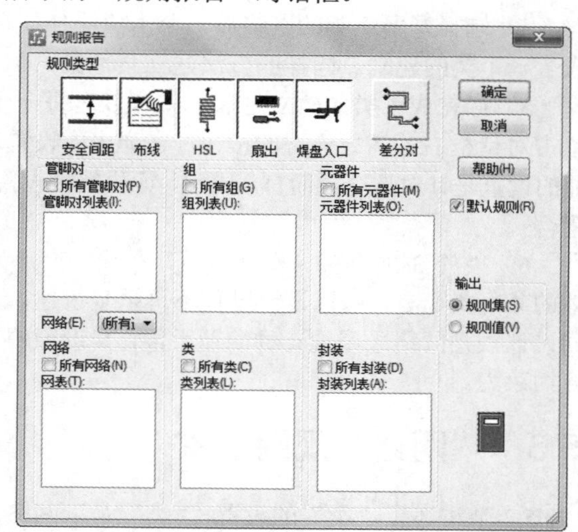

图 8-53 “规则报告”对话框设置

从图 8-53 中便知，“规则报告”输出很简单，大致分为两部分。

☑ 规则类型：从这 6 种规则类型中可任选输出类型，单击其相应按钮即可。

☑ 输出内容：选择输出内容可任选输出。

当所有的选择项都选择好之后，单击对话框中的“确定”按钮，系统将按所设置的输出选项内容自动打开记事本，将其设置内容输入进去。

8.5.2 “类”规则设置

前面讲述的默认设置是针对整体而言，但是在实际设计中的设置，特别是对“布线”和“高速”这两项设置，往往都是针对部分特殊网络来设置，甚至是网络中的管脚对。不管是网络还是管脚对，很多时候有多个网络或管脚对遵守相同的设计规则，于是 PADS Layout 就将这些具有相同规则的网络合并在一起，称为“类”。

单击图 8-46 中的“类”按钮，则弹出如图 8-54 所示的“类规则”对话框。

有关进行“类规则”设置的步骤如下。

（1）如果以前没有建立任何一个类，则打开“类规则”设置对话框时，在“类”下面没有任何一个

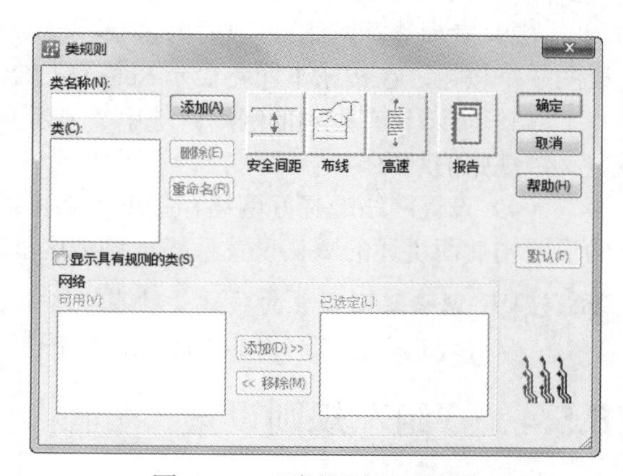

图 8-54 “类规则”对话框

Note

类名。这时需要先建类，单击“添加”按钮，弹出对话框询问是否建立新类，单击“确定”按钮，这时在“类”下出现默认类名。

（2）在对话框中有两个类，其中排在上面的那个是表示当前被激活的类的类名，下面的类表示所有的类。需要改变默认的类名，选中这个类名后修改，修改完后单击“重命名”按钮。

（3）“可用”文本框列出了当前设计的所有网络，因为类由网络组成，所以要建立类，首先在“类”下选中一个类名，然后在“可用”下选择这个类中包含的网络，这些网络必须遵守相同的设计规则，无规则的多项选择可按住 Ctrl 键进行逐一选择多个网络。

（4）选择好所属类的网络后，单击“添加”按钮将这些选择网络分配到“已选定”中，这样就完成了一个类的建立。同样的方法建立其他类。

（5）当完成了类的建立之后，就可以对每一个类进行规则设置。先在“类”中选择一个类，然后单击对话框右边需要设置的按钮，在弹出的设置对话框最上面的标题栏中是设置的类名，这就表示当前的设置是针对这个类而言。同理，如果继续设置其他类，必须先选择类的类名，然后再去进行每项设置。

（6）类的 3 项设置（安全间距、布线、高速）同本章节上述的默认设置，只不过这里设置针对具体的某个类而言，所以设置过程不再重复讲述。通过上述步骤可以完成类的设置，建立类是对具有相同设计规则网络采用的一种简便手段，其设置的参数只对其选择的类有效，对设计中其他网络没有任何约束力。

8.5.3 “网络”规则设置

8.5.2 节讲述了“类”的设置，“类”是以网络为单位构成的，是对网络的一种群体设置，如果需要对网络进行设置，就要用到本节介绍的“网络”设置。

单击图 8-46 中的“网络”按钮，则弹出“网络规则”对话框，如图 8-55 所示。具体“网络规则”设置步骤如下。

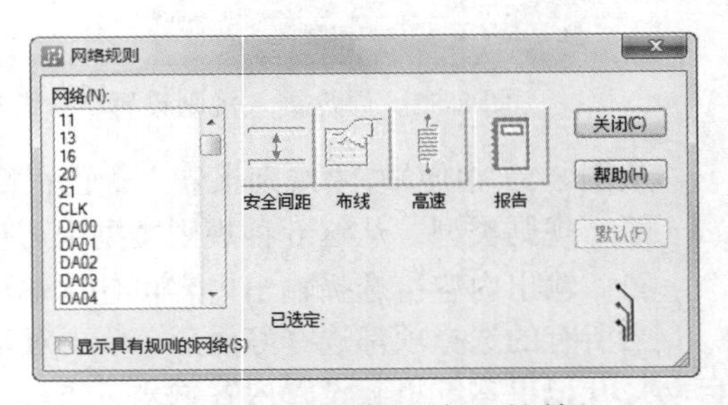

图 8-55 “网络规则”对话框

（1）既然是对网络设置，就必须先选择需要设置的网络。在图 8-55 中的“网络”下列出了当前设计所有的网络，移动滚动条选择所需设置的网络名。找到网络名后在其上单击选择。

（2）多项选择网络：当选择好网络之后，在选择框右边的 3 个设置项下面就会出现类似于电路板的 3 个按钮，在按钮下面将显示 Selected:XXX，表明目前设置的网络对象。

（3）显示具有规则的网络：选中“显示具有规则的网络”复选框，在“网络”下将会只显示出定义过规则的网络名。

（4）设置网络选择好网络，接下来就可以对网络进行设置。有关网络的安全间距、布线和高速的设置同前面讲述的默认设置一样，只是这里的设置对象是一个特定的网络。

技巧： 网络规则设置的对象是对某网络而言，所以在设计中如果需要对某个特殊网络进行定义设计规则，可利用其 Net 规则设置来完成。

8.5.4 “组”规则设置

“组”跟“类”相似，只是“类”的组成单位是网络，而“组”的组成单位是“管脚对”。管脚

对指的是两个元件脚之间的连接。也可以说，组是管脚对集合的一种形式。这种集合形式在定义多项具有相同设计规则的管脚对时很方便。

在图 8-46 中单击“组”按钮，则弹出如图 8-56 所示的“组规则”对话框。

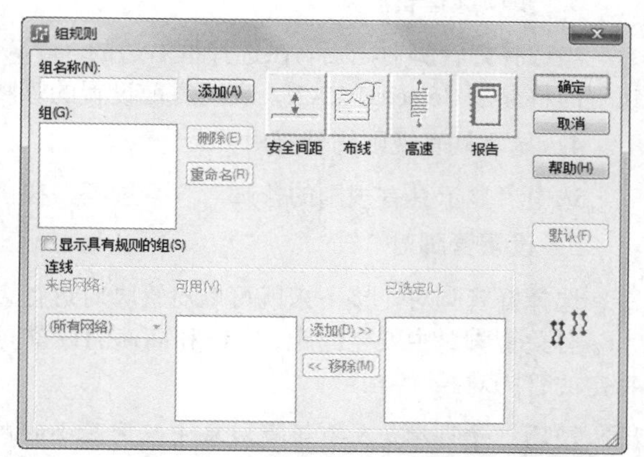

图 8-56 “组规则”对话框

进行组规则设置的步骤如下。

（1）如果以前没有建立任何组，则打开“组规则”对话框时，在“组”下面没有组名。这时需要先建组，单击“添加”按钮，弹出对话框询问是否建立新组，单击“确定”按钮，这时在“组”下出现默认组名（Group_0）。

（2）在对话框中有两个“组”，其中排在上面的那个表示当前被激活的组的组名，下面的“组”表示所有的组名。需要改变默认的组名，选中这个组名后修改，修改完后单击“重命名”按钮。

（3）“可用”下列出了当前设计的所有管脚对，要建立组，首先在“组”下选中一个组名，然后在“可用”下选择这个组中包含的管脚对，无规则的多项选择可按 Ctrl 键进行逐一选择。

（4）选择好所属组的管脚对之后，单击“添加”按钮将这些选择的管脚对分配到“已选定”中，这样就完了一个组的建立。同样的道理，如果需要继续再建立组，依照上述步骤完成即可。

（5）当完成了组的建立之后，就可以对每一个组进行规则设置。先在“组”中选择一个组，然后单击需要设置的按钮，在弹出的设置对话框最上面的标题栏中可以看见设置的组名，这就表示当前的设置是针对这个组而言。同理，如果继续设置其他组，必须先选择组的类名，然后对每项进行设置。

（6）关于组的三项设置（安全间距、布线、高速），同本节上述的默认设置，这里不再重复介绍。

8.5.5 “管脚对”规则设置

前面讲述了“类”设置，它是“网络”的一种集合设置方式。同理前面讲述的“组”设置是“管脚对”的一种集合设置方式。但有时又往往只需要针对某一管脚对设置，这就可以使用“管脚对”进行设置。

单击图 8-46 中的“管脚对”按钮，弹出“管脚对规则”对话框，如图 8-57 所示。

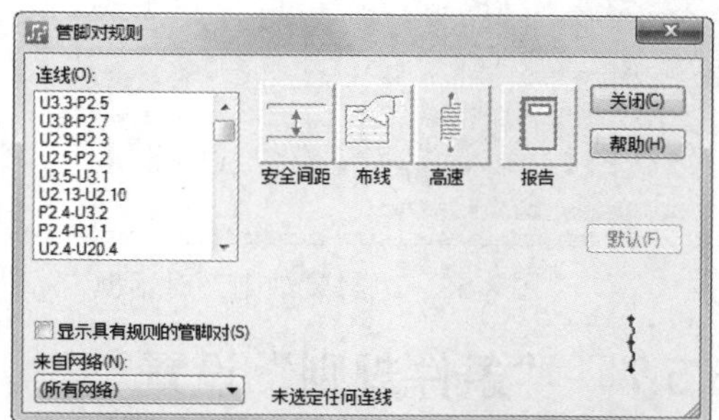

图 8-57 “管脚对规则”对话框

“管脚对规则”设置步骤如下。

1. 选择管脚对

既然是对管脚对设置，就必须先选择需要设置的管脚对。在“连线”下列出了当前设计所有的管脚对，移动滚动条选择所需设置的管脚对，找到后在其上单击选择。

2. 过滤网络

在默认状态下，“来自网络”下为“所有网络”。假如只需要对某个网络进行选择管脚对，可以在

此网络列表中选择此网络，那么在“连线”下将只显示该网络管脚对。

3. 多项选择管脚对

当选择好管脚对之后，在选择框右边的 3 个设置项下面就会出现类似于电路板的 3 个按钮，在按钮下面将显示 Selected:XXX，表明目前设置的管脚对对象。

4. 显示具有规则的管脚对

选中“显示具有规则的管脚对”复选框，在“连线”下将会只显示出定义过规则的管脚对名。

5. 设置管脚对

选择好管脚对，接下来就可以对管脚对进行设置。

有关管脚对中安全间距、布线和高速的设置同前面讲述的默认设置一样，只是这里的设置对象是特定的管脚对。

技巧：管脚对是所有设置对象中范围最小的对象，这项设置在 PADS Logic 中不能设置，所以只能在 PADS Layout 中进行设置。

8.5.6 “封装”和“元器件”规则设置

封装的设计规则设置是针对封装来进行的，不同封装的管脚大小和管脚间距的大小是不同的。所以不同的封装要进行不同的规则设置。

由于相同的封装也可能有着不同的功能和速率，那么设计规则也有些不同，所以也要区别对待。

单击图 8-46 中的“封装”按钮，弹出如图 8-58 所示的“封装规则”对话框，在“封装”列表中选择需要设置的封装，然后设置相应的设计规则，如安全间距、布线、扇出和焊盘入口。

单击图 8-46 中的“元器件”按钮，就会弹出“元器件规则”对话框，如图 8-59 所示，元器件的规则设置和封装的类似，不再赘述。

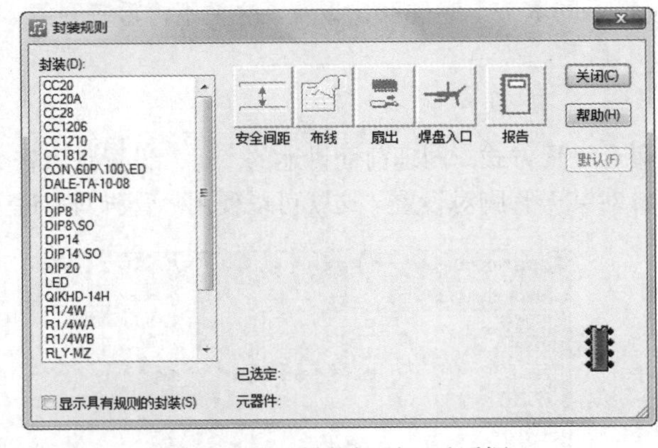

图 8-58 “封装规则”对话框

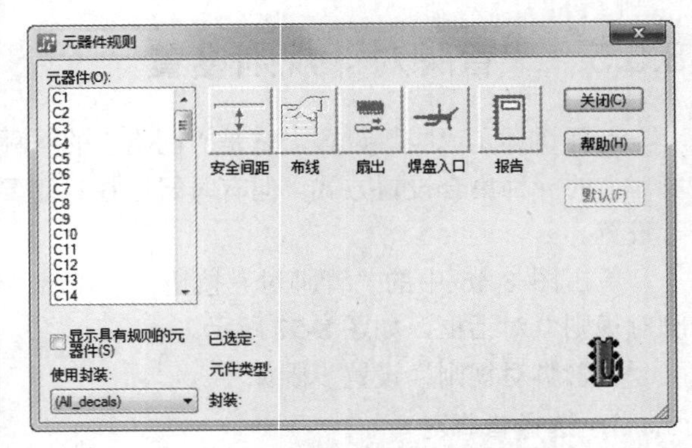

图 8-59 “元器件规则”对话框

8.5.7 “条件规则”设置

在前面几个小节中都介绍了对“安全间距”的设置，其规则优先级顺序是：如果在类、网络、组和管脚对中没有设置规则的对象，一律以默认设置为准；但是如果使用主菜单“设置/设计规则/条件规则设置”，设置的优先级将高于这几种设置。也就是在设计中遇到有满足条件规则设置的情况，系统一律优先以条件规则约束条件为准。

单击图 8-46 中的“条件规则”按钮，则系统弹出如图 8-60 所示的“条件规则设置”对话框。

条件规则设置操作步骤如下。

1. 选择“源规则对象”

在图 8-60 中，首先要选择源规则对象，在选择之前应确定源规则对象所属类别（如网络或者管脚对等），然后选中所属类别单选按钮。

2. 选择“针对规则对象”

有了源规则对象，就必须为它选择针对规则对象。针对规则对象的选择同源规则对象一样，这里不再重复。值得注意的是，针对规则对象可以选择“层”。

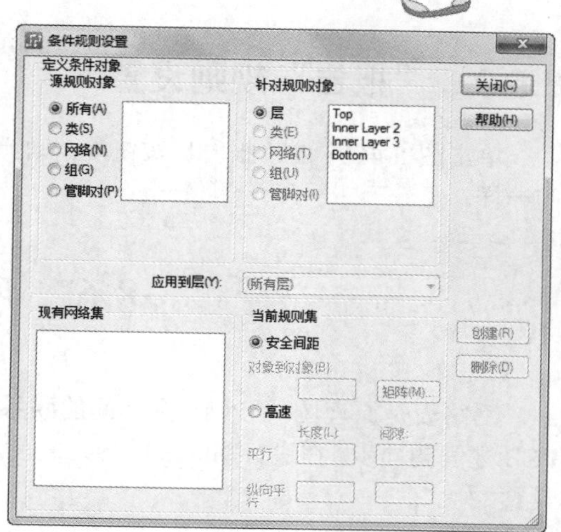

图 8-60　“条件规则设置”对话框

3. 选择规则应用层

选择好源规则对象和针对规则对象后，还必须确定这两个对象在哪一板层上才受下列设置参数的约束，在“应用到层”后选择一个板层即可。

4. 建立相对关系

当源规则对象和相对规则对象及它们所应用的层都选择好之后，单击“创建”按钮，则可建立它们之间的相对关系，在“当前规则集”下就会出现这一新的相对项。

5. 规则设置

在“当前规则集”下选择一个相对项，然后在“当前规则集”下即可进行单独对选择的相对项进行“安全间距”和“高速”两项设置。

8.5.8　“差分对”规则设置

差分对设置允许两个网络或两个管脚对一起定义规则，但这些规则并不能进行在线检查和设计验证，只是用于自动布线器。

单击图 8-46 中的“差分对”按钮，则会弹出“差分对”对话框，如图 8-61 所示。

有关“差分对”设置步骤如下。

1. 选择类型

在图 8-61 中有 3 个选项卡，可以选择需要设置规则的差分对类型，即网络、管脚对或者电气网络。

2. 建立差分对

在“可用”下面选择一个网络或管脚对，单击对话框上面的“添加”按钮，再选择网络或管脚对，单击下面的“添加”按钮，然后在“最小值”文本框中输入最短长度值，在“最大值”文本框中输入最大长度值，一个差分对即建成。

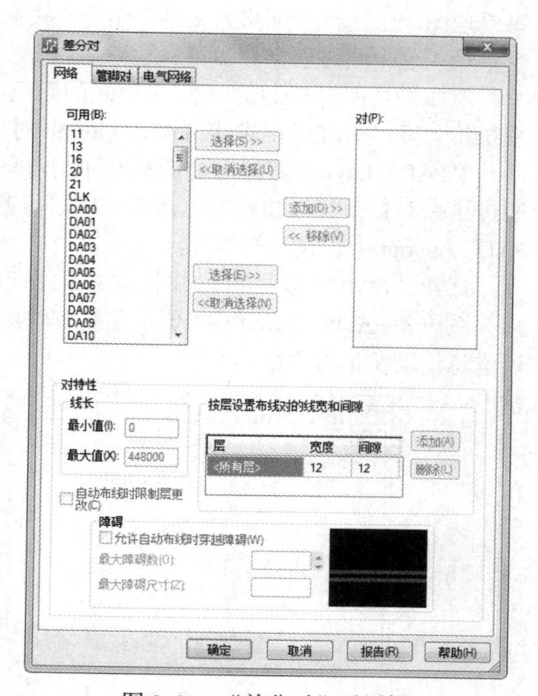

图 8-61　“差分对”对话框

Note

8.5.9 “报告”规则设置

单击图 8-46 中的“报告”按钮▣，则弹出如图 8-53 所示的对话框，其使用方法与 8.5.1 中介绍的一样。

8.6 网络表的导入

网络表是原理图与 PCB 图之间的联系纽带，原理图的信息可以通过导入网络表的形式完成与 PCB 之间的同步。在进行网络表的导入之前，需要装载元件的封装库及对同步比较器的比较规则进行设置。

8.6.1 装载元件封装库

由于 PADS 采用的是集成的元件库，因此对于大多数设计来说，在进行原理图设计的同时便装载了元件的 PCB 封装模型，一般可以省略该项操作。但 PADS 同时也支持单独的元件封装库，只要 PCB 文件中有一个元件封装不是在集成的元件库中，用户就需要单独装载该封装所在的元件库。元件封装库的添加与原理图中元件库的添加步骤相同，这里不再赘述。

8.6.2 导入网络表

将原理图网络表送入 PADS Layout 有两种方式，如果是用其他的软件来绘制的原理图，那么只有将原理图产生出一个网络表文件，然后直接在 PADS Layout 中选择菜单栏中的“文件”→“导入”命令，输入这个网络表文件即可。

但如果是使用 PADS Logic 来绘制的原理图，只需选择菜单栏中的“工具”→PADS Layout 命令，系统就会弹出 OLE 动态链接 PADS Layout 对话框，如图 8-62 所示。

“PADS Layout 链接”对话框就好像一座桥梁将 PADS Layout 与 PADS Logic 动态地链接起来，通过这个对话框可以随时在这两者之间进行数据交换，实际上从 PADS Logic 中自动将原理图送入 PADS Layout 中也是这个道理。

打开“设计”选项卡，如图 8-63 所示。单击“发送网表”按钮，系统会自动地将原理图网络链接关系传入 PADS Layout 中，但是往往有时由于疏忽会出现一些错误，传送网络表时系统会将这些错误信息记录在记事本中。

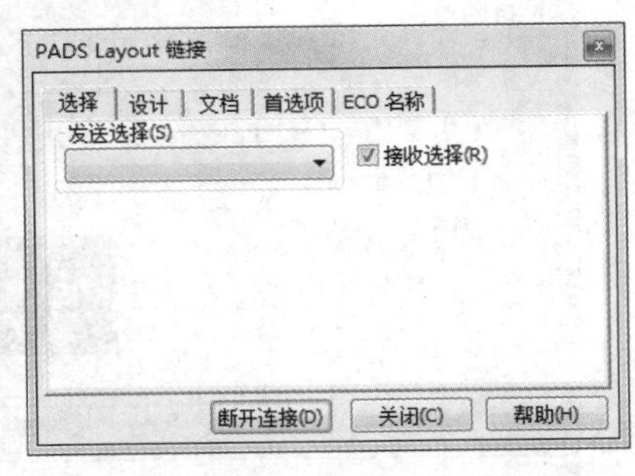

图 8-62 OLE 动态链接 PADS Layout

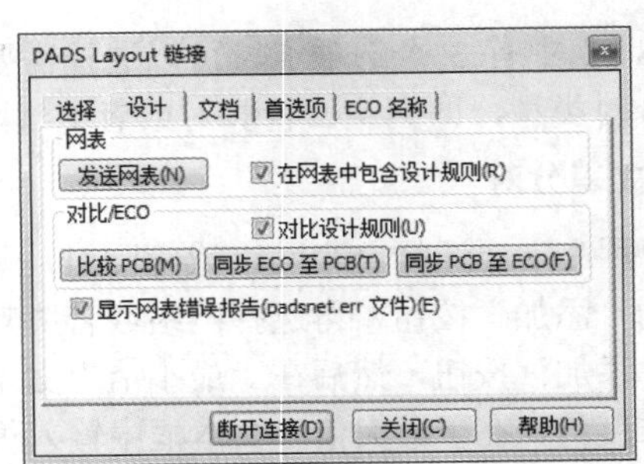

图 8-63 “设计”选项卡

选中“显示网表错误报告”复选框，当网表传送完之后会将记事本自动打开，如图 8-64 所示，这时可以将这些错误信息打印下来后逐一去解决它们，直到没有错误为止，才算成功地将原理图网表传送入 PADS Layout 中。

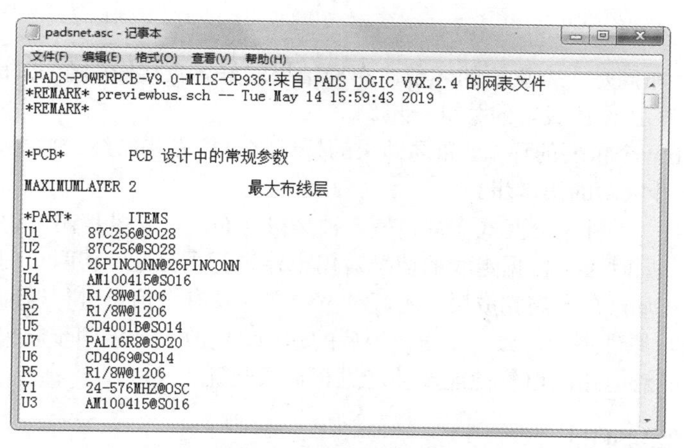

图 8-64　传送网表信息

8.6.3　打散元件

当完成一些有关的设置后，在进行布局之前由于原理图从 PADS Logic 中传送过来之后全部都是放在坐标原点，这样不但占据了板框面积而且也不利于对元件观察，而且给布局带来了不便，所以必须将这些元件全部打散放到板框外去。

选择菜单栏中的“工具”→“分散元器件”命令，弹出如图 8-65 所示的提示对话框，单击“是”按钮，可以看到元件被全部散开到板框线以外（除了被固定的元件），并有序地排列开来，如图 8-66 所示。

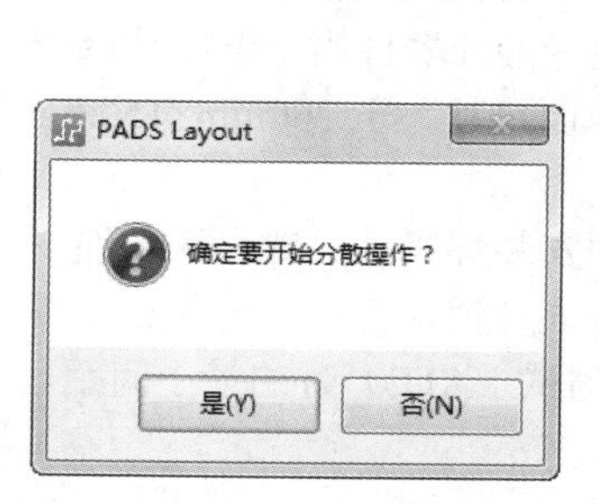

图 8-65　散开元件提示框

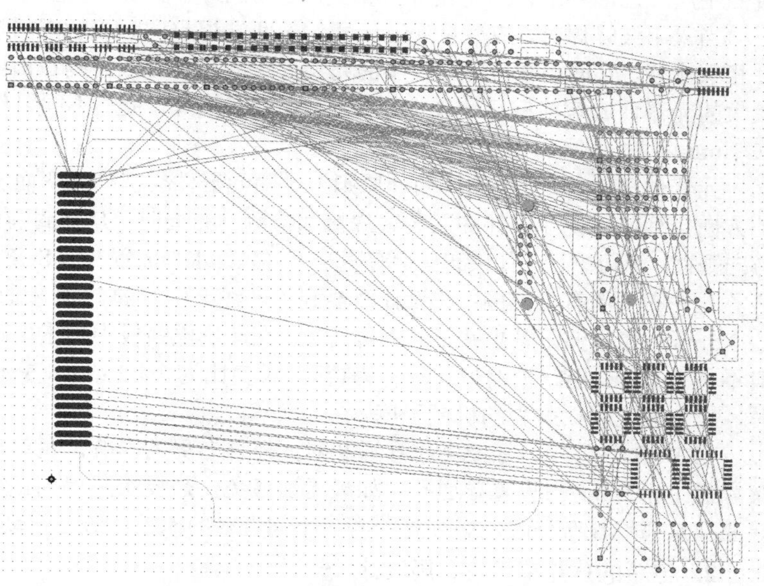

图 8-66　散开元件后的结果

8.7 元件布局

Note

在 PCB 设计中，布局是一个重要的环节。布局结果的好坏直接影响布线的效果，因此可以这样认为，合理的布局是 PCB 设计成功的关键一步。

在设计中，布局是一个重要的环节。布局结果的好坏将直接影响布线的效果，因此可以这样认为，合理的布局是 PCB 设计成功的第一步。

布局的方式分两种，一种是交互式布局，另一种是自动布局。一般是在自动布局的基础上用交互式布局进行调整，在布局时还可根据走线的情况对门电路进行再分配，将两个门电路进行交换，使其成为便于布线的最佳布局。在布局完成后，还可对设计文件及有关信息进行返回标注于原理图，使得 PCB 板中的有关信息与原理图相一致，以便在今后的建档、更改设计能同步起来，同时对模拟的有关信息进行更新，使得能对电路的电气性能及功能进行板级验证。

8.7.1 PCB 布局规划

在 PCB 设计中，PCB 布局是指对电子元器件在印刷电路上如何规划及放置的过程，它包括规划和放置两个阶段。关于如何合理布局应当考虑 PCB 的可制性、合理布线的要求、某种电子产品独有的特性等。

1. PCB 的可制造性与布局设计

PCB 的可制造性是说设计出的 PCB 要符合电子产品的生产条件。如果是试验产品或者生产量不大需要手工生产，可以较少考虑；如果需要大批量生产，需要上生产线生产的产品，则 PCB 布局就要做周密的规划。需要考虑贴片机、插件机的工艺要求及生产中不同的焊接方式对布局的要求，严格遵照生产工艺的要求，这是设计批量生产的 PCB 应当首先考虑的。

当采用波峰焊时，应尽量保证元器件的两端焊点同时接触焊料波峰。当尺寸相差较大的片状元器件相邻排列，且间距很小时，较小的元器件在波峰焊时应排列在前面，先进入焊料池。还应避免尺寸较大的元器件遮蔽其后尺寸较小的元器件，造成漏焊。板上不同组件相邻焊盘图形之间的最小间距应在 1mm 以上。

元器件在 PCB 板上的排向，原则上是随元器件类型的改变而变化，即同类元器件尽可能按相同的方向排列，以便元器件的贴装、焊接和检测。布局时，DIP 封装的 IC 摆放的方向必须与过锡炉的方向垂直，不可平行。如果布局上有困难，可允许水平放置 IC（SOP 封装的 IC 摆放方向与 DIP 相反）。

元件布置的有效范围：在设计需要到生产线上生产的 PCB 板时，X、Y 方向均要留出传送边，每边 3.5mm，如不够，需要另加工艺传送边。在印刷电路板中位于电路板边缘的元器件离电路板边缘一般不小于 2mm。电路板的最佳形状为矩形，长宽比为 3∶2 或 4∶3。电路板面尺寸大于 200mm×150mm 时，应考虑电路板所受的机械强度。

在 PCB 设计中，还要考虑导通孔对元器件布局的影响，避免在表面安装焊盘上，或在距表面安装焊盘 0.635mm 内设置导通孔。如果无法避免，需要用阻焊剂将焊料流失通道阻断。作为测试支撑导通孔，在设计布局时，必须充分考虑不同直径的探针，进行自动在线测试（ATE）时的最小间距。

2. 电路的功能单元与布局设计

PCB 中的布局设计中要分析电路中的电路单元，根据其功能合理地进行布局设计，对电路的全部

元器件进行布局时，要符合以下原则。

（1）按照电路的流程安排各个功能电路单元的位置，使布局便于信号流通，并使信号尽可能地保持一致的方向。

（2）以每个功能电路的核心元件为中心，围绕它来进行布局。元器件应均匀、整齐、紧凑地排列在 PCB 上；尽量减少和缩短各元器件之间的引线和连接。

（3）在高频下工作的电路，要考虑元器件之间的分布参数。一般电路应尽可能使元器件平行排列。这样，不但美观，而且装焊容易，易于批量生产。

3. 特殊元器件与布局设计

在 PCB 设计中，特殊的元器件是指高频部分的关键元器件、电路中的核心器件、易受干扰的元器件、带高压的元器件、发热量大的元器件以及一些异形元器件等。这些特殊元器件的位置需要仔细分析，做到布局合乎电路功能的要求及生产的要求，不恰当地放置它们，可能会产生电磁兼容问题、信号完整性问题，从而导致 PCB 设计的失败。

在设计如何放置特殊元器件时，首先要考虑 PCB 尺寸大小。PCB 尺寸过大时，印制线条长，阻抗增加，抗噪声能力下降，成本也增加；过小，则散热不好，且邻近线条易受干扰。在确定 PCB 尺寸后，再确定特殊元件的位置。最后，根据电路的功能单元，对电路的全部元器件进行布局。特殊元器件的位置在布局时一般要遵守以下原则。

（1）尽可能缩短高频元器件之间的连线，设法减少它们的分布参数和相互间的电磁干扰。易受干扰的元器件不能相互挨得太近，输入和输出元件应尽量远离。

（2）某些元器件或导线之间可能有较高的电位差，应加大它们之间的距离，以免放电引起意外短路。带高电压的元器件应尽量布置在调试时手不易触及的地方。

（3）重量超过 15g 的元器件，应当用支架加以固定，然后焊接。那些又大又重、发热量多的元器件，不宜装在印制板上，而应装在整机的机箱底板上，且应考虑散热问题。热敏元件应远离发热元件。

（4）对于电位器、可调电感线圈、可变电容器、微动开关等可调元件的布局，应考虑整机的结构要求。若是机内调节，应放在印制板上方便调节的地方；若是机外调节，其位置要与调节旋钮在机箱面板上的位置相适应。

（5）应留出印制板定位孔及固定支架所占用的位置。

一个产品的成功与否，一是要注重内在质量，二是兼顾整体的美观，二者都较完美才能认为该产品是成功的。在一个 PCB 板上，元件的布局要求要均衡，疏密有序，不能头重脚轻或一头沉。

4. 布局的检查

（1）印制板尺寸是否与图纸要求的加工尺寸相符，是否符合 PCB 制造工艺要求，有无定位标记。

（2）元件在二维、三维空间上有无冲突。

（3）元件布局是否疏密有序，排列整齐，是否全部布完。

（4）需经常更换的元件能否方便地更换，插件板插入设备是否方便。

（5）热敏元件与发热元件之间是否有适当的距离。

（6）调整可调元件是否方便。

（7）在需要散热的地方，是否装了散热器，空气流是否通畅。

（8）信号流程是否顺畅且互连最短。

（9）插头、插座等与机械设计是否矛盾。

（10）有无考虑线路的干扰问题。

Note

8.7.2 布局步骤

本小节介绍一些布局经验给读者参考，大概分为以下5步。

（1）首先放置板中固定元件。

（2）设置板中有条件限制的区域。

（3）放置重要元件。

（4）放置比较复杂或者面积比较大的元件。

（5）根据原理图将剩下的元件分别放到上述已经放好的元件周围，最后整体调整。

为什么把放置固定元件放在布局的第一步呢？其实很简单，因为固定件在板中的位置最主要是根据这 PCB 板在整个产品系统结构中的位置来决定的，当然也有可能由其他原因决定。不管由什么原因决定，总之这些固定的位置一旦确定下来是不可以随便改动的，不用说改动，有时就是有误差都有可能导致心血付之东流。

放置好固定件之后布局的第二个步骤需要设置一些条件区域，这些条件区域会对设置的区域进行某种控制，使得元件、走线或其他对象不可以违背此限制。为什么将其放在第二步呢？因为固定件已经考虑了这个条件，不受此约束，但是对于其他元件则必须考虑。

在电路板上最通常的控制是对板上某个区域器件高度限制、禁止布线限制及不允许放入测试点限制等。这些限制条件有必要而且有些是必须考虑的。

设置局部控制区域：设置好局部区域限制条件之后进入布局设计的第三步，现在可以将一些比较重要的元件放入板框中，因为这些元件（特别是对于高频电路）在设计上可能对其有一定的要求，其中包括它的管脚走线方式等，所以必须先考虑它们，否则会给以后的设计带来一连串的麻烦。

放置完重要元件后剩下的元件都是平等的，不过根据设计经验，还是必须先放置那些比较大或者比较复杂的元件，因为这些元件（特别是元件脚较多的元件）包括的网络较多，放置好它们之后就可以参考网络连接或设计要求来放置最后剩余的元件，不过在放置最后剩余的元件时最好参考原理图来放置。

8.7.3 PCB 自动布局

PADS Layout 系统提供了两种布局方式，其中一种布局方式是自动智能簇布局。智能簇布局器是一个交互式和全自动多遍无矩阵布局器，可进行半自动或全自动的概念定义和布局操作，可人工、半自动或全自动地进行簇的布局、子簇的布局，可打开簇进行单元和器件的布局和调整以及布局优化等工作，也可单独使用对其中的某一部分进行一遍或几遍的反复调整，直到布局效果达到最佳状态。

打开自动簇布局器。在 PADS Layout 中，选择菜单栏中的“工具”→“簇布局”命令，则弹出如图 8-67 所示的“簇布局”对话框。

自动簇布局器是一个交互全自动的多遍无矩阵布局器，采用概念定义、交互操作和智能识别等方法，用以实现对大规模、高密度和复杂电路的设计以及大量采用表面安装器件（SMD）和 PGA 器件的 PCB 设计自动布局。

自动簇布局器一共有 3 个工具，分别用于创建簇、放置簇和放置元件。

1. 创建簇

这个工具可以将在板框外的对象自动创建一个新的簇。它的设置如图 8-68 所示。

☑ 每簇最大组件数：设置每个簇包含的元件的最大个数。如果选中“无限制”复选框就是不加以限制的意思。

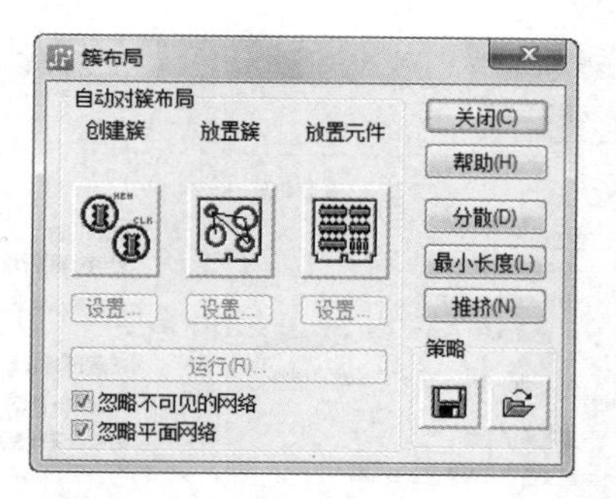

图 8-67　“簇布局”对话框

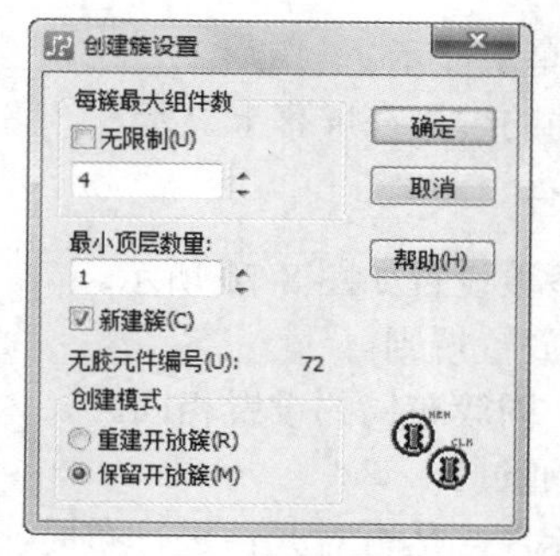

图 8-68　“创建簇设置”对话框

☑　最小顶层数量：设置最小的顶层簇的数量。一个顶层簇的意思是说这个簇没有被其他的簇所包含。

☑　新建簇：是否创建新的簇。

☑　无胶元件编号：当前没有被锁定的元件的数目。

☑　创建模式：簇分为开放簇和保守簇。

2．放置簇

簇的布局的设置如图 8-69 所示。

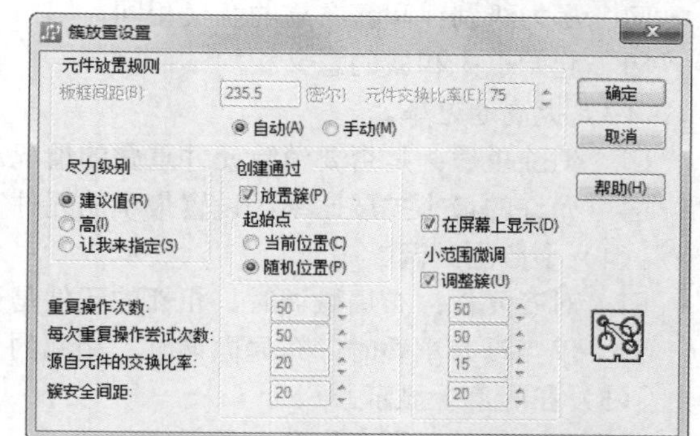

图 8-69　“簇放置设置”对话框

（1）元件放置规则。

☑　板框间距：设置簇到板框的最小间距。

☑　元件交换比率：设置簇之间的距离，0 为最小间距，100%为最大间距。

☑　自动、手动：自动还是手动设置布局规则。

（2）尽力级别。

指对布局的努力程度，PADS Layout 提供了 3 个选项，即建议值、高和让我来指定。布局的努力程度分为两个部分，分别是“创建通过”的努力程度和“小范围微调”的努力程度。

☑　重复操作次数：对簇布局的次数。

☑　每次重复操作尝试次数：每次布局的尝试，增加这个值可以使元件和固定的元件结合得更加紧密。

☑　源自元件的交换比率：在布局时有时需要重新对元件、簇或组合进行定位，增加该值可以增加对元件、簇或组合进行交换的概率。

☑　簇安全间距：元件扩展的范围。

（3）创建通过。

创建布局，包括两个选项。

☑　放置簇：是否对簇进行布局，如果用户已经对簇进行了布局，这个选项可以去掉。

☑　起始点：如果设置了对簇进行布局，就要设置布局的开始点。

- ➢　当前位置：如果元件已经放置在板框内，可以选中该单选按钮，这样可以保持元件的位置。
- ➢　随机位置：在板框内的任意位置进行布局。

（4）小范围微调。

微调布局，选择调整簇，便可以通过改变下面的参数对布局进行微调。

（5）在屏幕上显示。

是否将布局的过程在屏幕上显示。

3. 放置元件

Note

元件布局参数设置如图 8-70 所示。

（1）元件放置规则。

布局规则，同簇布局的设置相同。

（2）创建通过。

☑ 放置元件：是否对元件进行布局，如果元件已经进行了布局且只需要微调，可以不选中此复选框。

☑ 尽力级别：和簇布局的意义相同。

☑ 起始点：和簇的意义相同。

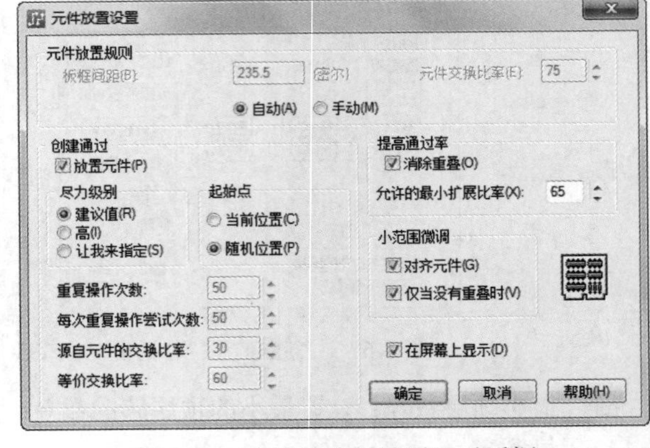

图 8-70 “元件放置设置”对话框

（3）提高通过率。

☑ 消除重叠：是否要消除元件重叠的情况。

☑ 允许的最小扩展比率：设置最小的元件空间扩展的比例。

（4）小范围微调。

☑ 对齐元件：布局微调时，相邻的元件是否要对齐。

☑ 仅当没有重叠时：布局微调时，相邻的元件要对齐的前提是没有元件叠加的情况。

（5）在屏幕上显示。

是否将布局的过程在屏幕上显示。

8.7.4 PCB 手动布局

PADS Layout 系统提供的另一种布局方式是手动布局，手动布局可以使用“查找”工具进行元器件的迅速查找、多重选择和按顺序移动。系统具有元器件的自动推挤、自动对齐、器件位置互换、任意角度旋转、极坐标方式放置元件、在线切换 PCB 封装、镜像和粘贴等功能元器件移动时能够动态飞线重连、相关网络自动高亮、指示最佳位置和最短路径。一般操作步骤分为布局前的设置、散开元件、放置元件等几步。

1. 布局前的设置

当开始布局设计以前，很有必要进行一些布局的参数设置，比如设计栅格一般设置成 20mil（输入快捷命令 G 20 即可)，PCB 板的一些局部区域高度控制等，这些参数的设置对于布局设计是非常重要的。

除此之外，对于一些比较特殊而且非常重要的网络，特别是对于高频设计电路中的一些高频网络，这种设置就显得更有必要，因为将这些特殊的网络分别用不同的颜色显示在当前设计中，这样在布局设计时就可以将这些特殊网络的设计要求（如走线要求）考虑进去，不至于在以后的设计中再来进行调整。

设置网络的颜色首先选择菜单栏中的“查看”→“网络”命令，则弹出如图 8-71 所示的“查看网络”对话框。

在这个对话框中有两个并列的列表框，左边的“网表”下显示了当前设计中的所有网络，右边的“查看列表”中所显示的是需要设置特殊颜色及进行其他一些设置的网络，可以通过“添加”按钮将左边的网络增加到右边，也可通过“移除”按钮将右边的网络移除到左边。

Note

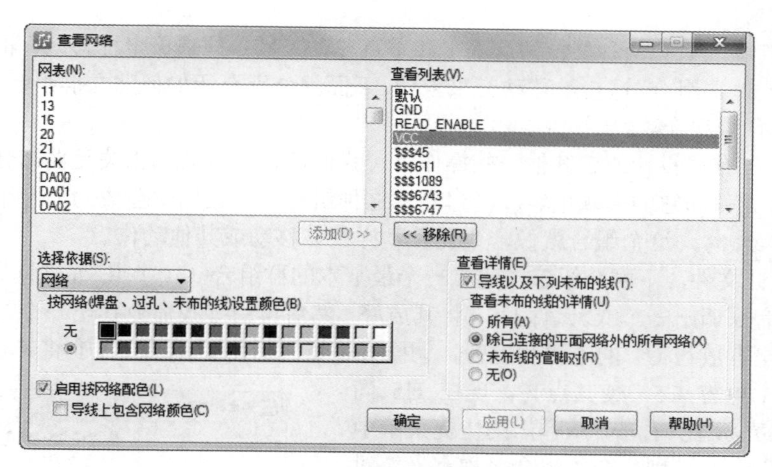

图 8-71　“查看网络”对话框

当进行特殊网络颜色设置时，首先将需要设置的网络从“网表”下通过“添加”按钮传送到“查看列表”下。然后在“查看列表”中用鼠标选择一个网络，再单击“按网络（焊盘、过孔、未布的线）设置颜色”下某一个颜色块下面的对应凹陷方框，这样完成了一个网络的颜色设置。以此类推，可以按这种步骤设置多个网络，当这些特殊网络的颜色设置完之后单击“确定”按钮，这时这些特殊的网络在当前的设计中以设置的颜色分别显示出来。

有时有些网络（特别是设计多层板时的地线网络和电源网络）在布局时并不需要考虑它们的布线空间，如果全都显示出来难免显得杂乱，实际中常常先将它们隐去而不显示出来，这时只需在对某一网络进行特殊颜色设置时，再选中“查看未布的线的详情”选项下面的“未布线的管脚对”单选按钮即可。

2. 散开元件

当完成了一些有关的设置之后，在进行布局之前由于原理图从 PADS Logic 中传送过来之后全部都是放在坐标原点，这样不但占据了板框面积，而且也不利于对元件观察，而且给布局带来了不便，所以必须将这些元件全部打散放到板框外去。

在 PADS Layout 中只需要选择“工具”→“分散元器件”命令，这时弹出如图 8-72 所示的对话框，单击“是”按钮，则 PADS Layout 系统就会自动将所有的元件按归类放在板框外，如图 8-73 所示。

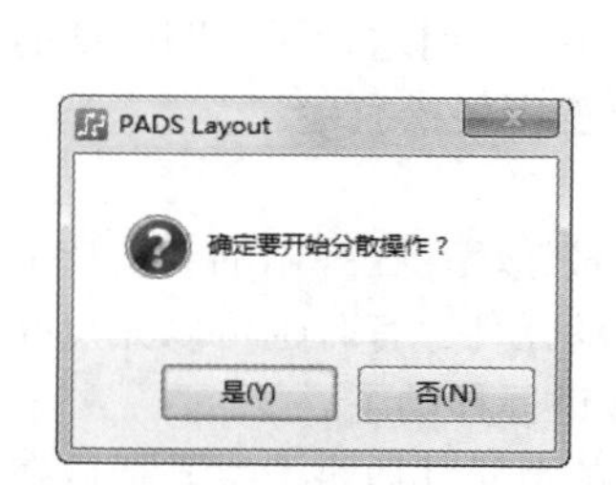

图 8-72　PADS Layout 对话框

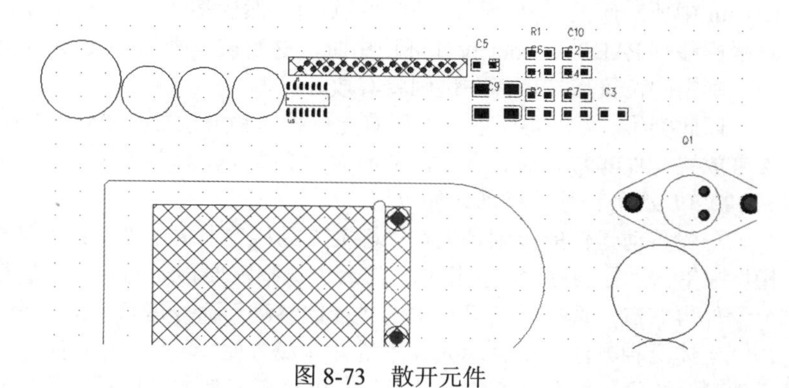

图 8-73　散开元件

3. 放置元件

在整个布局设计中，掌握好元件的各种移动方式对于快速布局是不可缺少的一部分。一般来讲，

元件移动方式最基本的只有两种，一种是水平和垂直移动，另一种是极坐标移动。不过一般移动元件前有时需要建立一些群组合，这会给移动带来方便，下面就分别介绍如何建立群组合及各种移动方式。

（1）建立元件群组合。

当在进行 PCB 布局设计或者其他一些操作时，我们常希望将某些相关元件结合成一个整体，最常见的是一个 IC 元件和它的去藕电容。当建立了这种组合后，它们就会成为另一个新的整体，对其进行移动或其他操作时，这个组合就像一个元件一样整体移动或其他动作。

打开 PCB 设计文件，下面介绍怎样建立一个最基本的群组合（一个 IC 元件同它的去藕电容）。

首先用寻找命令调出一个 IC 元件 U5，将其放好，然后再用寻找命令找出一个与它对应的去藕电容，将这个去藕电容放在 U1 的电源脚位旁，调整好位置之后用鼠标选中 U1 将其点亮，然后按 Ctrl 键，再用鼠标选中电容 C5，使其点亮，现在 U5 同 C5 都同时处于点亮状态，右击，从弹出的快捷菜单中选择“创建组合”命令，则一个“组合名称定义”对话框弹出来，如图 8-74 所示。

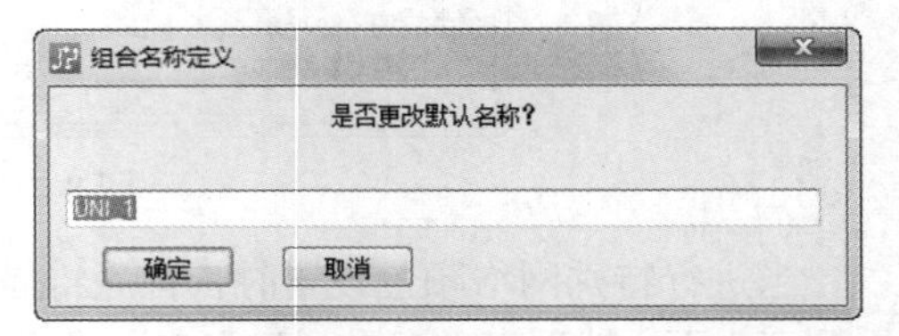

图 8-74 “组合名称定义”对话框

系统默认的群组合名是 UNI_1，如果想重新命名这个组合，则在这个对话框中输入一个新的组合名，然后单击“确定”按钮，一个新的组合就建立完毕。

（2）采用最先进的原理图驱动放置元件进行布局设计。

有很多工程人员对于布局设计并不太重视，其实 PCB 布局设计是否合理对于以后的布线设计及其他一些设计都是举足轻重的，所以尽可能在布局设计时将有关的条件都考虑进去，以免给以后的设计带来麻烦。

另外，我们知道，可以通过 OLE 将 PADS Logic 与 PADS Layout 动态地链接起来，下面介绍怎样利用这种动态链接关系来使用原理图驱动进行放置元件布局。

首先在 PADS Layout 中打开原理图文件，启动 PADS Layout，将 PADS Layout 与 PADS Logic 通过 OLE 动态链接起来，再将原理图网络表传入 PADS Layout 中。

将网络表传入 PADS Layout 后，在 PADS Layout“标准工具栏”中单击“设计工具栏”按钮，在弹出的“设计工具栏”中单击“移动”按钮，之后就可以利用原理图驱动来从原理图中单击某元件后，直接在 PADS Layout 中放置该逻辑元件所对应的 PCB 封装。

首先在 PADS Logic 中选中一个原理图元件，当点亮原理图中某一元件时，这个元件在 PADS Layout 中所对应的 PCB 元件也同时被点亮，然后将此元件从 PADS Logic 中移到 PADS Layout 中。这时鼠标移到 PADS Layout 设计环境中时，这个被点亮的 PCB 元件会自动出现在鼠标上，将它移动到一个确定的位置后按鼠标左键则将其放好。

以此类推，可以将原理图中所有元件按这种方法放入 PADS Layout 中。利用这种原理图驱动的方法来放置元件非常方便、直观，从而大大提高了工作效率，而且使设计变得轻松有趣。

（3）水平、垂直移动元件放置。

一般移动元件的步骤是先在“标准工具栏”中单击“设计工具栏”按钮，在弹出的“设计工具栏”中单击“径向移动”按钮，然后去选择需要移动的元件来进行移动元件。有时也可以先点亮一个元件再右击，选择弹出菜单中的“径向移动”命令就可以对一个元件进行移动了。

上述两种方法对于移动元件来讲并非最方便，更多的时候只需点亮某个元件后将十字光标放在该元件上，按住鼠标左键不放移动鼠标，则这个元件就可以移动了。当然这种移动方式是有条件的，必须选择菜单栏中的“工具”→“选项”命令，在弹出的“选项”对话框中选择“全局”→“常规”选项卡，在“拖动”选项组下将其设置成“拖动并附着”或者“拖动并放下”，如果设置成“无拖动”，

则表示关闭了这种移动方式。

在很多情况下，被移动的元件经常需要改变状态，比如旋转 90° 等，这时只需在移动状态下右击，从弹出的快捷菜单中选择想改变的状态命令即可。当然也可以利用菜单“编辑”→“移动”的快捷键 Ctrl+E。

Note

✍ **技巧：** 实际上，在元件移动状态时，用键盘上的 Tab 键来改变元件的状态是最好的方式。读者不妨试试看吧。

如果对一个放置好的元件在原地改变状态，可以使用“设计工具栏”下的按钮，它们分别是“旋转”按钮、“绕原点旋转”按钮、“交换元件”按钮。当然也可以先点亮某个元件，再右击来选择其中弹出菜单中的某个命令来改变元件状态。

除单个元件移动外，很多时候常需要做整体块移动，组合移动。当做块移动时，可以按住鼠标左键不放，然后移动拉出一个矩形框，矩形框中目标被点亮，这些被点亮的目标就可以同时被作为一个整体来移动了。但有时矩形框中的某些被点亮的目标并不都是所希望移动的，这就需要在选择目标前先用过滤器把所不希望移动的目标过滤掉。同理，在移动组合体时也需要先在过滤器中选择“选择组合/元器件”，然后才可以点亮组合体而进行移动。

总之，不管是移动还是改变元件状态，在实际过程中多总结，多试试，看哪一种方式才是自己认为最方便的。

（4）“径向移动”元件放置。

“径向移动”实际上就是常说的极坐标移动。在 PCB 设计中虽然不是常用，但如果没有这种移动方式，有时极不方便，因为有时设计某些产品时，需要将元件以极坐标的方式来放置。

单击“标准工具栏”中的“设计工具栏”图标，在弹出的“设计工具栏”中单击“移动”按钮、“径向移动”按钮，再选择需要移动的元件，也可先点亮元件后选功能图标。其实很多时候选择点亮了目标之后右击，从弹出菜单中选择“径向移动”命令，自动显示极坐标，然后就可以参考坐标放置好元件，如图 8-75 所示。

在进行极坐标移动之前一般都要对其设置，使之适合于自己的设计要求。关于极坐标的设置是：选择菜单栏中的“工具”→“选项”命令，在弹出的“选项”对话框中选择“栅格和捕获”→“栅格”选项卡，单击“径向移动设置”按钮，则弹出如图 8-76 所示的对话框。

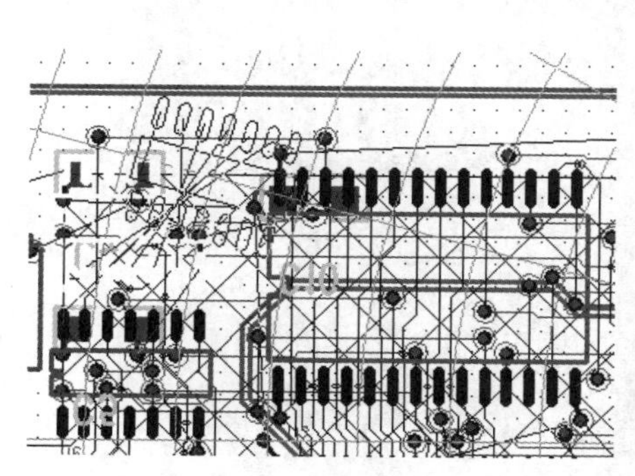

图 8-75　极坐标移动

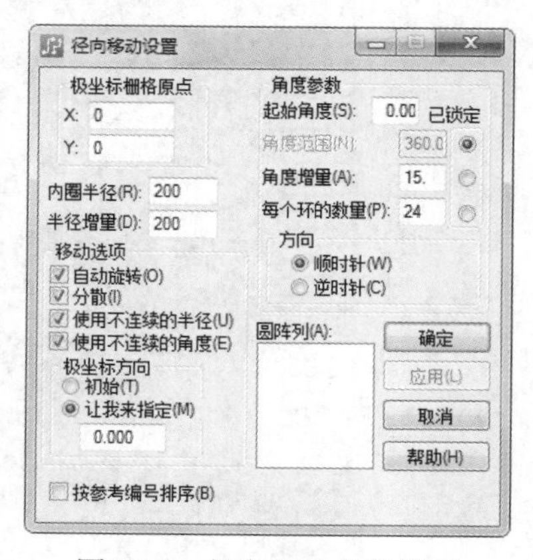

图 8-76　径向移动参数设置

现将图 8-76 中的有关参数设置解释如下，以方便大家设置。

（1）极坐标栅格原点。

☑ X：原点的 X 坐标。
☑ Y：原点的 Y 坐标。
（2）内圈半径：靠近原点的第一个圆环跟原点的径向距离，默认值为 200。
（3）半径增量：除第一个圆环外，其他各圆环之间的径向距离，默认值为 200。
（4）角度参数：角度参数设置。
☑ 起始角度：起始角度值。
☑ 角度范围：整个移动角度的范围。
☑ 角度增量：最小移动角度。
☑ 每个环的数量：在移动角度范围内最小移动角度（delta angle）的个数。
☑ 已锁定：锁定某选项，默认是锁定“角度范围”项，被锁定的选项不可以被改变。
☑ 顺时针：顺时针方向。
☑ 逆时针：逆时针方向。
（5）移动选项：当移动元件时的参数设置。
☑ 自动旋转：移动元件时自动调整元件状态。
☑ 分散：移动元件时自动分散元件。
☑ 使用不连续的半径：移动元件时可以在径向上不连续地移动元件。
☑ 使用不连续的角度：移动元件时在角度方向上可以不连续地移动元件。
（6）极坐标方向：极坐标的方向设置。
☑ 初始：使用最初的。
☑ 让我来指定：由用户设置。

8.7.5 动态视图

选择菜单栏中的“查看”→PADS 3D 命令，弹出如图 8-77 所示的 PADS 3D 面板。

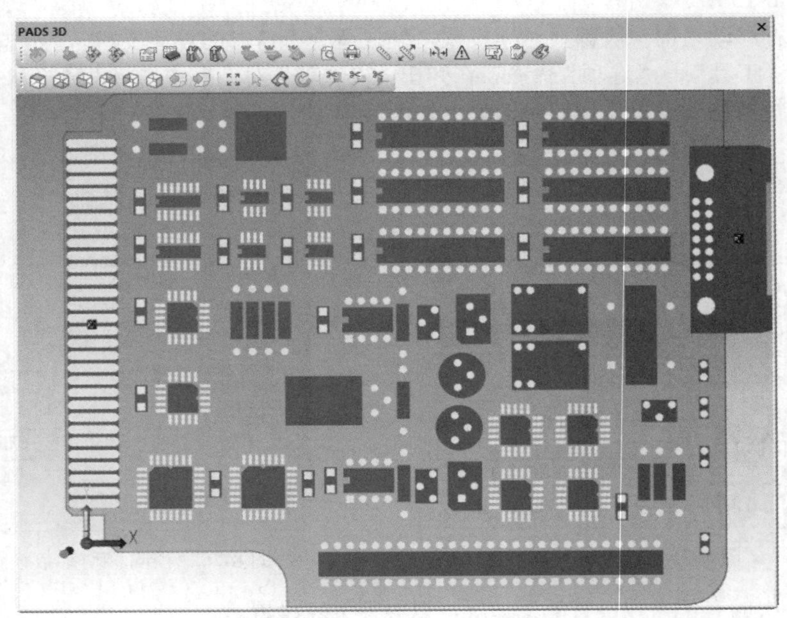

图 8-77 PADS 3D 面板

1．视图显示

在视图中利用鼠标旋转、移动电路板，也可利用窗口中的菜单命令，工具栏命令进行操作。

图 8-78　3D View toolbar 工具栏

3D View toolbar 工具栏只显示顶面、底面、正面、背面、左面、右面，不同视图防线显示电路板三维模型，如图 8-78 所示。

☑　单击“X 挖空平面”按钮，电路板三维模型在 X 轴上挖空一半电路板，如图 8-79 所示。

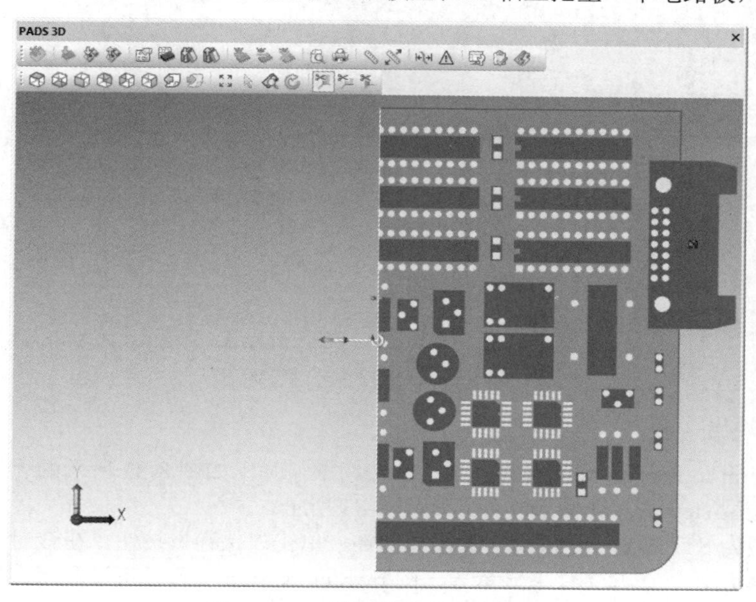

图 8-79　X 轴上挖空一半电路板

☑　单击“Y 挖空平面”按钮，电路板三维模型在 Y 轴上挖空一半电路板，如图 8-80 所示。

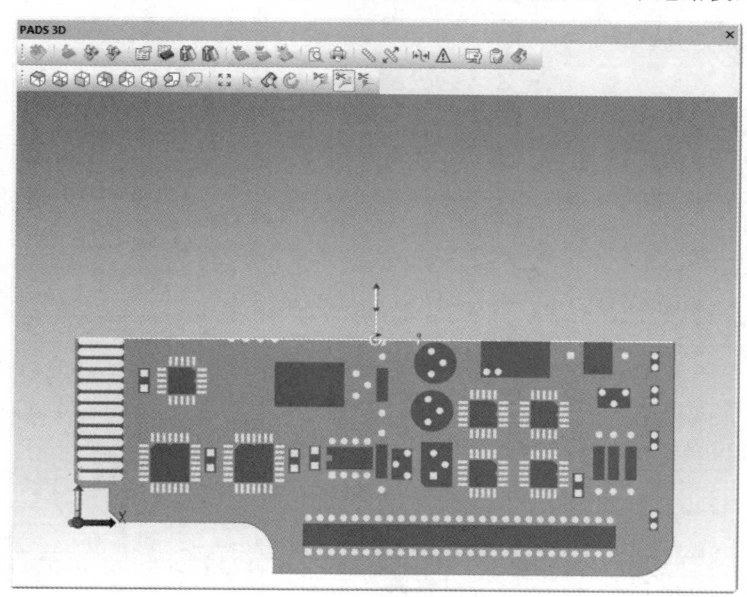

图 8-80　Y 轴上挖空一半电路板

☑ 单击“Z 挖空平面”按钮，电路板三维模型在 Z 轴上挖空一半电路板，如图 8-81 所示。

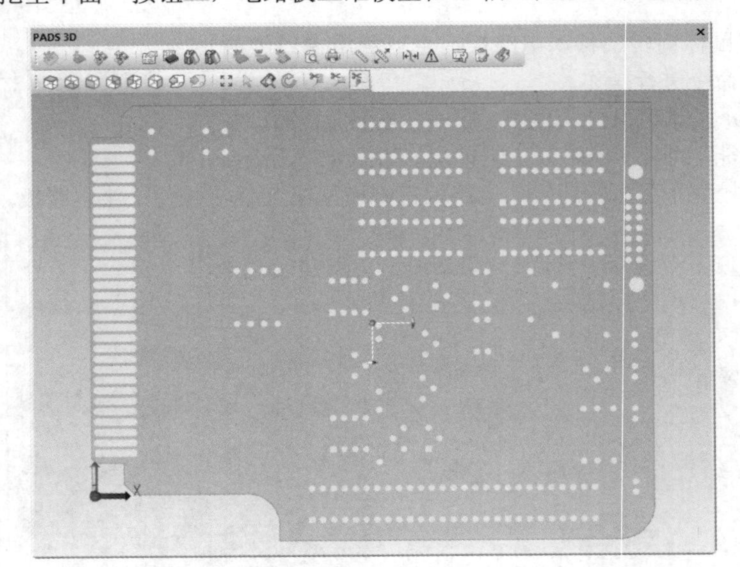

图 8-81　Z 轴上挖空一半电路板

2. 三维模型输出

单击 3D General toolbar 工具栏中的“导出”按钮，弹出如图 8-82 所示的“导出”对话框，显示电路板的三维模型 step 文件或图形文件，如图 8-83 所示。

选择文件类型为 STEP 文件，输出三维模型文件，单击“保存”按钮，在该对话框左下角显示导出成功，如图 8-84 所示，在源文件下显示导出的 pwrdemoa.step 文件，可以利用三维模型软件 UG 打开，如图 8-85 所示。

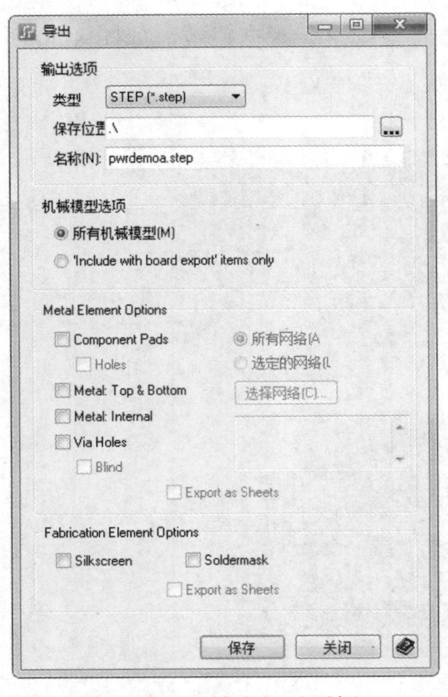

图 8-82　“导出”对话框

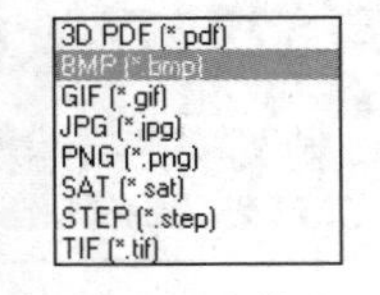

图 8-83　文件类型

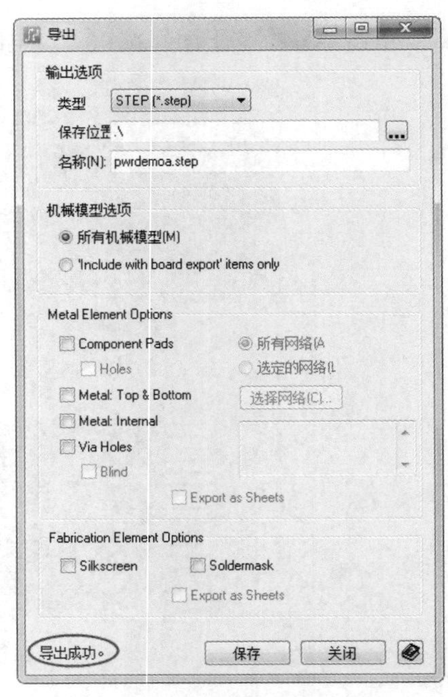

图 8-84　导出成功

Note

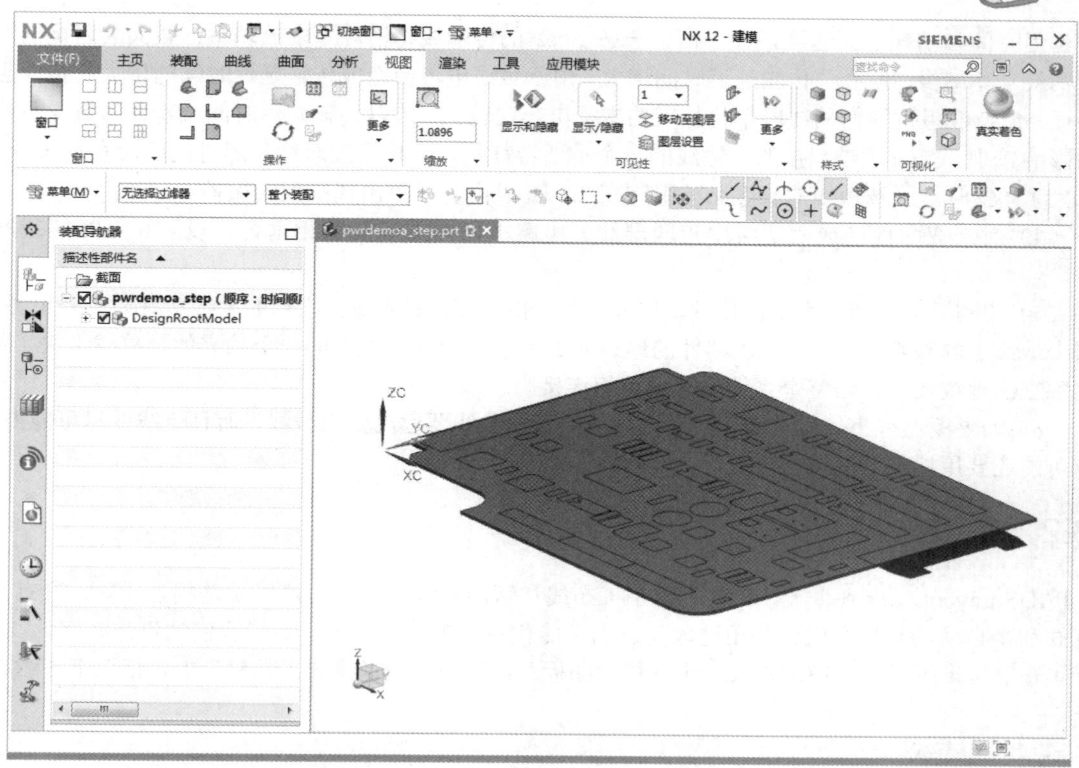

图 8-85　STEP 文件

8.8　元件布线

在 PCB 设计中，布线是完成产品设计的重要步骤，可以说前面的准备工作都是为它而做的，在整个 PCB 中，以布线的设计过程限定最高，技巧最细、工作量最大。

8.8.1　布线原则

做 PCB 时是选用双面板还是多层板，要看最高工作频率和电路系统的复杂程度以及对组装密度的要求来决定。在时钟频率超过 200MHz 时最好选用多层板。如果工作频率超过 350MHz，最好选用以聚四氟乙烯作为介质层的印制电路板，因为它的高频衰耗要小些，寄生电容要小些，传输速度要快些，对印制电路板的走线有如下原则要求。

（1）所有平行信号线之间要尽量留有较大的间隔，以减少串扰。如果有两条相距较近的信号线，最好在两线之间走一条接地线，这样可以起到屏蔽作用。

（2）设计信号传输线时要避免急拐弯，以防传输线特性阻抗的突变而产生反射，要尽量设计成具有一定尺寸的均匀的圆弧线。

（3）印制线的宽度可根据上述微带线和带状线的特性阻抗计算公式计算，印制电路板上的微带线的特性阻抗一般在 50～120Ω。要想得到大的特性阻抗，线宽必须做得很窄。但很细的线条又不容易制作。综合各种因素考虑，一般选择 68Ω 左右的阻抗值比较合适，因为选择 68Ω 的特性阻抗，可

以在延迟时间和功耗之间达到最佳平衡。一条 50Ω 的传输线将消耗更多的功率；较大的阻抗固然可以使消耗功率减少，但会使传输延迟时间增大。由于负线电容会造成传输延迟时间的增大和特性阻抗的降低。但特性阻抗很低的线段单位长度的本征电容比较大，所以传输延迟时间及特性阻抗受负载电容的影响较小。具有适当端接的传输线的一个重要特征是，分枝短线对线延迟时间应没有什么影响。当 Z0 为 50Ω 时。分枝短线的长度必须限制在 2.5cm 以内，以免出现很大的振铃。

（4）对于双面板（或六层板中走四层线）电路板两面的线要互相垂直，以防止互相感应产主串扰。

（5）印制板上若装有大电流器件，如继电器、指示灯、喇叭等，它们的地线最好要分开单独走，以减少地线上的噪声，这些大电流器件的地线应连到插件板和背板上的一个独立的地总线上去，而且这些独立的地线还应该与整个系统的接地点相连接。

（6）如果板上有小信号放大器，则放大前的弱信号线要远离强信号线，而且走线要尽可能得短，如有可能还要用地线对其进行屏蔽。

8.8.2 布线方式

PADS Layout 发展到今天，在其机械手工布线和智能布线功能方面可以说是相当成熟，具有几个交互式和半自动的布线方式，利用这些先进的智能化布线工具大大地缩短了我们的设计时间。

单击“标准工具栏”中的“设计工具栏”图标，在弹出的“设计工具栏”中包括以下 5 种布线方法。

☑ 添加布线。
☑ 动态布线。
☑ 草图布线。
☑ 自动布线。
☑ 总线布线。

8.8.3 布线设置

在 5 种布线方式中，除“添加布线”布线方式外，其他布线方式都必须是在在线设计规则 DRC 打开的模式下才可以进行操作，这是因为这些布线方式在布线过程中，所有的设计规则都是电脑根据在线规则检查来控制。

选择菜单栏中的“工具”→“选项”命令，在弹出的“选项”对话框中选择“设计”选项卡，如图 8-86 所示，在“在线 DRC”选项组下选中“禁用”单选按钮外其余 3 个单选按钮，才可操作其余布线模式。

关于 DRC（在线设计规则检查）模式，PADS Layout 提供了 4 种选择，在布线过程中可以去选择任何一种来进行操作，这 4 种方式分别如下。

☑ 防止错误：这种模式要求非常严格，在布线过程中系统会严格按照在设计规则中设置的规则来控制走线操作。当有违背规则时，系统将马上阻止继续操作，除非改变违规状态，但同时因为动态布线具有智能自动调整功能，所以在遇到有违背规则现象时，系统会进行自动排除。在设计过程中可使用直接命令 DRP 随时切换到此模式下。

☑ 警告错误：这种模式比上述“防止错误”要宽大得多，当在布线或布局过程中有违背安全间距规则现象时，允许继续操作，并产生出错误信息报告。但在布线过程中不允许出现走线交

叉违规现象。可使用直接命令 DRW 随时切换到此模式下。

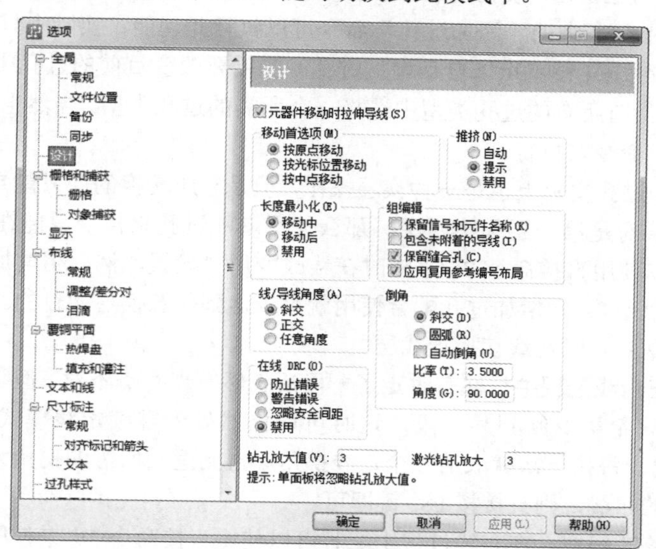

图 8-86　“设计”选项卡

☑　忽略安全间距：在布线时禁止布交叉走线，其他一切规则忽略，可使用直接命令 DRI 随时切换到此模式下。

☑　禁用：完全关闭 DRC，允许一切错误出现，完全人为自由操作。“添加布线”布线方式可以在 DRC 的 4 种模式下工作，而其他 4 种布线方式只能在 DRC 的“防止错误”模式下操作，所以在应用时要引起注意。

8.8.4　添加布线

“添加布线”的布线方式是最原始而又最基本的布线方式，可以在在线设计检查打开或者关闭的状态下操作。在整个布线过程中，它不具有任何的智能性，所有的布线要求比如拐角等都必须人为地来完成。所以也可称它为机械布线方式。

在开始布线前，不防检查设计栅格的设计，因为设计栅格是移动走线的最小单位，其设置最好依据线宽和线距的设计要求来设置，使线宽和线距之和为其整数倍，这样就方便控制其线距了。

在“设计工具栏”中单击“添加布线”按钮，激活走线模式，单击所需布线的鼠线即可开始布线，当布线开始后，可右击，从弹出的快捷菜单中选择所需的功能菜单，如图 8-87 所示。

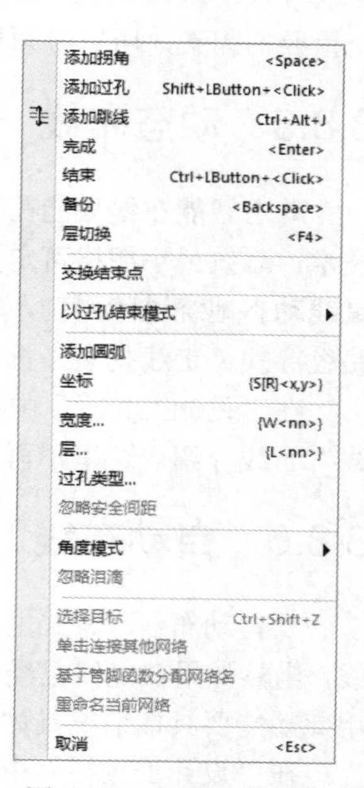

图 8-87　布线功能菜单

图 8-87 中功能都是走线要用到的，有了这些功能就可以完成走线。弹出菜单中大部分的菜单所执行的功能都可以用快捷键和直接命令来代替，所以在布线设计时几乎都是采用其对应的快捷键和直接命令，这样就大大提高了布线效率。

下面介绍一些在布线过程中经常用的功能。

☑　添加拐角：可以在图 8-87 中选择“添加拐角”命令来完成，而

实际上最快的方法是在需要拐角的地方单击一下鼠标即可。

Note

☑ 添加过孔：图 8-87 中的“添加过孔”命令可以执行此功能，实际中只需按住键盘上的 Shift 键后单击或者按 F4 键就可以自动增加过孔。当需要改变目前的过孔类型时，输入直接命令“V”即可从当前所有的过孔类型中选择一个所需的过孔类型，当然也可以选择图 8-87 中的“过孔类型”命令来执行。

☑ 层切换：增加过孔实际上也是一种换层操作，但是它所转换的层只能是当前的层对，意思是如果当前的层对是第一层和第四层，那么使用增加过孔来换层只能在第一和第四层之间转换。当然可以使用直接命令 PL 来随时在线改变层对设置，然后用增加过孔来换层，所以如果直接使用命令 PL 同增加过孔配合使用就可以达到任意换层的目的。除此之外，可以单独使用直接命令 L 随时在线切换走线层。

☑ 备份：我们在走线过程中往往有时走了一段后忽然发现有点不对，但是并不想放弃已经走好的一部分，只希望返回到某一段，这时可以仍然处于继续走线模式下，然后按键盘上的 Backspace 键，每按一次就取消一个走线拐角，直到返回所需的拐角为止。如果希望完全取消这个网络的布线，则直接按 Esc 键即可。

☑ 宽度：在线修改线宽，在布线过程中随时可以使用直接命令 W 来使同一网络的走线宽度呈现不同的线宽。

☑ 捕捉鼠线：如果板走线密度很大，有时在单击所需的鼠线时总是捕捉不到自己所需的鼠线，对于多个设计对象，比如鼠线和元件管脚等重叠放置，只需捕捉到重叠中的任何一个后按 Tab 键就可以切换到重叠对象中的任何一个。

☑ 完成：当完成某个网络的布线时，只需将光标移动到终点焊盘上，当光标在终点焊盘上变成两个同心圆形状时，表示已经捕捉到了鼠线终点，这时只需单击即可完成走线。

以上这些操作都是在布线过程中经常用到的，这些操作不光针对 Add Route 布线方式，对于其他走线方式均适合。提高布线效率除了本身跟软件提供的功能有关以外，自身的经验和熟练程度也是一个重要的因素，所以必须要不断地训练自己，从中总结经验。

8.8.5 动态布线

动态智能布线只能在 DRC 的“防止错误”模式下才有效。动态布线是一种以外形为基础的布线技术，系统最小栅格可定义到 0.01mil，进行动态布线时，系统自动进行在线检查，并可用鼠标牵引鼠线动态地绕过障碍物，动态推挤其他网络以开辟新的布线路径。这样就避免了用手工布线时的布线路径寻找、走线拐角、拆线和重新布线等一系列复杂的过程，从而使布线变得非常轻松有趣。

在“设计工具栏”中单击“动态布线”按钮，激活动态布线，具体布线过程，可参考“添加布线”布线介绍，这里不再重复介绍。

8.8.6 自动布线

“自动布线”方式主要反映在“自动”二字上，其意思是只要用鼠标双击即可完成一个连接的布线，当然如果在走线已经有一定密度时再使用此功能，就要付出大量的时间去等待，所以什么时候选用此功能要具体情况具体安排。

在“设计工具栏”中单击“自动布线”按钮，进入自动布线方式状态。

Note

8.8.7　草图布线

“草图布线”与其说是一种布线方式，不如说是一种修改布线方式，在“设计工具栏”中单击“草图布线”按钮，进入草图布线方式。

在完成了某个网络的走线以后，有时会发觉走线如果换成另一种路径的布法可能会更好，为了达到这个目的，一般会采取重新布线或者移动走线，但是 PADS Layout 提供了一种“草图布线”法可以快速完成这种修改。

8.8.8　总线布线

“总线布线”方式是 PADS 公司在智能布线的又一大杰作，在布线的过程中不但具有动态布线方式那样可以自动调整规则冲突和完成优化走线，而且可以同时进行多个网络的布线，这大概就是总线命名的由来。

（1）单击“标准工具栏”中的“设计工具栏”图标，在弹出的“设计工具栏”中单击“总线布线”按钮，系统进入总线布线状态。

（2）在总线布线状态下，如果只对一个网络布线，那同动态布线一样，选择网络的方式不是直接单击网络，不管是选择一个还是多个，都必须用区域选择方式进行选择。区域选择就是用鼠标单击某一点，然后按住鼠标左键不放来移动，这种移动就会设定出一个有效的操作范围。当希望对几个网络使用总线布线来操作时，就必须先用这个方法将这几个网络的焊盘同时选上，然后只有对其中的某一个网络进行布线时，其他网络会紧随其后自动进行布线，而且走线状态完全相同，如图 8-88 所示。

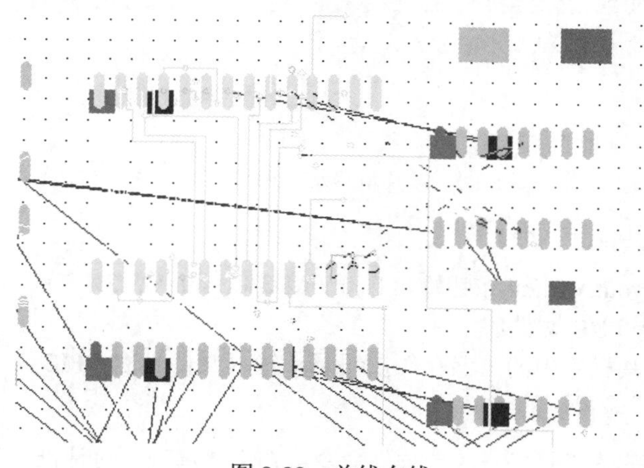

图 8-88　总线布线

（3）用上述介绍的区域选择方式选择网络进行总线布线的网络比较有限，因为如果这些网络的起点焊盘不是连续的，那么将无法选择。

（4）对于不连续焊盘，如果需要使用总线布线，那么管脚焊盘的选择方法是先退出总线布线模式，不要处于任何一种布线模式下，右击，从弹出菜单中选择“随意选择”命令，然后按住 Ctrl 键，用鼠标依次单击元件脚，将它们全部点亮后再单击“设计工具栏”中的“总线布线”按钮，当进入总线布线模式后，网络中某一网络自动出现在光标上，这时就可以对这些网络进行利用总线布线方式布线了。

对于在布线过程中的其他操作，如加过孔和换层等与“添加总线”一样，这里不再重复介绍。

千万不要把整个设计寄希望于某一个走线功能来完成，无论多好的功能都要在某一条件下才能发挥得最好，这5个布线功能在设计中相辅相成。在实际设计中根据实际情况决定去使用哪一种布线方式，灵活地运用它们才能发挥它们最好的作用，否则事倍功半。

Note

视频讲解

8.9 操作实例——单片机最小应用系统PCB设计

完成如图8-89所示的单片机最小应用系统电路板外形尺寸规划，实现元件的布局和布线。本例学习电路板的创建及参数设置。另外，还将学习PCB布局的一些基本规则。

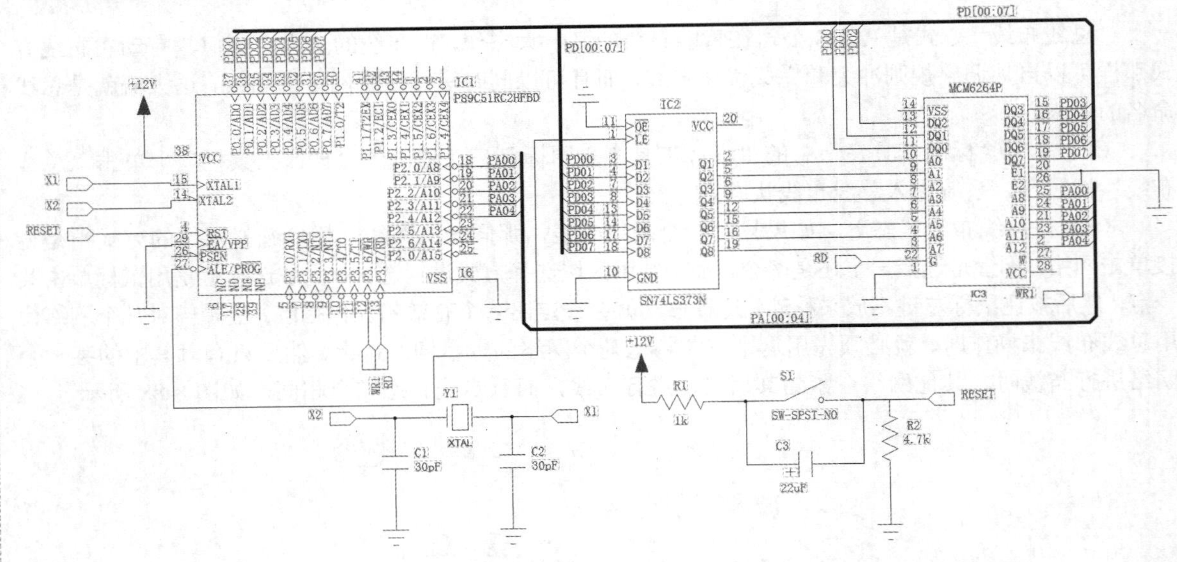

图8-89　单片机最小应用系统原理图

1. 设置工作环境

（1）单击PADS Layout VX.2.4按钮，打开PADS Layout VX.2.4。选择菜单栏中的“文件”→“新建”命令，新建一个PCB文件。

（2）单击“标准工具栏”中的“保存”按钮，输入文件名称“PIC”，保存PCB图。

2. 参数设置

（1）选择菜单栏中的“工具”→“选项”命令，弹出“选项”对话框，如图8-90所示。选择默认设置，单击“确定”按钮，退出对话框。

（2）选择菜单栏中的“设置”→“层定义”命令，弹出“层设置”对话框，对PCB的层定义进行参数设置，如图8-91所示。

（3）选择菜单栏中的“设置”→“设计规则”命令，弹出“规则”对话框，对PCB的规则进行参数设置，如图8-92所示。

3. 绘制电路板边界

（1）单击“标准工具栏”中的“绘图工具栏”按钮，打开“绘图工具栏”。

（2）单击“绘图工具栏”中的“板框和挖空区域”按钮，进入绘制边框模式，右击，在弹出

的快捷菜单中选择绘制的图形命令“矩形”，在工作区的原点单击，移动光标，拉出一个边框范围的矩形框，单击，确定电路板的边框，如图 8-93 所示。

Note

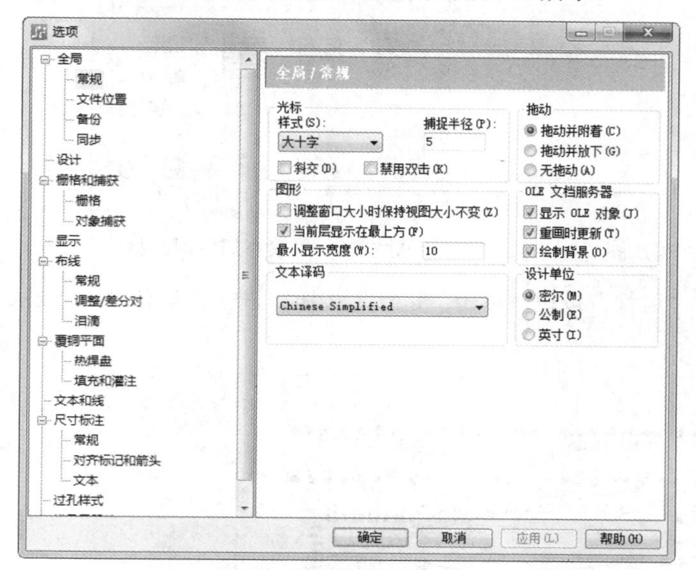

图 8-90　常规参数设置

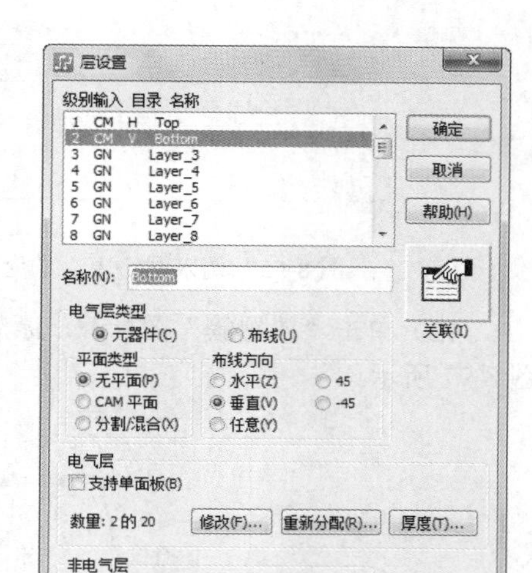

图 8-91　“层设置”对话框

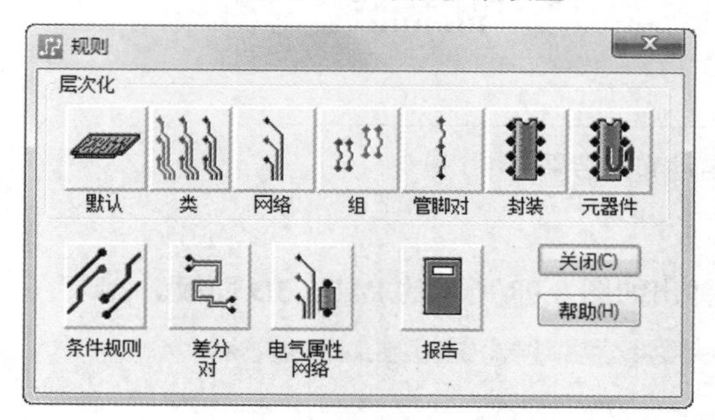

图 8-92　“规则”对话框

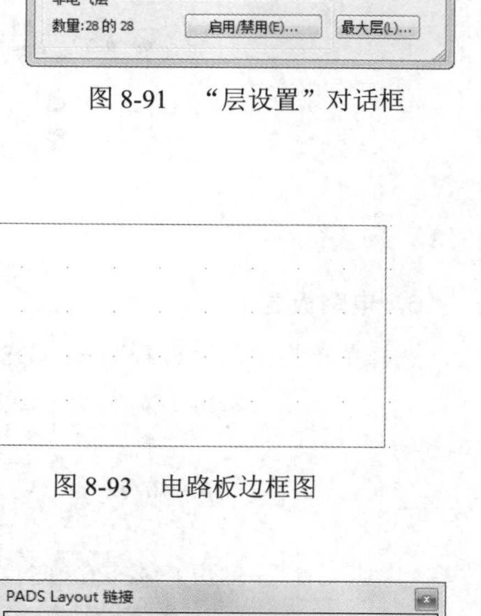

图 8-93　电路板边框图

4. 导入网络表

（1）打开 PADS Logic，单击“标准工具栏”中的“打开”按钮，在弹出的“文件打开”对话框中选择绘制的原理图文件 PIC.sch。

（2）在 PADS Logic 窗口中，单击“标准工具栏”中的 PADS Layout 按钮，打开“PADS Layout 链接”对话框，单击“设计”选项卡下的“发送网表”按钮，如图 8-94 所示。

（3）将原理图的网络表传递到 PADS Layout 中，打开 PADS Layout 窗口，可以看到各元件已经显示在 PADS Layout 工作区域的原点上，如图 8-95 所示。

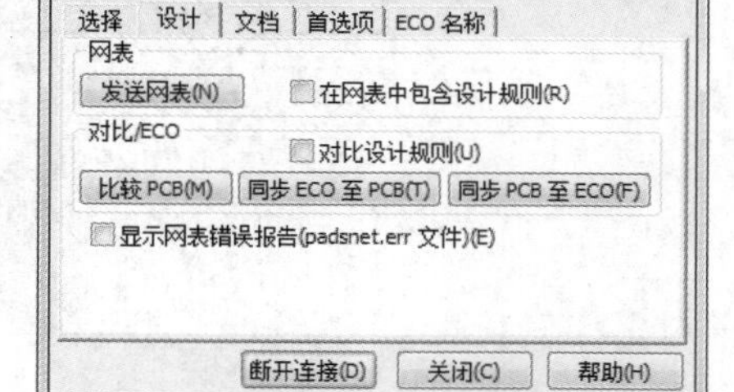

图 8-94　“设计”选项卡

5. 自动布局

（1）选择菜单栏中的“工具”→“簇布局”命令，则弹出如图 8-96 所示的“簇布局”对话框。

Note

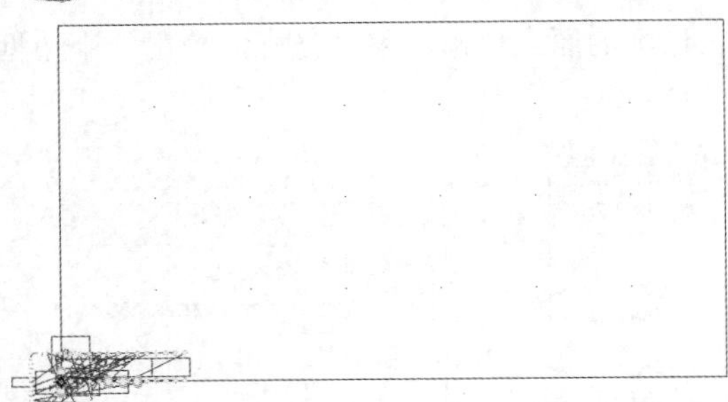

图 8-95　调入网络表后的元件 PCB 图

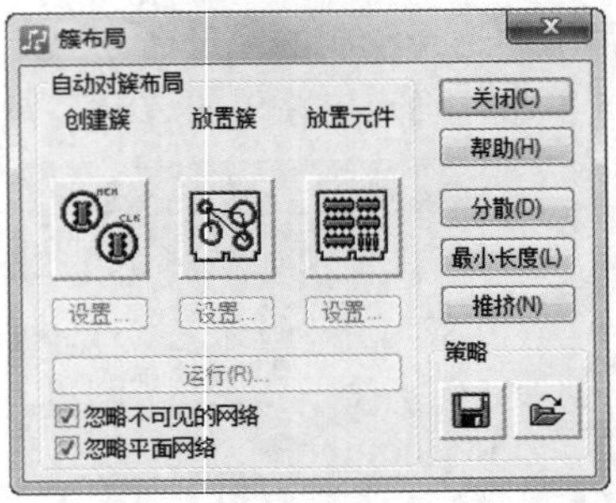

图 8-96　“簇布局”对话框

（2）单击“放置簇”图标，激活“运行”按钮，单击“运行”按钮，进行自动布局，结果如图 8-97 所示。

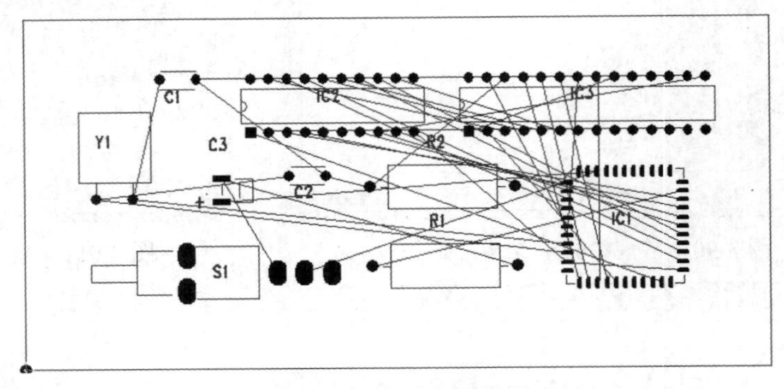

图 8-97　自动布局结果

6．电路板显示

选择菜单栏中的“查看”→PADS 3D 命令，弹出如图 8-98 所示的 PADS 3D 面板。

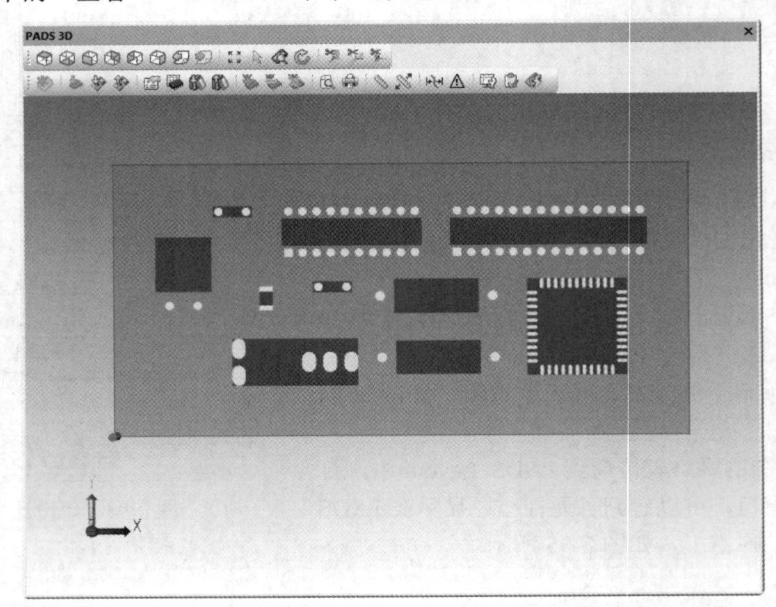

图 8-98　PADS 3D 面板

Note

7. 自动布线

（1）选择菜单栏中的“工具”→“选项”命令，在弹出的“选项”对话框中选择“设计”选项卡，在“在线 DRC”选项组下选中“防止错误”单选按钮，如图 8-99 所示。

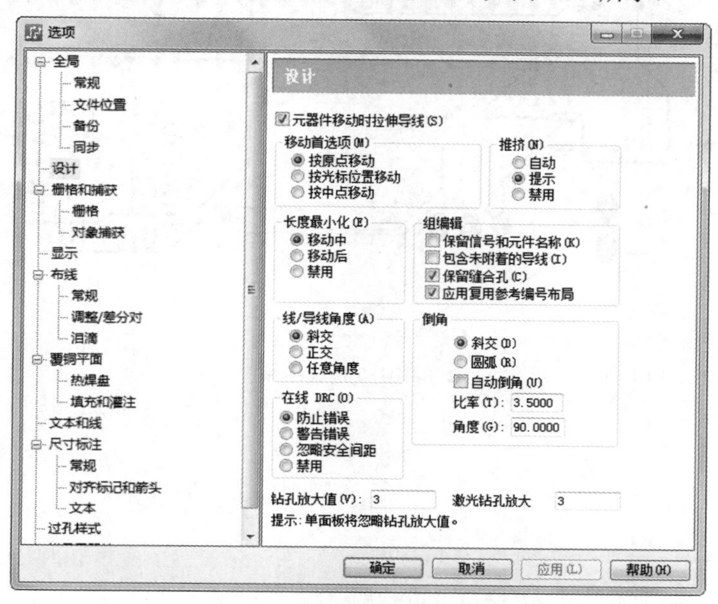

图 8-99　“设计”选项卡设置

（2）打开“栅格和捕获”→“栅格”选项卡，设置“设计栅格”“过孔栅格”“扇出栅格”值均为 10，如图 8-100 所示，单击“确定”按钮，关闭对话框。

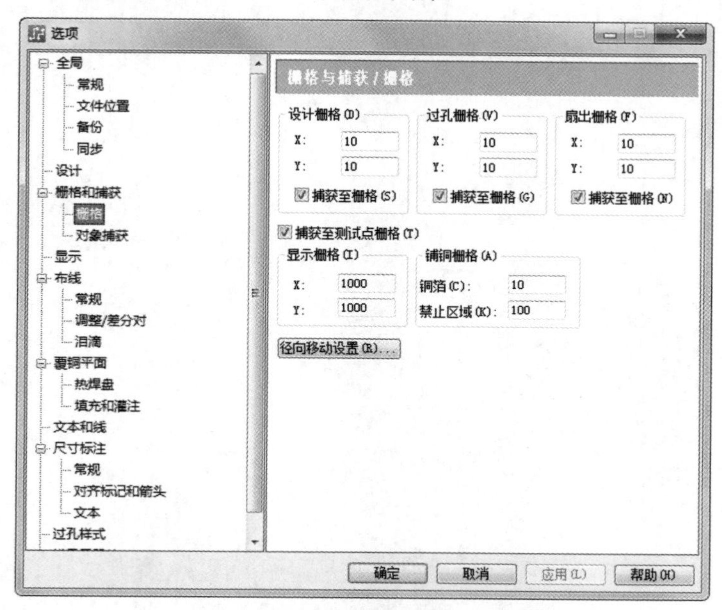

图 8-100　“栅格”选项卡设置

（3）单击“标准工具栏”中的“设计工具栏”按钮，在弹出的“设计工具栏”中单击“自动

布线”按钮▦，进入自动布线状态，单击元件，即可完成一个连接的布线，结果如图 8-101 所示。

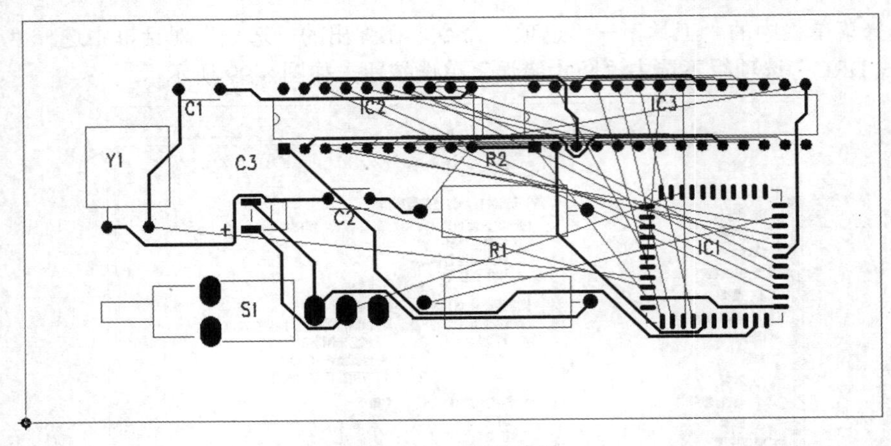

图 8-101　布线结果

电路板布线

本章内容主要包括 PADS Layout VX.2.2 的布线设计。在 PCB 设计中，工程人员往往容易忽视布局设计，其实布局设计在整个 PCB 设计中的重要性并不低于布线设计。当完成了布局而在开始布线之前，必须进行一系列的布线前准备工作。特别是设计多层板，应该养成一种良好的设计习惯。

学习重点

- ☑ ECO 设置
- ☑ 布线设计
- ☑ PADS Router 布线编辑器
- ☑ 覆铜设计
- ☑ 尺寸标注
- ☑ 操作实例——看门狗电路的 PCB 设计

任务驱动&项目案例

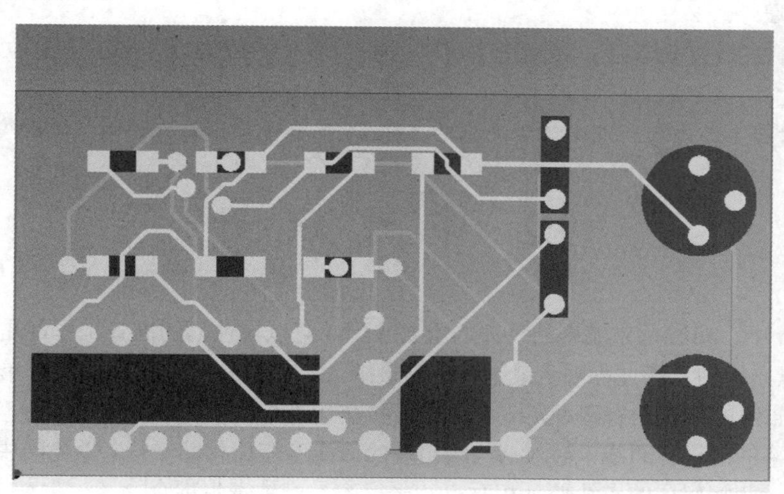

9.1 ECO 设置

Note

PADS Layout 专门提供了一个用于更改使用的 ECO（engineering change order）工具盒。如果在其他工具栏操作状态下进行有关的更改操作，PADS Layout 系统都会实时提醒用户到 ECO 模式下来进行，因为 PADS Layout 系统对所有的更改实行统一管理，统一记录所有 ECO 更改数据。这个记录所有更改数据的 ECO 文档不单可以对原理图实施自动更改，使其与 PCB 设计保持一致，而且由于它可以使用文字编辑器打开，因此为设计提供又一个可供查询的证据。

在 PADS Layout 中单击“标准工具栏”中的“ECO 工具栏”按钮，则首先会弹出一个有关 ECO 文档设置的对话框，如图 9-1 所示。

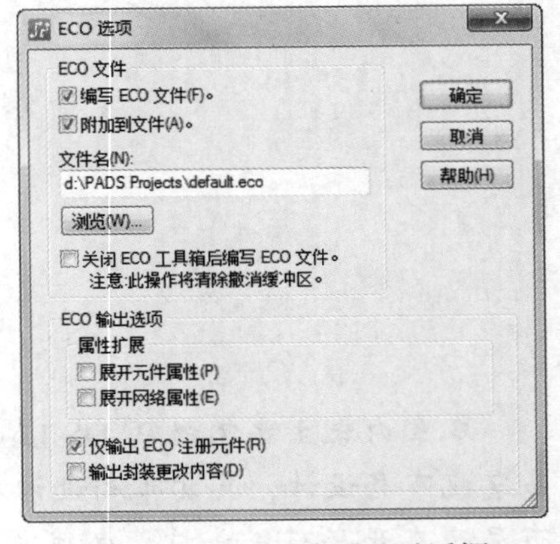

图 9-1 “ECO 选项”对话框

在“ECO 选项”对话框中的各个设置项意义如下。

（1）编写 ECO 文件：如果选中该复选框，则表示 PADS Layout 将所有的 ECO 过程记录在 XXX.eco 文件中，并且这些记录数据可以反馈到相应的原理图。

（2）附加到文件：如果选中该复选框，那么在 ECO 更改中，对于使用同一个更改记录文件来记录更改数据时，每一次的更改数据都是在前一次之后继续往下记录，而不会将以前的记录数据覆盖。

（3）文件名：设置记录更改数据的文件名和保存此文件的路径。

（4）关闭 ECO 工具箱后编写 ECO 文件：在关闭 ECO 工具箱或退出 ECO 模式时更新 ECO 文件数据。

（5）属性扩展：设计领域从更高的层记录属性，比如从 ECO 文件中元件类型或板框。

❶ 展开元件属性。

❷ 展开网络属性。

（6）仅输出 ECO 注册元件：如果选中该复选框，表示在 ECO 中只记录在建立元件时已经注册了的元件。

（7）输出封装更改内容：选中该复选框后，在 ECO 文件中记录元件封装的改变。

9.2 布 线 设 计

在 PCB 设计中，布线是完成产品设计的重要步骤，可以说前面的准备工作都是为它而做的，在整个 PCB 中，以布线的设计过程限定最高，技巧最细、工作量最大。PCB 布线有单面布线、双面布线及多层布线。布线的方式也有两种，即自动布线和交互式布线。在自动布线之前，可以用交互式预先对要求比较严格的线进行布线，输入端与输出端的边线应避免相邻平行，以免产生反射干扰。必要时应加地线隔离，两相邻层的布线要互相垂直，平行容易产生寄生耦合。

9.2.1 布线操作的准备

1. 电源、地线的处理

即使在整个 PCB 板中的布线完成得很好，但由于电源、地线的考虑不周到而引起的干扰，会使产品的性能下降，有时甚至影响到产品的成功率。因此对电源、地线的布线要认真对待，把电源、地线所产生的噪声干扰降到最低限度，以保证产品的质量。

对每个从事电子产品设计的工程人员来说都明白地线与电源线之间噪声所产生的原因，现只对降低式抑制噪声加以表述。

（1）众所周知的是在电源、地线之间加上去耦电容。

（2）尽量加宽电源、地线宽度，最好是地线比电源线宽，它们的关系是地线>电源线>信号线，通常信号线宽为 0.2～0.3mm，最精细宽度可达 0.05～0.07mm，电源线为 1.2～2.5mm。

（3）对数字电路的 PCB 可用宽的地导线组成一个回路，即构成一个地网来使用（模拟电路的不能这样使用）。

（4）用大面积铜层做地线用，在印制板上把没被用上的地方都与地相连接作为地线用。或是做成多层板、电源、地线各占用一层。

2. 数字电路与模拟电路的共地处理

现在有许多 PCB 不再是单一功能电路（数字或模拟电路），而是由数字电路和模拟电路混合构成的。因此在布线时就需要考虑它们之间互相干扰问题，特别是地线上的噪声干扰。

数字电路的频率高，模拟电路的敏感度强，对信号线来说，高频的信号线尽可能远离敏感的模拟电路器件，对地线来说，整个 PCB 对外界只有一个结点，所以必须在 PCB 内部进行处理数、模共地的问题，而在板内部数字地和模拟地实际上是分开的它们之间互不相连，只是在 PCB 与外界连接的接口处（如插头等）。数字地与模拟地有一点短接，请注意，只有一个连接点。也有在 PCB 上不共地的，这由系统设计来决定。

3. 信号线布在电（地）层上

在多层印制板布线时，由于在信号线层没有布完的线剩下已经不多，再多加层数就会造成浪费也会给生产增加一定的工作量，成本也相应增加了，为解决这个矛盾，可以考虑在电（地）层上进行布线。首先应考虑用电源层，其次才是地层。因此最好是保留地层的完整性。

4. 大面积导体中连接腿的处理

在大面积的接地（电）中，常用元器件的腿与其连接，对连接腿的处理需要进行综合的考虑，就电气性能而言，元件腿的焊盘与铜面满接为好，但对元件的焊接装配就存在一些不良隐患，例如，一方面，焊接需要大功率加热器；另一方面，容易造成虚焊点。所以兼顾电气性能与工艺需要，做成十字花焊盘，称之为热隔离（heatshield），俗称热焊盘（thermal），这样，可使在焊接时因截面过分散热而产生虚焊点的可能性大大减少。多层板的接电（地）层腿的处理相同。

5. 布线中网络系统的作用

在许多 CAD 系统中，布线是依据网络系统决定的。网格过密，通路虽然有所增加，但步进太小，图场的数据量过大，这必然对设备的存储空间有更高的要求，同时也对像计算机类电子产品的运算速度有极大的影响。而有些通路是无效的，如被元件腿的焊盘占用的或被安装孔、定们孔所占用的等。网格过疏，通路太少对布通率的影响极大。所以要有一个疏密合理的网格系统来支持布线的进行。

标准元器件两腿之间的距离为 0.1 英寸（2.54mm），所以网格系统的基础一般就定为 0.1 英寸

Note

（2.54mm）或小于 0.1 英寸的整倍数，如 0.05 英寸、0.025 英寸、0.02 英寸等。

6. 设计规则检查（DRC）

布线设计完成后，必须认真检查布线设计是否符合设计者所制定的规则，同时也需确认所制定的规则是否符合印制板生产工艺的需求。一般检查有如下几个方面。

（1）线与线，线与元件焊盘，线与贯通孔，元件焊盘与贯通孔，贯通孔与贯通孔之间的距离是否合理，是否满足生产要求。

（2）电源线和地线的宽度是否合适，电源与地线之间是否紧耦合（低的波阻抗）？在 PCB 中是否还有能让地线加宽的地方。

（3）对于关键的信号线是否采取了最佳措施，如长度最短，加保护线，输入线及输出线被明显地分开。

（4）模拟电路和数字电路部分，是否有各自独立的地线。

（5）后加在 PCB 中的图形（如图标、注标）是否会造成信号短路。

（6）对一些不理想的线形进行修改。

（7）在 PCB 上是否加有工艺线？阻焊是否符合生产工艺的要求，阻焊尺寸是否合适，字符标志是否压在器件焊盘上，以免影响电装质量。

（8）多层板中的电源地层的外框边缘是否缩小，如电源地层的铜箔露出板外容易造成短路。

9.2.2 PCB 布线的基本知识

布线在整个 PCB 板的设计过程中几乎要耗费所有板级设计时间的一半，正是由于布线工作耗时耗力，一直以来工程人员都希望有一天这个过程由电脑来自动完成。因此各种各样的自动布线器就由此而诞生了。

到目前为止，无论什么公司的自动布线器都只是一个布线辅助工具，它并没有取代人为的手工走线，所以手工布线在设计中仍然占有重要的地位。

自动布线的布通率，依赖于良好的布局，布线规则可以预先设定，包括走线的弯曲次数、导通孔的数目、步进的数目等。一般先进行探索式布经线，快速地把短线连通，然后进行迷宫式布线，先把要布的连线进行全局的布线路径优化，它可以根据需要断开已布的线，并试着重新再布线，以改进总体效果。

对目前高密度的 PCB 设计已感觉到贯通孔不太适应了，它浪费了许多宝贵的布线通道，为解决这一矛盾，出现了盲孔和埋孔技术，它不仅完成了导通孔的作用，还省出许多布线通道使布线过程完成得更加方便，更加流畅，更为完善，PCB 板的设计过程是一个复杂而又简单的过程，要想很好地掌握它，还需广大电子工程设计人员去自已体会，才能得到其中的真谛。

9.3 PADS Router 布线编辑器

前面介绍了 PADS Layout 的几种手工布线方式，但是随着 EDA 领域的不断发展，工程人员对电脑代替人工布线的欲望已经可以说是望眼欲穿了。1999 年，PADS 公司推出了一个基于 PADS 全新 Latium 技术功能强大的全自动布线器 PADS Router。PADS Router 不但采用了全新的 Latium 技术，而且也继承了 PADS 获得大奖的用户界面风格和容易操作使用的特点，一般会使用 PADS Layout 的用户就一定自然会使用它。所以 PADS Router 不愧为一个真正非常实用的布线工具。

可以直接从 PADS Layout 中通过选择主菜单中的“工具”→PADS Router 命令或到程序组中单独启动 PADS Router，因为它是一个可以脱离 PADS Layout 而独立运行的应用软件，如图 9-2 所示。

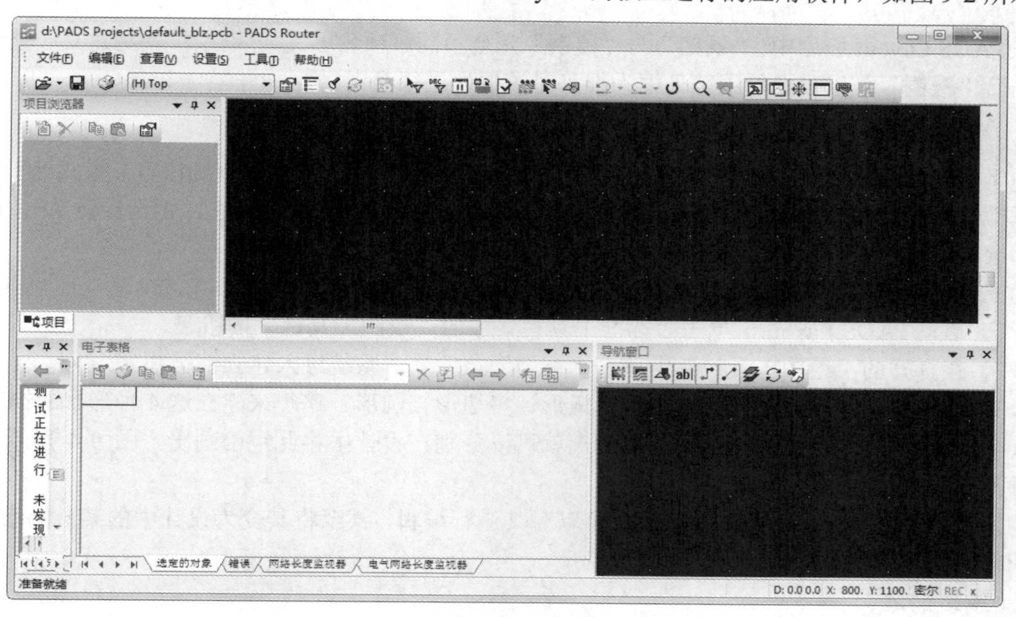

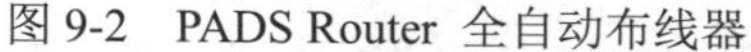

图 9-2　PADS Router 全自动布线器

当一个 PCB 设计从 PADS Layout 中传送到 PADS Router 时，在 PADS Layout 中所定义的设计规则也会随着 PCB 设计而传送入 PADS Router 中，所以对于一个需要进行全自动布线的设计，可以在 PADS Layout 中去定义布线中所遵守的设计规则，当然这些设计规则也可以在 PADS Router 中进行修改甚至重新定义。

由于 PADS Router 是一个独立的软件，因此对于 PCB 设计文件，如果不从 PADS Layout VX.2.4 传入，则可以单独启动 PADS Router VX.2.4 之后，直接选择菜单栏中的“文件”→“打开”命令，打开所需进行自动布线的文件。

当将 PCB 文件调入之后，就可以进行自动布线了，PADS Router 自动布线的方式非常灵活，单击“标准工具栏”中的“布线”按钮，在弹出的“布线工具栏”中单击“启动自动布线”按钮，即可进行整板自动布线；在进行自动布线时可以根据需要选择所需自动布线的对象，不仅如此，一些网络还可以在 PADS Layout 中先将其完成走线，然后设置为保护线，那么这些保护线在 PADS Router 中将不被做任何的改动而保持原样。

PADS Router 其他功能使用方式和风格上都和 PADS Layout 具有相同之处，对于一个 PADS Layout 的用户，使用 PADS Router 绝对不是一件难事。

9.4　覆铜设计

大面积覆铜是电路板设计后期处理的重要一步，它对电路板制作后的电磁性能起关键作用。对于速率较高的电路，大面积覆铜更是必不可少。有关其理论推导的内容，读者可以参阅电磁场和电磁波的相关书籍。

9.4.1 铜箔

Note

在 PADS Layout 应用中，“铜箔”与“覆铜”完全不同，顾名思义，“铜箔”就是建立一整块实心铜箔，而“覆铜”是以设定的铜箔外框为准，对该框内进行灌铜。

1. 建立“铜箔”

由于建立铜箔时不受任何规则约束，所以这个功能不能在 DRC（在线规则检查）模式处于有效的状态下操作，如果系统此时 DRC 处于打开状态，可用直接命令 DRO 关掉它，否则将会弹出如图 9-3 所示的警告对话框。

建立铜箔的操作步骤如下。

（1）启动 PADS Layout，单击“标准工具栏”中的“绘图工具栏”按钮。

（2）在打开的“绘图工具栏”中单击“铜箔”按钮，系统进入建立铜箔模式。

（3）右击，从弹出的快捷菜单中选择矩形、多边形、圆形、路径来建立这 4 种形状的铜箔。

（4）当选好所要建立的铜箔形状之后，就可以分别在设计中将此铜箔画出。图 9-4 所示是对应的 4 种形状的铜箔。

铜箔在设计中是一个对象，所以完全可以对其进行编辑，甚至将其变为设计中的某一网络，下面将介绍如何编辑铜箔。

2. 编辑铜箔

当建好了一块实心铜箔，根据需要有时对其进行修改，修改时先退出建立铜箔状态，右击，选择弹出菜单中的“选择形状”命令可以一次性点亮整块铜箔。如果对这块铜箔的某一边编辑，则选择弹出菜单中的“随意选择”命令。

现在改变一个实心铜箔的网络名，使其与连在一起的网络（如 GND）成为一个网络。如上述中所述，从弹出菜单中选择“选择形状”命令，再单击实心铜箔外框，整个铜箔点亮，右击，从弹出菜单中选择“特性”命令，则会弹出如图 9-5 所示的对话框。

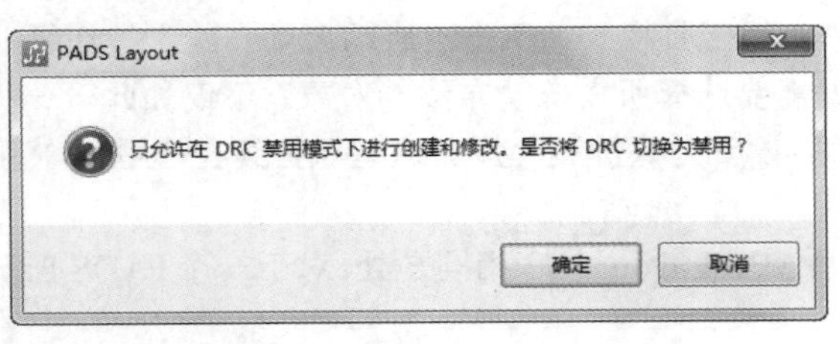

图 9-3 DRC 警告对话框

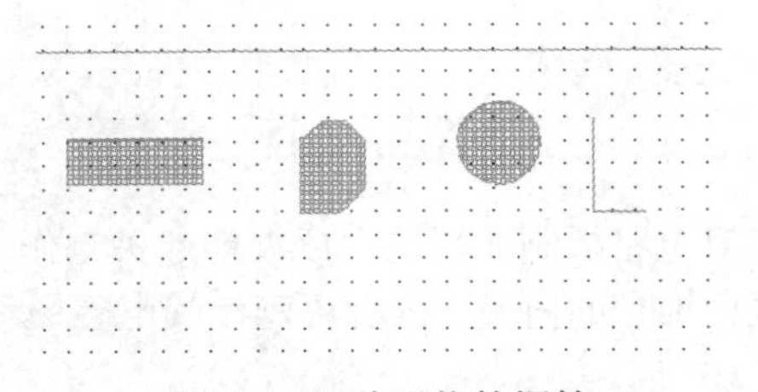

图 9-4 4 种形状的铜箔

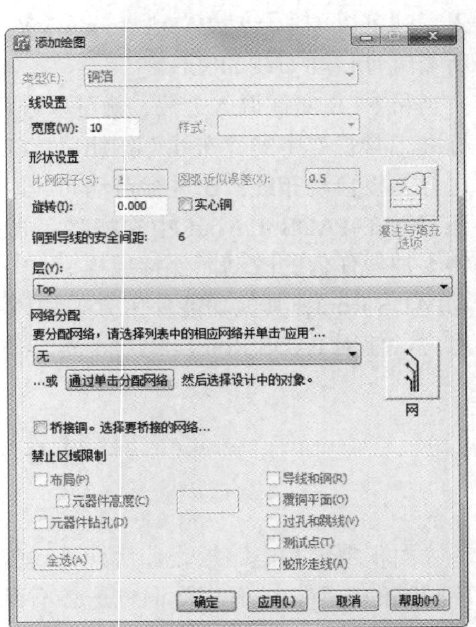

图 9-5 “添加绘图”对话框

在“网络分配”下选择 GND，单击“确定”按钮，则这个实心的铜箔就与 GND 网络成为了一个网络。如果要改变实心铜箔的形状，先点亮某一边，再右击，选择所需的命令进行修改即可。

Note

注意：有时需要在这个实心的铜箔中挖出各种形状的图形来，这时单击“绘图工具栏”中的“铜挖空区域”按钮，然后在一个实心铜箔中画一个所需的图形。但是画完之后并不能看见被挖出的图形，其原因是没有将这个实心铜箔与这个挖出的图形进行“合并”。进行合并只需先点亮实心铜箔，按住 Ctrl 键，再点亮挖出的图形框，也可以通过按住鼠标左键拉出一个矩形框来将它们同时点亮。然后右击，从弹出菜单中选择“合并”命令，则被挖出的图形就马上在实心铜箔中显示出来，如图 9-6 所示。

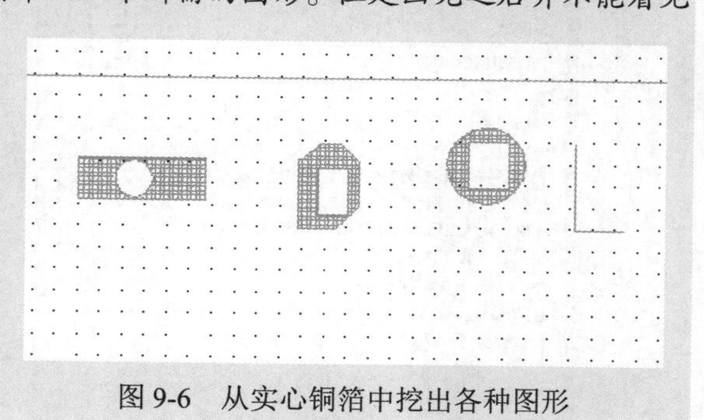

图 9-6 从实心铜箔中挖出各种图形

9.4.2 覆铜

从上述内容中知道，“铜箔”与“覆铜”有很大区别，后者带有很大的智能性，而“铜箔”是一块实实在在铜箔。下面将介绍有关覆铜的操作和编辑。

1. 建立覆铜

覆铜实际上是灌铜。建立覆铜和建立铜箔不一样，铜箔是画出来的，而灌铜却体现在一个“灌”字上面。既然是灌，那么覆铜一定需要一个容纳铜的区域，所以在建立覆铜时首先必须设定好覆铜范围。下面介绍有关覆铜的具体操作步骤，其步骤如下。

（1）启动 PADS Layout，单击“标准工具栏”中的“绘图工具栏”图标。

（2）从打开的“绘图工具栏”中单击“覆铜平面”按钮，其目的是首先绘制出覆铜的区域。

（3）右击，从弹出的菜单中选择多边形、圆形、矩形和路径，这 4 种绘图方式的一种来建立覆铜区面积的形状，在设计中绘制出所需覆铜的区域，完成覆铜区域绘制后，弹出“添加绘图”对话框，如图 9-7 所示，单击“灌注与填充选项”按钮，弹出“灌注 填充选项”对话框，取消“默认”复选框的选中，激活覆铜参数设置，如图 9-8 所示。

（4）当建立好覆铜区域后，单击“绘图工具栏”中的“灌注”按钮，系统将会弹出一对话框询问是否确定要进行覆铜，如图 9-9 所示，单击“是”按钮，系统便开始对当前设计进行覆铜，如果单击“否”按钮，则放弃覆铜。单击“是”按钮，此时系统进入覆铜模式。在设计中单击所需覆铜的区域外框，然后系统开始往此区域进行覆铜，在进行覆铜过程中，系统将遵守在设计规则中所定义的有关规则，比如铜箔与走线、过孔和元件管脚等之间的间距，这是一个对表层覆铜的范例。

同铜箔一样，如果在覆铜区域内设置一个禁止覆铜区，则系统在进行覆铜时这个禁区将无法入铜。单击“绘图工具栏”中的“禁止区域”按钮，然后右击，选择绘制禁止区方式，以图 9-10 为例，在覆铜区设置一个圆形禁铜区，重新覆铜后如图 9-11 所示。

PADS Layout 自动对覆铜矩形边框进行覆铜操作，完成后会自动打开记事本，将覆铜时的错误生成报告显示在记事本中，报告包括错误的原因和错误的坐标位置。

2. 编辑覆铜

同编辑铜箔一样，可以对覆铜进行各种各样的编辑，最常见的就是查询与修改。

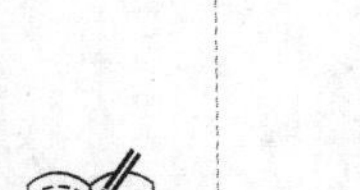

Note

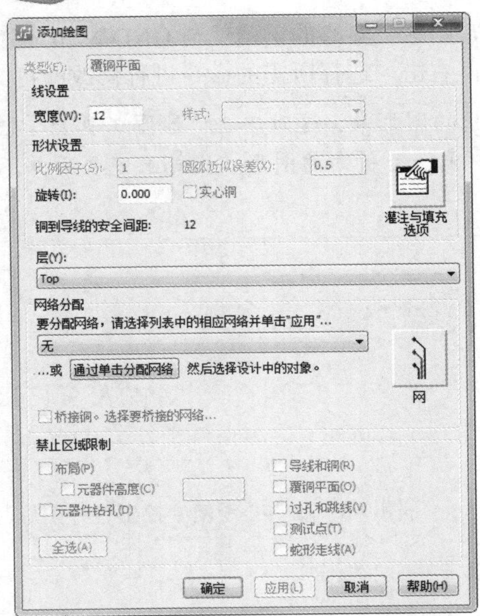

图 9-7 “添加绘图”对话框

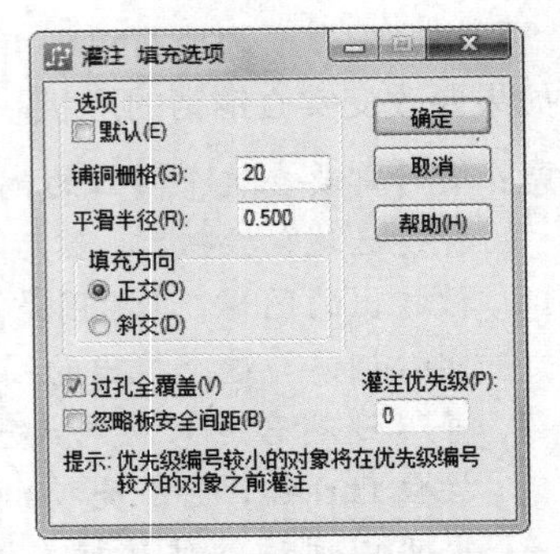

图 9-8 “灌注 填充选项”对话框

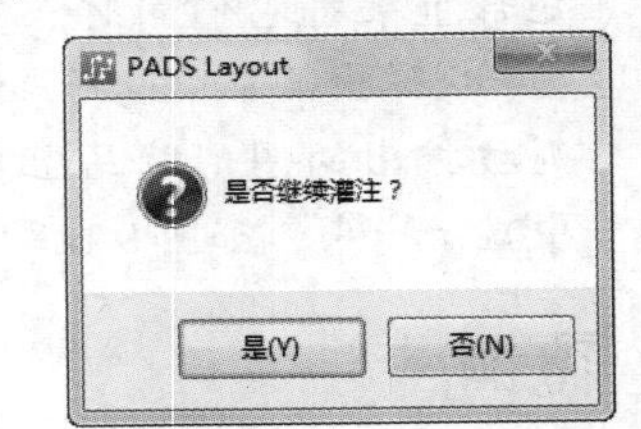

图 9-9 “是否继续灌注”提示对话框

如果希望对某覆铜区编辑，最好使用直接命令 PO 将覆铜关闭，只显示覆铜区外框，否则可能无法点亮整个覆铜区。当点亮了覆铜区外框后，右击，从弹出菜单中选择“特性”命令，则弹出如图 9-12 所示的对话框。

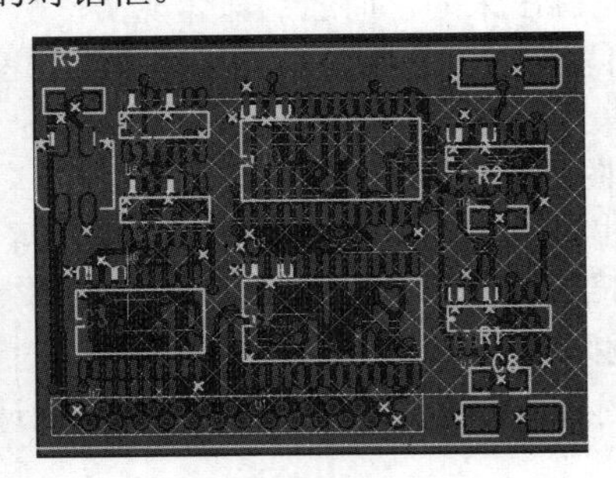

图 9-10 覆铜

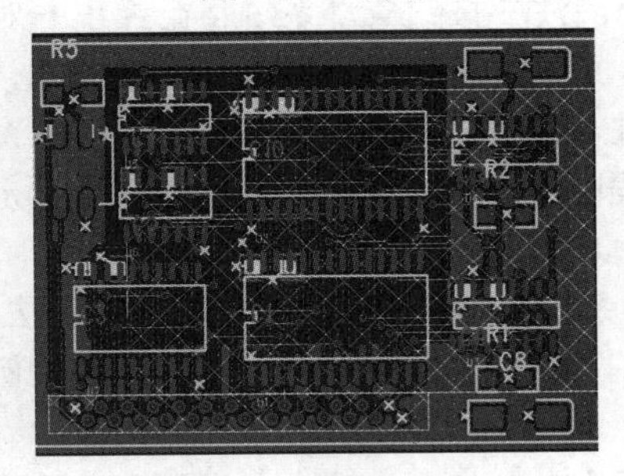

图 9-11 设置禁止覆铜区

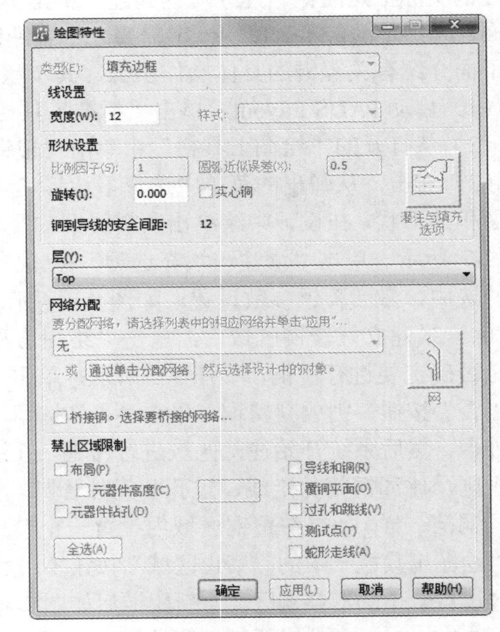

图 9-12 修改覆铜

最常见的是编辑覆铜的属性，一般总是将覆铜与某一网络连在一起从而形成一个网络，最常见的连接网络有地（GND）和电源等。例如连接地就可以在图 9-7 中“网络分配”下选择 GND 后单击“确定”按钮即可。

3. 删除碎铜

在设计中进行大面积覆铜时，往往都会设置某一网络与铜箔连接。由于在进行覆铜的过程中，系统对于覆铜区内任何在设计规则规定以内的区域都将进行覆铜，这就会导致在覆铜区域出现一些没有任何网络连接关系的孤岛区域铜箔，我们称它为碎铜。对于那些很小的孤岛铜箔，有时由于板设计密度较高，因此会导致出现大量的孤岛铜箔，这些孤岛铜箔（特别是很小的孤岛铜箔）留在板上有时会对板生产带来不利，因此一般都需要将它们删除。

在 PADS Layout 中，系统提供了一个查找碎铜的功能。选择主菜单中的“编辑”→“查找”命令，打开“查找”对话框，如图 9-13 所示。在“查找条件”下使其处于查找“碎填充边框”模式下，然后单击“应用”按钮即可将当前设计中的碎片全部点亮，单击“确定”按钮退出查找窗口。由于所有碎铜仍然处于点亮状态，所以按 Delete 键即可将碎铜全部删除。

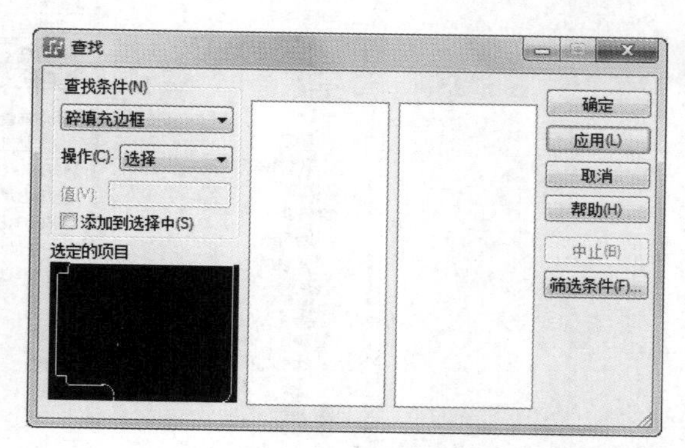

图 9-13　查找碎铜

9.4.3 覆铜管理器

在 PADS Layout 系统中专门设置了一个有关覆铜的管理器，覆铜管理器的范围是针对当前整个设计，通过覆铜管理器可以很方便地对设计进行覆铜，快速覆铜和恢复覆铜等。

选择菜单栏中的“工具”→“覆铜平面管理器”命令，则系统弹出如图 9-14 所示的“覆铜平面管理器”对话框。

从图 9-14 中可知，覆铜平面管理器共有两部分，即填和灌。右侧“选项”栏下显示“设置”按钮与“热焊盘”按钮，用于设置覆铜平面与热焊盘参数，如图 9-15 和图 9-16 所示。

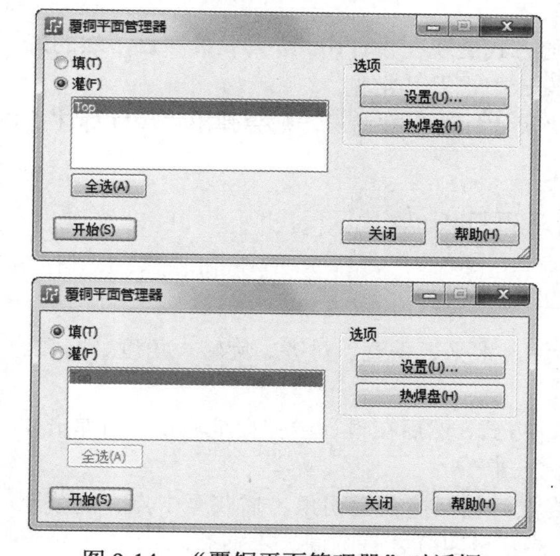

图 9-14　“覆铜平面管理器”对话框

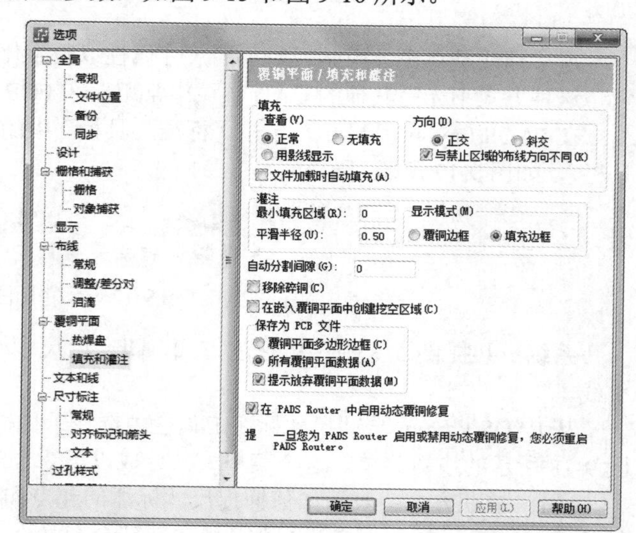

图 9-15　设置覆铜平面

Note

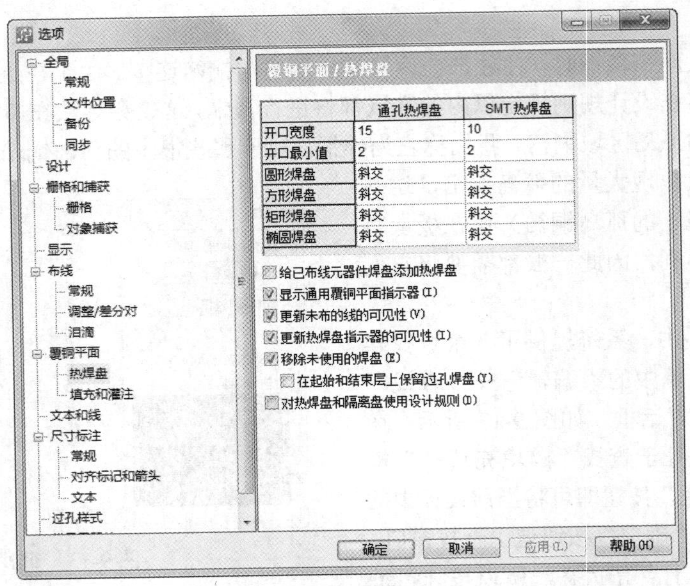

图 9-16　设置热焊盘

在 PADS Layout 系统中平面层有 CAMPlane 和 Split/Mix 两种，其实这里指的平面层一般都是指电源（Power）和地层（GND）。CAMPlane 层在输出 Gerber 时采用的是负片形式，不需要覆铜处理。而 Split/Mix（混合分割层）却采用的是覆铜方式，所以需要对其进行覆铜。

在进行 Split/Mix（混合分割层）覆铜可以使用此 PlaneConnect 功能来进行，在图 9-14 中选择某一个层后单击“开始”按钮即可。

9.5 尺寸标注

尺寸标注是将设计中某一对象的尺寸属性以数字化的方式展现在设计中，给人一种一目了然的感觉，这种方式不光是其他的 CAD 领域中常用，在 PCB 设计中也尤其常见。

在 PADS Layout 系统中，单击“标准工具栏”中的“尺寸标注”按钮，则会弹出“尺寸标注工具栏”，如图 9-17 所示。

图 9-17　尺寸标注工具栏

系统一共提供了 8 种尺寸标注方式，即自动尺寸标注、水平、垂直、对齐、旋转、角度、圆弧、引线。

从 PADS Layout 自动尺寸标注工具栏中选择一种标注方式，然后在设计中空白处右击，则弹出如图 9-18 所示的快捷菜单。这个菜单一共分成以下 3 个部分。

（1）捕获方式：表示如何捕捉尺寸标注的起点和终点。包括捕获至拐角、捕获至中点、捕获至任意点、捕获至中心、捕获至圆/圆弧、捕获至交叉点、捕获至四分之一圆周、不捕获。

（2）取样方式：表示进行标注时对边缘的选取方式，其中有 3 种模式选择，即使用中心线、使

用内边、使用外边，如图 9-19 所示。

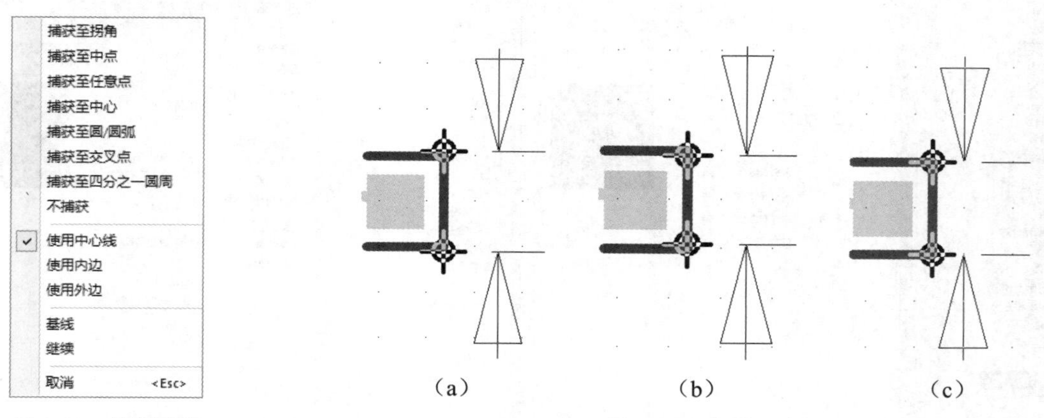

图 9-18　快捷菜单　　图 9-19　取样方式

> **注意：**“不捕获”方式是一种自由发挥捕获方式，可以选择设计中任何一个点来作为尺寸标注的首末点，包括设计画面空白处，这个空白处没有任何对象，这就是它区别于“捕获至任意点”项的地方，因为“捕获至任意点”虽然可以捕捉任何点，但是捕捉对象一定要存在而不能是空白的。

（3）标注基准线的选择方式：基线、继续。其中，“基准”是指进行尺寸标注时作为参考对象的线条，标注时的起点就是基准线上的点。

单击“尺寸标注”工具栏中的“尺寸标注选项”按钮，弹出如图 9-20 所示的“选项”对话框，默认打开“尺寸标注/常规”选项卡，设置标注所在图层及标注显示对象。

图 9-20　“选项”对话框

打开“对齐标记和箭头”选项卡，如图 9-21 所示，设置标注的箭头样式及对齐工具。

打开“文本”选项卡，如图 9-22 所示，设置标注的文本参数。

Note

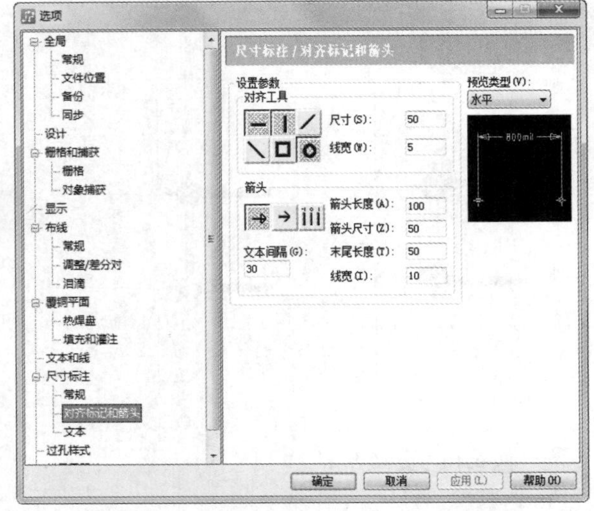

图 9-21 “对齐标记和箭头”选项卡设置

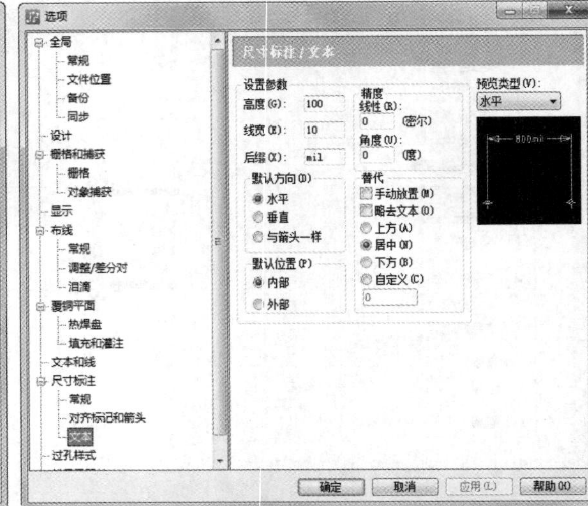

图 9-22 “文本”选项卡设置

9.5.1 水平尺寸标注

水平尺寸标注是一个水平方向专用的尺寸标注工具，也就是说它的尺寸标注功能只仅仅是对水平方向而言，标注值就是指首末两点之间的水平距离值。

（1）单击“尺寸标注工具栏”中的“水平”按钮，使系统进入水平尺寸标注模式状态，在设计空白处右击，在弹出的快捷菜单中选择“使用中心线”命令。

（2）单击图中第一点确立标注起点，再单击图中第二点，则系统自动以水平尺寸标注出这两点之间的水平距离，结果如图 9-23 所示。

如果试图使用它对其他方向进行尺寸标注，那么将会有错误的信息提示窗口出现，如图 9-24 所示。

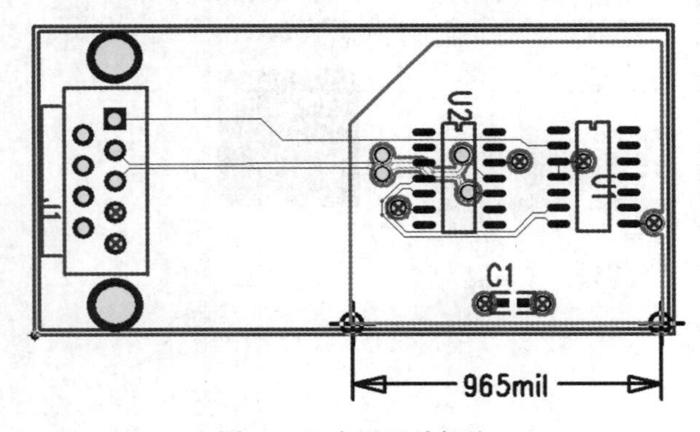

图 9-23 水平尺寸标注

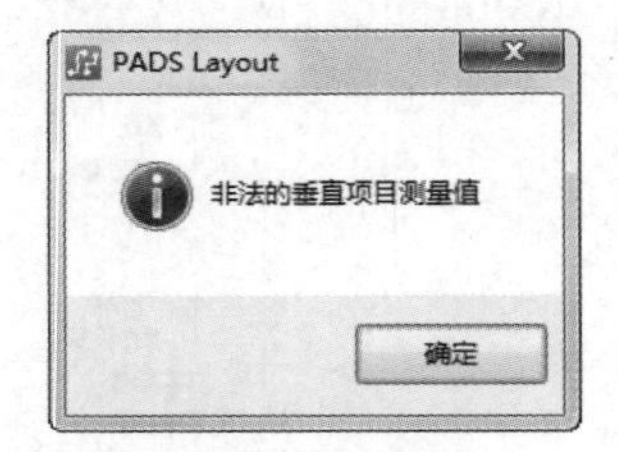

图 9-24 错误提示

9.5.2 垂直尺寸标注

垂直尺寸标注是一个垂直方向专用的尺寸标注工具，也就是说，它的尺寸标注功能只仅仅是对垂直方向而言，标注值就是指首末两点之间的垂直距离值。

（1）单击“尺寸标注工具栏”中的“垂直”按钮，使系统进入垂直尺寸标注模式状态，在设计空白处右击，在弹出的快捷菜单中选择“使用中心线”命令。

（2）单击图中第一点确立标注起点，再单击图中第二点，则系统自动以垂直尺寸标注出这两点之间的垂直距离，结果如图 9-25 所示。

9.5.3　自动尺寸标注

“自动尺寸标注”包括其他 7 种标注方式，可以完成另外 7 种方式中任何一种所能做到的标注。它所标注出来的尺寸完全决定于选择的对象，例如选择 PCB 板的水平外框线，则出现的标注就是相当于用“尺寸标注工具栏”中的“水平”（水平标注）所完成的尺寸标注；如果选择的是板框的圆角拐角，则标注出来的圆弧半径相当于用“尺寸标注工具栏”中的“圆弧”（圆弧标注）功能来完成的标注。

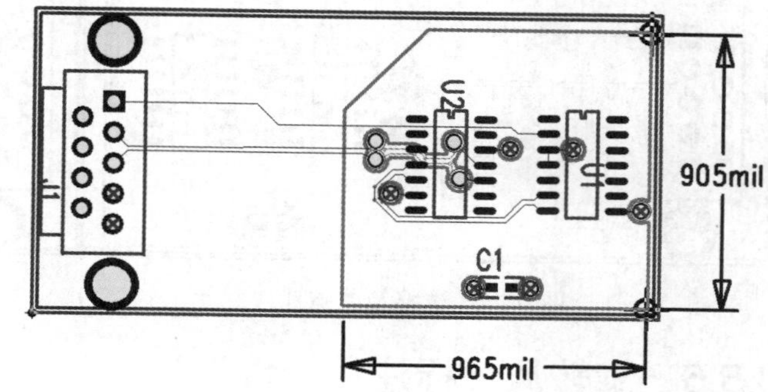

图 9-25　垂直尺寸标注

单击“尺寸标注工具栏”中的“自动尺寸标注”按钮，进入自动标注模式。

在图中对象上任一点单击，则系统自动标注出对象对应尺寸，结果如图 9-26 所示。

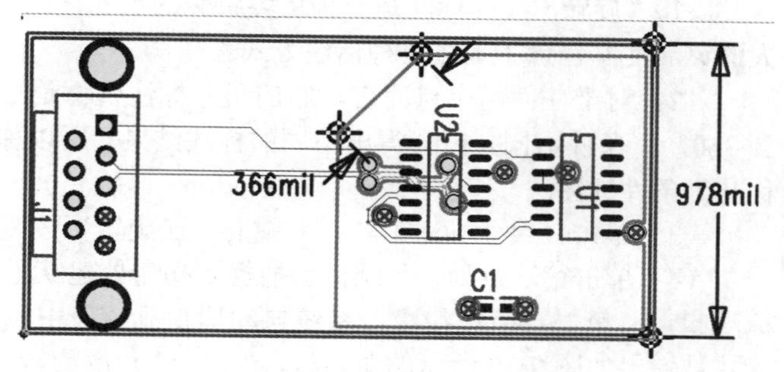

图 9-26　自动尺寸标注

如果使用“自动尺寸标注”，有时能很快地提高标注速度。只是在标注前一定要对所需标注的对象进行合适的设置，否则完全有可能得不到所想要的标注结果。

9.5.4　对齐尺寸标注

“对齐”尺寸标注是用来标注任意方向上两个点之间的距离值，这两个点不受方向上的限制，如果在水平方向上就相当于水平尺寸标注，在垂直方向上就相当于垂直尺寸标注，所以在某种意义上讲，它包括了水平和垂直两种标注方法

（1）单击“尺寸标注工具栏”中的“已对齐”按钮，使系统进入对齐尺寸标注模式状态，在进行尺寸标注前应选择捕捉方式，所以在设计空白处右击，在弹出的快捷菜单中选择“捕获至拐角”和“使用中心线”命令。

（2）单击图 9-27 中第一点，系统自动捕捉到拐角处建立了标注起点，右击，在弹出的快捷菜单中选择“捕获至中点”命令。

（3）再单击图中第二点所示圆弧线上任意一点，则系统自动捕捉到圆弧中点并以对齐尺寸标注方式标注出这两点之间的距离，如图 9-28 所示。

拖动浮动的标注，在适当位置单击，放置标注结果，如图 9-29 所示。

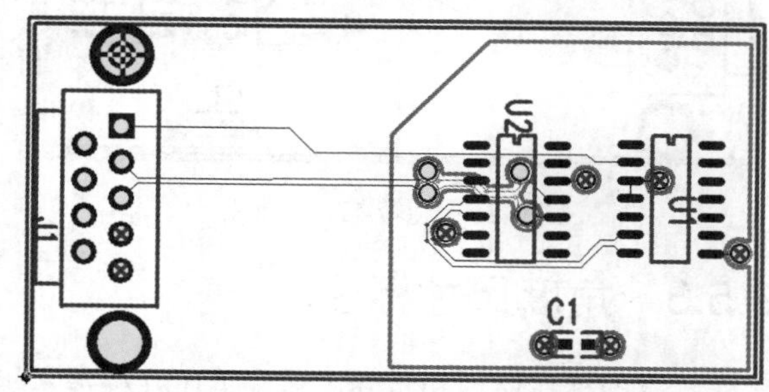

图 9-27　选择第一点

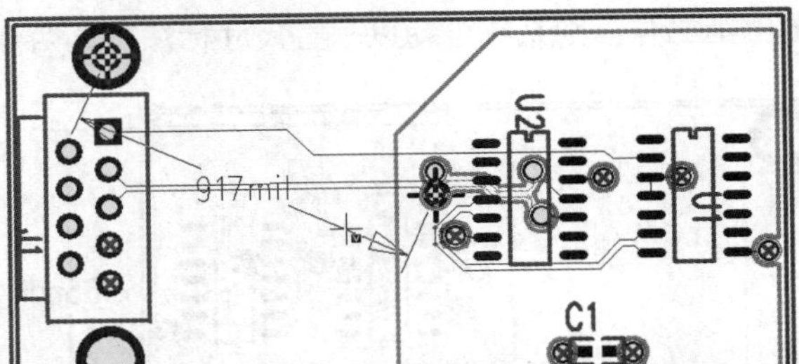

图 9-28　选择第二点

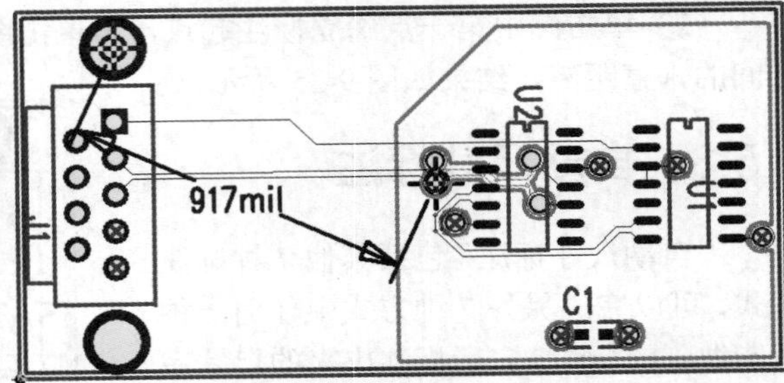

图 9-29　放置标注

Note

9.5.5　旋转尺寸标注

（1）“旋转”尺寸标注是一种更为特殊的尺寸标注模式，因为同其他标注方式相比较，它带有很大的灵活性并包含了上述 4 种标注方式。

（2）对于任何两个点而言，它的尺寸标注值不是唯一的，给出的标注角度（此角度可以从 0°到 360°）条件不同，就会得出不同的标注结果。所以称这种尺寸标注法为旋转尺寸标注法，也可以称其为条件标注法。

（3）单击“尺寸标注工具栏”中的“已旋转”按钮，使系统进入旋转尺寸标注模式状态。

（4）单击第一点处，系统自动捕捉到拐角处建立了标注起点，第二点所在线段，系统自动捕捉到该段中点上并且弹出如图 9-30 所示的对话框，在这个“角度旋转”对话框中要求输入一个角度数，这个角度输入不同的值，尺寸标注值的结果就完全不一样。

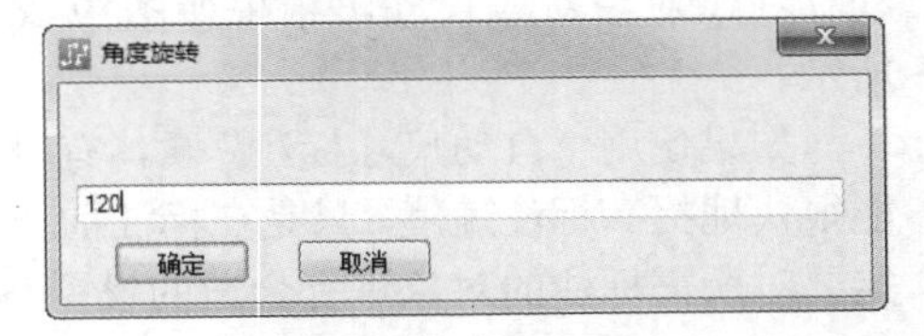

图 9-30　输入角度值

输入角度值为 120，尺寸标注线出现在鼠标十字光标上，然后移动到合适的位置后单击“确定”按钮，则旋转尺寸标注完成，如图 9-31 所示。

若输入角度值为 150，则显示标注如图 9-32 所示。

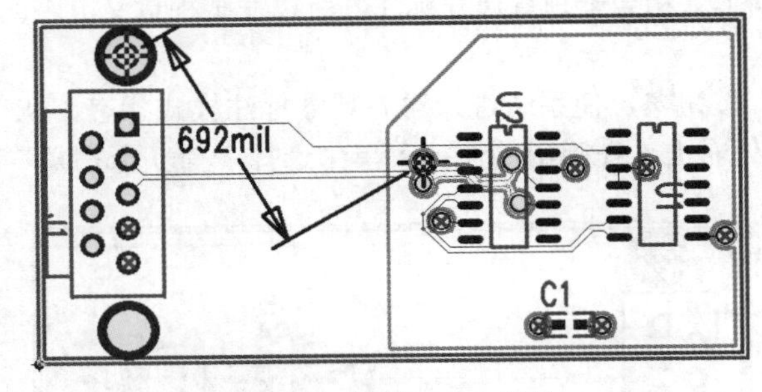

图 9-31　旋转 120°标注

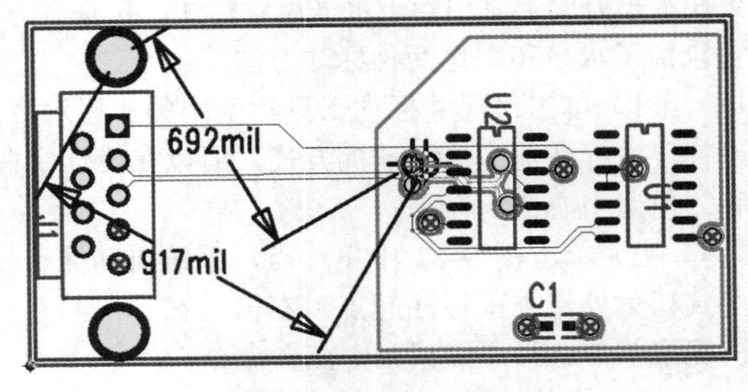

图 9-32　旋转 150°标注

9.5.6　角度尺寸标注

角度的标注原理和步骤大致跟上述几种基本相同，最大的区别在于它需要选择两个点作为尺寸标注起点直线，同理尺寸标注终点也需要选择两个点，因为角度是由两条直线相交而形成的，两点确定一条直线，所以需要选择 4 个点产生两条相交直线。

（1）单击“尺寸标注工具栏”中的“角度”按钮，使系统进入角度尺寸标注模式状态。

（2）两点确定一条直线，这两个点可以是直线上任意两点。所以在设计空白处右击，在弹出的快捷菜单中选择“捕获至任意点”命令。

（3）单击图 9-33 中第一点和第二点处，确定了角度标注起点直线。

（4）再单击图中第三点与第四点处，这时这两条直线确定的角度值就出现在鼠标十字光标上，调节到适当的位置即可，如图 9-34 所示。由此可见，角度的标注并不复杂，只是在标注时要灵活地选择两条直线上的 4 个点。

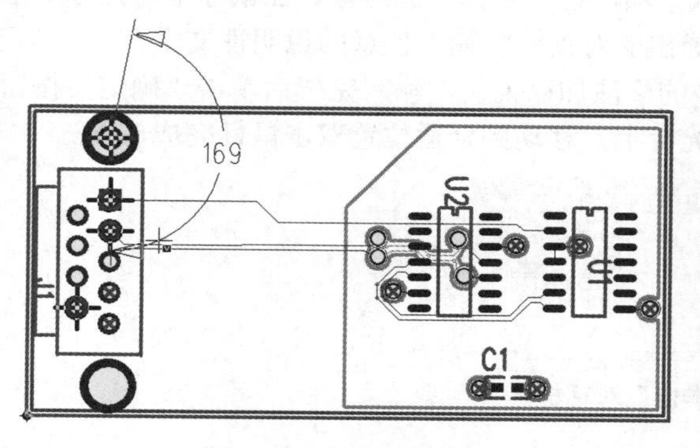

图 9-33　角度尺寸标注

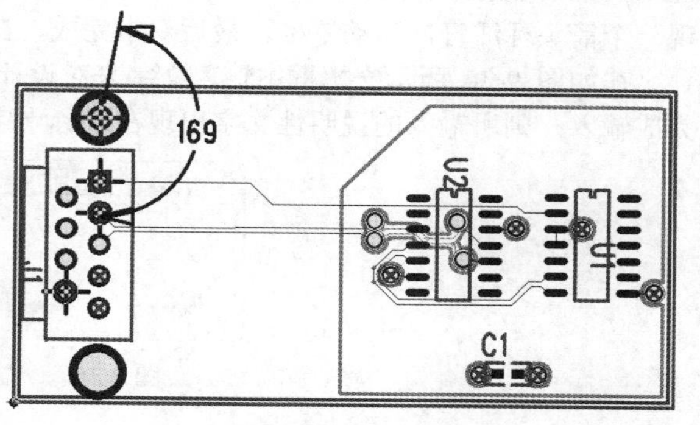

图 9-34　放置标注

9.5.7　圆弧尺寸标注

在所有的尺寸标注工具中，就操作方式上讲，圆弧标注是最简单的一种标注，它不需要选择任何捕捉方式，在“尺寸标注工具栏”中单击“圆弧”按钮，直接到设计中选择所需要标注的任何圆弧，单击圆弧后系统就可以标上尺寸标注。

圆弧标注方式实际上是标注选定圆或圆弧的半径或直径，而不是弧长。选择“工具”→“选项”命令，弹出“选项”对话框，在“尺寸标注/常规”选项卡中有“圆尺寸标注”选项组，如图 9-35 所示。

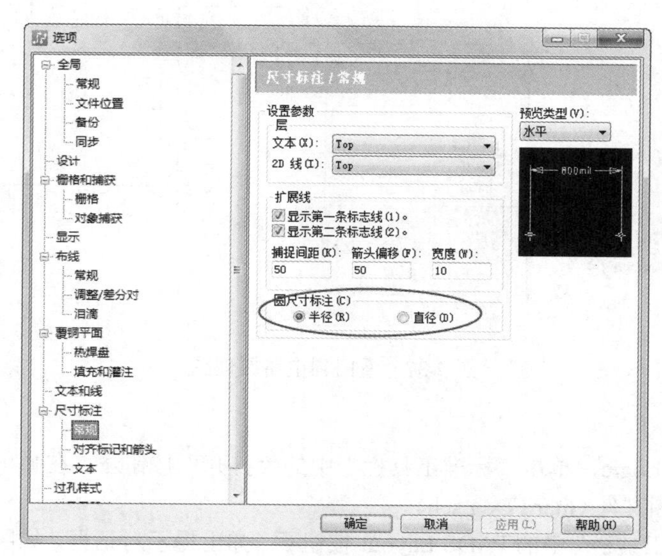

图 9-35　“尺寸标注”选项卡

9.5.8 引线尺寸标注

Note

除前几个小节介绍的各种尺寸标注外，还有一种最特殊的标注法，它的标注不是自动产生，而是要人为输入。它实际上并不完全属于一种尺寸标注法。

单击“标准工具栏”中的“尺寸标注工具栏”按钮，打开“尺寸标注工具栏”。单击“尺寸标注工具栏”中的“引线”按钮，右击选择捕捉方式，然后选择要标注的对象，在鼠标十字光标上出现一个箭头标注符，移动鼠标，最后双击完成，在弹出的对话框中输入任意的说明性文字。

在如图 9-36 所示文本框中输入文字来对设计中的标注加以说明，输入完毕后单击“确定”按钮完成输入，则所输入的说明性文字出现在鼠标十字光标上，移动到合适位置双击鼠标完成放置。

图 9-36 “文本值”对话框

9.6 操作实例——看门狗电路的 PCB 设计

视频讲解

创建如图 9-37 所示的看门狗电路原理图，完整地演示电路板的设计过程，练习手动布局与自动布线。

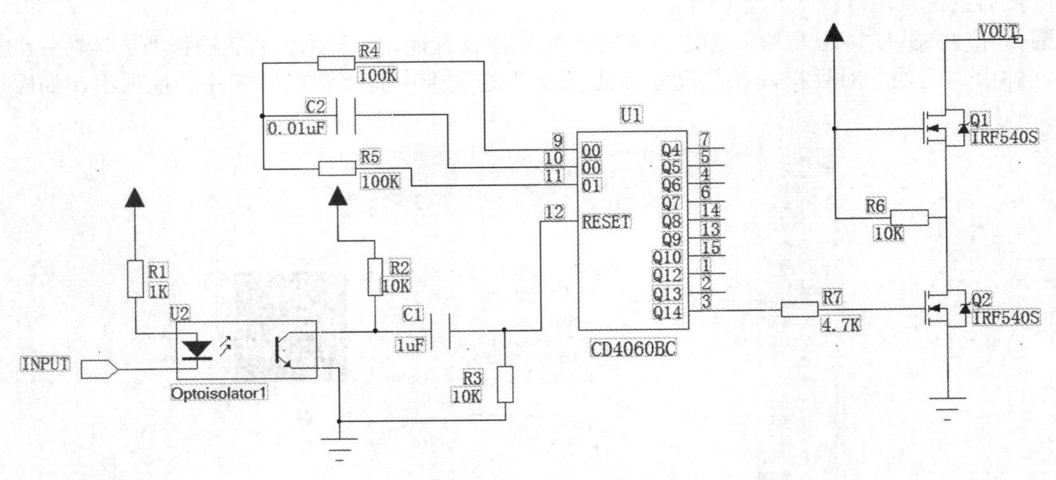

图 9-37 看门狗电路原理图

1. 删除碎铜

（1）打开 PADS Logic，单击“标准工具栏”中的“打开”按钮，在弹出的“文件打开”对话框中选择绘制的原理图文件 Guard Dog.sch。

（2）单击“标准工具栏”中的 PADS Layout 按钮，弹出提示对话框，如图 9-38 所示，单击“新建”按钮，打开 PADS Layout，并自动新建一个新的文件。

（3）在 PADS Logic 窗口中，自动打开“PADS Layout 链接”对话框，单击“设计”选项卡下的

“发送网表”按钮，如图 9-39 所示。

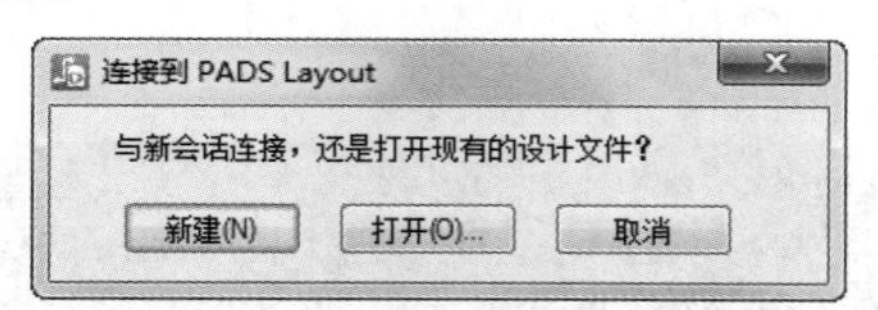

图 9-38　提示对话框（1）

（4）将原理图的网络表传递到 PADS Layout 中，同时记事本显示传递过程中的错误报告，如图 9-40 所示。

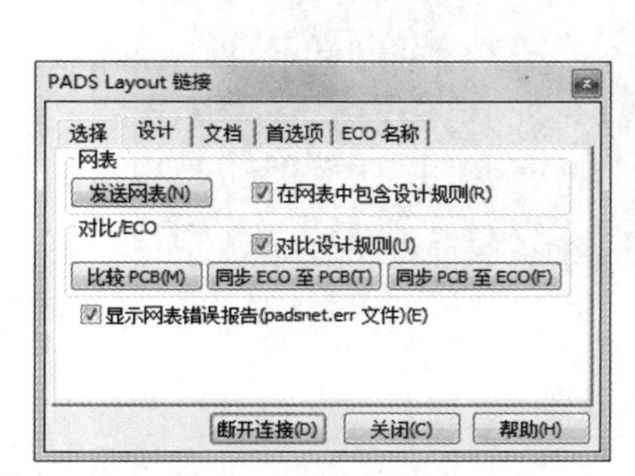

图 9-39　“设计”选项卡

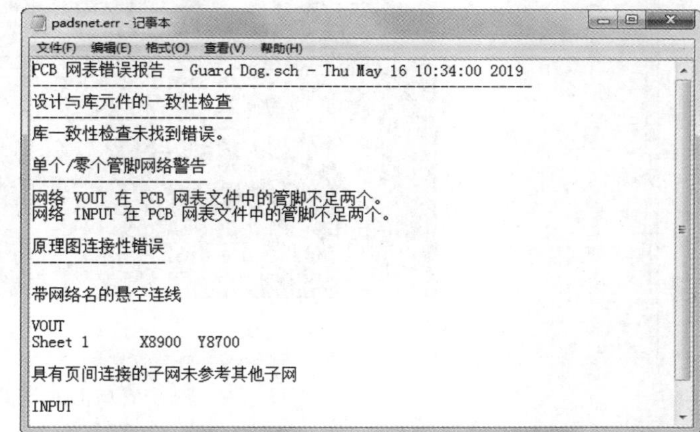

图 9-40　显示错误报告

（5）弹出提示对话框，如图 9-41 所示，单击“是”按钮，弹出生成网表文本文件，如图 9-42 所示。

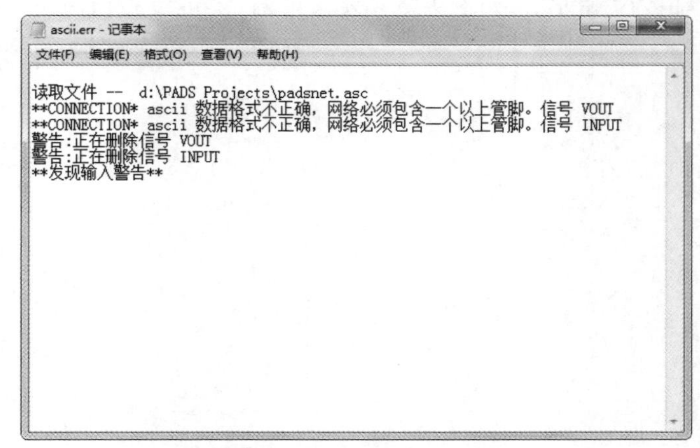

图 9-41　提示对话框（2）　　　　图 9-42　生成网表文本文件

（6）关闭报告的文本文件，单击 PADS Layout 窗口，可以看到各元件已经显示在 PADS Layout 工作区域的原点上，如图 9-43 所示。

（7）单击“标准工具栏”中的“保存”按钮，输入文件名称 Guard Dog，保存 PCB 图。

（8）单击“标准工具栏”中的“绘图工具栏”按钮，打开“绘图工具栏”。

Note

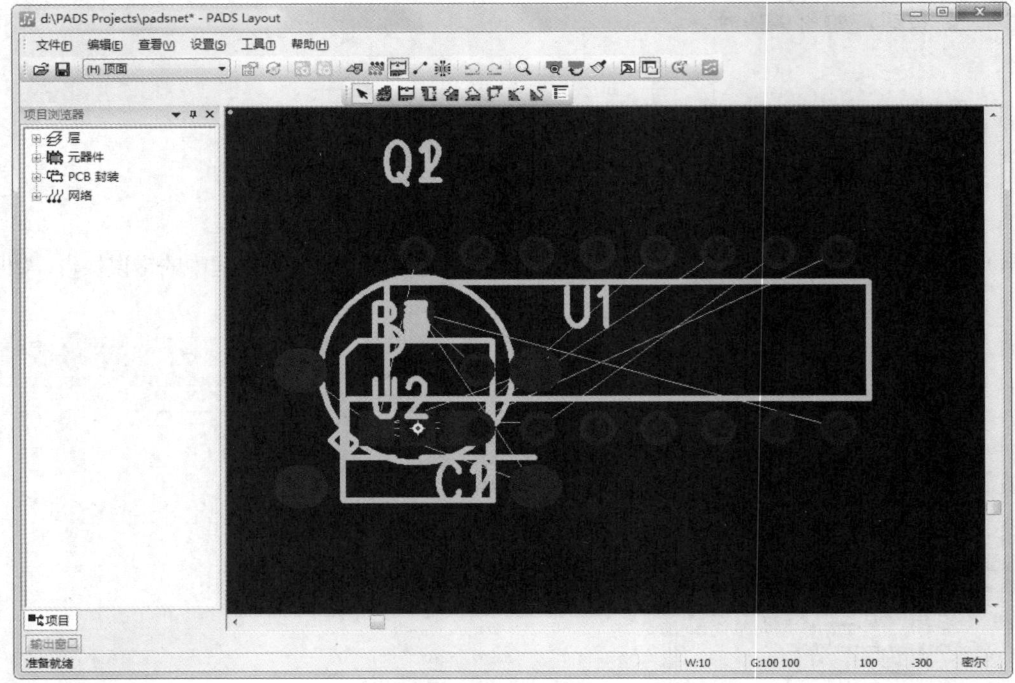

图 9-43　调入网络表后的元件 PCB 图

（9）单击“绘图工具栏”中的“板框和挖空区域”按钮，确定电路板的边框，如图 9-44 所示。

2. 环境设置

（1）选择菜单栏中的“工具”→“选项”命令，弹出“选项”对话框，选择“全局”选项卡，选择单位为“密尔”，如图 9-45 所示。单击“确定”按钮，关闭对话框。

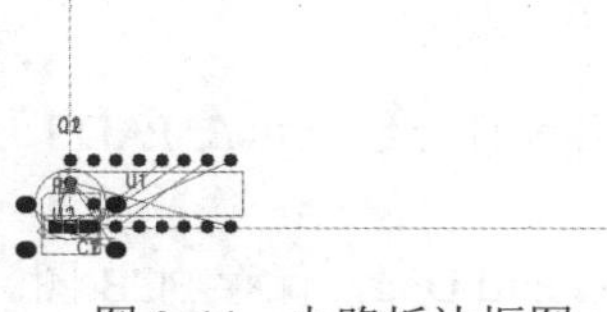

图 9-44　电路板边框图

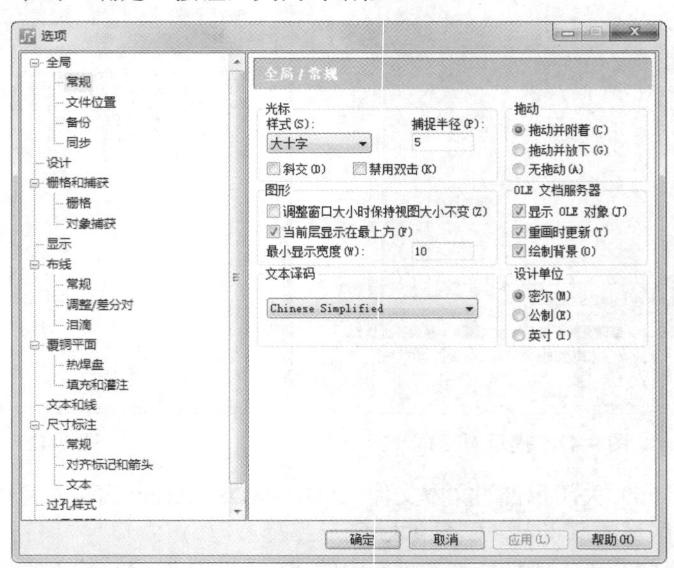

图 9-45　“全局”选项卡参数设置

（2）选择菜单栏中的“设置”→“层定义”命令，弹出“层设置”对话框，对 PCB 的层定义进

行参数设置，如图 9-46 所示。

（3）选择菜单栏中的“设置”→“焊盘栈”命令，弹出“焊盘栈特性”对话框，对 PCB 的焊盘进行参数设置，如图 9-47 所示。

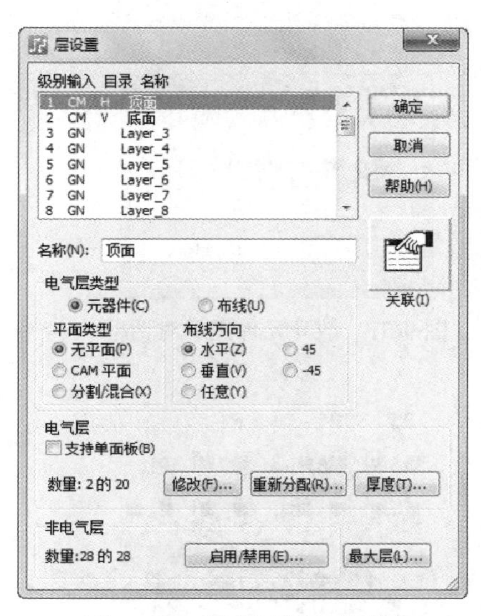

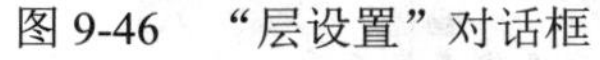
图 9-46　“层设置”对话框

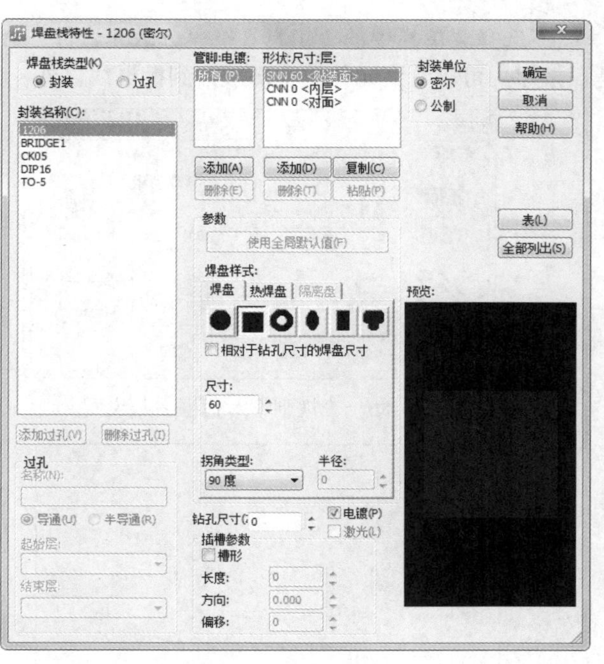

图 9-47　焊盘参数设置

（4）选择菜单栏中的“设置”→“钻孔对”命令，弹出“钻孔对设置”对话框，对 PCB 的钻孔层对进行参数设置，如图 9-48 所示。

（5）选择菜单栏中的“设置”→“跳线”命令，弹出“跳线”对话框，对 PCB 的跳线进行参数设置，如图 9-49 所示。

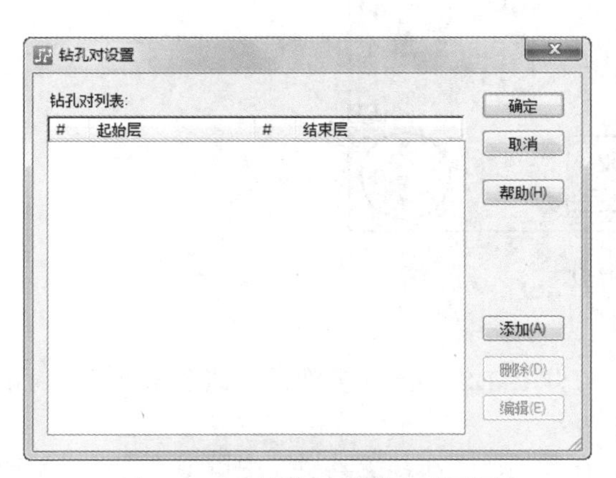

图 9-48　“钻孔对设置”对话框

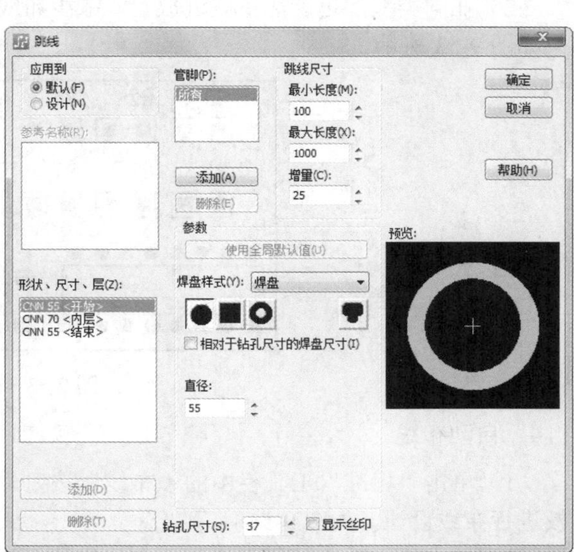

图 9-49　“跳线”对话框

（6）选择菜单栏中的“设置”→“设计规则”命令，弹出“规则”对话框，对 PCB 的规则进行参数设置，如图 9-50 所示。

3. 手动布局

（1）选择菜单栏中的“工具”→“分散元器件”命令，弹出如图 9-51 所示的提示对话框，单击“是”按钮，可以看到元件被全部散开到板框线以外，并有序地排列开来，如图 9-52 所示。

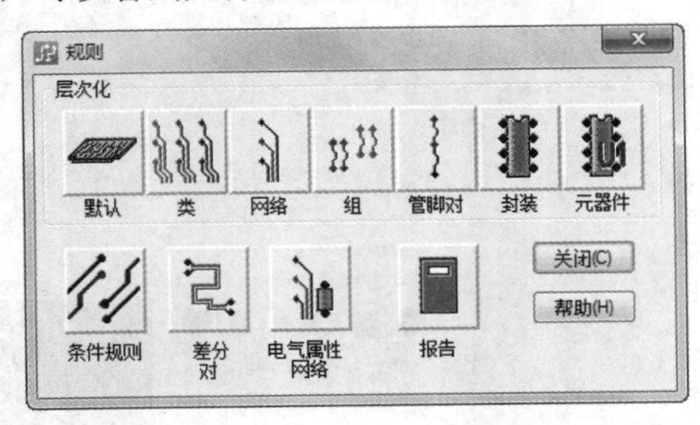

图 9-50 “规则”对话框参数设置

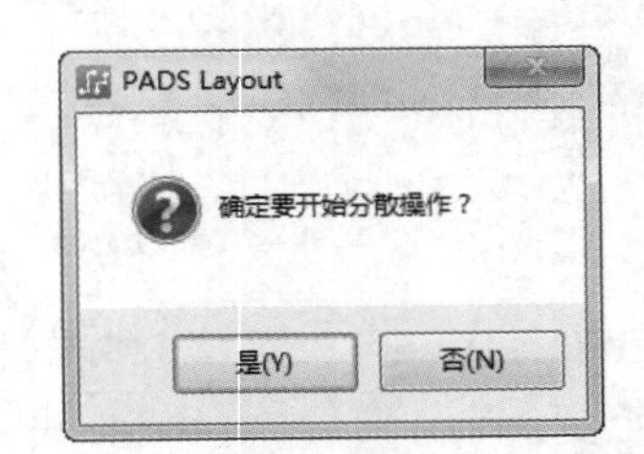

图 9-51 散开元件提示对话框

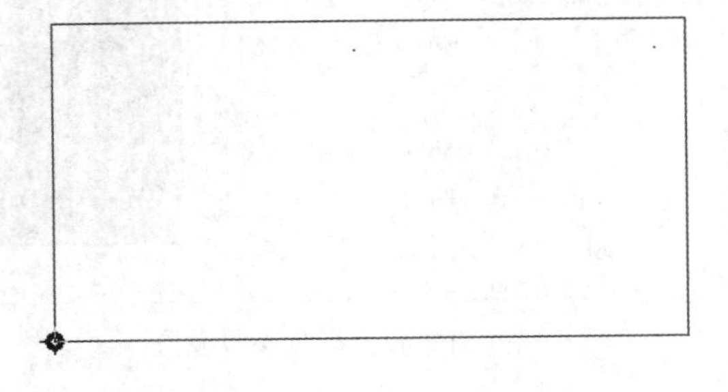

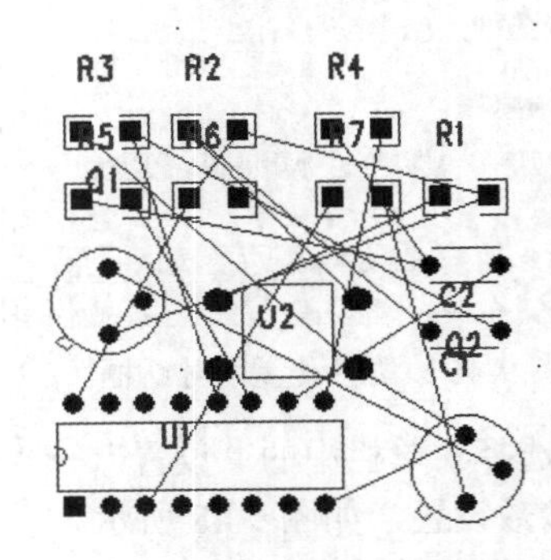

图 9-52 散开元件

（2）在同类型的远近尽量就近放置，减少布线、美观等因素下，对元器件封装进行布局操作，结果如图 9-53 所示。

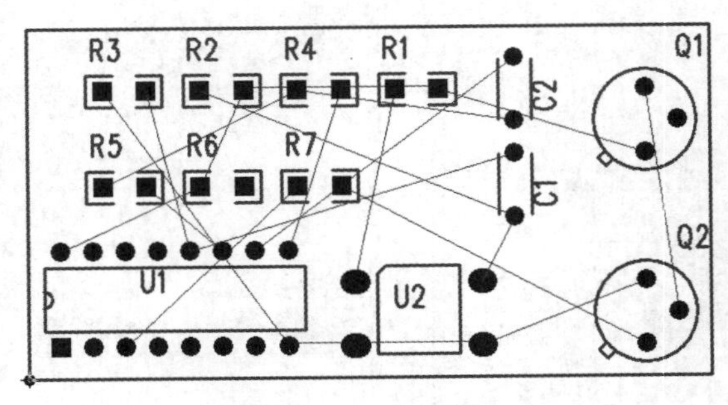

图 9-53 布局图

4. 自动布线

（1）单击“标准”工具栏中的“布线”按钮，打开 PADS Router 界面，在该图形界面中对电路板进行布线设计，如图 9-54 所示。

（2）单击“标准工具栏”中的“布线”按钮，在弹出的“布线工具栏”中单击“启动自动布

线”按钮，进行自动布线，完成的 PCB 图如图 9-55 所示。

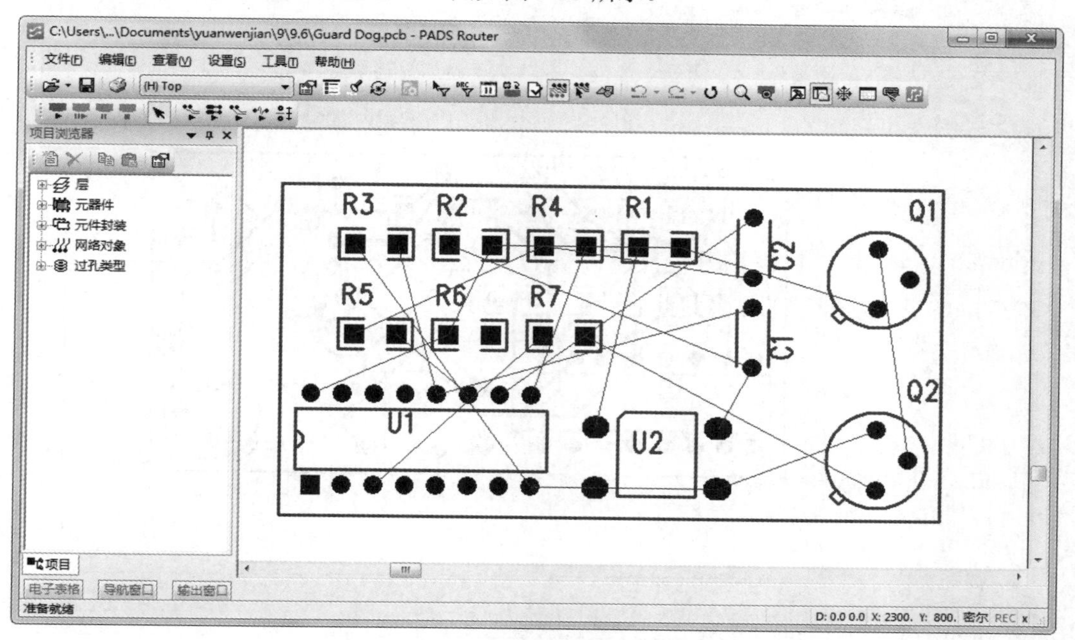

图 9-54　进入布线界面

（3）在“输出窗口”下显示布线信息，如图 9-56 所示。

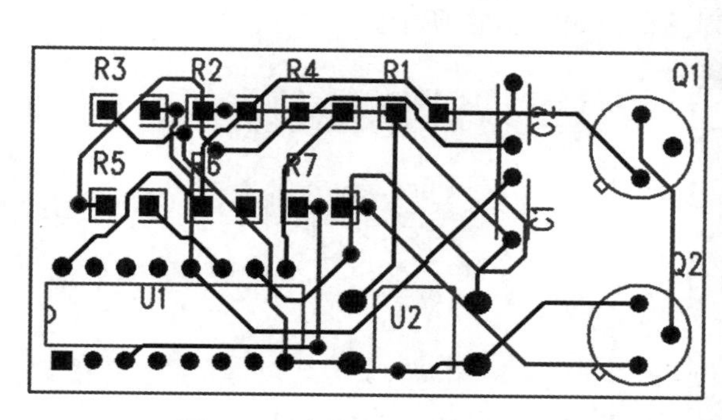

图 9-55　布线完成的电路板图

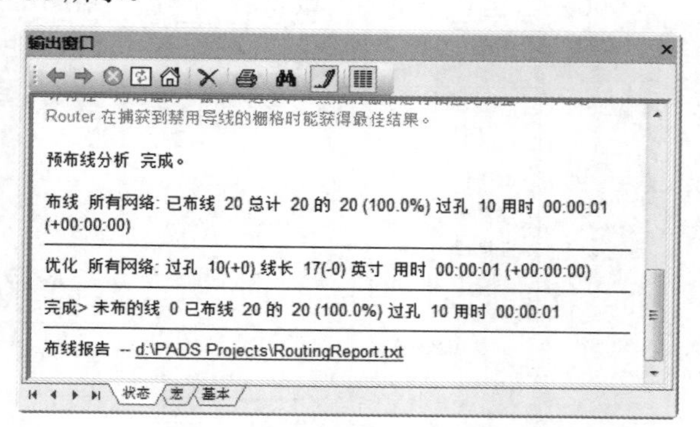

图 9-56　布线信息

（4）单击“标准工具栏”中的“保存”按钮，输入文件名称 Guard Dog_routed，保存 PCB 图。

5. 覆铜

（1）在 PADS Router 中，单击“标准工具栏”中的 Layout 按钮，打开 PADS Layout 界面，进行电路板覆铜设计，如图 9-57 所示。

（2）单击“标准工具栏”中的“绘图工具栏”按钮，打开“绘图工具栏”。

（3）单击“绘图工具栏”中的“覆铜平面”按钮，进入覆铜模式。

（4）右击，从弹出的菜单中选择“矩形”命令，沿板框边线绘制出覆铜的区域。

（5）右击选择“完成”命令后，弹出“添加绘图”对话框，如图 9-58 所示，单击“确定”按钮，退出对话框，在设计中绘制出所需覆铜的区域。

Note

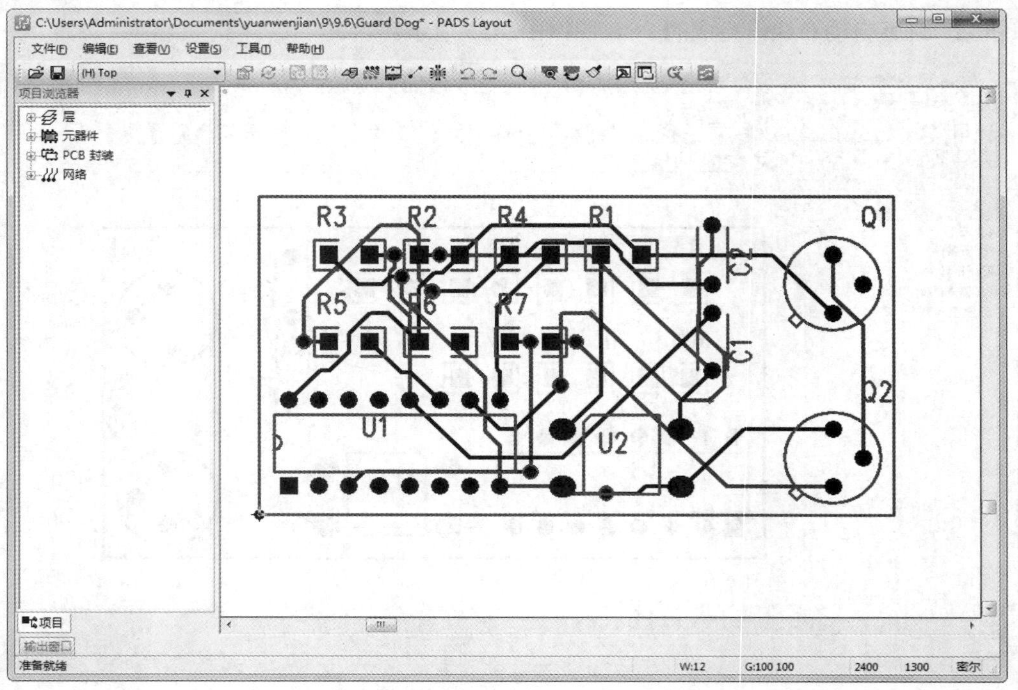

图 9-57　进入覆铜界面

（6）当建立好覆铜区域以后，单击“绘图工具栏”中的“灌注”按钮，此时系统进入覆铜模式。在设计中单击所需覆铜的区域外框，弹出询问对话框，如图 9-59 所示。

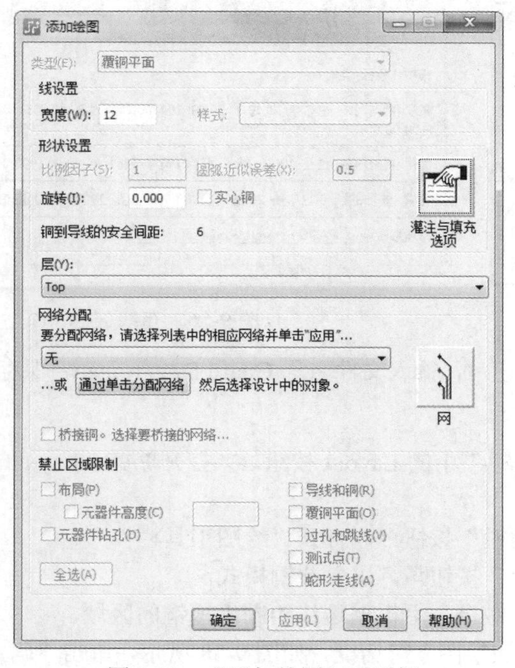

图 9-58　“添加绘图”对话框

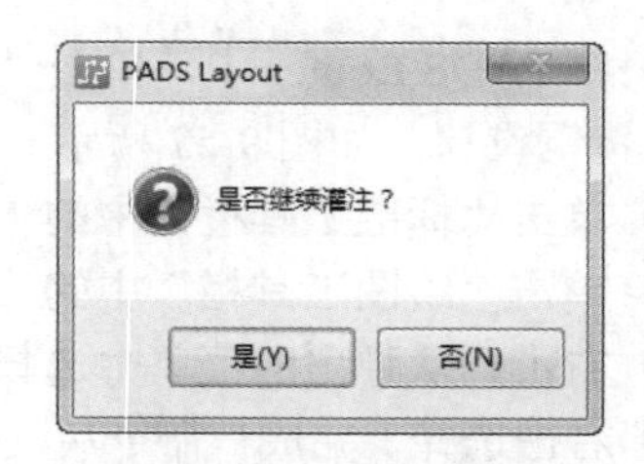

图 9-59　询问对话框

（7）单击“是”按钮，确认继续覆铜，然后系统开始往此区域进行覆铜，结果如图 9-60 所示。

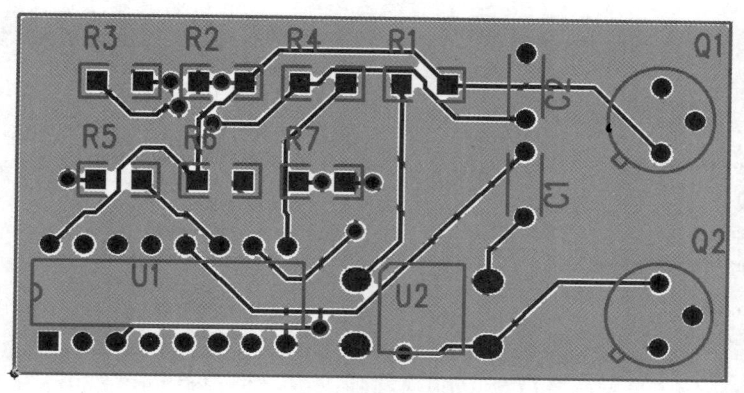

图 9-60 覆铜结果

6. 视图显示

（1）选择菜单栏中的“查看”→PADS 3D 命令，弹出如图 9-61 所示的 PADS 3D 面板。

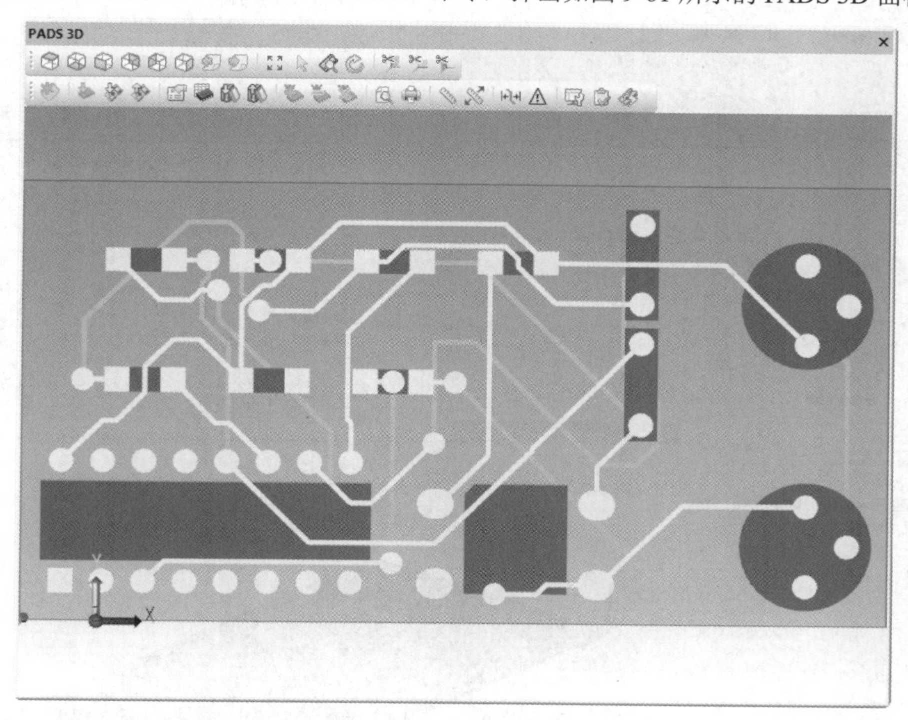

图 9-61 PADS 3D 面板

（2）单击 3D General toolbar 工具栏中的“导出”按钮，弹出如图 9-62 所示的“导出”对话框，输出电路板的三维模型文件，如图 9-63 所示。

单击“保存”按钮，在该对话框中左下角显示导出成功，在源文件下显示导出的 Guard Dog_routed.step 文件，可以利用三维模型软件 UG 打开，如图 9-64 所示。

（3）单击 3D General toolbar 工具栏中的“导出”按钮，弹出如图 9-65 所示的“导出”对话框，输出 BMP 文件。

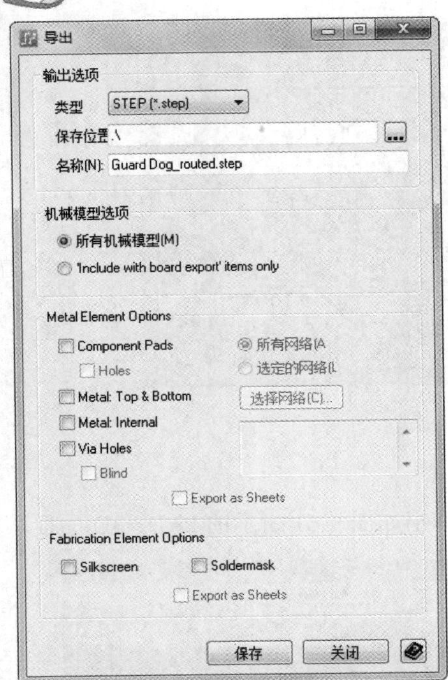

图 9-62 “导出”对话框

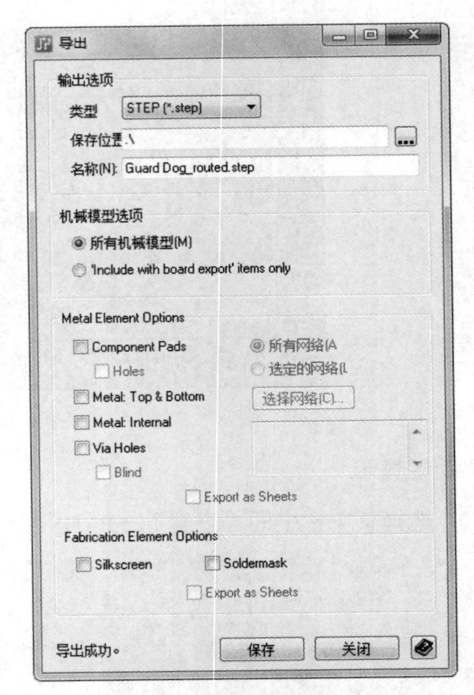

图 9-63 输出三维模型文件

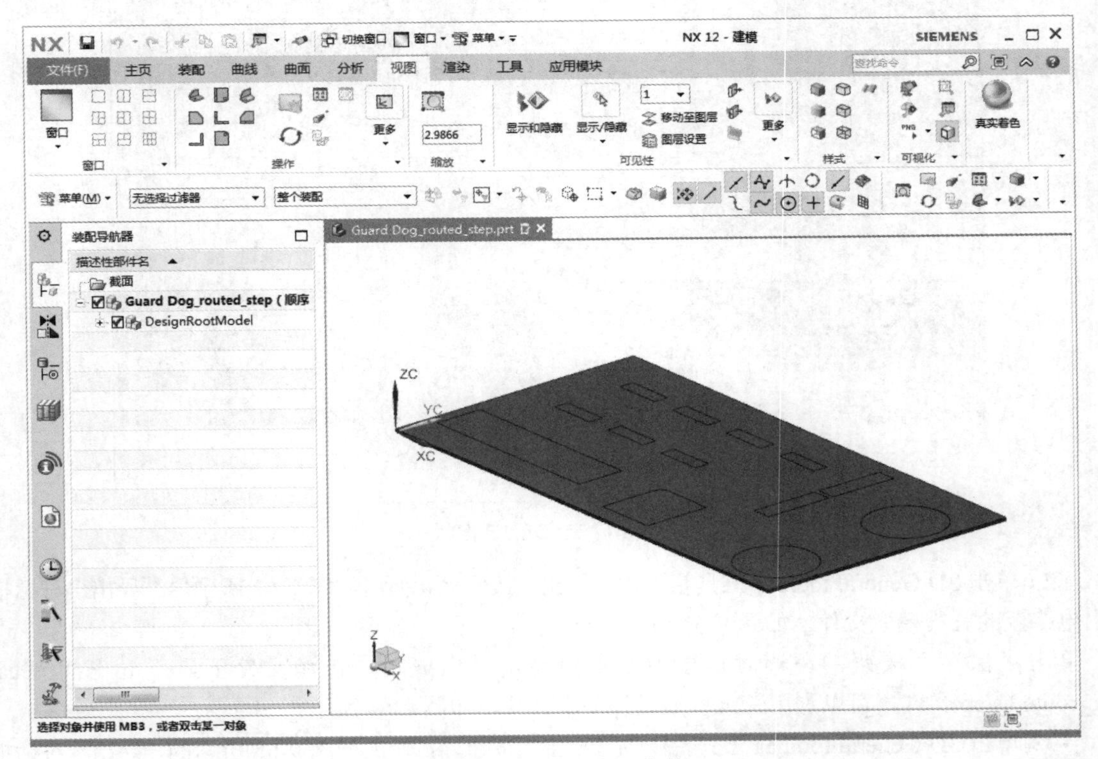

图 9-64 打开 STEP 文件

单击“保存”按钮，在该对话框中左下角显示导出成功，在源文件下显示导出的 Guard

Note

Dog_routed.bmp 文件，如图 9-66 所示。

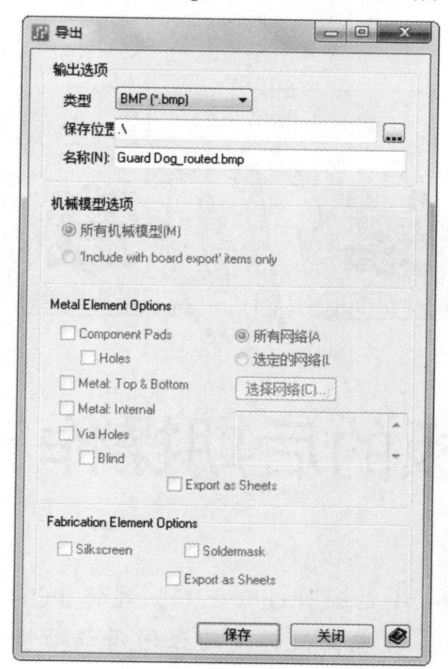

图 9-65　“导出”对话框

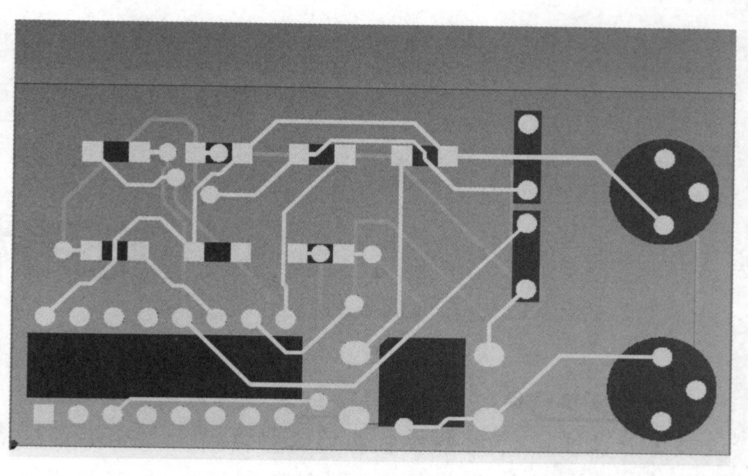

图 9-66　BMP 文件

电路板的后期操作

本章主要讲述 PCB 设计验证方面的内容。当完成了 PCB 的设计过程之后，在将 PCB 送去生产之前，一定要对自己的设计进行一次全面的检查，在确保设计没有任何错误的情况下才可以将设计送去生产。设计验证可以对 PCB 设计进行全面或者部分检查，从最基本的设计要求，比如线宽、线距和所有网络的连通性开始到高速电路设计、测试点和生产加工的检查，自始至终都为设计提供了有力的保证。

学习重点

- ☑ 设计验证
- ☑ CAM 输出
- ☑ 打印输出
- ☑ 绘图输出
- ☑ 操作实例

任务驱动&项目案例

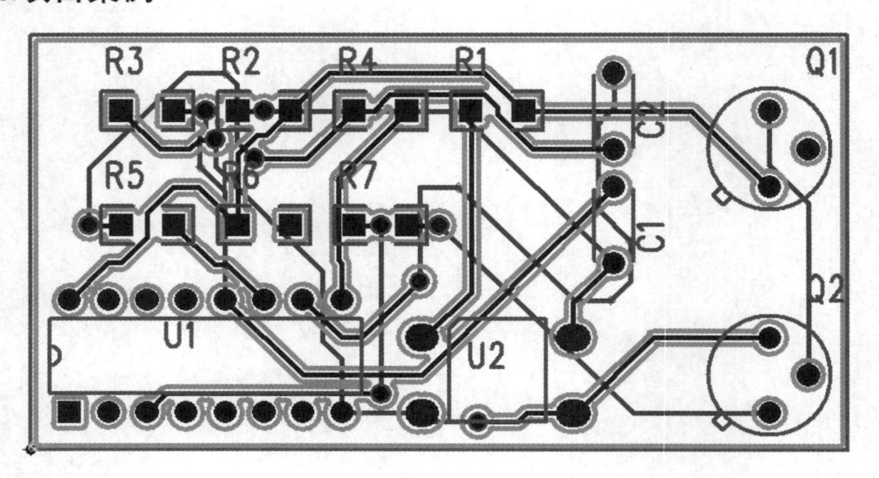

10.1 设 计 验 证

每个电路板设计软件都带有设计验证的功能，PADS Layout 也不例外。PADS Layout 提供了精度为 0.00001mil 的设计验证管理器，设计验证可以检查设计中的所有网络、相同网络、走线宽度及距离、钻孔到钻孔的距离、元件到元件的距离和元件外框之间的距离等。同时进行连通性、平面层和热焊盘检查。还有动态电性能检查（electro-dynamic checking），主要针对平行度（parallelism）、回路（loop）、延时（delay）、电容（capacitance）、阻抗（impedance）和长度等，这样避免在高速电路设计中出现问题。

打开 PADS Layout VX.2.4，选择菜单栏中的“工具”→“验证设计”命令，打开“验证设计”对话框，如图 10-1 所示。

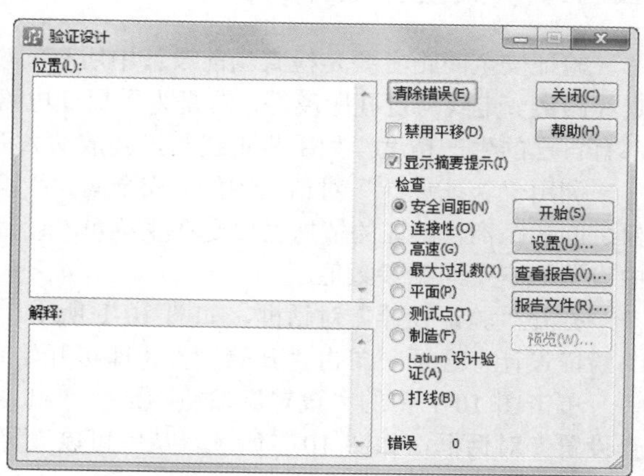

图 10-1 “验证设计”对话框

对话框中各项主要设置含义如下。

在进行设计验证时如果有错误出现，“位置”列表框的信息告诉了这个错误的坐标位置，以方便寻找。“解释”列表框的信息显示了上述“位置”列表框中错误产生的原因。在“位置”列表框中选择每一个错误，在“解释”列表框中都有对应的错误原因解释信息。

“清除错误”按钮用于清除两个列表框中的所有信息。“禁用平移”复选框默认状态是将其选中，如果改变这种默认状态，将其处于不被选中状态下，这时只要用鼠标选择“位置”列表框中的任何一个错误，则 PADS Layout 系统会自动将这个错误的位置移动到设计环境的中心点，从而达到自动定位每一个错误的目的。

此外，“验证设计”对话框中还包括了以下 9 种验证方式。

（1）安全间距。

（2）连接性。

（3）高速。

（4）最大过孔数。

（5）平面。

（6）测试点。

（7）制造。

（8）Latium 设计验证。

（9）打线。

在设计验证中，难免会验证出各种各样错误的出现，为了便于用户识别各种在设计中的错误，PADS Layout 分别采用了各种不同的标识符来表示不同的错误，这些错误标识符如下。

☑ 安全间距，安全间距出错标识符。

☑ 连接性，可测试性和连通性出错标识符。

☑ 高速，高频特性出错标识符。

☑ 制造，装配错误标识符。

Note

☑ ⊖最小/最大长度，最大或最小长度错误标识符，这个错误标识符只用于 PowerBGA 系统中。
☑ ◎制造（只有 Latium），在区域中集合出错。
☑ ⊗钻孔到钻孔，钻孔重叠放置错误标识符。
☑ ⊘禁止区域，违反禁止区设置错误标识符。
☑ ⊗板边框，违反板框设置错误标识符。
☑ ⊕大角度，只用于 PADS BGA 系统中。
☑ ⊙Latium 错误标记，局部检查出错。

这些错误通常都会用标识符号在出错的地方标示出来，有了这些不同的标识符，就可以在设计中清楚地知道每一个出错点出错的原因。

10.1.1 安全间距验证

验证安全间距主要是检查当前设计中所有的设计对象是否有违反间距设置参数的规定，如走线与走线距离、走线与过孔距离等。这是为了保证电路板的生产厂商可以生产电路板，因为每个生产厂商都有自己的生产精度，如果将走线与过孔放的太近的话，那么走线与过孔有可能产生短路。

利用“验证设计”对话框中的“安全间距”验证工具，用户可以毫不遗漏地检查整个设计中各对象之间的距离，验证的依据主要是在主菜单“设置/设计规则”中设置的安全间距参数值。

打开“验证设计”对话框，如图 10-1 所示，选择其中的“验证设计”选项，单击“开始”按钮即可开始间距验证。

单击图 10-1 中的“设置”按钮，则会弹出“安全间距检查设置”对话框，如图 10-2 所示。从中可以设置安全间距验证时所要进行的验证操作。

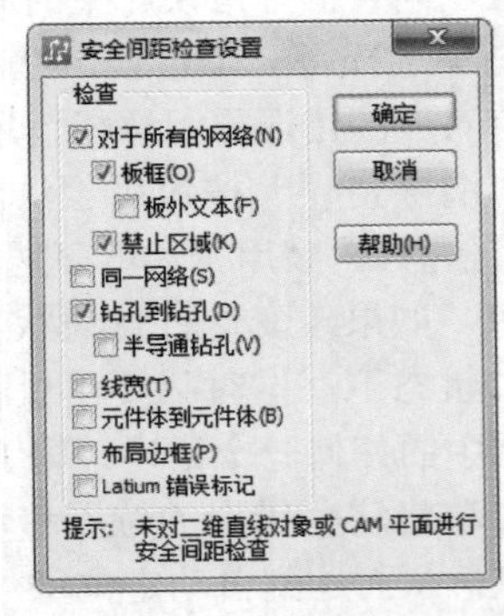

图 10-2 “安全间距检查设置”对话框

☑ 对于所有的网络：表示对电路板上的所有网络进行间距验证。
☑ 板框：表示对电路板上的边框和组件隔离区进行间距验证。
☑ 板外文本：选中该复选框后，如果进行间距验证时发现电路板外有“文本”和“符号”，则认为是间距错误。
☑ 禁止区域：表示用组件隔离区的严格规则来检查隔离区的间距。
☑ 同一网络：表示对同一网络的对象也要进行间距验证。对于同一网络，PADS Layout 系统在以下方面可以进行设置验证。
  ➢ 从一个焊盘外边缘到另一个焊盘外边缘的间距。
  ➢ 焊盘外边缘到走出线的第一个拐角距离。
  ➢ SMD 焊盘外边缘到穿孔焊盘外边缘的间距，其中穿孔焊盘包括通孔和埋入孔（如埋孔）焊盘。
  ➢ SMD 焊盘外边缘到走出线第一个拐角的距离，这个设置可避免加工时 SMD 焊盘上的焊料所可能引起的急剧角度。
  ➢ 焊盘和走线的急剧角度，不管对于生产加工还是设计本身，这项检查都是很有必要的。
☑ 钻孔到钻孔：检查电路板上所有穿孔之间的间距。
☑ 线宽：检查走线的宽度是否符合设计规则中规定线宽的限制。
☑ 元件体到元件体：检查各元件的边框是否过近。

☑ 布局边框：在默认模式下第 20 层比较元器件边框之间的间距；若在增加层模式下，则在第 120 层比较元器件边框之间的间距。

☑ Latium 错误标记：标注当前设计中违背 Latium 规则的错误。Latium 规则包括以下几方面。
  - ➢ 元器件安全间距规则。
  - ➢ 元器件布线规则。
  - ➢ 差分对规则。
  - ➢ 焊盘上的过孔规则。

10.1.2　连接性验证

连接性的验证没有更多的设置，所以在“验证设计”对话框中的“设置”按钮成灰色无效状态。连接性除了检查网络的连通状况外，还会对设计中的通孔焊盘进行检查，验证其焊盘钻孔尺寸是否比焊盘本身尺寸更大。

连接性的验证很简单，在验证时将当前设计整体化显示，打开“验证设计”对话框，选中“连接性”单选按钮，再单击“开始”按钮，则 PADS Layout 系统开始执行验证，如果有错误，系统将会在设计中标示出来。

当发现设计中有未连接的网络时，可以选择“验证设计”对话框中“位置”下的每一个错误信息，则系统将会在“解释”下显示出该连接错误产生的元件脚位置，然后逐一排除。

10.1.3　高速设计验证

目前在 PCB 设计领域，伴随着设计频率的不断提高，高速电路的比重越来越大。设计高速电路的约束条件要比低速电路多得多，所以在设计的最后必须对这些高速 PCB 设计规则验证。

PADS Layout 对这些高频参数的验证称之为动态电性能检查（electro-dynamic checking，EDC）。

EDC 提供了在 PCB 设计过程中或者设计完成后对 PCB 板的设计进行电性特性的检验和仿真功能，验证当前设计是否满足该高速电路的要求，同时 EDC 还可以使用户不必进行 PCB 实际生产和元件的装配甚至电路的实际测量，只需通过仿真 PCB 电特性参数的方法进行 PCB 设计分析，从而为高速电路的 PCB 设计提供了依据，大大缩短了开发的周期和降低了产品的成本。

因为高速 PCB 的设计应该去避免信号串扰、回路和分支线过长的发生，即设计时可采用菊花链布线，当设计验证时，EDC 可自动判断信号网络是否采用了菊花链布线。

由 EDC 进行的高速验证对于所有超出约束条件的错误会在设计中标示出来，并产生相应的报告。EDC 的验证可以将其分为以下两类。

1. 线性参数检查

对于线性参数的检查，EDC 会根据在系统设置定义中的 PCB 板的参数（如 PCB 板的层数、每个层的铜皮厚度、各个板层间介质的厚度和介质的绝缘参数等）、走线和铺铜的宽度和长度以及空间距离等，并指定电源地层参数，自动对 PCB 设计中每一条网络和导线计算出其阻抗、长度、容抗和延时等数据。并对“设计规则”所定义的高速参数设置等进行检查。

2. 串扰分析检查

串扰是指在 PCB 板上存在着两条或者两条以上的导线，由于在走线时平行走线长度过长或者相互距离太近，信号网络存在分支太长或回路所引起的信号交叉干扰及混乱现象。

进行 EDC 验证时，在“验证设计”对话框（见图 10-1）中选中“高速”单选按钮，在进行验证

时很有必要对所需验证的对象进行设置，所以在选中“高速”单选按钮后再单击右侧的“设置”按钮，则系统弹出如图 10-3 所示的“动态电性能检查”对话框。

从图 10-3 中可知，在进行 EDC 设置时首先必须确定验证对象，单击“添加网络”或者“添加类”按钮将所需验证的信号网络或信号束增加到“任务列表”中。当所有所需的信号网络或信号束都增加到“动态电性能检查”对话框之后就可以在对话框下的以下 8 个验证选项中选择所需验证的选项。

- ☑ 检查电容。
- ☑ 检查阻抗。
- ☑ 检查平行。
- ☑ 检查纵向平行导线。
- ☑ 检查长度。
- ☑ 检查延时。
- ☑ 检查分支。
- ☑ 检查回路。

选择好验证项目之后还可以进一步地进行设置，单击“参数”按钮，则弹出如图 10-4 所示的“EDC 参数”对话框。

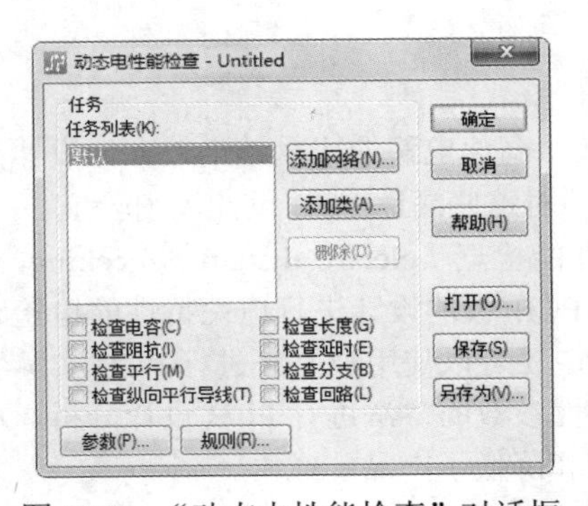

图 10-3 “动态电性能检查”对话框

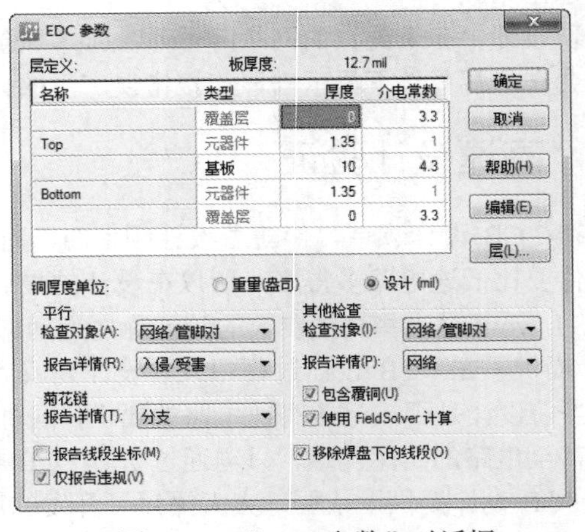

图 10-4 “EDC 参数”对话框

EDC 参数设置大概有 5 部分，分别如下。

（1）层定义：有关层定义这部分设置本书中已做介绍，请自行翻阅。

（2）平行：在这部分有两个设置，检查对象和报告详情。在“检查对象”中可以选择“网络/管脚对”，而产生“报告详情”可选择“入侵/受害”（信号干扰源网络/被干扰信号网络）。

（3）菊花链：在“报告详情”中所需产生报告的选项有“分支”“管脚对”“仅网络名”“线段”。

（4）其他检查：在这部分中可设置一个检查对象和产生报告的对象，其中可选择项包括“包含覆铜”和“使用 FieldSolver 计算”。

（5）在 EDC 参数设置窗口右下角有三个选择项可供选择使用，选择所需的选项即可。

设置完这些参数后单击“确定”按钮退出设置，在“动态电性能检查”对话框的“参数”按钮旁还有一个“规则”设置按钮，其设置内容本书已做介绍，请自行翻阅。

当所有的 EDC 参数都设置完成之后，单击“确定”按钮退出，然后在“验证设计”对话框中单击“开始”按钮，系统即开始高速验证。

10.1.4　平面层设计验证

在设计多层板（一般指四层以上）时，往往将电源、地等特殊网络放在一个专门的层上，在 PADS Layout 中称这个层为平面层。

进行平面层验证先打开自己的设计并将设计呈整体显示状态，选择菜单栏中的“工具”→“验证设计”命令进入“验证设计”对话框，如图 10-1 所示。选中“平面”单选按钮，再单击“设置”按钮可进行平面层验证设置。系统弹出如图 10-5 所示的对话框。

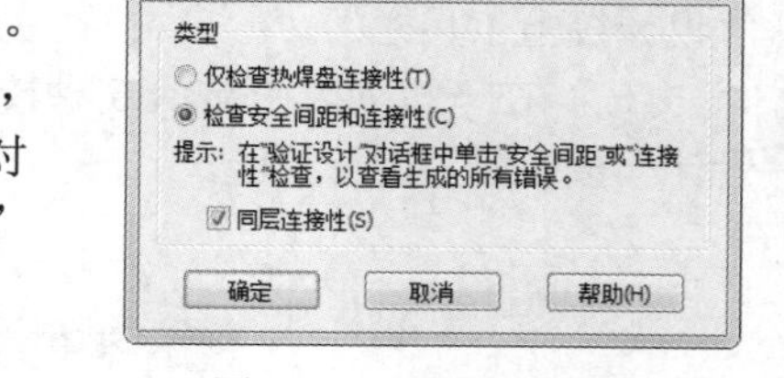

图 10-5　平面验证设置

在这个对话框中有两个选择项可供选择。

（1）仅检查热焊盘连接性。

（2）检查安全间距和连接性。

在这两个选项下面还有一个选项“同层连接性”可供选择使用。设置完成后单击“确定”按钮退出设置，然后单击“验证设计”对话框中的“开始”按钮即可开始平面层设计验证。

技巧： 在设计时如果将电源、地等网络设置在对应的平面层中，那么这些网络如果是通孔元件脚器件，则将会自动按层设置接入对应的层，如果对于 SMD 器件，则需要将鼠线从 SMD 焊盘引出一段走线后通过过孔连入对应的平面层。在执行“平面”验证时，主要验证是否所有分配到平面层的网络都接入了指定的层。

在 CAM 平面中一般指对应的元件脚和过孔是否在此层有花孔，在缓和平面层中主要验证热焊盘的属性和连通性。

10.1.5　测试点及其他设计验证

测试点设计验证主要用于检查整个设计的测试点，这些检查项包括测试探针的安全距离、测试点过孔和焊盘的最小尺寸和每一个网络所对应的测试点数目等。在“验证设计”对话框中选中“测试点”单选按钮后单击“开始”按钮即可开始检查验证。

其他设计验证包括制造检查设置、Latium 检查设置、打线检查设置，图 10-6～图 10-8 分别为这 3 项设计验证的设置对话框，用户可以对所需要的验证进行设置，之后单击“确定”按钮即可进行设计验证。

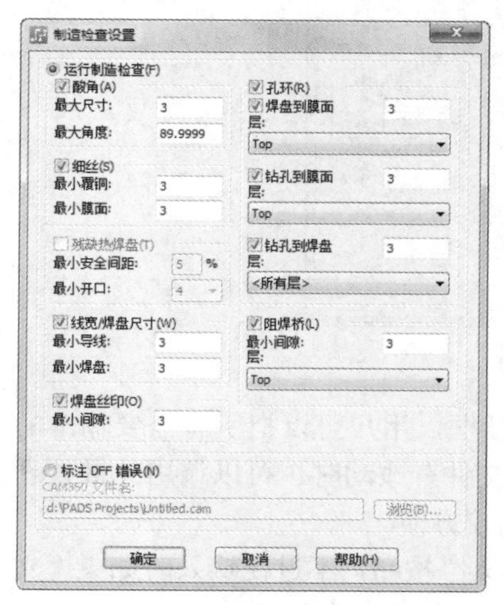

图 10-6　“制造检查设置”对话框

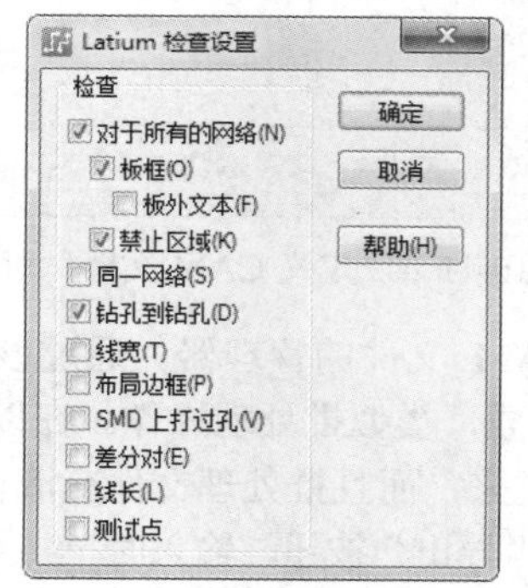

图 10-7　“Latium 检查设置”对话框

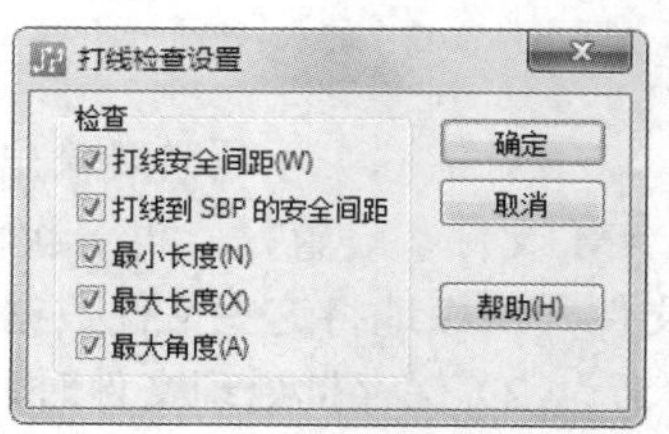

图 10-8　“打线检查设置”对话框

Note

10.1.6 布线编辑器设计验证

（1）打开 PADS Router，单击“标准工具栏”中的“设计验证”按钮，弹出如图 10-9 所示的“设计校验工具栏”。

（2）在下拉列表中显示 6 种校验方法，如图 10-10 所示，选中其中一种校验方法，单击“验证设计”按钮，进行校验。

图 10-9 设计校验工具栏

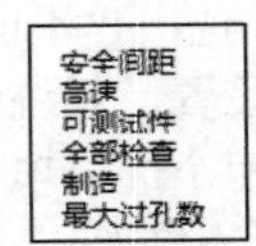

图 10-10 校验方法

10.2 CAM 输出

当完成了所有的设计并且经验证没有任何错误之后，将进行设计的最后一个过程，即输出菲林文件。

10.2.1 定义 CAM

CAM 是 computer-aided manufacturing 的缩写，即计算机辅助制造。PADS Layout 的 CAM 输出功能包括了打印和 Gerber 输出等，不管哪一种输出功能，其输出选择项都可进行设置共享，而且具有在线预览功能，能够使输出选择设置在线体现出来，真正做到可见可得，从而保证了输出的可靠性。

（1）选择菜单栏中的“文件”→CAM 命令，弹出“定义 CAM 文档”对话框，如图 10-11 所示。

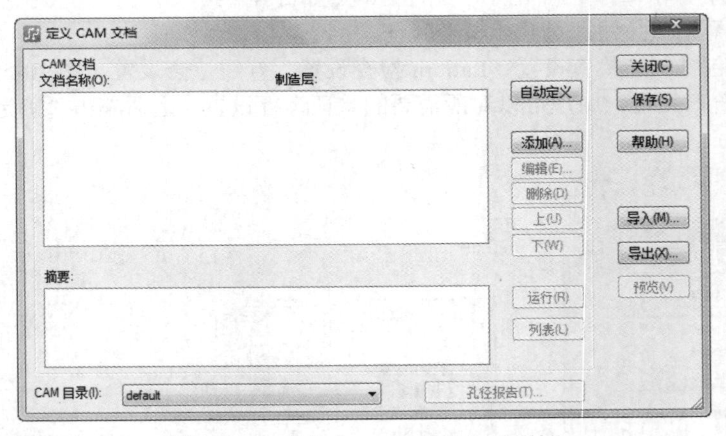

图 10-11 “定义 CAM 文档”对话框

该对话框实际是需要输出的 CAM 文件的管理器。通过该对话框，用户可以把所有需要输出的 CAM 文件都设置好，再一次输出完成，类似批处理操作。在以后文件有改动时，可以调用此批处理文件一次性地将这些文件数据更新过来，而且批处理文件交流也比较方便。

（2）保存批处理文件时，单击“导出”按钮，输入时单击“导入”按钮，不过在输入时如果“文档名称”下有重复的文件名时，系统会提示是否要覆盖，所以在应用时要注意。

（3）在“CAM 目录”下拉列表框中显示的是 default，这个 default 是一个目录名而不是一个文件名。打开安装 PADS Layout 的目录，在里面可以找到一个 CAM 子目录，子目录下就有 default 这个目录了。

注意： default 是系统自带的默认目录。它的作用是如果在输出 Gerber 文件或其他 CAM 输出文件时，这些文件都会保存在这个目录下。但在实际中往往希望不同的设计的 CAM 输出文件放在不同目录下。

（4）单击“CAM 目录”下拉窗口按钮，选择“创建”选项，系统会弹出一个窗口，如图 10-12 所示。

（5）输入一个新的目录名，单击“确定”按钮，关闭对话框，这个新的子目录名就建立完成，它是当前 CAM 输出文件的保存目录，当前所有的 CAM 输出文件都将保存在这个目录下。

（6）单击“孔径报告”按钮，将所有输出 Gerber 文件的光码文件合成为一个光码表文件。

（7）单击“添加”按钮，进入“添加文档”（也就是 Gerber 文件输出）对话框，如图 10-13 所示。

图 10-12　输入新的目录名

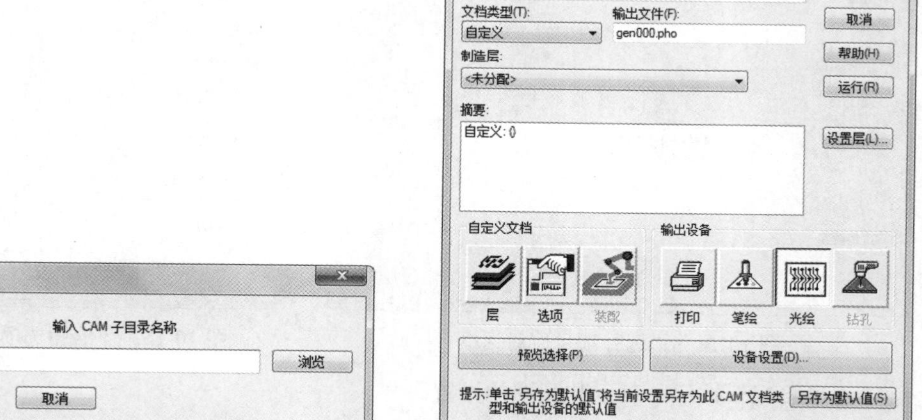

图 10-13　“添加文档”对话框

10.2.2　Gerber 文件输出

系统将所有的 CAM 输出都集中在“添加文档”对话框中，下面简要说明各选项的含义。

（1）文档名称：该文本框用于输入 CAM 输出的名称。

（2）文档类型：表示 CAM 输出的类型，其下拉列表中共有 10 个选项。

☑ 自定义：表示用户定义 CAM 输出类型。

☑ CAM 平面：表示输出平面层的 Gerber 文件。

☑ 布线/分割平面：表示输出走线的 Gerber 文件。

☑ 丝印：表示输出丝印层的 Gerber 文件。

☑ 助焊层：表示输出 SMD 元件的 Gerber 文件。

☑ 阻焊层：表示输出主焊层的 Gerber 文件。

☑ 装配：表示输出装配的 Gerber 文件。

☑ 钻孔图：表示输出钻孔参考图文件。

Note

☑ 数控钻孔：表示输出钻孔文件。

☑ 验证照片：表示检查输出的 Gerber 文件。

（3）输出文件：该文本框用于输入 CAM 输出的文件名。

（4）制造层：用于选择 CAM 输出用哪一种装配方法。

（5）摘要：用户设定的 CAM 输出的简要说明。

（6）自定义文档。

☑ “层”按钮：用于选择 CAM 输出是针对电路板上的哪几层进行的。单击该按钮，弹出如图 10-14 所示的对话框。

☑ “选项”按钮：用于对 CAM 输出进行设置。单击该按钮，弹出如图 10-15 所示的对话框。

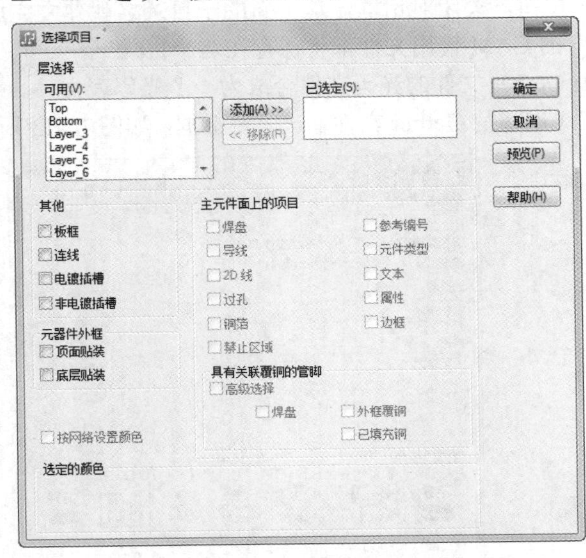

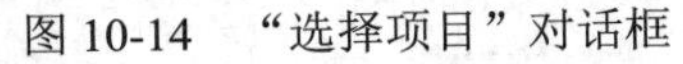
图 10-14 “选择项目”对话框

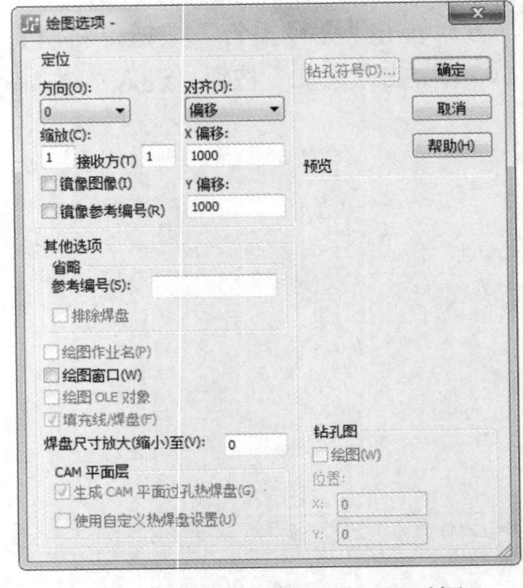

图 10-15 “绘图选项”对话框

☑ “装配”按钮：表示装配图的设置。

（7）输出设备。

☑ “打印”按钮：表示 CAM 输出是打印图纸。

☑ “笔绘”按钮：表示 CAM 输出是绘图仪绘制的图纸。

☑ “光绘”按钮：表示 CAM 输出是光绘图。

☑ “钻孔”按钮：表示 CAM 输出是钻孔设备对电路板的钻孔。

10.3 打印输出

将 Gerber 文件设置完成后，用户可以直接将其用打印机打印出来，在“添加文档”对话框的“输出设备”选项组中单击“打印”按钮，表示用打印机输出设定好的 Gerber 文件。单击“预览选择”按钮，系统则显示打印预览图。单击“设备设置”按钮，则弹出“打印设置”对话框，如图 10-16 所示，用户可以按实际情况完成打印机设置。

单击“打印设置”对话框中的“确定”按钮，关闭该对话框，再单击“添加文档”对话框中的“运行”按钮，系统立刻开始打印。

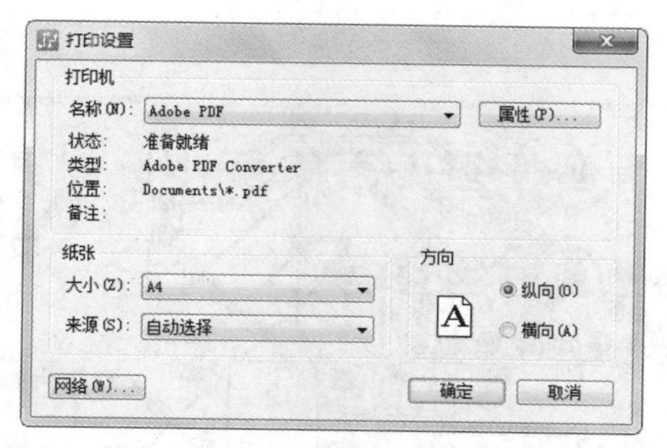

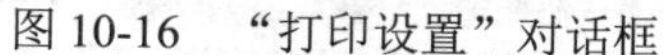

图 10-16　“打印设置”对话框

10.4　绘图输出

绘图输出与打印输出一样，不同的是在“添加文档”对话框的“输出设备”选项组中单击“笔绘”按钮，选择用绘图仪输出设定好的 Gerber 文件。

（1）选择绘图输出后，单击“设备设置”按钮，则弹出“笔绘图机设置”对话框，如图 10-17 所示，从中可以选择绘图仪的型号、绘图颜色、绘图大小等参数。

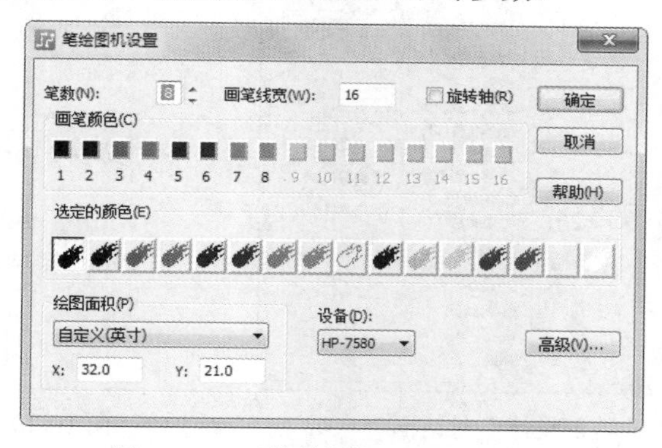

图 10-17　“笔绘图机设置”对话框

（2）完成绘图仪设置后，单击如图 10-17 所示对话框中的“确定”按钮将其关闭，再单击“添加文档”对话框中的“运行”按钮，系统立刻开始绘图输出。

10.5　操作实例——输出看门狗电路的 CAM 报告

利用如图 10-18 所示的看门狗电路 PCB 图，生成 CAM 报告。CAM 输出时电路板文件的最后操作，输出报告的作用是给用户提供有关电路板的完整信息。通过电路板信息报告，了解电路板尺寸、电路板上的焊点、过孔的数量及电路板上的元件标号，通过网络状态可以了解电路板中每一条导线的长度。

1．打开 PCB 文件

打开 PADS Layout，单击“标准工具栏”中的“打开”按钮，打开需要验证的文件 Guard

Dog_routed.Pcb。

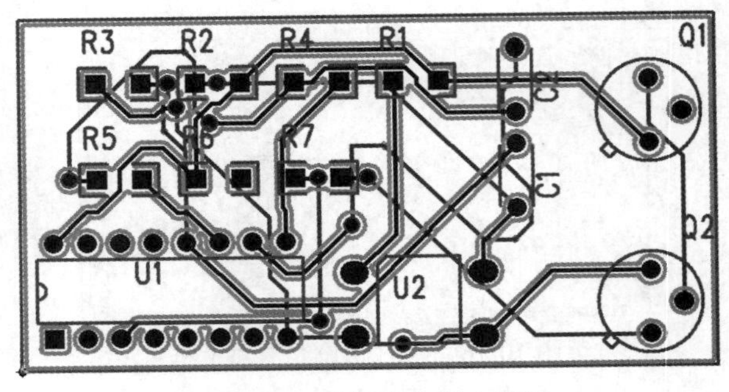

图 10-18　看门狗电路电路板

2. 设计验证

（1）选择菜单栏中的“工具”→“验证设计”命令，弹出“验证设计”对话框，如图 10-19 所示。

（2）选中“安全间距”单选按钮，单击“开始”按钮，对当前 PCB 文件进行安全间距检查，弹出如图 10-20 所示的对话框，显示无错误，单击“确定”按钮，退出对话框，完成安全间距检查。

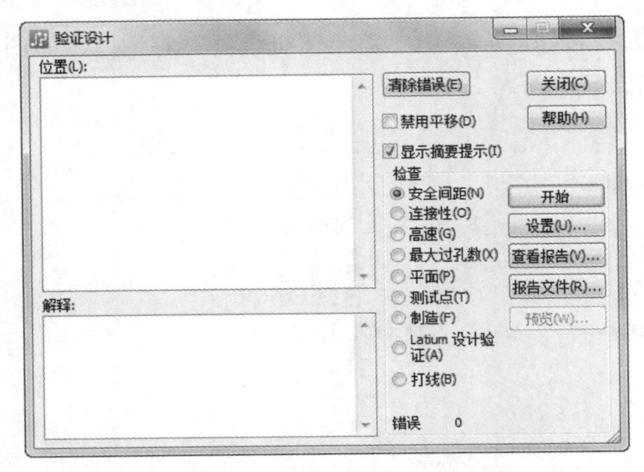

图 10-19　“验证设计”对话框

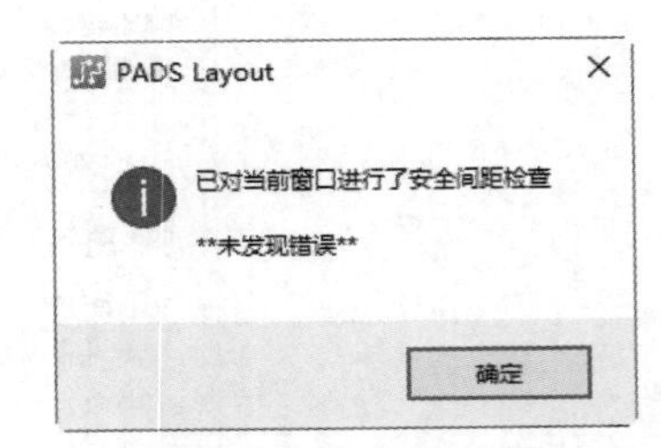

图 10-20　显示检查结果（1）

（3）选中“连接性”单选按钮，单击“开始”按钮，对当前 PCB 文件进行连接性检查，弹出如图 10-21 所示的提示对话框，显示无错误，单击“确定”按钮，退出提示对话框，完成安全性检查。

（4）选中“最大过孔数”单选按钮，单击“开始”按钮，对当前 PCB 文件进行最大过孔数检查，弹出如图 10-21 所示的提示对话框，显示无错误，单击“确定”按钮，退出提示对话框，完成最大过孔数检查。单击“关闭”按钮，关闭“验证设计”对话框。

3. CAM 输出

电路图的设计完成后，我们可以将设计好的文件直接交给电路板生产厂商制板。一般的制板商可以将 PCB 文件生成 Gerber 文件拿去制板。将 Gerber 文件设置完成后，用户可以直接将其用打印机打印出来。

将 PCB 全部内容设置在“丝印层”中。

（1）选择菜单栏中的“文件”→CAM 命令，打开“定义 CAM 文档”对话框，进入 CAM 输出窗口后，如图 10-22 所示。

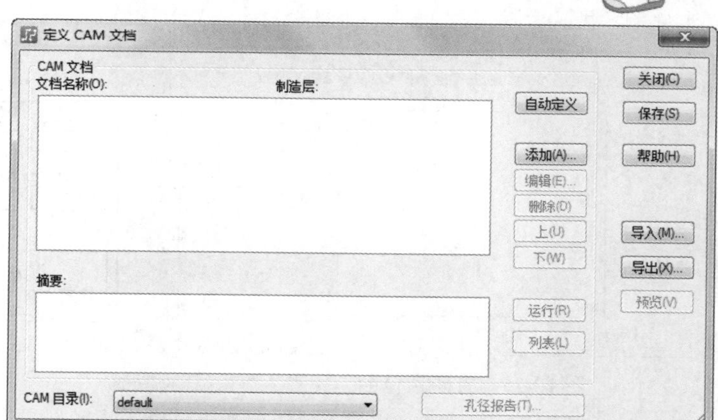

图 10-21　显示检查结果（2）

图 10-22　“定义 CAM 文档”对话框

（2）单击“添加”按钮，弹出“添加文档”对话框，在“文档名称”文本框中输入“Guard Dog”，作为输出文件名称。

（3）在“文档类型”下拉列表框中选择“丝印”，弹出“层关联性”对话框，选择 Top，如图 10-23 所示。

（4）单击“确定”按钮，完成设置，在“摘要”文本框中显示 PCB 层信息，如图 10-24 所示。

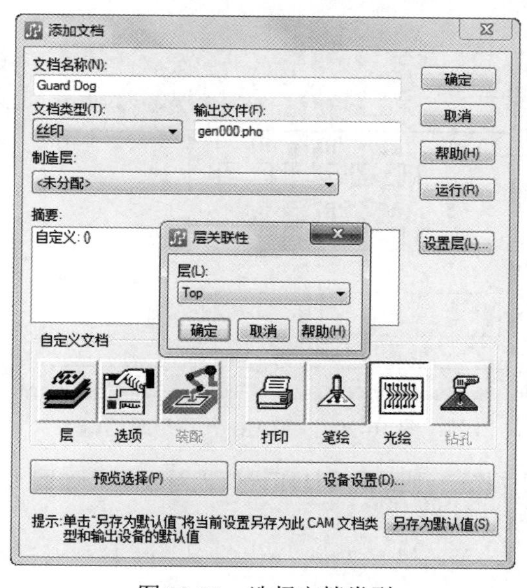

图 10-23　选择文档类型

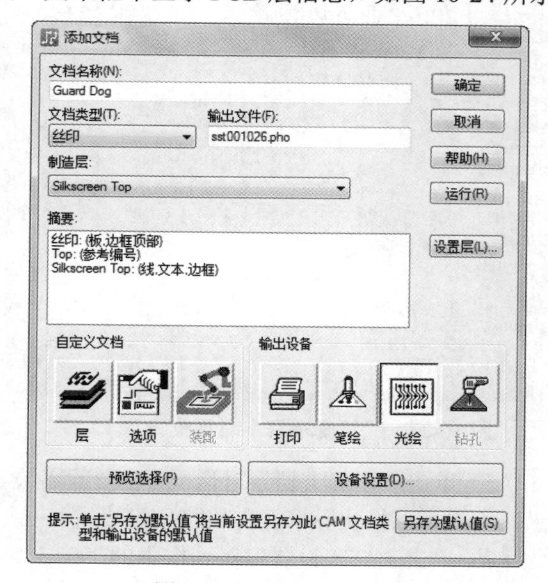

图 10-24　显示 PCB 信息

4. 打印输出

（1）单击“输出设备”选项组下的“打印”按钮，表示用打印机输出设定好的 Gerber 文件。

（2）单击“添加文档”对话框中的“预览选择”按钮，系统则全局显示打印预览图，如图 10-25 所示。

（3）单击“CAM 预览”对话框中的“板”按钮，显示电路板上元器件，如图 10-26 所示。单击“关闭”按钮，关闭对话框。

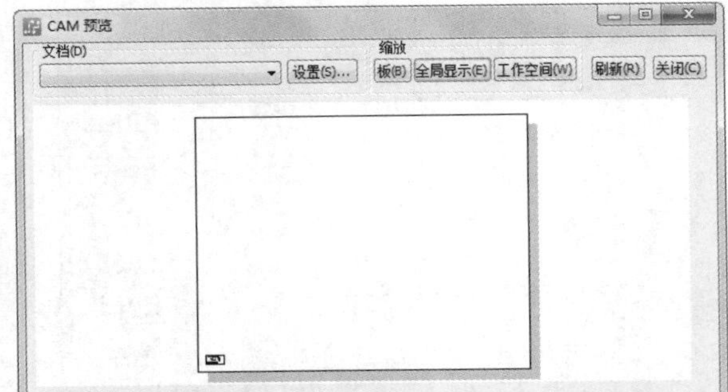

图 10-25　打印预览图

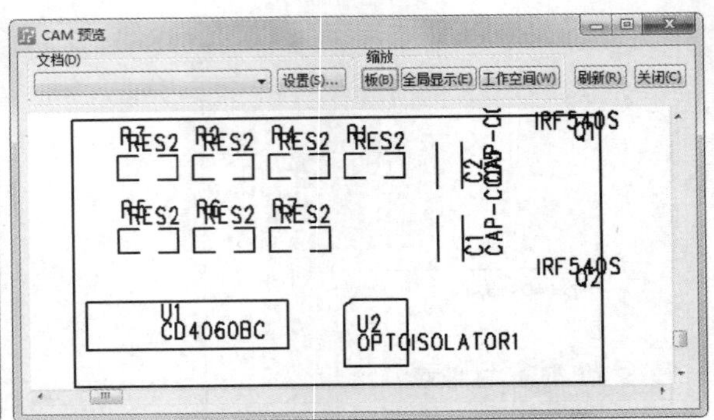

图 10-26　显示板信息

（4）单击“层”按钮，弹出“选择项目”对话框，在“已选定”选项组下选择 Top，取消选中“元件类型”复选框，如图 10-27 所示。

（5）单击“确定”按钮，关闭该对话框，单击“添加文档”对话框中的“预览选择”按钮，系统则全局显示打印预览图，如图 10-28 所示。

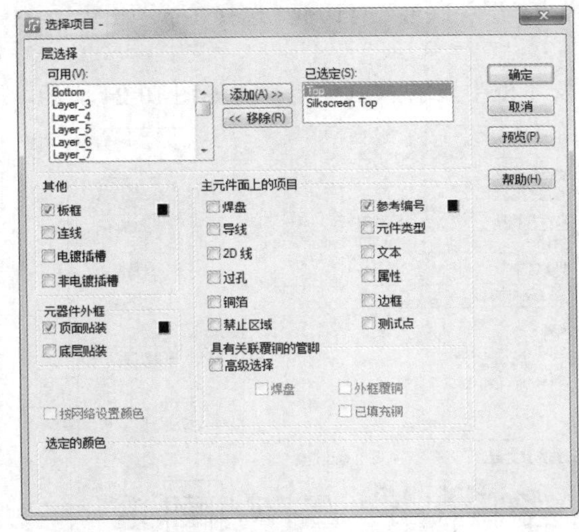

图 10-27　“选择项目”对话框设置

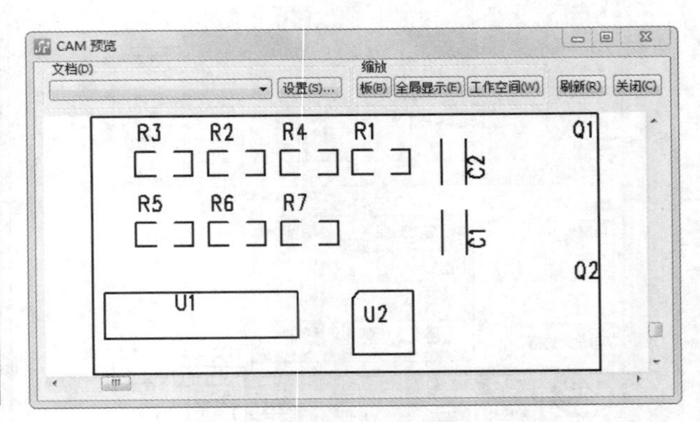

图 10-28　“CAM 预览”对话框

（6）单击“添加文档”对话框中的“设备设置”按钮，则弹出“打印设置”对话框，如图 10-29 所示，用户可以按实际情况完成打印机设置。

（7）单击“打印设置”对话框中的“确定”按钮，关闭该对话框，单击“添加文档”对话框中的“运行”按钮，系统立刻开始打印。

5. 笔绘输出

（1）不同的是在“添加文档”对话框的“输出设备”选项组下单击“笔绘”按钮，选择用绘图仪输出设定好的 Gerber 文件。

（2）选择绘图输出后，单击“添加文档”对话框中的“设备设置”按钮，则弹出“笔绘图机设置”对话框，如图 10-30 所示，从中可以选择绘图仪的型号、绘图颜色、绘图大小等参数。

（3）完成绘图仪设置后，单击对话框中的“确定”按钮将其关闭，单击“添加文档”对话框中的“运行”按钮，弹出提示确认输出对话框，如图 10-31 所示。单击“是”按钮，系统立刻开始绘图输出。

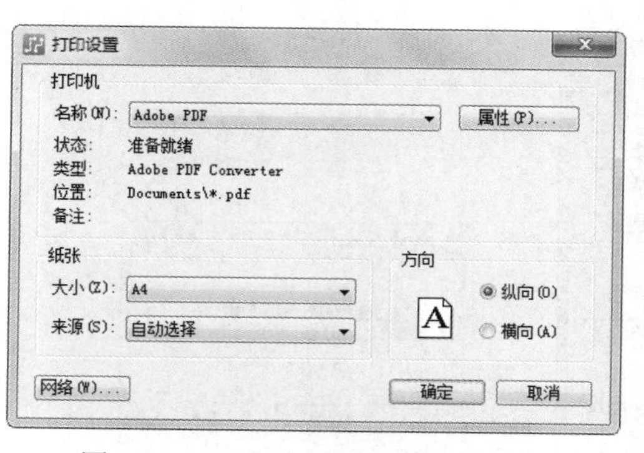

图 10-29 “打印设置”对话框设置

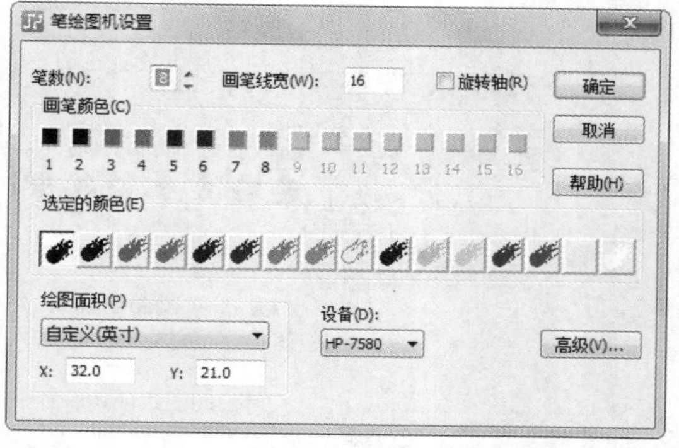

图 10-30 “笔绘图机设置”对话框设置

（4）完成输出后，单击“确定”按钮，返回“定义 CAM 文档”对话框，在“文档名称”选项组下显示文档文件，如图 10-32 所示。在报告文件目录下选择“创建”命令，弹出“CAM 问题”对话框，选择文件路径，如图 10-33 所示。

图 10-31 提示对话框

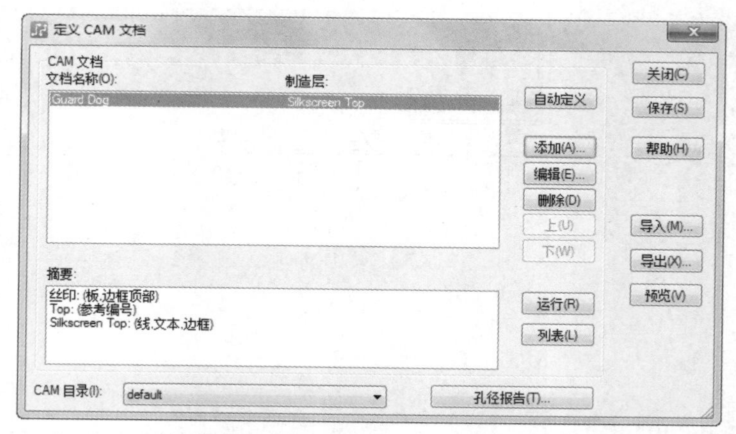

图 10-32 “定义 CAM 文档”对话框设置

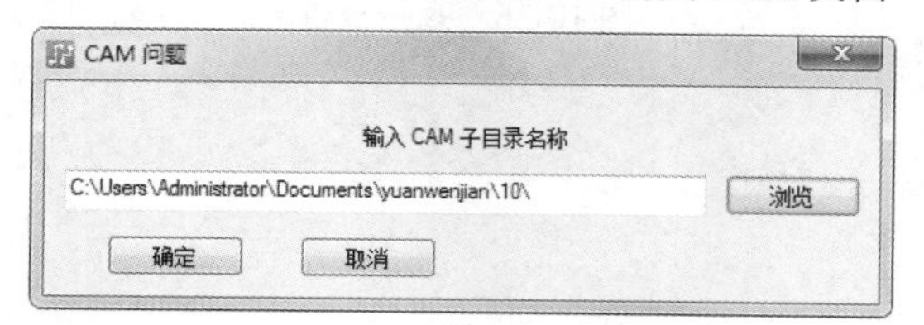

图 10-33 “CAM 问题”对话框

单击“确定”按钮，关闭“CAM 问题”对话框。

6. 光绘输出

（1）在“定义 CAM 文档”对话框中单击“编辑”按钮，打开“编辑文档”对话框，在“输出设备”选项组下单击“光绘”按钮，选择用绘图仪输出设定好的 Gerber 文件。

（2）单击“添加文档”对话框中的“设备设置”按钮，则弹出“光绘图机设置”对话框，如图 10-34 所示，从中可以选择光绘图机的参数。

（3）单击“光绘图机设置”对话框中的“确定”按钮，关闭该对话框，单击“编辑文档”对话框中的“运行”按钮，弹出提示确认输出对话框，如图 10-35 所示。单击“是”按钮，系统立刻开始

Note

绘图输出。

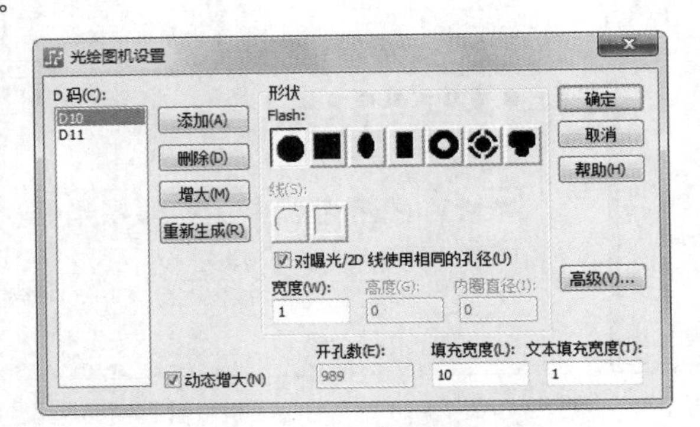

图 10-34 “光绘图机设置”对话框

图 10-35 提示确认输出对话框

（4）完成输出后，单击“确定”按钮，返回“定义 CAM 文档”对话框，单击“孔径报告”按钮，选择文件路径，打开如图 10-36 所示的孔径报告。

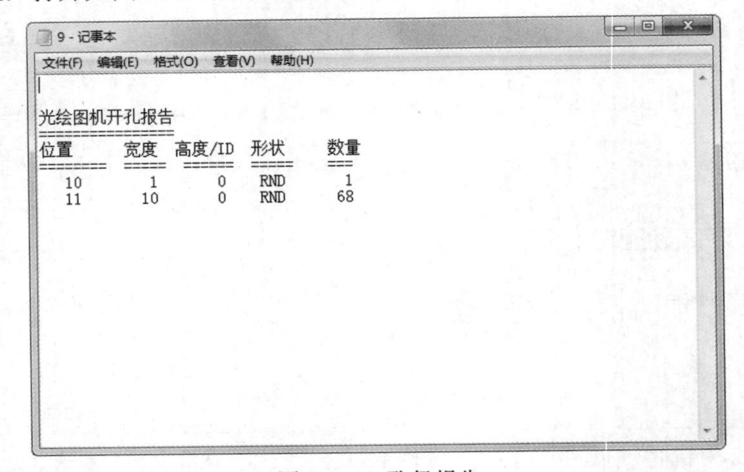

图 10-36 孔径报告

封装库设计

本章主要介绍PCB封装的创建，封装是设计不可缺少的一部分，由于系统自带的封装不能满足电路设计的要求，因此制作封装成了唯一的解决方法。

学习重点

- ☑ 封装概述
- ☑ 建立元件类型
- ☑ 使用向导制作封装
- ☑ 手工建立PCB封装
- ☑ 保存PCB封装
- ☑ 操作实例

任务驱动&项目案例

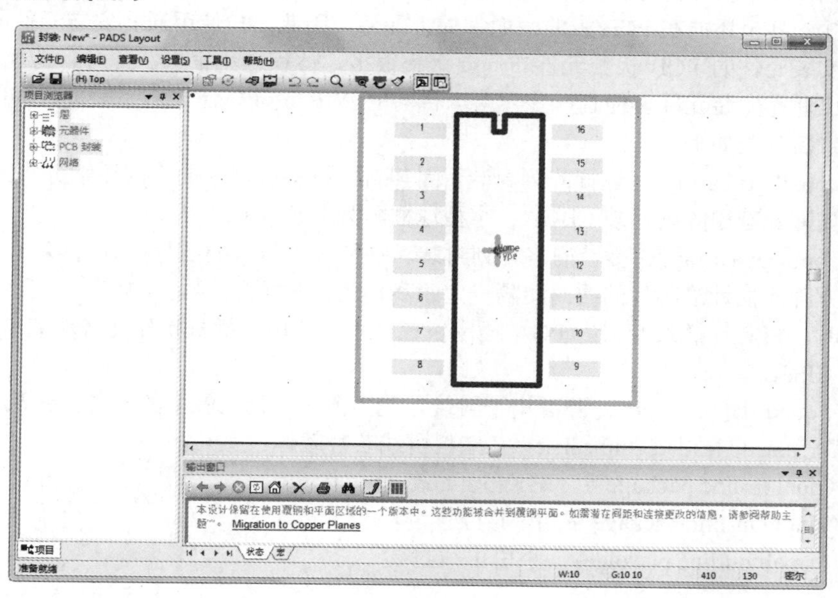

11.1 封 装 概 述

电子元件种类繁多，其封装形式也是多种多样。所谓封装是指安装半导体集成电路芯片用的外壳，它不仅起着安放、固定、密封、保护芯片和增强导热性能的作用，还是沟通芯片内部世界与外部电路的桥梁。

芯片的封装在 PCB 板上通常表现为一组焊盘、丝印层上的边框及芯片的说明文字。焊盘是封装中最重要的组成部分，用于连接芯片的管脚，并通过印制板上的导线连接到印制板上的其他焊盘，进一步连接焊盘所对应的芯片管脚，实现电路功能。在封装中，每个焊盘都有唯一的标号，以区别封装中的其他焊盘。丝印层上的边框和说明文字主要起指示作用，指明焊盘组所对应的芯片，方便印制板的焊接。焊盘的形状和排列是封装的关键组成部分，确保焊盘的形状和排列正确才能正确地建立一个封装。对于安装有特殊要求的封装，边框也需要绝对正确。

PADS 提供了强大的封装绘制功能，能够绘制各种各样的新型封装。考虑到芯片管脚的排列通常是有规则的，多种芯片可能有同一种封装形式，PADS 提供了封装库管理功能，绘制好的封装可以方便地保存和引用。

11.1.1 常用元件封装介绍

总体上讲，根据元件所采用安装技术的不同，可分为通孔安装技术（through hole technology，THT）和表面安装技术（surface mounted technology，SMT）。

使用通孔安装技术安装元件时，元件安置在电路板的一面，元件管脚穿过 PCB 板焊接在另一面上。通孔安装元件需要占用较大的空间，并且要为所有管脚在电路板上钻孔，所以它们的管脚会占用两面的空间，而且焊点也比较大。但从另一方面来说，通孔安装元件与 PCB 连接较好，机械性能好。例如，排线的插座、接口板插槽等类似接口都需要一定的耐压能力，因此通常采用 THT 安装技术。

表面安装元件，管脚焊盘与元件在电路板的同一面。表面安装元件一般比通孔元件体积小，而且不必为焊盘钻孔，甚至还能在 PCB 板的两面都焊上元件。因此，与使用通孔安装元件的 PCB 板比起来，使用表面安装元件的 PCB 板上元件布局要密集很多，体积也小很多。此外，应用表面安装技术的封装元件也比通孔安装元件要便宜一些，所以目前的 PCB 设计广泛采用了表面安装元件。

常用元件封装分类如下。

☑ BGA（ball grid array）：球栅阵列封装。因其封装材料和尺寸的不同还细分成不同的 BGA 封装，如陶瓷球栅阵列封装 CBGA、小型球栅阵列封装 μBGA 等。

☑ PGA（pin grid array）：插针栅格阵列封装。这种技术封装的芯片内外有多个方阵形的插针，每个方阵形插针沿芯片的四周间隔一定距离排列，根据管脚数目的多少，可以围成 2～5 圈。安装时，将芯片插入专门的 PGA 插座。该技术一般用于插拔操作比较频繁的场合，如计算机的 CPU。

☑ QFP（quad flat package）：四面扁平封装，是当前芯片使用较多的一种封装形式。

☑ PLCC（plastic leaded chip carrier）：塑料引线芯片载体。

☑ DIP（dual in-line package）：双列直插封装。

☑ SIP（single in-line package）：单列直插封装。

☑ SOP（small outline package）：小引出线封装。

- ☑ SOJ（small out-line J-leaded package）：J 形管脚小引出线封装。
- ☑ CSP（chip scale package）：芯片级封装，这是一种较新的封装形式，常用于内存条。在 CSP 方式中，芯片是通过一个个锡球焊接在 PCB 板上，由于焊点和 PCB 板的接触面积较大，因此内存芯片在运行中所产生的热量可以很容易地传导到 PCB 板上并散发出去。另外，CSP 封装芯片采用中心管脚形式，有效地缩短了信号的传输距离，其衰减随之减少，芯片的抗干扰、抗噪性能也能得到大幅提升。
- ☑ Flip-Chip：倒装焊芯片，也称为覆晶式组装技术，是一种将 IC 与基板相互连接的先进封装技术。在封装过程中，IC 会被翻转过来，让 IC 上面的焊点与基板的接合点相互连接。由于成本与制造因素，因此使用 Flip-Chip 接合的产品通常根据 I/O 数多少分为两种形式，即低 I/O 数的 FCOB（flip chip on board）封装和高 I/O 数的 FCIP（flip chip in package）封装。Flip-Chip 技术应用的基板包括陶瓷、硅芯片、高分子基层板及玻璃等，其应用范围包括计算机、PCMCIA 卡、军事设备、个人通信产品、钟表及液晶显示器等。
- ☑ COB（chip on board）：板上芯片封装，即芯片被绑定在 PCB 板上。这是一种现在比较流行的生产方式。COB 模块的生产成本比 SMT 低，还可以减小封装体积。

Note

11.1.2　理解元件类型、PCB 封装和逻辑封装间的关系

不管是在建一个新的元件还是对一个旧的元件进行编辑，都必须要清楚地知道在 PADS 中，一个完整的元件到底包含了哪些内容以及它们是怎样表现一个完整的元件的。

不管是在绘制一张原理图还是设计一块 PCB 板，都必须要用到一个用来表现一个元件的具体图形，借此该元件的图形就会清楚地知道各个元件之间的电性连接关系，我们把元件在 PCB 板上的图形称为 PCB 封装，而把原理图上的元件图形称为逻辑封装（CAE），但“元件”又是什么呢?

在 PADS Logic 中，一个元件类型（也就是一个类）中可以最多包含 4 种不同的 CAE 封装和 16 种不同的 PCB 封装。

PCB 封装是一个实际零件在 PCB 板上的脚印图形，有关这个脚印图形的相关资料都存放在库文件 XXX.pd9 中，它包含各个管脚之间的间距及每个脚在 PCB 板各层的参数“焊盘栈”、元件外框图形、元件的基准点“原点”等信息。所有的 PCB 封装只能在 PADS Layout 的“PCB 封装编辑器”中建立。

11.1.3　PCB 封装编辑器

在 PADS Layout 中，选择菜单栏中的“工具”→“PCB 封装编辑器”命令，打开“PCB 封装编辑器”，进入元件封装编辑环境，如图 11-1 所示。

元件封装编辑环境中有一个 Type 字元标号、Name 字元标号及一个 PCB 封装原点标记。

Type 和 Name 字元标号的存放位置将会影响到当增加某个 PCB 封装到设计中的序号出现的位置，这时这个 PCB 封装的序号（如 U1、R1）出现的位置就是在建这个 PCB 封装时，Name 字元标号所放在的位置。

PCB 封装原点标记的位置将用于当对这个 PCB 封装移动、旋转及其他的一些有关的操作时，鼠标的十字光标被锁定在这个 PCB 封装元件的位置。

建立一个新的 PCB 封装时有两种选择，一些标准元件或接近标准元件的封装使用“PCB 封装编辑器”可以非常轻松愉快地完成 PCB 封装的建立，对于不规则非标准封装就只能采用一般的建立方法。

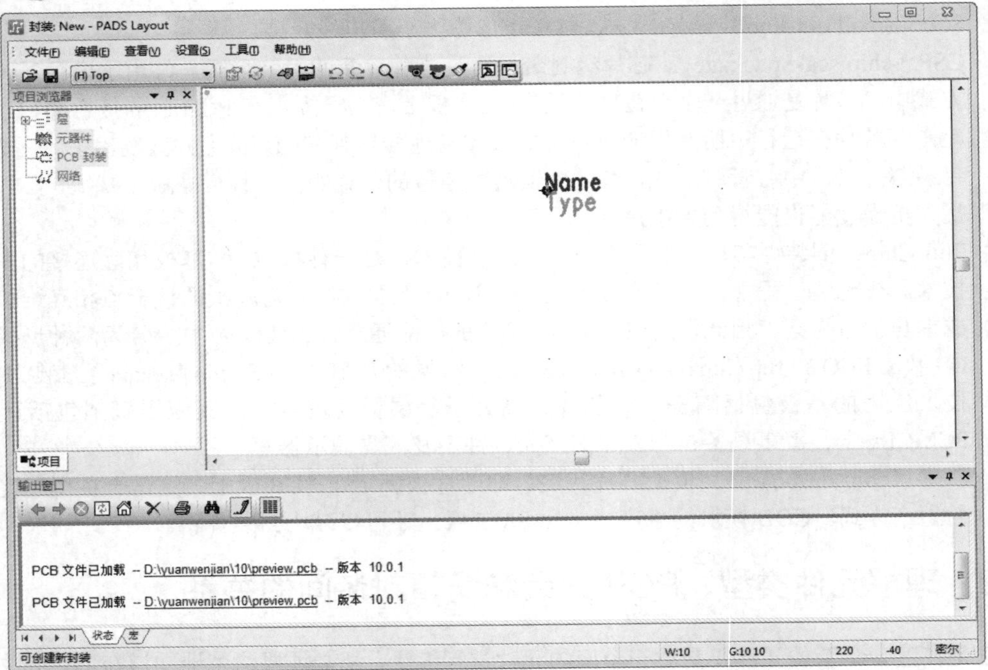

图 11-1　元件封装编辑环境

单击“标准工具栏”中的“绘图工具栏”按钮，打开如图 11-2 所示的“封装编辑器绘图工具栏”，该工具栏包括封装元件的绘制按钮。

图 11-2　封装编辑器绘图工具栏

11.2　建立元件类型

当封装建立完成保存之后，如果不建立相应的元件类型，则无法对该封装进行调用。在 PADS 系统中允许一个元件类型可同时包含 4 个 CAE 封装和 16 种不同的 PCB 封装，这是因为一种型号的元件经常会由于不同的需要而存在不同的封装。

在 PADS Logic 或 PADS Layout 中任何一方均可建立元件类型，因为元件类型是包含逻辑封装和 PCB 封装，用户可以是选择在建立了逻辑封装后还是建立了 PCB 封装后来建立相应的元件类型。如果选择在建立逻辑封装后建立元件类型，那么当在 PADS Layout 中将此元件类型的 PCB 封装建立完成之后，通过元件库管理器来编辑在 PADS Logic 中建立的元件类型，编辑时将建好的 PCB 封装分配到该元件类型中即可，反之亦然。但是由于毕竟是在两个不同的环境中，因此在建立时还是有小小的区别，我们将在 PADS Layout 中建立封装之后如何建立完整的元件类型做一个介绍。

在 PADS Layout 中建立了 PCB 封装之后，建立其相应的元件类型的基本步骤如下。

（1）在“文件”菜单中选择“库”命令，打开“库管理器”对话框，如图 11-3 所示。

（2）在“库管理器”对话框中单击“元件”按钮，然后单击“新建”按钮，则进入“元件的

元件信息”对话框，如图 11-4 所示。

图 11-3　“库管理器”对话框

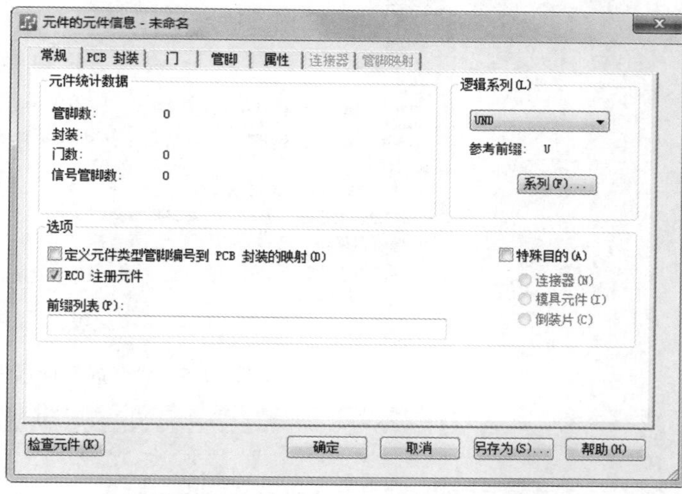

图 11-4　“元件的元件信息”对话框

（3）选择“元件的元件信息”对话框中的“常规”选项卡，进行总体设置。

（4）选择“元件的元件信息”对话框中的“PCB 封装”选项卡，在其中指定对应的 PCB 封装。

（5）选择“元件的元件信息”对话框中的“门”选项卡，为新元件类型指定 CAE 封装。

（6）在为元件类型分配完 PCB 封装和 CAE 封装后，在“管脚”选项卡中进行元件信号管脚分配。

（7）在“属性”选项卡中为元件类型设置属性。在设计中，一些元件的 CAE 封装或 PCB 封装的管脚是用字母来表示的。

（8）在“管脚映射”选项卡中进行设置，将字母和数字对应起来。

11.3　使用向导制作封装

利用向导建立元件封装只需按每一个表格的提示输入相应的数据，而且每一个数据产生的结果在窗口右边的阅览框中都可以实时看到变化，这对于设计者来讲完全是一种可见可得的设计方法。由于这种建立方式就好像填表一样简单，因此也称其为填表式。

11.3.1　设置向导选项

（1）单击“封装编辑器绘图工具栏”中的“向导选项”按钮，弹出“封装向导选项”对话框。在“全局”选项卡中可设置“丝印边框”“装配边框”“布局边框”“阻焊层”“组合屏蔽”“助焊层”等常规参数，如图 11-5 所示。

（2）切换至“封装元件类型”选项卡，如图 11-6 所示，在“封装元件类型”下拉列表框下显示需要设置的选项，如图 11-7 所示。选择不同选项，设置对应的环境参数。单击“此类型的默认值”按钮，将该类型的参数值设置为默认。

Note

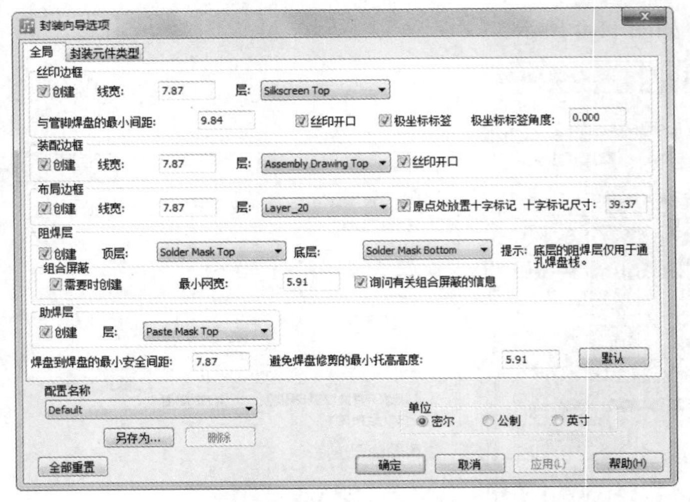

图 11-5 “全局”选项卡

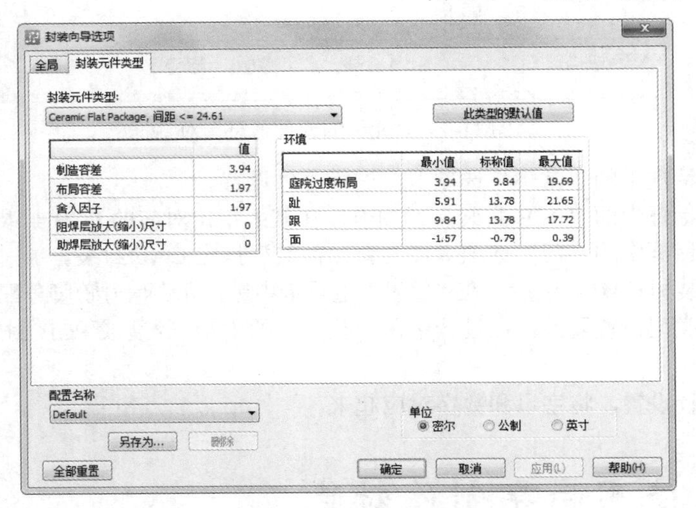

图 11-6 “封装元件类型”选项卡

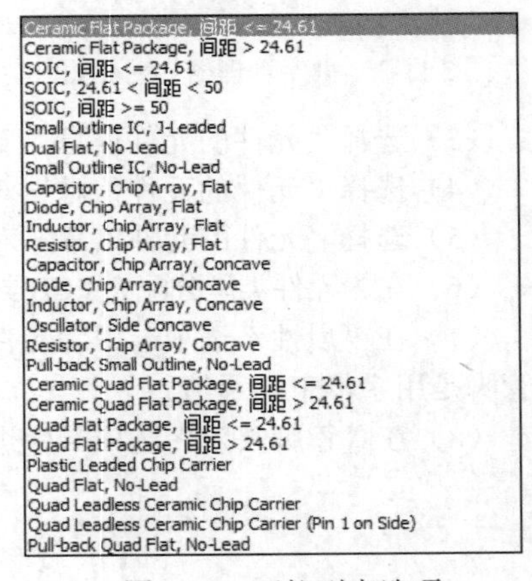

图 11-7 下拉列表选项

11.3.2 向导编辑器

单击“封装编辑器绘图工具栏”中的“向导”按钮，打开 PCB 封装编辑器，利用向导设置封装。

该编辑器有 4 个选项卡，可以轻松地建立 DIP、SOIC、QUAD、Polar、SMD、BGA、PGA 7 种标准的 PCB 封装。

1. “双”选项卡（见图 11-8）

该选项卡中的“设备类型”包括“通孔”“SMD”，可设置 DIP 和 SMD 两种封装。在“设备类型”选项组下选中“通孔”单选按钮，即可进行 DIP 参数设置，如图 11-9 所示。DIP 类的主要特点是双列直插，直插的分立元件，如阻容元件，便属于此类。

（1）下面介绍“通孔”设备类型下的参数设置。

❶ “封装”选项组。

☑ 设备类型：有“通孔”和 SMD 两种不同的类型。

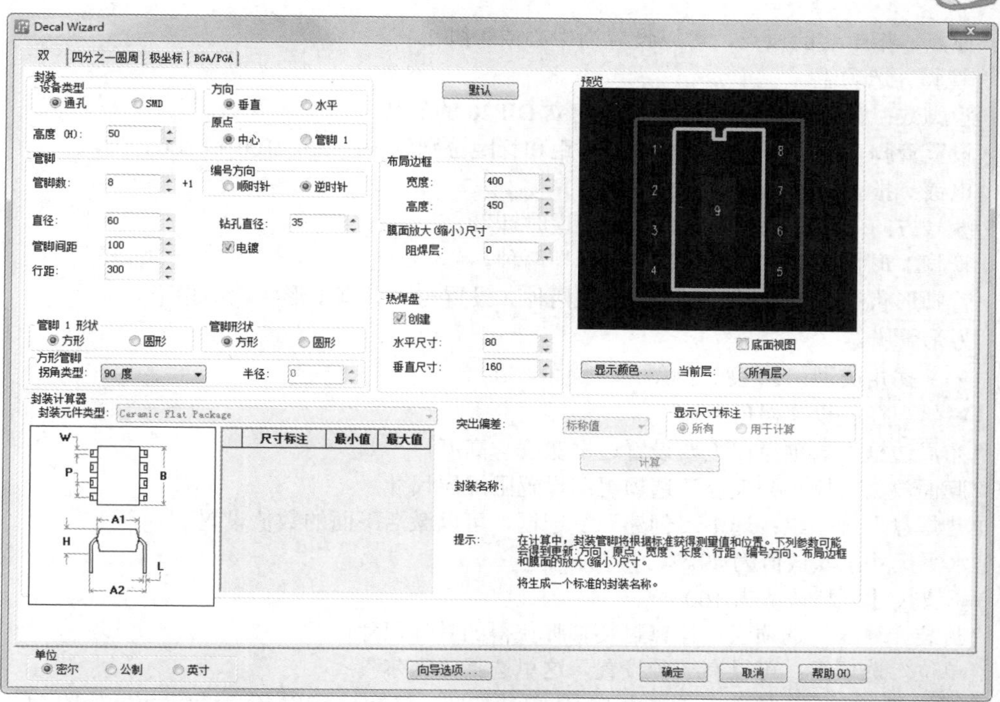

图 11-8　“双”选项卡

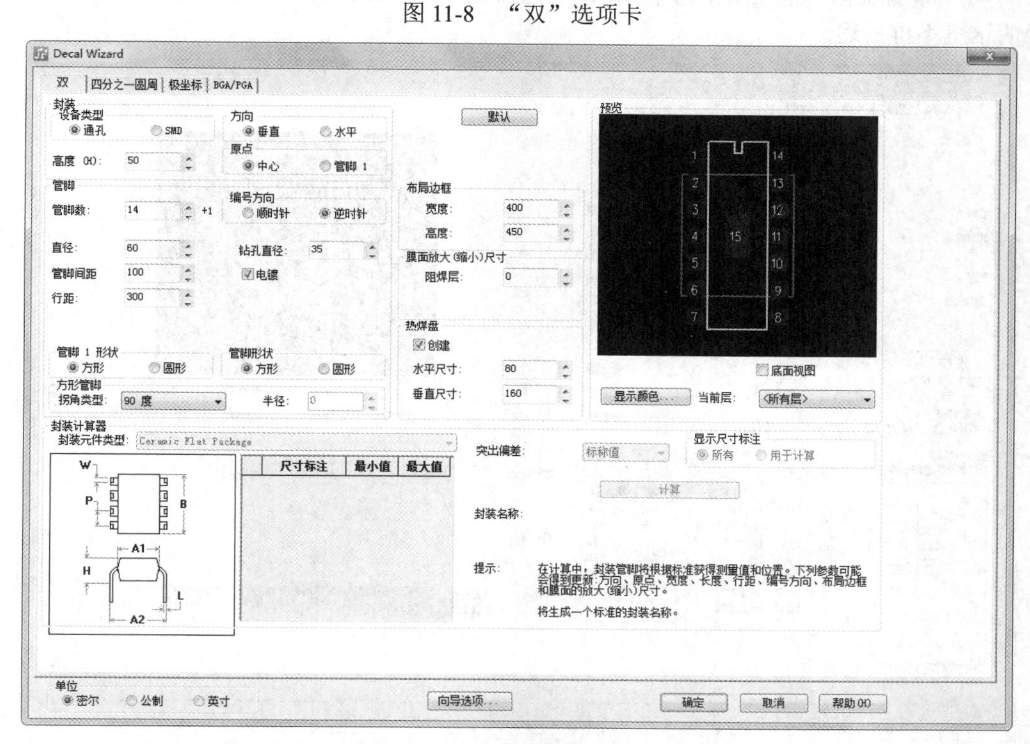

图 11-9　DIP 封装参数

☑　方向：封装走向为“垂直”或“水平”，这个选项可以任意设置。

☑　高度：封装高度默认值为 50。

☑ 原点：指封装的原点，可以设置为中心或管脚 1。

❷“管脚”选项组。

☑ 管脚数：管脚个数设置为 14，以建立 DIP20 的封装。

☑ 设置管脚直径、钻孔直径、管脚间距和行距分别为 60、35、100 和 300。

☑ 电镀：指孔是否要镀铜，选中。

☑ 编号方向：可选择“顺时针”和“逆时针”。

☑ 管脚 1 形状：有“方形”和“圆形”两种。

☑ 管脚形状：有“方形”和“圆形”两种。设置与“管脚 1 形状”不相干。

☑ 方形管脚。

- ➢ 拐角类型：90 度、倒斜角、圆角。
- ➢ 半径：设置拐角半径。

❸“布局边框”选项组：主要设置边框宽度与高度。

❹“膜面放大（缩小）尺寸”选项组：设置阻焊层尺寸。

❺“热焊盘”选项组：选中“创建”复选框，可以激活下面的数值设置。

☑ 水平尺寸：默认值为 80。

☑ 垂直尺寸：默认值为 160。

❻“封装计算器”选项组：计算封装管脚获得的具体尺寸。

❼“单位”选项组：可以有 3 种设置，这里选择“密尔”。

（2）在“设备类型”选项组下选中 SMD 单选按钮，进行封装 SMD 参数设置，如图 11-10 所示，选项说明这里不再赘述。

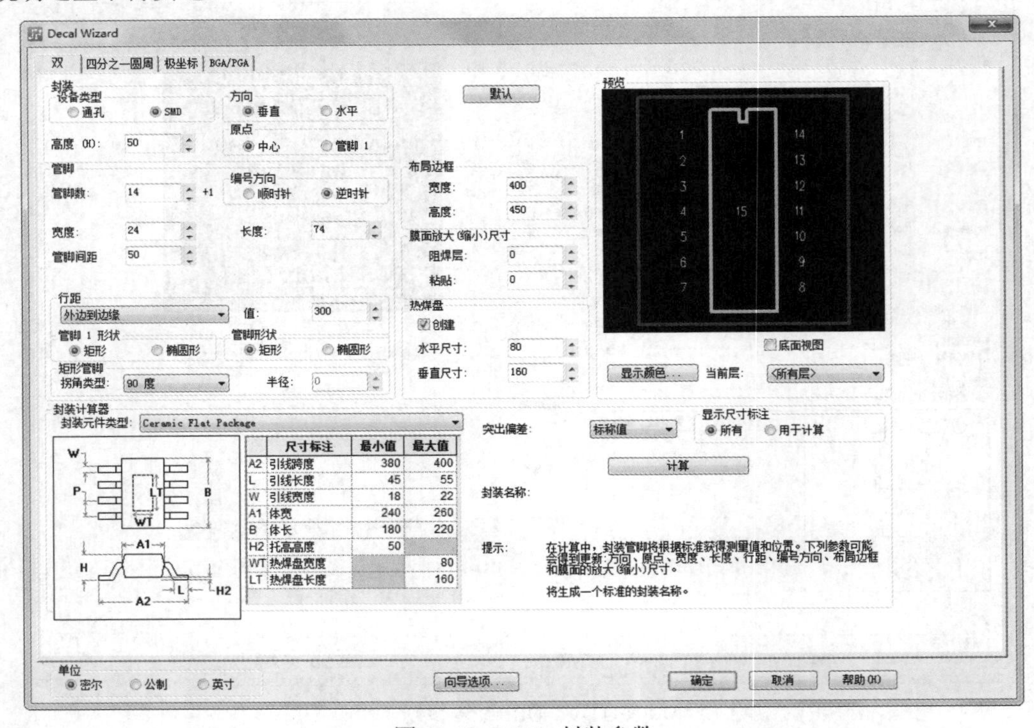

图 11-10　SMD 封装参数

❶“封装”选项组。

☑　高度：封装高度默认值为 50。
☑　原点：指封装的原点，可以设置为中心或管脚 1。
❷“管脚”选项组。
☑　设置管脚数、宽度、管脚间距和长度值，可采用默认值，也可修改参数值。
☑　编号方向：可选择“顺时针”和“逆时针”。
☑　行距：设置行距的测量值类型。
☑　管脚 1 形状：有“矩形”和“椭圆形”两种，设置类型与其余管脚无联系。
☑　管脚形状：有“矩形”和“椭圆形”两种。设置与“管脚 1 形状”不相干。
☑　矩形管脚。
　　➢　拐角类型：90 度、倒斜角、圆角。
　　➢　半径：设置拐角半径。
❸“布局边框”选项组：主要设置边框宽度与高度。
❹“膜面放大（缩小）尺寸”选项组：设置阻焊层尺寸。
❺“热焊盘”选项组：选中“创建”复选框，可以激活下面的数值设置。
☑　水平尺寸：默认值为 80。
☑　垂直尺寸：默认值为 160。
❻“封装计算器”选项组：计算封装管脚获得的具体尺寸。
❼“单位”选项组：可以有 3 种设置，这里选择“密尔”。

2. “四分之一圆周”选项卡（见图 11-11）

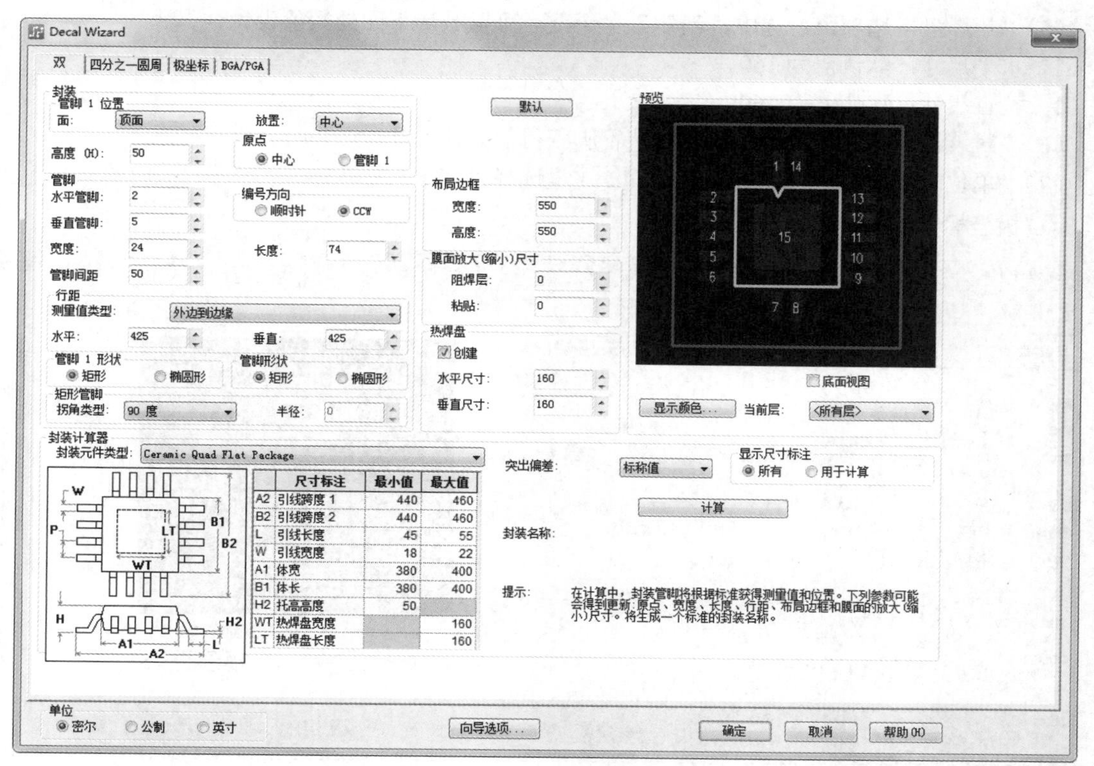

	尺寸标注	最小值	最大值
A2	引线跨度 1	440	460
B2	引线跨度 2	440	460
L	引线长度	45	55
W	引线宽度	18	22
A1	体宽	380	400
B1	体长	380	400
H2	托高高度	50	
WT	热焊盘宽度		160
LT	热焊盘长度		160

图 11-11　QUAD 封装参数

在“四分之一圆周”选项卡下可设置 QUAD 封装。QUAD 类和 DIP 类封装是类似的封装，管脚都是表贴的，只是在排布方式上略有不同（DIP 类是双列的，QUAD 类是四面的），所以，本节介绍的 QUAD 类封装的建立，也可以以 DIP 类为参考。

Note

（1）“封装”选项组。

❶ 管脚 1 位置：“面”下拉列表框中包括“顶面”“底面”“左”“右”；“放置”下拉列表框中包括“中心”“左”“右”。

❷ 高度：封装高度默认值为 50。

❸ 原点：指封装的原点，可以设置为“中心”或“管脚 1”。

（2）“管脚”选项组。

❶ 设置水平管脚、垂直管脚、宽度、管脚间距和长度值，可采用默认值，也可修改参数值。

❷ 编号方向：可选择“顺时针”和 CCW。

❸ 行距：设置行距的测量值类型。

❹ 管脚 1 形状：有“矩形”和“椭圆形”两种，设置类型与其余管脚无联系。

❺ 管脚形状：有“矩形”和“椭圆形”两种。设置与“管脚 1 形状”不相干。

❻ 矩形管脚。

☑ 拐角类型：90 度、倒斜角、圆角。

☑ 半径：设置拐角半径。

（3）“布局边框”选项组：主要设置边框宽度与高度。

（4）“膜面放大（缩小）尺寸”选项组：设置阻焊层尺寸。

（5）“热焊盘”选项组：选中“创建”复选框，可以激活下面的数值设置。

☑ 水平尺寸：默认值为 160。

☑ 垂直尺寸：默认值为 160。

（6）“封装计算器”选项组：计算封装管脚获得的具体尺寸。

（7）“单位”选项组：可以有 3 种设置，这里选择“密尔”。

3. “极坐标“选项卡（见图 11-12）

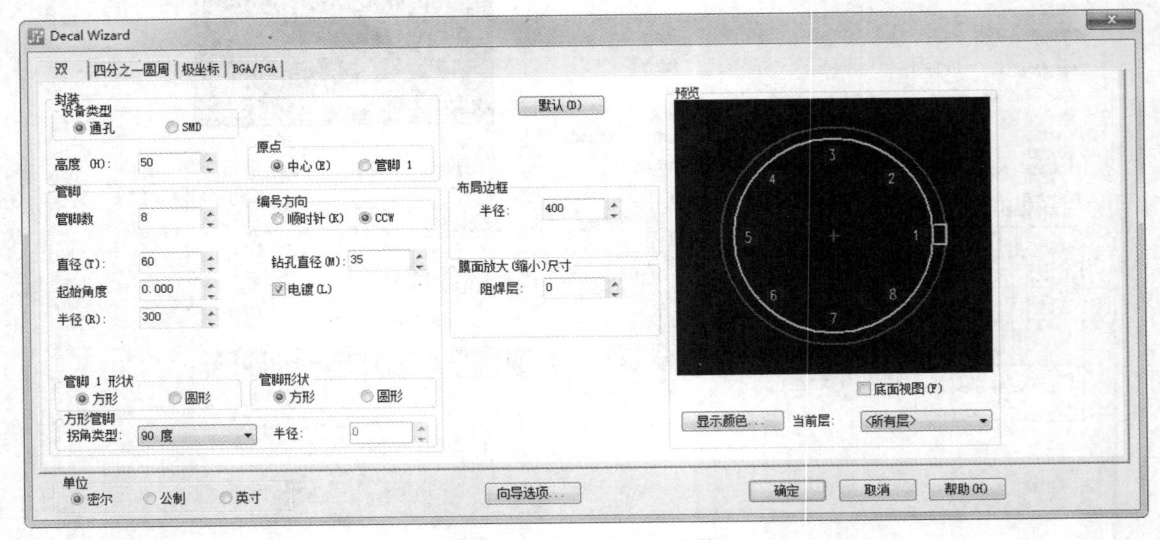

图 11-12　SMD 封装参数

极坐标类封装管脚都是在圆形的圆周上分布，只是一类的管脚是通孔的，另一类的管脚是表贴的（SMD）。

在“设备类型”选项组下选中“通孔”单选按钮，进行封装参数设置，如图 11-12 所示。

（1）“封装”选项组。

❶ 设备类型：有“通孔”和 SMD 两种不同的类型。

❷ 高度：封装高度默认值为 50。

❸ 原点：指封装的原点，可以设置为“中心”或“管脚 1”。

（2）“管脚”选项组。

❶ 设置管脚数、直径、起始角度和半径，可采用默认值，也可修改参数值。

❷ 电镀：指孔是否要镀铜，选中。

❸ 编号方向：可选择“顺时针”和 CCW。

❹ 钻孔直径：设置封装的钻孔直径。

❺ 管脚 1 形状：有“方形”和“圆形”两种，设置类型与其余管脚无联系。

❻ 管脚形状：有“方形”和“圆形”两种。设置与“管脚 1 形状”不相干。

❼ 方形管脚。

☑　拐角类型：90 度、倒斜角、圆角。

☑　半径：设置拐角半径。

（3）“布局边框”选项组：主要设置边框宽度与高度或者半径。

（4）“膜面放大（缩小）尺寸”选项组：设置阻焊层尺寸。

在“设备类型”选项组下选中 SMD 单选按钮，进行封装 SOIC 参数设置，如图 11-13 所示，选项说明这里不再赘述。

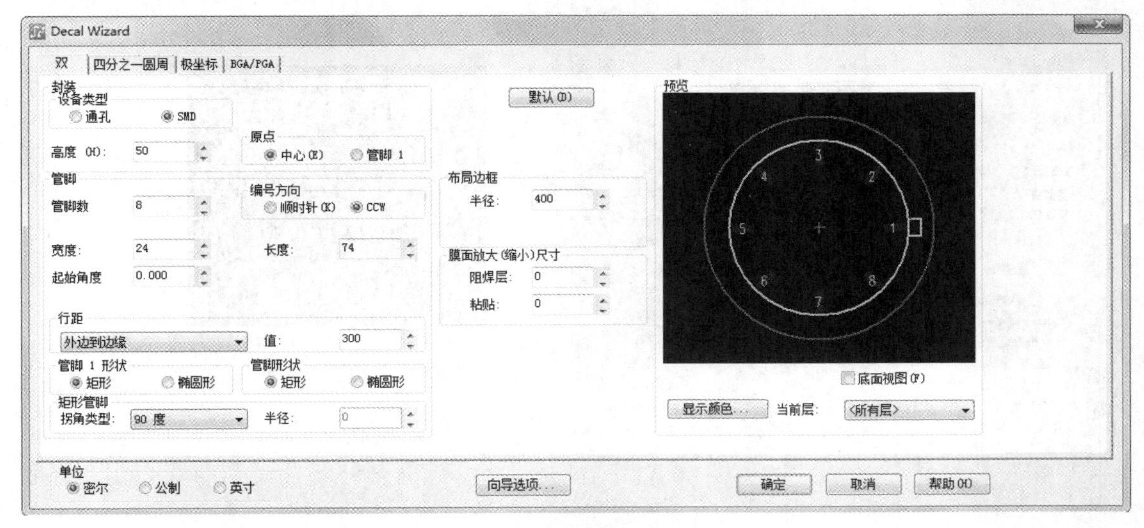

图 11-13　封装 SOIC 参数

4. BGA/PGA 选项卡

目前 BGA/PGA 封装已被广泛地应用，建立 BGA/PGA 封装是 PCB 设计过程中不可缺少的部分。BGA/PGA 封装的脚位排列主要有两种，一种是标准的阵列排列，另一种是脚位交错排列，如图 11-14 与图 11-15 所示。

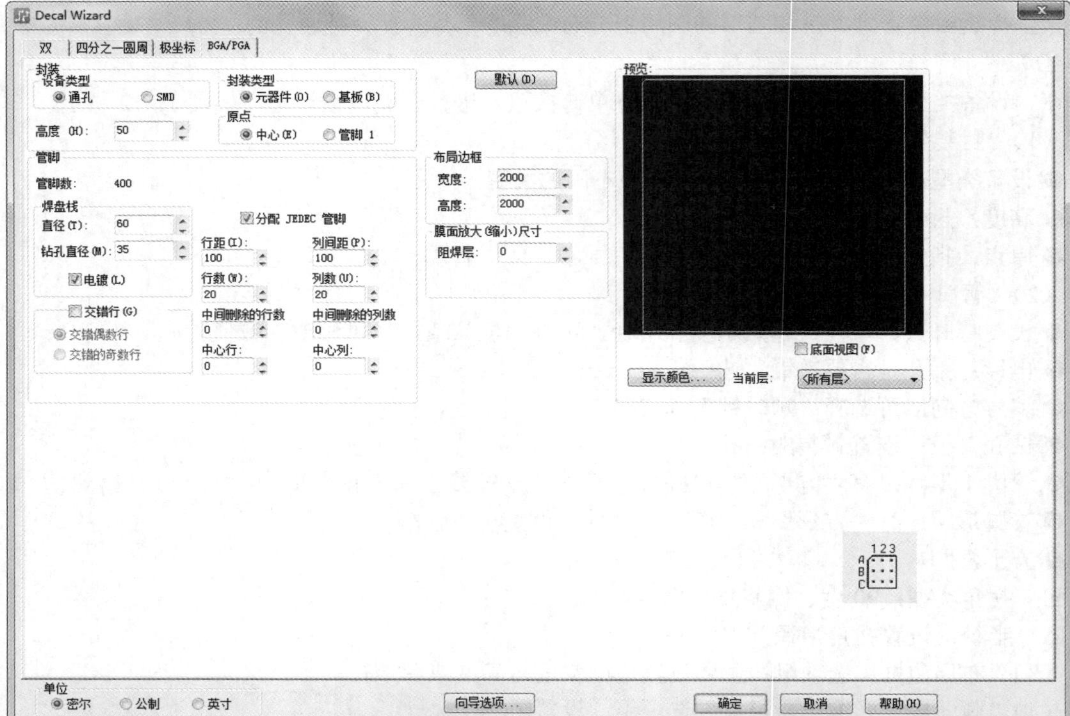

图 11-14　BGA 封装参数

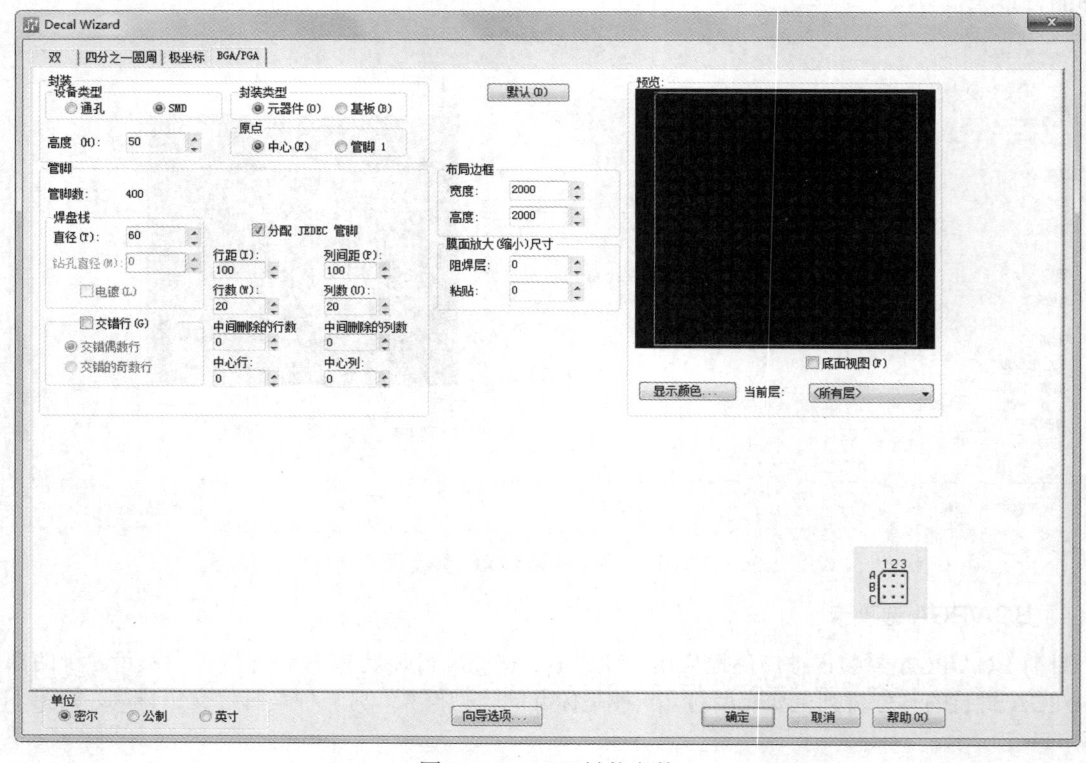

图 11-15　PGA 封装参数

11.4　手工建立PCB封装

Note

在PCB设计过程中，除了一部分标准PCB封装可以采用上述的Decal Wizard（封装向导）很快完成，但事实上将会面临大量的非标准的PCB封装。一直以来，建立不规则的PCB封装是一件令每一个工程人员都头痛的事，而且PCB封装跟逻辑封装不同，如果元件管脚的位置建错带来的后果是器件无法插装或贴片，其后果可想而知。

其实，对于一个PCB封装来讲，不管是标准还是不规则，它们都有一个共性，即它们一定是由元件序号、元件脚（焊盘）和元件外框构成，在这里不针对某一个元件的建立去讲解，在以下小节中分别介绍建立任何一个元件都必须经历的3个过程（增加元件脚、建立元件外框和确定元件序号的位置）。在对3个过程详细剖析之后，就能快速而又准确地手工制作任意形状的PCB封装。

11.4.1　增加元件管脚焊盘

（1）建立PCB封装第一步就是放置元件管脚焊盘，确定各元件管脚之间的相对位置，这也是建立元件最重要和最难的一点，特别是那些无规则放置的元件管脚，这是建立元件的核心内容。在放置元件焊盘脚之前应根据自己的习惯或需要设置好栅格单位（如密尔、英寸、公制）。实际元器件的物理尺寸是以什么单位给出的，我们最好就设置什么栅格单位。在“工具”菜单“选项”的“全局”中设置栅格单位。

设置好栅格单位，接下来就开始放置每一个元件管脚焊盘。

❶ 单击“封装编辑器绘图工具栏”中的“端点”按钮，增加元件焊盘，弹出如图11-16所示的“添加端点”对话框。

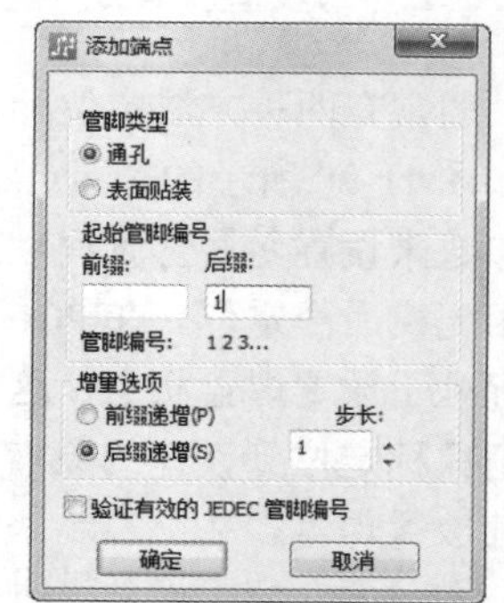

图11-16　“添加端点”对话框

❷ 单击“确定”按钮，退出对话框，进入焊盘放置状态，只要在当前的元件编辑环境中任意一坐标点单击，则一个新的元件管脚焊盘就出现在当前设计中。

❸ 如果这个新的焊盘不是所希望的形状，可以选中它之后右击，在弹出的快捷菜单中选择“特性”命令进行编辑，而在实际中通常的做法是先不用管它，等放完所有的元件脚之后再来总体编辑，也可以选择“设置”→“焊盘栈”命令，在弹出的如图11-17所示的“焊盘栈特性”对话框中一次性设置焊盘属性。

（2）放置元件管脚焊盘时可以一个一个地来放置，但这样既费时又焊盘坐标精度且很难保证，特别对于一些特殊又不规则的排列就更难保证，而且有时根本就做不到。

下面介绍既简便又准确的重复放置元件管脚焊盘的快捷方法。

❶ 首先运用前面介绍的方法放置好第一个元件管脚焊盘，作为此后放置元件管脚焊盘的参考点，然后退出放置元件管脚焊盘模式（单击“封装编辑器绘图工具栏”中的“选择模式”按钮即可，注意如果不退出这个模式将会继续放置新的元件管脚）。选中放置好的第一个元件管脚焊盘，使其成为被选中状态，再右击，弹出如图11-18所示的菜单。

❷ 从图11-18中选择“焊盘栈”命令，则弹出如图11-19所示的对话框。从该对话框可以看到PADS Layout提供了封装和过孔两种焊盘的类型。

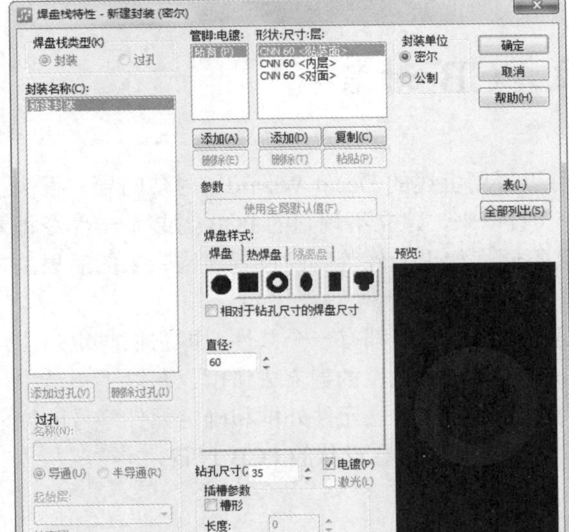

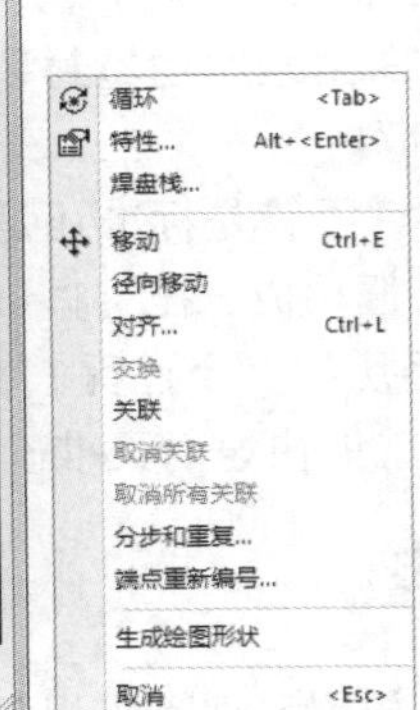

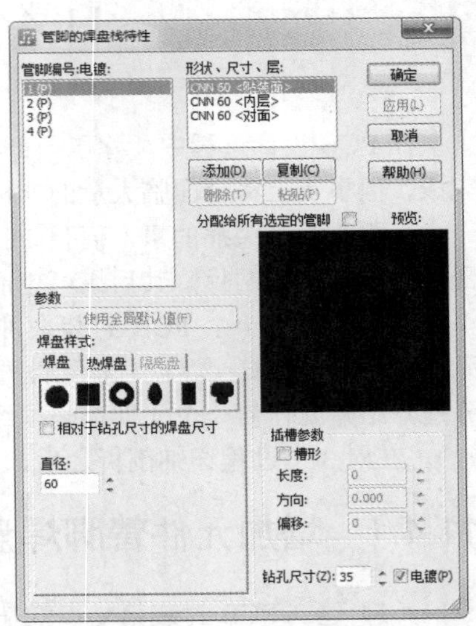

图 11-17 “焊盘栈特性”对话框　　图 11-18 快捷菜单　　图 11-19 “管脚的焊盘栈特性”对话框

11.4.2 放置和定型元件管脚焊盘

通常有两种方法定位元件管脚焊盘：一种是坐标定位；另一种是在放置焊盘时采用无模命令定位。在如图 11-20 所示的“端点特性”对话框中，X 和 Y 两个坐标参数决定了焊盘的位置，通过这两个坐标参数来设置元件管脚焊盘的位置，是一种最准确又快捷的方法。实际上，我们还可以在放置焊盘时采用无模命令定位。在 PCB 封装编辑窗口，单击“封装编辑器绘图工具栏”中的“端点”按钮后，鼠标处于放置焊盘状态，这时采用无模命令将鼠标定位（例如，用键盘输入“S00”后按 Enter 键，就把鼠标定位到设计的原点），然后按键盘上的空格键，这就放置了一个焊盘，再用无模命令还可以继续放置焊盘。

在前面介绍了元件管脚焊盘放置的方式，放置的元件管脚都是比较规范的元件管脚，即使可以编辑它，其外形也不过是在圆形和矩形之间选择。PADS Layout 系统共提供了 6 种元件管脚焊盘形状：圆形、方形、环形、椭圆形、长方形、丁字形。

选中某一个元件管脚焊盘后右击，则会弹出如图 11-18 所示的菜单，选择“焊盘栈”命令，然后弹出如图 11-21 所示的“管脚的焊盘栈特性”对话框，在“参数”选项组中可以清楚地看见，只能在这 6 种焊盘中选择一种作为元件管脚焊盘。

但是在实际设计中，为了某种设计的需要不得不采用异形元件管脚焊盘，特别是在单面板和模拟电路板中更为常见，那么在 PADS Layout 中如何建立所需的异形元件脚焊盘呢？下面以制作一个简单的异形焊盘为例来说明。

（1）利用前面讲述的增加元件管脚的操作方法先放置一个标准的元件管脚焊盘，因为异形焊盘对于元件管脚焊盘来讲只是在焊盘上去处理。

（2）调出“管脚的焊盘栈特性”对话框，在系统提供的 6 种焊盘形状中选择一种符合要求的形状，并按要求修改其直径、钻孔等参数，设置如下参数。

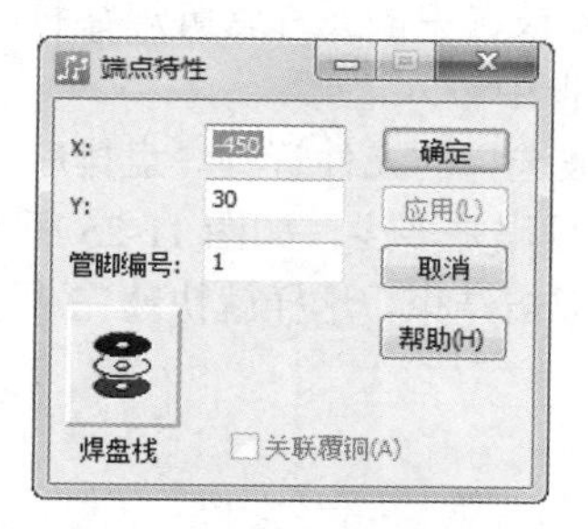

图 11-20 “端点特性”对话框

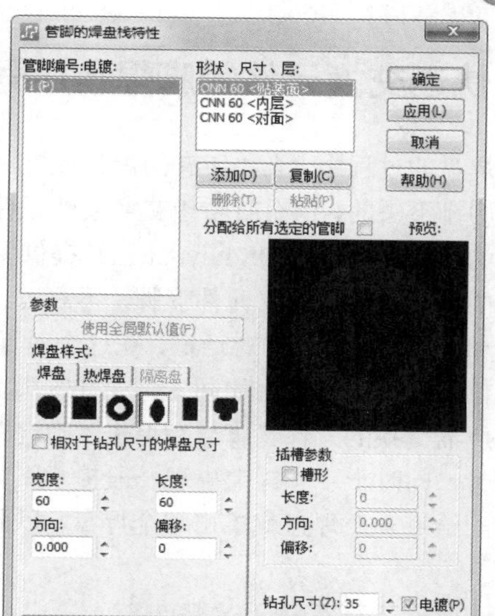

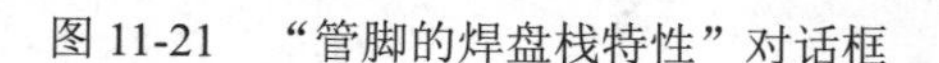

图 11-21 “管脚的焊盘栈特性”对话框

❶ 在设置项中单击“椭圆”按钮。

❷ 在“宽度”编辑框中输入“90”。

❸ 在“长度”编辑框中输入“120”。

❹ 在“方向”编辑框中输入“30”。

❺ 在“偏移”编辑框中输入“20”。

❻ 在“钻孔尺寸”编辑框中输入“50”。

（3）在“封装编辑器绘图工具栏”中单击“铜箔”按钮，然后右击，在弹出的快捷菜单中执行“多段线”命令，绘制符合实物形状的异形铜皮，如图 11-22 所示。

这时铜箔与标准元件管脚之间并没有任何关系，是两个完全独立的对象，系统也不会默认此铜箔是该标准元件管脚的焊盘，所以还必须经过一种结合方式使这完全独立的两个对象融合成一体。选中标准元件管脚后右击，从弹出菜单中选择“关联”命令，如图 11-23 所示。再选中需要融合的对象铜箔，这时两者都处于高亮状态，说明这两者已经融为一体了，它们从此将被作为一个整体来操作，此时如果去移动它，就会看见它们会同时进行移动。

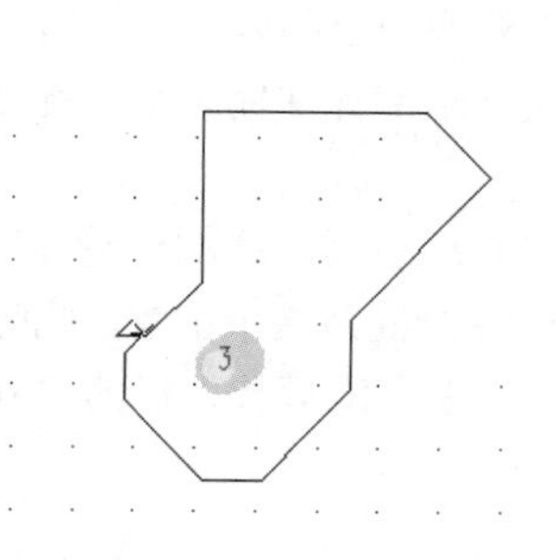

图 11-22 异形铜皮

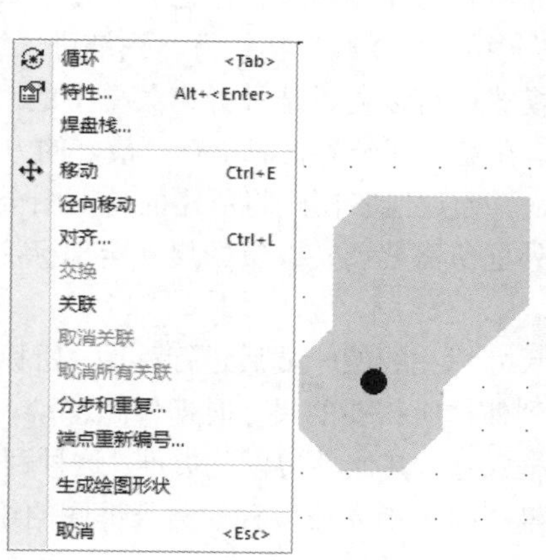

图 11-23 融合铜箔

Note

11.4.3 快速交换元件管脚焊盘序号

在放置焊盘的过程中，当将所有的焊盘放置完或放置了一部分时，这些被放置好的焊盘的序号往往都是按顺序排下去的，但有时希望交换某些元件管脚的顺序，很多的工程人员这时采用移动焊盘本身来达到目的，实际上，PADS Layout 已经提供了一个很好的自动交换元件管脚焊盘的排序功能。

首先选中需要交换排序的元件管脚，再右击，从弹出的菜单中选择“端点重新编号”命令，这时系统会弹出如图 11-24 所示的对话框，在这个对话框中需要输入被选中的元件管脚焊盘将同哪一个元件管脚交换位置的排序号。比如同 4 号元件管脚交换就在对话框中输入“4”。

当输入所需交换的元件管脚号后单击“确定”按钮，这时被选择的元件管脚焊盘排序号变成了所输入的数字号，同时十字光标上出现一段提示下一重新排号的号码是多少，如图 11-25 所示。需要将这个序号分配给哪一个焊盘就单击那个焊盘，以此类推，最后双击结束。这样就快速完成了元件序号的交换。

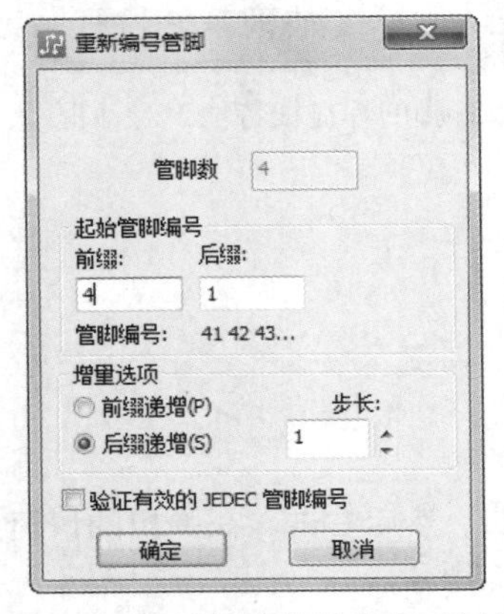

图 11-24 “重新编号管脚”对话框

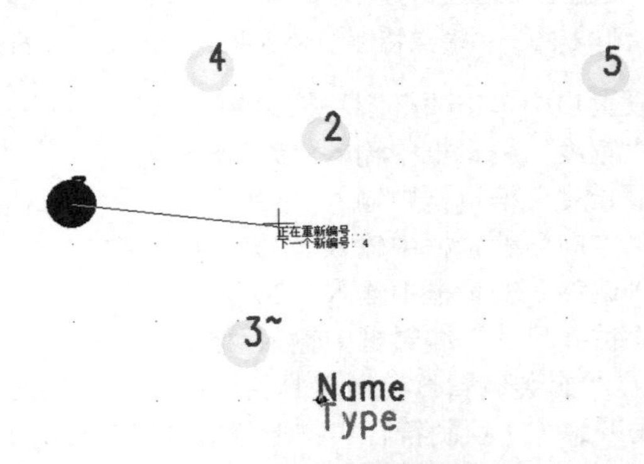

图 11-25 交换焊盘排序

11.4.4 增加 PCB 封装的丝印外框

当放置好所有的元件管脚焊盘之后，接下来就是建立这个 PCB 封装的外框。单击“封装编辑器绘图工具栏”中的“2D 线”按钮，系统进入绘图模式，如图 11-26 所示。

在绘图模式中可以通过选择弹出菜单中的“多边形”“圆形”“矩形”“路径”命令来直接完成绘制各种图形。在绘制封装外框时，有一最好的方法可以快速又准确地完成绘制。首先无须理会封装外框的准确尺寸，通过绘图模式将所需的外框图全部画出来，完成外框图绘制以后，使用自动尺寸标注功能将这个外框所需要调整编辑的尺寸全部标注出来，当这些尺寸全部标注完之后，就可以去编辑这些尺寸标注。

当选择尺寸标注线的一端后进行移动，所标注的尺寸值也随着尺寸标注线的移动在变化，当尺寸标注值变化到外框所需要的尺寸时即停止移动，然后将封装外框线调整到这个位置，此时尺寸标注值就是封装外框尺寸。其他各边以此类推。这种利用调整尺寸标注线来定位封装外框的尺寸的方法可以使用户能够轻松自如地完成各种封装外框图的绘制。

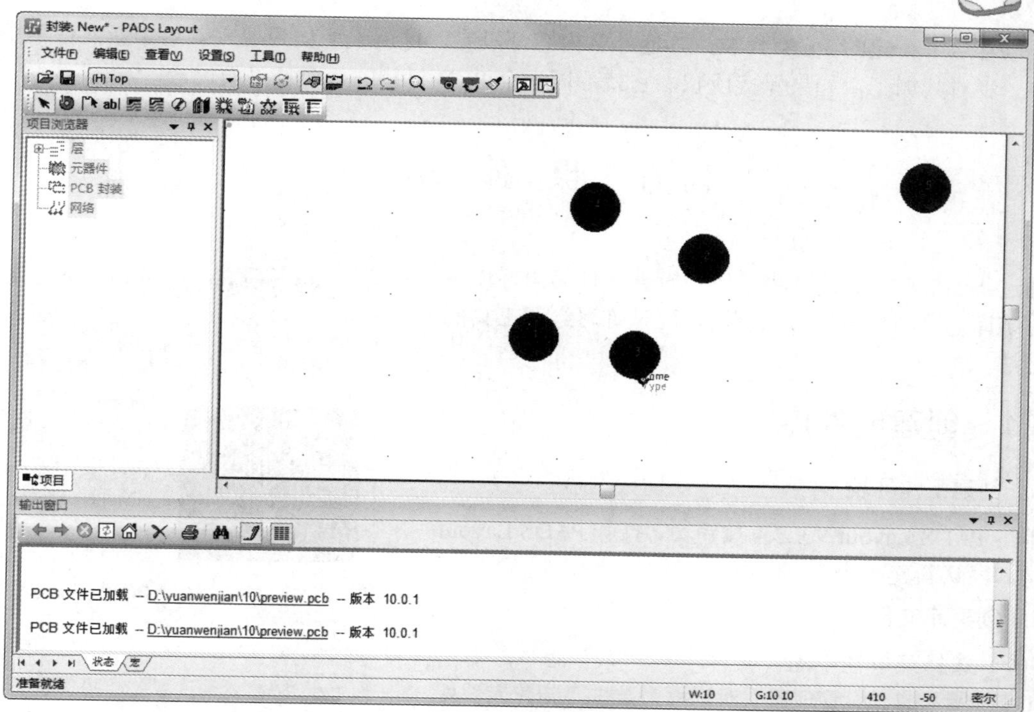

图 11-26　绘图模式

11.5　保存 PCB 封装

PCB 封装建好之后，最后是将这个 PCB 封装进行保存，选择菜单栏中的“文件”→“封装另存为”命令，则弹出“将 PCB 封装保存到库中”对话框，如图 11-27 所示。

保存封装时首先选择需要将这元件封装存入哪一元件库中，在“库”下拉列表框中进行选择，选择好元件库之后还必须在“PCB 封装名称”文本框中为这个新的元件封装命名，默认的元件名为 NEW，命名完成后单击“确定”按钮即可保存新的元件封装到指定的元件库中。

其实在保存封装到元件库时，系统会询问是否建立新的元件类型，如图 11-28 所示。

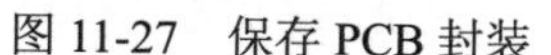

图 11-27　保存 PCB 封装

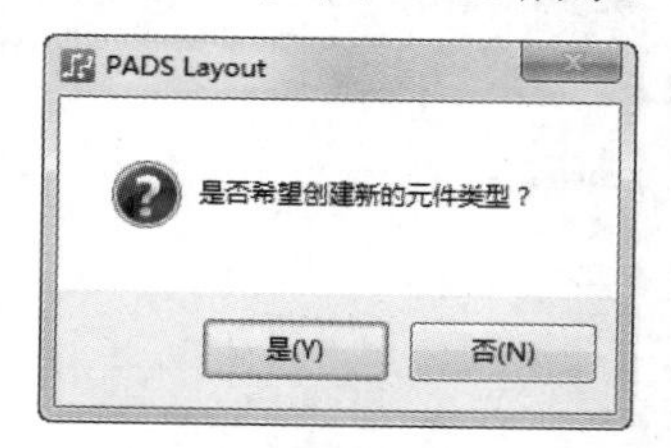

图 11-28　提示对话框

如果单击“是”按钮，则在弹出的对话框中输入一个元件类型名即可。尽管通过这种方式建立了相应的元件类型，但是这并不表示这个元件类型已经完全建好。不妨打开库管理器，然后从该元件类型库中找到这个新的元件类型名，单击元件管理器中的“编辑”按钮，系统将打开这个新元件类型的编辑窗口，在此窗口中查看这个新元件类型的有关参数设置后会发现，此时这个新元件类型的参数设置除了包含这个新建的 PCB 封装，其他什么内容都没有，这就说明如果要完善这个新元件类型还必须要进一步对其加工，如果保持现状，它就形同一个 PCB 封装的一个替身而已。

Note

视频讲解

11.6 操作实例

通过下面的学习，读者将了解在封装元件编辑环境下新建封装库、绘制封装符号的方法，同时练习绘图工具的使用方法。

11.6.1 创建元件库

1. 创建工作环境

单击 PADS Layout VX.2.4 按钮，打开 PADS Layout VX.2.4，默认新建一个 PCB 文件。

2. 创建库文件

（1）选择菜单栏中的“文件”→“库”命令，弹出如图 11-29 所示的“库管理器”对话框，单击“新建库”按钮，弹出“新建库”对话框，选择新建的库文件路径，设置为\yuanwenjian\11\11.6，输入文件名称 example，如图 11-30 所示，单击“保存”按钮，生成库文件。

（2）单击“管理库列表”按钮，弹出如图 11-31 所示的“库列表”对话框，显示新建的库文件自动加载到库列表中。

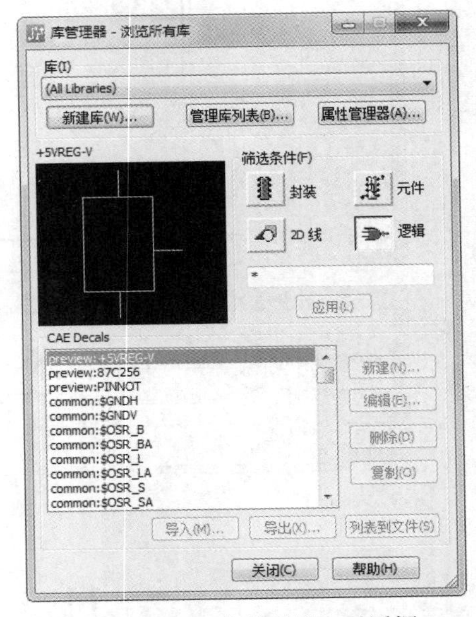

图 11-29 “库管理器”对话框

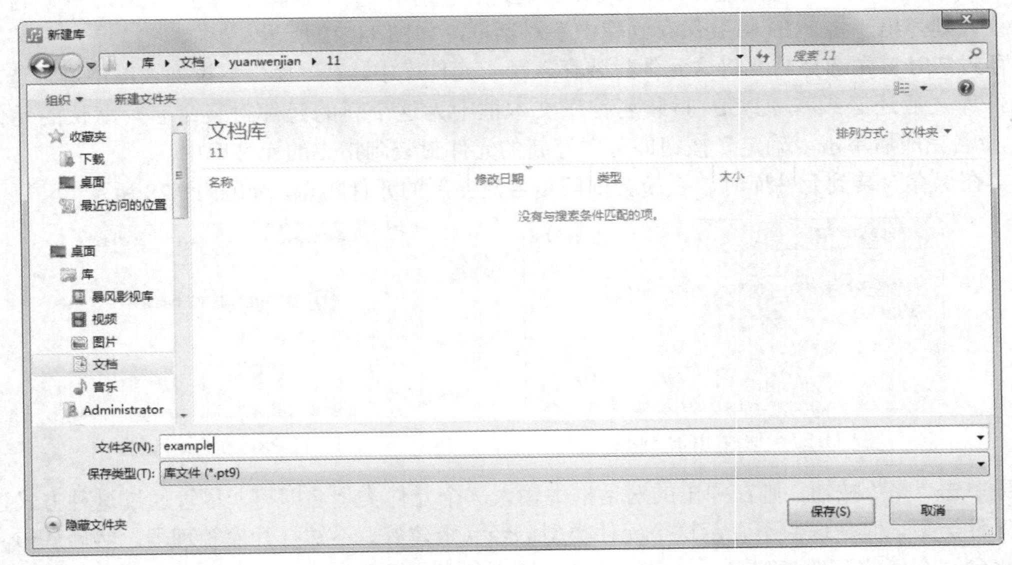

图 11-30 “新建库”对话框

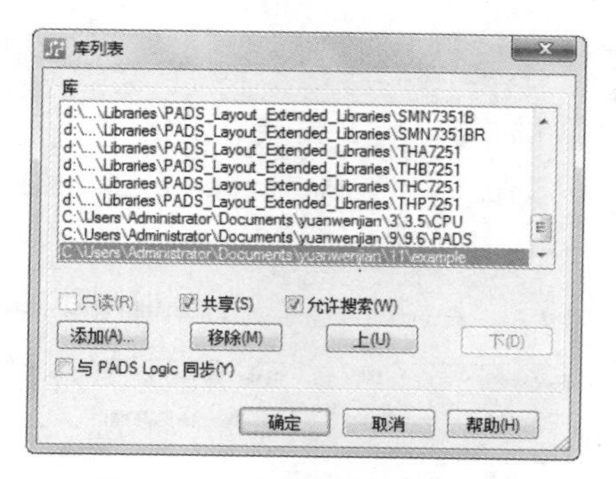

图 11-31　“库列表”对话框

11.6.2　SO-16 封装元件

（1）在 PADS Layout 中，选择菜单栏中的“工具”→“PCB 封装编辑器”命令，打开 PCB 封装编辑器，进入元件封装编辑环境。

（2）单击“标准工具栏”中的“绘图工具栏”按钮，在打开的“封装编辑器绘图工具栏”中单击“向导”按钮，打开 PCB 封装编辑器，利用向导设置封装 Decal Wirzard。

（3）打开“双”选项卡，如图 11-32 所示，在“设备类型”选项组下选中 SMD 单选按钮，设置“管脚数”为 16，取消选中“热焊盘”选项组下的“创建”复选框，在“预览”窗口实时观察参数修改结果。

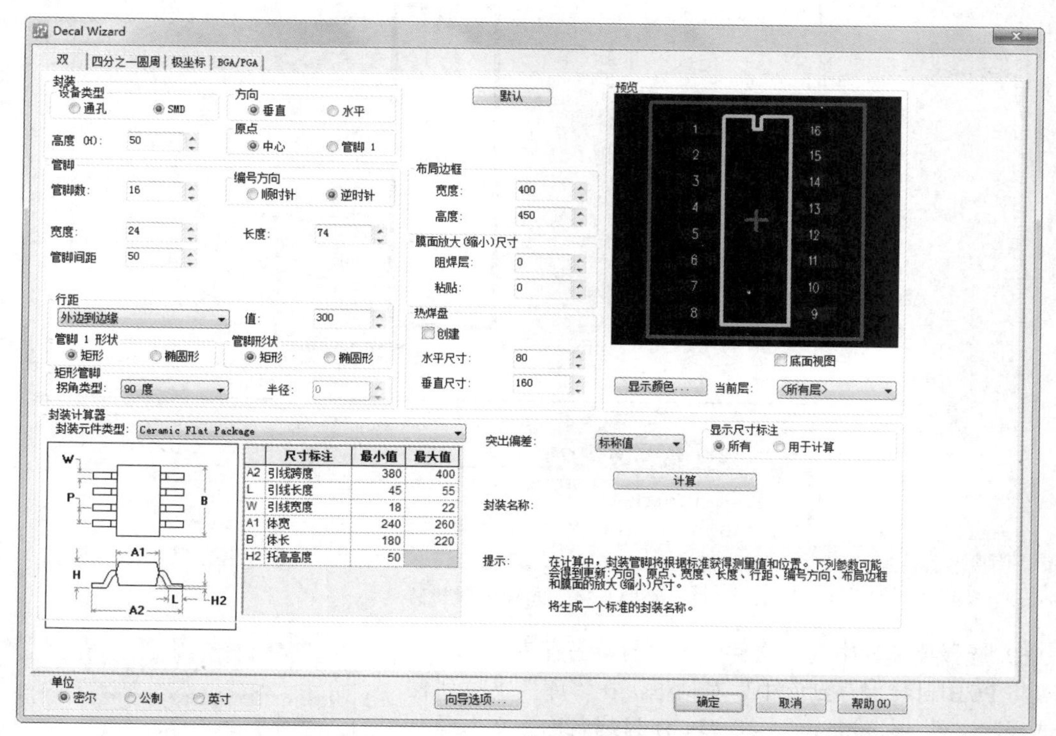

图 11-32　“双”选项卡设置

（4）单击“向导选项”按钮，弹出“封装向导选项”对话框，如图 11-33 所示，选择默认设置。

Note

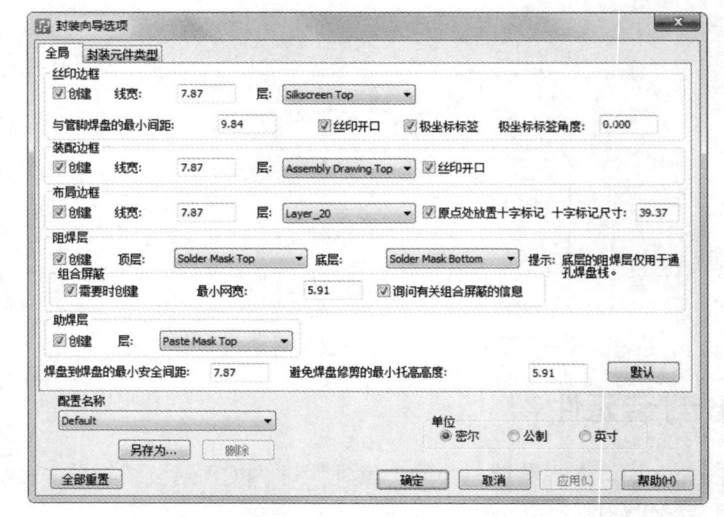

图 11-33 "封装向导选项"对话框

（5）单击"确定"按钮，完成设置，完成了封装建立，结果如图 11-34 所示。

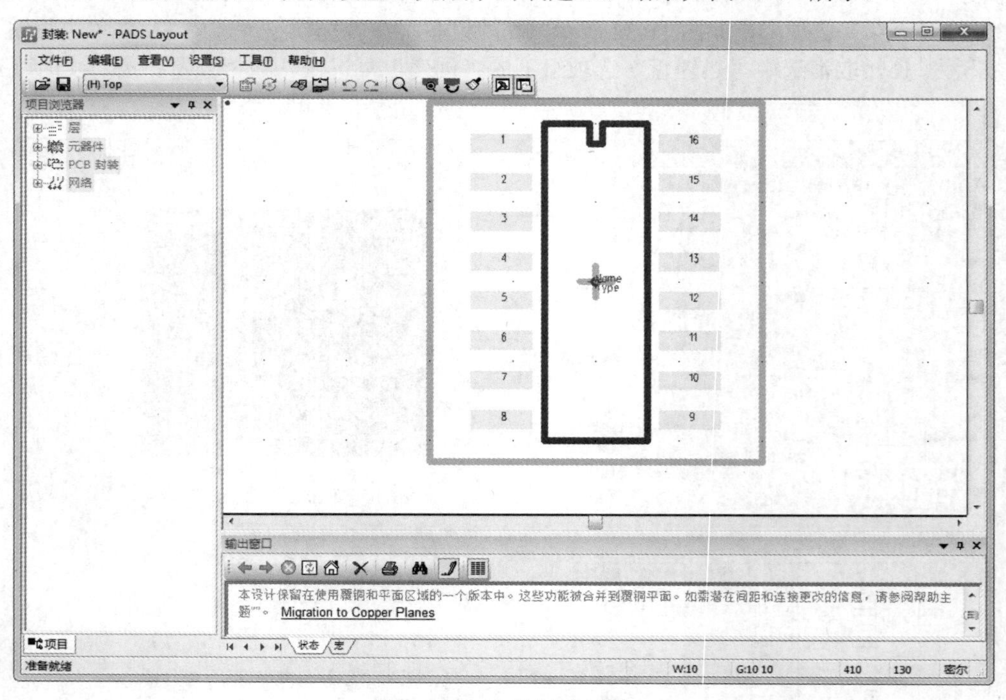

图 11-34 向导创建封装

（6）选择菜单栏中的"文件"→"封装另存为"命令，弹出"将 PCB 封装保存到库中"对话框，在"库"下拉列表框中选择库文件 example.pt9，在"PCB 封装名称"文本框中输入文件名称 SO-16，如图 11-35 所示。

（7）单击"确定"按钮，完成封装元件的绘制，并将保存的新元件封装到指定的元件库中。

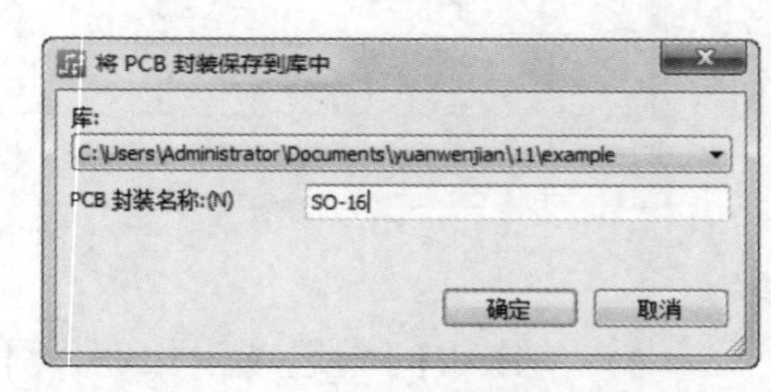

图 11-35 保存 PCB 封装文件 SO-16

11.6.3　211-03 封装元件

（1）在 PCB 封装编辑环境中，选择菜单栏中的“文件”→“新建封装”命令，创建一个新的封装元件。

（2）单击“标准工具栏”中的“绘图工具栏”按钮，在打开的“封装编辑器绘图工具栏”中单击“向导”按钮，打开 PCB 封装编辑器，利用向导设置封装 Decal Wirzard。

（3）选择“极坐标”选项卡，系统进入极坐标型元件封装生成界面，在“设备类型”选项组下选中 SMD 单选按钮，设置“管脚数”为 3，“宽度”为 50，“长度”为 50，“管脚 1 形状”和“管脚形状”均选择“椭圆形”。元件“行距”为“外边到边缘”，参数值为 100。“布局边框”的半径为 120，如图 11-36 所示。

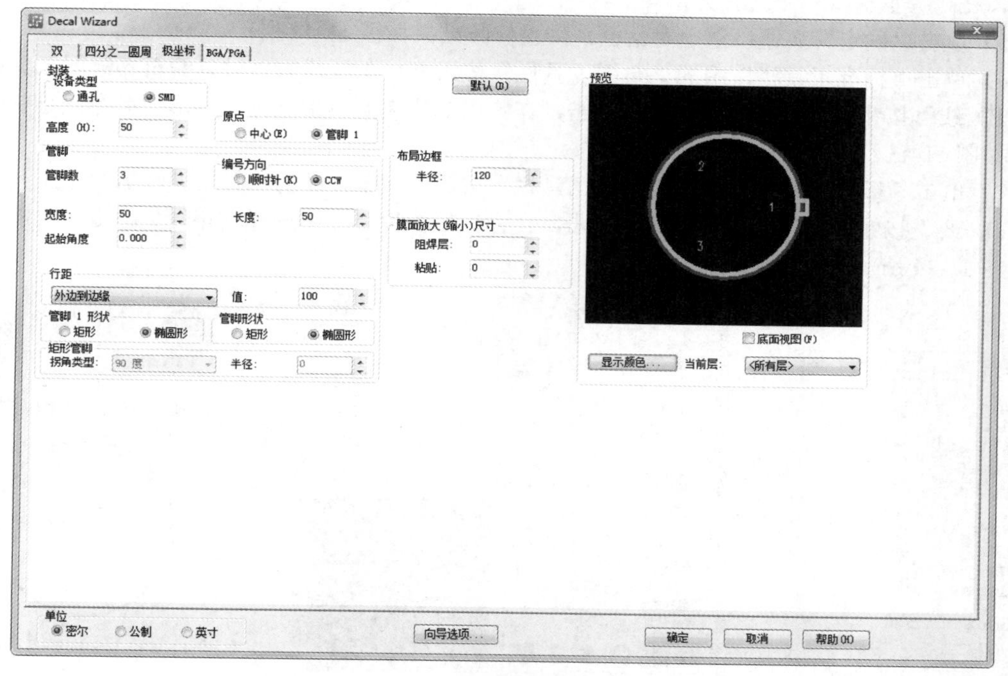

图 11-36　极坐标 SMD 封装向导

（4）完成参数设置后，单击“确定”按钮，完成封装创建，如图 11-37 所示。

（5）选择菜单栏中的“文件”→“保存封装”命令，弹出“将 PCB 封装保存到库中”对话框，在“库”下拉列表框中选择库文件 example.pt9，在“PCB 封装名称”文本框中输入文件名称 211-03，如图 11-38 所示。

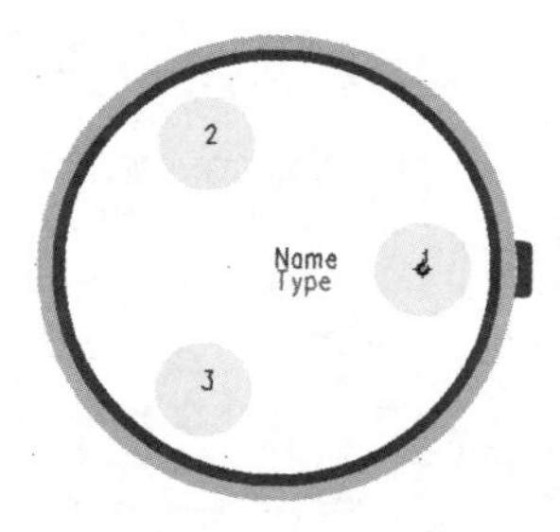

图 11-37　极坐标元件

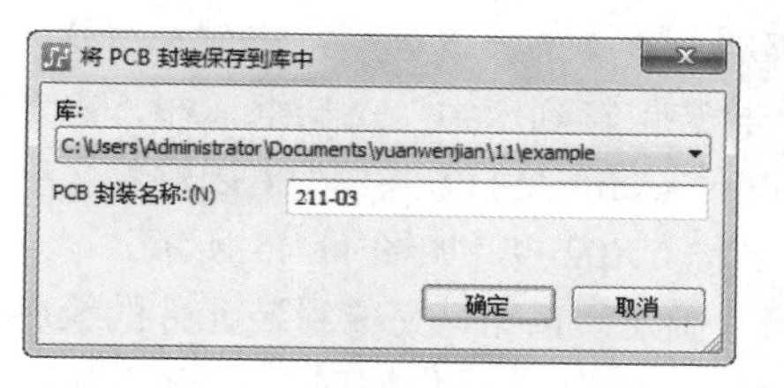

图 11-38　保存 PCB 封装文件 211-03

Note

（6）单击“确定”按钮，完成封装元件的绘制，并将保存的新元件封装到指定的元件库中。

11.6.4　CX02-D 封装元件

（1）在 PCB 封装编辑环境中，选择菜单栏中的“文件”→“新建封装”命令，创建一个新的封装元件。

（2）单击“标准工具栏”中的“绘图工具栏”按钮，在打开的“封装编辑器绘图工具栏”中单击“端点”按钮，弹出如图 11-39 所示的“添加端点”对话框。

（3）单击“确定”按钮，退出对话框，进入焊盘放置状态，放置两个元件焊盘，如图 11-40 所示。

（4）选中焊盘 2，右击，在弹出的快捷菜单中选择“焊盘栈”命令，弹出“管脚的焊盘栈特性”对话框，在“焊盘样式”下选择方形焊盘，如图 11-41 所示。

（5）单击“确定”按钮，退出对话框，焊盘修改结果如图 11-42 所示。

（6）单击“标准工具栏”中的“绘图工具栏”按钮，在打开的“封装编辑器绘图工具栏”中单击“2D 线”按钮，进入绘图模式，右击，在弹出的快捷菜单中选择“圆形”命令，绘制圆形外轮廓，如图 11-43 所示。

（7）单击“标准工具栏”中的“绘图工具栏”按钮，在打开的“封装编辑器绘图工具栏”中单击“2D 线”按钮，进入绘图模式，右击，在弹出的快捷菜单中选择“路径”命令，绘制电源正极，如图 11-44 所示。

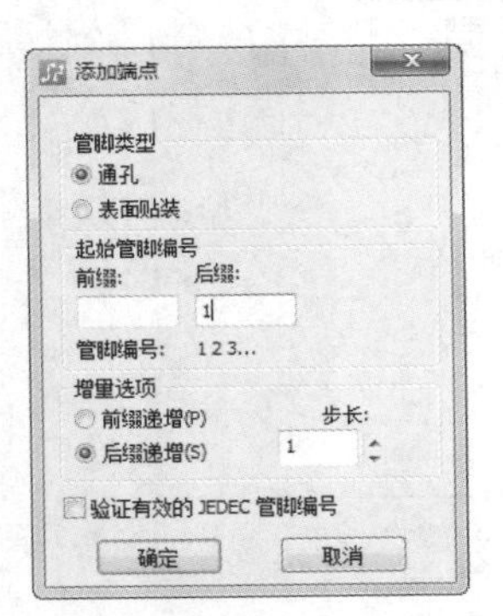

图 11-39　“添加端点”对话框设置

图 11-40　放置元件焊盘

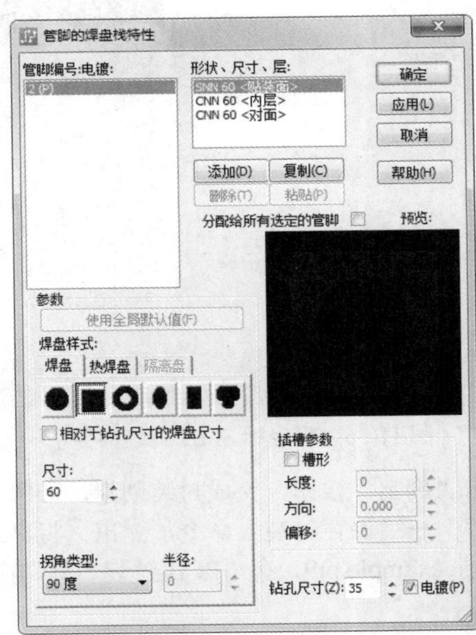

图 11-41　“管脚的焊盘栈特性”对话框设置

图 11-42　修改焊盘

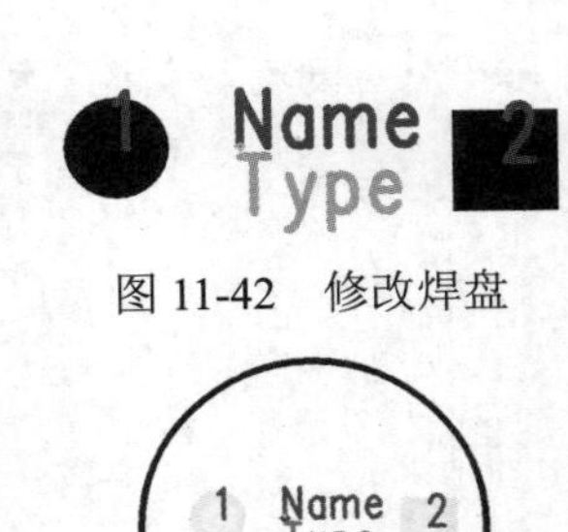

图 11-43　绘制圆形外轮廓

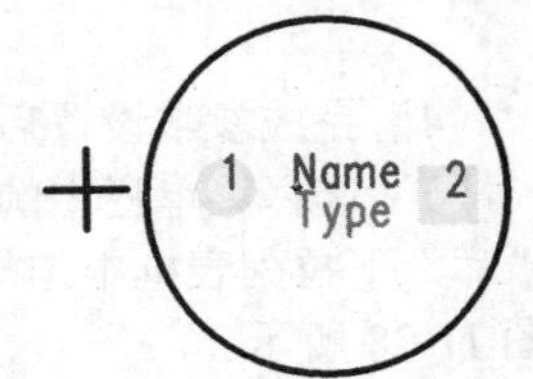

图 11-44　绘制电源正极

（8）选择菜单栏中的“文件”→“保存封装”命令，弹出“将 PCB 封装保存到库中”对话框，在“库”下拉列表框中选择库文件 example.pt9，在“PCB 封装名称”文本框中输入文件名称 CX02-D，如图 11-45 所示。

（9）单击“确定”按钮，完成封装元件的绘制，并将保存的新元件封装到指定的元件库中。

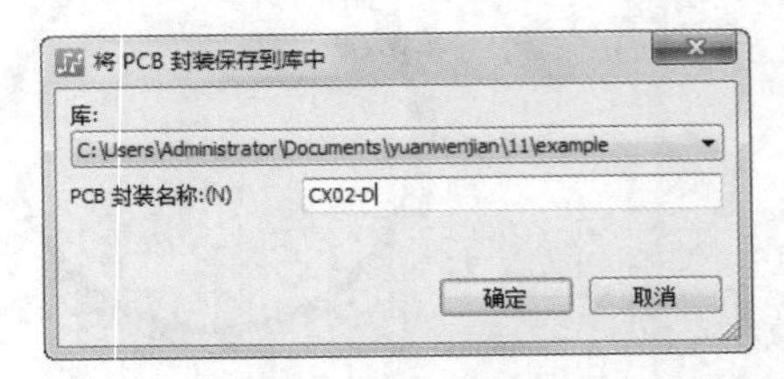

图 11-45　保存 PCB 封装文件 CX02-D

11.6.5　RS030 封装元件

（1）在 PCB 封装编辑环境中，选择菜单栏中的“文件”→“新建封装”命令，创建一个新的封装元件。

（2）单击“标准工具栏”中的“绘图工具栏”按钮，在打开的“封装编辑器绘图工具栏”中单击“端点”按钮，弹出如图 11-46 所示的“添加端点”对话框。

（3）单击“确定”按钮，退出对话框，进入焊盘放置状态，放置两个元件焊盘，如图 11-47 所示。

（4）选择菜单栏中的“设置”→“焊盘栈”命令，弹出“焊盘栈特性”对话框，在“焊盘样式”下选择方形焊盘，如图 11-48 所示。

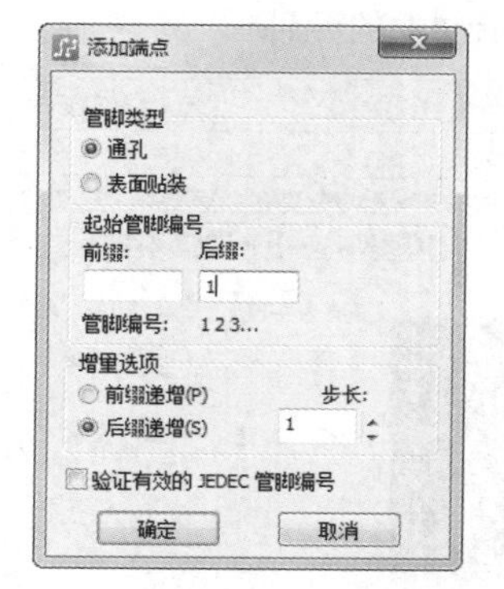

图 11-46　“添加端点”对话框设置

图 11-47　放置两个元件焊盘

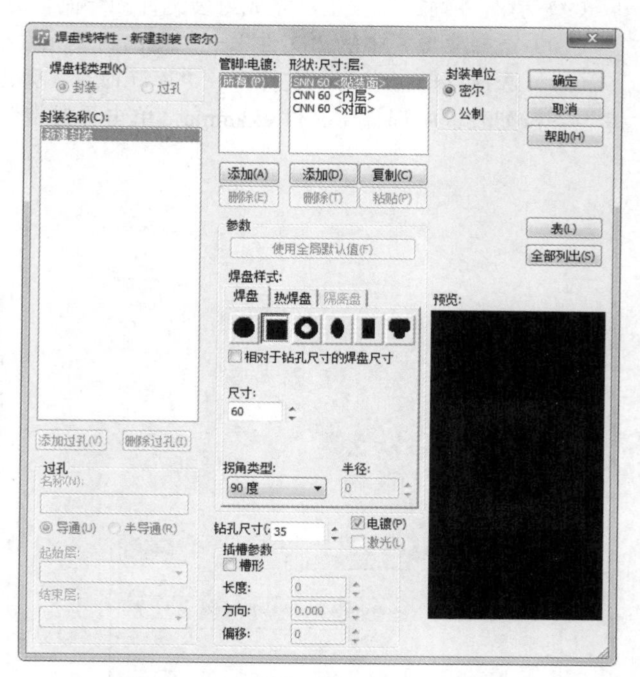

图 11-48　“焊盘栈特性”对话框设置

（5）单击“确定”按钮，退出对话框，焊盘修改结果如图 11-49 所示。

（6）单击“标准工具栏”中的“绘图工具栏”按钮，在打开的“封装编辑器绘图工具栏”中单击“2D 线”按钮，进入绘图模式，绘制封装轮廓，如图 11-50 所示。

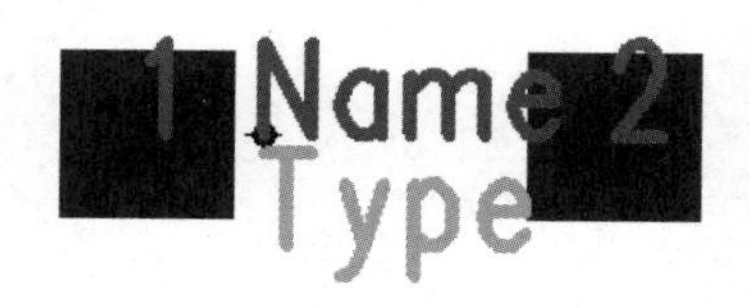

图 11-49　焊盘修改结果

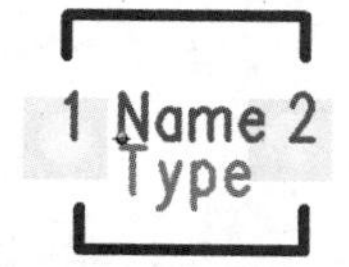

图 11-50　绘制封装轮廓

（7）选中焊盘编号，右击，在弹出的快捷菜单中选择“特性”命令，弹出如图 11-51 所示的“端点编号特性”对话框，设置编号位置，结果如图 11-52 所示。

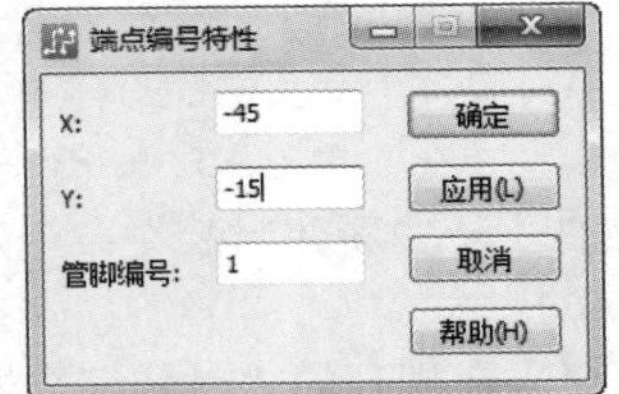

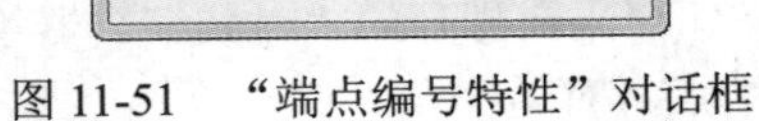

图 11-51 “端点编号特性”对话框

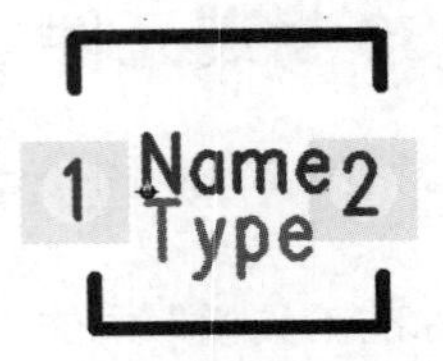

图 11-52 编号位置设置结果

（8）选择菜单栏中的“文件”→“保存封装”命令，弹出“将 PCB 封装保存到库中”对话框，在“库”下拉列表框中选择库文件 example.pt9，在“PCB 封装名称”文本框中输入文件名称 RS030，如图 11-53 所示。

（9）单击“确定”按钮，完成封装元件的绘制，并将保存的新元件封装到指定的元件库中。

（10）选择菜单栏中的“文件”→“退出封装元件编辑器”命令，退出封装编辑环境。

（11）选择菜单栏中的“文件”→“库”命令，弹出如图 11-54 所示的“库管理器”对话框，在“库”下拉列表框中选择库文件 example，单击“封装”按钮，显示创建的元件。

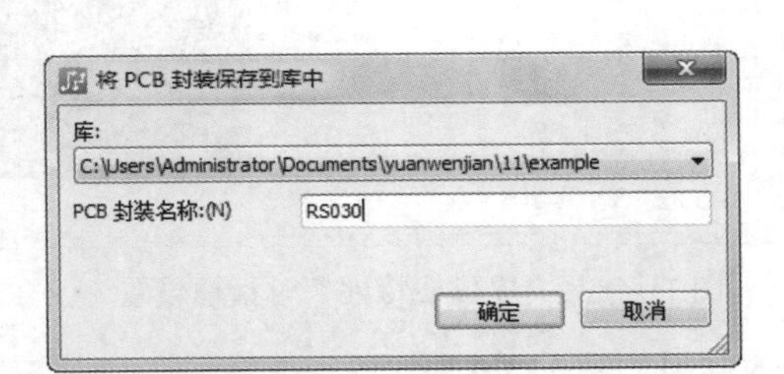

图 11-53 保存 PCB 封装文件 RS030

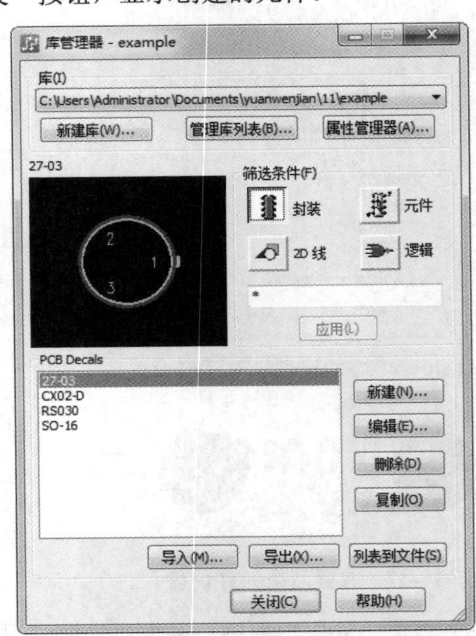

图 11-54 “库管理器”对话框设置

（12）单击“关闭”按钮，关闭该对话框。

第12章

音乐闪光灯电路综合实例

视频讲解

通过前面章节的学习，用户对PADS Designer原理图编辑环境、原理图编辑器的使用有了初步的了解，并且能够完成简单电路原理图的绘制。

本实例将设计一个音乐闪光灯电路，它采用干电池供电，可驱动发光管闪烁发光，同时扬声器还可以播放芯片中存储的电子音乐。

学习重点

☑ 设置工作环境

☑ 设置图纸属性

☑ 元件库管理

☑ 元件图设计

任务驱动&项目案例

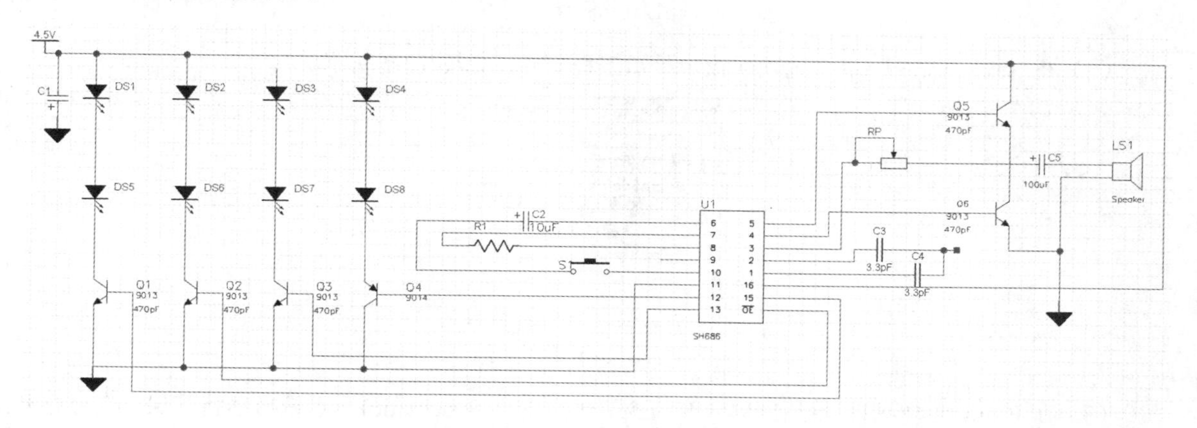

12.1 设置工作环境

Note

（1）启动 PADS Designer VX.2.4，打开“开始页面”，选择 PADS Netlist→PADS，创建默认标准项目文件，在弹出的保存文件对话框中输入项目文件名“音乐闪光灯.Prj”，并保存在指定位置处，如图 12-1 所示。

图 12-1　开始页面

（2）在 Navigator→Project 选项面板中显示工程文件，如图 12-2 所示。

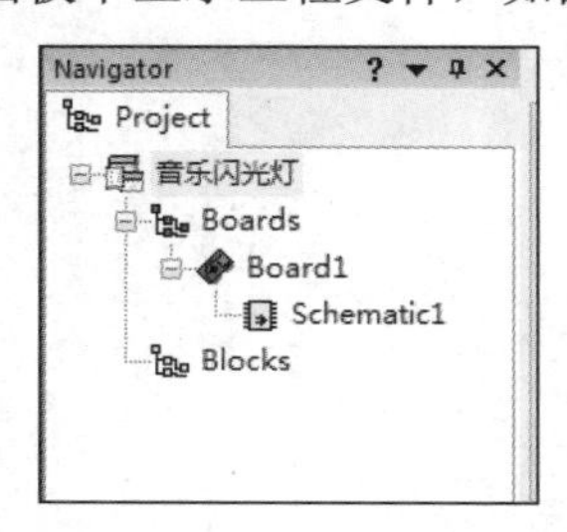

图 12-2　显示工程文件

（3）在 Project 面板中将默认创建一个新的原理图文件 Schematic1，系统自动将其保存在已打开的项目文件中，自动进入原理图编辑环境。在树形结构原理图 Schematic1 上右击，在弹出的快捷菜单中选择“重命名”命令，将原理图保存为“音乐闪光灯电路”，如图 12-3 所示。

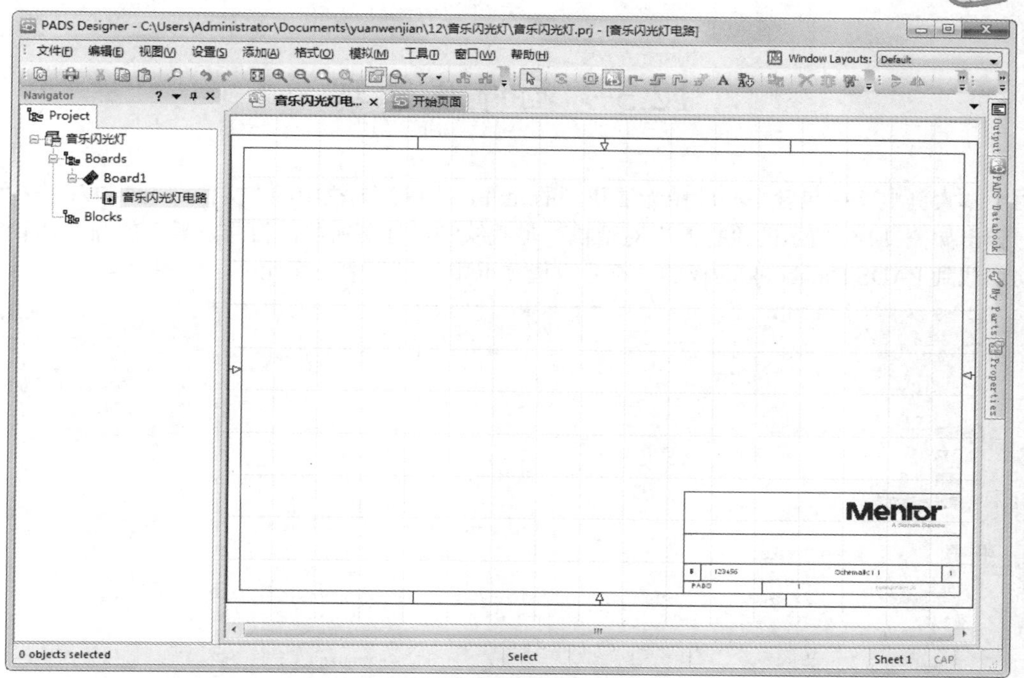

图 12-3　新建原理图文件

12.2　设置图纸属性

选择菜单栏中的“视图”→“特性”命令，打开 Properties 面板，并自动固定在右侧边界上。在 Drawing Size（绘图尺寸）选项中默认图纸尺寸为 B，如图 12-4 所示。

选择菜单栏中的“设置”→“设置”命令，系统弹出 Settings 对话框，在该对话框中设置工作环境与图纸大小、网络、文本、加载的库文件等参数，如图 12-5 所示。

Properties

Property	Value
Name	1
Drawing Size	B
Orientation	Landscape
Width	17.000 in
Height	11.000 in

图 12-4　Properties 面板

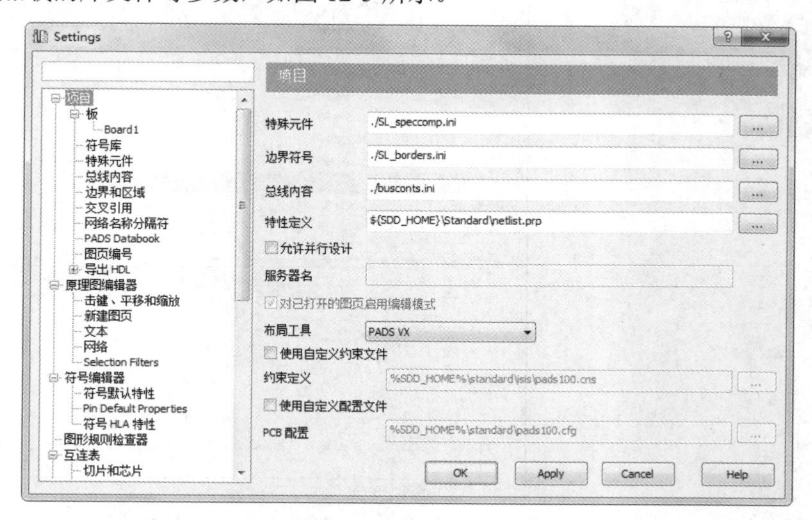

图 12-5　Settings 对话框

12.3 元件库管理

Note

由于本实例电路中包含中心库中无法找到的元件，选择菜单栏中的“文件”→“导入”→“符号”命令，弹出如图 12-6 所示的“打开”对话框，加载绘制原理图所需的符号，导入的需要加载的库文件自动加载到 PADS Databook 面板的“符号”选项卡中，显示中心库元件，如图 12-7 所示。

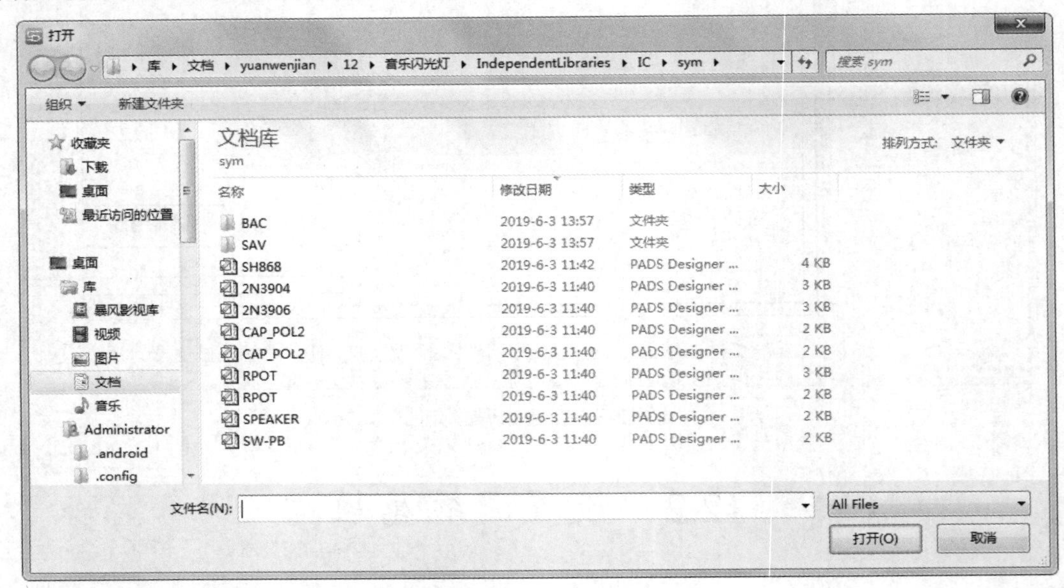

图 12-6 “打开”对话框

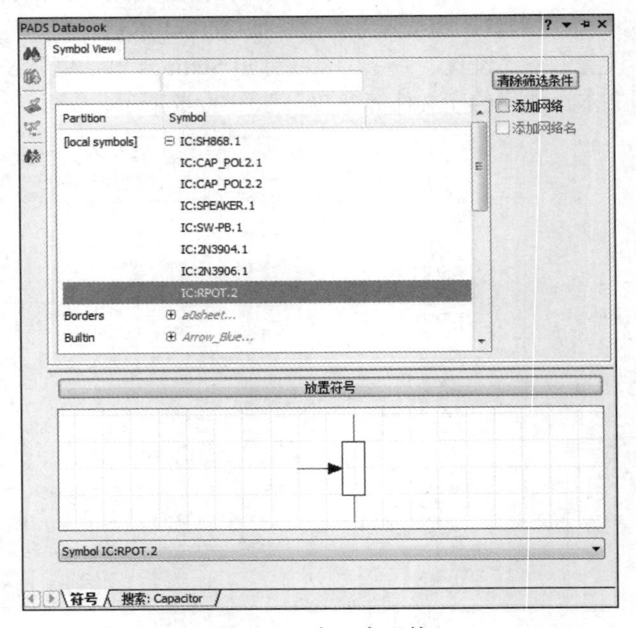

图 12-7 中心库元件

12.4 原理图设计

1. 放置元件

（1）打开 PADS Databook 面板，在当前元件库下拉列表中选择 local symbols 元件库，在元件列表中选择 CMOS 元件 SH868.1，并将选中的元件放入原理图中，如图 12-8 所示。

（2）打开 PADS Databook 面板，在当前元件库下拉列表中选择 local symbols 元件库，在元件列表中选择三极管元件 2N3904.1，并将选中的元件放入原理图中，如图 12-9 所示。

（3）打开 PADS Databook 面板，在当前元件库下拉列表中选择 local symbols 元件库，在元件列表中选择三极管元件 2N3906.1，并将选中的元件放入原理图中，如图 12-10 所示。

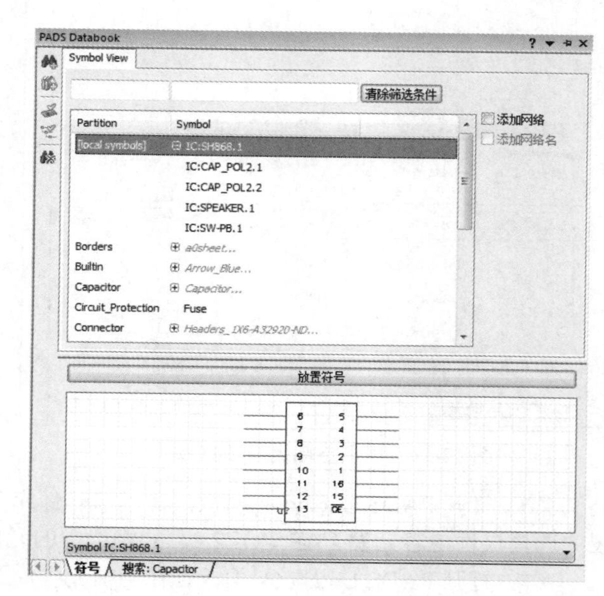

图 12-8　SH868.1 元件

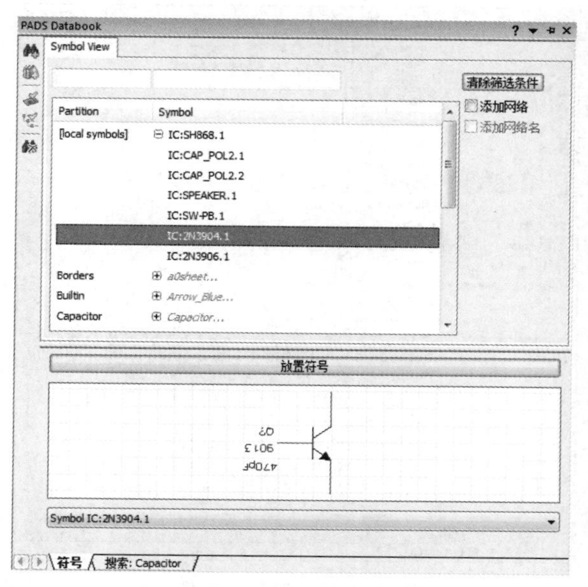

图 12-9　三极管元件 2N3904.1

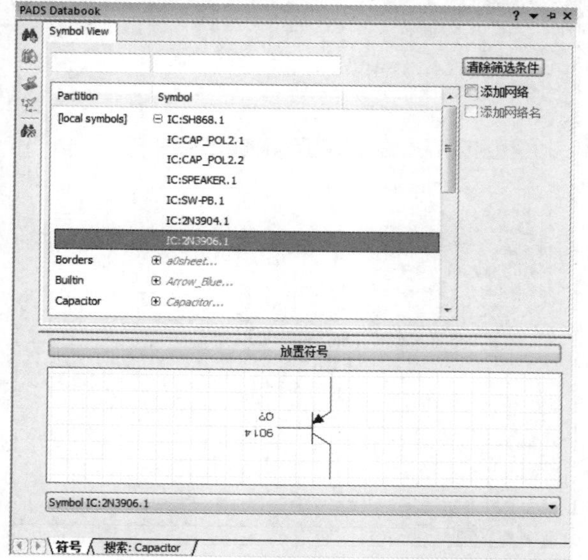

图 12-10　三极管元件 2N3906.1

（4）打开 PADS Databook 面板，在当前元件库下拉列表中选择 local symbols 元件库，在元件列表中选择可调电阻 PROT.2，并将选中的元件放入原理图中，如图 12-11 所示。

（5）打开 PADS Databook 面板，在当前元件库下拉列表中选择 Capacitor 元件库，在元件列表中选择无极性电容元件 Capacitor，并将选中的元件放入原理图中，如图 12-12 所示。

Note

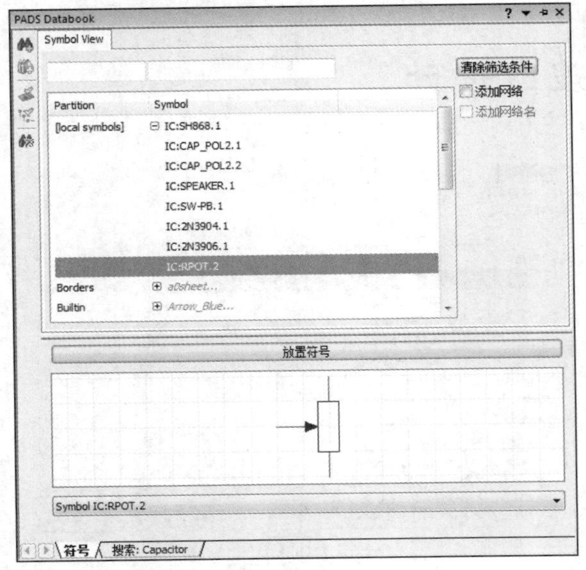

图 12-11　可调电阻元件 PROT.2

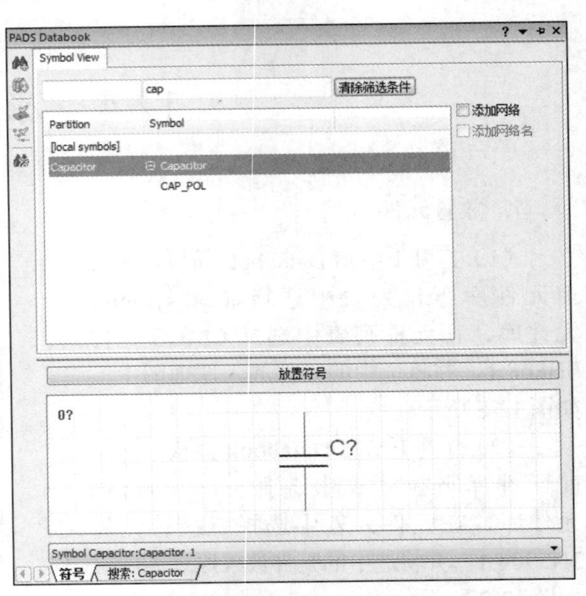

图 12-12　无极性电容元件

（6）打开 PADS Databook 面板，在当前元件库下拉列表中选择 local symbols 元件库，在元件列表中选择极性电容元件 CAP_POL2.2，并将选中的元件放入原理图中，如图 12-13 所示。

（7）打开 PADS Databook 面板，在当前元件库下拉列表中选择 local symbols 元件库，在元件列表中选择扬声器元件 SPEAKER.1，并将选中的元件放入原理图中，如图 12-14 所示。

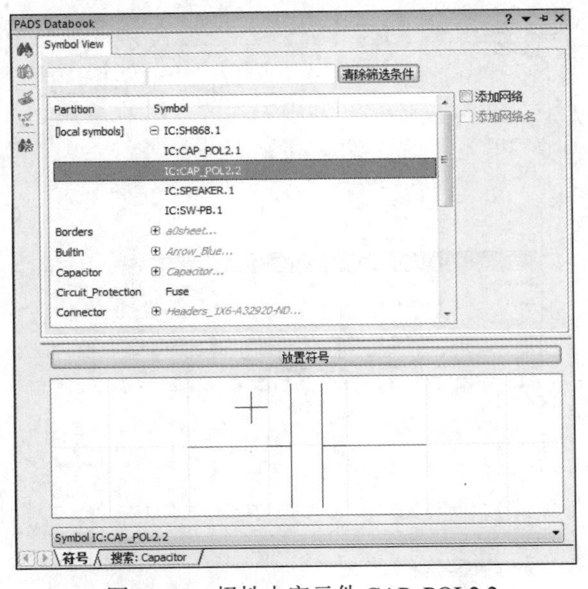

图 12-13　极性电容元件 CAP_POL2.2

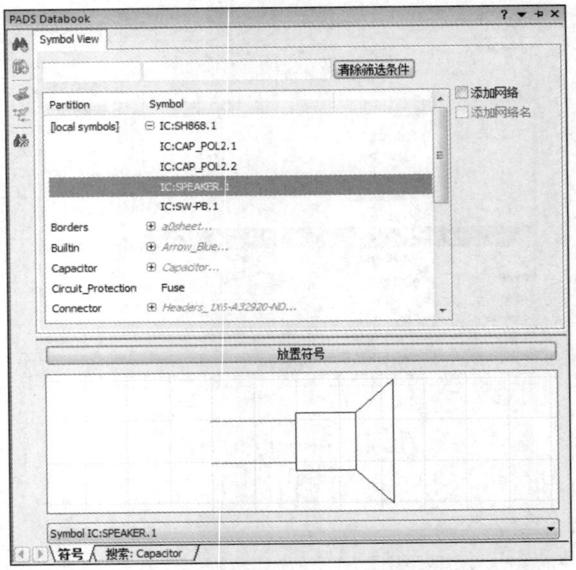

图 12-14　扬声器元件

（8）打开 PADS Databook 面板，在当前元件库下拉列表中选择 local symbols 元件库，在元件列表中选择开关元件，并将选中的元件放入原理图中，如图 12-15 所示。

（9）打开 PADS Databook 面板，在当前元件库下拉列表中搜索 res，在元件列表中选择电阻元件，并将选中的元件放入原理图中，如图 12-16 所示。

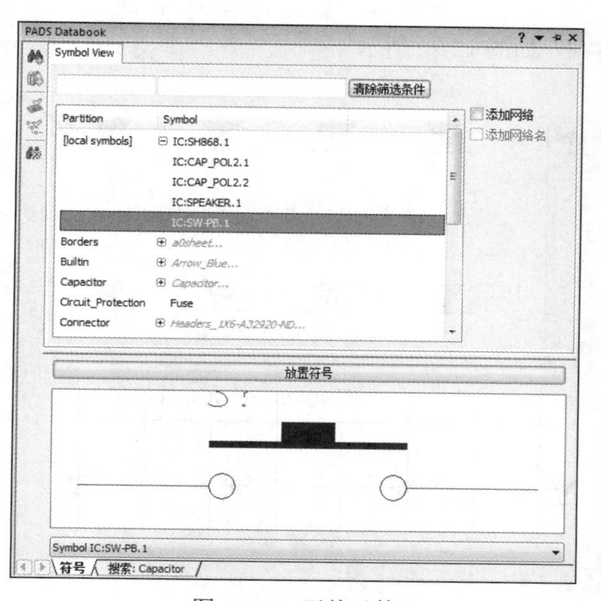

图 12-15　开关元件

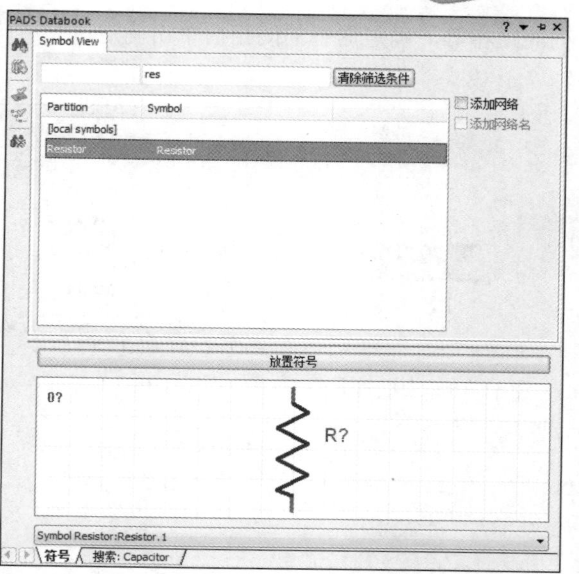

图 12-16　电阻元件

（10）打开 PADS Databook 面板，在当前元件库下拉列表中搜索 dio，在元件列表中选择二极管元件，并将选中的元件放入原理图中，如图 12-17 所示。

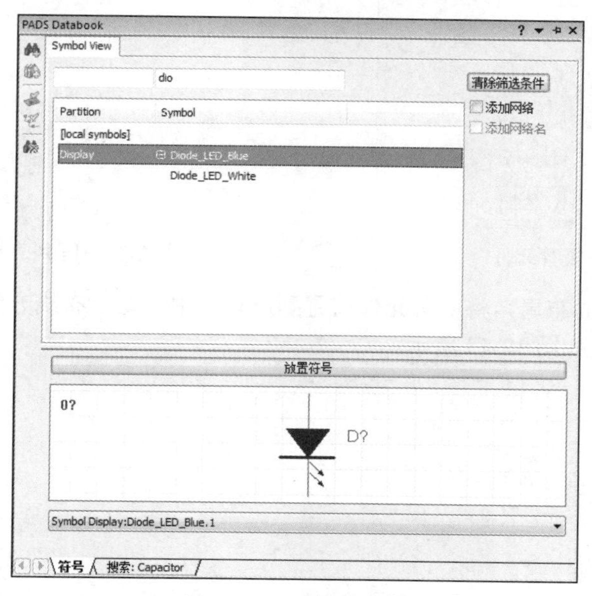

图 12-17　二极管元件

2. 元件布局

（1）选中如图 12-18 所示的二极管元件，单击 Add（添加）工具栏中的“添加阵列”按钮，系统将弹出如图 12-19 所示的“阵列”对话框，设置阵列对象为 2 行 4 列。单击“确定”按钮，向外拖动元件调整间距，确定调整的间距后单击确定，完成阵列，如图 12-20 所示。

（2）选中图 12-21 所示的三极管元件，单击 Add（添加）工具栏中的“添加阵列”按钮，系统将弹出如图 12-19 所示的“阵列”对话框，设置阵列对象为 1 行 3 列，体征阵列间距与二极管元件

Note

列间距相等，确定调整的间距后单击确定，完成阵列，如图 12-22 所示。

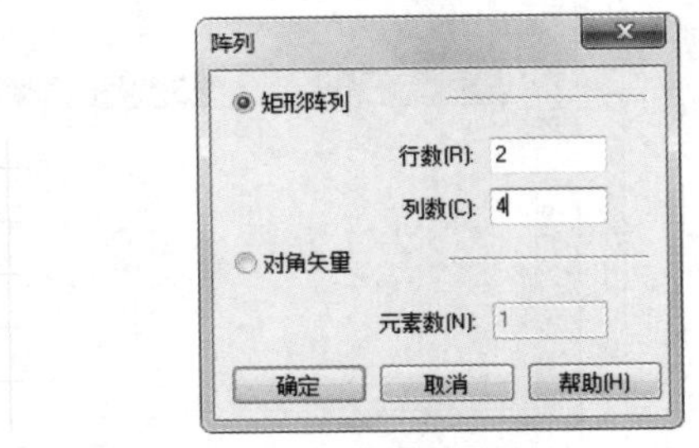

图 12-18　二极管元件　　图 12-19　“阵列”对话框　　图 12-20　阵列元件结果

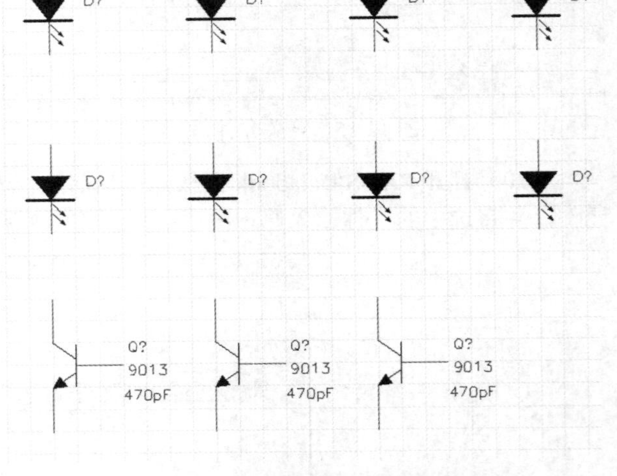

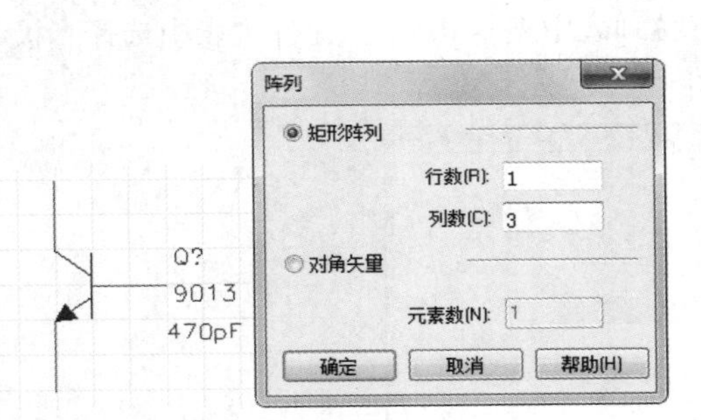

图 12-21　阵列三极管元件　　　　图 12-22　阵列三极管元件的结果

（3）完成所有元件的布局，将所有元件放置到原理图中，基于布线方便的考虑，SH686.1 被放置在电路图中间的位置，如图 12-23 所示。

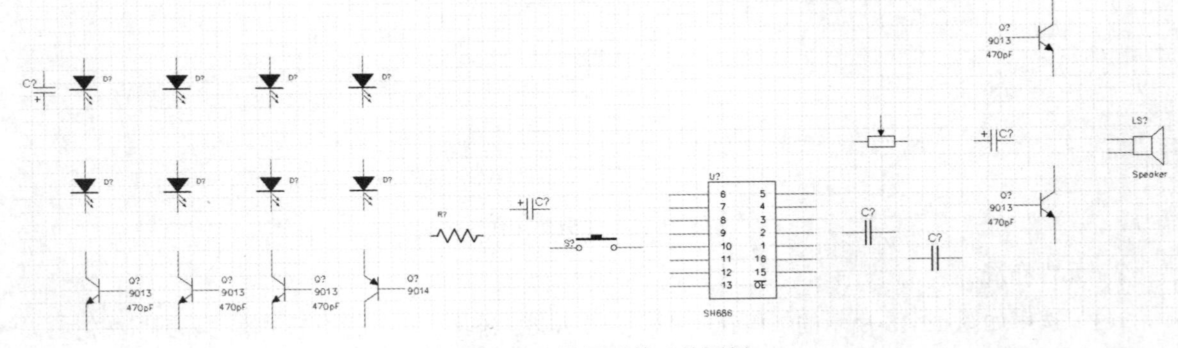

图 12-23　放置元件后的图纸

3. 连接线路

布局好元件后，下一步的工作就是连接线路。选择菜单栏中的“添加”→“网络”命令，或单击

Add（添加）工具栏中的 （添加网络）按钮，或按 N 键，此时光标变成十字形状并附加一个十字交叉符号，执行连线操作。连接好的电路原理图如图 12-24 所示。

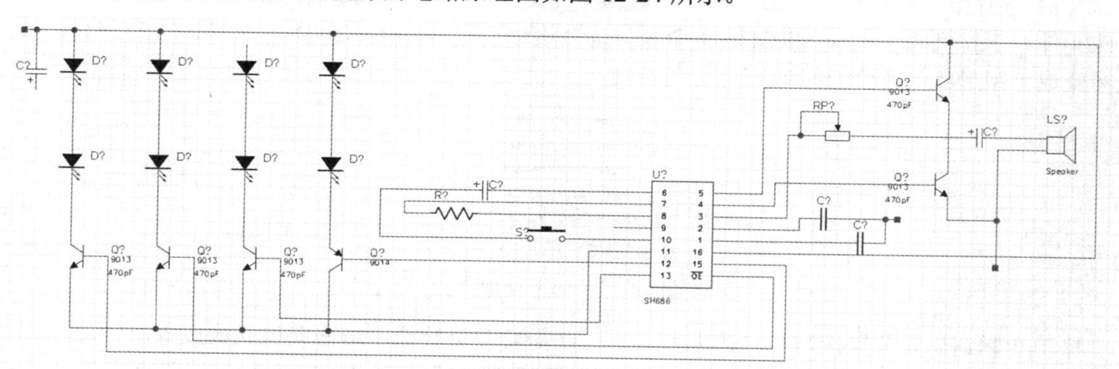

图 12-24　布线结果

4. 元件属性设置及元件布局

双击元件 SH868，在弹出的 Properties 面板中设置元件编号，如图 12-25 所示。

Properties

Property	Value
Name	
Id	$1I32
Partition	IC
Symbol Name	SH868.1
Name Inverted	False
Forward To PCB	Inherit From Definition
Scale	1
Rotation	0
☐ Comment	☑ SH686
☐ DEVICE	☐ SH868
☐ PARTS	☐ 1
☐ Pin Order	☐ 1 2 3 4 5 6 7 8 9 10 .
☐ **REFDES**	☑ **U1**

图 12-25　设置元件属性

同样的方法可以对电容、二极管和电阻编号设置，一般来说，在设计电路图时，需要设置的元件参数只有元件序号、元件的注释和一些有值元件的值等。其他参数不需要专门设置，也不要随意修改，设置好元件属性后的电路原理图图纸如图 12-26 所示。

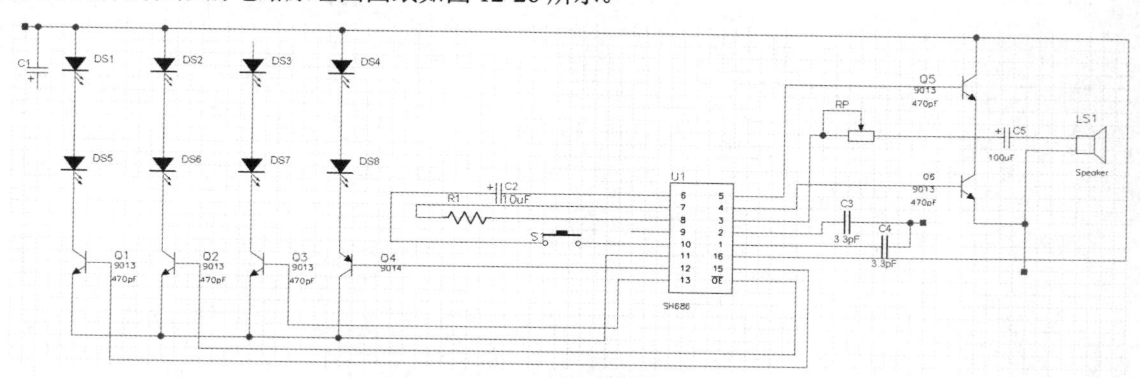

图 12-26　设置属性后的电路原理图

5. 放置电源和接地符号

（1）选择菜单栏中的“添加”→“特殊元件”命令，或单击 Add（添加）工具栏中的（添加特殊元件）下拉列表，选择 GROUND 命令，选择接地符号 Globals:GND.1，如图 12-27 所示，此时光标变成十字形状，并带有接地符号。

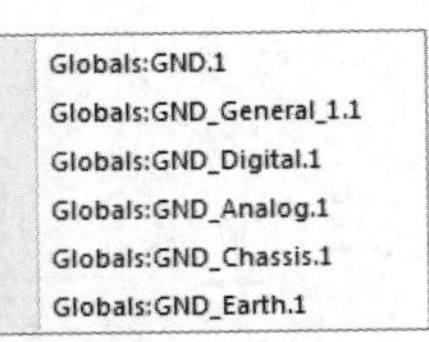

图 12-27　选择接地类型

移动光标到需要放置接地符号的地方，本例共需要 3 个接地，单击即可完成放置。

（2）选择菜单栏中的“添加”→“特殊元件”命令，或单击 Add（添加）工具栏中的（添加特殊元件）下拉列表，选择 POWER→Globals:Sourse_VCC.1 命令，放置电源，本例共需要 1 个电源，值为 4.5V。

完成电路原理图的设计后，保存原理图文件，结果如图 12-28 所示。

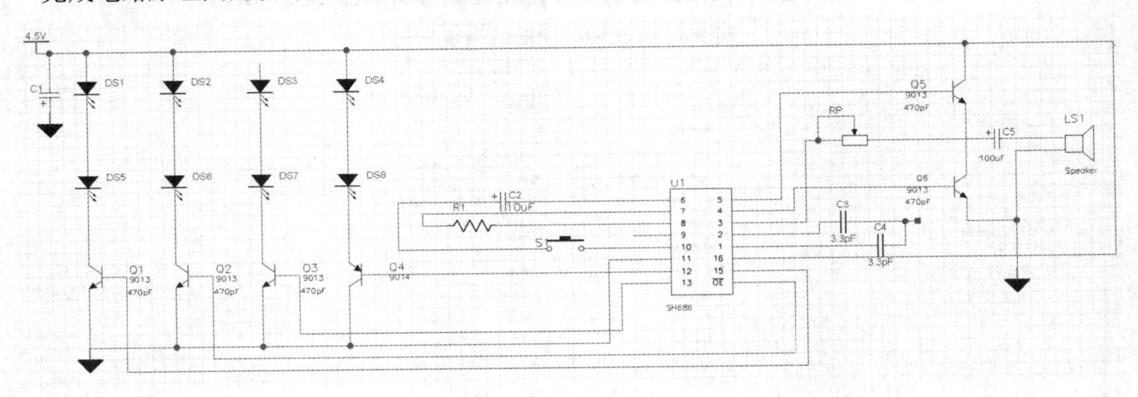

图 12-28　电路原理图

第13章

HyperLynx 仿真

在高速数字设计领域，信号噪声会影响相邻的低噪声器件，以至于无法准确传递“消息”。随着高速器件越来越普遍，板卡设计阶段的分布式电路分析也变得越来越关键。信号的边沿速率只有几纳秒，因此需要仔细分析板卡阻抗，确保合适的信号线终端，减少这些线路的反射，保证电磁干扰（EMI）处于一定的规则范围之内。最终，需要保证跨板卡的信号完整性，即获得好的信号完整性。

HyperLynx PI 是 Mentor Graphics 公司针对日益显著的电源完整性（PI）问题推出的分析工具。其界面友好，易学易用，可以快速得到仿真结果。在设计早期，甚至 Layout 之前，工程师就可以识别电源分配的问题，同时可以在设计阶段就发现实验室测试都很难定位的问题。HyperLynx signal integrity（SI）在 PCB 系统设计里生成快速、方便、准确的信号完整性分析。

HyperLynx SI 帮助工程师有效地管理规则的探索、定义和验证，确保工程意图完全实现；紧密集成从原理图设计到最后的布局验证，以快速、准确地解决包括过冲/下冲典型的高转速设计的影响、振铃、串扰和时序问题。

学习重点

- ☑ HyperLynx 概述
- ☑ 电路板仿真步骤
- ☑ 设定元件的信号完整性模型
- ☑ 信号完整性分析设计
- ☑ PADS HyperLynx SI 界面
- ☑ 用 LineSim 进行仿真工作的基本方法
- ☑ 操作实例　LineSim 串扰分析

任务驱动&项目案例

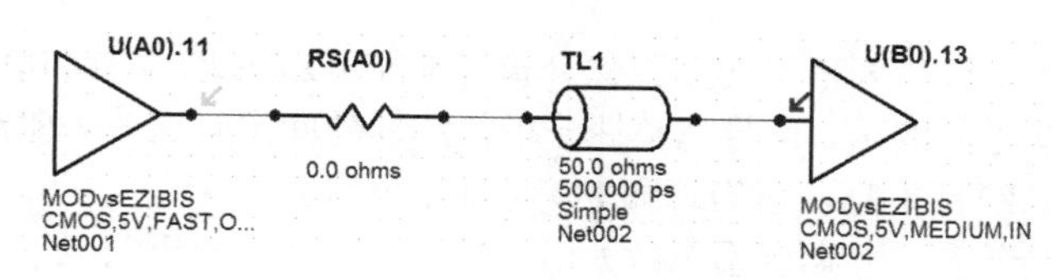

13.1 HyperLynx 概述

Note

HyperLynx 是专用的高速 PCB 信号完整性（SI）和电磁兼容性（EMC）分析工具，为各种 PCB 设计环境都提供了完善的接口，HyperLynx 可以读取所有 PCB 设计环境下的版图文件；支持设计反标功能，在 HyperLynx 中对版图的修改可直接反标到设计原理图和 PCB 中，使仿真分析成果在设计中及时体现出来。HyperLynx 支持对 PADS Layout（PowerPCB）、PADS Logic（PowerLogic）、DxDesigner 等原理图/PCB 环境的反标。设计数据可在版图设计、前仿真、板级分析等环境中进行无缝传递 PAD Layout（PowerPCB）与 HyperLynx 的前仿真模块 LineSim 及板级分析模块 BoardSim 构成一个完整的高速 PCB 设计、仿真环境，设计数据可在 3 种环境间无缝传递，便于 PCB 网络拓扑结构提取、实时仿真调试及设计修改验证等操作，提高了设计效率。

13.1.1 HyperLynx 基本概念

HyperLynx 主要用来解决信号完整性和在生产之前找到问题，同时包括 EMC Analysis、SPICE Netlist Writer、Crosstalk Analysis、Multiple Board Analysis 等工具。

电源完整性分析（PI）已成为现代电子设计中必不可少的部分。随着 IC 供电种类的增多、功耗的增大以及板层的减少，更小的噪声余量及不断增加的工作频率等方面的需求，合理的电源供电系统设计变得非常困难。如果供电不足，设计将出现信号完整性问题，IC 无法正常工作，印制板将因逻辑错误而失败。

HyperLynx PI 是 Mentor Graphics 公司针对日益显著的电源完整性（PI）问题推出的分析工具。其界面友好，易学易用，可以快速得到仿真结果。在设计早期，甚至 Layout 之前，工程师就可以识别电源分配的问题，同时可以在设计阶段就发现实验室测试都很难定位的问题。完成 PCB 布局布线之后，工程师可以通过后仿真验证进而确保设计要求满足性能指标。这将帮助减少设计迭代，从而减少产品上市时间，同时确保产品可靠性。

HyperLynx PI 能够识别潜在的直流电源分配问题。过多的压降，可能导致 IC 出现故障，不能正常工作。此外，PCB 层叠上过高的电流密度或过大的过孔电流，导致印制板的损坏，降低产品的可靠性与安全性。所有的仿真结果可以通过图形化的方式查看，也可以生成报告，这样将有助于快速定位直流电源分配的问题。

HyperLynx PI 可以帮助分析电源分配网络需要多少个去耦电容、放置位置及其安装方式，并且可以分析阻抗对平面上噪声传播的影响，以便帮助工程师优化电源分配系统。

HyperLynx PI 可以帮助产生高精度的过孔模型，包括整个板子的去藕网络、所有的电容、过孔，用以分析平面简谐振的影响。HyperLynx PI 还支持 PDN 模型的提取，模型可提取成 S 参数、Z 参数或 Y 参数，并且可在仿真中方便地应用。

13.1.2 信号完整性定义

从字面意义上，这个术语代表信号的完整性分析。不同于那些处理电路功能操作的电路仿真，但假定电路互连完好，与此不同的是，信号完整性分析关注器件间的互连——驱动管脚源、目的接收管脚和连接它们的传输线。组件本身以它们管脚 I/O 特性定型号。

分析信号完整性时会检查（并期望不更改）信号质量。当然，理想情况下，源管脚的信号在沿着

传输线传输时是不会有损伤的。器件管脚间的连接使用传输线技术建模，考虑线轨的长度、特定激励频率下的线轨阻抗特性以及连接两端的终端特性。一般分析需要通用快速的分析方法来确定问题信号，一般指筛选分析；而如果要进行更详细的分析，则就是指研究反射（反射分析）和 EMI（电磁干扰）。

如果原型板卡上的控制信号遭受间歇性的噪声干扰，那么电路功能就会受到不良影响。如今的设计就是在比可靠性、完整性成本和是否快速地推向市场。在设计流程的早期，越早解决信号完整性问题就越能减小原型开发的循环次数，完成给定的设计项目。许多 EDA 工具都可以在板卡版图设计前、设计中分析信号完整性。不过，只有在板卡完全布线后才能充分看到信号的完整性效果，在电磁干扰分析中尤其如此，但经常处理反射问题可大大减小 EMI 效果。

多数信号完整性问题都是由反射造成的，通过引入合适的终端组件来进行阻抗不匹配补偿。如果在设计输入阶段就进行分析，则相对可以更快更直接地添加终端组件。很明显，相同的分析也可以在版图设计阶段完成，但版图完成后再添加终端组件十分费时且容易出错，在密集的板卡上尤其如此。有一种很好的补救策略，也是许多工程师在使用信号完整性分析用的，就是在设计输入后、PCB 板图设计前进行信号完整性分析，处理反射问题，根据需求放置终端。然后进行 PCB 设计，使用基于期望传输线阻抗的线宽进行布线，再次分析。在输入阶段检查有问题标值的信号。同样进行 EMI 分析，把 EMI 保持在可接受的水平。

一般信号传输线上反射的起因是阻抗不匹配。基本电子学指出一般电路都有输出有低阻抗而输入有高阻抗。为了减小反射，获得干净的信号波形、没有响铃特征，就需要很好的匹配阻抗。一般的解决方案包括在设计中的相关点添加终端电阻或 RC 网络，以此匹配终端阻抗，减少反射。此外，在 PCB 布线时考虑阻抗也是确保更好信号完整性的关键因素。

串扰水平（或 EMI 程度）与信号线上的反射直接成比例。如果信号质量条件得到满足，反射几乎可以忽略不计。在信号到达目的地的路径中尽量少兜圈子，就可以减少串扰。设计工程师设计的黄金定律就是通过正确的信号终端和 PCB 上受限的布线阻抗获得最佳的信号质量。一般 EMI 需要严格考虑，但如果设计流程中集成了很好的信号完整性分析，则设计就可以满足最严格的规范要求。

13.2 电路板仿真步骤

下面详细讲述电路板仿真过程。

1. 仿真板的准备阶段

仿真前的准备工作主要包括以下几点。

（1）原理图设计。

（2）PCB 封装设计。

（3）PCB 板外边框（outline）设计，PCB 禁止（keepout）布线区划分。

（4）器件预布局（placement）：将其中的关键器件进行合理的预布局，主要涉及相对距离、抗干扰、散热、高频电路与低频电路、数字电路与模拟电路等方面。

（5）PCB 布线分区（room）：主要用来区分高频电路与低频电路、数字电路与模拟电路以及相对独立的电路，元器件的布局以及电源和地线的处理将直接影响到电路性能和电磁兼容性能。

2. IBIS 模型的转化和加载

信号完整性仿真是建立在器件 IBIS 模型的基础上的，但又不是直接应用 IBIS 模型，CADECE 的软件自带一个将 IBIS 模型转换为自己可用的 DML（device model library）模型的功能模块。

3. 提取网络拓扑结构

在对被仿真网络提取拓扑之前需要对该板的数据库进行设置，整个操作步骤都在一个界面 PDN Analysis（公用数据网络分析）中进行，之后就可进行拓扑的提取。

Note

4. PCB 前仿真

仿真分析主要包括布线前/布线后 SI 分析工具和系统级 SI 工具等。前仿真是指在布局和布线之前的仿真，目的为布局和布线做准备，LineSim 用于 PCB 前仿真分析，其配置分为中低频段（EXT 模块：300MHz 以下）和高频段（GHz 模块：300MHz 以上）两种。

5. PCB 布局布线

模板设计、确定 PCB 尺寸、形状、层数及层结构、元件放置、输入网表、设计 PCB 布线规则、PCB 交互布局、PCB 走线、PCB 光绘文件生成、钻孔数据文件。

6. 给拓扑添加约束

在对网络拓扑结构进行仿真时，需要根据仿真结果不断修改拓扑结构以及预布局上元器件的相对位置。为了得到一个最优的拓扑结果，就需要在拓扑中加入约束，并将有约束的拓扑赋给板中有同样布局布线要求的网络，用以指导与约束随后的 PCB 布线。

7. PCB 后仿真

后仿真的目的是验证、检验仿真结果，是更加精确的仿真。后仿真的过程和前仿真的过程相似，只是在提取拓扑时，前仿真使用的是理想传输线模型，没有考虑实际情况中的各种损耗，但后仿真使用的是实际的布线参数，因此仿真的结果更为精确一些。如果在后仿真中发现问题，则需要对部分关键器件及线网进行重新布局和布线制止修改到最佳情况。

BoardSim 用于 PCB 后仿真验证，其配置分为中低频段（EXT 模块：300MHz 以下）和高频段（GHz 模块：300MHz 以上）两种。可以导入 PCB 设计文件，提取叠层结构与叠层物理参数，计算传输线特征阻抗，进行信号完整性与电测兼容性测试。

13.3 设定元件的信号完整性模型

与前面章节绘制的电路原理图仿真过程类似，PADS HyperLynx SI 的信号完整性分析也是建立在模型基础之上的，这种模型就称为信号完整性模型，简称 SI 模型。

与封装模型、仿真模型一样，SI 模型也是元件的一种外在表现形式。很多元件的 SI 模型与相应的原理图符号、封装模型、仿真模型一起，由系统存放在集成库文件中。因此，与设定仿真模型类似，也需要对元件的 SI 模型进行设定。

元件的 SI 模型可以在信号完整性分析之前设定，也可以在信号完整性分析的过程中进行设定。

13.3.1 元件的 SI 模型

目前 HyperLynx 支持主要仿真模型类型有 IBIS 模型、MOD 模型、SPICE 模型，仿真时应根据器件所加载的模型类型选择合适的仿真器。

1. IBIS 模型

IBIS 模型（input/output buffer information specification）模型是一种基于 V/I 曲线的对 I/O BUFFER 快速准确建模的方法，是反映芯片驱动和接收电气特性的一种国际标准，提供一种标准的文件格式来记

录如驱动源输出阻抗、上升/下降时间及输入负载等参数，非常适合做振荡和串扰等高频效应的计算与仿真。

由于 Allegro SI 不能够直接打开 IBIS 模型，需要把 IBIS 模型转换成 Allegro 专用的 DML 模型，IBIS 与 DML 均为文本文档，只是在描述的方式上有所区别。

（1）在 I/O 非线性方面能够提供准确的模型，同时考虑了封装的寄生参数与 ESD 结构。

（2）提供比结构化的方法更快的仿真速度。

（3）可用于系统板级或多板信号完整性分析仿真。可用 IBIS 模型分析的信号完整性问题包括串扰、反射、振荡、上冲、下冲、不匹配阻抗、传输线分析、拓扑结构分析。IBIS 尤其能够对高速振荡和串扰进行准确精细的仿真，它可用于检测最坏情况的上升时间条件下的信号行为及一些用物理测试无法解决的情况。

（4）模型可以免费从半导体厂商处获取，用户无须对模型付额外开销。

（5）兼容工业界广泛的仿真平台。

2. SPICE 模型

随着 I/O 开关频率的增加和电压电平的降低，I/O 的准确模拟仿真成了现代高速数字系统设计中一个很重要的部分。通过精确仿真 I/O 缓冲器、终端和电路板迹线，可以极大地缩短新设计的面市时间。通过在设计之初识别与问题相关的信号完整性，可以减少板固定点的数量。

传统意义上，SPICE（simulation program with integrated circuit emphasis）分析用在需要高准确度的 IC 设计之类的领域中。然而，在 PCB 和系统范围内，对于用户和器件供应商而言，SPICE 方法有几个缺点。

由于 SPICE 仿真在晶体管水平上模拟电路，因此它们包含电路和工艺参数方面的详细信息。大多数 IC 供应商认为这类信息是专有的，而拒绝将他们的模型公诸于众。

虽然 SPICE 仿真很精确，但是仿真速度对于瞬态仿真分析（常用在评估信号完整性性能时）而言特别慢。并且，不是所有的 SPICE 仿真器都是完全兼容的。默认的仿真器选项可能随 SPICE 仿真器的不同而不同。因为某些功能很强大的选项可以控制精度和算法类型，所以任何不一致的选项都可能导致不同仿真器的仿真结果的相关性很差。最后，因为 SPICE 存在变体，所以通常仿真器之间的模型并不总是兼容的；必须为特定的仿真器进行筛选。

SPICE 模型是由 SPICE 仿真器使用的基于文本描述的电路器件，它能够用数学预测不同情况下元件的电气行为。SPICE 模型从最简单的对电阻等无源元件只用一行的描述到使用数百行描述的极其复杂子电路。

SPICE 模型不应该与 PSpice 模型混淆在一起。PSpice 是由 OrCAD 提供的专用电路仿真器。尽管有些 PSpice 模型是与 SPICE 兼容的，却并不能保证其完全兼容性。SPICE 是最广泛使用的电路仿真器，同时还是一个开放式标准。

电磁干扰（electromagnetic interference，EMI），有传导干扰和辐射干扰两种。传导干扰是指通过导电介质把一个电网络上的信号耦合（干扰）到另一个电网络。辐射干扰是指干扰源通过空间把其信号耦合（干扰）到另一个电网络。在高速 PCB 及系统设计中，高频信号线、集成电路的引脚、各类接插件等都可能成为具有天线特性的辐射干扰源，能发射电磁波并影响其他系统或本系统内其他子系统的正常工作。

13.3.2 仿真模型库

PADS HyperLynx 提供了仿真模型，供用户选择使用。为了仿真原理图，要先收集需要用到的相

Note

关器件的 IBIS 模型，并把它们保存在同一个文件夹中。

选择菜单栏中的“设置”→“选项”→“目录”命令，系统将弹出如图 13-1 所示的“设置目录”对话框，在“模型-库文件路径”选项组中设置保存 IBIS 模型文件的路径。默认显示的两个保存 IBIS 模型文件的文件夹为 LineSim 的模型库。

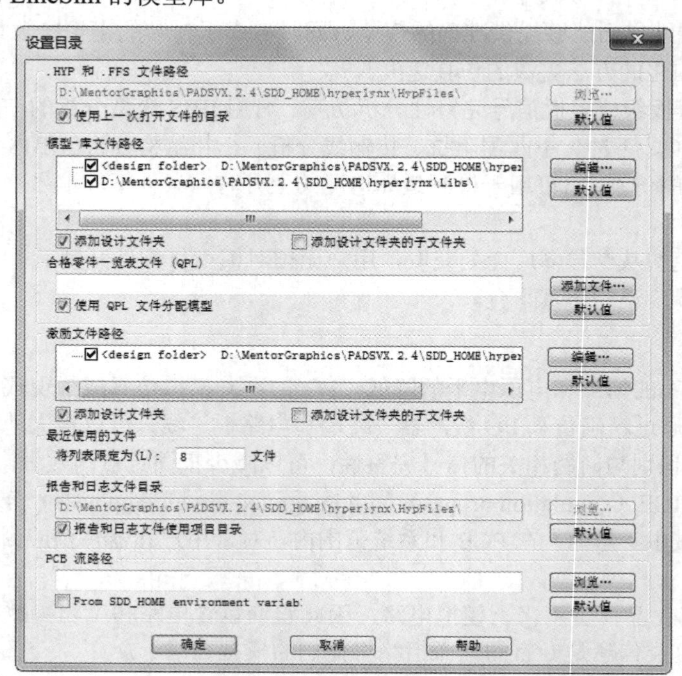

图 13-1 “设置目录”对话框

单击“编辑”按钮，弹出“选择 IC 模型文件的目录”对话框，如图 13-2 所示。在“目录列表”中显示默认的仿真库路径。

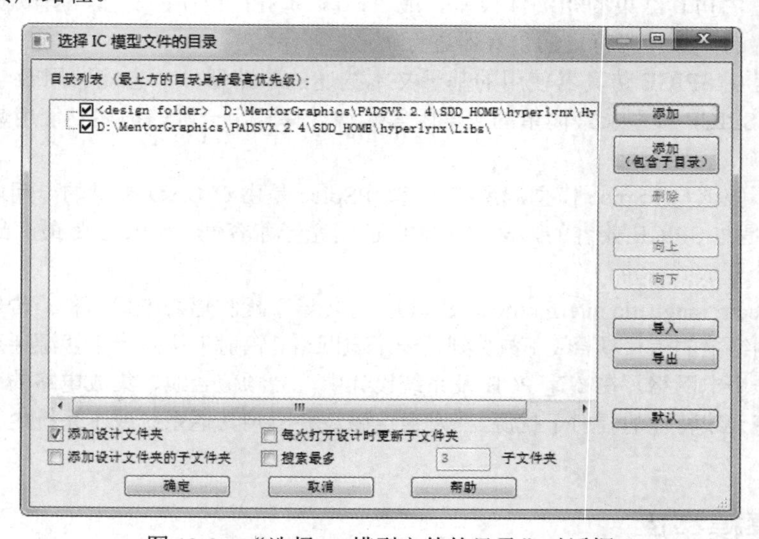

图 13-2 “选择 IC 模型文件的目录”对话框

单击“添加”按钮，弹出 Add Model Folder（添加模型文件夹）对话框，选择要添加的仿真模型

路径，如图 13-3 所示。

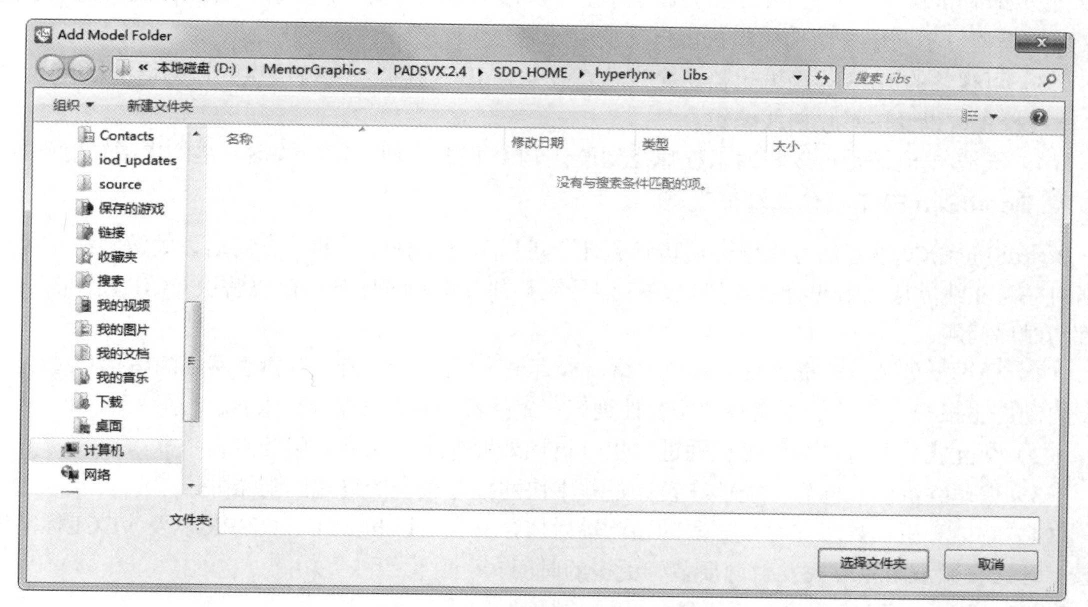

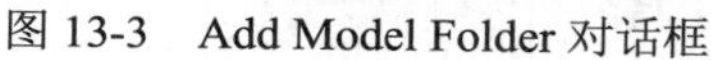

图 13-3 Add Model Folder 对话框

单击“导入”按钮，导入仿真模型；单击“导出”按钮，导出仿真模型。

PADS HyperLynx 有超过 13000 个元件模型库，包括 IC、磁珠（ferrite bead）和连接器（connector）模型；当新的模型出现后，还能免费从网站下载最新模型。当元件供应商没有提供 IBIS 模型时，通过数据手册中提供的信息使用 Easy IBIS Wizard 工具快速建立 IBIS 模型。Visual IBIS Editor 能够以图形方式查看并编辑 IBIS 模型文件。当项目提前，等待 IBIS 模型或者当数据手册的信息有限时，可靠地快速创建模型技术有效地保证了仿真顺利进行。快速仿真模型能够在几分钟以内建立，保证进行分析。

13.4 信号完整性分析设计

利用 HyperLynx SI 分析工具，通过仿真在第一时间得到正确的设计验证，避免重新设计造成的资源浪费，避免重布板、原形生产及测试的反复。通过 HyperLynx SI 仿真工具，可以在整个设计过程中分析和验证高速信号问题——从早期的系统设计一直到 PCB 设计完成后的验证，整个过程和在实验室使用示波器和频谱仪一样简单，而且更加经济。

HyperLynx EXT MHz 包括 LineSim EXT 前仿真预分析功能与 BoardSim EXT 后仿真验证功能，其具体功能如下。

1. LineSim EXT 前仿真预分析工具

在进行 PCB 设计之前，采用 LineSim EXT 进行前仿真预分析，可以在布线前帮助工程师发现并消除信号完整性问题，进而优化电路板层叠结构、系统时钟、关键网络拓扑结构以及终端匹配方式。LineSim 直观的传输线模型是一种理想的建模方式，可使工程师在第一时间获得正确的设计。

（1）快速输入复杂互联模型，包括 IC、传输线、线缆、连接器和无源器件。

（2）即时仿真，采用工业标准的IBIS模型，自带18000个器件模型库，并且可通过器件手册自定义用户模型。不同层叠结构的阻抗可自动重新计算。

（3）可视化的IBIS模型编辑器，允许检查并编辑IBIS模型，支持层次化自动语法检查，V/I、V/T曲线校正，以及图形化曲线编辑。

（4）天线/电流探针可以帮助工程师找到设计EMI根源，便于发现关键网络的电磁辐射问题。

2. BoardSim EXT后仿真验证工具

BoardSim EXT进行信号完整性后仿真验证，可以帮助工程师在器件布局后、关键网络布线后以及所有信号布线完成后等设计各阶段，进行信号完整性分析和时序分析，以解决PCB设计的信号完整性与时序问题。

（1）通过批处理方式批量扫描高速网络，检查最小/最大延迟值，并检查网络的串扰和过/欠冲限制，自动产生报告，包括信号完整性兼容性列表、串扰和EMC热点分析报告。

（2）交互式分析可以帮助工程师进一步分析批处理模式下找到的问题点。

（3）快速终端匹配向导，能够在设计过程中快速推荐最佳的终端匹配器件。

（4）频谱分析仪显示在每个频段的预测辐射值，并且可以和FCC、CISPR以及VCCI标准进行比较，这比在微波暗室寻找发射源要节省更多的时间。

3. HyperLynx GHz仿真分析工具

HyperLynx GHz后仿真验证工具，有如下功能特色。

（1）有损传输线的精确模型，包括趋肤效应和介质损耗。

（2）分析数千兆频率信号的码间干扰，包括随机抖动眼图分析及自定义眼图模板。

（3）支持SPICE、S参数、IBIS和VHDL-AMS模型混合仿真。

（4）先进的过孔模型。

（5）差分信号仿真分析，包括差分阻抗，差分终端匹配优化。

（6）终端匹配向导推荐最优的匹配方案，包括串联、并联、AC及差分匹配。

（7）对EMC问题提早预测，包括辐射和传输线电流分析。

（8）功能强大，支持多板互联系统分析。

（9）HyperLynx兼容主流PCB设计数据。

13.5 PADS HyperLynx SI界面

选择"开始"→"所有程序"→PADS VX.2.4→PADS HyperLynx SI命令，启动PADS HyperLynx SI。信号完整性分析设计平台PADS HyperLynx SI同标准的Windows软件的风格一致，包括菜单栏、工具栏、快捷菜单，如图13-4所示。PADS HyperLynx SI能够进行模型建立、处理和校验，在使用仿真模型之前必须先验证仿真模型。模型校验包括语法检查、单调性检查、模型检查以及数据合理性检查。

软件启动后，在图形窗口中显示开始页面，用于项目文件的创建与打开，如图13-5所示，单击New（新建）选项，显示如图13-5所示的界面，显示要创建的文件类型包括New SI Schematic（新建仿真原理图）和New Board（新建电路板）两种。

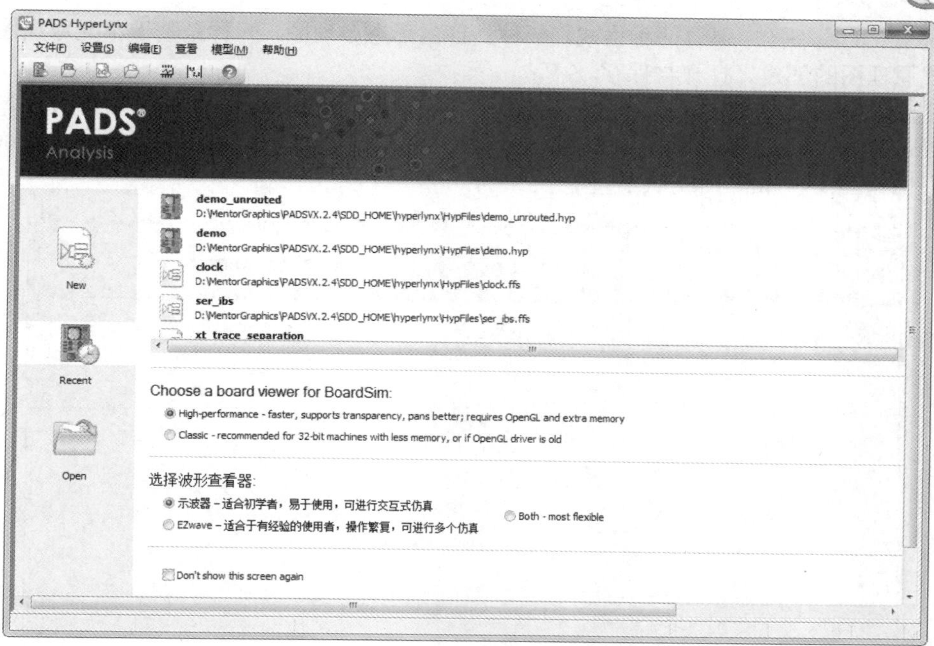

图 13-4　PADS HyperLynx SI 图形界面

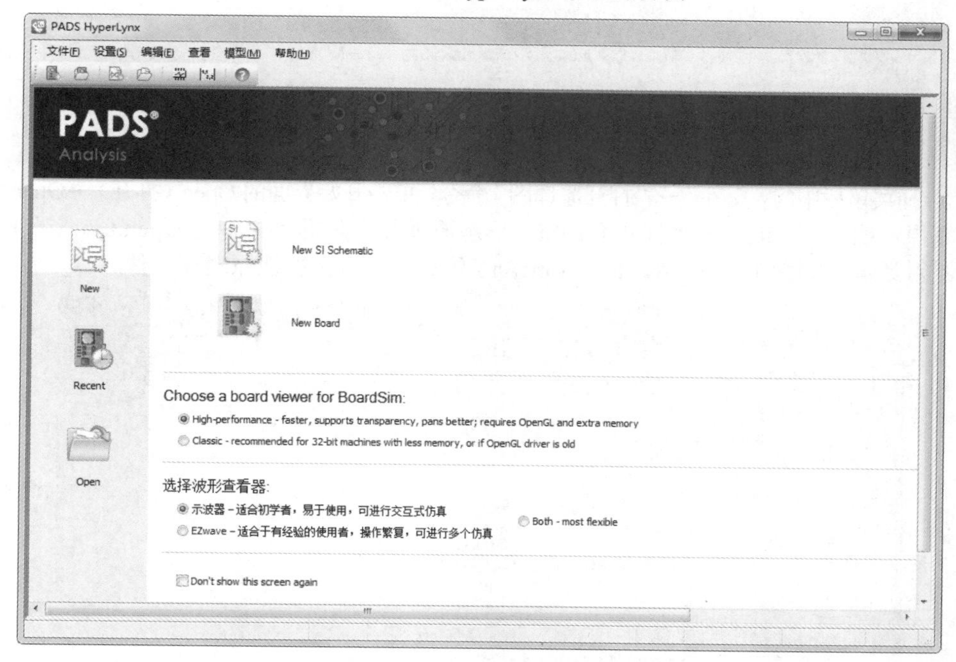

图 13-5　新建文件

13.5.1　新建信号完整性原理图

信号完整性原理图与前面章节讲解的逻辑原理图和 PCB 原理图不同，它既包含电学信息又包含物理结构信息，为方便操作，将本章中的信号完整性原理图简称为原理图。下面讲解如何创建信号完整性原理图。

Note

在 LineSim 的原理图中包含两种格式，一种是自由形态原理图，一种是基于单元原理图，本节讲解自由形式原理图的创建、打开与保存。

（1）选择菜单栏中的“文件”→“新建自由形态原理图”→SI 命令，单击开始界面的 New→New SI Schematic 选项或单击“新建 LineSim 自由形态原理图”按钮，创建自由形式进行 LineSim 仿真的信号完整性原理图，如图 13-6 所示。

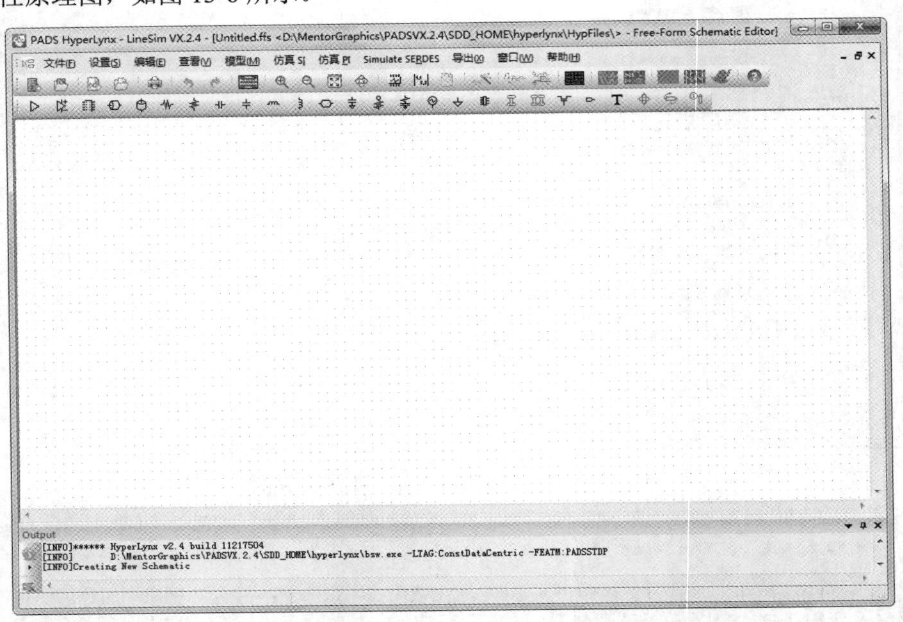

图 13-6　LineSim 自由形态原理图

（2）选择菜单栏中的“文件”→“打开原理图”命令，单击开始界面的 Open（打开）→Open Schematic（打开仿真原理图）选项或单击“打开 LineSim 形态原理图”按钮，弹出 Open LineSim File（打开仿真文件）对话框，如图 13-7 所示，打开 LineSim 仿真的信号完整性原理图文件。

图 13-7　Open LineSim File 对话框

（3）选择菜单栏中的“文件”→“另存为”命令，在弹出的对话框中保存创建的 LineSim 仿真原理图，如图 13-8 所示，创建的自由形态原理图文件扩展名为“.ffs”。

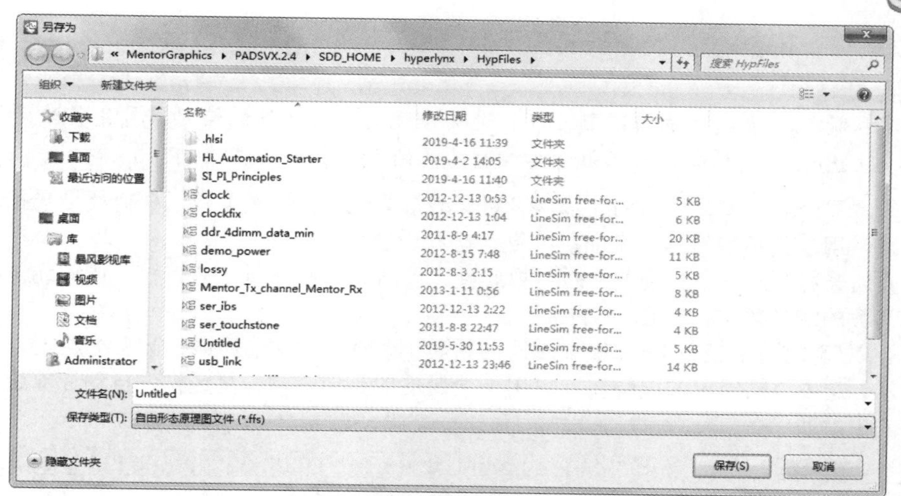

图 13-8 “另存为”对话框

13.5.2 层叠编辑器

在 BoardSim 和 LineSim 中均包括一个功能强大的叠层编辑器，实现不同层结构配置，并自动地计算阻抗（impedance）值，快速完成板层叠层（stackup）设置计划。

在 LineSim 中，在开始设置传输线模型之前，叠层仅仅用于对传输线进行模拟，选择菜单栏中的“设置”→“叠层”命令，弹出如图 13-9 所示的子菜单，用于对叠层进行编辑、导入、导出与检查。

1. 对叠层进行编辑

（1）选择菜单栏中的“设置”→“叠层”→“编辑”命令，系统将弹出如图 13-10 所示的 Stackup Editor（叠层编辑器）对话框。在该对话框中可以编辑介质层厚度、线宽、顶层、底层和各个走线层、参考层及介质层的参数，进行叠层设计和修改，以及对每个信号层进行特性阻抗的计算。

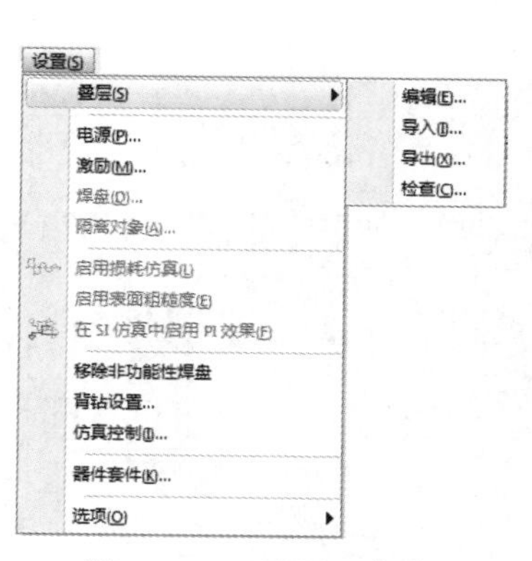

图 13-9 “叠层”菜单

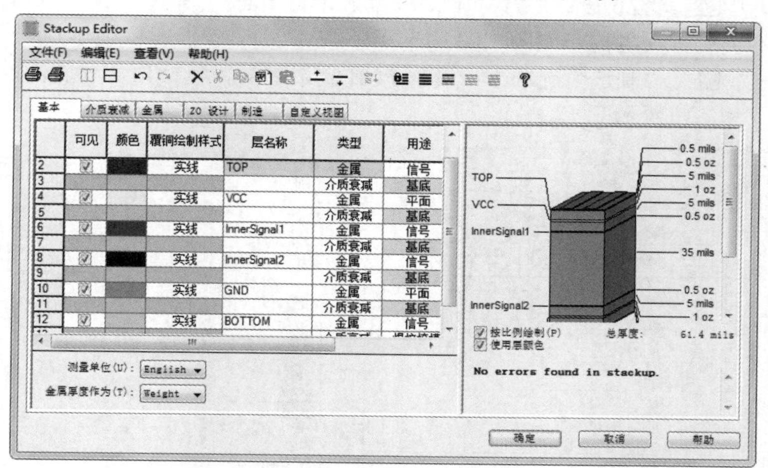

图 13-10 Stackup Editor 对话框

（2）对话框的左侧叠层参数窗口包含“基本”“介质衰减”“金属”“Z0 设计”“制造”“自定义视图”6 个选项卡，可以将一个层面的数据复制到另一个层面上。右侧显示叠层结构示意图，信号层的特征阻抗都会显示在叠层示意图中，选中“按比例绘制”“使用层颜色”复选框，为层结构添加颜色与显

示比例。

知识拓展：

特性阻抗传输线和负载阻抗的匹配，以及选择合适的端接器件的值对信号完整性是很重要的。BoardSim 和 LineSim 的叠层编辑器正是对其控制的开始。

Note

- ☑ “基本”选项卡：叠层结构的基本设置、测量单位、材料类型等，材料类型包括件数、介质衰减；用途包括信号层、平面层、混合层和电镀层。
- ☑ “介质衰减”选项卡：设置介质材料属性，包括选用的介质工艺特性、传输线仿真损耗及介电常数的测量频率，如图 13-11 所示。
- ☑ “金属”选项卡：设置 PCB 板金属层面材质，除铜还可以选择银、金等金属材料，如图 13-12 所示。选中“从周围的电解质计算用于金属层的介电常数”复选框，自动计算金属周围介质层的电解质常数。

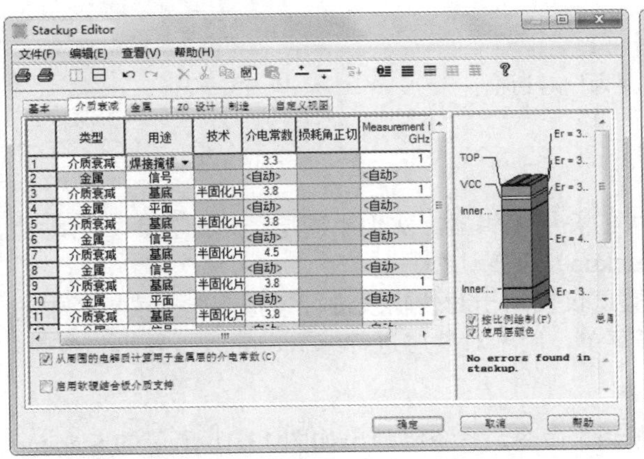

图 13-11 “介质衰减”选项卡

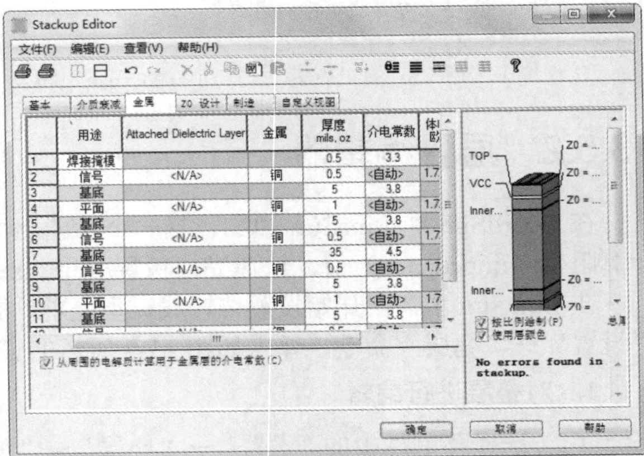

图 13-12 “金属”选项卡

- ☑ “Z0 设计”选项卡：根据 Single trace（导线）或 Differential（差分对）的几何参数计算特性阻抗，如图 13-13 所示。
- ☑ “制造”选项卡：设置 PCB 制造参数，包括顶部与底部的粗糙度，蚀刻因子等，如图 13-14 所示。

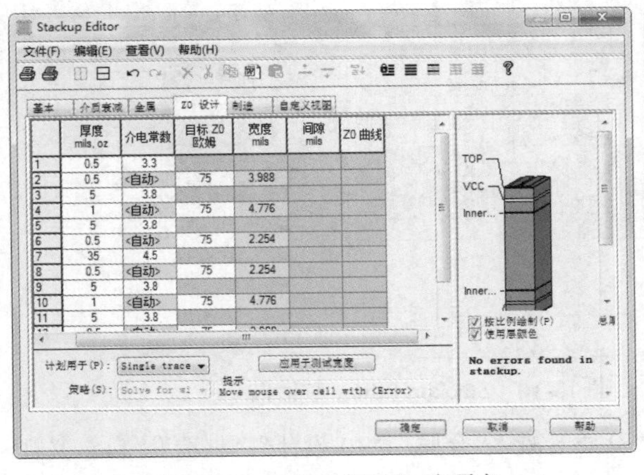

图 13-13 “Z0 设计”选项卡

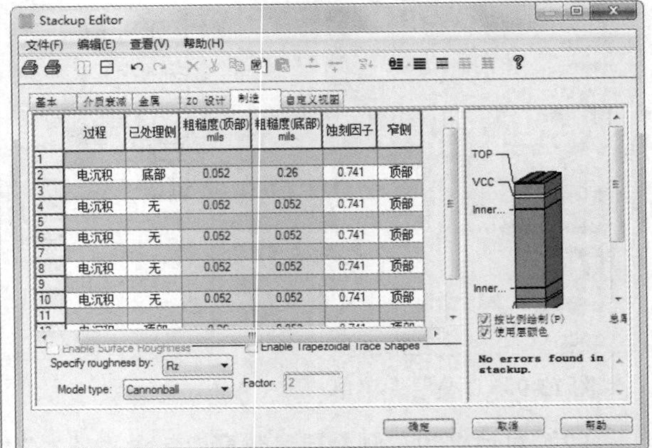

图 13-14 “制造”选项卡

- ☑ “自定义视图”选项卡：显示前 5 个选项卡中的所有列表参数，如图 13-15 所示。

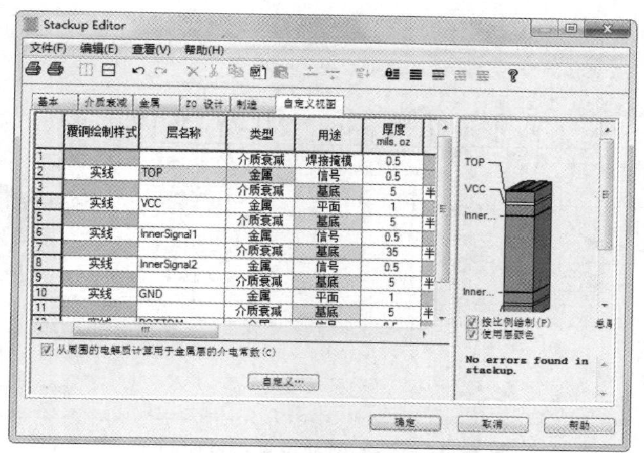

图 13-15　“自定义视图”选项卡

（3）叠层的设置主要会影响到 PCB 板两个关键的参数，即特征阻抗和传输速率。在 LineSim 中可以调节一些参数来对它们进行设定，如叠层的结构、走线宽度、走线厚度、电介质厚度、电介质常数，以及外层电介质的类型。通过鼠标拖动对叠层结构进行调整也可以在右侧叠层示意图中显示了当前 PCB 图的层结构。默认设置为 6 层板，即除 Top Layer（顶层）和 Bottom Layer（底层）两层外还包括 VCC、GND 及两个中间层。

（4）用户可以选定某一层为参考层，在该层上右击弹出快捷菜单，选择“在上面插入”或“在下面插入”命令，如图 13-16 所示，在选中的层上下添加信号层、平面层和电介质层，执行添加新层的操作时，新添加的层将出现在参考层的上面或下面。在 LineSim 中，平面层是指纯粹的实心的铺铜层，网格状的铺铜或是部分铺铜并不被认为是平面层，如果实际的铺铜层不符合上面提到的要求，那么可能会导致仿真的结果不精确。

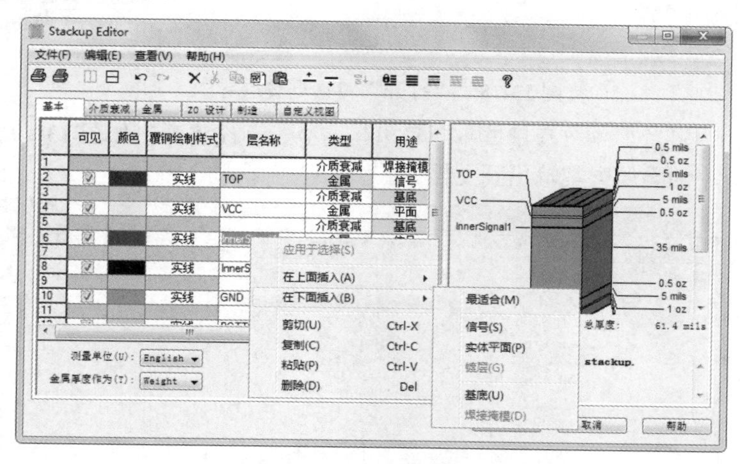

图 13-16　插入层操作

（5）设定层的参数：单击需要调节的层，在显示的下拉列表中改变层的类型并调节相应的参数，直到得到所需的特征阻抗和传输速率，如图 13-17 所示。

2. 叠层的导入导出

选择菜单栏中的“设置”→“叠层”→“导入”命令，系统将弹出如图 13-18 所示的“打开”对话框，导入设置好的叠层方案文档中。

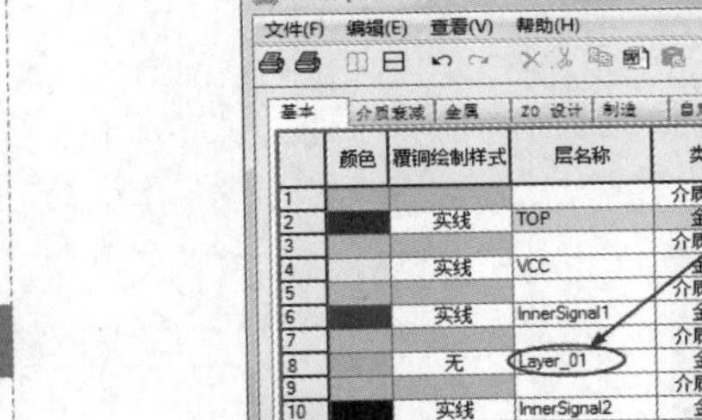

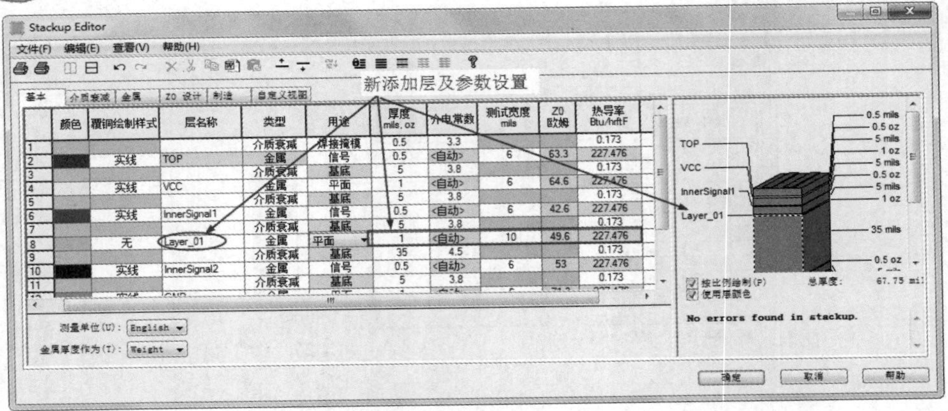

图 13-17　添加层并设置特性阻抗值

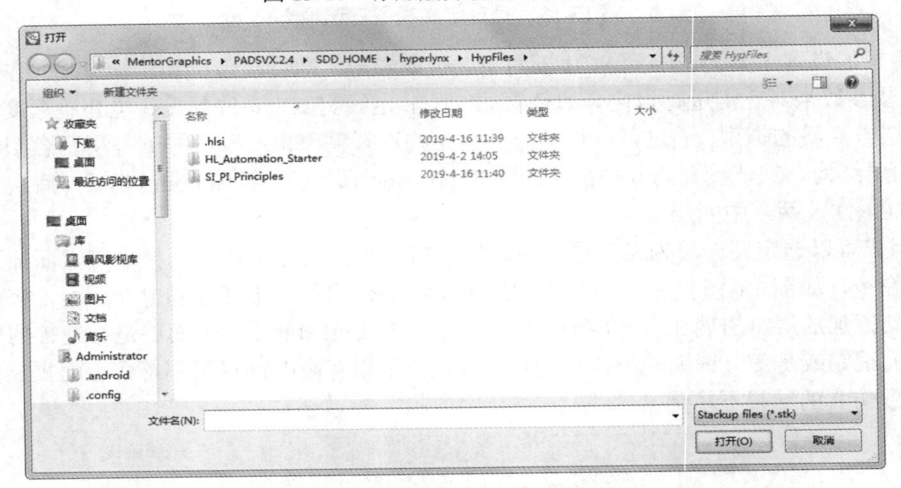

图 13-18　“打开”对话框叠层导入

选择菜单栏中的“设置”→“叠层”→“导出”命令，系统将弹出如图 13-19 所示的“另存为”对话框，将 LineSim 中的叠层方案输出到文档。

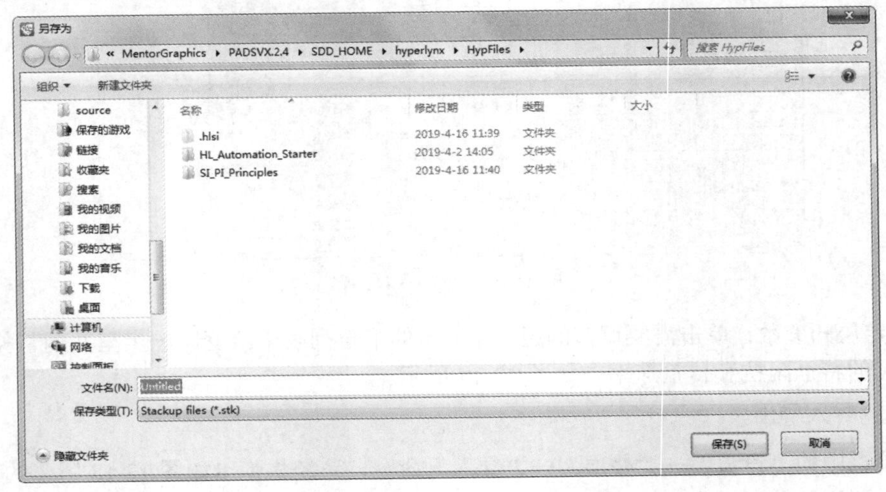

图 13-19　“另存为”对话框叠层导出

Note

3. 叠层检查

选择菜单栏中的“设置”→“叠层”→“检查”命令，系统将弹出如图 13-20 所示的“叠层检验器”对话框，显示检查结果信息，显示未发生叠层错误。

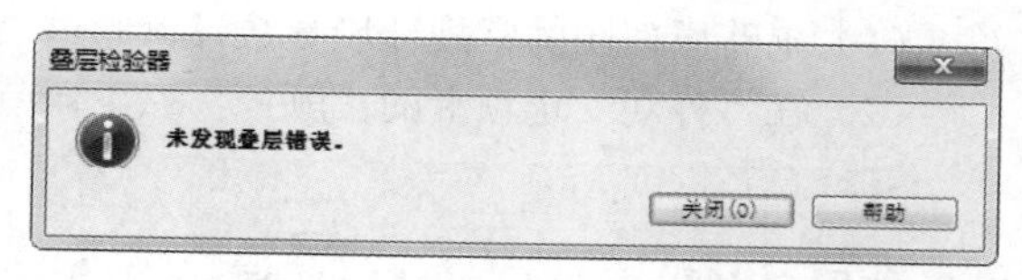

图 13-20 “叠层检验器”对话框

13.5.3 工作环境设置

选择菜单栏中的“设置”→“选项”命令，弹出设置子菜单，如图 13-21 所示，用于设置工作环境中与编辑窗口相关的系统参数，设置后的系统参数将用于当前工程的设计环境，并且不会随文件的改变而改变。

1. 目录设置

选择菜单栏中的“设置”→“选项”→“目录”命令，系统将弹出如图 13-22 所示的“设置目录”对话框，在该对话框中不仅可以设置 HYP 文件、FFS 文件路径，还可以设置模型-库文件路径、激励文件路径、报告和日志文件路径等。

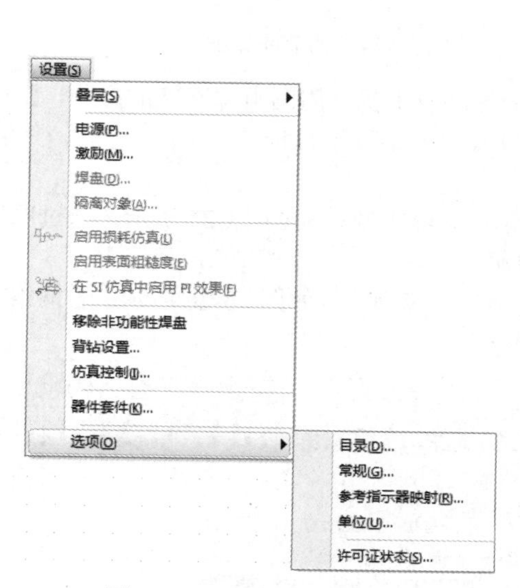

图 13-21 “选项”子菜单

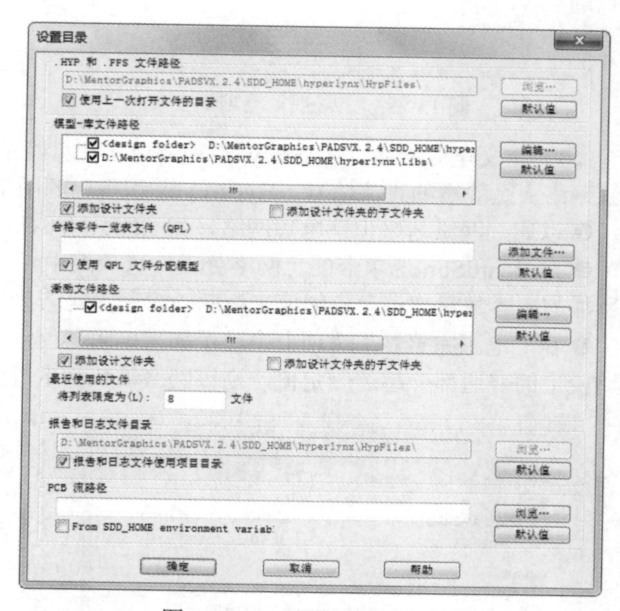

图 13-22 “设置目录”对话框

单击文件的“编辑”按钮，添加、删除或修改文件路径。将原理图路径设置到特定的目录下。

（1）通过“设置目录”对话框直接写入目录，或单击“浏览”按钮，找到相应的目录进行设置。

（2）在“.HYP 和.FFS 文件路径”选项组中选中“使用上一次打开文件的目录”复选框，从上一次读入.FFS 文件的目录调入新的原理图。

（3）在“.HYP 和.FFS 文件路径”选项组中单击“默认值”按钮，将原理图路径恢复为 LineSim 的默认设置。

2. 原理图的常规环境参数设置

选择菜单栏中的“设置”→“选项”→“常规”命令，系统将弹出如图 13-23 所示的 Preferences（参数选择）对话框，该对话框包括“常规”“外观”“LineSim”“BoardSim”“默认叠层”“默认焊盘”

Note

"Oscilloscope""Simulators""Advanced""电源完整性""Message Boxes" 11 个选项卡。

（1）电路原理图的常规环境参数设置通过"常规"选项卡来实现，如图 13-23 所示。

（2）在"外观"选项卡的"颜色"栏下调节原理图背景颜色，如图 13-24 所示。

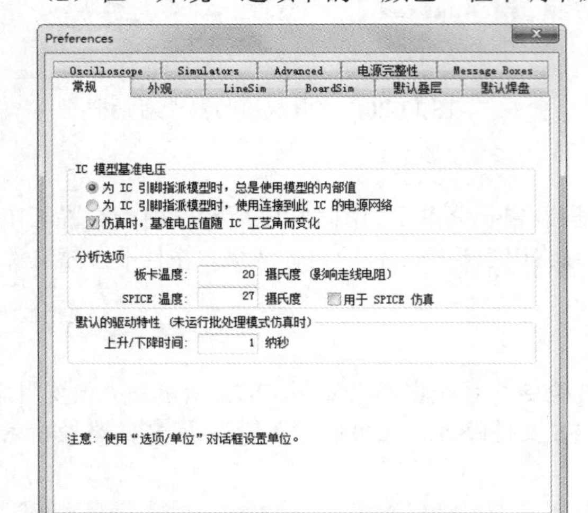

图 13-23　"常规"选项卡

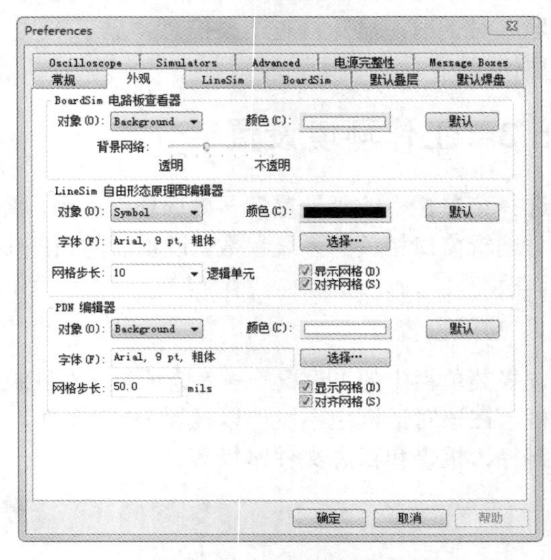

图 13-24　调节原理图颜色

（3）定义电源网络。HyperLynx 为避免在计算网络的过冲及串扰时周围电源网络的影响，默认电源网络上是静态的直流信号。HyperLynx 识别电源网络的信号包括以下几种。

❶ 以通过网络名来识别电源网络，如 GND、VCC。

❷ 在 BoardSim 选项卡的"网络处理"选项组中显示了电容器个数，如图 13-25 所示，通过网络上所加的电容数量超过设定阈值来判断一个网络是否为电源网络。

❸ 在"电源完整性"选项卡中显示如果电阻器值一定值，分离网络，如图 13-26 所示；若网络在电路板上的普通部分超过一定值，则该网络被认为电源网络。

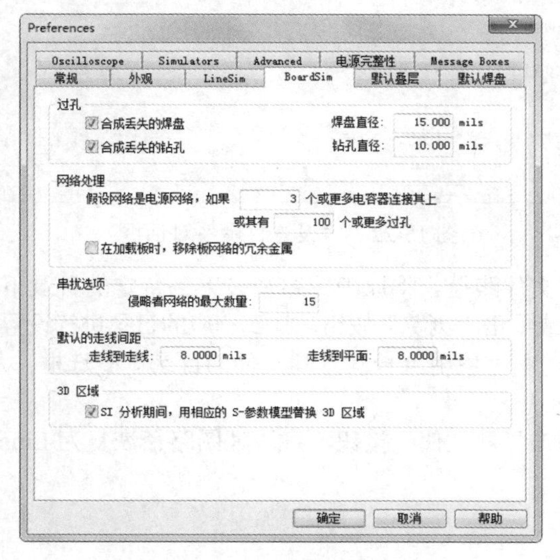

图 13-25　BoardSim 选项卡

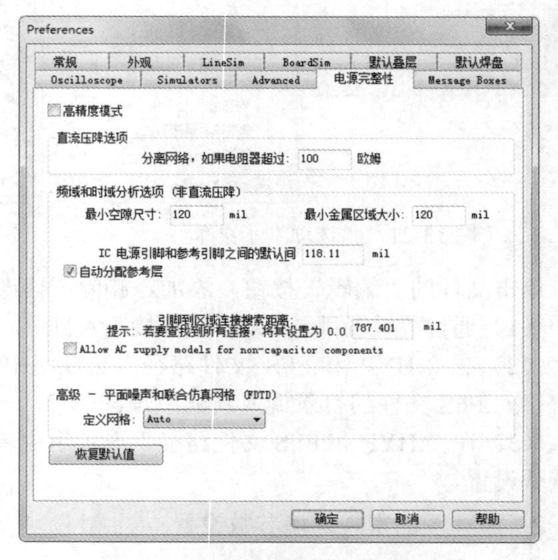

图 13-26　"电源完整性"选项卡

3. 参考指示器映射设置

选择菜单栏中的“设置”→“选项”→“参考指示器映射”命令，系统将弹出如图13-27所示的Edit Reference Designator Mappings（编辑参考指示器映射）对话框，分为Design independent（独立设计）和Design-specific（特殊设计）两种，如图13-27所示。

对话框左侧Mappings中显示映射类型，右侧显示需要编辑对象。

4. Units（单位）选项组

选择菜单栏中的“设置”→“选项”→“单位”命令，系统将弹出如图13-28所示的“单位”对话框，可以根据需要来改变原理图中所用到的几何尺寸的单位，显示测量单位与金属厚度单位。

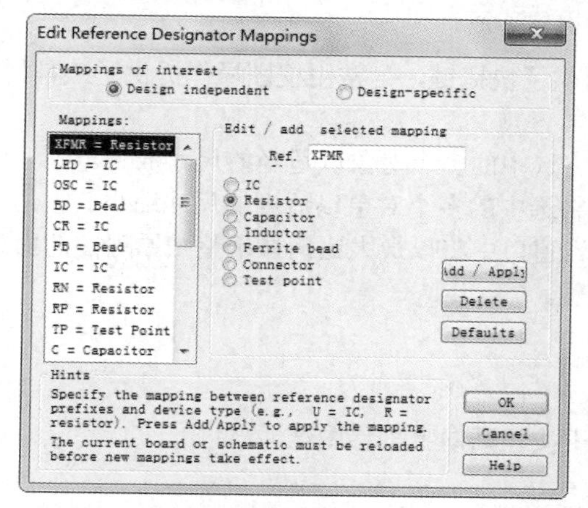

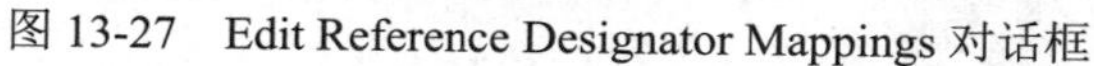
图13-27 Edit Reference Designator Mappings对话框

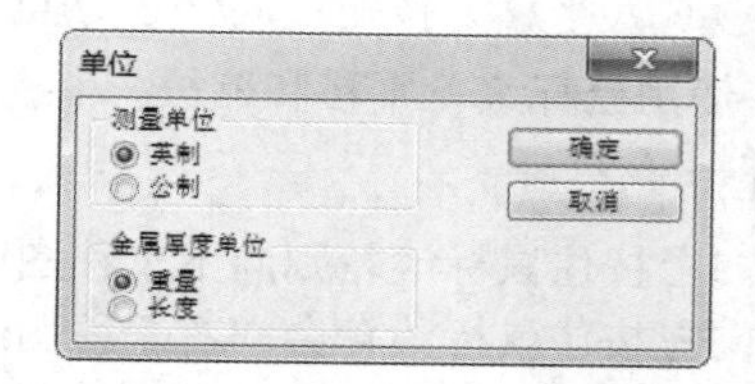

图13-28 “单位”对话框

图纸测量单位在“测量单位”区域设置，可以设置为“公制”，也可以设置为“英制”。一般在绘制和显示时设为“英制”。选择Options→Units命令，弹出Units对话框，在“金属厚度单位”中可以选择铺铜的计量单位采用重量单位还是长度（厚度）单位。

13.5.4 工作窗口的缩放

在原理图编辑器中，提供了电路原理图的缩放功能，以便于用户进行观察。选择菜单栏中的“查看”命令，其菜单如图13-29所示。在该菜单中列出了对原理图画面进行缩放的多种命令。

图13-29 “查看”菜单

在菜单中选择命令可以对原理图进行缩放；或者可以直接用键盘上的Page Up、Page Down、Home等键来实现缩放、平移功能。

1. 在工作窗口中显示选择的内容

该类操作包括在工作窗口显示整个原理图、显示所有元件、显示选定区域、显示选定元件和选中的坐标附近区域。

☑ 适应窗口：用于观察并调整整张原理图的布局。选择该命令后，在编辑窗口中将以最大比例显示整张原理图的内容，包括图纸边框、标题栏等。

☑ 选择区域：在工作窗口选中一个区域，放大选中的区域。具体的操作方法是：选择该命令，光标以十字形状出现在工作窗口中，在工作窗口单击，确定区域

的一个顶点，移动光标确定区域的对角顶点，单击，在工作窗口中将只显示刚才选择的区域。

2. 显示比例的缩放

Note

该类操作包括确定原理图的显示比例、原理图的放大和缩小显示，以及按原比例显示原理图上坐标点附近区域。

☑ 局部放大、局部缩小：用于放大、缩小显示选中的对象。选择该命令后，选中的多个对象，将以适当的尺寸放大、缩小显示。

☑ 实际尺寸：用于观察整张原理图的组成概况。选择该命令后，在编辑窗口中将以实际比例显示电路原理图上的所有元件。

3. 使用快捷键和工具栏按钮执行视图显示操作

PADS HyperLynx SI 为大部分的视图操作提供了快捷键，为常用视图操作提供了工具栏按钮，具体如下。

☑ （局部放大）按钮：在工作窗口中将选中的多个对象以适当的尺寸放大。

☑ （局部缩小）按钮：在工作窗口中将选中的多个对象以适当的尺寸缩小。

☑ （原理图适应到窗口）按钮：在编辑窗口中将以最大比例显示整张原理图的内容。

☑ （平移）按钮：向任意方向移动对象。

4. 使用鼠标滚轮平移和缩放

（1）平移。

❶ 向上按住鼠标滚轮则向下平移图纸，向下按住则向上平移图纸。

❷ 向左按住鼠标滚轮会向右平移图纸。

❸ 向右按住鼠标滚轮会向左平移图纸。

（2）放大：向上滚动鼠标滚轮会放大显示图纸。

（3）缩小：向下滚动鼠标滚轮会缩小显示图纸。

13.6 用 LineSim 进行仿真工作的基本方法

在 LineSim 中，可以单击激活灰色的各元素（传输线、IC 或者无源器件），将元素放置到原理图中。FFS Editor ToolBar 工具栏中显示了在原理图中添加各元素的按钮，如图 13-30 所示。

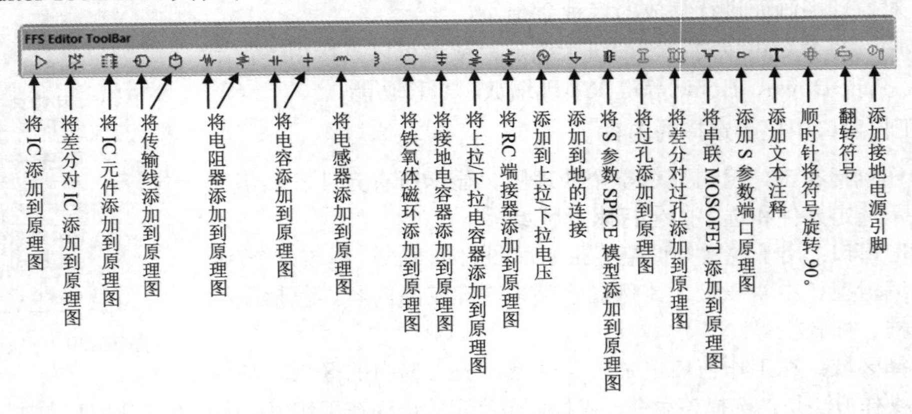

图 13-30 在原理图中放置元素

单击各个元素就可以进入它们的物理特性模型（选择一个 IC 模型、指定特性阻抗、改变元件值等），这种方式比设计传统的原理图更快更简单，它不需要选择器件符号和连线等操作过程，信号完整性仿真原理图如图 13-31 所示。

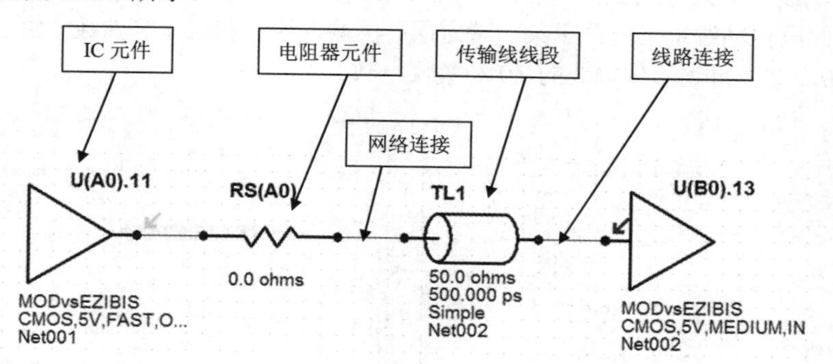

图 13-31　信号完整性仿真原理图

使用 LineSim 仿真信号完整性原理图的基本步骤如下。

（1）激活各段传输线（原本为暗色），输入传输线的电学和几何特性。

（2）激活驱动源和接受端的 IC 元件，并为 IC 元件选择仿真模型。

（3）激活无源器件并输入具体数值。

（4）打开示波器窗口。

（5）设置仿真参数。

（6）运行仿真，允许 LineSim 自动设置探针。

（7）观察仿真结果并测量时序和电压。

（8）将仿真结果输出到文档。

13.6.1　传输线线段

原理图是由传输线线段、IC 器件（驱动端、接收端）以及无源器件混合组成的矩阵结构，它被整齐地分成很多个类似的单元。

（1）单击 FFS Editor ToolBar 工具栏中的按钮或按钮（将传输线添加到原理图）按钮，此时光标变成十字形状并附加一个传输线符号。

（2）将光标移动到想要放置传输线元件的位置，单击放置传输线，如图 13-32 所示。

（3）为了仿真传输线，必须选择适当的模型。双击传输线或在传输线上右击，在弹出的快捷菜单中选择 Edit Type and Value（编辑类型与值）命令，弹出如图 13-33 所示的 Edit Transmission Line（编辑传输线）对话框，进行参数设置，得出适当的特征阻抗（Z0）和传输延时（Delay）。

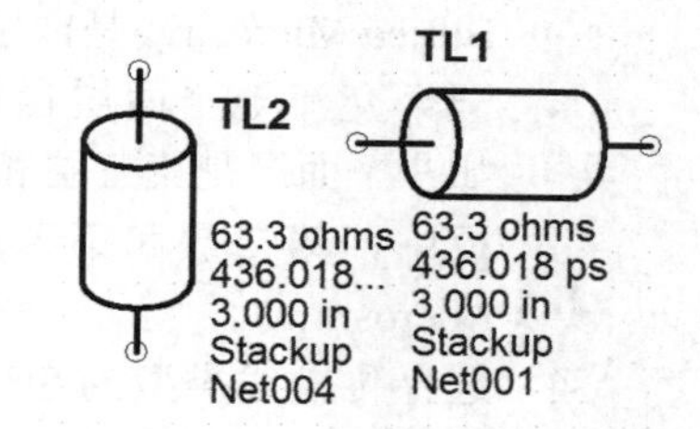

图 13-32　放置传输线

该对话框包括 Transmission-Line（传输线）Type 与“值”选项卡，在 Transmission-line Type 选项卡的 Transmission-line type 选项组中显示了传输线类型，包括 Uncoupled (single line)（单线模型（非耦合））和 Coupled（耦合线模型），选中传输线类型后，在 Transmission-line properties（传输线属性）选项组中自动计算显示传输线的参数。

☑ 选择传输线类型为 Simple，在 Transmission-line properties 设置区域输入所需的 Z0 和 Delay 值，但不能定义传输线的线长和线宽。

☑ 选择传输线类型为 Stackup，切换到“值”选项卡，如图 13-34 所示，根据前面编辑好的叠层，将此段传输线定义为位于某一特定层；再输入线长和线宽等参数。由于已确定了特定叠层的 Z0，这样得到的传输线的 Z0 和叠层一致。

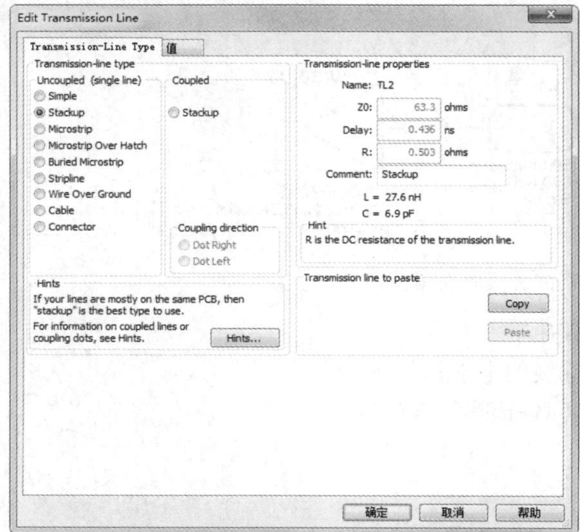

图 13-33 Edit Transmission Line 对话框

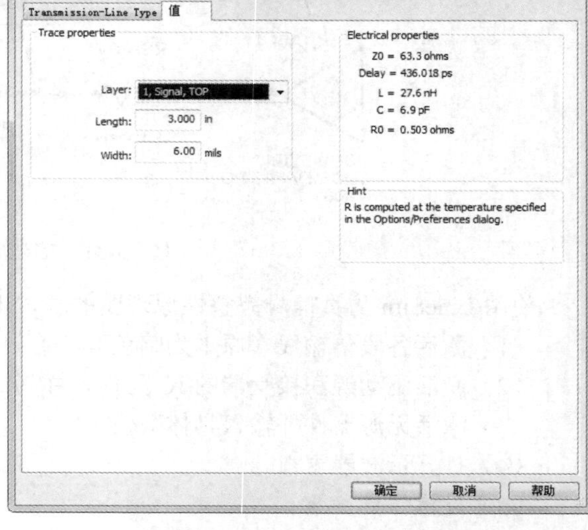

图 13-34 “值”选项卡

☑ 选择传输线类型为 Microstrip，显示如图 13-35 所示的“值”选项卡，对传输线的各种参数进行编辑，LineSim 会自动计算得出相应的 Z0。Microstrip 是 PCB 的表层走线，其一面与空气接触，另一面与介电质接触。

☑ 选择传输线类型为 Buried Microstrip，显示如图 13-36 所示的“值”选项卡，对传输线的各种参数进行编辑，LineSim 会自动计算得出相应的 Z0。Buried Microstrip 是内层走线，但是有一个交流地平面层在它的一面，例如在平面层是第三层和第四层的六层板中，第二层和第五层就是 Buried Microstrip。

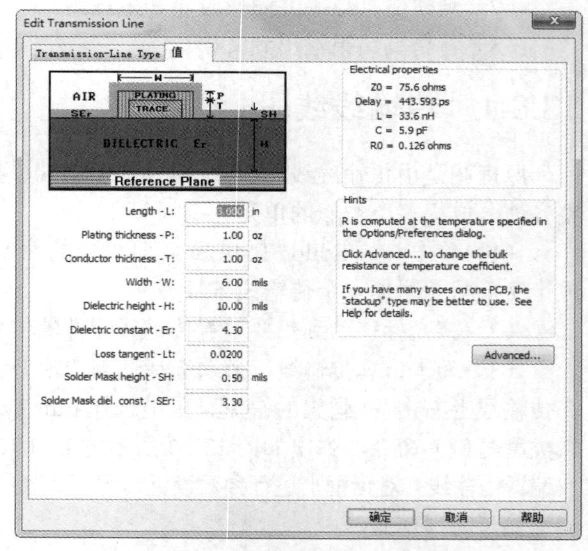

图 13-35 选择传输线类型为 Microstrip

☑ 选择传输线类型为 Stripline，显示如图 13-37 所示的“值”选项卡，对传输线的各种参数进行编辑，LineSim 会自动计算得出相应的 Z0。Stripline 是内层走线，它的两面都有交流地平面层。

如果需要输入多段相同属性的传输线，不用每一段都进行编辑。在已设置好的传输线编辑窗口下单击 Copy（复制）按钮，然后在另一段传输线的编辑窗口下单击 Paste（粘贴）按钮，将已设置好的

所有参数复制到另一段传输线。

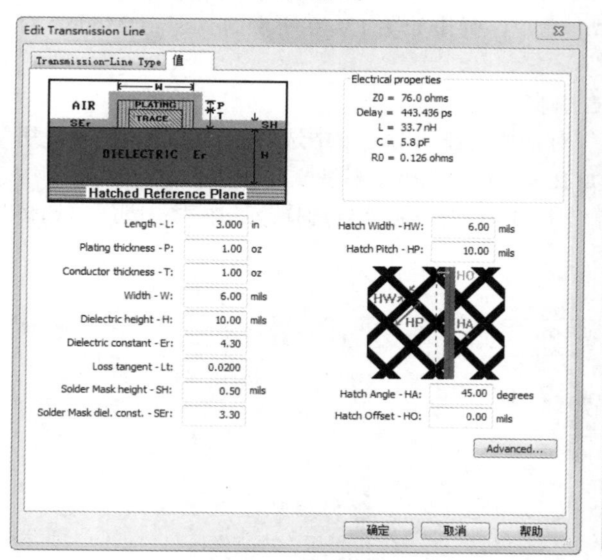

图 13-36　选择传输线类型为 Buried Microstrip

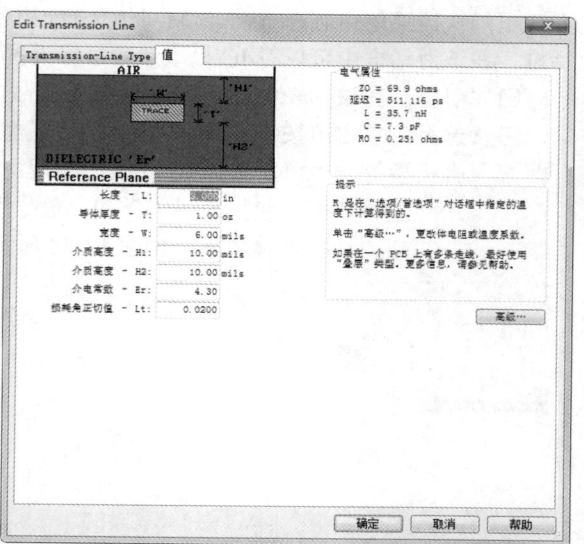

图 13-37　选择传输线类型为 Stripline

13.6.2　放置 IC 模型

FFS Editor ToolBar 工具栏中包括 IC 模型、传输线及无源器件，在 LineSim 中添加的 IC 模型通过选择模型参数显示不同的模型，在工具栏中找到 IC 模型后，就可以在原理图上放置该 IC 模型了。

（1）单击 FFS Editor ToolBar 工具栏中的 ▷（将 IC 添加到原理图）按钮，此时光标变成十字形状并附加一个 IC 符号。

（2）将光标移动到想要放置 IC 元件的位置，单击放置，放置 IC 元件，如图 13-38 所示。

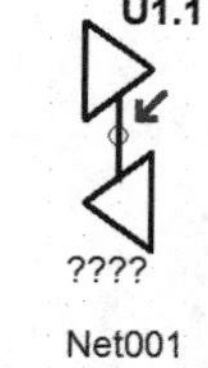

图 13-38　放置 IC 元件

（3）原理图中的一根传输线包括传输线（互连）、IC 和无源器件，单击 IC 元件节点，激活线路，元件节点变为实心，向外拖动连接，到下一个节点处单击，完成传输线的连接，如图 13-39 所示。

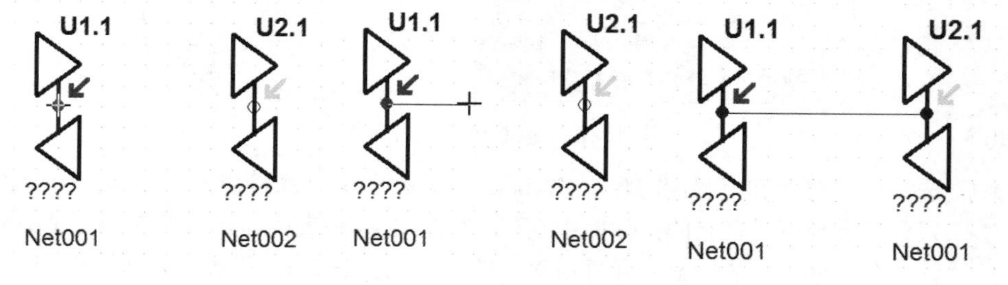

图 13-39　线路连接

13.6.3　选择仿真模型

在原理图上放置的所有元件都具有自身的特定属性，在放置好每一个元件后，应该对其属性进行

正确的编辑和设置，以免使后面的网络表生成及PCB的制作产生错误。双击IC模型或在模型上右击，在弹出的快捷菜单中选择Assign Model（分配模型）命令，弹出如图13-40所示的Assign Models对话框，在该对话框中可以对IC模型参数进行设置。

☑ 引脚：在该列表中显示原理图中添加的IC引脚。

☑ 选择：单击该按钮，弹出“选择IC模型”对话框，在该对话框中选择库、器件、信号、引脚模型等。也可以选择IC模型的类型，如IBS模型、SPICE模型、S参数模型。

➢ 选择依据：包括“引脚”和“信号”。图13-41为按照信号选择；选中“引脚”单选按钮，切换选择依据，如图13-42所示。

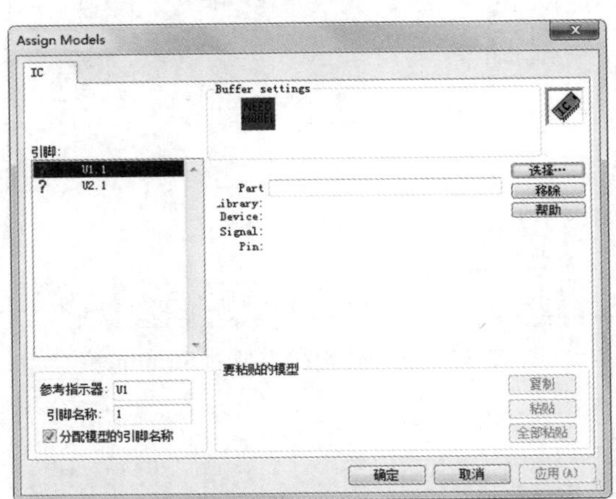

图13-40 Assign Models对话框

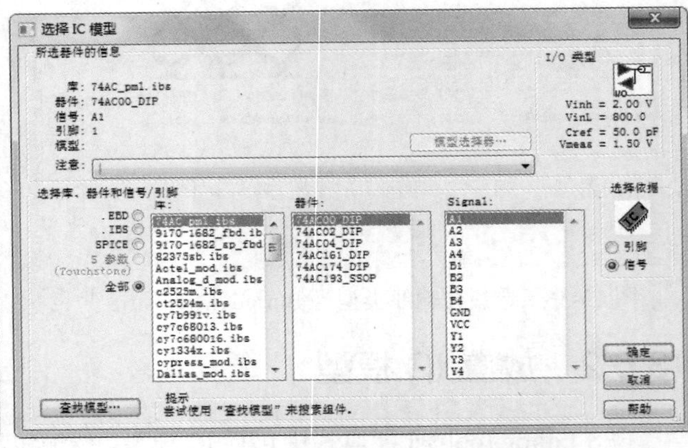

图13-41 “选择IC模型”对话框

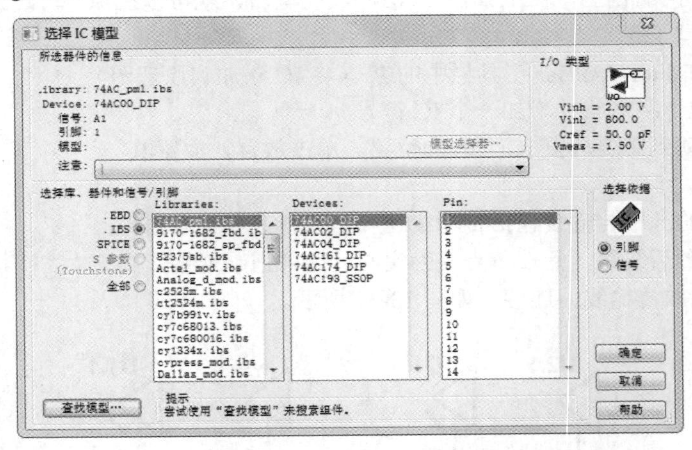

图13-42 按照引脚选择依据

➢ 选择库、器件和信号/引脚：在Libraries列表中可以选择模型的子类，一般常用的电子元件符号都可以在它的元件库中找到；在Devices列表中显示元件库中此类模型的具体元件；在Signal列表中显示元件所对应的信号线；在Pin（引脚）栏显示引脚类型。

若模型库中没有所需模型，单击“查找模型”按钮，弹出如图13-43所示的“IC模型查找器”对话框，在“搜索文本”文本框中输入需要搜索模型关键词，单击“搜索”按钮，系统开始搜索。在列表栏显示搜索结果，符合搜索条件的元件名、描述、所属库文件及封装形式在该面板上被一一列出，供用户浏览参考。选中符合条件的模型搜索结果，单击“确定”按钮，完成搜索。

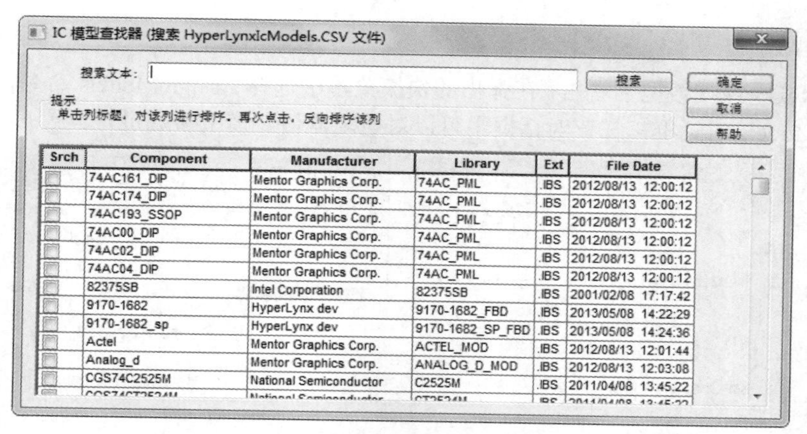

图 13-43　模型搜索

确定好 IC 模型后，单击“确定”按钮，返回 Assign Models 对话框。

13.6.4　无源器件

无源器件通过类型与数值加以区分，其中包括上拉电阻、下拉电阻、电容、AC 终端匹配（电阻-电容联合）、串联电阻、串联电容、串联电感、串联铁磁珠。

1. 放置无源器件

（1）单击 FFS Editor ToolBar 工具栏中的 （将电阻器添加到原理图）按钮，此时光标变成十字形状并附加一个电阻器符号。

（2）将光标移动到想要放置电阻器元件的位置，单击放置电阻器元件，如图 13-44 所示。

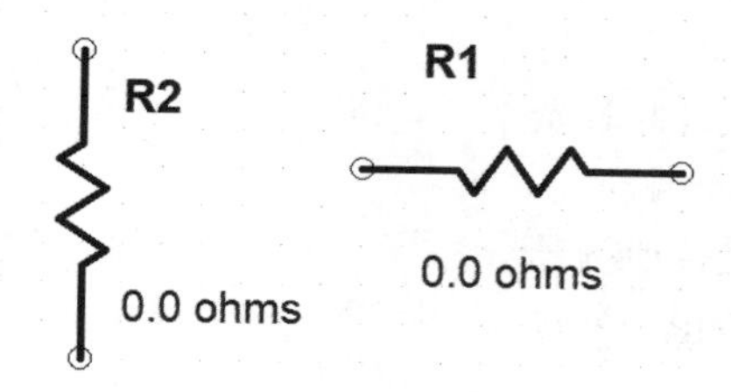

图 13-44　放置电阻器元件

（3）原理图中的一根传输线包括传输线（互连）、无源器件，单击电阻器元件节点，激活线路，节点变为实心，向外拖动连接，到下一个节点处单击，完成传输线的连接，如图 13-45 所示。

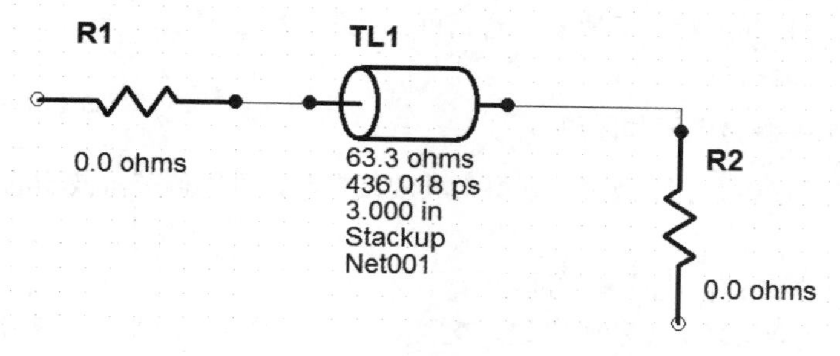

图 13-45　线路连接

2. 设置模型属性

双击电阻器模型或在模型上右击，在弹出的快捷菜单中选择 Assign Models 命令，弹出如图 13-46 所示的 Assign Models 对话框，在该对话框中可以对电阻器值、模型参数进行设置。

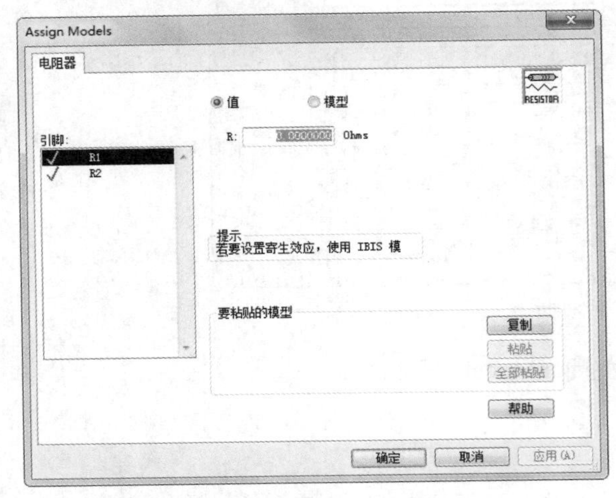

（a）电阻器“值”设置

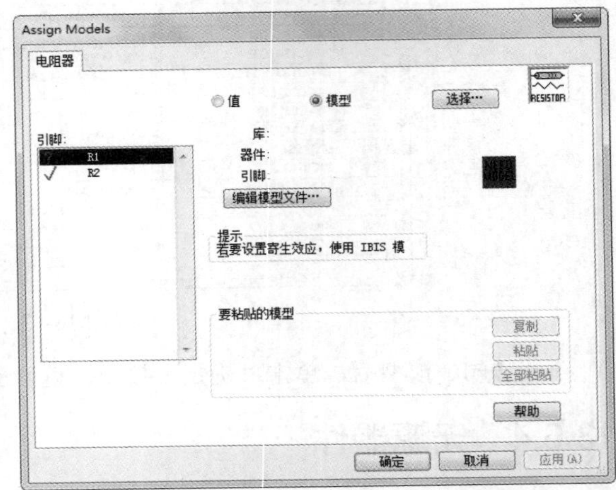

（b）电阻器“模型”设置

图 13-46　Assign Models 对话框设置

13.6.5　放置接地符号

接地符号是电路原理图中必不可少的组成部分。放置接地符号的操作步骤如下。

（1）单击 FFS Editor ToolBar 工具栏中的（添加到地的连接）按钮，此时光标变成十字形状并附加一个接地符号。

（2）将光标移动到想要放置接地符号的位置，单击，放置接地符号，如图 13-47 所示。

图 13-47　放置接地符号

13.6.6　设置示波器仿真参数

选择菜单栏中的“仿真 SI”→“运行交互式仿真”命令或单击 FFS Editor ToolBar 工具栏中的“运行交互式仿真”按钮，打开“数字示波器”对话框，如图 13-48 所示。

下面介绍示波器的参数设置。

1. 观察仿真结果并测量电压和时序

仿真完成后，在示波器上显示波形，观察仿真的结果时，可以调节示波器的大小，也可以调节波形显示区域的比例。

（1）测量波形中某一点的电压和时间。

在被测点单击，便会出现黄色的十字线，交叉点位于被测点，而此时示波器左下角的 Cursors 区域中便显示该点的横、纵坐标，即电压与时间，如图 13-49 所示。

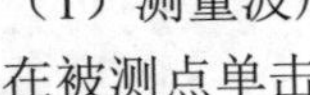

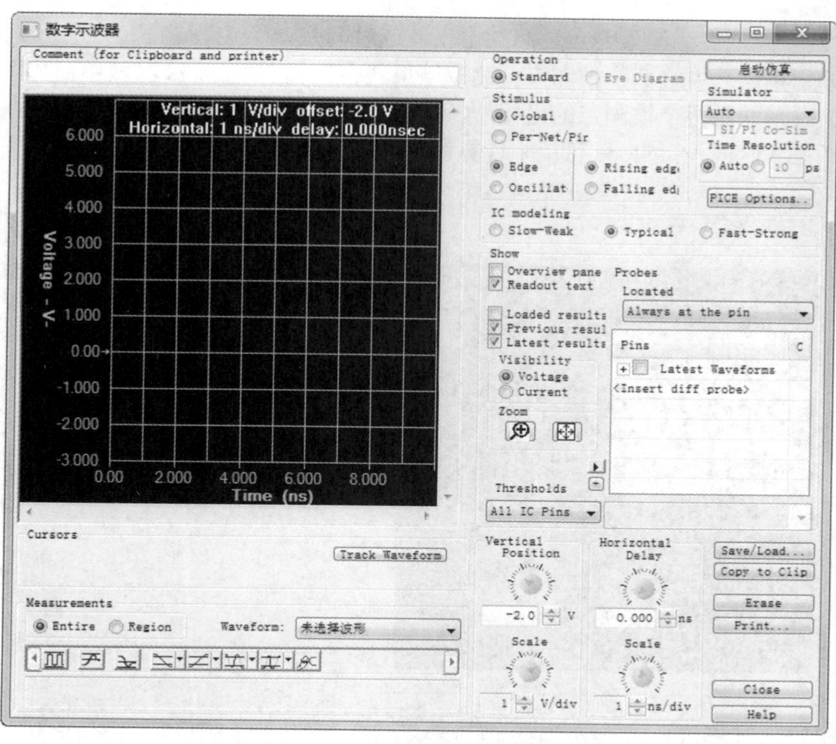

图 13-48　“数字示波器”对话框

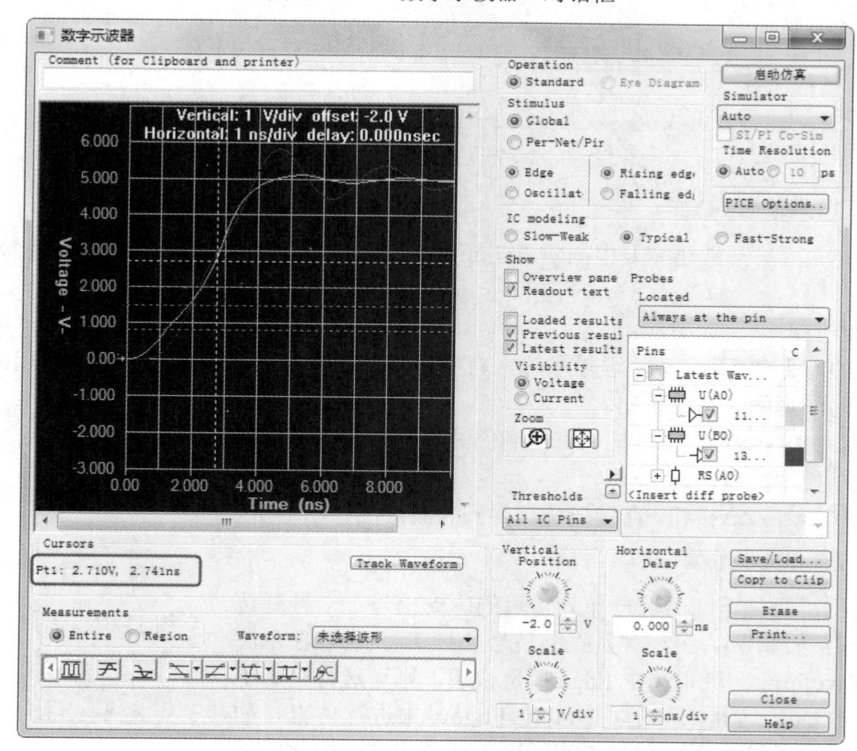

图 13-49　测量波形中某一点的电压和时间

（2）测量两个点或者想测量两点之间的电压差或时间差。

在波形上分别单击选中这两个被测点，测量结果就会出现在 Cursors 区域中，如图 13-50 所示。其中，Pt1、Pt2 表示的是两个被测点的坐标，Cursors 表示的是目前鼠标的位置；Delta V 和 Delta T 是两点间的电压差和时间差；Slope 可用来计算波形的上升或下降速率。

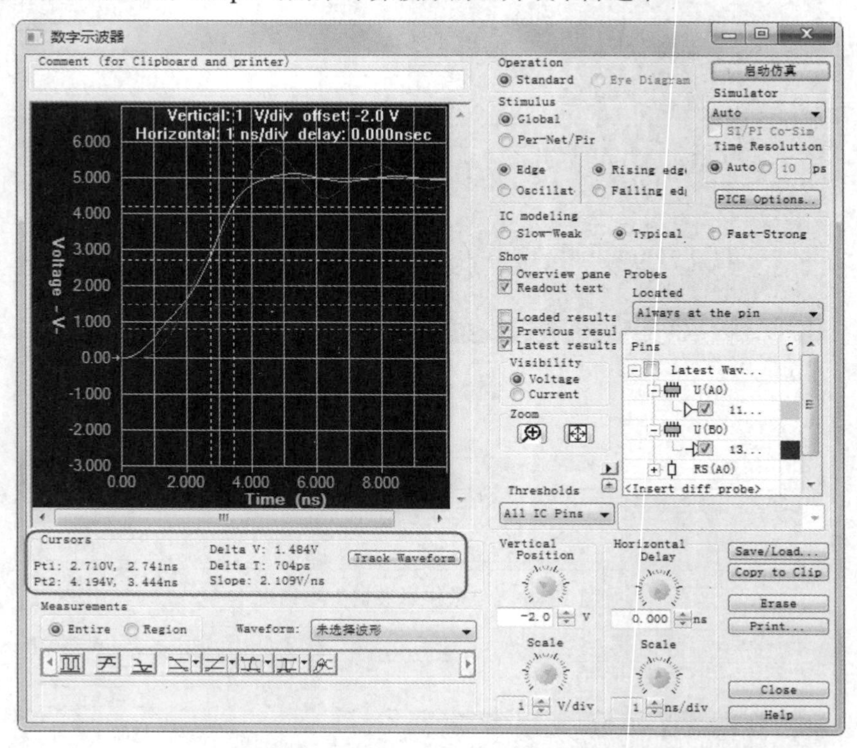

图 13-50　两个点之间的电压差或时间差

2. 将仿真结果输出到文档

仿真工作结束后，常常还需要根据仿真结果制作报告，需要把仿真结果输出到文档，下面介绍具体步骤。

（1）添加注释行。

在示波器的左上角 Comment 区域中输入有关仿真的信息，如仿真的信号名称、用的频率等。将添加的信息作为波形的一部分输出。

（2）单击 Copy to Clip 按钮，把仿真得到的波形图复制到剪贴板上，可以在 Office 文档或画图等工具中直接粘贴使用。

（3）单击 Print... 按钮，直接把仿真得到的波形图打印输出。

3. 边缘仿真和振荡仿真

示波器提供了两种不同的信号作为仿真的驱动信号：一种是边缘信号（上升沿/下降沿）；另一种是振荡信号（频率可调）。在示波器的 Driver Waveform 区域中选中 Edge 单选按钮，则可选择采用上升沿（Rising Edge）还是下降沿（Falling Edge）来进行仿真，如图 13-51 所示；选中 Oscillate 单选按钮，则出现频率和占空比的框格，可根据需要填入相应的数值，如图 13-52 所示。

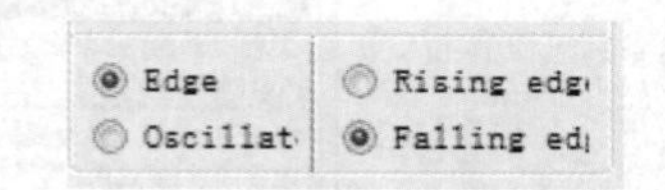

图 13-51　选择仿真的驱动信号

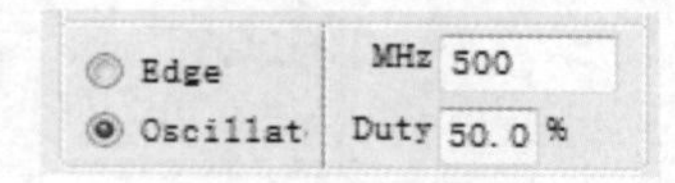

图 13-52　填入数值

4. 设置 IC 的工作参数

在 IC modeling 区域中有 3 个选项，即 Slow-Weak、Typical 和 Fast-Strong，在此设置模型在仿真时采用的参数是最好、一般还是最差。

5. 设置水平延时

在 Horizontal Delay 区域中可以设置仿真波形显示的起点，例如如果将其设为 25ns，那么仿真后波形的起点就是 25ns 处。一般将此项设置为 0ns。

Vertical Scale 和 Horizontal Scale 用来调节显示区域中每一格的单位，从而调节波形的缩放。Vertical Position 用来调节波形的垂直位置，并没有缩放的功能。

6. 恢复默认仿真设置

将仿真设置变成 LineSim 所默认的方式，若希望在以后的仿真中不必再次重新设置，那么可以选择菜单栏中的“设置”→“选项”→“常规”命令，弹出 Preferences 对话框，在 Oscilloscope 选项卡下设置希望保存的仿真数据，如图 13-53 所示。

图 13-53 Oscilloscope 选项卡

13.6.7 运行仿真

对原理图的各种参数设置完毕后，用户便可以对原理图进行编译操作，随即进入原理图的仿真阶段。

打开信号完整性原理图文件，如图 13-54 所示，选择菜单栏中的“仿真 SI”→“运行交互式仿真”命令或单击 FFS Editor ToolBar 工具栏中的“运行交互式仿真”按钮，即可进行文件的编译。

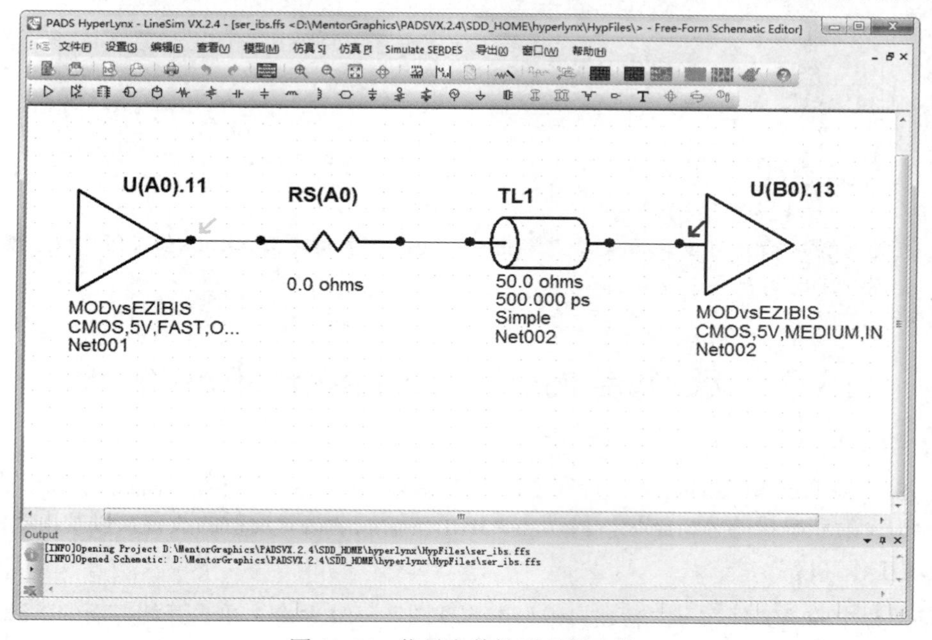

图 13-54 信号完整性原理图文件

在“数字示波器”对话框中单击“启动仿真”按钮，按照设置来进行仿真，显示如图 13-55 所示的仿真状态对话框，完成仿真后，在示波器中显示仿真曲线，如图 13-56 所示。

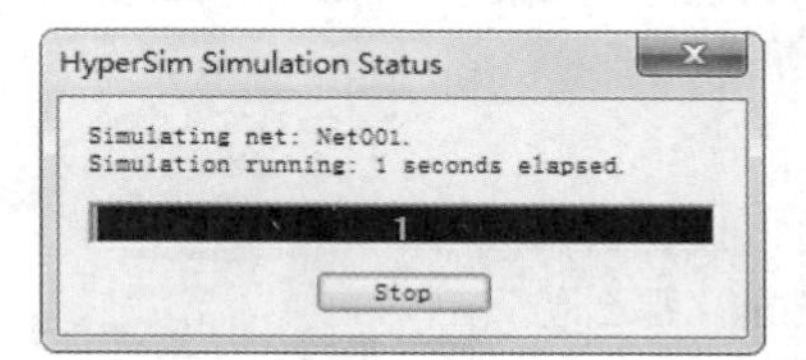

图 13-55　仿真状态对话框

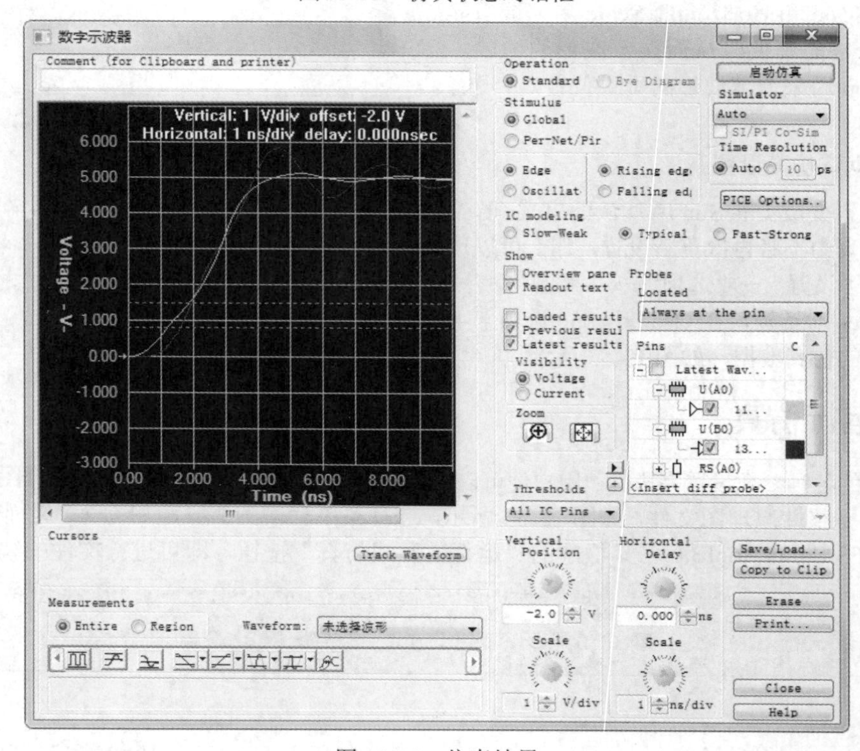

图 13-56　仿真结果

> 注意：在运行仿真前，可以在示波器上单击 Probes 来手动定义探针，如果不定义，则 LineSim 会在仿真时自动定义探针。

13.7　操作实例——LineSim 串扰分析

在 PADS Hyperlynx SI 设计环境下，在原理图内实现信号完整性分析，并且能以波形的方式在图形界面下给出反射和串扰的分析结果，成功仿真出了传输线端接对反射的改善，以及串扰的抑制。

1. 设置工作环境

选择菜单栏中的“文件”→“新建自由形态原理图”→SI 命令，单击开始界面的 New→New SI Schematic 选项或单击“新建 LineSim 自由形式原理图”按钮，创建自由形式进行 LineSim 仿真的信号完整性原理图，如图 13-57 所示。

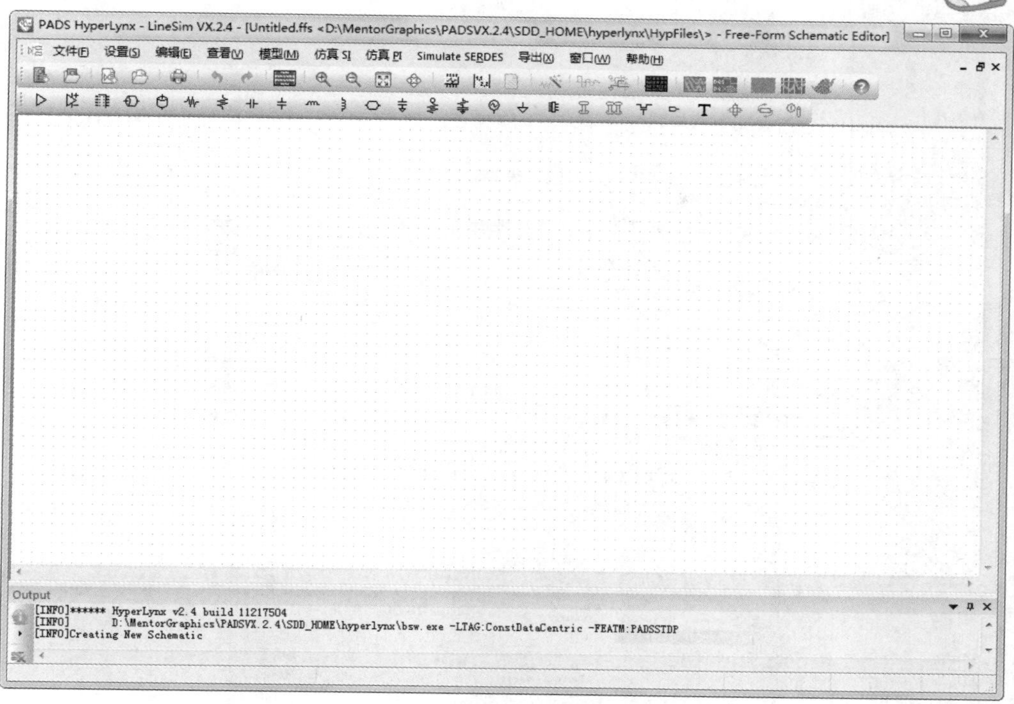

图 13-57 LineSim 自由形式原理图

选择菜单栏中的“文件”→“另存为”命令，保存新建的原理图文件为 chuanrao.ffs。

2. 编辑原理图

（1）单击 FFS Editor ToolBar 工具栏中的（将 IC 添加到原理图）按钮，此时光标变成十字形状并附加一个 IC 符号，放置 IC 元件，如图 13-58 所示。

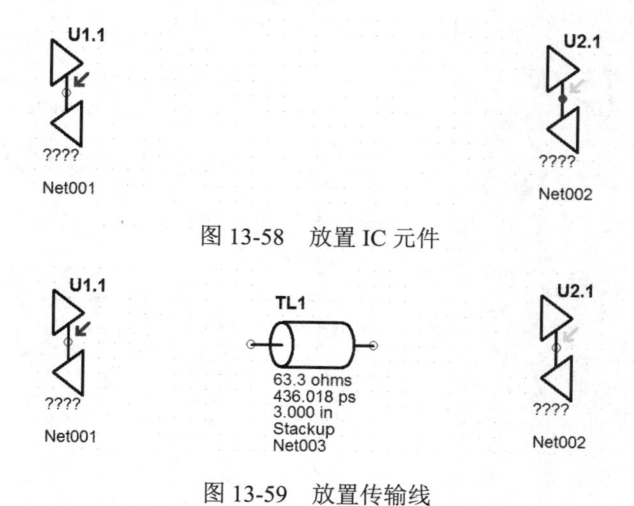

图 13-58 放置 IC 元件

图 13-59 放置传输线

（2）单击 FFS Editor ToolBar 工具栏中的（将传输线添加到原理图）按钮，此时光标变成十字形状并附加一个传输线符号，将光标移动到想要放置传输线元件的位置，单击放置，放置传输线，如图 13-59 所示。

（3）双击 IC 模型 U1.1，弹出 Assign Model 对话框，在该对话框中可以对 IC 模型参数进行设置。单击“选择…”按钮，弹出“选择 IC 模型”对话框，选择 Generic_mod.ibs→generic→74AC11X，如图 13-60 所示。完成模型选择后，单击“确定”按钮，返回 Assign Models 对话框，显示 IC 模型 U1.1 为 Output，模型加载结果如图 13-61 所示。

（4）在“引脚”列表选择 U2.10，单击“选择…”按钮，弹出“选择 IC 模型”对话框，选择 Generic_mod.ibs→generic→74HC11XX:GATE-2，如图 13-62 所示。完成模型选择后，单击“确定”按钮，返回 Assign Models 对话框，显示 IC 模型 U2.10 为 Input，模型加载结果如图 13-63 所示。

Note

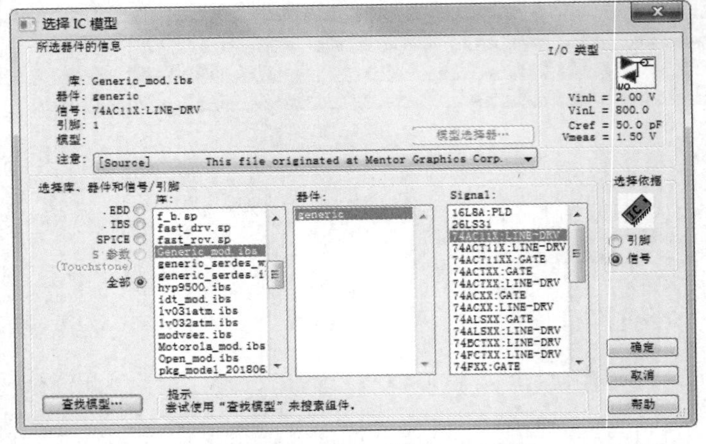

图 13-60 “选择 IC 模型”对话框

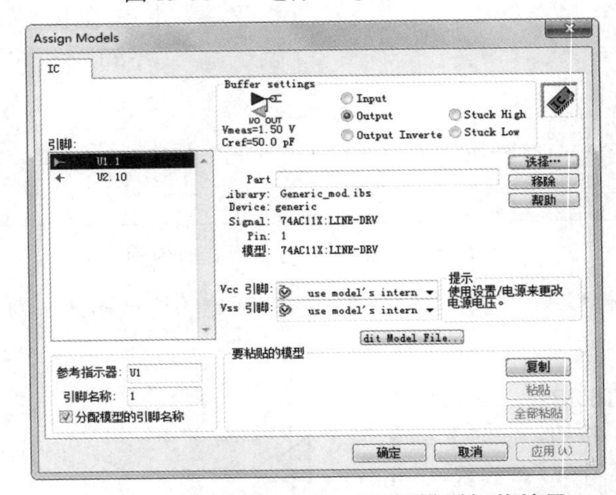

图 13-61 Assign Models 对话框模型加载结果

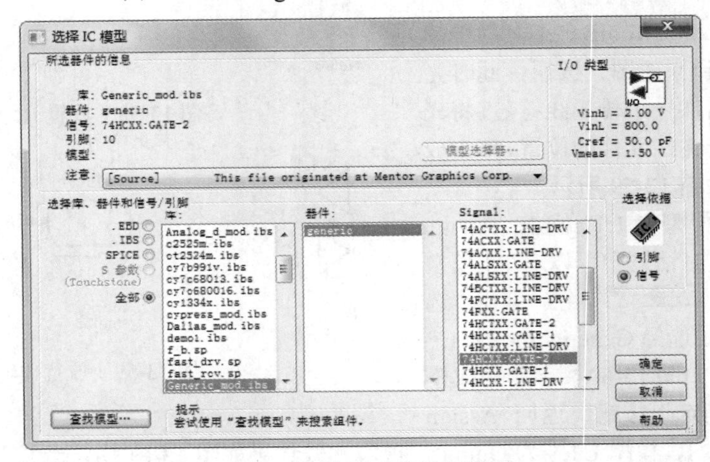

图 13-62 按照引脚选择模型

（5）完成 IC 模型设置的原理图，结果如图 13-64 所示。

Note

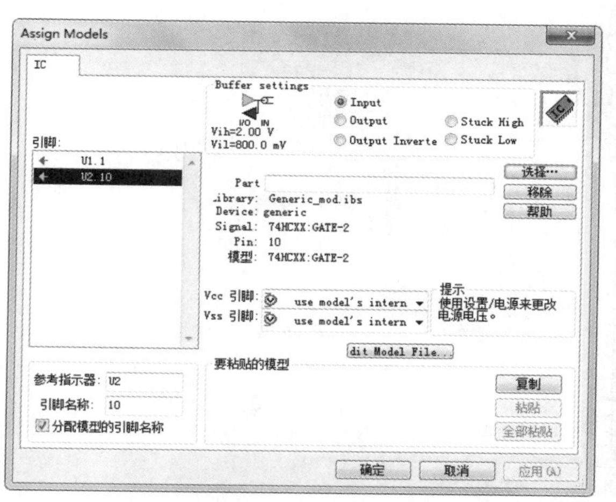

图 13-63　U2.10 模型加载结果

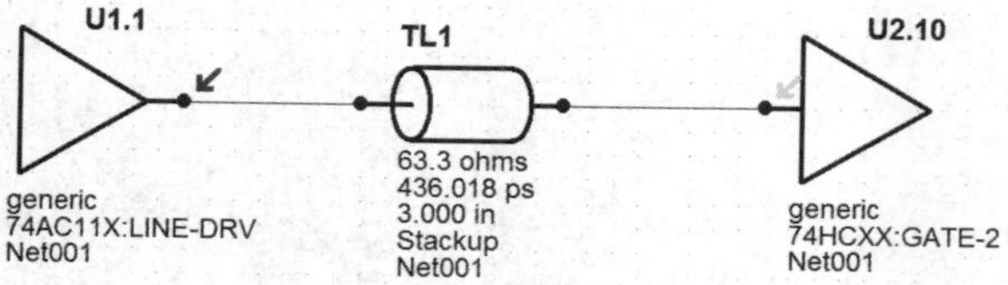

图 13-64　设置 IC 模型的原理图

3．仿真参数设置

双击传输线 TL1 或在传输线上右击，在弹出的快捷菜单中选择 Edit Type and Value（编辑类型与值）命令，弹出 Edit Transmission Line（编辑传输线）对话框，选择传输线类型为 Microstrip，显示如图 13-65 所示的“值”选项卡，设置 Length-L 为 8、Width-W 为 8，即使用 8mil 宽、8in 长的传输线，在接收端并联端接一个与传输线阻抗匹配的电阻 0.335，原理图结果如图 13-66 所示。

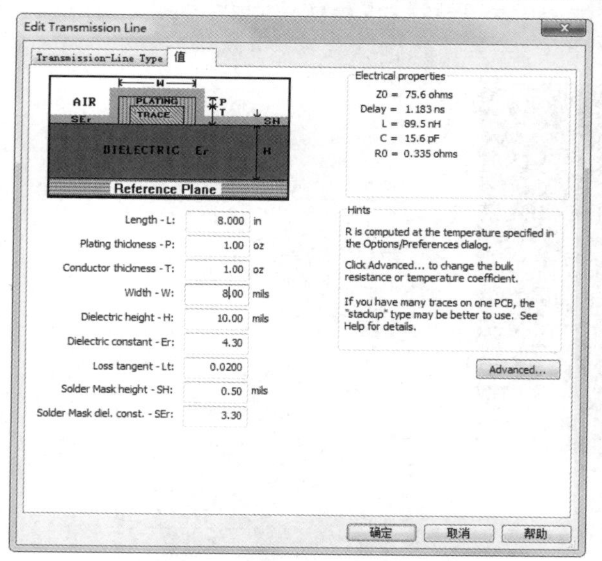

图 13-65　Edit Transmission Line 对话框

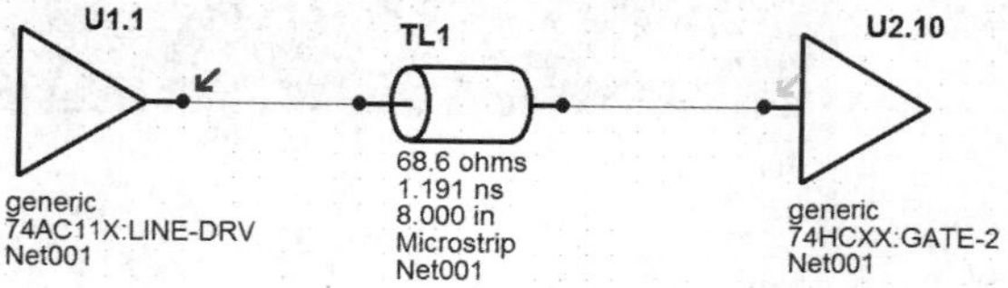

图 13-66　修改的原理图

4．仿真运行

（1）选择菜单栏中的“仿真 SI”→“运行交互式仿真”命令或单击 FFS Editor ToolBar 工具栏中的“运行交互式仿真”按钮，打开“数字示波器”对话框，单击启动仿真按钮，按照设置来进行仿真，在示波器中显示上升沿、下降沿的仿真曲线，如图 13-67 所示。因接收端多为大输入阻抗，故并联后电阻约等于传输线阻抗，此法虽然改进了振铃现象，但会降低高电平。

Note

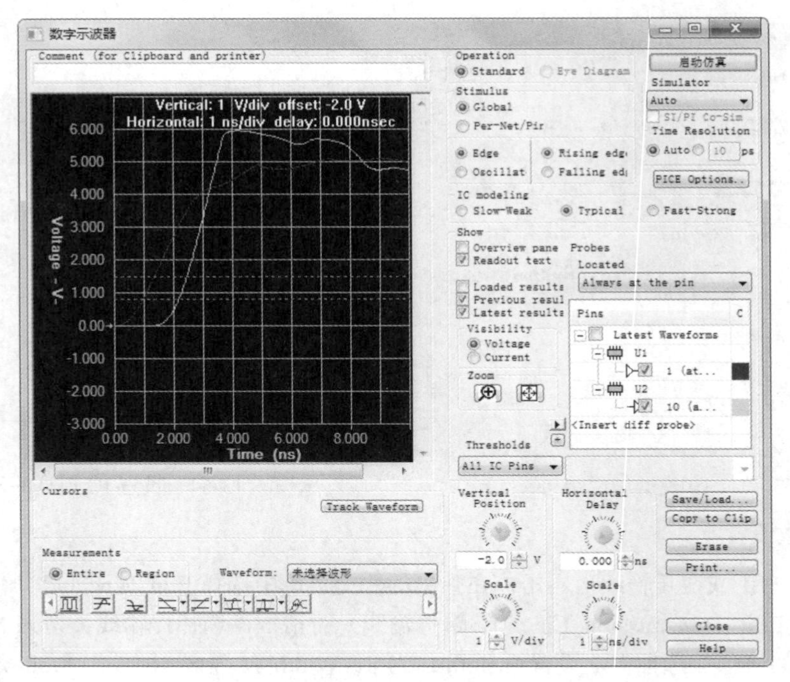

（a）上升沿仿真曲线

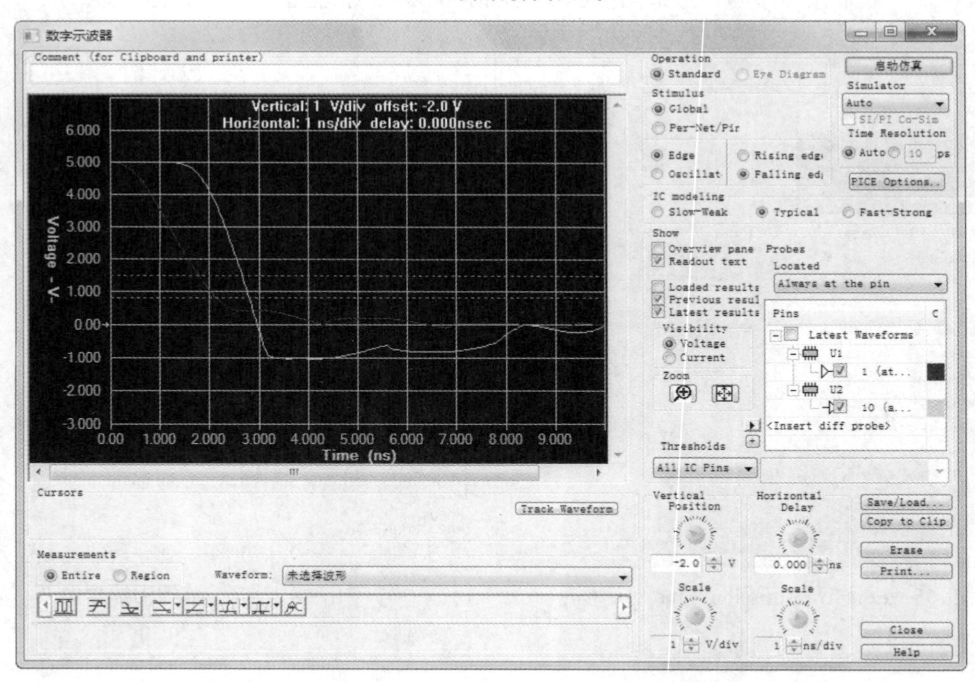

（b）下降沿仿真曲线

图 13-67 “数字示波器”对话框

（2）单击 FFS Editor ToolBar 工具栏中的（将电阻器添加到原理图）按钮，放置电阻器元件，在接收端并联端接一个与传输线阻抗一样的电阻，输入电阻为 80Ω，如图 13-68 所示。

（3）单击 FFS Editor ToolBar 工具栏中的 （添加到地的连接）按钮，放置接地符号，修改后的原理图如图 13-69 所示。

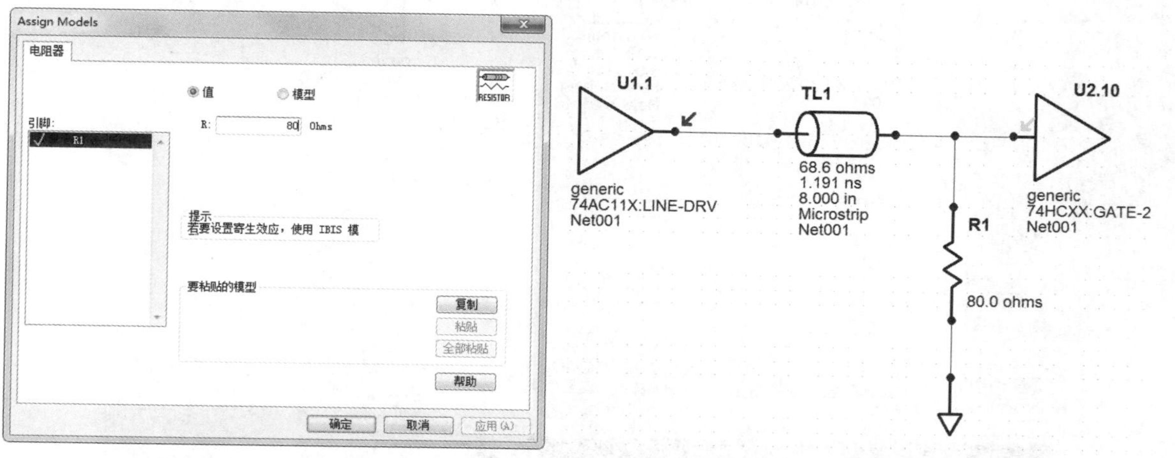

图 13-68　输入电阻值

图 13-69　修改后的原理图

（4）选择菜单栏中的“仿真 SI”→“运行交互式仿真”命令或单击 FFS Editor ToolBar 工具栏中的“运行交互式仿真”按钮，打开“数字示波器”对话框，单击 Erase 按钮，清除上步仿真结果，单击 启动仿真 按钮，在示波器中显示上升沿、下降沿的仿真曲线，如图 13-70 所示，发现接收端振铃现象得到了改善。

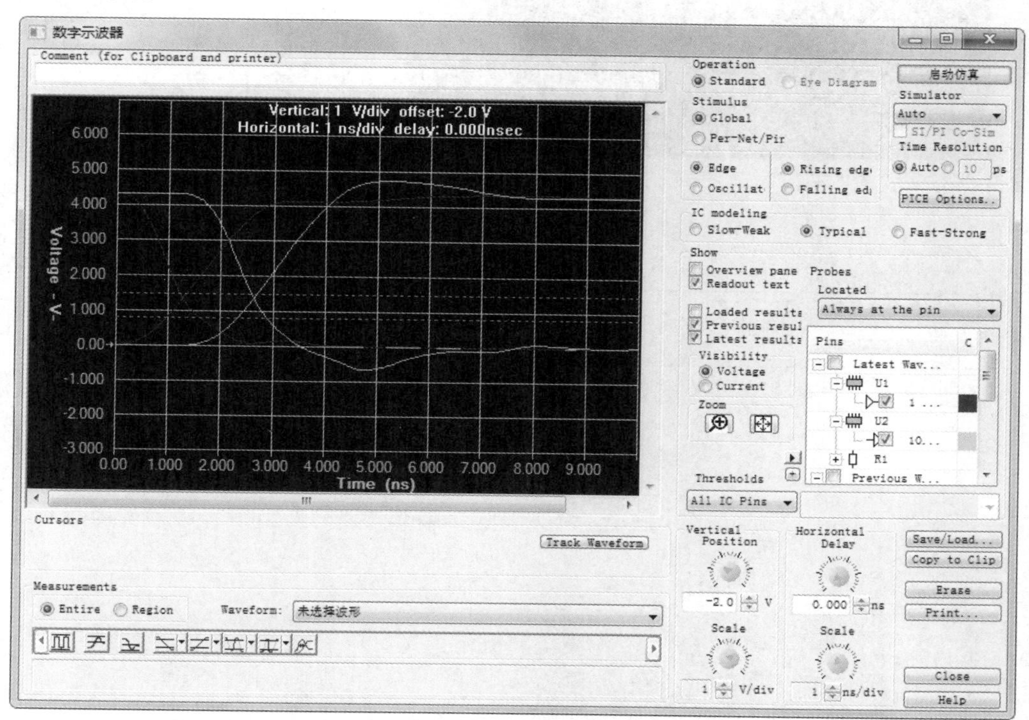

图 13-70　仿真结果

（5）将电阻值改为 60Ω，运行示波器，显示接收端振铃现象改善更多，如图 13-71 所示。

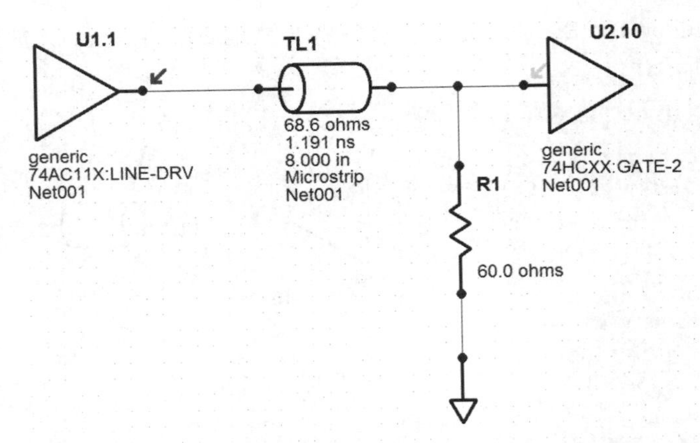

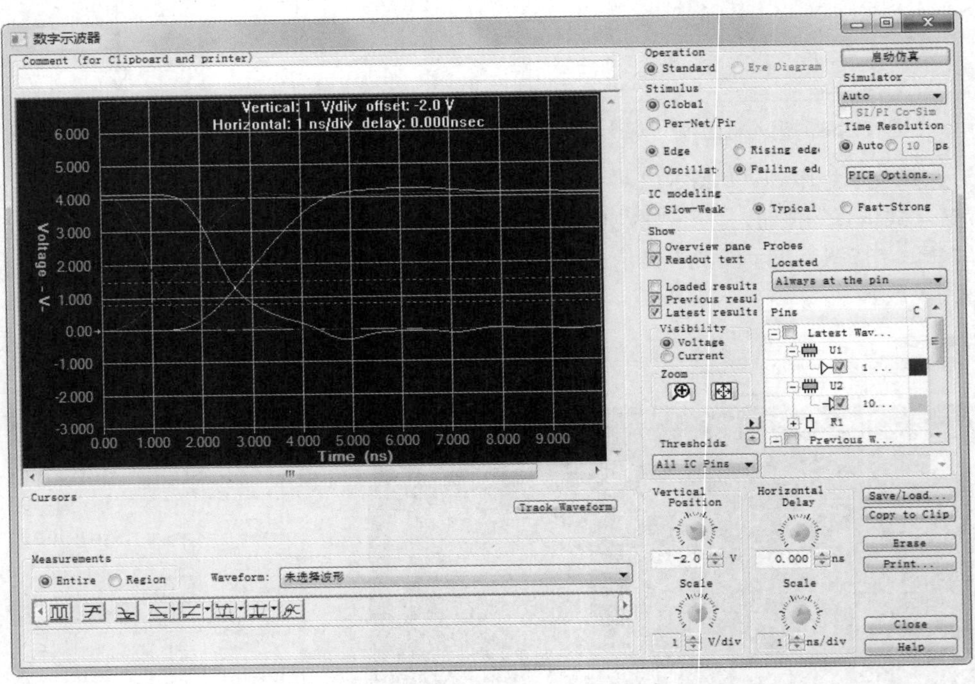

图 13-71　修改电阻值运行仿真

单片机实验板电路设计综合实例

视频讲解

本章内容是对前面章节没有介绍的 PADS Logic 的应用以及 PCB 设计的一些功能的补充，通过对综合实例完整流程的演示，读者可以在较短时间内快速地理解和掌握 PCB 设计的方法和技巧，提高 PCB 的设计能力。

学习重点

- ☑ 电路板设计流程
- ☑ 设计分析
- ☑ 新建工程
- ☑ 装入元器件
- ☑ 原理图编辑
- ☑ 报告输出
- ☑ PCB 设计
- ☑ 文件输出

任务驱动&项目案例

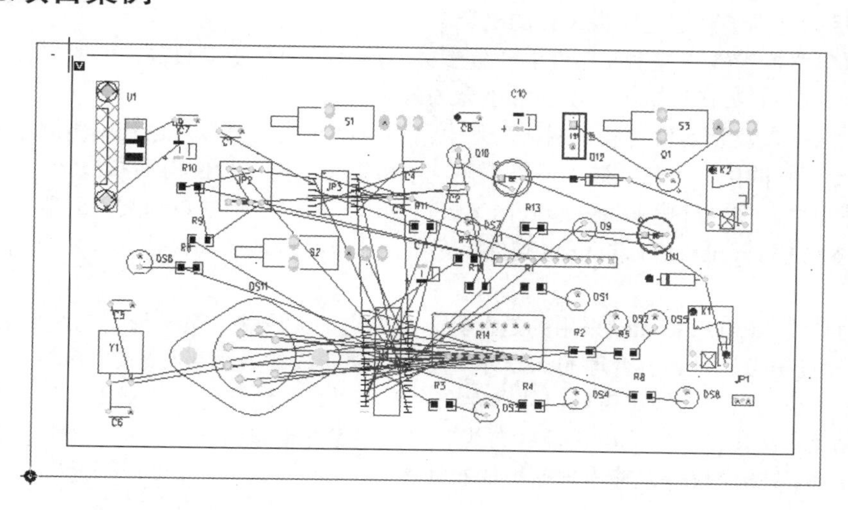

14.1 电路板设计流程

Note

作为本书的综合实例，在进行具体操作之前，再重点强调设计流程，希望读者可以严格遵守，从而达到事半功倍的效果。

14.1.1 电路板设计的一般步骤

（1）设计电路原理图，即利用 PADS Logic 的原理图设计系统（advanced schematic）绘制一张电路原理图。

（2）生成网络表。网络表是电路原理图设计与印制电路板设计之间的一座桥梁。网络表可以从电路原理图中获得，也可以从印制电路板中提取。

（3）设计印制电路板。在这个过程中，要借助 PADS Layout、PADS Router 提供的强大功能完成电路板的版面设计和高难度的布线工作。

14.1.2 电路原理图设计的一般步骤

电路原理图是整个电路设计的基础，它决定了后续工作是否能够顺利进行。一般而言，电路原理图的设计包括如下几个部分。

（1）设计电路图图纸大小及其版面。

（2）在图纸上放置需要设计的元器件。

（3）对所放置的元件进行布局布线。

（4）对布局布线后的元器件进行调整。

（5）保存文档并打印输出。

14.1.3 印刷电路板设计的一般步骤

（1）规划电路板。在绘制印刷电路板之前，用户要对电路板有一个初步的规划，这是一项极其重要的工作，目的是为了确定电路板设计的框架。

（2）设置电路板参数。包括元器件的布置参数、层参数和布线参数等。一般来说，这些参数用其默认值即可，有些参数在设置过一次后几乎无须修改。

（3）导入网络表及元器件封装。网络表是电路板自动布线的灵魂，也是电路原理图设计系统与印制电路板设计系统的接口。只有装入网络表后，才可能完成电路板的自动布线。

（4）元件布局。规划好电路板并装入网络表后，用户可以让程序自动装入元器件，并自动将它们布置在电路板边框内。PADS Layout 也支持手工布局，只有合理布局元器件，才能进行下一步的布线工作。

（5）自动布线。PADS Router 采用的是世界上最先进的无网络、基于形状的对角自动布线技术。只要相关参数设置得当，且具有合理的元器件布局，自动布线的成功率几乎是 100%。

（6）手工调整。自动布线结束后，往往存在令人不满意的地方，这时就需要进行手工调整。

（7）保存及输出文件。完成电路板的布线后，需要保存电路线路图文件，然后利用各种图形输出设备，如打印机或绘图仪等，输出电路板的布线图。

14.2　设计分析

单片机实验板是学习单片机必备的工具之一，本章介绍一个实验板电路以供读者自行制作，如图 14-1 所示。

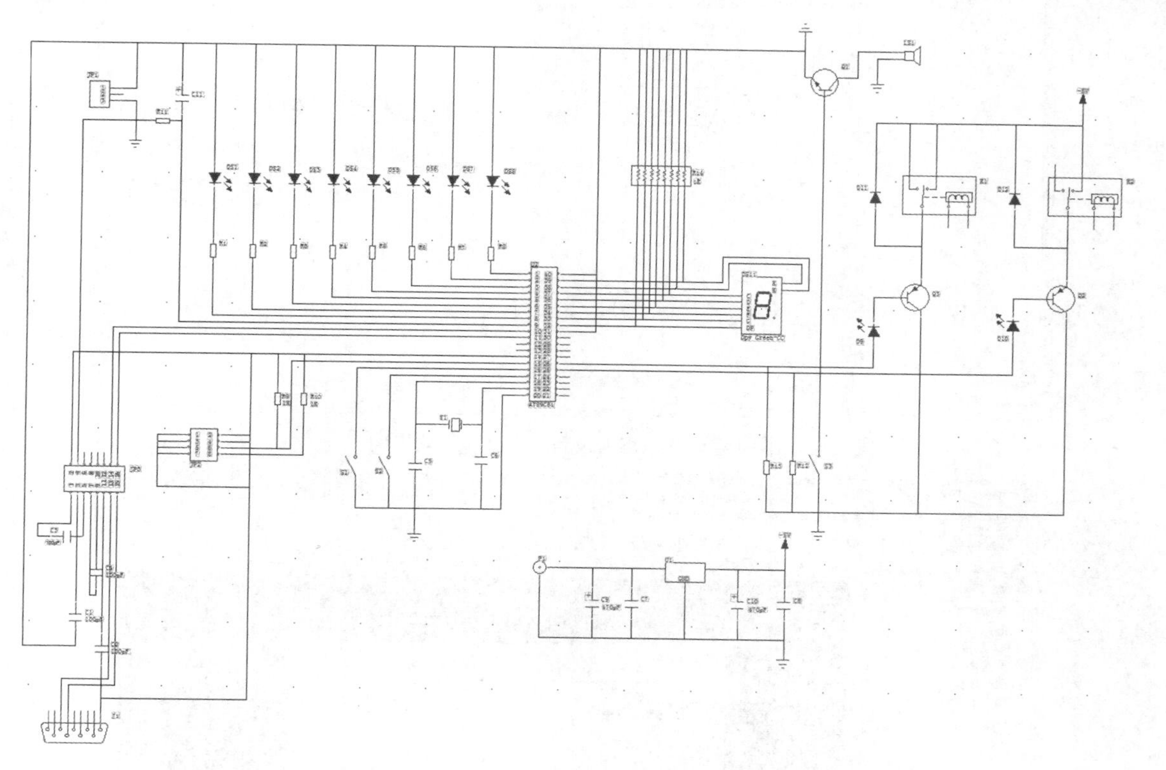

图 14-1　单片机实验板电路

单片机的功能就是利用程序控制单片机引脚端的高低电压值，并以引脚端的电压值来控制外围设备的工作状态。本例设计的实验板是通过单片机串行端口控制各个外设，用它可以完成包括串口通信、跑马灯实验、单片机音乐播放、LED 显示以及继电器控制等实验。

通过对前面章节的学习，读者基本上可以用 PADS 来完成电路板的设计，也可以直接用 PCB 文件来制作电路板，本章将通过实例详细说明一个电路板的设计过程，包括建立元件库、绘制原理图、绘制 PCB 图以及最后的 PCB 图打印输出等。

14.3　新建工程

（1）单击 PADS Logic 图标，打开 PADS Logic VX.2.4，进入启动界面，如图 14-2 所示。

（2）单击“标准工具栏”中的“新建”按钮，新建一个原理图文件，自动弹出“替换字体”对话框，如图 14-3 所示，单击“确定”按钮，默认替换字体。

Note

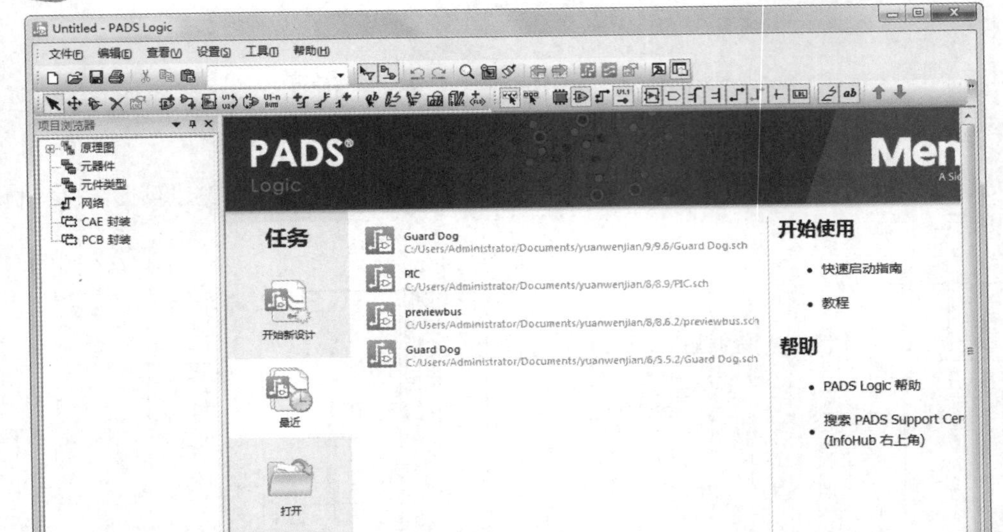

图 14-2　PADS Layout VX.2.4 启动界面

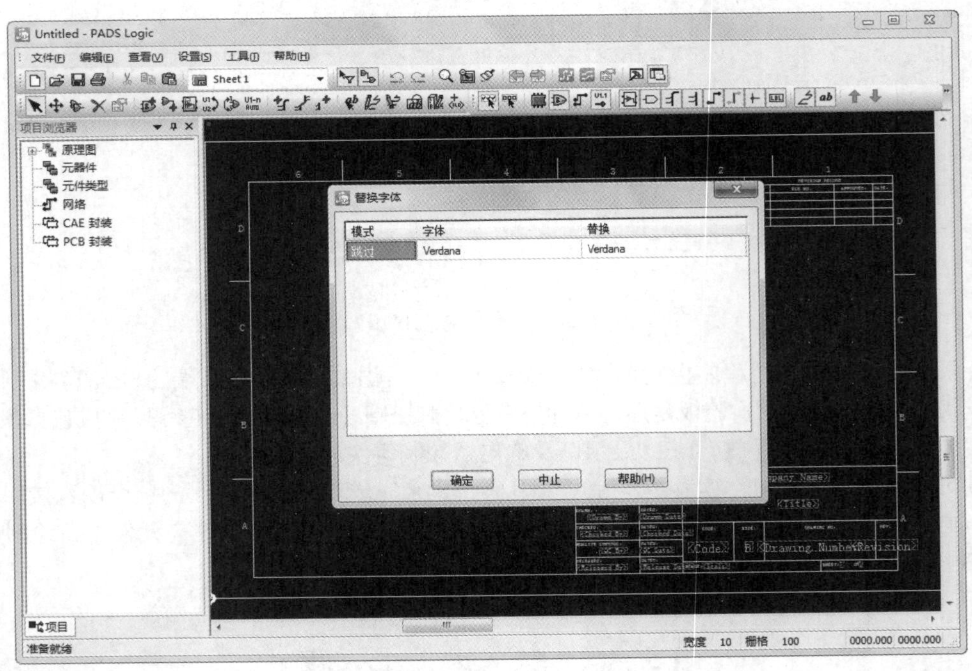

图 14-3　“替换字体”对话框

（3）单击“标准工具栏”中的“原理图编辑工具栏”按钮，打开“原理图编辑工具栏”，如图 14-4 所示，使用该工具栏中的按钮进行原理图设计。

图 14-4　原理图编辑工具栏

（4）选择菜单栏中的“工具”→“选项”

命令，弹出“选项”对话框，打开“设计”选项卡，在“图页”选项组下设置图纸大小。

在“尺寸”下拉列表框中选择 C，在“图页边界线”文本框右侧单击“选择”按钮，弹出“从库中获取绘图项目”对话框，选择 SIZEC，如图 14-5 所示，单击“确定”按钮，关闭对话框。

在“选项”对话框中显示图纸设置选项，如图 14-6 所示。

Note

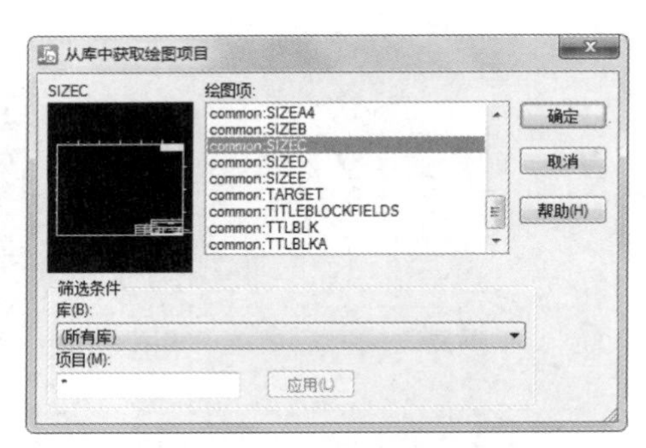

图 14-5　“从库中获取绘图项目”对话框

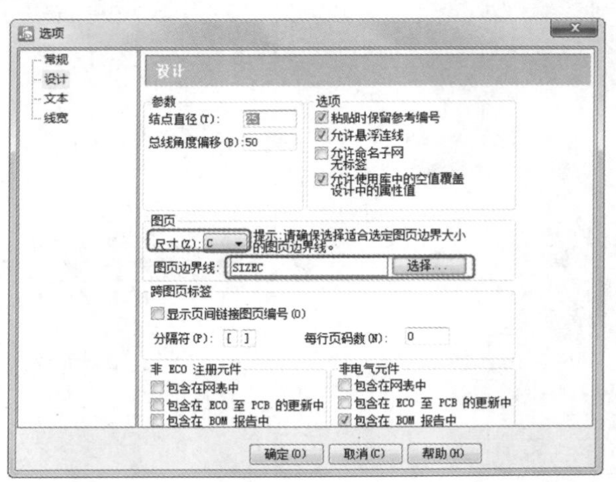

图 14-6　图纸设置

14.4　装入元器件

原理图上的元件从要添加的元件库中选定来设置，先要添加元件库。系统默认已经装入了两个常用库，分别是常用元件杂项库 Misc.pt9 和自带电气元件库 SCM.pt9。如果还需要其余元件库，则需要提前装入。

选择菜单栏中的“文件”→“库”命令，在弹出的“库管理器”对话框中单击“管理库列表”按钮，弹出“库列表”对话框，如图 14-7 所示，可以看到此时系统已经装入的元件库。

（1）单击“原理图编辑工具栏”中的“添加元件”按钮，弹出“从库中添加元件”对话框，在“筛选条件”选项组的“库”下拉列表框中选择“所有库”，如图 14-8 所示。

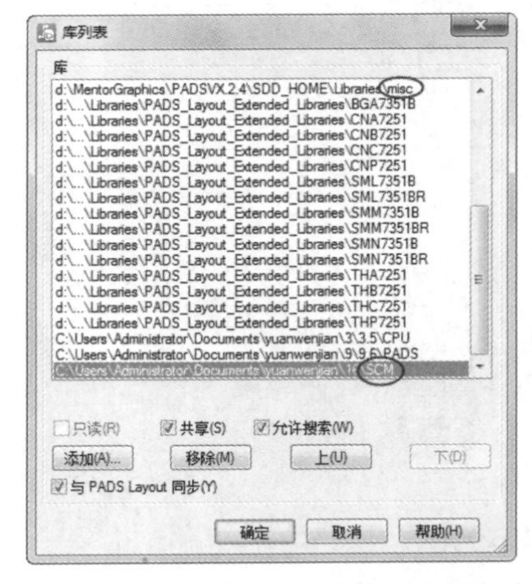

图 14-7　“库列表”对话框加载元件库

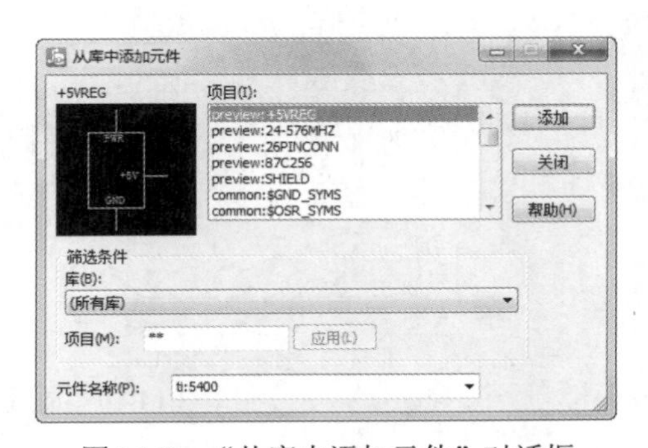

图 14-8　“从库中添加元件”对话框

Note

（2）在该对话框中依次选择发光二极管 LED、二极管 DIODE、电阻 Res2、排阻 Res Pack3、晶振 XTAL1、电解电容 Cap-B6、无极性电容 CAP-CC05，以及 PNP 和 NPN 三极管、蜂鸣器 Speaker、继电器 RLY-SPDT 和开关 SW-SPST-NO，如图 14-9 所示。

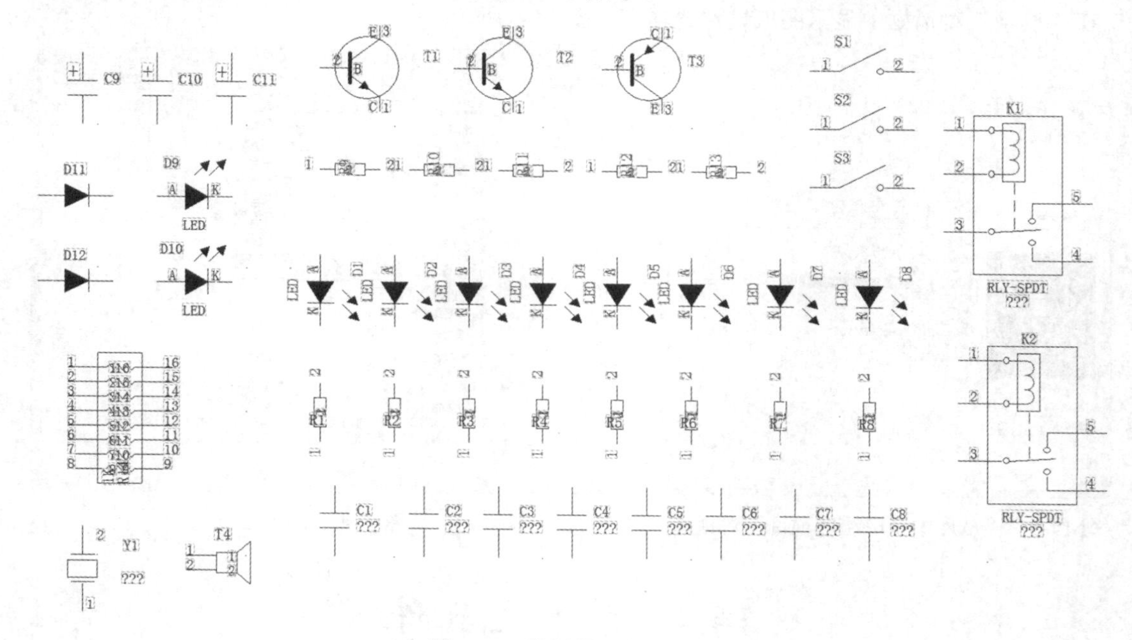

图 14-9 放置常用电器元件

（3）将“从库中添加元件”对话框置为当前，在“筛选条件”选项组的“库”下拉列表框中选择 SCM.pt9，在“项目”文本框中输入元件关键词，单击“应用”按钮，在“项目”列表框中显示符合条件的元件。

（4）选择 Header3 接头、RCA 接头、8 针双排接头 Header8*2、4 针双排接头 4*2、数码管 Dpy Green-CC、三端稳压管 L78S05CV、串口接头 D connect 9 和单片机芯片 AT89C51，如图 14-10 所示。

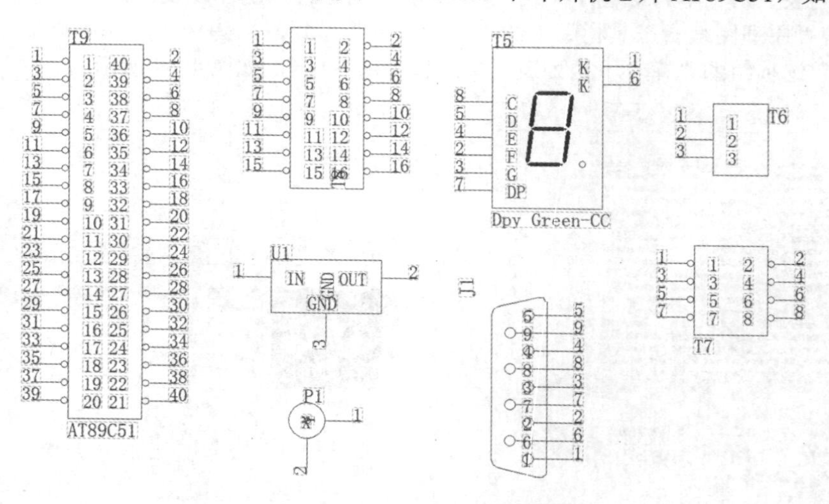

图 14-10 放置常用接口元件

（5）框选所有元器件，右击，在弹出的快捷菜单中选择“特性”命令，弹出如图 14-11 所示的

“元件特性”对话框，单击“可见性”按钮，弹出“元件文本可见性”对话框，选中“项目可见性”选项组中的“元件类型”复选框，如图 14-12 所示。单击“确定”按钮，退出对话框，完成元器件显示设置，结果如图 14-13 所示。

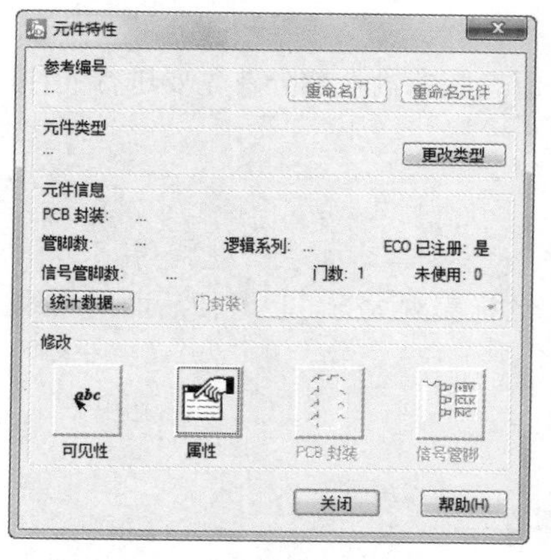

图 14-11 “元件特性”对话框

图 14-12 “元件文本可见性”对话框设置

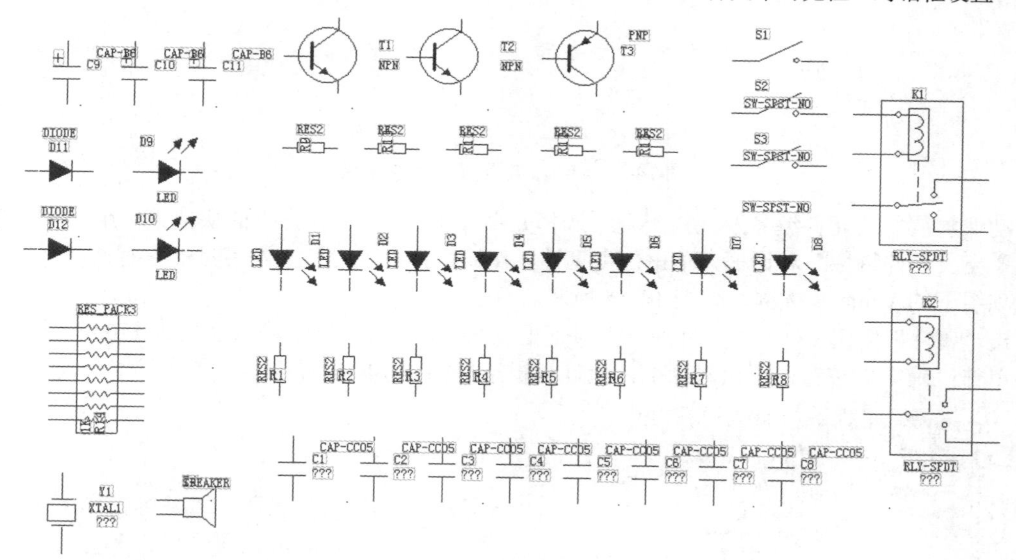

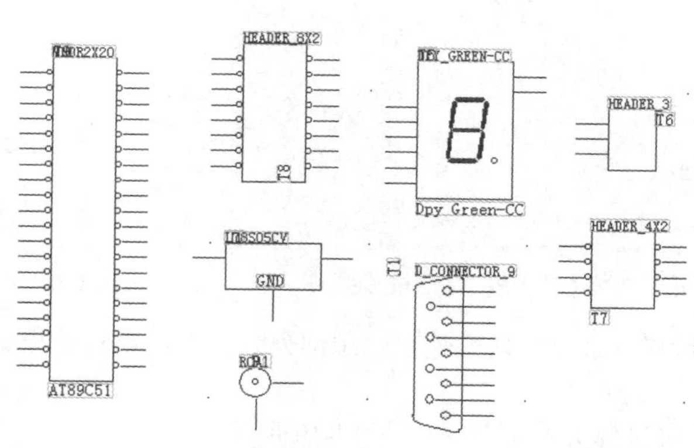

图 14-13 元器件显示设置

14.5 原理图编辑

Note

将所需的元件库装入工程后进行原理图的输入。原理图的输入部分首先要进行元件的布局和元件布线。

14.5.1 元件布局

根据原理图大小，合理地将放置的元件摆放好，这样美观大方，也方便后面的布线。按要求设置元件的属性，包括元件标号、元件值等。

采用分块的方法完成手工布局操作。

（1）电源电路模块如图 14-14 所示。

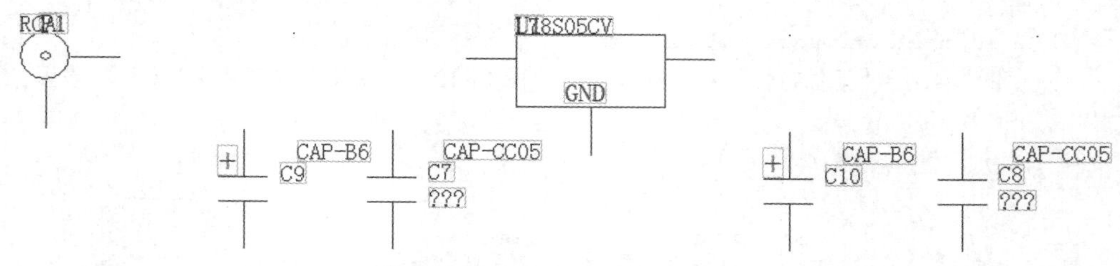

图 14-14　电源电路模块元件布局

拖动调整重叠的元件编号及元件类型，选择元件 C9，右击，在弹出的快捷菜单中选择“特性”命令，弹出“元件特性”对话框，单击“可见性”按钮，弹出“元件文本可见性”对话框，选中“属性”选项组下的 Value 复选框，如图 14-15 所示。

单击“属性”按钮，打开“元件属性”对话框，在 Value 文本框中输入参数值 470pF，如图 14-16 所示，单击“确定”按钮，退出对话框，元件编辑结果如图 14-17 所示。

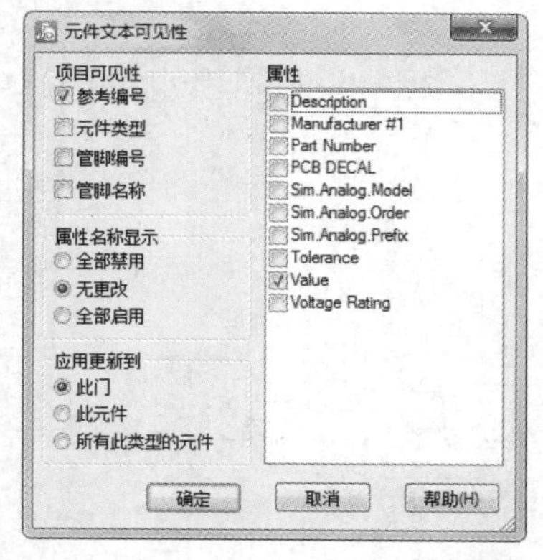

图 14-15　“元件文本可见性”对话框设置

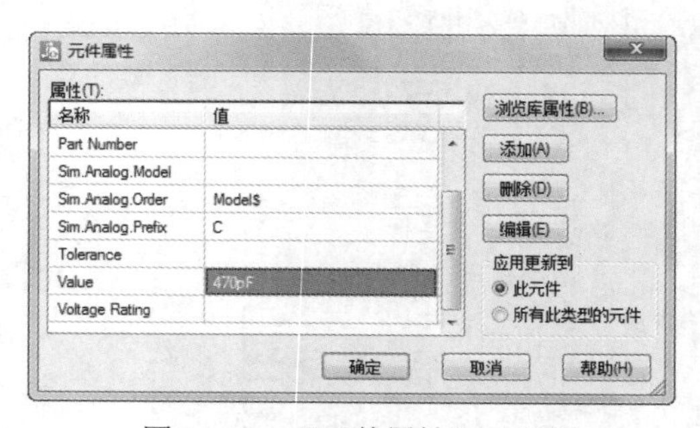

图 14-16　“元件属性”对话框

同样的方法设置其余元件属性值，电源部分元件属性设置结果如图 14-18 所示。

（2）发光二极管部分的电路，如图 14-19 所示。

（3）连接发光二极管部分相邻的串口部分，如图 14-20 所示。

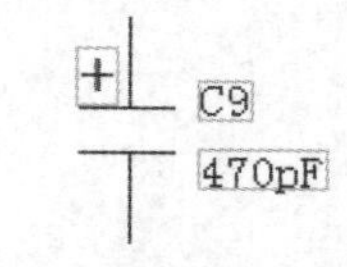

图 14-17　元件属性编辑结果

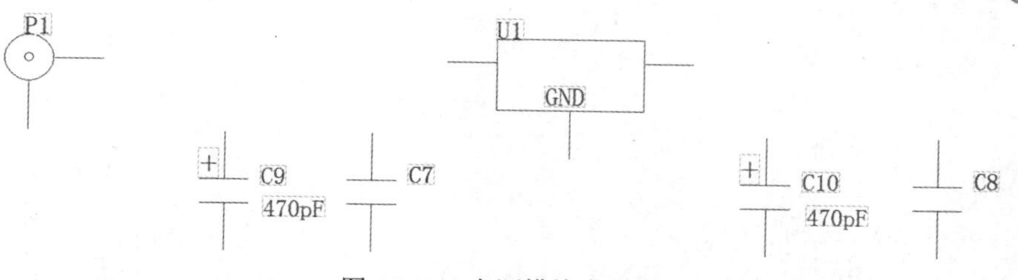

图 14-18　电源模块电路图

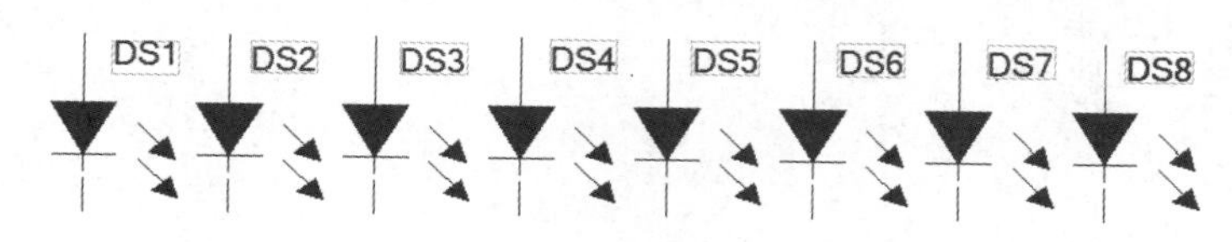

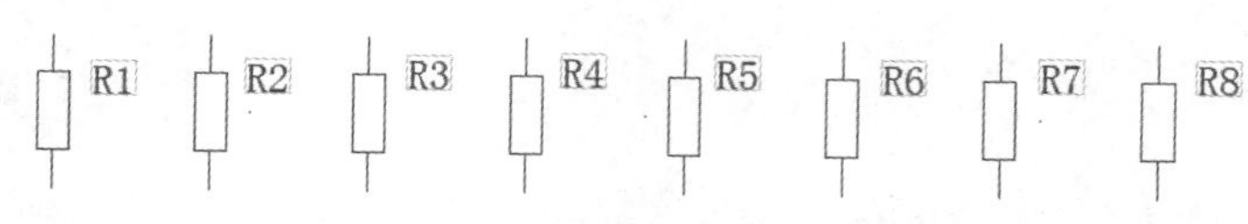

图 14-19　发光二极管部分的电路

（4）连接与串口和发光二极管都有电气连接关系的红外接口部分，如图 14-21 所示。

（5）连接晶振和开关电路，如图 14-22 所示。

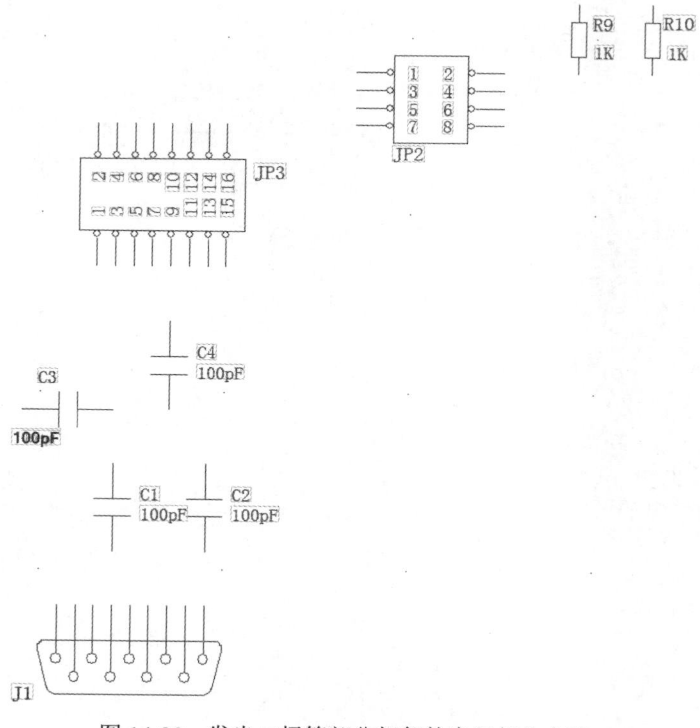

图 14-20　发光二极管部分相邻的串口部分电路

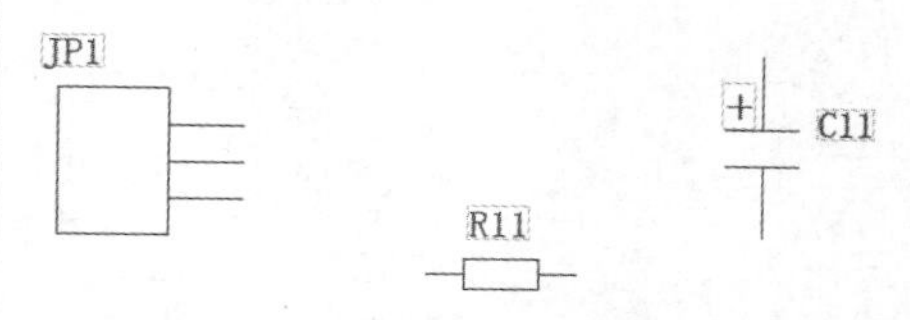

图 14-21　红外接口部分电路

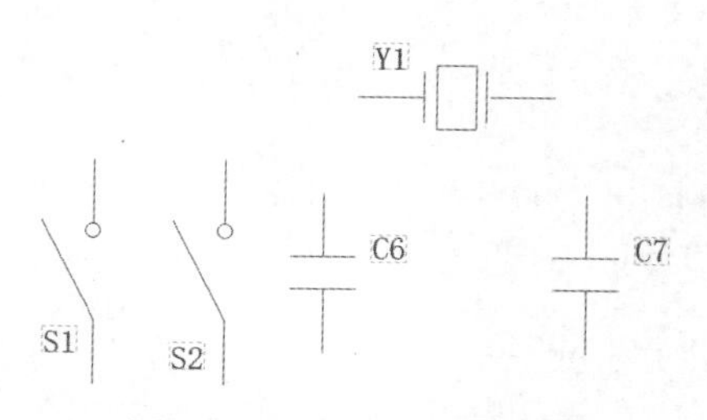

图 14-22　晶振和开关电路

（6）连接蜂鸣器和数码管部分电路，如图 14-23 所示。

（7）连接继电器部分电路，如图 14-24 所示。

Note

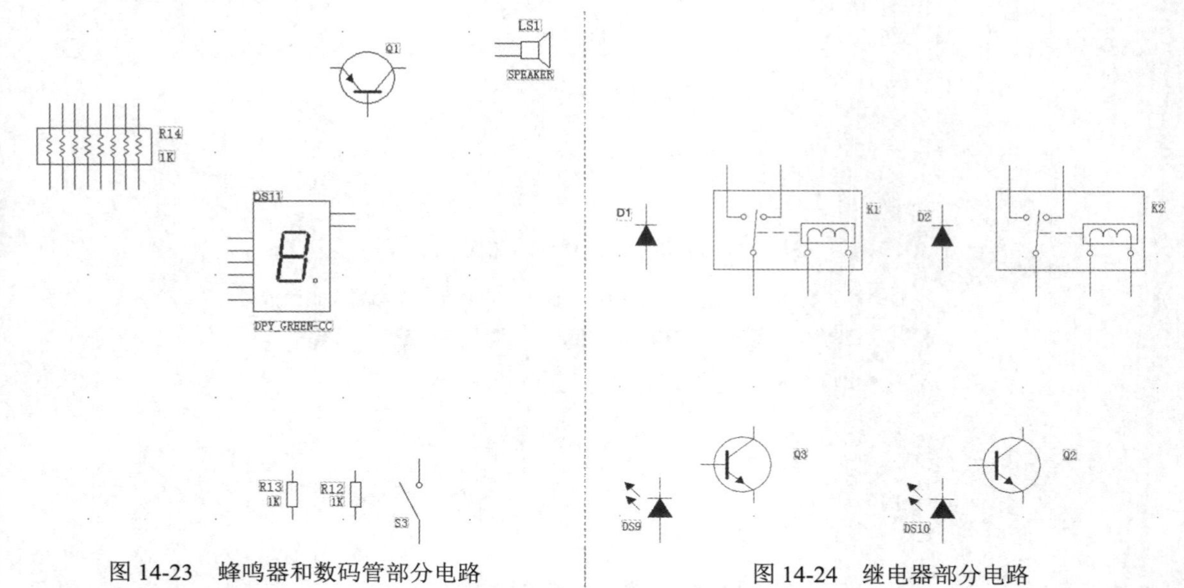

图 14-23　蜂鸣器和数码管部分电路　　　　图 14-24　继电器部分电路

（8）完成继电器上拉电阻部分电路。把各部分电路按照要求组合起来，单片机实验板的原理图就设计好了，效果如图 14-25 所示。

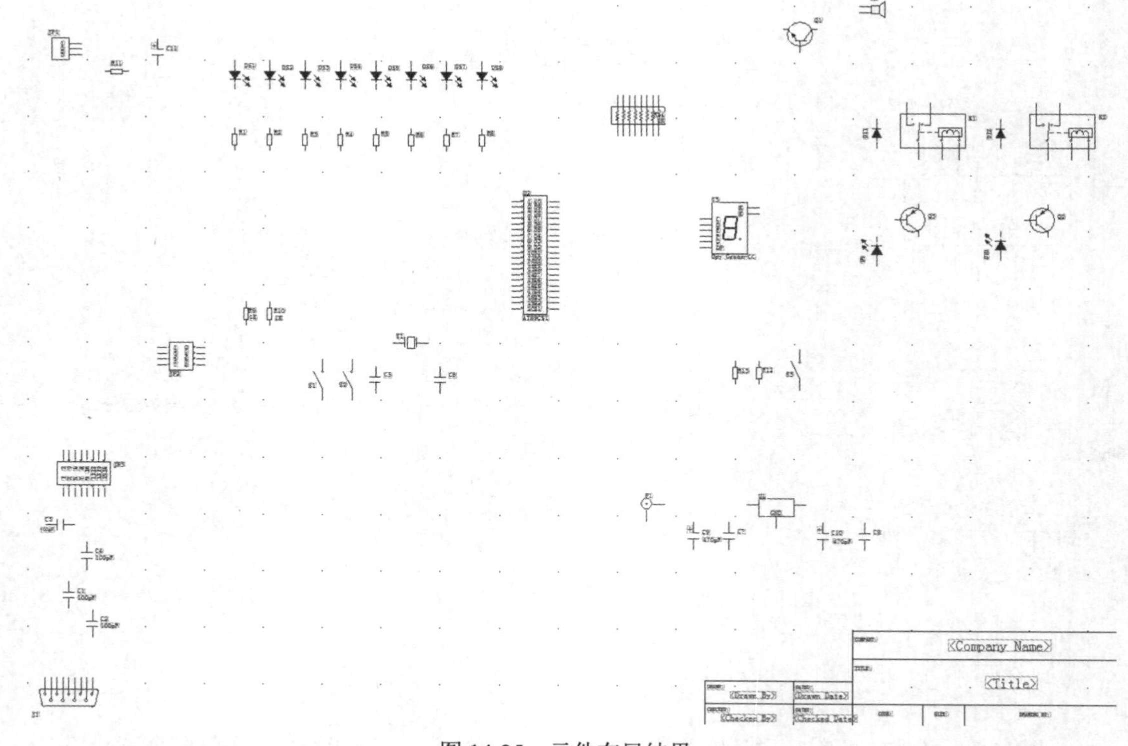

图 14-25　元件布局结果

注意：在布局过程中，灵活使用移动、旋转 90°、X 镜像、Y 镜像等操作的快捷命令，可大大节省时间。

14.5.2　元件手工布线

继续采用分块的方法完成手工布线操作。

（1）单击“原理图编辑工具栏”中的“添加连线”按钮，进入连线模式，进行连线操作。

❶ 连接完的电源电路如图 14-26 所示。

❷ 连接发光二极管部分的电路，如图 14-27 所示。

❸ 连接发光二极管部分相邻的串口部分，如图 14-28 所示。

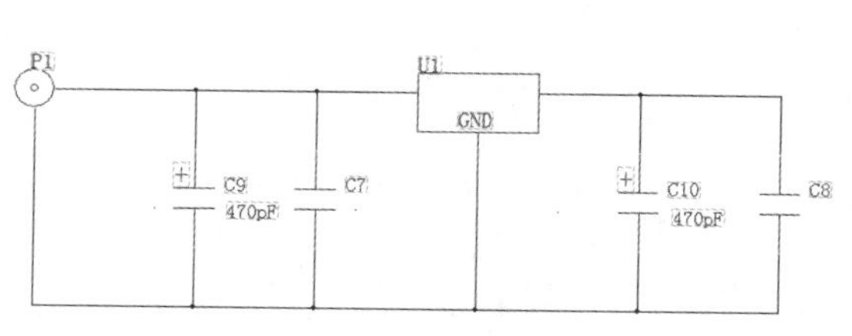

图 14-26　电源模块电路图

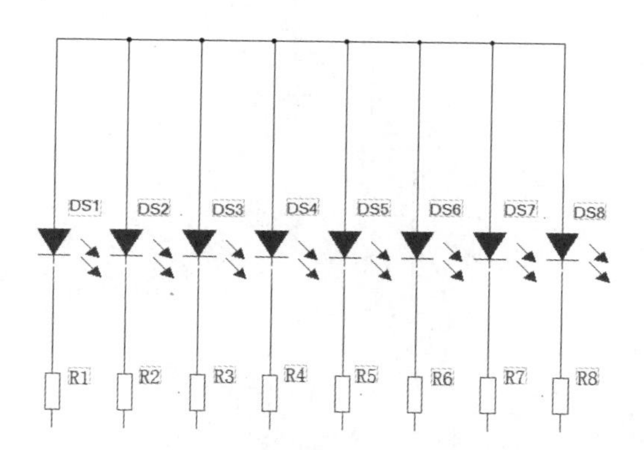

图 14-27　连接发光二极管部分的电路

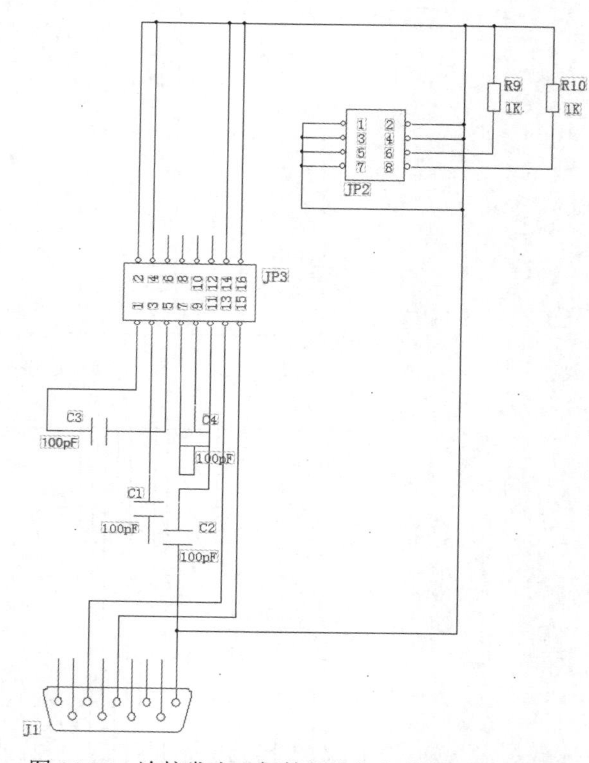

图 14-28　连接发光二极管部分相邻的串口部分电路

❹ 连接与串口和发光二极管都有电气连接关系的红外接口部分，如图 14-29 所示。

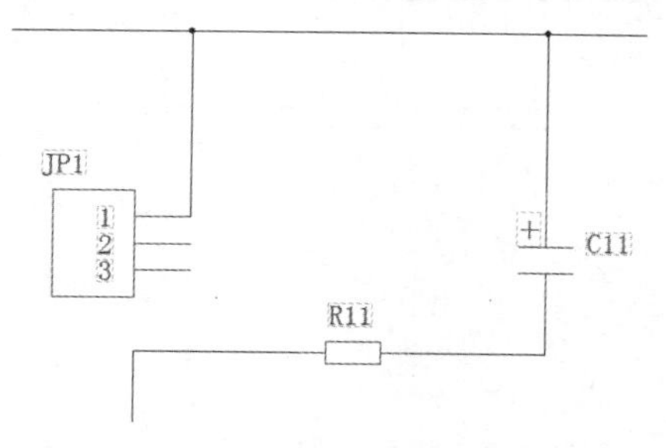

图 14-29　连接红外接口部分电路

❺ 连接晶振和开关电路，如图 14-30 所示。

❻ 连接蜂鸣器和数码管部分电路，如图 14-31 所示。

Note

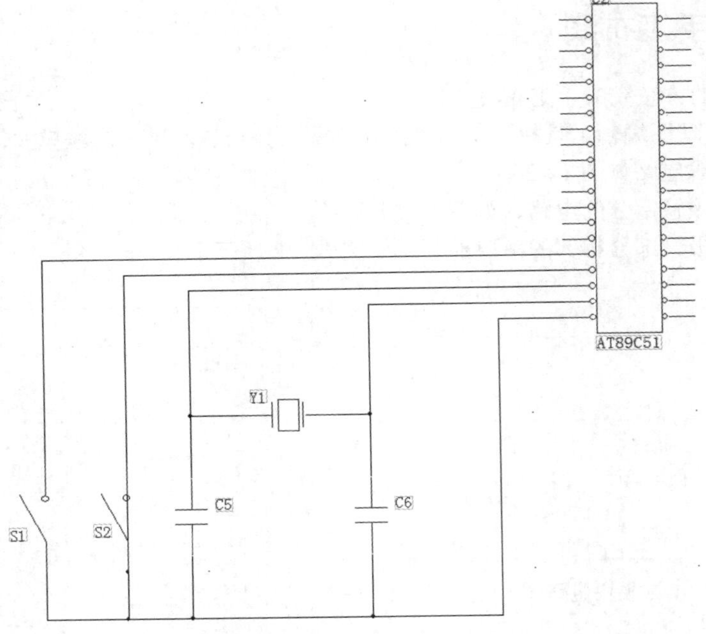

图 14-30　连接晶振和开关电路

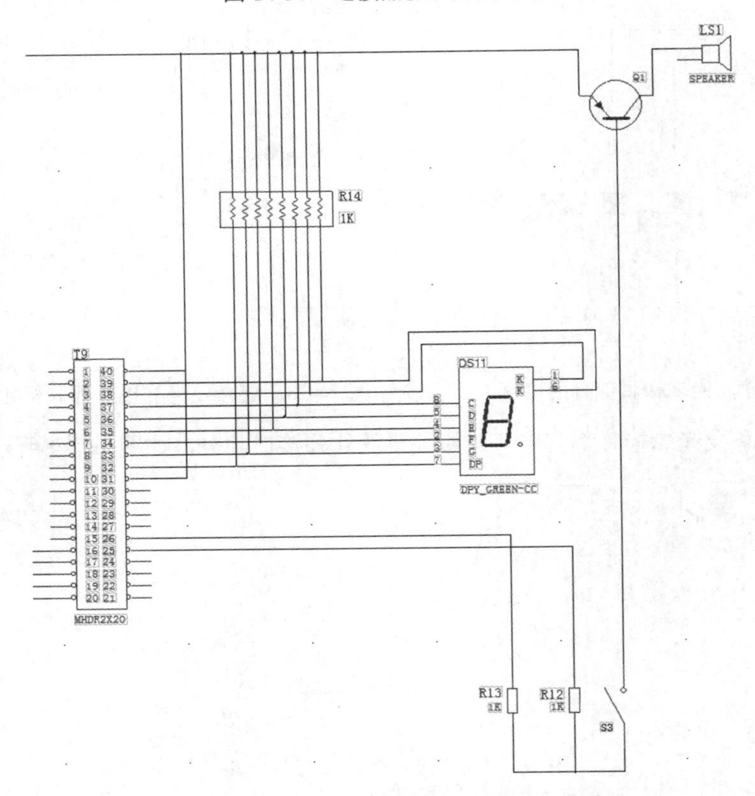

图 14-31　连接蜂鸣器和数码管部分电路

❼ 连接继电器部分电路，如图 14-32 所示。

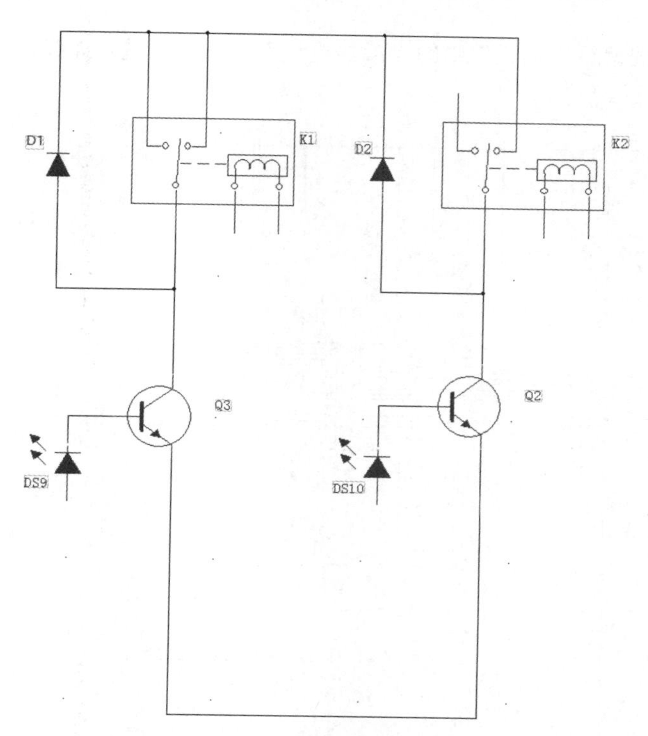

图 14-32　连接继电器部分电路

❽ 完成继电器上拉电阻部分电路。把各分部分电路按照要求组合起来，单片机实验板的原理图布线就设计好了，效果如图 14-33 所示。

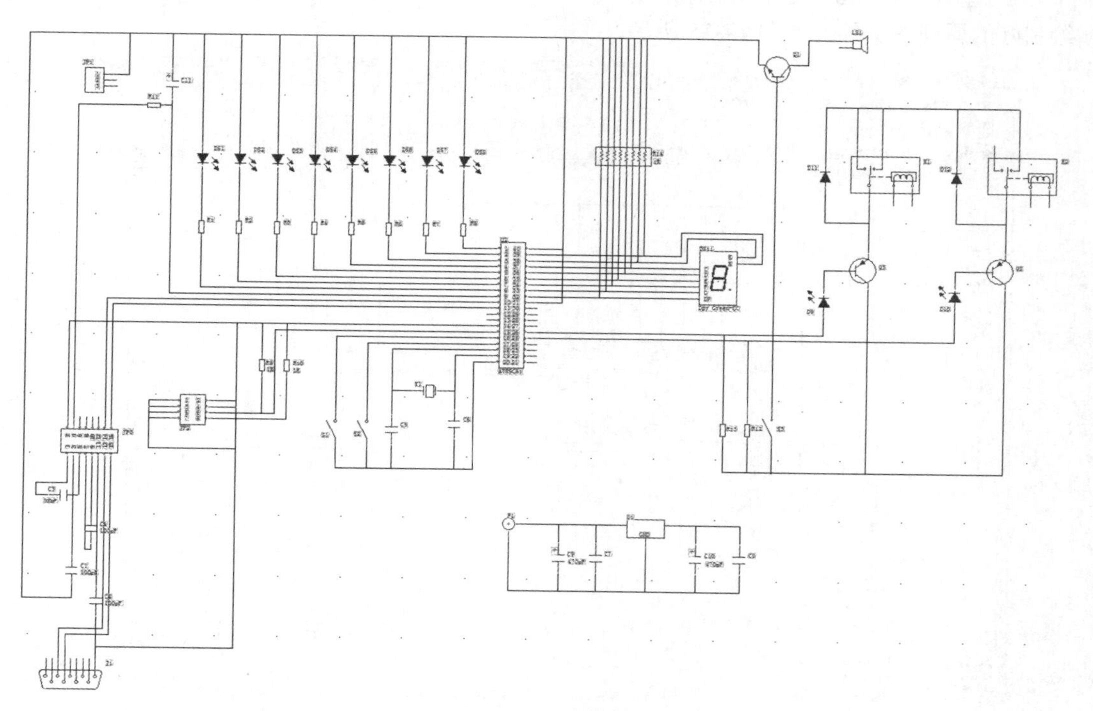

图 14-33　连线操作

Note

（2）单击“原理图编辑工具栏”中的“添加连线”按钮，进入连线模式，放置接地、电源符号，结果如图 14-34 所示。

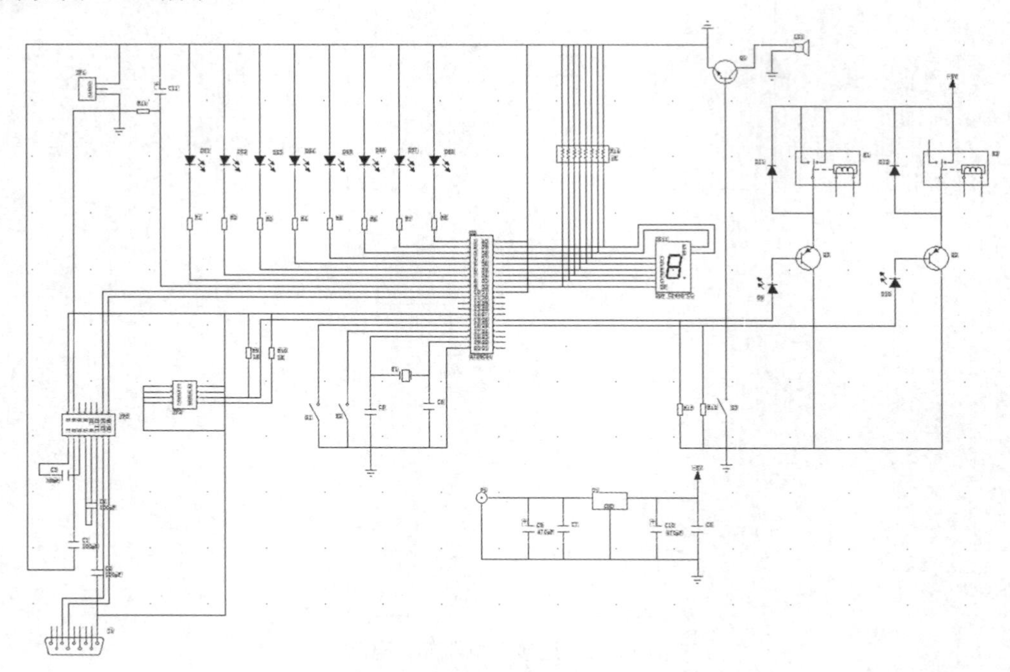

图 14-34　放置接地、电源符号

（3）原理图绘制完成后，单击“标准工具栏”中的“保存”按钮，输入原理图名称 SCM Board，保存绘制好的原理图文件，如图 14-35 所示。

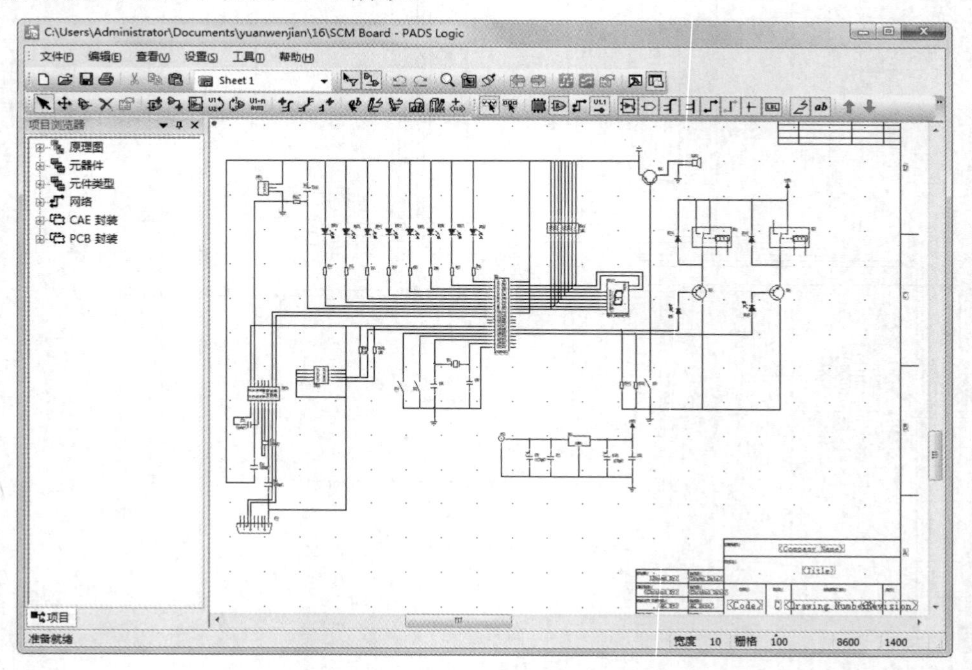

图 14-35　保存绘制的原理图

14.6　报 告 输 出

当完成了原理图的绘制后，这时需要当前设计的各类报告以便对此设计进行统计分析。诸如此类的工作都需要用到报告的输出。

14.6.1　材料清单报告

（1）选择菜单栏中的“文件”→“报告”命令，弹出如图 14-36 所示的“报告”对话框，选中“材料清单”复选框，如图 14-36 所示。

（2）单击“设置”按钮，弹出“材料清单设置”对话框，打开“属性”选项卡，显示原理图元器件属性，如图 14-37 所示。

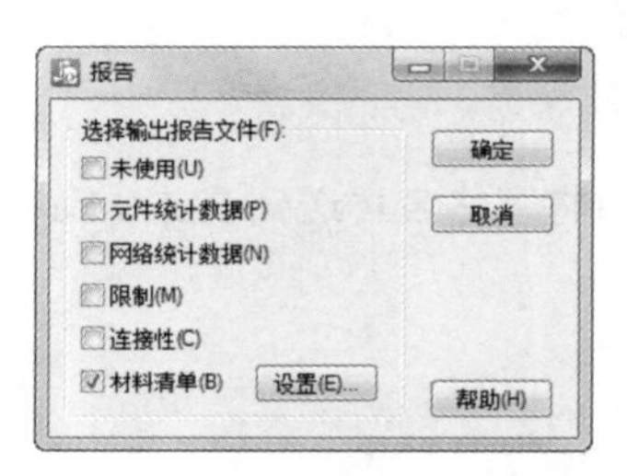

图 14-36　“报告”对话框

图 14-37　“材料清单设置”对话框

（3）单击 确定 按钮，自动产生一个当前原理图的材料清单报告文件，如图 14-38 所示。

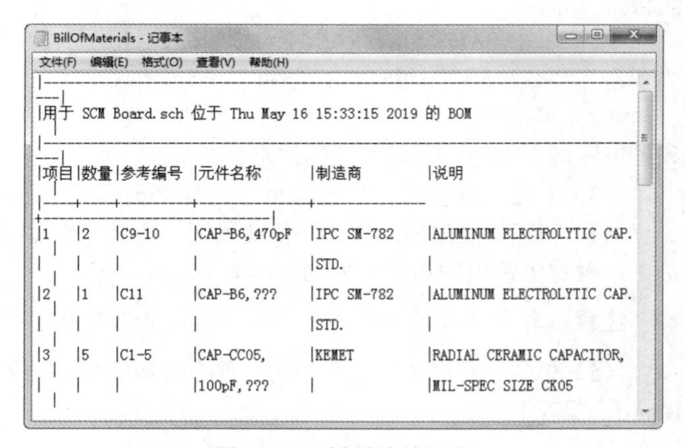

图 14-38　材料清单报告

14.6.2　打印输出

在打印之前首先进行打印设置。

（1）选择菜单栏中的“文件”→“打印预览”命令，弹出“选择预览”对话框，如图 14-39 所示。

（2）单击“图页”按钮，预览显示为整个页面显示，如图 14-40 所示。单击“全局显示”按钮，显示如图 14-39 所示的预览效果。

设置、预览完成后，单击“打印”按钮，打印原理图。

（3）选择菜单栏中的“文件”→“打印”命令，或单击“原理图标准工具栏”中的（打印）

按钮，也可以实现打印原理图的功能。

Note

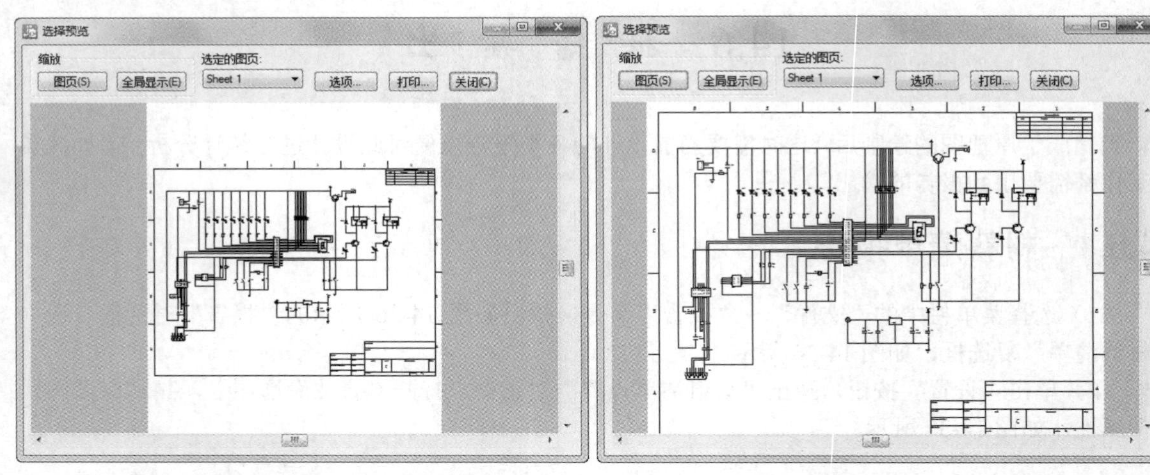

图 14-39 “选择预览”对话框　　　图 14-40 图页显示

（4）选择菜单栏中的“文件”→“退出”命令，退出 PADS Logic。

14.7 PCB 设计

原理图绘制完成后，用户可以直接通过 PADS Logic 提供的接口将网络表传送到 PADS Layout 中。这样既方便快捷，又能保证原理图与 PCB 图互传时的正确性。

14.7.1 新建 PCB 文件

在传递网络表、绘制 PCB 板之前，首先绘制 PCB 板的边框，确定电路板的大小，使元件和布线能合理分布。

（1）单击 PADS Layout VX.2.4 按钮，打开 PADS Layout VX.2.4。选择菜单栏中的“文件”→“新建”命令，新建一个 PCB 文件。

（2）单击“标准工具栏”中的“绘图工具栏”按钮，在打开的“绘图工具栏”中单击“板框和挖空区域”按钮，进入绘制边框模式。

（3）右击，在弹出的快捷菜单中选择“矩形”命令。

（4）在工作区的原点单击，移动鼠标，拉出一个边框范围的矩形框，单击，确定电路板的边框，如图 14-41 所示。

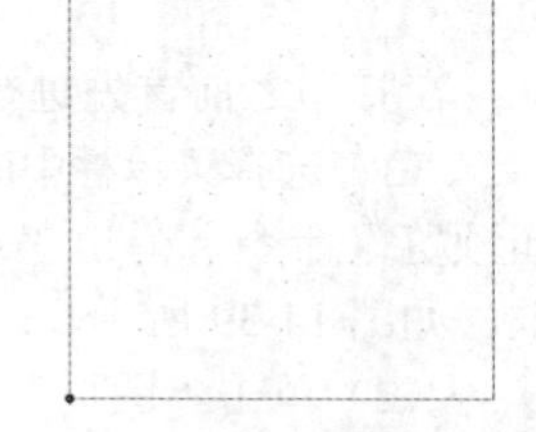

图 14-41 电路板边框图

注意： 后面可根据加载的元件布局结果来调整电路板的大小与形状。

（5）单击“标准工具栏”中的“保存”按钮，输入文件名称 SCM Board，保存 PCB 图。

14.7.2 导入网络表

采用 PADS Layout 和 PADS Logic 中的 OLE 数据传递，保证 PADS Layout 中的 PCB 图和 PADS Logic 中的原理图完全一致。

下面就把 PADS Layout VX.2.4 中绘制的调试工具原理图传递到 PADS Layout VX.2.4 中。

（1）单击 PADS Logic 图标，打开 PADS Logic；单击“标准工具栏”中的“打开”按钮，在弹出的“文件打开”对话框中选择绘制的原理图文件 SCM Board.sch。

（2）在 PADS Logic 窗口中，单击 “标准工具栏”中的 PADS Layout 按钮，打开“PADS Layout 链接”对话框，如图 14-42 所示。

（3）单击“PADS Layout 链接”对话框中“设计”选项卡下的“发送网表”按钮，如图 14-43 所示。

（4）PADS Logic 将原理图的网络表传递到 PADS Layout 中，同时记事本显示传递过程中的错误报告，如图 14-44 所示。

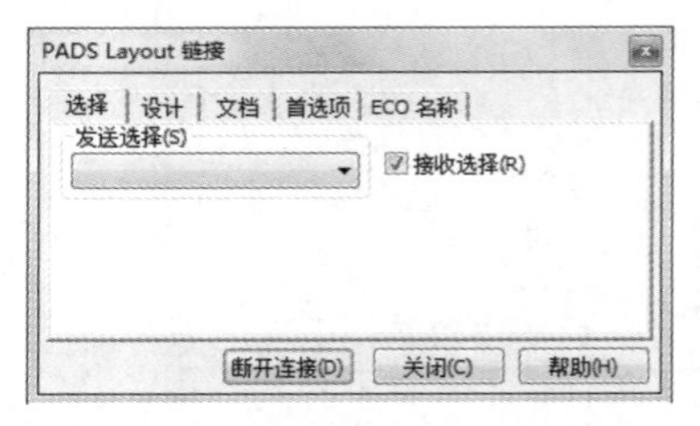

图 14-42　“PADS Layout 链接”对话框

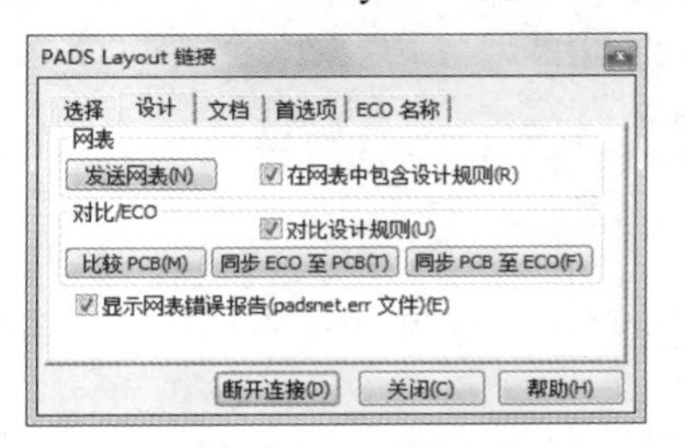

图 14-43　“设计”选项卡

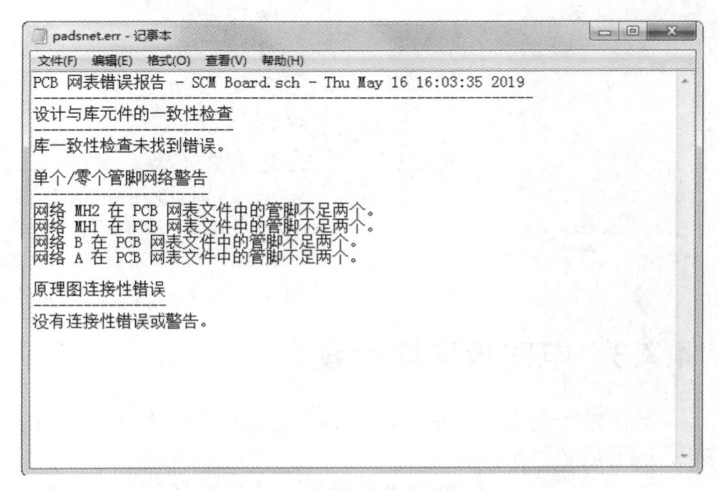

图 14-44　显示错误报告

（5）弹出提示对话框，如图 14-45 所示，单击“是”按钮，弹出生成网表文本文件，如图 14-46 所示。

图 14-45　提示对话框

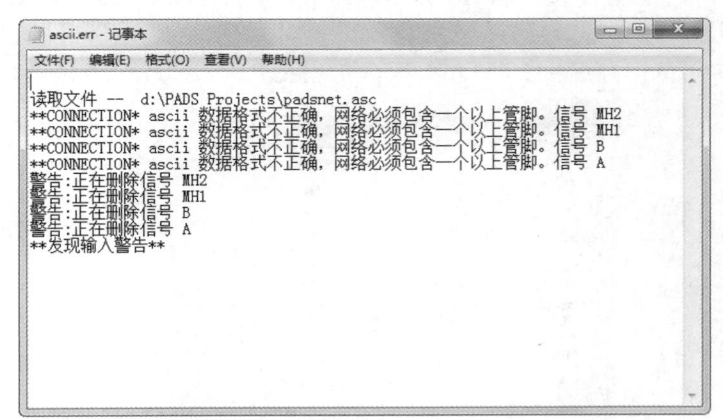

图 14-46　网表文本文件

（6）关闭报告的文本文件，弹出 PADS Layout 窗口，可以看到各元件已经显示在 PADS Layout 工作区域的原点上，如图 14-47 所示。

Note

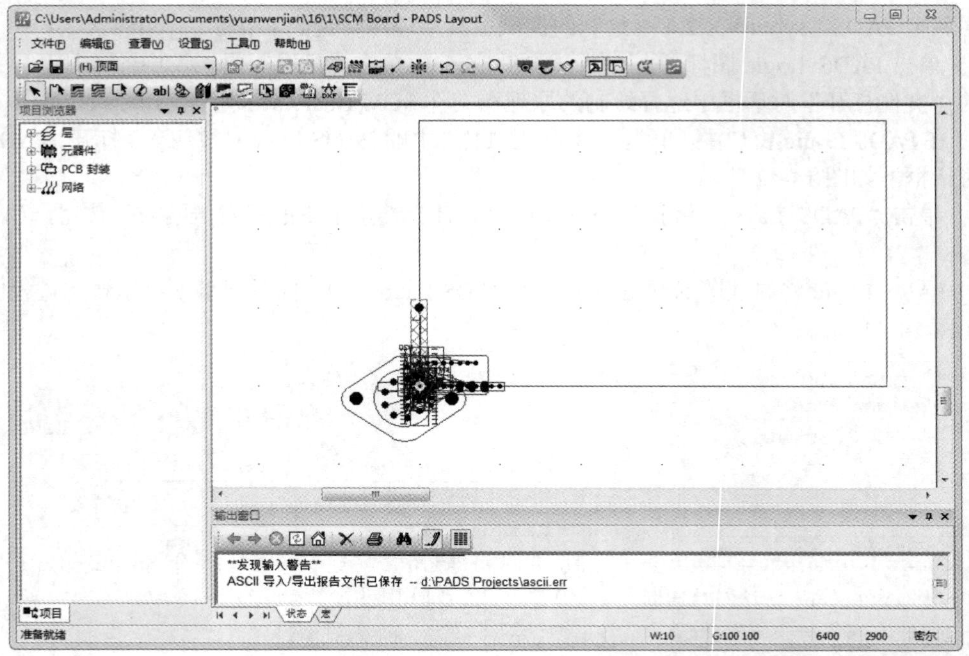

图 14-47　调入网络表后的元件 PCB 图

14.7.3　电路板环境设置

当开始布局设计以前，很有必要进行一些布局的参数设置，这些参数的设置对于布局设计会带来方便甚至是必不可少的。

（1）选择菜单栏中的“设置”→“层定义”命令，弹出“层设置”对话框，如图 14-48 所示。

（2）单击“电气层”选项组下的“修改”按钮，弹出“修改电气层数”对话框，输入层数为 4，如图 14-49 所示。

（3）单击“确定”按钮，弹出“重新分配电气层”对话框，设置电气层排列位置，如图 14-50 所示。

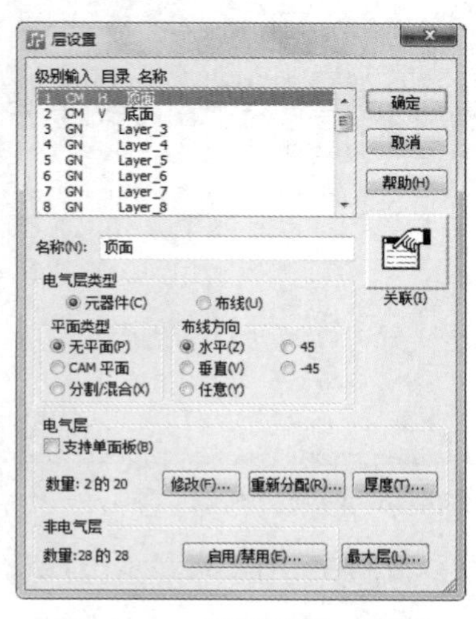

图 14-48　“层设置”对话框

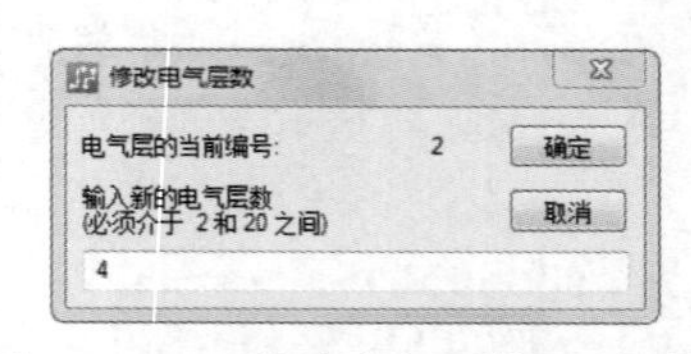

图 14-49　“修改电气层数”对话框

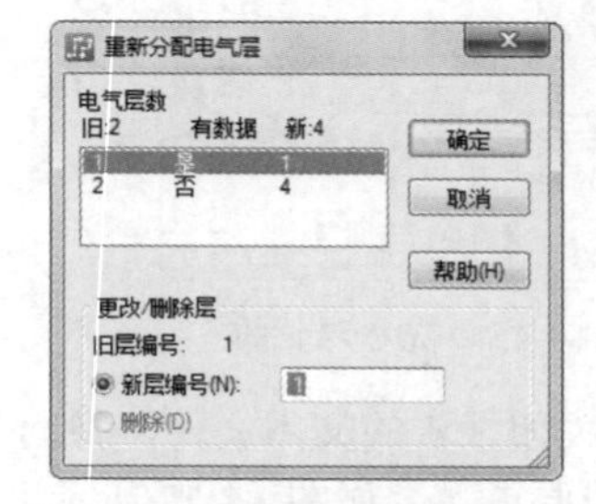

图 14-50　“重新分配电气层”对话框

（4）单击“确定”按钮，关闭对话框，返回“层设置”对话框中，显示默认的 2 个电气层变为 4 个。选择新添加的电气层 2，在“名称”文本框中输入 GND，在“平面类型”选项组下选中“CAM 平面”单选按钮，如图 14-51 所示。单击“分配网络”按钮，弹出“平面层网络”对话框，将 GND 网络添加到右侧“分配的网络”栏中，如图 14-52 所示。

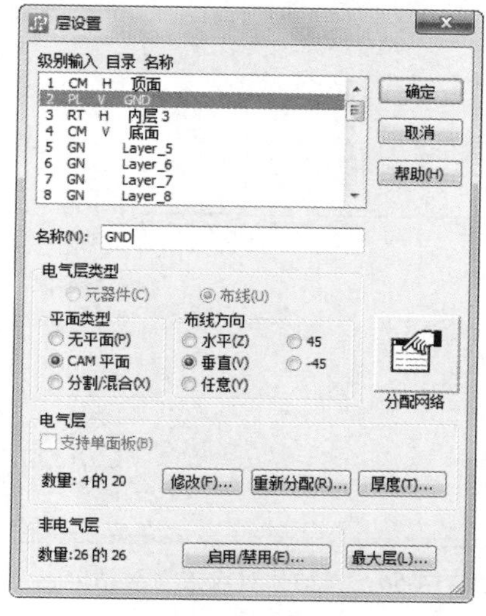

图 14-51　设置 GND 层

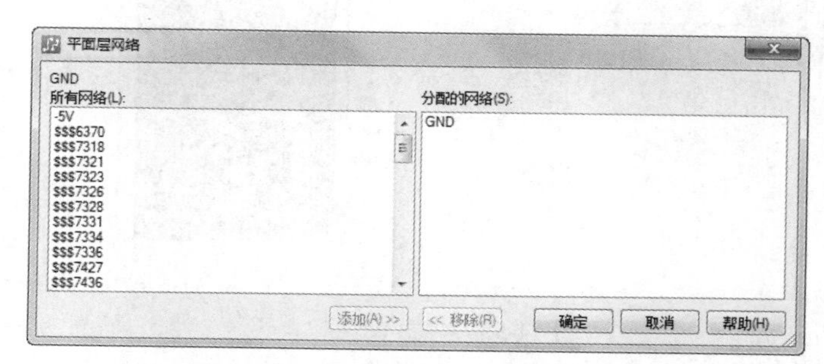

图 14-52　“平面层网络”对话框（1）

（5）选择新添加的电气层 3，在“名称”文本框中输入 VCC，在“平面类型”选项组下选中“分割/混合”单选按钮，如图 14-53 所示。单击“分配网络”按钮，弹出“平面层网络”对话框，将-5V 网络添加到右侧“分配的网络”栏中，如图 14-54 所示。

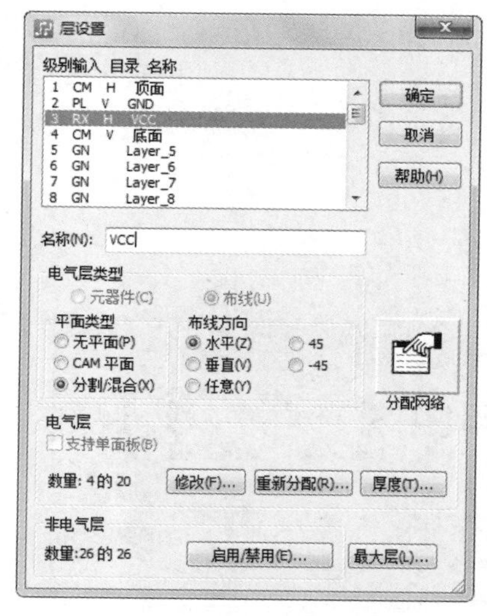

图 14-53　添加 VCC 层

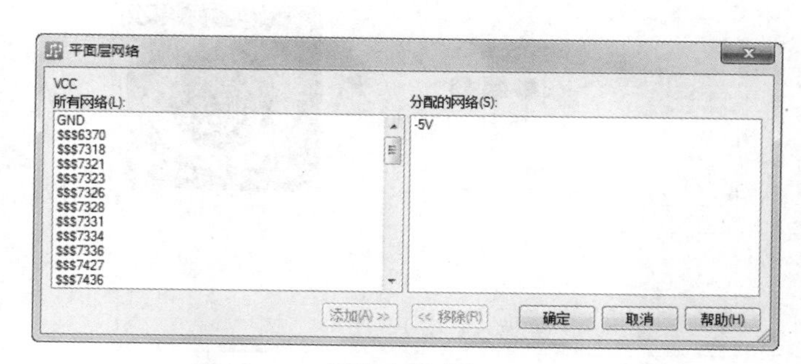

图 14-54　“平面层网络”对话框（2）

（6）选择菜单栏中的“设置”→“焊盘栈”命令，弹出“焊盘栈特性”对话框，对 PCB 的焊盘进行参数设置，如图 14-55 所示。

（7）选择菜单栏中的“设置”→“钻孔对”命令，弹出“钻孔对设置”对话框，对 PCB 的钻孔层对进行参数设置，如图 14-56 所示。

Note

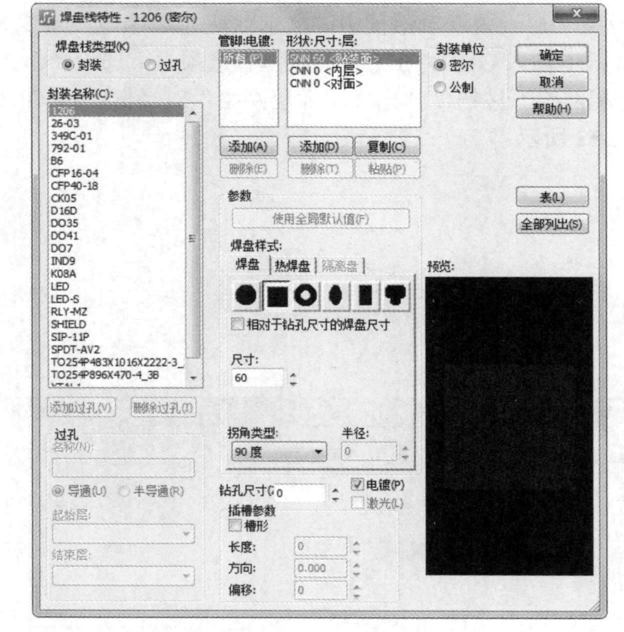

图 14-55　焊盘设置

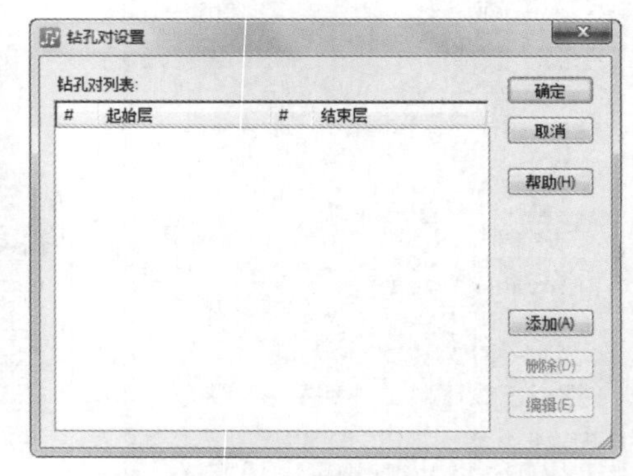

图 14-56　“钻孔对设置”对话框

（8）选择菜单栏中的“设置”→“跳线”命令，弹出“跳线”对话框，对 PCB 的跳线进行参数设置，如图 14-57 所示。

（9）选择菜单栏中的“设置”→“设计规则”命令，弹出“规则”对话框，对 PCB 的规则进行参数设置，如图 14-58 所示。

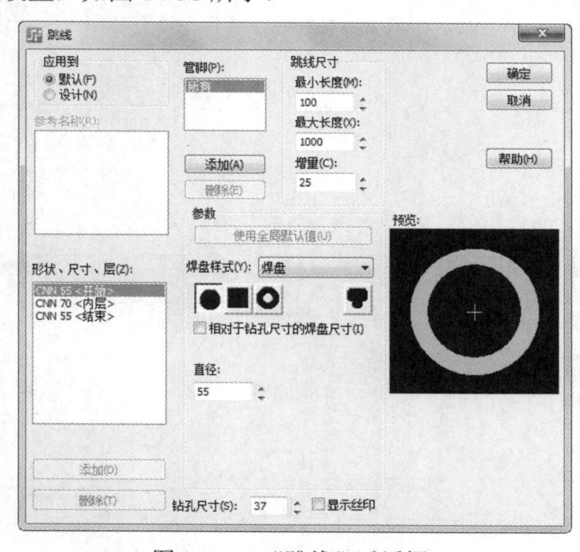

图 14-57　“跳线”对话框

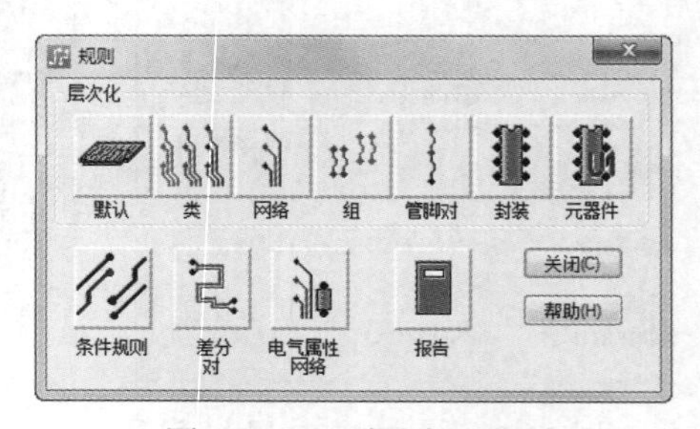

图 14-58　“规则”对话框

（10）单击“默认”按钮，弹出如图 14-59 所示的“默认规则”对话框，单击“安全间距”按钮，弹出“安全间距规则：默认规则”对话框，修改“线宽”选项组下的“最小值”“建议值”“最大值”，如图 14-60 所示。

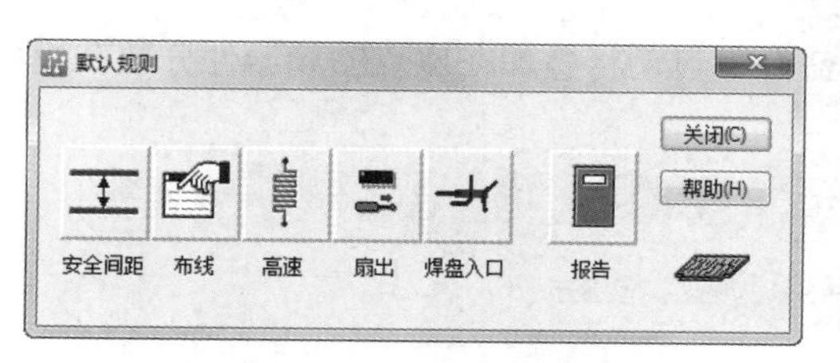

图 14-59 “默认规则”对话框

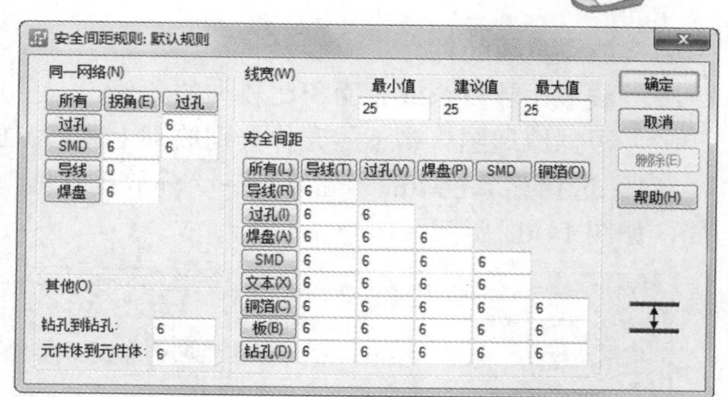

图 14-60 “安全间距规则：默认规则”对话框

（11）选择菜单栏中的“工具”→“选项”命令，弹出“选项”对话框，打开“栅格和捕获”→“栅格”选项卡，修改“设计栅格”值均为 10，“过孔栅格”值均为 5，“扇出栅格”值均为 5，对 PCB 进行参数设置，如图 14-61 所示。

（12）选择菜单栏中的“工具”→“ECO 选项”命令，弹出“ECO 选项”对话框，对 PCB 的 ECO 进行参数设置，如图 14-62 所示。

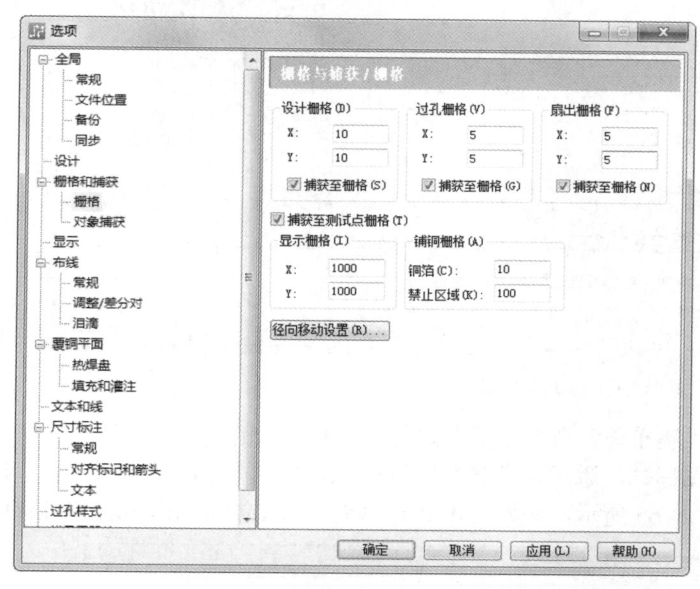

图 14-61 “选项”对话框设置

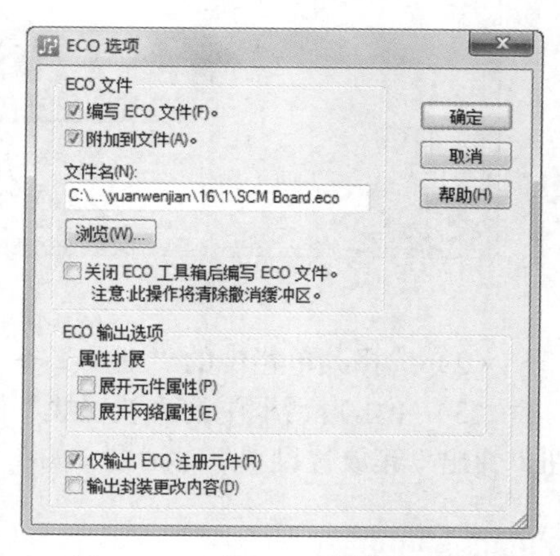

图 14-62 “ECO 选项”对话框

除此之外，对于一些比较特殊且非常重要的网络，特别是对于高频设计电路中的一些高频网络，这种设置就显得更有必要，因为将这些特殊的网络分别用不同的颜色显示在当前设计中，这样在布局设计时就可以将这些特殊网络的设计要求（如走线要求）考虑进去，不至于在以后的设计中再来进行调整。

14.7.4 布局设计

布局步骤大概分为以下 5 步。

☑ 首先放置板中固定元件。

☑ 设置板中有条件限制的区域。

Note

☑ 放置重要元件。

☑ 放置比较复杂或者面积比较大的元件。

☑ 根据原理图将剩下的元件分别放到上述已经放好的元件周围，最后整体调整。

（1）选择菜单栏中的“工具”→“分散元器件”命令，自动将叠加在原点的元器件分散在板框四周，如图 14-63 所示。

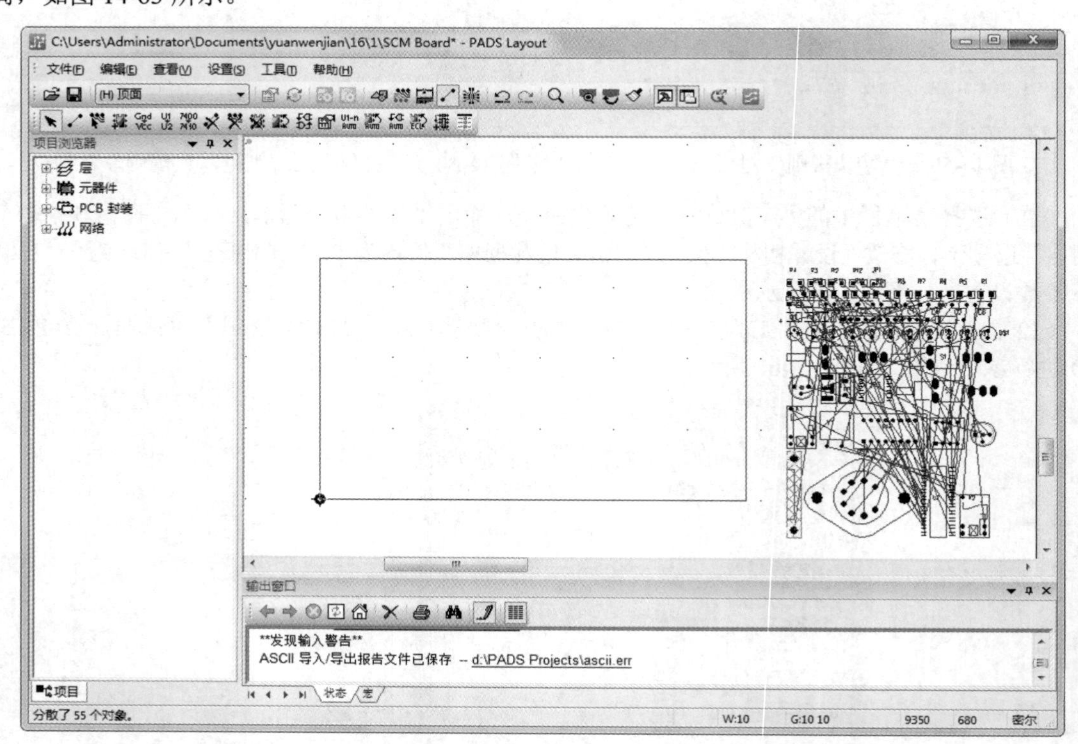

图 14-63 分散元器件

（2）选择菜单栏中的“工具”→“簇布局”命令，弹出如图 14-64 所示的“簇布局”对话框。

（3）单击对话框中的“放置簇”图标，激活“设置”按钮与“运行”按钮。单击“设置”按钮，弹出“簇放置设置”对话框，如图 14-65 所示，参数默认设置，单击“确定”按钮，退出对话框。

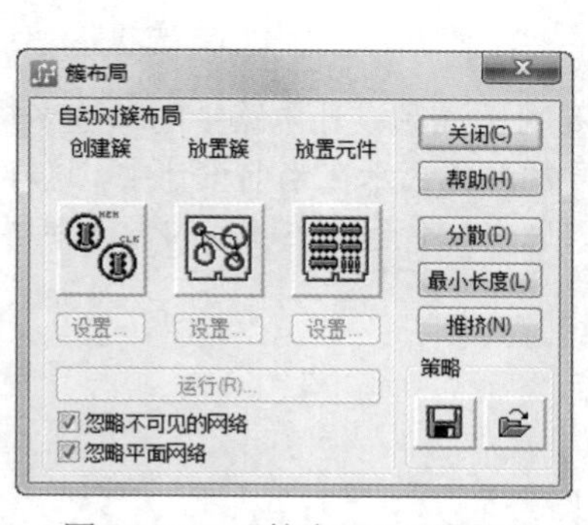

图 14-64 “簇布局”对话框

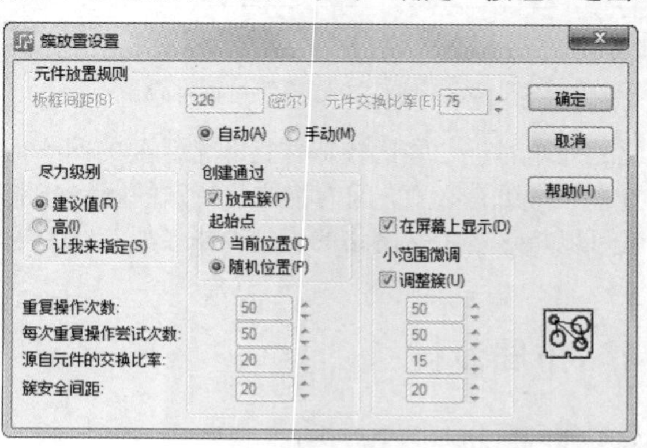

图 14-65 “簇放置设置”对话框

（4）单击“运行”按钮，元件进行自动布局，结果如图 14-66 所示。

Note

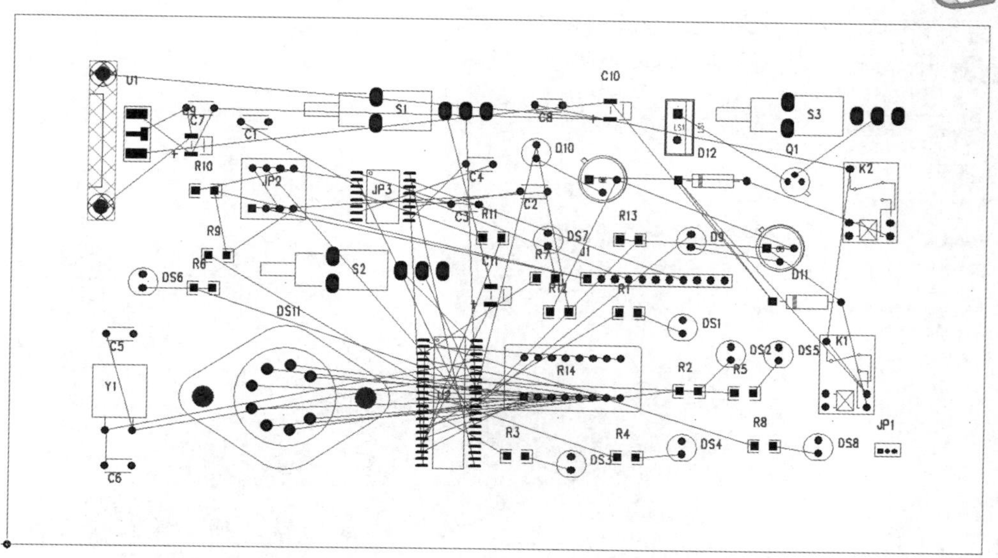

图 14-66　自动布局结果

14.7.5　电路板显示

（1）选择菜单栏中的“查看”→PADS 3D 命令，弹出如图 14-67 所示的 PADS 3D 面板。

（2）单击 3D General toolbar 工具栏中的“导出”按钮，弹出“导出”对话框，输出电路板的三维模型文件。

（3）单击“保存”按钮，在该对话框中左下角显示导出成功，如图 14-68 所示。在源文件下显示导出的 SCM Board.step 文件，可以利用三维模型软件 UG 打开，如图 14-69 所示。

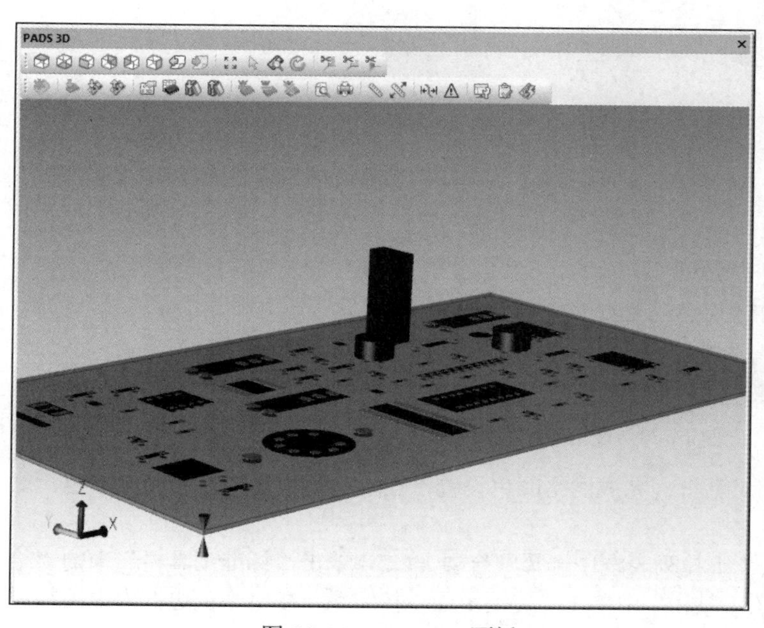

图 14-67　PADS 3D 面板

图 14-68　“导出”对话框

Note

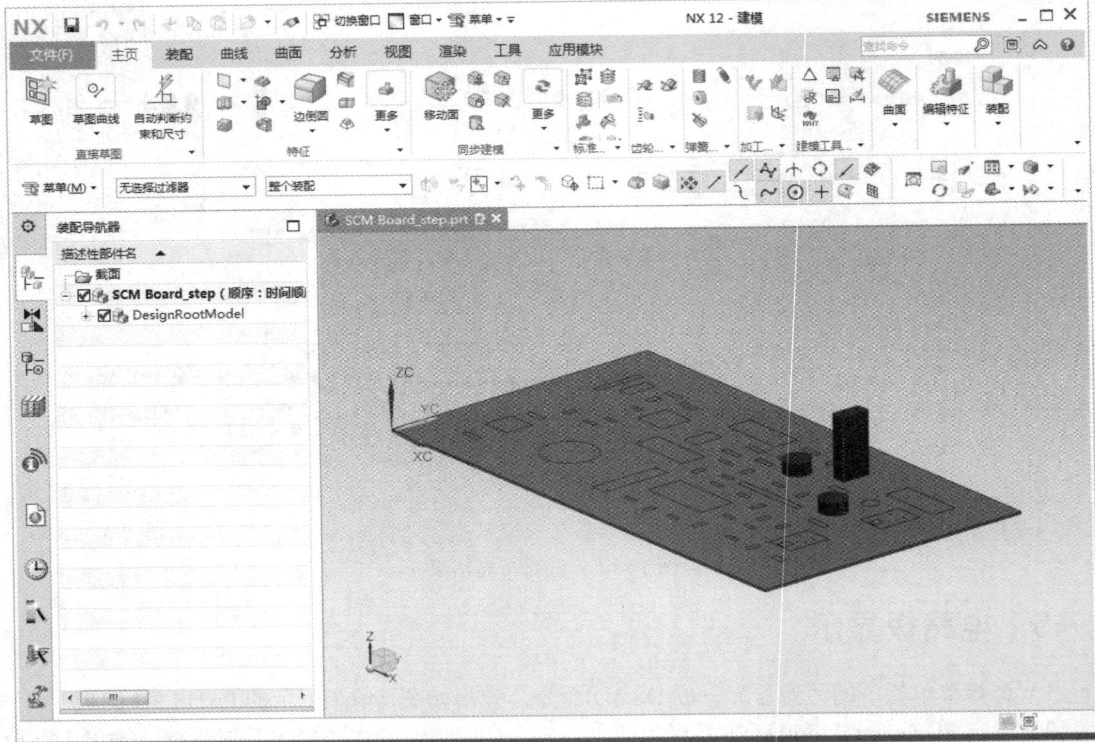

图 14-69　打开 step 文件

（4）选择菜单栏中的“查看”→“网络”命令，弹出“查看网络”对话框，选择网络 GND，设置颜色为红色，如图 14-70 所示。同样的方法，设置网络-5V 的颜色为黄色，如图 14-71 所示。

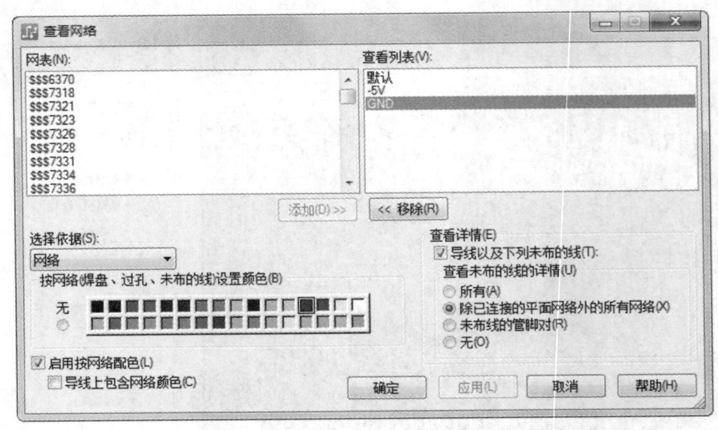

图 14-70　设置 GND 颜色

（5）单击“确定”按钮，关闭对话框，完成网络颜色设置，在电路板中显示对应网络颜色，如图 14-72 所示。

（6）在“标准工具栏”的“层”下拉列表框中选择混合层 VCC，单击“标准工具栏”中的“绘图工具栏”按钮，在打开的“绘图工具栏”中单击“覆铜平面”按钮，在电路板边框内中绘制适当大小的闭合图框，如图 14-73 所示。

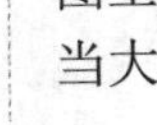

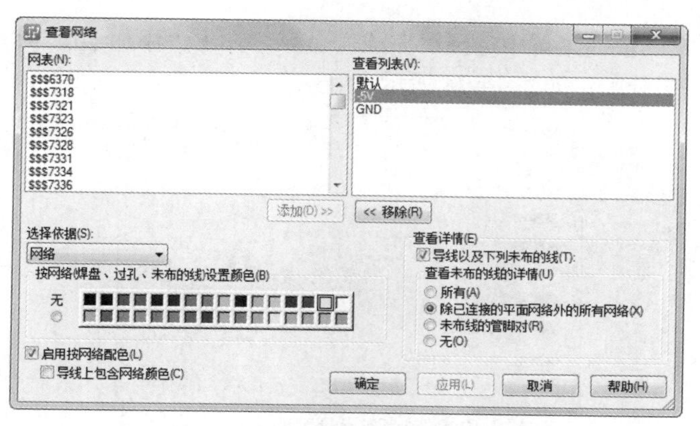

图 14-71　设置-5V 颜色

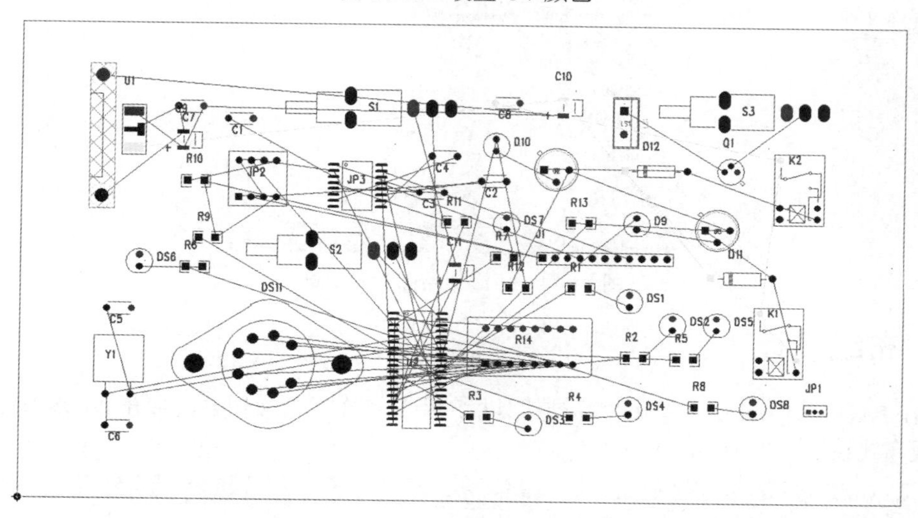

图 14-72　设置网络颜色

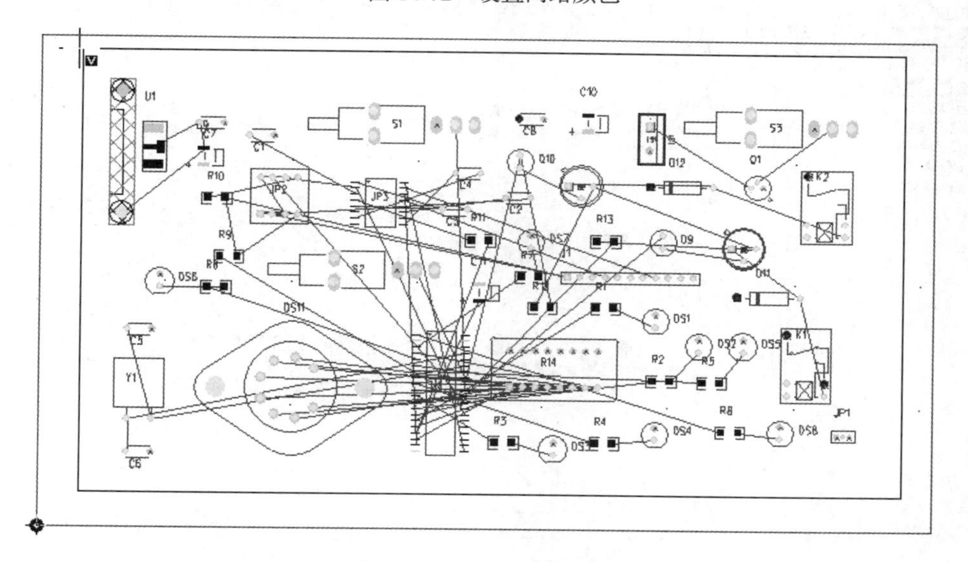

图 14-73　绘制平面图形

Note

（7）右击，在弹出的快捷菜单中选择“完成”命令，弹出“添加绘图”对话框，单击“应用”按钮，完成平面区域网络分配，如图 14-74 所示。

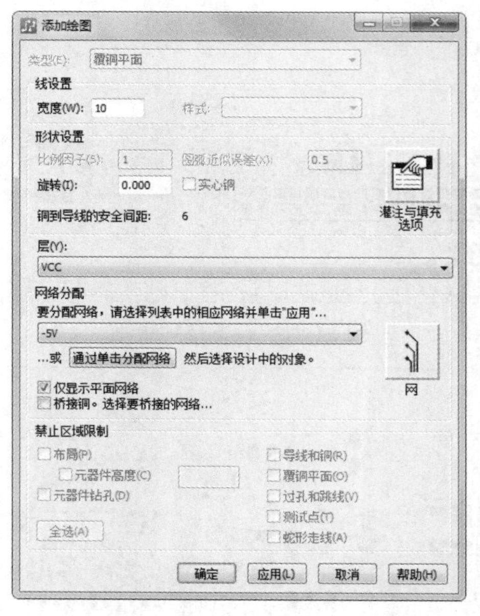

图 14-74　“添加绘图”对话框

14.7.6　布线设计

（1）在 PADS Layout 中，单击“标准工具栏”中的“布线”按钮，打开 PADS Router 界面，进行电路板布线设计，如图 14-75 所示。

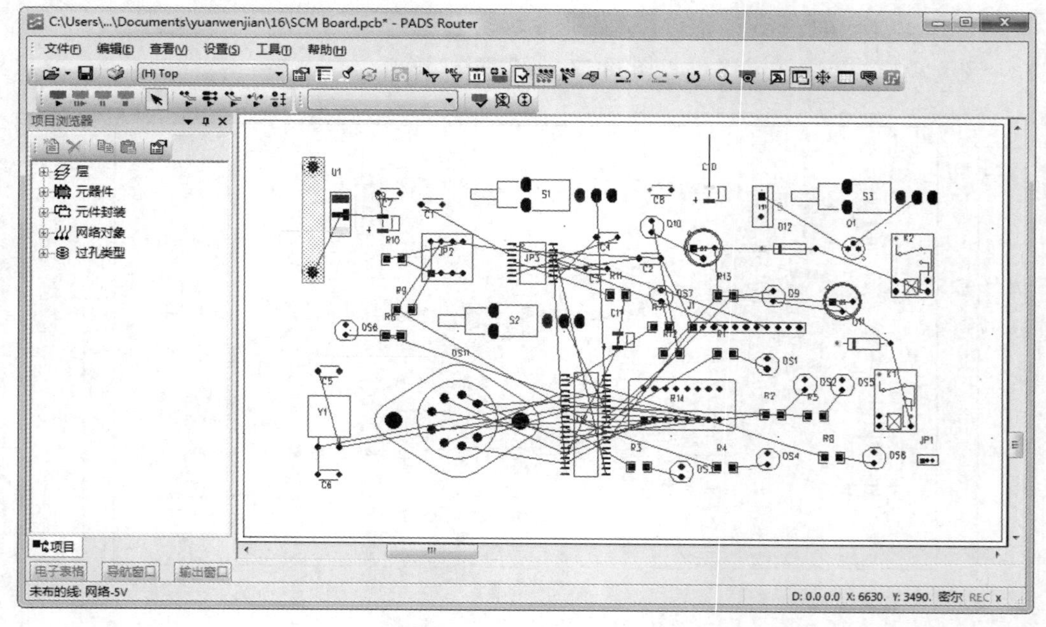

图 14-75　进入布线界面

（2）单击“标准”工具栏中的“布线”按钮，在弹出的“布线”工具栏中单击“启动自动布线”按钮，进行自动布线，完成的调试器 PCB 图如图 14-76 所示。

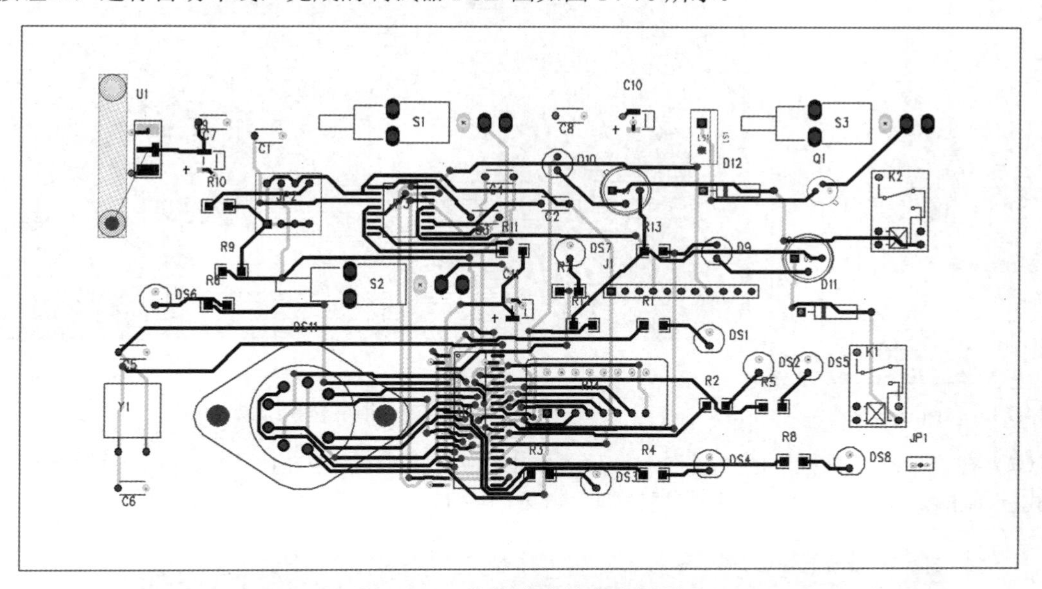

图 14-76 布线完成的电路板图

14.7.7 覆铜设置

经过覆铜处理后制作的印制板会显得十分美观，同时，过大电流的地方也可以采用覆铜的方法来加大过电流的能力。覆铜通常的安全间距应该在一般导线安全间距的两倍以上。

（1）在 PADS Router 中，单击“标准工具栏”中的 Layout 按钮，打开 PADS Layout 界面，进行电路板覆铜设计。

（2）在“标准工具栏”的“层”下拉列表框中选择顶层 TOP，单击“标准工具栏”中的“绘图工具栏”按钮，在弹出的“绘图工具栏”中单击“覆铜平面”按钮，进入覆铜模式。

（3）右击，从弹出的快捷菜单中选择“矩形”命令，沿板框边线绘制出覆铜的区域。

（4）右击，从弹出的快捷菜单中选择“完成”命令，弹出“添加绘图”对话框，如图 14-77 所示，单击“确定”按钮，退出对话框，在绘制的覆铜区域内分配网络。

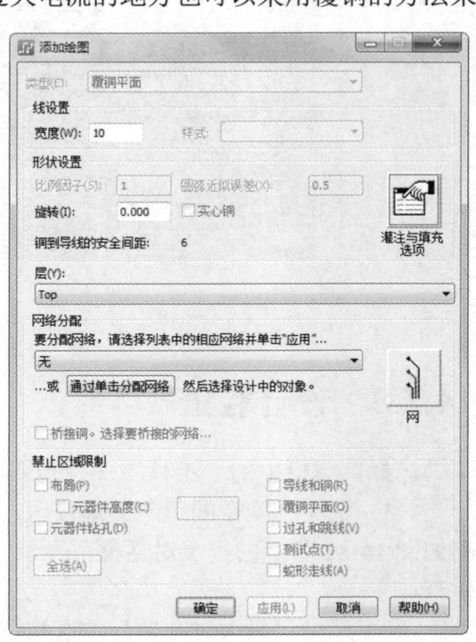

图 14-77 “添加绘图”对话框

（5）单击“绘图工具栏”中的“灌注”按钮，此时系统进入覆铜模式。在设计中单击所需覆铜的区域外框，弹出询问对话框，如图 14-78 所示。

（6）单击“是”按钮，确认继续覆铜，然后系统开始往此区域进行覆铜，结果如图 14-79 所示。

Note

图 14-78　询问对话框

图 14-79　顶层覆铜结果

（7）在“标准工具栏”的“层”下拉列表框中选择底层 BOTTOM，输入 po，设置覆铜区域显示样式，单击覆铜区域，直接进行底层覆铜，结果如图 14-80 所示。

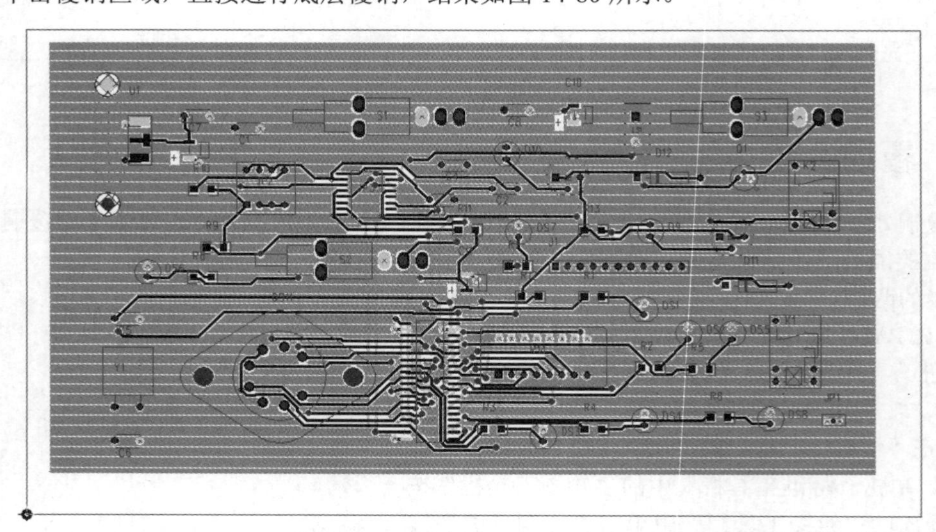

图 14-80　底层覆铜结果

14.7.8　设计验证

选择菜单栏中的“工具”→“验证设计”命令，弹出“验证设计”对话框，如图 17-81 所示。

（1）选中“安全间距”单选按钮，单击“开始”按钮，对当前 PCB 文件进行安全间距检查，弹出如图 14-82 所示的提示对话框，显示无错误，单击“确定”按钮，退出提示对话框，完成安全间距检查，

（2）选中“最大过孔数”单选按钮，单击“开始”按钮，对当前 PCB 文件进行连接性检查，弹出如图 14-83 所示的提示对话框，显示无错误，单击“确定”按钮，退出提示对话框，完成最大过孔数检查。

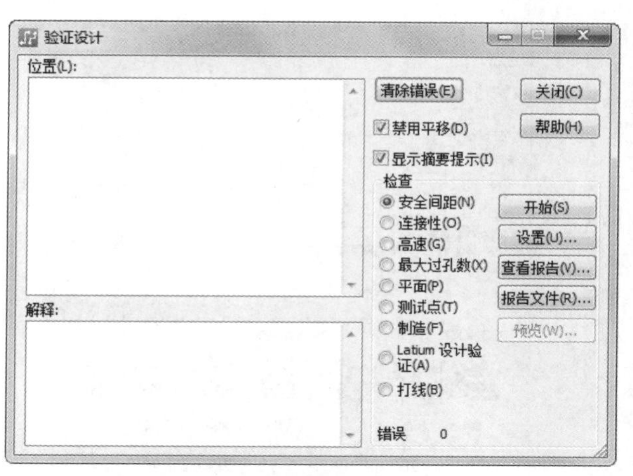

图 14-81　设计验证

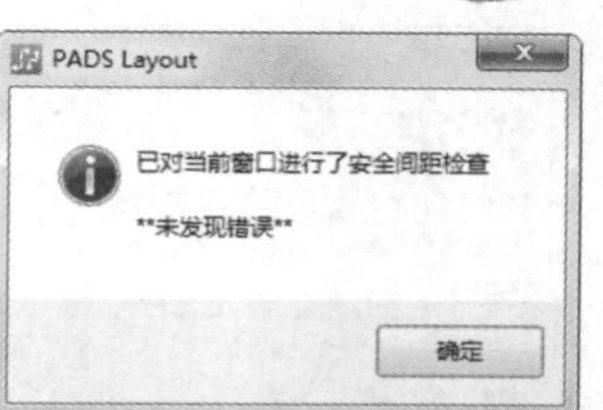

图 14-82　显示安全间距检查结果

图 14-83　显示最大过孔数检查结果

14.8　文 件 输 出

电路图的设计完成后，我们可以将设计好的文件直接交给电路板生产厂商制板。一般的制板商可以将 PCB 文件生成 Gerber 文件拿去制板。

（1）选择菜单栏中的“文件”→CAM 命令，打开“定义 CAM 文档”对话框，如图 14-84 所示。

（2）在“CAM 目录”下拉列表框中选择“创建”选项，在弹出的对话框中选择输出文件路径，如图 14-85 所示。

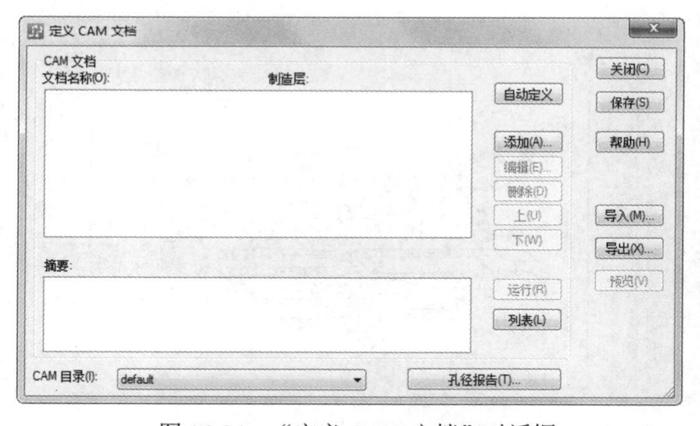

图 14-84　“定义 CAM 文档”对话框

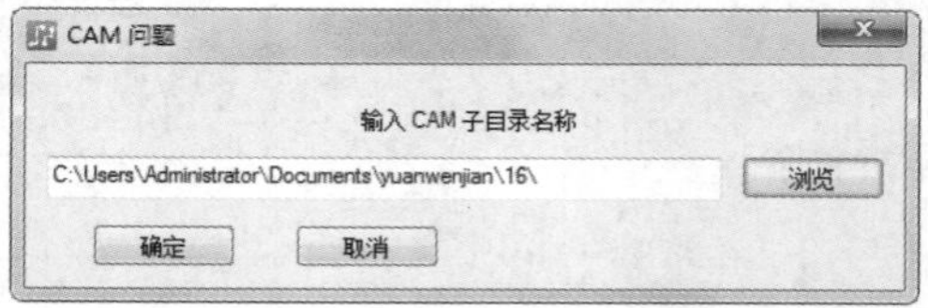

图 14-85　设置输出文件路径

14.8.1　布线/分割平面顶层

（1）单击“定义 CAM 文档”对话框中的“添加”按钮，弹出“添加文档”对话框，在“文档名称”文本框中输入“SCM Board”，作为输出文件名称。

（2）在“文档类型”下拉列表框中选择“布线/分割平面”，弹出“层关联性”对话框，选择 TOP 如图 14-86 所示。

（3）单击“确定”按钮，完成设置，在“摘要”文本框中显示 PCB 层信息，如图 14-87 所示。

图 14-86　选择文档类型

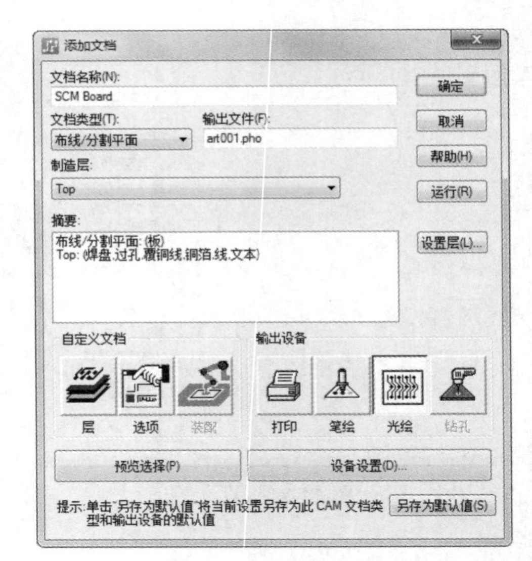

图 14-87　显示 PCB 信息

（4）单击“输出设备”选项组下的“打印”按钮，表示用打印机输出设定好的 Gerber 文件。

（5）单击“添加文档”对话框中的“层”按钮，弹出“选择项目”对话框，显示添加的“TOP 层”显示信息，如图 14-88 所示。

（6）单击“预览选择”按钮，系统则全局显示打印预览图，如图 14-89 所示。

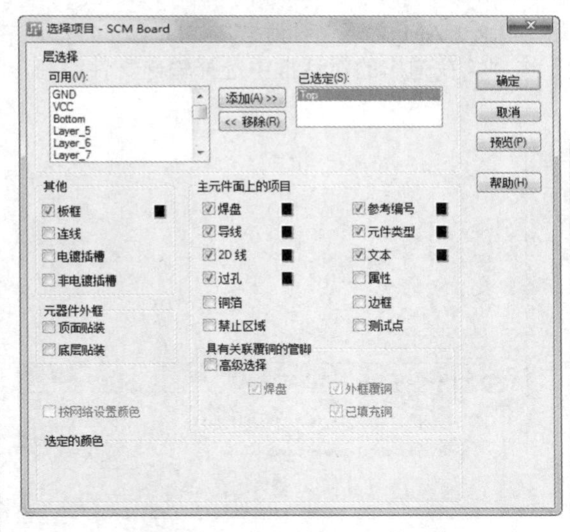

图 14-88　设置需要显示的对象

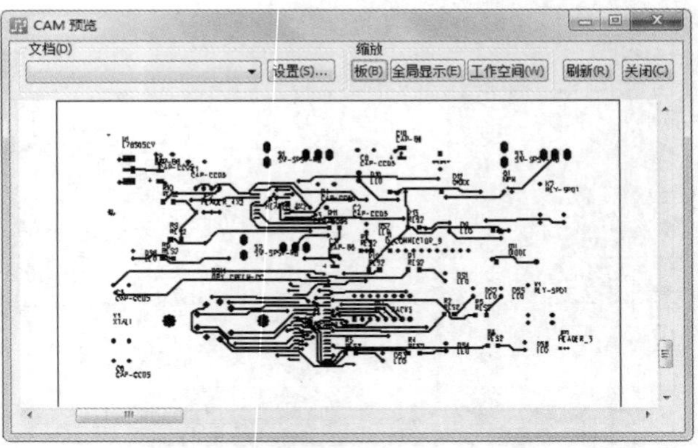

图 14-89　全局显示打印预览图

（7）单击“添加文档”对话框中的“设备设置”按钮，则弹出“打印设置”对话框，如图 14-90 所示，用户可以按实际情况完成打印机设置。

（8）单击“打印设置”对话框中的“确定”按钮，关闭该对话框，再单击“添加文档”对话框中的“运行”按钮，系统立刻开始打印。

（9）绘图输出与打印输出一样，不同的是在如图 14-87 所示的“添加文档”对话框中的“输出设备”选项组下单击“笔绘”按钮，选择用绘图仪输出设定好的 Gerber 文件。

（10）选择绘图输出后，单击“添加文档”对话框中的“设备设置”按钮，弹出“笔绘图机设置”

对话框，如图 14-91 所示，从中可以选择绘图仪的型号、绘图颜色、绘图大小等参数。

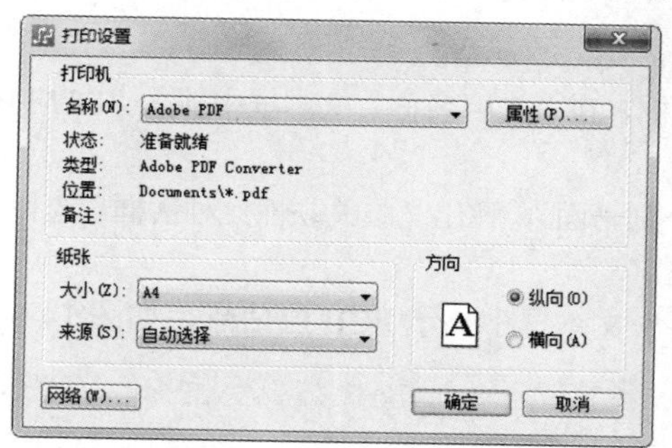

图 14-90　“打印设置”对话框

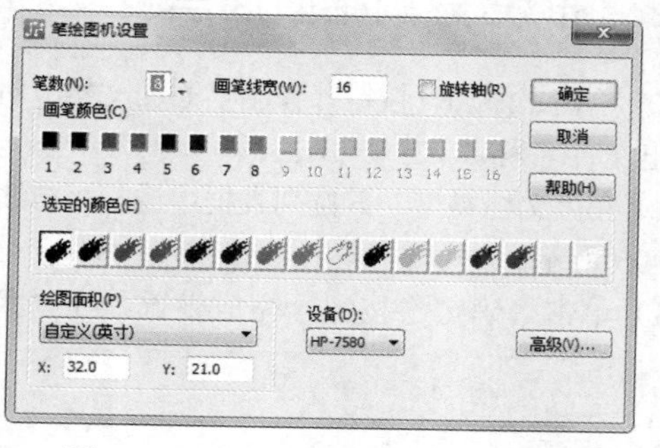

图 14-91　“笔绘图机设置”对话框

（11）完成绘图仪设置后，单击对话框中的“确定”按钮将其关闭，单击“添加文档”对话框中的“运行”按钮，弹出提示确认输出对话框，如图 14-92 所示。单击“是”按钮，系统立刻开始绘图输出。

（12）完成输出后，单击“确定”按钮，打开的文本格式文件如图 14-93 所示。

图 14-92　确认输出提示对话框

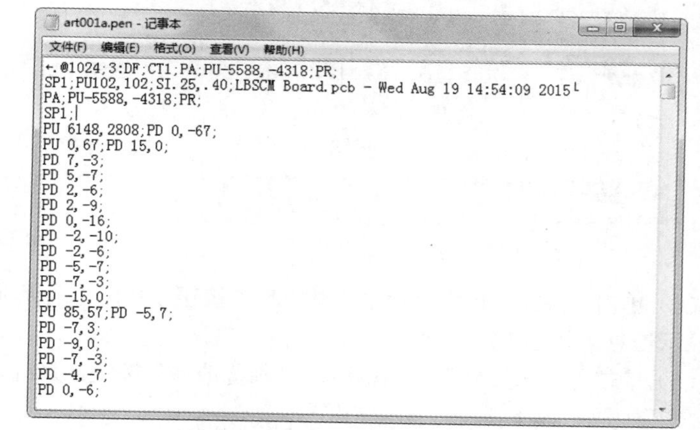

图 14-93　输出文本格式文件

（13）关闭“添加文档”对话框，返回“定义 CAM 文档”对话框中，进入 CAM 输出窗口，如图 14-94 所示。

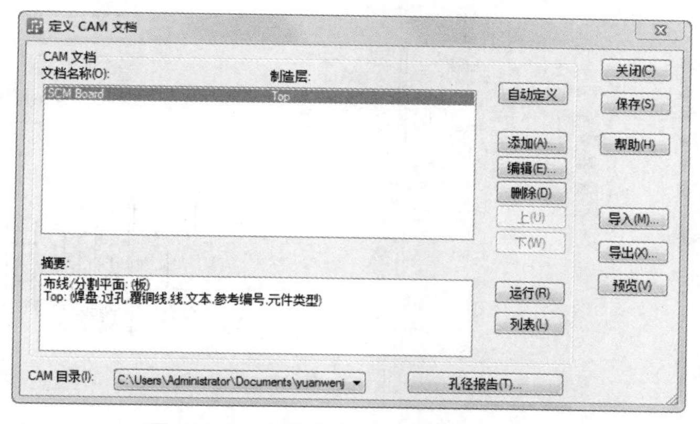

图 14-94　“定义 CAM 文档”对话框

Note

14.8.2　布线/分割平面底层

（1）单击“添加”按钮，弹出“添加文档”对话框，在“文档名称”文本框中输入“SCM Board1”，作为输出文件名称。

（2）在“文档类型”下拉列表框中选择“布线/分割平面”，弹出“层关联性”对话框，选择 Bottom，如图 14-95 所示。

（3）单击“确定”按钮，完成设置，在“摘要”文本框中显示 PCB 层信息，如图 14-96 所示。

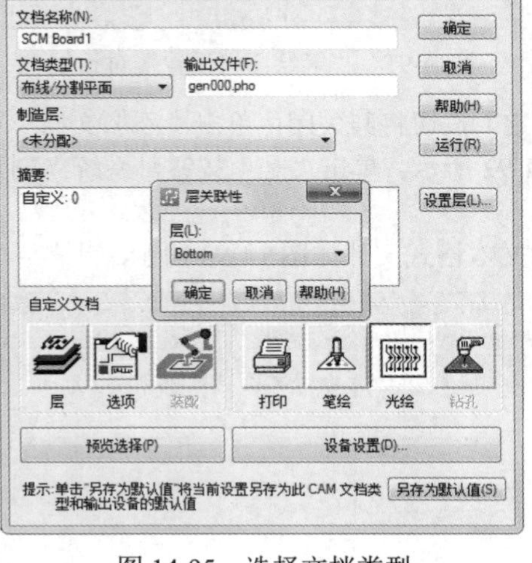

图 14-95　选择文档类型

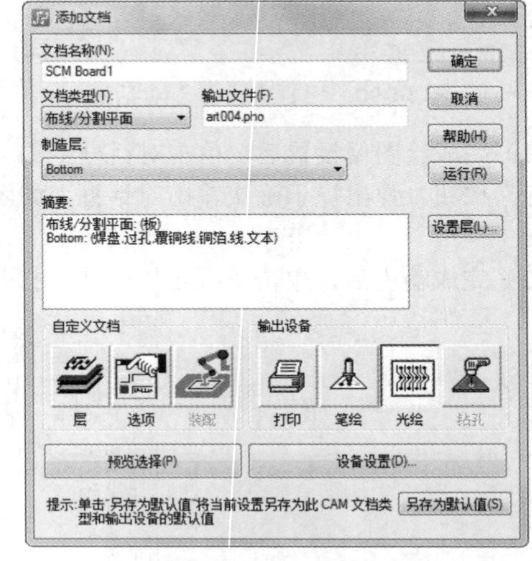

图 14-96　显示 PCB 信息

（4）单击“添加文档”对话框中的“层”按钮，弹出“选择项目”对话框，显示添加的“Bottom 层”显示信息，如图 14-97 所示。

（5）单击“添加文档”对话框中的“预览选择”按钮，系统则全局显示打印预览图，如图 14-98 所示。

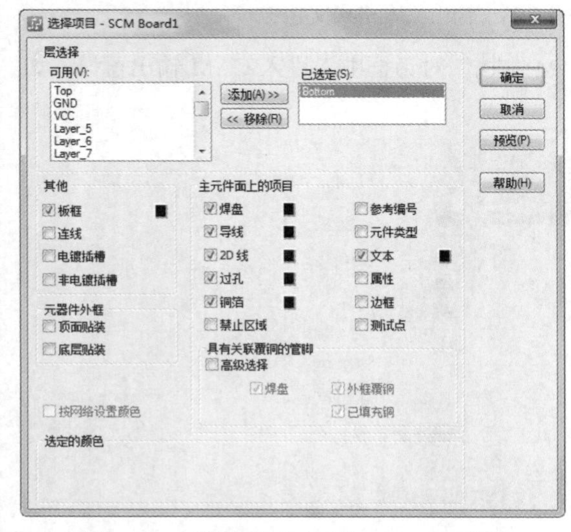

图 14-97　设置需要显示的 Bottom 层信息

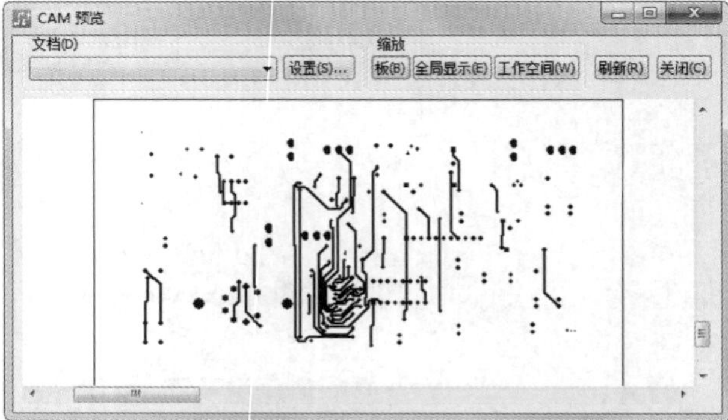

图 14-98　SCM Board1 打印预览图

(6）单击“运行”按钮，弹出提示确认输出对话框，如图 14-99 所示。单击“是”按钮，系统立刻开始绘图输出。

(7）在“添加文档”对话框中单击“确定”按钮，返回“定义 CAM 文档”对话框中。

图 14-99 提示 SCM Board1 对话框

14.8.3 丝印层输出

(1）单击“添加”按钮，弹出“添加文档”对话框，在“文档名称”文本框中输入“SCM Board2”，作为输出文件名称。

(2）在“文档类型”下拉列表框中选择“丝印”，弹出“层关联性”对话框，选择 Top，如图 14-100 所示。

(3）单击“确定”按钮，完成设置，在“摘要”文本框中显示 PCB 层信息，如图 14-101 所示。

图 14-100 选择“丝印”文档类型

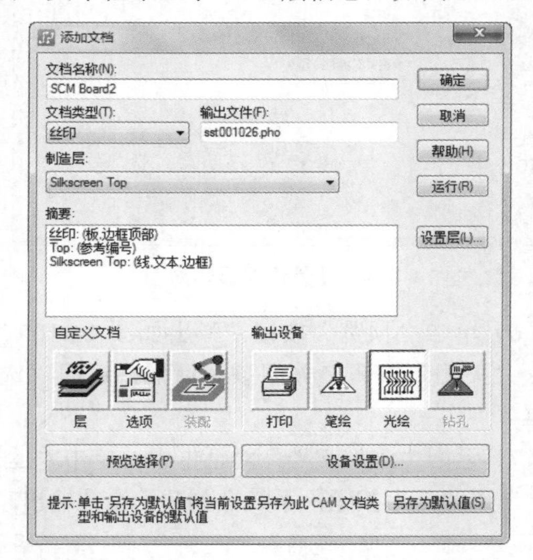

图 14-101 显示 SCM Board2 PCB 层信息

(4）单击“添加文档”对话框中的“预览选择”按钮，系统则全局显示打印预览图，如图 14-102 所示。

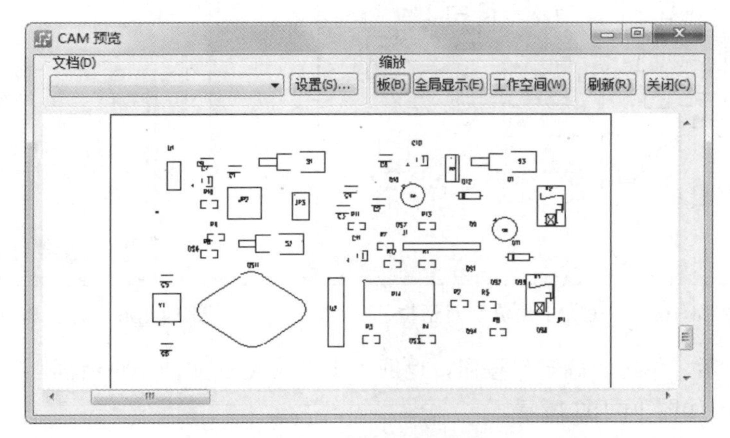

图 14-102 打印预览图

（5）单击“添加文档”对话框中的“层”按钮，弹出“选择项目”对话框，显示添加的 Top 层显示信息，如图 14-103 所示。

在“已选定”选项组下选择丝印顶层 Silkscreen Top，设置显示对象，如图 14-104 所示。

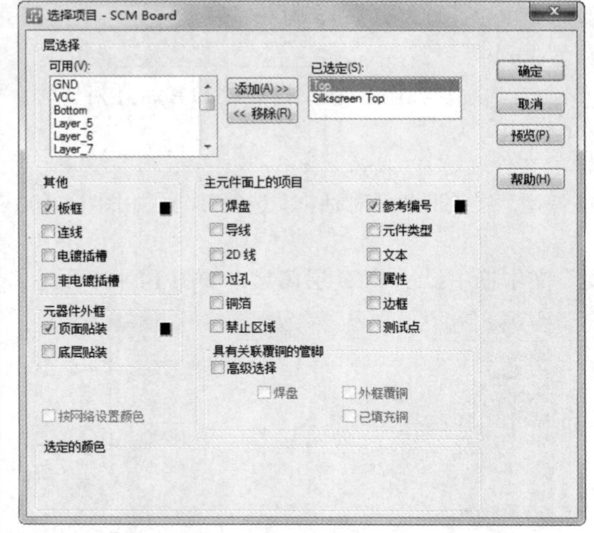

图 14-103　设置顶层显示对象

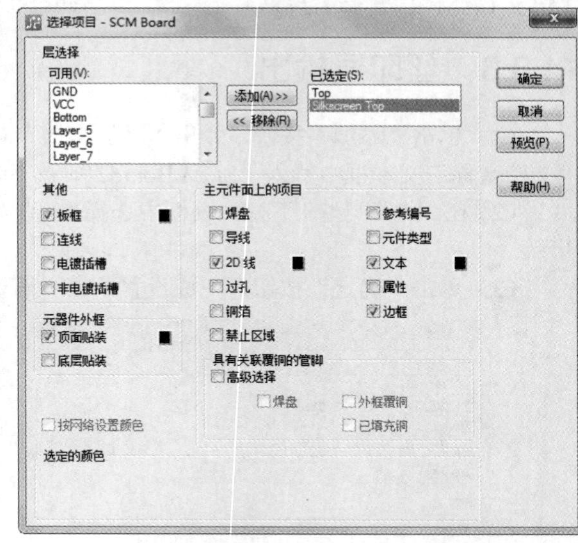

图 14-104　设置需要显示的对象

（6）单击“预览”按钮，弹出如图 14-105 所示的“CAM 预览”对话框，显示清晰的预览对象单击“关闭”按钮，关闭该对话框，返回“选择项目”对话框中，单击“确定”按钮，关闭该对话框。

（7）返回“添加文档”对话框中，单击“运行”按钮，弹出提示确认输出对话框，如图 14-106 所示，单击“是”按钮，系统立刻开始绘图输出。

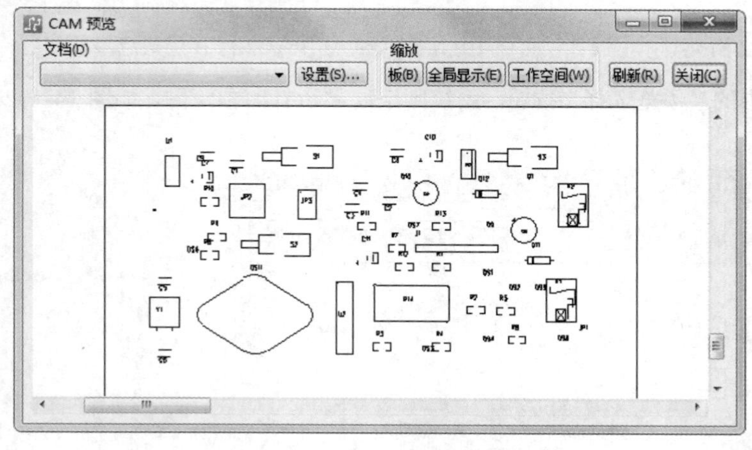

图 14-105　“CAM 预览”对话框

图 14-106　提示 SCM Board2 输出对话框

（8）完成输出后，单击“确定”按钮，返回“定义 CAM 文档”对话框，在“文档名称”选项组下显示文档文件，如图 14-107 所示。

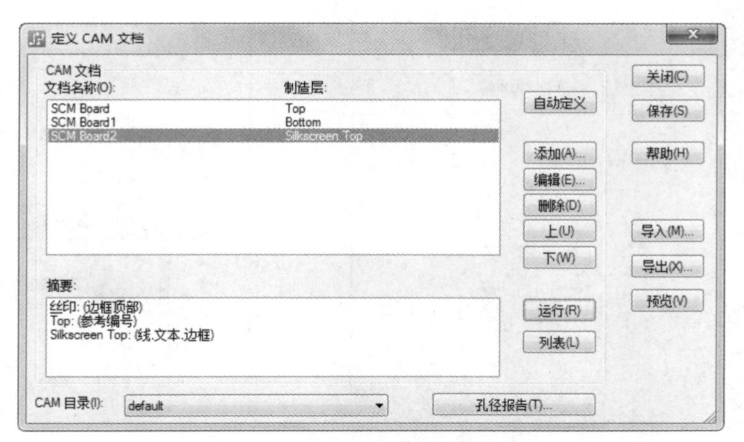

图 14-107　“定义 CAM 文档”对话框显示文档文件

14.8.4　CAM 平面输出

（1）单击“添加”按钮，弹出“添加文档”对话框，在“文档名称”文本框中输入“SCM Board3”，作为输出文件名称。

（2）在“文档类型”下拉列表框中选择“CAM 平面”，弹出“层关联性”对话框，选择 GND，如图 14-108 所示。

（3）单击“确定”按钮，完成设置，在“摘要”文本框中显示 PCB 层信息，如图 14-109 所示。

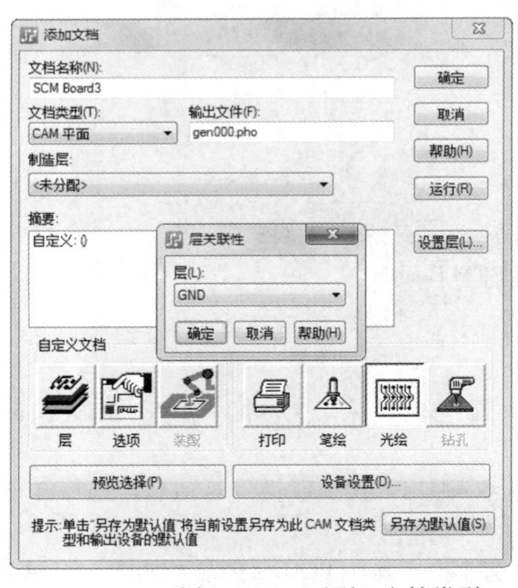

图 14-108　选择“CAM 平面”文档类型

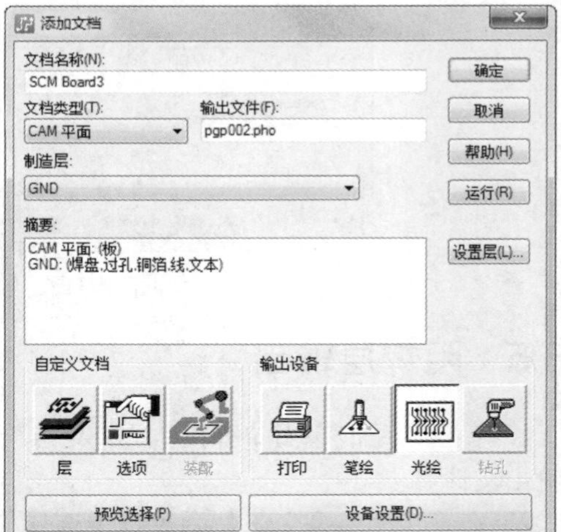

图 14-109　显示 SCM Board3 PCB 层信息

（4）单击“输出设备”选项组下的“打印”按钮，表示用打印机输出设定好的 Gerber 文件。

（5）单击“添加文档”对话框中的“预览选择”按钮，系统则全局显示打印预览图，如图 14-110 所示。

（6）在“输出设备”选项组下单击“光绘”按钮，单击“运行”按钮，弹出提示确认输出对话框，如图 14-111 所示。单击“是”按钮，系统立刻开始绘图输出。

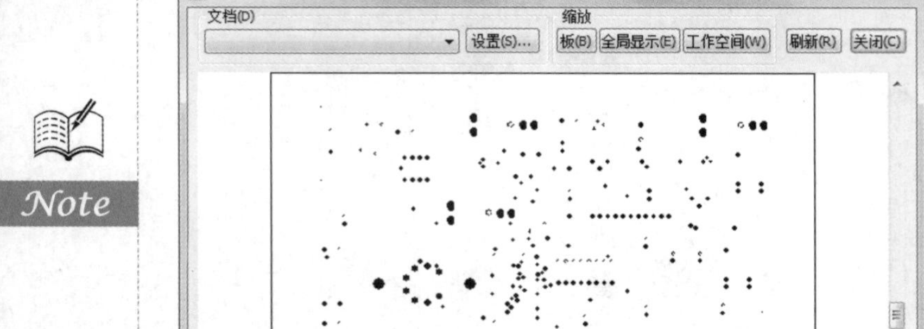

图 14-110　SCM Board3 打印预览图

图 14-111　提示 SCM Board3 输出对话框

（7）完成输出后，单击“确定”按钮，返回“定义 CAM 文档”对话框中，在“文档名称”选项组下显示文档文件，如图 14-112 所示。

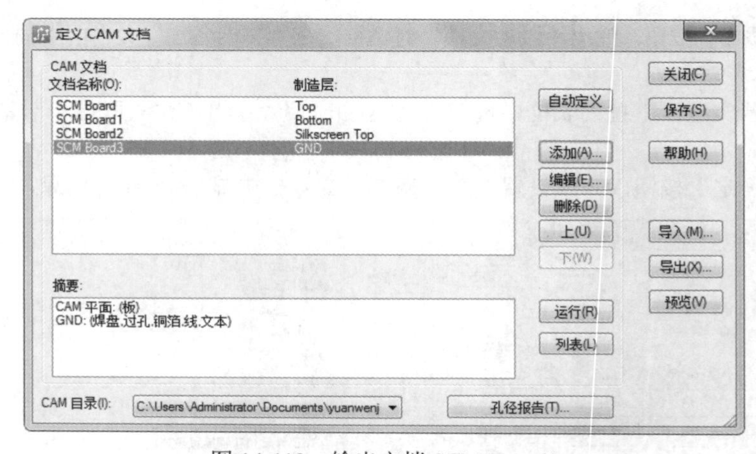

图 14-112　输出文档 SCM Board3

14.8.5　阻焊层输出

（1）单击“添加”按钮，弹出“添加文档”对话框，在“文档名称”文本框中输入“SCM Board4”，作为输出文件名称。

（2）在“文档类型”下拉列表框中选择“阻焊层”，弹出“层关联性”对话框，选择 Top，如图 14-113 所示。

（3）单击“确定”按钮，完成设置，在“摘要”文本框中显示 PCB 层信息，如图 14-114 所示。

（4）单击“输出设备”选项组下的“打印”按钮，表示用打印机输出设定好的 Gerber 文件。

（5）单击“添加文档”对话框中的“预览选择”按钮，系统则全局显示打印预览图，如图 14-115 所示。

（6）单击“运行”按钮，弹出提示确认输出对话框，如图 14-116 所示。单击“是”按钮，系统立刻开始绘图输出。

（7）完成输出后，单击“确定”按钮，返回“定义 CAM 文档”对话框，在“文档名称”选项组下显示文档文件，如图 14-117 所示。

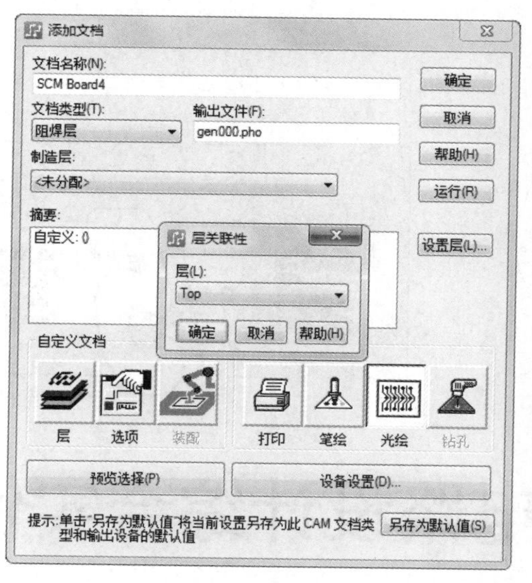

图 14-113　选择“阻焊层”文档类型

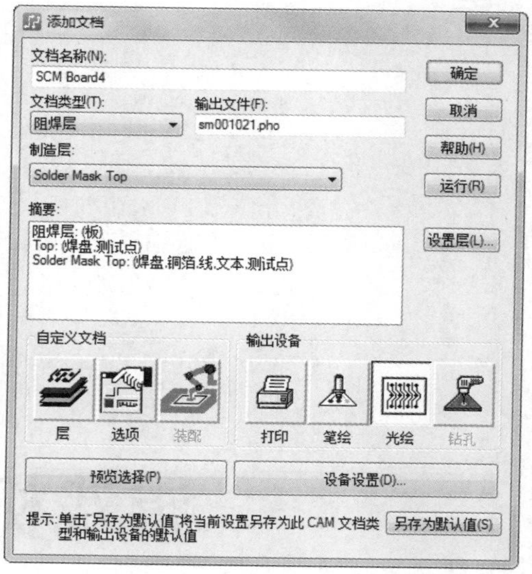

图 14-114　显示 SCM Board4 PCB 层信息

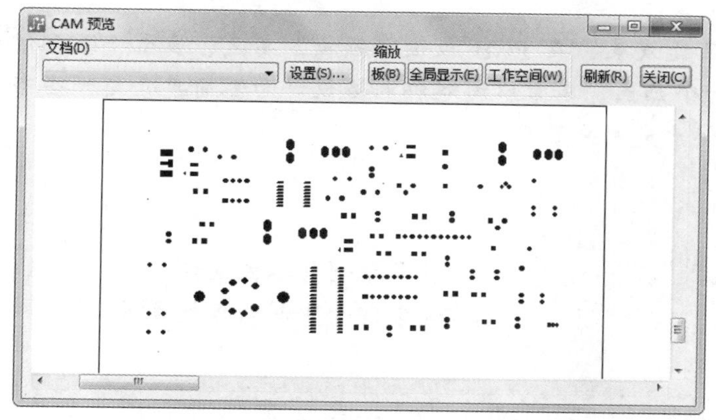

图 14-115　SCM Board4 打印预览图

图 14-116　提示 SCM Board4 输出对话框

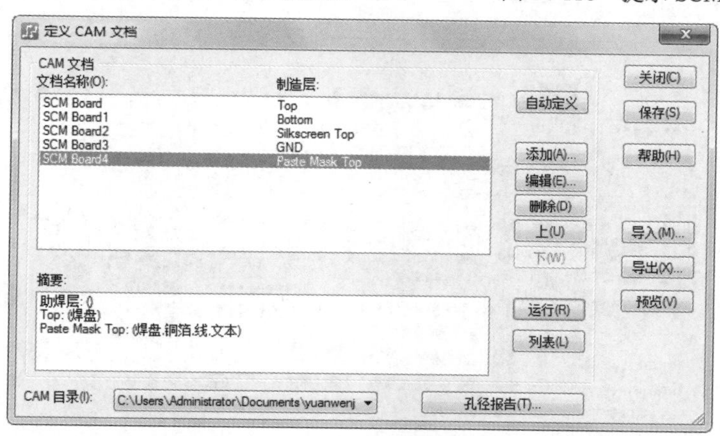

图 14-117　输出文档 SCM Board4

单击“关闭”按钮，关闭“定义 CAM 文档”对话框，完成输出设置。

Note

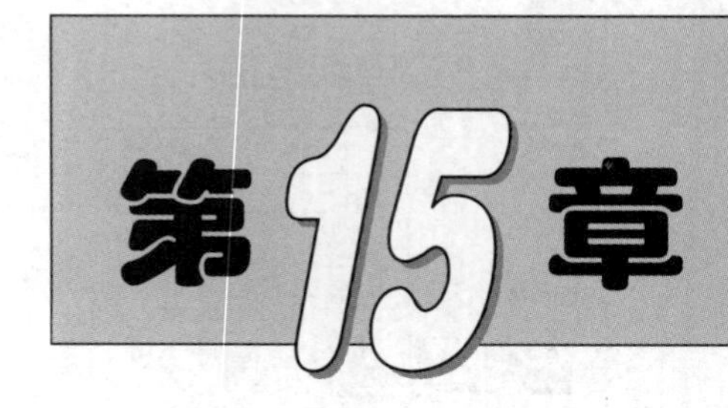

第15章

视频讲解

游戏机电路设计综合实例

在当今世界，由于科学技术的飞速发展，在 PCB 板设计领域，高速、多层、混合信号等多种 PCB 板的设计已经成为了一个热点。本章以游戏机电路设计为例简单介绍一些有关多种印制电路板设计方面的内容，供广大用户参考。

学习重点

- ☑ 高速信号印制电路板设计
- ☑ 多层印制电路板设计
- ☑ 电路图设计
- ☑ 混合信号印制电路板设计

任务驱动&项目案例

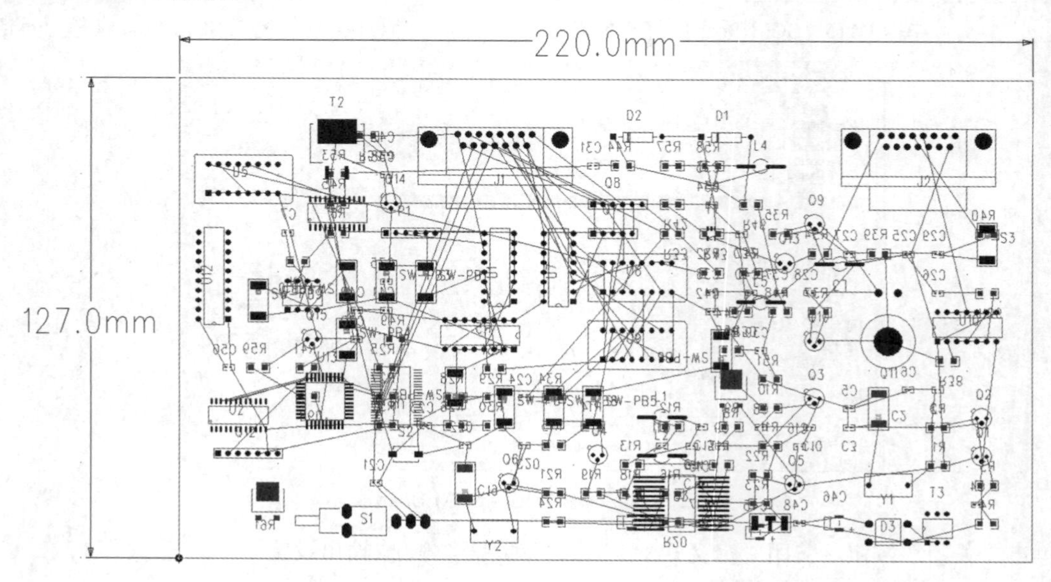

15.1　高速信号印制电路板设计

随着系统设计复杂性和集成度的大规模提高，很多电子系统设计师正在从事信号频率为 100MHz 以上的电路设计。总线的工作频率也已经达到或者超过 50MHz，有的甚至超过 100MHz。目前约 50%的设计的时钟频率超过 50MHz，将近 20%的设计主频超过 120MHz。当系统工作在 50MHz 时，将产生传输线效应和信号的完整性问题；而当系统时钟达到 120MHz 时，除非使用高速电路设计知识，否则基于传统方法设计的 PCB 将无法工作。因此，高速电路设计技术已经成为电子系统设计师必须采取的设计手段。只有通过使用高速电路设计技术的设计师，才能实现设计过程的可控性。

15.1.1　高速 PCB 设计简介

1. 什么是高速电路

通常认为如果数字逻辑电路的频率达到或者超过 45MHz～50MHz，而且工作在这个频率之上的电路已经占到了整个电子系统一定的分量（如 1/3），就称为高速电路。实际上，信号边沿的谐波频率比信号本身的频率高，是信号快速变化的上升沿与下降沿（或称信号的跳变）引发了信号传输的非预期结果。因此，通常约定如果线传播延时大于 1/2 数字信号驱动端的上升时间，则认为此类信号是高速信号并产生传输线效应。信号的传递发生在信号状态改变的瞬间，如上升或下降时间。信号从驱动端到接收端经过一段固定的时间，如果传输时间小于 1/2 的上升或下降时间，那么来自接收端的反射信号将在信号改变状态之前到达驱动端。反之，反射信号将在信号改变状态之后到达驱动端。如果反射信号很强，叠加的波形就有可能会改变逻辑状态。

2. 高速信号的确定

定义了传输线效应发生的前提条件，但是如何得知线延时是否大于 1/2 驱动端的信号上升时间呢？一般地，信号上升时间的典型值可通过器件手册给出，而信号的传播时间在 PCB 设计中由实际布线长度决定。通常高速逻辑器件的信号上升时间大约为 0.2ns。如果板上有 GaAs 芯片，则最大布线长度为 7.62mm。设 Tr 为信号上升时间，Tpd 为信号线传播延时。如果 Tr≥4Tpd，则信号落在安全区域；如果 2Tpd≤Tr≤4Tpd，信号落在不确定区域；如果 Tr≤2Tpd，信号落在问题区域。对于落在不确定区域及问题区域的信号，应该使用高速布线方法。

3. 什么是传输线

PCB 板上的走线可等效为串联和并联的电容、电阻和电感结构。串联电阻的典型值为 0.25ohms/foot～0.55ohms/foot，因为绝缘层的缘故，并联电阻阻值通常很高。将寄生电阻、电容和电感加到实际的 PCB 连线中之后，连线上的最终阻抗称为特征阻抗 Z0。线径越宽，距电源/地越近，或隔离层的介电常数越高，特征阻抗就越小。如果传输线和接收端的阻抗不匹配，那么输出的电流信号和信号最终的稳定状态将不同，这就引起信号在接收端产生反射，这个反射信号将传回信号发射端，并再次反射回来。随着能量的减弱，反射信号的幅度将减小，直到信号的电压和电流达到稳定。这种效应被称为振荡，信号的振荡在信号的上升沿和下降沿经常可以看到。

4. 传输线效应

基于上述定义的传输线模型，归纳起来，传输线会对整个电路设计带来以下效应。

☑　反射信号：如果一根走线没有被正确终结（终端匹配），那么来自于驱动端的信号脉冲在接

收端被反射，从而引发不预期效应，使信号轮廓失真。当失真变形非常显著时，可导致多种错误，引起设计失败。同时，失真变形的信号对噪声的敏感性增加，也会引起设计失败。如果上述情况没有被足够考虑，EMI将显著增加，这就不单单影响自身设计结果，还会造成整个系统的失败。反射信号产生的主要原因是：过长的走线；未被匹配终结的传输线；过量电容或电感以及阻抗失配。

Note

☑ 延时和时序错误：信号延时和时序错误表现为信号在逻辑电平的高与低门限之间变化时保持一段时间信号不跳变。过多的信号延时可能导致时序错误和器件功能的混乱。通常在有多个接收端时会出现这种问题。电路设计师必须确定最坏情况下的时间延时，以确保设计的正确性。信号延时产生的原因是驱动过载或走线过长。

☑ 多次跨越逻辑电平门限错误：信号在跳变的过程中可能多次跨越逻辑电平门限，从而导致这一类型的错误。多次跨越逻辑电平门限错误是信号振荡的一种特殊形式，即信号的振荡发生在逻辑电平门限附近，多次跨越逻辑电平门限会导致逻辑功能紊乱。反射信号产生的原因：过长的走线；未被终结的传输线；过量电容或电感以及阻抗失配。

☑ 过冲与下冲：过冲与下冲来源于走线过长或者信号变化太快两方面。虽然大多数元件接收端有输入保护二极管保护，但有时这些过冲电平会远远超过元件电源电压范围，损坏元器件。

☑ 串扰：串扰表现为在一根信号线上有信号通过时，在PCB板上与之相邻的信号线上就会感应出相关的信号，我们称为串扰。信号线距离地线越近，线间距越大，产生的串扰信号就越小。异步信号和时钟信号更容易产生串扰，因此解串扰的方法是移开发生串扰的信号或屏蔽被严重干扰的信号。

☑ 电磁辐射：即电磁干扰（electro-magnetic interference，EMI）。产生的问题包含过量的电磁辐射及对电磁辐射的敏感性两方面。EMI表现为当数字系统加电运行时，会对周围环境辐射电磁波，从而干扰周围环境中电子设备的正常工作。它产生的主要原因是电路工作频率太高以及布局布线不合理。目前已有进行EMI仿真的软件工具，但EMI仿真器都很昂贵，仿真参数和边界条件设置又很困难，这将直接影响仿真结果的准确性和实用性。最通常的做法是将控制EMI的各项设计规则应用在设计的每个环节，实现在设计各环节上的规则驱动和控制。

15.1.2 高速PCB设计经验

针对上述传输线问题所引入的影响，设计时应从以下几方面控制这些影响。

1. 严格控制关键网线的走线长度

如果设计中有高速跳变的边沿，就必须考虑到在PCB板上存在传输线效应的问题。现在普遍使用的有很高时钟频率的快速集成电路芯片，更是存在这样的问题。解决这个问题有一些基本原则：如果采用CMOS或TTL电路进行设计，工作频率小于10MHz，布线长度应不大于7in。工作频率在50MHz，布线长度应不大于1.5in。如果工作频率达到或超过75MHz，布线长度应在1in。对于GaAs芯片，最大的布线长度应为0.3in。如果超过这个标准，就存在传输线的问题。

2. 合理规划走线的拓扑结构

解决传输线效应的另一个方法是选择正确的布线路径和终端拓扑结构。走线的拓扑结构是指一根网线的布线顺序及布线结构。当使用高速逻辑器件时，除非走线分支长度保持很短，否则边沿快速变化的信号将被信号主干走线上的分支走线所扭曲。通常情形下，PCB走线采用两种基本的拓扑结构，即菊花链（Daisy Chain）布线和星状（Star）分布。对于菊花链布线，布线从驱动端开始，依次到达各接收端。如果使用串联电阻来改变信号特性，串联电阻的位置应该紧靠驱动端。在控制走线的高次

谐波干扰方面，菊花链走线效果最好。但这种走线方式布通率最低，不容易 100%布通。在实际设计中，我们是使菊花链布线中分支长度尽可能短，安全的长度值应该是 Stub Delay≤Trt*0.1。例如，高速 TTL 电路中的分支端长度应小于 1.5in。这种拓扑结构占用的布线空间较小并可用单一电阻匹配终结。但是这种走线结构使得在不同的信号接收端信号的接收是不同步的，星状拓扑结构可以有效地避免时钟信号的不同步问题。但在密度很高的 PCB 板上手工完成布线十分困难，采用自动布线器是完成星状布线的最好方法。每条分支上都需要终端电阻，终端电阻的阻值应和连线的特征阻抗相匹配。这可通过手工计算，也可通过 CAD 工具计算出特征阻抗值和终端匹配电阻值。

在上面的两个例子中使用了简单的终端电阻，实际中可选择使用更复杂的匹配终端。第一种选择是 RC 匹配终端。RC 匹配终端可以减少功率消耗，但只能使用于信号工作比较稳定的情况。这种方式最适合于对时钟线信号进行匹配处理。其缺点是 RC 匹配终端中的电容可能影响信号的形状和传播速度。串联电阻匹配终端不会产生额外的功率消耗，但会减慢信号的传输。这种方式用于时间延迟影响不大的总线驱动电路。串联电阻匹配终端的优势还在于可以减少板上器件的使用数量和连线密度。最后一种方式为分离匹配终端，这种方式匹配元件需要放置在接收端附近。其优点是不会拉低信号，并且可以很好地避免噪声。

此外，对于终端匹配电阻的封装形式和安装形式也必须加以考虑。通常 SMD 表面贴装电阻比通孔元件具有较低的电感，所以 SMD 封装元件成为首选。如果选择普通直插电阻，也有两种安装方式可选：垂直方式和水平方式。

在垂直安装方式中，电阻的一条安装管脚很短，可以减少电阻和电路板间的热阻，使电阻的热量更加容易散发到空气中，但较长的垂直安装会增加电阻的电感。水平安装方式因安装较低有更低的电感。但过热的电阻会出现漂移，在最坏的情况下电阻成为开路，造成 PCB 走线终端匹配失效，成为潜在的失败因素。

3．抑止电磁干扰的方法

很好地解决信号完整性问题将改善 PCB 板的电磁兼容性（EMC）。其中非常重要的是保证 PCB 板能很好地接地。对复杂的设计，采用一个信号层配一个地线层是十分有效的方法。此外，使电路板的最外层信号的密度最小也是减少电磁辐射的好方法，这种方法可采用“表面积层”技术设计制作 PCB 来实现。表面积层通过在普通工艺 PCB 上增加薄绝缘层和用于贯穿这些层的微孔的组合来实现。电阻和电容可埋在表层下，单位面积上的走线密度会增加近一倍，因而可降低 PCB 的体积。PCB 面积的缩小对走线的拓扑结构有巨大的影响，这意味着缩小的电流回路，缩小的分支走线长度，而电磁辐射近似正比于电流回路的面积。同时小体积特征意味着高密度引脚封装器件可以被使用，这又使得连线长度下降，从而电流回路减小，提高电磁兼容特性。

4．其他可采用的技术

为减小集成电路芯片电源上的电压瞬时过冲，应该为集成电路芯片添加去耦电容。这可以有效去除电源上的毛刺影响，并减少在印制板上的电源环路的辐射。当去耦电容直接连接在集成电路的电源管腿上而不是连接在电源层上时，其平滑毛刺的效果最好。这就是为什么有一些器件插座上带有去耦电容，而有的器件要求去耦电容距器件的距离要足够小。任何高速和高功耗的器件应尽量放置在一起，以减少电源电压瞬时过冲。如果没有电源层，那么长的电源连线会在信号和回路间形成环路，成为辐射源和易感应电路。走线构成一个不穿过同一网线或其他走线的环路的情况称为开环；如果环路穿过同一网线其他走线则构成闭环。两种情况都会形成天线效应（线天线和环形天线）。天线对外产生 EMI 辐射，同时自身也是敏感电路。闭环是必须考虑的，因为它产生的辐射与闭环面积近似成正比。此外，在进行高速电路设计时，有多个因素需要加以考虑，这些因素有时互相对立。例如，高速器件布局时位置靠近，虽可以减少延时，但可能产生串扰和显著的热效应。因此在设计中，需权衡各因素，做出全面的折中考虑，既满足设计要求，又降低设计复杂度。

15.1.3 高速 PCB 板的关键电路设计

Note

PCB 中的关键信号包括地、电源、时钟和总线信号等。关于地线的设计规则有下面 4 点。

☑ 数字地与模拟地分开。若线路板上既有逻辑电路又有线性电路，应使它们尽量分开。低频电路的地应尽量采用单点并联接地，实际布线有困难时可部分串联后再并联接地。高频电路宜采用多点串联接地，地线应短而粗，高频元件周围尽量用栅格状大面积地箔。

☑ 接地线应尽量加粗。若接地线用很纫的线条，则接地电位随电流的变化而变化，使抗噪性能降低。因此应将接地线加粗，使它能通过 3 倍于印制电路板上的允许电流。如有可能，接地线的粗细应该在 3mm 以上。

☑ 接地线构成闭环路。只由数字电路组成的印制电路板，其接地电路布成团环路大多能提高抗噪声能力。

☑ 正确选择单点接地与多点接地。低频电路中，信号的工作频率小于 1MHz，它的布线和器件间的电感影响较小，而接地电路形成的环流对干扰影响较大，因而应采用一点接地。当信号工作频率大于 10MHz 时，地线阻抗变得很大，此时应尽量降低地线阻抗，应采用就近多点接地。当工作频率在 1MHz～10MHz 时，如果采用一点接地，其地线长度不应超过波长的 1/20；否则应采用多点接地法。

关于其他的电源和高速信号，有下面几个设计原则需要遵守。

☑ 要保证电源有足够的能力给负载供电，并且输出电压波纹<50mV。

☑ 确保有充足的电源和地层。

☑ 用 4.7μF～10μF 的大电容接在电源和地层之间，用于旁路开关噪声，特别在接近高速（>25MHz）数据线的地方。

☑ 用足够多的 0.01μF 电容接在电源和地之间以减少高频噪声。

☑ 要对板子上的 DC-DC 电源变换（开关电源）和振荡器加上滤波器和一些防护措施。

☑ 布高速信号线，注意不要穿过地层，保证它在一个面上。

☑ 确保高速信号线和时钟都有终端负载。

☑ 长线要保证其阻抗匹配以防反射。

☑ 把没有布线的地方用铜箔填充，并连接到电源层或地层。

PCB 板上因 EMI 而增加的成本通常是因增加地层数目以增强屏蔽效应，如果所有的高频电路都采用具有地平面层的多层电路板，则 EMI 问题就少得多。经验证明，将一个两层 PCB 板改为多层 PCB 板的设计，性能很容易提高 10 倍，发射减少了，同时射频及 ESD 二者的抗扰度都得以提高。但是随着 PCB 板层的增加，成本费用也会成倍地增长，这并不是任何一种产品都可以接收的事实。

在这种情况下就不得不回到双面板上来下一点功夫。我们可以把关键电路（时钟和复位等）接近地回线来模拟一个多层电路板。同时也可以把电源线作为电源/回程传输线，使这些“天线”作用较少。用地网络铜皮来填充 PCB 板上空着的区域也是有帮助的。借助这些布线设计，可以得到一个电磁兼容性好、功能稳定的双层电路板，这虽然不容易，但可以做到。

15.1.4 高速 PCB 板的布线设计

在电路板尺寸固定的情况下，如果设计中需要容纳更多的功能，就往往需要提高 PCB 的走线密

度，但是这样有可能导致走线的相互干扰增强，同时走线过细也使阻抗无法降低。在设计高速高密度PCB时，串扰（crosstalk interference）确实是要特别注意的，因为它对时序（timing）与信号完整性（signal integrity）有很大影响。

以下提供几个需要注意的地方。

Note

☑ 控制走线特性阻抗的连续与匹配。

☑ 走线间距的大小。一般常看到的间距为两倍线宽。可以通过仿真来知道走线间距对时序及信号完整性的影响，找出可容忍的最小间距。不同芯片信号的结果可能不同。

☑ 选择适当的端接方式。

☑ 避免上下相邻两层的走线方向相同，甚至有走线正好上下重叠在一起，因为这种串扰比同层相邻走线的情形还大。

☑ 利用盲埋孔（blind/buried via）增加走线面积。但PCB板的制作成本会增加。

☑ 在实际执行时确实很难达到完全平行与等长，不过还是要尽量做到。除此以外，可以预留差分端接和共模端接，以缓和对时序与信号完整性的影响。高速设计中经常用到LVDS信号，对于LVDS低压差分信号，在布线时要求等长且平行的原因有下列几点。

- 平行的目的是要确保差分阻抗的完整性。平行间距不同的地方就等于是差分阻抗不连续。
- 等长的目的是想要确保时序的准确与对称性。因为差分信号的时序跟这两个信号交叉点（或相对电压差值）有关，如果不等长，则此交叉点不会出现在信号振幅（swing amplitude）的中间，也会造成相邻两个时间间隔（time interval）不对称，增加时序控制的难度。
- 不等长也会增加共模（common mode）信号的成分，影响信号完整性（signal integrity）。

15.1.5 去耦电容设计

为减小集成电路芯片电源上的电压瞬时过冲，应该为集成电路芯片添加去耦电容。这可以有效去除电源上的毛刺的影响并减少在印制电路板上的电源环路的辐射。

当去耦电容直接连接在集成电路的电源管腿上而不是连接在电源层上时，其平滑毛刺的效果最好。这就是为什么有一些器件插座上带有去耦电容，而有的器件要求去耦电容距器件的距离要足够小。

任何高速和高功耗的器件应尽量放置在一起以减少电源电压瞬时过冲。

如果没有电源层，那么长的电源连线会在信号和回路间形成环路，成为辐射源和易感应电路。

走线构成一个不穿过同一网线或其他走线的环路的情况称为开环。如果环路穿过同一网线其他走线则构成闭环。两种情况都会形成天线效应（线形天线和环形天线）。天线对外产生EMI辐射，同时自身也是敏感电路。闭环是一个必须考虑的问题，因为它产生的辐射与闭环面积近似成正比。

在直流电源回路中，负载的变化会引起电源噪声。例如在数字电路中，当电路从一种状态转换为另一种状态时，就会在电源线上产生一个很大的尖峰电流，形成瞬变的噪声电压。配置去耦电容可以抑制因负载变化而产生的噪声，是印制电路板的可靠性设计的一种常规做法，配置原则如下。

（1）电源输入端跨接一个10μF～100μF的电解电容器，如果印制电路板的位置允许，采用100μF以上的电解电容器的抗干扰效果会更好。

（2）为每个集成电路芯片配置一个0.01μF的陶瓷电容器。如遇到印制电路板空间小而装不下时，可每4～10个芯片配置一个1μF～10μF钽电解电容器，这种器件的高频阻抗特别小，在500kHz～20MHz范围内阻抗小于1Ω，而且漏电流很小（0.5μA以下）。

（3）对于噪声能力弱、关断时电流变化大的器件和ROM、RAM等存储型器件，应在芯片的电

源线和地线间直接接入去耦电容。

（4）去耦电容的引线不能过长，特别是高频旁路电容不能带引线。

15.2 电路图设计

本章采用的实例是游戏机电路。游戏机电路是一个大型的电路系统，包括中央处理器电路、图像处理器电路、接口电路、射频调制电路、制式转换电路、电源电路、时钟电路、光电枪电路、控制盒电路等电路模块。下面分别介绍各电路模块的原理及其组成结构。

15.2.1 创建原理图页

1. 设置工作环境

（1）单击 PADS Logic 图标，打开 PADS Logic VX.2.4。

（2）选择菜单栏中的“文件”→“新建”命令或单击“标准工具栏”中的“新建”按钮，新建一个原理图文件。

（3）单击“标准工具栏”中的“保存”按钮，输入原理图名称 Electron Game Circuit，保存新建的原理图文件。

（4）选择菜单栏中的“设置”→“图页”命令，添加图页文件，分别绘制不同电路模块，如图 15-1 所示。

2. 库文件管理

（1）选择菜单栏中的“文件”→“库”命令，弹出如图 15-2 所示的“库管理器”对话框。

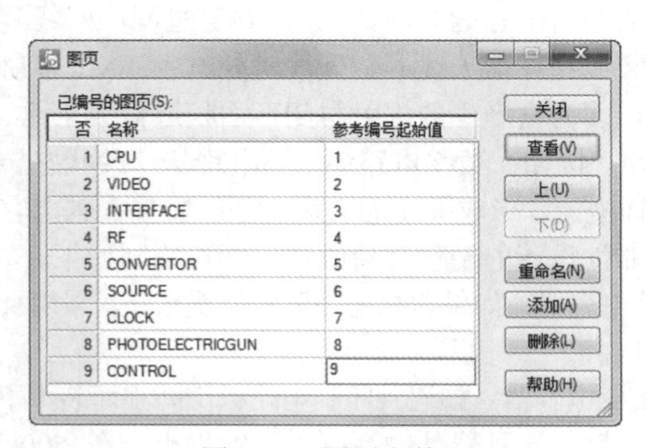

图 15-1 图页文件

图 15-2 “库管理器”对话框

（2）单击“管理库列表”按钮，弹出如图 15-3 所示的“库列表”对话框，显示在源文件路径下加载的库文件。

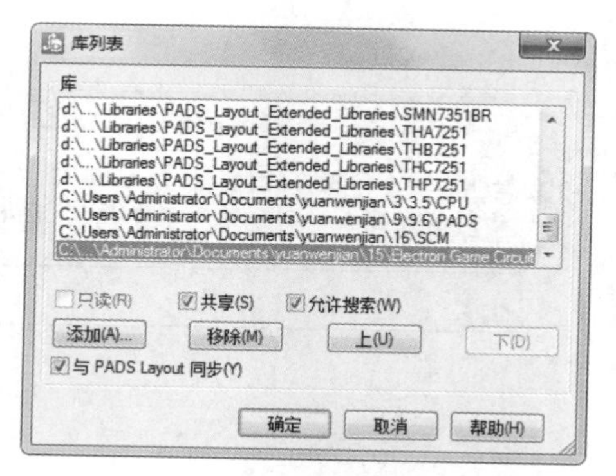

图 15-3　“库列表”对话框

15.2.2　中央处理器电路设计

中央处理器（central processing unit，CPU）是游戏机的核心。图 15-4 为某种游戏机的 CPU 基本电路，包含 CPU6527P、SRAM6116 和译码器 SN74LS139N 等元件。6527P 是 8 位单片机，有 8 条数据线、16 条地址线，寻址范围为 64KB。其高位地址经 SN74LS139N 译码后输出低电平有效的连通信号，用于控制卡内 ROM、RAM、PPU 等单元电路的连通。

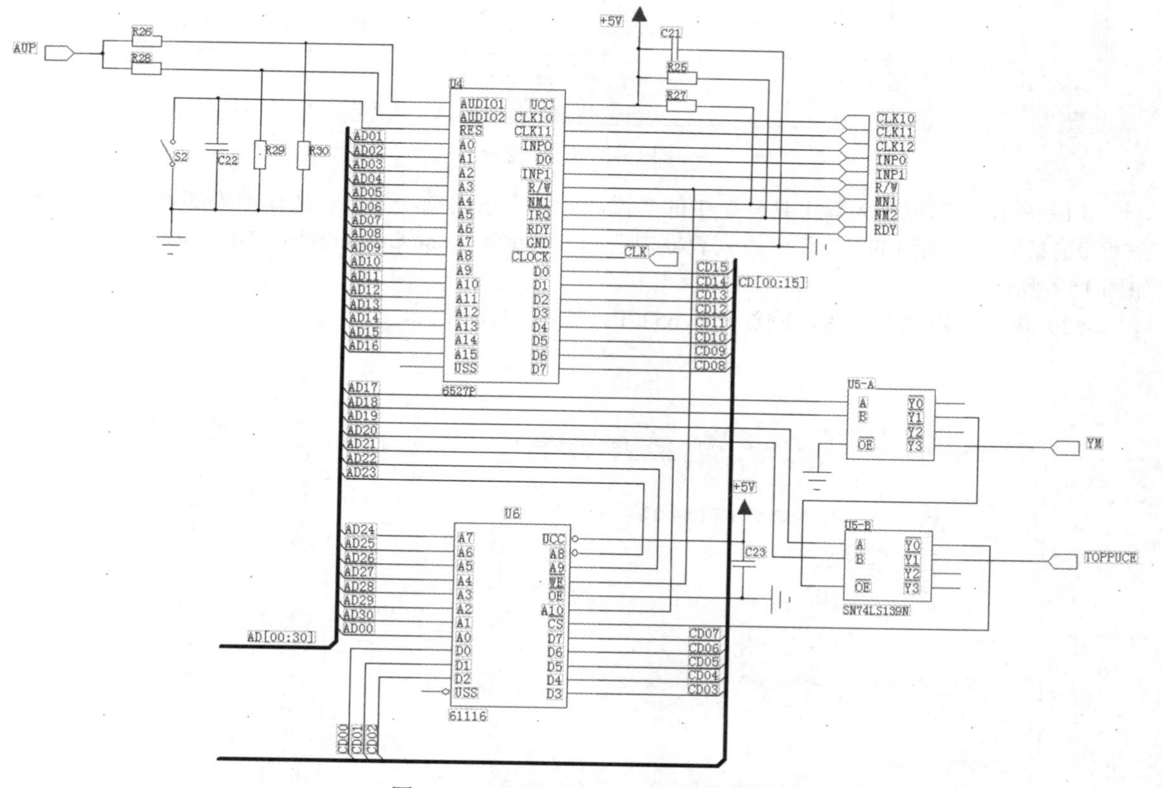

图 15-4　游戏机的 CPU 基本电路

1. 增加元件

将图页切换到 CPU 中，绘制原理图，如图 15-5 所示，该电路模板中用到的元件有 6527P、61116、

Note

SN74LS139N 和一些阻容元件。

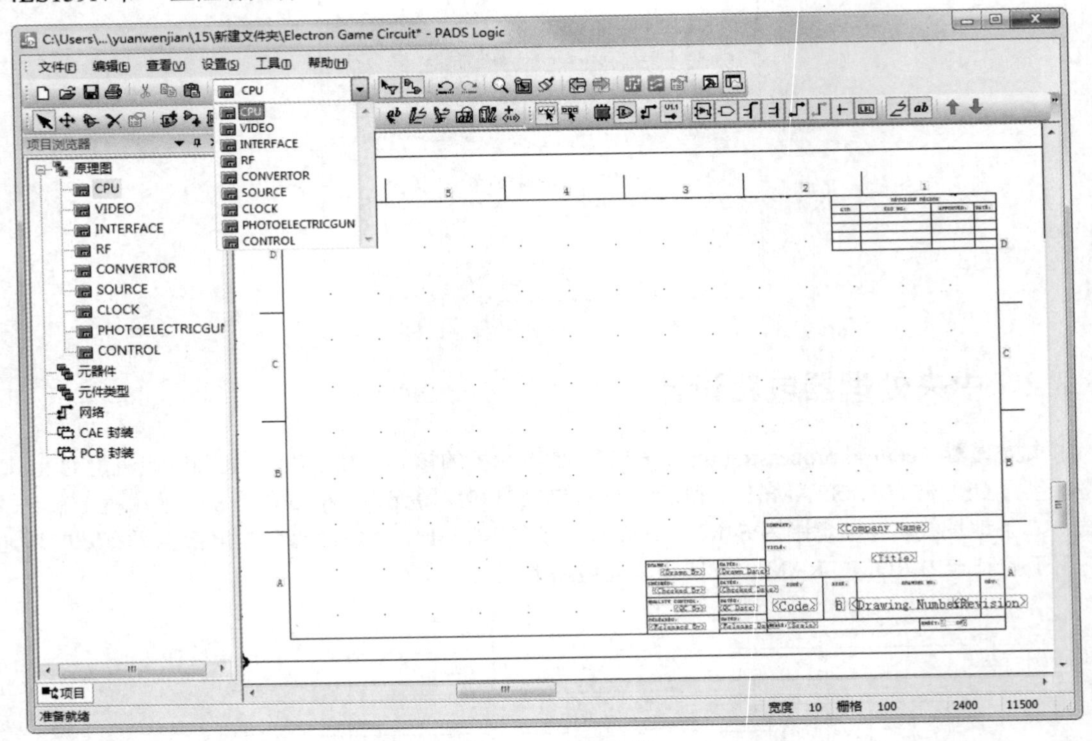

图 15-5　CPU 电路

（1）单击“原理图编辑工具栏”中的“添加元件”按钮，弹出“从库中添加元件”对话框，在“筛选条件”选项组的“库”下拉列表框中选择 Electron Game Circuit.pt9，选择三极管元件 6527P，如图 15-6 所示。

（2）单击“添加”按钮，放置元件 6527P，如图 15-7 所示。

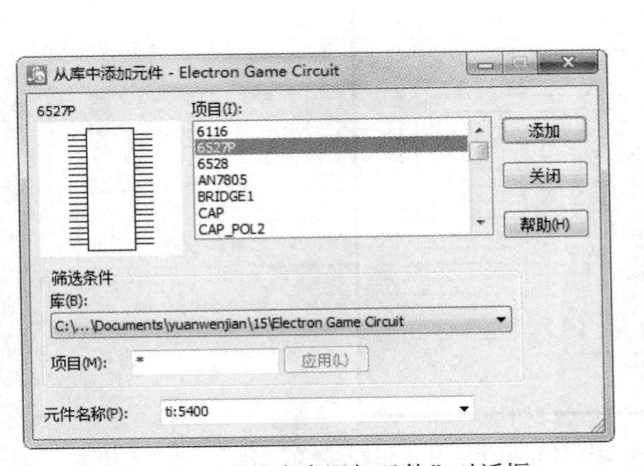

图 15-6　“从库中添加元件”对话框

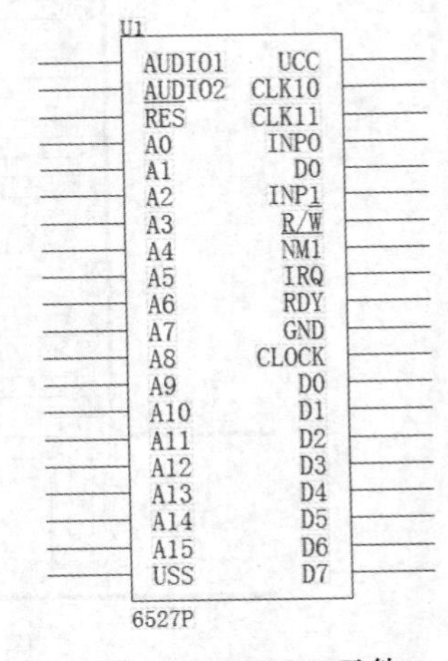

图 15-7　6527P 元件

（3）完成所有元件放置，关闭“从库中添加元件”对话框，元件放置结果如图 15-8 所示。

Note

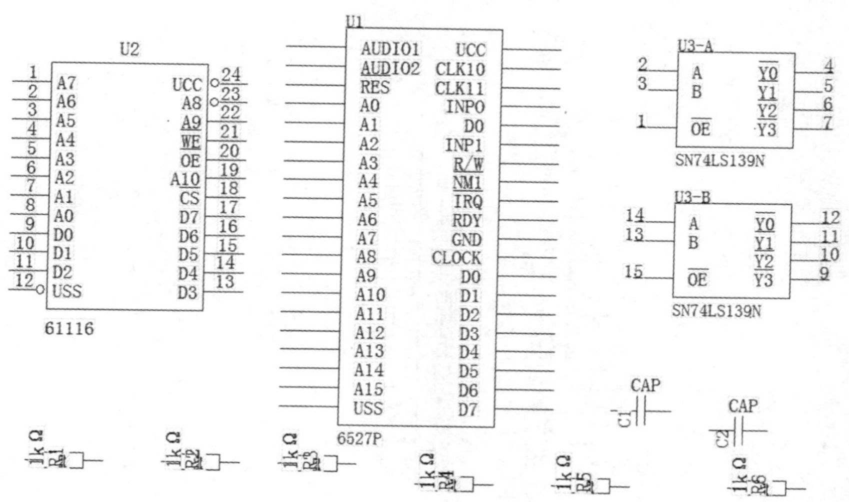

图 15-8　元件放置结果

注意： 由于元件参数出现叠加，无法看清元件，需要进行简单修改。选中所有元件，右击，在弹出的快捷菜单中选择“特性”命令，弹出“元件特性”对话框，单击“可见性”按钮，弹出“元件文本可见性”对话框，在“项目可见性”选项组下选中“参考编号”与“元件类型”复选框，如图 15-9 所示。单击“确定”按钮，退出该对话框。单击“关闭”按钮，关闭“元件特性”对话框。

图 15-9　“元件文本可见性”对话框

（4）按照电路要求，对元件进行布局、属性编辑，方便后期进行布线、放置原理图符号，除对元件进行移动操作外，必要时，对元件进行翻转、X 镜像、Y 镜像，布局结果如图 15-10 所示。

2. 布线操作

（1）单击“原理图编辑工具栏”中的“添加连线”按钮，进入连线模式，进行连线操作，在交叉处若有电气连接，则需在相交处单击，显示结点，表示有电气连接，若不在交叉处单击，则不显示结点，表示无电气连接，布线结果如图 15-11 所示。

Note

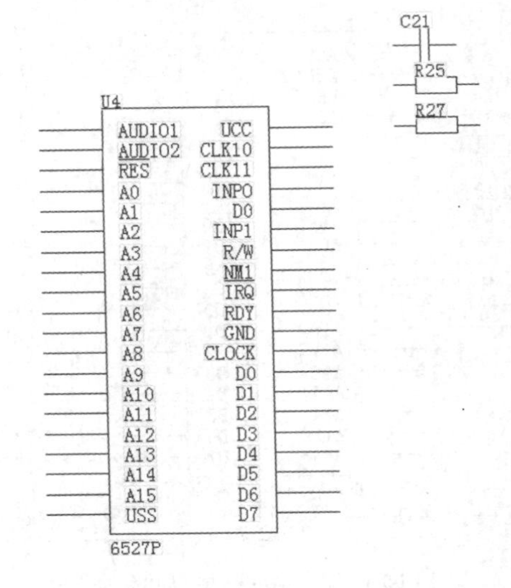

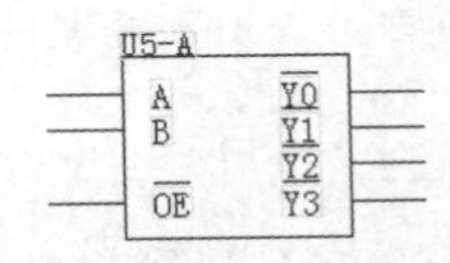

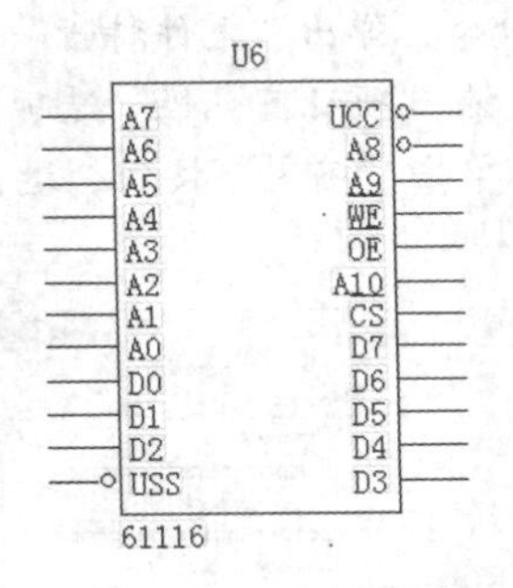

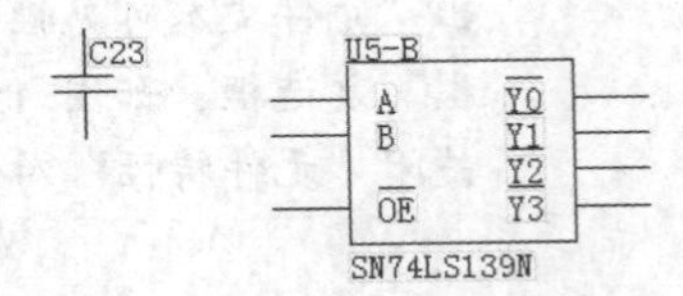

图 15-10　元件布局结果

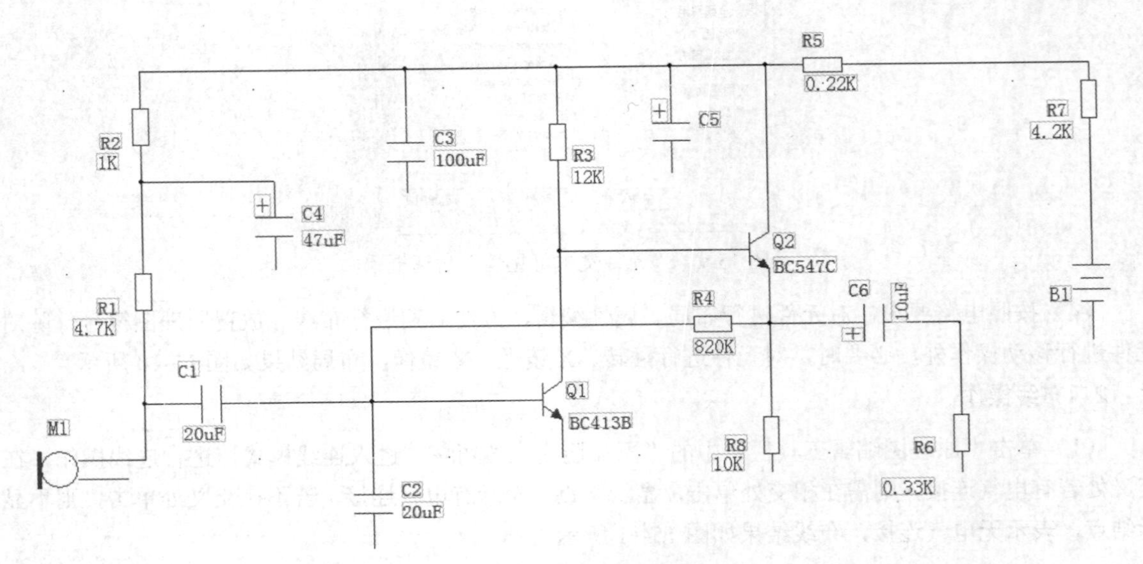

图 15-11　布线结果

（2）单击“原理图编辑工具栏”中的“添加连线”按钮、“添加总线”按钮，进入连线模式，结果如图 15-1 所示。

原理图绘制完成后，单击“标准工具栏”中的“保存”按钮，保存绘制好的原理图文件。

15.2.3 图像处理器电路设计

图像处理器 PPU 电路是专门为处理图像设计的 40 脚双列直插式大规模集成电路，如图 15-12 所示。它包含图像处理芯片 PPU6528、SRAM6116 和锁存器 SN74LS373N 等元件。PPU6528 有 8 条数据线 D0～D7、3 条地址线 A0～A2、8 条数据/地址复用线 AD0～AD7。复用线加上 PA8～PA12 可形成 13 位地址，寻址范围为 8KB。

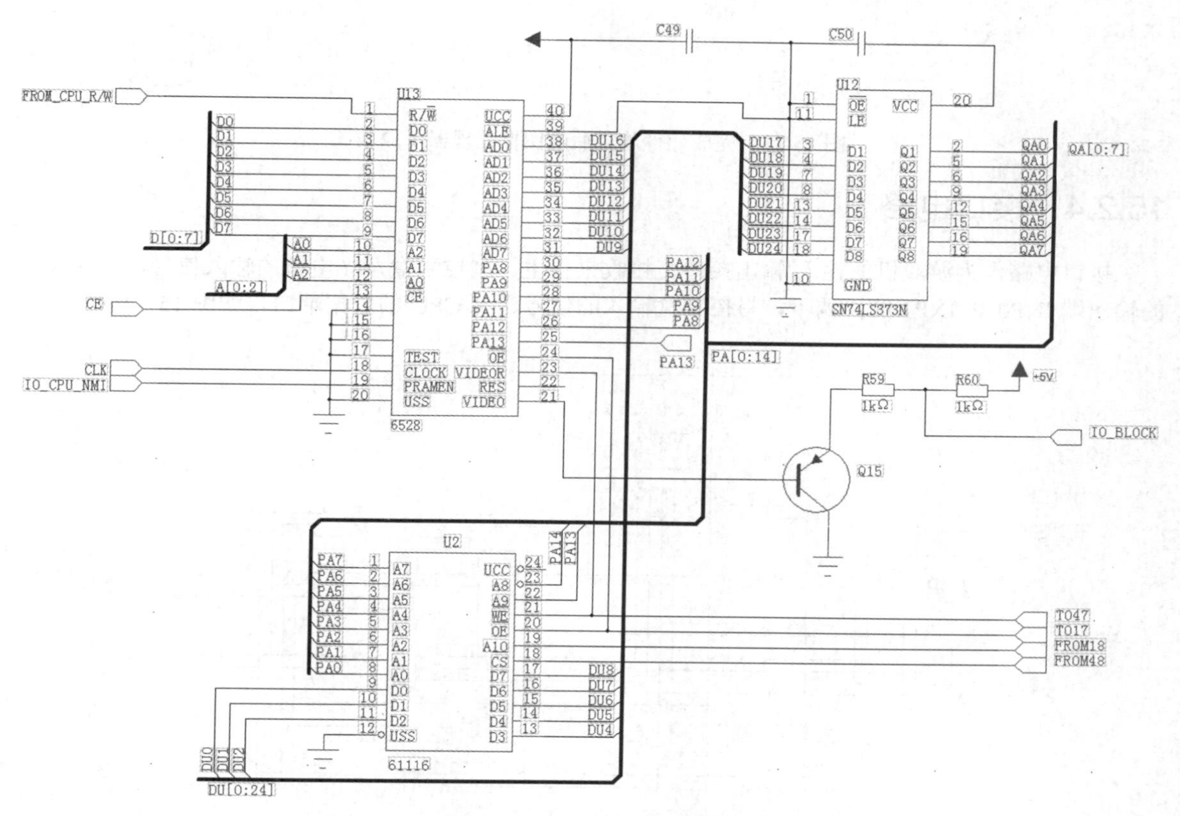

图 15-12 图像处理器 PPU 电路

将图页移至 Video，下面接着在生成的 Video 原理图中绘制图像处理器电路。

（1）放置元件。该电路模块中用到的元件有 6528、61116、SN74LS373N 和一些阻容元件。单击“原理图编辑工具栏”中的“添加元件”按钮，弹出“从库中添加元件”对话框，在“筛选条件”选项组的“库”下拉列表框中选择 Electron Game Circuit.pt9，完成元件放置后的图像处理器子原理图如图 15-13 所示。

（2）设置各元件属性，然后合理布局，最后进行连线操作。完成连线后的图像处理器子原理图如图 15-12 所示。

Note

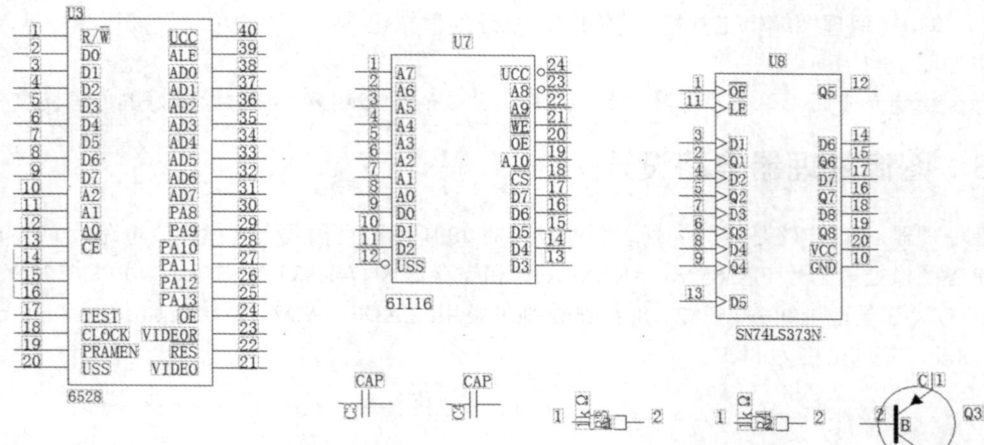

图 15-13　完成元件放置后的图像处理器子原理图

15.2.4　接口电路

接口电路作为游戏机的输入/输出接口，接收来自主、副控制盒及光电枪的输入信号，并在 CPU 的输出端 INP0 和 INP1 的协调下，将控制盒输入的信号送到 CPU 的数据端口，如图 15-14 所示。

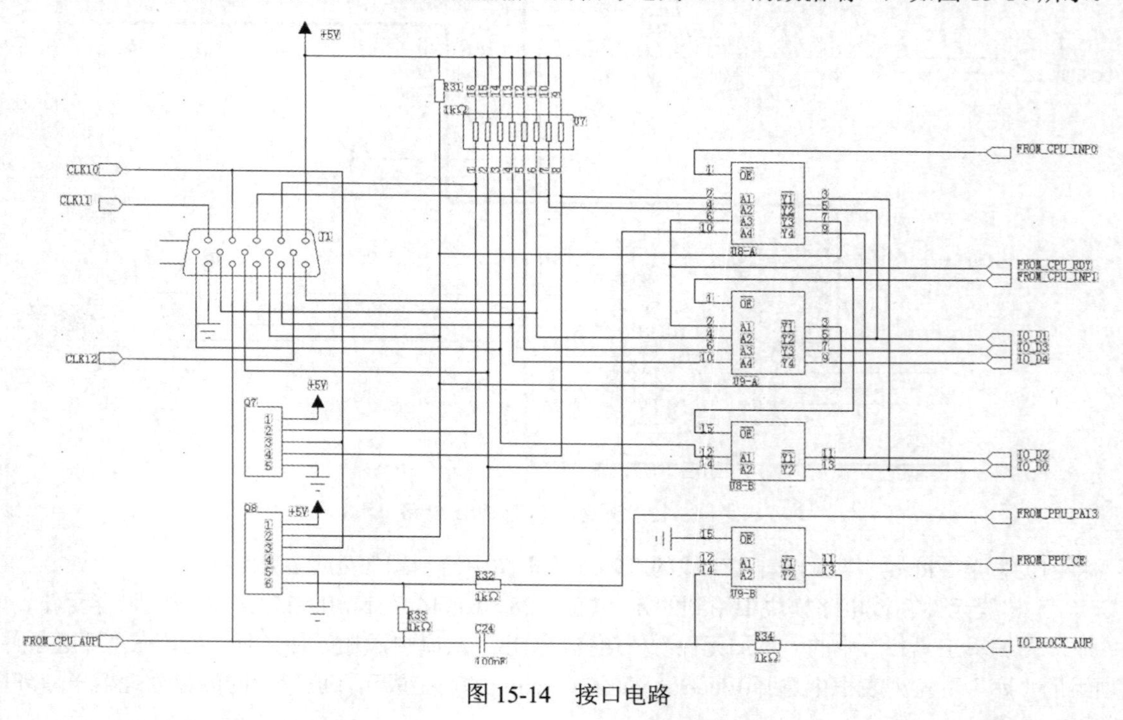

图 15-14　接口电路

15.2.5　射频调制电路

由于我国的电视信号中图像载频比伴音载频低 6.5MHz，故需先用伴音信号调制 6.5MHz 的等幅波，然后与 PPU 输出的视频信号一起送至混频电路，对混合图像载波振荡器送来的载波进行幅度调

制，形成 PAL-D 制式的射频调制电路，如图 15-15 所示。

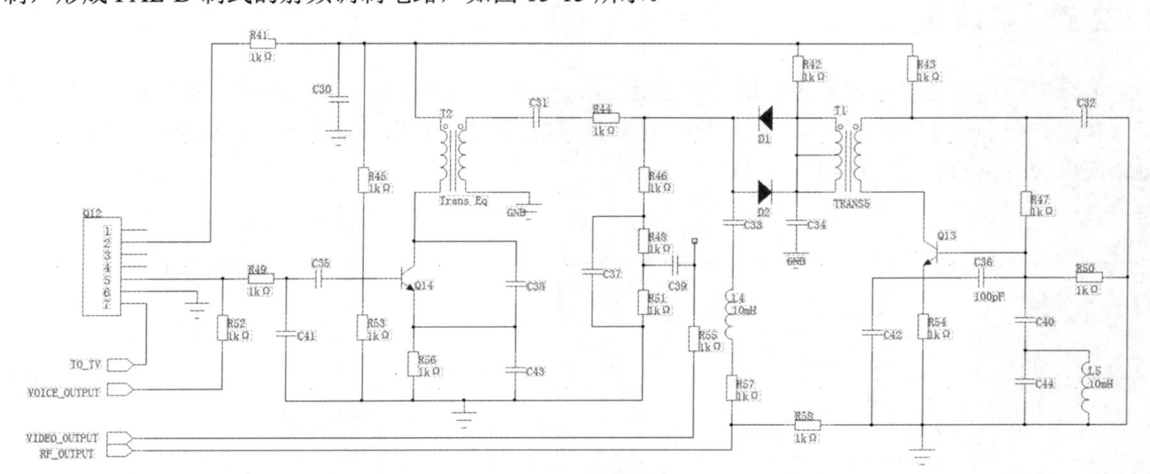

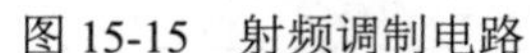
图 15-15　射频调制电路

15.2.6　制式转换电路

有些游戏机产生的视频信号为 NTSC 制式，需将其转换成我国电视信号使用的 PAL-D 制式才能正常使用。两种制式行频差别不大，可以正常同步，但场频差别太大，不能同步，颜色信号载波频率与颜色编码方式也不同。制式转换电路主要完成场频和颜色信号载波频率的转换。

图 15-16 为制式转换电路，该电路中采用了 TV 制式转换芯片 MK5060 和一些通用的阻容元件。来自 PPU 的 NTSC 制电视信号经输入端，分 3 路分别进行处理。处理完毕后，将此 3 路信号叠加，就形成了 PAL-D 制全电视信号，并送往射频调制电路。

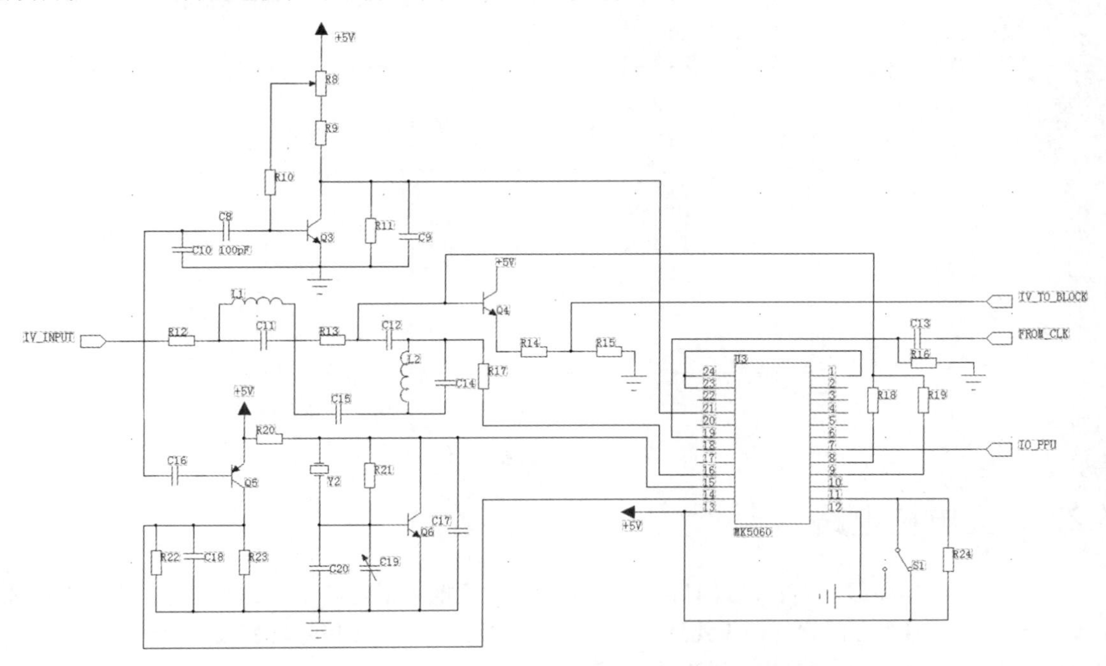

图 15-16　制式转换电路

15.2.7 电源电路

电源电路包括随机整理电源和稳压电源两个部分，电源电路如图 15-17 所示。首先由变压器、整流桥和滤波电容将 220V 交流电转换为 10～15V 直流电压，然后利用三端稳压器 AN7805 和滤波电容，将整流电源提供的直流电压稳定在 5V。

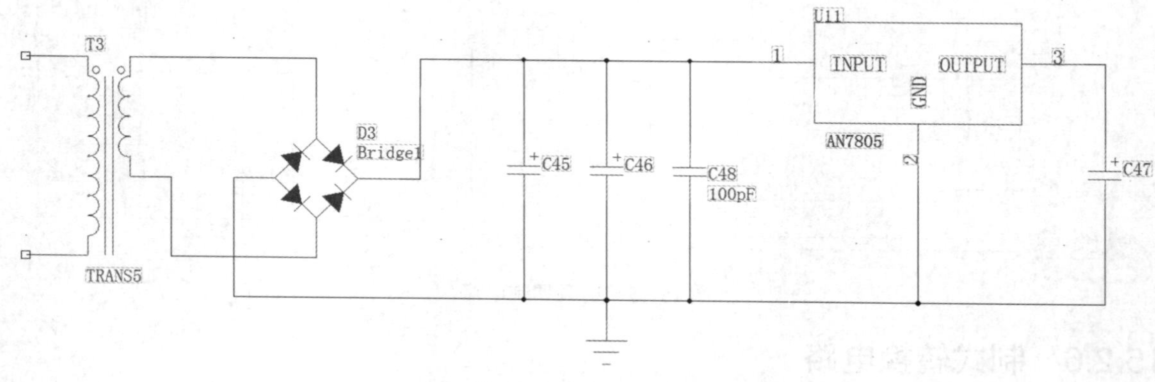

图 15-17 电源电路

15.2.8 时钟电路

时钟电路产生高频脉冲作为 CPU 和 PPU 的时钟信号，时钟电路如图 15-18 所示。TX 为石英晶体振荡器，它决定电路的振荡频率。游戏机中常用的石英晶体振荡器有 21.47727MHz、21.251465MHz 和 26.601712MHz 这 3 种工作频率。选用时要依据 CPU 和 PPU 的工作特点而定。

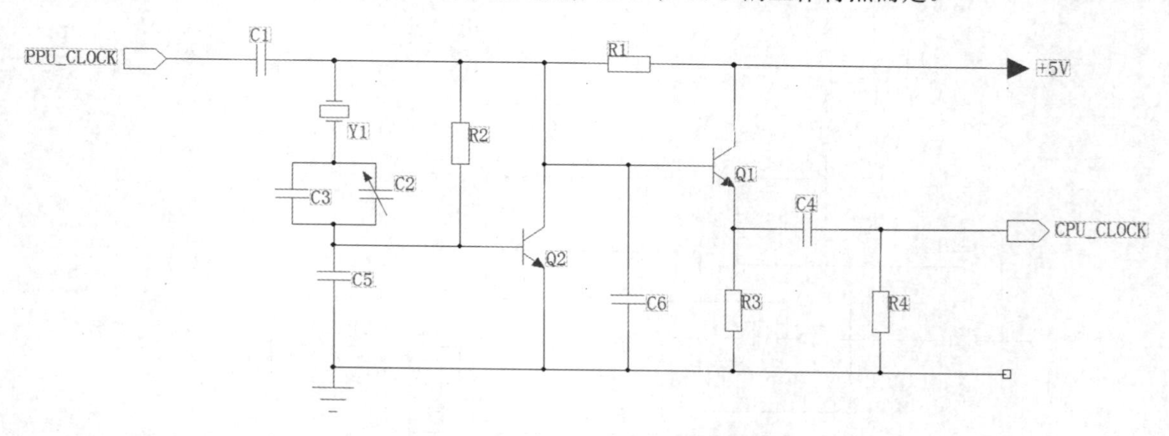

图 15-18 时钟电路

15.2.9 光电枪电路

射击目标即目标图形，位置邻近的目标图形实际上是依据对正光强频率敏感程度的差别进行区分的。目标光信号经枪管上的聚光镜聚焦后投射到光敏三极管上，将光信号转变成电信号，然后经选频放大器对其进行放大，并经 CD4011BCN 放大整形后，产生正脉冲信号，最后通过接口电路送到 CPU，

光电枪电路如图 15-19 所示。

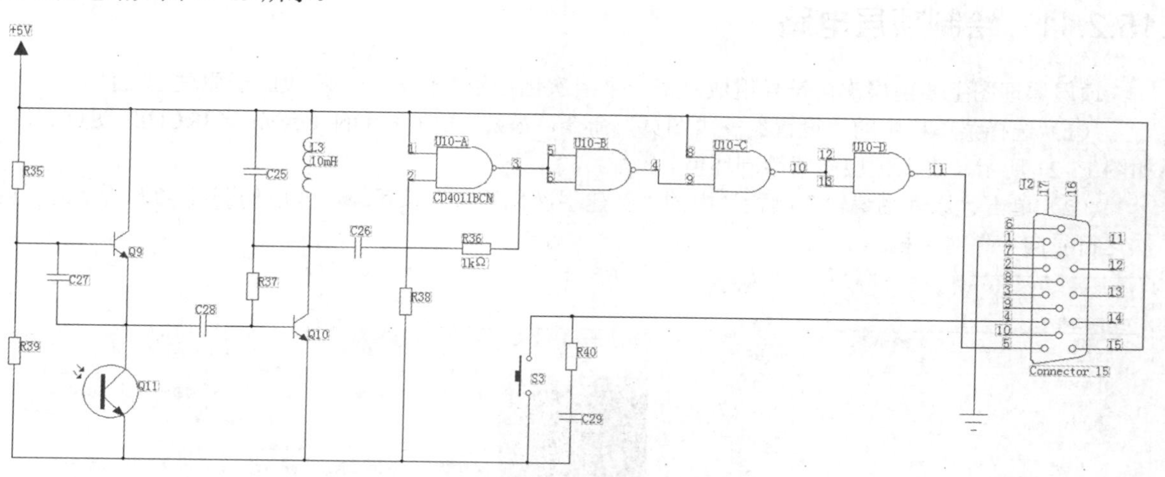

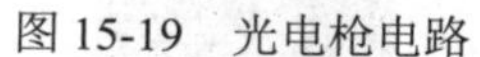

图 15-19　光电枪电路

15.2.10　控制盒电路

控制盒就是操作手柄，游戏机主、副两个控制盒的电路基本相同，其区别主要是副控制盒没有选择（SELECT）和启动（START）键。

控制盒电路如图 15-20 所示。NE555N 集成电路和阻容元件组成自激多谐振荡电路，产生连续脉冲信号；SK4021B 是采用异步并行输入、同步串行输入/串行输出移位寄存器，它将所有按键闭合时产生的负脉冲经接口电路送往 CPU，CPU 将按游戏者按键命令控制游戏运行。

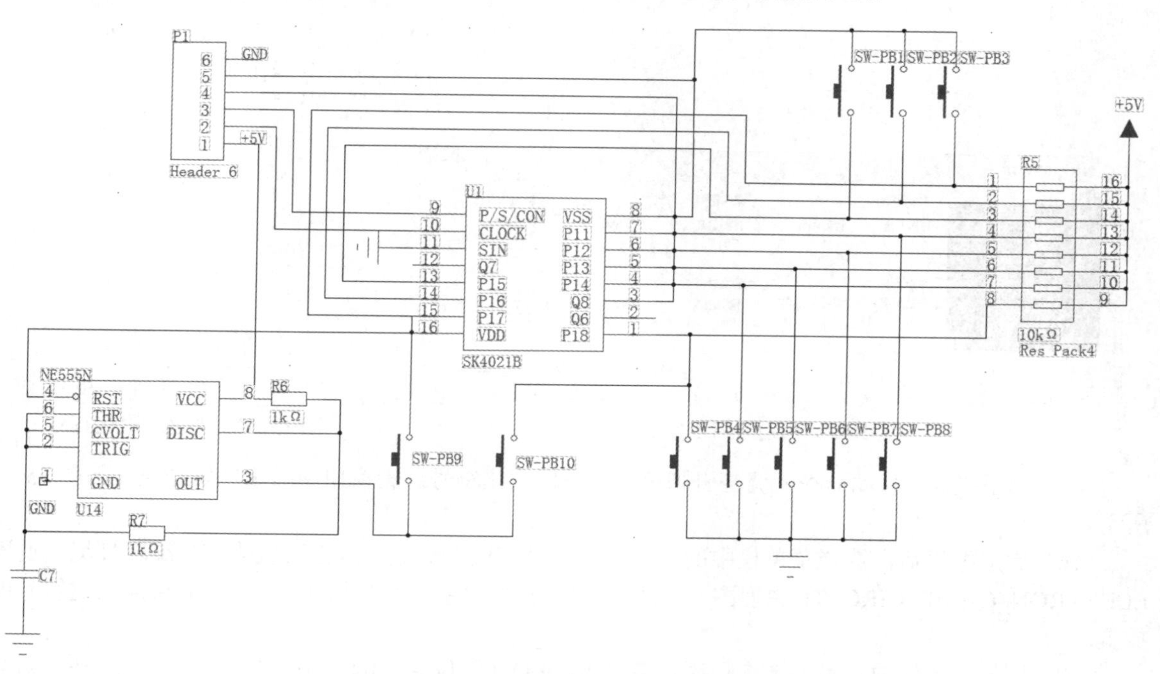

图 15-20　控制盒电路

15.2.11　绘制顶层电路

Note

顶层原理图主要由层次化符号组成，每一个层次化符号都代表一个相应的子原理图文件。

（1）选择菜单栏中的“设置”→“图页”命令，添加 ELECTRON_GAME_CIRCUIT 图页文件，如图 15-21 所示，进入顶层电路绘制环境。

（2）单击“原理图编辑工具栏”中的“新建层次化符号”按钮，弹出如图 15-22 所示的“层次化符号向导”对话框。

图 15-21　图页文件

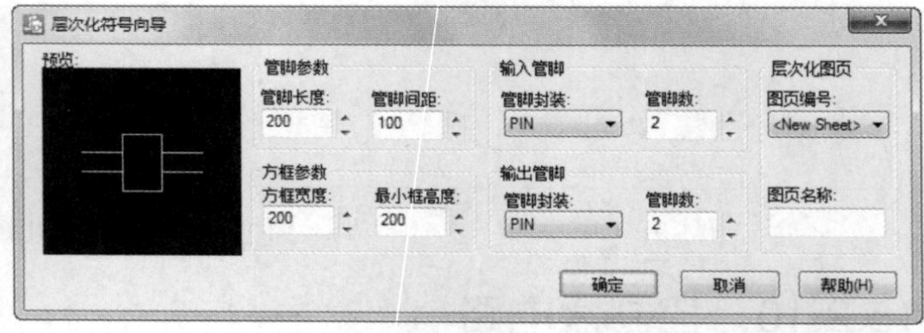

图 15-22　“层次化符号向导”对话框

（3）在该对话框中显示层次化符号预览，“图页编号”显示选择 CPU，其余选项为默认参数，如图 15-23 所示。单击“确定”按钮，退出对话框。

（4）进入 Hierchical symbol：CPU（层次化符号）编辑状态，将在 ELECTRON_GAME_CIRCUIT 原理图中生成中央处理器子原理图 CPU 所对应的层次化符号，如图 15-24 所示。

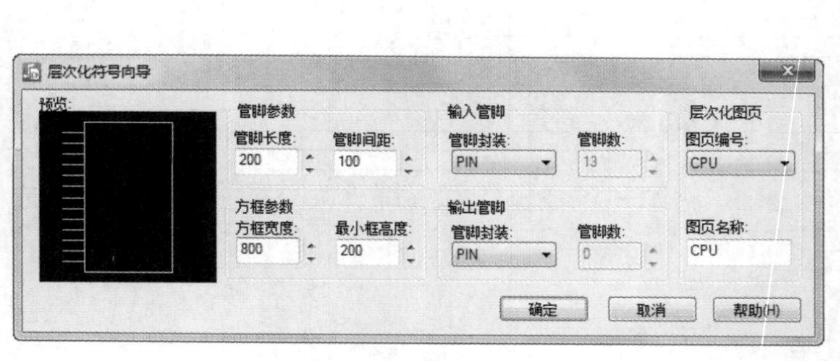

图 15-23　设置层次化符号

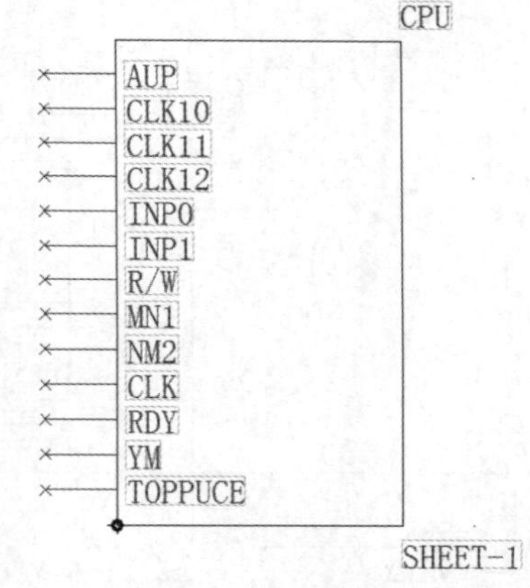

图 15-24　创建层次化符号

（5）利用镜像、移动命令，调整引脚位置，在层次化符号编辑窗口中显示编辑结果，如图 15-25 所示。

（6）完成编辑后，选择菜单栏中的“文件”→“完成”命令，退出层次化符号编辑环境，返回 ELECTRON_GAME_CIRCUIT 原理图，生成随光标移动的层次化符号 CPU，单击完成层次化符号的放置。

（7）同样的方法放置另外 8 个层次化符号 VIDEO（图像）、INTERFACE（接口）、RF（射频调制）、CONVERTOR（制式转换）、SOURCE（电源）、CLOCK（时钟）、PHOTOELECTRICGUN

（光电枪）、CONTROL（控制盒），并设置好相应的管脚，如图 15-26 所示。

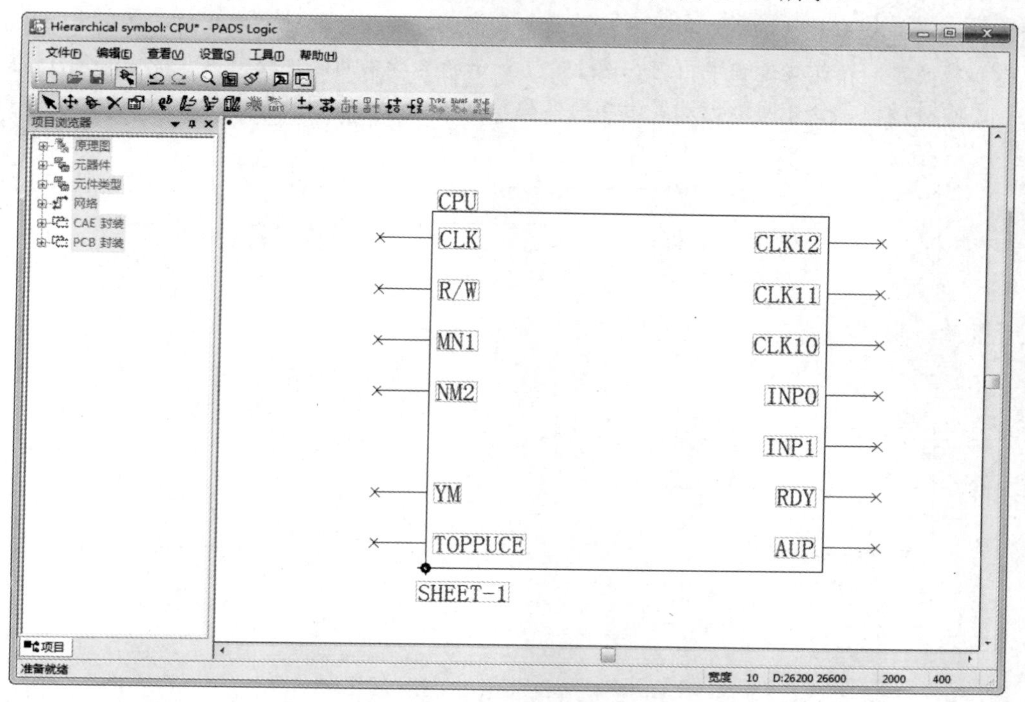

图 15-25　层次化符号编辑窗口

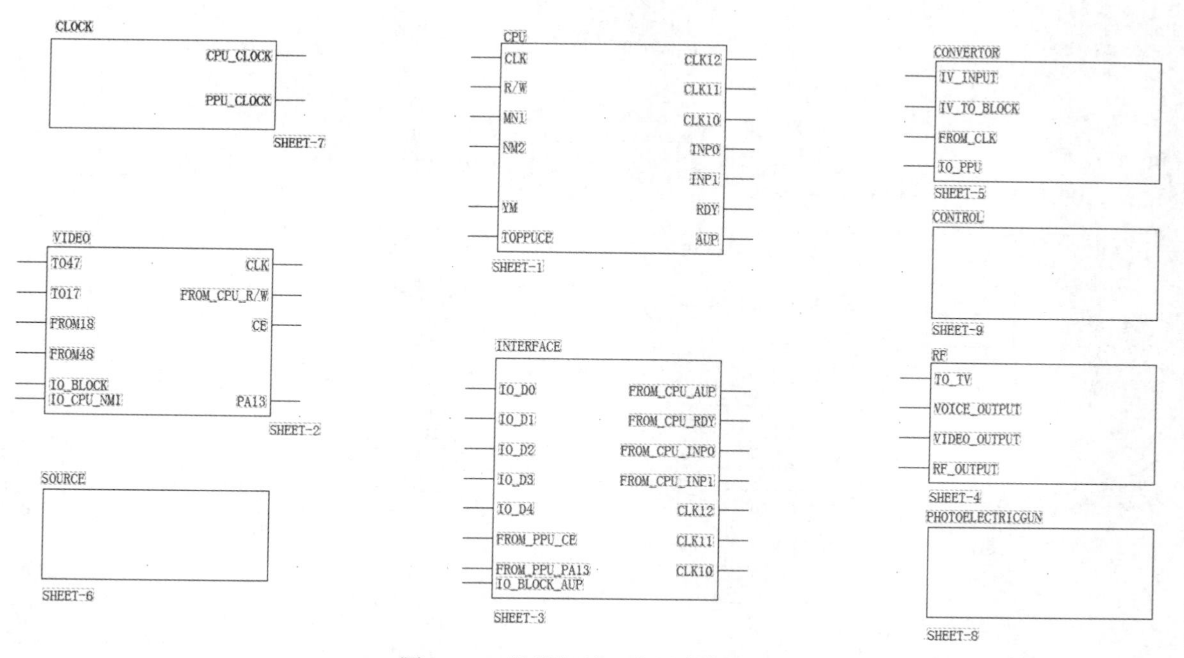

图 15-26　设置好的 8 个层次化符号

（8）与元器件布局相同，利用鼠标拖动，把所有的层次化符号放在合适的位置处。

（9）单击“原理图编辑工具栏”中的“添加连线”按钮，使用导线把每一个层次化符号上的相应管脚连接起来。

Note

注意： 层次电路中，层次化符号中名称相同的电路端口连接代表不同电路图中的相同名称的页面符连接，在连接过程中出现如图 15-27 所示的名称不同的连接网络，弹出如图 15-28 所示的对话框，合并网络，设置为相同名称，如图 15-29 所示。

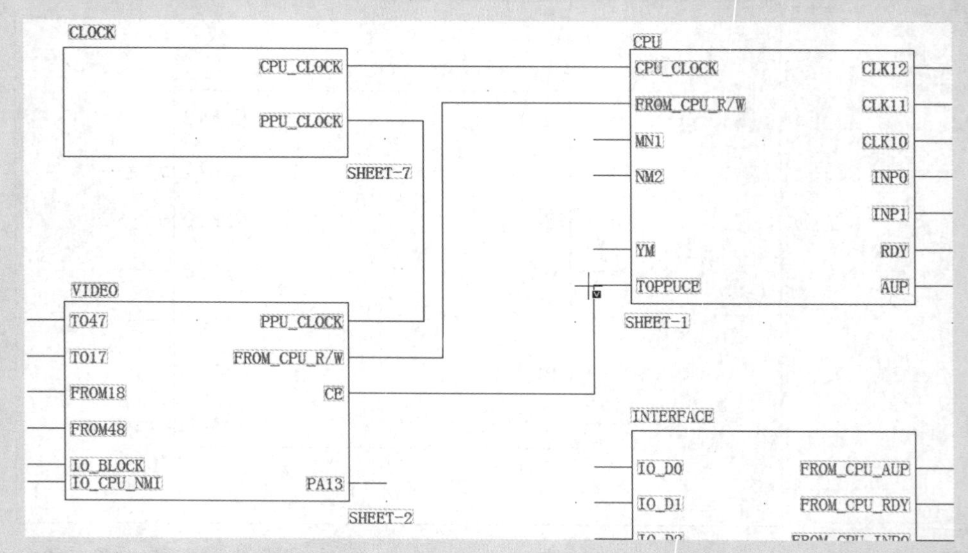

图 15-27　名称不同的连接网络

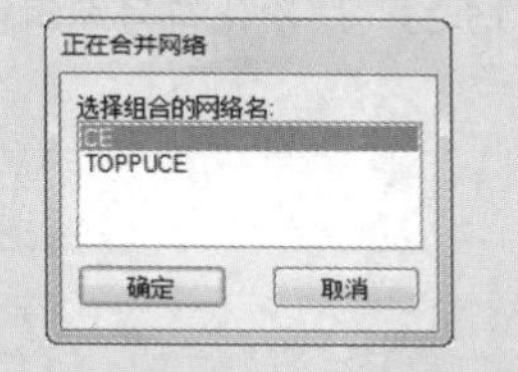

图 15-28　“正在合并网络”对话框

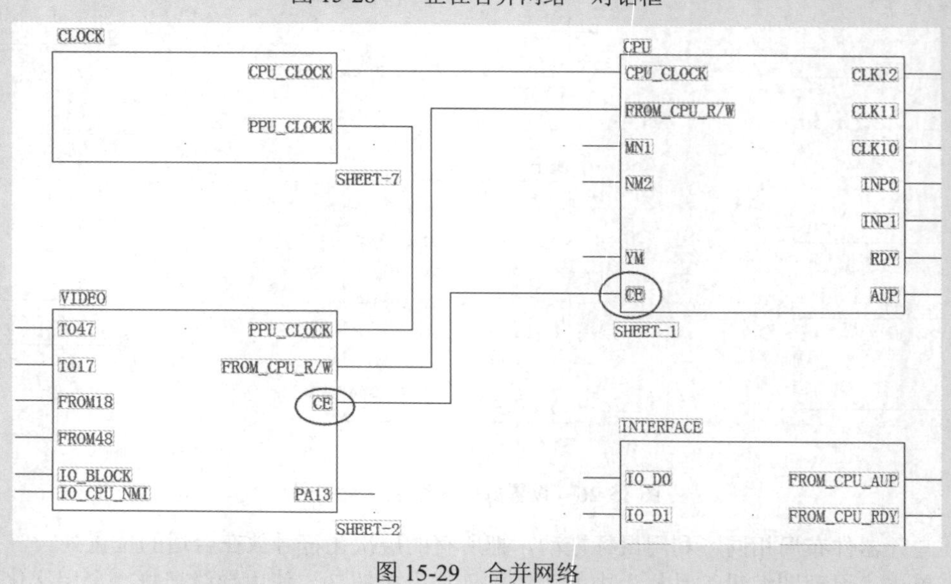

图 15-29　合并网络

同时，使用导线在层次化符号的管脚，如图 15-30 所示。

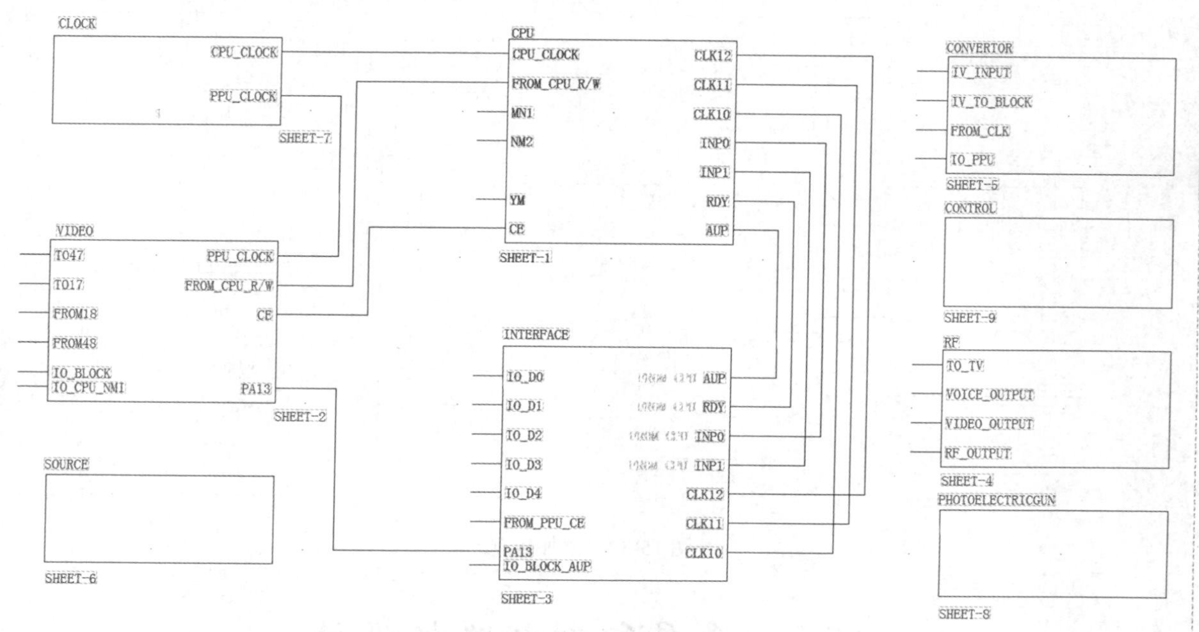

图 15-30 添加连线

（10）单击“原理图编辑工具栏”中的“创建文本”按钮，弹出如图 15-31 所示的“添加自由文本”对话框，在该对话框中输入要添加的文本内容，按如图 15-32 所示设置文本的字体和样式。

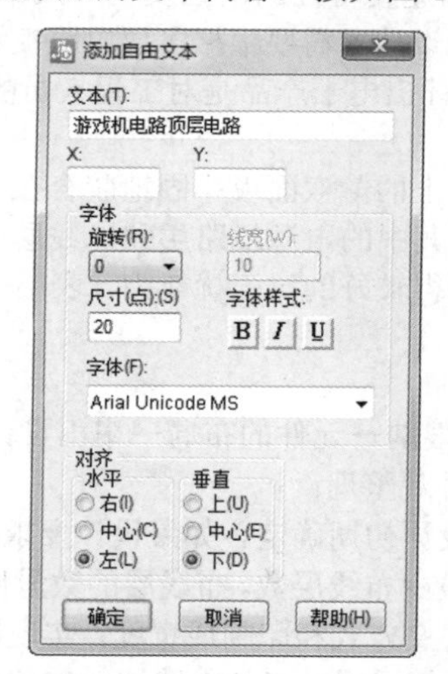

图 15-31 “添加自由文本”对话框

（11）完成设置后，单击“确定”按钮，退出对话框，进入文本放置状态，光标上附着一个浮动的文本符号，将文本放置到电路图中上方，完成顶层原理图的绘制。

在层次化符号的内部给出了一个或多个表示连接关系的管脚，对于这些管脚，在子原理图中都有相同名称的输入、输出页间连接符与之相对应，以便建立起不同层次间的信号通道。子原理图的绘制方法与普通电路原理图的绘制方法相同，在前面已经学习过，主要由各种具体的元件、导线等构成，这里不再赘述。

Note

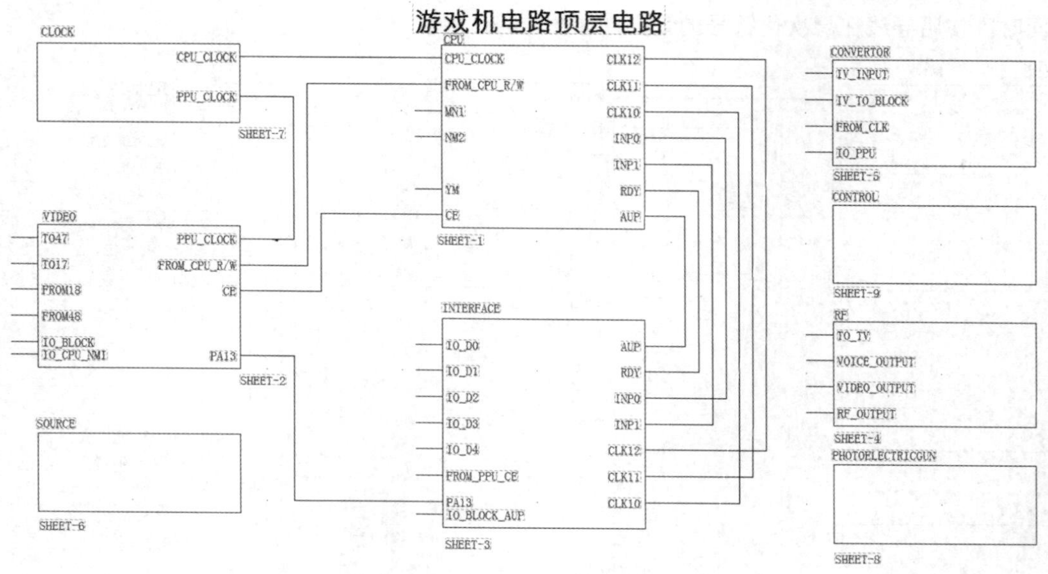

图 15-32　添加标题

15.3　多层印制电路板设计

随着电子产品设计的高密度、高速度特性的增强及生产成本的降低，多层电路板在电子产品的PCB设计中越来越得到广泛的应用。设计者需要根据多层电路板设计的规则、方法，选择恰当的设计工具，结合设计工具高效、优质地设计出电子产品是对工程人员的要求。下面以PADS Layout设计系统为例介绍多层电路板的设计。

所谓多层电路板，就是把两层以上的薄双面板牢固地胶合在一起，成为一块组件。这种结构既适应了复杂的设计又改善了信号特征。其中的电源线路层和地线层深埋在主板的内层，不易受到电源杂波的干扰，尤其是高频电路，可以获得较好的抗干扰能力，表层一般为信号层，这可以缩小电路板的体积，提高产品设计的质量。

多层电路板的设计流程如下。

确定PCB的层数→设计规则和限制→元件的布局→扇出设计→手动布线以及关键信号的处理→自动布线→布线的整理→电路板的外观整理。

电路板尺寸和布线层数需要在设计初期确定。如果设计要求使用高密度球栅阵列（BGA）组件，就必须考虑这些器件布线所需要的最少布线层数。布线层的数量以及层叠方式会直接影响到印制线的布线和阻抗。板的大小有助于确定层叠方式和印制线宽度，实现期望的设计效果。近年来，多层板的成本已经大大降低。在开始设计时最好采用较多的电路层并使覆铜均匀分布，以避免在设计临近结束时才发现有少量信号不符合已定义的规则以及空间要求，从而被迫添加新层。在设计之前认真地规划，恰当地选择PCB的层次，将减少布线中很多的麻烦。

对于电源、地的层数以及信号层数确定后，它们之间的位置排列是每一个PCB工程师都不能回避的话题，板层的排列一般原则如下。

☑　元件面下边（第二层）为地平面，提供器件屏蔽层以及为顶层布线提供参考平面。

☑　所有信号层尽可能与地平面相邻。

☑　尽量避免两信号层直接相邻。

☑　主电源尽可能与其对应地相邻。

☑　兼顾层间结构对称。

对于母板的层排布，现有母板很难控制平行长距离布线，对于板级工作频率在 50MHz 以上的（50MHz 以下的情况可参照，适当放宽），建议排布原则。

☑　元件面、焊接面为完整的地平面（屏蔽）。

☑　无相邻平行布线层。

☑　所有信号层尽可能与地平面相邻。

☑　关键信号与地层相邻，不跨分割区。

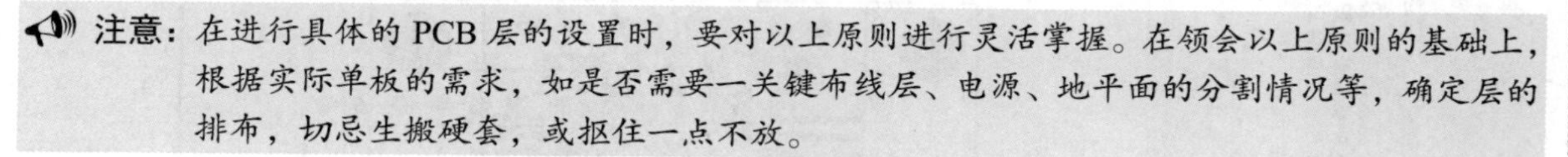

注意：在进行具体的 PCB 层的设置时，要对以上原则进行灵活掌握。在领会以上原则的基础上，根据实际单板的需求，如是否需要一关键布线层、电源、地平面的分割情况等，确定层的排布，切忌生搬硬套，或抠住一点不放。

15.3.1　游戏机电路网表的导入

我们已经知道在 PADS Logic 和 PADS Layout 之间可以通过 OLE 链接技术，将本来孤立存在的 PADS Layout 与 PADS Logic 动态地链接成为一个抽象的整体环境，在这两个独立的环境中随时可以进行数据的共享和交换。本节将介绍如何通过动态链接技术从 PADS Logic 向 PADS Layout 中导入网表。

（1）单击 PADS Logic 图标，启动 PADS Logic VX.2.4。

（2）单击“标准工具栏”中的“打开”按钮，在弹出的“文件打开”对话框中选择打开绘制的原理图文件 Electron Game Circuit.sch。

（3）单击 PADS Layout 图标，启动 PADS Layout VX.2.4，并将这两个设计窗口同时并列显示，如图 15-33 所示。

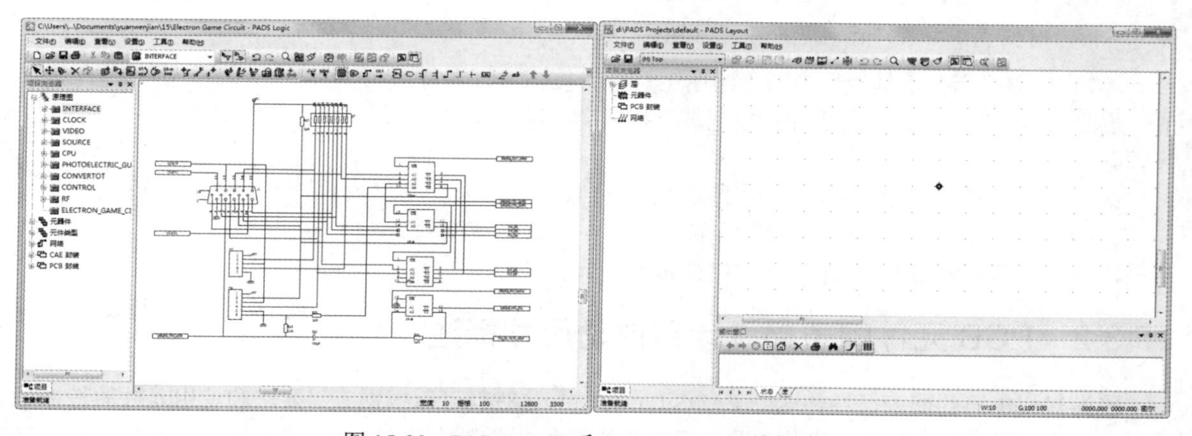

图 15-33　PADS Logic 和 PADS Layout 并行放置

（4）在 PADS Logic 中选择菜单栏中的“工具”→PADS Layout 命令，或单击“标准工具栏”中的 PADS Layout 图标，系统会弹出“PADS Layout 链接”对话框，如图 15-34 所示。

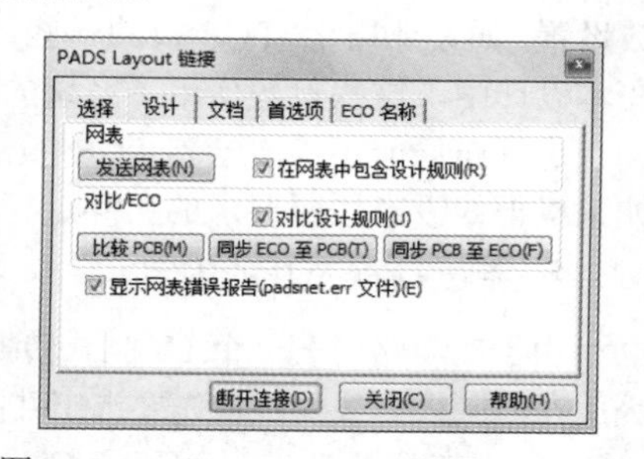

图 15-34　“PADS Layout 链接”对话框

（5）单击“发送网表”按钮，如果设计中有一些存在引起警告的设计，则会弹出 ascii.err 文件，其中包含了当前所有的警告甚至错误内容，同时在 PADS Layout 中执行“查看”→“全局显示”命令，可以看到导入网表后的结果。

对于 ascii.err 文件中给出的报告内容，如果只是警告信息，

Note

一般不影响正常设计，但是如果出现了错误信息，一定要认真检查和修改原理图设计，排除错误。

（6）单击“标准工具栏”中的“保存”按钮，输入文件名称 Electron Game Circuit.pcb，保存 PCB 图，如图 15-35 所示。

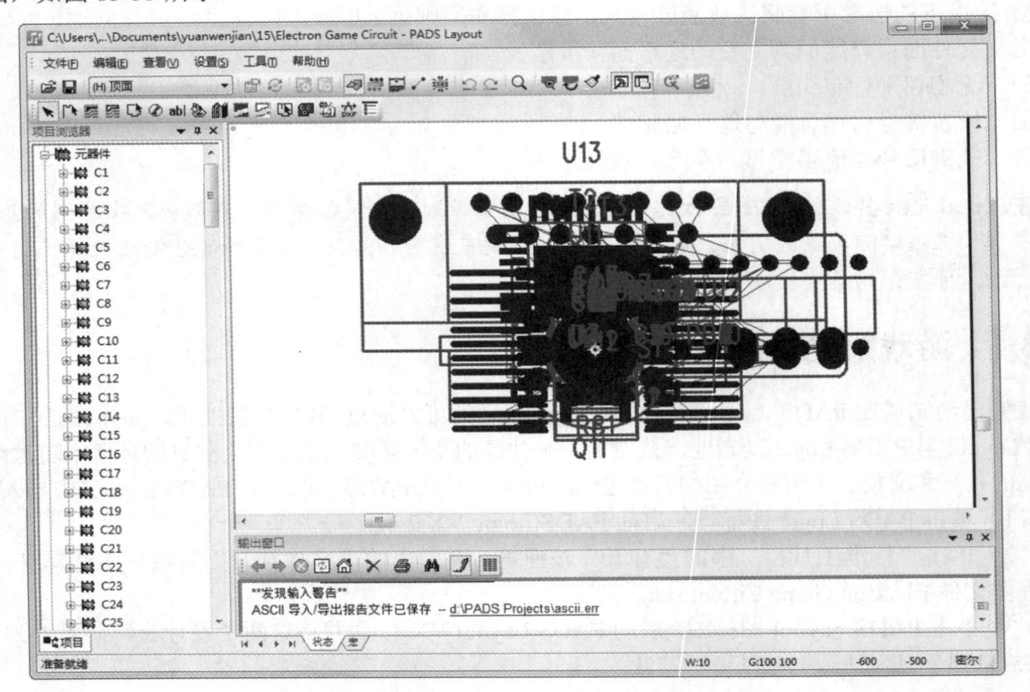

图 15-35　保存 PCB 图

（7）单击“标准工具栏”中的“绘图工具栏”按钮，在打开的“绘图工具栏”中单击“板框和挖空区域”按钮，进入绘制边框模式。

（8）右击，在弹出的快捷菜单中选择“矩形”命令。

（9）在工作区的原点单击，移动光标，拉出一个边框范围的矩形框，单击，确定电路板的边框，如图 15-36 所示。

图 15-36　电路板边框图

15.3.2　PCB 元件的布局设计和自动尺寸标注

当游戏机电路的网表已经传送到 PADS Layout 中，这时就可以根据应用要求和使用元件的特性进行合理的布局设计了。首先对相关参数进行必要的设置，用户可以根据需要进行一些与布局相关的参数设置，如设计栅格、PCB 板的一些局部区域高度控制等，这些参数的设置对于布局设计会带来方便。在本设计中，这些参数使用了系统的默认值，没有进行修改。

进行布局前还需要绘制 PCB 板的板框线。对于游戏机电路的设计，这一步显得尤为重要，因为如果板框线没有按照要求的尺寸进行设计，那么最终的接口卡是很难插入计算机使用的。

1. 制式转换芯片的固定

由于在电路中有一个 TV 制式转换芯片 MK5060，板框线的绘制要和该芯片进行严密的对齐和配合，因此在绘制板框线前，首先要选出并固定 TV 制式转换芯片 MK5060。下面将介绍具体的操作过程。

（1）在打开 Electron Game Circuit.pcb 文件的前提下，右击，在弹出的快捷菜单中选择“选择元

器件”命令，然后在“项目浏览器”属性面板“元器件”选项下单击选择芯片 MK5060（U1），选中该元件。

（2）接着右击，在弹出的快捷菜单中选择“移动”命令，将制式转换芯片移动到一个合适的位置上，在移动封装元件过程中可进行移动与旋转操作，与原理图元件的移动与旋转操作及快捷键使用方法相同，放置该元件。

（3）然后选中该元件，右击，从弹出的快捷菜单中选择“特性”命令，弹出“元器件特性”对话框，如图 15-37 所示，选中“胶粘”复选框，单击“确定”按钮，就完成了对 TV 制式转换芯片 MK5060 的固定，结果如图 15-38 所示。

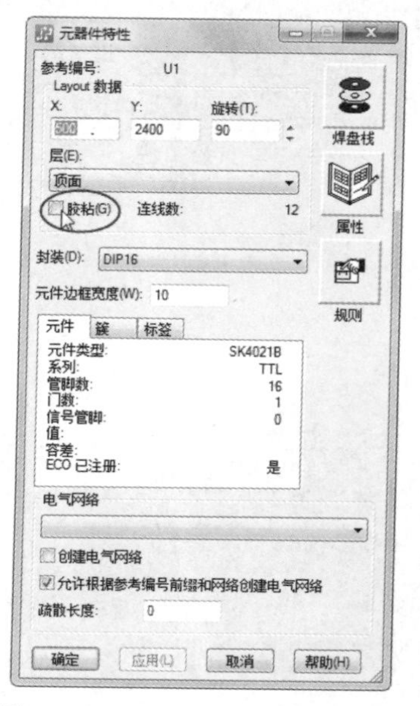

图 15-37　“元器件特性”对话框

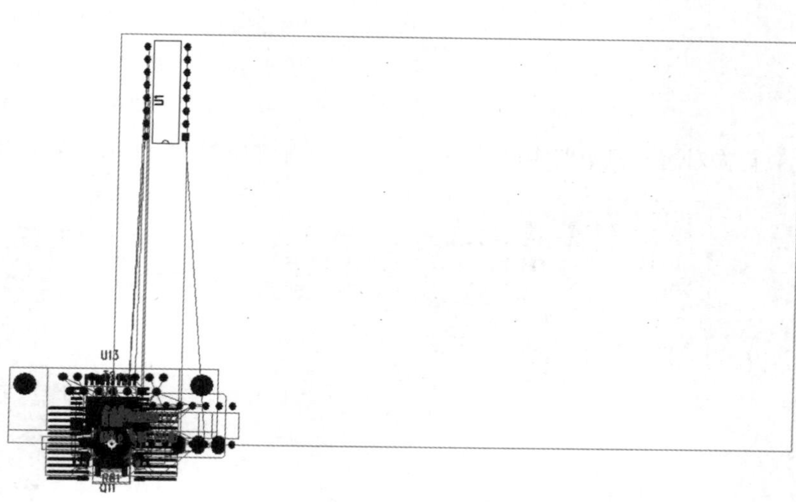

图 15-38　芯片移动和固定后的结果

2. 元件布局设计

PCB 的元件布局对于后面的布线设计非常重要，合理的布局有利于提高布线的通过率，加快布线的效率，也有利于提高 PCB 板卡的高速性能。

由于原理图从 PADS Logic 中传送过来后全部都是叠放在坐标原点，这样不利于对元件的观察，给布局带来了不便，因此在绘制、设计完板框线后，需要将这些元件散开并放置到板框线外。PADS Layout 已经提供了这样的功能。

（1）散开元件。在打开 Electron Game Circuit.pcb 文件的前提下，执行“工具”→“分散元件”命令，弹出如图 15-39 所示的提示对话框，单击“是”按钮，可以看到元件被全部散开到板框线以外（除被固定的元件），并有序地排列开来，如图 15-40 所示。

图 15-39　提示分散操作对话框

（2）放置重要的和主要的元件。在游戏机电路中最重要又复杂的是单片机芯片 6527P、译码器 SN74LS139N、图像处理芯片 PPU6528、SRAM61116、锁存器 SN74LS373N、三端稳压器 AN7805 和选频放大器 CD4011BCN 等元件，所以首先移动以上元件，并放置到合理的位置上，这里的合理不但包括物理位置的合理，而且包括信号互连上的合理性，这里的物理位置比较好把握，但是信号互连的合理性是需要进行一定分析的，基本原则是通过元件放置位置（平移）和方向（旋转）的调整，使

Note

元件间的信号互连最容易，进行合理的布局规划。

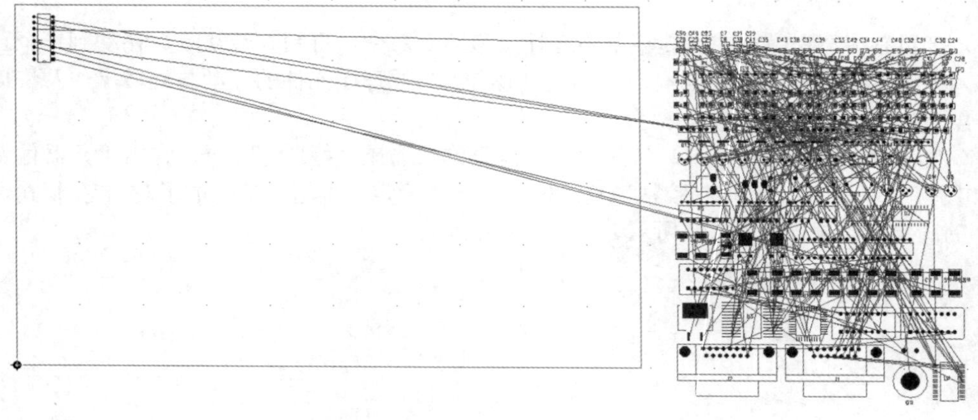

图 15-40　散开元件后的结果

首先对游戏机电路中的芯片 U2～U14，进行如图 15-41 所示的布局。

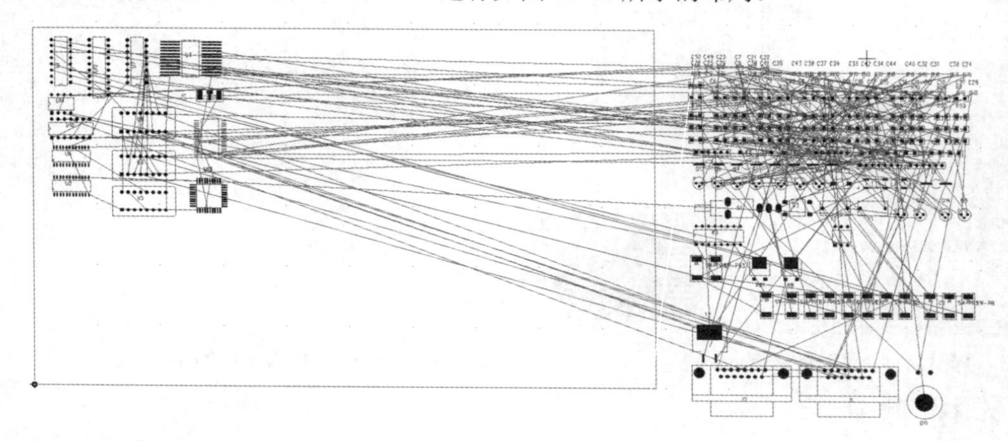

图 15-41　重要元件的布局

从图 15-41 中可以看出，除了在位置上要考虑外，还要考虑元件间信号要便于互连。可以试着调整元件的位置和方向，但是如果调整不合适，会使图中表示信号互连的鼠线变得交错、复杂。一般要求调整元件时让鼠线的长度尽可能短，而且尽量少出现交叉情况。

在图 15-41 中，为了显示清楚，进行了以下设置：首先执行“设置”→“显示颜色”命令，弹出“显示颜色设置”对话框，取消选中“层/对象类型”选项组右侧的“类型”“属性”复选框，如图 15-42 所示；然后单击“确定”按钮，就可以看到在 PCB 图中各种元件类型的标记，如 6527P 和译码器 SN74LS139N 等均不可见，只留下了元件编号，如 U2、U3 等。

在图 15-42 中，为了方便浏览，还对 U1～U14、Q1～Q14 的元件编号的字号大小进行了修改。这里系统设计单位为 mm。

在编辑区空白位置右击，在弹出的快捷菜单中选择“选择文档”命令，然后依次同时选中以上元件编号（通过 Ctrl 键可以实现多选），再在编辑区空白位置右击，在弹出的快捷菜单中选择“特性”命令，弹出“元件标签特性”对话框，对“尺寸”和“线宽”按如图 15-43 所示进行设置，然后单击“确定”按钮，即改变了 PCB 中以上元件编号文本的大小。

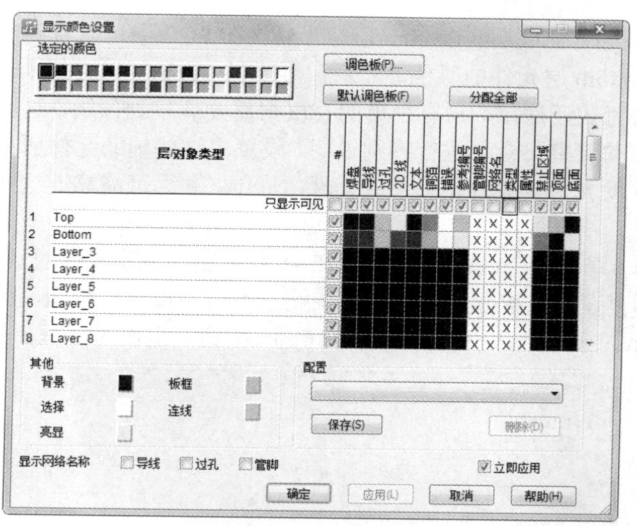

图 15-42　取消 PCB 板中元件类型、属性的显示

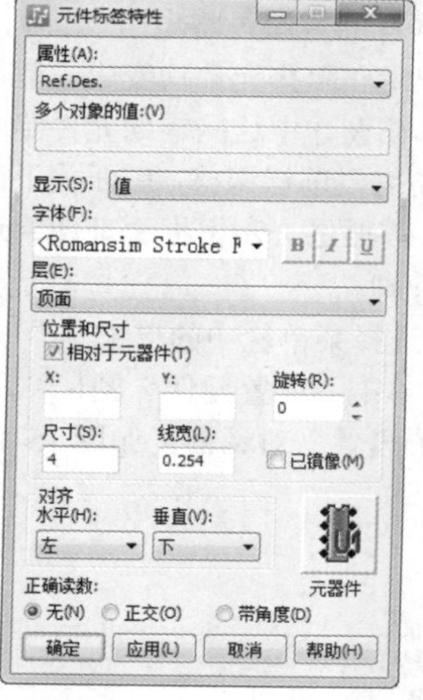

图 15-43　设置元件标号的文本大小

电路中除了以上的重要和主要元件外还有很多辅助元件，如退耦电容、上拉电阻、下拉电阻等，如何放置好这些辅助元件也是 PCB 设计中非常重要的。一般情况下，这些辅助元件需要根据原理图设计，要求尽可能靠近起作用的元件和元件管脚，而且通常放置在电路板的背面层（如 Bottom 层）。下面我们在以上原则的指导下，开始电路相关辅助元件的放置。

（3）放置辅助元件。将辅助元件全部放置到电路板的底层（即 Bottom 层）。在设计中以 C 和 R 开头的元件都是辅助元件，首先设置以 C 开头的电容元件，通过“查找”对话框进行选择。

❶ 执行“编辑”→“查找”命令，弹出“查找”对话框，按如图 15-44 所示进行设置，单击“确定”按钮便选中了 PCB 板中所有的 50 个电容元件，接着右击，从弹出的快捷菜单中选择“特性”命令，弹出“元器件特性”对话框，在“层”下拉列表框中选择 Bottom，如图 15-45 所示。

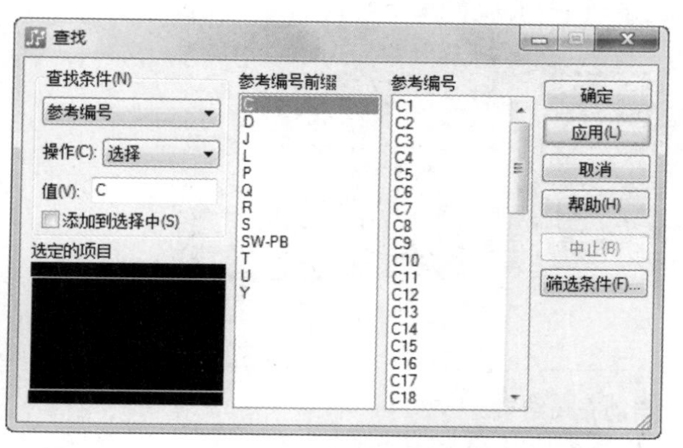

图 15-44　在“查找”对话框中选中所有电容元件

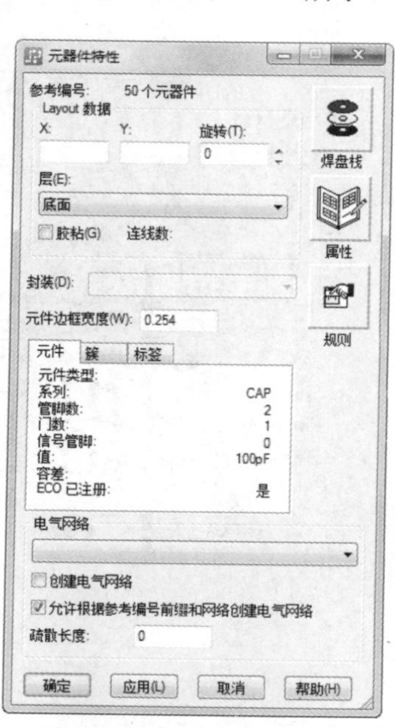

图 15-45　将所有电容元件放置到底层（Bottom 层）

❷ 用同样的方法再将电阻放置到电路板的背面底层（Bottom 层），最终在 PCB 中可以看到所有的电容、电阻和阻排元件均变成了蓝色（Bottom 层元件的颜色）显示，与顶层（Top 层）的元件明显区分开来。在设计中这些辅助元件绝大部分都位于底层，只有少量的会根据需要调整到顶层，这完全根据用户的需要进行调整，后面关于这方面的调整不会再进行特别说明。设置完这些辅助元件所在的电路层后，需要进一步根据原理图将这些辅助元件放置到相关主要元件的周围，并尽可能靠近这些元件的相关管脚。

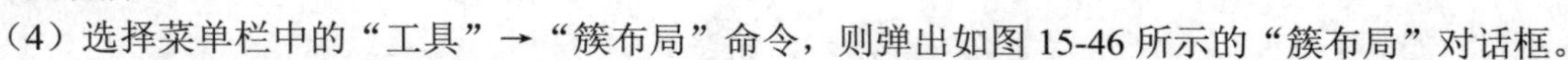
（4）选择菜单栏中的“工具”→“簇布局”命令，则弹出如图 15-46 所示的“簇布局”对话框。

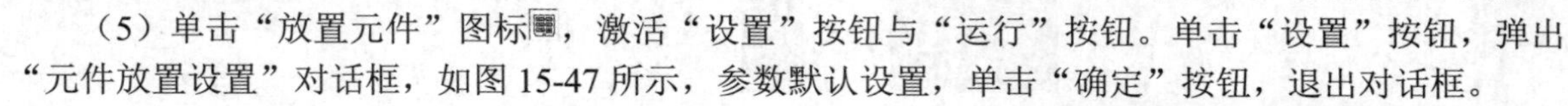
（5）单击“放置元件”图标，激活“设置”按钮与“运行”按钮。单击“设置”按钮，弹出“元件放置设置”对话框，如图 15-47 所示，参数默认设置，单击“确定”按钮，退出对话框。

图 15-46 “簇布局”对话框

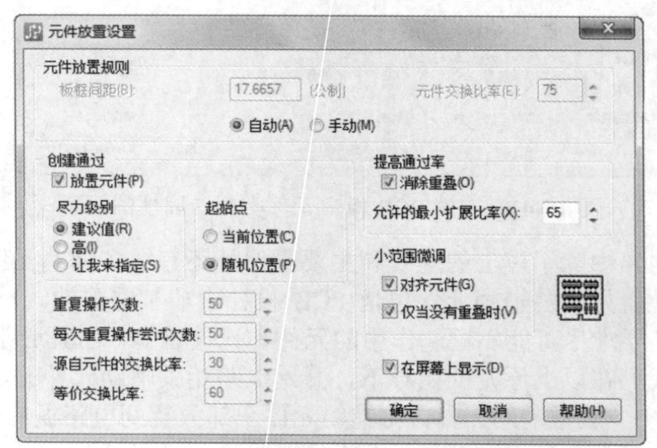

图 15-47 “元件放置设置”对话框

（6）单击“运行”按钮，进行自动布局，结果如图 15-48 所示。

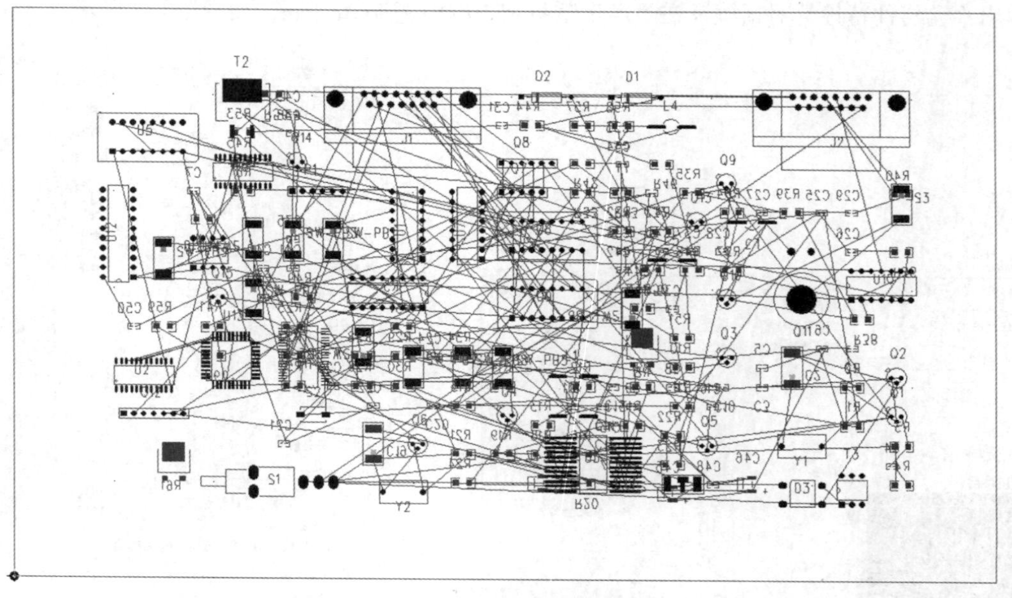

图 15-48 自动布局结果

注意：对比结果，手动布局结果更简单、容易理解，因此采用手动布局结果作为布局结果。

3．芯片的板框线调整

如果绘制的板框线尺寸不合理，可以通过拖动调整尺寸来修改。参照 PCI 板卡的尺寸标准，开始调整板框线。

（1）首先右击，从弹出的快捷菜单中选择“选择板框”命令，然后单击选中要进行移动或者修改的板框线部分，调整板框大小，调整 TV 制式转换芯片 MK5060 的板框线，结果如图 15-49 所示。

（2）板框可以根据需要选择执行下列快捷菜单命令：移动、分割、添加拐角、推挤和径向移动等，如图 15-50 所示，完成对板框线的修改和编辑。

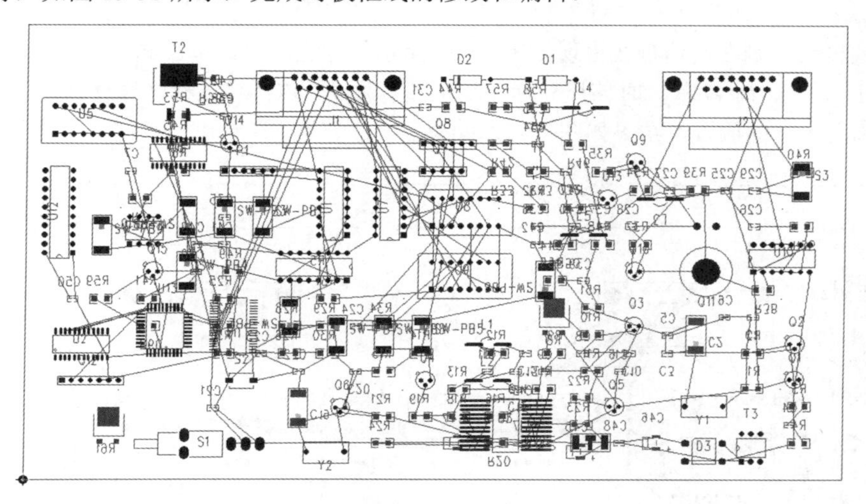

图 15-49　调整的板框线

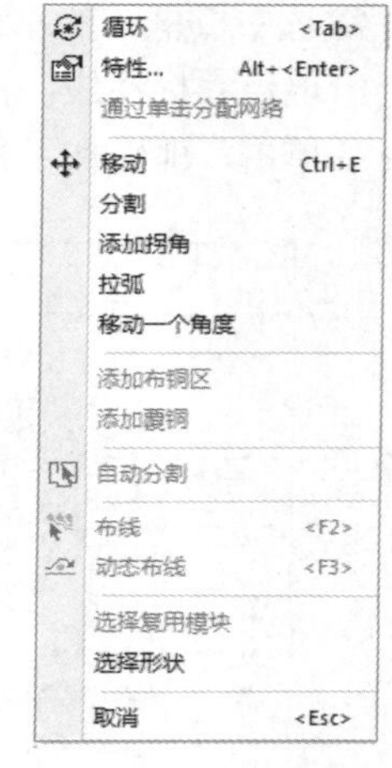

图 15-50　快捷菜单

为了明确板框线的大小，以确定设计是否正确，需要对板框线的相关尺寸进行自动尺寸标注。下面以接口卡的长、宽标注为例，介绍自动尺寸标注的方法。尺寸标注前，为了使标注的尺寸以公有制毫米（mm）为单位，首先需要在 PADS Layout 中执行“工具”→“选项”命令，在弹出的“选项”对话框中选择“全局”选项卡，并将该选项卡中的“设计单位”设置为“公制”，如图 15-51 所示，则标注的尺寸便以毫米（mm）为单位。在“文本”选项卡中设置高度为 10。

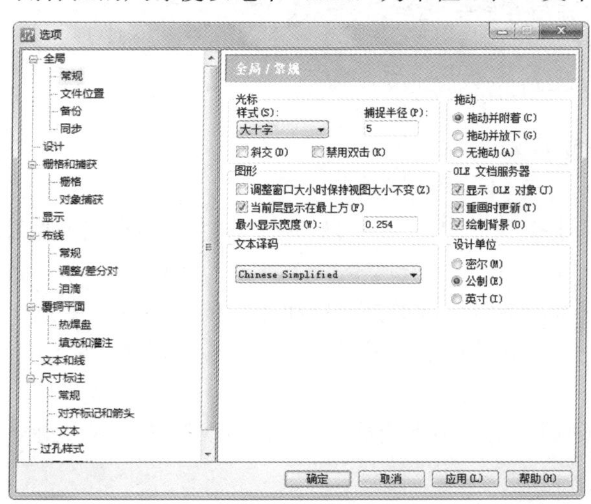

（a）“常规”选项卡

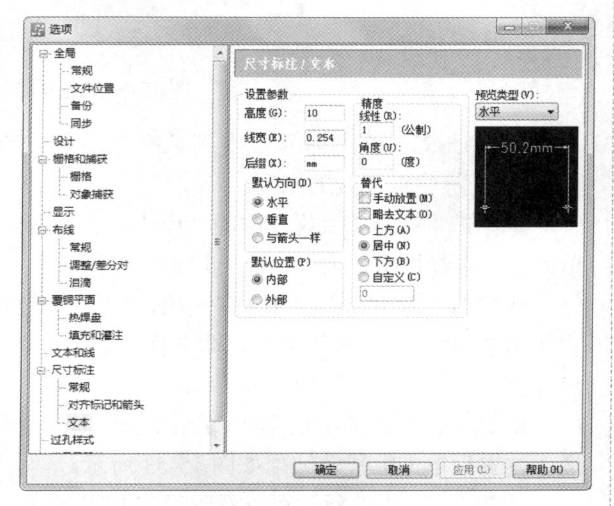

（b）“文本”选项卡

图 15-51　“选项”对话框

Note

4．板框的标注

（1）标注板框线的长度。

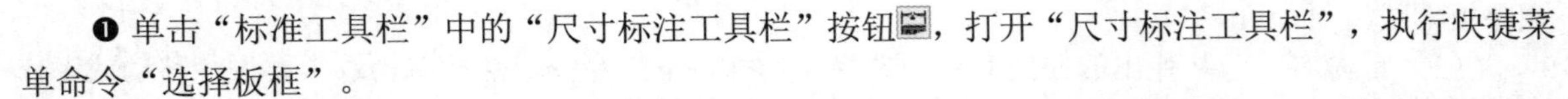
❶ 单击“标准工具栏”中的“尺寸标注工具栏”按钮，打开“尺寸标注工具栏”，执行快捷菜单命令“选择板框”。

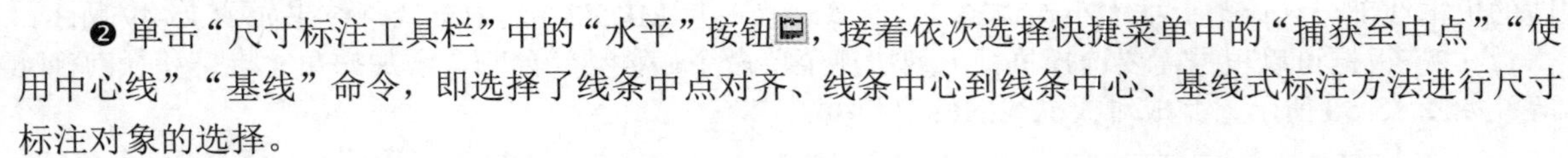
❷ 单击“尺寸标注工具栏”中的“水平”按钮，接着依次选择快捷菜单中的“捕获至中点”“使用中心线”“基线”命令，即选择了线条中点对齐、线条中心到线条中心、基线式标注方法进行尺寸标注对象的选择。

❸ 选中板框线的左边框线，则在左边框线出现如图 15-52 所示的标记结果。单击选中右边框线，则会出现尺寸标注线，而且这时当移动鼠标时该尺寸标注线也随着移动，这样将该标注线移到合适的位置后单击，即完成了标注尺寸的放置，结果如图 15-52 所示。

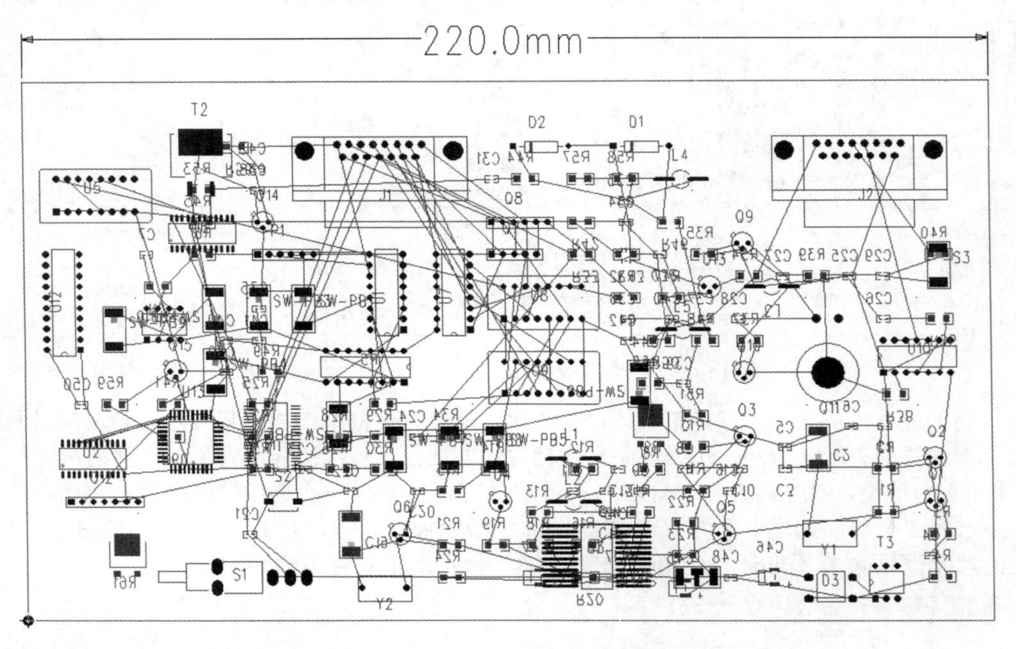

图 15-52　选择自动尺寸标注的终线

从图 15-52 中的标注可以看到当前 PCB 板的长度为 220mm。

（2）标注板框线的宽度。

❶ 单击“标准工具栏”中的“尺寸标注工具栏”按钮，打开“尺寸标注工具栏”，选择快捷菜单命令“选择板框”。

❷ 单击“尺寸标注工具栏”中的“垂直”按钮，接着依次选择快捷菜单中的“捕获至中点”“使用中心线”“基线”命令，即选择了线条中点对齐、线条中心到线条中心、基线式标注方法进行尺寸标注。

❸ 选中板框线的上边框线，在上边框线出现标记后单击选中下边框线，并将出现的标注线移到合适的位置后单击放置，结果如图 15-53 所示。

从图 15-53 中的标注可以看到当前 PCB 板的宽度为 127mm。

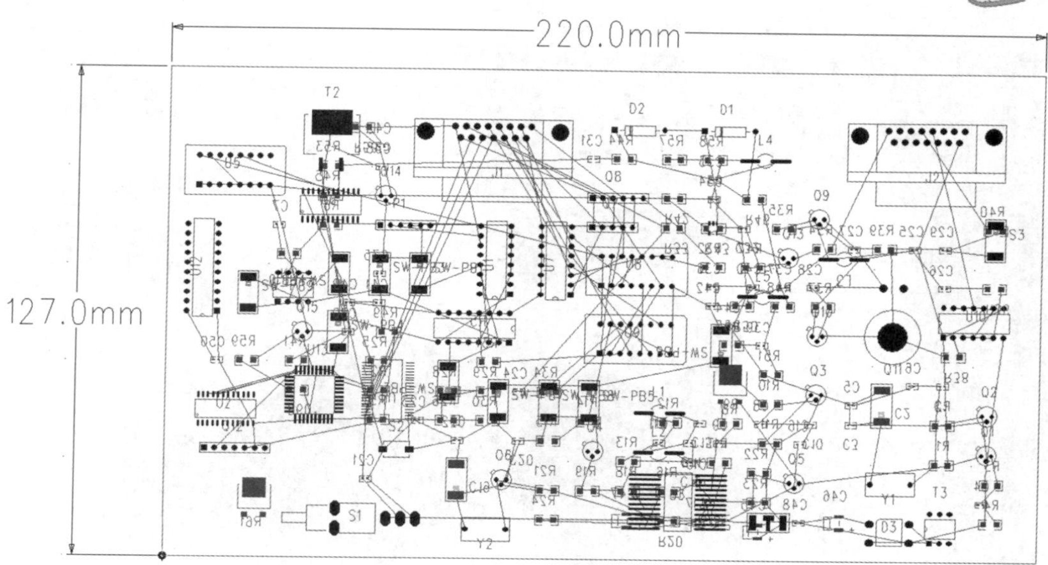

图 15-53　板框线的宽度标注结果

15.3.3　电路板显示

（1）选择菜单栏中的“查看”→PADS 3D 命令，弹出如图 15-54 所示的 PADS 3D 面板。

（2）单击 3D General toolbar 工具栏中的“导出”按钮，弹出“导出”对话框，如图 15-55 所示，输出电路板的三维模型文件。

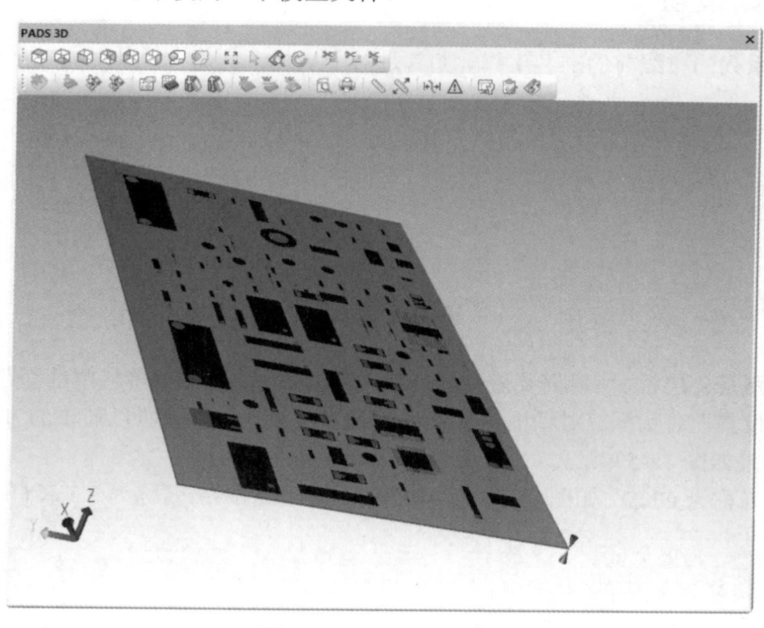

图 15-54　PADS 3D 面板

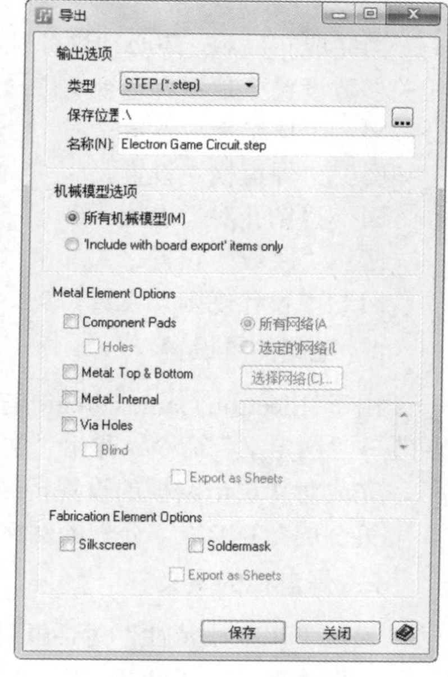

图 15-55　“导出”对话框

单击“保存”按钮，在该对话框中左下角显示导出成功。在源文件下显示导出的 Electron Game Circuit.step 文件，可以利用三维模型软件 UG 打开，如图 15-56 所示。

Note

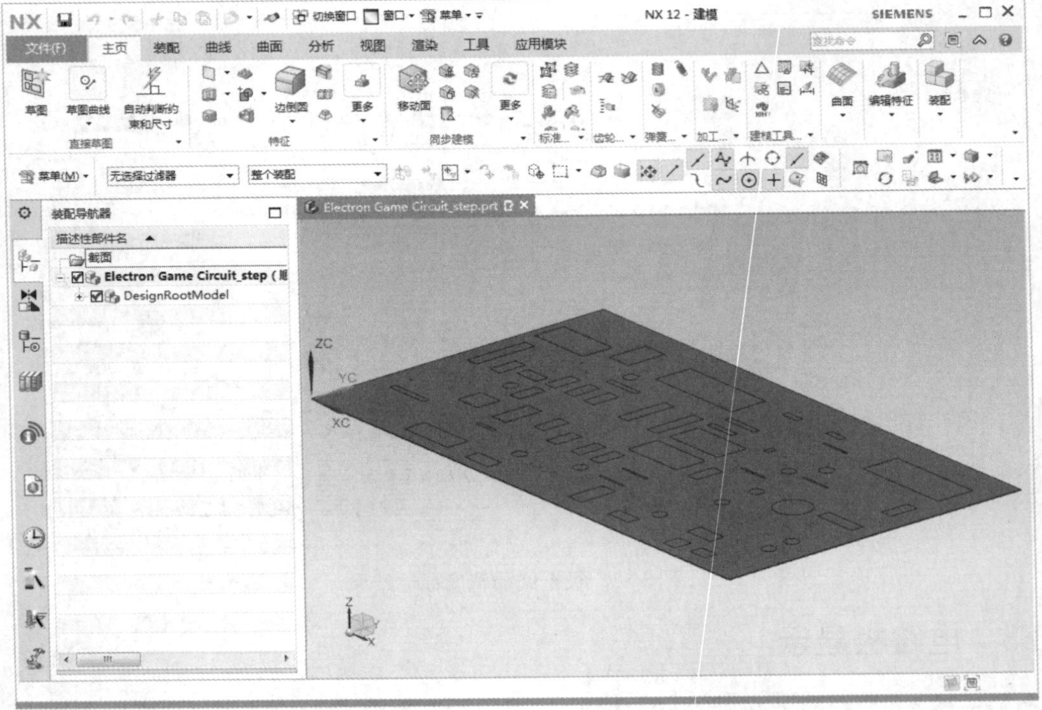

图 15-56　STEP 文件

15.3.4　布线前的相关参数设置

当完成布局后，还必须进行一系列的布线前的准备工作。尤其是对多层板设计而言，以下的几个相关参数设置更是不容忽视的。

☑　“层定义”设置。

☑　“焊盘栈”设置。

☑　“钻孔对”设置。

☑　“跳线”设置。

☑　“设计规则”设置。

1. 电路的层设置

由于 Electron Game Circuit 电路是 4 层板，所以需要进行相应的电路层设置。选择菜单栏中的“设置”→“层定义”命令，弹出“层设置”对话框。对话框的默认设置为 2 层板，这里参照以前讲的方法，完成对 4 层电路板的设置，结果如图 15-57 所示。

第 2 层（GND 层）分配的网络名称为 GND，如图 15-58 所示。第 3 层分配的网络名称为 3.3VCC。

2. 焊盘栈的定义

通过“焊盘栈特性”对话框可以对 PCB 中的封装和过孔的焊盘属性进行设置。

一般情况下，在 PCB 中很少对封装的焊盘属性进行修改，因为这些封装的管脚焊盘是在 PCB 封装设计时已经过考虑的，一般不需要再进行修改。

但是对过孔焊盘的定义和修改是设计中经常用到的。在 PADS Layout 的设计单位为 mm 时，选择菜单栏中的“工具”→“选项”命令，在弹出的“选项”对话框中设置单位为“密尔”，方便过孔

尺寸设置。

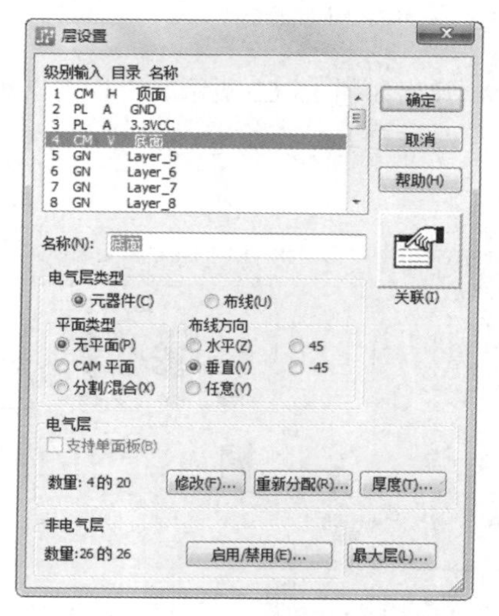

图 15-57　电路 4 层电路板的定义结果

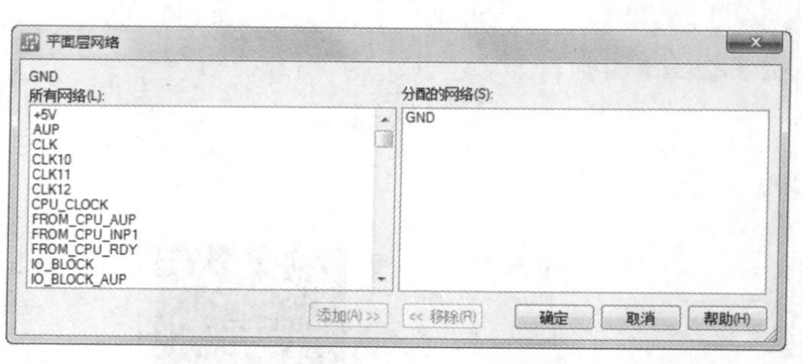

图 15-58　为 Electron Game Circuit 电路的 GND 层分配网络

选择菜单栏中的“设置”→“焊盘栈”命令，打开“焊盘栈特性”对话框，并在“焊盘栈类型”选项组中选中“过孔”单选按钮，如图 15-59 所示。可以看到系统默认定义了一个名称为 STANDARDVIA 的过孔焊盘，该焊盘的直径为 55mil，钻孔尺寸为 37mil，显然这样的过孔焊盘偏大，不利于布线。所以考虑将该焊盘的参数修改为焊盘直径 25mil，钻孔尺寸 16mil，如图 15-60 所示。

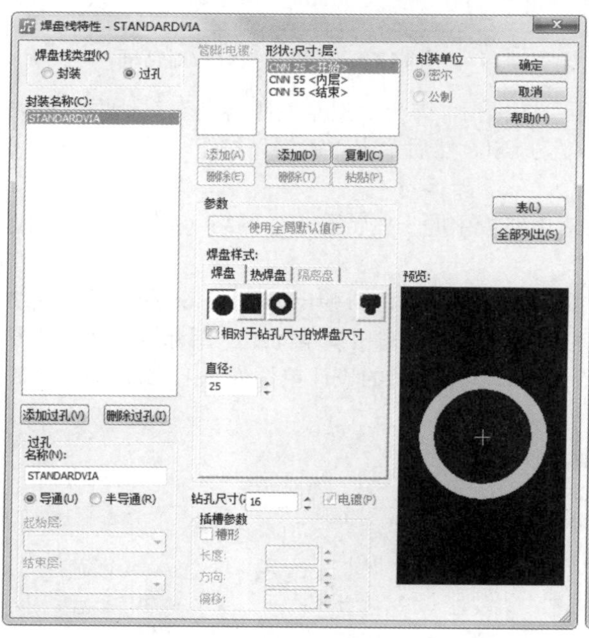

图 15-59　系统默认的过孔焊盘设置

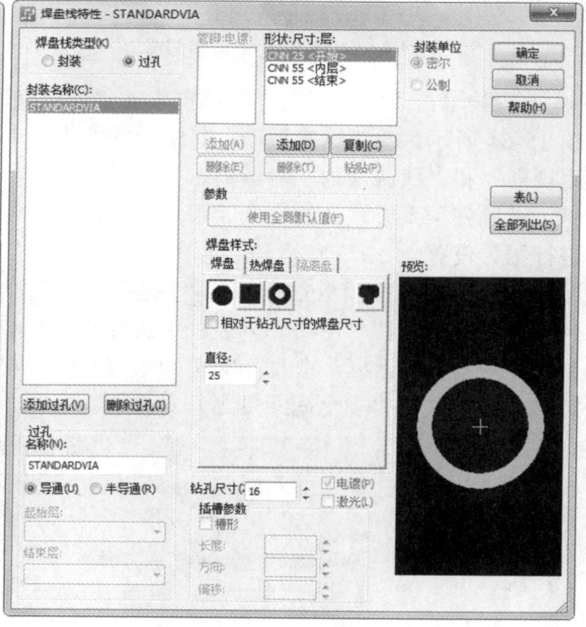

图 15-60　电路的过孔焊盘设置

同时考虑到 Electron Game Circuit 电路中也需要少量较大尺寸的焊盘，所以单击“添加过孔”按钮，添加一个名称为 LARGEVIA 的焊盘，该焊盘直径为 55mil，钻孔尺寸为 37mil，结果如图 15-61 所示。需要注意的是，系统布线时默认均采用 STANDARDVIA 过孔焊盘。

Note

在电路的设计中，没有对钻孔对和条线进行特殊设置。

3. 电路的设计规则设置

（1）在 PADS Layout 中执行“设置”→“设计规则”命令，弹出如图 15-62 所示的“规则”对话框，单击“默认”图标，弹出如图 15-63 所示的“默认规则”对话框。

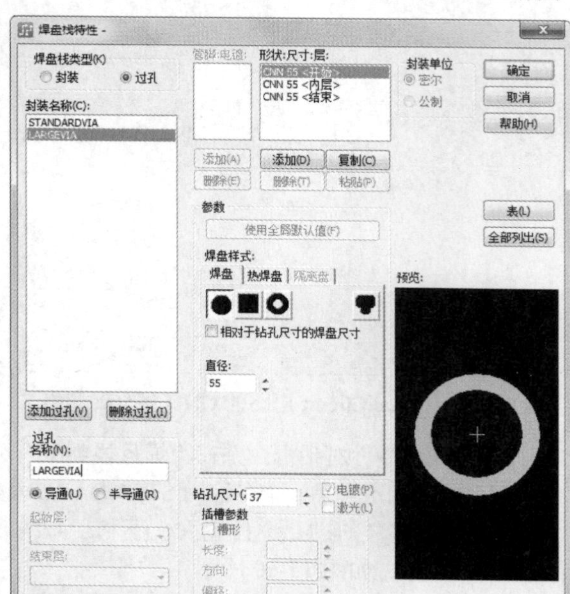

图 15-61　添加过孔焊盘设置

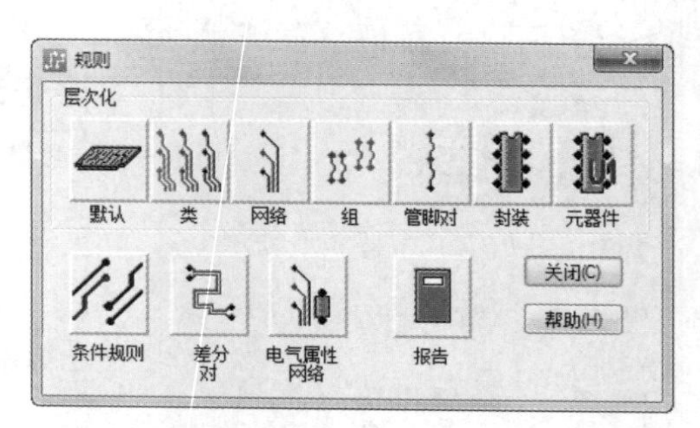

图 15-62　“规则”对话框

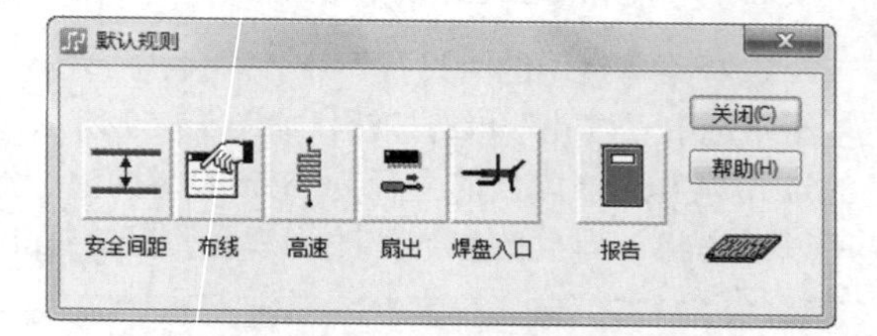

图 15-63　“默认规则”对话框

（2）单击“默认规则”对话框中的“安全间距”图标，弹出“安全间距规则”对话框，按如图 15-64 所示修改“线宽”项，其中系统的设计单位为 mil。然后单击“确定”按钮，关闭“安全间距规则”和“默认规则”对话框。

设置完了系统默认的安全间距规则后，下面将对电路板中的一些特殊信号网络（如电源、时钟）进行相关设置。

（3）单击如图 15-62 所示的“规则”对话框中的“网络”图标，弹出如图 15-65 所示的“网络规则”对话框。在“网络”列表框中选择 GND 信号网络，然后单击“安全间距”图标，弹出“安全间距规则”对话框，修改“线宽”项，如图 15-66 所示，其中系统的设计单位为 mil，最后单击“确定”按钮，关闭“安全间距规则”对话框。

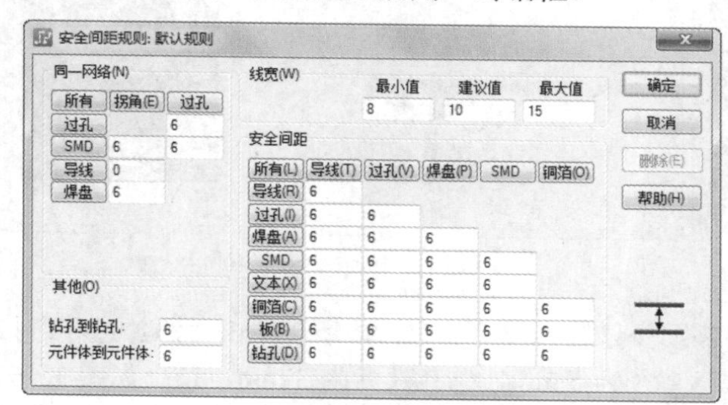

图 15-64　“安全间距规则”对话框

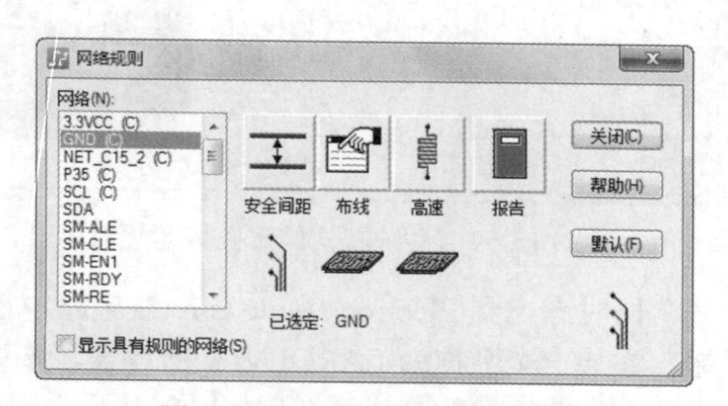

图 15-65　“网络规则”对话框

网络设置的最终结果如图 15-67 所示。

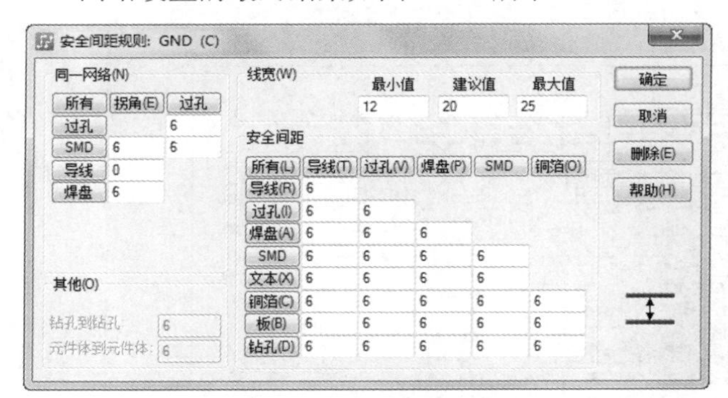

图 15-66　信号网络的安全间距规则定义

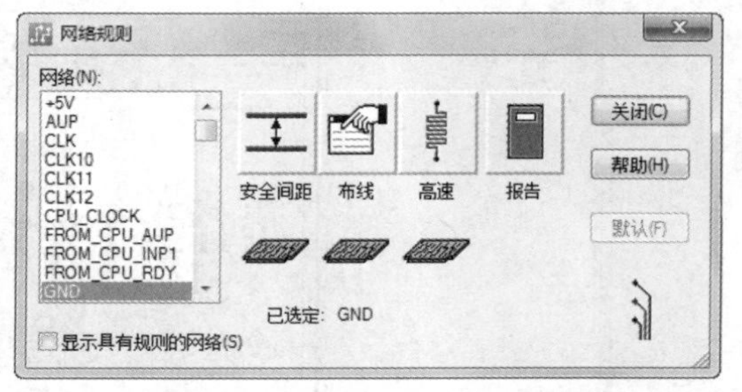

图 15-67　“网络规则”对话框设置结果

以上就完成了所有相关设计规则的修改，没有进行修改的设计规则保持默认设置不变。下面就可以开始进行相关布线的工作了。

15.3.5　PADS Router 的布线和验证

在 PADS Layout 中提供了自动布线和手工布线两种方式。但一般情况下，均首先使用自动布线器进行布线，然后针对自动布线的结果，使用手工布线进行修改。PCB 的元件布线设计操作步骤如下。

（1）在 PADS Layout 窗口下进行 PADS Router 连接器的设置。首先打开 Electron Game Circuit.pcb 文件，然后执行“工具”→PADS Router 命令，弹出“PADS Router 链接”对话框，在“操作”选项组下选中“在前台自动布线”单选按钮，如图 15-68 所示。

（2）进行布线处理。完成以上设置后，单击“继续”按钮，弹出如图 15-69 所示的 PADS Router Monitor（PADS Router 观察器）对话框，通过该对话框可以监视布线的进度。

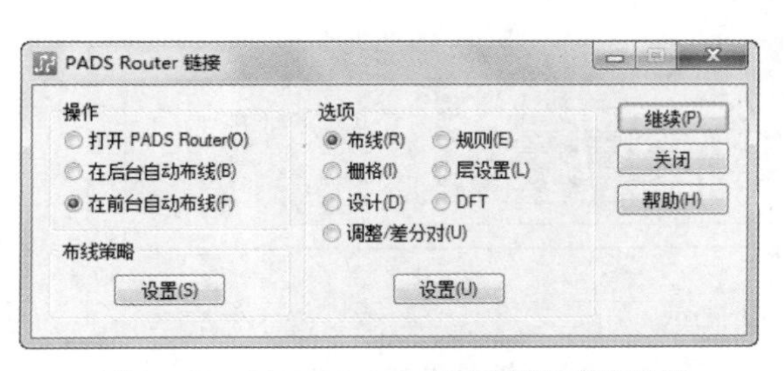

图 15-68　PADS Router 运行布线前的设置

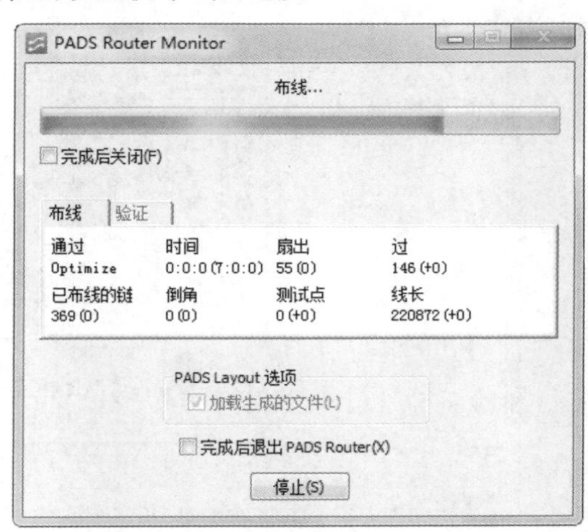

图 15-69　PADS Router Monitor 对话框

（3）保存自动布线结果。当观察到图 15-69 中的布线进度条被充满时，表示布线已经完成，这时单击“停止”按钮关闭对话框。启动一个新的 PADS Layout 窗口，并在其中打开布线结果文件 Electron Game Circuit_blz.pcb，如图 15-70 所示。

（4）同时启动 PADS Router 界面，并在其中打开布线结果文件 Electron Game Circuit_blz.pcb，如图 15-71 所示。

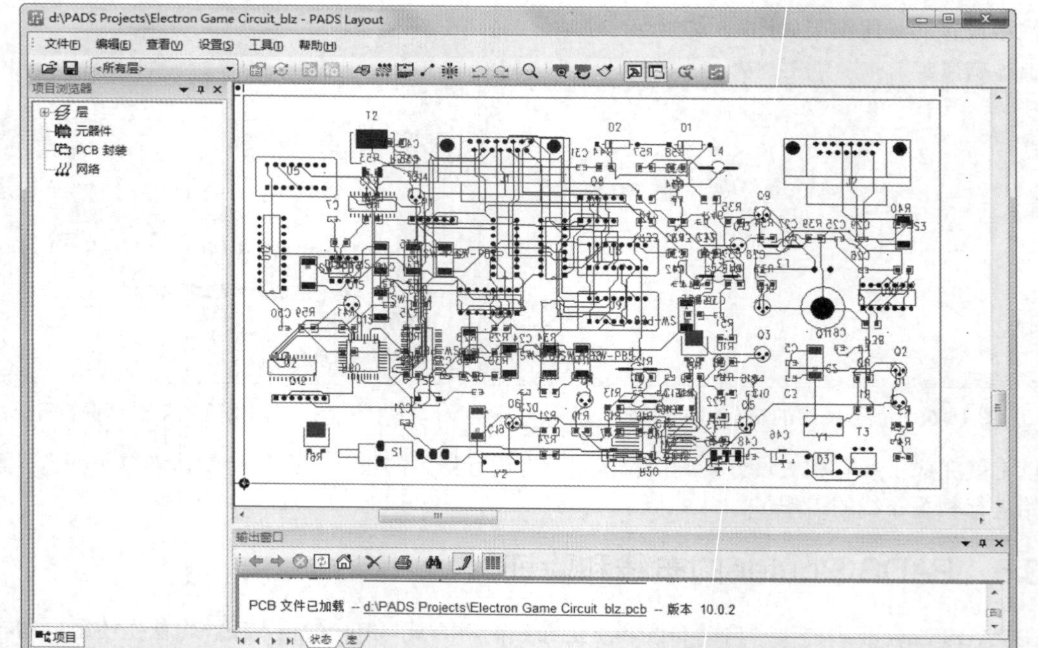

图 15-70　在 PADS Layout 中打开了自动布线的结果文件

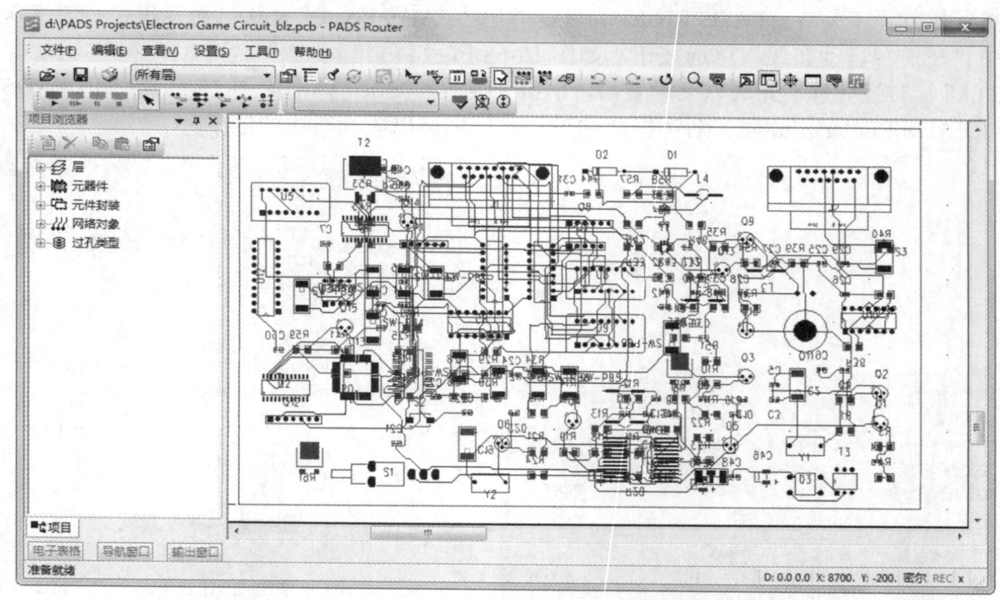

图 15-71　在 PADS Router 中打开了自动布线的结果文件

15.4　混合信号印制电路板设计

混合信号 PCB 是说该 PCB 中既有数字电路部分也有模拟电路部分。由于数字信号和模拟信号性

质的不同，在 PCB 设计中布局布线的不当，会造成数字信号和模拟信号相互干扰，甚至会使得 PCB 设计失败，本节主要结合 PADS Layout 设计系统介绍混合信号 PCB 设计。

1. 混合信号印制电路板的设计原则

在混合信号 PCB 设计中，只有将数字信号布线在电路板的模拟部分之上或者将模拟信号布线在电路板的数字部分之上时，才会出现数字信号对模拟信号的干扰。出现这种问题并不是因为没有分割地，真正的原因是数字信号的布线不恰当。PCB 设计采用统一地，通过数字电路和模拟电路分区以及合适的信号布线，通常可以解决一些比较困难的布局布线问题，同时也不会产生因地分割带来的一些潜在的麻烦。在这种情况下，元器件的布局和分区就成为决定设计优劣的关键。如果布局布线合理，那么数字地电流将限制在电路板的数字部分，不会干扰模拟信号，对于这样的布线必须仔细地检查和核对，要保证百分之百遵守布线规则；否则，一条信号线走线不当就会彻底破坏一个本来非常不错的电路板。

混合信号 PCB 的设计比较复杂，元器件的布局、布线以及电源和地线的处理将直接影响到电路性能和电磁兼容性能。如何降低数字信号和模拟信号间的相互干扰呢？在设计之前必须了解电磁兼容的两个基本原则：第一个原则是尽可能减小电流环路的面积；第二个原则是系统只采用一个参考面。相反，如果系统存在两个参考面，就可能形成一个偶极天线（注：小型偶极天线的辐射大小与线的长度、流过的电流大小以及频率成正比）；而如果信号不能通过尽可能小的环路返回，就可能形成一个大的环状天线（注：小型环状天线的辐射大小与环路面积、流过环路的电流大小以及频率的平方成正比。）在设计中要尽可能避免这两种情况发生。

模拟电路的工作依赖于连续变化的电流和电压。数字电路的工作依赖于接收端根据预先定义的电压电平或门限对高电平或低电平的检测，它相当于判断逻辑状态的“真”或“假”。在数字电路的高电平和低电平之间，存在“灰色”区域，在此区域，数字电路有时表现出模拟效应，例如当从低电平向高电平（状态）跳变时，如果数字信号跳变的速度足够快，则将产生过冲和回铃反射现象。

对于现代板极设计来说，混合信号 PCB 的概念比较模糊，这是因为即使在纯粹的“数字”器件中，仍然存在模拟电路和模拟效应。因此，在设计初期，为了实现严格的时序分配，必须对模拟效应进行仿真。实际上，除通信产品必须具备无故障持续工作数年的可靠性外，大量生产的低成本/高性能消费类产品中特别需要对模拟效应进行仿真。

现代混合信号 PCB 设计的另一个难点是，不同数字逻辑的器件越来越多，如 GTL、LVTTL、LVCMOS 及 LVDS 逻辑，且每种逻辑电路的逻辑门限和电压摆幅都不同。但是，这些不同逻辑门限和电压摆幅的电路必须共同设计在一块 PCB 上。因此，设计者需要透彻分析高密度、高性能、混合信号 PCB 的布局和布线设计。

当数字电路和模拟电路在同一块板卡上共享相同的元件时，电路的布局及布线必须讲究方法。只有揭示数字和模拟电路的特性，才能在实际布局和布线中达到要求的 PCB 设计目标。在混合信号 PCB 设计中，对电源走线有特别要求并且要求模拟噪声和数字电路噪声相互隔离以避免噪声耦合，这样一来，布局和布线的复杂性就增加了。对电源传输线的特殊需求以及隔离模拟和数字电路之间噪声耦合的要求，使混合信号 PCB 的布局和布线的复杂性进一步增加。例如将 A/D 转换器中模拟放大器的电源和 A/D 转换器的数字电源接在一起，则很有可能造成模拟部分和数字部分电路的相互影响。或许，由于输入/输出连接器位置的缘故，布局方案必须把数字和模拟电路的布线混合在一起。在布局和布线之前，设计者要弄清楚布局和布线方案的基本弱点。

要避免在邻近电源层的地方走数字时钟线和高频模拟信号线，否则，电源信号的噪声将耦合到敏感的模拟信号之中。要根据数字信号布线的需要，仔细考虑利用电源和模拟接地层的开口，特别是在混合信号器件的输入和输出端。在邻近信号层穿过一开口走线会造成阻抗不连续和不良的传输线回

路。这些都会造成信号质量、时序和 EMI 问题。有时增加若干接地层，或在一个器件下面为本地电源层或接地层使用若干外围层，就可以取消开口并避免出现上述问题。由于 1 Ounce 覆铜板耐大电流的能力强，3.3V 电源层和对应的接地层要采用 1 Ounce 覆铜板，其他层可以采用 0.5 Ounce 覆铜板。这样，可以降低暂态高电流或尖峰期间引起的电压波动。

与大多数成功的高密度模拟布局和布线方案一样，布局要满足布线的要求，布局和布线的要求必须互相兼顾。差分布局和布线的对称性将减少共模噪声的影响，有时需要向芯片分销商咨询 PCB 排板的设计指南。

对于数字器件电源线和混合信号 DSP 的数字部分，数字布线要从 SMD 电路图开始，要采用装配工艺允许的最短和最宽的印制线。对于高频器件来说，电源的印制线相当于小电感，它将恶化电源噪声，使模拟和数字电路之间产生不期望的耦合。电源印制线越长，电感越大。采用数字旁路电容可以得到最佳的布局和布线方案。简言之，根据需要微调旁路电容的位置，使之安装方便并分布在数字部件和混合信号器件数字部分的周围。要采用同样的“最短和最宽的走线”方法对旁路电容电路图进行布线。

当电源分支要穿过连续的平面时，则电源引脚和旁路电容本身不必共享相同的出口图，就可以得到最低的电感和 ESR 旁路。在混合信号 PCB 上，要特别注意电源分支的布线。

如果要采用一个电源和接地层开口方案，应在平行于开口的邻近布线层上选择偏移层。在邻近层上按该开口区域的周长定义禁止布线区，防止布线进入。如果布线必须穿过开口区域到另一层，应确保与布线相邻的另一层为连续的接地层。这将减少反射路径。让旁路电容跨过开口的电源层对一些数字信号的布板有好处，但不推荐在数字和模拟电源层之间进行桥接，这是因为噪声会通过旁路电容互相耦合。

PCB 设计完成后要进行信号完整性核查和时序仿真。仿真证明布线指导达到预期的要求。像 SPICE 这样的通用仿真技术适用于模拟电路和某些数字电路，这包括中规模集成电路（MSI）和大规模集成电路（LSI），但是，要用 SPICE 在晶体管和门级对相当复杂的数字芯片（微处理器、存储器、FPGA、CPLD 等）建模是比较困难的。

混合信号 PCB 的设计一般要注意以下几点。

☑ 将 PCB 分区为独立的模拟部分和数字部分。
☑ 合适的元器件布局。
☑ A/D 转换器跨分区放置。
☑ 不要对地进行分割。在电路板的模拟部分和数字部分下面敷设统一地线。
☑ 在电路板的所有层中，数字信号只能在电路板的数字部分布线。
☑ 在电路板的所有层中，模拟信号只能在电路板的模拟部分布线。
☑ 实现模拟和数字电源分割。
☑ 布线不能跨越分割电源面之间的间隙。
☑ 跨越分割电源之间间隙的信号线要位于紧邻大面积地的布线层上。
☑ 分析返回地电流实际流过的路径和方式。
☑ 采用正确的布线规则。

2. 差分对布线在混合模拟信号 PCB 设计中的应用

由于差分信号并不参照它们自身以外的任何信号，并且可以更加严格地控制信号交叉点的时序，因此差分电路同常规的单端信号电路相比通常可以以更快的速度工作。由于差分电路的工作取决于两个信号线（它们的信号等值而反向）上信号之间的差值，与周围的噪声相比，得到的信号就是任何一个单端信号大小的两倍。因此，在其他所有情况都一样的条件下，差分信号总是具有更高的信噪比，

因而提供更高的性能。

差分电路对于差分对上的信号电平之间的差异非常灵敏。但是相对于其他的一些参考（尤其是地）来说，它们对于差分线上的绝对电压值却不敏感。相对来说，差分电路对于类似地弹反射和其他可能存在于电源和地平面上的噪声信号等这样的问题是不敏感的，而对共模信号来说，它们则会完全一致地出现在每条信号线上。差分信号对 EMI 和信号之间的串扰耦合也具有一定的免疫能力。如果一对差分信号线对的布线非常紧凑，那么任何外部耦合的噪声都会相同程度地耦合到线对中的每一条信号线上。所以耦合的噪声就成为“共模”噪声，而差分信号电路对这种信号具有非常完美的免疫能力。如果线对是绞合在一起的，那么信号线对耦合噪声的免疫能力会更强。

Note

布线非常靠近的差分信号对相互之间也会互相耦合，这种互相之间的耦合会减小 EMI 发射，特别是同单端 PCB 信号线相比尤其如此。可以这样想象，差分信号中每一条信号线对外的辐射是大小相等而方向相反的，因此会相互抵消，就像信号在双绞线中的情况一样。差分信号在布线时靠得越近，相互之间的耦合也就越强，因而对外的 EMI 辐射也就越小。

差分电路的主要缺点就是增加了 PCB 线。所以，如果应用过程中不能发挥差分信号的优点的话，那么不值得增加 PCB 面积；但是如果设计出的电路性能方面有重大改进的话，那么增加的布线面积所付出的代价就是值得的。

差分信号线之间互相会耦合。这种耦合会影响信号线的外在阻抗，因此必须采用终端匹配策略（参见有关差分阻抗的计算）。差分阻抗的计算很困难，Polar Instruments（PCB 阻抗计算器）提供了一个独立的可以计算多种不同差分信号结构的差分阻抗计算器（需要一些费用）；高端的设计工具包也可以计算差分阻抗。

注意： 差分线之间的相互耦合将直接影响差分阻抗的计算。差分线之间的耦合必须保证沿整个差分线都保持为一个常数，或者确保阻抗的连续性。这也是差分线之间必须保持“恒定间距”设计规则的原因。

书目推荐

◎ 视频演示：高清教学微视频，扫码学习效率更高。
◎ 典型实例：经典中小型实例，用实例学习更专业。
◎ 综合演练：不同类型综合练习实例，实战才是硬道理。
◎ 实践练习：上级操作与实践，动手会做才是真学会。